国外电子与通信教材系列

数字通信系统

Digital Communication Systems

[加] Simon Haykin 著

刘郁林 陈绍荣
朱行涛 张建新 译

雷子工業出版社
Publishing House of Electronics Industry
北京·BEIJING

内容简介

本书主要涵盖了迄今为止数字通信原理的全面内容，特别是采用直接、简单、精练的方式对许多核心基本问题以及与实践有关的理论知识进行了阐述。全书共 10 章，包括采样过程、数字调制技术、差错控制编码、脉冲编码调制(PCM)的鲁棒量化技术、低比特率语音编码、信息论概念、编码和计算机通信等数字通信领域的广泛内容。书中详细给出了许多例子、采用 MATLAB 语言设计的计算机实验，以及许多课后作业，有助于学生深入掌握理论知识。

本书内容丰富、选材新颖、深入浅出，能够满足各种背景和兴趣的读者需要，对于教师组织课堂教学也有很大的灵活性，适合作为信息与通信工程等专业高年级本科生、研究生的教材，也可供有关技术、科研和管理人员使用或作为继续教育的参考书。

Simon Haykin: Digital Communication Systems
ISBN: 9780471647355

图书在版编目(CIP)数据

数字通信系统/(加)西蒙·赫金(Simon Haykin)著；刘郁林等译. —北京：电子工业出版社，2020. 7
书名原文：Digital Communication Systems
国外电子与通信教材系列
ISBN 978-7-121-33578-5

Ⅰ. ①数… Ⅱ. ①西… ②刘… Ⅲ. ①数字通信系统-高等学校-教材 Ⅳ. ①TN914. 3

中国版本图书馆 CIP 数据核字(2018)第 018502 号

责任编辑：杨 博
印　　刷：三河市鑫金马印装有限公司
装　　订：三河市鑫金马印装有限公司
出版发行：电子工业出版社
　　　　　北京市海淀区万寿路 173 信箱　邮编：100036
开　　本：787×1092　1/16　　印张：35. 25　　字数：1019 千字
版　　次：2020 年 7 月第 1 版
印　　次：2020 年 7 月第 1 次印刷
定　　价：109. 00 元

所购买电子工业出版社图书有缺损问题，请向购买书店调换。若书店售缺，请与本社发行部联系，联系及邮购电话：(010)88254888，88258888。

质量投诉请发邮件至 zlts@phei.com.cn，盗版侵权举报请发邮件至 dbqq@phei.com.cn。

本书咨询联系方式：classic-series-info@phei.com.cn。

前　　言

当今时代，对于电子与计算机工程学科的本科生和研究生而言，数字通信已经成为他们的一门必修课。本书适合这两个层次的学生使用。

本书概览

第 1 章是引言部分，首先简单介绍数字通信的发展历史，接着在后面几节中继续对通信过程、数字通信、多址和复用技术以及互联网等进行初步介绍。本书其余的 9 章内容主要分为 4 个主题来组织。

主题 1　数字通信的数学基础

本书第一个主题为数字通信提供了详细的数学基础，包括针对通信信道和干扰信号的连续数学，以及针对发射机和接收机的离散数学等知识：

- 第 2 章介绍信号与系统的傅里叶分析，为信号和线性时不变系统的表示及模拟调制理论奠定了基础。
- 第 3 章介绍概率论和贝叶斯推理，为处理不确定性问题及概率推理的贝叶斯方法提供了相关数学背景。
- 第 4 章介绍随机过程，主要讨论弱平稳或者广义平稳过程及其统计特性，以及它们在构建泊松分布、高斯分布、瑞利分布和莱斯(Rice)分布等模型中的作用。
- 第 5 章介绍信息论，给出了离散和连续随机变量的熵概念和互信息概念，得到了香农关于信源编码、信道编码、信道容量及率失真理论等方面的一些著名定理。

主题 2　从模拟通信到数字通信

本书第二个主题在第 6 章中讨论，阐述如何将模拟波形转换为编码脉冲的方法。本章还讨论了完成这种转换时为了使之具有鲁棒性、带宽保护或者最小计算复杂度等特性所带来的一些挑战性问题。

主题 3　信号传输技术

第三个主题安排 3 章内容来讨论，其中每一章都集中针对信道损害的一种特定形式。

在第 7 章中，讨论加性高斯白噪声(AWGN)信道上的信号传输问题，其损害是不可避免会存在的信道噪声，这种噪声可以采用加性高斯白噪声(AWGN)模型表示。该模型很适合用信号空间图表示，这为研究采用相移键控(PSK)、正交幅度调制(QAM)和频移键控(FSK)技术作为传输和接收二进制数据的不同方法提供了深入讲解。

在第 8 章中，讨论带限信道上的信号传输问题，所考虑的主要因素是带宽限制问题，在这种情况下符号间干扰(ISI)成为信道损害的主要原因。

在第 9 章中，讨论衰落信道上的信号传输问题，主要针对无线通信中的衰落信道及其带来的实际挑战进行了研究。这里考虑的信道损害是由多径现象引起的，之所以这样讲是因为发射信号经过多条路径到达接收机的缘故。

主题 4　差错控制编码

在第 10 章中，对可靠通信这一实际问题进行讨论。为此，推导得出能够满足著名的香农编码定理的各种前馈类型的编码技术。

在本章中，主要研究两类纠错编码技术：

- 传统(经典)码，包括线性分组码、循环码和卷积码。尽管这些编码的结构组成不同，但是都寻求依靠代数数学作为接近香农极限的方法。

- 概率组合码，包括 Turbo 码和低密度校验(LDPC)码。这两种码的最突出特点是，它们都能够以可行的计算复杂度接近香农极限，从某种程度上讲这在 1993 年以前是不可能做到的。实现这种强大信息处理能力的秘诀在于采用了随机码，其起源可以追溯到香农在 1948 年发表的经典论文。

本书特色

特色 1 数字通信中的模拟

当我们考虑数字通信时，不能忽略这种系统具有混合特性(Hybrid nature)这一事实。因为以传统的电话信道和无线信道为代表的数据传输信道是模拟的，并且产生数据的许多信源(如语音和视频)也是模拟类型的。此外，模拟调制理论的某些原理，比如双边带抑制载波(DSB-SC)和残留边带(VSB)调制策略，也分别包含了二进制相移键控(PSK)和偏移 QPSK 作为其特殊情形。

正是因为考虑到以上几点，所以在第 2 章中包括了下列内容：

- 把通信信道作为线性系统的例子进行详细讨论。
- 模拟调制理论。
- 相位和群时延。

特色 2 希尔伯特变换

在第 2 章中讨论的希尔伯特变换对信号与系统的复数表示具有关键作用，通过这种变换：

- 可以将以正弦载波为中心产生的带通信号变换为等效的复数低通信号。
- 可以将带通系统变换为等效的复数低通系统，不管这个带通系统是线性信道还是具有频带中心频率的滤波器。

完成这两种变换时都不会产生信息的丢失，并且从数学上讲，通过变换可以使一个困难任务变为简单得多的适合于计算机仿真的任务。然而，在此过程中必须采用复变函数。

希尔伯特变换在第 7 章中也扮演了重要角色。在得到正交调制方法的过程中，我们指出在未知相位这一假设条件下，可以采用比莱斯分布这种传统方法更加简单的方式，推导出对二进制频移键控(FSK)和差分相移键控(DPSK)信号进行非相干检测的著名公式。

特色 3 离散时间信号处理

在第 2 章中，我们简单回顾了有限长冲激响应(FIR)或者抽头延迟线(TDL)滤波器，接着介绍了离散傅里叶变换(DFT)及其计算实现所用的著名的快速傅里叶变换(FFT)。FIR 滤波器和 FFT 算法的突出特点在于：

- 对升余弦谱(RCS)及其平方根形式(SQRCS)进行了建模，它在第 8 章中被用于消除带限信道中的 ISI。
- 实现了快衰落信道的 Jakes 模型，在第 9 章中进行了举例说明。
- 利用 FIR 滤波可以使信道衰落的最困难形式，即双扩展信道的数学阐述更加简洁(第 9 章)。

在离散时间信号处理中，另一个重要问题是线性自适应滤波，这个问题在下面两章中讨论。

- 在第 6 章中处理差分脉冲编码调制(DPCM)时，自适应预测器在发射机和接收机的组成中都是关键的功能模块。其出发点在于以增加计算复杂度为代价来保护信道带宽。这里描述的算法是广泛应用的最小均方(LMS)算法。
- 在第 7 章中，为了满足接收机与发射机同步的需要，描述了两个算法，一个是群时延(对定时恢复很关键）的递归估计，另一个是未知载波相位（对载波恢复很关键）的递归估计。这两个算法都是建立在 LMS 原理基础上的，因此可以保持其线性计算复杂度特性。

特色 4　数字用户线

第 8 章讨论了数字用户线（DSL），它是将以双绞线对为代表的线性宽带信道转化为离散多音（DMT）信道的关键工具，这样能够以每秒数兆比特的速度进行数据传输。此外，通过利用 FFT 算法，即在发射机中进行 FFT 逆运算而在接收机中进行 FFT 运算，使得这种变换真正具有了可实现性。

特色 5　分集技术

正如前面已经提到的，无线信道是数字通信最具挑战性的媒介之一。在无线信道上进行可靠数据传输的困难是由多径现象导致的。在第 9 章中，对解决这种实际困难的三种分集技术进行了讨论：

- 接收分集，这是一种传统方法，它在无线信道的接收端采用一个由多个天线构成的天线阵，并且各个天线的工作是相互独立的。
- 发射分集，它在无线信道的发射端采用两个或者多个独立工作的天线。
- 多输入多输出（MIMO）信道，它在无线信道的两端都采用多个天线（同样是独立工作的）。

在这三种分集形式中，从信息论的角度讲，MIMO 信道自然是最强大的，但这个优点是以增加计算复杂度为代价得到的。

特色 6　Turbo 码

差错控制编码是一种在噪声信道上进行可靠数据传输的最常用的技术。克劳德·香农留下的最富有挑战性的问题之一就是如何设计出一种能够非常接近香农极限的码。在过去四十多年里，文献中描述了越来越多的很有效的算法，然而只有 Turbo 码才具有最接近香农极限的殊荣，并且它是以一种在计算上切实可行的方式达到的。

Turbo 码和相应的最大后验概率估计（MAP）译码算法一起，占据了第 10 章中的大部分内容，其中还包括：

- MAP 算法的详细推导过程，以及说明其如何工作的例子。
- 外部信息转移（EXIT）图，它为 Turbo 码的设计提供了一种实验工具。
- Turbo 均衡，以便说明 Turbo 原理在差错控制编码以外领域中的应用。

特色 7　信息论知识的安排

一般而言，信息论都是直接放在差错控制编码这一章的前面的。但是在本书中，我们提前对其进行了介绍，这是因为：

信息论不仅是差错控制编码的重要基础，而且对数字通信中的其他论题而言也是非常重要的。

为了详细说明这一点：

- 在第 6 章中，讨论了信源编码与脉冲编码调制（PCM）、差分脉冲编码调制（DPCM）和增量调制这三种调制方式之间的联系。
- 在第 7 章中，对 *M* 进制 PSK 与 *M* 进制 FSK 进行了比较评价，这需要香农信息容量定律的有关知识。
- 第 8 章介绍的 DSL（数字用户线）的分析与设计，也是建立在香农信息容量定律之上的。
- 香农编码定理中的信道容量对于分集技术也是很重要的，尤其对第 9 章中讨论的 MIMO 类型的分集技术更是如此。

举例、计算机实验和习题

除第 1 章外，在其余 9 章中的每一章都提供了下列内容：

- 通过说明性的例子尽可能详细地对定理或者问题的理解进行强化，其中一些举例还以计算机实验的形式给出。
- 对大量的章末习题按照各小节内容进行分类，以便配合每一章中所讨论的内容，这些习题包含了从相对容易的到更具有挑战性的各种层次。
- 除正文中提供了面向计算机的举例外，在章末习题中还额外包含了 9 个面向计算机的实验。

本书所有面向计算机的例子以及在计算机上完成的其他计算的 MATLAB 源代码都可以通过网址 www.wiley.com/college/haykin 得到。

附录

在本书末尾还提供了 11 个附录，它们进一步拓宽了正文包含的理论和实际知识的范围：

- 附录 A 介绍了高级概率模型，包含卡方分布、对数正态分布，以及将瑞利分布作为其特殊情形，并且在某种程度上与莱斯分布类似的 Nakagami 分布。此外还包含了一个举例，以按步骤的方式解释了 Nakagami 分布如何以近似方式逐步演化为对数正态分布，从而说明了这种分布的适应能力。
- 附录 B 推导了 Q 函数的界。
- 附录 C 对普通贝塞尔函数及其修正形式进行了讨论。
- 附录 D 阐述了求解约束最优化问题的拉格朗日乘子方法。
- 附录 E 在两种情况下推导出了 MIMO 信道的信道容量公式：一种情况是假设发射机没有信道的知识，另一种情况是假设发射机可以通过窄带反馈链路获得信道知识。
- 附录 F 讨论了交织的思想，这是解决无线通信中出现的突发干扰信号所需要的。
- 附录 G 讨论了峰值功率降低（PAPR）问题，这是在无线通信和 DSL 应用中采用正交频分复用（OFDM）技术带来的问题。
- 附录 H 对非线性固态功率放大器进行了讨论，它对于无线通信中电池的有限寿命起着至关重要的作用。
- 附录 I 简单介绍了蒙特卡罗积分，这是能够解决数学上难以处理的问题的定理。
- 附录 J 对最大长度序列进行了研究，这种序列也称为 m 序列，它由线性反馈移位寄存器（LFSR）产生。最大长度序列（可视为伪随机噪声）的一个重要应用是为码分多址（CDMA）设计直接序列扩谱通信。
- 最后，在附录 K 中提供了一些数学公式和函数的有用列表。

小结

在本书的写作过程中，每一步努力都是为了使本书内容以最容易阅读的方式呈现在读者面前，以便加强其对所涵盖内容的理解。另外，在每章内部或者各章之间还包含了互相参照的内容，以便在需要时可以随时得到。

最后，在作者和本书排版人员的共同努力下，我们尽可能使本书在人力所及的范围内不出现错误。尽管如此，在本书出版以后，作者仍然非常乐意收到发现有关任何错误的反馈。

致谢

在本书的写作过程中，始终得益于很多人员在技术上提供的帮助和长期支持。

非常感谢世界范围内的同事在技术上提供的大力帮助，才使本书具有显著的特色，按照首字母顺序，他们分别是：

- Notre Dame 大学的 Jr. Daniel Costello 博士，他阅读了第 10 章中关于最大似然译码和最大后验译码方面的内容并提出了有益的建议。
- 麻省理工学院(MIT)的 Dimitri Bertsekas 博士，他授权我使用其合著的概率论著作中 Q 函数的表，即本书第 3 章关于 Q 函数的表 3.1。
- 英国南安普顿大学的 Lajos Hanzo 博士，他对第 10 章中的 Turbo 码和低密度校验码给出了许多有益的建议。还需要特别感谢他帮助联系了其在南安普顿大学的同事 R. G. Maunder 博士和 L. Li 博士，他们在第 10 章中关于 UMTS-Turbo 码和 EXIT 图的计算机实验中提供了极大的帮助。
- 华盛顿 Catholic 大学的 Phillip Regalia 博士，他为第 10 章贡献了关于串行级联 Turbo 码这一节的内容。我自己按照本书的写作风格对这一节进行了编辑，并且对其内容全权负责。
- Kansas 大学的 Sam Shanmugan 博士，他对第 8 章中采用 FIR 滤波器和 FFT 算法描述升余弦谱(RCS)及其平方根形式(SQRCS)，第 9 章中实现 Jakes 模型以及其他面向仿真的问题都给出了深刻的建议。
- 加拿大 Alberta 大学的 Yanbo Xue 博士，他采用良好的 MATLAB 源代码完成了全书所有面向计算机的实验以及其他图形计算。
- 香港城市大学的 Q. T. Zhang 博士，他阅读了原稿的早期版本并且为其改进提供了许多有价值的建议。还要特别感谢他的学生 Jiayi Chen，他完成了附录 A 中关于 Nakagami 分布的图形计算。

我还特别感谢审阅了原稿初稿并提供了宝贵评价意见的下列评阅人员：

- 加利福尼亚大学的 Enger Ayanoglu
- 亚利桑那州立大学的 Tolga M. Duman
- 佛罗里达州立大学的 Bruce A. Harvey
- FAMU-FSU 工程学院的 Bing W. Kwan
- (美国)西北大学的 Chung-Chieh Lee
- 匹兹堡大学的 Heung-No Lee
- Brigham 青年大学的 Michael Rice
- 华盛顿大学的 James Ritcey
- 中央佛罗里达大学的 Lei Wei

如果没有下列人员的帮助，本书也是不可能得以出版的：

- John Wiley & Sons 出版社的助理编辑 Daniel Sayre 先生，他不仅一直保持着对本书的信心，而且在过去几年中还给予了持续的支持。我对 Daniel 先生为本书出版所做的工作表示深深的谢意。
- Newburyport, MA 的 Cindy Johnson 女士，她为本书的精美设计和排版投入了大量精力。我非常感激她为使本书在人力所及的范围内尽可能不出现印刷错误所做的孜孜不倦的努力。

我向每个人包括其他无法在本书中全部列出的所有人员致敬，因为他们个人和集体做出的贡献，没有他们的帮助这本书是无法完成的。

Simon Haykin
Ancaster, Ontario
Canada
Dec. 2012

WILEY

John Wiley 教学支持信息反馈表

www. wiley. com

老师您好，若您需要与 John Wiley 教材配套的教辅(免费)，烦请填写本表并传真给我们。也可联络 John Wiley 北京代表处索取本表的电子文件，填好后 e-mail 给我们。

原书信息
原版 ISBN：
英文书名(Title)：
版次(Edition)：
作者(Author)：

配套教辅可能包含下列一项或多项
教师用书(或指导手册)/习题解答/习题库/PPT 讲义/其他

教师信息（中英文信息均需填写）
- 学校名称（中文）：
- 学校名称（英文）：
- 学校地址（中文）：
- 学校地址（英文）：
- 院/系名称（中文）：
- 院/系名称（英文）：

课程名称（Course Name）：
年级/程度（Year/Level）：□大专　□本科　Grade：1 2 3 4　□硕士　□博士　□MBA　□EMBA
课程性质（多选项）：□必修课　□选修课　□国外合作办学项目　□指定的双语课程
学年（学期）：□春季　□秋季　□整学年使用　□其他（起止月份__________）
使用的教材版本：□中文版　□英文影印（改编）版　□进口英文原版（购买价格为____元）
学生：______个班共______人

授课教师姓名：
电话：
传真：
E-mail：

WILEY －约翰威立商务服务（北京）有限公司
John Wiley & Sons Commercial Service（Beijing）Co Ltd
北京市朝阳区太阳宫中路 12A 号，太阳宫大厦 8 层 805－808 室，邮政编码 100028
Direct +86 10 8418 7815　Fax +86 10 8418 7810
Email：iwang@wiley. com

目　　录

第1章　引　　言

1.1　历史背景

为了说明本书的写作动机，我们首先简单明了地对数字通信的历史背景进行介绍。在本章第一节中，我们将提到一些历史事件，它们会涉及那些对数字通信做出开创性新工作的贡献者，主要集中于三个重要方面：信息论与编码、互联网和无线通信。这三个方面均以它们各自的方式对数字通信产生了革命性的影响。

信息论与编码

数字通信的理论基础是由克劳德·香农于1948年在一篇论文中所建立的，这篇论文的题目是“通信的一种数学理论”。香农的论文很快就受到了狂热的称赞。或许正是因为这种反响，使得后来在与Warren Weaver合著的一本书出版时，香农将其经典论文的题目改成了“通信的数学理论”。值得注意的是，在1948年香农发表这篇经典论文以前，人们认为增加信道上的传输速率将会使差错概率也增加；当香农证明只要传输速率低于信道容量，这种结论不成立时，通信理论界感到非常震惊。

在1948年香农发表论文以后，接着在编码理论方面取得了三个突破性的进展，它们包括：

1. Golay和Hamming分别于1949年和1950年提出了第一个非平凡纠错编码。
2. Berrou，Glavieux和Thitimjshima于1993年提出了Turbo编码。在加性高斯白噪声环境下，Turbo编码能够提供接近最优的纠错编译码性能。
3. Gallager于1962年首先提出了低密度奇偶校验码(Low-Density Parity-Check，LDPC)，后来Tanner于1981年从图的观点对LDPC码给出了新的解释以后它又被重新发现了一遍。最重要的是，正是因为1993年Turbo码的发现才重新激发了人们对LDPC码的兴趣。

互联网

从1950年到1970年，人们对计算机网络开展了各种不同的研究工作。然而，就对计算机通信的影响而言，其中最重要的是高级研究计划局网络(Advanced Research Project Agency NETwork，ARPANET)，该网络于1971年投入使用。ARPANET的研究是在美国国防部的高级研究计划局(Advanced Research Project Agency，ARPA)的资助下开展的。在ARPANET中完成了分组交换(Packet switching)这一创举。1985年，ARPANET被更名为互联网(Internet)。然而，在互联网演进过程中的转折点发生在1990年，当时Berners-Lee提出了互联网的超媒体软件接口，它被命名为万维网(World Wide Web)。随即仅仅在大约2年的时间里，万维网就从毫不存在发展到了在全球范围内的广泛流行，最后在1994年被商业化。互联网通过一根网线，大大改变了我们日常交流的方式。

无线通信

在1864年，James Clerk Maxwell建立了光的电磁理论，并且预言无线电波是存在的。将电与磁这两个物理量联系起来的四个联立方程从此刻上了他的名字。后来在 19 世纪 80 年代①, Henrich Herz 通过实验验证了无线电波是存在的。

然而, 直到 1901 年 12 月 12 日, Guglielmo Marconi 才在(加拿大)纽芬兰(Newfoundland)的"信号山"(Signal Hill)接收到无线电信号; 该无线电信号是从横跨大西洋的 2100 英里②以外英格兰的康沃尔郡(Cornwall)发出的。最后要指出的是, 在无线通信的早期, 是 Fessenden 这个自学成才的学者在 1906 年做出了值得载入史册的重要事情, 他制作了第一台无线电广播机, 利用一种后来被称为幅度调制(Amplitude modulation, AM)的技术来传输音乐和声音。

在 1988 年, 第一个数字蜂窝系统在欧洲建立, 它被称为全球移动通信系统(Global System for Mobile Communications, GSM)。建立 GSM 的最初目的, 是提供一个可以替代各种互不兼容的模拟无线通信系统的泛欧标准。在建设 GSM 以后, 很快又提出了北美 IS-54 数字标准。正如互联网一样, 无线通信也大大改变了我们日常交流的方式。

我们在上述三个标题下介绍的内容, 即信息论与编码、互联网和无线通信, 它们不仅使通信完全数字化, 并且也改变了通信世界, 使之全球化。

1.2 通信过程

今天, 通信以如此多的形式深入到我们的日常生活, 以至于很容易忽略其自身的多面性。我们手中的电话和移动智能手机、卧室里的收音机和电视机、办公室和家里可接入互联网的计算机终端, 以及报纸都可以提供来自于全球每个角落的快速通信。通信为远海中的舰船、空中的飞机以及太空中的火箭和卫星提供了感知能力。无论在什么地方, 利用无线电话的通信都可以使轿车司机能够与数英里以外的办公室或者家里保持联系。通信为社交网络以不同方式(文本、对话、视频)的相互吸引提供了手段, 由此世界各地的人们能够彼此相识。通信使天气预报员能够播报由许多传感器和卫星测量得到的气象情况。事实上, 涉及用一种或另一种方式使用通信的应用清单几乎是无限多的。

从最本质的意义上讲, 通信将信息从一点传输到另一点, 包含了下面一系列过程:

1. 产生消息信号(Message signal)——声音、音乐、图片或者计算机数据等。
2. 利用一组符号(Symbol)——电子的、听觉的或者视觉的符号, 在某种精度下对消息信号进行描述。
3. 以适当的形式对这些符号进行编码(Encoding), 以便能在感兴趣的物理媒介中进行传输。
4. 将编码后的符号传输(Transmission)到期望的目的地。
5. 译码(Decoding)和再生(Reproduction)原始符号。
6. 重构(Re-creation)出在一定程度上质量有所下降的原始消息信号, 这种质量降低是由系统中不可避免存在的非理想特性导致的。

当然, 还存在许多其他形式的通信, 它不能实时地直接涉及人类的思想。例如, 在包含两个或者更多计算机之间进行通信的计算机通信(Computer communication)中, 只有在为计算机编制程序或者指令, 或者在对结果进行监视时, 人类决策才能够参与。

不管通信过程考虑采用什么形式, 在每个通信系统中都包含三个基本要素, 即发射机(Transmitter)、信道(Channel)和接收机(Receiver), 如图 1.1 所示。发射机位于一点, 接收机位于与发射机位置不同的其他某点, 信道则是将它们连接成一个完整通信系统的物理媒介。发射机的目的是将信源(Source of information)产生的消息信号转化为适合在信道上传输的形式。然而, 当发射信

① 文献记载应该在 1886 年至 1888 年间, 也有文献指出在 1888 年实验成功。——译者注

② 1 英里(mile) = 1.609 km。——编者注

号沿着信道进行传播时，由于信道的不完美性会使其产生失真。并且，在信道输出中还会增加噪声和干扰信号（由其他信源产生），导致接收信号（Received signal）是发射信号（Transmitted signal）受到污染的形式。接收机的任务是对接收到的信号进行处理的，以便为终端用户或者信宿（Information sink）重构出原始消息信号的可识别的形式。

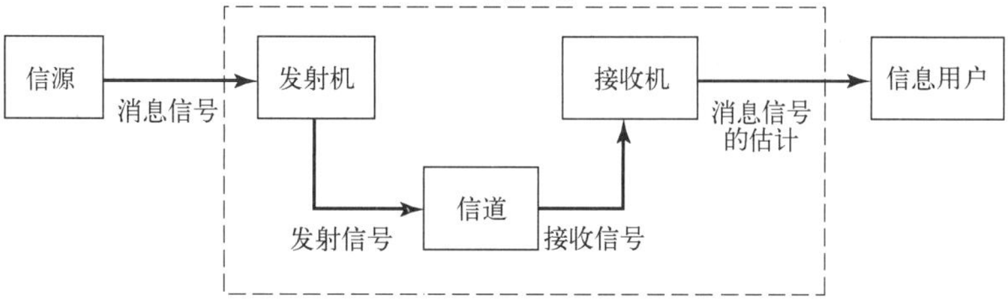

图 1.1 通信系统的要素

有两种基本的通信模式：

1. 广播模式（Broadcasting），它采用单个功率很大的发射机和很多个相对廉价的接收机。在这种情况下，携带信息的信号只沿着一个方向流动。
2. 点对点通信模式（Point-to-point communication），其通信过程是在单个发射机和一个接收机之间的链路上发生的。在这种情况下，携带信息的信号通常是双向流动的，从而要求在链路的两端都把发射机和接收机结合使用[即收发机（Transceiver）]。

无论是哪一种通信系统，其通信过程在本质上都是统计的。事实上，正是由于这个重要原因，本书许多内容都涉及数字通信系统的统计基础。为此，我们讨论了许多在学习数字通信过程中涉及的众多基本问题。

1.3 多址技术

现在继续讨论通信过程，多址（Multiple-access）是许多用户或者本地台站能够同时或者几乎同时共享使用通信信道的一种技术，尽管它们各自的传输可能起源于很不相同的位置。如果用另一种方式来表述，可以说多址技术是允许通信信道资源被那些试图相互通信的大量用户共享的一种技术。

需要注意的是，多址技术和多路复用（Multiplexing）技术之间存在以下细微区别：

- 多址技术指的是远程共享通信信道，比如被位置高度分散的用户所共享的卫星或者无线电信道。另一方面，多路复用技术指的是诸如被局限于本地位置的用户所共享的电话信道这类信道。
- 在多路复用系统中，用户需求通常是固定的。相反，在多址系统中，用户需求却可能随着时间发生巨大变化，在这种情况下具有动态信道分配的设备是有必要的。

由于很明显的原因，人们期望在多址系统中，信道资源的共享可以在系统用户之间不产生严重干扰的情况下完成。在此背景下，我们可以确定 4 种基本的多址类型。

1. 频分多址（Frequency-Division Multiple Access，FDMA）

在这种技术中，将不相交的子频带连续地分配给不同的用户。为了降低分配给相邻信道频带的用户之间的干扰，采用保护频带（Guard bands）作为缓冲区，如图 1.2(a)所示。由于不可能实现理想的滤波或者对不同用户进行分离，保护频带是有必要的。

2. 时分多址（Time-Division Multiple Access，TDMA）

在这种技术中，每一个用户都分配整个信道的频谱，但是只能占用短暂的时间，这段时间被称为时隙(Time slot)。正如图 1.2(b)所示，在分配的各个时隙之间插入了保护时间(Guard time)这种形式的缓冲区。这样可以允许由于系统缺陷(特别是在同步设计中)产生的时间不确定性，从而降低用户之间的干扰。

3. 码分多址(Code-Division Multiple Access，CDMA)

在 FDMA 技术中，信道资源是通过沿着频率坐标轴将其分割为不相交的频带来实现共享的，如图 1.2(a)所示。在 TDMA 技术中，信道资源则是通过沿着时间坐标轴将其分割为不相交的时隙来实现共享的，如图 1.2(b)所示。在图 1.2(c)中，我们通过采用 FDMA 和 TDMA 的混合组合展示出了另外一种共享信道资源的技术，它代表了码分多址(CDMA)的一种具体形式。例如，可以采用跳频(Frequency Hopping，FH)技术来确保在每个相邻时隙内，分配给用户的频带实际上是以随机方式进行重新安排的。具体而言，在第 1 个时隙内，用户 1 占用频带 1，用户 2 占用频带 2，用户 3 占用频带 3，以此类推。在第 2 个时隙内，用户 1 跳到频带 3，用户 2 跳到频带 1，用户 3 跳到频带 2，等等。这种分配看起来好像用户在玩一种抢座位的游戏。CDMA 技术相对于 FDMA 和 TDMA 技术的一个重要优点，是它可以提供安全的(Secure)通信。在图 1.2(c)所示的 CDMA 类型中，跳频机制可以通过采用伪噪声(Pseudo-Noise，PN)序列来实现。

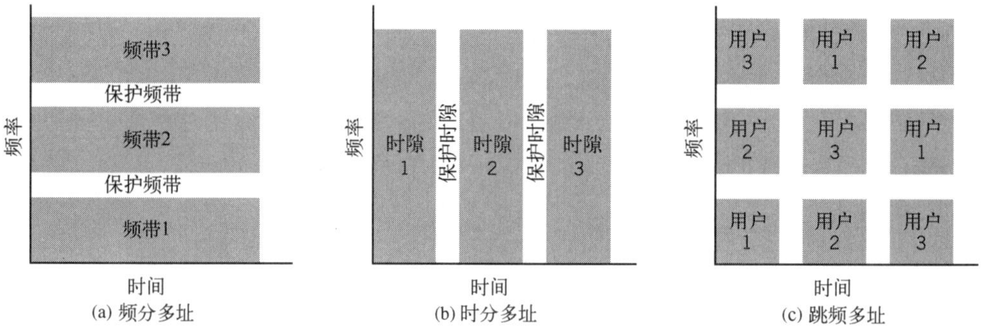

图 1.2 说明多址技术思想的示意图

4. 空分多址(Space-Division Multiple Access，SDMA)

在这种多址技术中，资源分配是通过利用各个用户的空间分离来实现的。特别地，多波束天线(Multibeam antenna)使无线电信号指向不同方向来对其进行分离。这样，不同用户可以在相同频率或者相同时隙同时接入信道。

上面这些多址技术具有一个共同特点：它们都是通过利用时间、频率或者空间上的不相交性(或者在较宽松意义上的正交性)来分配通信信道资源的。

1.4 网络

如图 1.3 所示，一个通信网络(Communication network)或者简称网络(Network)[1]是由许多由智能处理器(如微计算机)组成的节点(Node)相互连接所构成的。这些节点的主要目的是为数据在网络内流动提供路由。每个节点都有一个或者多个与之相连的终端，终端是指希望通信的设备。网络被设计作为在终端之间有效地进行数据交换的共享资源，并且还提供一种可以支持新的应用和服务的架构。传统电话网络是通信网络的一个例子，它采用电路交换(Circuit switching)方法为两个终端之间提供专用的通信路径或者电路(Circuit)。电路是由信源到目的地的一系列互联的链路所组成的。这种链路可以由时分复用(Time-Division Multiplexed，TDM)系统中的时隙组成，或者由频分复用(Frequency-Division Multiplexed，FDM)系统中的频率间隙(Frequency slot)组成。电路一旦建立起来，则在整个传输过程中都必须保持不间断。电路交换通常在已知网络结构的情况下，采用集中式分层控制机制来控制。为了建立电路交换连接，网络中必须具有一条路径可以被希望相互通信的两个终端专用。特别地，在开始传输以前，呼叫请求信号必须一直传播到目的地并且被应答。于是，网络对用户而言实际上就是透明的。这意味着在连接期间，分配给该电路的带宽和资源实质上是被这两个终端所“拥有”的，直到电路断开为止。因此，从分配带宽被合理利用的程度来讲，电路交换代表一种有效利用资源的方法。尽管电话网络被用于传输数据，但语音仍然占据网络流量的大部分。事实上，电路交换非常适合于传输话音信号，因为与建立电路所需的时间(大约0.1~0.5 s)相比，话音交谈的时间通常比较长(平均约为2 min)。并且在大多数话音交谈时，信息流在连接时间中所占的百分比相对比较大，这也使得电路交换更加适合用于话音交谈。

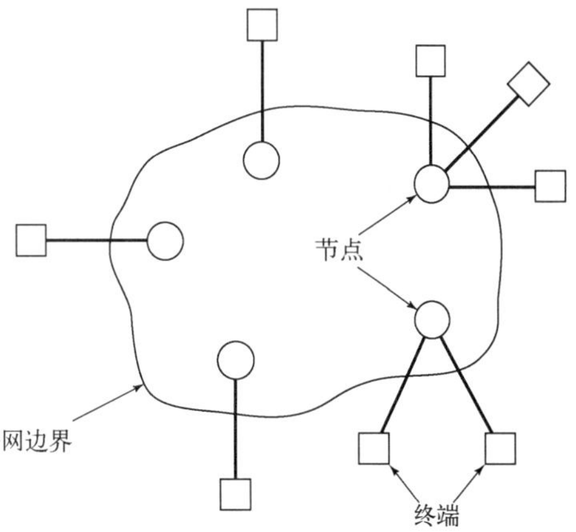

图1.3 通信网络

在电路交换中，通信链路是在固定(Fixed)分配基础上被使用该链路的不同会话(Session)所共享的。另一方面，在分组交换(Packet switching)中，共享是在需求(Demand)的基础上实现的，因此与电路交换相比，它的优势在于，当某个链路有业务需要发送时，该链路的使用可能会更加充分。

分组交换的基本网络原理是“存储-转发”。特别地，在分组交换网络(Packet-switched network)中，比规定容量更大的任意消息在传输以前都被分割为不超过规定容量的小段。这些小段通常被称为“分组”(Packet)。原始消息在目的地以分组为基础进行重新组合。网络可以视为网络资源(Network resource)(如信道带宽、缓冲器以及交换处理器等)的分布式水池，其容量被那些希望相互通信的竞争用户(终端)所动态共享(Shared dynamically)。相反，在电路交换网络中，资源在一对终端进行会话的整个期间都被它们所专用。因此，分组交换更加适合于计算机通信环境，其中“突发”数据以随机的方式在终端之间进行交换。然而，采用分组交换要求根据用户的需求很好地进行控制，否则网络将被严重滥用。

数据网络(即其站点都是由计算机和终端组成的网络)的设计可以按照分层结构(Layered architecture)来进行，这种结构被视为各层嵌套的分层体系。一个层(Layer)是指在计算机系统内的设计用于完成特有功能的一个过程或者设备。显然每层的设计者都将非常熟悉其内部细节和操作。然而，在系统层次，用户仅仅将每层视为一个“黑匣子”，它是用输入、输出及其功能关系来描述的。在分层结构中，每一层都将下一级更低的层视为一个或者多个黑匣子，这些黑匣子具有更高层级用到的某些指定功能。于是，在数据网络中高度复杂的通信问题就被分解为一组容易处理的具有明确定义的连锁功能。正是按照这种推理思路，使得国际标准化组织的一个分会提出了开放系统互联(Open Systems Interconnection, OSI)[2]参考模型(Reference model)。这里的术语“开放”是指符合参考模型及其相关标准的任意两个系统都具有互联的能力。

在OSI参考模型中，通信及相关的连接功能都被组织为一系列接口(Interfaces)被明确定义的层(Layer)或者级(Level)，并且每一层都建立在其前一层基础上。特别地，每一层都完成基本功能的一个子集，并且它还需要依靠下一个低层级来完成另外的基本功能。此外，每一层都对下一个高层级提供某种服务，并且还对其屏蔽掉这些服务的实现细节。在每对层级之间都有一个接口(Interface)，正是这个接口定义了低层向高层提供的服务。

OSI模型由7层组成，如图1.4所示。图中还对模型中各个层的功能进行了描述。假设在系统A的第k层与某个系统B的第k层按照一组规则和约定进行通信，这些规则和约定共同构成了第k层协议(Protocol)，其中$k=1,2,\cdots,7$(术语“协议”是从日常用法中借用过来的，表示人类之间约定的社交行为)。在不同系统中组成对应层的实体被称为对等过程(Peer processes)。换句话说，通信行为是在两个不同系统中的对等过程按照协议进行通信来实现的，协议本身是由一组程序规则来定

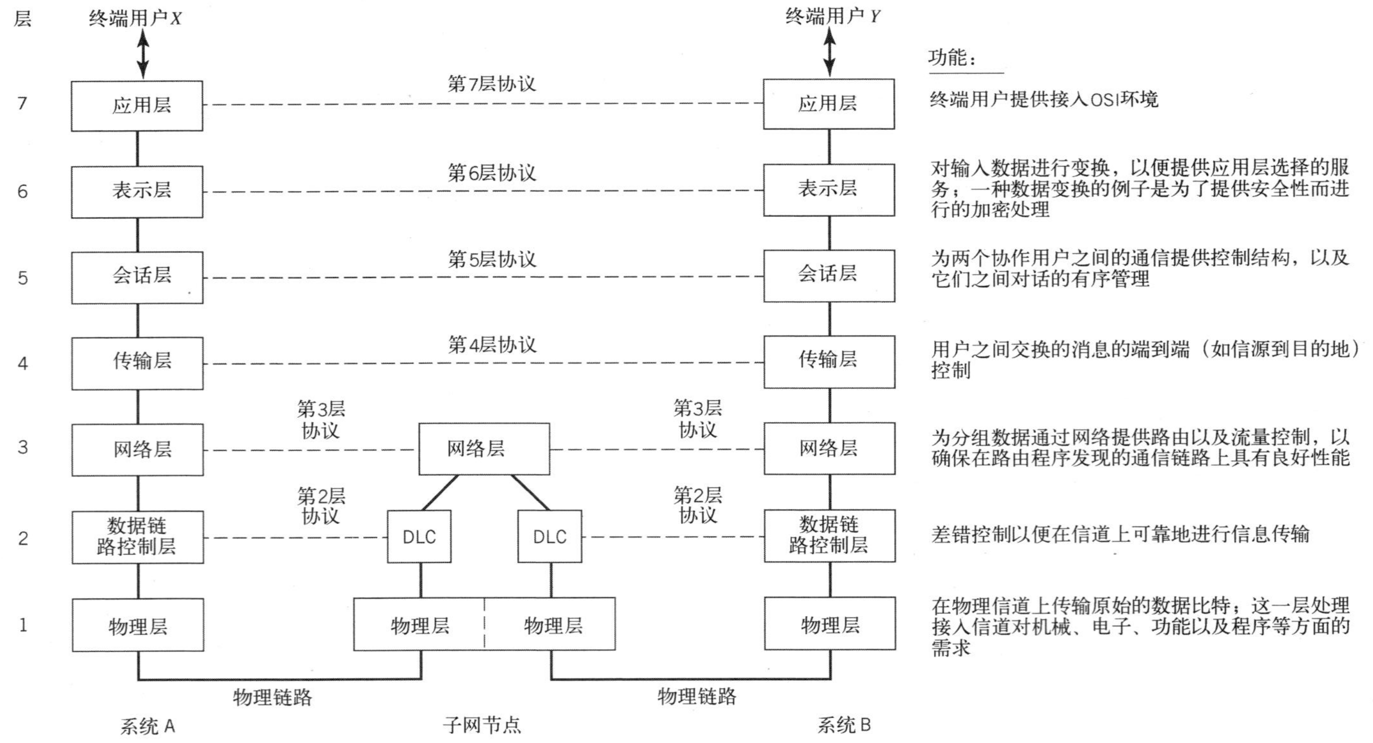
层
终端用户X
终端用户Y
功能：
7
6
5
4
3
2
1
应用层
表示层
会话层
传输层
网络层
数据链路控制层
物理层
第7层协议
第6层协议
第5层协议
第4层协议
第3层协议
第2层协议
DLC
物理链路
系统A
子网节点
系统B
终端用户提供接入OSI环境
对输入数据进行变换，以便提供应用层选择的服务；一种数据变换的例子是为了提供安全性而进行的加密处理
为两个协作用户之间的通信提供控制结构，以及它们之间对话的有序管理
用户之间交换的消息的端到端（如信源到目的地）控制
为分组数据通过网络提供路由以及流量控制，以确保在路由程序发现的通信链路上具有良好性能
差错控制以便在信道上可靠地进行信息传输
在物理信道上传输原始的数据比特；这一层处理接入信道对机械、电子、功能以及程序等方面的需求

图1.4　OSI模型；DLC代表数据链路控制（Data Link Control）

义的。在两个对等过程之间的物理通信只在第 1 层存在。另一方面，第 2 层到第 7 层都是在与其远端的对等过程进行虚拟通信（Virtual communication）。然而，这 6 层中的每一层都能够通过层与层之间的接口与其相邻层（下一层或者上一层）交换数据和控制信息。在图 1.4 中，物理通信用实线来显示，而虚拟通信则用虚线显示。OSI 参考模型的 7 层涉及的基本原理如下：

1. 每一层都完成具有明确定义的功能。
2. 边界是在业务描述很小的点处划分的，并且使边界之间的交互次数尽可能最小。
3. 层是根据容易定位的功能产生的，使得模型结构允许对层协议的修改能够反映出技术的发展而不会对其他层产生影响。
4. 在某些点划分边界时，还需要考虑到相关接口的标准化问题。
5. 只有当需要采用不同抽象层级来处理数据时，才建立一个层级。
6. 采用层级的数量应该足够大，能够对不同层分配不同的功能，同时还应该足够小，以保持模型结构易于处理。

需要注意的是，OSI 参考模型并不是一个网络结构，而是计算机通信的一个国际标准，它只规定了每层需要完成的功能。

1.5　数字通信

现在的公众通信网络都是非常复杂的系统。特别地，公用电话交换网络（Public Switched Telephone Network，PSTN）、互联网和无线通信（包括卫星通信）都能为城市之间、跨海以及不同国家、语言和文化之间提供无缝连接，因此可以将地球称为“地球村”。

在 OSI 模型中有三层会对数字通信系统的设计产生影响，这三层也是本书感兴趣的主题：

1. 物理层（Physical layer）。这个 OSI 模型的最低层体现了在通信网络中任意一对节点之间传输比特（即二进制数字）所用到的物理机制。两个节点之间的通信是通过在发射机进行调制，然后经过信道进行传输，最后在接收机进行解调等过程来实现的。完成调制（Modulation）和解调（Demodulation）的模块通常被称为调制解调器（Modem）。
2. 数据链路层（Data-link layer）。通信链路几乎总是会受到不可避免的噪声和干扰的污染。因此，数据链路层的一个目的是完成纠错（Error correction）或者检测（Detection），尽管物理层也具有这项功能。通常数据链路层将重新发送那些接收错误的数据包，但是在有些应用中，数据链路层也会丢弃这些接收错误的数据包。另外，这一层还负责不同用户共享传输媒质的方式。数据链路层的一部分称为媒体访问控制（Medium Access Control，MAC）子层，它主要负责把数据帧发送到共享的传输媒质上而不会对其他节点产生干扰。这个方面被称为多址通信。
3. 网络层（Network layer）。这个层具有几个功能，其中一个是确定信息的路由（Routing），使之从信源传输到最终的目的地。第二个功能是确定服务质量（Quality of service）。第三个功能是流量控制（Flow control），以确保网络不会造成拥塞。

上述是在 7 层模型中针对通信过程中存在功能的有关 3 层模型。尽管这 3 层只占据了 OSI 模型中的一个子空间，但它们完成的功能对该模型却是异常重要的。

数字通信系统框图

通常而言，在设计数字通信系统时，信源、通信信道和信宿（终端用户）都是明确的。存在的挑战是在下列指导原则下对发射机和接收机进行设计：

- 对信源产生的消息信号进行编码/调制，然后发送到信道上，并且在满足终端用户需求的条件下在接收机输出端产生它的“估计”。
- 以可承受的成本完成上述任务。

在图 1.5 中框图所代表的数字通信系统(Digital communication system)中，其基本原理根植于信息论，从信道的远端开始的发射机和接收机的功能块按下列关系成对出现：

- 信源编码-译码
- 信道编码-译码
- 调制器-解调器

信源编码器将冗余信息从消息信号中去掉，并且负责对信道的有效利用。得到的符号序列被称为信源码字(Source codeword)。然后由信道编码器对数据流进行处理，得到的新的符号序列被称为信道码字(Channel codeword)。由于在构造时加入了可控的(Controlled)冗余，信道码字比信源码字更长。最后，调制器用对应的模拟符号来表示出每个信道码字的符号，这些模拟符号是从可能的模拟符号组成的有限集合中适当选取出来的。调制器产生的模拟符号序列被称为波形(Waveform)，它是适合在信道上传输的。在接收端，信道输出(接收到的信号)按照与发射端中相反的顺序来处理，从而重构出原始消息信号的可识别形式。重构的消息信号最终被送到目的地的信息用户。从上面的描述来看，很明显设计一个数字通信系统从概念术语来讲是相当复杂的，但是画出来却比较容易。并且，这个系统是鲁棒的(Robust)，比它对应的模拟系统忍耐物理效应(如温度变化、老化、机械振动等)的能力更强，因此数字通信的应用越来越广泛。

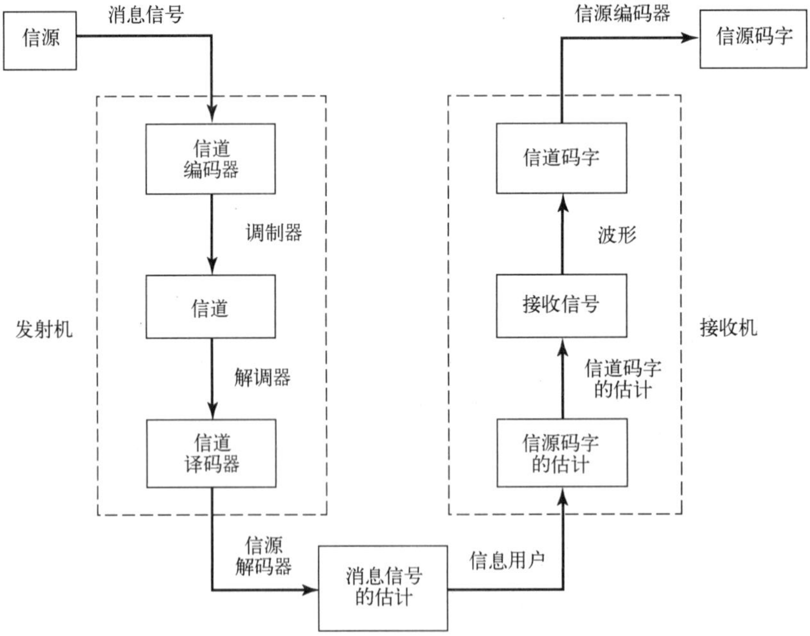

图 1.5 数字通信系统框图

1.6 本书组织结构

本书的主要部分包含 10 章内容，在本章引言部分以后，分为 5 个篇幅不同的部分，现简要总结如下。

1. 数学背景

第 2 章详细介绍傅里叶变换及其性质和算法实现。本章还包括下列两个重要的相关问题：

- 希尔伯特变换，这种变换为在不丢失信息的情况下，将实值带通信号和系统变换为其低通等效表示提供了数学基础。
- 模拟调制理论，通过回顾这些知识可以更深刻地理解模拟通信与数字通信之间的联系。

第 3 章对概率论和贝叶斯推理的数学基础进行介绍，理解这些内容对于学习数字通信而言是必不可少的。

第 4 章专门对随机过程进行研究，该理论是表示信源和通信信道特征的基础。

第 5 章从信源编码、信道容量和率失真理论等几个方面讨论了信息论的基本限制。

2. 从模拟通信过渡到数字通信

这部分内容在第 6 章中讨论。其中介绍了将模拟波形转化为数字编码序列的不同方法。

3. 信号传输技术(Signaling techniques)

本书第三部分包括下列三章内容：

- 第 7 章讨论了在加性高斯白噪声(Additive White Gaussian Noise, AWGN)信道上的不同信号传输技术。
- 第 8 章讨论了在带限信道上的信号传输技术，比如在电话信道和互联网上进行数据传输。
- 第 9 章讨论了在衰落信道上的信号传输技术，比如在无线通信中的情形。

4. 差错控制编码

数据在通信信道上传输的可靠性是一个非常重要的实际问题。在第 10 章中，讨论了在发送端对消息序列进行编码并在接收端对其进行译码的不同方法。这里，我们介绍了两类差错控制编码技术：

- 源于代数学的经典编码技术。
- 新一代的概率组合编码技术，代表性的是 Turbo 编码和 LDPC 编码。

5. 附录

最后，本书包含的附录中还提供了各章中可能需要用到的一些相关知识。

注释

[1] 如果需要详细讨论通信网络，可以参考 Tanenbaum 所著的经典著作《计算机网络》(Computer Networks,2003)。

[2] OSI 参考模型是国际标准化组织(International Organization for Standardization, ISO)的一个分会在 1977 年提出的。如果需要了解 OSI 7 层模型所涉及的基本原理以及对各层的具体描述，可以参考 Tanenbaum 的著作(2003)。

第 2 章　信号与系统的傅里叶分析

2.1　引言

通信系统的研究内容包括：

- 对发射机输出产生的调制消息信号进行处理，使之更容易在物理信道上进行传输。
- 对接收机中接收到的信号进行后续处理，以便将原始消息信号的估计值传送给接收机输出端的用户。

在上述学习过程中，信号与系统的表示（Representation of signals and systems）起着至关重要的作用。更具体地说，傅里叶变换（Fourier transform）在其表示中扮演了关键角色。

傅里叶变换在信号的时域表示（即波形）及其频域描述（即频谱）之间提供了数学纽带。更重要的是，我们可以在信号的这两种描述方法之间来回转化而不会造成信息的丢失。事实上，我们可以在线性系统的表示中进行类似的变换。在这种情况下，线性时不变系统的时域和频域描述分别用其冲激响应和频率响应来定义。

鉴于上述情况，我们首先通过复习傅里叶分析来开始学习通信系统的数学知识。这种回顾反过来又为带通信号与系统的简单表示奠定了基础，这些表示方法在后续章节中将会用到。我们在后面的两节中，首先学习如何将周期信号的傅里叶级数表示转化为非周期信号的傅里叶变换表示。

2.2　傅里叶级数

令 $g_{T_0}(t)$ 表示周期信号（Periodic signal），其中下标 T_0 表示周期长度。利用这个信号的傅里叶级数展开（Fourier series expansion），可以将其分解为下式表示的正弦项和余弦项的无穷求和

$$g_{T_0}(t) = a_0 + 2\sum_{n=1}^{\infty}[a_n\cos(2\pi nf_0t) + b_n\sin(2\pi nf_0t)] \tag{2.1}$$

其中

$$f_0 = \frac{1}{T_0} \tag{2.2}$$

为基频（Fundamental Frequency）。系数 a_n 和 b_n 分别表示余弦项和正弦项的幅度。nf_0 表示基频 f_0 的第 n 次谐波。每一项 $\cos(2\pi nf_0t)$ 和 $\sin(2\pi nf_0t)$ 都被称为基函数（Basis function）。这些基函数构成了区间 T_0 上的一组正交集（Orthogonal set），因为它们满足下列三个条件：

$$\int_{-T_0/2}^{T_0/2}\cos(2\pi mf_0t)\cos(2\pi nf_0t)\mathrm{d}t = \begin{cases} T_0/2, & m = n \\ 0, & m \neq n \end{cases} \tag{2.3}$$

$$\int_{-T_0/2}^{T_0/2}\cos(2\pi mf_0t)\sin(2\pi nf_0t)\mathrm{d}t = 0, \qquad \text{全部 } m \text{ 和 } n \tag{2.4}$$

$$\int_{-T_0/2}^{T_0/2}\sin(2\pi mf_0t)\sin(2\pi nf_0t)\mathrm{d}t = \begin{cases} T_0/2, & m = n \\ 0, & m \neq n \end{cases} \tag{2.5}$$

为了确定出系数 a_0，我们在一个完整周期内对式（2.1）两端求积分。于是可以发现，a_0 是周期信号 $g_{T_0}(t)$ 在一个周期上的均值（Mean value），可以表示为时间平均

$$a_0 = \frac{1}{T_0}\int_{-T_0/2}^{T_0/2} g_{T_0}(t)\,\mathrm{d}t \tag{2.6}$$

为了确定出系数 a_n，我们将式(2.1)两端乘以 $\cos(2\pi n f_0 t)$，并且在区间 $-T_0/2$ 到 $T_0/2$ 上求积分。于是，利用式(2.3)和式(2.4)，可以发现

$$a_n = \frac{1}{T_0}\int_{-T_0/2}^{T_0/2} g_{T_0}(t)\cos(2\pi n f_0 t)\,\mathrm{d}t, \qquad n = 1, 2, \cdots \tag{2.7}$$

类似地，有

$$b_n = \frac{1}{T_0}\int_{-T_0/2}^{T_0/2} g_{T_0}(t)\sin(2\pi n f_0 t)\,\mathrm{d}t, \qquad n = 1, 2, \cdots \tag{2.8}$$

现在，存在的基本问题是：

给定一个周期为 T_0 的周期信号 $g_{T_0}(t)$，我们如何知道式(2.1)中的傅里叶级数展开是收敛的，即展开式中的无穷项求和完全等于 $g_{T_0}(t)$？

为了解决这个基本问题，必须要证明，对于按照式(2.6)到式(2.8)计算出来的系数 a_0，a_n 和 b_n 而言，这个级数将会确实收敛到 $g_{T_0}(t)$。一般来说，对于任意波形的周期信号 $g_{T_0}(t)$，无法确保式(2.1)中的级数将会收敛到 $g_{T_0}(t)$，或者确保系数 a_0，a_n 和 b_n 会存在。严格意义上讲，如果信号 $g_{T_0}(t)$ 满足下述 Dirichlet 条件[1]，则可以说周期信号 $g_{T_0}(t)$ 能够用傅里叶级数进行展开：

1. 函数 $g_{T_0}(t)$ 在区间 T_0 内是单值函数。
2. 函数 $g_{T_0}(t)$ 在区间 T_0 内至多具有有限个间断点。
3. 函数 $g_{T_0}(t)$ 在区间 T_0 内的最大值和最小值个数是有限的。
4. 函数 $g_{T_0}(t)$ 是绝对可积的，即

$$\int_{-T_0/2}^{T_0/2} \left|g_{T_0}(t)\right|\mathrm{d}t < \infty$$

然而，从工程角度来看，可以充分地说通信系统中遇到的周期信号都满足 Dirichlet 条件。

复指数傅里叶级数

利用复指数可以将式(2.1)中的傅里叶级数变为更加简洁、优美的形式。为此，将余弦和正弦的指数形式代入式(2.1)，即

$$\cos(2\pi n f_0 t) = \frac{1}{2}[\exp(\mathrm{j}2\pi n f_0 t) + \exp(-\mathrm{j}2\pi n f_0 t)]$$

$$\sin(2\pi n f_0 t) = \frac{1}{2\mathrm{j}}[\exp(\mathrm{j}2\pi n f_0 t) - \exp(-\mathrm{j}2\pi n f_0 t)]$$

其中，$\mathrm{j} = \sqrt{-1}$。于是得到

$$g_{T_0}(t) = a_0 + \sum_{n=1}^{\infty}[(a_n - \mathrm{j}b_n)\exp(\mathrm{j}2\pi n f_0 t) + (a_n + \mathrm{j}b_n)\exp(-\mathrm{j}2\pi n f_0 t)] \tag{2.9}$$

通过下式令 c_n 表示与 a_n 和 b_n 相关的复系数

$$c_n = \begin{cases} a_n - \mathrm{j}b_n, & n > 0 \\ a_0, & n = 0 \\ a_n + \mathrm{j}b_n, & n < 0 \end{cases} \tag{2.10}$$

于是，可以将式(2.9)简化为

$$g_{T_0}(t) = \sum_{n=-\infty}^{\infty} c_n \exp(\mathrm{j}2\pi n f_0 t) \tag{2.11}$$

其中

$$c_n = \frac{1}{T_0}\int_{-T_0/2}^{T_0/2} g_{T_0}(t)\exp(-\mathrm{j}2\pi n f_0 t)\,\mathrm{d}t, \qquad n = 0, \pm 1, \pm 2, \cdots \tag{2.12}$$

式(2.11)中的级数展开被称为复指数傅里叶级数(Complex exponential Fourier series)。c_n被称为复傅里叶系数(Complex Fourier coefficient)。

给定一个周期信号 $g_{T_0}(t)$，式(2.12)指出我们可以确定出全部复傅里叶系数。另一方面，

式(2.11)指出，给定这些系数集，可以准确地重构出原始周期信号 $g_{T_0}(t)$。

式(2.12)右边的积分称为信号 $g_{T_0}(t)$ 与基函数(Basis function) $\exp(-\mathrm{j}2\pi n f_0 t)$ 的内积(Inner product)，利用这些基函数的线性组合，所有平方可积函数都可以表示为式(2.11)的形式。

根据上述表示，一个周期信号包含了与基频f_0有关的所有谐波频率(包括正频率和负频率)。存在负频率的原因，仅仅是因为式(2.11)所描述的信号的数学模型需要用到负频率这一事实。事实上，这种表示方法还需要用到复值基函数即 $\exp(\mathrm{j}2\pi n f_0 t)$，它也不具有物理意义。采用复值基函数和负频率分量的原因，仅仅是为周期信号提供一个简洁的数学描述形式，这对于理论研究和实际工作都是很方便的。

2.3 傅里叶变换

在前一节中，我们利用傅里叶级数来表示周期信号。现在，希望对非周期信号 $g(t)$ 也得到一种类似的表示方法。为此，首先构造一个周期为 T_0的周期函数 $g_{T_0}(t)$，其方法是令 $g(t)$ 准确定义该周期函数的一个周期，如图 2.1 所示。在极限情况下，令周期 T_0变为无穷大，使得可以将 $g(t)$ 表示为

$$g(t) = \lim_{T_0 \to \infty} g_{T_0}(t) \tag{2.13}$$

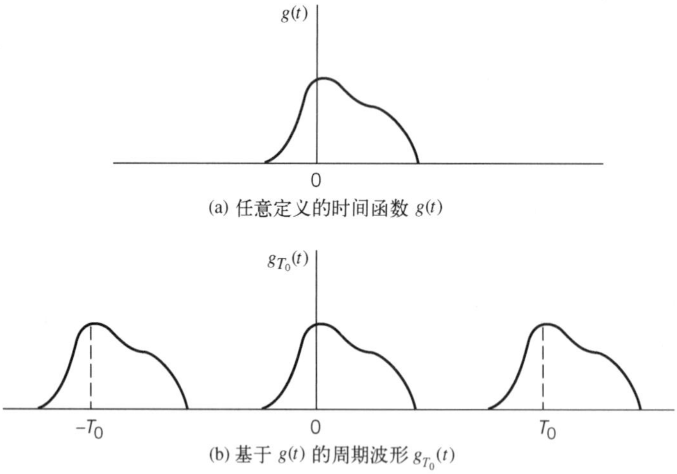

图 2.1 利用任意定义的时间函数来构造一个周期波形的示意图

利用傅里叶级数的复指数形式将周期函数 $g_{T_0}(t)$ 表示为

$$g_{T_0}(t) = \sum_{n=-\infty}^{\infty} c_n \exp\left(\frac{\mathrm{j}2\pi n t}{T_0}\right)$$

其中

$$c_n = \frac{1}{T_0}\int_{-T_0/2}^{T_0/2} g_{T_0}(t)\exp\left(-\frac{\mathrm{j}2\pi n t}{T_0}\right)\mathrm{d}t$$

这里我们在指数中故意用 $1/T_0$来代替 f_0，定义

$$\Delta f = \frac{1}{T_0}$$

$$f_n = \frac{n}{T_0}$$

以及

$$G(f_n) = c_n T_0$$

于是，我们可以继续将式(2.11)中给出的 $g_{T_0}(t)$ 的原始傅里叶级数表示修改为下列新的形式：

$$g_{T_0}(t) = \sum_{n=-\infty}^{\infty} G(f_n)\exp(\mathrm{j}2\pi f_n t)\Delta f \tag{2.14}$$

其中

$$G(f_n) = \int_{-T_0/2}^{T_0/2} g_{T_0}(t)\exp(-\mathrm{j}2\pi f_n t)\,\mathrm{d}t \tag{2.15}$$

式(2.14)和式(2.15)适用于周期信号 $g_{T_0}(t)$。下面我们需要进一步做的是，得出适用于非周期信号 $g(t)$ 相应的一对公式。为此，我们需要利用定义式(2.13)。具体而言，会发生两件事情：

1. 式(2.14)和式(2.15)中的离散频率 f_n 会近似为连续频率变量 f。
2. 式(2.14)中的离散求和将变为在函数 $G(f)\exp(\mathrm{j}2\pi ft)$ 下面的区域上定义的关于时间 t 的积分。

因此，将这些点连贯起来，可以将式(2.15)和式(2.14)中的极限形式分别重新写为

$$G(f) = \int_{-\infty}^{\infty} g(t)\exp(-\mathrm{j}2\pi ft)\mathrm{d}t \tag{2.16}$$

和

$$g(t) = \int_{-\infty}^{\infty} G(f)\exp(\mathrm{j}2\pi ft)\mathrm{d}f \tag{2.17}$$

总之，我们可以指出：

- 非周期信号 $g(t)$ 的傅里叶变换由式(2.16)所定义。
- 给定傅里叶变换 $G(f)$，可以根据式(2.17)的傅里叶逆变换完全准确地恢复出原始信号 $g(t)$。

图 2.2 说明了这两个公式之间的相互作用关系，从中可以发现，基于式(2.16)的频域描述扮演了分析(Analysis)的角色，而基于式(2.17)的时域描述则扮演了合成(Synthesis)的角色。

从标记法的角度来看，注意到在式(2.16)和式(2.17)中，我们采用小写字母表示时间函数，而采用大写字母表示对应的频率函数。还注意到除了指数的代数符号有变化，这两个等式具有完全相同的数学形式。

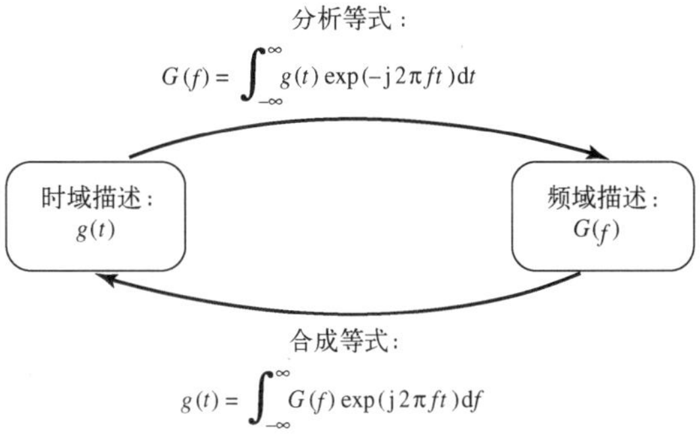

图 2.2　傅里叶变换中合成等式与分析等式之间的相互作用关系

为了使信号 $g(t)$ 的傅里叶变换存在，其充分而非必要条件是，非周期信号 $g(t)$ 自身满足下列三个 Dirichlet 条件：

1. 函数 $g(t)$ 是单值函数，并且在任意有限时间区间内其最大值和最小值个数是有限的。
2. 函数 $g(t)$ 在任意有限时间区间内的间断点个数是有限的。
3. 函数 $g(t)$ 是绝对可积的，即

$$\int_{-\infty}^{\infty} |g(t)|\mathrm{d}t < \infty$$

在实际中，当时间函数 $g(t)$ 是物理可实现信号时，可以完全忽略其傅里叶变换的存在性问题。换句

话说，物理可实现性是傅里叶变换存在的充分条件。事实上，我们可以进一步表述为：

所有能量信号都是可以进行傅里叶变换的。

如果一个信号 $g(t)$ 满足下列条件[2]：

$$\int_{-\infty}^{\infty} |g(t)|^2 \mathrm{d}t < \infty \tag{2.18}$$

则它被称为能量信号(Energy signal)。

傅里叶变换为度量一个信号的频率分量或者频谱提供了数学工具。由于这个原因，术语"傅里叶变换"(Fourier transform)和"频谱"(Spectrum)是可以互用的。因此，给定一个傅里叶变换为 $G(f)$ 的信号 $g(t)$，我们可以将 $G(f)$ 称为信号 $g(t)$ 的频谱。以此类推，我们将 $|G(f)|$ 称为信号 $g(t)$ 的幅度谱(Magnitude spectrum)，并且将 $\arg[G(f)]$ 称为其相位谱(Phase spectrum)。

如果信号 $g(t)$ 是实值信号，则它的幅度谱是频率 f 的偶函数，而相位谱是 f 的奇函数。在这种情况下，已知信号在正频率部分的频谱可以唯一确定出其负频率部分的频谱。

符号表示

为了便于表示，通常习惯将式(2.17)表示为下列简写形式：

$$G(f) = \mathbf{F}[g(t)]$$

其中，$\mathbf{F}$ 扮演了算子(Operator)的角色。相应地，将式(2.18)表示为下列简写形式：

$$g(t) = \mathbf{F}^{-1}[G(f)]$$

其中，$\mathbf{F}^{-1}$扮演了逆算子(Inverse operator)的角色。

时间函数 $g(t)$ 与对应的频率函数 $G(f)$ 被称为构成了一个傅里叶变换对(Fourier-transform pair)。为了强调这一点，我们写为

$$g(t) \rightleftharpoons G(f)$$

其中，上面的箭头表示从 $g(t)$ 到 $G(f)$ 的正向变换，下面的箭头表示逆变换。另一个符号是：采用星号(*)表示复共轭。

傅里叶变换表

为了帮助读者使用，本书包含了两个傅里叶变换表：

1. 表 2.1 对傅里叶变换的性质进行了总结；其证明作为章末习题给出。
2. 表 2.2 给出了傅里叶变换对的列表，其中位于表格左侧的条目是时间函数，中间列的条目是其傅里叶变换。

例 1 计算二进制序列的能量

考虑一个由 5 个数字组成的二进制序列 10010。采用两个不同的波形来表示这个序列，一个基于矩形函数 rect(t)，另一个基于正弦函数 sinc(t)。尽管存在这种差异，这两个波形都用 $g(t)$ 来表示，这意味着它们具有完全相同的总能量，下面将对此进行说明。

第 1 种情况：采用 rect(t) 作为基函数

假设二进制符号 1 用+rect(t)表示，二进制符号 0 用−rect(t)表示。于是，二进制序列 10010 可以用图 2.3 中所示的波形来表示。从这个图中我们很容易发现，不管采用±rect(t)中的哪种表示方法，每个符号都贡献一个单位的能量，因此情形 1 的总能量是 5 个单位。

第 2 种情况：采用 sinc(t) 作为基函数

下面，考虑采用+sinc(t)表示符号 1，并且用−sinc(t)表示符号 0，在构造二进制序列 10010 的波

形时它们相互之间不会产生干扰。遗憾的是，这一次很难计算出波形在时域中的总能量。为了解决这个难题，我们在频域进行计算。

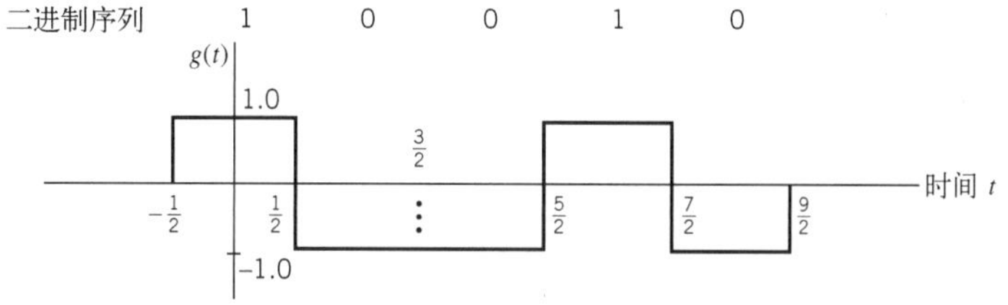

图 2.3 采用 rect(t)表示符号 1，-rect(t)表示符号 0 得到的二进制序列 10010 的波形。rect(t)的定义参见表 2.2

为此，我们在图 2.4(a)和图 2.4(b)中，分别画出了 sinc 函数的时域波形及其傅里叶变换。在此基础上，图 2.5 画出了二进制序列 10010 的频域表示，其中图 2.4(a)表示其幅度响应 $|G(f)|$，图 2.4(b)表示其对应的以弧度为单位的相位响应 $\arg[G(f)]$。于是，将表 2.2 中性质 14 描述的 Rayleigh 能量定理应用到图 2.5(a)中，很容易发现脉冲±sinc(t)的能量等于一个单位，而与其幅度无关。因此，用于表示给定二进制序列的基于 sinc 函数的波形的总能量也恰恰是 5 个单位，这证实了本例前面的结论。

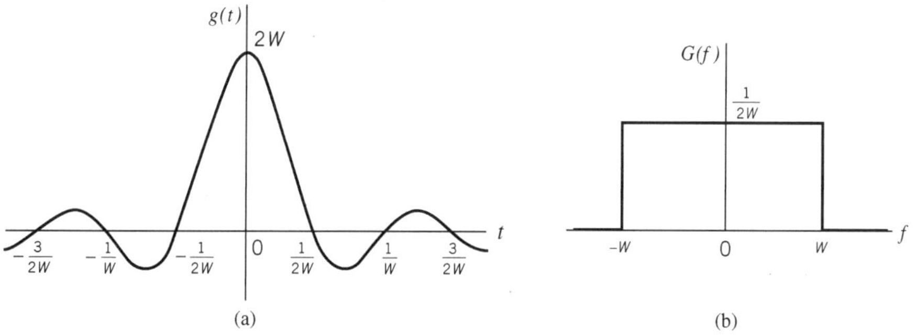

图 2.4 (a)sinc 脉冲 $g(t)$；(b)傅里叶变换 $G(f)$

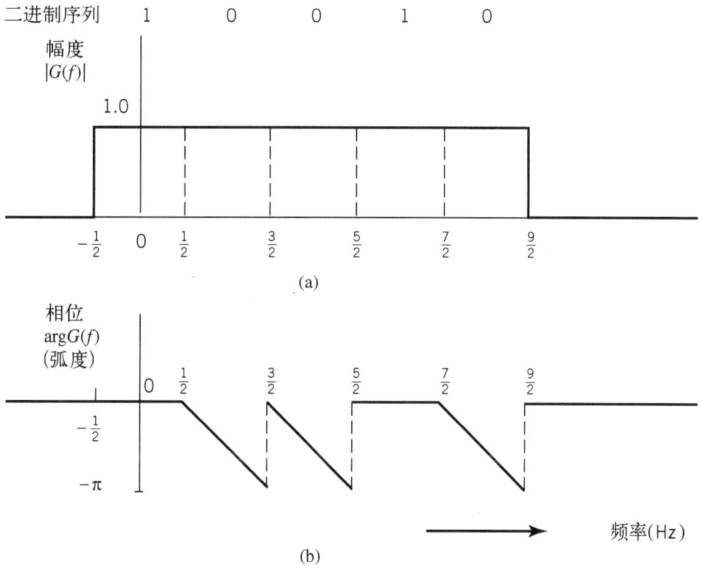

图 2.5 (a)序列 10010 的幅度谱；(b)序列的相位谱

观察结果

1. 对偶基函数 rect(t)和 sinc(t)都被扩展为其最简单的形式，每个都具有一个单位的能量，因此第 1 种情况和第 2 种情况得到的结果是相同的。
2. 观察图 2.3 中的波形 $g(t)$，我们可以清晰地发现二进制符号 1 和 0 之间的区别。另一方面，正是图 2.5 中(b)的相位响应 arg[$G(f)$]显示出了二进制符号 1 和 0 之间的这种差异。

例 2 单位高斯脉冲

在通常情况下，脉冲信号 $g(t)$ 及其傅里叶变换 $G(f)$ 具有不同的数学形式。这可以从例 1 中的傅里叶变换对看出来。在这里给出的第二个举例中，我们考虑一种例外情况。特别地，利用傅里叶变换的微分性质推导出脉冲信号的特殊形式，这种脉冲信号与其傅里叶变换具有相同的数学形式。

令 $g(t)$ 为表示为时间 t 的函数的脉冲信号，$G(f)$ 表示其傅里叶变换。将式(2.6)中的傅里叶变换公式关于频率 f 求微分，可以得到

$$-\mathrm{j}2\pi t g(t) \rightleftharpoons \frac{\mathrm{d}}{\mathrm{d}f}G(f)$$

或者等效为

$$2\pi t g(t) \rightleftharpoons \mathrm{j}\frac{\mathrm{d}}{\mathrm{d}f}G(f) \tag{2.19}$$

利用表 2.1 中的傅里叶变换关于时域微分的性质，可以得到

$$\frac{\mathrm{d}}{\mathrm{d}t}g(t) \rightleftharpoons \mathrm{j}2\pi f G(f) \tag{2.20}$$

现在，假设令式(2.19)和式(2.20)的左边相等，即

$$\frac{\mathrm{d}}{\mathrm{d}t}g(t) = 2\pi t g(t) \tag{2.21}$$

于是，相应地可以得到这两个等式的右边必然(消除公共乘积因子 j 以后)满足下列条件：

$$\frac{\mathrm{d}}{\mathrm{d}f}G(f) = 2\pi f G(f) \tag{2.22}$$

式(2.21)和式(2.22)表明，脉冲信号 $g(t)$ 及其傅里叶变换 $G(f)$ 具有完全相同的数学形式。换句话说，只要脉冲信号 $g(t)$ 满足微分方程式(2.21)，则 $G(f)=g(f)$，其中 $g(f)$ 是将 $g(t)$ 中的 t 简单地替换为 f 得到的。求解式(2.21)中的 $g(t)$，得到

$$g(t) = \exp(-\pi t^2) \tag{2.23}$$

它具有钟形波形，如图 2.6 所示。这种脉冲被称为高斯脉冲(Gaussian pulse)，该名字是根据函数 $g(t)$ 与第 3 章中将要讨论的概率论中的高斯概率密度函数具有相似性而取的。将傅里叶变换性质应用到表 2.1 中所列的 $g(t)$ 下面覆盖的区域，可以得到

$$\int_{-\infty}^{\infty} \exp(-\pi t^2)\,\mathrm{d}t = 1 \tag{2.24}$$

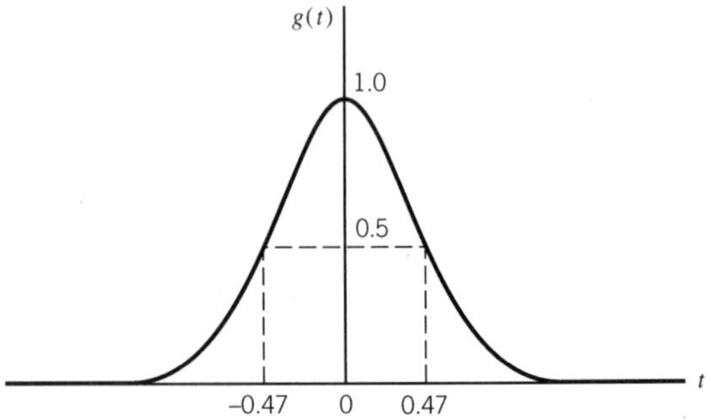

图 2.6 高斯脉冲

如式(2.23)和式(2.24)所示，当中心坐标和脉冲曲线下的面积都为 1 时，我们将高斯脉冲称为单位脉冲(Unit pulse)。因此，可以说单位高斯脉冲与其自身的傅里叶变换相同，即

$$\exp(-\pi t^2) \rightleftharpoons \exp(-\pi f^2) \tag{2.25}$$

表 2.1　傅里叶变换定理

性质	数学描述
1. 线性性质	$ag_1(t)+bg_2(t) \rightleftharpoons aG_1(f)+bG_2(f)$ 其中 a 和 b 是常数
2. 伸缩性质	$g(at) \rightleftharpoons \frac{1}{\lvert a\rvert}G\left(\frac{f}{a}\right)$，其中 a 是常数
3. 对偶性质	如果 $g(t) \rightleftharpoons G(f)$，那么 $G(t) \rightleftharpoons g(-f)$
4. 时移性质	$g(t-t_0) \rightleftharpoons G(f)\exp(-\mathrm{j}2\pi f t_0)$
5. 频移性质	$g(t)\exp(-\mathrm{j}2\pi f_0 t) \rightleftharpoons G(f-f_0)$
6. $g(t)$ 下的面积	$\int_{-\infty}^{\infty} g(t)\mathrm{d}t = G(0)$
7. $G(f)$ 下的面积	$g(0) = \int_{-\infty}^{\infty} G(f)\mathrm{d}f$
8. 时域微分性质	$\frac{\mathrm{d}}{\mathrm{d}t}g(t) \rightleftharpoons \mathrm{j}2\pi f G(f)$
9. 时域积分性质	$\int_{-\infty}^{t} g(\tau)\mathrm{d}\tau \rightleftharpoons \frac{1}{\mathrm{j}2\pi f}G(f)+\frac{G(0)}{2}\delta(f)$
10. 共轭函数	如果 $g(t) \rightleftharpoons G(f)$，那么 $g^*(t) \rightleftharpoons G^*(-f)$
11. 时域乘积性质	$g_1(t)g_2(t) \rightleftharpoons \int_{-\infty}^{\infty} G_1(\lambda)G_2(f-\lambda)\mathrm{d}\lambda$
12. 时域卷积性质	$\int_{-\infty}^{t} g_1(\tau)g_2(t-\tau)\mathrm{d}\tau \rightleftharpoons G_1(f)G_2(f)$
13. 相关定理	$\int_{-\infty}^{\infty} g_1(t)g_2^*(t-\tau)\mathrm{d}\tau \rightleftharpoons G_1(f)G_2^*(f)$
14. Rayleigh 能量定理	$\int_{-\infty}^{\infty} \lvert g(t)\rvert^2\mathrm{d}t = \int_{-\infty}^{\infty} \lvert G(f)\rvert^2\mathrm{d}f$
15. 周期为 T_0 的周期信号的 Parsevel 功率定理	$\frac{1}{T_0}\int_{-T_0/2}^{T_0/2} \lvert g(t)\rvert^2\mathrm{d}t = \sum_{n=-\infty}^{\infty} \lvert G(f_n)\rvert^2,\quad f_n = n/T_0$

表 2.2　傅里叶变换对及常用时间函数

时间函数	傅里叶变换	定义
1. $\mathrm{rect}\left(\frac{t}{T}\right)$	$T\,\mathrm{sinc}(fT)$	单位阶跃函数：$u(t) = \begin{cases} 1, & t>0 \\ \frac{1}{2}, & t=0 \\ 0, & t<0 \end{cases}$
2. $\mathrm{sinc}(2Wt)$	$\frac{1}{2W}\mathrm{rect}\left(\frac{f}{2W}\right)$	
3. $\exp(-at)u(t),\quad a>0$	$\frac{1}{a+\mathrm{j}2\pi f}$	
4. $\exp(-a\lvert t\rvert),\quad a>0$	$\frac{2a}{a^2+(2\pi f)^2}$	狄拉克三角函数：$\delta(t)=0$，$t\neq 0$， $\int_{-\infty}^{\infty}\delta(t)\mathrm{d}t = 1$
5. $\exp(-\pi t^2)$	$\exp(-\pi f^2)$	
6. $\begin{cases} 1-\frac{\lvert t\rvert}{T}, & \lvert t\rvert<T \\ 0, & \lvert t\rvert\geqslant T \end{cases}$	$T\,\mathrm{sinc}^2(fT)$	矩形函数：$\mathrm{rect}(t) = \begin{cases} 1, & -\frac{1}{2}<t\leqslant\frac{1}{2} \\ 0, & 其他 \end{cases}$

（续表）

时间函数	傅里叶变换	定义
7. $\delta(t)$	1	
8. 1	$\delta(t)$	符号函数：$\operatorname{sgn}(t)=\begin{cases}+1, & t>0\\ 0, & t=0\\ -1, & t<0\end{cases}$
9. $\delta(t-t_0)$	$\exp(-\mathrm{j}2\pi f t_0)$	
10. $\exp(\mathrm{j}2\pi f_c t)$	$\delta(f-f_c)$	
11. $\cos(2\pi f_c t)$	$\frac{1}{2}[\delta(f-f_c)+\delta(f+f_c)]$	sinc 函数：$\operatorname{sinc}(t)=\frac{\sin(\pi t)}{\pi t}$
12. $\sin(2\pi f_c t)$	$\frac{1}{2}[\delta(f-f_c)-\delta(f+f_c)]$	
13. $\operatorname{sgn}(t)$	$\frac{1}{\mathrm{j}\pi f}$	高斯函数：$g(t)=\exp(-\pi t^2)$
14. $\frac{1}{\pi t}$	$-\mathrm{j}\operatorname{sgn}(f)$	
15. $u(t)$	$\frac{1}{2}\delta(f)+\frac{1}{\mathrm{j}2\pi f}$	
16. $\sum_{i=-\infty}^{\infty}\delta(t-iT_0)$	$f_0\sum_{n=-\infty}^{\infty}\delta(f-nf_0),\ f_0=\frac{1}{T_0}$	

2.4 时域表示与频域表示之间的逆向关系

信号的时域描述与频域描述是逆相关的。在本节中，将得到下列 4 个重要结论：

1. 如果一个信号的时域描述发生变化，则该信号的频域描述以相反方式发生变化，反之亦然。这种逆向关系防止同时在两个域中对信号任意进行规定。换句话说：

我们可以规定一个任意的时间函数或者任意的频谱，但是不能同时对它们规定。

2. 如果一个信号在频率上严格受限，则该信号的时域描述将无限长地拖尾，即使其幅度值变得越来越小。具体而言，我们有：

如果一个信号的傅里叶变换在有限频带以外完全为零，则该信号在频率上是严格受限的（即严格带限的）。

比如，考虑下式定义的带限 sinc 脉冲：

$$\operatorname{sinc}(t)=\frac{\sin(\pi t)}{\pi t}$$

它的波形和频谱在图 2.4 中分别画出来了，其中(a)表明 sinc 脉冲是渐进时限的(Asymptotically limited in time)；(b)表明 sinc 脉冲确实是严格带限的(Strictly band limited)，因此验证了第 2 个结论。

3. 第 2 个结论的对偶结论，我们有：

如果一个信号是严格时限的（即信号在有限时间区间以外完全为零），则其频谱范围是无限的，即使其幅度谱的值变得越来越小。

第 3 个结论可以用矩形脉冲(Rectangular pulse)作为例证，其波形和频谱由表 2.2 中第一个函数来定义。

4. 根据第 2 个和第 3 个结论描述的对偶性，现在我们得出最后一个结论：

信号不能在时域和频域同时严格受限。

带宽困境

我们在上面得到的结论与信号的带宽(Bandwidth)有很重要的关系，信号带宽可以度量信号在正频率部分中主要频谱成分的范围。如果信号是严格带限的，则其带宽很容易定义。比如，sinc 脉冲 sinc($2Wt$)的带宽等于 W。然而，如果信号不是严格带限的，这种情况经常会遇到，则我们在定义信号带宽时会遇到困难。出现这种困难的原因是由于信号"主要"频谱成分的含义在数学上是含糊不清的。因此，不存在普遍被接受的带宽定义。这时从这个意义上讲，我们称其为"带宽困境"。

然而，有些带宽定义经常会用到，下面对其进行讨论。当信号的频谱是对称的，并且其主瓣局限于界限清楚的零点(即其频谱在该频率点为零)的时候，我们可以采用主瓣作为定义信号带宽的基础。特别地：

如果一个信号是低通(Low-pass)信号(即其频谱成分以原点 $f=0$ 为中心)，则带宽被定义为频谱主瓣总宽度的一半，因为只有一半的主瓣位于正频率区域以内。

比如，持续时间为 T 秒的矩形脉冲的频谱以原点为中心，其主瓣总宽度为($2/T$)赫兹。因此，我们可以将这个矩形脉冲的带宽定义为($1/T$)赫兹。

另一方面，如果信号是频谱主瓣以 $\pm f_c$ 为中心的带通(band-pass)信号，其中 f_c 足够大，则其带宽被定义为正频率处的主瓣宽度。带宽的这种定义被称为零点到零点带宽(null-to-null bandwidth)。比如，考虑如图 2.7 所示的持续时间为 T 秒、频率为 f_c 的射频(Radio-Frequency，RF)脉冲。这个脉冲的频谱以 $\pm f_c$ 为中心，其主瓣宽度为($2/T$)赫兹，其中假设 f_c 相对于($1/T$)是很大的。因此，我们将图 2.7中所示 RF 脉冲的零点到零点带宽定义为($2/T$)赫兹。

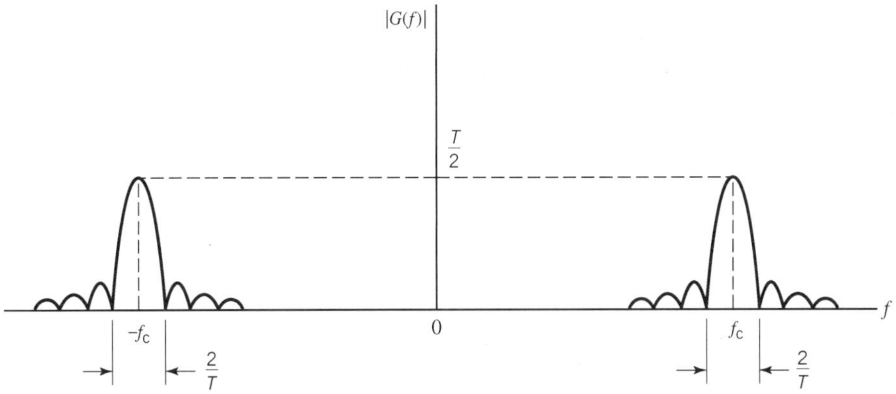

图 2.7　RF 脉冲的幅度谱，表明其零点到零点带宽为 $2/T$，并且以频带中心频率 f_c 为中心

根据上面给出的定义，可以说将低通信号的频谱成分平移足够大的频率相当于使信号的带宽加倍。这种频谱搬移是通过采用调制处理来实现的。总体说来，调制过程将信号在负频率处的频谱成分搬移到正频率区域，于是其负频率就变成物理可测量的。

经常用到的另一种带宽定义是 3 dB 带宽(3 dB bandwidth)。具体而言，如果信号是低通信号，我们有：

一个低通信号的 3 dB 带宽被定义为幅度谱达到其峰值的零频率与幅度谱下降为其峰值的 $1/\sqrt{2}$ 的正频率之间的间隔。

比如，指数衰减函数 $\exp(-at)$ 的 3 dB 带宽为($a/2\pi$)赫兹。

另一方面，如果信号是以 $\pm f_c$ 为中心的带通类型信号，则 3 dB 带宽被定义为信号幅度谱下降为其在 f_c 处的峰值的 $1/\sqrt{2}$ 的两个频率之间的间隔(沿着正频率轴)。

无论我们是否有低通或者带通信号，3 dB 带宽的优点在于它可以直接根据幅度谱的曲线图读取出来。然而其缺点是，如果幅度谱具有缓慢下降的尾部则可能会得出错误的结果。

时间–带宽乘积

对于那些只有时间尺度因子不同的任何脉冲信号集合来说，其信号持续时间与带宽的乘积总是一个常数，这可以表示为

$$\text{持续时间} \times \text{带宽} = \text{常数}$$

这个乘积被称为时间–带宽乘积（Time-bandwidth product）。时间–带宽乘积的恒定性也是信号时域描述与频域描述之间存在着逆向关系的另一个证明。特别地，如果一个脉冲信号的持续时间通过使时间尺度减少因子 a 来降低，则信号频谱的频率尺度会增加相同的因子 a，从而信号的带宽也会增加相同的因子 a。这个结论可以根据傅里叶变换的伸缩性质（表 2.1 中的性质 2 所定义）来得到。因此，信号的时间–带宽乘积保持为常数。比如，持续时间为 T 秒的矩形脉冲的带宽（根据主瓣的正频率部分来定义）等于 $(1/T)$ 赫兹，在该例中，脉冲的时间–带宽乘积等于 1。

关于上述讨论需要注意的要点是，无论我们采用哪一种关于信号带宽和持续时间的定义，时间–带宽乘积都会在某类脉冲信号中保持常数。选择带宽和持续时间的特殊定义仅仅会改变常数的值。

带宽和持续时间的均方根定义

为了使关于信号带宽和持续时间的问题建立在坚实的数学基础上，我们首先介绍带宽的下列定义：

均方根（Root-Mean-Square，RMS）带宽被定义为信号幅度谱平方的归一化形式关于适当选取的频率点处的二阶矩的平方根。

具体而言，我们假设信号 $g(t)$ 是低通类型的，在这种情况下二阶矩是关于原点 $f=0$ 处取得的。信号的幅度谱平方表示为 $|G(f)|^2$。为了得到一个非负函数，并且在其曲线下的总面积为 1，我们采用下列归一化函数：

$$\int_{-\infty}^{\infty} |G(f)|^2 \mathrm{d}f$$

于是，利用傅里叶变换 $G(f)$ 从数学上将一个低通信号 $g(t)$ 的 RMS 带宽定义为

$$W_{\text{rms}} = \left(\frac{\int_{-\infty}^{\infty} f^2 |G(f)|^2 \mathrm{d}f}{\int_{-\infty}^{\infty} |G(f)|^2 \mathrm{d}f} \right)^{1/2} \tag{2.26}$$

它描述了频谱 $G(f)$ 在 $f=0$ 附近的发散程度。RMS 带宽 W_{rms} 的一个令人瞩目的特点是，其本身很容易进行数学计算。但是，在实验室里它却并不容易测量。

采用与 RMS 带宽对应的方法，信号 $g(t)$ 的 RMS 持续时间（RMS duration）的数学定义为

$$T_{\text{rms}} = \left(\frac{\int_{-\infty}^{\infty} t^2 |g(t)|^2 \mathrm{d}t}{\int_{-\infty}^{\infty} |g(t)|^2 \mathrm{d}t} \right)^{1/2} \tag{2.27}$$

这里假设信号 $g(t)$ 是以原点 $t=0$ 为中心的。在习题 2.7 中，根据式(2.26)和式(2.27)中的 RMS 定义，证明了时间–带宽乘积的形式为

$$T_{\text{rms}} W_{\text{rms}} \geqslant \frac{1}{4\pi} \tag{2.28}$$

在习题 2.7 中，还证明了高斯脉冲 $\exp(-\pi t^2)$ 恰好以取等号满足上述条件。

2.5 狄拉克函数（δ 函数）

严格地讲，在 2.3 节中讨论的傅里叶变换理论，只能应用于满足 Dirichlet 条件的时间函数。正

如前面所提到的，这种函数自然包括了能量信号。然而，人们非常希望将这种理论以下列两种方式进行推广：

1. 将傅里叶级数和傅里叶变换结合为一个统一的理论，使得傅里叶级数可以被视为傅里叶变换的一种特殊形式。
2. 将功率信号也包含到可以应用傅里叶变换的信号类型中。如果满足下列条件：

$$\frac{1}{T}\int_{-T/2}^{T/2}|g(t)|^2\mathrm{d}t<\infty$$

则信号 $g(t)$ 被称为功率信号（Power signal），其中 T 为观测区间。

结果证明，上面两个目标都可以通过“合理运用”狄拉克 δ 函数或者单位冲激（Unit impulse）函数来实现。

狄拉克 δ 函数[3]或者直接称为 δ 函数一般记为 $\delta(t)$，被定义为除了在 $t=0$ 时刻，在其他任何时刻的幅度都为零的函数，在 $t=0$ 时刻它的值为无穷大，使其曲线下具有单位面积，即

$$\delta(t)=0,\qquad t\neq 0 \tag{2.29}$$

以及

$$\int_{-\infty}^{\infty}\delta(t)\,\mathrm{d}t=1 \tag{2.30}$$

上面这对关系的含义是，δ 函数 $\delta(t)$ 是以原点 $t=0$ 为中心的关于时间 t 的偶函数。或许描述狄拉克 δ 函数的最简单方法是将其视为下列矩形脉冲：

$$g(t)=\frac{1}{T}\mathrm{rect}\left(\frac{t}{T}\right)$$

其持续时间为 T、幅度为 $1/T$，如图 2.8 所示。当 T 接近于零时，矩形脉冲 $g(t)$ 在极限意义上近似为狄拉克 δ 函数 $\delta(t)$。

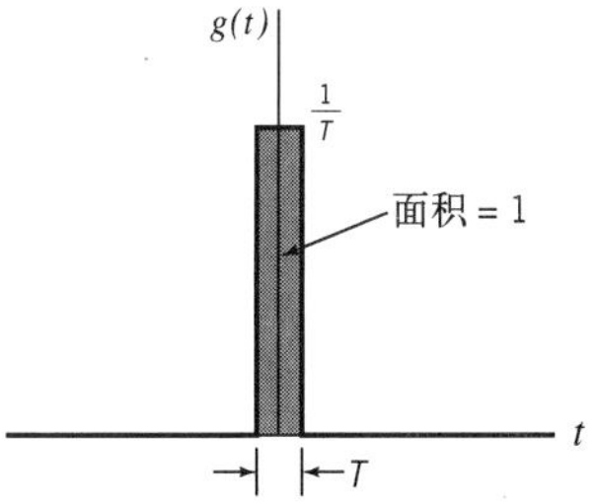

图 2.8　说明 δ 函数作为 T 趋近于零时矩形脉冲 $\frac{1}{T}\mathrm{rect}\left(\frac{t}{T}\right)$ 的极限形式

然而，为了使 δ 函数具有意义，它必须作为一个因子出现在时间积分的被积函数中，另外严格地讲，还必须只有当被积函数中的其他因子为连续时间函数时它才有意义。令 $g(t)$ 为这种函数，并且考虑 $g(t)$ 与时移 δ 函数 $\delta(t-t_0)$ 的乘积。根据式（2.29）和式（2.30）中的定义式，可以将乘积的积分表示为

$$\int_{-\infty}^{\infty}g(t)\delta(t-t_0)\mathrm{d}t=g(t_0) \tag{2.31}$$

上式左边的运算筛选出函数 $g(t)$ 在 $t=t_0$ 时刻的值 $g(t_0)$，其中 $-\infty<t<\infty$。因此，式（2.31）被称为 δ 函数的筛选性质（Sifting property）。这个性质有时候被用于 δ 函数的定义式。实际上，把式（2.29）和式（2.30）合并为一个关系式了。

注意到 δ 函数 $\delta(t)$ 是 t 的偶函数，我们可以将式（2.31）改写为下式，以便突出它与卷积积分的相似性

$$\int_{-\infty}^{\infty}g(\tau)\delta(t-\tau)\,\mathrm{d}\tau=g(t) \tag{2.32}$$

换句话说，任何函数与 δ 函数的卷积都使该函数保持不变。我们将这个结论称为 δ 函数的重复性质（Replication property）。

重要的是，要认识到没有函数在通常意义上同时具有式（2.29）和式（2.30）中的两个性质或者式（2.31）中的等效筛选性质。然而，我们可以设想一个函数序列，它在 $t=0$ 时刻具有越来越高且越来越窄的峰值，并且其曲线下的面积总保持为 1。随着这个级数的发展，函数值除在 $t=0$ 外的每个点都趋近于零，在 $t=0$ 时刻趋近于无穷大，如图 2.8 所示。因此，我们有：

δ 函数可以视为一个具有单位面积的脉冲在其持续时间趋近于零时的极限形式。

采用哪种类型的脉冲形状并不重要，只要它关于原点是对称的即可。需要利用这种对称性来维

持 δ 函数的"偶"函数性质。

另外，还有两点需要注意：

1. δ 函数的适用性并不局限于时域。相反，它可以同样很好地应用于频域。所有需要必须做的是，在定义式(2.29)和式(2.30)中将时间 t 替换为频率 f。
2. δ 函数覆盖的区域定义了它的"强度"。因此，度量强度的单位是由定义 δ 函数的两个坐标的具体要求来决定的。

例 3 sinc 函数作为时域 δ 函数的极限形式

作为另一个实例，考虑按比例缩放(scaled)的 sinc 函数 $2W\text{sinc}(2Wt)$，它的波形覆盖的面积对于所有 W 都等于 1。

图 2.9 显示了这个时间函数随着参数 W 在三个阶段的变化，即 $W=1$、$W=2$ 和 $W=5$ 时趋向 δ 函数的演变。回顾图 2.4，可以推断随着表征 sinc 脉冲的参数 W 的增加，这个脉冲在 $t=0$ 时刻的幅度会线性增加，但同时脉冲的主瓣宽度会反过来下降。为此，当参数 W 逐渐增加时，图 2.9 会展示给我们两件重要的事情：

1. 按比例缩放 sinc 函数会越来越像 δ 函数。
2. 由于要求满足函数下覆盖的面积恒定为 1 这个约束条件，所以在不断增宽的频带范围，函数频谱稳定地保持为 1。参见表 2.1 中性质 6 可以证实这一点。

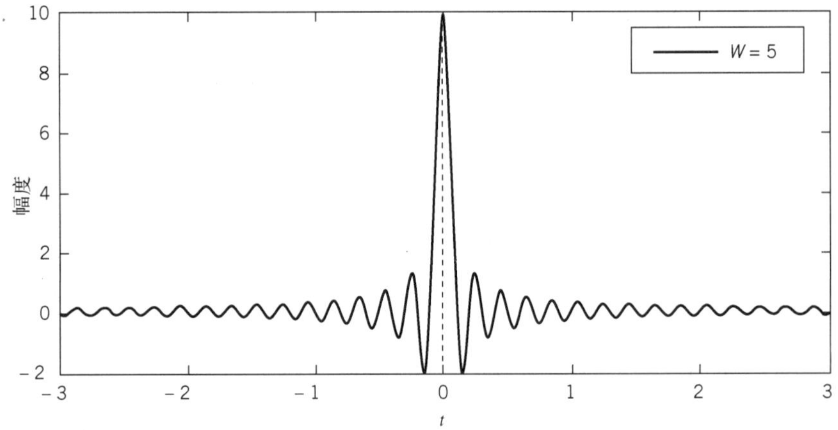

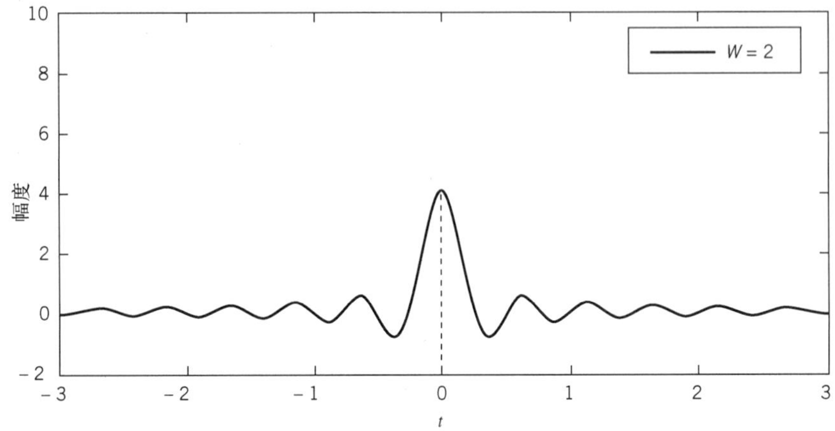

图 2.9 随着参数 W 的逐渐增加，sinc 函数 $2W\text{sinc}(2Wt)$ 向 δ 函数的演变

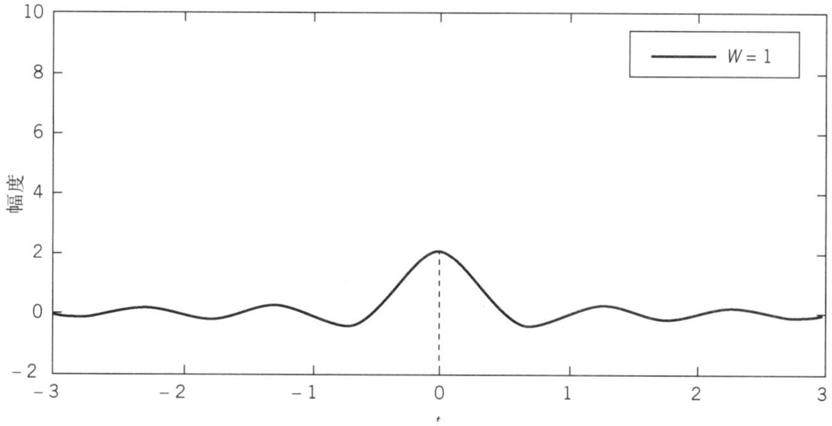

图 2.9(续)　随着参数 W 的逐渐增加，sinc 函数 $2W\text{sinc}(2Wt)$ 向 δ 函数的演变

根据图 2.9 中呈现出来的趋势，我们可以写出

$$\delta(t) = \lim_{W\to\infty} 2W\,\text{sinc}(2Wt) \tag{2.33}$$

除图 2.8 中所考虑的矩形脉冲外，上式是另一种在时域中实现 δ 函数的方法。

例 4　复指数求和向频域 δ 函数的演变

作为另一种完全不同的例子，考虑在区间 $-1/2 \leqslant f < 1/2$ 上的无穷求和式 $\sum_{m=-\infty}^{\infty}\exp(\mathrm{j}2\pi mf)$。利用欧拉公式(Euler's formula)

$$\exp(\mathrm{j}2\pi mf) = \cos(2\pi mf) + \mathrm{j}\sin(2\pi mf)$$

可以将所给求和表示为

$$\sum_{m=-\infty}^{\infty}\exp(\mathrm{j}2\pi mf) = \sum_{m=-\infty}^{\infty}\cos(2\pi mf) + \mathrm{j}\sum_{m=-\infty}^{\infty}\sin(2\pi mf)$$

由于两个原因使得求和的虚部为零。第一，当 $m=0$ 时 $\sin(2\pi mf)$ 等于零；第二，因为 $\sin(-2\pi mf) = -\sin(2\pi mf)$，所以剩余的虚部项相互抵消了。于是有

$$\sum_{m=-\infty}^{\infty}\exp(\mathrm{j}2\pi mf) = \sum_{m=-\infty}^{\infty}\cos(2\pi mf)$$

在图 2.10 中，针对 m 的下面三个范围，画出了在区间 $-1/2 \leqslant f < 1/2$ 上这个实值求和与频率 f 的关系图：

1. $-5 \leqslant m \leqslant 5$
2. $-10 \leqslant m \leqslant 10$
3. $-20 \leqslant m \leqslant 20$

根据图 2.10 呈现出来的结果，我们可以继续得到

$$\delta(f) = \sum_{m=-\infty}^{\infty}\cos(2\pi mf), \qquad -\frac{1}{2} \leqslant f < \frac{1}{2} \tag{2.34}$$

这是实现频域 δ 函数的一种方法。注意到在式(2.34)右边的求和项下的面积等于 1，这是因为

$$\begin{aligned}
\int_{-1/2}^{1/2}\sum_{m=-\infty}^{\infty}\cos(2\pi mf)\,\mathrm{d}f &= \sum_{m=-\infty}^{\infty}\int_{-1/2}^{1/2}\cos(2\pi mf)\,\mathrm{d}f \\
&= \sum_{m=-\infty}^{\infty}\left[\frac{\sin(2\pi mf)}{2\pi m}\right]_{f=-1/2}^{1/2} \\
&= \sum_{m=-\infty}^{\infty}\left[\frac{\sin(\pi m)}{\pi m}\right] \\
&= \begin{cases} 1, & m=0 \\ 0, & \text{其他} \end{cases}
\end{aligned}$$

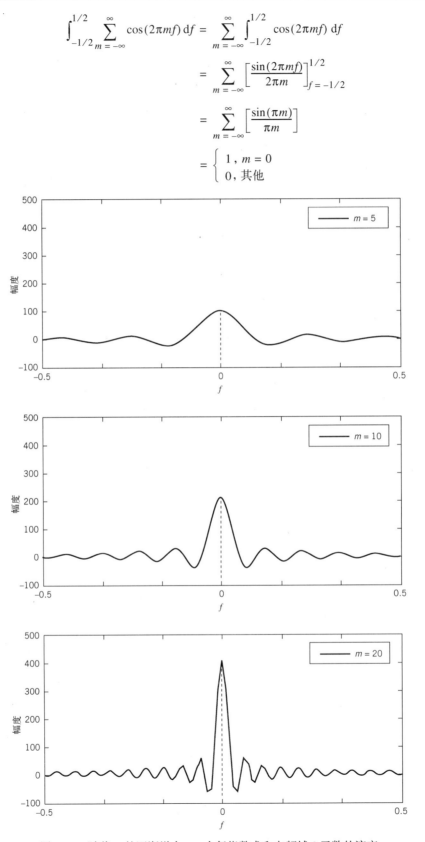

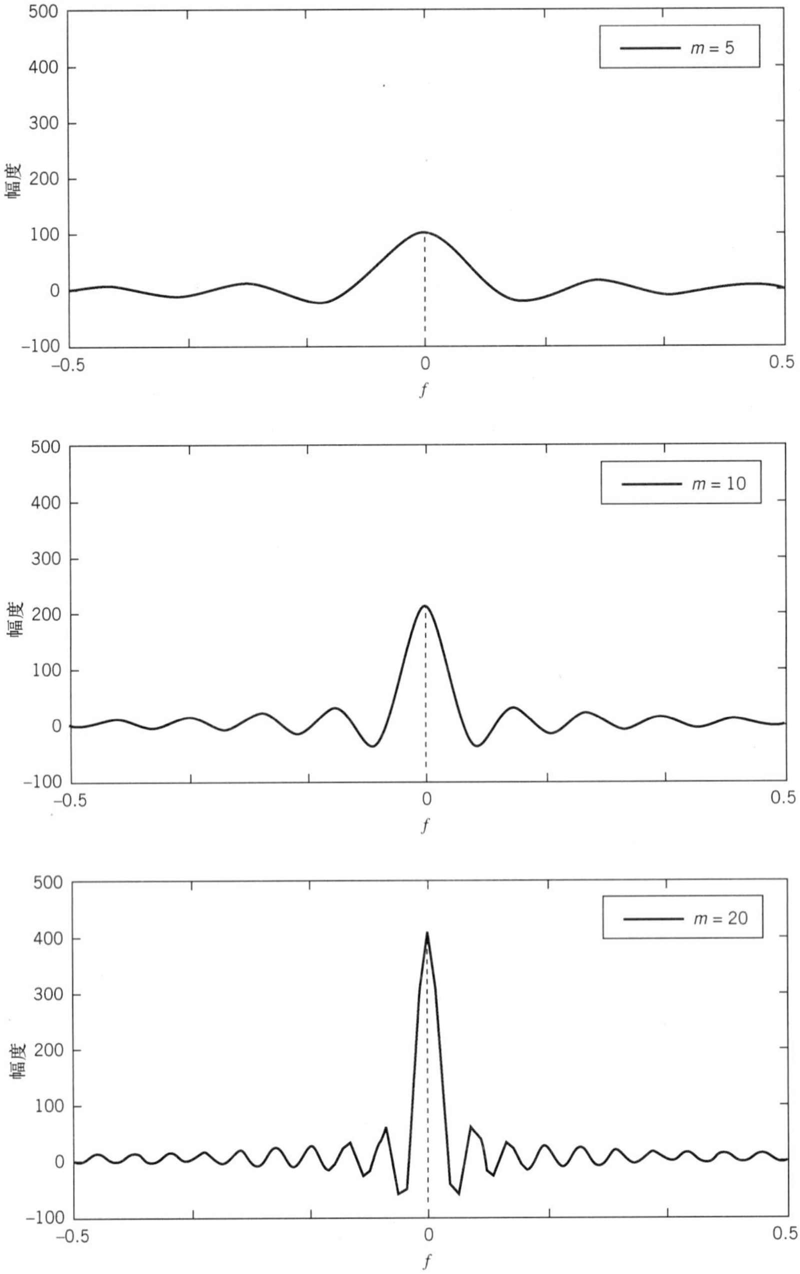

图 2.10 随着 m 的逐渐增大，m 个复指数求和向频域 δ 函数的演变

上面在频域中得到的结果证实了可以把式(2.34)作为定义 δ 函数 $\delta(f)$ 的一种方法。

2.6　周期信号的傅里叶变换

通过回顾周期信号的傅里叶级数展开来开始学习傅里叶分析，这反过来也为导出傅里叶变换奠定了基础。现在，我们已经学习了狄拉克 δ 函数，下面将通过傅里叶级数来表明它其实可以作为傅里叶变换的一种特殊形式。

为此，令 $g(t)$ 为类似脉冲的函数，它在一个周期 T_0 内等于周期信号 $g_{T_0}(t)$ 而在其他处等于零，如下所示：

$$g(t) = \begin{cases} g_{T_0}(t), & -\dfrac{T_0}{2} < t \leqslant \dfrac{T_0}{2} \\ 0, & \text{其他} \end{cases} \tag{2.35}$$

周期信号 $g_{T_0}(t)$ 自身也可以通过将函数 $g(t)$ 作为无限求和来表示，如下所示：

$$g_{T_0}(t) = \sum_{m=-\infty}^{\infty} g(t - mT_0) \tag{2.36}$$

根据式(2.35)中脉冲类函数 $g(t)$ 的定义，可以将该函数视为生成函数(Generating function)，之所以这样称谓是因为它可以根据式(2.36)来产生周期信号 $g_{T_0}(t)$。

显然，生成函数 $g(t)$ 是可以进行傅里叶变换的。令 $G(f)$ 表示其傅里叶变换，相应地令 $G_{T_0}(t)$ 表示周期信号 $g_{T_0}(t)$ 的傅里叶变换。于是，对式(2.36)两边取傅里叶变换，并且应用傅里叶变换的时移性质(表 2.1 的性质 4)，可以写为

$$G_{T_0}(f) = G(f) \sum_{m=-\infty}^{\infty} \exp(-\mathrm{j}2\pi m f T_0), \quad -\infty < f < \infty \tag{2.37}$$

其中，将 $G(f)$ 放在求和式的外面，因为它是独立于 m 的。

在例 4 中，我们已经证明

$$\sum_{m=-\infty}^{\infty} \exp(\mathrm{j}2\pi m f) = \sum_{m=-\infty}^{\infty} \cos(\mathrm{j}2\pi m f) = \delta(f), \quad -\frac{1}{2} \leqslant f < \frac{1}{2}$$

将上述结果扩展到覆盖整个频率范围，即

$$\sum_{m=-\infty}^{\infty} \exp(\mathrm{j}2\pi m f) = \sum_{n=-\infty}^{\infty} \delta(f - n), \quad -\infty < f < \infty \tag{2.38}$$

式(2.38)[参见习题 2.8(c)]表示一个狄拉克梳(Dirac comb)，它是由均匀间隔的 δ 函数构成的一个无穷序列，如图 2.11 所示。

下面将频率尺度因子 $f_0 = 1/T_0$ 引入到式(2.38)中，可相应地得到

$$\sum_{m=-\infty}^{\infty} \exp(\mathrm{j}2\pi m f T_0) = f_0 \sum_{n=-\infty}^{\infty} \delta(f - n f_0), \quad -\infty < f < \infty \tag{2.39}$$

于是，将式(2.39)代入式(2.37)的右边，得到

$$\begin{aligned} G_{T_0}(f) &= f_0 G(f) \sum_{n=-\infty}^{\infty} \delta(f - n f_0) \\ &= f_0 \sum_{n=-\infty}^{\infty} G(f_n) \delta(f - f_n), \quad -\infty < f < \infty \end{aligned} \tag{2.40}$$

其中，$f_n = n f_0$。

下一步我们需要证明的是，式(2.40)中定义的 $G_{T_0}(f)$ 的傅里叶逆变换与傅里叶级数公式(2.14)

完全相同。特别地，将式(2.40)代入式(2.17)中的傅里叶逆变换公式，得到

$$g_{T_0}(t) = f_0\int_{-\infty}^{\infty}\left[\sum_{n=-\infty}^{\infty} G(f_n)\delta(f-f_n)\right]\exp(\mathrm{j}2\pi ft)\,\mathrm{d}f$$

交换求和与积分的顺序，然后利用狄拉克 δ 函数的筛选性质（这次在频域中应用），我们可以进一步得到

$$g_{T_0}(t) = f_0\sum_{n=-\infty}^{\infty}\int_{-\infty}^{\infty} G(f_n)\exp(\mathrm{j}2\pi ft)\delta(f-f_n)\,\mathrm{d}f$$

$$= f_0\sum_{n=-\infty}^{\infty} G(f_n)\exp(\mathrm{j}2\pi f_n t)$$

这完全是式(2.14)取 $f_0=\Delta f$ 后的重复。同样地，根据式(2.36)，我们可以得到下列傅里叶变换对：

$$\sum_{m=-\infty}^{\infty} g(t-mT_0) = f_0\sum_{n=-\infty}^{\infty} G(f_n)\exp(\mathrm{j}2\pi f_n t) \tag{2.41}$$

式(2.41)导出的结果是泊松求和公式(Poisson's sum formula)的一种形式。

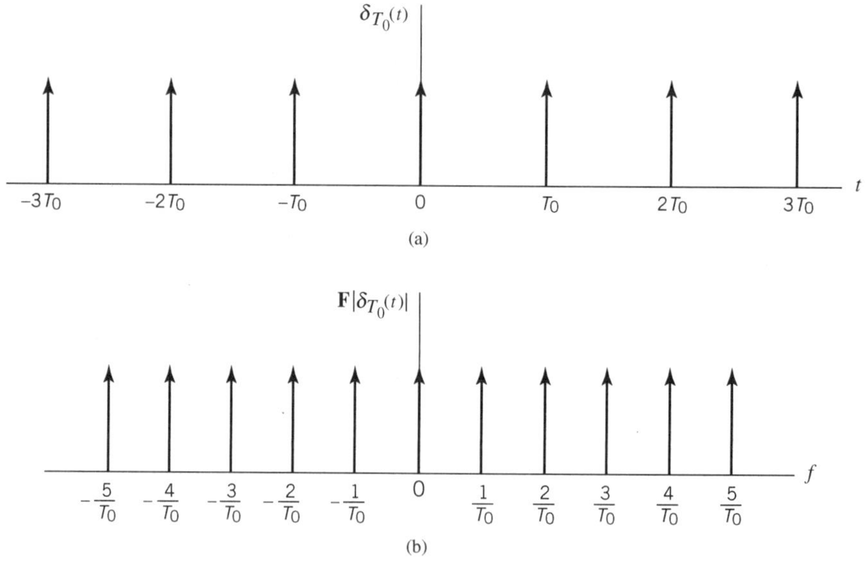

图 2.11 (a)狄拉克梳；(b)狄拉克梳的频谱

因此，我们已经证明周期信号的傅里叶级数表示在式(2.16)和式(2.17)的傅里叶变换中体现出来了，只要我们允许采用狄拉克 δ 函数。在此过程中，我们从傅里叶级数发展到傅里叶变换，然后再回到傅里叶级数，因此形成了一个“闭环”。

理想采样的结论

考虑一个可以进行傅里叶变换的脉冲类信号 $g(t)$ 及其傅里叶变换 $G(f)$。在式(2.41)中令 $f_n=nf_0$ 并利用式(2.38)，我们可以将泊松求和公式表示为

$$\sum_{m=-\infty}^{\infty} g(t-mT_0) \rightleftharpoons f_0\sum_{n=-\infty}^{\infty} G(nf_0)\delta(f-nf_0) \tag{2.42}$$

其中，$f_0=1/T_0$。上述傅里叶变换对的左边的求和是一个周期为 T_0 的周期信号，右边的求和是频谱 $G(f)$ 的均匀采样形式。因此，我们可以得到下列结论：

在频域中对频谱 $G(f)$ 进行均匀采样会在时域中对函数 $g(t)$ 引入周期性。

将傅里叶变换的对偶性质(表 2.1 的性质 3)应用到式(2.42),我们还可以得到

$$T_0 \sum_{m=-\infty}^{\infty} g(mT_0)\delta(t-mT_0) \rightleftharpoons \sum_{n=-\infty}^{\infty} G(f-nf_0) \tag{2.43}$$

根据上式可以得到下列对偶结论:

在时域中对具有傅里叶变换的函数 $g(t)$ 进行均匀采样会在频域中对频谱 $G(f)$ 引入周期性。

2.7 信号通过线性时不变系统的传输

一个系统(System)是指对输入信号产生输出响应信号的任何物理实体。通常习惯将输入信号称为激励(Excitation),而将输出信号称为响应(Response)。在线性系统中,叠加原理(Principle of superposition)是成立的,即将多个激励同时应用到一个线性系统产生的响应等于将每个激励独立应用到该系统产生的响应之和。

在时域中,通常采用冲激响应(Impulse response)来描述一个线性系统,它可以正式定义如下:

一个线性系统的冲激响应是该系统(其初始条件为零)对一个单位冲激的响应,或者 δ 函数 $\delta(t)$ 在 $t=0$ 时刻应用于系统输入时的响应。

如果系统还是时不变(Time invariant)的,则无论何时将单位冲激应用于系统,冲激响应的形状都是相同的。于是,利用单位冲激或者 δ 函数在 $t=0$ 时刻应用于系统,将线性时不变系统的冲激响应记为 $h(t)$。

假设一个冲激响应为 $h(t)$ 的系统用任意激励 $x(t)$ 作为输入,如图 2.12 所示。则产生的系统响应 $y(t)$ 可以用冲激响应 $h(t)$ 定义为

$$y(t) = \int_{-\infty}^{\infty} x(\tau)h(t-\tau)\,\mathrm{d}\tau \tag{2.44}$$

上式被称为卷积积分(Convolution integral)。我们可以将其等效地写为

$$y(t) = \int_{-\infty}^{\infty} h(\tau)x(t-\tau)\,\mathrm{d}\tau \tag{2.45}$$

式(2.44)和式(2.45)表明卷积是可交换的(Commutative)。

观察式(2.44)中的卷积积分,我们发现包含了三个不同的时间尺度:激励时间(Excitation time)τ、响应时间(Response time)t 和系统-存储时间(System-memory time)$t-\tau$。这种关系是对线性时不变系统进行时域分析的基础。根据式(2.44)可知,线性时不变系统响应的当前值是对输入信号的过去值被系统冲激响应加权后的积分。因此,冲激响应起到了系统存储功能(Memory function)的作用。

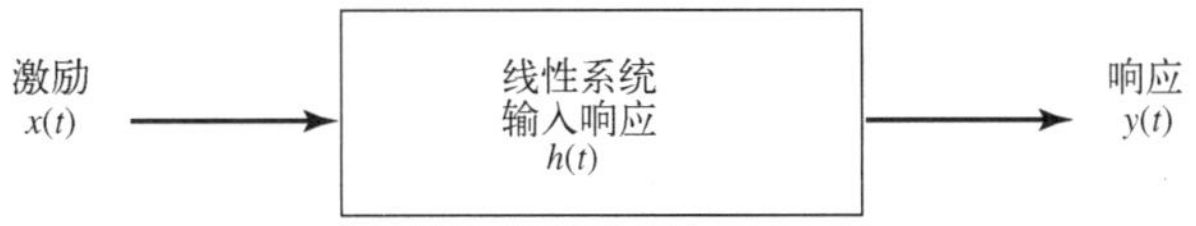

图 2.12 在线性时不变系统情况下,激励 $x(t)$、冲激响应 $h(t)$ 和响应 $y(t)$ 的角色示意图

因果性与稳定性

如果一个线性系统的冲激响应 $h(t)$ 满足下列条件:

$$h(t) = 0 \ , \quad t<0$$

则该线性系统被称为因果(Causal)系统。

因果性的实质是,在激励应用于系统输入以前,在系统输出中不会出现任何响应。因果性是系统在线工作的必然要求。换句话说,如果实时(Real time)工作系统是物理可实现的,则它必须是因果系统。

线性系统的另一个重要性质是稳定性(Stability)。系统稳定的充要条件为,它的冲激响应 $h(t)$

必须满足下列不等式：

$$\int_{-\infty}^{\infty} |h(t)| \mathrm{d}t < \infty$$

上述要求来自于经常用到的有界输入-有界输出(Bounded Input-Bounded Output，BIBO)准则。总体来说，如果要使系统是稳定的，则其冲激响应必须是绝对可积的(Absolutely integrable)。

频率响应

令 $X(f)$、$H(f)$ 和 $Y(f)$ 分别表示激励 $x(t)$、冲激响应 $h(t)$ 和响应 $y(t)$ 的傅里叶变换。然后，将表 2.1 中傅里叶变换的性质 12 应用到式(2.44)或者式(2.45)中的卷积积分，可得到

$$Y(f) = H(f)X(f) \tag{2.46}$$

等效地，可以将其写为

$$H(f) = \frac{Y(f)}{X(f)} \tag{2.47}$$

这个新的频率函数 $H(f)$ 被称为系统的传输函数(Transfer function)或者频率响应(Frequency response)，这两个术语是可以互换使用的。根据式(2.47)，现在可以正式地表述为：

一个线性时不变系统的频率响应被定义为系统响应的傅里叶变换与系统激励的傅里叶变换的比值。

一般而言，频率响应 $H(f)$ 是一个复数，因此我们可以将其表示为下列形式：

$$H(f) = |H(f)| \exp[\mathrm{j}\beta(f)] \tag{2.48}$$

其中，$|H(f)|$ 被称为幅度响应(Magnitude response)，$\beta(f)$ 被称为相位响应(Phase response)或者简称为相位(Phase)。当系统冲激响应为实数值时，其频率响应表现出共轭对称性，这意味着

$$|H(f)| = |H(-f)|$$

以及

$$\beta(f) = -\beta(-f)$$

也就是说，具有实值冲激响应的线性系统的幅度响应 $|H(f)|$ 是频率的偶函数，而其相位 $\beta(f)$ 是频率的奇函数。

在某些应用中，更喜欢采用极坐标形式表示 $H(f)$ 的对数而不是采用 $H(f)$ 本身。采用 ln 表示自然对数，令

$$\ln H(f) = \alpha(f) + \mathrm{j}\beta(f) \tag{2.49}$$

其中

$$\alpha(f) = \ln|H(f)| \tag{2.50}$$

函数 $\alpha(f)$ 被称为系统的增益(Gain)，它采用奈培(Neper)来度量。相位 $\beta(f)$ 采用弧度(Radian)来度量。式(2.49)表示增益 $\alpha(f)$ 和相位 $\beta(f)$ 分别是传输函数 $H(f)$ 的(自然)对数的实部和虚部。增益还可以通过下面定义的分贝(Decibel，dB)来表示：

$$\alpha'(f) = 20 \lg |H(f)|$$

两个增益函数 $\alpha(f)$ 与 $\alpha'(f)$ 之间的关系为

$$\alpha'(f) = 8.69\alpha(f)$$

也就是说，1 奈培等于 8.69 dB。

作为一种确定系统幅度响应 $|H(f)|$ 或者增益 $\alpha(f)$ 的恒定性的方法，我们采用带宽(Bandwidth)这个概念。在低通系统情况下，带宽通常被定义为幅度响应 $|H(f)|$ 的值等于它在零频率位置的值的 $1/\sqrt{2}$ 倍时所对应的频率，或者等效于增益 $\alpha'(f)$ 的值比它在零频率位置的值下降 3 dB 时所对应的频率，如图 2.13(a)所示。在带通系统情况下，带宽被定义为幅度响应 $|H(f)|$ 的值保持在其频带中心频率处的值的 $1/\sqrt{2}$ 倍以内所对应的频率范围，如图 2.13(b)所示。

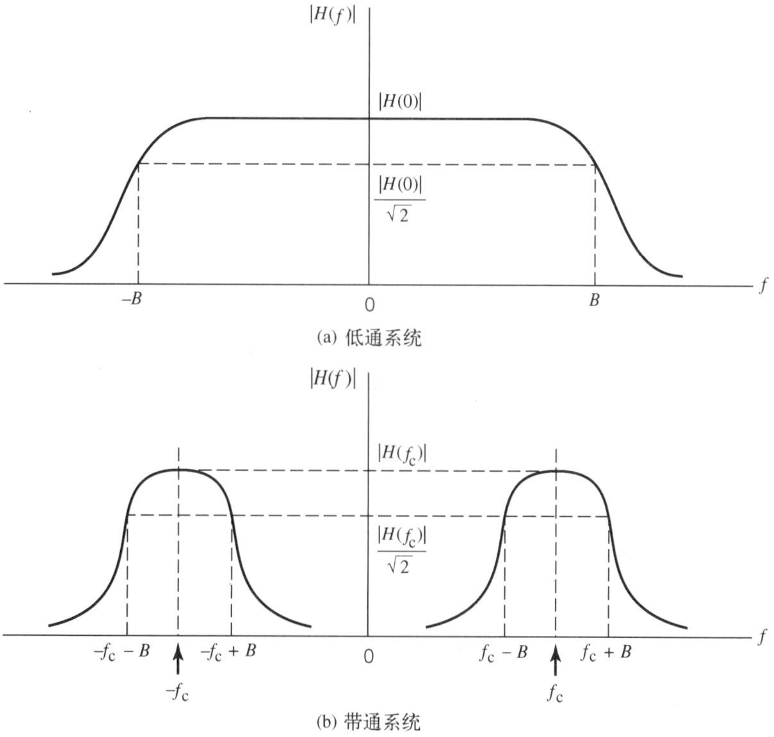

图 2. 13　系统带宽定义的图例

Paley-Wiener 准则：判定因果性的另一种方法

一个函数 $\alpha(f)$ 能够作为因果滤波器增益的充要条件是下列积分收敛，即

$$\int_{-\infty}^{\infty} \frac{|\alpha(f)|}{1+f^2} \mathrm{d}f < \infty \tag{2.51}$$

这个条件被称为 Paley-Wiener 准则(Paley-Wiener criterion)[4]。这个准则指出，只要增益 $\alpha(f)$ 满足式(2.51)中的条件，我们就可以将这个增益关联某个合适的相位 $\beta(f)$，使得产生的滤波器具有因果冲激响应，它在负时间的值为零。换句话说，Paley-Wiener 准则是因果性需求在频率域中的对应。一个具有可实现增益特征的系统在一个离散的频率集合内可能具有无穷的衰减，但是它在一个频带内不能有无穷衰减，否则 Paley-Wiener 准则不满足。

有限冲激响应(Finite-duration Impulse Response，FIR)滤波器

下面，考虑一个冲激响应为 $h(t)$ 的线性时不变滤波器。我们做出两个假设：

1. 因果性(Causality)，这意味着冲激响应 $h(t)$ 在 $t<0$ 时等于零。
2. 有限支集(Finite support)，这意味着滤波器的冲激响应具有某个有限的持续时间 T_f，因此我们可以写为 $t \geqslant T_f$时，$h(t)=0$。

在这两个假设条件下，可以将对输入 $x(t)$ 响应产生的滤波器输出 $y(t)$ 表示为

$$y(t) = \int_{0}^{T_f} h(\tau)x(t-\tau)\,\mathrm{d}\tau \tag{2.52}$$

令输入 $x(t)$、冲激响应 $h(t)$ 和输出 $y(t)$ 以每秒($1/\Delta\tau$)个采样值的速率进行均匀采样(Uniformly sampled)，因此可以令

$$t = n\Delta\tau$$

以及

$$\tau = k\Delta\tau$$

其中，k 和 n 为整数，$\Delta\tau$ 为采样周期(Sampling period)。假设 $\Delta\tau$ 足够小，以便对于 k 和 τ 的所有值，乘积 $h(\tau)x(t-\tau)$ 在 $k\Delta\tau\leqslant\tau\leqslant(k+1)\Delta\tau$ 范围内实质上保持不变，则我们可以通过卷积和(Convolution sum)将式(2.52)近似表示为

$$y(n\Delta\tau) = \sum_{k=0}^{N-1} h(k\Delta\tau)x(n\Delta\tau - k\Delta\tau)\Delta\tau$$

其中，$N\Delta\tau=T_{\mathrm{f}}$。为了简化上述求和公式中所用的符号，我们引入下列三个定义：

$$w_k = h(k\Delta\tau)\Delta\tau$$

$$x(n\Delta\tau) = x_n$$

$$y(n\Delta\tau) = y_n$$

于是，我们可以将 $y(n\Delta\tau)$ 的公式重新写为下列紧凑形式：

$$y_n = \sum_{k=0}^{N-1} w_k x_{n-k}, \qquad n = 0, \pm1, \pm2, \cdots \tag{2.53}$$

式(2.53)可以采用图 2.14 中所示的结构来实现，它是由一系列的延迟单元(Delay element)(每个延迟单元产生一个 $\Delta\tau$ 秒的延迟)、与延迟线抽头(Delay-line tap)相连的乘法器(Multiplier)、为乘法器提供的对应加权(Weight)，以及一个把乘法器输出加起来的求和器(Summer)所组成的。在式(2.53)中描述的 n 的整数值所对应的序列 x_n 和 y_n 分别被称为输入序列和输出序列(Input and output sequences)。

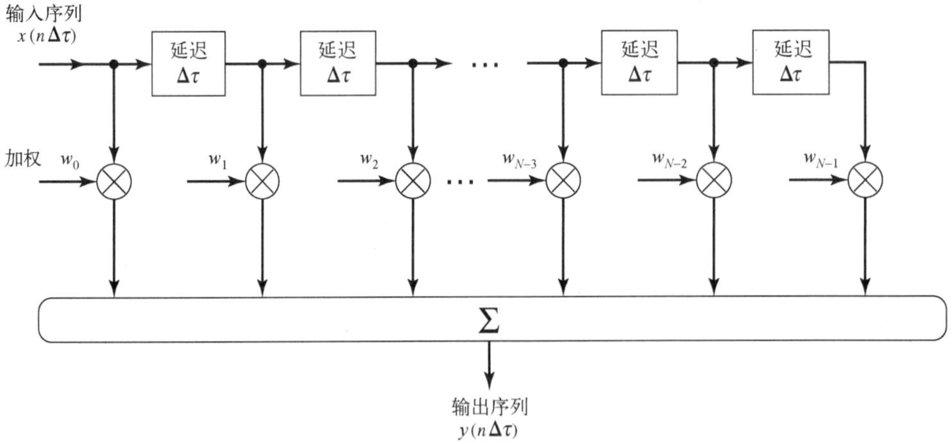

图 2.14 抽头延迟线(Tapped-Delay-Line, TDL)滤波器，也被称为 FIR 滤波器

在数字信号处理文献中，图 2.14 的结构被称为有限长冲激响应(Finite-duration Impulse Response, FIR)滤波器。这种滤波器具有一些非常理想的实际特性：

1. 这种滤波器是固有的稳定系统，因为有界输入序列会产生一个有界输出序列。
2. 根据加权 $\{w_k\}_{k=0}^{N-1}$ 的设计方法，这种滤波器可以完成低通滤波器或者带通滤波器的功能。并且，可以将系统的相位响应配置为频率的线性函数，这意味着不会产生延迟失真。
3. 在滤波器的数字实现中，这种滤波器具有可编程(Programmable)形式，即可以通过适当地改变加权而使滤波器结构完全不变来改变滤波器的应用，模拟滤波器是不具有这种灵活性的。

在本书后续章节中，我们将对 FIR 滤波器进行更多的讨论。

2.8　希尔伯特变换

傅里叶变换对于分析能量信号或者在极限意义上的功率信号的频谱内容是尤其有用的。因此，它为分析和设计频率选择性滤波器(Frequency-selective filter)提供了数学基础，这种滤波器可以根据其频谱内容将信号进行分离。另一种分离信号的方法是基于相位选择性(Phase selectivity)，它利用有关信号之间的相移来实现所期望的分离。在这种背景下，一种特别令人感兴趣的相移是±90°。特别地，当一个给定信号的所有分量的相位角都变化±90°时，得到的时间函数被称为该信号的希尔伯特变换(Hilbert transform)。希尔伯特变换也被称为正交滤波器(Quadrature filter)，之所以这样称谓是强调它能够提供±90°相移的突出特性。

具体而言，考虑一个可以进行傅里叶变换的信号 $g(t)$，其傅里叶变换记为 $G(f)$。$g(t)$的希尔伯特变换记为$\hat{g}(t)$，它被定义为[5]

$$\hat{g}(t) = \frac{1}{\pi}\int_{-\infty}^{\infty} \frac{g(\tau)}{t-\tau}\,\mathrm{d}\tau \tag{2.54}$$

显然，希尔伯特变换是一种线性运算。希尔伯特逆变换(Inverse Hilbert transform)是指从$\hat{g}(t)$中线性恢复原始信号 $g(t)$，它被定义为

$$g(t) = -\frac{1}{\pi}\int_{-\infty}^{\infty} \frac{\hat{g}(\tau)}{t-\tau}\,\mathrm{d}\tau \tag{2.55}$$

函数 $g(t)$ 和$\hat{g}(t)$被称为构成了一个希尔伯特变换对(Hilbert-transform pair)。在表 2.3 中给出了一个希尔伯特变换对的简表。

表 2.3　希尔伯特变换对 *

时间函数	希尔伯特变换
1. * $m(t)\cos(2\pi f_c t)$	$m(t)\sin(2\pi f_c t)$
2. * $m(t)\sin(2\pi f_c t)$	$-m(t)\cos(2\pi f_c t)$
3. $\cos(2\pi f_c t)$	$\sin(2\pi f_c t)$
4. $\sin(2\pi f_c t)$	$-\cos(2\pi f_c t)$
5. $\frac{\sin t}{t}$	$\frac{1-\cos t}{t}$
6. $\mathrm{rect}(t)$	$-\frac{1}{\pi}\ln\left\|\frac{t-1/2}{t+1/2}\right\|$
7. $\delta(t)$	$\frac{1}{\pi t}$
8. $\frac{1}{1+t^2}$	$\frac{t}{1+t^2}$
9. $\frac{1}{t}$	$-\pi\delta(t)$

备注：$\delta(t)$表示狄拉克 δ 函数；$\mathrm{rect}(t)$表示矩形函数；ln 表示自然对数。

* 在前面两个变换对里，假设 $m(t)$ 在区间 $-W \leqslant f \leqslant W$ 是带限的，其中 $W<f_c$。

式(2.54)给出的希尔伯特变换 $\hat{g}(t)$ 的定义可以解释为 $g(t)$ 与时间函数 $1/(\pi t)$ 的卷积。根据表 2.1 中的卷积定理可知，在时域中两个函数的卷积可以转化为它们在频域中的傅里叶变换的乘积。

对于时间函数 $1/(\pi t)$，我们有下列傅里叶变换对(参见表 2.2 中的性质 14)：

$$\frac{1}{\pi t} \rightleftharpoons -\mathrm{j}\,\mathrm{sgn}(f)$$

其中，sgn(f)为符号函数(Signum function)，在频域中它被定义为

$$\operatorname{sgn}(f)=\begin{cases}1, & f>0\\ 0, & f=0\\ -1, & f<0\end{cases} \tag{2.56}$$

因此，$\hat{G}(f)$的傅里叶变换$\hat{g}(t)$为

$$\hat{G}(f)=-\mathrm{j}\operatorname{sgn}(f)G(f) \tag{2.57}$$

式(2.57)表明，给定一个可以傅里叶变换的信号$g(t)$，我们可以通过将$g(t)$经过一个频率响应等于$-\mathrm{j}\operatorname{sgn}(f)$的线性时不变系统来得到其希尔伯特变换$\hat{g}(t)$的傅里叶变换。这个系统可以视为对输入信号的全部正频率产生-90°的相移，而对其全部负频率产生+90°的相移，如图2.15所示。然而，在经过这个设备传输时，信号中所有频率分量的幅度都不会受影响。这种理想系统被称为希尔伯特变换器(Hilbert transformer)或者正交滤波器(Quadrature filter)。

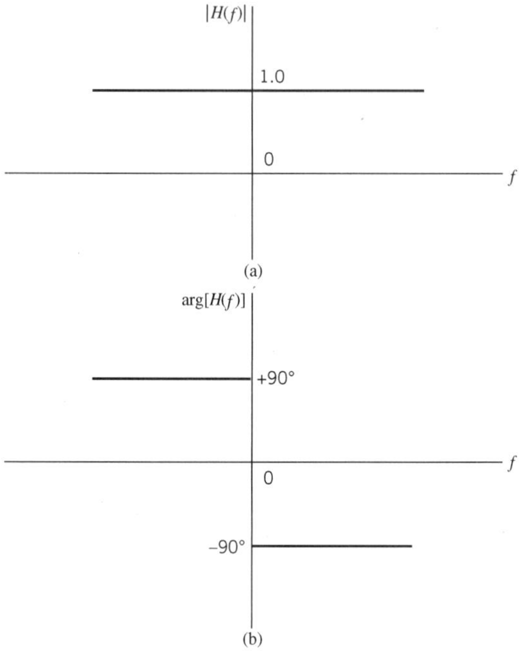

图2.15 (a)希尔伯特变换的幅度响应；(b)希尔伯特变换的相位响应

希尔伯特变换的性质

希尔伯特变换与傅里叶变换的区别在于，它只在时域中工作。它具有很多有用的性质，下面将列出其中部分性质。假设信号$g(t)$为实值信号，这是希尔伯特变换通常应用的领域。对于这类信号，希尔伯特变换具有下列性质。

性质1

一个信号$g(t)$与其希尔伯特变换$\hat{g}(t)$具有相同的幅度谱。这就是说

$$|G(f)|=|\hat{G}(f)|$$

性质2

如果$\hat{g}(t)$是$g(t)$的希尔伯特变换，则$\hat{g}(t)$的希尔伯特变换为$-g(t)$。

这个性质的另一种表述方式是

$$\arg[G(f)]=-\arg\{\hat{G}(f)\}$$

性质3

信号$g(t)$与其希尔伯特变换$\hat{g}(t)$在整个时间区间$(-\infty,\infty)$上都是正交的。

用数学语言描述，$g(t)$与$\hat{g}(t)$的正交性是指

$$\int_{-\infty}^{\infty} g(t)\hat{g}(t)\mathrm{d}t=0$$

根据式(2.54)、式(2.55)和式(2.57)可以证明上述性质。

▷

例5 低通信号的希尔伯特变换

考虑图2.16(a)，它画的是一个低通信号$g(t)$的傅里叶变换，该信号包含从$-W$到W的频率成

分。对该信号进行希尔伯特变换，产生一个新的信号$\hat{g}(t)$，其傅里叶变换$\hat{G}(f)$如图 2.16(b)所示。这个图说明一个具有傅里叶变换的信号的频率内容经过希尔伯特变换以后可能会完全改变。

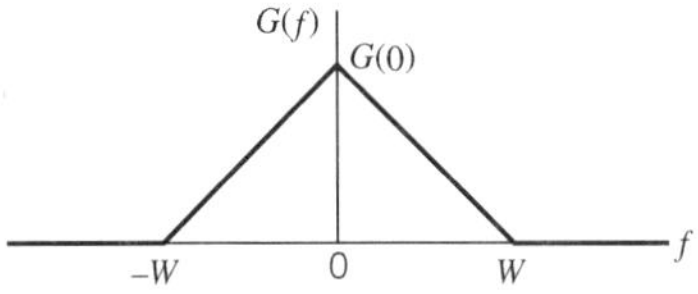

(a) 信号g(t)的频谱

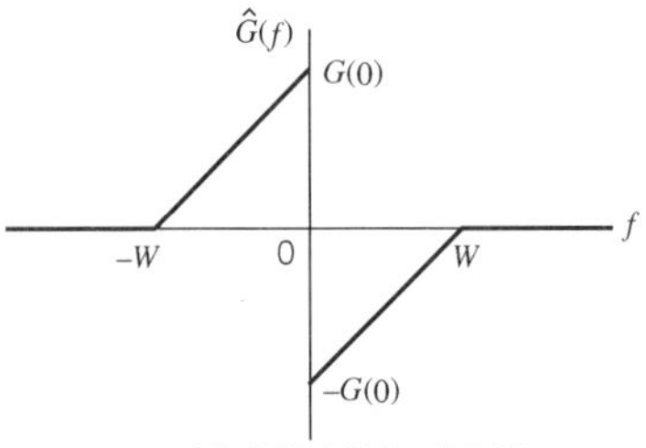

(b) 希尔伯特变换ĝ(t)的频谱

图 2.16　对低通信号进行希尔伯特变换的应用举例

2.9　预包络

信号的希尔伯特变换是针对正频率和负频率来定义的。鉴于例 5 中所示的频谱形状，自然会提出下面的问题：

我们如何对一个实值信号 $g(t)$ 的频率内容进行修改，使得能够完全消除掉所有负频率成分？

对于这个基本问题的回答受到 $g(t)$ 的预包络(Pre-envelope)[6]这个复值信号的启发，预包络的正式定义是

$$g_+(t) = g(t) + \mathrm{j}\hat{g}(t) \tag{2.58}$$

其中，$\hat{g}(t)$是 $g(t)$的希尔伯特变换。按照上述定义，给定信号 $g(t)$是预包络 $g_+(t)$的实部，而希尔伯特变换 $\hat{g}(t)$是预包络的虚部。预包络 $g_+(t)$的一个重要特点在于其傅里叶变换的行为。令 $G_+(f)$表示 $g_+(t)$的傅里叶变换。于是，利用式(2.57)和式(2.58)，我们有

$$G_+(f) = G(f) + \mathrm{sgn}(f)G(f) \tag{2.59}$$

然后，根据式(2.56)中符号函数的定义，可以将式(2.59)重新写为下列等效形式：

$$G_+(f) = \begin{cases} 2G(f), & f > 0 \\ G(0), & f = 0 \\ 0, & f < 0 \end{cases} \tag{2.60}$$

其中，$G(0)$为 $G(f)$在原点$f=0$的值。式(2.60)清晰地表明信号 $g(t)$的预包络在所有负频率处都没有频率成分(即其傅里叶变换化为零了)，因此前面提出的问题实际上已经得到了回答。然而需要注意的是，为了达到此目的，我们不得不引入式(2.58)所描述的实值信号的复值形式。

根据前面的分析，显然对于一个给定信号 $g(t)$，我们可以采用下面两个等效方法的一种来确定出其预包络 $g_+(t)$。

1. 时域方法。给定信号 $g(t)$，采用式(2.58)计算预包络 $g_+(t)$。
2. 频域方法。首先确定出信号 $g(t)$的傅里叶变换 $G(f)$，然后利用式(2.60)确定 $G_+(f)$，最后通过计算 $G_+(f)$的傅里叶逆变换得到

$$g_+(t) = 2\int_0^{\infty} G(f)\exp(\mathrm{j}2\pi ft)\,\mathrm{d}f \tag{2.61}$$

根据信号的不同形式，方法 1 可能会比方法 2 更容易，或者反之亦然。

式(2.58)定义的是正频率的预包络 $g_+(t)$。对称地，我们也可以为负频率定义出下面的预包络

$$g_-(t) = g(t) - \mathrm{j}\hat{g}(t) \tag{2.62}$$

这两个预包络 $g_+(t)$ 和 $g_-(t)$ 之间是简单的复共轭关系，即

$$g_-(t) = g_+^*(t) \tag{2.63}$$

其中，星号“ * ”表示复共轭。预包络 $g_+(t)$ 的频谱只有在正频率处才不为零，因此采用“+”符号作为下标。另一方面，采用“-”符号作为下标也是为了表明另一个预包络 $g_-(t)$ 的频谱只有在负频率处才不为零，正如下面的傅里叶变换所示：

$$G_-(f) = \begin{cases} 0, & f>0 \\ G(0), & f=0 \\ 2G(f), & f<0 \end{cases} \tag{2.64}$$

因此，预包络 $g_+(t)$ 和 $g_-(t)$ 组成了复值信号的一个互补对。还注意到 $g_+(t)$ 和 $g_-(t)$ 的和正好等于原始信号 $g(t)$ 的两倍。

给定一个实值信号，式(2.60)告诉我们预包络 $g_+(t)$ 由信号在正频率处的频谱成分所唯一定义。出于同样原因，式(2.64)也告诉我们另一个预包络 $g_-(t)$ 则由信号在负频率处的频谱成分所唯一定义。由于正如式(2.63)所指出的，$g_-(t)$ 仅仅是 $g_+(t)$ 的复共轭，因此我们可以得到下列结论：

对于一个具有傅里叶变换的实值信号，其正频率部分的频谱成分可以唯一地确定这个信号。

换句话说，给定这种信号在正频率处的频谱内容，我们可以唯一地确定出其在负频率处的频谱内容。于是，这就是具有傅里叶变换的信号的带宽可以仅仅根据其正频率处的频谱内容来决定的数学理由，这也是我们在 2.4 节中处理带宽时采用的做法。

例 6 低通信号的预包络

下面，继续讨论例 5 中考虑的低通信号 $g(t)$，在图 2.17 中，画出了 $g(t)$ 的预包络 $g_+(t)$ 和第二个预包络 $g_-(t)$ 的对应频谱。尽管如图 2.16(a)所示，$g(t)$ 的频谱定义在 $-W\leqslant f\leqslant W$ 范围内，我们从图 2.17中可以清晰地看出，$g_+(t)$ 的频谱成分完全局限于 $0\leqslant f\leqslant W$ 范围内，而 $g_-(t)$ 的频谱成分则完全局限于 $-W\leqslant f\leqslant 0$ 范围内。

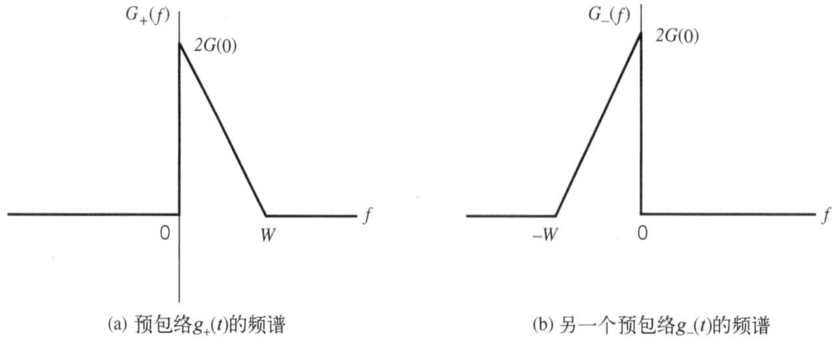

图 2.17 对低通信号进行希尔伯特变换的另一个应用举例

希尔伯特变换的实际重要性

细心的读者可能已经看出了采用相量(Phasor)和预包络之间的相似性。尤其是，正如在学习电路理论时采用相量使电流和电压交互使用更加简化一样，我们发现在信号理论中，预包络也能简化

对带通信号与带通系统的分析。

更具体地说，通过将预包络概念应用到带通信号中，该信号可以被转化为等效的低通表示。对应地，带通滤波器也可以被转化为其自身的等效低通表示。以希尔伯特变换为基础的这两种变换，在形成调制信号及其解调时起到了关键作用，在本章后面以及后续章节中将会看到这一点。

2.10　带通信号的复包络

在 2.9 节中介绍的预包络思想可以应用于任何实值信号，无论它是低通还是带通类型的，唯一的要求是信号必须具有傅里叶变换。从现在开始的本章余下部分，我们将把注意力局限于带通信号方面。调制到正弦载波上的信号就是这种信号的例子。相应地，我们也把注意力局限在带通系统方面。其主要原因是，这样给出的内容可以直接应用于 2.14 节将要讨论的模拟调制理论，以及本书后续章节讨论的其他数字调制技术。有鉴于此，并且考虑到与后续章节介绍的内容在符号使用方面的一致性，从现在开始将采用 $s(t)$ 表示一个调制信号。当这种信号应用于带通系统，如通信信道的输入时，将采用 $x(t)$ 表示产生的系统(即信道)输出。然而和前面一样，我们将采用 $h(t)$ 作为系统的冲激响应。

在着手讨论以前，将感兴趣的带通信号记为 $s(t)$，其傅里叶变换记为 $S(f)$。假设傅里叶变换 $S(f)$ 实际上局限于总宽度为 $2W$ 的一个频带内，并且以某个频率 $\pm f_c$ 为中心，如图 2.18(a)所示。将 f_c 称为载波频率(Carrier frequency)，这个术语是从调制理论中借用的。在实际中遇到的大多数通信信号中，我们发现带宽 $2W$ 与 f_c 相比而言很小，因此可以将信号 $s(t)$ 称为窄带信号(Narrowband signal)。然而，对于目前的讨论来说，对带宽到底应该有多小才能将信号视为窄带信号进行精确表述是没有必要的。从此以后，对带通和窄带这两个术语可以互换使用。

令窄带信号 $s(t)$ 的预包络表示为下列形式：

$$s_+(t) = \tilde{s}(t)\exp(j2\pi f_c t) \qquad (2.65)$$

我们将 $\tilde{s}(t)$ 称为带通信号 $s(t)$ 的复包络(Complex envelope)。可以将式(2.65)视为利用预包络 $s_+(t)$ 定义复包络 $\tilde{s}(t)$ 的基础。根据对带通信号 $s(t)$ 的频谱所做的窄带假设，可发现预包络 $s_+(t)$ 的频谱被限制在正频带 $f_c-W\leqslant f\leqslant f_c+W$ 以内，如图 2.18(b)所示。因此，将傅里叶变换的频移性质应用到式(2.65)，我们发现复包络 $\tilde{s}(t)$ 的频谱对应地被限制在频带 $-W\leqslant f\leqslant W$ 以内，并且以原点 $f=0$ 为中心，如图 2.18(c)所示。换句话说，带通信号 $s(t)$ 的复包络 $\tilde{s}(t)$ 是一个复数低通信号(Complex low-pass signal)。从带通信号 $s(t)$ 映射(Mapping)到复数低通信号 $\tilde{s}(t)$ 的本质可以概括在下列三个结论中：

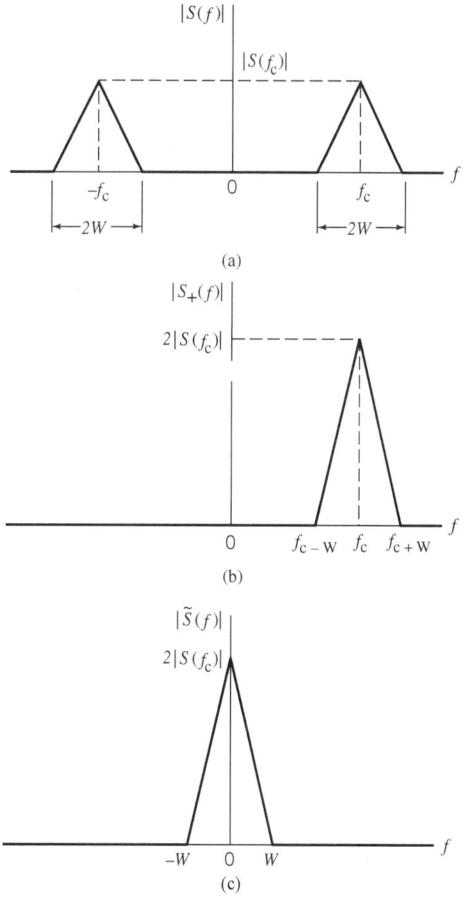

图 2.18　(a)带通信号 $s(t)$ 的幅度谱；(b)预包络 $s_+(t)$ 的幅度谱；(c)复包络 $\tilde{s}(t)$ 的幅度谱

- 调制信号 $s(t)$ 的信息内容被完全保留在复包络 $\tilde{s}(t)$ 中。
- 由于存在载波频率 f_c，对带通信号 $s(t)$ 的分析是很复杂的。相反，复包络 $\tilde{s}(t)$ 摒弃了 f_c，这使得对其分析更容易处理。
- 应用 $\tilde{s}(t)$ 要求必须用到复数符号表示。

2.11 带通信号的正则表示

根据定义，预包络 $s_+(t)$ 的实部等于原始带通信号 $s(t)$。因此，可以用其对应的复包络 $\tilde{s}(t)$ 将带通信号 $s(t)$ 表示为

$$s(t) = \mathrm{Re}[\tilde{s}(t)\exp(\mathrm{j}2\pi f_c t)] \tag{2.66}$$

其中，算子 Re[·]表示方括号内参量的实部。由于一般而言，$\tilde{s}(t)$ 是一个复数值的量，因此为了强调这种性质，我们采用笛卡儿形式将其表示为

$$\tilde{s}(t) = s_I(t) + \mathrm{j}s_Q(t) \tag{2.67}$$

其中，$s_I(t)$ 和 $s_Q(t)$ 都是实值低通函数，它们的低通性质源自于复包络 $\tilde{s}(t)$。于是，我们可以将式(2.67)代入式(2.66)，从而将原始带通信号 $s(t)$ 用笛卡儿形式或者正则(Canonical or standard)形式表示为

$$s(t) = s_I(t)\cos(2\pi f_c t) - s_Q(t)\sin(2\pi f_c t) \tag{2.68}$$

将 $s_I(t)$ 称为带通信号 $s(t)$ 的同相分量(In-phase component)，并且将 $s_Q(t)$ 称为信号 $s(t)$ 的正交相位分量(Quadrature-phase component)或者简称为正交分量(Quadrature component)。这种命名方法来自于以下观察结果：如果将 $s_I(t)$ 的乘积因子 $\cos(2\pi f_c t)$ 视为参考正弦载波，则 $s_Q(t)$ 的乘积因子 $\sin(2\pi f_c t)$ 与 $\cos(2\pi f_c t)$ 相位正交。

根据式(2.66)，可以把复包络 $\tilde{s}(t)$ 画为位于 (s_I, s_Q) 平面的原点的一个时变相量(Time-varying phasor)，如图2.19(a)所示。随着时间 t 的连续变化，相量的端点在平面上移动。图2.19(b)画出了复指数 $\exp(2\pi f_c t)$ 的相量表示。在式(2.66)给出的定义中，复包络 $\tilde{s}(t)$ 与复指数 $\exp(\mathrm{j}2\pi f_c t)$ 相乘。因此，这两个相量的角度相加而其长度相乘，如图2.19(c)所示。并且在后面的图中，可发现 (s_I, s_Q) 相位在以每秒 $2\pi f_c$ 弧度的角速度旋转。因此，图中代表复包络 $\tilde{s}(t)$ 的相量在 (s_I, s_Q) 平面上移动，同时平面自身却在绕着原点旋转。原始带通信号 $s(t)$ 是这个时变相量在代表实轴的固定直线(Fixed line)上的投影，如图2.19(c)所示。

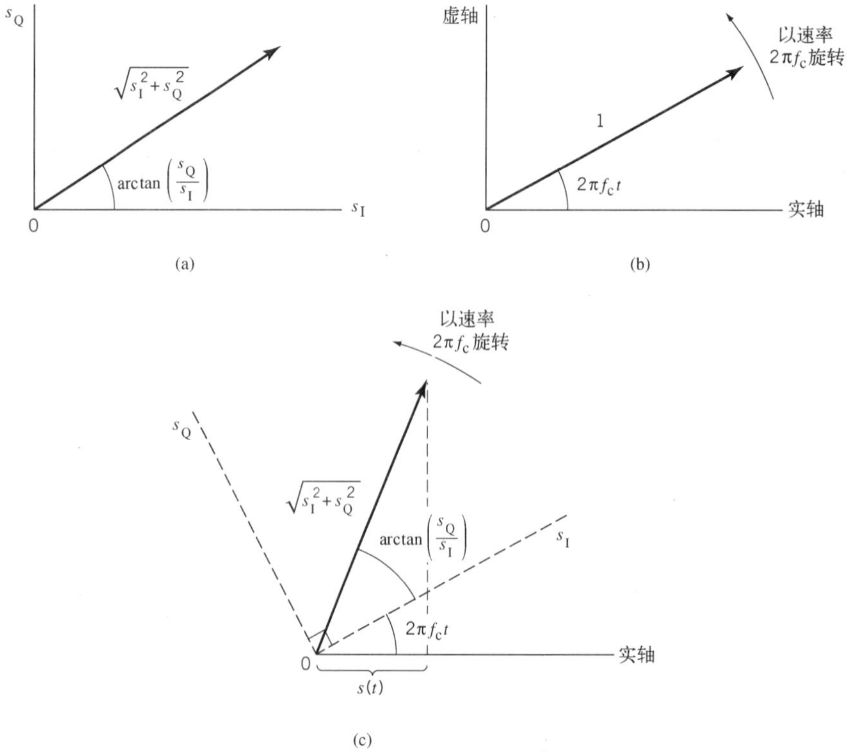

图2.19 复包络 $\tilde{s}(t)$ 及其与 $\exp(\mathrm{j}2\pi f_c t)$ 相乘的几何解释示意图

由于 $s_I(t)$ 和 $s_Q(t)$ 都是带宽为 $-W \leq f \leq W$ 的低通信号，它们可以从图 2.20(a) 中所示的低通信号 $s(t)$ 方案中得到。图中两个低通滤波器的设计相同，带宽都为 W。

为了根据同相和正交分量重构出 $s(t)$，我们可以采用图 2.20(b) 所示的框图。根据这些描述，可以将图 2.20(a) 中的框图称为分析器(Analyzer)，因为它从带通信号 $s(t)$ 中提取出同相分量 $s_I(t)$ 和正交分量 $s_Q(t)$。同样地，我们将图 2.20(b) 中的第二个框图称为合成器(Synthesizer)，因为它根据其同相分量 $s_I(t)$ 和正交分量 $s_Q(t)$ 重构出带通信号 $s(t)$。

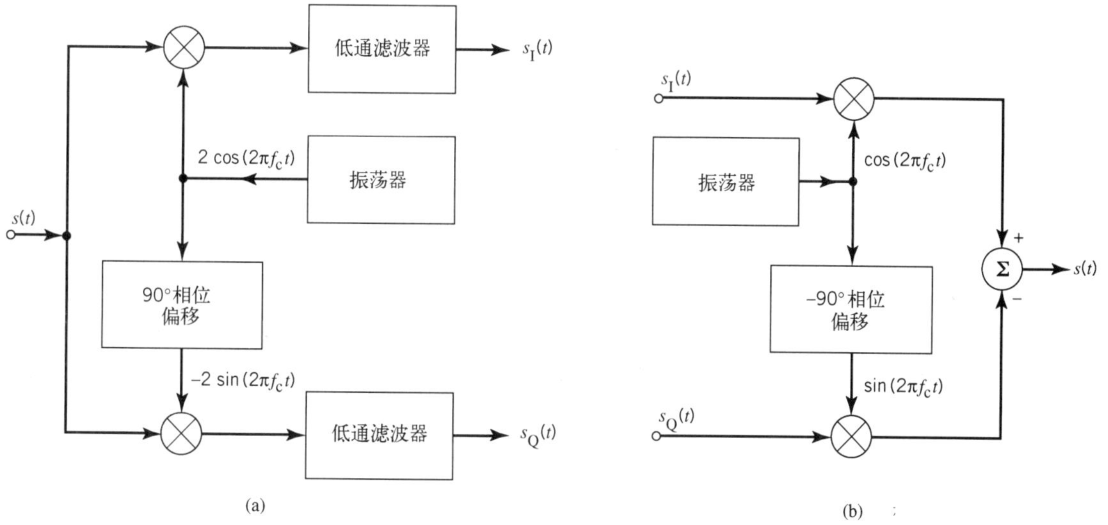

图 2.20 (a)产生带通信号 $g(t)$ 的同相和正交分量的框图；(b)根据同相和正交分量重构带通信号的框图

图 2.20 中的两个框图是学习线性调制技术(Linear modulation schemes)的基础，无论它是模拟调制还是数字调制类型。将低通同相分量 $s_I(t)$ 乘以 $\cos(2\pi f_c t)$ 以及将正交分量 $s_Q(t)$ 乘以 $\sin(2\pi f_c t)$ 都代表线性调制形式。只要载频 f_c 大于低通带宽 W，就可以将得到的由式(2.68)中定义的带通函数 $s(t)$ 称为通带信号波形(Passband signal waveform)。对应地，将从 $s_I(t)$ 和 $s_Q(t)$ 组合为 $s(t)$ 的映射称为通带调制(Passband modulation)。

带通信号的极坐标表示

式(2.67)是定义带通信号 $s(t)$ 的复包络 $\tilde{s}(t)$ 的笛卡儿形式。另外，我们也可以采用极坐标形式(Polar form)将 $\tilde{s}(t)$ 定义为

$$\tilde{s}(t) = a(t)\exp[j\phi(t)] \tag{2.69}$$

其中，$a(t)$ 和 $\phi(t)$ 都是实值低通函数。根据式(2.69)中的极坐标表示，原始带通信号 $s(t)$ 可以被定义为

$$\tilde{s}(t) = a(t)\cos[2\pi f_c t + \phi(t)] \tag{2.70}$$

我们将 $a(t)$ 称为带通信号 $s(t)$ 的固有包络(Natural envelope)或者简称为包络(Envelope)，将 $\phi(t)$ 称为该信号的相位(Phase)。现在，我们看出了为什么在式(2.58)中要采用“预包络”这个词，因为这个公式先于式(2.70)出现。

带通信号的笛卡儿表示与极坐标表示之间的关系

带通信号 $s(t)$ 的包络 $a(t)$ 和相位 $\phi(t)$ 与其同相分量 $s_I(t)$ 和正交分量 $s_Q(t)$ 之间的相互关系分别如下[参见图 2.19(a)中的时变相量表示]：

$$a(t) = \sqrt{s_I^2(t) + s_Q^2(t)} \tag{2.71}$$

和

$$\phi(t) = \arctan\left(\frac{s_Q(t)}{s_I(t)}\right) \tag{2.72}$$

反之，我们也可以写为

$$s_I(t) = a(t)\cos[\phi(t)] \tag{2.73}$$

和

$$s_Q(t) = a(t)\sin[\phi(t)] \tag{2.74}$$

因此，带通信号的同相与正交分量都包含了幅度与相位信息，对于规定的相位 $\phi(t)$ 而言，这两者都以 2π 为模被唯一确定出来。

2.12 带通系统的复(数)低通表示

现在，我们知道了如何处理带通信号的复低通表示，因此发展一种对应的方法来表示线性时不变带通系统也是合乎逻辑的。具体而言，我们希望证明通过在带通和低通系统之间建立一种类比(Analogy)、更准确地说是一种同构(Isomorphism)，这样可以大大简化带通系统的分析。比如，这种类比有助于更容易对正弦调制信号驱动的无线通信信道进行计算机仿真，否则这将是一个很困难的任务。

考虑一个窄带信号 $s(t)$，其傅里叶变换记为 $S(f)$。假设信号 $s(t)$ 的频谱局限于载频 f_c 的 $\pm W$ 赫兹以内的频率。另外再假设 $W<f_c$。将信号 $s(t)$ 应用到冲激响应为 $h(t)$、频率响应为 $H(f)$ 的线性时不变带通系统。假设系统的频率响应局限于载频 f_c 的 $\pm B$ 赫兹以内的频率。系统带宽(System bandwidth) $2B$ 通常比输入信号带宽(Signal bandwidth) $2W$ 更窄或者与其相等。我们希望采用两个正交分量 $h_I(t)$ 和 $h_Q(t)$ 来表示带通冲激响应 $h(t)$。特别地，类比带通信号的表示方法，我们将 $h(t)$ 表示为下列形式：

$$h(t) = h_I(t)\cos(2\pi f_c t) - h_Q(t)\sin(2\pi f_c t) \tag{2.75}$$

对应地，将带通系统的复冲激响应(Complex impulse response)定义为

$$\tilde{h}(t) = h_I(t) + \mathrm{j}h_Q(t) \tag{2.76}$$

于是，同式(2.66)一样，我们采用 $\tilde{h}(t)$ 将 $h(t)$ 表示为

$$h(t) = \mathrm{Re}[\tilde{h}(t)\exp(\mathrm{j}2\pi f_c t)] \tag{2.77}$$

注意到 $h_I(t)$、$h_Q(t)$ 和 $\tilde{h}(t)$ 都是低通函数，并且局限于频带 $-B \leqslant f \leqslant B$ 以内。

通过建立在式(2.76)基础上，可以利用带通冲激响应 $h(t)$ 的同相分量 $h_I(t)$ 和正交分量 $h_Q(t)$ 来确定复冲激响应 $\tilde{h}(t)$。另外，也可以采用下面的方法根据带通频率响应 $H(f)$ 来确定它。首先根据式(2.77)写出

$$2h(t) = \tilde{h}(t)\exp(\mathrm{j}2\pi f_c t) + \tilde{h}^*(t)\exp(-\mathrm{j}2\pi f_c t) \tag{2.78}$$

其中，$\tilde{h}^*(t)$ 是 $\tilde{h}(t)$ 的复共轭(Complex conjugate)。在式(2.78)左边引入因子 2 的原因在于，如果我们将一个复信号与其复共轭相加，则其和等于实部的两倍，而虚部则消失了。在式(2.78)两边进行傅里叶变换，并且利用傅里叶变换的复共轭性质，我们有

$$2H(f) = \tilde{H}(f-f_c) + \tilde{H}^*(-f-f_c) \tag{2.79}$$

其中，$H(f) \rightleftharpoons h(t)$ 和 $\tilde{H}(f) \rightleftharpoons \tilde{h}(t)$。式(2.79)满足对实值冲激响应 $h(t)$ 的 $H^*(f) = H(-f)$ 这个要求。由于 $\tilde{H}(f)$ 表示局限于 $|f| \leqslant B$ 的一个低通频率响应，其中 $B<f_c$，因此根据式(2.79)可以推导出

$$\tilde{H}(f-f_c) = 2H(f), \qquad f>0 \tag{2.80}$$

式(2.80)表明：

> 对于一个给定的带通频率响应 $H(f)$，我们可以通过取出 $H(f)$ 定义在正频率的部分，将它平移到原点，并且乘以比例因子 2 来确定出对应的复低通频率响应 $\tilde{H}(f)$。

在确定出复频率响应$\widetilde{H}(f)$以后，我们将其分解为同相分量和正交分量，即

$$\tilde{H}(f) = \tilde{H}_{\mathrm{I}}(f) + \mathrm{j}\tilde{H}_{\mathrm{Q}}(f) \tag{2.81}$$

其中，同相分量被定义为

$$\tilde{H}_{\mathrm{I}}(f) = \frac{1}{2}[\tilde{H}(f) + \tilde{H}^*(-f)] \tag{2.82}$$

正交分量被定义为

$$\tilde{H}_{\mathrm{Q}}(f) = \frac{1}{2\mathrm{j}}[\tilde{H}(f) - \mathrm{j}\tilde{H}^*(-f)] \tag{2.83}$$

最后，为了确定带通系统的复冲激响应$\widetilde{h}(t)$，我们对$\widetilde{H}(f)$取傅里叶逆变换，得到

$$\tilde{h}(t) = \int_{-\infty}^{\infty} \tilde{H}(f)\exp(\mathrm{j}2\pi ft)\,\mathrm{d}f \tag{2.84}$$

这正是我们所寻求的公式。

2.13 将带通信号与系统的复数表示结合起来

考察式(2.66)和式(2.77)，立即发现这两个等式具有一个公共的乘积因子：指数 $\exp(\mathrm{j}2\pi f_c t)$。实际上，包含这个因子是因为频率为$f_c$的正弦载波，它使调制(带通)信号 $s(t)$ 经过频带中心频率为f_c的带通信道进行传输更加容易。然而，从分析角度来讲，在式(2.66)和式(2.77)中都存在这个指数因子会使分析调制信号 $s(t)$ 驱动的带通系统更加复杂。通过将调制信号 $s(t)$ 的复低通等效表示与冲激响应 $h(t)$ 所表征的带通系统的复低通等效表示结合使用，可以简化这种分析。这种简化可以在时域或者频域中进行，下面对此进行讨论。

时域方法

在得到带通信号与系统的复数表示以后，我们可以导出一种有效的分析方法，以确定由带通信号驱动的动态系统的输出。为了进行推导，假设 $S(f)$ 表示输入信号 $s(t)$ 的频谱，$H(f)$ 表示系统的频率响应，它们都以相同频率f_c为中心。实际上，没有必要考虑输入信号载频与带通系统的频带中心频率不一致的情况，因为在选择载频或者频带中心频率时是具有相当自由度的。因此，比如使输入信号的载频改变 Δf_c 的量，简单地对应于在输入信号的复包络或者带通系统的复冲激响应中吸收(或者消除)掉因子 $\exp(\pm\mathrm{j}2\pi\Delta f_c t)$。这样就解释了为什么可以假设 $S(f)$ 与 $H(f)$ 都能以相同载频f_c为中心了。

令 $x(t)$ 表示带通系统的输出信号，它是输入带通信号 $s(t)$ 的响应。显然，$x(t)$ 也是一个带通信号，因此我们可以采用它自身的低通复包络$\tilde{x}(t)$将其表示为

$$x(t) = \mathrm{Re}[\tilde{x}(t)\exp(\mathrm{j}2\pi f_c t)] \tag{2.85}$$

输出信号 $x(t)$ 与输入信号 $s(t)$ 及系统冲激响应 $h(t)$ 之间，以下列常见的卷积积分形式表示为：

$$x(t) = \int_{-\infty}^{\infty} h(\tau)s(t-\tau)\,\mathrm{d}\tau \tag{2.86}$$

就预包络而言，我们有 $h(t)=\mathrm{Re}[h_+(t)]$ 以及 $s(t)=\mathrm{Re}[s_+(t)]$。因此，可以通过预包络 $s_+(t)$ 和 $h_+(t)$ 将式(2.86)重新写为

$$x(t) = \int_{-\infty}^{\infty} \mathrm{Re}[h_+(\tau)]\mathrm{Re}[s_+(t-\tau)]\,\mathrm{d}\tau \tag{2.87}$$

为了继续推导，我们利用预包络的一个基本性质，它用下列关系式描述：

$$\int_{-\infty}^{\infty} \mathrm{Re}[h_+(\tau)]\mathrm{Re}[s_+(\tau)]\mathrm{d}\tau = \frac{1}{2}\mathrm{Re}\left[\int_{-\infty}^{\infty} h_+(\tau)s_+^*(\tau)\,\mathrm{d}\tau\right] \tag{2.88}$$

其中，我们采用 τ 作为积分变量以便与式(2.87)相一致，有关式(2.88)的详细推导由习题 2.20 完成。下一步，根据傅里叶变换理论，我们注意到，采用 $s(-\tau)$ 代替 $s(\tau)$ 相当于消除掉式(2.88)右边

的复共轭。因此，考虑到式(2.88)中 $s_+(\tau)$ 与式(2.87)中 $s_+(t-\tau)$ 之间的代数差别，并且利用带通信号的预包络与复包络之间的关系，可以将式(2.87)表示为下列等效形式：

$$\begin{aligned} x(t) &= \frac{1}{2}\mathrm{Re}\left[\int_{-\infty}^{\infty} h_+(\tau)s_+(t-\tau)\,\mathrm{d}\tau\right] \\ &= \frac{1}{2}\mathrm{Re}\left\{\int_{-\infty}^{\infty} \tilde{h}(\tau)\exp(\mathrm{j}2\pi f_c\tau)\tilde{s}(t-\tau)\exp[\mathrm{j}2\pi f_c(t-\tau)]\,\mathrm{d}\tau\right\} \\ &= \frac{1}{2}\mathrm{Re}\left[\exp(\mathrm{j}2\pi f_c t)\int_{-\infty}^{\infty} \tilde{h}(\tau)\tilde{s}(t-\tau)\,\mathrm{d}\tau\right] \end{aligned} \tag{2.89}$$

于是，将式(2.85)与式(2.89)右边进行比较，很容易发现对于足够大的载频 f_c，输出信号的复包络 $\tilde{x}(t)$ 可以通过输入信号的复包络 $\tilde{s}(t)$ 和带通系统的复冲激响应 $\tilde{h}(t)$ 来简单定义如下：

$$\tilde{x}(t) = \frac{1}{2}\int_{-\infty}^{\infty} \tilde{h}(t)\tilde{s}(t-\tau)\,\mathrm{d}\tau \tag{2.90}$$

上述重要关系是带通函数与对应的复低通函数之间同构(Isomorphism)的结果，根据这个关系，现在可以得到下列概括性结论：

除了比例因子 1/2，带通系统输出信号的复包络 $\tilde{x}(t)$ 可以通过将系统的复冲激响应 $\tilde{h}(t)$ 与输入带通信号的复包络 $\tilde{s}(t)$ 进行卷积来得到。

就计算而言，上述结论的重要性是很深远的。具体而言，在处理带通信号与系统时，只需要关注函数 $\tilde{s}(t)$、$\tilde{x}(t)$ 和 $\tilde{h}(t)$，它们分别代表应用于系统输入激励的复低通等效、系统输出产生响应复低通等效，以及系统冲激响应的复低通等效，如图 2.21 所示。在图 2.21(a)的原始系统中完成的滤波过程的本质被图 2.21(b)中的复低通等效表示完全保留下来了。

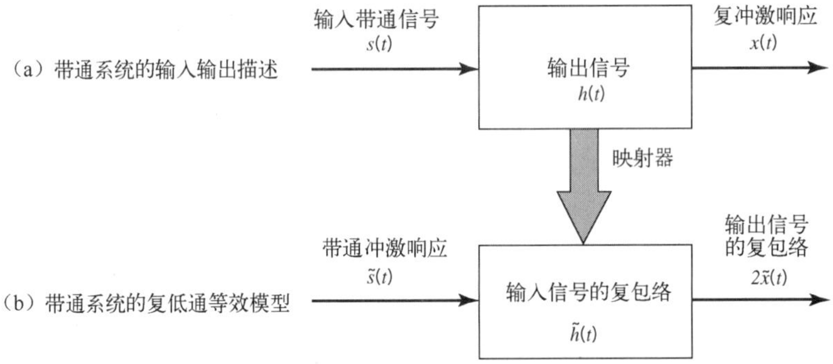

图 2.21 (a)带通系统的输入输出描述；(b)带通系统的复低通等效模型

输入带通信号的复包络 $\tilde{s}(t)$ 与带通系统的复冲激响应 $\tilde{h}(t)$ 是分别通过式(2.67)和式(2.76)由其各自的同相分量和正交分量来定义的。将这些关系式代入式(2.90)，可得到

$$\begin{aligned} 2\tilde{x}(t) &= \tilde{h}(t)\bigstar\tilde{s}(t) \\ &= [h_I(t)+\mathrm{j}h_Q(t)]\bigstar[s_I(t)+\mathrm{j}s_Q(t)] \end{aligned} \tag{2.91}$$

其中，符号★表示卷积。因为卷积是可分配的(Distributive)，可以将式(2.91)重新写为下列等效形式：

$$2\tilde{x}(t) = [h_I(t)\bigstar s_I(t) - h_Q(t)\bigstar s_Q(t)] + \mathrm{j}[h_Q(t)\bigstar s_I(t) + h_I\bigstar s_Q(t)] \tag{2.92}$$

利用响应的同相分量与正交分量将其复包络 $\tilde{x}(t)$ 定义为

$$\tilde{x}(t) = x_I(t) + \mathrm{j}x_Q(t) \tag{2.93}$$

然后，比较式(2.92)和式(2.93)的实部与虚部，我们发现同相分量 $x_I(t)$ 由下列关系定义为

$$2x_I(t) = h_I(t)\bigstar s_I(t) - h_Q(t)\bigstar s_Q(t) \tag{2.94}$$

并且其正交分量 $x_Q(t)$ 由下列关系定义为

$$2x_Q(t) = h_Q(t)\star s_I(t) + h_I(t)\star s_Q(t) \tag{2.95}$$

于是，为了计算系统输出的复包络$\tilde{x}(t)$的同相分量与正交分量，我们可以采用图 2.22 中所示的低通等效模型(Low-pass equivalent model)。在这个模型中，所有信号和冲激响应都是实值低通函数，因此得到了对带通信号驱动的带通系统进行简化分析的时域方法。

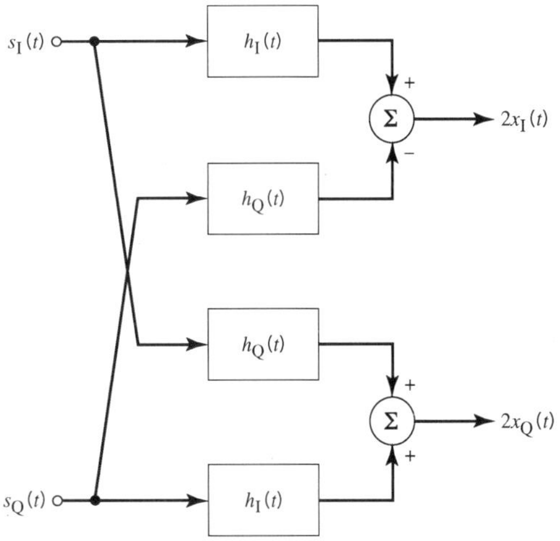

图 2.22　说明带通滤波器响应和输入信号的同相分量与正交分量之间关系的框图

频域方法

另外，对式(2.90)中的卷积积分进行傅里叶变换，并且利用时域卷积转化为频域乘积的关系，可以得到

$$\tilde{X}(f) = \frac{1}{2}\tilde{H}(f)\tilde{S}(f) \tag{2.96}$$

其中，$\tilde{s}(t)\rightleftharpoons\tilde{S}(f)$，$\tilde{h}(t)\rightleftharpoons\tilde{H}(f)$，并且$\tilde{x}(t)\rightleftharpoons\tilde{X}(f)$。$\tilde{H}(f)$ 与带通系统的频率响应 $H(f)$ 之间的关系为式(2.80)。因此，假设 $H(f)$ 是已知的，我们就可以利用表 2.4 中总结的频域方法来计算系统对输入 $s(t)$ 的响应输出 $x(t)$。

实际上，表 2.4 中的方法是带通系统的低通等效的频域表示，如图 2.21(b)所示。就计算而言，这种方法具有非常重要的实际意义。之所以这样描述，是因为它大大降低了包含载频f_c以后在相关计算中所遇到的分析与计算困难。

正如本章前面所讨论的，图 2.21(b)中低通等效的理论公式来源于希尔伯特变换，计算希尔伯特变换也会带来实际问题，因为在理论上它会涉及宽带 90°相移。然而，幸运的是，在构造低通等效时我们没有必要借助于希尔伯特变换。当调制到正弦载波上的消息信号被一个带通滤波器处理时，实际情况确实如此，其解释如下：

1. 通常而言，在所有实际应用中消息信号都是带限的。此外，载频也大于信号的最高频率分量，因此调制信号是一个具有明确通带的带通信号。于是，很容易从 $s(t)$ 的正则表示中得到调制信号 $s(t)$ 的同相分量 $s_I(t)$ 和正交分量 $s_Q(t)$，如式(2.68)所示。
2. 给定带通系统的已知频率响应 $H(f)$，可以很容易计算出对应的复低通频率响应$\tilde{H}(f)$，参见式(2.80)。因此，我们可以计算系统对载波调制输入 $s(t)$ 产生的响应输出 $x(t)$，而不需要借助希尔伯特变换。

表 2.4　对带通信号驱动的带通系统的计算分析方法

给定带通系统的频率响应 $H(f)$，系统对输入带通信号 $s(t)$ 的输出响应信号 $x(t)$ 的计算方法总结如下：
1. 利用式(2.80)，即$\tilde{H}(f-f_c)=2H(f)$，其中$f>0$，确定出$\tilde{H}(f)$
2. 将输入带通信号 $s(t)$ 表示为式(2.68)的正则形式，计算复包络$\tilde{s}(t)=s_I(t)+js_Q(t)$，其中 $s_I(t)$ 为 $s(t)$ 的同相分量，$s_Q(t)$ 为其正交分量。然后，计算傅里叶变换$\tilde{S}(f)=\mathbf{F}[\tilde{s}(t)]$
3. 利用式(2.96)，计算$\tilde{X}(f)=\frac{1}{2}\tilde{H}(f)\tilde{S}(f)$，它确定了输出信号 $x(t)$ 的复包络$\tilde{x}(t)$的傅里叶变换
4. 计算傅里叶逆变换$\tilde{X}(f)$，得到$\tilde{x}(t)=\mathbf{F}^{-1}[\tilde{X}(f)]$
5. 利用式(2.85)计算出期望的输出信号 $x(t)=\mathrm{Re}[\tilde{x}(t)\exp(j2\pi f_c t)]$

有效仿真通信系统的方法

概括地说，表 2.4 中描述的频域方法非常适合在计算机上对通信系统进行有效仿真，这是因为以下两个理由：

1. 输入带通信号与带通系统的低通等效在计算时消除了指数因子 $\exp(j2\pi f_c t)$，而不会丢失信息。
2. 本章后面讨论的快速傅里叶变换(Fast Fourier Transform，FFT)算法可以用于对傅里叶变换进行数值计算。在表 2.4 中该算法被用了两次，一次是在第 2 步用于完成傅里叶变换，然后又在第 4 步中用于完成傅里叶逆变换。

上述表格中的方法主要是在频域中完成的，它假设带通系统的频率响应 $H(f)$ 是可用的。然而，如果已知的是系统冲激响应 $h(t)$，则所有需要我们做的是再增加一个步骤，即在开始应用表 2.4 的方法之前，对 $h(t)$ 进行傅里叶变换得到 $H(f)$。

2.14 线性调制理论

在 2.8 节至 2.13 节讨论的关于带通信号与系统的复低通表示对通信理论的学习是非常重要的。特别地，我们可以采用式(2.68)中的正则公式作为统一处理线性调制理论的数学基础，这也是本节的主题。

我们从下面的正式定义开始讨论：

调制是根据消息信号改变正弦载波的一个或者多个参数，使该信号更容易在通信信道上传输的过程。

消息信号(如声音、视频、数据序列)被称为调制信号(Modulating signal)，调制过程的结果被称为已调信号(Modulated signal)。在通信系统中，调制自然是在发射端完成的。与调制相反，其目标是在接收端恢复出原始消息信号，这一过程被称为解调(Demodulation)。

考虑图 2.23 中所画的调制器框图，其中 $m(t)$ 为消息信号，$\cos(2\pi f_c t)$ 为载波，$s(t)$ 为已调信号。为了将式(2.68)应用到这个调制器，把该式中的同相分量 $s_I(t)$ 简单地视为消息信号的比例形式，记为 $m(t)$。至于正交分量 $s_Q(t)$，它被定义为经线性处理的 $m(t)$ 的频谱成形(Spectrally shaped)形式。在这种情形下，由式(2.68)定义的已调信号 $s(t)$ 为消息信号 $m(t)$ 的线性函数(Linear function)，因此将这个等式称为线性调制理论(Linear modulation theory)的数学基础。

为了从已调信号 $s(t)$ 恢复出原始消息信号 $m(t)$，我们可以采用解调器，其框图如图 2.24 所示。线性调制理论的一个优美特性是，$s(t)$ 的解调也是通过线性处理实现的。然而，为了使 $s(t)$ 的线性解调可行，在图 2.24 的解调器中本地产生的载波必须与图 2.23 的调制器中采用的原始正弦载波相同步。因此，我们称其为同步解调(Synchronous demodulation)或者相干检测(Coherent detection)。

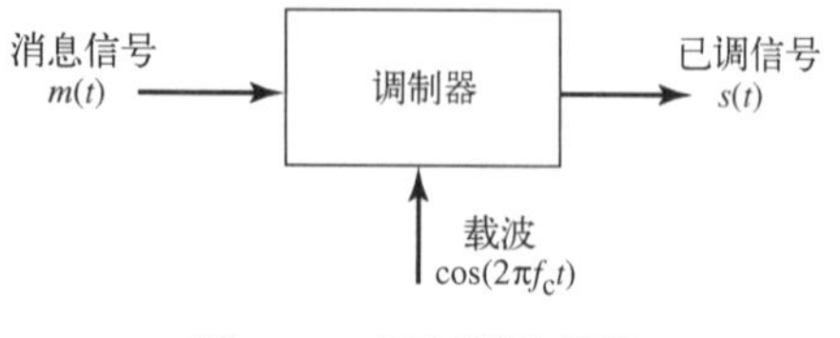

图 2.23 调制器的框图

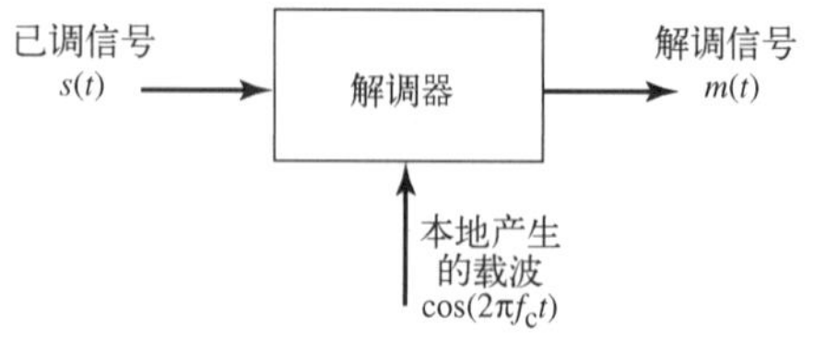

图 2.24 解调器的框图

根据已调信号的频谱组成，在模拟通信中有三种类型的线性调制：

- 双边带抑制载波(Double SideBand-Suppressed Carrier，DSB-SC)调制。
- 残留边带(Vestigial SideBand，VSB)调制。
- 单边带(Single SideBand，SSB)调制。

下面将按照这个顺序对三种调制方法进行讨论。

DSB-SC 调制

DSB-SC 调制是最简单的线性调制形式，它是通过令

$$s_I(t) = m(t)$$

和

$$s_Q(t) = 0$$

得到的。因此，式(2.68)被简化为

$$s(t) = m(t)\cos(2\pi f_c t) \tag{2.97}$$

其实现只需要一个乘积调制器(Product modulator)，它将消息信号 $m(t)$ 与载波 $\cos(2\pi f_c t)$ 直接相乘，假设幅度为 1。

为了对式(2.97)定义的 DSB-SC 已调信号进行频域描述，假设消息信号 $m(t)$ 占有的频带为 $-W \leqslant f \leqslant W$，如图 2.25(a)所示，此后把 W 称为消息带宽(Message bandwidth)。然而，假设载波频率满足条件 $f_c > W$，可发现 DSB-SC 已调信号是由一个上边带(Upper sideband)和下边带(Lower sideband)组成的，如图 2.25(b)所示。将图中的这两部分进行比较，可以立即发现信道带宽(Channel bandwidth) B 是消息带宽的两倍，信道带宽是用于支持从发射机到接收机传输 DSB-SC 已调信号的。

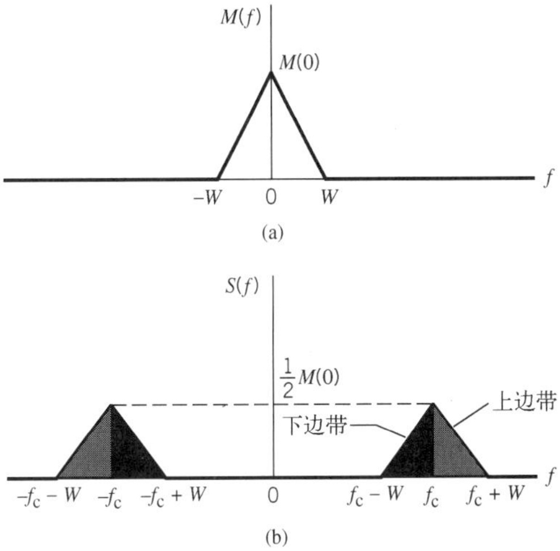

图 2.25　(a)消息信号的频谱；(b)DSB-SC 已调信号 $s(t)$ 的频谱，假设 $f_c > W$

从图 2.25(b)中可以明显看出的另外一个有趣特点是，DSB-SC 已调信号的频谱完全没有 δ 函数。在产生式(2.97)中的已调信号 $s(t)$ 时载波被抑制掉了，这个事实可以进一步证实该结论。

DSB-SC 调制的有用特点可以概括如下：

- 可以把载波抑制掉，从而节约发送功率；
- 具有期望的频谱特征，使之可以被应用于带限消息信号的调制；
- 很容易使接收机与发射机同步，从而实现相干检测。

其不利的方面是，DSB-SC 调制比较浪费信道带宽。这是因为，组成已调信号 $s(t)$ 频谱的两个边带相互之间实际上是关于载频 f_c 的镜像(Image)，因此传输任何一个边带都足以使 $s(t)$ 在信道上传送了。

VSB 调制

在 VSB 调制中，一个边带被部分抑制，并且利用 DSB-SC 调制中两个边带互为镜像这一事实，使另外一个边带的残留部分(Vestige)补偿被抑制掉的这部分边带。实现这种设计目标的一种常用方法是采用鉴频方法(Frequency discrimination method)。具体而言，首先利用乘积调制器产生一个 DSB-SC 已调信号，然后再经过一个带通滤波器，如图 2.26 所示。于是，通过适当设计带通滤波器，可以得到期望的频谱形状。

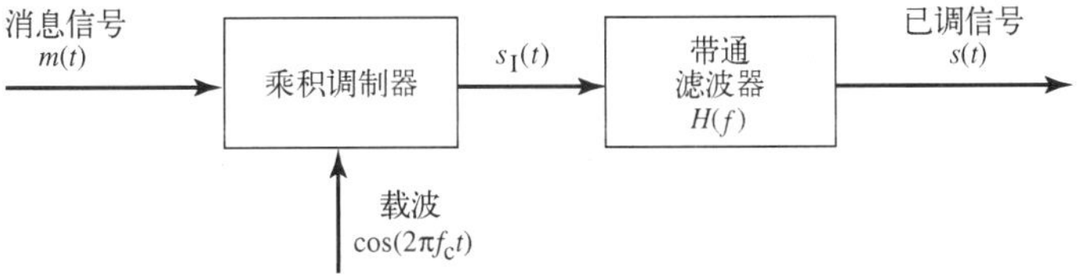

图 2.26　产生 VSB 调制的鉴频方法，其中的中间信号 $s_I(t)$ 为 DSB-SC 已调信号

假设要传输下边带的残留部分。则使带通滤波器的频率响应 $H(f)$ 采用图 2.27 所示的形式，为了简化，在图中只画出了正频率部分的频率响应。观察这个图可以揭示出带通滤波器的两个特点：

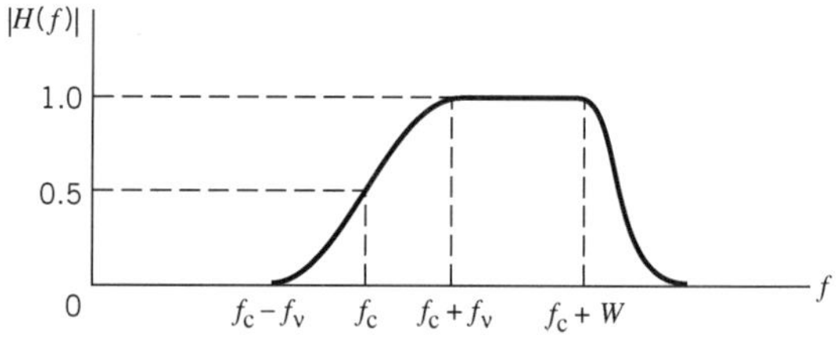

图 2.27　VSB 滤波器的幅度响应，图中只显示了正频率部分

1. 使频率响应归一化(Normalization)，这意味着

$$H(f)=\begin{cases}1, & f_c+f_v\leqslant|f|<f_c+W\\ \dfrac{1}{2}, & |f|=f_c\end{cases}\tag{2.98}$$

其中，f_v 为残留带宽(Vestigial bandwidth)，其他参数的定义与前面相同。

2. 在过渡区间 $f_c-f_v\leqslant|f|\leqslant f_c+f_v$ 内的截止部分具有奇对称性，这意味着在载波频率上下两侧等间隔的任意两个频率点处的频率响应值 $H(f)$ 加起来等于 1。

因此，我们发现频率响应 $H(f)$ 的平移形式满足下列条件：

$$H(f-f_c)+H(f+f_c)=1,\quad -W\leqslant|f|\leqslant W\tag{2.99}$$

在 $|f|\geqslant f_c+W$ 定义的感兴趣的频带以外，频率响应 $H(f)$ 可以假设为任意值。因此，我们可以将传输 VSB 已调信号所需的信道带宽表示为

$$B=W+f_v\tag{2.100}$$

在前面的基础上，现在可以讨论如何确定 $H(f)$ 的问题了。首先，采用式(2.68)中的正则公式将包含下边带残留部分的 VSB 已调信号 $s_1(t)$ 表示为

$$s_1(t)=\frac{1}{2}m(t)\cos(2\pi f_ct)-\frac{1}{2}m_Q(t)\sin(2\pi f_ct)\tag{2.101}$$

其中，$m(t)$ 为消息信号，$m_Q(t)$ 为 $m(t)$ 的频谱成形形式，包含因子 1/2 的原因在后面会很清楚。注意到，如果令 $m_Q(t)$ 为零，则式(2.101)退化为 DSB-SC 调制。因此，恰好是正交信号(Quadrature signal) $m_Q(t)$ 使 VSB 调制与 DSB-SC 调制有所区别。特别地，$m_Q(t)$ 的作用是对消息信号 $m(t)$ 产生干预，使得在 VSB 已调信号 $s(t)$ 的一个边带(比如，图 2.27 中的下边带)的功率被适当地降低了。

为了确定 $m_Q(t)$，我们考察两个不同的方法：

1. 鉴相方法(Phase-discrimination)，它来源于式(2.101)的时域描述。将该式转化到频域，可得到

$$S_1(f)=\frac{1}{4}[M(f-f_c)+M(f+f_c)]-\frac{1}{4\mathrm{j}}[M_Q(f-f_c)-M_Q(f+f_c)]\tag{2.102}$$

其中

$$M(f)=\mathbf{F}[m(t)]\qquad 和\qquad M_Q(f)=\mathbf{F}[m_Q(t)]$$

2. 鉴频方法(Frequency-discrimination)，其结构采用图 2.26 所描述的方式。将 DSB-SC 已调信号[比如，图 2.26 中的中间信号 $s_1(t)$]经过带通滤波器，可以写出

$$S_1(f)=\frac{1}{2}[M(f-f_c)+M(f+f_c)]H(f)\tag{2.103}$$

在式(2.102)和式(2.103)中，频谱 $S_1(f)$ 是定义在如下频率区间的：

$$f_c-W\leqslant|f|\leqslant f_c+W$$

令这两个等式的右边相等，我们有(消除公共项以后)

$$\begin{aligned}&\frac{1}{2}[M(f-f_c)+M(f+f_c)]-\frac{1}{2\mathrm{j}}[M_Q(f-f_c)-M_Q(f+f_c)]\\&=[M(f-f_c)+M(f+f_c)]H(f)\end{aligned}\tag{2.104}$$

将式(2.104)两边左移 f_c，可以得到(消除公共项以后)

$$\frac{1}{2}M(f)-\frac{1}{2\mathrm{j}}M_{\mathrm{Q}}(f) = M(f)H(f+f_{\mathrm{c}}),\qquad -W\leqslant|f|\leqslant W \tag{2.105}$$

其中，忽略了 $M(f+2f_c)$ 和 $M_Q(f+2f_c)$ 这两项，因为它们都位于区间 $-W\leqslant|f|\leqslant W$ 以外。然后，再将式(2.104)两边右移 f_c，可以得到(消除公共项以后)

$$\frac{1}{2}M(f)+\frac{1}{2\mathrm{j}}M_{\mathrm{Q}}(f) = M(f)H(f-f_{\mathrm{c}}),\qquad -W\leqslant|f|\leqslant W \tag{2.106}$$

其中，这次忽略了 $M(f-2f_c)$ 和 $M_Q(f-2f_c)$ 这两项，因为它们都位于区间 $-W\leqslant|f|\leqslant W$ 以外。

得到式(2.105)和式(2.106)以后，所有剩下要做的是执行以下两个简单步骤：

1. 将这两个等式相加，然后提取出公共项 $M(f)$，即可得到前面给出的 $H(f)$ 的条件式(2.99)。事实上，正是因为考虑到这个条件式，所以在式(2.101)中引入了比例因子 1/2。
2. 将式(2.106)减去式(2.105)并重新调整各项，可以得到期望的 $M_Q(f)$ 与 $M(f)$ 之间的下列关系：

$$M_{\mathrm{Q}}(f) = \mathrm{j}[H(f-f_{\mathrm{c}})-H(f+f_{\mathrm{c}})]M(f),\qquad -W\leqslant|f|\leqslant W \tag{2.107}$$

令 $H_Q(f)$ 表示正交滤波器(Quadrature filter)的频率响应，它对消息信号的频谱 $M(f)$ 进行处理后产生 $M_Q(f)$。根据式(2.107)，很容易地用 $H(f)$ 将 $H_Q(f)$ 定义为

$$\begin{aligned} H_{\mathrm{Q}}(f) &= \frac{M_{\mathrm{Q}}(f)}{M(f)} \\ &= \mathrm{j}[H(f-f_{\mathrm{c}})-H(f+f_{\mathrm{c}})],\qquad -W\leqslant|f|\leqslant W \end{aligned} \tag{2.108}$$

式(2.108)为产生 VSB 已调信号 $s_1(t)$ 的鉴相方法(Phase-discrimination method)提供了频域基础，其中只保留了下边带的残留部分。得到这个等式以后，画出频率响应 $H_Q(f)$ 是具有启发意义的。对于频率区间 $-W\leqslant f\leqslant W$ 而言，$H(f-f_c)$ 这一项是由负频率部分的响应 $H(f)$ 右移 f_c 来定义的，而 $H(f+f_c)$ 这一项是由正频率部分的响应 $H(f)$ 左移 f_c 来定义的。因此，根据图 2.27 中画出的正频率响应，我们发现对应的 $H_Q(f)$ 的形状如图 2.28 所示。

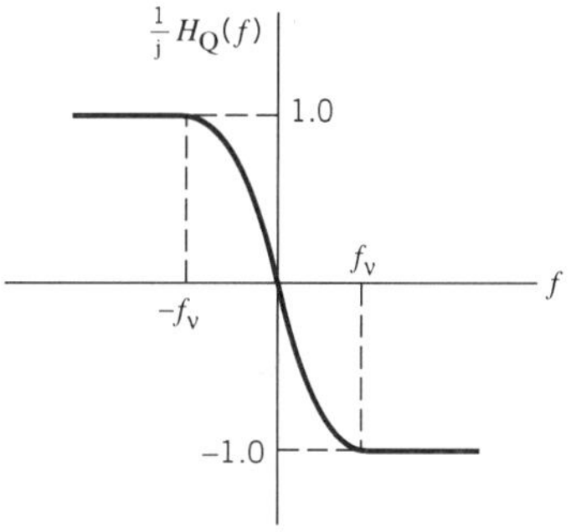

图 2.28　正交滤波器的频率响应，它产生 VSB 波形的正交分量

到目前为止，对 VSB 调制的讨论都集中于传输下边带的残留部分这种情况。对于另一种情况，即传输上边带的残留部分时，可发现相应的 VSB 已调波形可以描述为

$$s_2(t) = \frac{1}{2}m(t)\cos(2\pi f_{\mathrm{c}}t)+\frac{1}{2}m_{\mathrm{Q}}(t)\sin(2\pi f_{\mathrm{c}}t) \tag{2.109}$$

其中，正交信号 $m_Q(t)$ 是采用与前面完全相同的方法从消息信号 $m(t)$ 中构造出来的。

式(2.101)与式(2.109)除了一个代数符号的区别，具有完全相同的数学形式。因此，可以把它们组合为一个公式，即

$$s(t) = \frac{1}{2}m(t)\cos(2\pi f_{\mathrm{c}}t)\mp\frac{1}{2}m_{\mathrm{Q}}(t)\sin(2\pi f_{\mathrm{c}}t) \tag{2.110}$$

其中，减号“-”对应于包含下边带残留部分的 VSB 已调信号，而加号“+”则对应于另一种情形，即已调信号包含上边带的残留部分。

VSB 调制的公式(2.110)包括 DSB-SC 调制作为其特殊情形。具体而言，如果令 $m_Q(t)=0$，则除了一个不重要的比例因子 1/2，该公式简化为 DSB-SC 调制的公式(2.97)。

SSB 调制

下面考虑 SSB 调制，我们认为有下列两种选择：

1. 载波和下边带都被抑制掉，只传输上边带的全部频谱内容。这种 SSB 已调信号记为 $s_{\mathrm{USB}}(t)$。
2. 载波和上边带都被抑制掉，只传输下边带的全部频谱内容。这种 SSB 已调信号记为 $s_{\mathrm{LSB}}(t)$。

上面两种已调信号的傅里叶变换关于载波频率 f_c 互为镜像，正如前面所提到的，这再次强调传

输任何一个边带都足以在通信信道上传送消息信号 $m(t)$。从实际来看，$s_{USB}(t)$ 和 $s_{LSB}(t)$ 都只需要最小的可用信道带宽，$B=W$，在无噪声条件下不会损害消息信号的完全恢复。正是由于这些原因，我们把 SSB 调制称为模拟通信的线性调制的最优形式(Optimum form of linear modulation)，它以最好的方式保护了传送功率和信道带宽。

SSB 调制可以视为 VSB 调制的一种特殊情形。具体而言，如果令残留带宽 $f_v=0$，我们发现图 2.28 中正交滤波器的频率响应的极限形式为符号函数(Signum function)，如图 2.29 所示。根据希尔伯特变换中的公式(2.60)，可以发现当 $f_v=0$ 时，正交分量 $m_Q(t)$ 变为消息信号 $m(t)$ 的希尔伯特变换，记为 $\hat{m}(t)$。因此，在式(2.110)中用 $\hat{m}(t)$ 代替 $m_Q(t)$，得到如下 SSB 公式：

$$s(t) = \frac{1}{2}m(t)\cos(2\pi f_c t) \mp \frac{1}{2}\hat{m}(t)\sin(2\pi f_c t) \tag{2.111}$$

其中，减号“-”对应于 SSB 已调信号 $s_{USB}(t)$，而加号“+”对应于另一种 SSB 已调信号 $s_{LSB}(t)$。

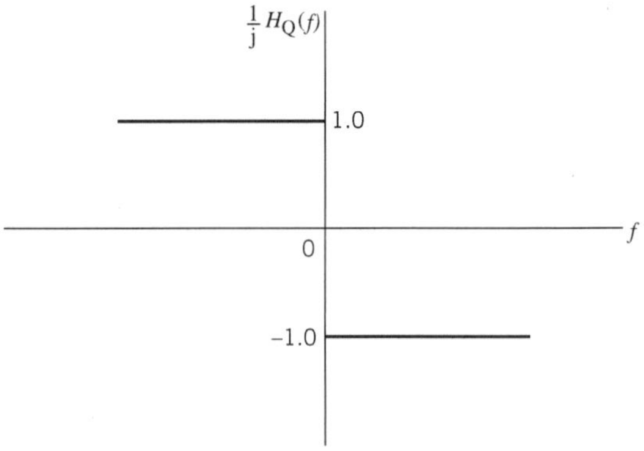

图 2.29 SSB 调制中正交滤波器的频率响应

与 DSB-SC 调制和 VSB 调制方法不同的是，SSB 调制的应用是有限的。具体而言，我们说：

为了使 SSB 调制可以应用于实际，消息信号 $m(t)$ 的频谱内容必须以原点为中心具有一段能量间隙(能隙)。

对消息信号 $m(t)$ 提出的这个要求如图 2.30 所示，因此为了使图 2.26 的鉴频方法中的带通滤波器物理可实现，它应该具有有限的过渡带(Finite transition band)。利用过渡带将通带与阻带分离，只有当过渡带是有限的，不期望的边带才能被抑制。一个满足能隙要求的消息信号的例子是话音信号，这种信号的能隙大约为 600 Hz，从-300~300 Hz 的范围。

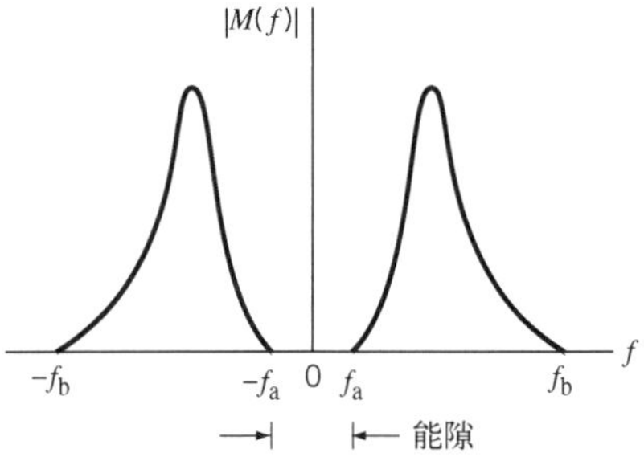

图 2.30 消息信号 $m(t)$ 的频谱，以原点为中心具有能量间隙

相反，电视信号和宽带数据的频谱内容实际上只扩展到几赫兹，因此对于这种第二类消息信号不能应用 SSB 调制。正是由于这个原因，在传输宽带信号时宁愿采用 VSB 调制而不是 SSB 调制。

线性调制方法小结

在表 2.5 中，总结了 DSB-SC 调制的公式(2.97)、VSB 调制的公式(2.110)和 SSB 调制的公式(2.111)，它们都是正则公式(2.68)的特例。相应地，我们可以将产生这三种线性调制信号的时域方法作为图 2.20(b)中“合成器”的特例。

表 2.5 线性调制方法总结，它们被视为正则公式 $s(t)=s_I(t)\cos(2\pi f_c t)-s_Q(t)\sin(2\pi f_c t)$ 的特例

调制类型	同相分量，$s_I(t)$	正交分量，$s_Q(t)$	注释
DSB-SC	$m(t)$	0	$m(t)$= 消息信号
VSB	$\frac{1}{2}m(t)$	$\pm\frac{1}{2}m_Q(t)$	加号“+”用于采用下边带的残留部分，减号“-”用于采用上边带的残留部分
SSB	$\frac{1}{2}m(t)$	$\pm\frac{1}{2}\hat{m}(t)$	加号“+”用于传输上边带，减号“-”用于传输下边带

2.15　相位与群时延

如果不考虑信号传输过程中涉及的相位与群时延，那么对信号经过线性时不变系统传输的讨论就是不完善的。

只要信号经过色散系统，比如通信信道(或者带通滤波器)进行传输，就会在输出信号中引入某些时延(Delay)，时延是相对于输入信号来度量的。对于理想信道而言，在信道的通带内其相位响应随频率是线性变化的，在这种情况下，滤波器引入一个等于 t_0 的恒定时延，这里的参数 t_0 控制着信道的线性相位响应的斜率。现在，如果信道的相位响应是频率的非线性函数，这是在实际中经常遇到的，那么情况又会如何呢？本节的目的就是讨论这个实际问题。

为了开始讨论，假设频率为 f_c 的稳定正弦信号经过一个色散信道传输，信道在这个频率点的相移为 $\beta(f_c)$ 弧度。利用两个相量表示输入信号和接收信号，可以发现接收信号相量比输入信号相量滞后 $\beta(f_c)$ 弧度。接收信号相量扫过这个相位滞后花费的时间等于 $\beta(f_c)/(2\pi f_c)$ 秒。这个时间被称为信道的相位延迟(Phase delay)。

然而重要的是，需要认识到这个相位延迟不一定是真正的信号时延。这是因为稳定的正弦信号不能携带信息，因此根据上面的推理得出相位延迟为真正的信号时延是不正确的。为了证实这个结论，假设一个在区间 $-(T/2)\leqslant t\leqslant (T/2)$ 上的慢变化信号乘以载波，使得产生的已调信号是由以载频为中心的一小群频率所组成的。图 2.31 中的 DSB-SC 波形说明了这种已调信号。当这种已调信号经过通信信道传输时，我们发现在输入信号的包络与接收信号的包络之间确实有一个时延。这个时延被称为信道的包络时延(Envelope delay)或者群时延(Group delay)，就所关心的携带信息的信号而言，它代表了真实的信号时延。

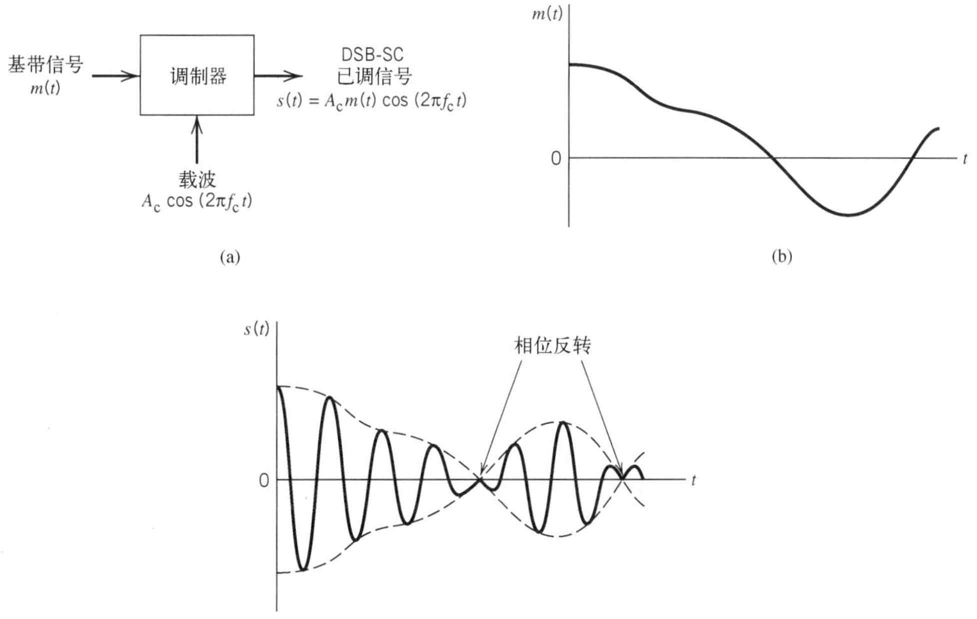

图 2.31　(a)乘积调制器的框图；(b)基带信号；(c)DSB-SC 已调波形

假设色散信道用如下传输函数来描述：

$$H(f) = K\exp[\mathrm{j}\beta(f)] \tag{2.112}$$

其中，幅度 K 是一个恒定的比例因子，相位 $\beta(f)$ 是频率 f 的非线性函数；正是因为 $\beta(f)$ 的非线性特

性才使信道具有色散特征。假设输入信号 $s(t)$ 是图 2.31 中所示的类型，即 DSB-SC 已调信号为

$$s(t) = m(t)\cos(2\pi f_c t) \tag{2.113}$$

其中，$m(t)$ 为消息信号，假设它是低通类型的信号，并且局限于频率区间 $|f| \leqslant W$ 以内。此外，假设载波频率 $f_c > W$。将相位 $\beta(f)$ 以 $f=f_c$ 点展开为 Taylor 级数(Taylor series)，并只保留前面两项，可以将 $\beta(f)$ 近似为

$$\beta(f) \approx \beta(f_c) + (f-f_c)\frac{\partial \beta(f)}{\partial f}\bigg|_{f=f_c} \tag{2.114}$$

定义两个新的量为

$$\tau_p = -\frac{\beta(f_c)}{2\pi f_c} \tag{2.115}$$

和

$$\tau_g = -\frac{1}{2\pi}\frac{\partial \beta(f)}{\partial f}\bigg|_{f=f_c} \tag{2.116}$$

然后，将式(2.114)重新写为下列等效形式：

$$\beta(f) \approx -2\pi f_c \tau_p - 2\pi(f-f_c)\tau_g \tag{2.117}$$

相应地，信道传输函数也为下列近似形式：

$$H(f) \approx K\exp[-\mathrm{j}2\pi f_c \tau_p - \mathrm{j}2\pi(f-f_c)\tau_g] \tag{2.118}$$

按照 2.12 节中描述的带通到低通的转换方法，特别是利用式(2.80)，我们可以将 $H(f)$ 描述的带通信道替换为一个等效的低通滤波器，其传输函数近似为

$$\tilde{H}(f) \approx 2K\exp(-\mathrm{j}2\pi f_c \tau_p - \mathrm{j}2\pi f \tau_g), \qquad f > f_c \tag{2.119}$$

相应地，利用式(2.67)可以将式(2.113)中的已调信号 $s(t)$ 替换为其低通复包络，对于这里的 DSB-SC 情况，被定义为

$$\tilde{s}(t) = m(t) \tag{2.120}$$

将 $s(\tilde{t})$ 变换到频域，可以写为

$$\tilde{S}(f) = M(f) \tag{2.121}$$

因此，根据式(2.96)，在信道输出端接收信号的复包络的傅里叶变换为

$$\begin{aligned}\tilde{X}(f) &= \frac{1}{2}\tilde{H}(f)\tilde{S}(f) \\ &\approx K\exp(-\mathrm{j}2\pi f_c \tau_p)\exp(-\mathrm{j}2\pi f_c \tau_g)M(f)\end{aligned} \tag{2.122}$$

我们注意到，如果 f_c 和 τ_p 是固定值，则乘积因子 $K\exp(-\mathrm{j}2\pi f_c \tau_p)$ 是一个常数。根据傅里叶变换的时移性质，我们还注意到 $\exp(-\mathrm{j}2\pi f_c \tau_g)M(f)$ 这一项代表时延信号 $m(t-\tau_g)$ 的傅里叶变换。因此，信道输出的复包络为

$$\tilde{x}(t) = K\exp(-\mathrm{j}2\pi f_c \tau_p)m(t-\tau_g) \tag{2.123}$$

最后，利用式(2.66)可发现实际的信道输出为

$$\begin{aligned}x(t) &= \mathrm{Re}[\tilde{x}(t)\exp(\mathrm{j}2\pi f_c t)] \\ &= Km(t-\tau_g)\cos[2\pi f_c(t-\tau_p)]\end{aligned} \tag{2.124}$$

式(2.124)揭示出将已调信号 $s(t)$ 经过色散信道传输的结果，是在信道输出端出现两个不同的时延结果：

1. 正弦载波 $\cos(2\pi f_c t)$ 延迟 τ_p 秒；因此 τ_p 代表相位延迟(Phase delay)，有时也将 τ_p 称为载波时延(Carrier delay)。
2. 包络 $m(t)$ 延迟 τ_g 秒；因此 τ_g 代表包络时延或者群时延(Envelope or group delay)。

注意到 τ_g 与相位 $\beta(f)$ 在 $f=f_c$ 测量的斜率有关。当相位响应 $\beta(f)$ 随频率 f 线性变化，并且 $\beta(f_c)$

为零时，相位延迟和群时延为同一个值。只有在这种情况下我们才能认为这两个时延是相等的。

2.16　傅里叶变换的数值计算

本章介绍的内容清晰地表明，作为表示低通或者带通类型的确定性信号和线性时不变系统的一种理论工具，傅里叶变换是很重要的。并且由于存在一类所谓的 FFT 算法[6]能够有效地对傅里叶变换进行数值计算，因此傅里叶变换的重要性得到了进一步增强。

FFT 算法是从离散傅里叶变换(Discrete Fourier Transform，DFT)导出的，正如其名字所指，在 DFT 中时间和频率都以离散形式来表示。DFT 为傅里叶变换提供了一种近似(Approximation)方法。为了正确地表示原始信号的信息内容，在完成 DFT 定义中涉及的采样运算时我们必须特别小心。在第 6 章中对采样过程进行了详细讨论。目前，我们知道对于给定的带限信号，采样率大于输入信号最高频率分量的两倍就足够了。另外，如果采样均匀间隔 T_s 秒，则信号的频谱是周期性的，根据式(2.43)可知，每隔 $f_s=(1/T_s)$ 赫兹就会重复。令 N 表示在间隔 f_s 内包含的频率采样个数，则傅里叶变换数值计算中的频率分辨率(Frequency resolution)被定义为

$$\Delta f=\frac{f_s}{N}=\frac{1}{NT_s}=\frac{1}{T} \tag{2.125}$$

其中，T 为信号的总持续时间。

下面考虑一个有限数据序列(Finite data sequence) $\{g_0, g_1, \cdots, g_{N-1}\}$。为了简化，我们将这个序列称为 g_n，其中下标为时间指标(Time index) $n=0,1,\cdots,N-1$。这种序列可以代表在 $t=0$，T_s，$\cdots$，$(N-1)T_s$ 时刻对一个模拟信号 $g(t)$ 进行采样的结果，其中 T_s 为采样间隔。数据序列的顺序定义了采样时刻，其中 g_0，g_1，$\cdots$，g_{N-1} 分别表示 $g(t)$ 在 $t=0$，T_s，$\cdots$，$(N-1)T_s$ 时刻的采样值。于是我们有

$$g_n=g(nT_s) \tag{2.126}$$

现在正式地把 g_n 的 DFT 定义为

$$G_k=\sum_{n=0}^{N-1} g_n \exp\left(-\frac{\mathrm{j}2\pi}{N}kn\right),\ k=0,1,\cdots,N-1 \tag{2.127}$$

序列 $\{G_0, G_1, \cdots, G_{N-1}\}$ 被称为变换序列(Transform sequence)。为了简化，我们将这第二个序列简称为 G_k，其中下标为频率指标(Frequency index) $k=0,1,\cdots,N-1$。

相应地，将 G_k 的离散傅里叶逆变换(Inverse Discrete Fourier Transform，IDFT)定义为

$$g_n=\frac{1}{N}\sum_{k=0}^{N-1} G_k \exp\left(\frac{\mathrm{j}2\pi}{N}kn\right),\ n=0,1,\cdots,N-1 \tag{2.128}$$

DFT 和 IDFT 构成了一个离散变换对。具体而言，给定一个数据序列 g_n，可以利用 DFT 计算出变换序列 G_k；而给定一个变换序列 G_k，也可以利用 IDFT 恢复出原始数据序列 g_n。DFT 的一个突出特点是，对于式(2.127)和式(2.128)中定义的有限求和，不存在收敛的问题。

在讨论 DFT(以及其计算的算法)时，“样本”(Sample)和“点”(point)这两个词语可以互换使用，指的都是一个序列值。另外，在实际中经常将一个长度为 N 的序列称为一个 N 点序列(N-point sequence)，并且将长度为 N 的数据序列的 DFT 称为一个 N 点 DFT(N-point DFT)。

DFT 和 IDFT 的解释

可以将式(2.127)描述的 DFT 过程设想为一组 N 个复数外插(Complex heterodyning)和平均(Averaging)的过程，如图 2.32(a)所示。之所以说外插是复数的，是因为数据序列的样本值是与复指数序列(Complex exponential sequences)相乘的。一共需要考虑 N 个复指数序列，分别对应频率指标 $k=0,1,\cdots,N-1$。在选择它们的周期时，要使每个复指数序列在 0 到 $N-1$ 这个总区间内都恰好有一个整数周期。对应于 $k=0$ 的零频率响应是唯一的例外。

为了解释式(2.128)描述的 IDFT 过程，可以利用图 2.32(b)所示的设计。这里我们有一组 N 个复数信号发生器(Complex signal generator)，每一个都产生如下的复指数序列：

$$\exp\left(\frac{\mathrm{j}2\pi}{N}kn\right) = \cos\left(\frac{2\pi}{N}kn\right) + \mathrm{j}\sin\left(\frac{2\pi}{N}kn\right) = \left\{\cos\left(\frac{2\pi}{N}kn\right), \sin\left(\frac{2\pi}{N}kn\right)\right\}_{k=0}^{N-1} \tag{2.129}$$

因此，实际上每个复数信号发生器都是由一对发射器组成的，它们输出在每个观测间隔有 k 个周期的余弦序列和正弦序列。每个复数信号发生器的输出都被复数傅里叶系数 G_k 进行加权。在每个时间指标 n，IDFT 的输出是通过将复数生成器的输出加权求和形成的。

值得注意的是，尽管如式(2.127)和式(2.128)所描述的，DFT 和 IDFT 的数学公式非常相似，但是在图 2.32(a)和图 2.32(b)中对它们的解释却完全不同。

另外，图 2.32 中两个部分都存在与谐波相关的周期信号的相加运算，这说明它们的输出 G_k 和 g_n 也必然都是周期性的。并且图中所示的处理器是线性的，表明 DFT 和 IDFT 都是线性运算。从定义式(2.127)和式(2.128)来看，这个重要特性也是很明显的。

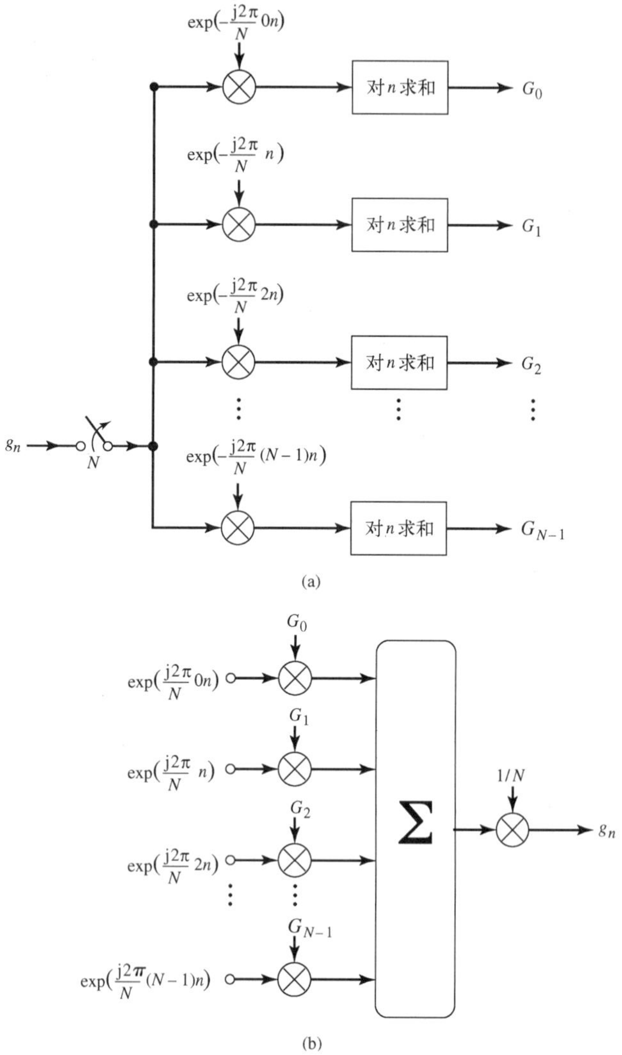

图 2.32　(a)对 DFT 的解释；(b)对 IDFT 的解释

FFT 算法

在 DFT 中，输入和输出分别是由时域和频域中在均匀间隔点处定义的数值序列组成的。这种特性使 DFT 非常适合在计算机上直接进行数值计算。另外，其计算还可以采用一类算法以最有效的方式来实现，这类算法统称为 FFT 算法(FFT algorithms)，它可以用计算机程序来编写。

因为 FFT 算法采用的算术运算数量与 DFT 的蛮力(即直接)计算方法相比要少得多，所以它非常有效。总体说来，FFT 算法的计算效率来自于采取了“分布解决”的工程策略，由此将原来的 DFT 计算连续分解为更小的 DFT 计算。在本节中，我们将介绍一种常见的 FFT 算法，它的推导就是根据这种策略得到的。

为了开始推导，首先将定义 g_n 的 DFT 公式(2.127)重新写为如下更方便的数学形式：

$$G_k = \sum_{n=0}^{N-1} g_n W^{kn}, \quad k = 0, 1, \cdots, N-1 \tag{2.130}$$

其中，我们引入了下列复数值参数：

$$W = \exp\left(-\frac{\mathrm{j}2\pi}{N}\right) \tag{2.131}$$

根据上述定义，很容易发现

$$W^N = 1$$

$$W^{N/2} = -1$$

$$W^{(l+lN)(n+mN)} = W^{kn}, \qquad (m, l) = 0, \pm 1, \pm 2, \cdots$$

也就是说，W^{kn}是周期为 N 的周期函数。W^{kn}的周期性是推导 FFT 算法时的一个关键特性。

令数据序列的点数 N 为 2 的整数幂，如下所示：

$$N = 2^L$$

其中，L 为一个整数。后面将会对这种选取方法进行解释。由于 N 是一个偶整数，因此 $N/2$ 也是一个整数，于是我们可以将数据序列分割为前半部分点和后半部分点。

这样，我们可以将式(2.130)重新写为

$$\begin{aligned} G_k &= \sum_{n=0}^{(N/2)-1} g_n W^{kn} + \sum_{n=N/2}^{N-1} g_n W^{kn} \\ &= \sum_{n=0}^{(N/2)-1} g_n W^{kn} + \sum_{n=0}^{(N/2)-1} g_{n+N/2} W^{k(n+N/2)} \\ &= \sum_{n=0}^{(N/2)-1} (g_n + g_{n+N/2} W^{kN/2}) W^{kn}, \quad k = 0, 1, \cdots, N-1 \end{aligned} \tag{2.132}$$

因为 $W^{N/2}=-1$，我们有

$$W^{kN/2} = (-1)^k$$

于是，式(2.132)中的因子 $W^{kN/2}$只在两个可能值中取一种，即+1 或者-1，这分别取决于频率指标 k 是偶数还是奇数。下面分别对这两种情况进行讨论。

首先，令 k 为偶数，于是 $W^{kN/2}=1$。再令

$$k = 2l, \qquad l = 0, 1, \cdots, \frac{N}{2}-1$$

并且定义

$$x_n = g_n + g_{n+N/2} \tag{2.133}$$

于是，可以将式(2.132)写为下列新的形式：

$$\begin{aligned} G_{2l} &= \sum_{n=0}^{(N/2)-1} x_n W^{2ln} \\ &= \sum_{n=0}^{(N/2)-1} x_n (W^2)^{ln}, \quad l = 0, 1, \cdots, \frac{N}{2}-1 \end{aligned} \tag{2.134}$$

根据式(2.131)给出的 W 的定义，我们很容易发现

$$\begin{aligned} W^2 &= \exp\left(-\frac{j4\pi}{N}\right) \\ &= \exp\left(-\frac{j2\pi}{N/2}\right) \end{aligned}$$

因此，我们看出式(2.134)右边的求和正好是序列 x_n的$(N/2)$点 DFT。

下面，令 k 为奇数，于是 $W^{kN/2}=-1$。再令

$$k = 2l+1, \qquad l = 0, 1, \cdots, \frac{N}{2}-1$$

并且定义

$$y_n = g_n - g_{n+N/2} \tag{2.135}$$

于是，可以将式(2.132)写为下列相应形式：

$$\begin{aligned} G^{2l+1} &= \sum_{n=0}^{(N/2)-1} y_n W^{(2l+1)n} \\ &= \sum_{n=0}^{(N/2)-1} [y_n W^n](W^2)^{ln}, \quad l = 0, 1, \cdots, \frac{N}{2} - 1 \end{aligned} \tag{2.136}$$

我们看出式(2.136)右边的求和正好是序列$y_n W^n$的$(N/2)$点DFT。与y_n相连的参数W^n被称为旋转因子(Twiddle factor)。

式(2.134)和式(2.136)表明，变换序列G_k的偶数值样本和奇数值样本可以分别根据序列x_n和$y_n W^n$的$(N/2)$点DFT得到。序列x_n和y_n自身则分别通过式(2.133)和式(2.135)与原来的数据序列g_n相关。因此，计算N点DFT的问题就简化为计算两个$(N/2)$点DFT的问题。再次重复前面描述的程序，即可将$(N/2)$点DFT分解为两个$(N/4)$点DFT。继续以这种方法重复分解程序，直到(经过$L=\log_2 N$个阶段以后)变为N个单点DFT的平凡情形。

图2.33说明了对8个点(即$N=8$)的数据序列应用式(2.134)和式(2.136)完成的相关计算。在构造图中左边部分时，我们采用了信流图的标记方法。信流图(Signal-flow graph)是由节点(Nod)和支路(Branch)组成的。信号沿着支路传输的方向(Direction)用一个箭头来表示。支路通过支路传输函数(Branch transmittance)与节点(节点与支路相连)位置的变量相乘。节点对所有输入支路的输出进行求和。图2.33中支路传输函数的使用惯例如下：当支路上没有显示系数时，该支路的传输函数假设为1。对于其他支路，支路传输函数显示为-1或者W的整数幂，它们被置于支路上的箭头旁边。

于是，在图2.33(a)中，对8点DFT的计算就简化为对两个4点DFT的计算了。可以模仿8点DFT的计算方法来简化4点DFT的计算。如图2.33(b)所示，其中把4点DFT的计算简化为两个2点DFT的计算。最后，2点DFT的计算如图2.33(c)所示。

将图2.33中描述的思想结合起来，我们得到图2.34中计算8点DFT的完整信流图。从图2.34画出的FFT算法可以看出，它具有一种重复结构，被称为有两个输入两个输出的蝶形(Butterfly)结构。在图2.34中用粗线画出了几个蝶形结构的例子(包含了该算法的三个阶段)。

对于$N=2^L$的一般情形，算法需要进行$L=\log_2 N$个阶段的计算。每个阶段都需要$(N/2)$个蝶形结构，每个蝶形结构都包含一次复数乘法和两次复数加法(准确地讲，是一次加法和一次减法)。因此，这里描述的FFT结构需要$(N/2)\log_2 N$次复数乘法和$N\log_2 N$次复数加法；实际上，这里估计的乘法次数是比较保守的，因为我们可以忽略所有的旋转因子$W^0=1$以及$W^{N/2}=-1$，$W^{N/4}=\mathrm{j}$，$W^{3N/4}=-\mathrm{j}$。这个计算复杂度与直接计算DFT所需的N^2次复数乘法和$N(N-1)$次复数加法相比要小得多。如果增加数据长度N，则FFT算法可以节约的计算量会更多。比如，对于$N=8192=2^{11}$，直接方法所需的算术运算量约为FFT算法的630倍，因此在计算DFT时广泛采用FFT算法。

如果仔细考察图2.34中所示的信流图，我们还可以得到FFT算法的另外两个重要特性：

1. 在每个计算阶段，计算产生的N个新的复数都可以被存储在与前一阶段计算结果相同的存储位置。这种计算被称为同址计算(In-place computation)。
2. 变换序列G_k的样本是以倒序(Bit-reversed order)的方式保存的。为了说明这个词的含义，考虑表2.6，它是针对$N=8$的情形构造的。在表格左侧，我们给出了频率指标k的8个可能的取值(按它们的自然顺序)及其3比特二进制表示。在表格右侧，我们给出了对应的倒序二进制表示及其指标。可以发现，表2.6最右列中的倒序指标与图2.34中FFT算法的输出指标是以相同顺序出现的。

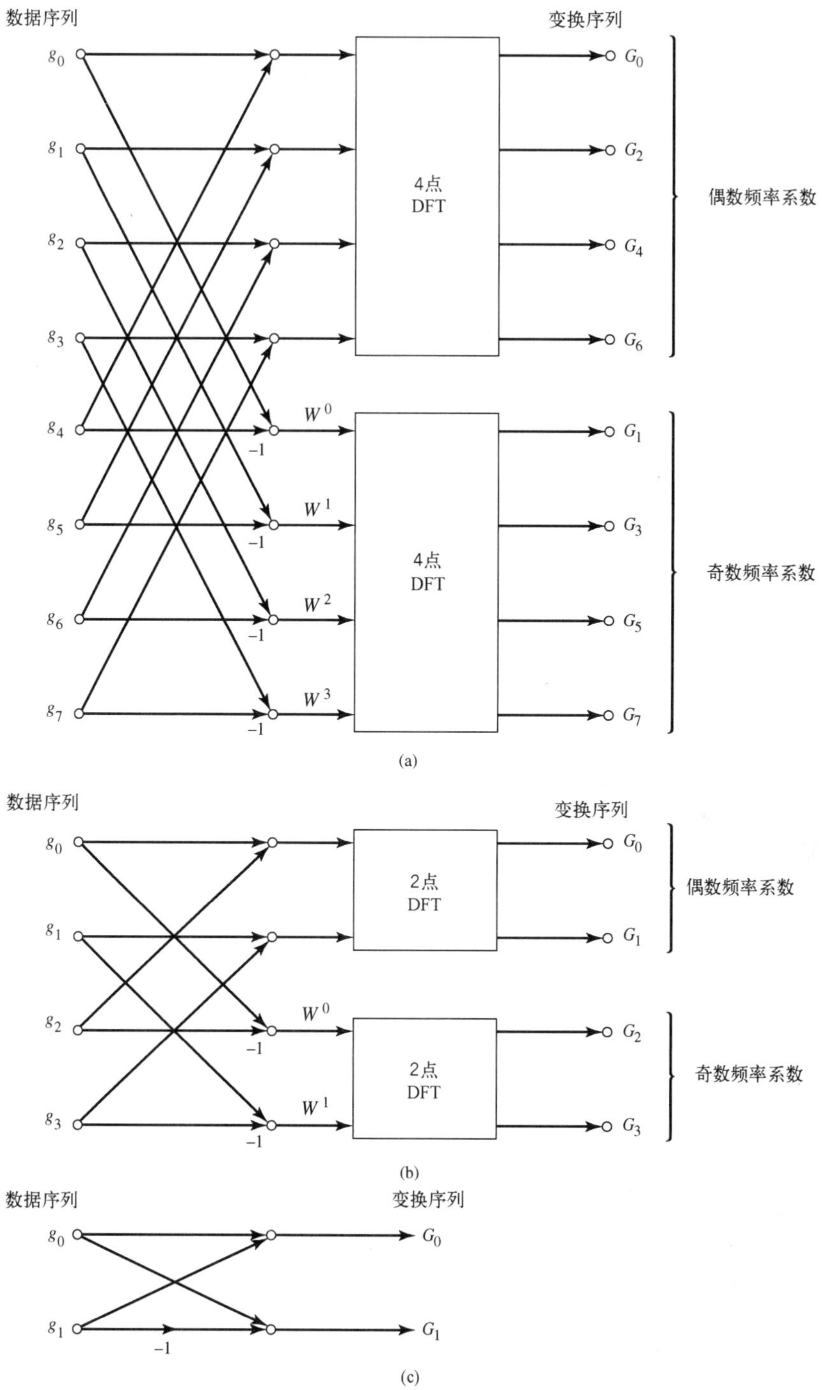

图 2.33　(a)将 8 点 DFT 简化为两个 4 点 DFT；(b)将 4 点 DFT 简化为两个 2 点 DFT；(c)2 点 DFT 的平凡情形

表 2.6　对倒序的举例说明

频率指标 k	二进制表示	倒序二进制表示	倒序指标
0	000	000	0
1	001	100	4

（续表）

频率指标 k	二进制表示	倒序二进制表示	倒序指标
2	010	010	2
3	011	110	6
4	100	001	1
5	101	101	5
6	110	011	3
7	111	111	7

图 2.34 所描绘的 FFT 算法被称为频率抽取算法（Decimation-in-frequency algorithm），因为变换（频率）序列 G_k被连续分为更小的子序列。在另一种常用的 FFT 算法中，数据（时间）序列 g_n被连续分为更小的子序列，这种算法被称为时间抽取算法（Decimation-in-time algorithm）。这两种算法都具有相同的计算复杂度。两者的区别在于两个方面。第一，在频率抽取算法中，输入为自然顺序，输出为逆序；而时间抽取算法却正好相反。第二，时间抽取算法与频率抽取算法的蝶形结构略有不同。感兴趣的读者可以采用推导图 2.34 中算法的"分布解决"策略来详细推导出时间抽取算法。

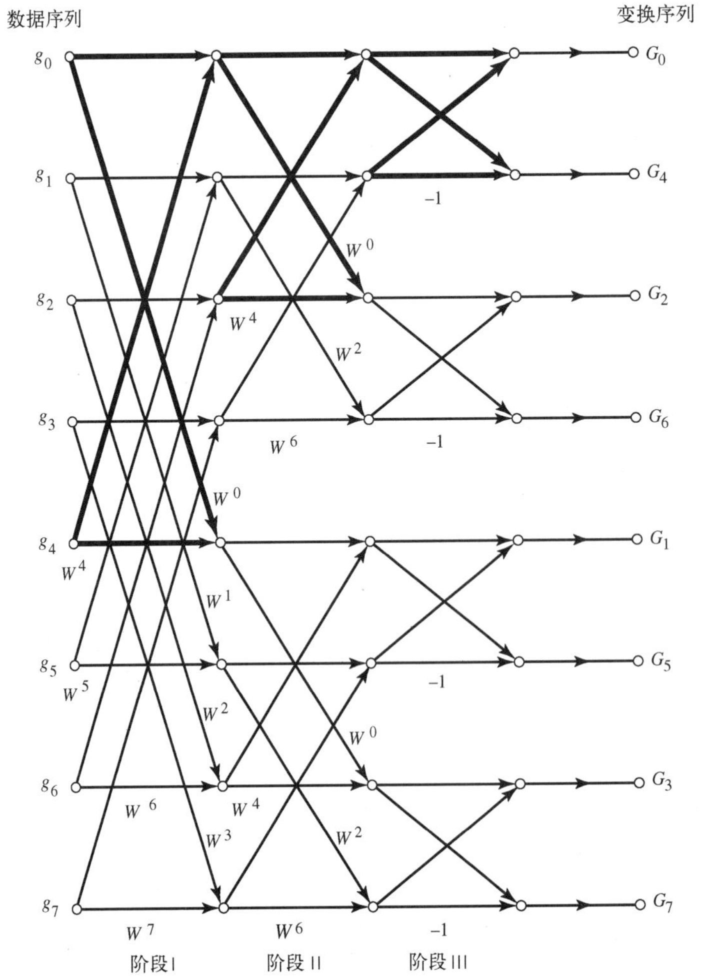

图 2.34 频率抽取 FFT 算法

在该设计给出的 FFT 算法中，我们在正向 DFT 的公式(2.128)中包含了一个因子 $1/N$。在某些其他 FFT 算法中，因子 $1/N$ 被取消了。而在其他有些公式中，为了对称又在正向 DFT 和逆 DFT 的公式中都包含一个因子 $1/\sqrt{N}$。

IDFT 的计算

变换序列 G_k 的 IDFT 由式(2.128)定义。我们可以采用复数值参数 W 将这个等式重新写为

$$g_n = \frac{1}{N}\sum_{k=0}^{N-1} G_k W^{-kn}, \qquad n = 0, 1, \cdots, N-1 \tag{2.137}$$

对式(2.137)取复共轭并乘以 N，可以得到

$$Ng_n^* = \sum_{k=0}^{N-1} G_k^* W^{-kn}, \qquad n = 0, 1, \cdots, N-1 \tag{2.138}$$

可以看出，式(2.138)的右边是复共轭序列 G_k^* 的 N 点 DFT。因此，式(2.138)表明我们可以基于 N 点 FFT 算法，采用图 2.35 所示的方案来计算出期望的序列 g_n。所以，同样的 FFT 算法可以用于处理 IDFT 和 DFT 的计算问题。

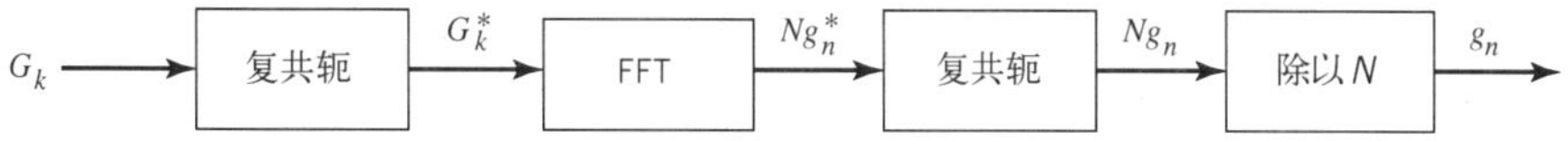

图 2.35　利用 FFT 算法计算 IDFT

2.17　小结与讨论

在本章中，我们介绍了傅里叶变换，它是将确定性信号的时域描述和频域描述联系起来的基本工具。感兴趣的信号可能是能量信号或者功率信号。假设允许使用狄拉克 δ 函数，则可以把指数傅里叶级数作为傅里叶变换的一种特殊情形。

信号的时域描述和频域描述之间具有逆向关系。只要在时域中对信号波形执行了运算，则必然会在频域中对信号的频谱产生相应的改变。这种逆向关系的重要结果是，能量信号的时间-带宽乘积是一个常数；对信号持续时间和带宽的定义仅仅对这个常数的值产生影响。

在通信系统中经常遇到的一种重要的信号处理运算是线性滤波。这种运算涉及输入信号与滤波器冲激响应的卷积，或者等效地，涉及输入信号的傅里叶变换与滤波器的传输函数(即冲激响应的傅里叶变换)之间的乘积。低通滤波器和带通滤波器代表两种常用的滤波器类型。带通滤波通常比低通滤波更加复杂。然而，通过结合使用输入带通信号的复包络表示方法和带通滤波器的复冲激响应表示方法，可以得到带通滤波问题的复数低通等效表示，从而将这个难题变为一个更加简单的问题。注意，在建立这种等效过程中，不会发生任何信息的丢失，这一点也是很重要的。对本章中给出的复包络和复冲激响应概念的严密分析来源于希尔伯特变换。

本章介绍的傅里叶分析方法针对的信号具有非周期或者周期波形，其频谱可以是频率的连续或者离散函数。从这个意义上讲，这些方法具有广泛的吸引力。

以带通信号的正则表示为基础(它包含了信号的同相分量和正交分量)，我们揭示出这种表示方法为描述线性调制的三种基本形式，即 DSB-SC，VSB 和 SSB 提供了一种非常简洁的方式。

鉴于傅里叶变换在信号与线性系统的学习中具有广泛的重要作用，我们最后介绍了 FFT 算法这种对 DFT 进行数值计算的有效工具，它代表了对普通傅里叶变换的正变换和逆变换形式进行均匀采样的方法。

习题

傅里叶变换

2.1 证明表 2.1 中性质 2 给出的傅里叶变换的伸缩性质。

2.2 (a) 证明表 2.1 中性质 3 给出的傅里叶变换的对偶性质;

(b) 证明表 2.1 中性质 4 给出的时移性质;然后利用对偶性质证明该表中性质 5 给出的频移性质。

(c) 利用频移性质,确定如下射频 RF 脉冲的傅里叶变换:

$$g(t) = A\text{rect}\left(\frac{t}{T}\right)\cos(2\pi f_c t)$$

假设 f_c 大于 $(1/T)$。

2.3 (a) 证明表 2.1 中性质 11 给出的傅里叶变换的时域乘积性质。

(b) 证明表 2.1 中性质 12 给出的傅里叶变换的时域卷积性质。

(c) 利用(b)中得到的结果,证明表 2.1 中性质 13 给出的相关定理。

2.4 证明表 2.1 中性质 14 给出的 Rayleigh 能量定理。

2.5 下列表达式可以作为一个上升时间有限的脉冲的近似表示:

$$g(t) = \frac{1}{\tau}\int_{t-T}^{t+T}\exp\left(-\frac{\pi u^2}{\tau^2}\right)du$$

其中假设 $T \gg \tau$。确定 $g(t)$ 的傅里叶变换。如果允许 τ 为零,其傅里叶变换会有什么变化?

提示:将 $g(t)$ 表示为两个信号的叠加,一个信号对应于从 $t-T$ 到 0 的积分,另一个信号对应于从 0 到 $t+T$ 的积分。

2.6 将信号 $g(t)$ 的傅里叶变换记为 $G(f)$。证明傅里叶变换的下列性质:

(a) 如果实数信号 $g(t)$ 是时间 t 的偶函数,则傅里叶变换 $G(f)$ 也完全是实数。如果实数信号 $g(t)$ 是时间 t 的奇函数,则傅里叶变换 $G(f)$ 完全是虚数。

(b)

$$t^n g(t) \rightleftharpoons \left(\frac{j}{2\pi}\right)^n G^{(n)}(f)$$

其中,$G^{(n)}(f)$ 是 $G(f)$ 关于 f 的 n 阶导数。

(c)

$$\int_{-\infty}^{\infty} t^n g(t)\,dt = \left(\frac{j}{2\pi}\right)^n G^{(n)}(0)$$

(d) 假设 $g_1(t)$ 和 $g_2(t)$ 都是复数信号,证明

$$g_1(t)g_2^*(t) \rightleftharpoons \int_{-\infty}^{\infty} G_1(\lambda)G_2^*(\lambda-f)\,d\lambda$$

以及

$$\int_{-\infty}^{\infty} g_1(t)g_2^*(t)dt = \int_{-\infty}^{\infty} G_1(f)G_2^*(f)\,df$$

2.7 (a) 能量有限的低通信号 $g(t)$ 的均方根带宽[Root mean-square (rms) bandwidth]定义为

$$W_{\text{rms}} = \left[\frac{\int_{-\infty}^{\infty} f^2|G(f)|^2 df}{\int_{-\infty}^{\infty} |G(f)|^2 df}\right]^{1/2}$$

其中,$|G(f)|^2$ 为信号的能量谱密度。相应地,信号的均方根持续时间[Root mean-square (rms) duration]定义为

$$T_{\mathrm{rms}} = \left[\frac{\int_{-\infty}^{\infty} t^2 |g(t)|^2 \mathrm{d}t}{\int_{-\infty}^{\infty} |g(t)|^2 \mathrm{d}t}\right]^{1/2}$$

根据上述定义，证明

$$T_{\mathrm{rms}} W_{\mathrm{rms}} \geqslant \frac{1}{4\pi}$$

假设当 $|g(t)| \to 0$ 时，$1/\sqrt{|t|}$ 的速度比 $|t| \to \infty$ 趋近于零的速度更快。

(b) 考虑一个高斯脉冲，其定义为

$$g(t) = \exp(-\pi t^2)$$

证明对于这个信号，下式成立

$$T_{\mathrm{rms}} W_{\mathrm{rms}} = \frac{1}{4\pi}$$

提示：利用 Schwarz 不等式

$$\left(\int_{-\infty}^{\infty} [g_1^*(t) g_2(t) + g_1(t) g_2{}^*(t)] \mathrm{d}t\right)^2 \leqslant 4 \int_{-\infty}^{\infty} |g_1(t)|^2 \mathrm{d}t \int_{-\infty}^{\infty} |g_2(t)|^2 \mathrm{d}t$$

其中设

$$g_1(t) = t g(t)$$

以及

$$g_2(t) = \frac{\mathrm{d}g(t)}{\mathrm{d}t}$$

2.8 在时域中表示的狄拉克梳(Dirac comb)被定义为

$$\delta_{T_0}(t) = \sum_{m=-\infty}^{\infty} \delta(t - mT_0)$$

其中，T_0为周期。

(a) 证明狄拉克梳是其自身的傅里叶变换。也就是说，$\delta_{T_0}(t)$的傅里叶变换也是一个由 δ 函数组成的、被因子$f_0 = (1/T_0)$进行加权，并且沿着频率轴整齐地间隔为f_0的无限长周期序列。

(b) 因此，证明下列对偶关系对：

$$\sum_{m=-\infty}^{\infty} \delta(t - mT_0) = f_0 \sum_{n=-\infty}^{\infty} \exp(\mathrm{j}2\pi n f_0 t)$$

$$T_0 \sum_{m=-\infty}^{\infty} \exp(\mathrm{j}2\pi m f T_0) = \sum_{n=-\infty}^{\infty} \delta(f - n f_0)$$

(c) 最后，证明式(2.38)成立。

信号经过线性时不变系统传输

2.9 将下列周期信号：

$$x(t) = \sum_{m=-\infty}^{\infty} x(nT_0) \delta(t - nT_0)$$

应用于冲激响应为 $h(t)$ 的线性系统。证明在系统输出端产生的信号 $y(t)$ 的平均功率为

$$P_{\mathrm{av},y} = \sum_{n=-\infty}^{\infty} |x(nT_0)|^2 |H(nf_0)|^2$$

其中，$H(f)$ 为系统的频率响应，并且 $f_0 = 1/T_0$。

2.10 按照有界输入–有界输出稳定性准则，一个线性不变系统的冲激响应 $h(t)$ 必须是绝对可积的，即

$$\int_{-\infty}^{\infty} |h(t)| \mathrm{d}t < \infty$$

证明这个条件是系统稳定的充要条件。

希尔伯特变换和预包络

2.11 证明2.8节列出的希尔伯特变换的三个性质。

2.12 令$\hat{g}(t)$表示$g(t)$的希尔伯特变换。导出表2.3中第5条至第8条列出的希尔伯特变换对。

2.13 计算下列单边频率函数的傅里叶逆变换$g(t)$

$$G(f) = \begin{cases} \exp(-f), & f>0 \\ \frac{1}{2}, & f=0 \\ 0, & f<0 \end{cases}$$

证明$g(t)$是复数函数，并且其实部与虚部构成了一个希尔伯特变换对。

2.14 令$\hat{g}(t)$表示具有傅里叶变换的信号$g(t)$的希尔伯特变换。证明$\frac{\mathrm{d}}{\mathrm{d}t}\hat{g}(t)$等于$\frac{\mathrm{d}}{\mathrm{d}t}g(t)$的希尔伯特变换。

2.15 在本题中，我们重新考虑习题2.14，只是这里采用积分方法而不是微分方法。这样做之后，我们发现一般而言，积分$\int_{-\infty}^{\infty}\hat{g}(t)\mathrm{d}t$不等于积分$\int_{-\infty}^{\infty}g(t)\mathrm{d}t$的希尔伯特变换。

(a) 证明上述结论。

(b) 寻找等式完全成立的条件。

2.16 分别确定出对应于下面两个信号的预包络$g_+(t)$：

(a) $g(t)=\mathrm{sinc}(t)$

(b) $g(t)=[1+k\cos(2\pi f_m t)]\cos(2\pi f_c t)$

复包络

2.17 证明两个窄带信号（具有相同的载波频率）之和的复包络等于它们各自的复包络之和。

2.18 式(2.65)给出的带通信号的复包络$\tilde{s}(t)$是基于正频率的预包络$s_+(t)$来定义的。如果采用负频率的预包络$s_-(t)$，怎么定义复包络？请予以解释。

2.19 考虑信号

$$s(t) = c(t)m(t)$$

其中，$m(t)$是一个低通信号，其傅里叶变换$M(f)$在$|f|>W$时等于零，$c(t)$是一个高通信号，其傅里叶变换$C(f)$在$|f|<W$时等于零。证明$s(t)$的希尔伯特变换为$\tilde{s}(t)=\hat{c}(t)m(t)$，其中$\hat{c}(t)$是$c(t)$的希尔伯特变换。

2.20 (a) 考虑两个实值信号$s_1(t)$和$s_2(t)$，其预包络分别记为$s_{1+}(t)$和$s_{2+}(t)$。证明

$$\int_{-\infty}^{\infty}\mathrm{Re}[s_{1+}(t)]\mathrm{Re}[s_{2+}(t)]\mathrm{d}t = \frac{1}{2}\mathrm{Re}\left[\int_{-\infty}^{\infty}s_{1+}(t)s_{2+}^{*}(t)\,\mathrm{d}t\right]$$

(b) 假设将$s_2(t)$换为$s_2(-t)$。证明这种改变的效果是消除了(a)中所给公式右边的复数共轭。

(c) 假设$s(t)$是一个窄带信号，其复包络为$\tilde{s}(t)$，载波频率为f_c，利用(a)中的结果证明

$$\int_{-\infty}^{\infty}s^2(t)\,\mathrm{d}t = \frac{1}{2}\int_{-\infty}^{\infty}|\tilde{s}(t)|^2\,\mathrm{d}t$$

2.21 假设一个窄带信号$s(t)$具有下列形式：

$$s(t) = s_I(t)\cos(2\pi f_c t) - s_Q(t)\sin(2\pi f_c t)$$

采用$S_+(f)$表示$s_+(t)$的预包络的傅里叶变换，证明同相分量$s_I(t)$和正交分量$s_Q(t)$的傅里叶变换分别为

$$S_I(f) = \frac{1}{2}[S_+(f+f_c)+S_+^{*}(-f+f_c)]$$

$$S_Q(f) = \frac{1}{2j}[S_+(f+f_c)-S_+^{*}(-f+f_c)]$$

其中，星号“ * ”表示复共轭。

2.22 图 2.20(a) 中的框图说明了一种提取窄带信号 $s(t)$ 的同相分量 $s_I(t)$ 和正交分量 $s_Q(t)$ 的方法。假设 $s(t)$ 的频谱局限于区间 $f_c-W\leqslant|f|<f_c+W$ 以内，说明了这种方法的有效性。然后，证明

$$S_I(f)=\begin{cases}S(f-f_c)+S(f+f_c), & -W\leqslant f\leqslant W\\ 0, & \text{其他}\end{cases}$$

和

$$S_Q(f)=\begin{cases}\mathrm{j}[S(f-f_c)-S(f+f_c)], & -W\leqslant f\leqslant W\\ 0, & \text{其他}\end{cases}$$

其中，$S_I(f)$、$S_Q(f)$ 和 $S(f)$ 分别为 $s_I(t)$、$s_Q(t)$ 和 $s(t)$ 的傅里叶变换。

带通系统的低通等效模型

2.23 式(2.82)和式(2.83)分别定义了一个冲激响应为 $h(t)$ 的带通系统的复低通等效模型的频率响应 $\widetilde{H}_I(f)$ 的同相分量 $\widetilde{H}_Q(f)$ 和正交分量 $\widetilde{H}(f)$。证明这两个等式的正确性。

2.24 对于图 2.21(b) 中的低通等效模型，当对应的带通滤波器的幅度响应关于频带中心频率 f_c 为偶对称、相位响应关于 f_c 为奇对称时，解释该模型会发生什么变化？

2.25 将下列矩形 RF 脉冲

$$x(t)=\begin{cases}A\cos(2\pi f_c t), & 0\leqslant t\leqslant T\\ 0, & \text{其他}\end{cases}$$

应用于一个线性滤波器，滤波器的冲激响应为

$$h(t)=x(T-t)$$

假设频率 f_c 等于 $1/T$ 的一个大的整数倍。确定该滤波器的响应并画图。

2.26 图 P2.26 画出了一个通信系统接收机中理想带通滤波器的频率响应，记为 $H(f)$，它的带宽为 $2B$，并且以载波频率 f_c 为中心。应用于这个带通滤波器的信号为下列已调 sinc 函数：

$$x(t)=4A_cB\,\mathrm{sinc}(2Bt)\cos[2\pi(f_c\pm\Delta f)t]$$

其中，Δf 是由于接收机不理想引入的频率误差(Frequency misalignment)，它是相对于载波 $A_c\cos(2\pi f_c t)$ 度量的。

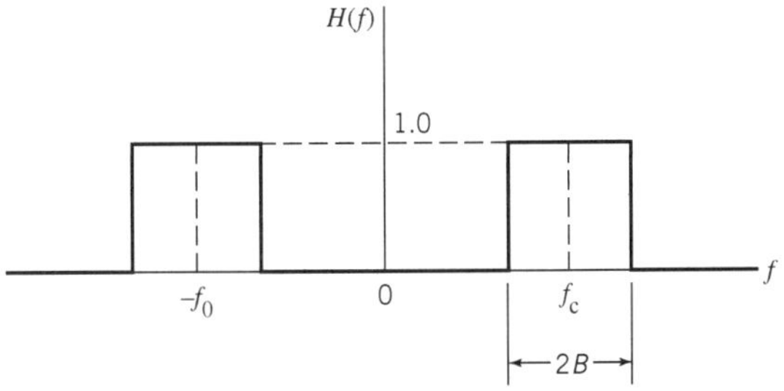

图 P2.26

(a) 求出信号 $x(t)$ 的复低通等效模型以及频率响应 $H(f)$。

(b) 然后继续求出滤波器输出的复低通响应，记为 $\tilde{y}(t)$，它包含了 $\pm\Delta f$ 引起的失真。

(c) 根据在(b)中导出的 $\tilde{y}(t)$ 的公式，解释如何在接收机中消除频率误差引起的失真。

非线性调制

2.27 在模拟通信中，幅度调制(Amplitude modulation)被定义为

$$s_{AM}(t)=A_c[1+k_a m(t)]\cos(2\pi f_c t)$$

其中，$A_c\cos(2\pi f_c t)$ 是载波，$m(t)$ 是消息信号，k_a 是一个常数，它被称为调制器的幅度灵敏度(Amplitude sensitivity)。假设对所有时间 t 都有 $|k_a m(t)|<1$。

(a) 证明在严格意义上 $s_{AM}(t)$ 不满足叠加原理。

(b) 用公式表示出复包络 $\tilde{s}_{AM}(t)$ 及其频谱。

（c）将(b)得到的结果与 DSB-SC 的复包络进行比较。然后，对幅度调制的优缺点进行评价。

2.28 本题继续讨论模拟通信，频率调制(Frequency Modulation, FM)被定义为

$$s_{\mathrm{FM}}(t) = A_{\mathrm{c}}\left[\cos(2\pi f_{\mathrm{c}}t) + k_{\mathrm{f}}\int_{o}^{t} m(\tau)\,\mathrm{d}\tau\right]$$

其中，$A_{\mathrm{c}}\cos(2\pi f_{\mathrm{c}}t)$是载波，$m(t)$是消息信号，$k_{\mathrm{f}}$是一个常数，它被称为调制器的频率灵敏度(Frequency sensitivity)。

（a）证明频率调制是非线性调制，因为它不满足叠加原理。

（b）用公式表示出 FM 信号，即$\tilde{s}_{\mathrm{FM}}(t)$的复包络。

（c）考虑如图 P2.28 所示方波形式的消息信号。方波的正幅度和负幅度采用的调制频率f_1和f_2分别被定义如下：

$$f_1 + f_2 = \frac{2}{T_{\mathrm{b}}}$$

$$f_1 - f_2 = \frac{1}{T_{\mathrm{b}}}$$

其中，T_{b}是方波中每个正幅度或者负幅度的持续时间。证明在这些条件下，复包络$\tilde{s}_{\mathrm{FM}}(t)$对于所有时间 t 都保持其连续性，包括正幅度和负幅度之间的转换时间在内。

（d）针对下列取值，画出$\tilde{s}_{\mathrm{FM}}(t)$的实部和虚部：

$$T_b = \frac{1}{3}\ \mathrm{s}$$

$$f_1 = 4\frac{1}{2}\ \mathrm{Hz}$$

$$f_2 = 1\frac{1}{2}\ \mathrm{Hz}$$

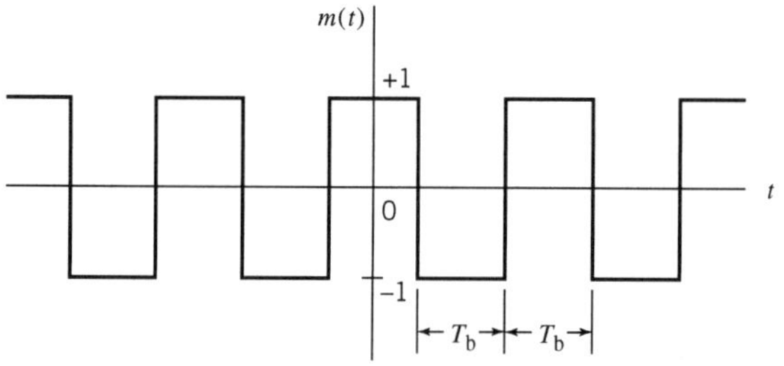

图 P2.28

相位和群时延

2.29 一个带通通信信道的相位响应被定义为

$$\phi(f) = -\arctan\left(\frac{f^2 - f_{\mathrm{c}}^2}{ff_{\mathrm{c}}}\right)$$

将下式定义的正弦调制信号

$$s(t) = A_{\mathrm{c}}\cos(2\pi f_{\mathrm{m}}t)\cos(2\pi f_{\mathrm{c}}t)$$

经过信道进行传输。f_{c}为载波频率，f_{m}为调制频率。

（a）确定出相位延迟 τ_{p}。

（b）确定出群时延 τ_{g}。

（c）画出信道输出端产生的波形。然后对(a)和(b)中所得结果进行评论。

注释

[1] 关于傅里叶级数收敛性的证明，参见 Kammler(2000)。

[2]　如果一个时间函数 $g(t)$ 使得能量 $\int_{-\infty}^{\infty}|g(t)|^2 dt$ 的值是明确的且是有限的，则函数 $g(t)$ 的傅里叶变换 $G(f)$ 存在，并且

$$\lim_{A\to\infty}\left[\int_{-\infty}^{\infty}\left|g(t)-\int_{-A}^{A}G(f)\exp(j2\pi ft)\,df\right|^2\right]=0$$

这个结果被称为 Plancherel 定理(Plancherel theorem)。关于这个定理的证明，参见 Titchmarsh (1950)。

[3]　δ 函数的符号 $\delta(t)$ 最早是由狄拉克引入到量子力学中的。这个符号现在已经广泛用于信号处理文献。关于 δ 函数的详细讨论，参见 Bracewell(1986)。

从严格意义上讲，狄拉克 δ 函数是一个分布，而不是一个函数。关于这个主题的严格论证，参见 Lighthill 的著作(1958)。

[4]　Paley-Wiener 准则的名字是为了向论文作者 Paley 和 Wiener 表示敬意(1934)。

[5]　定义信号希尔伯特变换的式(2.54)中的积分是一个非正常(Improper)积分，因为被积函数在 $\tau=t$ 有一个奇点。为了避免这个奇点，必须围绕点 $\tau=t$ 以对称方式进行积分。为此，我们采用下列定义：

$$P\int_{-\infty}^{\infty}\frac{g(\tau)}{t-\tau}d\tau=\lim_{g\to 0}\left[\int_{-\infty}^{t-\in}\frac{g(\tau)}{t-\tau}d\tau+\int_{t+\in}^{\infty}\frac{g(\tau)}{t-\tau}d\tau\right]$$

其中，符号 P 表示积分的柯西主值(Cauchy's principal value)，$\in$ 是一个很小的增量。为了简化符号，在式(2.54)和式(2.55)中省略了符号 P。

[6]　在式(2.58)中定义的任意信号的复数表示最早是由 Gabor 描述的(1946)。Gabor 采用了“解析信号”这个词。“预包络”这个词是由 Arens(1957)和 Dungundji(1958)采用的。关于不同包络的综述，参见 Rice 的论文(1982)。

[7]　FFT 是无所不在的(Ubiquitous)，因为它可以应用于大量不相关的领域中。关于这个广泛用到的工具及其应用的详细数学论证，读者可以参阅 Brigham(1988)。

第3章　概率论与贝叶斯推理

3.1　引言

在物理学和工程中，已经很好地树立了采用数学模型(Mathematical model)描述物理现象的思想。在此背景下，我们需要对两类数学模型进行区别：确定性的和概率性的。如果一个模型在任意时刻的时间相关行为都没有不确定性，则这种模型被称为是确定性的(Deterministic)。第2章中讨论的线性时不变系统是确定性模型的例子。然而，在许多现实问题中，采用确定性模型是不合适的，因为与其相关的物理现象涉及太多的未知因素。在这种情况下，我们需要求助于概率模型(Probabilistic model)，它用数学语言对不确定性进行描述。

对于在不确定情况下具有可靠性能、计算高效且建设成本实际的系统设计，需要采用概率模型。例如，考虑一个要求在无线信道上提供几乎无差错通信的数字通信系统。遗憾的是，无线信道会受到不确定性(Uncertainties)的影响，其来源包括：

- 噪声(Noise)：它是由于在接收机前端的导体和电子设备中电子的热扰动产生的。
- 信道的衰落(Fading)：它是由于多径效应这种无线信道的固有特征产生的。
- 干扰(Interference)：它代表在接收机附近工作的其他通信系统或者微波设备发射的寄生电磁波。

在设计无线通信系统时，为了考虑这些不确定性因素，我们需要采用无线信道的概率模型。

本章专门针对概率论进行讨论，其目的有两个：

- 为概率模型的数学描述建立逻辑基础。
- 为处理不确定问题提出概率推理方法。

由于概率模型需要为随机实验的所有可能结果(集合)分配概率，因此我们在讨论概率论以前首先回顾集合论的知识。

3.2　集合论

定义

构成一个集合的对象被称为集合的元素(Elements)。令A为一个集合，x为集合A的一个元素。为了描述这个关系，我们写为$x \in A$；否则写为$x \notin A$。如果集合A为空集(即它不包含元素)，我们将其记为$\varnothing$。

如果$x_1, x_2, \cdots, x_N$是集合A中的全部元素，可写为

$$A = \{x_1, x_2, \cdots, x_N\}$$

在这种情况下，我们称集合A是可数有限的，否则该集合被称为是可数无穷的。比如，考虑掷骰子的实验。在这个实验中，有6种可能的结果：分别在骰子的上表面显示出1,2,3,4,5,6点；因此，这个实验的所有可能结果(Outcomes)组成的集合就是可数有限的。另一方面，所有可能的奇数整数组成的集合，写为$\{\pm 1, \pm 3, \pm 5, \cdots\}$，它就是可数无穷的。

如果集合A的每个元素都是另一个集合B的元素，则A被称为B的子集(Subset)，写为$A \subset B$。

如果两个集合 A 和 B 满足条件 $A \subset B$ 和 $B \subset A$，则这两个集合被称为相等(Identical 或 equal)，此时记为 $A=B$。

在讨论集合理论时，我们还发现全集(Universal set)也是很方便的，它被记为 S。这种集合包含了随机实验中可能出现的每个元素。

集合的布尔运算

为了说明布尔运算(Boolean operation)对集合的有效性，采用文氏图是有帮助的，下面将会看到这一点。

并集与交集

两个集合 A 和 B 的并集(Union)定义为其元素属于 A 或者 B，或者同时属于 A 和 B。这种运算被记为 $A \cup B$，如图 3.1 中文氏图所示。

两个集合 A 和 B 的交集(Intersection)定义为其元素同时属于 A 和 B，它被记为 $A \cap B$。图 3.1 中文氏图的阴影部分代表这种运算。

令 x 为感兴趣的元素。在数学上将并集与交集分别描述为

$$A \cup B = \{x | x \in A \text{ 或 } x \in B\}$$

和

$$A \cap B = \{x | x \in A \text{ 且 } x \in B\}$$

其中，符号"｜"是"使得"(Such that)的简写。

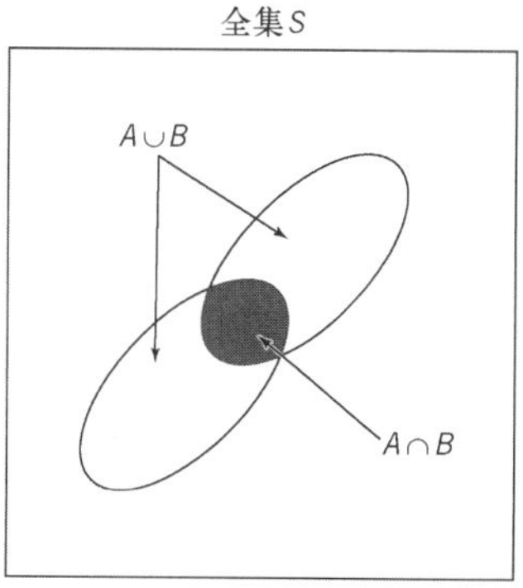

图 3.1　两个集合 A 和 B 的并集与交集的示意图

集合的不相交和分割

如果两个集合 A 和 B 的交集是空集，则它们被称为是不相交的(Disjoint)，也就是说，它们没有公共元素。

集合 A 的分割是指把集合 A 分为一组不相交的子集 $A_1, A_2, \cdots, A_N$，这些子集的并集等于 A，这意味着

$$A = A_1 \cup A_2 \cup \cdots \cup A_N$$

说明分割运算的文氏图如图 3.2 所示，其中以 $N=3$ 为例。

补集

集合 A^c 被称为集合 A 关于全集 S 的补集(Complement)，如果它是由 S 中所有不属于 A 的元素组成的，如图 3.3 所示。

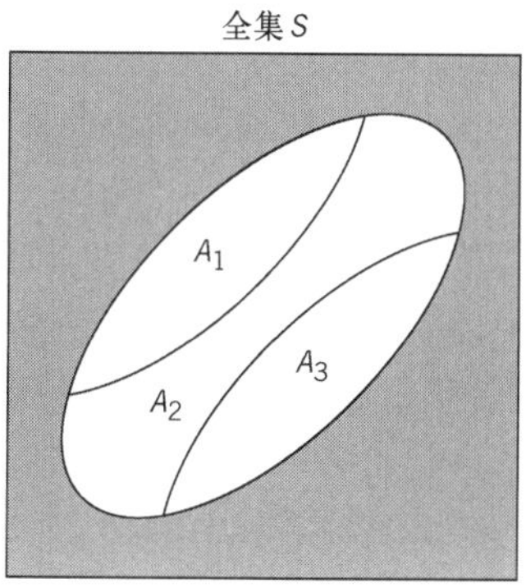

图 3.2　将集合 A 分割为三个子集 A_1, A_2 和 A_3 的示意图

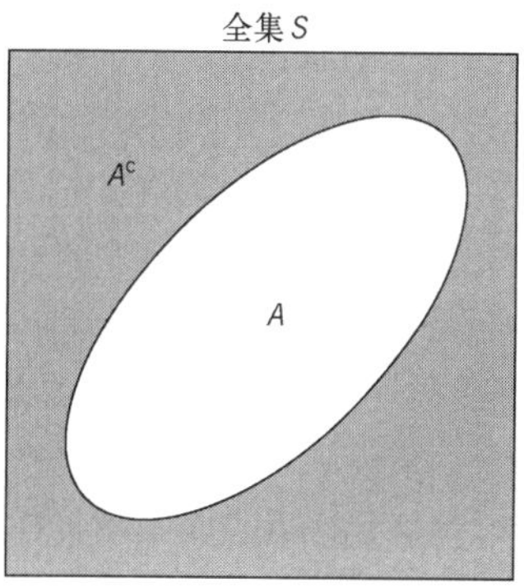

图 3.3　集合 A 的补集 A^c 的示意图

集合代数

集合的布尔运算具有下列几个性质：

1. 幂等性(Idempotence property)

$$(A^c)^c = A$$

2. 交换性(Commutative property)

$$A \cup B = B \cup A$$

$$A \cap B = B \cap A$$

3. 结合性(Associative property)

$$A \cup (B \cup C) = (A \cup B) \cup C$$

$$A \cap (B \cap C) = (A \cap B) \cap C$$

4. 分配性(Distributive property)

$$A \cap (B \cap C) = (A \cap B) \cup (A \cap C)$$

$$A \cup (B \cap C) = (A \cup B) \cap (A \cup C)$$

注意，交换性和结合性都可以应用于并集和交集，而分配性只能应用于交集。

5. 德·摩根定律(De Morgan's law)

两个集合 A 和 B 的并集的补集等于它们各自补集的交集，即

$$(A \cup B)^c = A^c \cap B^c$$

两个集合 A 和 B 的交集的补集等于它们各自补集的并集，即

$$(A \cap B)^c = A^c \cup B^c$$

为了说明上述 5 个性质及其证明，读者可以参考习题 3.1。

3.3 概率论

概率模型

对一个具有不确定结果的实验的数学描述被称为概率模型(Probabilistic model)[1]，其公式表达建立在下列三个基本要素上：

1. 样本空间(Sample space)或者全集 S，它是所研究的随机实验的所有可能结果构成的集合。
2. 事件 E，它们是 S 的子集。
3. 概率法则(Probability law)，根据这个概率法则将一个非负测度或者数$\mathbb{P}[A]$分配给某个事件(Event)A。测度$\mathbb{P}[A]$被称为事件 A 的概率(Probability of event A)。从某种意义上讲，$\mathbb{P}[A]$表示了我们对实验中事件 A 可能发生的信任度。

在全书中，我们将采用符号$\mathbb{P}[\cdot]$表示方括号内显示的事件发生的概率。

如图 3.4 所示，一个事件可能包含单个结果或者样本空间 S 中所有可能结果的一个子集。通过在图 3.4 中画出的三个事件 A，B 和 C 作为其例子。根据实际情况，我们确定出两种极端情形：

- 必然事件(Sure event)，包含了样本空间中所有可能的结果。
- 空事件(Null event)或者不可能事件(Impossible event)，对应于空集或者零空间$\varnothing$。

概率的公理

从根本上讲，分配给 E 中的事件 A 的概率测度$\mathbb{P}[A]$是由下面三个公理所规定的：

公理 I　非负性(Nonnegativity)　第一个公理指出，事件 A 的概率是一个非负数，并且以 1 为界，即

$$0 \leqslant \mathbb{P}[A] \leqslant 1, \text{任意事件} A \tag{3.1}$$

公理 II　可加性(Additivity)　第二个公理指出，如果 A 和 B 是两个不相交事件，则它们的并集的概率满足下列等式：

$$\mathbb{P}[A \cup B] = \mathbb{P}[A] + \mathbb{P}[B] \tag{3.2}$$

一般而言，如果样本空间有 N 个元素，并且 A_1，A_2，…，A_N是一系列不相交的事件，则这 N 个事件的并集的概率满足下列等式：

$$\mathbb{P}[A_1 \cup A_2 \cup \cdots \cup A_N] = \mathbb{P}[A_1] + \mathbb{P}[A_2] + \cdots + \mathbb{P}[A_N]$$

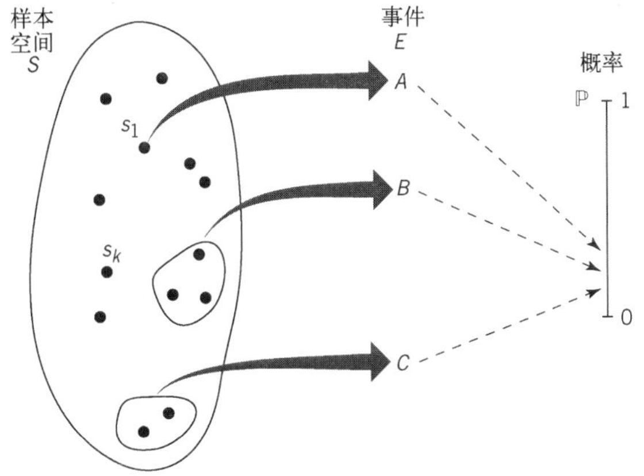

图 3.4　说明样本空间、事件和概率之间关系的示意图

公理 III　归一性(Normalization)　第三个即最后一个公理指出，整个样本空间 S 的概率等于 1，即

$$\mathbb{P}[S] = 1 \tag{3.3}$$

这三个公理间接给出了概率的定义。实际上，我们可以根据这些公理得到概率的一些其他基本性质，下面对其进行介绍。

性质 1：一个不可能事件的概率等于零。

为了证明这个性质，我们首先利用归一性公理，然后将样本空间 S 表示为其自身与零空间$\varnothing$的并集，最后利用可加性公理。于是，可得到

$$\begin{aligned} 1 &= \mathbb{P}[S] \\ &= \mathbb{P}[S \cup \varnothing] \\ &= \mathbb{P}[S] + \mathbb{P}[\varnothing] \\ &= 1 + \mathbb{P}[\varnothing] \end{aligned}$$

根据上式可以直接得到性质$\mathbb{P}[\varnothing]=0$。

性质 2：令 A^c表示事件 A 的补集，则有

$$\mathbb{P}[A^c] = 1 - \mathbb{P}[A], \quad \text{任意事件} A \tag{3.4}$$

为了证明这个性质，我们首先注意到样本空间 S 是两个相互排斥的事件 A 和 A^c的并集。然后，利用可加性公理和归一性公理即可得到

$$\begin{aligned} 1 &= \mathbb{P}[S] \\ &= \mathbb{P}[A \cup A^c] \\ &= \mathbb{P}[A] + \mathbb{P}[A^c] \end{aligned}$$

根据上式，经过简单调整即可得到式(3.4)。

性质 3：如果事件 A 位于另一个事件 B 的子空间内，则有

$$\mathbb{P}[A] \leqslant \mathbb{P}[B], \qquad A \subset B \tag{3.5}$$

为了证明第三个性质，考虑采用图 3.5 中的文氏图。从图中可以发现，事件 B 可以表示为两个不相交事件的并集，其中一个为事件 A，另一个由 B 和 A 的补集的交集所定义，即

$$B = A \cup (B \cap A^{c})$$

因此，对上述关系应用可加性公理，可得到

$$\mathbb{P}[B] = \mathbb{P}[A] + \mathbb{P}[B \cap A^{c}]$$

接着根据非负性公理，立即发现正如式(3.5)所指出的，事件 B 的概率必然等于或者大于事件 A 的概率。

全集 S

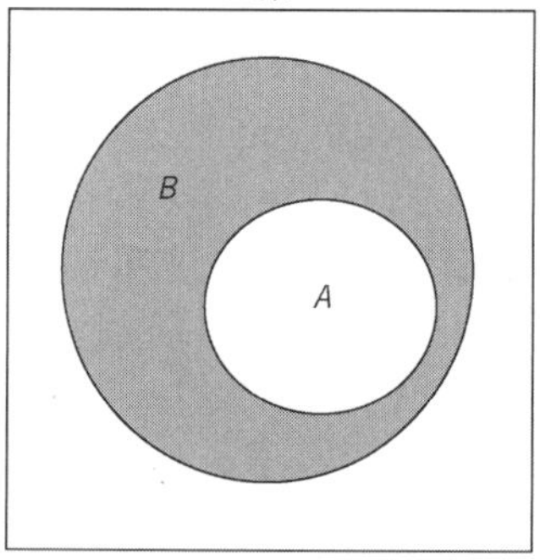

图 3.5 证明式(3.5)的文氏图

性质 4：令 N 个不相交事件 $A_1, A_2, \cdots, A_N$ 满足下列条件：

$$A_1 \cup A_2 \cup \cdots \cup A_N = S \tag{3.6}$$

则

$$\mathbb{P}[A_1] + \mathbb{P}[A_2] + \cdots + \mathbb{P}[A_N] = 1 \tag{3.7}$$

为了证明第 4 个性质，首先对式(3.6)应用归一性公理，得到

$$\mathbb{P}[A_1 \cup A_2 \cup \cdots \cup A_N] = 1$$

然后，回顾可加性公理的一般形式，得到

$$\mathbb{P}[A_1 \cup A_2 \cup \cdots \cup A_N] = \mathbb{P}[A_1] + \mathbb{P}[A_2] + \cdots + \mathbb{P}[A_N]$$

根据上面两个关系式即可得到式(3.7)。

对于 N 个相等概率事件的特殊情形，式(3.7)简化为

$$\mathbb{P}[A_i] = \frac{1}{N}, \quad i = 1, 2, \cdots, N \tag{3.8}$$

性质 5：如果两个事件 A 和 B 不是不相交的，则它们的并集事件的概率确定为

$$\mathbb{P}[A \cup B] = \mathbb{P}[A] + \mathbb{P}[B] - \mathbb{P}[A \cap B], \quad \text{任意两个事件 } A \text{ 和 } B \tag{3.9}$$

其中，$P[A \cap B]$ 被称为 A 和 B 的联合概率(Joint probability)。

为了证明上面最后一个性质，考虑图 3.6 所示的文氏图。从该图可以发现，A 和 B 的并集可以表示为两个不相交事件的并集：即 A 自身和 $A^{c} \cap B$，其中 A^{c} 是 A 的补集。因此，我们可以根据可加性公理得到

$$\begin{aligned} \mathbb{P}[A \cup B] &= \mathbb{P}[A \cup (A^{c} \cap B)] \\ &= \mathbb{P}[A] + \mathbb{P}[A^{c} \cap B] \end{aligned} \tag{3.10}$$

根据图 3.6 中的文氏图，还可以发现事件 B 可以表示为

$$\begin{aligned} B &= S \cap B \\ &= (A \cup A^{c}) \cap B \\ &= (A \cap B) \cup (A^{c} \cap B) \end{aligned}$$

全集 S

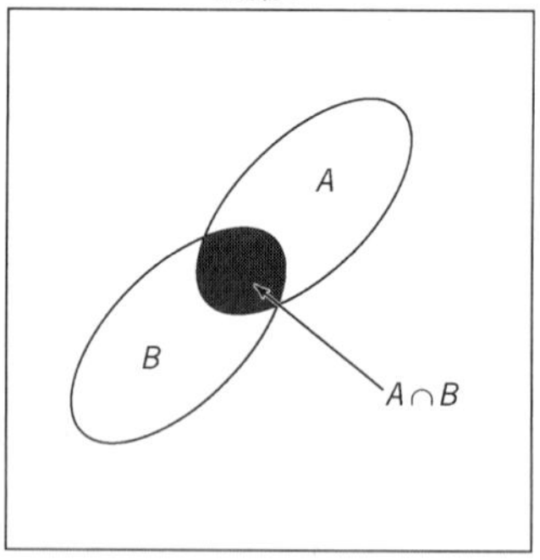

图 3.6 证明式(3.9)的文氏图

也就是说，B 是两个不相交事件 $A \cap B$ 和 $A^{c} \cap B$ 的并集。因此，对上面第二个关系式应用可加性公理，得到

$$\mathbb{P}[B] = \mathbb{P}[A \cap B] + \mathbb{P}[A^{c} \cap B] \tag{3.11}$$

将式(3.10)减去式(3.11)，消除公共项 $\mathbb{P}[A^{c} \cap B]$ 并整理各项即可得到式(3.9)，从而性质 4 得证。

有趣的是，注意到联合概率 $\mathbb{P}[A \cap B]$ 对应的是样本空间 S 中事件 A 和 B 同时发生的部分。如果这两个事件是不相交的，则联合概率 $\mathbb{P}[A \cap B]$ 等于零，此时式(3.9)退化为式(3.2)中的可加性公理。

条件概率

如果在进行实验时只能得到实验结果的部分信息(Partial information)，我们可以采用条件概率

推断出这部分特定的结果。采用另外的方法，可以表述为：

条件概率为概率推理提供了前提。

具体而言，假设我们完成的实验包含一对事件 A 和 B。令$\mathbb{P}[A \mid B]$表示在事件 B 发生的条件下事件 A 的概率，则将概率$\mathbb{P}[A \mid B]$称为假定 B 时 A 的条件概率(Conditional probability)。假设 B 具有非零概率，则条件概率$\mathbb{P}[A \mid B]$被正式定义为

$$\mathbb{P}[A|B] = \frac{\mathbb{P}[A \cap B]}{\mathbb{P}[B]} \tag{3.12}$$

其中，$\mathbb{P}[A \cap B]$是事件 A 和 B 的联合概率，$\mathbb{P}[B]$非零。

对于固定的事件 B，条件概率$\mathbb{P}[A \mid B]$是一个正规的概率法则，因为它全部满足概率的三个公理：

1. 由于根据定义，$\mathbb{P}[A \mid B]$是一个概率，因此它显然满足非负性公理。
2. 将整个样本空间 S 视为事件 A 并注意到 $S \cup B = B$，可以利用式(3.12)写出

$$\mathbb{P}[S|B] = \frac{\mathbb{P}[S|B]}{\mathbb{P}[B]} = \frac{\mathbb{P}[B]}{\mathbb{P}[B]} = 1$$

因此，归一性公理也满足。

3. 最后，为了证明可加性公理，假设 A_1 和 A_2 为两个互斥事件。于是，可以利用式(3.12)写出

$$\mathbb{P}[A_1 \cup A_2|B] = \frac{\mathbb{P}[(A_1 \cup A_2) \cap B]}{\mathbb{P}[B]}$$

对上式右边的分子应用分配性质，有

$$\mathbb{P}[A_1 \cup A_2|B] = \frac{\mathbb{P}[(A_1 \cup B) \cup (A_2 \cap B)]}{\mathbb{P}[B]}$$

然后，认识到两个事件 $A_1 \cap B$ 和 $A_2 \cap B$ 实际上是不相交的，因此可以利用可加性公理得到

$$\begin{aligned}\mathbb{P}[A_1 \cup A_2|B] &= \frac{\mathbb{P}[A_1 \cap B] + \mathbb{P}[A_2 \cap B]}{\mathbb{P}[B]} \\ &= \frac{\mathbb{P}[A_1 \cap B]}{\mathbb{P}[B]} + \frac{\mathbb{P}[A_2 \cap B]}{\mathbb{P}[B]}\end{aligned} \tag{3.13}$$

上式证明了条件概率也满足可加性公理。

于是，我们可以得出结论，概率的所有三个公理(因此包含概率法则所有已知的性质)对于条件概率$\mathbb{P}[A \mid B]$而言是同样有效的。从某种意义上说，这个条件概率获取了事件 B 的发生为事件 A 提供的部分信息，因此我们可以将条件概率$\mathbb{P}[A \mid B]$视为一个专注于事件 B 的概率法则。

贝叶斯法则

假设我们遇到的情况是，条件概率$\mathbb{P}[A \mid B]$和独立概率$\mathbb{P}[A]$与$\mathbb{P}[B]$都很容易直接确定出来，但是希望得到的却是条件概率$\mathbb{P}[B \mid A]$。为了处理这种情况，首先将式(3.12)重新写为下列形式：

$$\mathbb{P}[A \cap B] = \mathbb{P}[A|B]\mathbb{P}[B]$$

显然，同样也可以写为

$$\mathbb{P}[A \cap B] = \mathbb{P}[B|A]\mathbb{P}[A]$$

上面两个关系式左边是相同的，因此有

$$\mathbb{P}[A|B]\mathbb{P}[B] = \mathbb{P}[B|A]\mathbb{P}[A]$$

因此，只要$\mathbb{P}[A]$是非零的，就可以利用下列关系确定出期望的条件概率$\mathbb{P}[B \mid A]$：

$$\mathbb{P}[B|A] = \frac{\mathbb{P}[A|B]\mathbb{P}[B]}{\mathbb{P}[A]} \tag{3.14}$$

上述关系式被称为贝叶斯法则(Bayes' rule)。

正如看起来那么简单，贝叶斯法则为描述推理(Inference)提供了正确的语言，只有在做出假设

的前提下[2]，才能利用贝叶斯法则的公式。下面举例说明贝叶斯法则的应用。

例 1 雷达检测

雷达(Radar)作为一种遥感系统，其工作是先发射一串脉冲，然后其接收机接收可能在其监视区域中的目标(如飞机)产生的回波。

令事件 A 和 B 分别被定义如下：

$A=\{$在监视区域中有一个目标存在$\}$

$A^{c}=\{$在监视区域中没有目标$\}$

$B=\{$雷达接收机检测到一个目标$\}$

在雷达检测问题中，尤其对下面三个概率感兴趣：

$\mathbb{P}[A]$在监视区域中有一个目标存在的概率，这个概率被称为先验概率(Prior probability)。

$\mathbb{P}[B|A]$假设在监视区域中确实有一个目标存在，雷达接收机检测到一个目标的概率，这个概率被称为检测概率(Probability of detection)。

$\mathbb{P}[B|A^{c}]$假设在监视区域中没有目标，雷达接收机检测到一个目标的概率，这个概率被称为虚警概率(Probability of false alarm)。

假设这三个概率具有下列值：

$$\mathbb{P}[A]=0.02$$
$$\mathbb{P}[B|A]=0.99$$
$$\mathbb{P}[B|A^{c}]=0.01$$

现在的问题是，计算出条件概率 $\mathbb{P}[A|B]$，它定义的是在雷达接收机已经检测出目标的情况下，在监视区域中存在一个目标的概率。

应用贝叶斯准则，可得到

$$\begin{aligned}\mathbb{P}[A|B] &= \frac{\mathbb{P}[B|A]\mathbb{P}[A]}{\mathbb{P}[B]} \\ &= \frac{\mathbb{P}[B|A]\mathbb{P}[A]}{\mathbb{P}[B|A]\mathbb{P}[A]+\mathbb{P}[B|A^{c}]\mathbb{P}[A^{c}]} \\ &= \frac{0.99\times0.02}{0.99\times0.02+0.01\times0.98} \\ &= \frac{0.0198}{0.0296} \\ &\approx 0.69\end{aligned}$$

独立性

假设事件 A 的发生对事件 B 提供不了任何信息，即

$$\mathbb{P}[B|A]=\mathbb{P}[B]$$

则根据式(3.14)还可以得到

$$\mathbb{P}[A|B]=\mathbb{P}[A]$$

在这种特殊情形中，我们发现，已知事件 A 或者 B 发生的(先验)知识与我们不知道这个知识相比，并不能提供更多关于另一个事件发生概率的信息。满足这种条件的事件 A 和 B 被称为是独立的(Independent)。

根据式(3.12)给出的条件概率定义，即

$$\mathbb{P}[A|B] = \frac{\mathbb{P}[A \cap B]}{\mathbb{P}[B]}$$

我们发现条件$\mathbb{P}[A \mid B]=\mathbb{P}[A]$等效于

$$\mathbb{P}[A \cap B] = \mathbb{P}[A]\mathbb{P}[B]$$

所以，我们采用后面一种关系式作为独立性的正式定义。重要的是，需要注意到即使概率$\mathbb{P}[B]$为零，这个定义仍然成立，而在这种情况下条件概率$\mathbb{P}[A \mid B]$是没有定义的。另外，这个定义还具有对称性质，根据这一点可以得出下列结论：

如果事件 A 独立于另一个事件 B，则 B 也独立于 A，因此 A 和 B 为独立事件。

3.4　随机变量

按照惯例，特别是在采用关于实验的样本空间语言时，利用一个或者多个实值量或者测量值来描述实验结果是很常见的，这有助于我们根据概率来思考问题。这些量被称为随机变量(Random variable)，其定义为：

随机变量是一个函数，它的定义域是一个样本空间，值域是某个实数集合。

下面两个例子说明了上述定义所体现的随机变量概念。

比如，考虑表示整数 1,2,…,6 的样本空间，每个整数表示在掷骰子中朝上一面显示的点数。令样本点 k 表示掷一次骰子显示 k 点这个事件。在这个实验中，用来描述概率事件 k 的随机变量被称为离散随机变量(Discrete random variable)。

作为另一个完全不同的实验，考虑在通信接收机前端观察的噪声。在这种情形下，表示在某个特定时刻的噪声电压幅度的随机变量具有一个连续范围的值，既有正值也有负值。因此，表示噪声幅度的这种随机变量被称为连续随机变量(Continuous random variable)。

连续随机变量概念如图 3.7 所示，它是图 3.4 的改进形式。具体而言，为了清晰起见，我们取消了(图 3.4 中所画的)事件，但是显示出样本空间 S 的子集被直接映射为实线上代表随机变量的子集。图 3.7 中画出的随机变量概念在应用于相关事件时可以通过完全相同的方式。采用图 3.7 所画随机变量的优点在于，无论所研究的随机实验的相关事件的形式或者形状如何，都可以利用实值量来进行概率分析。

在继续讨论以前还需要进行最后一项说明。在全书中，我们将采用下列符号：

大写字符表示随机变量，小写字符表示随机变量取的实数值。

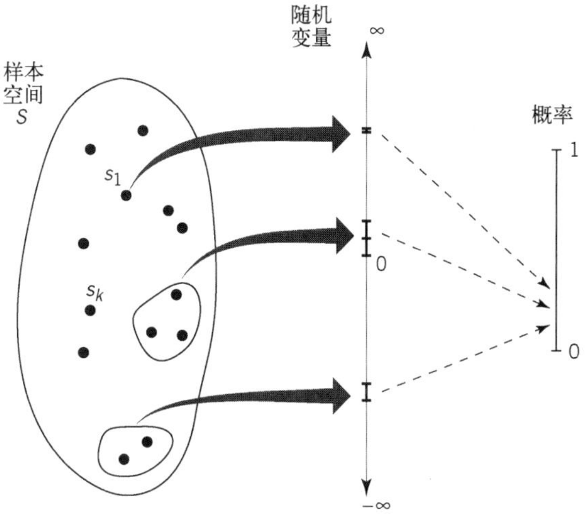

图 3.7　说明样本空间、随机变量和概率之间关系的示意图

3.5　分布函数

为了继续采用数学语言进行概率分析，我们需要一个能够对离散随机变量和连续随机变量都同样适合的概率描述。现在考虑随机变量 X 和事件 $X \leqslant x$ 的概率，我们将此概率记为$\mathbb{P}[X \leqslant x]$。很明显这个概率是虚变量(Dummy variable)x 的一个函数。为了简化符号，我们写为

$$F_X(x) = \mathbb{P}[X \leqslant x], \quad 任意 x \tag{3.15}$$

函数 $F_X(x)$被称为随机变量 X 的累积分布函数(Cumulative distribution function)或者简称为分布函数

(Distribution function)。注意，$F_X(x)$是x而不是随机变量X的函数。对于样本空间中的任意一点x，分布函数$F_X(x)$表示了一个事件的概率。

分布函数$F_X(x)$能够应用于连续随机变量和离散随机变量，它具有两个基本性质：

性质1：分布的有界性(Boundedness of the distribution)

分布函数$F_X(x)$是虚变量x的一个有界函数，它位于0与1之间。

具体而言，当x趋近于$-\infty$时，$F_X(x)$趋近于零；当x趋近于∞时，$F_X(x)$趋近于1。

性质2：分布的单调性(Monotonicity of the distribution)

分布函数$F_X(x)$是x的单调非减函数(Monotone nondecreasing function)。

用数学语言表示，可以写为

$$F_X(x_1) \leqslant F_X(x_2)\,,\quad x_1 < x_2$$

上面两个性质都可以根据式(3.15)直接得到。

如果分布函数$F_X(x)$关于虚变量x处处可微，则随机变量X被称为是连续的(Continuous)，如下所示：

$$f_X(x) = \frac{\mathrm{d}}{\mathrm{d}x}F_X(x)\,,\quad \text{任意 } x \tag{3.16}$$

上面的新函数$f_X(x)$被称为随机变量X的概率密度函数(Probability density function)。

密度函数这个词语取自于以下事实，即事件$x_1<X\leqslant x_2$的概率为

$$\begin{aligned}\mathbb{P}[x_1 < X \leqslant x_2] &= \mathbb{P}[X \leqslant x_2] - \mathbb{P}[X \leqslant x_1] \\ &= F_X(x_2) - F_X(x_1) \\ &= \int_{x_1}^{x_2} f_X(x)\,\mathrm{d}x\end{aligned} \tag{3.17}$$

因此，一段区间的概率为这段区间内概率密度函数下覆盖的面积。令式(3.17)中$x_1=-\infty$，并且对符号做适当改变，我们很容易看出分布函数可以用概率密度函数定义为

$$F_X(x) = \int_{-\infty}^{x} f_X(\xi)\,\mathrm{d}\xi \tag{3.18}$$

其中，ξ是一个虚变量。由于$F_X(\infty)=1$，它对应于一个必然事件的概率，并且$F_X(-\infty)=0$，它对应于一个不可能事件的概率，因此根据式(3.17)很容易发现

$$\int_{-\infty}^{\infty} f_X(x)\,\mathrm{d}x = 1 \tag{3.19}$$

前面提到分布函数必须是其自变量的单调非减函数。因此，概率密度函数必须是非负的。于是，我们可以正式得出以下结论：

连续随机变量X的概率密度函数$f_X(x)$有两个明确性质：非负性和归一性。

性质3：非负性(Nonnegativity)

概率密度函数$f_X(x)$是随机变量X的样本值x的非负函数。

性质4：归一性(Normalization)

概率密度函数$f_X(x)$曲线下的总面积等于1。

这里需要强调的重要一点是概率密度函数$f_X(x)$包含了描述随机变量X统计特征的所有可能信息。

例2 均匀分布

为了说明连续随机变量的分布函数$F_X(x)$和概率密度函数$f_X(x)$的性质，考虑一个均匀分布随机变量(Uniformly distributed random variable)，它被描述为

$$f_X(x) = \begin{cases} 0, & x \leqslant a \\ \dfrac{1}{b-a}, & a < x \leqslant b \\ 0, & x > b \end{cases} \tag{3.20}$$

求 $f_X(x)$ 关于 x 的积分，得到相应的分布函数为

$$F_X(x) = \begin{cases} 0, & x \leqslant a \\ \dfrac{x-a}{b-a}, & a < x \leqslant b \\ 0, & x > b \end{cases} \tag{3.21}$$

这两个函数与虚变量 x 的关系如图 3.8 所示。

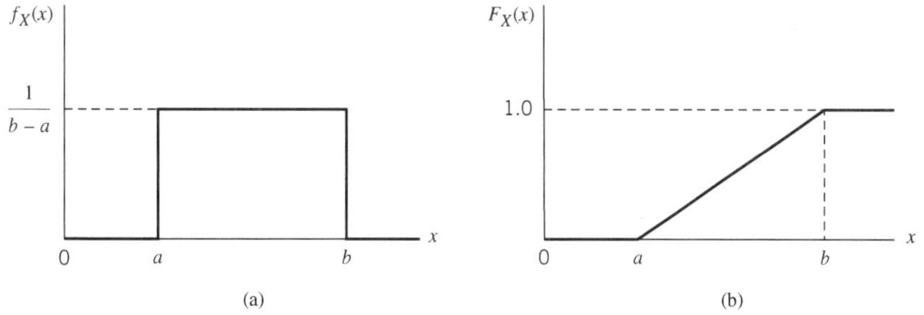

图 3.8　均匀分布

概率质量函数

下面，考虑离散(Discrete)随机变量 X 的情形，它是概率实验结果的实值函数，能够取有限或者可数无穷个值。正如前面所提到的，式(3.15)定义的分布函数 $F_X(x)$ 也能应用于离散随机变量。然而，与连续随机变量不同的是，离散随机变量的分布函数关于其虚变量 x 是不可微的。

为了回避这个数学困难，我们引入概率质量函数(Probability mass function)这一概念作为表征离散随机变量的另一种方法。令 X 表示离散随机变量，x 表示从一个实数集中取出的 X 的任意可能值。于是，我们可以做出如下表述：

> x 的概率质量函数被定义为事件 $X=x$ 的概率，记为 $p_X(x)$，它是由能够使 X 的值等于 x 的实验所产生的所有可能结果组成的。

用数学语言表述，可以写为

$$p_X(x) = \mathbb{P}[X = x] \tag{3.22}$$

下面的例子对它进行了说明。

例 3　Bernoulli 随机变量

考虑一个概率实验，它包含的离散随机变量 X 取下面两个可能值之一：

- 以概率 p 取值 1
- 以概率 $1-p$ 取值 0

这种随机变量被称为 Bernoulli 随机变量(Bernoulli random variable)，其概率质量函数被定义为

$$p_X(x) = \begin{cases} 1-p, & x=0 \\ p, & x=1 \\ 0, & 其他 \end{cases} \tag{3.23}$$

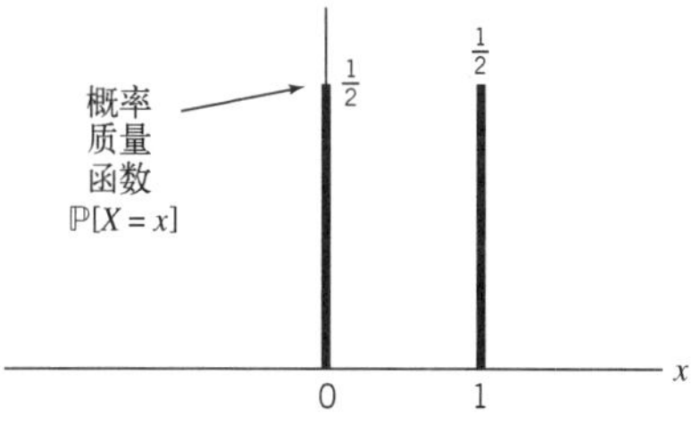

图 3.9　公平掷硬币实验的概率质量函数

这个概率质量函数如图 3.9 所示。其中两个权重均为 1/2 的 δ 函数表示在每个样本点 $x=0$ 和 $x=1$ 处的概率质量函数。

从现在开始，我们将主要但不是唯一地针对连续随机变量的特征进行讨论。离散随机变量也有类似的推导和概念[3]。

多维随机变量

到目前为止我们把注意力主要放在包含单个随机变量的情形。然而，我们经常发现实验结果需要几个随机变量来描述。下面，考虑包含两个随机变量的情形。以这种方式推导出的概率描述可以很容易推广到任意个数随机变量的情形。

考虑两个随机变量 X 和 Y。在这种新情形下，我们指出：

联合分布函数 $F_{X,Y}(x,y)$ 是指随机变量 X 小于或者等于一个特定值 x，并且随机变量 Y 小于或者等于另一个特定值 y 的概率。

变量 X 和 Y 可能是两个单独的一维随机变量，或者是一个二维随机向量的分量。在这两种情况下，联合样本空间为 xy 平面。联合分布函数 $F_{X,Y}(x,y)$ 是指实验结果得到的样本点位于联合样本空间的象限 $(-\infty<X\leqslant x,\ -\infty<Y\leqslant y)$ 内的概率，即

$$F_{X,Y}(x,y)=\mathbb{P}[X\leqslant x, Y\leqslant y] \tag{3.24}$$

假设联合分布函数 $F_{X,Y}(x,y)$ 是处处连续的，其二阶偏导

$$f_{X,Y}(x,y)=\frac{\partial^2 F_{X,Y}(x,y)}{\partial x\partial y} \tag{3.25}$$

存在，并且也是处处连续的。则我们将这个新函数 $f_{X,Y}(x,y)$ 称为随机变量 X 和 Y 的联合概率密度函数(Joint probability density function)。联合分布函数 $F_{X,Y}(x,y)$ 是 x 和 y 的单调非减函数。因此，根据式(3.25)可知，联合概率密度函数 $f_{X,Y}(x,y)$ 总是非负的，并且在联合概率密度函数的曲面下的总体积必然为 1，如下面的双重积分所示

$$\int_{-\infty}^{\infty}\int_{-\infty}^{\infty} f_{X,Y}(x,y)\,\mathrm{d}x\,\mathrm{d}y=1 \tag{3.26}$$

通过将下面对应的边缘分布函数

$$F_X(x)=f_{X,Y}(x,\infty)$$

和

$$F_Y(y)=f_{X,Y}(\infty,y)$$

关于虚变量 x 和 y 分别求微分，可以得到所谓的边缘(Marginal)概率密度函数。于是，可以写出

$$\begin{aligned} f_X(x) &= \frac{\mathrm{d}}{\mathrm{d}x}F_X(x) \\ &= \frac{\mathrm{d}}{\mathrm{d}x}\int_{-\infty}^{x}\left[\int_{-\infty}^{\infty} f_{X,Y}(\xi,y)\,\mathrm{d}y\right]\mathrm{d}\xi \\ &= \int_{-\infty}^{\infty} f_{X,Y}(x,y)\,\mathrm{d}y \end{aligned} \tag{3.27}$$

类似地，可以写出

$$f_Y(y)=\int_{-\infty}^{\infty} f_{X,Y}(x,y)\,\mathrm{d}x \tag{3.28}$$

换句话说，式(3.27)定义的第一个边缘概率密度函数 $f_X(x)$ 是通过使联合概率密度函数 $f_{X,Y}(x,y)$ 对不希望出现的随机变量 Y 的所有可能值求积分得到的。类似地，式(3.28)定义的第二个边缘概率密度函数 $f_Y(y)$ 是通过使联合概率密度函数 $f_{X,Y}(x,y)$ 对不希望出现的随机变量的所有可能值求积分得到的，这次不希望的随机变量是 X。今后，我们把以这种方式得到的 $f_X(x)$ 和 $f_Y(y)$ 称为随机变量 X 和 Y 的边缘密度(Marginal densities)，其联合概率密度函数为 $f_{X,Y}(x,y)$。现在，我们对上面关于两个随机变量的讨论结果总结为以下结论：

> 联合概率密度函数$f_{X,Y}(x,y)$包含了关于两个连续随机变量 X 和 Y 的用于对联合随机变量进行概率分析所需的所有可能信息。

上述结论可以推广到包括多个随机变量的联合概率密度函数的情形。

条件概率密度函数

假设 X 和 Y 是两个联合概率密度函数为$f_{X,Y}(x,y)$的连续随机变量。使 $X=x$ 的 Y 的条件概率密度函数(Conditional probability density function)被定义为

$$f_Y(y|x) = \frac{f_{X,Y}(x,y)}{f_X(x)} \tag{3.29}$$

假设$f_X(x)>0$, 其中$f_X(x)$是 X 的边缘密度, $f_Y(y|x)$是$f_{Y|X}(y|x)$的缩写形式, 这两者可以互换使用。可以把函数$f_Y(y|x)$认为是变量 Y 的函数, 其中变量 x 是任意的, 但它必须是固定值。因此, 对任意 x 而言, 它都满足普通概率密度函数的所有要求, 如下所示:

$$f_Y(y|x) \geqslant 0$$

和

$$\int_{-\infty}^{\infty} f_Y(y|x)\mathrm{d}y = 1 \tag{3.30}$$

将式(3.29)中的项交叉相乘, 得到

$$f_{X,Y}(x,y) = f_Y(y|x)f_X(x)$$

上式被称为乘法法则(Multiplication rule)。

假设 X 的分布绝不会影响 Y 的分布。因此, 条件概率密度函数$f_Y(y|x)$退化为边缘密度$f_Y(y)$, 即

$$f_Y(y|x) = f_Y(y)$$

在这种情况下, 我们可以把随机变量 X 和 Y 的联合概率密度函数表示为它们各自边缘密度的乘积, 即

$$f_{X,Y}(x,y) = f_X(x)f_Y(y)$$

根据上述关系, 现在我们可以做出关于随机变量独立性(Independence)的下列结论:

> 如果随机变量 X 和 Y 的联合概率密度函数等于它们的边缘密度的乘积, 则 X 和 Y 是统计独立的。

独立随机变量的求和: 卷积

令 X 和 Y 为两个统计独立的连续随机变量, 它们各自的概率密度函数记为$f_X(x)$ 和$f_Y(y)$。定义下面的求和

$$Z = X + Y$$

现在感兴趣的问题是找到新的随机变量 Z 的概率密度函数, 把它记为$f_Z(z)$。

为了继续进行计算, 首先采用概率自变量写出

$$\begin{aligned}\mathbb{P}[Z \leqslant z|X=x] &= \mathbb{P}[X+Y \leqslant z|X=x] \\ &= \mathbb{P}[x+Y \leqslant z|X=x]\end{aligned}$$

其中在第二行将随机变量 X 换为给定值 x。由于 X 和 Y 是统计独立的, 可以使问题简化为

$$\begin{aligned}\mathbb{P}[Z \leqslant z|X=x] &= \mathbb{P}[x+Y \leqslant z] \\ &= \mathbb{P}[Y \leqslant z-x]\end{aligned}$$

等效地, 采用相关的分布函数可以将其写为

$$F_Z(z|x) = F_Y(z-x)$$

然而, 对上式两边求微分, 我们得到相应的概率密度函数如下:

$$f_Z(z|x) = f_Y(z-x)$$

利用式(3.30)描述的乘法规则，我们有

$$f_{Z,X}(z,x) = f_Y(z-x)f_X(x) \tag{3.31}$$

下一步，将式(3.27)中给出的边缘密度针对现在的问题进行改写，得到

$$f_Z(z) = \int_{-\infty}^{\infty} f_{Z,X}(z,x)\,\mathrm{d}x \tag{3.32}$$

最后，将式(3.31)代入式(3.32)，我们发现期望的$f_Z(z)$等于$f_X(x)$和$f_Y(y)$的卷积，如下所示：

$$f_Z(z) = \int_{-\infty}^{\infty} f_X(x)f_Y(z-x)\,\mathrm{d}x \tag{3.33}$$

换句话说，我们可以表述如下：

两个独立连续随机变量的和的概率密度函数等于它们两个概率密度函数的卷积。

然而，需要注意在得到上述结论时，除了要求随机变量 X 和 Y 是连续随机变量，没有做出其他任何假设。

3.6 期望概念

正如前面所指出的，概率密度函数$f_X(x)$提供了对连续随机变量 X 的完整的统计描述。然而，在许多情况下，我们发现这种描述包含了比实际应用所需关键信息更多的细节。在这种场合，通常认为简单的统计平均(Statistical averages)就足以描述随机变量 X 的统计特征。

在本节中，我们把注意力放在一阶(First-order)统计平均上，它被称为随机变量的期望值或者均值，在下一节中将研究二阶(Second-order)统计平均。关注随机变量均值的原因，是因为在统计学中它具有很重要的实际意义，下面将对此进行解释。

均值

一个连续随机变量 X 的期望值(Expected value)或者均值(Mean)被正式定义如下：

$$\mu_X = \mathbb{E}[X] = \int_{-\infty}^{\infty} x f_X(x)\,\mathrm{d}x \tag{3.34}$$

其中，$\mathbb{E}$表示期望算子(Expectation operator)或者平均算子(Averaging operator)。根据上述定义，应用于连续随机变量 X 的期望算子$\mathbb{E}$产生一个单独的数，这个数是唯一地从概率密度函数$f_X(x)$得到的。

为了描述定义式(3.34)的含义，我们可以表述为：

随机变量 X 的均值μ_X是由期望$\mathbb{E}[x]$定义的，它确定了随机变量 X 的概率密度曲线下的面积的重心。

为了详细说明上述结论，我们将式(3.34)中的积分写为近似求和的极限，用公式表示如下：

令$\{x_k \mid k=0,\pm1,\pm2,\cdots\}$表示在实轴上的均匀间隔的点构成的集合，即

$$x_k = \left(k+\frac{1}{2}\right)\Delta, \qquad k = 0, \pm1, \pm2, \cdots \tag{3.35}$$

其中，Δ 为实轴上相邻两点之间的间隔。于是，可以将式(3.34)重新表示为下列极限形式：

$$\begin{aligned}\mathbb{E}[X] &= \lim_{\Delta\to 0}\sum_{k=-\infty}^{\infty}\int_{k\Delta}^{(k+1)\Delta} x_k f_X(x)\,\mathrm{d}x \\ &= \lim_{\Delta\to 0}\sum_{k=-\infty}^{\infty} x_k \mathbb{P}\left[x_k-\frac{\Delta}{2} < X \leqslant x_k+\frac{\Delta}{2}\right]\end{aligned}$$

为了对上式右边第二行中的求和给出物理解释，假设对随机变量 X 进行 n 次独立观察。令 $N_n(k)$ 表示随机变量 X 落在第 k 个区间内的次数，定义为

$$x_k - \frac{\Delta}{2} < X \leqslant x_k + \frac{\Delta}{2}, \quad k = 0, \pm 1, \pm 2, \cdots$$

从启发式的角度来证明，我们可以说当观察次数 n 很大时，比值 $N_n(k)/n$ 会接近于概率$\mathbb{P}[x_k - \Delta/2 < X \leqslant x_k + \Delta/2]$。因此，可以将随机变量 X 的期望值近似为

$$\begin{aligned} \mathbb{E}[X] &\approx \sum_{k=-\infty}^{\infty} x_k \left(\frac{N_n(k)}{n}\right) \\ &= \frac{1}{n}\sum_{k=-\infty}^{\infty} x_k N_n(k), \quad \text{当}n\text{很大时} \end{aligned} \tag{3.36}$$

现在，可以将式(3.36)右边的量简单地看成“采样平均”。它是对所有值 x_k 求和，每个值被其出现的次数加权，然后将求和除以给出采样平均的总观察次数。事实上，式(3.36)为计算期望$\mathbb{E}[X]$提供了基础。

从不严格的意义上讲，我们可以说式(3.35)引入的离散化(Discretization)处理将一个连续随机变量的期望改变为对一个离散随机变量的采样平均。实际上，根据式(3.36)，我们可以将离散随机变量 X 的期望正式定义为

$$\mathbb{E}[X] = \sum_x x p_X(x) \tag{3.37}$$

其中，$p_X(x)$为式(3.22)定义的 X 的概率质量函数，并且求和扩展到对虚变量 x 的所有可能的离散值进行。将式(3.37)中的求和与式(3.36)中的求和相比，我们发现大概地，比值 $N_n(k)/n$ 扮演的角色与概率质量函数 $p_X(x)$ 相同，这从直觉上来看是可以相信的。

和连续随机变量的情形一样，我们从定义式(3.37)中再次发现，应用于离散随机变量 X 的期望算子$\mathbb{E}$产生一个单独的数，这个数是唯一地从概率质量函数 $p_X(x)$ 得到的。

简单地讲，期望算子$\mathbb{E}$对于离散随机变量和连续随机变量都能很好地适用。

期望算子的性质

在随机变量的统计分析(以及第 4 章中研究的随机过程)中，期望算子$\mathbb{E}$起到了显著作用。因此，在本节中我们对这个算子的两个重要性质进行研究是很合适的，其他性质将放在章末习题 3.13 中进行讨论。

▷

例 1　线性性(Linearity)

考虑一个随机变量 Z，其定义为

$$Z = X + Y$$

其中，X 和 Y 是两个概率密度函数分别为 $f_X(x)$ 和 $f_Y(y)$ 的连续随机变量。将式(3.34)中引入的期望定义推广到随机变量 Z，写为

$$\mathbb{E}[Z] = \int_{-\infty}^{\infty} z f_Z(z)\,\mathrm{d}z$$

其中，$f_Z(z)$ 定义为式(3.33)中的卷积积分。因此，我们可以继续将期望$\mathbb{E}[Z]$表示为下列二重积分

$$\begin{aligned} \mathbb{E}[Z] &= \int_{-\infty}^{\infty}\int_{-\infty}^{\infty} z f_X(x) f_Y(z-x)\,\mathrm{d}x\,\mathrm{d}z \\ &= \int_{-\infty}^{\infty}\int_{-\infty}^{\infty} z f_{X,Y}(x, z-x)\,\mathrm{d}x\,\mathrm{d}z \end{aligned}$$

其中，联合概率密度函数为

$$f_{X,Y}(x, z-x) = f_X(x) f_Y(z-x)$$

将变量一一对应地改变为

$$y = z - x$$

和

$$x = x$$

现在，可以将期望$\mathbb{E}[Z]$表示为下列展开形式：

$$\begin{aligned}\mathbb{E}[Z] &= \int_{-\infty}^{\infty}\int_{-\infty}^{\infty}(x+y)f_{X,Y}(x,y)\,\mathrm{d}x\,\mathrm{d}y\\ &= \int_{-\infty}^{\infty}\int_{-\infty}^{\infty}xf_{X,Y}(x,y)\,\mathrm{d}x\,\mathrm{d}y + \int_{-\infty}^{\infty}\int_{-\infty}^{\infty}yf_{X,Y}(x,y)\,\mathrm{d}x\,\mathrm{d}y\end{aligned}$$

然后从式(3.27)中可知，第一个随机变量X的边缘密度为

$$f_X(x) = \int_{-\infty}^{\infty} f_{X,Y}(x,y)\,\mathrm{d}y$$

类似地，第二个边缘密度为

$$f_Y(y) = \int_{-\infty}^{\infty} f_{X,Y}(x,y)\,\mathrm{d}x$$

因此，期望$\mathbb{E}[Z]$的公式可以简化为

$$\begin{aligned}\mathbb{E}[Z] &= \int_{-\infty}^{\infty} xf_X(x)\,\mathrm{d}x + \int_{-\infty}^{\infty} yf_Y(y)\,\mathrm{d}y\\ &= \mathbb{E}[X] + \mathbb{E}[Y]\end{aligned}$$

我们可以利用归纳法(method of induction)将上述结果推广到多个随机变量求和的情形，于是可以写出下列一般形式：

$$\mathbb{E}\left[\sum_{i=1}^{n} X_i\right] = \sum_{i=1}^{n}\mathbb{E}[X_i] \tag{3.38}$$

因此，我们可以概括如下：

随机变量之和的期望等于各个随机变量的期望之和。

上述结论证明了期望算子的线性性质，这使得该算子更加具有吸引力。

例 2 统计独立性

下面考虑随机变量Z，它被定义为两个独立随机变量X和Y的乘积，它们的概率密度函数分别表示为$f_X(x)$和$f_Y(y)$。同前面一样，Z的期望定义为

$$\mathbb{E}[Z] = \int_{-\infty}^{\infty} zf_Z(z)\,\mathrm{d}z$$

只是这里我们有

$$\begin{aligned}f_Z(z) &= f_{X,Y}(x,y)\\ &= f_X(x)f_Y(y)\end{aligned}$$

上式第二行中，我们利用了X和Y的统计独立性。由于$Z=XY$，因此我们可以将期望$\mathbb{E}[Z]$重新表示为

$$\begin{aligned}\mathbb{E}[XY] &= \int_{-\infty}^{\infty} xyf_X(x)f_Y(y)\,\mathrm{d}x\,\mathrm{d}y\\ &= \int_{-\infty}^{\infty} xf_X(x)\,\mathrm{d}x\int_{-\infty}^{\infty} yf_Y(y)\,\mathrm{d}y\\ &= \mathbb{E}[X]\mathbb{E}[Y]\end{aligned} \tag{3.39}$$

于是，我们可以概括如下：

两个统计独立的随机变量乘积的期望等于各个随机变量的期望的乘积。

这里可以再次应用归纳法，将上述结论推广到多个独立随机变量乘积的情形。

3.7　二阶统计平均

随机变量的函数

在前一节中，我们比较详细地讨论了随机变量的均值。在本节中，通过研究不同的二阶统计平均来进一步阐述均值的概念。这些统计平均与均值一起，完善了随机变量的部分特征（Partial characterization）。

为此，令 X 表示一个随机变量，$g(X)$ 表示定义在实轴上的 X 的实值函数。通过使函数 $g(X)$ 的自变量为随机变量得到的量也是一个随机变量，我们将它表示为

$$Y = g(X) \tag{3.40}$$

为了寻找随机变量 Y 的期望，我们当然应该先找到概率密度函数 $f_Y(y)$，然后应用下列标准公式：

$$\mathbb{E}[Y] = \int_{-\infty}^{\infty} y f_Y(y)\,\mathrm{d}y$$

然而，更简单的方法是写出

$$\mathbb{E}[g(X)] = \int_{-\infty}^{\infty} g(x) f_X(x)\,\mathrm{d}x \tag{3.41}$$

式（3.41）被称为期望值法则（Expected value rule），在习题 3.14 中讨论了这个法则对连续随机变量的有效性。

例 4　随机变量的余弦变换

令

$$Y = g(X) = \cos(X)$$

其中，X 是在区间 $(-\pi,\pi)$ 内均匀分布的随机变量，即

$$f_X(x) = \begin{cases} \dfrac{1}{2\pi}, & -\pi \leqslant x \leqslant \pi \\ 0, & \text{其他} \end{cases}$$

根据式（3.41），Y 的期望值为

$$\begin{aligned} \mathbb{E}[Y] &= \int_{-\pi}^{\pi} (\cos x)\left(\frac{1}{2\pi}\right)\mathrm{d}x \\ &= -\frac{1}{2\pi}\sin x\Big|_{x=-\pi}^{\pi} \\ &= 0 \end{aligned}$$

根据我们所知道的余弦函数对其自变量的依赖性，这个结果从直觉上看是可以相信的。

二阶矩

对于 $g(X)=X^n$ 这种特殊情形，应用式（3.41）可以得到随机变量 X 的概率分布的 n 阶矩，即

$$\mathbb{E}[X^n] = \int_{-\infty}^{\infty} x^n f_X(x)\,\mathrm{d}x \tag{3.42}$$

然而，从工程观点来看，X 的最重要的矩是前面两阶矩。在式（3.42）中令 $n=1$，得到随机变量的均值，3.6 节对其进行了讨论。令 $n=2$ 得到 X 的均方值（Mean-square value），它被定义为

$$\mathbb{E}[X^2] = \int_{-\infty}^{\infty} x^2 f_X(x)\,\mathrm{d}x \tag{3.43}$$

方差

我们还可以定义中心矩(Central moment),它是随机变量 X 与其均值 μ_X 之差的矩。于是,X 的 n 阶中心矩为

$$\mathbb{E}[(X-\mu_X)^n] = \int_{-\infty}^{\infty} (x-\mu_X)^n f_X(x)\,\mathrm{d}x \tag{3.44}$$

如果 $n=1$,则中心矩显然为零。如果 $n=2$,则二阶中心矩被称为随机变量 X 的方差(Variance),它被定义为

$$\begin{aligned}\operatorname{var}[X] &= \mathbb{E}(X-\mu_x)^2 \\ &= \int_{-\infty}^{\infty} (x-\mu_X)^2 f_X(x)\,\mathrm{d}x\end{aligned} \tag{3.45}$$

随机变量 X 的方差通常记为 σ_X^2。方差的平方根即 σ_X 被称为随机变量 X 的标准差(Standard deviation)。

在某种意义上讲,随机变量 X 的方差 σ_X^2 是这个变量的"随机性"或者"易变性"的一种度量。通过指定方差 σ_X^2,我们实质上是对随机变量 X 的概率密度函数 $f_X(x)$ 在均值 μ_X 附近的有效宽度进行约束。这种约束的精确表达包含在切比雪夫不等式(Chebyshev inequality)中,该不等式指出对于任意的正数 ε,我们有下列概率不等式:

$$\mathbb{P}[|X-\mu_X| \geqslant \varepsilon] \leqslant \frac{\sigma_X^2}{\varepsilon^2} \tag{3.46}$$

根据上述不等式,我们发现随机变量的均值和方差为其概率分布提供了弱描述(Weak description),因此这两个统计平均具有实际重要性。

根据式(3.43)和式(3.45),我们发现方差 σ_X^2 和均方值 $\mathbb{E}[X^2]$ 之间的关系为

$$\begin{aligned}\sigma_X^2 &= \mathbb{E}[X^2 - 2\mu_X X + \mu_X^2] \\ &= \mathbb{E}[X^2] - 2\mu_X \mathbb{E}[X] + \mu_X^2 \\ &= \mathbb{E}[X^2] - \mu_X^2\end{aligned} \tag{3.47}$$

在上式第二行中,我们利用了统计期望算子 $\mathbb{E}$ 的线性性质。式(3.47)表明,如果均值 μ_X 为零,则随机变量 X 的方差 σ_X^2 和均方值 $\mathbb{E}[X^2]$ 是相等的。

协方差

到目前为止,我们已经考虑了单个随机变量的特征。下面,我们将考虑一对随机变量 X 和 Y。在这种新情况下,一组重要的统计平均是联合矩(Joint moment),即 X^iY^k 的期望,其中 i 和 k 可以假设为任意正整数值。特别地,根据定义我们有

$$\mathbb{E}[X^iY^k] = \int_{-\infty}^{\infty}\int_{-\infty}^{\infty} x^i y^k f_{X,Y}(x,y)\,\mathrm{d}x\,\mathrm{d}y \tag{3.48}$$

一种特别重要的联合矩是相关(Correlation)的,它被定义为 $\mathbb{E}[XY]$,对应于上式中 $i=k=1$ 的情况。

更具体地说,中心随机变量($X-\mathbb{E}[X]$)和($Y-\mathbb{E}[Y]$)的相关,即下列联合矩:

$$\operatorname{cov}[XY] = \mathbb{E}[(X-\mathbb{E}[X])(Y-\mathbb{E}[Y])] \tag{3.49}$$

被称为 X 和 Y 的协方差(Covariance)。令 $\mu_X=\mathbb{E}[X]$ 和 $\mu_Y=\mathbb{E}[Y]$,则我们可以将式(3.49)展开,得到下列结果:

$$\operatorname{cov}[XY] = \mathbb{E}[XY] - \mu_X\mu_Y \tag{3.50}$$

其中，我们利用了期望算子$\mathbb{E}$的线性性质。令σ_X^2和σ_Y^2分别表示 X 和 Y 的方差。则 X 和 Y 的方差关于乘积$\sigma_X\sigma_Y$被归一化以后，称为 X 和 Y 的相关系数(Correlation coefficient)，它被表示为

$$\rho(X, Y) = \frac{\mathrm{cov}[XY]}{\sigma_X\sigma_Y} \tag{3.51}$$

当且仅当两个随机变量 X 和 Y 的协方差为零时，它们被称为是不相关的(Uncorrelated)，即

$$\mathrm{cov}[XY] = 0$$

当且仅当两个随机变量 X 和 Y 的相关为零时，它们被称为是正交的(Orthogonal)，即

$$\mathbb{E}[XY] = 0$$

根据式(3.50)，我们可以得出下列结论：

如果随机变量 X 和 Y 中有一个或者两个都为零均值，并且它们是正交的，则它们是不相关的，反之亦然。

3.8 特征函数

在前一节中，我们指出对于给定的一个连续随机变量 X，可以用公式表示概率法则，如式(3.42)那样，通过概率密度函数$f_X(x)$定义 X^n的期望(即 X 的 n 阶矩)。现在，我们通过特征函数(Characteristic function)，介绍另一种用公式表示概率法则的方法。

为了正式定义这个新的概念，我们表述为：

一个连续随机变量 X 的特征函数，记为 $\Phi_X(\nu)$，它被定义为复指数函数 $\exp(\mathrm{j}\nu X)$ 的期望，即

$$\begin{aligned}\Phi_X(\nu) &= \mathbb{E}[\exp(\mathrm{j}\nu X)] \\ &= \int_{-\infty}^{\infty} f_X(x)\exp(\mathrm{j}\nu x)\,\mathrm{d}x\end{aligned} \tag{3.52}$$

其中，ν 是实数，并且 $\mathrm{j}=\sqrt{-1}$。

根据式(3.52)右边的第二个表达式，我们也可以将随机变量 X 的特征函数 $\Phi_X(\nu)$视为相关概率密度函数$f_X(x)$的傅里叶变换，除在指数中有一个符号变化外。在这样解释特征函数时，我们采用了$\exp(\mathrm{j}\nu x)$而不是 $\exp(-\mathrm{j}\nu x)$，以便与概率论中采用的惯例保持一致。

认识到 ν 和 x 的角色分别类似于傅里叶变换理论中的变量 $2\pi f$ 和 t，我们可以借助于第 2 章中的傅里叶变换理论，根据特征函数 $\Phi_X(\nu)$恢复出随机变量 X 的概率密度函数$f_X(x)$。具体而言，我们可以利用反演公式(Inversion formula)写出

$$f_X(x) = \frac{1}{2\pi}\int_{-\infty}^{\infty} \Phi_X(\nu)\exp(-\mathrm{j}\nu x)\,\mathrm{d}x \tag{3.53}$$

于是，随着$f_X(x)$和 $\Phi_X(\nu)$构成了一个傅里叶变换对，我们可以根据函数 $\Phi_X(\nu)$得到随机变量 X 的矩。为此，我们将式(3.52)两边关于 ν 求 n 次微分，然后令 $\nu=0$，于是得到下列结果：

$$\frac{\mathrm{d}^n}{\mathrm{d}\nu^n}\Phi_X(\nu)\Big|_{\nu=0} = (\mathrm{j})^n\int_{-\infty}^{\infty} x^n f_X(x)\,\mathrm{d}x \tag{3.54}$$

可以看出，上式右边的积分是随机变量 X 的 n 阶矩。因此，我们可以将式(3.54)重新写为下列等效形式：

$$\mathbb{E}[X^n] = (-\mathrm{j})^n\frac{\mathrm{d}^n}{\mathrm{d}\nu^n}\Phi_X(\nu)\Big|_{\nu=0} \tag{3.55}$$

这个等式是所谓的“矩定理”(Moment theorem)的一种数学表述。实际上，正是因为式(3.55)，所以特征函数 $\Phi_X(\nu)$也被称为矩生成函数(Moment-generating function)。

例 5　指数分布

指数分布被定义为

$$f_X(x) = \begin{cases} \lambda \exp(-\lambda x), & x \geqslant 0 \\ 0, & \text{其他} \end{cases} \tag{3.56}$$

其中，λ 是该分布的唯一参数。因此，指数分布的特征函数为

$$\begin{aligned} \Phi(\nu) &= \int_0^\infty \lambda \exp(-\lambda x) \exp(\mathrm{j}\nu x)\,\mathrm{d}x \\ &= \frac{\lambda}{\lambda - \mathrm{j}\nu} \end{aligned}$$

我们希望利用上述结果找到指数分布随机变量 X 的均值。为此，将特征函数 $\Phi(\nu)$ 关于 ν 求一次微分，得到

$$\Phi'_X(\nu) = \frac{\lambda \mathrm{j}}{(\lambda - \mathrm{j}\nu)^2}$$

其中，$\Phi'_X(\nu)$ 中的一撇“′”表示关于自变量 ν 的一阶微分。于是，应用式(3.55)中的矩定理，可以得到希望的结果如下：

$$\begin{aligned} \mathbb{E}[X] &= -\mathrm{j}\Phi'_X(\nu)\big|_{\nu=0} \\ &= \frac{1}{\lambda} \end{aligned} \tag{3.57}$$

3.9 高斯分布

在关于概率论的文献研究的许多分布中，高斯分布(Gaussian distribution)是到目前为止在通信系统的统计分析中最常用的分布，其原因将在 3.10 节中介绍。令 X 表示一个连续随机变量，如果 X 的概率密度函数具有下列一般形式：

$$f_X(x) = \frac{1}{\sqrt{2\pi}\sigma} \exp\left[-\frac{(x-\mu)^2}{2\sigma^2}\right] \tag{3.58}$$

其中 μ 和 σ 是表征该分布的两个标量参数，则随机变量 X 被称为是高斯分布的(Gaussian distributed)。参数 μ 可以是正值也可以是负值(包括零)，而参数 σ 总是正值。在这两个条件中，式(3.58)的 $f_X(x)$ 满足概率密度函数的所有性质，包括归一化性质，即

$$\frac{1}{\sqrt{2\pi}\sigma} \int_{-\infty}^{\infty} \exp\left[-\frac{(x-\mu)^2}{2\sigma^2}\right] \mathrm{d}x = 1 \tag{3.59}$$

高斯分布的性质

高斯随机变量具有许多重要的性质，接下来对其中的 4 个性质进行概述。

性质 1：均值和方差

在定义式(3.58)中，参数 μ 是高斯随机变量 X 的均值，σ^2 是它的方差。因此，我们可以表述为：*一个高斯随机变量可以通过指定其均值和方差来唯一确定。*

性质 2：高斯随机变量的线性函数

令 X 是均值为 μ、方差为 σ^2 的高斯随机变量。定义一个新的随机变量如下：

$$Y = aX + b$$

其中，a 和 b 都是标量，并且 $a \neq 0$。于是，Y 也是高斯变量，其均值为

$$\mathbb{E}[Y] = a\mu + b$$

方差为

$$\mathrm{var}[Y] = a^2\sigma^2$$

也就是说，我们可以表述为：

经过线性变换以后，高斯性仍然可以保持。

性质 3：独立高斯随机变量的求和

令 X 和 Y 是独立高斯随机变量，其均值分别为 μ_X 和 μ_Y，方差分别为 σ_X^2 和 σ_Y^2。定义一个新的随机变量如下：

$$Z = X + Y$$

随机变量 Z 也是高斯变量，其均值为

$$\mathbb{E}[Z] = \mu_X + \mu_Y \tag{3.60}$$

方差为

$$\text{var}[Z] = \sigma_X^2 + \sigma_Y^2 \tag{3.61}$$

于是，一般而言我们可以表述为：

独立高斯随机变量的求和也是一个高斯随机变量，其均值和方差分别等于各组成随机变量的均值之和与方差之和。

性质 4：联合高斯随机变量

令 X 和 Y 是一对具有零均值的联合高斯随机变量，其方差分别为 σ_X^2 和 σ_X^2。X 和 Y 的联合概率密度函数由 σ_X，σ_Y 和 ρ 完全确定，其中 ρ 为式(3.51)中定义的相关系数。具体而言，我们有

$$f_{X,Y}(x,y) = c\exp(-q(x,y)) \tag{3.62}$$

其中，归一化常数 c 被定义为

$$c = \frac{1}{2\pi\sqrt{1-\rho^2}\,\sigma_X\sigma_Y} \tag{3.63}$$

指数项被定义为

$$q(x,y) = \frac{1}{2\sqrt{1-\rho^2}}\left(\frac{x^2}{\sigma_X^2} - 2\rho\frac{xy}{\sigma_X\sigma_Y} + \frac{y^2}{\sigma_Y^2}\right) \tag{3.64}$$

在相关系数 ρ 为零的特殊情况下，X 和 Y 的联合概率密度函数具有下列简单形式：

$$\begin{aligned} f_{X,Y}(x,y) &= \frac{1}{2\pi\sigma_X\sigma_Y}\exp\left(-\frac{x^2}{2\sigma_X^2} - \frac{y^2}{2\sigma_Y^2}\right) \\ &= f_X(x)f_Y(y) \end{aligned} \tag{3.65}$$

因此，我们可以得到下列结论：

如果随机变量 X 和 Y 都是零均值高斯随机变量，并且它们也是正交的(即$\mathbb{E}[XY]=0$)，则它们是统计独立的。

因为具有高斯性，所以这个结论比关于协方差的小节末尾得到的最后一个结论更强。

常用符号

根据性质 1，通常采用符号$\mathcal{N}(\mu,\sigma^2)$作为均值为 μ、方差为 σ^2 的高斯分布的简化描述。使用符号$\mathcal{N}$是鉴于以下事实，即高斯分布也被称为正态分布(Normal distribution)，尤其在数学文献中经常使用这个概念。

标准高斯分布

当 $\mu=0$ 并且 $\sigma^2=1$ 时，式(3.58)中的概率密度函数退化为下列特殊形式：

$$f_X(x) = \frac{1}{\sqrt{2\pi}}\exp\left(-\frac{x^2}{2}\right) \tag{3.66}$$

采用上述形式描述的高斯随机变量 X 被称为其标准型(Standard form)[4]。对应地，标准高斯随机变

量的分布函数被定义为

$$F_X(x) = \frac{1}{\sqrt{2\pi}} \int_{-\infty}^{x} \exp\left(-\frac{t^2}{2}\right) \mathrm{d}t \tag{3.67}$$

由于频繁使用式(3.67)中描述的积分类型，在文献中定义了几个相关的函数并且用表格进行表示。在通信系统中经常用到的有关函数是 Q 函数(Q-function)，它在形式上被定义为

$$\begin{aligned} Q(x) &= 1 - F_X(x) \\ &= \frac{1}{\sqrt{2\pi}} \int_{x}^{\infty} \exp\left(-\frac{t^2}{2}\right) \mathrm{d}t \end{aligned} \tag{3.68}$$

也就是说，我们可以将 Q 函数描述如下：

Q 函数 $Q(x)$ 等于标准高斯随机变量 X 的概率密度函数从 x 到无穷大范围内的尾部所覆盖的面积。

遗憾的是，定义标准高斯分布 $F_X(x)$ 的积分式(3.67)并没有一个闭式解。相反地，如果精度是一个重要问题的话，则通常以改变 x 值得到的表格形式来给出 $F_X(x)$。表 3.1 就是一种这样的记录表格。为了利用这个表格计算 Q 函数，需要建立在两个定义式基础上：

1. 如果 x 为非负值，则采用式(3.68)的第一行公式。
2. 如果 x 为负值，则要用到 Q 函数的对称性质(Symmetric property)

$$Q(-x) = 1 - Q(x) \tag{3.69}$$

标准高斯图

为了形象地看到经常用到的标准高斯函数的图形样式，下面给出关于 $F_X(x)$，$f_X(x)$ 和 $Q(x)$ 的三个图：

1. 图 3.10(a)画出了式(3.67)定义的分布函数 $F_X(x)$。
2. 图 3.10(b)画出了式(3.66)定义的密度函数 $f_X(x)$。
3. 图 3.11 画出了式(3.68)定义的 Q 函数。

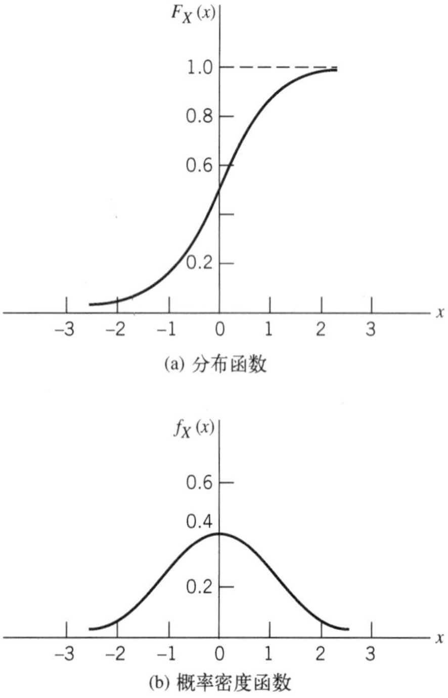

图 3.10 归一化高斯分布

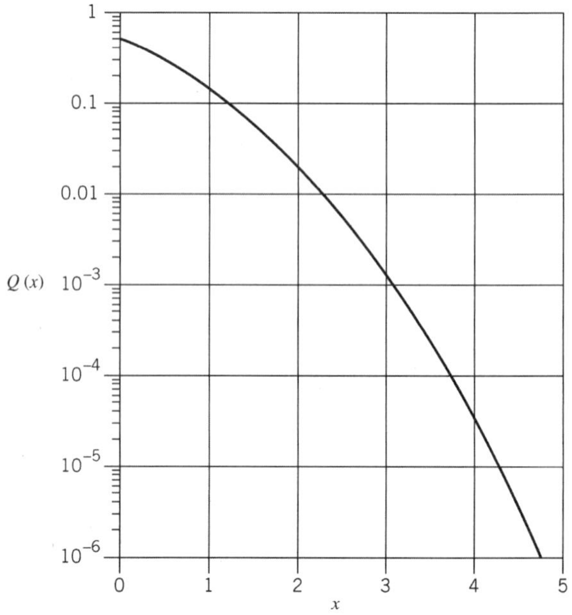

图 3.11 Q 函数

表 3.1　标准高斯分布(Q 函数)表[5]

	.00	.01	.02	.03	.04	.05	.06	.07	.08	.09
0.0	.5000	.5040	.5080	.5120	.5160	.5199	.5239	.5279	.5319	.5359
0.1	.5398	.5438	.5478	.5517	.5557	.5596	.5636	.5675	.5714	.5753
0.2	.5793	.5832	.5871	.5910	.5948	.5987	.6026	.6064	.6103	.6141
0.3	.6179	.6217	.6255	.6293	.6331	.6369	.6406	.6443	.6460	.6517
0.4	.6554	.6591	.6628	.6664	.6700	.6736	.6772	.6808	.6844	.6879
0.5	.6915	.6950	.6985	.7019	.7054	.7088	.7123	.7157	.7190	.7224
0.6	.7257	.7291	.7324	.7357	.7389	.7422	.7454	.7485	.7517	.7549
0.7	.7580	.7611	.7642	.7673	.7704	.7734	.7764	.7794	.7823	.7852
0.8	.7881	.7910	.7939	.7967	.7995	.8023	.8051	.8078	.8106	.8133
0.9	.8159	.8186	.8212	.8238	.8264	.8289	.8315	.8340	.8365	.8389
1.0	.8413	.8438	.8461	.8485	.8508	.8531	.8554	.8577	.8599	.8621
1.1	.8643	.8665	.8686	.8708	.8729	.8749	.8770	.8790	.8810	.8830
1.2	.8849	.8869	.8888	.8907	.8925	.8944	.8962	.8980	.8997	.9015
1.3	.9032	.9049	.9066	.9082	.9099	.9115	.9131	.9149	.9162	.9177
1.4	.9192	.9207	.9222	.9236	.9251	.9265	.9279	.9292	.9306	.9319
1.5	.9332	.9345	.9357	.9370	.9382	.9394	.9406	.9418	.9429	.9441
1.6	.9452	.9463	.9474	.9484	.9495	.9505	.9515	.9525	.9535	.9545
1.7	.9554	.9564	.9573	.9582	.9591	.9599	.9608	.9616	.9625	.9633
1.8	.9641	.9649	.9656	.9664	.9671	.9678	.9686	.9693	.9699	.9706
1.9	.9713	.9719	.9726	.9732	.9738	.9744	.9750	.9756	.9761	.9767
2.0	.9772	.9778	.9783	.9788	.9793	.9798	.9803	.9808	.9812	.9817
2.1	.9821	.9826	.9830	.9834	.9838	.9842	.9846	.9850	.9854	.9857
2.2	.9861	.9864	.9868	.9871	.9875	.9878	.9881	.9884	.9887	.9890
2.3	.9893	.9896	.9898	.9901	.9904	.9906	.9909	.9911	.9913	.9916
2.4	.9918	.9920	.9922	.9925	.9927	.9929	.9931	.9932	.9934	.9936
2.5	.9938	.9940	.9941	.9943	.9945	.9946	.9948	.9949	.9951	.9952
2.6	.9953	.9955	.9956	.9957	.9959	.9960	.9961	.9962	.9963	.9964
2.7	.9965	.9966	.9967	.9968	.9969	.9970	.9971	.9972	.9973	.9974
2.8	.9974	.9975	.9976	.9977	.9977	.9978	.9979	.9979	.9980	.9981
2.9	.9981	.9982	.9982	.9983	.9984	.9984	.9985	.9985	.9986	.9986
3.0	.9987	.9987	.9987	.9988	.9988	.9989	.9989	.9989	.9990	.9990
3.1	.9990	.9991	.9991	.9991	.9992	.9992	.9992	.9992	.9993	.9993
3.2	.9993	.9993	.9994	.9994	.9994	.9994	.9994	.9995	.9995	.9995
3.3	.9995	.9995	.9995	.9996	.9996	.9996	.9996	.9996	.9996	.9997
3.4	.9997	.9997	.9997	.9997	.9997	.9997	.9997	.9997	.9997	.9998

1. 在这个表格中，元素 x 的范围为[0.0, 3.49]。x 是随机变量 X 的采样值。
2. 对于 x 的每个值，表格提供了 Q 函数的对应值

$$Q(x) = 1 - F_X(x) = \frac{1}{\sqrt{2\pi}}\int_x^{\infty} \exp(-t^2/2)\,dt$$

3.10　中心极限定理

中心极限定理(Central limit theorem)在概率论中占据着重要位置：如果已知观测随机变量是很多次随机事件的结果，则它为把高斯分布作为这种观测随机变量的模型提供了数学依据。

为了正式描述中心极限定理，令 $X_1, X_2, \cdots, X_n$ 表示一组具有公共均值 μ 和方差 σ^2 的独立同分布(Independently and Identically Distributed, IID)随机变量。定义一个相关的随机变量如下：

$$Y_n = \frac{1}{\sigma\sqrt{n}}\left(\sum_{i=1}^{n} X_i - n\mu\right) \tag{3.70}$$

其中，从求和 $\sum_{i=1}^{n} X_i$ 中减去乘积项 $n\mu$ 是为了确保随机变量 Y_n 具有零均值，除以因子 $\sigma\sqrt{n}$ 是为了使 Y_n 具有单位方差。给定式(3.70)描述的情形，可以将中心极限定理正式表述为：

当式(3.70)中随机变量的个数 n 趋近于无穷大时，在

$$\lim_{n \to \infty} \mathbb{P}(Y_n \leqslant y) = Q(y) \tag{3.71}$$

的意义上，归一化随机变量 Y_n 收敛到标准高斯随机变量，其分布函数为

$$F_Y(y) = \frac{1}{\sqrt{2\pi}} \int_{-\infty}^{y} \exp\left(-\frac{x^2}{2}\right) \mathrm{d}x$$

其中，$Q(y)$ 是 Q 函数。

为了理解中心极限定理的实际重要性，假设我们有一个物理现象，其发生是由于大量随机事件导致的。体现在式(3.67)至式(3.71)中的这个定理允许我们通过查找 Q 函数表(如表 3.1 所示)就可以简单地计算出某个概率。并且为了完成这个计算，所有需要我们知道的只有均值和方差。

但是，这里需要提醒的是，中心极限定理给出的只是当 n 接近于无穷大时，标准随机变量 Y_n 的概率分布的“极限”形式。如果 n 是有限值，有时候会发现高斯极限只能为 Y_n 的真实概率分布提供相对较差的近似，即使 n 是一个很大的值。

例 8 均匀分布随机变量的求和

考虑下列随机变量：

$$Y_n = \sum_{i=1}^{n} X_i$$

其中，X_i 是在 −1 到 +1 区间内相互独立的均匀分布随机变量。假设我们在 $n=10$ 时，产生随机变量 Y_n 的 20000 个样本，然后通过构造结果的直方图来计算 Y_n 的概率密度函数。图 3.12 将计算得到的直方图(按比例缩放为单位面积)与具有相同均值和方差的高斯随机变量的概率密度函数进行了比较。该图清晰地表明，在这个具体例子中，独立分布的个数 n 不一定必须为很大值，求和 Y_n 也能很接近于高斯分布。实际

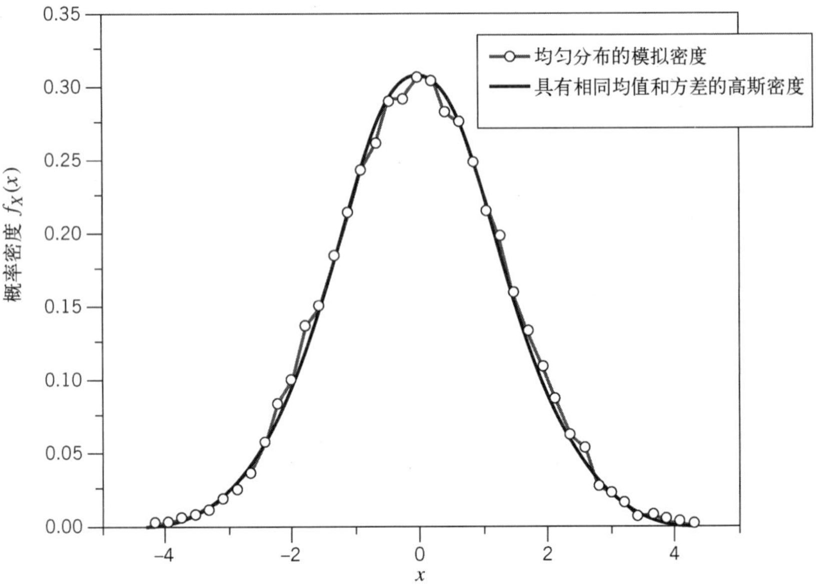

图 3.12 证实中心极限定理有效性的仿真结果

上，这个例子的结果证实了中心极限定理确实是非常强大的。另外，这个结果也解释了为什么高斯模型不仅在通信系统中研究，而且在很多其他学科的随机信号分析中也是无处不在的。

3.11　贝叶斯推理

到目前为止，本章内容主要讨论对概率模型进行数学描述的相关问题。在本章后面部分，我们将根据贝叶斯[5]这个典型例子研究概率论在概率推理中的作用，它在统计通信理论章节中占据着中心位置。

为了进行讨论，考虑图 3.13，其中画出了两个有限维空间：一个参数空间(Parameter space)和一个观测空间(Observation space)，参数空间被隐藏起来不被观测者(Observer)发现。从参数空间中取出的一个参数向量 $\boldsymbol{\theta}$ 被概率映射到观测空间上，产生观测向量 $\boldsymbol{x}$。向量 $\boldsymbol{x}$ 是随机向量 $\boldsymbol{X}$ 的样本值，它提供了关于 $\boldsymbol{\theta}$ 的观测信息。给定图 3.13 画出的概率情景，我们可以确定两个不同的操作，它们彼此是对偶的[6]。

1. 概率建模(Probabilistic modeling)。这个操作的目的是得到条件概率密度函数 $f_{X|\Theta}(\boldsymbol{x}|\boldsymbol{\theta})$ 的公式，它为观测空间的物理行为提供了充分的描述。
2. 统计分析(Statistical analysis)。第二个操作的目的是对概率建模进行逆处理(Inverse of probabilistic modeling)，为此我们需要条件概率密度函数 $f_{\Theta|X}(\boldsymbol{\theta}|\boldsymbol{x})$。

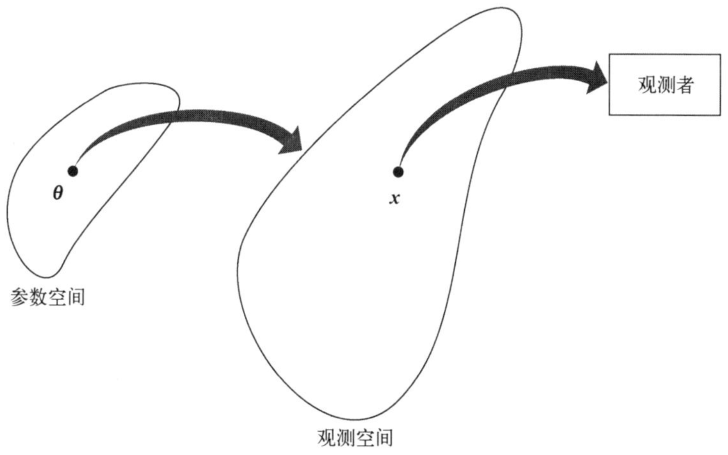

图 3.13　贝叶斯推理的概率模型

从根本意义上讲，统计分析比概率建模更具重要意义。为了证明这个论断，我们将位置参数向量 $\boldsymbol{\theta}$ 视为产生观测空间的物理行为的原因(Cause)，而将观测向量 $\boldsymbol{x}$ 视为结果(Effect)。本质上讲，统计分析是通过从结果(即观测向量 $\boldsymbol{x}$)恢复原因(即参数向量 $\boldsymbol{\theta}$)来解决逆问题(Inverse problem)的。事实上，我们可以说尽管概率建模帮助我们表征在 $\boldsymbol{\theta}$ 的条件下 $\boldsymbol{x}$ 的未来行为(Future behavior)，但统计分析却允许我们在给定 $\boldsymbol{x}$ 的条件下做出对 $\boldsymbol{\theta}$ 的推理(Inference)。

为了用公式表示条件概率密度函数 $f_{X|\Theta}(\boldsymbol{x}|\boldsymbol{\theta})$，我们将式(3.14)中的贝叶斯定理重新写为其连续形式，如下所示：

$$f_{\Theta|X}(\boldsymbol{\theta}|\boldsymbol{x}) = \frac{f_{X|\Theta}(\boldsymbol{x}|\boldsymbol{\theta})f_{\Theta}(\boldsymbol{\theta})}{f_X(\boldsymbol{x})} \tag{3.72}$$

上式中的分母可以由其分子定义为

$$f_X(x) = \int_{\Theta} f_{X|\Theta}(x|\theta) f_{\Theta}(\theta)\,\mathrm{d}\theta$$
$$= \int_{\Theta} f_{X,\Theta}(x,\theta)\,\mathrm{d}\theta \tag{3.73}$$

这是 $\boldsymbol{X}$ 的边缘密度，是通过积分去掉联合概率密度函数 $f_{X|\Theta}(\boldsymbol{x}|\boldsymbol{\theta})$ 的函数关系变量而得到的。也就是说，$f_X(\boldsymbol{x})$ 是联合概率密度函数 $f_{X,\Theta}(\boldsymbol{x},\boldsymbol{\theta})$ 的边缘密度。式(3.72)的反演公式有时候被称为逆概率原理(Principle of inverse probability)。

根据这个原理，现在可以引入4个概念：

1. 观测密度(Observation density)。它代表条件概率密度函数 $f_{X|\Theta}(\boldsymbol{x}|\boldsymbol{\theta})$，适用于给定参数向量 $\boldsymbol{\theta}$ 的“观测”向量 $\boldsymbol{x}$。
2. 先验(Prior)。它代表概率密度函数 $f_{\Theta}(\boldsymbol{\theta})$，适用于在接收到观测向量 $\boldsymbol{x}$“之前”的参数向量 $\boldsymbol{\theta}$。
3. 后验(Posterior)。它代表条件概率密度 $f_{\Theta|X}(\boldsymbol{\theta}|\boldsymbol{x})$，适用于在接收到观测向量 $\boldsymbol{x}$“以后”的参数向量 $\boldsymbol{\theta}$。
4. 证据(Evidence)。它代表概率密度函数 $f_X(\boldsymbol{x})$，是指在观测向量 $\boldsymbol{X}$ 中包含的用于统计分析的“信息”。

后验 $f_{\Theta|X}(\boldsymbol{\theta}|\boldsymbol{x})$ 对贝叶斯推理是至关重要的。特别地，我们可以将其视为根据观测向量 $\boldsymbol{x}$ 中包含的信息对参数向量 $\boldsymbol{\theta}$ 的信息的更新，尽管先验 $f_{\Theta}(\boldsymbol{\theta})$ 是在接收到观测向量 $\boldsymbol{x}$“之前”$\boldsymbol{\theta}$ 已有的信息。

似然

统计的相反方面在似然函数(Likelihood function)[7]这一概念中得到了体现。从正式意义上讲，被记为 $l(\boldsymbol{\theta}|\boldsymbol{x})$ 的似然只是观测密度 $f_{X|\Theta}(\boldsymbol{x}|\boldsymbol{\theta})$ 以不同的规则重新表示出来，如下所示：

$$l(\theta|x) = f_{X|\Theta}(x|\theta) \tag{3.74}$$

这里值得注意的重要一点是似然和观测密度都完全受包含参数向量 $\boldsymbol{\theta}$ 和观测向量 $\boldsymbol{x}$ 的同一个函数所决定。然而，在解释时是有区别的：似然函数 $l(\boldsymbol{\theta}|\boldsymbol{x})$ 被视为给定 $\boldsymbol{x}$ 后参数向量 $\boldsymbol{\theta}$ 的函数，而观测密度 $f_{X|\Theta}(\boldsymbol{x}|\boldsymbol{\theta})$ 则被视为给定 $\boldsymbol{\theta}$ 后观测向量 $\boldsymbol{x}$ 的函数。

然而需要注意的是，似然 $l(\boldsymbol{\theta}|\boldsymbol{x})$ 与 $f_{X|\Theta}(\boldsymbol{x}|\boldsymbol{\theta})$ 不同，它不是一个分布，而是给定 $\boldsymbol{x}$ 后参数向量 $\boldsymbol{\theta}$ 的一个函数。

根据前面介绍的概念，即后验、先验、似然和证据，我们现在可以用文字将式(3.72)中的贝叶斯法则表述为

$$后验 = \frac{似然 \times 先验}{证据}$$

似然准则

为了方便表示，令

$$\pi(\theta) = f_{\Theta}(\theta) \tag{3.75}$$

然后，认识到式(3.73)中定义的证据仅仅起到归一化函数的作用，它与 $\boldsymbol{\theta}$ 无关，现在我们可以将关于逆概率原理的式(3.72)简洁地概括如下：

> 贝叶斯统计模型本质上是由两部分组成的：似然函数 $l(\boldsymbol{\theta}|\boldsymbol{x})$ 和先验 $\pi(\boldsymbol{\theta})$，其中 $\boldsymbol{\theta}$ 是一个未知的参数向量，$\boldsymbol{x}$ 是观测向量。

为了详细说明定义式(3.74)的重要性，下面考虑参数向量 $\boldsymbol{\theta}$ 的两个似然函数 $l(\boldsymbol{\theta}|\boldsymbol{x}_1)$ 和 $l(\boldsymbol{\theta}|\boldsymbol{x}_2)$。如果对于一个指定的先验 $\pi(\boldsymbol{\theta})$，这两个似然函数是彼此的比例形式，则对应的 $\boldsymbol{\theta}$ 的后验密度本质上

是相同的，根据贝叶斯定理可以直接得到这个结论。根据这个结果，现在我们可以将所谓的似然原理(Likelihood principle)[8]用公式表示如下：

如果 $\boldsymbol{x}_1$ 和 $\boldsymbol{x}_2$ 是两个依赖于未知参数向量 $\boldsymbol{\theta}$ 的观测向量，使得

$$l(\boldsymbol{\theta}\,|\,\boldsymbol{x}_1)=c\,l(\boldsymbol{\theta}\,|\,\boldsymbol{x}_2),\quad \text{任意}\ \boldsymbol{\theta}$$

其中，c 是一个比例因子，则对于任意指定的先验 $f_{\boldsymbol{\Theta}}(\boldsymbol{\theta})$，这两个观测向量得到的关于 $\boldsymbol{\theta}$ 的推断是相同的。

充分统计量

考虑一个由向量 $\boldsymbol{\theta}$ 确定的参数化模型，并且给定观测向量 $\boldsymbol{x}$。用统计语言来讲，这个模型是由后验密度 $f_{\boldsymbol{\Theta}|X}(\boldsymbol{\theta}|\boldsymbol{x})$ 来描述的。这里我们将介绍一个函数 $\boldsymbol{t}(\boldsymbol{x})$，如果给定 $\boldsymbol{t}(\boldsymbol{x})$ 的条件下参数向量 $\boldsymbol{\theta}$ 的概率密度函数满足下列条件：

$$f_{\boldsymbol{\Theta}|X}(\boldsymbol{\theta}|\boldsymbol{x}) = f_{\boldsymbol{\Theta}|T(\boldsymbol{x})}(\boldsymbol{\theta}|\boldsymbol{t}(\boldsymbol{x})) \tag{3.76}$$

则这个函数被称为充分统计量(Sufficient statistic)。

为了使 $\boldsymbol{t}(\boldsymbol{x})$ 成为一个充分统计量，对其施加的条件从直觉上看也是有吸引力的，这可以通过下列描述体现出来：

> 函数 $\boldsymbol{t}(\boldsymbol{x})$ 提供了关于未知参数向量 $\boldsymbol{\theta}$ 的全部信息的成分概括，这些信息是包含在观测向量 $\boldsymbol{x}$ 中的。

因此，我们可以将充分统计量概念视为一种“数据精简”的工具，使用它可以使分析大大简化[9]。在例 9 中，对充分统计量 $\boldsymbol{t}(\boldsymbol{x})$ 的数据精简能力进行了很好的说明。

3.12　参数估计

正如前面所指出的，后验密度 $f_{\boldsymbol{\Theta}|X}(\boldsymbol{\theta}|\boldsymbol{x})$ 对于得到贝叶斯概率模型的公式是至关重要的，其中 $\boldsymbol{\theta}$ 是一个未知参数向量，$\boldsymbol{x}$ 是观测向量。因此，我们利用这个条件概率密度函数进行参数估计也是合乎逻辑的[10]。于是，我们定义 $\boldsymbol{\theta}$ 的最大后验(Maximum A Posteriori，MAP)估计为

$$\begin{aligned}\hat{\boldsymbol{\theta}}_{\mathrm{MAP}} &= \arg\max_{\boldsymbol{\theta}} f_{\boldsymbol{\Theta}|X}(\boldsymbol{\theta}|\boldsymbol{x})\\ &= \arg\max_{\boldsymbol{\theta}} l(\boldsymbol{\theta}|\boldsymbol{x})\pi(\boldsymbol{\theta})\end{aligned} \tag{3.77}$$

其中，$l(\boldsymbol{\theta}|\boldsymbol{x})$ 为式(3.74)中定义的似然函数，$\pi(\boldsymbol{\theta})$ 为式(3.75)中定义的先验。为了计算 $\boldsymbol{\theta}_{\mathrm{MAP}}$ 的估计，我们需要得到先验 $\pi(\boldsymbol{\theta})$。

也就是说，式(3.77)的右边可以理解如下：

> 给定观测向量 $\boldsymbol{x}$，估计值 $\hat{\boldsymbol{\theta}}_{\mathrm{MAP}}$ 是在后验密度 $f_{\boldsymbol{\Theta}|X}(\boldsymbol{\theta}|\boldsymbol{x})$ 的自变量中使这个密度达到其最大值的参数向量 $\boldsymbol{\theta}$ 的那个特定值。

将 3.5 节中关于多元随机变量的讨论最后得到的结论进行推广，我们现在可以继续说，对于当前的问题而言，条件概率密度函数 $f_{\boldsymbol{\Theta}|X}(\boldsymbol{\theta}|\boldsymbol{x})$ 包含了给定观测向量 $\boldsymbol{x}$ 条件下，关于多维参数向量 $\boldsymbol{\theta}$ 的所有可能信息。认识到这个事实，使我们能够得到后面的重要结论，在图 3.14 中对于一维参数向量的简单情形进行了说明：

> 从没有其他估计能够估计得更好的意义上讲，未知参数向量 $\boldsymbol{\theta}$ 的最大后验估计值 $\hat{\boldsymbol{\theta}}_{\mathrm{MAP}}$ 是参数估计问题的全局最优解。

在将 $\hat{\boldsymbol{\theta}}_{\mathrm{MAP}}$ 作为 MAP 估计值时，我们在用词中做了稍微变化：实际上我们把 $f_{\boldsymbol{\Theta}|X}(\boldsymbol{\theta}|\boldsymbol{x})$ 称为后验密

度(a posteriori density)而不是 $\boldsymbol{\theta}$ 的后验密度(Posterior density)。我们做出这种微小变化，是为了与统计通信理论文献中经常采用的 MAP 术语保持一致。

在另一种被称为最大似然估计(Maximum likelihood estimation)的参数估计方法中，参数向量 $\boldsymbol{\theta}$ 是用下列公式估计的：

$$\hat{\boldsymbol{\theta}}_{\mathrm{ML}} = \arg\sup_{\boldsymbol{\theta}} l(\boldsymbol{\theta}|\boldsymbol{x}) \tag{3.78}$$

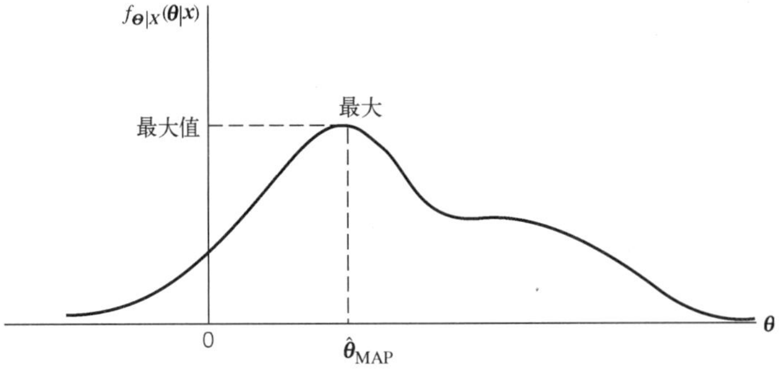

图 3.14 对一维参数空间情形下后验密度 $f_{\boldsymbol{\Theta}|\boldsymbol{X}}(\boldsymbol{\theta}|\boldsymbol{x})$ 的说明

也就是说，最大似然估计值 $\hat{\boldsymbol{\theta}}_{\mathrm{ML}}$ 是使条件分布 $f_{\boldsymbol{X}|\boldsymbol{\Theta}}(\boldsymbol{x}|\boldsymbol{\theta})$ 在观测向量 $\boldsymbol{x}$ 处最大的参数向量 $\boldsymbol{\theta}$ 的值。注意到这里给出的第二个估计忽略了先验 $\pi(\boldsymbol{\theta})$，因此属于贝叶斯类方法的边缘。然而，在关于统计通信理论的文献中，最大似然估计被广泛使用，主要是因为在忽略了先验 $\pi(\boldsymbol{\theta})$ 以后，其计算复杂度比最大后验估计的要求更低。

MAP 估计和 ML 估计确实具有共同的可能结果，即式(3.77)和式(3.78)的最大化可能会导致多个全局最大值。然而，它们在一个重要结果方面却是不同的：式(3.78)中标示的最大化不一定总是可能达到的，也就是说，用来完成最大化的方法可能会发散(Diverge)。为了解决这个困难，必须把参数空间的先验信息，比如分布 $\pi(\boldsymbol{\theta})$ 吸收到解中，以便使式(3.78)的解是稳定的，这样又回到了贝叶斯方法，即式(3.77)中的方法。在把贝叶斯方法用于统计建模和参数估计时，最关键的部分是如何选择先验 $\pi(\boldsymbol{\theta})$。贝叶斯方法也有可能会需要高维计算。因此，我们不能低估在应用贝叶斯方法时可能会面临的挑战，对此我们可以这样说：

从来没有免费的午餐：每次获取，都得付出代价。

例 7 加性噪声中的参数估计

考虑由 N 个标量观测组成的集合，定义为

$$x_i = \boldsymbol{\theta} + n_i, \qquad i = 1, 2, \cdots, N \tag{3.79}$$

其中，未知参数 $\boldsymbol{\theta}$ 取自于高斯分布 $\mathcal{N}(0, \sigma_{\theta}^2)$，即

$$f_{\Theta}(\boldsymbol{\theta}) = \frac{1}{\sqrt{2\pi}\,\sigma_{\theta}} \exp\left(-\frac{\boldsymbol{\theta}^2}{2\sigma_{\theta}^2}\right) \tag{3.80}$$

每个 n_i 都取自于另一个高斯分布 $\mathcal{N}(0, \sigma_n^2)$，即

$$f_{N_i}(n_i) = \frac{1}{\sqrt{2\pi}\,\sigma_n} \exp\left(-\frac{n_i^2}{2\sigma_n^2}\right), \qquad i = 1, 2, \cdots, N$$

假设随机变量 N_i 都是彼此独立的，并且也与 $\boldsymbol{\Theta}$ 独立。我们感兴趣的问题是寻找参数 $\boldsymbol{\theta}$ 的 MAP 估计值。

为了找到随机变量 X_i 的分布，利用 3.9 节中介绍的高斯分布的性质 2，根据该性质可知 X_i 也是均值为 $\boldsymbol{\theta}$、方差为 σ_n^2 的高斯分布。另外，由于根据假设 N_i 是独立的，因此 X_i 也是独立的。于是，利

用向量 $\boldsymbol{x}$ 表示 N 个观测，我们可以将 $\boldsymbol{x}$ 的观测密度表示为

$$\begin{aligned} f_{X|\boldsymbol{\Theta}}(\boldsymbol{x}|\boldsymbol{\theta}) &= \prod_{i=1}^{N}\frac{1}{\sqrt{2\pi}\sigma_n}\exp\left[-\frac{(x_i-\boldsymbol{\theta})^2}{2\sigma_n^2}\right] \\ &= \frac{1}{(\sqrt{2\pi}\sigma_n)^N}\exp\left[-\frac{1}{2\sigma_n^2}\sum_{i=1}^{N}(x_i-\boldsymbol{\theta})^2\right] \end{aligned} \tag{3.81}$$

问题是确定未知参数 $\boldsymbol{\theta}$ 的 MAP 估计值。

为了解决这个问题，我们需要知道后验密度 $f_{\boldsymbol{\Theta}|X}(\boldsymbol{\theta}|\boldsymbol{x})$。应用式(3.72)，我们写出

$$f_{\boldsymbol{\Theta}|X}(\boldsymbol{\theta}|\boldsymbol{x}) = c(\boldsymbol{x})\exp\left|-\frac{1}{2}\left(\frac{\boldsymbol{\theta}^2}{\sigma_{\boldsymbol{\theta}}^2}+\frac{\sum_{i=1}^{N}(x_i-\boldsymbol{\theta})^2}{\sigma_n^2}\right)\right| \tag{3.82}$$

其中，

$$c(\boldsymbol{x}) = \frac{\frac{1}{\sqrt{2\pi}\sigma_{\boldsymbol{\theta}}}\times\frac{1}{(\sqrt{2\pi}\sigma_n)^N}}{f_X(\boldsymbol{x})} \tag{3.83}$$

归一化因子 $c(\boldsymbol{x})$ 是独立于参数 $\boldsymbol{\theta}$ 的，因此与 $\boldsymbol{\theta}$ 的 MAP 无关。于是，我们只需要注意式(3.82)中的指数。

重新整理各项并完成式(3.82)的指数中的平方运算，再引入一个新的归一化因子 $c'(\boldsymbol{x})$ 以吸收关于 x_i^2 的所有项，我们得到

$$f_{\boldsymbol{\Theta}|X}(\boldsymbol{\theta}|\boldsymbol{x}) = c'(\boldsymbol{x})\exp\left\{-\frac{1}{2\sigma_p^2}\left(\frac{\sigma_n^2}{\sigma_{\boldsymbol{\theta}}^2+(\sigma_n^2/N)}\left(\frac{1}{N}\sum_{i=1}^{N}x_i\right)-\boldsymbol{\theta}\right)^2\right\} \tag{3.84}$$

其中

$$\sigma_p^2 = \frac{\sigma_{\boldsymbol{\theta}}^2\sigma_n^2}{N\sigma_{\boldsymbol{\theta}}^2+\sigma_n^2} \tag{3.85}$$

式(3.84)表明，未知参数 $\boldsymbol{\theta}$ 的后验密度是均值为 $\boldsymbol{\theta}$、方差为 σ_p^2 的高斯分布。因此，我们很容易找到 $\boldsymbol{\theta}$ 的 MAP 估计值为

$$\hat{\boldsymbol{\theta}}_{\text{MAP}} = \frac{\sigma_n^2}{\sigma_{\boldsymbol{\theta}}^2+(\sigma_n^2/N)}\left(\frac{1}{N}\sum_{i=1}^{N}x_i\right) \tag{3.86}$$

上式即为期望的结果。

考察式(3.84)，我们还发现 N 个观测值只通过 x_i 的求和进入到 $\boldsymbol{\theta}$ 的后验密度。因此，可知

$$t(\boldsymbol{x}) = \sum_{i=1}^{N}x_i \tag{3.87}$$

是本例的充分统计量。这个结论仅仅证实了式(3.84)和式(3.87)满足式(3.76)中关于充分统计量的条件。

3.13　假设检验

在 3.11 节中讨论的贝叶斯类方法主要关注两个基本问题：观测空间的预测建模和针对参数估计的统计分析。正如该节所指出的，这两个问题彼此是互为对偶的。在本节中，我们讨论贝叶斯类方法的另一个方面，主要针对假设检验(Hypothesis testing)[11]，这是数字通信的信号检测以及更多领域的基础。

二元假设

为了给假设检验学习创造条件，考虑图 3.15 中的模型。其中，二元数据源(Source of binary data)发送一个由 0 和 1 组成的序列，它们分别被记为假设 H_0和假设 H_1。这个信源(如数字通信发射机)后面是一个概率转换机制(Probabilistic transition mechanism)(如通信信道)。按照某种概率法则，转换机制产生一个观测向量(Observation vector)$\boldsymbol{x}$，它确定了观测空间中的一个特定点。

负责概率转换的机制对于观测者(如数字通信接收机)而言是隐藏起来的。给定观测向量 $\boldsymbol{x}$ 和表征转换机制的概率法则知识，观测者选择假设 H_0 或者 H_1 是正确的。假设必须做出判决(Decision)，观测者必须有一个对观测向量 $\boldsymbol{x}$ 的判决规则(Decision rule)，从而可以把观测空间 Z 分割为两个区域：Z_0对应于 H_0为真，而 Z_1则对应于 H_1为真。为了使问题简洁，在图 3.15 中没有显示出判决规则。

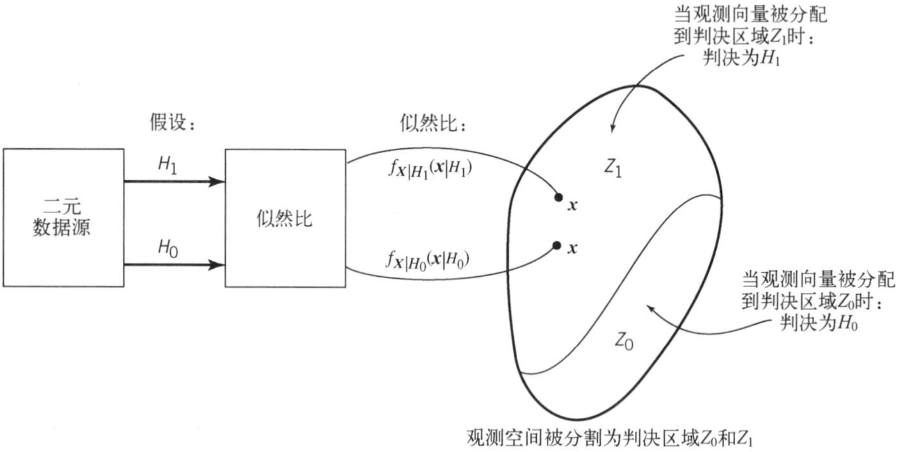

图 3.15　说明二元假设检验问题的框图

备注：按照似然比检验，下面的观测向量 $\boldsymbol{x}$ 被错误地分配到 Z_1空间中了。

比如，在数字通信系统中，信道扮演了概率转换机制的角色。某个有限维的观测空间对应于信道输出的全体。最后，接收机执行判决规则。

似然接收机

为了继续求解二元假设检验问题，我们引入下列概念：

1. $f_{X|H_0}(\boldsymbol{x}|H_0)$，它表示在假设 H_0为真的条件下，观测向量 $\boldsymbol{x}$ 的条件密度。
2. $f_{X|H_1}(\boldsymbol{x}|H_1)$，它表示在假设 H_1为真的条件下，观测向量 $\boldsymbol{x}$ 的条件密度。
3. π_0和 π_1分别表示假设 H_0和 H_1的先验。

在假设检验语境中，两个条件概率密度函数$f_{X|H_0}(\boldsymbol{x}|H_0)$和$f_{X|H_1}(\boldsymbol{x}|H_1)$被称为似然函数(Likelihood function)或者简称为似然(Likelihood)。

假设我们在转换机制的输出中执行一次测量，得到观测向量 $\boldsymbol{x}$。在处理 $\boldsymbol{x}$ 时，根据判决规则可能产生两类差错：

1. 第一类差错(Error of the first kind)。当假设 H_0为真，但判决规则做出有利于 H_1的判决，如图 3.15 所示，此时会出现第一类差错。
2. 第二类差错(Error of the second kind)。当假设 H_1为真，但判决规则做出有利于 H_0的判决，此时会出现第二类差错。

第一类差错的条件概率为

$$\int_{Z_1} f_{X|H_0}(\boldsymbol{x}|H_0)\,\mathrm{d}\boldsymbol{x}$$

其中，Z_1是对应于假设 H_1的观测空间部分。类似地，第二类差错的条件概率为

$$\int_{Z_0} f_{X|H_1}(\boldsymbol{x}|H_1)\,\mathrm{d}\boldsymbol{x}$$

根据定义，一个最优(Optimum)判决规则是使规定的代价函数(Cost function)最小化的规则。在数字通信中，一种合乎逻辑的代价函数的选择为平均误符号率(Average probability of symbol error)，在贝叶斯语境中，它被称为贝叶斯风险(Bayes risk)。于是，由于可能出现上面指出的两类差错，我们将二元假设检验问题的贝叶斯风险定义为

$$\mathcal{R} = \pi_0\int_{Z_1} f_{X|H_0}(\boldsymbol{x}|H_0)\,\mathrm{d}\boldsymbol{x} + \pi_1\int_{Z_0} f_{X|H_1}(\boldsymbol{x}|H_1)\,\mathrm{d}\boldsymbol{x} \tag{3.88}$$

其中，我们考虑了已知假设 H_0和 H_1会出现的先验概率。利用集合论语言，令不相交的子空间 Z_0和 Z_1的并集为

$$Z = Z_0 \cup Z_1 \tag{3.89}$$

然而，考虑到子空间 Z_1是子空间 Z_0关于总观测空间 Z 的补集，我们可以将式(3.88)重新写为下列等效形式

$$\begin{aligned}\mathcal{R} &= \pi_0\int_{Z-Z_0} f_{X|H_0}(\boldsymbol{x}|H_0)\,\mathrm{d}\boldsymbol{x} + \pi_1\int_{Z_0} f_{X|H_1}(\boldsymbol{x}|H_1)\,\mathrm{d}\boldsymbol{x}\\ &= \pi_0\int_{Z} f_{X|H_0}(\boldsymbol{x}|H_0)\,\mathrm{d}\boldsymbol{x} + \int_{Z_0}[\pi_1 f_{X|H_1}(\boldsymbol{x}|H_1) - \pi_0 f_{X|H_0}(\boldsymbol{x}|H_0)]\,\mathrm{d}\boldsymbol{x}\end{aligned} \tag{3.90}$$

其中，积分 $\int_Z f_{X|H_0}(\boldsymbol{x}|H_0)\,\mathrm{d}\boldsymbol{x}$ 表示在条件密度 $f_{X|H_0}(\boldsymbol{x}|H_0)$下的总体积，根据定义它等于 1。因此，我们可以将式(3.90)简化为

$$\mathcal{R} = \pi_0 + \int_{Z_0}[\pi_1 f_{X|H_1}(\boldsymbol{x}|H_1)\,\mathrm{d}\boldsymbol{x} - \pi_0 f_{X|H_0}(\boldsymbol{x}|H_0)]\,\mathrm{d}\boldsymbol{x} \tag{3.91}$$

式(3.91)右边的项 π_0表示一个固定的代价。积分项表示我们如何将观测向量 $\boldsymbol{x}$ 分配到 Z_0区域所控制的代价。注意到在方括号内的两项都是正的，因此为了使平均风险$\mathcal{R}$最小化，必须坚持下列行动计划：

为了让观测向量 $\boldsymbol{x}$ 被分配到 Z_0区域，需要使式(3.91)中的被积函数为负值。

根据这个结论，可知最优判决规则如下：

1. 如果

$$\pi_0 f_{X|H_0}(\boldsymbol{x}|H_0) > \pi_1 f_{X|H_1}(\boldsymbol{x}|H_1)$$

则观测向量 $\boldsymbol{x}$ 应该被分配到 Z_0，因为这两项对式(3.91)中的积分贡献了负的量。在这种情况下，我们说 H_0为真。

2. 另一方面，如果

$$\pi_0 f_{X|H_0}(\boldsymbol{x}|H_0) < \pi_1 f_{X|H_1}(\boldsymbol{x}|H_1)$$

则观测向量 $\boldsymbol{x}$ 应该被排除在 Z_0外面(即被分配到 Z_1)，因为这两项对式(3.91)中的积分贡献了正的量。在这种情况下，我们说 H_1为真。

当这两项相等时，显然积分对于平均风险$\mathcal{R}$没有影响。在这种情况下，观测向量 $\boldsymbol{x}$ 可以被任意分配给某个区域。

因此，将上述关于行动计划的第 1 点和第 2 点综合为一个判决规则，我们可以写为

$$\frac{f_{X|H_1}(\boldsymbol{x}|H_1)}{f_{X|H_0}(\boldsymbol{x}|H_0)} \underset{H_0}{\overset{H_1}{\gtrless}} \frac{\pi_0}{\pi_1} \tag{3.92}$$

式(3.92)左边取决于观测的量被称为似然比(Likelihood ratio)，它被定义为

$$\Lambda(\boldsymbol{x}) = \frac{f_{X|H_1}(\boldsymbol{x}|H_1)}{f_{X|H_0}(\boldsymbol{x}|H_0)} \tag{3.93}$$

根据这个定义，我们发现 $\Lambda(\boldsymbol{x})$ 是随机变量的两个函数之比，因此可知 $\Lambda(\boldsymbol{x})$ 自身也是一个随机变量。另外，它还是一个一维变量，无论观测向量 $\boldsymbol{x}$ 的维数是多少，这一点都会保持。更重要的是，似然比是一个充分统计量。

式(3.92)右边的标量，即

$$\eta = \frac{\pi_0}{\pi_1} \tag{3.94}$$

被称为检验门限(Threshold)。因此，使贝叶斯风险$\mathcal{R}$最小化导致似然比检验(Likelihood ratio test)，它可以用下列两个判决的组合形式来描述：

$$\Lambda(\boldsymbol{x}) \underset{H_0}{\overset{H_1}{\gtrless}} \eta \tag{3.95}$$

相应地，建立在式(3.93)至式(3.95)基础上的假设检验结构被称为似然接收机(Likelihood receiver)，如图3.16(a)中框图所示。这种接收机具有一种非常好的特点，即所有必要的数据处理都局限在似然比 $\Lambda(\boldsymbol{x})$ 的计算上。这个特点具有非常重要的实际意义：只需要通过给门限 η 分配一个合适的值，就可以调整我们关于先验 π_0 和 π_1 的知识。

众所周知，自然对数是其自变量的单调函数。并且式(3.95)中似然比检验的两边都是正值。因此，我们可以将这个检验表示为其对数(Logarithmic)形式，如下所示：

$$\ln\Lambda(\boldsymbol{x}) \underset{H_0}{\overset{H_1}{\gtrless}} \ln\eta \tag{3.96}$$

其中，ln 是自然对数的符号。式(3.96)可以得到等效的对数似然比接收机(Log-likelihood ratio receiver)，如图3.16(b)所示。

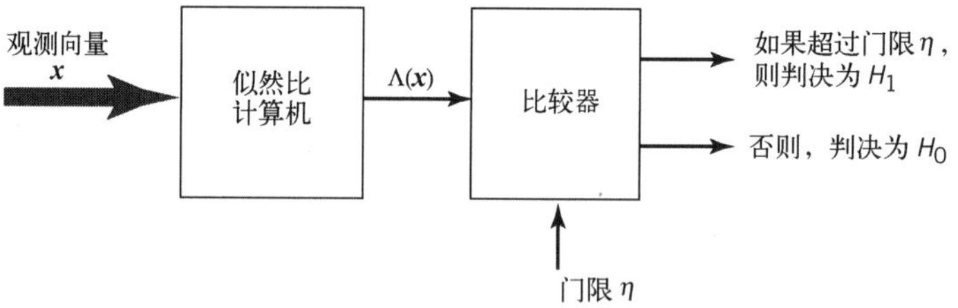

(a) 基于似然比 $\Lambda(\boldsymbol{x})$

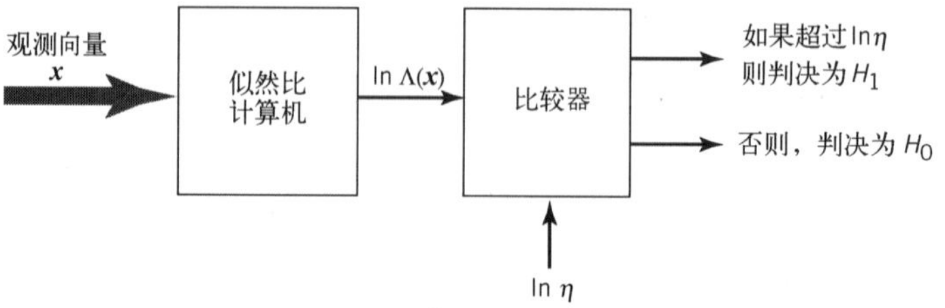

(b) 基于对数似然比 $\ln\Lambda(\boldsymbol{x})$

图 3.16 似然接收机的两种形式

例 8 二元假设检验

考虑一个二元假设检验问题，它由下列两个方程所描述：

$$\begin{aligned} &\text{假设检验 } H_1:\ x_i = m + n_i, \quad i = 1, 2, \cdots, N \\ &\text{假设检验 } H_0:\ x_i = n_i, \quad i = 1, 2, \cdots, N \end{aligned} \tag{3.97}$$

其中，m 项是一个只在假设 H_1 情况下才有的非零常数。同例 7 中一样，n_i 是相互独立的高斯随机变量 $\mathcal{N}(0,\sigma_n^2)$。要求用公式表示出本例中的似然比检验，以便得出判决规则。

按照例 7 中给出的讨论，在假设 H_1 情况下，我们有

$$f_{x_i|H_1}(x_i|H_1) = \frac{1}{\sqrt{2\pi}\sigma_n}\exp\left[-\frac{(x_i-m)^2}{2\sigma_n^2}\right] \tag{3.98}$$

同例 7 中一样，令向量 $\boldsymbol{x}$ 表示 N 个观测值 x_i 组成的集合，$i=1,2,\cdots,N$。然后，借助于 n_i 的独立性，我们可以将假设 H_1 情况下 x_i 的联合密度表示为

$$\begin{aligned} f_{X|H_1}(\boldsymbol{x}|H_1) &= \prod_{i=1}^{N}\frac{1}{\sqrt{2\pi}\sigma_n}\exp\left[-\frac{(x_i-m)^2}{2\sigma_n^2}\right] \\ &= \frac{1}{(\sqrt{2\pi}\sigma_n)^N}\exp\left[-\frac{1}{2\sigma_n^2}\sum_{i=1}^{N}(x_i-m)^2\right] \end{aligned} \tag{3.99}$$

在式(3.99)中令 m 等于零，我们可以得到假设 H_0 情况下 x_i 的相应的联合密度为

$$f_{X|H_0}(\boldsymbol{x}|H_0) = \frac{1}{(\sqrt{2\pi}\sigma_n)^N}\exp\left(-\frac{1}{2\sigma_n^2}\sum_{i=1}^{N}x_i^2\right) \tag{3.100}$$

于是，将式(3.99)和式(3.100)代入式(3.93)的似然比中，我们得到(消除公共项以后)

$$\Lambda(\boldsymbol{x}) = \exp\left(\frac{m}{\sigma_n^2}\sum_{i=1}^{N}x_i - \frac{Nm^2}{2\sigma_n^2}\right) \tag{3.101}$$

等效地，我们可以将似然比表示为其对数形式，即

$$\ln\Lambda(\boldsymbol{x}) = \frac{m}{\sigma_n^2}\sum_{i=1}^{N}x_i - \frac{Nm^2}{2\sigma_n^2} \tag{3.102}$$

在式(3.96)的对数似然比检验中利用式(3.102)，我们得到

$$\left(\frac{m}{\sigma_n^2}\sum_{i=1}^{N}x_i - \frac{Nm^2}{2\sigma_n^2}\right) \underset{H_0}{\overset{H_1}{\gtrless}} \ln\eta$$

将上述检验两边同时除以(m/σ_n^2)，并重新整理各项，最后写出

$$\sum_{i=1}^{N}x_i \underset{H_0}{\overset{H_1}{\gtrless}} \left(\frac{\sigma_n^2}{m}\ln\eta + \frac{Nm^2}{2}\right) \tag{3.103}$$

其中，门限 η 本身是由先验比即 π_0/π_1 来定义的。式(3.103)即为期望求解式(3.97)中的二元假设检验问题的判决规则公式。

最后还有一点需要说明。同例 7 中一样，N 次观测得到的 x_i 的求和，即

$$t(\boldsymbol{x}) = \sum_{i=1}^{N}x_i$$

是这里所讨论问题的充分统计量。我们之所以这样讲，是因为观测值进入似然比 $\Lambda(\boldsymbol{x})$ 的唯一途径只能体现在这个求和项中，参见式(3.101)。

多元假设

现在，我们已经理解了二元假设检验，因此可以考虑更一般的情形，即要解决 M 个可能的信源输出。同前面一样，假设必须根据观测向量 $\boldsymbol{x}$ 做出一个决策，判断 M 个可能的信源输出中哪一个是真正被发送的。

为了理解如何构造一个判决规则来检验多元假设，首先考虑 $M=3$ 的情况，然后再将结果进行推广。并且在推导判决规则公式时，将运用概率推理(Probabilistic reasoning)方法，它是建立在二元假设检验方法基础上的。然而，在此背景下，我们发现采用似然函数而不是似然比会更加方便。

于是，在继续讨论以前，首先假设对概率转换机制的输出做了一次测量，得到观测向量 $\boldsymbol{x}$。我们利用这个观测向量和表征转换机制的概率法则知识来构造出三个似然函数，每个分别对应于三种可能假设之一。为了阐释我们的设想，进一步假设在用公式表示三种可能的概率不等式时，每一个不等式都对应于其各自的推理，我们得到下列三个结果：

1. $\pi_1 f_{X|H_1}(\boldsymbol{x}|H_1)<\pi_0 f_{X|H_0}(\boldsymbol{x}|H_0)$
   根据这个不等式，我们推断假设 H_0 或者 H_2 为真。
2. $\pi_2 f_{X|H_2}(\boldsymbol{x}|H_2)<\pi_0 f_{X|H_0}(\boldsymbol{x}|H_0)$
   根据这个不等式，我们推断假设 H_0 或者 H_1 为真。
3. $\pi_2 f_{X|H_2}(\boldsymbol{x}|H_2)<\pi_1 f_{X|H_1}(\boldsymbol{x}|H_1)$
   根据这个不等式，我们推断假设 H_1 或者 H_0 为真。

考察 $M=3$ 的上述三种可能结果，我们立即发现假设 H_0 是唯一一个在三种推断中都出现的。因此，对于这里的具体情形，判决规则应该判决假设 H_0 为真。此外，对假设 H_1 和 H_2 做出类似的结论也是很简单的事情。这里描述的得到检验的基本原理是我们设想的概率推理的一个例子：利用多个推理来得到一个特定的判决。

对于一个等效检验，可以将前面第 1 种、第 2 种和第 3 种情况下的每个不等式的两边都除以证据 $f_X(\boldsymbol{x})$。令 H_i 表示这三种假设，其中 $i=1,2,3$。于是，我们可以根据联合概率密度函数的定义写出

$$\begin{aligned}\frac{\pi_i f_{X|H_i}(\boldsymbol{x}|H_i)}{f_X(\boldsymbol{x})} &= \frac{\mathbb{P}(H_i)f_{X|H_i}(\boldsymbol{x}|H_i)}{f_X(\boldsymbol{x})}\ , \quad \text{其中 } \mathbb{P}(H_i)=p_i \\ &= \frac{\mathbb{P}(H_i,\boldsymbol{x})}{f_X(\boldsymbol{x})} \\ &= \frac{\mathbb{P}[H_i|\boldsymbol{x}]f_X(\boldsymbol{x})}{f_X(\boldsymbol{x})} \\ &= \mathbb{P}[H_i|\boldsymbol{x}]\ , \quad i=0,1,\cdots,M-1\end{aligned} \tag{3.104}$$

因此，认识到条件概率 $\mathbb{P}[H_i|\boldsymbol{x}]$ 实际上是在接收到观测向量 $\boldsymbol{x}$ 以后假设 H_i 的后验概率，我们可以继续将等效检验推广到 M 个可能的信源输出情况，具体如下：

在一个多元假设检验中，给定观测向量 $\boldsymbol{x}$，通过选择使后验概率 $\mathbb{P}[H_i|\boldsymbol{x}]$ 具有最大值的假设 H_i，其中 $i=0,1,\cdots,M-1$，可以使平均差错概率达到最小化。

基于上述判决规则的处理器通常被称为 MAP 概率计算机(MAP probability computer)。正是根据这个一般的假设检验规则，我们才在前面针对第 1 种、第 2 种和第 3 种情况做出了假设。

3.14 复合假设检验

在整个 3.13 节给出的讨论中，考虑的假设全部都是简单的(Simple)，因为每个假设的概率密度函数都是完全确定的。然而在实际上，经常发现由于概率转换机制中存在缺陷，导致一个或者多个概率密度函数不是简单的。在这种情况下，假设被称为是复合的(Composite)。

作为一个说明性的例子，让我们重新回顾例 8 中考虑的二元假设检验问题。但是，这次我们将假设 H_1 条件下观测 x_i 的均值 m 不再视为一个常数，而是作为在某个区间 $[m_a, m_b]$ 内的变量。于是，如果采用式(3.93)中针对简单二元假设检验的似然比检验，将会发现似然比 $\Lambda(x_i)$ 包含了未知的均值 m。因此我们不能计算出 $\Lambda(x_i)$，所以不能应用简单的似然比检验。

从这个说明性例子中得到的信息是，必须对似然比检验进行修改，以使之能够应用于复合假设问题。为此，考虑图 3.17 中画出的模型，它与简单情况下的图 3.15 相似，只是存在一个区别：现在的转换机制由条件概率密度函数 $f_{X|\boldsymbol{\Theta},H_i}(\boldsymbol{x}|\boldsymbol{\theta},H_i)$ 来表征，其中 $\boldsymbol{\theta}$ 是未知参数向量 $\boldsymbol{\Theta}$ 的一个实现，$i=0,1$。正是因为对 $\boldsymbol{\theta}$ 的条件依赖性使假设 H_0 和 H_1 成为复合类型。与图 3.15 中的简单模型不同的是，我们现在有两个空间需要处理：一个观测空间和一个参数空间。假设未知参数向量 $\boldsymbol{\Theta}$ 的条件概率密度函数即 $f_{\boldsymbol{\Theta}|H_i}(\boldsymbol{\theta},\boldsymbol{H}_i)$ 是已知的，其中 $i=0,1$。

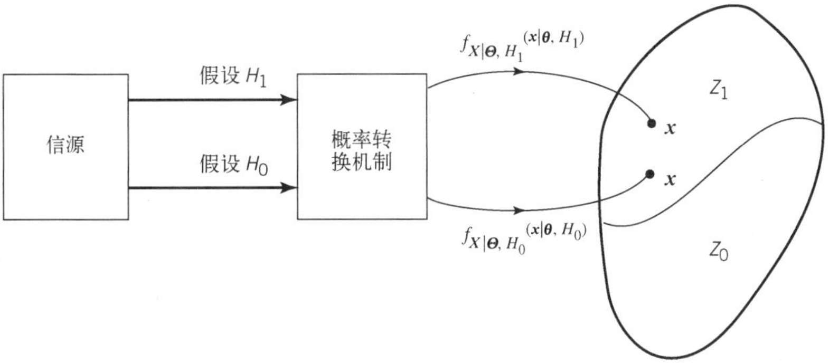

图 3.17 二元情形下的复合假设检验模型

为了用公式表示出图 3.17 中模型描述的复合假设的似然比，我们需要似然函数 $f_{X|H_i}(\boldsymbol{x}|H_i)$，其中 $i=1,2$。通过在 $\boldsymbol{\theta}$ 上求积分，可以将复合假设检验问题简化为一个简单假设检验问题，从而满足这种要求，具体如下所示：

$$f_{X|H_i}(\boldsymbol{x}|H_i) = \int_{\boldsymbol{\Theta}} f_{X|\boldsymbol{\Theta},H_i}(\boldsymbol{x}|\boldsymbol{\theta},H_i) f_{\boldsymbol{\Theta}|H_i}(\boldsymbol{\theta}|H_i)\,\mathrm{d}\boldsymbol{\theta} \tag{3.105}$$

计算上式必须已知在给定 H_i 的条件下 $\boldsymbol{\theta}$ 的条件概率密度函数，其中 $i=1,2$。根据这种要求，现在可以用公式将复合假设的似然比表示为

$$\Lambda(\boldsymbol{x}) = \frac{\int_{\boldsymbol{\Theta}} f_{X|\boldsymbol{\Theta},H_1}(\boldsymbol{x}|\boldsymbol{\theta},H_1) f_{\boldsymbol{\Theta}|H_1}(\boldsymbol{\theta}|H_1)\,\mathrm{d}\boldsymbol{\theta}}{\int_{\boldsymbol{\Theta}} f_{X|\boldsymbol{\Theta},H_0}(\boldsymbol{x}|\boldsymbol{\theta},H_0) f_{\boldsymbol{\Theta}|H_0}(\boldsymbol{\theta}|H_0)\,\mathrm{d}\boldsymbol{\theta}} \tag{3.106}$$

于是，我们可以将式(3.95)中描述的似然比检验推广应用到复合假设中。

从上面的讨论来看，显然复合假设的假设检验的计算要求比简单假设的更高。在第 7 章中，给出了复合假设检验在非相干检测中的应用，其中考虑了接收信号中包含的相位信息。

3.15 小结与讨论

本章给出的关于概率论的内容是学习通信系统的另一个数学支柱。这里强调的是如何处理不确定性(Uncertainty)的问题，这是以一种或者另一种形式表现的每个通信系统都具有的自然特征。通常情况下，不确定性会对连接通信系统发射机与接收机的信道的行为产生影响。不确定性的来源包括内部或者外部产生的噪声，以及来自其他发射机的干扰。

在本章中，重点是讨论概率建模问题，在此背景下我们讨论了以下内容：

1. 首先介绍了集合论，然后给出了概率论的三个公理。这些内容为计算感兴趣事件的概率和条件概率奠定了基础。当实验结果中具有部分信息时，条件概率允许我们在概率意义上进行推理，因此使我们对随机实验的理解更加丰富。
2. 讨论了随机变量概念，它为用公式表示出随机实验的概率模型提供了自然工具。特别地，我们采用累积分布函数和概率密度函数表征了连续随机变量，概率密度函数包含了关于随机变

量的所有可能的信息。通过关注随机变量的均值，我们研究了期望算子或者平均算子，它在概率论中占据着重要位置。均值和方差为随机变量提供了弱特征描述。我们还介绍了特征函数，并将其作为描述随机变量统计量的另一种方法。尽管本章前半部分的大多数内容主要针对的是连续随机变量，我们还通过介绍概率质量函数(这是离散随机变量唯一具有的)概念，以及体现这两类随机变量的类似推导过程和概念来对离散随机变量的一些重要方面进行了强调。

3. 在表 3.2 中，对某些重要随机变量的概率描述分两个标题进行了总结：离散随机变量和连续随机变量。除了 Rayleigh 随机变量，这些随机变量都在本书中进行了讨论，或者作为章末习题给出来了。第 4 章对 Rayleigh 随机变量进行了讨论。附录 A 给出了一些超出表 3.2 中内容的高等概率模型。
4. 我们还讨论了一对随机变量的特征，并且介绍了协方差和相关以及随机变量的独立性等基本概念。
5. 详细描述了高斯分布并对其重要性质进行了讨论。高斯随机变量在通信系统的学习中具有重要作用。

本章第二部分主要针对贝叶斯类方法，其中可能采取下列两种形式之一进行推理：

- 概率建模，其目的是发展一种模型来描述观测空间的物理行为。
- 统计分析，其目的则与概率建模相反。

从基本意义上讲，统计分析比概率建模更加重要，因此本章重点对其进行了介绍。

表 3.2　一些重要的随机变量

离散随机变量	
1. Bernoulli 分布	$p_X(x) = \begin{cases} 1-p, & x=0 \\ p, & x=1 \\ 0, & \text{其他} \end{cases}$ $\mathbb{E}[X] = p$ $\text{var}[X] = p(1-p)$
2. Poisson 分布	$p_X(k) = \frac{\lambda^k}{k!}\exp(-\lambda), \quad k = 0, 1, 2, \cdots$ 和 $\lambda > 0$ $\mathbb{E}[X] = \lambda$ $\text{var}[X] = \lambda$
连续随机变量	
1. 均匀分布	$f_X(x) = \frac{1}{b-a}, \quad a \leqslant x \leqslant b$ $\mathbb{E}[X] = \frac{1}{2}(a+b)$ $\text{var}[X] = \frac{1}{12}(b-a)^2$
2. 指数分布	$f_X(x) = \lambda\exp(-\lambda x), \quad x \geqslant 0$ 和 $\lambda > 0$ $\mathbb{E}[X] = 1/\lambda$ $\text{var}[X^2] = 1/\lambda^2$

（续表）

连续随机变量	
3. Gaussian 分布	$f_X(x) = \frac{1}{\sqrt{2\pi}\sigma}\exp[-(x-\mu)^2/2\sigma^2], \quad -\infty < x < \infty$ $\mathbb{E}[X] = \mu$ $\mathrm{var}[X] = \sigma^2$
4. Rayleigh 分布	$f_X(x) = \frac{x}{\sigma^2}\exp(-x^2/2\sigma^2), \quad x \geqslant 0$ 和 $\sigma > 0$ $\mathbb{E}[X] = \sigma\sqrt{\pi/2}$ $\mathrm{var}[X] = \left(2-\frac{\pi}{2}\right)\sigma^2$
5. Laplacian 分布	$f_X(x) = \frac{\lambda}{2}\exp(-\lambda\lvert x\rvert), \quad -\infty < x < \infty$ 和 $\lambda > 0$ $\mathbb{E}[X] = 0$ $\mathrm{var}[X] = 2/\lambda^2$

在统计分析背景下，从数字通信的观点来看，我们讨论了以下内容：

1. 参数估计要求在给定观测向量条件下对一个未知参数进行估计，其中包括：
   - 最大后验(MAP)法则，它需要先验信息。
   - 最大似然(ML)方法，它不需要先验信息，因此属于贝叶斯类方法的边缘。
2. 假设检验对于其中一种简单却非常重要的情形，我们有两个假设需要处理，即 H_1 和 H_0。在这种情况下，要求在给定观测向量条件下，做出对假设 H_1 或者假设 H_0 有利的最优判决。似然比检验在这里起到了关键作用。

总之，概率论的内容对于第 4 章中学习随机过程奠定了基础。另一方面，关于贝叶斯推理的内容也在第 7 章至第 9 章中以一种或另一种形式发挥了重要作用。

习题

集合论

3.1 利用文氏图，证明 3.1 节中指出的(其中没有给出证明)集合代数的下列 5 个性质：

(a) 幂等性

(b) 交换性

(c) 结合性

(d) 分配性

(e) 德・摩根定律

3.2 令 A 和 B 表示两个不同的集合。证明下列三个等式：

(a) $A^c = (A^c \cap B) \cup (A^c \cap B^c)$

(b) $B^c = (A \cap B^c) \cup (A^c \cap B^c)$

(c) $(A \cap B)^c = (A^c \cap B) \cup (A^c \cap B^c) \cup (A \cap B^c)$

概率论

3.3 利用表 3.2 中的 Bernoulli 分布，设计一个实验，独立地抛掷三次硬币。不管抛掷结果是正面还是反面，每次抛掷结果的概率都是以前面的抛掷结果为条件的。画出抛掷结果的连续变化情况。

3.4 利用贝叶斯法则，将给定事件 A_i 情况下事件 B 的条件概率转化为给定事件 B 情况下事件 A_i 的条件概率，其中 $i=1,2,\cdots,N$。

3.5 利用一个离散无记忆信道传输二进制数据。由于信道被设计来处理离散消息，所以它是离散的，并且由于在任意时刻点的信道输出都只取决于该时刻的信道输入，所以它是无记忆的。由于信道中不可避免地存在噪声，因此在接收到的二进制数据流中会出现差错。又因为在发送符号 0 时接收到符号 1 的概率等于发送符号 1 时接收到符号 0 的概率，所以信道也是对称的。发送端在信道上以概率 p_0 发送 0，以概率 p_1 发送 1。接收端偶尔会以概率 p 做出随机的判决错误，也就是说，当信道上发送符号 0 时，接收端做出支持符号 1 的判决，反之亦然。

参考图 P3.5，确定下列后验概率：

(a) 假设符号 B_0 被接收到的情况下发送符号 A_0 的条件概率。

(b) 假设符号 B_1 被接收到的情况下发送符号 A_1 的条件概率。

提示：推导出接收到事件 B_0 的概率表达式，同样地也推导出接收到事件 B_1 的概率表达式。

3.6 令 $B_1,B_2,\cdots,B_n$ 表示一组联合事件，它的并集等于样本空间 S，假设对所有 i，都有 $\mathbb{P}[B_i]>0$。令 A 为样本空间 S 中的任意事件。

(a) 证明

$$A = (A\cap B_1)\cup(A\cap B_2)\cup \cdots \cup(A\cap B_n)$$

(b) 全概率定理(Total probability theorem)指出

$$\mathbb{P}[A] = \mathbb{P}[A|B_1]\mathbb{P}[B_1]+\mathbb{P}[A|B_2]\mathbb{P}[B_2]+\cdots+\mathbb{P}[A|B_n]\mathbb{P}[B_n]$$

当对于所有 i，条件概率 $\mathbb{P}[A|B_i]$ 是已知的或者很容易得到时，这个定理对于寻找事件 B 的概率是非常有用的。证明这个定理。

3.7 图 P3.7 画出了一个计算机网络的连接图，它沿着不同的可能路径将节点 A 连接(Connect)到节点 B。图中加上标记的分支显示了在网络中该链接(Link)接通的概率，比如 0.8 表示从节点 A 到中间节点 C 之间的链接接通的概率，其他链接也是如此。假设网络中连接失败是彼此独立的。

(a) 当网络中所有链接都接通时，寻找有一条路径将节点 A 连接到节点 B 的概率。

(b) 在网络中连接完全失败，即没有从节点 A 到节点 B 的连接的概率是多少？

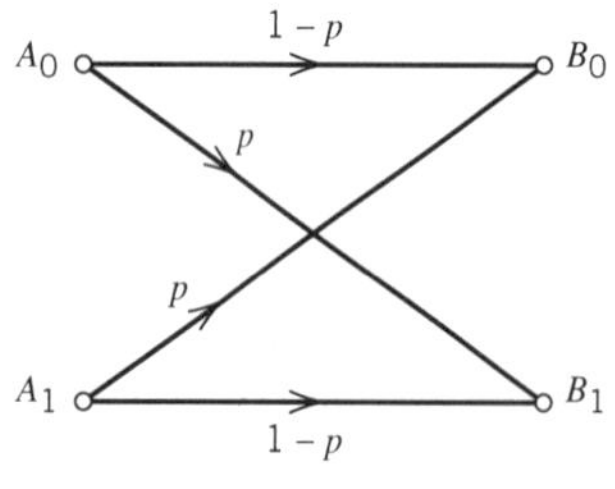

图 P3.5

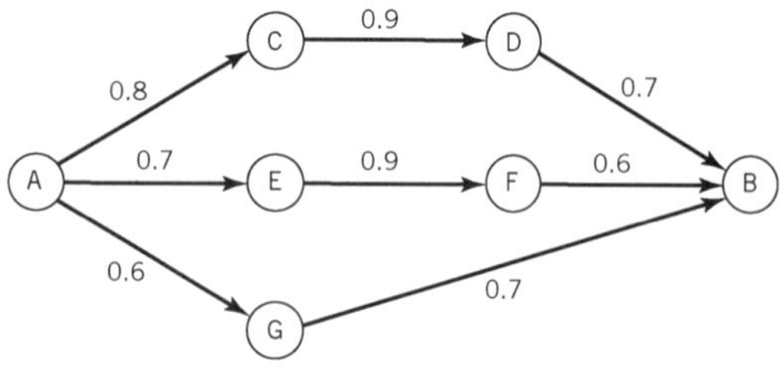

图 P3.7

分布函数

3.8 一个连续随机变量 X 的概率密度函数被定义为

$$f_X(x) = \begin{cases} \dfrac{c}{\sqrt{x}}, & 0\leqslant x\leqslant 1 \\ 0, & \text{其他} \end{cases}$$

当 x 趋近于零时，上述函数将变为无穷大，尽管存在这个事实，它也有资格成为一个合法的概率密度函数。寻找标量 c 的值使这个条件得到满足。

3.9 两个随机变量 X 和 Y 的联合概率密度函数被定义为下列二维均匀分布(Two-dimensional uniform distribution)：

$$f_{X,Y}(x,y)=\begin{cases}c, & a\leqslant x\leqslant b \text{ 和 } a\leqslant y\leqslant b\\ 0, & \text{其他}\end{cases}$$

寻找标量 c 使 $f_{X,Y}(x,y)$ 满足二维概率密度函数的归一化性质。

3.10 在表 3.2 中，一个 Rayleigh 随机变量的概率密度函数被定义为

$$f_X(x)=\frac{x}{\sigma^2}\exp\left(-\frac{x^2}{2\sigma^2}\right),\quad x\geqslant 0 \text{ 和 } \sigma>0$$

(a) 证明 X 的均值为

$$\mathbb{E}[X]=\sigma\sqrt{\frac{\pi}{2}}$$

(b) 利用(a)中的结果，证明 X 的方差为

$$\text{var}[X]=\left(2-\frac{\pi}{2}\right)\sigma^2$$

(c) 利用(a)和(b)中的结果，确定出 Rayleigh 累积分布函数。

3.11 一个指数分布的随机变量 X 的概率密度函数被定义为

$$f_X(x)=\begin{cases}\lambda\exp(-\lambda x), & 0\leqslant x\leqslant\infty\\ 0, & \text{其他}\end{cases}$$

其中，λ 是一个正的参数。

(a) 证明 $f_X(x)$ 是一个合理的概率密度函数。

(b) 确定 X 的累积分布函数。

3.12 考虑下列单边条件指数分布

$$f_X(x|\lambda)=\begin{cases}\dfrac{\lambda}{Z(\lambda)}\exp(-\lambda x), & 1\leqslant x\leqslant 20\\ 0, & \text{其他}\end{cases}$$

其中，$\lambda>0$ 且 $Z(\lambda)$ 是归一化常数，它使 $f_X(x|\lambda)$ 下的面积等于 1。

(a) 确定出归一化常数 $Z(\lambda)$。

(b) 给定 x 的 N 个独立值，即 $x_1,x_2,\cdots,x_N$，利用贝叶斯法则推导出给定这个数据集的情况下参数 λ 的条件概率密度函数公式。

期望算子

3.13 在 3.6 节中，我们描述了期望算子 $\mathbb{E}$ 的两种性质，一种是线性性质，另一种是统计独立性质。在本题中，我们讨论期望算子的另外两个重要性质。

(a) 比例性质：证明

$$\mathbb{E}(ax)=a\mathbb{E}[X]$$

其中，a 是一个常数比例因子。

(b) 条件期望的线性性质：证明

$$\mathbb{E}[X_1+X_2|Y]=\mathbb{E}[X_1|Y]+\mathbb{E}[X_2|Y]$$

3.14 通过建立在下面两个表达式基础上，证明式(3.41)中的期望值法则：

(a) $g(x)=\max[g(x),0]-\max[-g(x),0]$。

(b) 只要 $\max[g(x),0]>a$，则对于任意 $a\geqslant 0$，都有 $g(x)>a$。

3.15 令 X 是概率质量函数为 $p_X(x)$ 的离散随机变量，并且 $g(X)$ 是随机变量 X 的函数。证明下列法则：

$$\mathbb{E}[g(X)]=\sum_x g(x)p_X(x)$$

其中，求和是在 X 的所有可能的离散值上得到的。

3.16 继续采用式(3.23)中的 Bernoulli 随机变量 X，求出 X 的均值和方差。

3.17 Poisson 随机变量(Poisson random variable)X 的概率质量函数被定义为

$$p_X(k) = \frac{1}{k!}\lambda^k \exp(-\lambda), \qquad k = 0, 1, 2, \cdots \text{ 和 } \lambda > 0$$

求出 X 的均值和方差。

3.18 求出习题 3.11 中指数分布随机变量 X 的均值和方差。

3.19 在表 3.2 中的 Laplacian 随机变量(Laplacian random variable)X 的概率密度函数被定义为

$$f_X(x) = \begin{cases} \frac{1}{2}\lambda \exp(-\lambda x), & x \geqslant 0 \\ \frac{1}{2}\lambda \exp(\lambda x), & x < 0 \end{cases}$$

其中参数 $\lambda>0$。求出 X 的均值和方差。

3.20 在例 5 中，我们利用特征函数 $\Phi(\mathrm{j}\nu)$ 来计算指数分布随机变量 X 的均值。现在继续讨论这里的例子，计算 X 的方差，并且将结果与习题 3.18 中求出的结果进行核对。

3.21 连续随机变量 X 的特征函数被记为 $\Phi(\nu)$，它具有下面的一些重要性质：

(a) 随机变量 X 的变换形式，即 $aX+b$ 的特征函数为

$$\mathbb{E}[\exp(\mathrm{j}\nu(aX+b))] = \exp(\mathrm{j}b\nu)\cdot \Phi_X(a\nu)$$

其中，a 和 b 都是常数。

(b) 当且仅当随机变量 X 的分布函数 $F_X(x)$ 是对称的时，特征函数 $\Phi(\nu)$ 是实值的。

证明上面两个性质是正确的，并且通过习题 3.19 中描述的双边指数分布来说明性质(b)是满足的。

3.22 令 X 和 Y 是两个连续随机变量。全期望定理(Total expectation theorem)的一种形式为

$$\mathbb{E}[X] = \int_{-\infty}^{\infty} \mathbb{E}[X|Y=y] f_Y(y)\,\mathrm{d}y$$

证明这个定理。

不等式和定理

3.23 令 X 是一个只能取非负值的连续随机变量。马尔可夫不等式(Markov inequality)指出

$$\mathbb{P}[X \geqslant a] \leqslant \frac{1}{a}\mathbb{E}[X], \qquad a > 0$$

证明这个不等式。

3.24 在式(3.46)中，我们给出了 Chebyshev 不等式但没有给出证明。证明这个不等式。

提示：考虑概率 $\mathbb{P}[(X-\mu)^2 \geqslant \varepsilon^2]$，然后应用习题 3.23 中的马尔可夫不等式，取 $a=\varepsilon^2$。

3.25 考虑一个均值为 μ、方差为 σ^2 的独立同分布随机变量序列 $X_1, X_2, \cdots, X_n$。这个序列的取样平均被定义为

$$M_n = \frac{1}{n}\sum_{i=1}^{n} X_i$$

弱大数定律(Weak law of large number)指出

$$\lim_{n\to\infty} \mathbb{P}[|M_n - \mu| < \varepsilon] = 0, \qquad \varepsilon > 0$$

证明这个定律。

提示：利用 Chebyshev 不等式。

3.26 令事件 A 表示随机实验的一个可能结果。假设在 n 次独立实验中，事件 A 发生了 n_A 次。比值

$$M_n = \frac{n_A}{n}$$

被称为事件 A 的相对频率(Relative frequency)或者经验频率(Empirical frequency)。令 $p=\mathbb{P}[A]$ 表示事件 A 的概率。对于大的 n 值，如果相对频率 M_n 很有可能小于 ε/p，则这个实验被称为表现出“统计规则性”。利用习题 3.25 中的弱大数定律证明这个结论。

高斯分布

3.27 在关于加性高斯白噪声（AWGN）信道上传输信号的文献中，利用下列余误差函数（Complementary error function）导出概率误差的计算公式

$$\mathrm{erfc}(x) = 1-\frac{1}{\sqrt{\pi}}\int_0^x \exp(-t^2)\,\mathrm{d}t$$

证明 $\mathrm{erfc}(x)$ 与 Q 函数的关系为

（a）$Q(x)=\dfrac{1}{2}\mathrm{erfc}\left(\dfrac{x}{\sqrt{2}}\right)$

（b）$\mathrm{erfc}(x)=2Q(\sqrt{2}x)$

3.28 式(3.58)定义了高斯随机变量 X 的概率密度函数。证明该函数下的面积等于 1，它与式(3.59)中描述的归一化性质是一致的。

3.29 继续讨论习题 3.28，证明 3.8 节中给出的高斯分布的 4 个性质。

3.30 （a）证明均值为 μ_X、方差为 σ_X^2 的高斯随机变量 X 的特征函数为

$$\phi_X(\nu) = \exp\left(\mathrm{j}\nu\mu_X-\frac{1}{2}\nu^2\sigma_X^2\right)$$

（b）利用(a)中的结果，证明这个高斯随机变量的 n 阶中心矩为

$$\mathbb{E}[(X-\mu_X)^n] = \begin{cases}1\times 3\times 5\cdots(n-1)\sigma_X^n, & n\ \text{为偶数}\\ 0, & n\ \text{为奇数}\end{cases}$$

3.31 将一个零均值、方差为 σ_X^2 的高斯分布随机变量 X 采用一个分段线性检波器进行变换，其输入输出关系（参见图 P3.31）如下：

$$Y = \begin{cases}X, & X\geqslant 0\\ 0, & X<0\end{cases}$$

新的随机变量 Y 的概率密度函数被描述为

$$f_Y(y) = \begin{cases}0, & y<0\\ k\delta(y), & y=0\\ \dfrac{1}{\sqrt{2\pi}\sigma_X}\exp\left(-\dfrac{y^2}{2\sigma_X^2}\right), & y>0\end{cases}$$

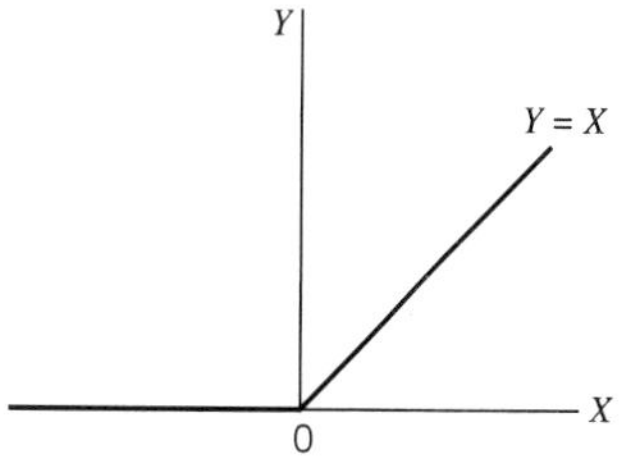

图 P3.31

（a）解释结果为上述函数形式的物理原因。

（b）确定出对 δ 函数 $\delta(y)$ 加权的常数 k 的值。

3.32 在 3.9 节中，我们阐述了式(3.71)中体现的中心极限定理。证明这个定理。

贝叶斯推理

3.33 证明 3.11 节给出的似然原理。

3.34 在本习题中，我们讨论一种估计随机变量均值的方法，这种方法在 3.6 节中给出来了。考虑一个具有未知均值 μ_X 和单位方差的高斯分布变量 X。均值 μ_X 自身也是一个在区间 $[a,b]$ 上均匀分布的随机变量。为了得到估计，我们有随机变量 X 的 N 个独立观测值。证明式(3.36)中估计子的正确性。

3.35 在本习题中，我们讨论具有零均值的高斯分布随机变量 X 的标准差 σ 的估计问题。标准差自身是在区间 $[\sigma_1,\sigma_2]$ 上均匀分布的随机变量。为了得到估计，我们有随机变量 X 的 N 个独立观测值，即 $x_1,x_2,\cdots,x_N$。

（a）利用 MAP 原则推导出估计子 $\hat{\sigma}$ 的公式。

（b）利用最大似然准则重新估计。

（c）对(a)和(b)得到的结果进行评价。

3.36 在一个噪声信道上传输二进制符号 X。具体而言，以概率 p 传输符号 $X=1$，而以概率$(1-p)$传输符号 $X=0$。在信道输出端的接收信号被定义为

$$Y=X+N$$

随机变量 N 代表信道噪声，被建模为一个零均值、单位方差的高斯分布随机变量。随机变量 X 和 N 是相互独立的。

(a) 描述当 y 从$-\infty$ 增大到$+\infty$ 时，条件概率 $\mathbb{P}[X=0|Y=y]$是如何变化的。

(b) 对于条件概率 $\mathbb{P}[X=1|Y=y]$，重复上题。

3.37 考虑一个关于 Poisson 分布的实验，其参数 λ 是未知的。假设 λ 的分布服从下列指数规律：

$$f_n(\lambda)=\begin{cases} a\exp(-a\lambda), & \lambda\geqslant 0 \\ 0, & \text{其他} \end{cases}$$

其中，$a>0$，证明参数 λ 的 MAP 估计值为

$$\hat{\lambda}_{\text{MAP}}(k)=\frac{k}{1+a}$$

其中，k 是在观测中用到的事件个数。

3.38 在本习题中，我们研究利用分析论据来证明 MAP 估计对于一维参数向量这种简单情形是最优的。

定义估计误差为

$$e_{\boldsymbol{\theta}}(\boldsymbol{x})=\boldsymbol{\theta}-\hat{\boldsymbol{\theta}}(\boldsymbol{x})$$

其中，$\boldsymbol{\theta}$ 是未知参数值，$\hat{\boldsymbol{\theta}}(\boldsymbol{x})$是需要最优化的估计子，$\boldsymbol{x}$ 是观测向量。图 P3.38 画出了一个针对本题的均匀代价函数 $C(e)$，只有当估计误差 $e_{\boldsymbol{\theta}}(\boldsymbol{x})$的绝对值小于或者等于 $\Delta/2$ 时，代价才为零。

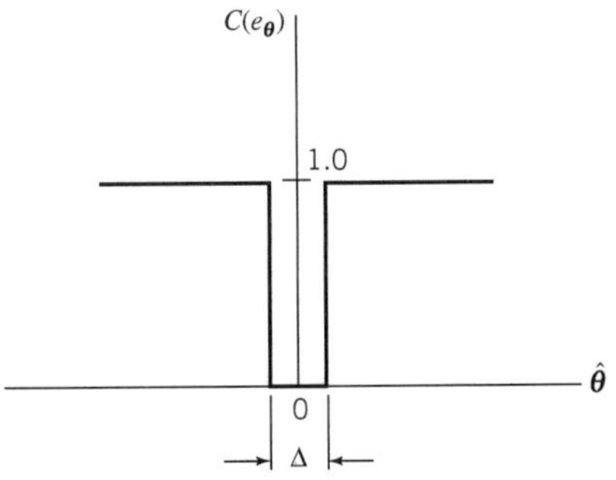

图 P3.38

(a) 用公式表示出这个参数估计问题的贝叶斯风险$\mathcal{R}$，计算联合概率密度函数$f_{A,X}(\theta,\boldsymbol{x})$。

(b) 然后，通过使风险关于$\hat{\boldsymbol{\theta}}_{\text{MAP}}$最小化来确定出 MAP 估计值$\hat{\boldsymbol{\theta}}(\boldsymbol{x})$。在最小化过程中，假设 Δ 是一个任意小的非零数。

3.39 在本习题中，我们将简单二元假设的似然比检验进行推广，包括在判决过程中产生的代价。令 C_{ij}表示当假设 H_j为真，判决为假设 H_i所付出的代价。由此证明式(3.95)中的似然比检验仍然有效，只是需要将检验门限定义为

$$\eta=\frac{\pi_0(C_{10}-C_{00})}{\pi_1(C_{01}-C_{11})}$$

3.40 考虑一个二元假设检验过程，其中两个假设 H_0和 H_1是由不同的 Poisson 分布描述的，它们分别由参数 λ_0和 λ_1所表征。k 是观测中用到的事件个数，它取决于 H_0或者 H_1中哪一个为真。具体而言，对于这两个假设，概率质量函数被定义为

$$p_{X_i}(k)=\frac{(\lambda_i)^k}{k!}\exp(-\lambda_i),\qquad k=0,1,2,\cdots$$

其中，在假设 H_0情况下 $i=0$，在假设 H_1情况下 $i=1$。确定这个问题的对数似然比检验。

3.41 考虑下列二元假设检验问题

$$H_1: X=M+N$$
$$H_0: X=N$$

其中，M 和 N 是指数分布的独立随机变量，如下所示：

$$p_M(m)=\begin{cases} \lambda_m\exp(-\lambda_m), & m\geqslant 0 \\ 0, & \text{其他} \end{cases}$$

$$p_N(n)=\begin{cases} \lambda_n\exp(-\lambda_n), & n\geqslant 0 \\ 0, & \text{其他} \end{cases}$$

确定这个问题的似然比检验。

3.42 在本习题中，我们对例 8 进行重新讨论。但是这里我们设想在假设 H_1 情况下均值 m 是高斯分布的，如下所示：

$$f_{M|H_1}(m|H_1) = \frac{1}{\sqrt{2\pi}\sigma_m}\exp\left(-\frac{m^2}{2\sigma_m^2}\right)$$

(a) 对于上面描述的复合假设情形，导出其似然比检验。

(b) 将所得结果与例 8 中得到的结果进行比较。

注释

[1] 关于可读性比较好的概率论书籍，可参考 Bertsekas and Tsitsiklis(2008)。针对电子工程专业的高级概率论书籍，可参考 Fine(2006)的著作。比较深入讨论概率论的书籍，可参考 Feller 的两卷著作(1968,1971)。

[2] 对于推理感兴趣的读者，可以参考 MacKay(2003)的著作。

[3] 如果需要详细讨论离散随机变量的特征，可参考 Bertsekas and Tsitsiklis(2008)著作的第 2 章。

[4] 实际上，我们可以通过下列线性变换，很容易将式(3.58)中的概率密度函数转化为标准形式

$$Y = \frac{1}{\sigma}(X-\mu)$$

于是，式(3.58)被简化为

$$f_Y(y) = \frac{1}{\sqrt{2\pi}}\exp(-y^2/2)$$

它除了采用 y 代替 x，与式(3.65)具有完全相同的数学形式。

[5] 基于前面式(3.14)中给出的贝叶斯法则的计算，被称为“贝叶斯的”计算。实际上，Bayes 提供了一个该法则的连续形式，参见式(3.72)。在历史上，对式(3.72)的完全推广实际上不是由 Bayes 发现的，相反，其推广工作是 Laplace 完成的，注意到这一点也是很有趣的。

[6] 正是因为这种对偶性使得贝叶斯类方法被称为对偶原理(Principle of duality)，见 Robert(2001)。Robert 的著作对贝叶斯类方法进行了详细的讨论，并且可读性也很好。对这个主题的更深入讨论，可参见 Bernardo and Smith(1998)。

[7] 在 1912 年发表的一篇论文中，R. A. Fisher 放弃了贝叶斯方法。然后在 1922 年发表的一篇经典论文中，引入了似然概念。

[8] 在其著作的附录 B 中，Bernardo and Smith(1998)证明了当应用于这种比例似然时，许多非贝叶斯推理方法不能得到相同的推理结果。

[9] 关于充分统计量的详细讨论，可参见 Bernardo and Smith(1998)。

[10] 在 Van Trees(1968)的经典著作中，对参数估计理论进行了更加详细的讨论。Van Trees 采用的符号可能与本书的符号有一定差别。也可参考 McDonough and Whalen(1995)的著作。

[11] 关于假设检验更加详细的讨论并且可读性比较好的书籍，可参考经典著作 Van Trees(1968)。也可参考 McDonough and Whalen(1995)。

第4章 随机过程

4.1 引言

简单而言，我们可以说：

随机过程是以时间为标记的随机变量的集合。

在详细解释这段简短表述时，我们发现对于实际中遇到的许多现象而言，时间(Time)在其描述中都具有重要角色。另外，它们的实际行为也具有随机的表象。回顾在3.1节中简单介绍的无线通信例子，我们发现在无线信道输出端的接收信号是随时间随机变化的。这种过程被称为是随机的(Random或Stochastic)[1]，今后我们将采用Stochastic这个词。尽管概率论不涉及时间，但是随机过程的学习自然是建立在概率论基础上的。

关于概率论和随机过程之间的关系，可以这样理解：当我们考虑随机过程在某个特定时刻的统计特征时，我们基本上是针对在该时刻采样(即观察到)的随机变量(Random variable)的特征来处理的。然而，当考虑随机过程的单个实现时，我们是针对随时间发展的一个随机波形(Random waveform)来考虑的。因此，随机过程的学习包含了两种方法：一种是基于总体平均(Ensemble averaging，有些文献称为集平均)，另一种是基于时间平均(Temporal averaging)的。本章对这两种方法及其特征都进行了讨论。

尽管不可能对从一个随机过程中取出的信号的准确值进行预测，但是通过一些统计参数(Statistical parameter)，如平均功率、相关函数和功率谱等来表征这个过程却是可能的。本章主要讨论这些函数的数学定义、性质和测量，以及一些相关问题。

4.2 随机过程的数学定义

对引言部分的内容可以总结为：随机过程具有两个性质。第一，它们是时间的函数；第二，在进行实验以前不可能准确地定义出未来将会观察到的波形，从这个意义上讲，它们是随机的。

在描述一个随机过程时，用样本空间来理解是比较方便的。具体而言，随机过程的每个实现都与一个样本点(Sample point)有关。样本点的全体对应于随机过程的所有可能实现构成的集合，它被称为样本空间(Sample space)。与概率论中的样本空间不同的是，随机过程的样本空间中的每一个样本点都是时间的函数。因此，我们可以将随机过程理解为由时间函数组成的样本空间或者全体。作为这种理解方式的一个必要部分，我们假设存在一种概率分布，它定义在样本空间中的适当集合上，使得我们可以自信地认为在不同时刻点观察到的不同时间的概率[2]。

然后，考虑一个随机过程由下列要素所规定：

(a) 从某个样本空间 S 观察到的结果 s

(b) 定义在样本空间 S 上的事件

(c) 这些事件的概率

假设按照下列原则为每个样本点 s 分配一个时间函数：

$$X(t, s), \qquad -T \leqslant t \leqslant T$$

其中，$2T$ 是总观测区间(Total observation interval)。对于一个固定的样本点 s_j，函数 $X(t, s_j)$ 随时间 t

的变化图被称为随机过程的一个实现(Realization)或者样本函数(Sample function)。为了简化符号，我们将这个样本函数记为

$$x_j(t) = X(t, s_j), \qquad -T \leqslant t \leqslant T \tag{4.1}$$

在图 4.1 中，举例说明了一个样本函数$\{x_j(t) \mid j=1,2,\cdots,n\}$构成的集合。从图中可以发现，对于在观测区间内的一个固定时刻 t_k，下列数组成的集合：

$$\{x_1(t_k), x_2(t_k), \cdots, x_n(t_k)\} = \{X(t_k, s_1), X(t_k, s_2), \cdots, X(t_k, s_n)\}$$

构成了一个随机变量(Random variable)。因此，一个随机过程 $X(t,s)$ 可以通过由时间标识的随机变量$\{X(t,s)\}$的全体(集合)来表示。为了简化符号，在实践中通常去掉 s，仅仅采用 $X(t)$ 来表示一个随机过程。现在，我们可以正式地介绍下列概念：

一个随机过程 $X(t)$ 是时间函数的全体，它与概率准则一起，为随机过程的某个样本函数的观测值相对应的任何有意义的事件分配一个概率。

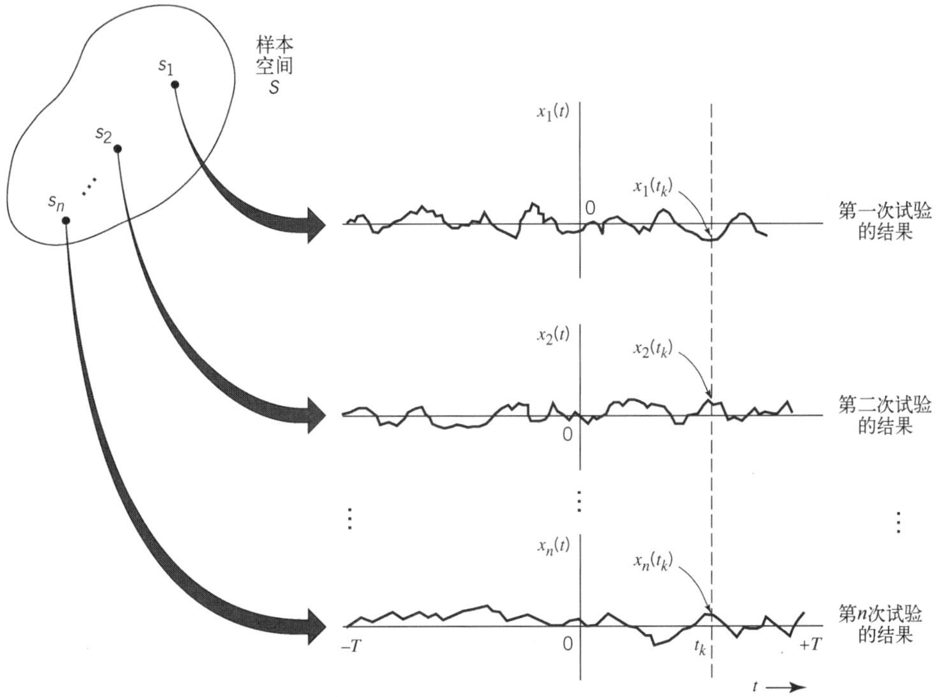

图 4.1　样本函数的全体

另外，我们可以将随机变量和随机过程区别如下：对于一个随机变量而言，随机实验的结果被映射为一个数。另一方面，对于一个随机过程而言，随机实验的结果被映射为一个波形，这个波形是时间的函数。

4.3　两类随机过程：严格平稳和弱平稳

在处理现实世界中遇到的随机过程时，我们经常发现随机过程的统计特征是与开始对该过程进行观测的时间相独立的。也就是说，如果将这个过程分割为很多个时间区间，则它的不同部分实质上表现出相同的统计性质。这种随机过程被称为是平稳的(Stationary)。否则它被称为是非平稳的(Nonstationary)。一般而言，我们可以说：

一个平稳过程是从已经进入到稳态行为模式的稳定现象产生的，而一个非平稳过程是从非稳定现象产生的。

更准确地说，考虑一个从 $t=-\infty$ 开始的随机过程 $X(t)$。令 $X(t_1), X(t_2), \cdots, X(t_k)$ 分别表示在时

刻 $t_1, t_2, \cdots, t_k$ 对过程 $X(t)$ 进行采样得到的各个随机变量。这个随机变量集合的联合（累积）分布函数为 $F_{X(t_1),\cdots,X(t_k)}(x_1,\cdots,x_k)$。下一步，假设我们把所有采样时刻都平移一个固定的量 τ，τ 表示时移（Time shift），则得到一组新的随机变量集合 $X(t_1+\tau), X(t_2+\tau), \cdots, X(t_k+\tau)$。这组新的随机变量集合的联合分布函数为 $F_{X(t_1+\tau),\cdots,X(t_k+\tau)}(x_1,\cdots,x_k)$。如果对于时移 τ 的所有值、所有正整数 k，以及任意选取的采样时刻 $t_1, t_2, \cdots, t_k$，下列不变性条件：

$$F_{X(t_1+\tau),\cdots,X(t_k+\tau)}(x_1,\cdots,x_k) = F_{X(t_1),\cdots,X(t_k)}(x_1,\cdots,x_k) \tag{4.2}$$

都满足，则该随机过程 $X(t)$ 被称为是在严格意义上平稳的（Stationary in the strict sense），或者是严格平稳的（Strictly stationary）。换句话说，我们可以表述为：

对于一个从 $t=-\infty$ 开始的随机过程 $X(t)$，如果观测该过程得到的任意随机变量集合的联合分布关于原点 $t=0$ 的位置都不变，则它是严格平稳的。

注意到式(4.2)中的有限维分布取决于随机变量之间的相对时间间隔，而与它们之间的绝对时间无关。也就是说，在全部时间 t 范围内，随机过程都具有相同的概率行为。

类似地，对于两个随机过程 $X(t)$ 和 $Y(t)$，如果对于所有正整数 k 和 j，以及所有选取的采样时刻 $t_1, \cdots, t_k$ 和 $t'_1, \cdots, t'_j$，它们的两个随机变量集合 $X(t_1), \cdots, X(t_k)$ 和 $Y(t'_1), \cdots, Y(t'_j)$ 的联合有限维分布关于原点 $t=0$ 都不变，则它们是联合严格平稳的（Jointly strictly stationary）。

回到式(4.2)，可以看出它具有下列两个重要性质：

1. 对于 $k=1$，我们有

$$F_{X(t)}(x) = F_{X(t+\tau)}(x) = F_X(x), \quad \text{任意 } t \text{ 和 } \tau \tag{4.3}$$

也就是说，严格平稳随机过程的一阶分布函数是独立于时间 t 的。

2. 对于 $k=2$ 和 $\tau=-t_2$，我们有

$$F_{X(t_1),X(t_2)}(x_1,x_2) = F_{X(0),X(t_1-t_2)}(x_1,x_2), \quad \text{任意 } t_1 \text{ 和 } t_2 \tag{4.4}$$

也就是说，严格平稳随机过程的二阶分布函数只依赖于采样时刻之间的时间差，不依赖于对随机过程进行采样的具体时刻。

这两个性质对于严格平稳随机过程的统计参数具有十分重要的实际意义，这将在4.4节中进行讨论。

例1　多个空间窗口说明严格平稳性

考虑图4.2，其中画出了位于 t_1, t_2 和 t_3 时刻的三个空间窗口。我们希望计算出能够得到穿过这些窗口的随机过程 $X(t)$ 的样本函数 $x(t)$ 的概率，即下列联合事件的概率：

$$\mathbb{P}(A) = F_{X(t_1),X(t_2),X(t_3)}(b_1,b_2,b_3) - F_{X(t_1),X(t_2),X(t_3)}(a_1,a_2,a_3)$$

现在，假设已知随机过程 $X(t)$ 是严格平稳的。严格平稳的含义是，这个过程的样本函数集合穿过图4.3(a)中窗口的概率等于穿过图4.3(b)中对应时移窗口的样本函数集合的概率。然而，需要注意的是，不必要求这两个集合都由相同的样本函数组成。

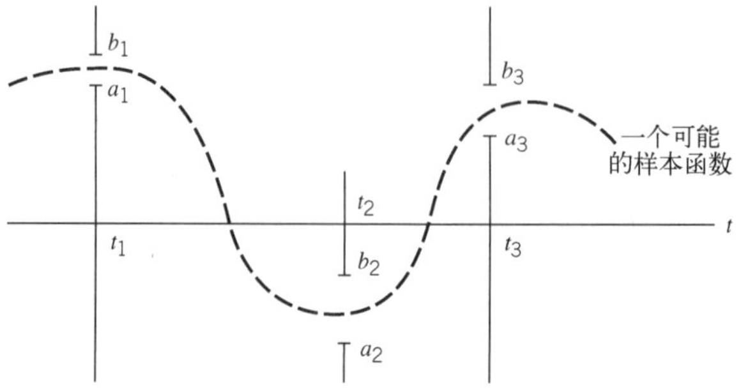

图4.2　说明联合事件的概率

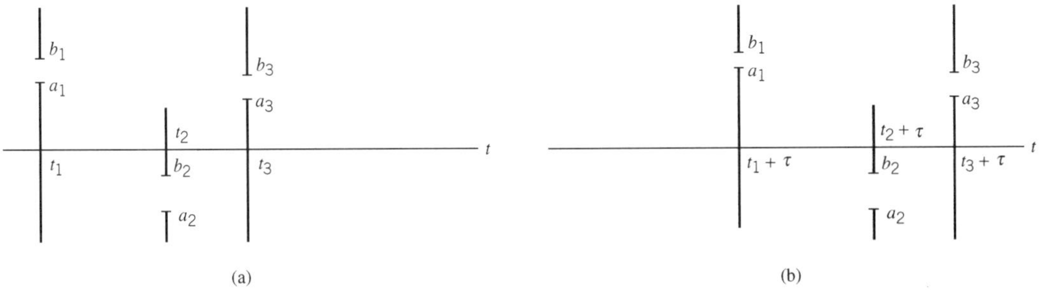

图 4.3　说明例 1 中的平稳概念

另一类重要的随机过程是所谓的弱平稳过程(Weakly stationary processes)。具体地讲，如果一个随机过程 $X(t)$ 的二阶矩满足下列两个条件：

1. 过程 $X(t)$ 的均值对所有时间 t 都是常数。
2. 过程 $X(t)$ 的自相关函数只依赖于对过程进行采样的任意两个时刻的差值，自相关中的“自”是指该过程与其自身的相关。

在本书中，我们重点关注二阶统计量满足上述两个条件的弱平稳过程，这两个条件都很容易测量，并且对于实际应用而言也是足够的。在文献中，这种随机过程也被称为广义平稳过程(Wide-sense stationary processes)。今后，这两个概念都可以互用。

4.4　弱平稳过程的均值、相关和协方差函数

考虑一个实值随机过程 $X(t)$。我们将过程 $X(t)$ 的均值(Mean)定义为在某个时刻 t 对过程进行采样得到的随机变量的期望值如下所示：

$$\begin{aligned}\mu_X(t) &= \mathbb{E}[X(t)] \\ &= \int_{-\infty}^{\infty} x f_{X(t)}(x)\,\mathrm{d}x\end{aligned} \tag{4.5}$$

其中，$f_{X(t)}(x)$ 是在 t 时刻观察到的过程 $X(t)$ 的一阶概率密度函数。还需要注意的是，在 $\mu_X(t)$ 中用单个 X 作为下标的目的是强调 $\mu_X(t)$ 为一阶矩这一事实。为了使均值 $\mu_X(t)$ 对于所有时刻 t 都为常数，以使过程 $X(t)$ 满足弱平稳的第一个条件，我们需要 $f_{X(t)}(x)$ 与时间 t 独立。因此，式(4.5)简化为

$$\mu_X(t) = \mu_X, \quad 任意\ t \tag{4.6}$$

下面，我们将随机过程 $X(t)$ 的自相关函数(Autocorrelation function)定义为分别在时刻 t_1 和 t_2 对过程 $X(t)$ 进行采样得到的两个随机变量 $X(t_1)$ 和 $X(t_2)$ 的乘积的期望。具体而言，可以写为

$$\begin{aligned}M_{XX}(t_1, t_2) &= \mathbb{E}[X(t_1)X(t_2)] \\ &= \int_{-\infty}^{\infty}\int_{-\infty}^{\infty} x_1 x_2 f_{X(t_1),X(t_2)}(x_1, x_2)\,\mathrm{d}x_1\,\mathrm{d}x_2\end{aligned} \tag{4.7}$$

其中，$f_{X(t_1),X(t_2)}(x_1,x_2)$ 是在 t_1 和 t_2 时刻对过程 $X(t)$ 采样所得随机变量的联合概率密度函数。这里需要再次注意的是，采用双 X 下标的目的是强调 $M_{XX}(t_1,t_2)$ 是二阶矩这一事实。为了使 $M_{XX}(t_1,t_2)$ 只依赖于时间差 t_2-t_1，以使过程 $X(t)$ 满足弱平稳的第二个条件，有必要使 $f_{X(t_1),X(t_2)}(x_1,x_2)$ 也只依赖于时间差 t_2-t_1。因此，式(4.7)可以简化为

$$\begin{aligned}M_{XX}(t_1, t_2) &= \mathbb{E}[X(t_1)X(t_2)] \\ &= R_{XX}(t_2 - t_1), \quad 任意\ t_1 和\ t_2\end{aligned} \tag{4.8}$$

在式(4.8)中，我们故意采用两个不同的符号来表示自相关函数。$M_{XX}(t_1, t_2)$表示任意随机过程$X(t)$的自相关函数，而$R_{XX}(t_2-t_1)$则表示弱平稳随机过程的自相关函数。

类似地，弱平稳过程$X(t)$的自协方差函数(Autocovariance function)被定义为

$$\begin{aligned} C_{XX}(t_1, t_2) &= \mathbb{E}[(X(t_1)-\mu_X)(X(t_2)-\mu_X)] \\ &= R_{XX}(t_2-t_1)-\mu_X^2 \end{aligned} \tag{4.9}$$

式(4.9)表明，与自相关函数类似，一个弱平稳过程$X(t)$的自协方差函数也只依赖于时间差(t_2-t_1)。该式还表明，如果我们已知过程$X(t)$的均值和自相关函数，则可以唯一地确定出其自相关函数。因此，均值和自相关函数就足以描述弱平稳随机过程的前面两阶矩了。

然而，需要特别注意下面两个重要点：

1. 均值和自相关函数只能对随机过程$X(t)$的分布提供弱描述(Weak description)。
2. 式(4.6)和式(4.8)中定义的条件不足以保证随机过程$X(t)$的严格平稳性，这也强调了前一节中所做的评论。

然而，实际考虑经常要求我们只局限于通过均值和自相关函数对随机过程进行弱描述，因为高阶矩在计算上是很难处理的。

今后，本书对随机过程的讨论将仅限于弱平稳过程，因此在式(4.6)、式(4.8)和式(4.9)中定义的二阶矩都成立。

自相关函数的性质

为了便于符号表示，我们将式(4.8)给出的弱平稳过程$X(t)$的自相关函数定义重新表示如下：

$$R_{XX}(\tau) = \mathbb{E}[X(t+\tau)X(t)] \text{，任意} t \tag{4.10}$$

其中，τ表示时移(Time shift)，即$t=t_2$以及$\tau=t_1-t_2$。这个自相关函数具有下列几个重要性质。

性质1：均方值

弱平稳过程$X(t)$的均方值(Mean-square value)可以通过在式(4.10)中令$\tau=0$来根据$R_{XX}(\tau)$得到，如下所示：

$$R_{XX}(0) = \mathbb{E}[X^2(t)] \tag{4.11}$$

性质2：对称性

弱平稳过程$X(t)$的自相关函数$R_{XX}(\tau)$是时移τ的偶函数，即

$$R_{XX}(\tau) = R_{XX}(-\tau) \tag{4.12}$$

这个性质可以直接根据式(4.10)得到。因此，我们也可以将自相关函数$R_{XX}(\tau)$定义为

$$R_{XX}(\tau) = \mathbb{E}[X(t)X(t-\tau)]$$

也就是说，自相关函数$R_{XX}(\tau)$与τ的关系曲线图关于原点是对称的。

性质3：自相关函数的有界性

自相关函数$R_{XX}(\tau)$在$\tau=0$处取得最大值，即

$$|R_{XX}(\tau)| \leqslant R_{XX}(0) \tag{4.13}$$

为了证明这个性质，考虑下面的非负量

$$\mathbb{E}[(X(t+\tau) \pm X(t))^2] \geqslant 0$$

将各项展开并取各自的期望值，可以很容易发现

$$\mathbb{E}[X^2(t+\tau)] \pm 2\mathbb{E}[X(t+\tau)] + \mathbb{E}[X^2(t)] \geqslant 0$$

根据式(4.11)和式(4.12)，上式简化为

$$2R_{XX}(0) \pm 2R_{XX}(\tau) \geqslant 0$$

等效地，我们可以写为

$$-R_{XX}(0) \leqslant R_{XX}(\tau) \leqslant R_{XX}(0)$$

根据上式可以直接得到式(4.13)。

性质 4：归一性

归一化自相关函数的值

$$\rho_{XX}(\tau) = \frac{R_{XX}(\tau)}{R_{XX}(0)} \tag{4.14}$$

取值在范围[-1,1]以内。

根据式(4.13)可以直接得出上述最后一个性质。

自相关函数的物理意义

自相关函数 $R_{XX}(\tau)$是很重要的，因为它为相隔 τ 秒对随机过程 $X(t)$ 采样得到的两个随机变量之间的相互依赖性进行描述提供了一种方法。因此，显然随机过程 $X(t)$ 随时间变化越快，则随着 τ 的增加，自相关函数 $R_{XX}(\tau)$ 从其最大值点 $R_{XX}(0)$ 下降也越快，如图 4.4 所示。自相关函数的这种行为可以用一个去相关时间(Decorrelation time)τ_{dec}来表征，使得当 $\tau>\tau_{\text{dec}}$时，自相关函数 $R_{XX}(\tau)$ 的幅度仍然保持在某个规定值以下。于是，我们可以引入下列定义：

一个零均值弱平稳过程 $X(t)$ 的去相关时间 τ_{dec}是指自相关函数 $R_{XX}(\tau)$ 的幅度下降到其最大值 $R_{XX}(0)$ 的 1%所花的时间。

对于这个定义中的例子，参数 τ_{dec}被称为 1%去相关时间(One-percent decorrelation time)。

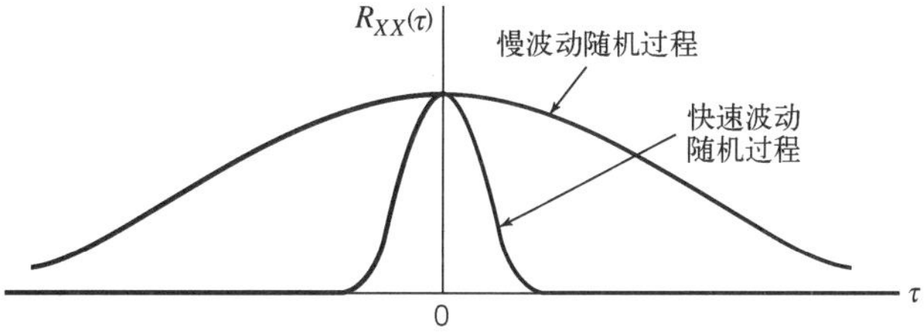

图 4.4　慢波动和快速波动随机过程的自相关函数

例 2　具有随机相位的正弦波

考虑一个具有随机相位的正弦信号，其定义为

$$X(t) = A\cos(2\pi f_c t + \Theta) \tag{4.15}$$

其中，A 和 f_c都是常数，Θ 是在区间[-π,π]上均匀分布的随机变量，即

$$f_\Theta(\theta) = \begin{cases} \dfrac{1}{2\pi}, & -\pi \leqslant \theta \leqslant \pi \\ 0, & \text{其他} \end{cases} \tag{4.16}$$

根据式(4.16)可知，随机变量 Θ 在区间[-π,π]上对任意值 θ 都具有相等可能。每一个 θ 值对应于随机过程 $X(t)$ 的样本空间 S 中的一个点。

由式(4.15)和式(4.16)定义的过程 $X(t)$ 可以表示在通信系统接收机中本地产生的载波，它被用于对接收信号的解调。在这种应用中，式(4.15)中的随机变量 Θ 是使信号在通信信道上传输时产生不确定性的主要原因。

$X(t)$ 的自相关函数为

$$\begin{aligned} R_{XX}(\tau) &= \mathbb{E}[X(t+\tau)X(t)] \\ &= \mathbb{E}[A^2\cos(2\pi f_c t + 2\pi f_c \tau + \Theta)\cos(2\pi f_c t + \Theta)] \end{aligned}$$

$$= \frac{A^2}{2}\mathbb{E}[\cos(4\pi f_c t + 2\pi f_c \tau + 2\Theta)] + \frac{A^2}{2}\mathbb{E}[\cos(2\pi f_c \tau)]$$

$$= \frac{A^2}{2}\int_{-\pi}^{\pi} \cos(4\pi f_c t + 2\pi f_c \tau + 2\theta)\,\mathrm{d}\theta + \frac{A^2}{2}\cos(2\pi f_c \tau)$$

上式中的第一项积分为零，因此我们有

$$R_{XX}(\tau) = \frac{A^2}{2}\cos(2\pi f_c \tau) \tag{4.17}$$

上式函数曲线如图 4.5 所示。从图中我们可以发现，具有随机相位的正弦波的自相关函数，是在用时移 τ 表示的“局部时间域”而不是 t 表示的全局时间域中的具有相同频率的另一个正弦波。

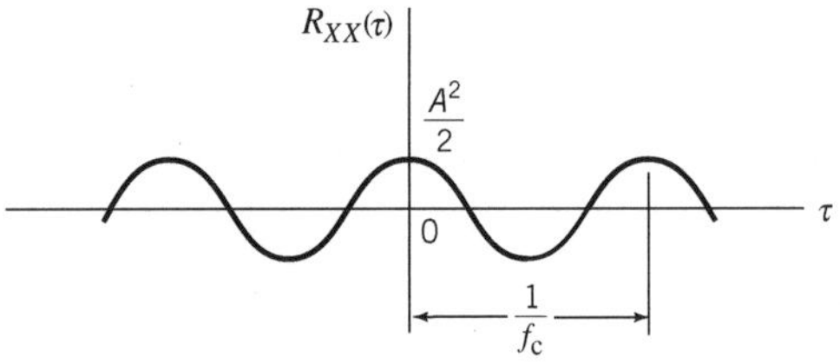

图 4.5　具有随机相位的正弦波的自相关函数

例 3　随机二进制波

在图 4.6 中，画出了一个弱平稳过程 $X(t)$ 的样本函数 $x(t)$，这个过程是由二进制符号(Binary symbol) 1 和 0 的随机序列组成的。对其做出如下三个假设：

1. 符号 1 和 0 分别表示持续时间为 T 秒、幅度为 $+A$ 和 $-A$ 伏特的脉冲。
2. 脉冲不是同步的，因此在正时间段的第一个完整脉冲的开始时间 t_d 以相同可能性出现在 $0\sim T$ 秒之间的任意位置。也就是说，t_d 是一个均匀分布随机变量 T_d 的样本值，其概率密度函数被定义为

$$f_{T_d}(t_d) = \begin{cases} \frac{1}{T}, & 0 \leqslant t_d \leqslant T \\ 0, & \text{其他} \end{cases}$$

3. 在任意时间区间 $(n-1)T<t-t_d<nT$ 内(其中 n 是一个正整数)，1 或者 0 的出现是由抛硬币确定的。具体而言，如果结果是正面，则我们有一个 1；如果结果是反面，则我们有一个 0。因此，这两个符号是具有相同可能性的，并且在任意一个区间内 1 或者 0 的出现都与所有其他区间相互独立。

由于幅度水平 $-A$ 和 $+A$ 是以相同概率出现的，因此可以直接得到对于所有 t，$\mathbb{E}[X(t)]=0$，于是过程的均值也为零。

为了得到自相关函数 $R_{XX}(t_k,t_i)$，我们必须计算出期望值 $\mathbb{E}[X(t_k)X(t_i)]$，其中 $X(t_k)$ 和 $X(t_i)$ 分别是在 t_k 和 t_i 时刻对随机过程 $X(t)$ 进行采样得到的随机变量。为了继续进行讨论，我们需要考虑下面两个不同的条件：

条件 1：$|t_k-t_i|>T$

在这个条件下，随机变量 $X(t_k)$ 和 $X(t_i)$ 出现在不同的脉冲区间内，因此它们是相互独立的。于是，我们有

$$\mathbb{E}[X(t_k)X(t_i)] = \mathbb{E}[X(t_k)]\mathbb{E}[X(t_i)] = 0, \quad |t_k - t_i| > T$$

条件 2：$|t_k-t_i|>T$，其中 $t_k=0$，并且 $t_i<t_k$。

在第二个条件下，我们从图 4.6 中可以观察到，当且仅当延迟 t_d满足条件 $t_d<T|t_k-t_i|$时，随机变量 $X(t_k)$和 $X(t_i)$出现在相同的脉冲区间内。于是，我们有以下条件期望：

$$\mathbb{E}[X(t_k)X(t_i)|t_d] = \begin{cases} A^2, & t_d < T-|t_k-t_i| \\ 0, & \text{其他} \end{cases}$$

将上述结果对所有可能的 t_d值取平均，我们有

$$\begin{aligned}\mathbb{E}[X(t_k)X(t_i)] &= \int_0^{T-|t_k-t_i|} A^2 f_{T_d}(t_d)\,\mathrm{d}t_d \\ &= \int_0^{T-|t_k-t_i|} \frac{A^2}{T}\,\mathrm{d}t_d \\ &= A^2\left(1-\frac{|t_k-t_i|}{T}\right), \qquad |t_k-t_i|<T\end{aligned}$$

对于 t_k的任意其他值也采用类似的推理，我们可以得出结论，即图 4.6 中样本函数表示的随机二进制波形的自相关函数只是时间差 $\tau=t_k-t_i$的函数，如下所示：

$$R_{XX}(\tau) = \begin{cases} A^2\left(1-\frac{|\tau|}{T}\right), & |\tau|<T \\ 0, & |\tau| \geqslant T \end{cases} \tag{4.18}$$

式(4.18)中描述的这个三角形结果如图 4.7 所示。

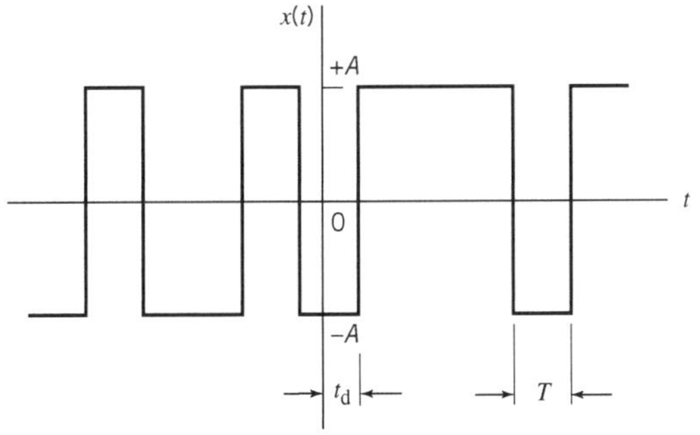

图 4.6 随机二进制波形的样本函数

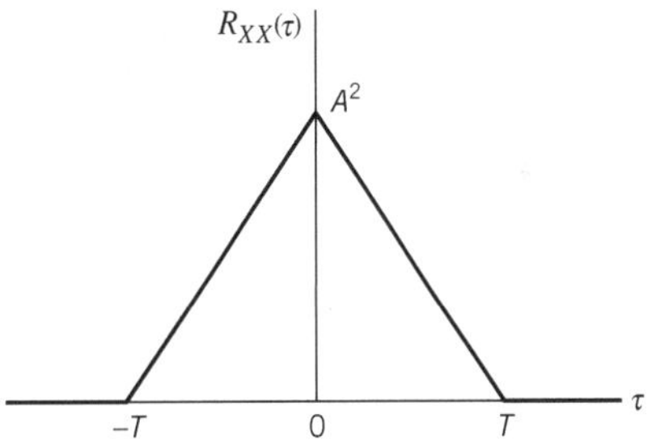

图 4.7 随机二进制波形的自相关函数

互相关函数

下面考虑更一般的情形，即两个随机过程 $X(t)$和 $Y(t)$分别具有自相关函数 $M_{XX}(t,u)$和 $M_{YY}(t,u)$。$X(t)$和 $Y(t)$有两种可能的互相关函数(Cross-correlation function)需要考虑。

具体而言，我们有

$$M_{XY}(t,u) = \mathbb{E}[X(t)Y(u)] \tag{4.19}$$

和

$$M_{YX}(t,u) = \mathbb{E}[Y(t)X(u)] \tag{4.20}$$

其中，t 和 u 表示对过程进行观测的两个全局时间值。两个随机过程 $X(t)$和 $Y(t)$的全部 4 个相关参数可以用下列 2×2 矩阵形式方便地表示出来：

$$\boldsymbol{M}(t,u) = \begin{bmatrix} M_{XX}(t,u) & M_{XY}(t,u) \\ M_{YX}(t,u) & M_{YY}(t,u) \end{bmatrix}$$

它被称为随机过程 $X(t)$和 $Y(t)$的互相关矩阵(Cross-correlation matrix)。如果随机过程 $X(t)$和 $Y(t)$都是弱平稳过程，并且它们也是联合平稳的，则相关矩阵可以表示为

$$\boldsymbol{R}(\tau) = \begin{bmatrix} R_{XX}(\tau) & R_{XY}(\tau) \\ R_{YX}(\tau) & R_{YY}(\tau) \end{bmatrix} \tag{4.21}$$

其中，时移 $\tau=u-t$。

一般而言，互相关函数不是时移 τ 的偶函数，而自相关函数却是 τ 的偶函数，并且互相关函数在原点也不一定具有最大值。然而，它确实服从下式描述的对称关系：

$$R_{XY}(\tau) = R_{YX}(-\tau) \tag{4.22}$$

例 4 正交调制过程

考虑一对正交调制过程 $X_1(t)$ 和 $X_2(t)$，它们与弱平稳过程 $X(t)$ 的关系分别为

$$X_1(t) = X(t)\cos(2\pi f_c t + \Theta)$$

$$X_2(t) = X(t)\sin(2\pi f_c t + \Theta)$$

其中，f_c是载波频率，随机变量 Θ 是在区间$[0,2\pi]$上均匀分布的，并且 Θ 与 $X(t)$ 相互独立。$X_1(t)$ 和 $X_2(t)$ 的一个互相关函数是

$$\begin{aligned} R_{12}(\tau) &= \mathbb{E}[X_1(t)X_2(t-\tau)] \\ &= \mathbb{E}[X(t)X(t-\tau)\cos(2\pi f_c t + \Theta)\sin(2\pi f_c t - 2\pi f_c \tau + \Theta)] \\ &= \mathbb{E}[X(t)X(t-\tau)]\mathbb{E}[\cos(2\pi f_c t + \Theta)\sin(2\pi f_c t - 2\pi f_c \tau + \Theta)] \\ &= \frac{1}{2}R_{XX}(\tau)\mathbb{E}[\sin(4\pi f_c \tau - 2\pi f_c t + 2\Theta) - \sin(2\pi f_c \tau)] \\ &= -\frac{1}{2}R_{XX}(\tau)\sin(2\pi f_c \tau) \end{aligned} \tag{4.23}$$

在上式最后一行中，我们利用了代表相位的随机变量 Θ 的均匀分布性质。根据式(4.22)，我们发现 $X_1(t)$ 和 $X_2(t)$ 的另一个互相关函数是

$$\begin{aligned} R_{21}(\tau) &= \frac{1}{2}R_{XX}(-\tau)\sin(2\pi f_c \tau) \\ &= \frac{1}{2}R_{XX}(\tau)\sin(2\pi f_c \tau) \end{aligned}$$

在 $\tau=0$ 时，因子 $\sin(2\pi f_c \tau)$ 等于零，此时我们有

$$R_{12}(0) = R_{21}(0) = 0$$

上述结果表明，以某个固定值时间 t 对正交调制过程 $X_1(t)$ 和 $X_2(t)$ 同时进行采样，得到的随机变量是相互正交的。

4.5 遍历过程

遍历过程(Ergodic processes)是弱平稳过程的子集。更重要的是，从实际观点来看，遍历性(Property of ergodicity)允许我们用总体平均代替时间平均。

为了详细解释这两个简单的表述，我们知道一个随机过程 $X(t)$ 的期望或者总体平均是对“横切过程”的平均。比如，在某个固定时刻 t_k的随机过程 $X(t)$ 的均值是随机变量 $X(t_k)$ 的期望值，它描述了在 $t=t_k$时刻对过程 $X(t)$ 采样得到的采样函数的所有可能值(All possible values)。自然地，我们也可以定义长期采样平均(Long-term sample averages)或者时间平均(Time averages)，它们是“顺着过程”的平均。尽管在总体平均中，我们考虑在某个固定时刻 t_k对过程 $X(t)$ 采样得到的一组独立实现，而在时间平均中，我们却考虑沿着时间 t 发展的单个波形，这个波形代表了过程 $X(t)$ 的一个波形实现。

时间平均为提出估计随机过程总体平均的实际方法奠定了基础，我们希望对确保这种估计合理

的条件进行研究。为了讨论这个重要问题，考虑在区间$-T\leq t\leq T$上对弱平稳过程$X(t)$观测得到的样本函数$x(t)$。样本函数$x(t)$的时间平均值可以通过下列定积分来定义：

$$\mu_x(T)=\frac{1}{2T}\int_{-T}^{T}x(t)\,dt \tag{4.24}$$

显然，时间平均$\mu_x(T)$是一个随机变量，因为它的值不仅取决于观测区间，而且还取决于在式(4.24)中具体采用了过程$X(t)$的哪一个样本函数。由于过程$X(t)$被假设为弱平稳的，所以时间平均$\mu_x(T)$的均值为(在互换期望运算和积分运算的顺序以后，由于这两个运算都是线性的，因此这种互换是允许的)

$$\begin{aligned}\mathbb{E}[\mu_x(T)]&=\frac{1}{2T}\int_{-T}^{T}\mathbb{E}[x(t)]\,dt\\&=\frac{1}{2T}\int_{-T}^{T}\mu_X\,dt\\&=\mu_X\end{aligned} \tag{4.25}$$

其中，μ_X是过程$X(t)$的均值。因此，时间平均$\mu_x(T)$代表了总体平均后的均值μ_X的无偏(Unbiased)估计。最重要的是，如果满足下列两个条件：

1. 当观测区间趋近于无穷大时，时间平均$\mu_x(T)$在极限上趋近于总体平均μ_X，即
$$\lim_{T\to\infty}\mu_x(T)=\mu_X$$
2. 当观测区间趋近于无穷大时，作为随机变量的$\mu_x(T)$的方差在极限上趋近于0，即
$$\lim_{T\to\infty}\operatorname{var}[\mu_x(T)]=0$$

则把过程$x(t)$称为是均值遍历的(Ergodic in the mean)。

另一个特别感兴趣的时间平均是自相关函数$R_{xx}(\tau,T)$，它是用在区间$-T\leq t\leq T$上观测的样本函数$x(t)$来定义的。根据式(4.24)，我们可以将$x(t)$的时间平均自相关函数正式定义为

$$R_{xx}(\tau,T)=\frac{1}{2T}\int_{-T}^{T}x(t+\tau)x(t)\,dt \tag{4.26}$$

上面的第二个时间平均也应该被视为一个具有自己的均值和方差的随机变量。采用类似于均值遍历的方式，如果满足下列两个极限条件：

$$\lim_{T\to\infty}R_{xx}(\tau,T)=R_{XX}(\tau)$$

$$\lim_{T\to\infty}\operatorname{var}[R_{xx}(\tau,T)]=0$$

则我们把过程$x(t)$称为是自相关函数遍历的(Ergodic in the autocorrelation function)。

利用基于均值和自相关函数的遍历性，可以知道遍历过程是弱平稳过程的子集。换句话说，所有遍历过程都是弱平稳的，但是反过来却不一定正确。

4.6 弱平稳过程经过线性时不变滤波器的传输

假设把随机过程$X(t)$作为一个冲激响应为$h(t)$的线性时不变滤波器的输入，在滤波器输出端产生一个新的随机过程$Y(t)$，如图4.8所示。一般而言，即使输入随机过程$X(t)$的概率分布在整个时间区间$-\infty<t<\infty$内都是完全确定的，描述输出随机过程$Y(t)$的概率分布也很困难。

为了在数学上容易处理，在本节中我们把讨论限制为滤波器输入-输出关系的时域形式，以便在假设$X(t)$是一个弱平稳过程的条件下，用输入$X(t)$的均值和自相关函数来定义输出随机过程$Y(t)$的均值和自相关函数。

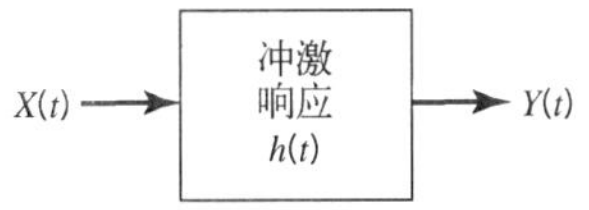

图4.8 随机过程经过线性时不变滤波器的传输

随机过程经过线性时不变滤波器的传输是受卷积积分(Convolution integral)控制的，这在第2章中已经讨论过了。对于

现在的问题，我们可以用输入随机过程 $X(t)$ 将输出随机过程 $Y(t)$ 表示为

$$Y(t) = \int_{-\infty}^{\infty} h(\tau_1)X(t-\tau_1)\,\mathrm{d}\tau_1$$

其中，τ_1 是局部时间。于是，$Y(t)$ 的均值为

$$\begin{aligned}\mu_Y(t) &= \mathbb{E}[Y(t)] \\ &= \mathbb{E}\left[\int_{-\infty}^{\infty} h(\tau_1)X(t-\tau_1)\,\mathrm{d}\tau_1\right]\end{aligned} \tag{4.27}$$

只要期望 $\mathbb{E}[X(t)]$ 对所有 t 都是有限的，并且滤波器是稳定的，我们就可以交换式(4.27)中期望和积分的运算顺序，在这种情况下可得到

$$\begin{aligned}\mu_Y(t) &= \int_{-\infty}^{\infty} h(\tau_1)\mathbb{E}[X(t-\tau_1)]\,\mathrm{d}\tau_1 \\ &= \int_{-\infty}^{\infty} h(\tau_1)\mu_X(t-\tau_1)\,\mathrm{d}\tau_1\end{aligned} \tag{4.28}$$

当输入随机过程 $X(t)$ 是弱平稳的时，均值 $\mu_X(t)$ 是一个常数 μ_X。因此，我们可以将式(4.28)简化为

$$\begin{aligned}\mu_Y &= \mu_X\int_{-\infty}^{\infty} h(\tau_1)\,\mathrm{d}\tau_1 \\ &= \mu_X H(0)\end{aligned} \tag{4.29}$$

其中，$H(0)$ 是系统的零频率响应。式(4.29)表明：

对于一个线性时不变滤波器，其输入过程是一个弱平稳过程 $X(t)$，则在输出端响应得到的随机过程 $Y(t)$ 的均值等于 $X(t)$ 的均值乘以滤波器的零频率响应。

这个结论凭直觉是令人满意的。

下面，考虑输出随机过程 $Y(t)$ 的自相关函数。根据定义，我们有

$$M_{YY}(t,u) = \mathbb{E}[Y(t)Y(u)]$$

其中，t 和 u 分别表示对输出过程 $Y(t)$ 进行采样的两个时刻的值。因此，我们可以应用卷积积分两次，得到

$$M_{YY}(t,u) = \mathbb{E}\left[\int_{-\infty}^{\infty} h(\tau_1)X(t-\tau_1)\,\mathrm{d}\tau_1 \int_{-\infty}^{\infty} h(\tau_2)X(u-\tau_2)\,\mathrm{d}\tau_2\right] \tag{4.30}$$

这里同样地，只要均方值 $\mathbb{E}[X^2(t)]$ 对所有 t 都是有限的，并且滤波器是稳定的，我们就可以交换式(4.30)中期望运算和关于 τ_1 及 τ_2 的积分运算的顺序，从而得到

$$\begin{aligned}M_{YY}(t,u) &= \int_{-\infty}^{\infty}\left[h(\tau_1)\int_{-\infty}^{\infty}\mathrm{d}\tau_2\, h(\tau_2)\mathbb{E}[X(t-\tau_1)X(u-\tau_2)]\right]\mathrm{d}\tau_1 \\ &= \int_{-\infty}^{\infty}\left[h(\tau_1)\int_{-\infty}^{\infty}\mathrm{d}\tau_2\, h(\tau_2)M_{XX}(t-\tau_1,u-\tau_2)\right]\mathrm{d}\tau_1\end{aligned} \tag{4.31}$$

当输入 $X(t)$ 是一个弱平稳过程时，$X(t)$ 的自相关函数只是采样时刻 $t-\tau_1$ 和 $u-\tau_2$ 之差的函数。因此，在式(4.31)中令 $\tau=u-t$，我们可以继续写出

$$R_{YY}(\tau) = \int_{-\infty}^{\infty}\int_{-\infty}^{\infty} h(\tau_1)h(\tau_2)R_{XX}(\tau+\tau_1-\tau_2)\,\mathrm{d}\tau_1\,\mathrm{d}\tau_2 \tag{4.32}$$

上式只取决于时间差 τ。

将式(4.32)中的结果与式(4.29)中关于均值 μ_Y 的结果综合起来，现在可以做出如下结论：

如果一个平稳线性时不变滤波器的输入是弱平稳过程，则滤波器的输出也是一个弱平稳过程。

根据定义，我们有 $R_{YY}(0)=\mathbb{E}[Y^2(t)]$。根据自相关函数 $R_{yy}(\tau)$ 的性质 1，可知输出过程 $Y(t)$ 的均方值(Mean-square value)可以通过在式(4.32)中令 $\tau=0$ 得到，如下所示：

$$\mathbb{E}[Y^2(t)] = \int_{-\infty}^{\infty}\int_{-\infty}^{\infty} h(\tau_1)h(\tau_2)R_{XX}(\tau_1-\tau_2)\,\mathrm{d}\tau_1\,\mathrm{d}\tau_2 \tag{4.33}$$

上式显然是一个常数。

4.7　弱平稳过程的功率谱密度

到目前为止，我们已经研究了应用到线性滤波器的弱平稳过程的时域特征。下面我们利用频域思想对经过线性滤波以后的弱平稳过程的特征进行研究。特别地，我们希望导出式(4.33)中结果的频域等效，该式确定了滤波器输出 $Y(t)$ 的均方值。这里使用的"滤波器"一词应该从一般意义上来理解，比如它可以表示通信系统的信道。

从第 2 章可知，线性时不变滤波器的冲激响应等于该滤波器频域响应的傅里叶逆变换。利用 $H(f)$ 表示滤波器的频域响应，于是我们可以写出

$$h(\tau_1) = \int_{-\infty}^{\infty} H(f)\exp(\mathrm{j}2\pi f\tau_1)\,\mathrm{d}f \tag{4.34}$$

将上面关于 $h(\tau_1)$ 的表达式代入式(4.33)，然后交换积分顺序，可以得到下列三重积分：

$$\begin{aligned}\mathbb{E}[Y^2(t)] &= \int_{-\infty}^{\infty}\int_{-\infty}^{\infty}\left[\int_{-\infty}^{\infty} H(f)\exp(\mathrm{j}2\pi f\tau_1)\,\mathrm{d}f\right]h(\tau_2)R_{XX}(\tau_1-\tau_2)\,\mathrm{d}\tau_1\,\mathrm{d}\tau_2\\ &= \int_{-\infty}^{\infty}\left[H(f)\int_{-\infty}^{\infty}\mathrm{d}\tau_2 h(\tau_2)\int_{-\infty}^{\infty}R_{XX}(\tau_1-\tau_2)\exp(\mathrm{j}2\pi f\tau_1)\,\mathrm{d}\tau_1\right]\mathrm{d}f\end{aligned} \tag{4.35}$$

式(4.35)右边的表达式一开始看起来令人感觉压力非常大。然而，我们可以使它大大简化，首先引入下列变量：

$$\tau = \tau_1 - \tau_2$$

然后，将式(4.35)重新写为下列新形式：

$$\mathbb{E}[Y^2(t)] = \int_{-\infty}^{\infty} H(f)\left[\int_{-\infty}^{\infty} h(\tau_2)\exp(\mathrm{j}2\pi f\tau_2)\,\mathrm{d}\tau_2\int_{-\infty}^{\infty} R_{XX}(\tau)\exp(-\mathrm{j}2\pi f\tau)\,\mathrm{d}\tau\right]\mathrm{d}f \tag{4.36}$$

在式(4.36)右边方括号内涉及变量 τ_2 的中间积分仅仅是 $H^*(f)$，它是滤波器频率响应的复共轭。因此，利用 $|H(f)|^2=H(f)H^*(f)$，其中 $|H(f)|$ 是滤波器的幅度响应，我们可以将式(4.36)简化为

$$\mathbb{E}[Y^2(t)] = \int_{-\infty}^{\infty} |H(f)|^2\left[\int_{-\infty}^{\infty} R_{XX}(\tau)\exp(-\mathrm{j}2\pi f\tau)\,\mathrm{d}\tau\right]\mathrm{d}f \tag{4.37}$$

显然式(4.37)右边方括号内关于变量 τ 的积分不过是输入过程 $X(t)$ 的自相关函数 $R_{XX}(\tau)$ 的傅里叶变换,认识到这一点之后，我们还可以使其进一步简化。特别地，现在可以定义一个新函数

$$S_{XX}(f) = \int_{-\infty}^{\infty} R_{XX}(\tau)\exp(-\mathrm{j}2\pi f\tau)\,\mathrm{d}\tau \tag{4.38}$$

这个新函数 $S_{XX}(f)$ 被称为弱平稳过程 $X(t)$ 的功率谱密度(Power spectral density)或者功率谱(Power spectrum)。于是，将式(4.38)代入式(4.37)，可得到下列简单公式：

$$\mathbb{E}[Y^2(t)] = \int_{-\infty}^{\infty} |H(f)|^2 S_{XX}(f)\,\mathrm{d}f \tag{4.39}$$

这就是所期望的式(4.33)中时域关系的频域等效。也就是说，式(4.39)表明：

> 一个稳定线性时不变滤波器对弱平稳过程的输出响应的均方值，等于输入过程的功率谱密度与滤波器的幅度响应平方的乘积在所有频率上的积分。

功率谱密度的物理意义

为了理解功率谱密度的物理意义，假设弱平稳过程 $X(t)$ 通过一个理想窄带滤波器，滤波器的幅度响应 $|H(f)|$ 以频率 f_c 为中心，如图 4.9 所示。于是，我们可以写出

$$|H(f)| = \begin{cases} 1, & |f \pm f_c| < \dfrac{1}{2}\Delta f \\ 0, & |f \pm f_c| > \dfrac{1}{2}\Delta f \end{cases} \tag{4.40}$$

其中，Δf 是滤波器的带宽。从式(4.39)可以很容易发现，如果带宽 Δf 与滤波器的频带中心频率 f_c 相比足够小，并且 $S_{XX}(f)$ 也是频率 f 的连续函数，则滤波器输出的均方值近似为

$$\mathbb{E}[Y^2(t)] \approx (2\Delta f)S_{XX}(f), \quad 任意 f \tag{4.41}$$

其中为了体现普遍性，我们用 f 代替了 f_c。然而，根据式(4.41)可知，滤波器只让输入随机过程 $X(t)$ 的位于宽度为 Δf 的窄频带内的那些频率分量通过。因此，我们可以说 $S_X(f)$ 代表了在频率 f 处计算得到的弱平稳过程 $X(t)$ 中的平均功率密度。所以，功率谱密度用瓦特/赫兹(Watts per Hertz，W/Hz)来度量。

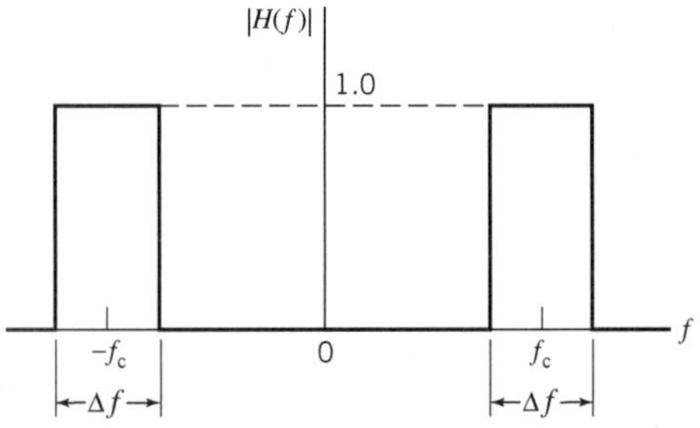

图 4.9　理想窄带滤波器的幅度响应

维纳-辛钦关系

按照式(4.38)，弱平稳过程 $X(t)$ 的功率谱密度 $S_{XX}(f)$ 是其自相关函数 $R_{XX}(\tau)$ 的傅里叶变换。根据第 2 章中关于傅里叶理论的有关知识，我们可以继续说自相关函数 $R_{XX}(\tau)$ 是功率谱密度 $S_{XX}(f)$ 的傅里叶逆变换。

简单地说，$R_{XX}(\tau)$ 和 $S_{XX}(f)$ 构成了一个傅里叶变换对，可以表示为下列一对关系：

$$S_{XX}(f) = \int_{-\infty}^{\infty} R_{XX}(\tau) \exp(-j2\pi f\tau)\, d\tau \tag{4.42}$$

$$R_{XX}(\tau) = \int_{-\infty}^{\infty} S_{XX}(f) \exp(j2\pi f\tau)\, df \tag{4.43}$$

这两个等式被称为维纳-辛钦关系(Wiener-Khintchine relation)[3]，它在对弱平稳过程的谱分析中具有基础性的地位。

维纳-辛钦关系表明，如果一个弱平稳过程的自相关函数或者功率谱密度已知，则另一个也可以准确地得到。自然地，这些函数展示出了随机过程的与相关性有关的(Correlation-related)不同方面信息。然而，普遍接受的是，为了便于实际应用，在这两者中功率谱密度是更有用的函数，其原因会随着我们在本章以及本书余下部分的进一步讨论而变得越来越明晰。

功率谱密度的性质

性质 1：频率分量之间的零相关

弱平稳过程 $X(t)$ 的功率谱密度 $S_{XX}(f)$ 的各个频率分量之间是互不相关的。

为了证明这个性质，考虑图 4.10，其中显示了功率谱密度 $S_{XX}(f)$ 的两个相邻窄带，每个频带的宽度记为 Δf。从这个图中我们发现，在这两个频带的内容之间没有重叠，因此也没有相关。当 Δf 趋近于零时，这两个窄带将相应地演变为 $S_{XX}(f)$ 的两个相邻频率分量，但彼此之间仍然会保持为不相关。功率谱密度 $S_{XX}(f)$ 的这个重要性质是由于随机过程 $X(t)$ 的弱平稳假设得到的。

性质 2：功率谱密度的零频率值

弱平稳过程的功率谱密度的零频率值等于自相关函数曲线下的总面积，即

$$S_{XX}(0) = \int_{-\infty}^{\infty} R_{XX}(\tau)\, d\tau \tag{4.44}$$

在式(4.42)中令 $f=0$，可以直接得到上述第二个性质。

性质 3：平稳过程的均方值

弱平稳过程 $X(t)$ 的均方值等于该过程的功率谱密度曲线下的总面积，即

$$\mathbb{E}[X^2(t)] = \int_{-\infty}^{\infty} S_{XX}(f)\, df \tag{4.45}$$

在式(4.43)中令 $\tau=0$，并且利用式(4.11)描述的自相关函数的性质1，即对于所有 t 都有 $R_X(0)=\mathbb{E}[X^2(t)]$，可以直接得到上述第三个性质。

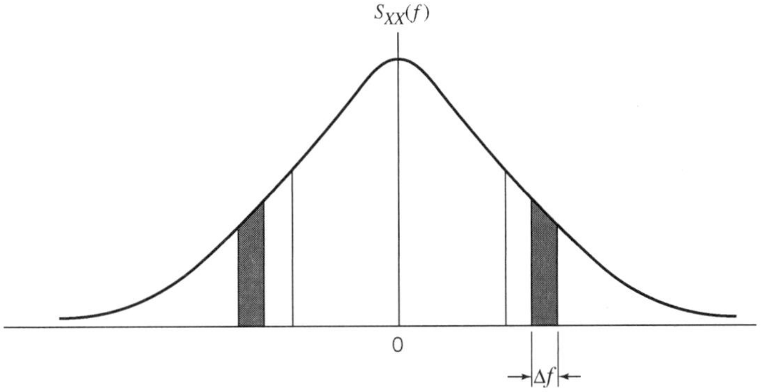

图4.10 举例说明功率谱密度的两个相邻窄带之间的零相关

性质4：功率谱密度的非负性

平稳过程 $X(t)$ 的功率谱密度总是非负的，即

$$S_{XX}(f)\geqslant 0, \quad 任意 f \tag{4.46}$$

这个性质是下列事实的直接结果：根据式(4.41)可知，均方值 $\mathbb{E}[Y^2(t)]$ 总是非负的，因此 $S_{XX}(f)\approx\mathbb{E}[Y^2(t)]/(2\Delta f)$ 也必然是非负的。

性质5：对称性

实值弱平稳过程的功率谱密度是频率的偶函数，即

$$S_{XX}(-f) = S_{XX}(f) \tag{4.47}$$

这个性质很容易得到，首先在式(4.42)中用 $-f$ 替换 f：

$$S_{XX}(-f) = \int_{-\infty}^{\infty} R_{XX}(\tau)\exp(\mathrm{j}2\pi f\tau)\,\mathrm{d}\tau$$

然后，再用 $-\tau$ 替换 τ，并且根据式(4.12)中描述的自相关函数的性质2可知 $R_{XX}(-\tau)=R_{XX}(\tau)$，可得到

$$S_{XX}(-f) = \int_{-\infty}^{\infty} R_{XX}(\tau)\exp(-\mathrm{j}2\pi f\tau)\,\mathrm{d}\tau = S_{XX}(f)$$

这就是期望的结果。因此，可以知道功率谱密度 $S_{XX}(f)$ 与频率 f 的关系曲线图是关于原点对称的。

性质6：归一性

功率谱密度经过适当归一化以后，其性质与概率论中的概率密度函数密切相关。

这里采用的归一化是关于功率谱密度曲线下的总面积(即过程的均方值)得到的。因此，考虑下列函数

$$p_{XX}(f) = \frac{S_{XX}(f)}{\int_{-\infty}^{\infty} S_{XX}(f)\,\mathrm{d}f} \tag{4.48}$$

根据性质3和性质4，我们注意到对于所有 f 都有 $p_{XX}(f)\geqslant 0$。并且函数 $p_{XX}(f)$ 下的总面积等于1。因此，式(4.48)中定义的归一化功率谱密度的行为类似于概率密度函数。

根据性质6，我们可以继续将弱平稳过程 $X(t)$ 的谱分布函数(Spectral distribution function)定义为

$$F_{XX}(f) = \int_{-\infty}^{f} p_{XX}(\nu)\,\mathrm{d}\nu \tag{4.49}$$

它具有下列性质：

1. $F_{XX}(-\infty)=0$
2. $F_{XX}(\infty)=1$
3. $F_{XX}(f)$是频率f的非减函数

反之，我们可以说每个非减有界函数$F_{XX}(f)$都是一个弱平稳过程的谱分布函数。

重要的是，我们还可以说谱分布函数$F_{XX}(f)$具有概率论中累积分布函数的全部性质，这些性质是在第3章中讨论的。

例5　具有随机相位的正弦波(续)

考虑随机过程$X(t)=A\cos(2\pi f_c t+\Theta)$，其中$\Theta$是在区间$[-\pi,\pi]$上均匀分布的随机变量。这个随机过程的自相关函数由式(4.17)给出，为了方便这里重写如下：

$$R_{XX}(\tau)=\frac{A^2}{2}\cos(2\pi f_c \tau)$$

令$\delta(f)$表示在$f=0$处的δ函数。对$R_{XX}(\tau)$的定义式两边求傅里叶变换，我们发现正弦过程$X(t)$的功率谱密度为

$$S_{XX}(f)=\frac{A^2}{4}[\delta(f-f_c)+\delta(f+f_c)] \tag{4.50}$$

它是由被因子$A^2/4$加权、位于$\pm f_c$的一对δ函数组成的，如图4.11所示。由于δ函数下的总面积为1，可以得到在$S_{XX}(f)$下的总面积等于$A^2/2$，这与期望的相同。

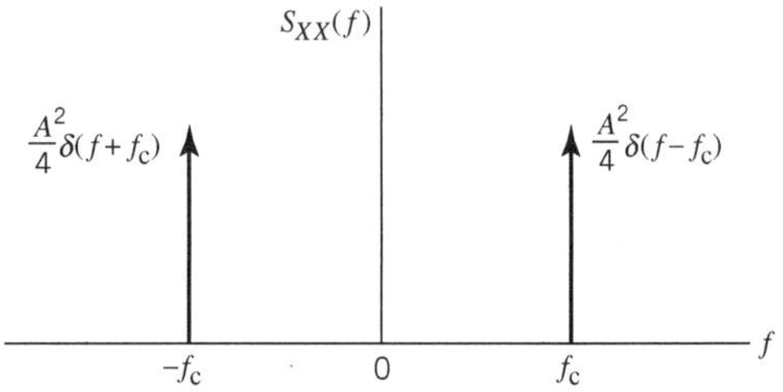

图4.11　具有随机相位的正弦波的功率谱密度；$\delta(f)$表示在$f=0$处的δ函数

例6　随机二进制波形(续)

再次考虑随机二进制波形，它是由分别表示$+A$和$-A$值的1和0序列组成的。在例3中，我们证明这个随机过程的自相关函数具有下列三角形：

$$R_{XX}(\tau)=\begin{cases} A^2\left(1-\frac{|\tau|}{T}\right), & |\tau|<T \\ 0, & |\tau|\geqslant T \end{cases}$$

于是，这个过程的功率谱密度为

$$S_{XX}(f)=\int_{-T}^{T} A^2\left(1-\frac{|\tau|}{T}\right)\exp(-j2\pi f\tau)\,d\tau$$

利用三角函数的傅里叶变换(参见第2章的表2.2)，可得到

$$S_{XX}(f)=A^2 T\,\mathrm{sinc}^2(fT) \tag{4.51}$$

上式如图4.12所示。从图中可再次发现，功率谱密度对于所有f都是非负的，并且它是f的偶函数。注意到$R_{XX}(0)=A^2$，并且利用功率谱密度的性质2，我们发现在$S_{XX}(f)$下的总面积或者这里描述的随机二进制波形的平均功率为A^2，这凭直觉来讲是令人满意的。

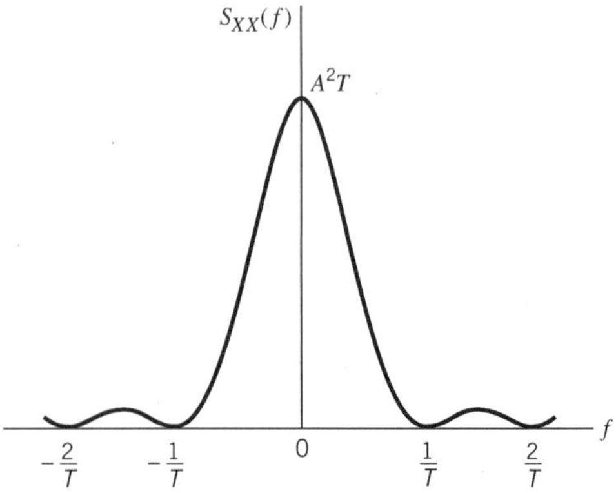

图4.12　随机二进制波形的功率谱密度

式(4.51)的推广

将式(4.51)进行推广，使之具有更加广泛的应用形式是有益的。为此，我们首先注意到一个幅度为 A、持续时间为 T 的矩形脉冲 $g(t)$ 的能量谱密度(即傅里叶变换的幅度的平方)为

$$E_g(f) = A^2T^2 \operatorname{sinc}^2(fT) \tag{4.52}$$

因此，我们可以用 $E_g(f)$ 将式(4.51)简单地表示为

$$S_{XX}(f) = \frac{E_g(f)}{T} \tag{4.53}$$

也就是说，式(4.53)表明：

对于一个随机二进制波形 $X(t)$，其中二进制符号1和0分别表示脉冲 $g(t)$ 和 $-g(t)$，它的功率谱密度 $S_{XX}(f)$ 等于符号成形脉冲 $g(t)$ 的能量谱密度 $E_g(f)$ 除以符号持续时间 T。

例7 随机过程与正弦过程的混合

在实际中经常出现的情况是，将弱平稳过程 $X(t)$ 与一个正弦波 $\cos(2\pi f_c t+\Theta)$ 进行混合(比如相乘)，其中相位 Θ 是在区间 $[0,2\pi]$ 上均匀分布的随机变量。以这种方式添加随机相位 Θ 仅仅是考虑到一个事实，即当 $X(t)$ 和 $\cos(2\pi f_c t+\Theta)$ 来自于独立的物理源时，时间起点是任意选择的，实际情形通常就是这样。我们感兴趣的是，确定出下列随机过程的功率谱密度：

$$Y(t) = X(t)\cos(2\pi f_c t+\Theta) \tag{4.54}$$

利用弱平稳过程的自相关函数的定义，并且注意到随机变量 Θ 是独立于 $X(t)$ 的，我们发现过程 $Y(t)$ 的自相关函数为

$$\begin{aligned}
R_{YY}(\tau) &= \mathbb{E}[Y(t+\tau)Y(t)] \\
&= \mathbb{E}[X(t+\tau)\cos(2\pi f_c t+2\pi f_c\tau+\Theta)X(t)\cos(2\pi f_c t+\Theta)] \\
&= \mathbb{E}[X(t+\tau)x(t)]\mathbb{E}[\cos(2\pi f_c t+2\pi f_c\tau+\Theta)\cos(2\pi f_c t+\Theta)] \\
&= \frac{1}{2}R_{XX}(\tau)\mathbb{E}[\cos(2\pi f_c t)+\cos(4\pi f_c t+2\pi f_c\tau+2\Theta)] \\
&= \frac{1}{2}R_{XX}(\tau)\cos(2\pi f_c t)
\end{aligned} \tag{4.55}$$

由于一个弱平稳过程的功率谱密度是其自相关函数的傅里叶变换，我们可以继续将过程 $X(t)$ 和 $Y(t)$ 的功率谱密度之间的关系表示为

$$S_{YY}(f) = \frac{1}{4}[S_{XX}(f-f_c)+S_{XX}(f+f_c)] \tag{4.56}$$

式(4.56)告诉我们，式(4.54)中定义的随机过程 $Y(t)$ 的功率谱密度可以通过以下方式得到：

将弱平稳过程 $X(t)$ 的功率谱密度 $S_{XX}(f)$ 分别右移 f_c 和左移 f_c，把这两个平移后得到的功率谱相加，再将所得结果除以4，于是可以得到期望的功率谱密度 $S_{YY}(f)$。

输入和输出弱平稳过程的功率谱密度之间的关系

令 $S_{YY}(f)$ 表示输出随机过程 $Y(t)$ 的功率谱密度，它是弱平稳过程 $X(t)$ 经过一个频率响应为 $H(f)$ 的线性时不变滤波器得到的。于是，根据定义可知，弱平稳过程的功率谱密度等于其自相关函数的傅里叶变换，再利用式(4.32)可以得到

$$\begin{aligned}
S_{YY}(f) &= \int_{-\infty}^{\infty} R_{YY}(\tau)\exp(-j2\pi f\tau)\,d\tau \\
&= \int_{-\infty}^{\infty}\int_{-\infty}^{\infty}\int_{-\infty}^{\infty} h(\tau_1)h(\tau_2)R_{XX}(\tau+\tau_1-\tau_2)\exp(-j2\pi f\tau)\,d\tau_1\,d\tau_2\,d\tau
\end{aligned} \tag{4.57}$$

令 $\tau+\tau_1-\tau_2=\tau_0$，或者等效地 $\tau=\tau_0-\tau_1+\tau_2$。将其代入式(4.57)，我们发现 $S_{YY}(f)$ 可以表示为下列三项的乘积：

- 滤波器的频率响应 $H(f)$
- $H(f)$ 的复共轭
- 输入过程 $X(t)$ 的功率谱密度 $S_{XX}(f)$

因此，可以将式(4.57)简化为

$$S_{YY}(f) = H(f)H^*(f)S_{XX}(f) \tag{4.58}$$

由于 $|H(f)|^2=H(f)H^*(f)$，我们最后发现输入和输出过程的功率谱密度之间的关系可以在频域中表示为

$$S_{YY}(f) = |H(f)|^2 S_{XX}(f) \tag{4.59}$$

式(4.59)表明：

输出过程 $Y(t)$ 的功率谱密度等于输入过程 $X(t)$ 的功率谱密度乘以滤波器幅度响应的平方。

于是，利用式(4.59)我们可以确定一个弱平稳过程经过一个稳定线性时不变滤波器以后的效果。从计算角度来看，式(4.59)明显比它的时域对应式(4.32)更容易处理，因为后者涉及自相关函数。

维纳-辛钦定理

讨论到这里以后，一个出现在脑海中的基本问题是：

给定一个函数 $\rho_{XX}(\tau)$，它的自变量是某个时移 τ，我们如何知道 $\rho_{XX}(\tau)$ 是一个弱平稳过程 $X(t)$ 的合理的归一化自相关函数？

这个问题的答案体现在一个定理中，这个定理首先由维纳(1930)证明，然后又被辛钦(1934)所证明。维纳-辛钦定理(Wiener-Khintchine theorem)[4]可以正式表述为：

$\rho_{XX}(\tau)$ 成为一个弱平稳过程 $X(t)$ 的归一化自相关函数的充要条件是，存在一个分布函数 $F_{XX}(f)$ 使得对于时移 τ 的所有可能值，函数 $\rho_{XX}(\tau)$ 都可以根据著名的傅里叶-斯蒂尔切斯定理(Fourier-Stieltjes theorem)来表示，它被定义为

$$\rho_{XX}(\tau) = \int_{-\infty}^{\infty} \exp(j2\pi f\tau)\, dF_{XX}(f) \tag{4.60}$$

式(4.60)中描述的维纳-辛钦定理对于弱平稳过程的理论研究是非常重要的。

回顾式(4.49)中给出的谱分布函数 $F_{XX}(f)$ 的定义，我们可以将积分谱(Integrated spectrum) $dF_{XX}(f)$ 表示为

$$dF_{XX}(f) = p_{XX}(f)\, df \tag{4.61}$$

它可以被理解为在频率区间 $[f, f+df]$ 中包含的 $X(t)$ 的概率。因此，我们将式(4.60)重新写为下列等效形式：

$$\rho_{XX}(\tau) = \int_{-\infty}^{\infty} p_{XX}(f)\exp(j2\pi f\tau)\, df \tag{4.62}$$

它把 $\rho_{XX}(\tau)$ 表示为 $p_{XX}(f)$ 的傅里叶逆变换。在这个时候，我们可以采取下列三个步骤：

1. 将式(4.14)代入式(4.62)左边的 $\rho_{XX}(\tau)$。
2. 将式(4.48)代入式(4.62)右边积分中的 $p_{XX}(\tau)$。
3. 利用4.7节中功率谱密度的性质3。

实施上面三步以后的结果是，式(4.62)可以重新表示为

$$\frac{R_{XX}(\tau)}{R_{XX}(0)} = \int_{-\infty}^{\infty} \frac{S_{XX}(f)}{R_{XX}(0)} \exp(j2\pi f\tau)\, df$$

于是，消除公共项 $R_{XX}(0)$ 以后，可得到

$$R_{XX}(\tau)=\int_{-\infty}^{\infty}S_{XX}(f)\exp(\mathrm{j}2\pi f\tau)\,\mathrm{d}f \tag{4.63}$$

上式正好与式(4.43)相同。因此，我们说基本上两个维纳-辛钦方程都可以从下列两个方法之一得到：

1. 将功率谱密度定义为自相关函数的傅里叶变换，这是首先从式(4.38)得到的。
2. 式(4.60)中描述的维纳-辛钦定理。

4.8 功率谱密度的另一种定义

式(4.38)为弱平稳过程 $X(t)$ 的功率谱密度 $S_{XX}(f)$ 提供了一种定义，即 $S_{XX}(f)$ 是过程 $X(t)$ 的自相关函数 $R_{XX}(\tau)$ 的傅里叶变换。我们是通过计算过程 $Y(t)$ 的均方值(即平均功率)来得到这个定义的，$Y(t)$ 是线性时不变滤波器对一个弱平稳过程 $X(t)$ 的输出响应。在本节中，我们通过直接对过程 $X(t)$ 进行处理来得到功率谱密度的另一种定义。这样推导的定义不仅在数学上令人满意，而且还为解释功率谱密度提供了另一种方法。

于是，考虑一个随机过程 $X(t)$，已知它是弱平稳的。令 $x(t)$ 表示过程 $X(t)$ 的一个样本函数。为了使样本函数具有傅里叶变换，它必须是绝对可积的，即

$$\int_{-\infty}^{\infty}|x(t)|\,\mathrm{d}t<\infty$$

对于持续时间无穷大的任意样本函数 $x(t)$，这个条件都是绝不会被满足的。为了解决这个问题，我们考虑在观测区间 $-T\leqslant t\leqslant T$ 上定义的 $x(t)$ 的一个截短部分，如图 4.13 所示，它可以表示为

$$x_T(t)=\begin{cases}x(t), & -T\leqslant t\leqslant T\\ 0, & 其他\end{cases} \tag{4.64}$$

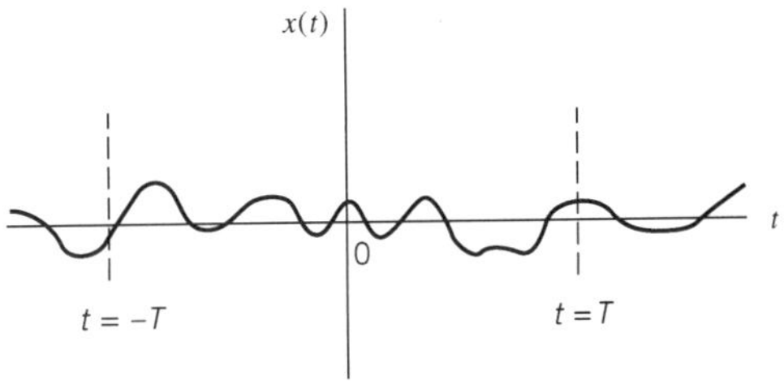

图 4.13 为了具有傅里叶变换，对样本函数 $x(t)$ 进行截短的示意图。真实函数 $x(t)$ 延伸到了虚线所示的观测区间 $(-T,T)$ 以外

显然，截短信号 $x_T(t)$ 具有有限能量，因此它是可以进行傅里叶变换的。令 $X_T(f)$ 表示 $x_T(t)$ 的傅里叶变换，如下列变换对所示：

$$x_T(t)\rightleftharpoons X_T(f)$$

根据上面的变换对，我们可以利用 Rayleigh 能量定理(表 2.1 中的性质 14)写出

$$\int_{-\infty}^{\infty}|x_T(t)|^2\,\mathrm{d}t=\int_{-\infty}^{\infty}|X_T(f)|^2\,\mathrm{d}f$$

由于式(4.64)意味着

$$\int_{-\infty}^{\infty}|x_T(t)|^2\,\mathrm{d}t=\int_{-T}^{T}|x(t)|^2\,\mathrm{d}t$$

我们也可以将 Rayleigh 能量定理应用到现在的问题，得到

$$\int_{-T}^{T}|x(t)|^2\,\mathrm{d}t=\int_{-\infty}^{\infty}|X_T(f)|^2\,\mathrm{d}f \tag{4.65}$$

式(4.65)两边都基于过程 $X(t)$ 的一个实现，当我们从过程 $X(t)$ 的一个样本函数变为另一个样本函数时，它们都容易产生数值变化(即不稳定性)。为了解决这个困难，我们对式(4.65)取总体平均，于是写出

$$\mathbb{E}\left[\int_{-T}^{T}|x(t)|^2\right]\mathrm{d}t=\mathbb{E}\left[\int_{-\infty}^{\infty}|X_T(f)|^2\right]\mathrm{d}f \tag{4.66}$$

在式(4.66)中有两个基于能量的量。然而在弱平稳过程 $X(t)$ 中，有具有某种有限功率的过程。为了正确处理，我们将式(4.66)两边同时乘以比例因子 $1/(2T)$，然后随着观测区间 T 趋近于无穷大，

对该方程取极限形式。这样可以得到

$$\lim_{T\to\infty}\frac{1}{2T}\mathbb{E}\left[\int_{-T}^{T}|x(t)|^2\,\mathrm{d}t\right]=\lim_{T\to\infty}\mathbb{E}\left[\int_{-\infty}^{\infty}\frac{|X_T(f)|^2}{2T}\,\mathrm{d}f\right] \tag{4.67}$$

式(4.67)左边的量现在可以认为是过程 $X(t)$ 的平均功率，记为 P_{av}，它可以应用于过程 $X(t)$ 的全部可能的样本函数。于是，可以将式(4.67)重新写为下列等效形式：

$$P_{\text{av}}=\lim_{T\to\infty}\mathbb{E}\left[\int_{-\infty}^{\infty}\frac{|X_T(f)|^2}{2T}\,\mathrm{d}f\right] \tag{4.68}$$

在式(4.68)中，我们发现有两个非常有趣的数学运算：

1. 关于频率 f 的积分运算。
2. 关于总观测区间 $2T$ 的极限运算，接着再取总体平均。

这两个运算综合起来，得到一个统计稳定的量，被定义为 P_{av}。因此，允许我们把式(4.68)右边的两个运算交换顺序，重新将这个等式写为下列期望的形式：

$$P_{\text{av}}=\int_{-\infty}^{\infty}\left\{\lim_{T\to\infty}\mathbb{E}\left[\frac{|X_T(f)|^2}{2T}\right]\right\}\mathrm{d}f \tag{4.69}$$

得到式(4.69)以后，现在可以将功率谱密度的另一个定义用公式表示为[5]

$$S_{XX}(f)=\lim_{T\to\infty}\mathbb{E}\left[\frac{|X_T(f)|^2}{2T}\right] \tag{4.70}$$

这个新的定义可以解释如下：

$S_{XX}(f)\,\mathrm{d}f$ 是弱平稳过程 $X(t)$ 中频率从 f 到 $f+\mathrm{d}f$ 的分量对总功率的平均贡献，并且这个平均是根据过程 $X(t)$ 的所有可能的实现来得到的。

如果将式(4.70)代入式(4.68)，功率谱密度的这种新解释会更加令人满意，此时可以得到

$$P_{\text{av}}=\int_{-\infty}^{\infty}S_{XX}(f)\,\mathrm{d}f \tag{4.71}$$

可以立即发现上式是功率谱密度的性质 3[即式(4.45)]的另一种描述方法。读者可以根据习题 4.8 中式(4.70)的定义，对功率谱密度的其他性质进行证明。

最后还有一点必须特别注意：在式(4.70)给出的功率谱密度的定义中，在取期望运算之前，不允许令观测区间 T 趋近于无穷大。换句话说，这两个运算的顺序是不能交换的。

4.9 互谱密度

正如功率谱密度为单个弱平稳过程的频率分布提供了一种度量一样，互谱密度也为两个这种过程之间的频率相互关系提供了一种度量。具体而言，令 $X(t)$ 和 $Y(t)$ 为两个联合弱平稳过程，它们的互相关函数记为 $R_{XY}(\tau)$ 和 $R_{YX}(\tau)$。我们将这对过程的互谱密度(Cross-spectral densities) $S_{XY}(f)$ 和 $S_{YX}(f)$ 分别定义为其互相关函数的傅里叶变换，如下所示：

$$S_{XY}(f)=\int_{-\infty}^{\infty}R_{XY}(\tau)\exp(-\mathrm{j}2\pi f\tau)\,\mathrm{d}\tau \tag{4.72}$$

和

$$S_{YX}(f)=\int_{-\infty}^{\infty}R_{YX}(\tau)\exp(-\mathrm{j}2\pi f\tau)\,\mathrm{d}\tau \tag{4.73}$$

互相关函数和互谱密度构成了两个傅里叶变换对。因此，利用傅里叶逆变换公式，我们也可以分别写出

$$R_{XY}(\tau)=\int_{-\infty}^{\infty}S_{XY}(f)\exp(\mathrm{j}2\pi f\tau)\,\mathrm{d}f \tag{4.74}$$

和

$$R_{YX}(\tau) = \int_{-\infty}^{\infty} S_{YX}(f) \exp(j2\pi f\tau)\, df \tag{4.75}$$

互谱密度 $S_{XY}(f)$ 和 $S_{YX}(f)$ 不一定是频率 f 的实函数。然而，将下列关系(即自相关函数的性质 2)

$$R_{XY}(\tau) = R_{YX}(-\tau)$$

代入式(4.72)，然后再利用式(4.73)，可发现 $S_{XY}(f)$ 和 $S_{YX}(f)$ 的关系如下：

$$S_{XY}(f) = S_{YX}(-f) = S_{YX}^{*}(f) \tag{4.76}$$

其中，星号(*)表示复共轭。

例 8　两个弱平稳过程的求和

假设随机过程 $X(t)$ 和 $Y(t)$ 都为零均值，将它们的求和表示为

$$Z(t) = X(t) + Y(t)$$

问题是确定出过程 $Z(t)$ 的功率谱密度。

$Z(t)$ 的自相关函数由下列二阶矩给出：

$$\begin{aligned} M_{ZZ}(t,u) &= \mathbb{E}[Z(t)Z(u)] \\ &= \mathbb{E}[(X(t)+Y(t))(X(u)+Y(u))] \\ &= \mathbb{E}[X(t)X(u)] + \mathbb{E}[X(t)Y(u)] + \mathbb{E}[Y(t)X(u)] + \mathbb{E}[Y(t)Y(u)] \\ &= M_{XX}(t,u) + M_{XY}(t,u) + M_{YX}(t,u) + M_{YY}(t,u) \end{aligned}$$

定义 $\tau=t-u$，并且假设这两个过程是联合弱平稳的，我们可以继续写出

$$R_{ZZ}(\tau) = R_{XX}(\tau) + R_{XY}(\tau) + R_{YX}(\tau) + R_{YY}(\tau) \tag{4.77}$$

因此，对式(4.77)两边取傅里叶变换，得到

$$S_{ZZ}(f) = S_{XX}(f) + S_{XY}(f) + S_{YX}(f) + S_{YY}(f) \tag{4.78}$$

上式表明，互谱密度 $S_{XY}(f)$ 和 $S_{YX}(f)$ 代表为了得到一对相关弱平稳过程的求和的功率谱密度，必须在它们各自的功率谱密度上增加的频谱分量。

当平稳过程 $X(t)$ 和 $Y(t)$ 不相关时，互谱密度 $S_{XY}(f)$ 和 $S_{YX}(f)$ 为零，在这种情况下，式(4.78)退化为

$$S_{ZZ}(f) = S_{XX}(f) + S_{YY}(f) \tag{4.79}$$

我们可以将上述后面的结果推广表述为：

当多个零均值弱平稳过程彼此互不相关时，它们之和的功率谱密度等于其各个功率谱密度之和。

例 9　两个联合弱平稳过程的滤波

下面考虑将两个联合弱平稳过程经过一对分离的、稳定线性时不变滤波器，如图 4.14 所示。随机过程 $X(t)$ 是冲激响应为 $h_1(t)$ 的滤波器的输入，随机过程 $Y(t)$ 是冲激响应为 $h_2(t)$ 的滤波器的输入。令 $V(t)$ 和 $Z(t)$ 分别为两个滤波器的输出过程。于是，输出过程 $V(t)$ 和 $Z(t)$ 的互相关函数可以用二阶矩定义为

$$\begin{aligned} M_{VZ}(t,u) &= \mathbb{E}[V(t)Z(u)] \\ &= \mathbb{E}\left[\int_{-\infty}^{\infty} h_1(\tau_1)X(t-\tau_1)\,d\tau_1 \int_{-\infty}^{\infty} h_2(\tau_2)Y(u-\tau_2)\,d\tau_2\right] \\ &= \int_{-\infty}^{\infty}\int_{-\infty}^{\infty} h_1(\tau_1)h_2(\tau_2)\mathbb{E}[X(t-\tau_1)Y(u-\tau_2)]\,d\tau_1\,d\tau_2 \\ &= \int_{-\infty}^{\infty}\int_{-\infty}^{\infty} h_1(\tau_1)h_2(\tau_2)M_{XY}(t-\tau_1, u-\tau_2)\,d\tau_1\,d\tau_2 \end{aligned} \tag{4.80}$$

其中，$M_{XY}(t,u)$是$X(t)$和$Y(t)$的互相关函数。因为根据假设已知输入随机过程是联合弱平稳的，可以令$\tau=t-u$，于是将式(4.80)重写为

$$R_{VZ}(\tau)=\int_{-\infty}^{\infty}\int_{-\infty}^{\infty}h_1(\tau_1)h_2(\tau_2)R_{XY}(\tau-\tau_1+\tau_2)\,\mathrm{d}\tau_1\,\mathrm{d}\tau_2 \tag{4.81}$$

对式(4.81)两边同时取傅里叶变换，采用与推导式(4.39)相类似的方法，最后得到

$$S_{VZ}(f)=H_1(f)H_2^*(f)S_{XY}(f) \tag{4.82}$$

其中，$H_1(f)$和$H_2(f)$是图4.14中两个滤波器的频率响应，$H_2^*(f)$是$H_2(f)$的复共轭。这就是我们所期望的输出过程的互谱密度与输入过程的互谱密度之间的关系。需要注意的是，式(4.82)包含了式(4.59)这种特殊情形。

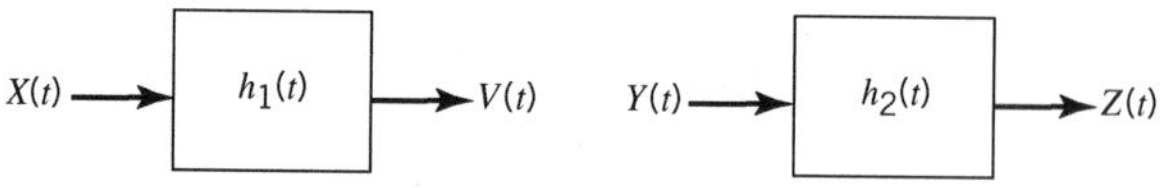

图4.14　一对分离的线性时不变滤波器

4.10　泊松过程

在讨论了随机过程理论的基础知识以后，现在把注意力转到通信系统学习中经常遇到的各种随机过程。首先讨论泊松过程[6]，它是处理随机事件发生的计数问题的最简单过程。

比如，考虑事件发生在随机时刻的情形，使得每秒钟的平均事件率(Average rate of event)等于λ。这种随机过程的取样路径如图4.15所示，其中τ_i表示第i个事件的发生时间，其中$i=1,2,\cdots$。令$N(t)$为在时间区间$[0,t]$内发生的事件个数。正如图4.15所显示的，我们发现$N(t)$是一个非减、整数值的连续过程。令$p_{k,\tau}$表示在一个时间段τ期间正好有k个事件发生的概率，即

$$p_{k,\tau}=\mathbb{P}[N(t,t+\tau)=k] \tag{4.83}$$

在此基础上，我们现在可以将泊松过程正式定义如下：

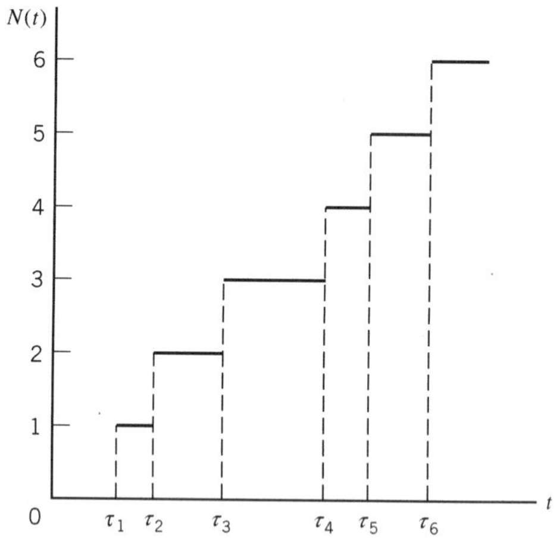

图4.15　一个泊松计数过程的样本函数

如果一个随机计数过程满足下列三个基本性质，则它被称为平均率为λ的泊松过程。

性质1：时间齐次性

对于持续时间同为τ的所有时间段，k个事件发生的概率$p_{k,\tau}$都相同。

性质1的本质是，在所有时刻事件的发生都具有相同的可能性。

性质2：分布函数

在间隔$[0,t]$内发生的事件数$N_{0,t}$具有一个均值为λt的分布函数，它被定义为

$$\mathbb{P}[N(t)=k]=\frac{(\lambda t)^k}{k!}\exp(-\lambda t),\qquad k=0,1,2,\cdots \tag{4.84}$$

也就是说，事件发生之间的时间是指数分布的。

从第3章可知，这个分布是泊松分布(Poisson distribution)。正是因为这个原因，$N(t)$被称为泊松过程(Poisson process)。

性质 3：独立性

在不重叠的时间段内发生的事件数是统计独立的，无论这段时间有多短还是多长，也无论它们之间的距离有多近还是多远。

性质 3 是泊松过程最突出的性质。为了说明这个性质的重要性，令$[t_i, u_i]$表示在$[0, \infty]$范围内的 k 个不相交的时间段，其中 $i=1,2,\cdots,k$。于是，我们可以写出

$$\mathbb{P}[N(t_1,u_1)=n_1;N(t_2,u_2)=n_2;\ldots;N(t_k,u_k)\ =\ t_k]=\prod_{i=1}^{k}\mathbb{P}[N(t_i,u_i)=n_i] \tag{4.85}$$

从上述讨论中需要明确的要点是，这三个性质给出了泊松过程的完整特征。

比如，这种随机过程会出现在一种特殊噪声的统计特征中，这种噪声被称为电子设备(如二极管和晶体管)中的散粒噪声(Shot noise)，它是由电流的离散特性引起的。

4.11　高斯过程

第二个感兴趣的随机过程是高斯过程(Gaussian process)，它是建立在第 3 章中讨论的高斯分布基础上的。高斯过程是到目前为止在通信系统学习中最常见的随机过程。我们这样讲是源于两个原因：它具有实际上的可应用性和数学上的易处理性[7]。

假设我们在从 $t=0$ 时刻开始到 $t=T$ 时刻结束的时间段里对随机过程 $X(t)$ 进行观测。再假设我们用某个函数 $g(t)$ 对过程 $X(t)$ 进行加权，然后在观测间隔$[0,T]$内对乘积 $g(t)X(t)$ 进行积分，从而得到下列随机变量：

$$Y=\int_0^T g(t)X(t)\,\mathrm{d}t \tag{4.86}$$

我们把 Y 称为 $X(t)$ 的线性泛函(Linear functional)。需要特别注意函数和泛函的区别。比如，求和 $Y=\sum_{i=1}^{N}a_iX_i$ 是 X_i 的线性函数，其中 a_i 为常数，并且 X_i 为随机变量。对于观测到的随机变量 X_i 的值构成的每个集合，我们都有一个随机变量 Y 的对应值。另一方面，式(4.86)中随机变量 Y 的值取决于从 0 到 T 的整个观测区间内被积函数(Integrand function) $g(t)X(t)$ 的过程。因此，泛函是一个取决于一个或者多个函数的整个过程的量，而不是取决于多个离散变量。换句话说，泛函的定义域是一个容许函数的空间，而不是坐标空间中的一个区域。

如果在式(4.86)中，加权函数 $g(t)$ 使得随机变量 Y 的均方值是有限的，并且对于这类函数中的每个 $g(t)$，随机变量 Y 都是一个高斯分布的(Gaussian-distributed)随机变量，则过程 $X(t)$ 被称为一个高斯过程(Gaussian process)。也就是说，我们可以概括为：

如果过程 $X(t)$ 的每个线性泛函都是一个高斯随机变量，则它被称为是一个高斯过程。

从第 3 章中可知，随机变量 Y 具有高斯分布的条件是，其概率密度函数具有下列形式：

$$f_Y(y)=\frac{1}{\sqrt{2\pi}\,\sigma}\exp\left(-\frac{(y-\mu)^2}{2\sigma^2}\right) \tag{4.87}$$

其中，μ 为均值，σ^2 为随机变量 Y 的方差。高斯过程 $X(t)$ 在某个固定时刻 t_k 采样得到的分布满足式(4.87)。

从理论和实际的观点来看，高斯过程主要有下列两个优点：

1. 高斯过程具有的许多性质使得到解析结果成为可能。我们后面将在本节中对这些性质进行讨论。
2. 高斯模型通常适用于物理现象产生的随机过程。并且采用高斯模型描述物理现象也经常得到实验的证实。最后但并非最不重要的一点是，中心极限定理(在第 3 章中已经讨论)也为高斯分布提供了数学依据。

因此，频繁出现的适用于高斯模型的物理现象以及高斯过程很容易进行数学处理等优点，使得高斯过程在通信系统的学习中是非常重要的。

高斯过程的性质

性质 1：线性滤波

如果将一个高斯过程 $X(t)$ 应用于稳定线性滤波器，则在滤波器输出端得到的随机过程 $Y(t)$ 也是高斯过程。

利用基于式(4.86)的高斯过程的定义很容易导出这个性质。考虑如图 4.8 所示的情形，其中线性时不变滤波器的冲激响应是 $h(t)$，输入是随机过程 $X(t)$，输出是随机过程 $Y(t)$。假设 $X(t)$ 是一个高斯过程。$Y(t)$ 与 $X(t)$ 通过下列卷积积分相联系：

$$Y(t) = \int_0^T h(t-\tau)X(\tau)\,\mathrm{d}\tau, \qquad 0 \leqslant t < \infty \tag{4.88}$$

假设冲激响应 $h(t)$ 使得输出随机过程 $Y(t)$ 的均方值对于 $0 \leqslant t < \infty$ 范围内的所有时间 t 都是有限的，这个范围是过程 $Y(t)$ 的定义域。为了证明输出过程 $Y(t)$ 是高斯过程，我们必须证明它的任意线性泛函也是一个高斯随机变量。也就是说，如果定义下列随机变量：

$$Z = \int_0^\infty g_Y(t)\left[\int_0^T h(t-\tau)X(\tau)\,\mathrm{d}\tau\right]\mathrm{d}t \tag{4.89}$$

则对于每个函数 $g_Y(t)$，Z 都必须是一个高斯随机变量，使得 Z 的均方值是有限的。对式(4.89)右边执行的两个运算都是线性的，因此允许交换积分顺序，得到

$$Z = \int_0^T g(t)X(\tau)\,\mathrm{d}\tau \tag{4.90}$$

其中，新函数为

$$g(\tau) = \int_0^T g_Y(t)h(t-\tau)\,\mathrm{d}\tau \tag{4.91}$$

由于根据假设 $X(t)$ 是一个高斯过程，因此从式(4.91)可知 Z 也必须是一个高斯随机变量。于是，我们已经证明了如果一个线性滤波器的输入 $X(t)$ 是一个高斯过程，则输出 $Y(t)$ 也是一个高斯过程。然而，需要注意的是，尽管我们在证明时假设是一个时不变线性滤波器，但对于任意稳定线性滤波器而言，这个性质也是成立的。

性质 2：多变量分布

考虑一组随机变量 $X(t_1), X(t_2), \cdots, X(t_n)$，它们是通过在 $t_1, t_2, \cdots, t_n$ 时刻采样随机过程 $X(t)$ 得到的。如果过程 $X(t)$ 是高斯过程，则这组随机变量对于任意 n 而言都是联合高斯变量，并且可以通过规定一组均值

$$\mu_{X(t_i)} = \mathbb{E}[X(t_i)], \qquad i = 1, 2, \cdots, n \tag{4.92}$$

和一组协方差函数

$$C_X(t_k, t_i) = \mathbb{E}[(X(t_k) - \mu_{X(t_k)})(X(t_i) - \mu_{X(t_i)})], \qquad k, i = 1, 2, \cdots, n \tag{4.93}$$

来完全确定出它们的 n 重联合概率密度函数。

令 $n \times 1$ 维向量 $\boldsymbol{X}$ 表示在 $t_1, t_2, \cdots, t_n$ 时刻采样高斯过程 $X(t)$ 得到的一组随机变量 $X(t_1), X(t_2), \cdots, X(t_n)$。令向量 $\boldsymbol{x}$ 表示 $\boldsymbol{X}$ 的一个样本值。按照性质 2，随机向量 $\boldsymbol{X}$ 具有多变量高斯分布(Multivariate Gaussian distribution)，它以矩阵形式被定义为

$$f_{X(t_1), X(t_2), \cdots, X(t_n)}(x_1, x_2, \cdots, x_n) = \frac{1}{(2\pi)^{n/2}\Delta^{1/2}}\exp\left[-\frac{1}{2}(\boldsymbol{x}-\boldsymbol{\mu})^{\mathrm{T}}\boldsymbol{\Sigma}^{-1}(\boldsymbol{x}-\boldsymbol{\mu})\right] \tag{4.94}$$

其中，上标 T 表示矩阵转置，均值向量为

$$\boldsymbol{\mu} = [\mu_1, \mu_2, \cdots, \mu_n]^{\mathrm{T}}$$

和协方差阵为

$$\boldsymbol{\Sigma}=\{C_X(t_k,t_i)\}_{k,i=1}^{n}$$

$\boldsymbol{\Sigma}^{-1}$是协方差阵$\boldsymbol{\Sigma}$的逆，以及Δ是协方差阵$\boldsymbol{\Sigma}$的行列式。

性质2经常被用于高斯过程的定义。然而，在评估滤波对高斯过程的影响时，这个定义比基于式(4.86)的定义更难运用。

还需注意的是，协方差矩阵$\boldsymbol{\Sigma}$是一个对称非负定矩阵。对于一个非退化高斯过程而言，$\boldsymbol{\Sigma}$是正定的，在这种情况下协方差阵是可逆的。

性质3：平稳性

如果一个高斯过程是弱平稳的，则它也是严格平稳的。

这个性质可以根据性质2直接得到。

性质4：独立性

如果在$t_1,t_2,\cdots,t_n$时刻对一个高斯过程$X(t)$分别采样得到的随机变量$X(t_1),X(t_2),\cdots,X(t_n)$是不相关的，即

$$\mathbb{E}[(X(t_k)-\mu_{X(t_k)})(X(t_i)-\mu_{X(t_i)})]=0,\quad i\neq k \tag{4.95}$$

则这些随机变量是统计独立的。

$X(t_1),X(t_2),\cdots,X(t_n)$之间的不相关性意味着协方差阵$\boldsymbol{\Sigma}$退化为一个对角矩阵，如下所示：

$$\boldsymbol{\Sigma}=\begin{bmatrix}\sigma_1^2 & & \mathbf{0}\\ & \ddots & \\ \mathbf{0} & & \sigma_n^2\end{bmatrix} \tag{4.96}$$

其中，**0**表示值全部为零的两组元素，对角项为

$$\sigma_i^2=\mathbb{E}[X(t_i)-\mathbb{E}[X(t_i)]]^2,\quad i=1,2,\cdots,n \tag{4.97}$$

在这种特殊条件下，式(4.94)描述的多变量高斯分布可以简化为

$$f_{\boldsymbol{X}}(\boldsymbol{x})=\prod_{i=1}^{n}f_{X_i}(x_i) \tag{4.98}$$

其中$X_i=X(t_i)$，并且

$$f_{X_i}(x_i)=\frac{1}{\sqrt{2\pi}\,\sigma_i}\exp\left[-\frac{(x_i-\mu_{X_i})^2}{2\sigma_i^2}\right],\quad i=1,2,\cdots,n \tag{4.99}$$

也就是说，如果高斯随机变量$X(t_1),X(t_2),\cdots,X(t_n)$是不相关的，则它们是统计独立的，相应地，这意味着这组随机变量的联合概率密度函数可以表示为该集合中各个随机变量的概率密度函数的乘积。

4.12 噪声

“噪声”(noise)这个词习惯上用于表示那些对通信系统中信号的传输和处理产生妨碍的不需要的信号，并且对于这种信号我们还不能完全控制。实际上，我们发现在一个通信系统中，存在着很多潜在的噪声源。这些噪声源可能是系统外部的(如大气噪声、银河噪声、人为噪声等)，也可能是系统内部的。第二类噪声源包括一类重要的噪声，它们来自于所有电子线路中电流的自然起伏(Spontaneous fluctuation)现象。在物理领域，自发波动现象最普通的例子是散粒噪声，正如4.10节中所指出的，它是因为电子设备中电流的离散特性产生的。另一个例子是温度噪声(Thermal noise)，它是由于导体中电子的随机运动产生的[8]。然而，就我们关心的通信系统的噪声分析而言，无论它们是模拟的还是数字的，分析都习惯于建立在一种被称为白噪声的噪声源基础上，下面对其进行讨论。

白噪声

这种噪声源是理想化的，因为它的功率谱密度被假设为恒定的，所以它独立于工作频率。采用形容词“白色”是从白光在电磁辐射的可见光频带内包含的所有频率的量都相同这个意义上来讲的。于是，我们可以叙述如下：

白噪声 $W(t)$ 是一个平稳过程，它的功率谱密度 $S_W(f)$ 在整个频率区间 $-\infty<f<\infty$ 内具有恒定值。

显然，白噪声只有作为一种抽象的数学概念时才具有意义，这是因为恒定的功率谱密度对应于一个无界的频谱分布函数，因此具有无穷的平均功率，这在物理上是不可实现的。然而，白噪声的用处在通信理论学习中得到了验证，因为它被用于接收机前端信道噪声(Channel noise)的模型。通常而言，接收机包括一个滤波器，它的频率响应在某个有限值的频带以外基本为零。因此，当把白噪声用于这种接收机的模型时，没有必要描述功率谱密度 $S_{WW}(f)$ 在接收机的有用频带以外是如何降低的[9]。

令

$$S_{WW}(f)=\frac{N_0}{2},\quad 任意 f \tag{4.100}$$

如图 4.16(a)所示。由于按照维纳-辛钦关系，自相关函数是功率谱密度的傅里叶逆变换，因此白噪声的自相关函数为

$$R_{WW}(\tau)=\frac{N_0}{2}\delta(\tau) \tag{4.101}$$

所以，白噪声的自相关函数是由 δ 函数被因子 $N_0/2$ 加权后形成的，并且在时移 $\tau=0$ 位置出现，如图 4.16(b)所示。

由于 $\tau\neq 0$ 时，$R_{WW}(\tau)$ 为零，所以白噪声的任意两个不同样本都是不相关的，无论这两个样本在时间上有多近。如果白噪声是高斯的，则根据高斯过程的第 4 个性质可知，这两个样本也是统计独立的。从某种意义上讲，高斯白噪声代表了终极“随机性”。

白噪声在通信系统噪声分析中的作用类似于冲激函数或者 δ 函数在线性系统分析中的作用。

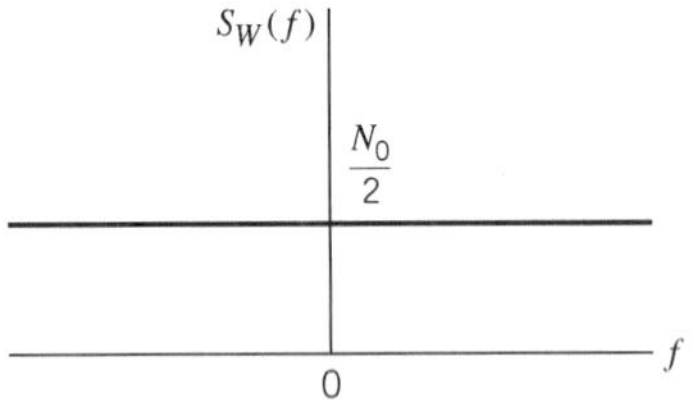

(a) 功率谱密度

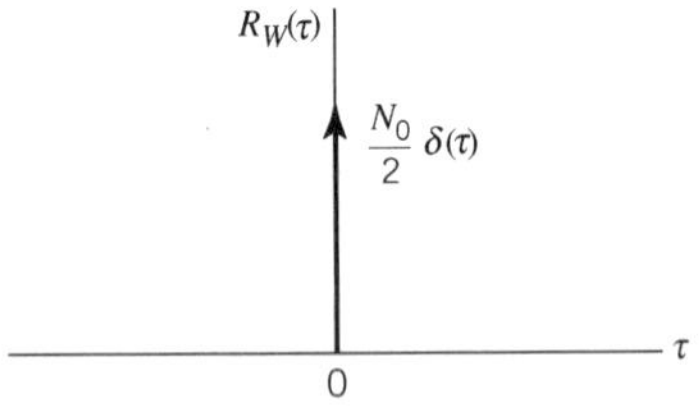

(b) 自相关函数

图 4.16 白噪声的特征

正如我们只能在脉冲通过一个带宽有限的线性系统以后才能观察它的影响一样，白噪声也只能在通过类似系统之后，它的影响才能被观察到。因此我们可以说：

只要系统输入端的噪声过程的带宽略微大于系统本身的带宽，我们就可以用白噪声模型表示这个噪声过程。

▷

例 10 理想低通滤波后的白噪声

假设将一个功率谱密度为 $N_0/2$ 的零均值高斯白噪声应用于一个理想低通滤波器，滤波器的带宽为 B，其通带幅度响应为 1。于是，如图 4.17(a)所示，在滤波器输出端出现的噪声 $N(t)$ 的功率谱密度为

$$S_{NN}(f)=\begin{cases}\dfrac{N_0}{2}, & -B<f<B\\ 0, & |f|>B\end{cases} \tag{4.102}$$

由于自相关函数是功率谱密度的傅里叶逆变换，可以得到

$$\begin{aligned}R_{NN}(\tau)&=\int_{-B}^{B}\frac{N_0}{2}\exp(\mathrm{j}2\pi f\tau)\,\mathrm{d}f\\&=N_0B\,\mathrm{sinc}(2B\tau)\end{aligned} \tag{4.103}$$

它对 τ 的依赖性如图 4.17(b)所示。从图中可以发现，$R_{NN}(\tau)$ 在原点出现最大值 N_0B，并且它在 $\tau=\pm k/(2B)$ 位置穿过零，其中 $k=1,2,3,\cdots$。

由于输入噪声 $W(t)$ 是高斯的(根据假设)，因此在滤波器输出端的带限噪声 $N(t)$ 也是高斯的。于是，假设以每秒 $2B$ 次的速度对 $N(t)$ 进行采样，则从图 4.17(b)可以发现，得到的噪声样本是不相关的，并且由于其高斯性，所以它们也是统计独立的。因此，以这种方式得到的一组噪声样本的联合概率密度函数等于各个概率密度函数的乘积。注意到每个这样的噪声样本都具有零均值，并且方差都为 N_0B。

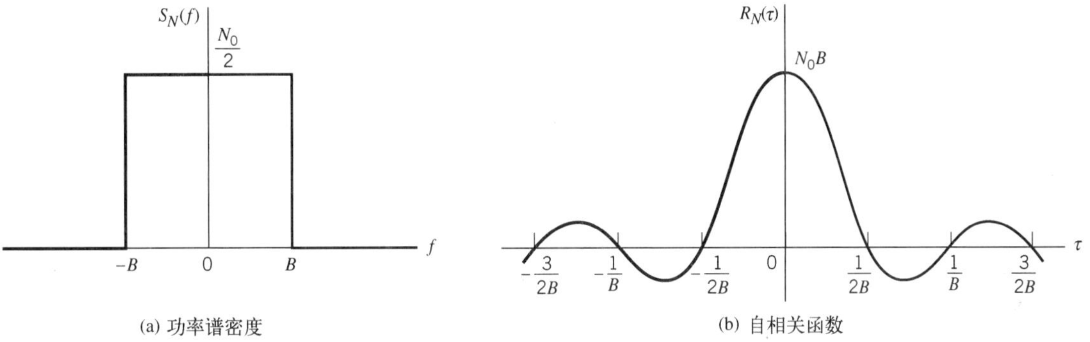

图 4.17　低通滤波后白噪声的特征

例 11　白噪声与正弦波的相关性

考虑下列样本函数

$$w'(t)=\sqrt{\frac{2}{T}}\int_0^T w(t)\cos(2\pi f_c t)\,\mathrm{d}t \tag{4.104}$$

它是一个相关器的输出，相关器的两个输入分别是高斯白噪声样本函数 $w(t)$ 和正弦波 $\sqrt{2/T}\cos(2\pi f_c t)$，在式(4.104)中包含比例因子 $\sqrt{2/T}$ 是为了使正弦波输入在区间 $0\leqslant t\leqslant T$ 内具有单位能量。由于 $w(t)$ 具有零均值，因此可以直接得到相关器输出 $w'(t)$ 也具有零均值。于是，相关器输出的方差为

$$\begin{aligned}\sigma_{W'}^2&=\mathbb{E}\left[\frac{2}{T}\int_0^T\int_0^T w(t_1)\cos(2\pi f_c t_1)w(t_2)\cos(2\pi f_c t_2)\,\mathrm{d}t_1\,\mathrm{d}t_2\right]\\&=\frac{2}{T}\int_0^T\int_0^T\mathbb{E}[w(t_1)w(t_2)]\cos(2\pi f_c t_1)\cos(2\pi f_c t_2)\,\mathrm{d}t_1\,\mathrm{d}t_2\\&=\frac{2}{T}\int_0^T\int_0^T\frac{N_0}{2}\delta(t_1-t_2)\cos(2\pi f_c t_1)\cos(2\pi f_c t_2)\,\mathrm{d}t_1\,\mathrm{d}t_2\end{aligned} \tag{4.105}$$

在上式最后一行中，我们利用了式(4.101)中的结果。现在，利用 δ 函数的筛选性质，即

$$\int_{-\infty}^{\infty}g(t)\delta(t)\,\mathrm{d}t=g(0) \tag{4.106}$$

其中，$g(t)$是连续时间函数，在$t=0$时的值为$g(0)$。因此，可以将噪声方差的表达式进一步简化为

$$\begin{aligned}\sigma_{W'}^2 &= \frac{N_0}{2}\frac{2}{T}\int_{-T}^{T}\cos^2(2\pi f_c t)\,dt \\ &= \frac{N_0}{2T}\int_0^T[1+\cos(4\pi f_c t)]\,dt \qquad (4.107) \\ &= \frac{N_0}{2}\end{aligned}$$

在上式最后一行中，为了数学上方便，假设正弦波输入的频率f_c是T的倒数的整数倍。

4.13 窄带噪声

通信系统的接收机通常包括一些装置来对接收信号进行预处理(Preprocessing)。一般而言，预处理采用窄带滤波器(Narrowband filter)的形式，其带宽正好足够大，以使接收信号的调制分量无失真通过，而限制信道噪声通过接收机。在这种滤波器输出端出现的噪声过程被称为窄带噪声(Narrowband noise)。由于窄带噪声的频谱分量集中在频带中心频率$\pm f_c$周围，如图4.18(a)所示，我们发现这种过程的样本函数$n(t)$看起来有点类似于频率为f_c的正弦波。因此，样本函数$n(t)$的幅度和相位都会慢慢起伏变化，如图4.18(b)所示。

下面考虑在窄带滤波器输出端产生的$n(t)$，它是一个高斯白噪声过程的样本函数$w(t)$的响应，作为滤波器输入的这个高斯过程具有零均值、单位功率谱密度。$w(t)$和$n(t)$分别是过程$W(t)$和$N(t)$的样本函数。令$H(f)$表示滤波器的传输函数。于是，可以用$H(f)$将噪声$N(t)$的功率谱密度$S_N(f)$表示为

$$S_{NN}(f) = |H(f)|^2 \qquad (4.108)$$

基于上述等式，我们现在可以得到下列结论：

在实际中遇到的任何窄带噪声都可以采用式(4.108)描述的方式，将一个白噪声应用于一个适当的滤波器来建模。

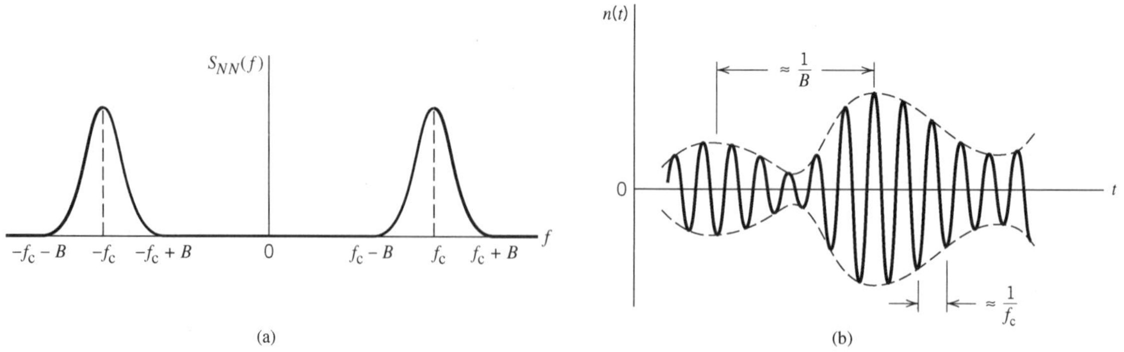

图4.18 (a)窄带噪声的功率谱密度；(b)窄带噪声的样本函数

在本节中，我们希望采用与2.10节中描述窄带信号相类似的方式，通过同相分量和正交分量来表示窄带噪声$n(t)$。这里给出的推导过程是基于预包络思想和相关概念得到的，它们在第2章关于信号与系统的傅里叶分析时已经讨论过了。

令$n_+(t)$和$\tilde{n}(t)$分别表示窄带噪声$n(t)$的预包络和复包络。假设$n(t)$的功率谱是以频率f_c为中心的。于是，可以写出

$$n_+(t) = n(t) + j\hat{n}(t) \qquad (4.109)$$

和

$$\hat{n}(t) = n_+(t)\exp(-j2\pi f_c t) \tag{4.110}$$

其中，$\hat{n}(t)$是$n(t)$的希尔伯特变换。复包络$\tilde{n}(t)$本身可以表示为

$$\tilde{n}(t) = n_I(t) + jn_Q(t) \tag{4.111}$$

于是，将式(4.109)~式(4.111)结合起来，我们发现窄带噪声$n(t)$的同相分量$n_I(t)$和正交分量$n_Q(t)$分别为

$$n_I(t) = n(t)\cos(2\pi f_c t) + \hat{n}(t)\sin(j2\pi f_c t) \tag{4.112}$$

和

$$n_Q(t) = \hat{n}(t)\cos(2\pi f_c t) - n(t)\sin(2\pi f_c t) \tag{4.113}$$

消除式(4.112)和式(4.113)之间的$\hat{n}(t)$，可以得到表示窄带噪声$n(t)$的正则形式(Canonical form)，如下所示：

$$n(t) = n_I(t)\cos(2\pi f_c t) - n_Q(t)\sin(2\pi f_c t) \tag{4.114}$$

利用式(4.112)~式(4.114)，可以推导出窄带噪声的同相分量和正交分量的一些重要性质，接下来对其进行讨论。

性质1：窄带噪声$n(t)$的同相分量$n_I(t)$和正交分量$n_Q(t)$都具有零均值。

为了证明这个性质，首先观察到噪声$\hat{n}(t)$是$n(t)$经过一个线性滤波器(即希尔伯特变换器)得到的。因此，$\hat{n}(t)$将具有零均值，这是由于$n(t)$根据其窄带特性是具有零均值的。另外，从式(4.112)和式(4.113)可以发现，$n_I(t)$和$n_Q(t)$是$n(t)$和$\hat{n}(t)$的加权求和。因此可知同相分量$n_I(t)$和正交分量$n_Q(t)$都具有零均值。

性质2：如果窄带噪声$n(t)$是高斯过程，则它的同相分量$n_I(t)$和正交分量$n_Q(t)$是联合高斯过程。

为了证明这个性质，我们观察到$\hat{n}(t)$是通过线性滤波运算从$n(t)$得到的。因此，如果$n(t)$是高斯过程，则希尔伯特变换$\hat{n}(t)$也是高斯过程，并且$n(t)$和$\hat{n}(t)$还是联合高斯过程。于是可知同相分量$n_I(t)$和正交分量$n_Q(t)$是联合高斯的，这是由于它们是联合高斯过程的加权求和。

性质3：如果窄带噪声$n(t)$是弱平稳过程，则它的同相分量$n_I(t)$和正交分量$n_Q(t)$是联合弱平稳过程。

如果$n(t)$是弱平稳的，则其希尔伯特变换$\hat{n}(t)$也是弱平稳的。然而，由于同相分量$n_I(t)$和正交分量$n_Q(t)$都是$n(t)$和$\hat{n}(t)$的加权求和，并且加权函数$\cos(2\pi f_c t)$和$\sin(2\pi f_c t)$随着时间而变化，因此我们不能直接断言$n_I(t)$和$n_Q(t)$是弱平稳的。为了证明性质3，我们必须计算它们的相关函数。

利用式(4.112)和式(4.113)，我们发现窄带噪声$n(t)$的同相分量$n_I(t)$和正交分量$n_Q(t)$具有同样的自相关函数，如下所示：

$$R_{N_I N_I}(\tau) = R_{N_Q N_Q}(\tau) = R_{NN}(\tau)\cos(2\pi f_c \tau) + \hat{R}_{NN}(\tau)\sin(2\pi f_c \tau) \tag{4.115}$$

并且它们的互相关函数为

$$R_{N_I N_Q}(\tau) = -R_{N_Q N_I}(\tau) = R_{NN}(\tau)\sin(2\pi f_c \tau) - \hat{R}_{NN}(\tau)\cos(2\pi f_c \tau) \tag{4.116}$$

其中，$R_{NN}(\tau)$是$n(t)$的自相关函数，$\hat{R}_{NN}(\tau)$是$R_{NN}(\tau)$的希尔伯特变换。从式(4.115)和式(4.116)很容易看出，同相分量$n_I(t)$和正交分量$n_Q(t)$的相关函数$R_{N_I N_I}(\tau)$,$R_{N_Q N_Q}(\tau)$和$R_{N_I N_Q}(\tau)$只取决于时移τ。利用这种依赖性结合性质1，可以证明如果原始窄带噪声$n(t)$是弱平稳的，则$n_I(t)$和$n_Q(t)$也是弱平稳的。

性质4：同相分量$n_I(t)$和正交分量$n_Q(t)$具有相同的功率谱密度，它们与原始窄带噪声$n(t)$的功率谱密度$S_{NN}(f)$之间具有下列关系：

$$S_{N_I N_I}(f) = S_{N_Q N_Q}(f) = \begin{cases} S_{NN}(f-f_c) + S_{NN}(f+f_c), & -B \leq f \leq B \\ 0, & \text{其他} \end{cases} \tag{4.117}$$

其中，假设 $S_{NN}(f)$ 占有的频率区间为 $f_c-B\leqslant|f|\leqslant f_c+B$，并且 $f_c>B$。

为了证明第 4 个性质，我们对式(4.115)两边取傅里叶变换，并且利用下列事实：

$$\begin{aligned}\mathbf{F}[\hat{R}_{NN}(\tau)] &= -\mathrm{j}\,\mathrm{sgn}(f)\mathbf{F}[R_{NN}(\tau)] \\ &= -\mathrm{j}\,\mathrm{sgn}(f)S_{NN}(f)\end{aligned} \tag{4.118}$$

于是，得到下列结果：

$$\begin{aligned}S_{N_IN_I}(f) &= S_{N_QN_Q}(f) \\ &= \frac{1}{2}[S_{NN}(f-f_c)+S_{NN}(f+f_c)] \\ &\quad -\frac{1}{2}[S_{NN}(f-f_c)\ \mathrm{sgn}(f-f_c)-S_{NN}(f+f_c)\ \mathrm{sgn}(f+f_c)] \\ &= \frac{1}{2}S_{NN}(f-f_c)[1-\mathrm{sgn}(f-f_c)]+\frac{1}{2}S_{NN}(f+f_c)[1+\mathrm{sgn}(f+f_c)]\end{aligned} \tag{4.119}$$

现在，由于原始窄带噪声 $n(t)$ 的功率谱密度 $S_{NN}(f)$ 占有了频率区间 $f_c-B\leqslant|f|\leqslant f_c+B$，其中 $f_c>B$，如图 4.19 所示，我们发现 $S_{NN}(f-f_c)$ 和 $S_{NN}(f+f_c)$ 的对应形状分别如图 4.19(b)和图 4.19(c)所示。图 4.19(d)、图 4.19(e)和图 4.19(f)分别画出了 $\mathrm{sgn}(f)$，$\mathrm{sgn}(f-f_c)$ 和 $\mathrm{sgn}(f+f_c)$ 的形状。于是，从图 4.19 中可以得到下列观察结果。

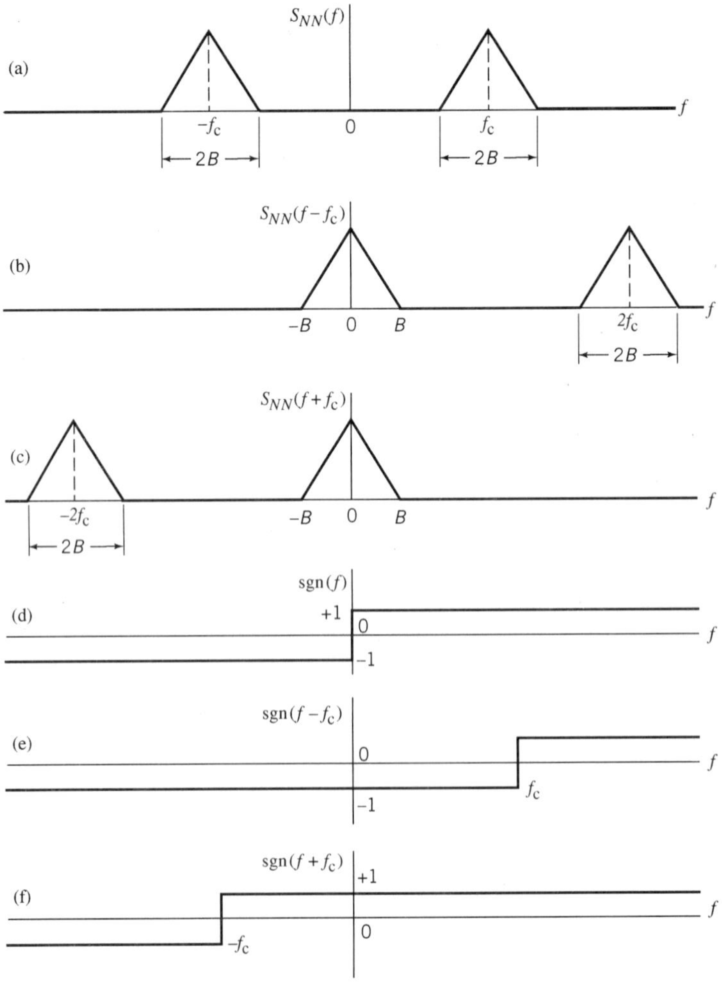

图 4.19 (a) 窄带噪声 $n(t)$ 的功率谱密度 $S_{NN}(f)$；(b)和(c) $S_{NN}(f)$ 在相反方向的频移形式；(d)符号函数 $\mathrm{sgn}(f)$；(e)和(f) $\mathrm{sgn}(f)$ 在相反方向的频移形式

1. 对于$-B\leqslant f\leqslant B$的频率区间，我们有

$$\mathrm{sgn}(f-f_c)=-1$$

和

$$\mathrm{sgn}(f+f_c)=+1$$

因此，将这些结果代入式(4.119)，可以得到

$$\begin{aligned}S_{N_IN_I}(f)&=S_{N_QN_Q}(f)\\&=S_{NN}(f-f_c)+S_{NN}(f+f_c),\qquad -B\leqslant f\leqslant B\end{aligned}$$

2. 对于$2f_c-B\leqslant f\leqslant 2f_c+B$，我们有

$$\mathrm{sgn}(f-f_c)=1$$

和

$$\mathrm{sgn}(f+f_c)=0$$

利用这些结果，可知$S_{N_IN_I}(f)$和$S_{N_QN_Q}(f)$均为零。

3. 对于$-2f_c-B\leqslant f\leqslant -2f_c+B$，我们有

$$\mathrm{sgn}(f-f_c)=0$$

和

$$\mathrm{sgn}(f+f_c)=-1$$

利用这些结果，同样可知$S_{N_IN_I}(f)$和$S_{N_QN_Q}(f)$均为零。

4. 在第1种，第2种和第3种情况确定的频率区间以外，$S_{NN}(f-f_c)$和$S_{NN}(f+f_c)$都为零，相应地$S_{NN}(f-f_c)$和$S_{N_QN_Q}(f)$也为零。

综合考虑上述结果，可以得到式(4.117)中定义的简单关系。

作为这个性质的成果，我们可以利用图4.20(a)所示的方案，从窄带噪声$n(t)$中提取出同相分量$n_I(t)$和正交分量$n_Q(t)$(除比例因子外)，图中的两个低通滤波器的截止频率都为B。图4.20(a)中所示的方案可以认为是一个分析器(Analyzer)。给定同相分量$n_I(t)$和正交分量$n_Q(t)$，我们可以利用图4.20(b)中的方案产生窄带噪声$n(t)$，该方案可以认为是一个合成器(Synthesizer)。

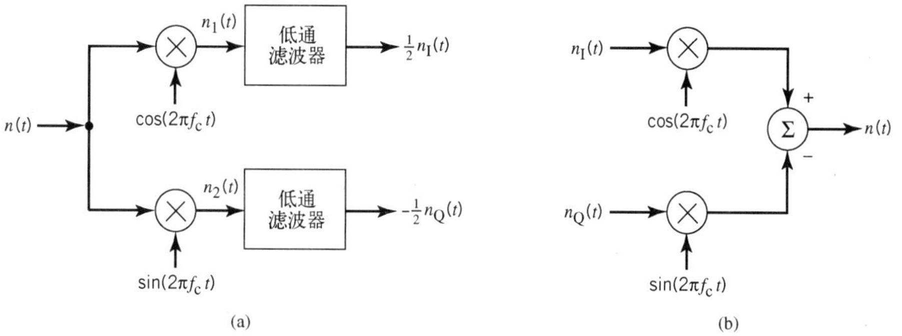

图4.20　(a) 提取窄带过程的同相分量和正交分量；(b) 利用同相分量和正交分量产生窄带过程

性质5：同相分量$n_I(t)$和正交分量$n_Q(t)$具有与窄带噪声$n(t)$相同的方差。

这个性质可以根据式(4.117)直接得到，根据这个性质，$n_I(t)$和$n_Q(t)$的功率谱密度曲线下的总面积等于$n(t)$的功率谱密度曲线下的总面积。因此，$n_I(t)$和$n_Q(t)$与$n(t)$的均方值相同。前面我们证明了由于$n(t)$具有零均值，所以$n_I(t)$和$n_Q(t)$也具有零均值。于是，可以知道$n_I(t)$和$n_Q(t)$具有与窄带噪声$n(t)$相同的方差。

性质 6：窄带噪声的同相分量与正交分量的互谱密度是纯虚数，如下所示：

$$
\begin{aligned}
S_{N_{\mathrm{I}}N_{\mathrm{Q}}}(f) &= -S_{N_{\mathrm{Q}}N_{\mathrm{I}}}(f) \\
&= \begin{cases} \mathrm{j}[S_N(f+f_c) - S_N(f-f_c)], & -B \leqslant f \leqslant B \\ 0, & \text{其他} \end{cases}
\end{aligned} \tag{4.120}
$$

为了证明这个性质，我们对式(4.116)两边同时取傅里叶变换，并利用式(4.118)中的关系，得到

$$
\begin{aligned}
S_{N_{\mathrm{I}}N_{\mathrm{Q}}}(f) &= -S_{N_{\mathrm{Q}}N_{\mathrm{I}}}(f) \\
&= -\frac{\mathrm{j}}{2}[S_{NN}(f-f_c) - S_{NN}(f+f_c)] \\
&\quad + \frac{\mathrm{j}}{2}[S_{NN}(f-f_c)\mathrm{sgn}(f-f_c) + S_{NN}(f+f_c)\ \mathrm{sgn}(f+f_c)] \\
&= \frac{\mathrm{j}}{2}S_{NN}(f+f_c)[1+\mathrm{sgn}(f+f_c)] - \frac{\mathrm{j}}{2}S_{NN}(f-f_c)[1-\mathrm{sgn}(f-f_c)]
\end{aligned} \tag{4.121}
$$

采用与证明性质 4 相类似的方法，我们发现式(4.121)可以简化为式(4.120)中的形式。

性质 7：如果一个窄带噪声 $n(t)$ 是零均值高斯过程，并且它的功率谱密度 $S_{NN}(f)$ 关于频带中心频率 $\pm f_c$ 是局部对称的，则同相噪声 $n_{\mathrm{I}}(t)$ 和正交噪声 $n_{\mathrm{Q}}(t)$ 是统计独立的。

为了证明这个性质，我们观察到如果 $S_{NN}(f)$ 关于 $\pm f_c$ 是局部对称的，则

$$
S_{NN}(f-f_c) = S_{NN}(f+f_c), \qquad -B \leqslant f \leqslant B \tag{4.122}
$$

因此，我们从式(4.120)中发现同相分量 $n_{\mathrm{I}}(t)$ 和正交分量 $n_{\mathrm{Q}}(t)$ 的互谱密度对于所有频率都为零。这意味着互相关函数 $S_{N_{\mathrm{I}}N_{\mathrm{Q}}}(f)$ 和 $S_{N_{\mathrm{Q}}N_{\mathrm{I}}}(f)$ 对于所有有 τ 都为零，如下所示：

$$
\mathbb{E}[N_{\mathrm{I}}(t_k+\tau)N_{\mathrm{Q}}(t_k+\tau)] = 0 \tag{4.123}
$$

上式表明，随机变量 $N_{\mathrm{I}}(t_k+\tau)$ 和 $N_{\mathrm{Q}}(t_k)$（通过分别在 $t_k+\tau$ 时刻观察同相分量，以及在 t_k 时刻观察正交分量）对于所有 τ 都是正交的。

假设窄带噪声 $n(t)$ 是零均值高斯过程，因此根据性质 1 和性质 2 可知，$N_{\mathrm{I}}(t_k+\tau)$ 和 $N_{\mathrm{Q}}(t_k)$ 也是零均值高斯变量。于是我们可以得出结论，因为 $N_{\mathrm{I}}(t_k+\tau)$ 和 $N_{\mathrm{Q}}(t_k)$ 是正交的，并且具有零均值，所以它们是不相关的，又因为它们是高斯变量，所以对于所有 τ 都是统计独立的。换句话说，同相分量 $n_{\mathrm{I}}(t)$ 和正交分量 $n_{\mathrm{Q}}(t)$ 是统计独立的。

根据性质 7，我们可以将随机变量 $N_{\mathrm{I}}(t_k+\tau)$ 和 $N_{\mathrm{Q}}(t_k)$（对于任意时移 τ）的联合概率密度函数表示为它们各自的概率密度函数的乘积，即

$$
\begin{aligned}
f_{N_{\mathrm{I}}(t_k+\tau),N_{\mathrm{Q}}(t_k)}(n_{\mathrm{I}},n_{\mathrm{Q}}) &= f_{N_{\mathrm{I}}(t_k+\tau)}(n_{\mathrm{I}})f_{N_{\mathrm{Q}}(t_k)}(n_{\mathrm{Q}}) \\
&= \frac{1}{\sqrt{2\pi}\sigma}\exp\left(-\frac{n_{\mathrm{I}}^2}{2\sigma^2}\right)\frac{1}{\sqrt{2\pi}\sigma}\exp\left(-\frac{n_{\mathrm{Q}}^2}{2\sigma^2}\right) \\
&= \frac{1}{2\pi\sigma^2}\left(-\frac{n_{\mathrm{I}}^2+n_{\mathrm{Q}}^2}{2\sigma^2}\right)
\end{aligned} \tag{4.124}
$$

其中，σ^2 是原始窄带噪声 $n(t)$ 的方差。当且仅当谱密度 $S_{NN}(f)$ 或者 $n(t)$ 关于 $\pm f_c$ 是局部对称的时候，式(4.124)成立。否则，只有对于 $\tau=0$ 或者对于 $n_{\mathrm{I}}(t)$ 和 $n_{\mathrm{Q}}(t)$ 不相关的 τ 值，这个关系式才成立。

本章小结与评论

总之，如果窄带噪声 $n(t)$ 是零均值高斯弱平稳过程，则它的同相分量 $n_{\mathrm{I}}(t)$ 和正交分量 $n_{\mathrm{Q}}(t)$ 是零均值联合高斯联合平稳过程。为了计算 $n_{\mathrm{I}}(t)$ 或 $n_{\mathrm{Q}}(t)$ 的功率谱密度，我们可以采用下列步骤：

1. 将原始窄带噪声 $n(t)$ 的功率谱密度 $S_{NN}(f)$ 的正频率部分向左移动 f_c。
2. 将 $S_{NN}(f)$ 的负频率部分向右移动 f_c。

3. 将这两个平移得到的频谱相加，即可得到所需要的 $S_{N_IN_I}(f)$ 或者 $S_{N_QN_Q}(f)$。

例 12 理想带通滤波后的白噪声

考虑一个功率谱密度为 $N_0/2$ 的零均值高斯白噪声，它通过一个理想带通滤波器，滤波器的带宽为 $2B$，频带中心频率为 f_c，通带幅度响应为 1。于是，滤波后噪声 $n(t)$ 的功率谱密度特征如图 4.21(a)所示。现在的问题是，确定出 $n(t)$ 的自相关函数以及其同相分量和正交分量的自相关函数。

$n(t)$ 的自相关函数是图 4.21(a)所示功率谱密度特征的傅里叶逆变换，即

$$\begin{aligned} R_{NN}(\tau) &= \int_{-f_c-B}^{-f_c+B} \frac{N_0}{2} \exp(j2\pi f\tau)\,df + \int_{f_c-B}^{f_c+B} \frac{N_0}{2} \exp(j2\pi f\tau)\,df \\ &= N_0 B \operatorname{sinc}(2B\tau)[\exp(-j2\pi f_c\tau) + \exp(j2\pi f_c\tau)] \\ &= 2N_0 B \operatorname{sinc}(2B\tau)\cos(2\pi f_c\tau) \end{aligned} \tag{4.125}$$

如图 4.21(b)所示。

图 4.21(a)中的谱密度特征关于 $\pm f_c$ 是对称的。同相噪声分量 $n_I(t)$ 和正交噪声分量 $n_Q(t)$ 的相应谱密度特征是相同的，如图 4.21(c)所示。按照图 4.21(a)和图 4.21(c)中的频谱特征，将例 10 中的结果乘以比例因子 2，我们发现 $n_I(t)$ 或者 $n_Q(t)$ 的自相关函数为

$$R_{N_IN_I}(\tau) = R_{N_QN_Q}(\tau) = 2N_0 B \operatorname{sinc}(2B\tau) \tag{4.126}$$

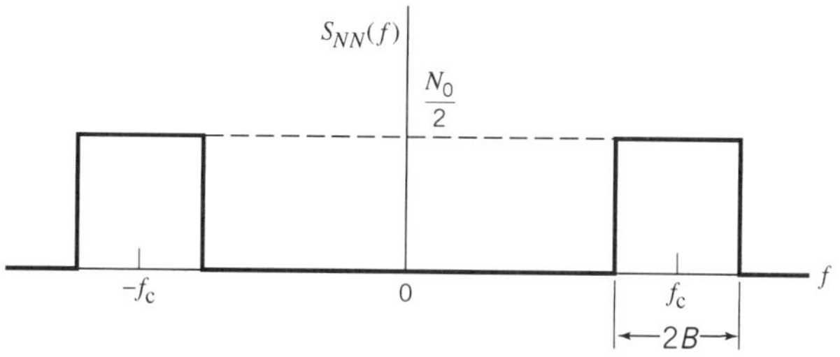

(a) 功率谱密度

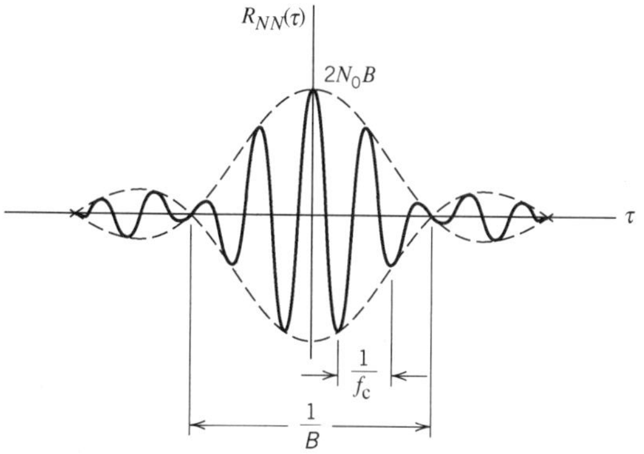

(b) 自相关函数

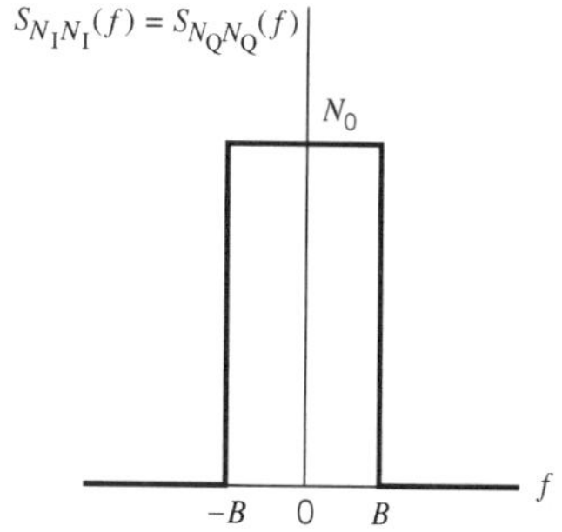

(c) 同相分量和正交分量的功率谱密度

图 4.21 理想带通滤波后的白噪声特征

利用包络和相位分量表示窄带噪声

在前一节中，我们采用了基于窄带噪声 $n(t)$ 的同相分量和正交分量的笛卡儿表示。在本节中，我们将采用基于噪声 $n(t)$ 的包络和相位分量的极化表示，如下所示：

$$n(t) = r(t)\cos[2\pi f_c t + \psi(t)] \tag{4.127}$$

其中

$$r(t)=[n_{\mathrm{I}}^2(t)+n_{\mathrm{Q}}^2(t)]^{1/2} \tag{4.128}$$

并且

$$\psi(t)=\arctan\left[\frac{n_{\mathrm{Q}}(t)}{n_{\mathrm{I}}(t)}\right] \tag{4.129}$$

函数 $r(t)$ 是 $n(t)$ 的包络(Envelope)，函数 $\psi(t)$ 是 $n(t)$ 的相位(Phase)。

可以采用下面的方法，利用 $n_{\mathrm{I}}(t)$ 和 $n_{\mathrm{Q}}(t)$ 的概率密度函数来得到 $r(t)$ 和 $\psi(t)$ 的概率密度函数。令 N_{I} 和 N_{Q} 分别表示对样本函数 $n_{\mathrm{I}}(t)$ 和 $n_{\mathrm{Q}}(t)$ 代表的随机过程进行采样(在某个固定时刻)得到的随机变量。我们注意到 N_{I} 和 N_{Q} 是零均值、方差为 σ^2 的独立高斯随机变量，因此可以将它们的联合概率密度函数表示为

$$f_{N_{\mathrm{I}},N_{\mathrm{Q}}}(n_{\mathrm{I}},n_{\mathrm{Q}})=\frac{1}{2\pi\sigma^2}\exp\left(-\frac{n_{\mathrm{I}}^2+n_{\mathrm{Q}}^2}{2\sigma^2}\right) \tag{4.130}$$

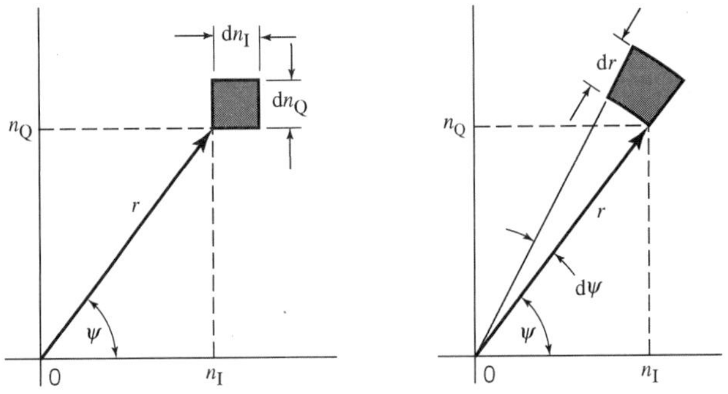

(a) 利用同相分量和正交分量　　(b) 利用包络和相位

图 4.22　表示窄带噪声的坐标系统示意图

于是，联合事件 N_{I} 位于 n_{I} 和 $n_{\mathrm{I}}+\mathrm{d}n_{\mathrm{I}}$ 之间以及 N_{Q} 位于 n_{Q} 和 $n_{\mathrm{Q}}+\mathrm{d}n_{\mathrm{Q}}$ 之间[即一对随机变量 N_{I} 和 N_{Q} 同时位于图 4.22(a)中的阴影区域中]的概率为

$$f_{N_{\mathrm{I}},N_{\mathrm{Q}}}(n_{\mathrm{I}},n_{\mathrm{Q}})\,\mathrm{d}n_{\mathrm{I}}\,\mathrm{d}n_{\mathrm{Q}}=\frac{1}{2\pi\sigma^2}\exp\left(-\frac{n_{\mathrm{I}}^2+n_{\mathrm{Q}}^2}{2\sigma^2}\right)\mathrm{d}n_{\mathrm{I}}\mathrm{d}n_{\mathrm{Q}} \tag{4.131}$$

其中，$\mathrm{d}n_{\mathrm{I}}$ 和 $\mathrm{d}n_{\mathrm{Q}}$ 是小的增量。现在，定义下列变换[参见图 4.22(b)]

$$n_{\mathrm{I}}=r\cos\psi \tag{4.132}$$

$$n_{\mathrm{Q}}=r\sin\psi \tag{4.133}$$

在极限意义上，我们可以使图 4.22(a)和图 4.22(b)中用阴影表示的两个增量区域相等，于是写出

$$\mathrm{d}n_{\mathrm{I}}\mathrm{d}n_{\mathrm{Q}}=r\,\mathrm{d}r\,\mathrm{d}\psi \tag{4.134}$$

现在，令 R 和 Ψ 分别表示对包络 $r(t)$ 和相位 $\psi(t)$ 代表的随机过程进行观测(在某个固定时刻 t)得到的随机变量。然后将式(4.132)至式(4.134)代入式(4.131)，我们发现随机变量 R 和 Ψ 同时位于图 4.22(b)阴影区域中的概率等于

$$\frac{r}{2\pi\sigma^2}\exp\left(-\frac{r^2}{2\sigma^2}\right)\mathrm{d}r\,\mathrm{d}\psi$$

也就是说，R 和 Ψ 的联合概率密度函数为

$$f_{R,\Psi}(r,\psi)=\frac{r}{2\pi\sigma^2}\exp\left(-\frac{r^2}{2\sigma^2}\right) \tag{4.135}$$

上述概率密度函数独立于角度 ψ，这意味着随机变量 R 和 Ψ 是统计独立的。于是，可以将 $f_{R,\Psi}(r,\psi)$

表示为两个概率密度函数$f_R(r)$和$f_\Psi(\psi)$的乘积。特别地，代表相位的随机变量Ψ是在区间$[0,2\pi]$内均匀分布的，如下所示：

$$f_\Psi(\psi)=\begin{cases}\dfrac{1}{2\pi}, & 0\leqslant\psi\leqslant 2\pi\\ 0, & \text{其他}\end{cases} \tag{4.136}$$

上述结果使得随机变量R的概率密度函数为

$$f_R(r)=\begin{cases}\dfrac{r}{\sigma^2}\exp\left(-\dfrac{r^2}{2\sigma^2}\right), & r\geqslant 0\\ 0, & \text{其他}\end{cases} \tag{4.137}$$

其中，σ^2是原始窄带噪声$n(t)$的方差。具有式(4.137)中概率密度函数的随机变量被认为是Rayleigh分布的(Rayleigh distributed)[10]。

为了便于绘图表示，令

$$v=\frac{r}{\sigma} \tag{4.138}$$

$$f_V(v)=\sigma f_R(r) \tag{4.139}$$

于是，可以将式(4.137)中的Rayleigh分布重新写为下列归一化形式

$$f_V(v)=\begin{cases}v\exp\left(-\dfrac{v^2}{2}\right), & v\geqslant 0\\ 0, & \text{其他}\end{cases} \tag{4.140}$$

式(4.140)如图4.23所示。分布$f_V(v)$的峰值出现在$v=1$，并且峰值等于0.607。从图中还注意到，Rayleigh分布与高斯分布不同，它在v的负值处的值为零，这是从窄带噪声$n(t)$的包络$r(t)$只能假设为非负值这个事实自然得出的结果。

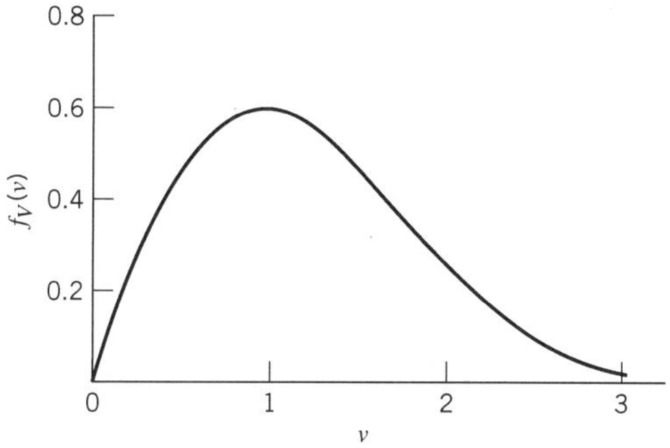

图 4.23　归一化 Rayleigh 分布

4.14　正弦波加上窄带噪声

下一步，我们设想把正弦波$A\cos(2\pi f_c t)$加到窄带噪声$n(t)$中，其中A和f_c都是常数。假设正弦波的频率与噪声的标称载波频率相同。于是，正弦波加上噪声的样本函数可以表示为

$$x(t)=A\cos(2\pi f_c t)+n(t) \tag{4.141}$$

利用同相分量和正交分量来表述窄带噪声$n(t)$，可以写出

$$x(t)=n_I'(t)\cos(2\pi f_c t)-n_Q(t)\sin(2\pi f_c t) \tag{4.142}$$

其中，

$$n_I'(t)=A+n_I(t) \tag{4.143}$$

假设$n(t)$是零均值、方差为σ^2的高斯过程。于是，可以得到下列结论：

1. $n_I'(t)$和$n_Q(t)$都是高斯的，并且统计独立。
2. $n_I'(t)$的均值等于A，$n_Q(t)$的均值等于零。
3. $n_I'(t)$和$n_Q(t)$的方差都是σ^2。

于是，我们可以将对应于N_I'和N_Q的随机变量$n_I'(t)$和$n_Q(t)$的联合概率密度函数表示为

$$f_{N_I',N_Q}(n_I',n_Q)=\frac{1}{2\pi\sigma^2}\exp\left[-\frac{(n_I'-A)^2+n_Q^2}{2\sigma^2}\right] \tag{4.144}$$

令 $r(t)$ 表示 $x(t)$ 的包络，$\psi(t)$ 表示其相位。于是，从式(4.142)中可发现

$$r(t) = \left\{[n'_{\mathrm{I}}(t)]^2 + n_{\mathrm{Q}}^2(t)\right\}^{1/2} \tag{4.145}$$

以及

$$\psi(t) = \arctan\left[\frac{n_{\mathrm{Q}}(t)}{n'_{\mathrm{I}}(t)}\right] \tag{4.146}$$

采用与4.12节中描述的用于推导Rayleigh分布的类似方法，我们发现与某个固定时刻 t 的 $r(t)$ 和 $\psi(t)$ 相对应的随机变量 R 和 ψ 的联合概率密度函数为

$$f_{R,\psi}(r,\psi) = \frac{r}{2\pi\sigma^2}\exp\left(-\frac{r^2+A^2-2Ar\cos\psi}{2\sigma^2}\right) \tag{4.147}$$

然而，我们发现在这种情况下，不能将联合概率密度函数 $f_{R,\Psi}(r,\psi)$ 表示为乘积 $f_R(r)f_\Psi(\psi)$，因为现在有一项包含了两个随机变量的乘积 $r\cos\psi$。于是，对于正弦分量的幅度 A 为非零时，R 和 Ψ 是相互依赖的(Dependent)随机变量。

特别地，我们对 R 的概率密度函数感兴趣。为了确定出这个概率密度函数，我们将式(4.147)对 ψ 的所有可能值取积分，得到期望的边缘密度为

$$\begin{aligned} f_R(r) &= \int_0^{2\pi} f_{R,\psi}(r,\psi)\,\mathrm{d}\psi \\ &= \frac{r}{2\pi\sigma^2}\exp\left(-\frac{r^2+A^2}{2\sigma^2}\right)\int_0^{2\pi}\exp\left(\frac{Ar\cos\psi}{\sigma^2}\right)\mathrm{d}\psi \end{aligned} \tag{4.148}$$

在文献中，将与式(4.148)右边类似的积分称为零阶第一类修正Bessel函数(Modified Bessel function of the first kind of zero order)(参见附录C)，即

$$I_0(x) = \frac{1}{2\pi}\int_0^{2\pi}\exp(x\cos\psi)\,\mathrm{d}\psi \tag{4.149}$$

于是，令 $x=Ar/\sigma^2$，可以将式(4.148)重新写为下列紧凑形式：

$$f_R(r) = \frac{r}{\sigma^2}\exp\left(-\frac{r^2+A^2}{2\sigma^2}\right)I_0\left(\frac{Ar}{\sigma^2}\right), \qquad r \geqslant 0 \tag{4.150}$$

这种新的分布被称为Rice分布[11]。

同Rayleigh分布一样，通过令

$$v = \frac{r}{\sigma} \tag{4.151}$$

$$a = \frac{A}{\sigma} \tag{4.152}$$

$$f_V(v) = \sigma f_R(r) \tag{4.153}$$

则Rice分布的图形表示还可以进一步简化。于是，我们可以将式(4.150)中的Rice分布表示为下列标准化形式

$$f_V(v) = v\exp\left(-\frac{v^2+a^2}{2}\right)I_0(av) \tag{4.154}$$

当参数 a 取值为0,1,2,3,5时[12]，它的变化曲线如图4.24所示。根据这些曲线，可以得出下列两点观察结果：

1. 当参数 $a=0$ 时，有 $I_0(0)=1$，此时Rice分布退化为Rayleigh分布。
2. 当 a 很大时，在 $v=a$ 附近其包络分布近似为高斯分布。

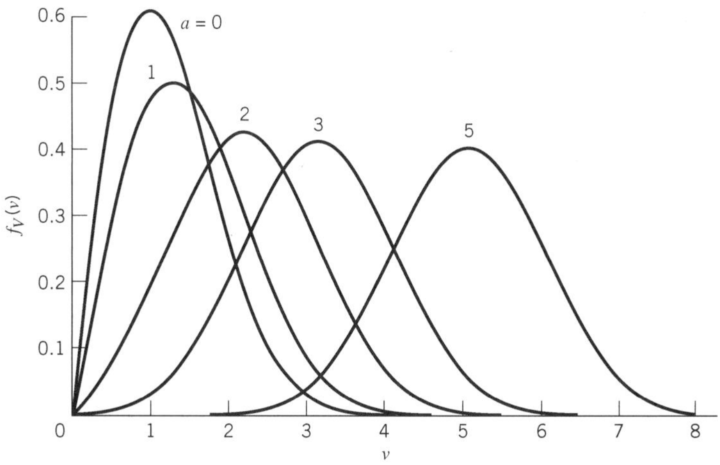

图 4.24 标准 Rice 分布

4.15 小结与讨论

本章大部分内容是讨论一类特殊随机过程的特征，这种随机过程是弱平稳随机过程。“弱”平稳的含义是，我们可以采用两种总体平均参数来对随机过程进行部分描述：(1)均值，它是独立于时间的；(2)自相关函数，它只取决于对过程进行两次采样时刻之间的差值。我们还讨论了遍历性，它使我们能够利用时间平均作为这些参数的“估计”。时间平均是利用随机过程的样本函数(即单个波形实现)来计算的，随机过程作为时间的函数而变化。

用时移 τ 表示的自相关函数 $R_{XX}(\tau)$ 是描述弱(广义)平稳过程 $X(t)$ 的二阶统计量的一种方法。另一种同样重要的描述 $X(t)$ 的二阶统计量的参数是功率谱密度 $S_{XX}(f)$，它是通过频率 f 来表示的。将这两个参数联系起来的傅里叶变换和傅里叶逆变换公式构成了著名的维纳-辛钦方程。这两个方程的第一个，即式(4.42)为在 $R_{XX}(\tau)$ 已知情况下，把功率谱密度 $S_{XX}(f)$ 定义为自相关函数 $R_{XX}(\tau)$ 的傅里叶变换提供了基础。这个定义是通过对弱平稳过程 $X(t)$ 驱动的线性时不变滤波器的输出进行处理来得到的。我们还在式(4.70)中阐述了功率谱密度 $S_{XX}(f)$ 的另一种定义，这第二种定义是通过直接对过程 $X(t)$ 进行处理来导出的。

在本章中讨论的另一个著名的定理是维纳-辛钦定理，它为确认函数 $\rho_{XX}(\tau)$ 作为弱平稳过程 $X(t)$ 的归一化自相关函数提供了充要条件，只有它满足式(4.60)描述的傅里叶-斯蒂尔切斯变换。

本章阐述的随机过程理论还包括互功率谱密度 $S_{XY}(f)$ 和 $S_{YX}(f)$ 的问题，它涉及一对联合弱平稳过程 $X(t)$ 和 $Y(t)$，另外还包括这两个与频率有关的参数是如何与各自的互相关函数 $R_{XY}(\tau)$ 和 $R_{YX}(\tau)$ 相联系的问题。

本章其余部分主要讨论不同类型随机过程的统计特征：

- 泊松过程，非常适用于表征随机计数过程。
- 无处不在的高斯过程，它在通信系统的统计学习中被广泛采用。
- 两类电子噪声，即散弹噪声和温度噪声。
- 白噪声，它在通信系统的噪声分析中具有基础性的地位，这类似于冲激函数在线性系统学习中的角色。
- 窄带噪声，它是通过将白噪声经过线性带通滤波器产生的。给出了描述窄带噪声的两种不同方法：一种是采用同相分量和正交分量，另一种是采用包络和相位。
- Rayleigh 分布，它是通过窄带噪声过程的包络来描述的。

- Rice 分布，它是通过窄带噪声加上正弦分量之和的包络来描述的，窄带噪声的频带中心频率与正弦分量的频率相同。

在本章关于随机过程的内容结束以前，我们还讨论了表 4.1，其中给出了重要随机过程的自相关函数和功率谱密度的图形一览表。假设表格中描述的所有过程都具有零均值和单位方差。该表会给读者带来两方面的认识：(1)随机过程的自相关函数和功率谱密度之间的相互关系；(2)线性滤波在改变白噪声过程的自相关函数或者其等效功率谱密度的形状方面的作用。

表 4.1 具有零均值和单位方差的随机过程的自相关函数和功率谱密度图形一览表

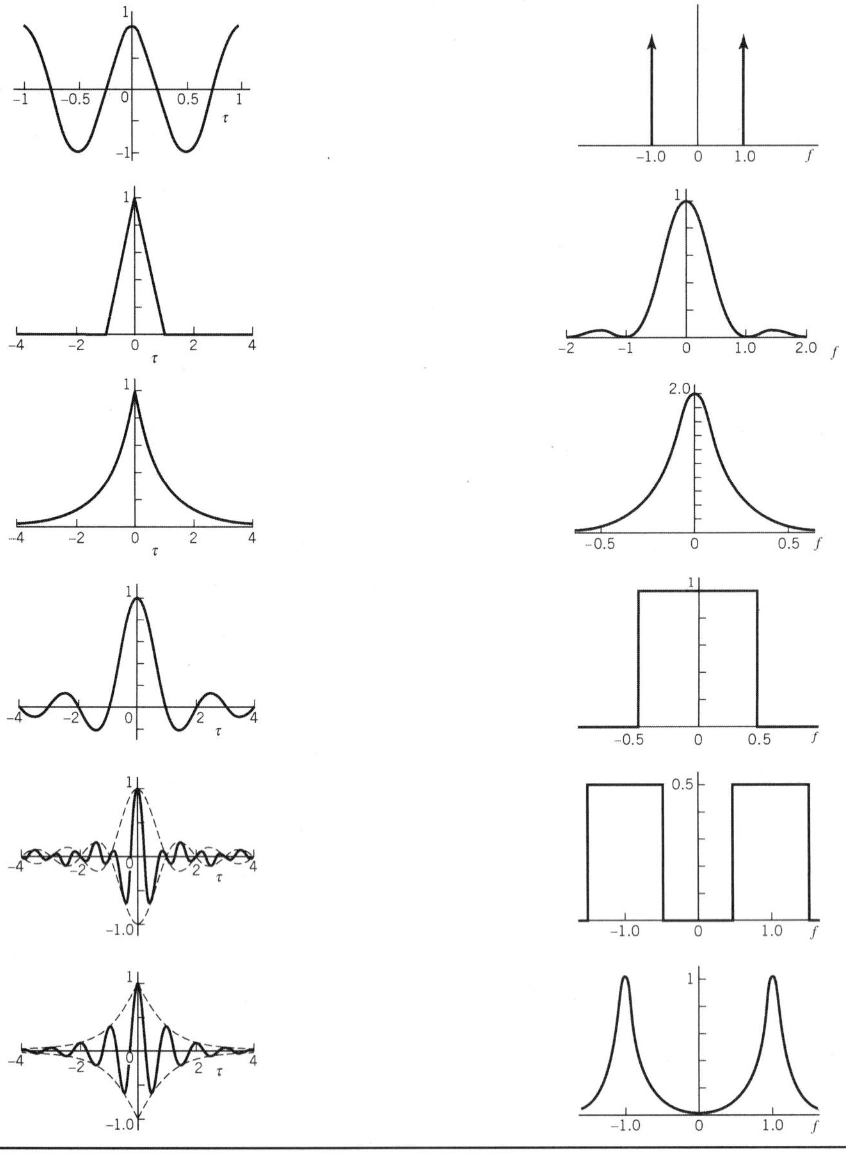

习题

平稳性和遍历性

4.1 考虑一对随机过程 $X(t)$ 和 $Y(t)$。在严格平稳随机过程范畴中，$X(t)$ 和 $Y(t)$ 的统计独立性对应于它们在弱平稳过程范畴中的不相关性。对这个结论予以解释。

4.2 令 $X_1, X_2, \cdots, X_k$ 表示对随机过程 $X(t)$ 进行均匀采样得到的序列。这个序列是由统计独立同分布(IID)随机变量组成的，它们具有相同的累积分布函数 $F_X(x)$、均值 μ 和方差 σ^2。证明这个序列是严格平稳的。

4.3 一个随机过程 $X(t)$ 被定义为

$$X(t) = A\cos(2\pi f_c t)$$

其中，A 是零均值、方差为 σ_A^2 的高斯分布随机变量。将该过程 $X(t)$ 应用于一个理想积分器，产生下列输出：

$$Y(t) = \int_0^t X(\tau)\,\mathrm{d}\tau$$

(a) 确定输出 $Y(t)$ 在特定时刻 t_k 的概率密度函数。

(b) 确定 $Y(t)$ 是否为严格平稳的。

4.4 继续习题 4.3，确定输入过程 $X(t)$ 在积分器中产生的响应输出 $Y(t)$ 是否为遍历的。

自相关函数和功率谱密度

4.5 图 P4.5 中的方波 $x(t)$ 具有恒定幅度 A、周期为 T_0、时移为 t_d，它代表一个随机过程 $X(t)$ 的样本函数。时移 t_d 是一个随机变量，其概率密度函数为

$$f_{T_d}(t_d) = \begin{cases} \dfrac{1}{T_0}, & -\dfrac{1}{2}T_0 \leqslant t_d \leqslant \dfrac{1}{2}T_0 \\ 0, & \text{其他} \end{cases}$$

(a) 确定在 t_k 时刻对随机过程 $X(t)$ 进行采样得到的随机变量 $X(t_k)$ 的概率密度函数。

(b) 采用总体平均确定 $X(t)$ 的均值和自相关函数。

(c) 采用时间平均确定 $X(t)$ 的均值和自相关函数。

(d) 确定 $X(t)$ 是否为弱平稳的。在什么意义上它是遍历的?

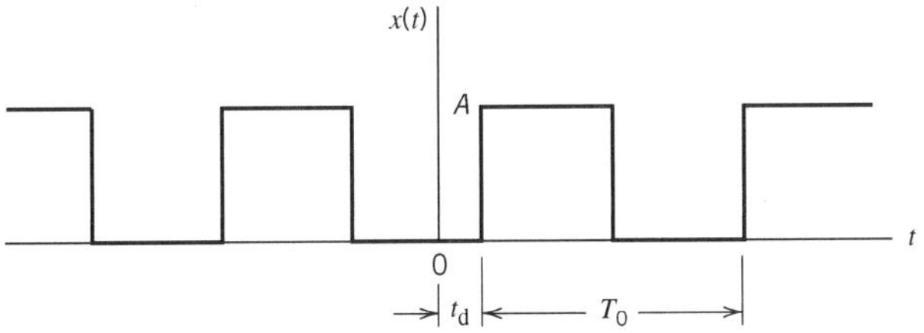

图 P4.5

4.6 一个二进制波形是由类似于例 6 中描述的符号 1 和 0 的随机序列组成的，但有一个根本的区别：这里的符号 1 代表幅度为 A 伏特的脉冲，符号 0 代表零伏特。其他所有参数都与前面的例子相同。证明这个新的随机二进制波形 $X(t)$ 具有下列特征：

(a) 其自相关函数为

$$R_{XX}(\tau) = \begin{cases} \dfrac{A^2}{4} + \dfrac{A^2}{4}\left(1 - \dfrac{|\tau|}{T}\right), & |\tau| < T \\ \dfrac{A^2}{4}, & |\tau| \geqslant T \end{cases}$$

(b) 其功率谱密度为

$$S_{XX}(f) = \frac{A^2}{4}\delta(f) + \frac{A^2 T}{4}\operatorname{sinc}^2(fT)$$

在二进制波形的 DC 分量中包含的功率百分比(Percentage power)是多少?

4.7 一个振荡器的输出被描述为

$$X(t) = A\ \cos(\pi F t + \Theta)$$

其中，幅度 A 是常数，F 和 Θ 是独立的随机变量。Θ 的概率密度函数被定义为

$$f_{\Theta}(\theta) = \begin{cases} \frac{1}{2\pi}, & 0 \leqslant \theta \leqslant 2\pi \\ 0, & \text{其他} \end{cases}$$

利用频率 F 的概率密度函数得到 $X(t)$ 的功率谱密度。当假设随机频率 F 具有恒定值时，这个功率谱密度会发生什么变化？

4.8 式(4.70)给出了一个弱平稳过程 $X(t)$ 的功率谱密度函数 $S_{XX}(f)$ 的第二种定义。正如式(4.71)中所示的，这个定义再次证实了 $S_{XX}(f)$ 的性质 3。

(a) 利用式(4.70)证明 $S_{XX}(f)$ 的其他性质：不同频率分量之间的零相关性、零频率值、非负性、对称性、归一性等，这些性质在 4.8 节中做了讨论。

(b) 从式(4.70)开始推导出式(4.43)，它通过 $S_{XX}(f)$ 定义了平稳过程 $X(t)$ 的自相关函数 $R_{XX}(\tau)$。

4.9 在弱平稳过程 $X(t)$ 的功率谱密度定义式(4.70)中，不允许交换期望运算和极限运算的顺序。证明这个结论的正确性。

维纳-辛钦定理

在接下来的 4 个习题中，我们探讨将式(4.60)中的维纳-辛钦定理用于判断由时移 τ 表示的给定函数 $\rho(\tau)$ 是否为一个合法的归一化自相关函数。

4.10 考虑下列具有傅里叶变换的函数

$$f(\tau) = \frac{A^2}{2}\sin(2\pi f_c \tau), \quad \text{全部}\,\tau$$

通过验证，我们发现 $f(\tau)$ 是 τ 的奇函数。由于它违背了自相关函数的基本性质，因此它不能是一个合法的自相关函数。应用维纳-辛钦定理得到这个相同的结论。

4.11 考虑下列无穷级数：

$$f(\tau) = \frac{A^2}{2}\left[1 - \frac{1}{2!}(2\pi f_c \tau)^2 + \frac{1}{4!}(2\pi f_c \tau)^4 - \cdots\right], \quad \text{全部}\,\tau$$

它是 τ 的偶函数，因此满足自相关函数的对称性质。应用维纳-辛钦定理证明 $f(\tau)$ 确实是一个弱平稳过程的合法的自相关函数。

4.12 考虑下列高斯函数：

$$f(\tau) = \exp(-\pi\tau^2), \quad \text{全部}\,\tau$$

它是具有傅里叶变换的。并且它也是 τ 的偶函数，因此在原点 $\tau = 0$ 附近满足自相关函数的对称性质。应用维纳-辛钦定理证明 $f(\tau)$ 确实是一个弱平稳过程的合法的归一化自相关函数。

4.13 考虑下列具有傅里叶变换的函数：

$$f(\tau) = \begin{cases} \delta\left(\tau - \frac{1}{2}\right), & \tau = \frac{1}{2} \\ -\delta\left(\tau + \frac{1}{2}\right), & \tau = -\frac{1}{2} \\ 0, & \text{其他} \end{cases}$$

它是 τ 的奇函数。因此它不能是一个合法的自相关函数。应用维纳-辛钦定理得到这个相同的结论。

互相关函数和互谱密度

4.14 考虑一对弱平稳过程 $X(t)$ 和 $Y(t)$。证明这两个过程的互相关 $R_{XY}(\tau)$ 和 $R_{YX}(\tau)$ 具有下列性质：

(a) $R_{XY}(\tau) = R_{YX}(-\tau)$

(b) $|R_{XY}(\tau)| \leqslant \frac{1}{2}[R_{XX}(0)+R_{YY}(0)]$

其中，$R_{XX}(\tau)$和$R_{YY}(\tau)$分别是$X(t)$和$Y(t)$的自相关函数。

4.15 将一个具有零均值、自相关函数为$R_{XX}(\tau)$的弱平稳过程$X(t)$经过一个微分器，产生下列新的过程：

$$Y(t) = \frac{\mathrm{d}}{\mathrm{d}t}X(t)$$

(a) 确定$Y(t)$的自相关函数。

(b) 确定$X(t)$和$Y(t)$之间的互相关函数。

4.16 考虑如图 P4.16 所示的以级联方式互联的两个线性滤波器。令$X(t)$是自相关函数为$R_{XX}(\tau)$的弱平稳过程。第一个滤波器输出端显示的弱平稳过程被记为$V(t)$，第二个滤波器输出端显示的弱平稳过程被记为$Y(t)$。

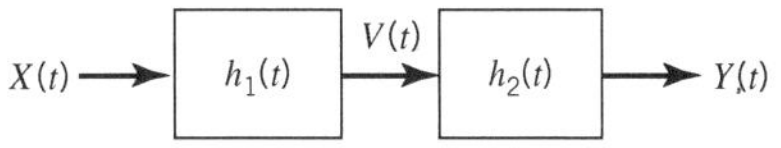

图 P4.16

(a) 求出$Y(t)$的自相关函数。

(b) 求出$V(t)$和$Y(t)$的互相关函数$R_{VY}(\tau)$。

4.17 将一个弱平稳过程$X(t)$应用于冲激响应为$h(t)$的线性时不变滤波器，得到输出$Y(t)$。

(a) 证明输出$Y(t)$与输入$X(t)$之间的互相关函数$R_{YX}(\tau)$等于冲激响应$h(\tau)$与输入的自相关函数$R_{XX}(\tau)$的卷积，如下所示：

$$R_{YX}(\tau) = \int_{-\infty}^{\infty} h(u)R_{XX}(\tau-u)\,\mathrm{d}u$$

证明第二个互相关函数$R_{XY}(\tau)$为

$$R_{XY}(\tau) = \int_{-\infty}^{\infty} h(-u)R_{XX}(\tau-u)\,\mathrm{d}u$$

(b) 求出互谱密度$S_{YX}(f)$和$S_{XY}(f)$。

(c) 假设$X(t)$是零均值、功率谱密度为$N_0/2$的白噪声过程，证明

$$R_{YX}(\tau) = \frac{N_0}{2}h(\tau)$$

对上述结果的实际意义进行评价。

泊松过程

4.18 随机过程$X(t)$的样本函数如图 P4.18(a)所示，从中可以发现样本函数$x(t)$以随机方式取值±1。假设在$t=0$时刻，值$X(0)=-1$和$X(1)=+1$是等概率的。此后$X(t)$的变化按照平均率为λ的泊松过程发生。这里描述的过程$X(t)$有时候被称为电报信号(Telegraph signal)。

(a) 证明对于任意时刻$t>0$，取值$X(t)=-1$和$X(t)=+1$是等概率的。

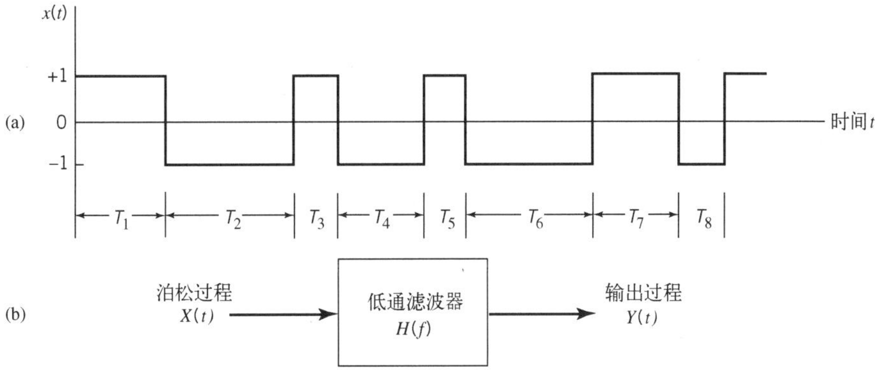

图 P4.18

(b) 根据(a)中的结果，证明 $X(t)$的均值等于零，其方差等于 1。

(c) 证明 $X(t)$的自相关函数为

$$R_{XX}(\tau) = \exp(-2\lambda\tau)$$

(d) 将过程 $X(t)$应用于图 P4.18(b)中的单个低通滤波器。确定在滤波器输出端产生的过程 $Y(t)$的功率谱密度。

高斯过程

4.19 考虑下列一对积分

$$Y_1 = \int_{-\infty}^{\infty} h_1(t)X(t)\,\mathrm{d}t$$

和

$$Y_2 = \int_{-\infty}^{\infty} h_2(t)X(t)\,\mathrm{d}t$$

其中，$X(t)$是一个高斯过程，$h_1(t)$和 $h_2(t)$是两个不同的加权函数。证明积分得到的两个随机变量 Y_1和 Y_2是联合高斯变量。

4.20 将一个零均值、方差为 σ_X^2 的高斯过程 $X(t)$通过全波整流器，其输入-输出关系如图 P4.20 所示。证明在 t_k时刻观测整流器输出端随机过程 $Y(t)$得到的随机变量 $Y(t_k)$的概率密度函数是单边的，如下所示：

$$f_{Y(t_k)}(y) = \begin{cases} \sqrt{\dfrac{2}{\pi}}\,\dfrac{1}{\sigma_X}\exp\left(-\dfrac{y^2}{2\sigma_X^2}\right), & y \geqslant 0 \\ 0, & y < 0 \end{cases}$$

验证 $f_{Y(t_k)}(y)$的曲线下的总面积等于 1。

4.21 将一个均值为 μ_X、方差为 σ_X^2 的平稳高斯过程 $X(t)$通过两个冲激响应分别为 $h_1(t)$和 $h_2(t)$的线性滤波器，产生过程 $Y(t)$和 $Z(t)$，如图 P4.21 所示。确定 $Y(t_1)$和 $Z(t_2)$是统计独立高斯过程的充要条件。

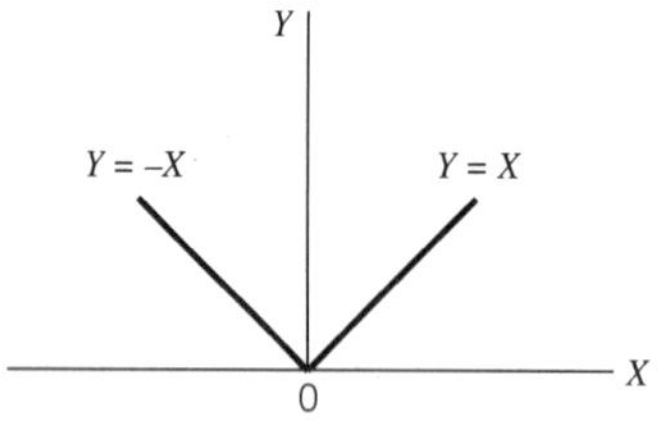

图 P4.20

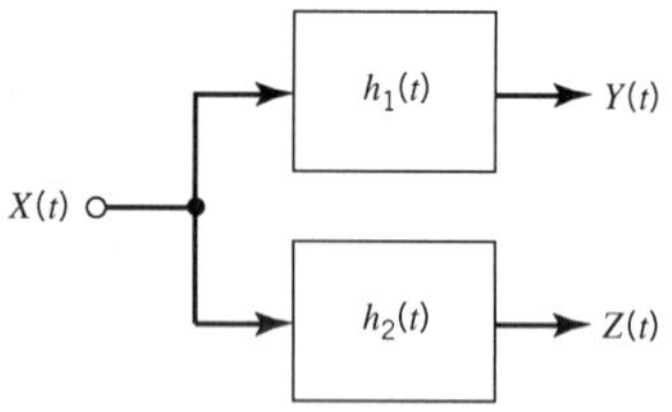

图 P4.21

白噪声

4.22 考虑下列随机过程：

$$X(t) = W(t) + aW(t - t_0)$$

其中，$W(t)$是功率谱密度为 $N_0/2$ 的白噪声过程，参数 a 和 t_0是常数。

(a) 确定过程 $X(t)$的自相关函数，并作图。

(b) 确定过程 $X(t)$的功率谱密度，并作图。

4.23 下列过程：

$$X(t) = A\cos(2\pi f_0 t + \Theta) + W(t)$$

描述了一个受到加性白噪声过程 $W(t)$污染的正弦波过程，已知 $W(t)$的功率谱密度为 $N_0/2$。正弦波过程的相位记为 Θ，它是一个均匀分布的随机变量，被定义为

$$f_\Theta(\theta) = \begin{cases} \dfrac{1}{2\pi}, & -\pi \leqslant \theta \leqslant \pi \\ 0, & \text{其他} \end{cases}$$

幅度 A 和频率 f_0 都是常数，但是未知的。

(a) 确定过程 $X(t)$ 的自相关函数及其功率谱密度。

(b) 如何利用(a)中的两个结果得到未知参数 A 和 f_0？

4.24 将一个零均值、功率谱密度为 $N_0/2$ 的高斯白噪声过程应用于图 P4.24 所示的滤波方案。低通滤波器输出端的噪声被记为 $n(t)$。

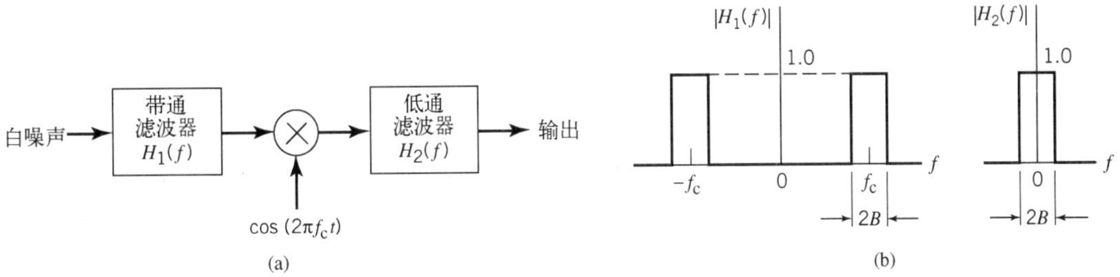

图 P4.24

(a) 求出 $n(t)$ 的功率谱密度和自相关函数。

(b) 求出 $n(t)$ 的均值和方差。

(c) 对 $n(t)$ 进行采样，使其采样值不相关的最大采样率是多少？

4.25 令 $X(t)$ 是一个零均值、自相关函数为 $R_{XX}(\tau)$、功率谱密度为 $S_{XX}(f)$ 的弱平稳过程。我们希望找到一个冲激响应为 $h(t)$ 的线性滤波器，使得当输入是功率谱密度为 $N_0/2$ 的白噪声时，滤波器输出为 $X(t)$。

(a) 确定为了实现这个需求冲激响应 $h(t)$ 必须满足的条件。

(b) 对滤波器传输函数 $H(f)$ 的对应条件是什么？

(c) 利用第 2 章中讨论的 Paley-Wiener 准则，找出为了使滤波器为因果滤波器对 $S_{XX}(f)$ 提出的要求。

窄带噪声

4.26 考虑一个窄带噪声 $n(t)$，其希尔伯特变换被记为 $\hat{n}(t)$。

(a) 证明 $n(t)$ 和 $\hat{n}(t)$ 的互相关函数为

$$R_{N\hat{N}}(\tau) = -\hat{R}_{NN}(\tau)$$

以及

$$R_{\hat{N}N}(\tau) = \hat{R}_{NN}(\tau)$$

其中，$\hat{R}_{NN}(\tau)$ 是 $n(t)$ 的自相关函数 $R_{NN}(\tau)$ 的希尔伯特变换。

提示：利用下列公式：

$$\hat{n}(t) = \frac{1}{\pi}\int_{-\infty}^{\infty} \frac{n(\lambda)}{t-\lambda}\,\mathrm{d}\lambda$$

(b) 证明当 $\tau=0$ 时，我们有 $R_{N\hat{N}}(0) = R_{\hat{N}N} = 0$。

4.27 一个窄带噪声 $n(t)$ 具有零均值和自相关函数 $R_{NN}(\tau)$。它的功率谱密度 $S_{NN}(f)$ 以 $\pm f_c$ 为中心。$n(t)$ 的同相分量 $n_I(t)$ 和正交分量 $n_Q(t)$ 由下列加权求和来定义：

$$n_I(t) = n(t)\cos(2\pi f_c t) + \hat{n}(t)\sin(2\pi f_c t)$$

和

$$n_Q(t) = \hat{n}(t)\cos(2\pi f_c t) - n(t)\sin(2\pi f_c t)$$

其中，$\hat{n}(t)$是噪声$n(t)$的希尔伯特变换。利用习题4.26中(a)得到的结果，证明$n_{\mathrm{I}}(t)$和$n_{\mathrm{Q}}(t)$具有下列自相关函数：

$$R_{N_{\mathrm{I}}N_{\mathrm{I}}}(\tau) = R_{N_{\mathrm{Q}}N_{\mathrm{Q}}}(\tau) = R_{NN}(\tau)\cos(2\pi f_{\mathrm{c}}\tau) + \hat{R}_{NN}(\tau)\sin(2\pi f_{\mathrm{c}}\tau)$$

和

$$R_{N_{\mathrm{I}}N_{\mathrm{Q}}}(\tau) = -R_{N_{\mathrm{Q}}N_{\mathrm{I}}}(\tau) = R_{NN}(\tau)\sin(2\pi f_{\mathrm{c}}\tau) - \hat{R}_{NN}(\tau)\cos(2\pi f_{\mathrm{c}}\tau)$$

Rayleigh 分布和 Rice 分布

4.28 考虑在所谓随机或者衰落通信信道上传播信号的问题。这种信道的例子包括电离层(Ionosphere)，其中短波(高频)信号被反射回地球从而产生远距离无线传输，另一个例子是水下通信(Underwater communication)。这种信道的简单模型如图P4.28所示，它是由一个大的随机散射体(Random scatterer)收集器组成的，其结果是使单个入射波束对应转化为在接收端的大量的散射波束。发射信号等于$A\exp(\mathrm{j}2\pi f_{\mathrm{c}}t)$。假设所有散射波束都以相同的平均速度传播。然而，每个散射波束与入射波束的幅度和相位都不相同，使得第k个散射波束为$A_k\exp(\mathrm{j}2\pi f_{\mathrm{c}}t+\mathrm{j}\Theta_k)$，其中幅度$A_k$和相位$\Theta_k$都随时间缓慢随机地变化。特别地，假设所有$\Theta_k$都相互独立，并且是均匀分布的随机变量。

(a) 将接收信号表示为

$$x(t) = r(t)\exp[\mathrm{j}2\pi f_{\mathrm{c}}t + \psi(t)]$$

证明在t时刻对接收信号的包络进行观测得到的随机变量R是Rayleigh分布的，并且在某个固定时刻对相位进行观测得到的随机变量Ψ是均匀分布的。

(b) 假设信道包括一条视线路径，使得接收信号中也包含一个频率为f_{c}的正弦波分量，证明在这种情况下接收信号的包络是Rice分布的。

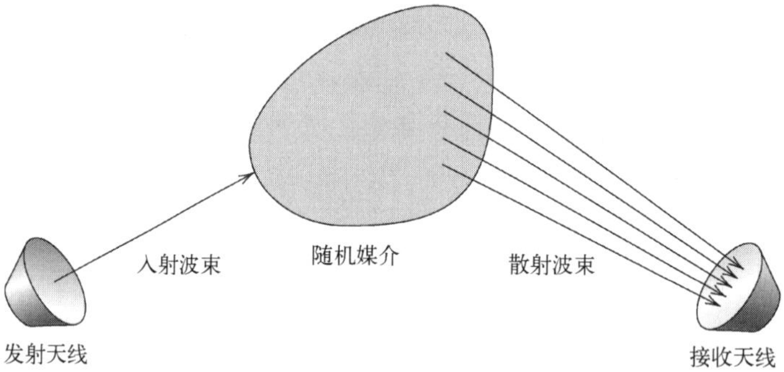

图 P4.28

4.29 重新回到图4.23所示图形，其中描述了在不同参数a情况下的Rice包络分布，我们发现当参数a=5时，这个分布近似为高斯分布。证明这个结论是正确的。

注释

[1] “随机”这个词来自于希腊语。

[2] 对于随机过程的严密论述，可参考Doob(1953)、Loève(1963)以及Cramér and Leadbetter(1967)等经典著作。

[3] 传统上，在文献中将式(4.42)和式(4.43)称为维纳-辛钦关系(Wiener-Khintchine relation)，以纪念Norbert Wiener和A. I. Khintchine所做的开创性工作，它们的原始论文可参考Wiener(1930)和Khintchine(1934)。后来发现了Albert Einstein关于时间序列分析的一篇被遗忘的论文(1914年2月在Basel举行的瑞士物理学会会议上发表)，这说明Einstein在Wiener和

Khintchine 前面很多年就讨论了自相关函数及其与时间序列的频谱内容之间的关系。Einstein 这篇论文的英文翻译于 1987 年 10 月被重新发表在 IEEE ASSP Mag 第 4 卷上。这个专辑还包含了 W. A. Gardner 和 A. M. Yaglom 的论文，它们对 Einstein 的原始工作做了进一步详细阐述。

[4] 对于维纳–辛钦定理(Wiener-Khintchine theorem)的数学证明，可参考 Priestley(1981)。

[5] 式(4.70)为估计弱平稳过程的功率谱密度提供了数学基础。现在已经有大量的方法可以完成这种估计。对于一些可靠的估计方法的详细论述，可参考 Percival 和 Walden(1993)的著作。

[6] 取“泊松过程”这个名字是为了纪念 S. D. Poisson。这种分布第一次出现在 Poisson 关于概率在司法(Justice)管理中的作用的论述中。关于泊松过程的经典著作是 Snyder(1975)。对这个主题的一般介绍，可参考 Bertsekas 和 Tsitsiklis(2008：第 6 章)。

[7] 高斯分布以及相关的高斯过程的称谓取自于伟大的数学家 C. F. Gauss。在 18 岁时，高斯发明了最小二乘方法(The method of least squares)，用来寻找某个量的测量值序列中的最佳值。高斯后来利用最小二乘方法将行星轨道与测量数据进行拟合，这种方法 1809 年发表在他的著作《天体运动理论》(*Theory of Motion of the Heavenly Bodies*)中。在研究观测值误差的有关问题时，他提出了高斯分布(Gaussian distribution)。

[8] 温度噪声最早是 J. B. Johnson 在 1928 年通过实验进行研究的，因此有时候它也被称为 Johnson 噪声(Johnson noise)。Johnson 的实验被 Nyquist(1928a)在理论上进行了证实。

[9] 如果需要进一步理解白噪声，可参考 Yaglom(1962)的著作中关于广义随机过程的附录 I。

[10] 取“Rayleigh 分布”这个名字是为了纪念英国物理学家 J. W. Strutt 即 Rayleigh 勋爵。

[11] 取“Rice 分布”这个名字是为了纪念 S. O. Rice(1945)。

[12] 在第 9 章中将要讨论的移动无线通信中，将式(4.141)中的正弦项 $A\cos(2\pi f_c t)$ 认为是平均功率为 $A^2/2$ 的视线分量[Line-Of-Sight (LOS) component]，将加性噪声项 $n(t)$ 认为是平均功率为 σ^2 的高斯漫射分量(Gaussian diffuse component)，并且假设两者都具有零均值。在这种环境下，利用 Rice 因子(Rice factor)K 来表征 Rice 分布。其正式定义为

$$K = \frac{\text{LOS分量的平均功率}}{\text{漫射分量的平均功率}} = \frac{A^2}{2\sigma^2}$$

实际上，$K=\frac{a^2}{2}$。因此在图 4.23 的图形中，运行参数 K 的值被假设为 0,0.5,2,4.5,12.5。

第5章　信　息　论

5.1　引言

正如在第1章中提到并一直反复指出的，通信系统的目的在于使信源产生的信号更容易在通信信道上传输。但是从基本含义来看，我们讲的"信息"是指什么呢？为了说明这个重要问题，需要理解信息论的基础知识[1]。

在本书中首先学习信息论基础知识的原因有三个方面：

1. 信息论大量地用到了概率论知识，这在第3章中进行了讨论。因此，紧跟其后介绍信息论也是合乎逻辑的。
2. 它为本书前面各章中用到的"信息"这个词增添了新的含义。
3. 更重要的是，信息论为后续各章讨论的许多重要概念和主题奠定了基础。

在通信背景中，信息论处理的是通信系统而不是物理源和物理信道的数学建模与分析问题。特别地，它为下列两个基本问题(还有其他问题)给出答案：

1. 什么是不能简化的复杂度？低于此复杂度则信号就不能被压缩了？
2. 在有噪信道上进行可靠通信的临界传输速率是多少？

这两个问题的答案分别存在于信源的熵和信道的容量中：

1. 熵(Entropy)是通过信源的概率行为来定义的，之所以这样命名是考虑到这个概念在热力学中也有类似的应用。
2. 容量(Capacity)被定义为信道传送信息的固有能力。它与信道的噪声特性自然有关。

从信息论得到的一个显著成果是，如果信源的熵小于信道的容量，则在理想情况下，可以在信道上实现无差错通信。因此，我们通过讨论不确定性、信息和熵之间的关系来开始信息论知识的学习是合适的。

5.2　熵

假设在一个概率实验(Probabilistic experiment)中，需要在每个信号间隔内对离散信源产生的输出进行观测。信源输出用一个随机过程来建模，它的一个样本用离散随机变量 S 来表示。这个随机变量的符号取自于下列固定的有限字符集：

$$\mathscr{S} = \{s_0, s_1, \cdots, s_{K-1}\} \tag{5.1}$$

其概率为

$$\mathbb{P}(S=s_k) = p_k, \qquad k = 0, 1, \cdots, K-1 \tag{5.2}$$

显然，这组概率必须满足下列归一化性质：

$$\sum_{k=0}^{K-1} p_k = 1, \qquad p_k \geqslant 0 \tag{5.3}$$

假设在连续的信号间隔内由信源产生的符号是统计独立的。在这种条件下，能否找到一种方法来度量这个信源产生了多少信息呢？为了回答这个问题，我们发现信息与不确定性或者意想不到(Surprise)密切相关，下面对其进行阐述。

考虑 $S=s_k$ 这个事件，式(5.2)描述信源以概率 p_k 产生了符号 s_k。显然，如果对于所有 $i\neq k$，都有概率 $p_k=1$ 和 $p_i=0$，则不存在“意想不到”的事，因此当产生符号 s_k 时就没有“信息”，这是因为我们知道来自信源的消息必定是什么。另一方面，如果信源符号出现的概率不同，并且概率 p_k 也很低，则存在更多的意想不到，因此信源产生符号 s_k 的信息就比它以更高概率产生另一个符号 $s_i(i\neq k)$ 的信息更多。因此，不确定性(Uncertainty)、意想不到(Surprise)和信息(Information)这三个词都是彼此相关的。在事件 $S=s_k$ 发生以前，有一定的不确定性。当事件 $S=s_k$ 发生时，有一个意想不到的量。在事件 $S=s_k$ 发生以后，则获得了一定的信息量，其本质可以被视为消除了不确定性。最重要的是，信息量与事件 $S=s_k$ 发生的概率成反比。

我们将观测到事件 $S=s_k$(它发生的概率为 p_k)以后获得的信息量(Amount of information)定义为下列对数函数[2]

$$I(s_k) = \log\left(\frac{1}{p_k}\right) \tag{5.4}$$

它通常被称为事件 $S=s_k$ 的“自信息”(Self-information)。这个定义表现出下列重要性质，它们从直观上看是成立的：

性质1

$$I(s_k) = 0, \quad p_k = 1 \tag{5.5}$$

显然，即使在一个事件发生以前，如果我们对它的结果是绝对确定无疑的(Certain)，则没有获得信息。

性质2

$$I(s_k) \geqslant 0, \qquad 0 \leqslant p_k \leqslant 1 \tag{5.6}$$

这意味着，一个事件 $S=s_k$ 的发生要么会提供一些信息，要么不提供信息，但绝不会带来信息的减少(Loss)。

性质3

$$I(s_k) > I(s_i), \qquad p_k < p_i \tag{5.7}$$

也就是说，一个事件发生的可能性越低，则一旦它发生就会获得更多的信息。

性质4

如果 s_k 和 s_l 是统计独立的，则 $I(s_k,s_l)=I(s_k)+I(s_l)$。

这个加性性质可以根据式(5.4)中的对数定义来得到。

在式(5.4)中对数的底规定了信息度量的单位。然而，考虑到二进制信号的原因，在信息论中实际上通常采用底为 2 的对数。这样得到的信息单位被称为比特(Bit)，它是二进制数字(Binary digit)的缩略语。于是，可得到

$$\begin{aligned} I(s_k) &= \log_2\left(\frac{1}{p_k}\right) \\ &= -\log_2 p_k, \quad k = 0, 1, \cdots, K-1 \end{aligned} \tag{5.8}$$

当 $p_k=1/2$ 时，可得到 $I(s_k)=1$ 比特。于是，我们可以表述为：

1 比特是当两个具有相同可能的(即等概率的)事件之一发生时，我们能够得到的信息量。

注意到信息 $I(s_k)$ 是正值，这是因为一个小于 1 的数，比如概率的对数是负值。还注意到如果 p_k 等于零，则自信息 I_{s_k} 为无界值。

在任意一个信号间隔内，信源产生的信息量 $I(s_k)$ 取决于该时刻信源发出的符号 s_k。自信息 $I(s_k)$ 是一个离散随机变量，它分别以概率 $p_0,p_1,\cdots,p_{K-1}$ 取值 $I(s_0),I(s_1),\cdots,I(s_{K-1})$。在随机变量 S

的所有可能的取值范围内 $I(s_k)$ 的期望值为

$$H(S) = \mathbb{E}[I(s_k)] = \sum_{k=0}^{K-1} p_k I(s_k) = \sum_{k=0}^{K-1} p_k \log_2\left(\frac{1}{p_k}\right) \tag{5.9}$$

$H(S)$ 被称为熵(Entropy)[3]，它的正式定义如下：

代表一个信源输出的离散随机变量的熵是每个信源符号的平均信息内容的测度。

注意到熵 $H(S)$ 是独立于字符集$\mathcal{S}$的，它只取决于信源的字符集$\mathcal{S}$中符号的概率。

熵的性质

根据式(5.9)中给出的熵的定义，我们发现离散随机变量 S 的熵的界为

$$0 \leqslant H(S) \leqslant \log_2 K \tag{5.10}$$

其中，K 是字符集$\mathcal{S}$中的符号个数。

为了详细说明式(5.10)中关于熵的两个界，我们指出下列两点结论：

1. 当且仅当对于某个 k 值概率 $p_k=1$，并且集合中剩余概率都为零时，$H(S)=0$。这个熵的下界对应于没有不确定性(No uncertainty)。
2. 当且仅当对于所有 k 值概率 $p_k=1/K$(即在信源字符集$\mathcal{S}$中的所有符号都是等概率的)，$H(S)=\log K$。这个熵的上界对应于最大不确定性(Maximum uncertainty)。

为了证明 $H(S)$ 的这些性质，我们采取如下步骤：首先，由于每个概率 p_k 都小于或者等于 1，可知式(5.9)中每一项 $p_k\log_2(1/p_k)$ 都总是为负值，因此 $H(S)\geqslant 0$。其次，我们注意到当且仅当 $p_k=0$ 或者 1 时，乘积项 $p_k\log_2(1/p_k)$ 等于零。于是，我们推断当且仅当对某个 k 值 $p_k=0$ 或者 1，并且剩余全部为零时，$H(S)=0$。这就完成了式(5.10)中下界以及结论 1 的证明。

为了证明式(5.10)中的上界和结论 2，利用自然对数的下列性质：

$$\log_e x \leqslant x-1, \qquad x \geqslant 0 \tag{5.11}$$

其中，$\log_e$ 是描述自然对数(Natural logarithm)的另一种方法，通常记为 ln。这两种符号可以互换使用。通过画出函数 $\ln x$ 和 $(x-1)$ 与 x 的关系曲线，可以很容易证明这个不等式，如图 5.1 所示。从图中我们发现直线 $y=x-1$ 总是位于曲线 $y=\ln x$ 的上方。只有在 $x=1$ 时等式才成立，此时该直线与曲线相切。

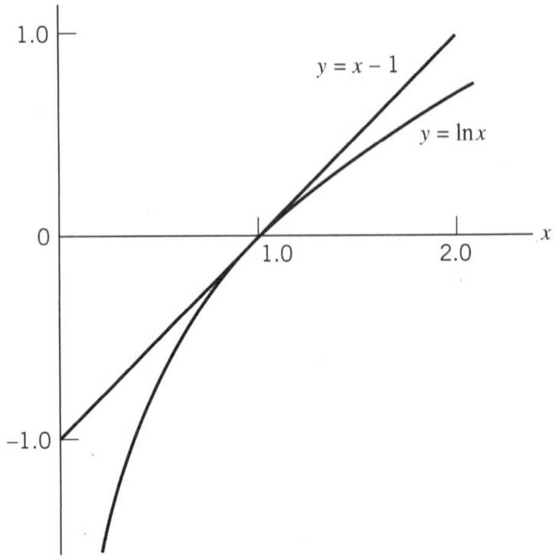

图 5.1 函数 $x-1$ 和 $\log x$ 与 x 的关系曲线

为了继续证明，首先考虑在离散信源的字符集 $\mathcal{S}=\{s_0,s_1,\cdots,s_{K-1}\}$ 上任意两个不同的概率分布，分别记为 $p_0,p_1,\cdots,p_{K-1}$ 和 $q_0,q_1,\cdots,q_{K-1}$。于是，我们可以将这两个分布的相对熵(Relative entropy)定义为

$$D(p\|q) = \sum_{k=0}^{K-1} p_k \log_2\left(\frac{p_k}{q_k}\right) \tag{5.12}$$

因此，变为自然对数并且利用式(5.11)中的不等式，我们可以将式(5.12)右边的求和表示为

$$\sum_{k=0}^{K-1} p_k \log_2\left(\frac{p_k}{q_k}\right) = -\sum_{k=0}^{K-1} p_k \log_2\left(\frac{q_k}{p_k}\right)$$

$$\geqslant \frac{1}{\ln 2} \sum_{k=0}^{K-1} p_k\left(\frac{q_k}{p_k} - 1\right)$$

$$= \frac{1}{\log_e 2} \sum_{k=0}^{K-1} (q_k - p_k)$$

$$= 0$$

在上式第三行中，注意到根据式(5.3)可知在 p_k 和 q_k 上的求和都等于 1。于是，我们得到概率论的下列基本性质：

$$D(p||q) \geqslant 0 \tag{5.13}$$

也就是说，式(5.13)表明：

一对不同离散分布的相对熵总是非负的，只有当这两个分布相同时它才为零。

接下来，假设令

$$q_k = \frac{1}{K}, \quad k = 0, 1, \cdots, K-1$$

这对应于一个信源字符集$\mathscr{S}$具有等概率的符号。将这个分布用于式(5.12)，得到

$$D(p||q) = \sum_{k=0}^{K-1} p_k \log_2 p_k + \log_2 K \sum_{k=0}^{K-1} p_k$$

$$= -H(S) + \log_2 K$$

其中，我们用到了式(5.3)和式(5.9)中的结果。于是，根据式(5.13)中的基本不等式，最后可以写出

$$H(S) \leqslant \log_2 K \tag{5.14}$$

所以，$H(S)$总是小于或者等于 $\log_2 K$。当且仅当字符集$\mathscr{S}$中的符号为等概率时，等式成立。这就完成了式(5.10)的证明，同时也完成了相关的结论 1 和结论 2 的证明。

▷

例 1 Bernoulli 随机变量的熵

为了说明式(5.10)中总结的 $H(S)$的性质，考虑 Bernoulli 随机变量，其中符号 0 出现的概率为 p_0，符号 1 出现的概率为 $p_1 = 1 - p_0$。

这个随机变量的熵为

$$\begin{aligned} H(S) &= -p_0 \log_2 p_0 - p_1 \log_2 p_1 \\ &= -p_0 \log_2 p_0 - (1-p_0) \log_2(1-p_0) \text{ 比特} \end{aligned} \tag{5.15}$$

根据上式我们可以观察得到下列几点：

1. 当 $p_0 = 0$ 时，熵 $H(S) = 0$。这是从 $x \to 0$ 时 $x \ln x \to 0$ 这个事实得到的。
2. 当 $p_0 = 1$ 时，熵 $H(S) = 0$。
3. 当 $p_1 = p_0 = 1/2$，即符号 1 和符号 0 具有相等概率时，熵 $H(S)$达到其最大值 $H_{max} = 1$ 比特。

换句话说，$H(S)$关于 $p_0 = 1/2$ 是对称的。

在信息论问题中，经常遇到式(5.15)右边给出的关于 p_0 的函数。所以，习惯上会为这个函数分配一个特殊的符号。特别地，我们定义

$$H(p_0) = -p_0 \log_2 p_0 - (1-p_0) \log_2(1-p_0) \tag{5.16}$$

并且将 $H(p_0)$称为熵函数(Entropy function)。必须特别注意式(5.15)和式(5.16)之间的区别。

式(5.15)中的$H(S)$给出了Bernoulli随机变量S的熵。另一方面，式(5.16)中的$H(p_0)$则是定义在区间[0,1]上的先验概率p_0的函数。因此，我们可以画出定义在区间[0,1]上的熵函数$H(p_0)$与p_0的关系曲线，如图5.2所示。该图中的曲线进一步强调上述观察得到的以上三点结论。

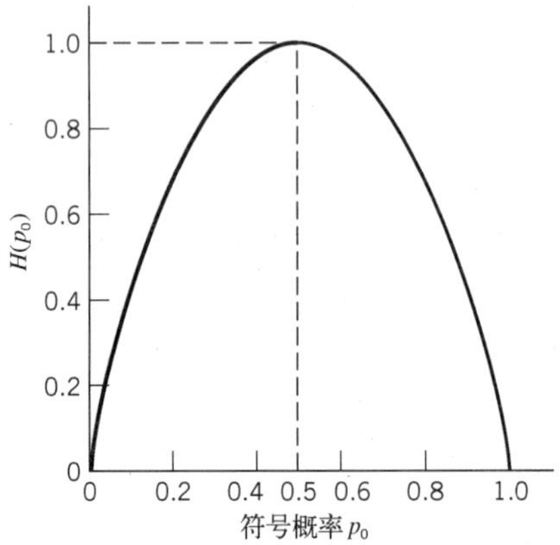

图5.2 熵函数$H(p_0)$

推广为离散无记忆信源

为了对前面重点讨论的离散信源符号增加新的特性，假设它是无记忆的(Memoryless)，即信源在任何时刻产生的符号都与它前面和后面产生的符号相独立。

在这种背景下，我们经常发现考虑采用分块符号(Block)而不是单个符号会更加有用，每一个分块都由n个连续的信源符号组成。我们可以将每个这样的分块视为由一个扩展源(Extended source)产生的，这个扩展源的信源字符集通过一个集合S^n的笛卡儿乘积描述，该集合具有K^n个不同分块，其中K是原始信源字符集S中不同符号的个数。由于信源符号是统计独立的，所以在S^n中信源符号的概率等于S中n个信源符号的概率的乘积，S构成了S^n的特定信源符号。于是，我们可以根据直觉预测扩展源的熵$H(S^n)$等于原始信源熵$H(S)$的n倍。也就是说，可以写出

$$H(S^{(n)}) = nH(S) \tag{5.17}$$

下面以举例的方式来说明这个关系的正确性。

例2 扩展源的熵

考虑一个离散无记忆信源，其信源字符集为$\mathcal{S}=\{s_0,s_1,s_2\}$，其中三个不同符号的概率如下：

$$p_0 = \frac{1}{4}$$

$$p_1 = \frac{1}{4}$$

$$p_2 = \frac{1}{2}$$

于是，利用式(5.9)可以得到代表信源的离散随机变量S的熵为

$$\begin{aligned} H(S) &= p_0 \log_2\left(\frac{1}{p_0}\right) + p_1 \log_2\left(\frac{1}{p_1}\right) + p_2 \log_2\left(\frac{1}{p_2}\right) \\ &= \frac{1}{4}\log_2(4) + \frac{1}{4}\log_2(4) + \frac{1}{2}\log_2(2) \\ &= \frac{3}{2} \text{比特} \end{aligned}$$

下面考虑信源的二阶扩展。由于信源字符集$\mathcal{S}$是由三个符号构成的，因此扩展源$S^{(2)}$的信源字符集有

9 个符号。表 5.1 中的第一行给出了 $S^{(2)}$ 的 9 个符号，记为 $\sigma_0,\sigma_1,\cdots,\sigma_8$。表中的第二行给出了这 9 个符号的组合，它们是通过在信源符号 s_0,s_1 和 s_2 中每次取两个符号组成的对应序列。表中的最后一行给出了扩展源的 9 个信源符号的概率。于是，利用式(5.9)可以得到扩展源的熵为

$$\begin{aligned} H(S^{(2)}) &= \sum_{i=0}^{8} p(\sigma_i)\log_2\left(\frac{1}{p(\sigma_i)}\right) \\ &= \frac{1}{16}\log_2(16)+\frac{1}{16}\log_2(16)+\frac{1}{8}\log_2(8)+\frac{1}{16}\log_2(16)+ \\ &\quad \frac{1}{16}\log_2(16)+\frac{1}{8}\log_2(8)+\frac{1}{8}\log_2(8)+\frac{1}{8}\log_2(8)+\frac{1}{4}\log_2(4) \\ &= 3\ \text{比特} \end{aligned}$$

于是，我们发现按照式(5.17)可以得到 $H(S^{(2)})=2H(S)$。

表 5.1　离散无记忆信源的二阶扩展的字符集

$S^{(2)}$ 的符号	σ_0	σ_1	σ_2	σ_3	σ_4	σ_5	σ_6	σ_7	σ_8
S 的对应符号序列	s_0s_0	s_0s_1	s_0s_2	s_1s_0	s_1s_1	s_1s_2	s_2s_0	s_2s_1	s_2s_2
$\mathbb{P}(\sigma_i)$ 的概率，$i=0,1,\cdots,8$	$\frac{1}{16}$	$\frac{1}{16}$	$\frac{1}{8}$	$\frac{1}{16}$	$\frac{1}{16}$	$\frac{1}{8}$	$\frac{1}{8}$	$\frac{1}{8}$	$\frac{1}{4}$

5.3　信源编码定理

现在，我们理解了随机变量的熵的含义，于是可以讨论通信理论中的一个重要问题：如何表示离散信息源产生的数据？

这种表示的过程是通过所谓的信源编码(Source encoding)来完成的。执行这种表示的设备被称为信源编码器(Source encoder)。由于将要解释的原因，我们希望知道信源的统计量。特别地，如果已知某些信源符号比其他符号更有可能，则我们在生成源码(Source code)时可以利用这个特点，为频繁(Frequent)出现的信源符号分配短(Short)码字，而将长(Long)码字分配给很少(Rare)出现的信源符号。我们把这种源码称为可变字长编码(Variable-length code)。过去在电报中采用的莫尔斯码(Morse code)就是可变长度码的一个例子。我们主要感兴趣的是，在用公式表示信源编码器时必须满足下列两个要求：

1. 编码器产生的码字是二进制形式的。
2. 源码是唯一可译码的(Uniquely decodable)，使得可以根据编码二进制序列完全重构出原始信源序列。

上述第二个要求尤其重要：它建立了完全信源编码(Perfect source code)的基础。

下面考虑如图 5.3 所示的方案，其中离散无记忆信源的输出 s_k 被信源编码器转化为一个由 0 和 1 组成的序列，记为 b_k。假设信源的字符集中有 K 个不同符号，并且第 k 个符号 s_k 出现的概率为 p_k，$k=0,1,\cdots,K-1$。令编码器分配给符号 s_k 的二进制码字的长度为 l_k，单位为比特。我们将信源编码器的平均码字长度(Average codeword length)$\bar{L}$ 定义为

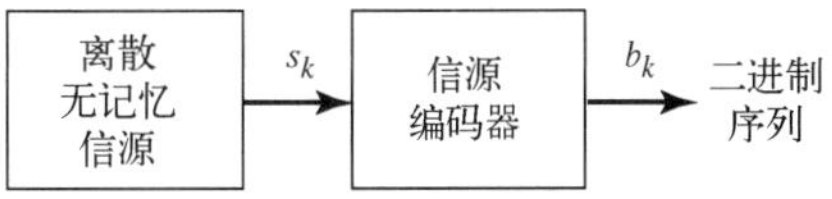

图 5.3　信源编码

$$\bar{L}=\sum_{k=0}^{K-1} p_k l_k \tag{5.18}$$

从物理上讲，参数 $\bar{L}$ 表示在信源编码过程中采用的每个信源符号的平均比特数。令 $L_{\min}$ 表示 L 的最小可能值。于是，可以将信源编码器的编码效率(Coding efficiency)定义为

$$\eta = \frac{L_{\min}}{\bar{L}} \tag{5.19}$$

由于$\bar{L} \geqslant L_{\min}$，显然可以得到$\eta \leqslant 1$。当$\eta$接近于1时，信源编码器被称为是高效率的(Efficient)。

但是如何确定出最小值$L_{\min}$呢？这个基本问题的答案在香农第一定理中，即信源编码定理(Source-coding theorem)[4]，这个定理可以表述如下：

给定一个离散无记忆信源，其输出被表示为随机变量S，对于任意信源编码方案，熵$H(S)$为平均码字长度$\bar{L}$限定的界为

$$\bar{L} \geqslant H(S) \tag{5.20}$$

按照上述定理，熵$H(S)$代表为了表示离散无记忆信源，每个信源符号的平均比特数的基本极限，它可以尽可能小，但不能小于熵$H(S)$。于是，令$L_{\min}=H(S)$，可以重写式(5.19)，通过熵$H(S)$把信源编码器的效率定义为

$$\eta = \frac{H(S)}{\bar{L}} \tag{5.21}$$

其中与前面一样，我们有$\eta \leqslant 1$。

5.4 无损数据压缩算法

物理源产生的信号具有一个公共特点，就是它的自然形式中会包含大量的冗余(Redundant)信息，因此其传输会浪费基本的通信资源。比如，用于商业交易的计算机输出构成了一个冗余序列，因为任何两个相邻符号通常都是彼此相关的。

因此，为了有效地进行信号传输，必须在传输以前从信号中消除掉冗余信息。这种操作通常是以数字形式对信号实施的，它不会损失信息，在这种情况下，我们称其为无损数据压缩(Lossless data compression)。这样操作得到的码用于表示信源输出时，不仅就每个符号的平均比特数而言是高效率的，而且从可以不损失信息地重构出原始数据的意义上讲也是准确的。信源的熵为从数据中消除冗余确立了基本限制。总体说来，可以通过为信源输出中最频繁出现的结果分配短码字而对不太频繁出现的结果分配长码字来实现无损数据压缩。

在本节中，我们讨论无损数据压缩的一些信源编码方案。首先描述一种被称为前缀码的源码，它不仅是唯一可译码的，而且还为实现能够任意逼近信源熵的平均码字长度提供了可能。

前缀编码

考虑一个离散无记忆信源字符集$\{s_0, s_1, \cdots, s_{K-1}\}$及其各自出现的概率$\{p_0, p_1, \cdots, p_{K-1}\}$。为了使表示这个信源输出的源码具有实际用处，它必须是唯一可译码的。这个限定确保对于信源产生的每个有限符号序列，其对应的码字序列都与任何其他信源序列所对应的码字序列不相同。我们对一种满足所谓前缀条件(Prefix condition)限制的特殊类型的码尤其感兴趣。为了定义前缀条件，将分配给信源符号s_k的码字记为$(m_{k_1}, m_{k_2}, \cdots, m_{k_n})$，其中各个元素$m_{k_1}, \cdots, m_{k_n}$为0或者1，$n$是码字长度。这个码字的开始部分由元素$m_{k_1}, \cdots, m_{k_i}$表示，其中$i \leqslant n$。构成码字开始部分的任何序列都被称为这个码字的前缀(Prefix)。于是，我们说：

前缀码被定义为其中没有一个码字是任何其他码字的前缀的一种码。

前缀码与其他具有唯一可译码性质的码之间的区别是，码字的后面部分总是可识别的。因此，一旦表示信源符号的二进制序列被完全接收到，就可以完成前缀的译码。由于这个原因，前缀码也被称为即时码(Instantaneous code)。

例 3　前缀编码示例

为了说明前缀码的含义，考虑表 5.2 中描述的三种源码。码 Ⅰ 不是前缀码，因为 s_0 的码字为比特 0，它是 s_2 的码字 00 的前缀。同样地，s_1 的码字为比特 1，它是 s_3 的码字 11 的前缀。类似地，我们可以看出码Ⅲ也不是前缀码，但是码Ⅱ是前缀码。

表 5.2　说明前缀码的定义

信源符号	出现概率	码 I	码 II	码 III
s_0	0.5	0	0	0
s_1	0.25	1	10	01
s_2	0.125	00	110	011
s_3	0.125	11	111	0111

前缀码的译码

为了对前缀源码产生的码字序列进行译码，信源译码器(Source decoder)在序列出现后就立即开始译码，并且每次译一个码字。具体而言，它建立一个等效的决策树(Decision tree)，这是一种对具体源码中的码字的图形描述。比如，图 5.4 画出了对应于表 5.2 中码Ⅱ的决策树。该树有一个初始状态(Initial state)和 4 个分别对应于信源符号 s_0, s_1, s_2 和 s_3 的终点状态(Terminal state)。译码器总是从初始状态开始进行译码。如果接收到的第一个比特是 0，则它使译码器移动到终点状态 s_0，否则如果它是 1，则移动到第二个判决点。在后一种情况下，第二个比特使译码器沿着树往下再移动一步，如果它是 0 则到终点状态 s_1，否则如果它是 1，则移动到第三个判决点，以此类推。一旦每个终点状态都产生其符号以后，译码器就复位到其初始状态。还需注意的是，接收到的编码序列的每个比特都只被检查一次。比如，考虑下列编码序列：

$$\underbrace{10}_{s_1}\ \underbrace{111}_{s_3}\ \underbrace{110}_{s_2}\ \underbrace{0}_{s_0}\ \underbrace{0}_{s_0}\ \cdots$$

这个序列很容易被译码为信源序列 $s_1 s_3 s_2 s_0 s_0 \cdots$。建议读者自行完成这一译码过程。

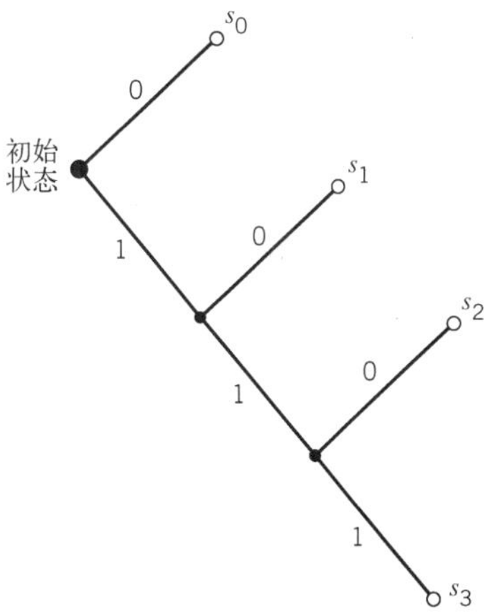

图 5.4　表 5.2 中码Ⅱ的决策树

正如前面提到的，前缀码有一个重要性质，即它是即时可译码，但反过来却未必正确。比如，表 5.2 中码Ⅲ并不满足前缀条件，然而它却是唯一可译码的，因为比特 0 预示着该码中每个码字的开始。

为了更深入地讨论前缀码，如表 5.2 中的示例，我们需要借助于一个不等式，下面对其进行介绍。

Kraft 不等式

考虑一个离散无记忆信源，其信源字符集为 $\{s_0, s_1, \cdots, s_{K-1}\}$，信源概率为 $\{p_0, p_1, \cdots, p_{K-1}\}$，符号 s_k 的码字的长度为 l_k，其中 $k=0,1,\cdots,K-1$。于是，根据 Kraft 不等式(Kraft inequality)[5]，码字长度总是满足下列不等式：

$$\sum_{k=0}^{K-1} 2^{-l_k} \leqslant 1 \tag{5.22}$$

其中，因子 2 是指二进制字符集中符号的个数。Kraft 不等式是源码成为前缀码的必要条件而不是充分条件。换句话说，式(5.22)的不等式仅仅是前缀码的码字长度必须满足的条件，而不是码字本身的条件。比如，考察表 5.2 中列出的三种码，我们发现：

- 码Ⅰ不满足 Kraft 不等式，因此它不是一个前缀码。
- 码Ⅱ和码Ⅲ都满足 Kraft 不等式，但只有码Ⅱ才是前缀码。

给定一个熵为 $H(S)$ 的离散无记忆信源，可以构造出一个平均码字长度为 $\bar{L}$ 的前缀码，它的界为

$$H(S) \leqslant \bar{L} < H(S) + 1 \tag{5.23}$$

如果信源产生符号 s_k 的概率为

$$p_k = 2^{-l_k} \tag{5.24}$$

其中，l_k 是分配给信源符号 s_k 的码字的长度，在这个条件下式(5.23)中左边的界取等号。由式(5.24)决定的分布被称为二元分布(Dyadic distribution)。对于这种分布，我们自然有

$$\sum_{k=0}^{K-1} 2^{-l_k} = \sum_{k=0}^{K-1} p_k = 1$$

在此条件下，式(5.22)中的 Kraft 不等式证实了我们可以构造一个前缀码，使得分配给信源符号 s_k 的码字的长度为 $-\log_2 p_k$。这种码的平均码字长度为

$$\bar{L} = \sum_{k=0}^{K-1} \frac{l_k}{2^{l_k}} \tag{5.25}$$

并且，信源的对应熵为

$$\begin{aligned} H(S) &= \sum_{k=0}^{K-1} \left(\frac{1}{2^{l_k}}\right) \log_2(2^{l_k}) \\ &= \sum_{k=0}^{K-1} \left(\frac{l_k}{2^{l_k}}\right) \end{aligned} \tag{5.26}$$

因此，在这种特殊情况下，我们从式(5.25)和式(5.26)可以发现，前缀码与信源是匹配(Matched)的，因为 $\bar{L}=H(S)$。

但是我们如何才能使前缀码与任意的离散无记忆信源相匹配呢？这个基本问题的答案在于利用扩展码(Extended code)。令 $\bar{L}_n$ 表示扩展前缀码的平均码字长度。对于一个具有唯一可译码性质的码，$\bar{L}_n$ 是最小可能的长度。根据式(5.23)，可发现

$$nH(S) \leqslant \bar{L}_n < nH(S) + 1 \tag{5.27}$$

或者等效地

$$H(S) \leqslant \frac{\bar{L}_n}{n} < H(S) + \frac{1}{n} \tag{5.28}$$

在极限意义上，当 n 取决于无穷大时，式(5.28)中的下界和上界收敛为

$$\lim_{n\to\infty} \frac{1}{n}\bar{L}_n = H(S) \tag{5.29}$$

于是，可以得出下列结论：

> 通过使扩展前缀信源编码器的阶数 n 足够大，可以使码能够确实尽可能地代表离散无记忆信源 S。

换句话说，只要扩展码按照信源编码定理具有足够高的阶数，就可以使扩展前缀码的平均码字长度尽可能小到等于信源的熵。然而，为了降低平均码字长度，必须付出的代价是增加译码复杂度，这是由扩展前缀码的更高阶数所导致的。

Huffman 编码

接下来，我们介绍一种重要类型的前缀码，它被称为 Huffman 码。Huffman 编码(Huffman

coding)[6]的基本思想是，构造一种简单的算法来计算出给定分布的最优(Optimal)前缀码，“最优”是从这种码具有最短期望长度(Shortest expected length)的意义上来讲的。最终结果是，得到的源码的平均码字长度接近离散无记忆信源的熵所规定的基本极限，即 $H(S)$。用来合成 Huffman 码的算法的本质，是将离散无记忆信源的指定的信源统计量集合用更简单的统计量集合来代替。这种简化过程以逐步进行的方式连续实施，直到留下只有两个信源统计量(符号)的最终集合为止，此时(0,1)为最优码。然后从这个平凡码开始，我们可以反向操作，从而构造出给定信源的 Huffman 码。

具体而言，Huffman 编码算法按照下列步骤进行：

1. 将信源符号按照概率下降的顺序排列。把两个具有最低概率的信源符号分配为 0 和 1。这一步被称为分裂阶段(Splitting stage)。
2. 然后将这两个信源符号组合(Combined)为一个新的信源符号，其概率等于两个原始概率之和(因此，信源符号即信源统计量列表的大小被减小了一次)。按照新符号的概率值大小将它放入列表中。
3. 重复上述过程，直到留下只有两个信源统计量(符号)的最终列表为止，并且把符号 0 和符号 1 分配给这两个信源统计量。

通过反向操作，并跟踪分配给该符号及其后继符号的 0 和 1 序列，可以找到每个(原始)信源的码。

例 4　Huffman 树

为了说明 Huffman 码的构造过程，考虑一个离散无记忆信源，其包含 5 个符号的字符集以及概率如图 5.5(b)最左边两列所示。按照 Huffman 算法，我们在经过 4 步以后计算结束，得到类似于图 5.5 所示的 Huffman 树。不能把 Huffman 树与在图 5.4 中讨论的决策树相混淆。信源的 Huffman 码的码字在图 5.5(a)中被列写出来。于是，平均码字长度为

$$\begin{aligned}\bar{L} &= 0.4(2)+0.2(2)+0.2(2)+0.1(3)+0.1(3)\\ &= 2.2 \text{ 二进制符号}\end{aligned}$$

上述离散无记忆信源的熵可以计算如下[参见式(5.9)]：

$$\begin{aligned}H(S) &= 0.4\log_2\left(\frac{1}{0.4}\right)+0.2\log_2\left(\frac{1}{0.2}\right)+0.2\log_2\left(\frac{1}{0.2}\right)+0.1\log_2\left(\frac{1}{0.1}\right)+0.1\log_2\left(\frac{1}{0.1}\right)\\ &= 0.529+0.464+0.464+0.332+0.332\\ &= 2.121 \text{ 比特}\end{aligned}$$

对于这个例子，我们可以得到下列两点观察结论：

1. 平均码字长度$\bar{L}$超过熵 $H(S)$ 只有 3.67%。
2. 平均码字长度$\bar{L}$确实满足式(5.23)。

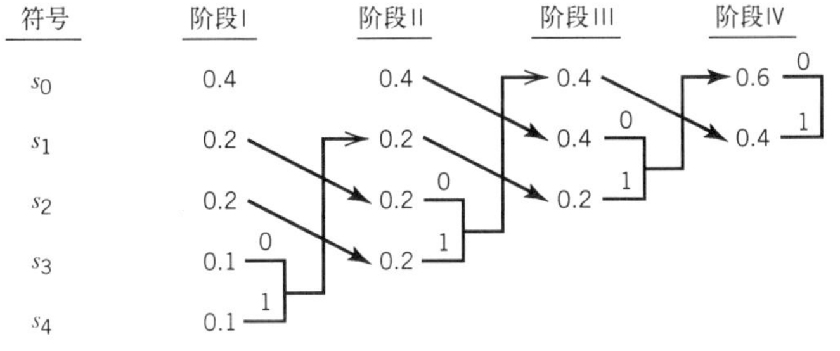

(a)

符号	概率	码字
s_0	0.4	00
s_1	0.2	10
s_2	0.2	11
s_3	0.1	010
s_4	0.1	011

(b)

图 5.5　(a)Huffman 编码算法举例；(b)源码

值得注意的是，Huffman 编码过程(即 Huffman 树)不是唯一的。特别地，我们可以引证编码过程中的两处变异来说明 Huffman 码的非唯一性。第一，在构造 Huffman 码的每一个分裂阶段，将符号 0 和符号 1 分配给最后两个信源符号时存在着任意性。但是无论采用哪一种分配方式，产生的差异都是很小的。第二，当发现组合符号的概率(通过将某个具体步骤中的最后两个概率相加来得到)与列表中的另一个概率相等时，会出现模糊性。我们可以将新符号的概率在列表中放在尽可能高(High)的位置，如例 4 中那样。或者也可以把它放在尽可能低(Low)的位置(假设无论采取哪一种放置方式，即无论放在高的位置还是低的位置，在整个编码过程中都是坚持保持一致的)。这次会产生明显的差异，因为所得源码中的码字会具有不同的长度。然而，平均码字长度依然是相同的。

作为源码的码字长度变化性的一种度量，我们定义在全体信源符号上平均码字长度$\bar{L}$的方差为

$$\sigma^2 = \sum_{k=0}^{K-1} p_k(l_k - \bar{L})^2 \tag{5.30}$$

其中，$p_0, p_1, \cdots, p_{K-1}$为信源统计量，$l_k$为分配给信源符号 s_k 的码字的长度。通常会发现当组合符号被放到尽可能高的位置时，得到的 Huffman 码的方差 σ^2 比它被放到尽可能低的位置时要小得多。在此基础上，宁愿选择前一种 Huffman 码而不是后一种是有道理的。

Lempel-Ziv 编码

Huffman 码的一个缺点是，它需要关于信源的概率模型的知识。遗憾的是，信源统计量并不能总是被预先知道。并且在对文本进行建模时，我们发现存储需求会阻止 Huffman 码捕捉到单词和短语之间的更高阶关系，因为码本会随着每个字母超符号(即字母群)的大小呈指数关系迅速增加，因此码的效率会受到损害。为了克服 Huffman 码的这些实际限制，我们可以采用 Lempel-Ziv 算法[7]，它从本质上讲是自适应的(Adaptive)，并且其实现也比 Huffman 编码更简单。

基本上讲，Lempel-Ziv 算法中编码的思想可以描述如下：

将源数据流分割为多个小段，这些小段是以前没有出现过的最短子序列。

为了说明这个简单而美妙的思想，考虑以下二进制序列的例子：

000101110010100101...

假设二进制符号 0 和符号 1 已经按照上述顺序存储在码本里面。于是可以写下

已存储的子序列：0,1

将被分割的数据：000101110010100101...

编码过程从左边开始。由于符号 0 和符号 1 已经被存储起来，因此数据流中第一次出现且以前没有出现过的最短子序列(Shortest subsequence)是 00，因此我们写下

已存储的子序列：0,1,00

将被分割的数据：0101110010100101...

第二个以前没有出现过的最短子序列是 01，因此我们继续写下

已存储的子序列：0,0,00,01

将被分割的数据：01110010100101...

下一个以前没有出现过的最短子序列是 011，因此我们写下

已存储的子序列：0,1,00,01,011

将被分割的数据：10010100101...

我们按照上面描述的方法继续下去，直到给定的数据流被完全分割。于是，对于上面的例子，得到如图 5.6 中第二行所示的二进制子序列码本(Code book)[8]。

该图的第一行仅仅显示出码本中各个子序列的数值位置。现在，我们认识到数据流的第一个子序列 00 是由第一个码本元素 0 与其自身串接起来组成的，因此它由数值 11 表示。数据流的第二个

子序列01是由第一个码本元素0与第二个码本元素1串接起来组成的，因此它由数值12表示。剩下的子序列也采用类似的方法处理。码本中各个子序列的数值表示的全体如图5.6中第三行所示。为了进一步说明这一行的形成原理，我们注意到子序列010是由位置4的子序列01与位置1的符号0串接起来组成的，因此其数值表示为41。图5.6中最后一行显示了数据流的不同子序列的二进制编码表示。

在码本中(即图5.6中的第二行)每个子序列的最后一个符号是新息符号(Innovation symbol)，之所以这样称谓是考虑到以下事实，即它附加在某个子序列后面，使之与码本中存储的前面的所有子序列都不相同。相应地，数据流的二进制编码表示中(即图5.6中的第4行)每个均匀比特块的最后一个比特代表所考虑的特定子序列的新息符号。剩余比特则提供指向根子序列(Root subsequence)的等效二进制表示，除了新息符号，它与被考虑的子序列匹配。

Lempel-Ziv 译码器(Lempel-Ziv decoder)与编码器一样简单。具体而言，它利用指针来识别根子序列，然后再附加上新息符号。比如，考虑位置9的二进制编码块1101。其最后一个比特1是新息符号。剩余比特110则指向位置6的根子序列10。于是，二进制编码块1101就被译码为101，这个结果是正确的。

从上面描述的例子中我们注意到，与Huffman编码不同，Lempel-Ziv算法采用固定长度的码来表示可变数目的信源符号，这个特点使Lempel-Ziv码适合被用于同步传输。

数值位置	1	2	3	4	5	6	7	8	9
子序列	0	1	00	01	011	10	010	100	101
数值表示			11	12	42	21	41	61	62
二进制编码块			0010	0011	1001	0100	1000	1100	1101

图5.6 Lempel-Ziv算法对二进制序列000101110010100101…进行编码的过程

在实际中，采用12比特长的固定块，这意味着码本具有$2^{12}=4096$个元素。

长期以来，Huffman编码毫无疑义地被选为了无损数据压缩算法。Huffman编码仍然是最优的，但在实际中它却很难实现。正是由于实际实现方面的原因，Lempel-Ziv算法才几乎完全地替代了Huffman算法。现在，Lempel-Ziv算法是文件压缩的标准算法。

5.5 离散无记忆信道

在本章中，到目前为止我们一直专注于用于信息产生(Information generation)的离散无记忆信源。下面将考虑信息传输(Information transimmision)的相关问题。为此，首先讨论离散无记忆信道，它是与离散无记忆信源相对应的。

离散无记忆信道(Discrete memoryless channel)是一个统计模型，其输入为X，输出Y是X的噪声(Noisy)形式，X和Y都是随机变量。在每个时间单位，信道接受一个从字符集$\mathscr{X}$中选取的输入符号X，并且作为响应，它产生一个来自于字符集$\mathscr{Y}$中的符号Y。当两个字符集$\mathscr{X}$和$\mathscr{Y}$都为有限时，信道被称为是“离散”的。如果当前的输出符号只取决于当前的输入符号，而与任何以前的符号或者未来的符号都无关，则信道被称为是“无记忆的”。

图5.7(a)给出了离散无记忆信道的示意图。该信道通过输入字符集(Input alphabet)

$$\mathscr{X}=\{x_0,x_1,\cdots,x_{J-1}\} \tag{5.31}$$

和输出字符集(Output alphabet)

$$\mathscr{Y}=\{y_0,y_1,\cdots,y_{K-1}\} \tag{5.32}$$

来描述。

字符集$\mathscr{X}$和$\mathscr{Y}$，或者任何关于这一点的其他字符集的基数(Cardinality)被定义为字符集中元素的

个数。并且信道也通过下列转移概率(Transition probabilities)的集合来表征

$$p(y_k|x_j) = \mathbb{P}(Y = y_k|X = x_j), \quad \text{所有} j \text{和} k \tag{5.33}$$

对于这些转移概率，根据概率论知识，我们自然可得

$$0 \leqslant p(y_k|x_j) \leqslant 1, \quad \text{所有} j \text{和} k \tag{5.34}$$

以及

$$\sum_k p(y_k|x_j) = 1, \quad \text{确定的} j \tag{5.35}$$

当输入符号的个数 J 和输出符号的个数 K 不太大时，可以采用另一种方法来画出这种离散无记忆信道，如图 5.7(b)所示。在后一种表示方法中，每个输入-输出符号对(x,y)由转移概率$p(y\mid x)>0$来表征，并且通过一条标记着数值$p(y\mid x)$的线段连接起来。

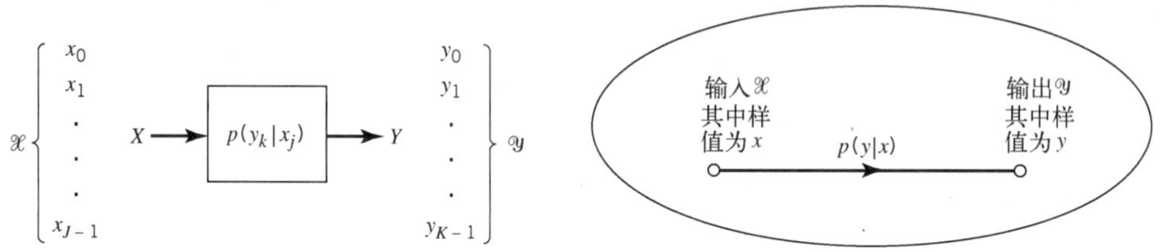

(a) (b)

图 5.7 (a) 离散无记忆信道；(b) 信道的简化图形表示

另外，输入字符集$\mathscr{X}$和输出字符集$\mathscr{Y}$的大小不需要相同，因此采用 J 表示$\mathscr{X}$的大小，而用 K 表示$\mathscr{Y}$的大小。比如，在信道编码中，输出字符集$\mathscr{Y}$中的符号个数 K 可能比输入字符集$\mathscr{X}$中的符号个数 J 更大，即 $K\geqslant J$。另一方面，还有一种情况是当两个输入符号之一被发送时，信道却产生相同的符号，此时有 $K\leqslant J$。

描述离散无记忆信道的一种方便的方法是将信道的各个转移概率排列为下列矩阵形式：

$$\boldsymbol{P} = \begin{bmatrix} p(y_0|x_0) & p(y_1|x_0) & \cdots & p(y_{K-1}|x_0) \\ p(y_0|x_1) & p(y_1|x_1) & \cdots & p(y_{K-1}|x_1) \\ \vdots & \vdots & & \vdots \\ p(y_0|x_{J-1}) & p(y_1|x_{J-1}) & \cdots & p(y_{K-1}|x_{J-1}) \end{bmatrix} \tag{5.36}$$

其中，$J\times K$ 维矩阵 $\boldsymbol{P}$ 被称为信道矩阵(Channel matrix)或者随机矩阵(Stochastic matrix)。注意到信道矩阵 $\boldsymbol{P}$ 的每一行都对应于一个固定的信道输入，而矩阵的每一列则对应于一个固定的信道输出。还注意到这样定义的信道矩阵 $\boldsymbol{P}$ 具有一个基本性质，即根据式(5.35)可知，沿着随机矩阵的任意一行的所有元素之和总是等于 1。

现在，假设离散无记忆信道的输入是按照概率分布$\{p(x_j), j=0,1,\cdots,J-1\}$来选取的。也就是说，信道输入 $X=x_j$这个事件发生的概率为

$$p(x_j) = \mathbb{P}(X = x_j), \quad j = 0, 1, \cdots, J-1 \tag{5.37}$$

在指定随机变量 X 表示信道输入以后，再指定第二个随机变量 Y 表示信道输出。随机变量 X 和 Y 的联合概率分布为

$$\begin{aligned} p(x_j, y_k) &= \mathbb{P}(X = x_j, Y = y_k) \\ &= \mathbb{P}(Y = y_k|X = x_j)\mathbb{P}(X = x_j) \\ &= p(y_k|x_j)p(x_j) \end{aligned} \tag{5.38}$$

输出随机变量 Y 的边缘概率分布可以通过求出$p(x_j, y_k)$关于 x_j的平均值来得到，即

$$
\begin{aligned}
p(y_k) &= \mathbb{P}(Y = y_k) \\
&= \sum_{j=0}^{J-1} \mathbb{P}(Y = y_k | X = x_j)\mathbb{P}(X = x_j) \\
&= \sum_{j=0}^{J-1} p(y_k|x_j)p(x_j), \quad k = 0, 1, \cdots, K-1
\end{aligned}
\tag{5.39}
$$

概率 $p(x_j)(j=0,1,\cdots,J-1)$ 被称为各个输入符号的先验概率(Prior probabilities)。式(5.39)表明：

如果给定输入先验概率 $p(x_j)$ 和随机矩阵(即转移概率 $p(y_k \mid x_j)$ 组成的矩阵)，则可以计算出各个输出符号的概率 $p(y_k)$。

例 5　二元对称信道

二元对称信道(Binary symmetric channel)不仅在理论上令人感兴趣，而且它还具有实际上的重要意义。当 $J=K=2$ 时，这是离散无记忆信道的一种特殊情况，此时信道具有两个输入符号($x_0=0,x_1=1$)和两个输出符号($y_0=0,y_1=1$)。这个信道是对称的，因为0被发送时接收到1的概率等于1被发送时接收到0的概率。出现差错的条件概率被记为 p(即比特反转的概率)。二元对称信道的转移概率图(Transition probability diagram)如图5.8所示。相应地，我们可以将随机矩阵表示为

$$
\boldsymbol{P} = \begin{bmatrix} 1-p & p \\ p & 1-p \end{bmatrix}
$$

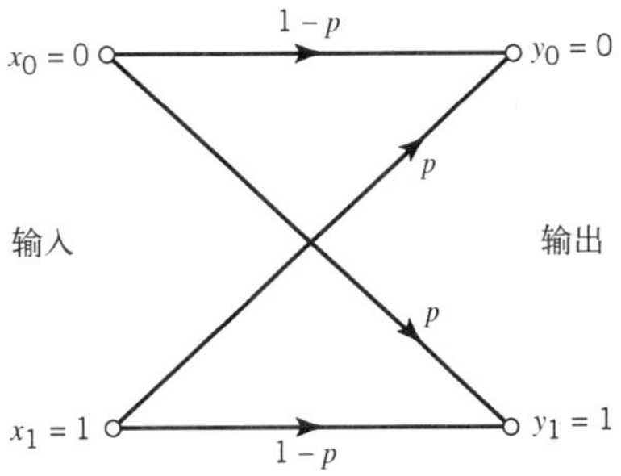

图 5.8　二元对称信道的转移概率图

5.6　互信息

假设将信道输出 Y(选自字符集 $\mathscr{Y}$)考虑为信道输入 X(选自字符集 $\mathscr{X}$)的噪声形式，并且熵 $H(X)$ 是关于 X 的先验不确定性的测度，那么我们如何度量观测到 Y 以后 X 的不确定性呢？为了回答这个基本问题，我们将5.2节中提出的思想进行推广，定义给定 $Y=y_k$ 时从字符集 $\mathscr{X}$ 中选取的 X 的条件熵(Conditional entropy)。特别地，可写出

$$
H(X|Y = y_k) = \sum_{j=0}^{J-1} p(x_j|y_k)\log_2\left(\frac{1}{p(x_j|y_k)}\right) \tag{5.40}
$$

这个量本身也是一个随机变量，它分别以概率 $p(y_0),\cdots,p(y_{K-1})$ 取值 $H(X \mid Y=y_0),\cdots,H(X \mid Y=y_{K-1})$。于是，熵 $H(X \mid Y=y_k)$ 在输出字符集 $\mathscr{Y}$ 上的期望为

$$
\begin{aligned}
H(X|Y) &= \sum_{k=0}^{K-1} H(X|Y = y_k)p(y_k) \\
&= \sum_{k=0}^{K-1}\sum_{j=0}^{J-1} p(x_j|y_k)p(y_k) \log_2\left(\frac{1}{p(x_j|y_k)}\right) \\
&= \sum_{k=0}^{K-1}\sum_{j=0}^{J-1} p(x_j, y_k) \log_2\left(\frac{1}{p(x_j|y_k)}\right)
\end{aligned}
\tag{5.41}
$$

上式最后一行中，我们用到了联合事件($X=x_j, Y=y_k$)的概率定义，如下所示：

$$
p(x_j, y_k) = p(x_j|y_k)p(y_k) \tag{5.42}
$$

式(5.41)中的量 $H(X|Y)$ 被称为条件熵(Conditional entropy)，其正式定义如下：

条件熵 $H(X|Y)$ 是在观测到信道输出以后，在信道输入中剩余的不确定性的平均量。

条件熵 $H(X|Y)$ 使信道输出 Y 与信道输入 X 联系起来了。熵 $H(X)$ 定义的是信道输入 X 自身的熵。给定这两个熵以后，我们现在引入下列定义：

$$I(X;Y) = H(X) - H(X|Y) \tag{5.43}$$

它被称为信道的互信息(Mutual information)。为了说明这个新概念的含义，我们认为熵 $H(X)$ 表示在观测信道输出以前(Before)关于信道输入的不确定性，而条件熵 $H(X|Y)$ 表示在观测信道输出以后(After)关于信道输入的不确定性。于是，我们可以继续得出下列结论：

互信息 $I(X;Y)$ 是关于信道输入的不确定性的一种度量，它是通过观测信道输出来分辨的。

式(5.43)不是定义信道互信息的唯一方法。相反，我们还可以采用另一种方法来定义它，如下所示：

$$I(Y;X) = H(Y) - H(Y|X) \tag{5.44}$$

根据上述定义，可以得出下列另一个结论：

互信息 $I(Y;X)$ 是关于信道输出的不确定性的一种度量，它是通过发送信道输入来分辨的。

初看起来，式(5.43)和式(5.44)中的两个定义是不相同的。然而，实际上它们是对信道互信息的等价描述，只是表达方式不同而已。更具体地说，它们是可以互换使用的，下面将进行说明。

互信息的性质

性质 1：对称性

从下列意义上讲

$$I(X;Y) = I(Y;X) \tag{5.45}$$

信道的互信息是对称的。

为了证明这个性质，我们首先利用熵的表达式，然后再依次利用式(5.35)和式(5.38)，得到

$$\begin{aligned} H(X) &= \sum_{j=0}^{J-1} p(x_j)\log_2\left(\frac{1}{p(x_j)}\right) \\ &= \sum_{j=0}^{J-1} p(x_j)\log_2\left(\frac{1}{p(x_j)}\right)\sum_{k=0}^{K-1} p(y_k|x_j) \\ &= \sum_{j=0}^{J-1}\sum_{k=0}^{K-1} p(y_k|x_j)p(x_j)\log_2\left(\frac{1}{p(x_j)}\right) \\ &= \sum_{j=0}^{J-1}\sum_{k=0}^{K-1} p(x_j, y_k)\log_2\left(\frac{1}{p(x_j)}\right) \end{aligned} \tag{5.46}$$

上式在从第三行到最后一行的推导过程中，利用了联合概率的定义。因此，将式(5.41)和式(5.46)代入式(5.43)中，然后将各项合并，得到

$$I(X;Y) = \sum_{j=0}^{J-1}\sum_{k=0}^{K-1} p(x_j, y_k)\log_2\left(\frac{p(x_j|y_k)}{p(x_j)}\right) \tag{5.47}$$

注意到式(5.47)右边的双重求和对于交换 x 和 y 是不变的。也就是说，根据式(5.47)明显可以看出互信息 $I(X;Y)$ 具有对称性。

为了进一步证明这个性质，可以利用前面第 3 章中讨论的条件概率的贝叶斯法则(Bayes' rule)，写出

$$\frac{p(x_j|y_k)}{p(x_j)} = \frac{p(y_k|x_j)}{p(y_k)} \tag{5.48}$$

于是，将式(5.48)代入式(5.47)中并且交换求和顺序，可得到

$$\begin{aligned} I(X;Y) &= \sum_{k=0}^{K-1}\sum_{j=0}^{J-1} p(x_j, y_k)\log_2\left(\frac{p(y_k|x_j)}{p(y_k)}\right) \\ &= I(Y;X) \end{aligned} \tag{5.49}$$

性质1得证。

性质2：非负性

互信息总是非负的，即

$$I(X;Y) \geqslant 0 \tag{5.50}$$

为了证明这个性质，首先从式(5.42)中注意到

$$p(x_j|y_k) = \frac{p(x_j, y_k)}{p(y_k)} \tag{5.51}$$

于是，将式(5.51)代入式(5.47)中，可以将信道的互信息表示为

$$I(X;Y) = \sum_{j=0}^{J-1}\sum_{k=0}^{K-1} p(x_j, y_k)\log_2\left(\frac{p(x_j, y_k)}{p(x_j)p(y_k)}\right) \tag{5.52}$$

然后，直接应用相对熵的基本不等式(5.12)可以证明式(5.50)，当且仅当

$$p(x_j, y_k) = p(x_j)p(y_k),\quad \text{所有} j \text{ 和 } k \tag{5.53}$$

时，式(5.50)取等号。

也就是说，性质2可以表述如下：

一般来说，通过观察信道的输出，是不会损失信息的。

另外，当且仅当信道的输入符号和输出符号统计独立时，互信息等于零。也就是说，当式(5.53)满足时，互信息等于零。

性质3：互信息的展开

信道的互信息与信道输入和信道输出的联合熵之间的关系为

$$I(X;Y) = H(X) + H(Y) - H(X, Y) \tag{5.54}$$

其中，联合熵(Joint Entropy) $H(X,Y)$ 被定义为

$$H(X, Y) = \sum_{j=0}^{J-1}\sum_{k=0}^{K-1} p(x_j, y_k)\log_2\left(\frac{1}{p(x_j, y_k)}\right) \tag{5.55}$$

为了证明式(5.54)，首先将联合熵重新写为下列等效形式：

$$H(X, Y) = \sum_{j=0}^{J-1}\sum_{k=0}^{K-1} p(x_j, y_k)\log_2\left(\frac{p(x_j)p(y_k)}{p(x_j, y_k)}\right) + \sum_{j=0}^{J-1}\sum_{k=0}^{K-1} p(x_j, y_k)\log_2\left(\frac{1}{p(x_j)p(y_k)}\right) \tag{5.56}$$

可以看出，式(5.56)右边的第一个双重求和项是在式(5.52)中给出的信道互信息 $I(X;Y)$ 的负值。至于第二个求和项，我们对它进行如下处理：

$$\begin{aligned} \sum_{j=0}^{J-1}\sum_{k=0}^{K-1} p(x_j, y_k)\log_2\left(\frac{1}{p(x_j)p(y_k)}\right) &= \sum_{j=0}^{J-1}\log_2\left(\frac{1}{p(x_j)}\right)\sum_{k=0}^{K-1} p(x_j, y_k) + \\ &\quad \sum_{k=0}^{K-1}\log_2\left(\frac{1}{p(y_k)}\right)\sum_{j=0}^{J-1} p(x_j, y_k) \\ &= \sum_{j=0}^{J-1} p(x_j)\log_2\left(\frac{1}{p(x_j)}\right) + \sum_{k=0}^{K-1} p(y_k)\log_2\left(\frac{1}{p(y_k)}\right) \\ &= H(X) + H(Y) \end{aligned} \tag{5.57}$$

在上式第一行中，我们用到了概率论中的下列关系：

$$\sum_{k=0}^{K-1} p(x_j, y_k) = p(y_k)$$

并且在上式第二行中类似关系也成立。

因此，将式(5.52)和式(5.57)代入式(5.56)中，可以得到下列结果：

$$H(X, Y) = -I(X;Y) + H(X) + H(Y) \tag{5.58}$$

将上式重新调整以后，性质3得证。

在总结关于信道互信息的讨论时，我们在图5.9中以图示形式对式(5.43)、式(5.44)和式(5.54)的关系进行了解释。

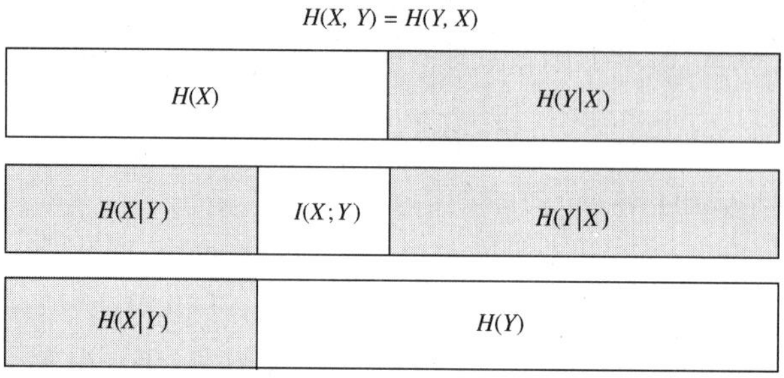

图5.9 说明各个信道熵之间的关系

5.7 信道容量

在5.2节中介绍的熵的概念使我们可以用公式表示香农第一定理：信源编码定理。为了用公式表示香农第二定理，即信道编码定理，本节将介绍容量的概念，正如前面所提到的，它定义了通信信道传递信息的内在能力。

在开始介绍之前，考虑一个离散无记忆信道，其输入字符集为$\mathscr{X}$，输出字符集为$\mathscr{Y}$，转移概率为$p(y_k \mid x_j)$，其中$j=0,1,\cdots,J-1$，$k=0,1,\cdots,K-1$。信道的互信息采用式(5.49)中第一行的定义，为了方便将其重写如下：

$$I(X;Y) = \sum_{k=0}^{K-1} \sum_{j=0}^{J-1} p(x_j, y_k) \log_2\left(\frac{p(y_k|x_j)}{p(y_k)}\right)$$

其中，根据式(5.38)有

$$p(x_j, y_k) = p(y_k|x_j)p(x_j)$$

另外，根据式(5.39)有

$$p(y_k) = \sum_{j=0}^{J-1} p(y_k|x_j)p(x_j)$$

将上面三个等式合并为一个等式，可以写为

$$I(X;Y) = \sum_{k=0}^{K-1} \sum_{j=0}^{J-1} p(y_k, x_j)p(x_j) \log_2\left(\frac{p(y_k|x_j)}{\sum_{j=0}^{J-1} p(y_k|x_j)p(x_j)}\right)$$

仔细考察上式中的双重求和后可以发现两个不同的概率，互信息$I(X;Y)$实质上是依赖于这两个概率的：

- 概率分布$\{p(x_j)\}_{j=0}^{J-1}$表征了信道输入；

- 转移概率分布$\{p(y_k \mid x_j)\}_{j=0,k=0}^{j=J-1,K-1}$表征了信道本身。

这两个概率分布显然是相互独立的。因此，给定一个由转移概率分布$\{p(y_k \mid x_j)\}$表征的信道，我们现在可以引入信道容量(Channel capacity)，利用信道输入与输出之间的互信息可以将其正式定义如下：

$$C = \max_{\{p(x_j)\}} I(X;Y) \quad \text{bits/channel use} \tag{5.59}$$

式(5.59)的最大化是在对输入概率的两个约束条件下完成的，即

$$p(x_j) \geqslant 0,\ \text{所有}j$$

和

$$\sum_{j=0}^{J-1} p(x_j) = 1$$

于是，我们可以得出下列结论：

一个离散无记忆信道的信道容量通常记为 C，它被定义为任何一次使用信道(即信号传输区间)时的最大互信息 $I(X;Y)$，这里的最大是指对 X 的所有可能的输入概率分布$\{p(x_j)\}$上得到的最大值。

信道容量显然是信道所固有的特性。

▷

例 6　二元对称信道(再次讨论)

再次考虑二元对称信道，它由图 5.8 中的转移概率图描述。这个图是由差错的条件概率 p 唯一确定的。

从例 1 中可知，当信道输入概率 $p(x_0)=p(x_1)=1/2$ 时，其中 x_0和 x_1分别是0 或者1，熵 $H(X)$取得最大值。因此，根据定义式(5.59)，我们发现互信息 $I(X;Y)$可以类似地取得最大化，于是有

$$C = I(X;Y)|_{p(x_0)=p(x_1)=1/2}$$

从图 5.8 中有

$$p(y_0|x_1) = p(y_1|x_0) = p$$

以及

$$p(y_0|x_0) = p(y_1|x_1) = 1-p$$

因此，将这些信道转移概率代入式(5.49)，取 $J=K=2$，然后令式(5.59)中的输入概率 $p(x_0)=p(x_1)=1/2$，得到二元对称信道的容量为

$$C = 1 + p\log_2 p + (1-p)\log_2(1-p) \tag{5.60}$$

另外，利用式(5.16)中介绍的熵函数定义，还可以将式(5.60)简化为

$$C = 1 - H(p)$$

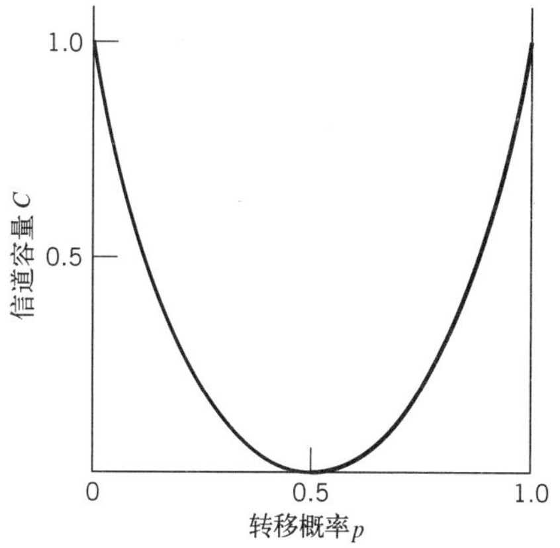

图 5.10　二元对称信道的信道容量随转移概率p的变化

信道容量 C 随着差错概率(即转移概率)p 以凸函数方式而变化，如图 5.10 所示，它是关于 $p=1/2$ 对称的。将该图中的曲线与图 5.2 相比，可以得到下列两点观察结论：

1. 当信道是无噪声(Noise free)的时，允许我们令 $p=0$，则信道容量 C 达到每次信道使用每个比特的最大值，这是每个信道输入包含的准确信息。当 p 取这个值时，熵函数 $H(p)$达到其最小值零。
2. 当由于信道噪声使差错的条件概率 $p=1/2$ 时，信道容量 C 达到其最小值零，而熵函数 $H(p)$达到其最大值 1。在这种情况下，从信道输入和输出具有统计独立结构的意义上讲，信道被称为无用的(Useless)。

◁

5.8 信道编码定理

在讨论了离散无记忆信源的熵以及对应的离散无记忆信道的容量以后，现在我们就具备了用公式表示香农第二定理即信道编码定理所需的概念。

为此，我们首先认识到，信道中不可避免地存在的噪声会导致数字通信系统的输出与输入数据序列之间产生差异(误差)。对于相对有噪声的信道(如无线通信信道)，差错概率可能会高达 10^{-1}，这意味着(平均意义上)传输的10个比特中只有9个能被正确地接收到。对于许多应用而言，这种可靠性等级(Level of reliability)是完全不能被接受的。实际上，差错概率为 10^{-6} 或者更低通常是实际应用所必需的要求。为了实现这样高的性能等级，必须借助信道编码。

信道编码的设计目标是增强数字通信系统对信道噪声的抗噪能力。具体而言，信道编码(Channel coding)包括将输入数据序列映射(Mapping)为信道输入序列，以及将信道输出序列逆映射(Inverse mapping)为输出数据序列，同时使信道噪声对系统的总影响达到最小化。第一个映射操作是在发送端通过信道编码器(Channel encoder)来完成的，而逆映射操作则是在接收端通过信道译码器(Channel decoder)来完成的，如图5.11所示的框图。为了使解释更加简化，我们在该图中没有包含信源编码(在信道编码前面)和信源译码(在信道译码后面)[9]。

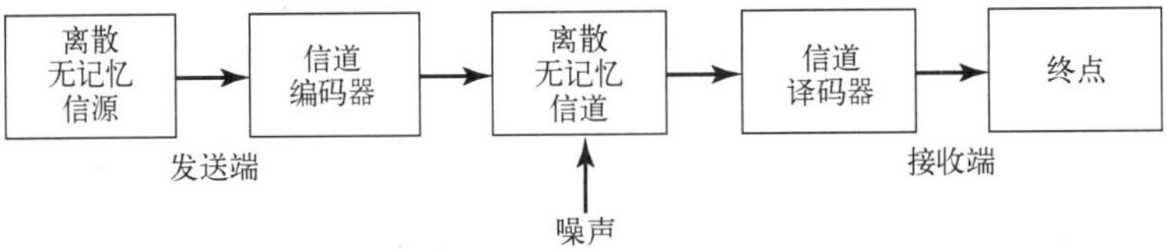

图5.11 数字通信系统的框图

图5.11中的信道编码器和信道译码器都受到设计人员的控制，它们的设计应该使通信系统的总体可靠性达到最优。采用的方法是以可控制的方式在信道编码器中引入冗余度(Redundancy)，使得可以尽可能准确地重构原始信源序列。从不严格的意义上讲，可以将信道编码视为信源编码的对偶，因为前者是通过引入可控制的冗余度来提高可靠性的，而后者则是通过降低冗余度来提高效率的。

对于信道编码技术的详细讨论放在第10章中，对于我们目前的讨论来说，重点关注分组码(Block code)就足够了。在这种码中，消息序列被细分为连续的数据块，每个块的长度为 k 比特，并且将每个 k 比特的数据块映射为 n 比特的数据块，其中 $n>k$。在每个发送的数据块中，编码器增加的冗余比特数为 $n-k$ 比特。比值 k/n 被称为码率(Code rate)。利用 r 表示码率，即

$$r = \frac{k}{n} \tag{5.61}$$

其中，r 显然小于1。对于规定的 k，当块长 n 趋近于无穷大时，码率 r(从而使得系统的编码效率)趋近于零。

为了在目的地精确重构出原始信源序列，要求系统平均误符号率(Average probability of symbol error)为任意小。这会带来下列重要问题：

是否存在一种信道编码策略？它能使消息比特出现差错的概率小于任意正数 ε(即我们所希望的任意小)，可是由于码率不一定太小，所以这种信道编码策略也是有效的。

对于这个基本问题可以坚决地回答“是”。实际上，香农第二定理通过信道容量 C 为这个问题给出了答案，下面对其进行阐述。

到目前为止，“时间”(Time)概念在我们讨论信道容量的过程中还没有扮演重要角色。假设图5.11中的离散无记忆信源的信源字符集为 $\mathscr{S}$，熵为 $H(S)$ 比特每信源符号，并且假设信源每隔 T_s

秒发出一次符号。于是，信源的平均信息率(Average information rate)为 $H(S)/T_s$ 比特每秒。译码器将译码后的符号传送给目的地，并且以相同的信源速率，即每隔 T_s 秒传送一个符号。离散无记忆信道的信道容量等于 C 比特每使用一次信道。假设信道每隔 T_c 秒能够被使用一次。因此，每个单位时间的信道容量(Channel capacity per unit time)是 C/T_c 比特每秒，它表示在信道上传输信息的最大速率。在这些背景下，我们可以分两部分将香农第二定理，即信道编码定理(Channel-coding theorem)[10] 表述如下：

1. 假设离散无记忆信源的字符集为 $\mathscr{S}$，对随机变量 S 的熵为 $H(S)$，它每隔 T_s 秒产生一次符号。令离散无记忆信道的容量为 C，并且每隔 T_c 秒被使用一次。如果

$$\frac{H(S)}{T_s} \leqslant \frac{C}{T_c} \tag{5.62}$$

   则存在一种编码策略可以使信源输出在信道上传输，并且能够以任意小的差错概率被重构。参数 C/T_c 被称为临界速率(Critical rate)。当式(5.62)取等号时，该系统被称为临界速率的信号传输系统。

2. 相反地，如果

$$\frac{H(S)}{T_s} > \frac{C}{T_c}$$

   则不可能在信道上传输信息，也不可能以任意小的差错概率把它重构出来。

信道编码定理是信息论中唯一最重要的成果。这个定理将信道容量 C 规定为在离散无记忆信道上可靠地无差错地传输消息的速率的基本极限(Fundamental limit)。然而，重要的是需要注意这个定理具有下列两个局限：

1. 信道编码定理没有告诉我们如何构造一个优良的码。相反，这个定理应该被视为一个存在性证明(Existence proof)，因为它告诉我们如果满足式(5.62)中的条件，则确实存在优良的码。我们将在第 10 章中描述离散无记忆信道的优良码。
2. 这个定理没有给出信道输出译码以后产生的误符号率的准确结果。相反，它告诉我们如果满足式(5.62)中的条件，则随着编码长度的增加，误符号率将趋近于零。

信道编码定理在二元对称信道中的应用

考虑一个离散无记忆信源，它每隔 T_s 秒发出一次相等概率的二进制符号(0 和 1)。信源熵等于 1 比特每信源符号(参见例 1)，信源的信息率为($1/T_s$)比特每秒。将信源序列应用于码率为 r 的信道编码器。信道编码器每隔 T_c 秒产生一次符号。因此，编码后的符号传输率为($1/T_c$)个符号每秒。信道编码器每隔 T_c 秒使用一次二进制对称信道。因此，每个单位时间的信道容量为(C/T_c)比特每秒，其中 C 是根据式(5.60)由指定的信道转移概率 p 确定的。于是，信道编码定理的第 1 部分意味着如果

$$\frac{1}{T_s} \leqslant \frac{C}{T_c} \tag{5.63}$$

则通过采用适当的信道编码策略，可以使差错概率达到任意小。但是，比值 T_c/T_s 等于信道编码器的码率，即

$$r = \frac{T_c}{T_s} \tag{5.64}$$

因此，我们可以将式(5.63)中的条件简单地重新表述为

$$r \leqslant C$$

也就是说，如果 $r \leqslant C$，则存在一种编码(码率小于或者等于信道容量 C)能够实现任意低的差错概率。

例7 重复码

在这个例子中，我们给出信道编码定理的图形解释。通过考察一种简单的编码策略，我们还发现了这个定理的一个令人吃惊的结果。

首先考虑一个二进制对称信道，其转移概率为 $p=10^{-2}$。对于这个 p 值，根据式(5.60)得到信道容量为 $C=0.9192$。于是，根据信道编码定理，可以说对于任意 $\varepsilon>0$ 和 $r\leqslant 0.9192$，存在一种长度 n 足够大的编码、码率为 r，并且存在一个合适的译码算法，使得当编码比特流在给定信道上发送时，信道译码差错的平均概率小于 ε。在图5.12中，针对极限值 $\varepsilon=10^{-8}$ 的情况画出了这个结果。

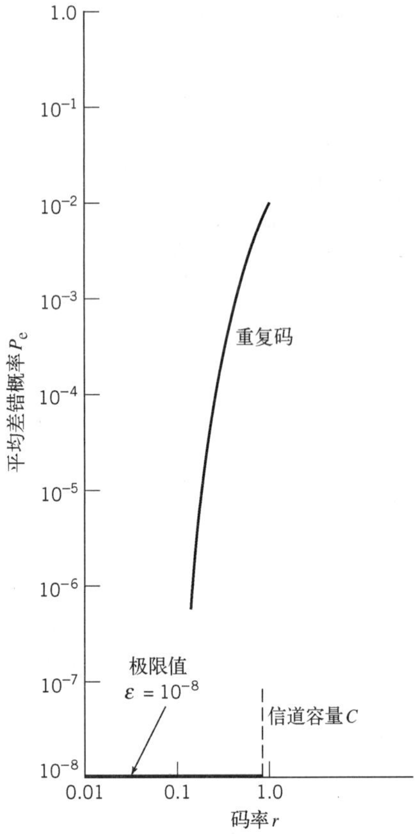

图5.12 说明信道编码定理的意义

为了看出这个结果的重要意义，下面考虑一种简单的编码策略，它采用重复码(Repetition code)，即消息的每个比特都被重复多次。令每个比特(0或者1)被重复 n 次，其中 $n=2m+1$ 是一个奇的整数。比如，当 $n=3$ 时，我们分别将0和1发送为000和111。

直观上讲，采用多数原则(Majority rule)来译码看起来是合乎常理的，其工作原理如下：

> 在由 n 个重复比特(代表消息的1个比特)组成的数据块中，如果0的个数超过1的个数，则译码器判决为0，否则它判决为1。

因此，当 $n=2m+1$ 个比特中有 $m+1$ 个或者更多个比特的接收不正确时，就会发生错误。由于假设信道具有对称性质，因此平均差错概率(Average probability of error) P_e 是独立于0和1的先验概率的。于是，我们得到 P_e 为

$$P_e=\sum_{i=m+1}^{n}\binom{n}{i}p^i(1-p)^{n-i} \tag{5.65}$$

其中，p 为信道的转移概率。

在表5.3中，给出了一种重复码的平均差错概率 P_e，它是针对码率 r 的不同值利用式(5.65)计算得到的。这里所给的值是在假设采用转移概率为 $p=10^{-2}$ 的二元对称信道得到的。表5.3中显示的可靠性提高是以降低码率为代价来实现的。该表中的结果也在图5.12中以标记为“重复码”的曲线画出来了。这条曲线说明可以通过码率来换取消息的可靠性，这正是重复码的特征。

表5.3 重复码的平均差错概率

码率，$r=1/n$	平均差错概率，P_e
1	10^{-2}
$\frac{1}{3}$	3×10^{-4}
$\frac{1}{5}$	10^{-6}
$\frac{1}{7}$	4×10^{-7}
$\frac{1}{9}$	10^{-8}
$\frac{1}{11}$	5×10^{-10}

这个例子还为我们展示了信道编码定理的一个意外的结果。这个结果指出，为了实现通信链路越来越可靠地工作，并不一定要求码率 r 接近于零(比如重复码的情形)，信道编码定理仅仅要求码率小于信道容量 C 即可。

5.9　连续随机变量的微分熵与互信息

在我们前面讨论信息论概念时，考虑的信源和信道都涉及随机变量的全体，这些随机变量的幅度是离散(Discrete)的。在本节中，我们将这些概念推广到连续(Continuou)随机变量情况。其目的在于为 5.10 节中描述信息论中的另一个基本极限做好铺垫。

考虑一个概率密度函数为 $f_X(x)$ 的连续随机变量 X。采用与离散随机变量的熵类似的方法，我们引入下列定义：

$$h(X) = \int_{-\infty}^{\infty} f_X(x) \log_2\left[\frac{1}{f_X(x)}\right] \mathrm{d}x \tag{5.66}$$

把新的项 $h(X)$ 称为 X 的微分熵(Differential entropy)，以便将它与普通熵或者绝对熵相区别。我们这样做是由于认识到以下事实，即尽管 $h(X)$ 是一个有用的数学量，但从任何意义上讲它都不是度量 X 的随机性的一个测度。然而，我们将这样来解释式(5.66)的用途。首先，将连续随机变量 X 视为离散随机变量的极限形式，假设离散随机变量取值为 $x_k = k\Delta x$，其中 $k = 0, \pm 1, \pm 2, \cdots$，并且 Δx 趋近于零。根据定义，连续随机变量 X 以概率 $f_X(x_k)\Delta x$ 在区间 $[x_k, x_k+\Delta x]$ 内取值。因此，允许 Δx 趋近于零以后，则连续随机变量 X 的普通熵的极限形式如下：

$$\begin{aligned} H(X) &= \lim_{\Delta x \to 0} \sum_{k=-\infty}^{\infty} f_X(x_k)\Delta x \log_2\left(\frac{1}{f_X(x_k)\Delta x}\right) \\ &= \lim_{\Delta x \to 0} \left(\sum_{k=-\infty}^{\infty} f_X(x_k) \log_2\left(\frac{1}{f_X(x_k)}\right)\Delta x - \log_2\Delta x \sum_{k=-\infty}^{\infty} f_X(x_k)\Delta x \right) \\ &= \int_{-\infty}^{\infty} f_X(x) \log_2\left(\frac{1}{f_X(x)}\right) \mathrm{d}x - \lim_{\Delta x \to 0}\left(\log_2\Delta x \int_{-\infty}^{\infty} f_X(x_k)\, \mathrm{d}x\right) \\ &= h(X) - \lim_{\Delta x \to 0} \log_2 \Delta x \end{aligned} \tag{5.67}$$

在式(5.67)的最后一行中，利用了式(5.66)以及概率密度函数 $f_X(x)$ 曲线下的总面积等于 1 这个事实。当 Δx 趋近于零时，$-\log_2\Delta x$ 这一项的极限趋近于无穷大。这意味着连续随机变量的熵是无穷大的。从直觉上讲，我们希望这是真的，因为连续随机变量可以在区间 $(-\infty, \infty)$ 内取任意值，这样的话，将会遇到无法估量的无穷多个可能结果。为了避免与 $\log_2\Delta x$ 这一项有关的问题，采用 $h(X)$ 作为微分熵，而 $-\log_2\Delta x$ 这一项仅仅作为参考。另外，由于在信道上传输的信息实际上是具有共同参考项的两个熵之间的差值，因此这个信息将与相应的两个微分熵之间的差值相同。这样，就完美地解释了在定义式(5.66)中采用 $h(X)$ 作为连续随机变量 X 的微分熵的理由。

如果有一个连续随机向量 $\boldsymbol{X}$，它是由 n 个随机变量 $X_1, X_2, \cdots, X_n$ 组成的，则可以将 $\boldsymbol{X}$ 的微分熵定义为下列 n 重积分：

$$h(\boldsymbol{X}) = \int_{-\infty}^{\infty} f_{\boldsymbol{X}}(\boldsymbol{x}) \log_2\left[\frac{1}{f_{\boldsymbol{X}}(\boldsymbol{x})}\right] \mathrm{d}\boldsymbol{x} \tag{5.68}$$

其中，$f_{\boldsymbol{X}}(\boldsymbol{x})$ 是 $\boldsymbol{X}$ 的联合概率密度函数。

例 8　均匀分布

为了说明微分熵的概念，考虑一个在区间 $(0, a)$ 上均匀分布的随机变量 X。X 的概率密度函

数为

$$f_X(x) = \begin{cases} \dfrac{1}{a}, & 0 < x < a \\ 0, & \text{其他} \end{cases}$$

将式(5.66)应用于这个分布，得到

$$\begin{aligned} h(X) &= \int_0^a \frac{1}{a}\log(a)\,\mathrm{d}x \\ &= \log a \end{aligned} \tag{5.69}$$

注意到当 $a<1$ 时，$\log a<0$。因此，这个例子说明与离散随机变量不同的是，连续随机变量的微分熵可以取负值。

连续发布的相对熵

在式(5.12)中，我们定义了一对不同的离散分布的相对熵。为了将这个定义推广到一对连续分布随机变量上，考虑连续随机变量 X 和 Y，它们对相同样本值(自变量) x 的概率密度函数分别被记为 $f_X(x)$ 和 $f_Y(x)$。随机变量 X 和 Y 的相对熵(Relative entropy)[11]被定义为

$$D(f_Y \| f_X) = \int_{-\infty}^{\infty} f_Y(x)\log_2\left(\frac{f_Y(x)}{f_X(x)}\right)\mathrm{d}x \tag{5.70}$$

其中，$f_X(x)$ 被视为“参考”分布。采用与得到式(5.13)中基本性质相同的方法，可得到

$$D(f_Y \| f_X) \geqslant 0 \tag{5.71}$$

将式(5.70)和式(5.71)结合为一个不等式，于是得到

$$\int_{-\infty}^{\infty} f_Y(x)\log_2\left(\frac{1}{f_Y(x)}\right)\mathrm{d}x \leqslant \int_{-\infty}^{\infty} f_Y(x)\log_2\left(\frac{1}{f_X(x)}\right)\mathrm{d}x$$

这个不等式左边的表达式即为随机变量 Y 的微分熵，即 $h(Y)$。因此

$$h(Y) \leqslant \int_{-\infty}^{\infty} f_Y(x)\log_2\left(\frac{1}{f_X(x)}\right)\mathrm{d}x \tag{5.72}$$

下面的例子将会说明式(5.72)的深入用途。

例 9 高斯分布

假设两个随机变量 X 和 Y 被描述如下：

- 随机变量 X 和 Y 具有公共的均值 μ 和方差 σ^2。
- 随机变量 X 是高斯分布的(参见 3.9 节)，如下所示：

$$f_X(x) = \frac{1}{\sqrt{2\pi}\,\sigma}\exp\left[-\frac{(x-\mu)^2}{2\sigma^2}\right] \tag{5.73}$$

于是，将式(5.73)代入式(5.72)，并将对数的底由 2 改为 e=2.7183，得到

$$h(Y) \leqslant -\log_2 \mathrm{e}\int_{-\infty}^{\infty} f_Y(x)\left[-\frac{(x-\mu)^2}{2\sigma^2} - \log(\sqrt{2\pi}\,\sigma)\right]\mathrm{d}x \tag{5.74}$$

其中，e 是自然对数的底。现在，发现随机变量 Y 具有下列特征(假设其均值为 μ，方差为 σ^2)：

$$\int_{-\infty}^{\infty} f_Y(x)\,\mathrm{d}x = 1$$

$$\int_{-\infty}^{\infty} (x-\mu)^2 f_Y(x)\,\mathrm{d}x = \sigma^2$$

于是，可以将式(5.74)简化为

$$h(Y) \leqslant \frac{1}{2}\log_2(2\pi e \sigma^2) \tag{5.75}$$

式(5.75)右边的量实际上是高斯随机变量 X 的微分熵，即

$$h(X) = \frac{1}{2}\log_2(2\pi e \sigma^2) \tag{5.76}$$

最后，将式(5.75)与式(5.76)结合起来，可以写为

$$h(Y) \leqslant h(X), \quad \begin{cases} X\text{: 高斯随机变量} \\ Y\text{: 非高斯随机变量} \end{cases} \tag{5.77}$$

其中当且仅当 $Y=X$ 时，等式成立。

现在，我们通过描述随机变量熵的两个性质来对这个重要例子的结果进行总结：

性质1

对于任何有限方差，高斯随机变量是所有随机变量中具有最大微分熵的。

性质2

高斯随机变量的熵由其方差唯一确定(即熵是独立于均值的)。

实际上，正是因为性质1使得在数字通信系统学习中，高斯信道模型被广泛用于保守模型。

互信息

下面继续讨论连续随机变量的信息论特征，我们可以采用与式(5.47)相类似的方法，将一对连续随机变量 X 和 Y 之间的互信息(Mutual information)定义如下：

$$I(X;Y) = \int_{-\infty}^{\infty}\int_{-\infty}^{\infty} f_{X,Y}(x,y)\log_2\left[\frac{f_X(x|y)}{f_X(x)}\right]\mathrm{d}x\,\mathrm{d}y \tag{5.78}$$

其中，$f_{X,Y}(x,y)$ 是 X 和 Y 的联合概率密度函数，$f_X(x|y)$ 是给定 $Y=y$ 条件下 X 的条件概率密度函数。同样地，类似于式(5.45)、式(5.50)、式(5.43)和式(5.44)，我们发现一对高斯随机变量之间的互信息具有下列性质：

$$I(X;Y) = I(Y;X) \tag{5.79}$$

$$I(X;Y) \geqslant 0 \tag{5.80}$$

$$\begin{aligned} I(X;Y) &= h(X) - h(X|Y) \\ &= h(Y) - h(Y|X) \end{aligned} \tag{5.81}$$

参数 $h(X)$ 是 X 的微分熵，类似地 $h(Y)$ 是 Y 的微分熵。参数 $h(X|Y)$ 是给定 Y 的条件下 X 的条件微分熵(Conditional differential entropy)，它被定义为下列双重积分[参见式(5.41)]

$$h(X|Y) = \int_{-\infty}^{\infty}\int_{-\infty}^{\infty} f_{X,Y}(x,y)\log_2\left[\frac{1}{f_X(x|y)}\right]\mathrm{d}x\,\mathrm{d}y \tag{5.82}$$

参数 $h(Y|X)$ 是给定 X 的条件下 Y 的条件微分熵，其定义方法类似于 $h(X|Y)$。

5.10 信息容量定律

在本节中，我们利用有关概率论的知识，将香农的信道编码定理进行推广，以便得到如图5.13所示的带宽受限、功率受限高斯信道(Band-limited, power-limited Gaussian channel)的信息容量公式。具体而言，考虑一个零均值平稳过程 $X(t)$，它是带限为 B 赫兹的。令 X_k 表示以每秒 $2B$ 个样本的速率对过程 $X(t)$ 进行均匀采样得到的连续随机变量，其中 $k=1,2,\cdots,K$。根据采样定理可知，当带宽为 B 时，每秒 $2B$ 个样本的速率是不会导致信息丢失的可允许的最低速率，这将在第6章中进行讨论。假设这些样本都在 T 秒以内发送到噪声信道上，该信道也是带限为 $2B$ 赫兹的。于是，总的样本数 K 为

$$K = 2BT \tag{5.83}$$

我们将 X_k 称为发送信号(Transmitted signal)的样本。信道输出受到零均值、功率谱密度为 $N_0/2$ 的加性高斯白噪声(Additive White Gaussian Noise, AWGN)的干扰。噪声也是带限为 B 赫兹的。令连续随机变量 Y_k 表示对应的信道输出的样本，其中 $k=1,2,\cdots,K$, 如下所示：

$$Y_k = X_k + N_k, \quad k = 1, 2, \cdots, K \tag{5.84}$$

在式(5.84)中的噪声样本 N_k 是零均值高斯变量，其方差为

$$\sigma^2 = N_0 B \tag{5.85}$$

假设样本 Y_k 是统计独立的，其中 $k=1,2,\cdots,K$。

一个噪声和接收信号如式(5.84)和式(5.85)那样描述的信道被称为离散时间无记忆高斯信道(Discrete-time, memoryless Gaussian channel)，如图5.13所示。然而，为了使信道的描述更有意义，必须对每个信道输入分配一个代价(Cost)。一般而言，由于发送端是功率受限的，因此将代价定义为

$$\mathbb{E}[X_k^2] \leqslant P, \quad k = 1, 2, \cdots, K \tag{5.86}$$

是合理的，其中 P 是平均发送功率。这里描述的功率受限高斯信道不仅在理论上是重要的，而且在实际上也很重要，因为它能用于许多通信信道的模型，包括视线无线信道和卫星链路信道。

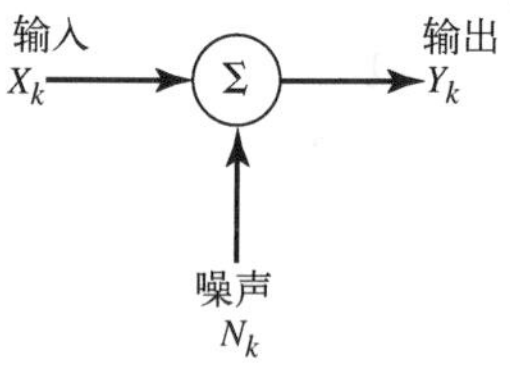

图 5.13 离散时间无记忆高斯信道模型

信道的信息容量被定义为在满足式(5.86)中功率约束的输入 X_k 的所有分布上，信道输入 X_k 和信道输出 Y_k 之间的最大互信息。令 $I(X_k;Y_k)$ 表示 X_k 和 Y_k 之间的互信息。于是，可以将信道的信息容量(Information capacity)定义为

$$C = \max_{f_{X_k}(x)} I(X_k;Y_k), \quad \text{约束条件为}\mathbb{E}[X_k^2] = P, \text{所有}k \tag{5.87}$$

也就是说，互信息 $I(X_k;Y_k)$ 的最大化是关于信道输入 X_k 的所有概率分布得到的，并且信道输入还需满足功率约束条件 $\mathbb{E}[X_k^2]=P$。

互信息 $I(X_k;Y_k)$ 可以采用式(5.81)中两种等效形式之一来表示。针对现在的目的，我们采用该式的第二行表示形式，即

$$I(X_k;Y_k) = h(Y_k) - h(Y_k|X_k) \tag{5.88}$$

由于 X_k 和 N_k 是独立随机变量，并且根据式(5.84)它们的和等于 Y_k，我们发现在给定 X_k 的条件下 Y_k 的条件微分熵等于 N_k 的微分熵，即

$$h(Y_k|X_k) = h(N_k) \tag{5.89}$$

于是，可以将式(5.88)重新写为

$$I(X_k;Y_k) = h(Y_k) - h(N_k) \tag{5.90}$$

由于 $h(N_k)$ 是独立于 X_k 的分布的，因此按照式(5.87)使 $I(X_k;Y_k)$ 最大化就要求使微分熵 $h(Y_k)$ 最大化。为了使 $h(Y_k)$ 最大化，则 Y_k 必须是一个高斯随机变量。也就是说，信道输出的样本代表了一个类似噪声的过程。接下来，我们发现根据假设 N_k 是高斯分布的，所以信道输入的样本 X_k 也必须是高斯分布的。因此，我们说式(5.87)确定的最大化可以通过从平均功率为 P 的类似噪声的高斯分布过程中选取信道输入的样本来实现。对应地，可以将式(5.87)重新表述为

$$C = I(X_k;Y_k): X_k \text{为高斯分布的且}\mathbb{E}[X_k^2] = P, \quad \text{所有}k \tag{5.91}$$

其中，互信息 $I(X_k;Y_k)$ 是按照式(5.90)定义的。

为了计算信息容量 C，可以按照下列三个步骤来进行：

1. 信道输出的样本 Y_k 的方差等于 $P+\sigma^2$，这是根据随机变量 X 和 N 是统计独立的这个事实得到的。于是，利用式(5.76)可以得到下列微分熵：

$$h(Y_k) = \frac{1}{2}\log_2[2\pi e(P+\sigma^2)] \tag{5.92}$$

2. 噪声样本 N_k 的方差等于 σ^2，于是，利用式(5.76)可以得到下列微分熵：

$$h(N_k) = \frac{1}{2}\log_2[2\pi e\sigma^2] \tag{5.93}$$

3. 将式(5.92)和式(5.93)代入式(5.90)，并且结合式(5.91)中给出的信息容量定义，可得到下列公式：

$$C = \frac{1}{2}\log_2\left(1+\frac{P}{\sigma^2}\right) \quad \text{b/channel use} \tag{5.94}$$

由于需要使用 K 次信道才能在 T 秒内传输过程 $X(t)$ 的 K 个样本，我们发现每个单位时间的信息容量为式(5.94)中给出的结果的(K/T)倍。按照式(5.83)可知，数值 K 等于 $2BT$。因此，我们可以将信道的信息容量表示为下列等效形式：

$$C = B\log_2\left(1+\frac{P}{N_0B}\right) \quad \text{b/s} \tag{5.95}$$

其中，N_0B 是在信道输出中噪声的总功率，其定义如式(5.85)。

根据式(5.95)，现在可以得出下列结论：

一个带宽为 B 赫兹的连续信道，受到功率谱密度为 $N_0/2$、带限为 B 赫兹的 AWGN 的干扰，它的信道容量由下列公式给出：

$$C = B\log_2\left(1+\frac{P}{N_0B}\right) \quad \text{b/s}$$

其中，P 为平均发送功率。

式(5.95)中的信息容量定律(Information capacity law)[12]是香农信息论最显著的成果之一。在单个公式里面，它以最生动的方式体现了系统的三个关键参数：信道带宽、平均发送功率以及信道噪声的功率谱密度之间的相互作用关系。然而，需要注意的是，信息容量 C 对信道带宽 B 的依赖关系是线性的，而它对信噪比 $P/(N_0B)$ 的依赖关系则是对数关系。因此，我们可以得出另一个重要结论：

对于一个连续通信信道而言，使其带宽变大的方法比在一定噪声方差条件下增加发送功率的方法更容易提高其信息容量。

信息容量公式意味着，对于给定的平均发送功率 P 和信道带宽 B，我们可以通过采用充分复杂的编码系统，以式(5.95)所定义的 C 比特每秒的速率来传输信息，并且达到任意小的差错概率。不可能在没有明显差错概率的条件下，通过任何编码系统来实现比 C 比特每秒更高的传输速率。因此，信道容量定律为在功率受限、带宽受限高斯信道上无差错传输的可允许速率规定了基本极限(Fundamental limit)。然而，为了接近这个极限，发送信号必须具有近似为高斯白噪声的统计特性。

球体填充

为了提供一个合理的论据来支持信息容量定律，假设采用一种编码策略，它产生 K 个码字，每个发送信号的样本对应一个码字。令 n 表示每个码字的长度(即比特个数)。假定设计的编码策略是为了产生一个可以接受的较低的误符号率。另外，码字也满足功率约束条件，即传输长度为 n 比特的每个码字所包含的平均功率为 nP，其中 P 为每比特的平均功率。

假设码本中的任何码字都可以被发送。接收到的 n 比特向量是高斯分布的，其均值等于发送的码字，方差等于 $n\sigma^2$，其中 σ^2 为噪声方差。我们可以有很大把握说在信道输出端接收到的信号向量位于半径为 $\sqrt{n\sigma^2}$ 的球体内，也就是以发送码字为中心。这个球体本身也被包含在半径为 $\sqrt{n(P+\sigma^2)}$ 的更大球体内，其中 $n(P+\sigma^2)$ 为接收信号向量的平均功率。

因此，可以把球体填充[13]想象为如图 5.14 中那样，将半径为 $\sqrt{n\sigma^2}$ 的小球体内的全部都分配给位于该球体中心的码字。因此有理由说，当这个特别的码字被发送时，接收信号向量位于正确的"译码"球体内的概率会比较高。关键的问题是：

有多少个译码球体能够被填充到接收信号向量的更大球体内？换句话说，我们实际上能够选择多少个码字？

为了回答这个问题，我们希望消除掉译码球体之间的重叠部分，如图 5.14 所示。另外，将一个半径为 r 的 n 维球体的体积表示为 $A_n r^n$，其中 A_n 是一个比例因子。于是，可以继续得到下列两点结论：

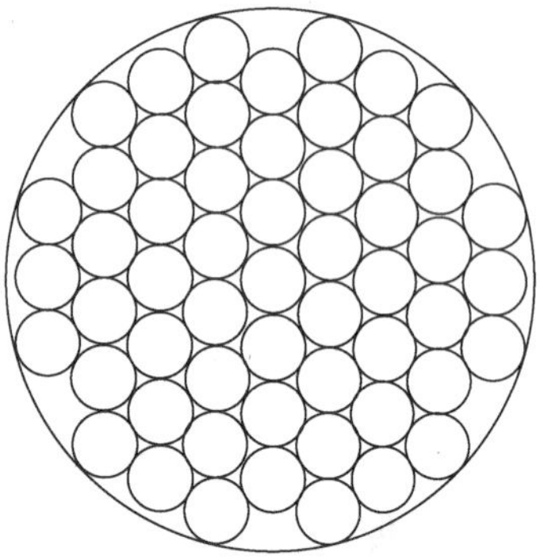

图 5.14　球体填充问题

1. 接收信号向量的球体的体积为 $A_n[n(P+\sigma^2)]^{n/2}$。
2. 译码球体的体积为 $A_n(n\sigma^2)^{n/2}$。

于是，由此得出的结论是，可能的接收信号向量的球体内能够填充的不相交(Nonintersecting)的译码球体的最大个数为

$$\frac{A_n[n(P+\sigma^2)]^{n/2}}{A_n(n\sigma^2)^{n/2}} = \left(1+\frac{P}{\sigma^2}\right)^{n/2} = 2^{(n/2)\log_2(1+P/\sigma^2)} \tag{5.96}$$

将上述结果以底 2 取对数，很容易发现以低差错概率每次传输的最大比特数确实等于式(5.94)中所确定的值。

最后的评价意见是：式(5.94)是香农的信道编码定理的一种理想的表现形式，因为它为通信信道的物理可实现的信息容量规定了一个上界。

5.11　信息容量定律的含义

现在，我们已经很好地理解了信息容量定律，因此可以继续讨论它在功率和带宽都受限的高斯信道背景下的含义。然而，为了方便讨论，需要一个理想的架构，可以针对它来对实际通信系统的性能进行评估。为此，我们引入理想系统(Ideal system)的概念，它被定义为传输数据的比特率 R_b 等于信息容量 C 的系统。于是，可以将平均发送功率表示为

$$P = E_b C \tag{5.97}$$

其中，E_b 是每比特发送的能量。因此，理想系统可以定义为

$$\frac{C}{B} = \log_2\left(1+\frac{E_b}{N_0}\frac{C}{B}\right) \tag{5.98}$$

重新整理这个公式后，可以利用理想系统的比值 C/B 将信号的每比特能量与噪声功率谱密度的比值 E_b/N_0 定义为

$$\frac{E_b}{N_0} = \frac{2^{C/B}-1}{C/B} \tag{5.99}$$

带宽效率 R_b/B 与 E_b/N_0 之间的关系图被称为带宽-效率图(Bandwidth-efficiency diagram)。这种图的一般形式如图 5.15 所示，其中标记为"容量边界"的曲线对应于 $R_b=C$ 的理想系统。

根据图 5.15，我们可以得到下列三点观察结论：

1. 对于无穷信道带宽，比值 E_b/N_0 接近于极限值

$$\left(\frac{E_b}{N_0}\right)_\infty = \lim_{B\to\infty}\left(\frac{E_b}{N_0}\right) = \ln 2 = 0.693 \tag{5.100}$$

其中，ln 代表自然对数。式(5.100)中确定的值被称为 AWGN 信道的香农极限(Shannon limit)，假设码率为零。如果用分贝表示，则香农极限等于-1.6 dB。通过令式(5.95)中的信道带宽 B 趋近于无穷大，则可以得到对应的信道容量的极限值，在这种情况下我们有

$$\begin{aligned} C_{\infty} &= \lim_{B\to\infty} C \\ &= \left(\frac{P}{N_0}\right)\log_2 e \end{aligned} \tag{5.101}$$

2. 容量边界(Capacity boundary)是由临界比特率 $R_b = C$ 的曲线所确定的。对于这个边界上的任意点，我们可以采用抛硬币的方式(两面出现的概率都为 1/2)来确定是无差错传输还是有差错传输。因此，边界使能够支持无差错传输($R_b<C$)的系统参数组合与那些不可能无差错传输($R_b>C$)的系统参数组合分隔开。后者的区域如图 5.15 中阴影部分所示。
3. 这个图说明在三个量：即 E_b/N_0、比值 R_b/B 和误符号率 P_e 之间是可以折中(Trade-off)考虑的。特别地，我们可以将工作点沿着水平线的移动视为在固定 R_b/B 情况下对 P_e 和 E_b/N_0 进行的折中。另一方面，也可以将工作点沿着垂直线的移动视为在固定 E_b/N_0 情况下对 P_e 和 R_b/B 进行的折中。

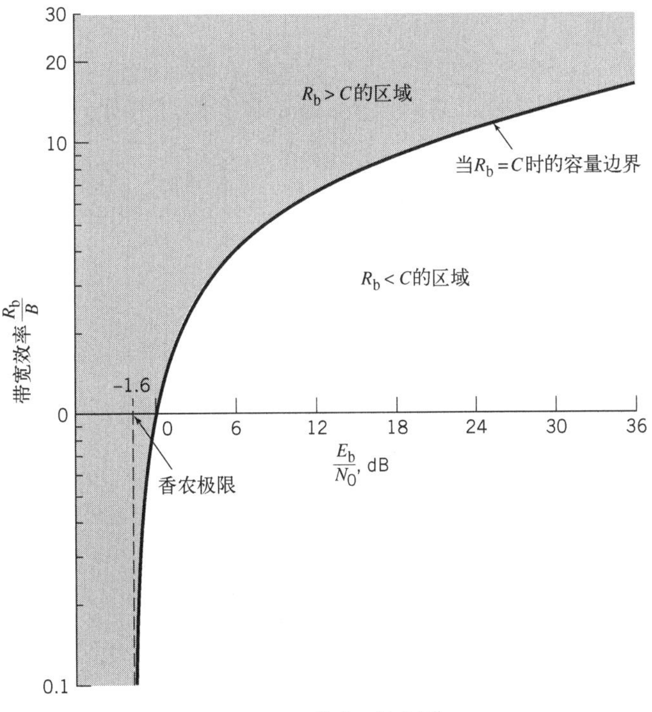

图 5.15　带宽-效率图

例 10　二进制输入 AWGN 信道的容量

在这个例子中，我们对 AWGN 信道的容量进行研究，采用的是编码后的二进制双极性信号(即用二进制符号 0 和 1 分别表示电平-1 和+1)。特别地，讨论在改变码率 r 时，可实现的最低比特率作为 E_b/N_0 函数的变化关系。假设二进制符号 0 和 1 是等概率的。

令随机变量 X 和 Y 分别表示信道输入和信道输出，X 是一个离散变量，而 Y 是一个连续变量。根据式(5.81)中的第二行，可以将信道输入与信道输出之间的互信息表示为

$$I(X;Y) = h(Y) - h(Y|X)$$

上式中的第二项 $h(Y|X)$ 是给定信道输入 X 的条件下信道输出 Y 的条件微分熵。根据

式(5.89)和式(5.93)可知，这一项正好是高斯分布的熵。于是，采用 σ^2 表示信道噪声的方差，我们可以写为

$$h(Y|X) = \frac{1}{2}\log_2(2\pi e\sigma^2)$$

然后再考虑第一项 $h(Y)$，它是信道输出 Y 的微分熵。由于采用了二进制双极信号，所以给定 $X=x$ 的条件下 Y 的概率密度函数是具有公共方差 σ^2 且均值分别为-1 和+1 的两个高斯分布的组合，如下所示：

$$f_Y(y_i|x) = \frac{1}{2}\left\{\frac{\exp[-(y_i+1)^2/2\sigma^2]}{\sqrt{2\pi}\sigma} + \frac{\exp[-(y_i-1)^2/2\sigma^2]}{\sqrt{2\pi}\sigma}\right\} \tag{5.102}$$

于是，我们可以利用下式来确定出 Y 的微分熵

$$h(Y) = -\int_{-\infty}^{\infty} f_Y(y_i|x)\log_2[f_Y(y_i|x)]\,dy_i$$

其中，$f_Y(y_i|x)$是由式(5.102)确定的。根据 $h(Y|X)$和 $h(Y)$的公式，显然互信息仅仅是噪声方差 σ^2的函数。采用 $M(\sigma^2)$表示这种函数依赖关系，我们可以写为

$$I(X;Y) = M(\sigma^2)$$

遗憾的是，由于很难确定出 $h(Y)$，所以我们不能推导出 $M(\sigma^2)$的闭合表达式。然而，采用蒙特卡罗积分(Monte Carlo integration)方法可以很好地近似微分熵 $h(Y)$，详细内容可以参考附录 E。

因为符号 0 和 1 是等概率的，所以信道容量 C 等于 X 和 Y 之间的互信息。于是，为了在 AWGN 信道上进行无差错数据传输，码率 r 必须满足下列条件：

$$r < M(\sigma^2) \tag{5.103}$$

比值 E_b/N_0的一种鲁棒度量是

$$\frac{E_b}{N_0} = \frac{P}{N_0 r} = \frac{P}{2\sigma^2 r}$$

其中，P 是平均发送功率，$N_0/2$ 是信道噪声的双边功率谱密度。不失一般性，我们可以令 $P=1$。于是，可以将噪声方差表示为

$$\sigma^2 = \frac{N_0}{2E_b r} \tag{5.104}$$

将式(5.104)代入式(5.103)并重新整理各项，即可得到下列期望的关系：

$$\frac{E_b}{N_0} = \frac{1}{2rM^{-1}(r)} \tag{5.105}$$

其中，$M^{-1}(r)$是信道输入和信道输出之间的互信息的逆(Inverse)，它被表示为码率 r 的函数。

采用蒙特卡罗方法估计微分熵 $h(Y)$，从而得到 $M^{-1}(r)$，于是可以计算出图 5.16 中的曲线[14]。图 5.16(a)画出了无差错传输时最小 E_b/N_0与码率 r 之间的关系曲线。图 5.16(b)则画出了采用码率 r 作为运行参数时，可实现的最低误比特率与 E_b/N_0之间的关系曲线。从图 5.16 中，可以得出下列结论：

- 对于未编码二进制信号(即 $r=1$)，需要无穷大 E_b/N_0才能实现无差错通信，这与我们了解的在 AWGN 信道上未编码数据传输的有关知识是吻合的。
- 最小 E_b/N_0的值随着码率 r 的降低而减小，这从直观上看是可以相信的。比如，对于$r=1/2$，E_b/N_0的最小值只是略小于 0.2 dB。
- 随着 r 趋近于零，最小 E_b/N_0的值趋近于极限值-1.6 dB，这与前面导出的香农极限是吻合的，参见式(5.100)。

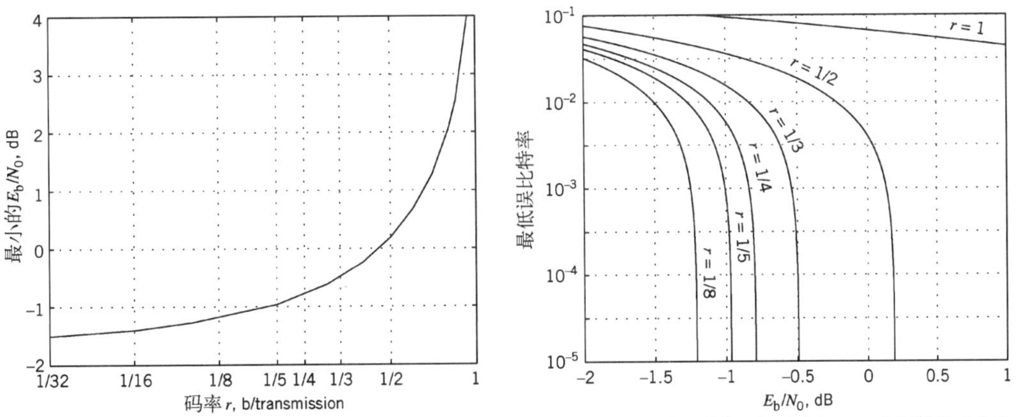

(a) 最小E_b/N_0与码率 r 之间的关系曲线 (b) 不同码率 r 时最低误码率与E_b/N_0之间的关系曲线

图 5.16 在 AWGN 信道上传输二进制双极信号

5.12 有色噪声信道的信息容量

式(5.95)中描述的信息容量定理适用于带限白噪声信道。在本节中，我们将香农的信息容量定律推广到更一般的情形，即非白色或者有色噪声信道的情形[15]。具体而言，考虑如图 5.17(a)所示的信道模型，其中信道的传输函数被记为 $H(f)$。对于在信道输出端出现的加性信道噪声 $n(t)$，则采用零均值、功率谱密度为 $S_N(f)$ 的平稳高斯过程的样本函数来表示其模型。需求有下面两点：

1. 寻找在 $x(t)$ 的平均功率固定为常数值 P 的约束条件下，使信道输出 $y(t)$ 与信道输入 $x(t)$ 之间的互信息最大的输入集合，它是用功率谱密度 $S_{xx}(f)$ 来描述的。
2. 在此条件下，确定信道的最优信息容量。

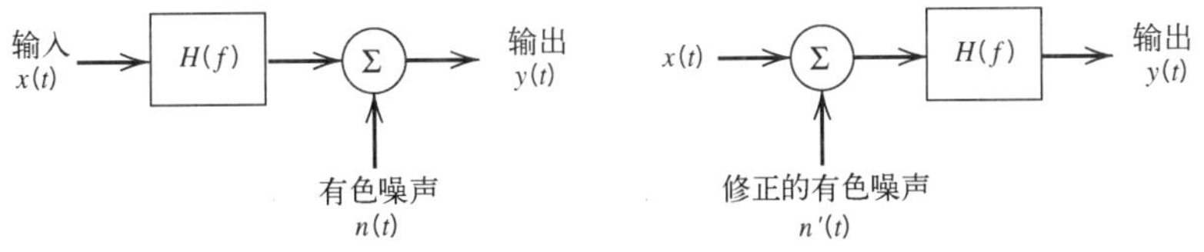

(a) (b)

图 5.17 (a) 频带受限、功率受限的噪声信道模型；(b) 信道的等效模型

这个问题是一个约束最优化问题。为了解决它，我们按照下列方法进行：

- 由于信道是线性的，所以我们可以将图 5.17(a)中的模型替换为图 5.17(b)所示的等效模型。从信道输出端测量的信号加噪声的频谱特征的观点来看，图 5.17 中的两个模型是等效的，只需将图 5.17(b)中噪声 $n'(t)$ 的功率谱密度用图 5.17(a)中噪声 $n(t)$ 的功率谱密度定义为

$$S_{N'N'}(f) = \frac{S_{NN}(f)}{|H(f)|^2} \tag{5.106}$$

其中，$|H(f)|$ 是信道的幅度响应。

- 为了简化分析，我们采用"分步解决原理"，通过阶梯形式来对作为频率 f 的连续函数的 $|H(f)|$ 进行近似，如图 5.18 所示。具体而言，信道被分割为大量相邻的频率间隙。如果使每个子信道的增量频率间隔 Δf 越小，则这种近似的效果越好。

执行上述两个步骤以后得到的最终结果是，图 5.17(a)中的原始模型被替换为 N 个有限数量的

子信道的并行组合，每个子信道实质上是受到“带宽受限的高斯白噪声”的干扰。

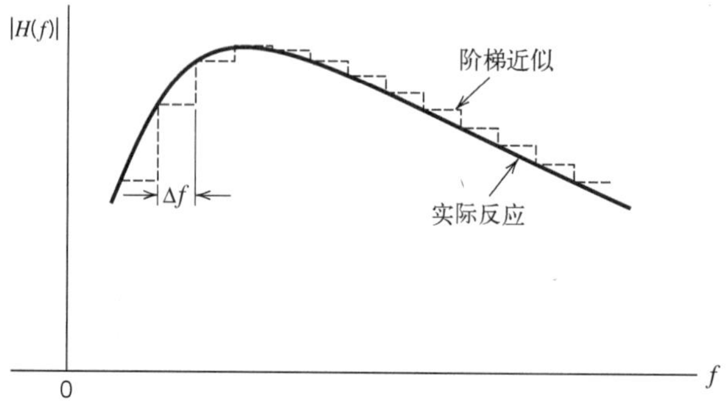

图 5.18 任意幅度响应 | $H(f)$ | 的阶梯近似；这里只画出了响应的正频率部分

近似表示图 5.17(b) 中模型的第 k 个子信道被描述为

$$y_k(t) = x_k(t) + n_k(t), \qquad k = 1, 2, \cdots, N \tag{5.107}$$

信号分量 $x_k(t)$ 的平均功率为

$$P_k = S_{XX}(f_k)\Delta f, \qquad k = 1, 2, \cdots, N \tag{5.108}$$

其中，$S_X(f_k)$ 是输入信号在频率 $f=f_k$ 点的功率谱密度。噪声分量 $n_k(t)$ 的方差为

$$\sigma_k^2 = \frac{S_{NN}(f_k)}{|H(f_k)|^2}\Delta f, \qquad k = 1, 2, \cdots, N \tag{5.109}$$

其中，$S_N(f_k)$ 和 | $H(f_k)$ | 分别是在频率 f_k 点的噪声谱密度和信道的幅度响应。第 k 个子信道的信息容量为

$$C_k = \frac{1}{2}\Delta f \log_2\left(1 + \frac{P_k}{\sigma_k^2}\right), \qquad k = 1, 2, \cdots, N \tag{5.110}$$

其中，因子 1/2 是考虑到 Δf 应用于正频率和负频率这一事实。所有 N 个子信道都彼此独立。因此，所有信道的总容量近似为下列求和：

$$\begin{aligned} C &\approx \sum_{k=1}^{N} C_k \\ &= \frac{1}{2}\sum_{k=1}^{N} \Delta f \log_2\left(1 + \frac{P_k}{\sigma_k^2}\right) \end{aligned} \tag{5.111}$$

现在，我们必须解决的问题是在下列约束条件下，使总的信息容量 C 最大：

$$\sum_{k=1}^{N} P_k = P = \text{常数} \tag{5.112}$$

求解上述约束最优化问题的常规方法是采用拉格朗日乘子法(Method of Lagrange multiplier)(参见附录 D 中对这个方法的讨论)。为了继续求解该最优化问题，首先定义一个目标函数，将信息容量 C 和约束[即式(5.111)和式(5.112)]都包含在内，如下所示：

$$J(P_k) = \frac{1}{2}\sum_{k=1}^{N} \Delta f \log_2\left(1 + \frac{P_k}{\sigma_k^2}\right) + \lambda\left(P - \sum_{k=1}^{N} P_k\right) \tag{5.113}$$

其中，λ 是拉格朗日乘子。然后，求目标函数 $J(P_k)$ 关于 P_k 的微分并令所得结果为零，可得到

$$\frac{\Delta f \log_2 \mathrm{e}}{P_k + \sigma_k^2} - \lambda = 0$$

为了满足这个最优解，我们提出下列要求：

$$P_k + \sigma_k^2 = K\Delta f, \quad k = 1, 2, \cdots, N \tag{5.114}$$

其中，K 是对所有 k 都相同的常数。选取的常数 K 需要满足平均功率约束条件。

将式(5.108)和式(5.109)中确定的值代入式(5.114)中的最优化条件，进行简化处理并重新整理各项以后，可得到

$$S_{XX}(f_k) = K - \frac{S_{NN}(f_k)}{|H(f_k)|^2}, \quad k = 1, 2, \cdots, N \tag{5.115}$$

令$\mathscr{F}_A$ 表示使常数 K 满足下列条件的频率范围：

$$K \geqslant \frac{S_{NN}(f_k)}{|H(f_k)|^2}$$

于是，随着增量频率间隔 Δf 被允许趋近于零以及子信道数量 N 趋于无穷大，我们可以根据式(5.115)正式得到，实现最优信息容量的输入集合的功率谱密度是非负值，并且定义为

$$S_{XX}(f) = \begin{cases} K - \dfrac{S_{NN}(f)}{|H(f)|^2}, & f \in \mathscr{F}_A \\ 0, & \text{其他} \end{cases} \tag{5.116}$$

因为随机过程的平均功率是该过程的功率谱密度曲线下的总面积，所以可将信道输入 $x(t)$ 的平均功率表示为

$$P = \int_{f \in \mathscr{F}_A} \left(K - \frac{S_{NN}(f)}{|H(f)|^2} \right) \mathrm{d}f \tag{5.117}$$

对于规定的 P 值和指定的 $S_N(f)$ 及 $H(f)$，常数 K 为式(5.117)的解。

现在，剩下的唯一需要我们做的是找到最优信息容量。将式(5.114)的最优解代入式(5.111)，然后利用式(5.108)和式(5.109)中确定的值，可得到

$$C \approx \frac{1}{2} \sum_{k=1}^{N} \Delta f \log_2 \left(K \frac{|H(f_k)|^2}{S_{NN}(f_k)} \right)$$

如果允许增量频率间隔 Δf 趋近于零，则上式具有下列极限形式：

$$C = \frac{1}{2} \int_{-\infty}^{\infty} \log_2 \left(K \frac{|H(f)|^2}{S_{NN}(f)} \right) \mathrm{d}f \tag{5.118}$$

其中，常数 K 被选为在规定的输入信号功率 P 条件下式(5.117)的解。

信息容量定律的注水解释

式(5.116)和式(5.117)启发我们联想到图5.19中画的图。具体而言，我们得到下列观察结果：

- 适当的输入功率谱密度 $S_X(f)$ 可以被描述为函数 $S_N(f)/|H(f)|^2$ 位于常数水平线 K 以下的底部区域，图中用阴影表示。
- 输入功率 P 被确定为这些阴影区域的总面积。

这里画出的频域图被称为注水(灌水)解释[Water-filling(pouring) interpretation]，这是从输入功率在函数 $S_N(f)/|H(f)|^2$ 中分布的过程与水在容器中分布的方式完全相同这个意义上来讲的。

现在，考虑带限信号在功率谱密度为 $N(f)=N_0/2$ 的 AWGN 信道中的理想情形。传输函数 $H(f)$ 是一个理想带通滤波器的传输函数，它被定义为

$$H(f) = \begin{cases} 1, & 0 \leqslant f_c - \dfrac{B}{2} \leqslant |f| \leqslant f_c + \dfrac{B}{2} \\ 0, & \text{其他} \end{cases}$$

其中，f_c是频带中心频率，B是信道带宽。在这种特殊情形下，式(5.117)和式(5.118)分别简化为

$$P = 2B\left(K - \frac{N_0}{2}\right)$$

和

$$C = B\log_2\left(\frac{2K}{N_0}\right)$$

因此，在消除掉这两个等式中的常数K以后，就可以得到式(5.95)定义的香农容量定理的标准形式了。

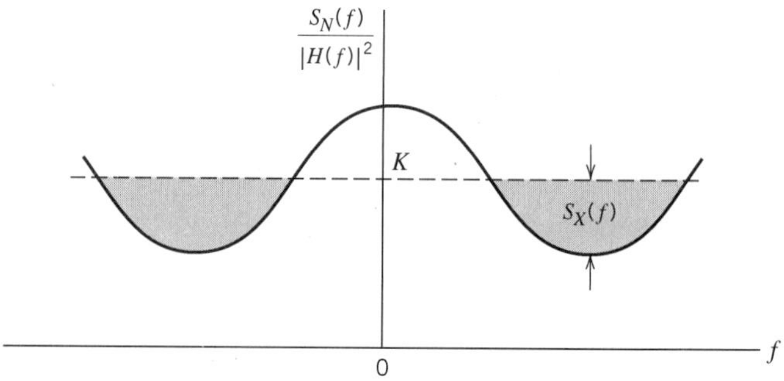

图5.19　有色噪声信道的信息容量定理的注水解释

例11　NEXT-主导的信道容量

数字用户线(Digital Subscriber Line，DSL)是指在一个封闭的传输回路上工作的一系列不同技术，在8.11节将对其进行讨论。现在，我们说DSL是设计来为用户终端(如计算机)和电话公司的中心局之间提供数据传输的就足够了。在部署DSL时出现的最大的信道损害是近端串音(Near-End Cross-Talk，NEXT)。这种串音的功率谱密度可以表示为

$$S_N(f) = |H_{\text{NEXT}}(f)|^2 S_X(f) \tag{5.119}$$

其中，$S_X(f)$是发送信号的功率谱密度，$H_{\text{NEXT}}(f)$是耦合相邻双绞线的传输函数。在这个例子中，必须满足的唯一约束，是功率谱密度函数$S_X(f)$对于所有f都是非负值(Nonnegative for all f)。将式(5.119)代入式(5.116)，我们很容易发现，通过使K的解为

$$K = \left(1 + \frac{|H_{\text{NEXT}}(f)|^2}{|H(f)|^2}\right) S_X(f)$$

就可以满足这个约束条件。

最后，将这个结果代入式(5.118)，可以得到NEXT-主导的数字用户信道的容量为

$$C = \frac{1}{2}\int_{\mathscr{F}_A} \log_2\left(1 + \frac{|H(f)|^2}{|H_{\text{NEXT}}(f)|^2}\right) df$$

其中，$\mathscr{F}_A$为使$S_X(f)>0$的正频率和负频率构成的集合。

5.13　率失真理论

在5.3节中，我们介绍了离散无记忆信源的信源编码定理，根据这个定理，平均码字长度必须至少等于信源熵才能实现理想编码(即精确表示信源)。然而，在许多实际情形中，存在一些约束会使编码不理想，从而产生不可避免的失真(Distortion)。比如，通信信道的约束可能会对可允许码率施加一个上限，从而也对分配给信息源的平均码字长度施加上限。作为另一个例子，信息源可能会像语音情形一样具有连续幅度，这就要求对信源产生的每个样本的幅度进行量化，以便如第6章将要讨论的脉冲编码调制那样，允许采用有限长度的码字来表示它。在这些情况下，问题被称为具有保真度标准的信源编码(Source coding with a fidelity criterion)，解决这些问题的信息论分支被称为率失真理论(Rate distortion theory)[16]。率失真理论可以应用于下列两种情形：

- 允许的编码字符集不能准确表示信息源情况下的信源编码问题，此时我们被迫进行有损数据压缩(Lossy data compression)。
- 信息传输速率大于信道容量的情况。

因此，率失真理论被认为是香农编码定理的自然推广。

率失真函数

考虑由 M 进制字符集$\mathscr{X}$: $\{x_i \mid i=1,2,\cdots,M\}$ 定义的离散无记忆信源，它是由一组统计独立的符号以及相应的符号概率$\{p_i \mid i=1,2,\cdots,M\}$组成的。令 R 为平均码率，其单位是比特/码字。用于表示的码字是从另一个字符集$\mathscr{Y}$: $\{y_j \mid j=1,2,\cdots,N\}$取出的。信源编码定理指出，只要 $R>H$，其中 H 为信源熵，则第二个字符集就能提供信源的精确表示。但是，如果我们被迫采用 $R<H$，就会不可避免地存在失真，从而出现信息的损失。

令 $p(x_i,y_j)$表示信源符号 x_i和表示符号 y_j出现的联合概率。根据概率论知识，我们有

$$p(x_i,y_j)=p(y_j|x_i)p(x_i) \tag{5.120}$$

其中，$p(y_j \mid x_i)$为转移概率。令 $d(x_i,y_j)$表示采用符号 y_j表示信源符号 x_i时所承受代价的测度，量值 $d(x_i,y_j)$被称为单个字母失真测度(Single-letter distortion measure)。$d(x_i,y_j)$在所有可能的信源符号和表示符号上的统计平均为

$$\bar{d}=\sum_{i=1}^{M}\sum_{j=1}^{N}p(x_i)p(y_j|x_i)d(x_i|y_j) \tag{5.121}$$

注意到平均失真$\bar{d}$是转移概率 $p(y_j \mid x_i)$的非负连续函数，它是由一对信源编码器-译码器所决定的。

当且仅当平均失真$\bar{d}$小于或者等于某个可接受的值 D 时，条件概率分配 $p(y_j \mid x_i)$被称为是 D 可接受的(D-admissible)。将所有 D 可接受的条件概率分配的集合记为

$$\mathscr{P}_D=\{p(y_j|x_i):\ \bar{d}\leqslant D\} \tag{5.122}$$

对于每一组转移概率，我们都有一个互信息为

$$I(X;Y)=\sum_{i=1}^{M}\sum_{j=1}^{N}p(x_i)p(y_j|x_i)\log\left(\frac{p(y_j|x_i)}{p(y_j)}\right) \tag{5.123}$$

率失真函数 $R(D)$被定义为确保平均失真不超过 D 的可能的最小码率。令$\mathscr{P}_D$表示对某个指定的 D 值，条件概率 $p(y_j \mid x_i)$构成的集合。于是，对于固定的 D，我们有[17]

$$R(D)=\min_{p(y_j|x_i)\in\mathscr{P}_D} I(X;Y) \tag{5.124}$$

服从下列约束条件

$$\sum_{j=1}^{N}p(y_j|x_i)=1,\quad i=1,2,\cdots,M \tag{5.125}$$

如果在式(5.123)中采用底为 2 的对数，则率失真函数 $R(D)$的度量单位是比特。凭直觉，我们希望当率失真函数增加时，失真 D 下降。我们也可以反过来说，承受更大的失真 D 就可以允许采用更低的速率来完成信息的编码和/或传输。

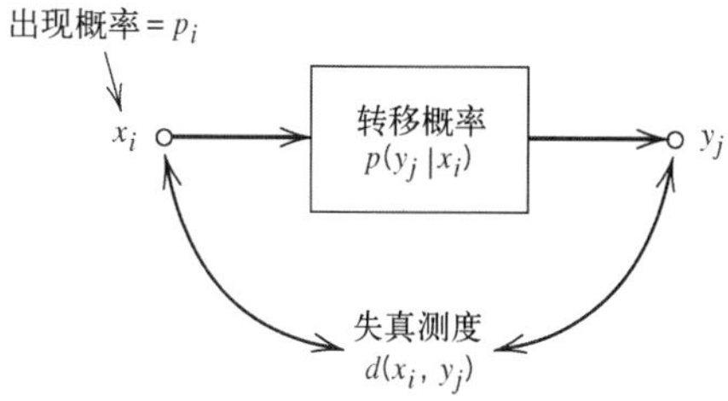

图 5.20　率失真理论概要

在图 5.20 中，对率失真理论的主要参数进行了总结。特别地，给定信源符号$\{x_i\}$及其概率$\{p_i\}$，并且给定单个字母失真测度 $d(x_i,y_j)$的定义，则计算率失真函数 $R(D)$会涉及在对 $p(y_j \mid x_i)$施加一定约束的条件下寻找条件概率分配 $p(y_j \mid x_i)$的问题。这是一个变分问题，遗憾的是其解一般都不是简单明了的。

例 12　高斯信源

考虑一个零均值、方差为 σ^2的离散时间无记忆高斯信源。令 x 表示这个信源产生的样本值，y

表示 x 的量化形式，它允许对 x 进行有限表示。则误差平方失真(Square-error distortion)为

$$d(x, y) = (x - y)^2$$

提供了一种广泛用于连续字符集的失真测度。采用这里描述的误差平方失真以后，高斯信源的率失真函数由下式给出：

$$R(D) = \begin{cases} \frac{1}{2}\log\left(\frac{\sigma^2}{D}\right), & 0 \leqslant D \leqslant \sigma^2 \\ 0, & D > \sigma^2 \end{cases} \tag{5.126}$$

在这种情况下，我们发现当 $D \to 0$ 时 $R(D) \to \infty$，并且如果 $D = \sigma^2$，则 $R(D) = 0$。

例 13 并列高斯信源的集合

下面，考虑 N 个独立高斯随机变量组成的集合 $\{X_i\}_{i=1}^N$，其中 X_i 具有零均值和方差 σ_i^2。如果采用下列失真测度：

$$d = \sum_{i=1}^{N} (x_i - \hat{x}_i)^2, \quad \hat{x}_i = x_i \text{ 的估计}$$

并且基于例 12 中所得的结果，我们可以将这里描述的并列高斯信源集合的率失真函数表示为

$$R(D) = \sum_{i=1}^{N} \frac{1}{2}\log\left(\frac{\sigma_i^2}{D_i}\right) \tag{5.127}$$

其中，D_i 本身被定义为

$$D_i = \begin{cases} \lambda, & \lambda < \sigma_i^2 \\ \sigma_i^2, & \lambda \geqslant \sigma_i^2 \end{cases} \tag{5.128}$$

并且常数 λ 被选取为满足下列条件：

$$\sum_{i=1}^{N} D_i = D \tag{5.129}$$

与图 5.19 比较，式(5.128)和式(5.129)可以被解释为一种"反向注水"，如图 5.21 所示。首先，我们选取一个常数 λ，并且只选择随机变量中那些方差大于常数 λ 的子集。然后，对于随机变量中那些方差小于常数 λ 的剩余子集则不分配比特来表示它们。

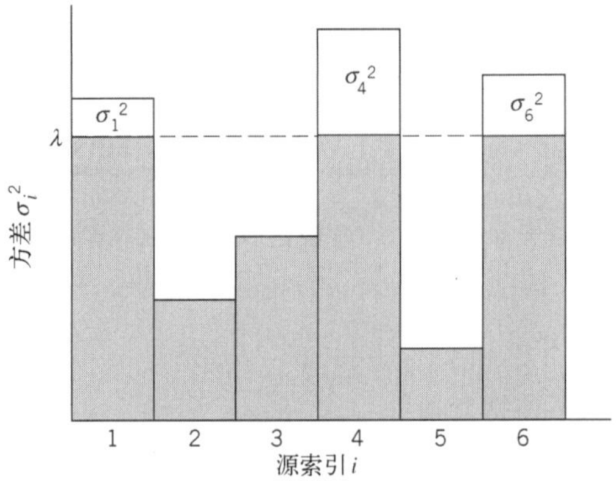

图 5.21 一组并列高斯过程的反向注水图

5.14 小结与讨论

在本章中，我们为通信系统的不同方面建立了两个基本极限，它们体现在信源编码定理和信道编码定理中。

信源编码定理是香农第一定理，它为评估数据精简(Data compaction)即离散无记忆信源产生的数据无损压缩(Lossless compression)提供了数学工具。这个定理告诉我们，可以使每个信源符号的二进制码元(比特)平均数和采用比特度量的信源熵一样小，但是不能比信源熵更小。信源的熵(Entropy)是信源符号概率的函数，这些信源符号组成了信源的字符集。由于熵是不确定性的一种测度，因此当相关概率分布产生最大不确定性时，熵是最大的。

信道编码定理是香农第二定理，它既是最令人吃惊的，也是信息论中唯一最重要的成果。对于二元对称信道，信道编码定理告诉我们，对于小于或者等于信道容量 C 的任意码率 r，确实存在能够

使平均差错概率达到我们所希望那么小的编码。二元对称信道是离散无记忆信道的最简单形式。由于发送符号 0 而接收符号 1 的概率等于发送符号 1 而接收符号 0 的概率，所以这种信道是对称的。这种发生错误的概率被称为转移概率(Transition probability)。转移概率 p 不仅受信道输出端的加性噪声决定，而且还受采用的接收机的类型决定。p 的值唯一确定了信道容量 C。

信息容量定律是信道编码定理的一个应用，它告诉我们当系统受到功率约束时，要使任何通信系统能够可靠工作(即不发生错误)，则速率必然存在一个上限。这个最大速率被称为信息容量(Information capacity)，其度量单位是比特每秒。当系统以大于信息容量的速率工作时，则无论选取哪一种信号集合来传输，也无论选取哪一种接收机来处理信道输出，都会出现很高的差错概率。

当信源输出以无损方式被压缩时，得到的数据流通常包含有冗余比特。通过采用 Huffman 编码或者 Lempel-Ziv 算法等无损算法来完成数据精简，可以消除这些冗余比特。因此，我们可以把数据压缩后接数据精简作为分解信源编码(Dissection of source coding)的两个组成部分，之所以这样讲是因为它是特指信息源的。

在对本章关于香农信息论进行总结以前，我们指出在许多实际情形中，存在一些约束迫使信源编码不完美，因此会产生无法避免的失真(Distortion)。比如，通信信道的约束会给可容许的码率施以上限，从而也会对分配给信息源的平均码字长度施以上限。再比如，信息源可能会像语音情形一样具有连续幅度，这就要求对信源产生的每个样本的幅度进行量化，以便如第 6 章将要讨论的脉冲编码调制那样，允许采用有限长度的码字来表示它。在这些情况下，信息论问题被称为具有保真度标准的信源编码，解决这些问题的信息论分支被称为率失真理论(Rate distortion theory)，它可以被视为香农编码定理的一种自然推广。

习题

熵

5.1　令 p 表示某个事件的概率。画出这个事件以 $0 \leqslant p \leqslant 1$ 发生后得到的信息量。

5.2　一个信源在每个信号间隔内产生四种可能符号之一。这些符号出现的概率为

$$p_0 = 0.4$$
$$p_1 = 0.3$$
$$p_2 = 0.2$$
$$p_3 = 0.1$$

这些概率之和等于 1。求出观测到信源产生每一种符号以后得到的信息量。

5.3　一个信源分别以概率 1/3,1/6,1/4 和 1/4 产生四种符号 s_0, s_1, s_2 和 s_3 之一。信源相继产生的符号之间是统计独立的。计算这个信源的熵。

5.4　令 X 表示一个骰子滚动后的结果。X 的熵是多少？

5.5　对一个零均值、单位方差的高斯过程的样本函数进行均匀采样，然后将其应用于一个均匀量化器，量化器的输入-输出幅度特征如图 P5.5 所示。计算量化器输出的熵。

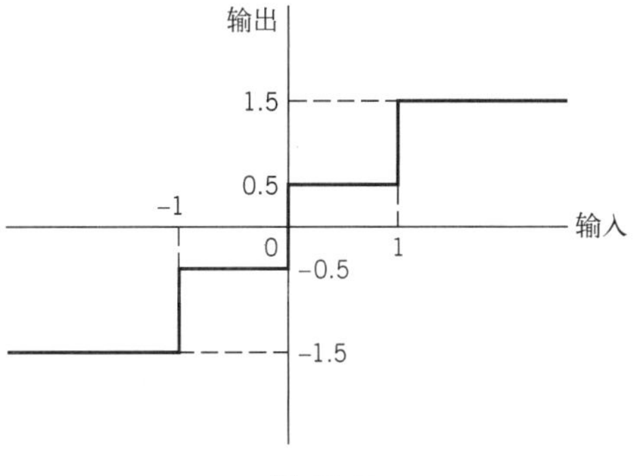

图 P5.5

5.6　考虑一个离散无记忆信源，其信源字符集为 $S = \{s_0, s_1, \cdots, s_{K-1}\}$，信源统计量为 $\{p_0, p_1, \cdots, p_{K-1}\}$。这个信源的第 n 阶扩展是另一个离散无记忆信源，其信源字符集为 $S^{(n)} = \{\sigma_0, \sigma_1, \cdots, \sigma_{M-1}\}$，其中 $M = K^n$。令 $P(\sigma_i)$ 表示 σ_i 的概率。

(a) 证明

$$\sum_{i=0}^{M-1} P(\sigma_i) = 1$$

(b) 证明

$$\sum_{i=0}^{M-1} P(\sigma_i)\log_2\left(\frac{1}{p_{i_k}}\right) = H(S), \qquad k = 1, 2, \cdots, n$$

其中，p_{i_k}是符号s_{i_k}的概率，并且$H(S)$是原始信源的熵。

(c) 由此证明

$$H(S^{(n)}) = \sum_{i=0}^{M-1} P(\sigma_i)\log_2\left(\frac{1}{P(\sigma_i)}\right)$$
$$= nH(S)$$

5.7 考虑一个离散无记忆信源，其信源字符集为$S=\{s_0,s_1,s_2\}$，信源统计量为$\{0.7,0.15,0.15\}$。

(a) 计算信源的熵。

(b) 计算信源的二阶扩展的熵。

5.8 尽管听起来可能令人吃惊，但是存储文本所需的比特数确实比存储与之对应的语音所需的比特数少很多。请解释其原因。

5.9 令一个离散随机变量X在集合$\{x_1,x_2,\cdots,x_n\}$中取值。证明X的熵满足下列不等式：

$$H(X) \leqslant \log n$$

当且仅当对所有i，概率$p_i=1/n$时，上式取等号。

无损数据压缩

5.10 考虑一个离散无记忆信源，其字符集由K个等概率字符组成。

(a) 解释为什么采用固定长度编码来表示这种信源时，其效率与采用任何编码能够达到的效率大致相同。

(b) 为了使编码效率达到100%，K和码字长度必须满足什么条件？

5.11 考虑下面列出的四种码：

符号	码Ⅰ	码Ⅱ	码Ⅲ	码Ⅳ
s_0	0	0	0	00
s_1	10	01	01	01
s_2	110	001	011	10
s_3	1110	0010	110	110
s_4	1111	0011	111	111

(a) 这四种码中有两种是前缀码。把它们找出来并构造出其各自的决策树。

(b) 将Kraft不等式用于码Ⅰ,码Ⅱ,码Ⅲ和码Ⅳ。根据(a)中得到的结果对本题结果进行讨论。

5.12 考虑英文字母表中的字母序列，它们出现的概率为

字母	a	i	l	m	n	o	p	y
概率	0.1	0.1	0.2	0.1	0.1	0.2	0.1	0.1

对这个字符集计算两个不同的Huffman码。在一种情况下，在编码过程中将组合符号放在尽可能高的位置，而在另一种情况下，则把它放在尽可能低的位置。然后对于每一种编码，寻找平均码字长度以及平均码字长度在全部字母上的方差。对所得结果进行评价。

5.13 一个离散无记忆信源的字符集有7个符号，它们出现的概率描述如下：

符号	s_0	s_1	s_2	s_3	s_4	s_5	s_6
概率	0.25	0.25	0.125	0.125	0.125	0.0625	0.0625

对这个信源计算Huffman码，将“组合”符号移动到尽可能高的位置。解释为什么计算出的源码的效率为100%。

5.14 考虑一个离散无记忆信源，字符集为$\{s_0,s_1,s_2\}$，其输出的统计量为$\{0.7,0.15,0.15\}$。

(a) 对这个信源应用 Huffman 算法。然后，证明 Huffman 码的平均码字长度等于 1.3 比特/符号。

(b) 令信源被扩展到二阶。对得到的扩展源应用 Huffman 算法，并证明这个新码的平均码字长度等于 1.1975 比特/符号。

(c) 将扩展源的阶数推广到三阶，再次应用 Huffman 算法。然后计算平均码字长度。

(d) 将(b)和(c)中计算得到的平均码字长度与原始信源的熵进行比较。

5.15 图 P5.15 给出了一个 Huffman 树。这个 Huffman 树表示的符号 A,B,C,D,E,F 和 G 中每个符号的码字是什么？它们各自的码字长度是多少？

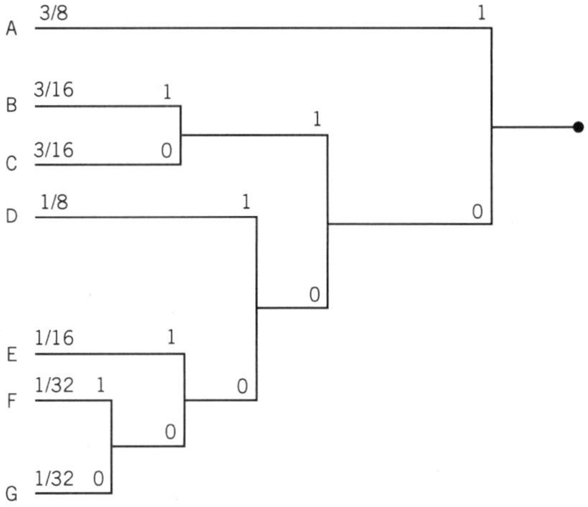

图 P5.15

5.16 一个计算机执行四条指令，这些指令由码字(00,01,10,11)来指定。假设指令是独立地被采用的，其概率为(1/2,1/8,1/8,1/4)。计算采用最优源码后用于指令的比特数能够减少的百分比。构造一个 Huffman 码来实现这种减少。

5.17 考虑下列二进制序列

11101001100010110100⋯

采用 Lempel-Ziv 算法对这个序列进行编码，假设二进制符号 0 和 1 已经在码本中。

二元对称信道

5.18 考虑图 5.8 所示的二元对称信道的转移概率图。输入二进制符号 0 和 1 出现的概率相同。寻找在信道输出端出现二进制符号 0 和 1 的概率。

5.19 假设输入二进制符号 0 和 1 出现的概率分别为 1/4 和 3/4，重做习题 5.18 中的计算。

互信息和信道容量

5.20 考虑一个二元对称信道，它由转移概率 p 表征。画出信道的互信息作为 p_1 的函数变化关系，p_1 是在信道输入端符号 1 的先验概率。转移概率分别取值 $p=0,0.1,0.2,0.3,0.5$ 进行计算。

5.21 重新考虑习题 5.12，采用下列相对熵表示互信息 $I(X;Y)$

$$D(p(x,y)\|p(x)p(y))$$

5.22 图 5.10 画出了二元对称信道的信道容量随转移概率 p 的变化关系。利用习题 5.19 中的结果对这种变化进行解释。

5.23 考虑图 5.8 描述的二元对称信道。令 p_0 表示发送二进制符号 $x_0=0$ 的概率，并且 $p_1=1-p_0$ 表示发送二进制符号 $x_1=1$ 的概率。令 p 表示信道的转移概率。

(a) 证明信道输入与信道输出之间的互信息为

$$I(X;Y) = H(z) - H(p)$$

其中，两个熵函数为

$$H(z) = z\log_2\left(\frac{1}{z}\right) + (1-z)\log_2\left(\frac{1}{1-z}\right)$$

$$z = p_0 p + (1-p_0)(1-p)$$

和

$$H(p) = p\log_2\left(\frac{1}{p}\right) + (1-p)\log_2\left(\frac{1}{1-p}\right)$$

(b) 证明使 $I(X;Y)$ 最大的 p_0 值等于 1/2。

(c) 然后证明信道容量等于

$$C = 1 - H(p)$$

5.24 两个二元对称信道以级联方式进行连接，如图 P5.24 所示。假设这两个信道都具有图 5.8 中的转移概率图，求出级联连接后总信道的容量。

5.25 二元删除信道(Binary erasure channel)具有两个输入和三个输出，如图 P5.25 所示。输入被标记为 0 和 1，输出被标记为 0,1 和 e。进入比特的一部分 α 被信道删除。求出信道的容量。

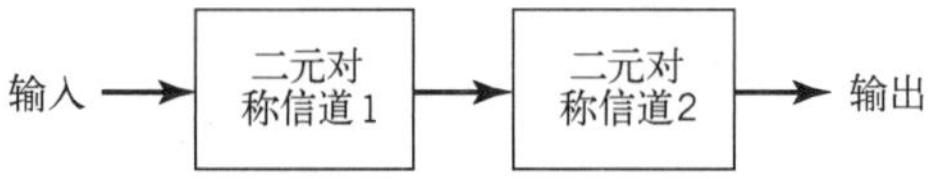

图 P5.24

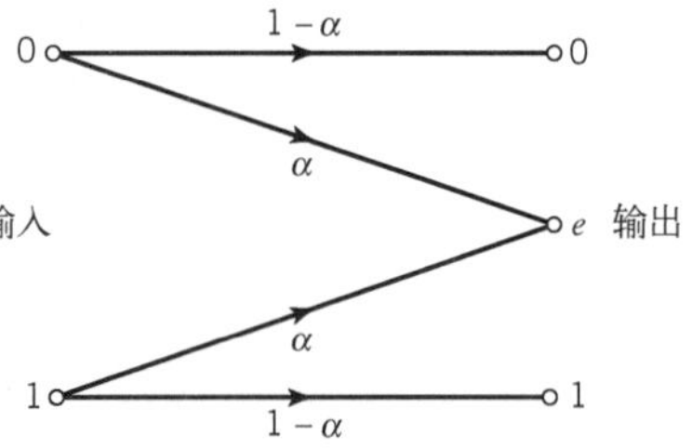

图 P5.25

5.26 考虑一个数字通信系统，它采用重复码进行信道编码/译码。特别地，每次传输被重复 n 次，其中 $n=2m+1$ 是一个奇整数。译码器工作方式如下：如果在接收到的 n 比特的数据块中，0 的个数超过 1 的个数，则译码器判决为 0；否则判决为 1。如果在 $n=2m+1$ 个传输中有 $m+1$ 个或者更多个不正确，则错误发生。假设采用二元对称信道。

(a) 当 $n=3$ 时，证明平均差错概率为

$$P_e = 3p^2(1-p) + p^3$$

其中，p 是信道的转移概率。

(b) 当 $n=5$ 时，证明平均差错概率为

$$P_e = 10p^3(1-p)^2 + 5p^4(1-p) + p^5$$

(c) 然后对于一般情形，导出平均差错概率为

$$P_e = \sum_{i=m+1}^{n} \binom{n}{i} p^i (1-p)^{n-i}$$

5.27 设 X, Y 和 Z 为三个离散随机变量。对于随机变量 Z 的每个值，表示为样本 z，定义

$$A(z) = \sum_x \sum_y p(y) p(z|x, y)$$

证明条件熵 $H(X \mid Y)$ 满足下列不等式：

$$H(X|Y) \leqslant H(z) + \mathbb{E}[\log A]$$

其中，$\mathbb{E}$为期望算子。

5.28 考虑两个相关的离散随机变量 X 和 Y，每个都在集合 $\{x_i\}_{i=1}^{n}$ 中取值。假设 Y 取的值是已知的。要求估计 X 的值。令 P_e表示差错概率，它被定义为

$$P_e = \mathbb{P}[X \neq Y]$$

证明 P_e与给定 Y 时 X 的条件熵之间的关系如下列不等式：

$$H(X|Y) \leqslant H(P_e) + P_e \log(n-1)$$

这个不等式被称为 Fano 不等式(Fano's inequality)。

提示：利用习题 5.27 中导出的结果。

5.29 在本题中，我们探讨互信息 $I(X;Y)$ 的凸性(Convexity)，涉及一对离散随机变量 X 和 Y。考虑离散无记忆信道，其转移概率 $p(y \mid x)$ 对所有 x 和 y 都是固定的。令 X_1和 X_2为两个输入随机变量，其输入概率分布分别被记为 $p(x_1)$ 和 $p(x_2)$。X 对应的概率分布由下列凸组合定义：

$$p(x) = a_1 p(x_1) + a_2 p(x_2)$$

其中，a_1和a_2是任意常数。证明下列不等式成立

$$I(X;Y) \geqslant a_1 I(X_1;Y_1) + a_2 I(X_2;Y_2)$$

其中，X_1,X_2和X为信道输入，Y_1,Y_2和Y为对应的信道输出。在证明过程中，可能会用到下列形式的Jensen不等式(Jensen's inequality)：

$$\sum_x y \sum_y p_1(x,y)\log\left(\frac{p(y)}{p_1(y)}\right) \leqslant \log\left[\sum_x y \sum_y p_1(x,y)\left(\frac{p(y)}{p_1(y)}\right)\right]$$

微分熵

5.30 连续随机变量X的微分熵被定义为式(5.66)中的积分。类似地，连续随机向量$\boldsymbol{X}$的微分熵被定义为式(5.68)中的积分。这两个积分可能不存在。请证明这个结论是合理的。

5.31 证明连续随机变量X的微分熵具有平移不变性，即

$$h(X+c) = h(X)$$

对常数c成立。

5.32 令$X_1,X_2,\cdots,X_n$表示高斯向量$\boldsymbol{X}$的元素。X_i是相互独立的，其均值为m_i，方差为$\sigma_i^2, i=1,2,\cdots,n$。证明向量$\boldsymbol{X}$的微分熵为

$$h(\boldsymbol{X}) = \frac{n}{2}\log_2[2\pi e(\sigma_1^2\sigma_2^2\cdots\sigma_n^2)^{1/n}]$$

其中，e是自然对数的底。如果方差都相等，$h(\boldsymbol{X})$会简化为什么形式？

5.33 一个连续随机变量X受到峰值幅度M的约束，即

$$-M < X < M$$

(a) 证明当X是均匀分布，即

$$f_X(x) = \begin{cases} 1/(2M), & -M < x \leqslant M \\ 0, & \text{其他} \end{cases}$$

时，X的微分熵是最大的。

(b) 确定X的最大微分熵。

5.34 参考式(5.75)，完成下列任务：

(a) 证明一个均值为μ、方差为σ^2的高斯随机变量的微分熵为$1/2\ \log_2(2\pi e\sigma^2)$，其中e是自然对数的底。

(b) 然后，证明不等式(5.75)。

5.35 举例说明5.6节中描述的互信息$I(X;Y)$的对称性、非负性和展开式等性质。

5.36 考虑连续随机变量Y，其定义为

$$Y = X + N$$

其中，随机变量X和N是统计独立的。证明给定X时Y的条件微分熵等于

$$h(Y|X) = h(N)$$

其中，$h(N)$是N的微分熵。

信息容量定律

5.37 电话网络的音频级信道的带宽为3.4 kHz。

(a) 计算信噪比为30 dB时的电话信道的信息容量。

(b) 计算为了支持在电话信道上以9600比特/秒的速率传输信息所需的最低信噪比。

5.38 包含文字和数字的数据通过音频级电话信道从远程终端进入计算机。信道的带宽为3.4 kHz，输出信噪比为20 dB。终端一共有128个符号。假设符号是等概率的，并且连续传输的符号是统计独立的。

(a) 计算信道的信息容量。

(b) 计算在信道上无差错传输时的最大符号率。

5.39 一幅黑白电视图像可以被视为由大约3×10^5个元素组成，每个元素可能占据10个不同的亮度

等级之一，这些亮度等级具有相等概率。假设(1)传输速率为每秒 30 帧图像；(2)信噪比为 30 dB。

利用信息容量定律，计算为了支持传输产生的视频信号所需的最小带宽。

5.40 在 5.10 节中，我们做出的结论是，对于指定的噪声方差 N_0B，扩展通信信道的带宽 B 比增加发送功率更容易提高信道的信息容量。这个结论假设噪声谱密度 N_0 是随 B 成反比变化的。为什么具有这种反比关系？

5.41 在本题中，我们对例 5.10 进行重新讨论，该例研究了在加性高斯白噪声(AWGN)信道上的编码二进制双极信号问题。从式(5.105)及其相关理论入手，开发一个软件包来计算为达到给定误比特率所需的最小 E_b/N_0，其中 E_b 是每比特的信号能量，$N_0/2$ 是噪声谱密度。然后，计算图 5.16(a)和图 5.16(b)中所画出来的结果。

正如在例 5.10 中所提到的，计算信道输入与信道输出之间的互信息可以利用蒙特卡罗积分来很好地近似。为了解释这种方法的工作原理，考虑一个很难随机采样的函数 $g(y)$，它实际上与现在所讨论问题的情况相同[对于这里的问题，函数 $g(y)$ 代表信道输出的微分熵公式中复杂的被积函数]。为了计算，可以采用下列方法进行：

- 寻找一个区域 A，它包括感兴趣的区域和很容易采样的区域。
- 选择 N 点，它们随机地均匀分布于区域 A 中。

然后，蒙特卡罗积分定理指出，函数 $g(y)$ 关于 y 的积分近似等于区域 A 乘以 g 的曲线下面的部分点，如图 P5.41 所示。近似精度会随着 N 的增加而提高。

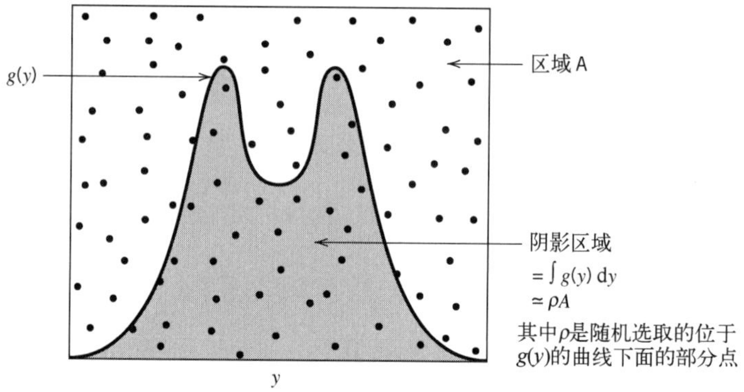

图 P5.41

注释

[1] 按照 Lucky(1989)的说法，Shannon(香农)第一次提到信息论(Information theory)这个词出现在 1945 年的一份题为“密码学的数学理论”的备忘录中。非常奇怪的是，在 Shannon(1948)的经典论文中从来没有使用过这个词，这篇论文奠定了信息论的基础。对于信息论的基础性介绍，可以参考 McEliece(2004)的著作中第 I 部分的第 1 章至第 6 章。关于这个主题讨论更加深入广泛、严密论证、表述清晰的文献，则可以参考 Cover 和 Thomas(2006)的著作。

关于信息论发展方面的论文集(包括 Shannon 于 1948 年写的经典论文)，可以参考 Slepian (1974)。关于 Shannon 发表的原始论文集，可以参考 Sloane and Wyner(1993)。

[2] 采用信息的对数测度是由 Hartley(1928)首先提出来的；然而，Hartley 采用的是底为 10 的对数。

[3] 在统计物理学中，物理系统的熵被定义为(Rief, 1965:147)

$$L = k_B \ln \Omega$$

其中，k_B是玻尔兹曼常量(Boltzmann's constant)，Ω 是进入系统的状态个数，ln 表示自然对数。这个熵具有能量的量纲，因为其定义包含了常数 k_B。特别地，它为系统的随机性程度提供了一种定量的测度。将统计物理学中的熵与信息论中的熵进行比较，可以发现它们具有相似的形式。

[4] 关于信源编码定理的原始证明，可以参考 Shannon(1948)。信源编码定理的一般性证明也可以参见 Cover and Thomas(2006)。在文献中，信源编码定理也被称为无噪声编码定理(Noiseless coding theorem)，"无噪声"是从它为无差错编码建立了条件这个意义上来讲的。

[5] 关于 Kraft 不等式的证明，可以参考 Cover and Thomas(2006)。在文献中，Kraft 不等式也被称为 Kraft-McMillan 不等式。

[6] Huffman 码是根据它的发明者 D. A. Huffman(1952)来命名的。关于 Huffman 编码的详细讨论以及它在数据压缩中的应用，可以参考 Cover and Thomas(2006)。

[7] 关于 Lempel-Ziv 算法的原始论文参见 Ziv and Lempel(1977,1978)。关于这个算法的详细讨论，可以参考 Cover and Thomas(2006)。

[8] 有趣的是，注意到"父"子序列中一旦加入它的两个"子"子序列，在构造 Lempel-Ziv 算法过程中就可以替换这个"父"子序列。为了说明算法的这个良好特性，假设有以下的序列：

$$01,010,011,\cdots$$

其中，01 扮演了"父"子序列的角色，010 和 011 扮演了"子"子序列的角色。在这个例子中，算法去掉了 01，因此通过采用指针减小了表的长度。

[9] 在 Cover 和 Thomas(2006)的著作中，证明了图 5.11 所示的将信源编码和信道编码独立考虑的两阶段方法，与在噪声信道上传输信息的任何其他方法同样好。这个结果具有实际意义，因为通信系统的设计可以通过两个独立的部分来处理：信源编码后面接上信道编码。特别地，我们可以按照下列方法进行：

- 设计信源编码，对离散无记忆信息源产生的数据进行最有效的表示。
- 分开地独立地设计适合于离散无记忆信道的信道编码。

将以上述方式设计的信源编码和信道编码进行组合后，与将两个编码问题联合考虑的任何设计方法同样有效。

[10] 为了证明信道编码定理，Shannon 采用的几个思想在当时都是很有创新性的；然而，经过了一段时间以后才对其给出严格的证明(Cover and Thomas，2006：199)。
这个信息论基本定理的最严格证明或许是在 Cover 和 Thomas(2006)的著作的第 7 章中给出来的。我们对这个定理的描述，尽管与 Cover 和 Thomas 的阐述略有不同，但其本质是相同的。

[11] 在文献中，相对熵也被称为 Kullback-Leibler 散度(Kullback-Leibler Divergence，KLD)。

[12] 在文献中，式(5.95)也被称为 Shannon-Hartley 定律(Shannon-Hartley law)，以纪念 Hartley 在信息传输方面的早期工作(Hartley，1928)。特别地，Hartley 指出，在给定信道上能够传输的信息量与信道带宽和工作时间的乘积是成正比的。

[13] 在 Cover 和 Thomas(2006)的著作中，对球体填充问题进行了清晰地阐述；关于该问题，也可以参考 Wozencraft and Jacobs(1965)。

[14] 图 5.16(a)和图 5.16(b)部分采用了 Frey(1998)的著作中图 6.2 的对应部分。

[15] 关于有色噪声信道的信息容量的严格论述，可以参考 Gallager(1968)。将图 5.17(a)中的信道模型替换为图 5.17(b)中的信道模型，这个思想是在 Gitlin，Hayes and Weinstein(1992)中讨论的。

[16] 关于率失真理论的完整讨论，可以参考 Berger(1971)的经典著作。对这个主题适当简略地讨论还可以参考 Cover and Thomas(1991)，McEliece(1977)和 Gallager(1968)。

[17] 关于式(5.124)的推导，可以参考 Cover and Thomas(2006)。在 Blahut(1987)及 Cover 和 Thomas(2006)的著作中，描述了一种计算式(5.124)中定义的率失真函数 $R(D)$的算法。

第 6 章　模拟波形转化为编码脉冲

6.1　引言

在第 2 章简单讨论的连续波调制[Continuous-Wave(CW)modulation]中，正弦载波的一些参数随着消息信号而连续变化。这与脉冲调制(Pulse modulation)形成了直接对比，本章将会对此进行讨论。在脉冲调制中，脉冲串的一些参数会随着消息信号而变化。在此基础上，我们将区分两类脉冲调制：

1. 模拟脉冲调制(Analog pulse modulation)，其中采用一个周期性脉冲串作为载波，每个脉冲的一些特征参数(如幅度、持续时间或者位置)按照消息信号的对应样本(Sample)值以连续方式变化。因此，在模拟脉冲调制中，信息从根本上是以模拟形式进行传输的，但传输是在离散时刻进行的。
2. 数字脉冲调制(Digital pulse modulation)，其中消息信号是以时间和幅度都为离散的形式来表示的，从而允许作为编码脉冲(Coded pulses)序列以数字形式来传输消息；这种信号传输形式不存在连续波(CW)的对应形式。

采用编码脉冲来传输承载信息的模拟信号代表了数字通信中的一个基本组成要素。在本章中，我们集中讨论数字脉冲调制，用简单的话讲，它可以被描述为将模拟波形转化为编码脉冲(Conversion of analog waveforms into coded pulses)。根据其作用，这种转化可以被视为从模拟通信向数字通信的转变。

本章将要研究三种不同类型的数字脉冲调制：

1. 脉冲编码调制(Pulse-Code Modulation，PCM)，这是实现对承载信息的模拟信号(如话音和视频信号)进行数字传输的最受欢迎的方法。可以将 PCM 的重要优点总结如下：

   - 对信道噪声和干扰具有鲁棒性(Robustness)。
   - 可以沿着传输路径对编码信号进行有效再生(Regeneration)。
   - 可以按照香农定律，通过增加信道带宽来有效换取(Exchange)信号-量化噪声比的提高。
   - 可以采用统一格式(Uniform format)传输不同类型的基带信号，因此在公用网络中容易与其他形式的数字数据融合。
   - 消息源在多路传输系统中中止或者恢复相对比较容易(Comparative ease)。
   - 可以通过采用特殊调制方法或者加密技术来实现安全(Secure)通信。

   然而，这些优点是以提高系统复杂度和增加传输带宽为代价得到的。简单地说：
   世上没有免费的午餐。
   我们的每一份获取，都是必然要付出代价的。

2. 差分脉冲编码调制(Differential Pulse-Code Modulation，DPCM)，这种方法利用有损数据压缩(Lossy data compression)来去除消息信号，如话音或者视频信号中固有的冗余度，以便在不使系统整体响应出现严重下降的条件下降低数据传输的比特率。实际上，增加系统复杂度可以换取比特率的下降，从而降低 PCM 的带宽需求。

3. 增量调制（Delta Modulation，DM），这种方法解决 PCM 的另一个实际限制：在必要时需要简单实现的问题。DM 通过对消息信号的故意"过采样"来满足这种需求。实际上，增加传输带宽可以换取系统复杂度的降低。因此，DM 可以视为 DPCM 的对偶方法。

尽管这三种模数转换方法实际上是非常不同的，但它们确实共同具有两个基本的信号处理操作，即采样和量化：

- 采样过程
- 脉冲幅度调制（Pulse-Amplitude Modulation，PAM）
- 幅度量化

下面将按照这个顺序进行讨论。

6.2　采样理论

采样过程（Sampling process）是数字信号处理和数字通信的基本操作，它通常是在时域中进行描述的。通过采样过程，模拟信号被转化为对应的样本序列，它们通常是在时间上均匀间隔的。显然，为了使这种方法具有实际用处，有必要根据消息信号的带宽正确地选取采样率，以便样本序列能够唯一地确定原始模拟信号。这是下面即将导出的采样定理的本质。

采样的频域描述

考虑一个有限能量的任意信号 $g(t)$，它是对所有时间 t 定义的。在图 6.1(a) 中画出了信号$g(t)$的一部分。假设对信号 $g(t)$ 以均匀速率进行瞬时采样，每隔 T_s秒采样一次。因此，我们得到一个间隔为 T_s秒的无穷样本序列，把它记为$\{g(nT_s)\}$，其中 n 取所有可能的整数值，包括正整数值和负整数值。我们把 T_s称为采样周期（Sampling period），并且把它的倒数 $f_s=1/T_s$ 称为采样率（Sampling rate）。由于明显的原因，这种理想形式的采样被称为瞬时采样（Instantaneous sampling）。

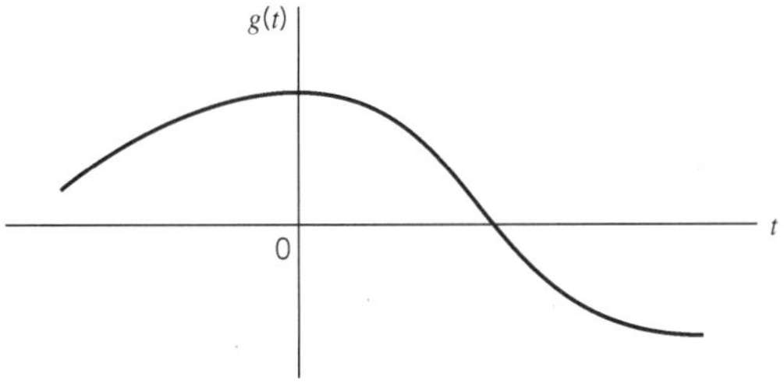

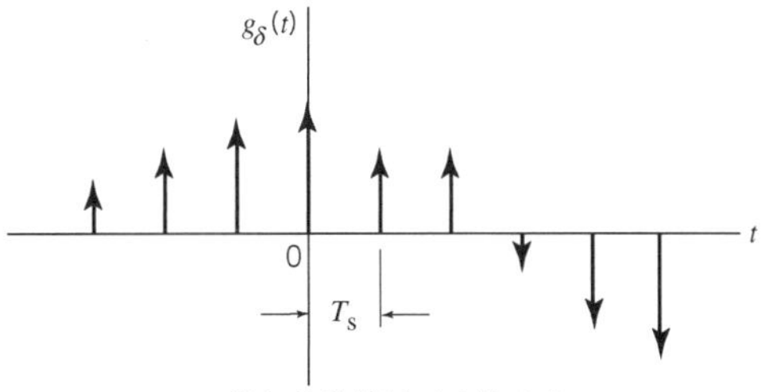

图 6.1　采样过程

令 $g_\delta(t)$ 表示利用样本序列$\{g(nT_s)\}$对间隔为 T_s秒的 δ 函数的周期序列的元素分别进行加权后得到的信号，如下所示［参见图 6.1(b)］：

$$g_\delta(t)=\sum_{n=-\infty}^{\infty} g(nT_s)\delta(t-nT_s) \tag{6.1}$$

我们将 $g_\delta(t)$ 称为理想采样信号（Ideal sampled signal）。其中，$\delta(t-nT_s)$ 这一项代表位于 $t=nT_s$ 时刻的 δ 函数。根据 δ 函数的定义，我们从第 2 章中知道这种理想函数具有单位面积。因此，可以将式(6.1)中的乘积因子 $g(nT_s)$ 视为分配给 δ 函数 $\delta(t-nT_s)$ 的"质量"。以这种方式加权的 δ 函数可以通过持续时间为 Δt、幅度为 $g(nT_s)/\Delta t$ 的矩形脉冲很好地近似；使 Δt 的值越小，则近似效果越好。

根据表 2.2 中的傅里叶变换对，我们有

$$g_{\delta}(t) \rightleftharpoons f_s \sum_{m=-\infty}^{\infty} G(f-mf_s) \tag{6.2}$$

其中，$G(f)$是原始信号$g(t)$的傅里叶变换，f_s是采样率。式(6.2)表明：

经过对有限能量连续时间信号进行均匀采样，会得到一个频率等于采样率的周期频谱。

通过对式(6.1)两边取傅里叶变换，并且注意到δ函数$\delta(t-nT_s)$的傅里叶变换等于$\exp(-j2\pi nfT_s)$，可以得到理想采样信号$g_\delta(t)$的傅里叶变换的另一种有用的表达形式。令$G_\delta(f)$表示$g_\delta(t)$的傅里叶变换，我们可以写出

$$G_{\delta}(f) = \sum_{n=-\infty}^{\infty} g(nT_s)\exp(-j2\pi nfT_s) \tag{6.3}$$

式(6.3)描述的是离散时间傅里叶变换(Discrete-time Fourier transform)。它可以被视为周期频率函数$G_\delta(f)$的复数傅里叶级数表示，其展开系数是由样本序列$\{g(nT_s)\}$定义的。

到目前为止，我们的讨论都可以适用于任何具有有限能量和无限持续时间的连续时间信号$g(t)$。然而，假设信号$g(t)$是严格带限的(Strictly band limited)，并且没有频率分量高于W赫兹。也就是说，信号$g(t)$的傅里叶变换$G(f)$在$|f|\geqslant W$时等于零，如图6.2(a)所示；图中所画的频谱形状仅仅是为了示例说明而已。再假设我们选取采样周期为$T_S=1/(2W)$。则采样信号$g_\delta(t)$的对应频谱$G_\delta(f)$如图6.2(b)所示。在式(6.3)中令$T_S=1/(2W)$，可以得到

$$G_{\delta}(f) = \sum_{n=-\infty}^{\infty} g\left(\frac{n}{2W}\right)\exp\left(-\frac{j\pi nf}{W}\right) \tag{6.4}$$

将式(6.2)中右边对应于$m=0$的项独立出来，很容易发现$g_\delta(t)$的傅里叶变换还可以表示为

$$G_{\delta}(f) = f_s G(f) + f_s \sum_{\substack{m=-\infty \\ m\neq 0}}^{\infty} G(f-mf_s) \tag{6.5}$$

现在，假设赋予下列两个条件：

1. $|f|\geqslant W$时，$G(f)=0$
2. $f_s=2W$

则可以将式(6.5)简化为

$$G(f) = \frac{1}{2W}G_{\delta}(f), \qquad -W<f<W \tag{6.6}$$

将式(6.4)代入式(6.6)，还可以写为

$$G(f) = \frac{1}{2W}\sum_{n=-\infty}^{\infty} g\left(\frac{n}{2W}\right)\exp\left(-\frac{j\pi nf}{W}\right), \qquad -W<f<W \tag{6.7}$$

式(6.7)为对采样进行频域描述所期望的公式。这个公式表明，如果对于所有n，都可以指定信号$g(t)$的样本值$g[n/(2W)]$，则可以唯一确定出该信号的傅里叶变换$G(f)$。由于$g(t)$通过傅里叶逆变换与$G(f)$相联系，因此表明$g(t)$自身也可以由样本值$g[n/(2W)]$唯一确定，其中$-\infty<n<\infty$。换句话说，序列$\{g[n/(2W)]\}$具有原始信号$g(t)$所包含的全部信息。

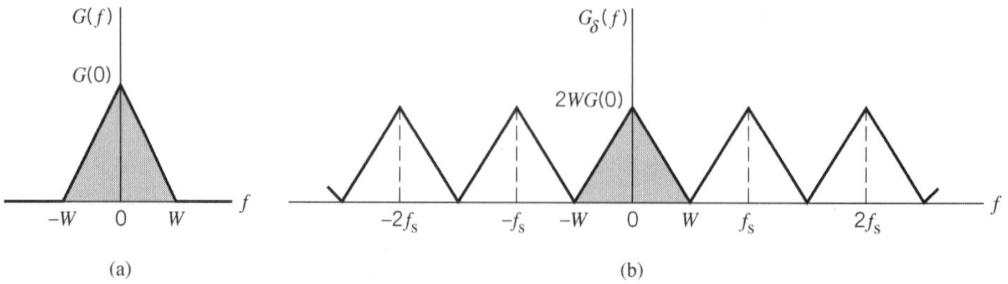

图6.2 (a)严格带限信号$g(t)$的频谱；(b)$g(t)$的采样形式的频谱，采样周期为$T_S=1/(2W)$

下面考虑根据样值序列$\{g[n/(2W)]\}$重构信号$g(t)$的问题。将式(6.7)代入下列傅里叶逆变换公式：

$$g(t) = \int_{-\infty}^{\infty} G(f)\exp(\mathrm{j}2\pi ft)\,\mathrm{d}f$$

并且交换求和与积分的顺序，由于这两个运算都是线性的，因此这种交换是允许的。可以继续写出

$$g(t) = \sum_{n=-\infty}^{\infty} g\left(\frac{n}{2W}\right)\frac{1}{2W}\int_{-W}^{W} \exp\left[\mathrm{j}2\pi f\left(t-\frac{n}{2W}\right)\right]\mathrm{d}f \tag{6.8}$$

式(6.8)中的定积分以及乘积因子$1/(2W)$很容易通过 sinc 函数来计算，如下所示：

$$\begin{aligned}\frac{1}{2W}\int_{-W}^{W} \exp\left[\mathrm{j}2\pi f\left(t-\frac{n}{2W}\right)\right]\mathrm{d}f &= \frac{\sin(2\pi Wt-n\pi)}{2\pi Wt-n\pi}\\ &= \mathrm{sinc}(2Wt-n)\end{aligned}$$

因此，式(6.8)简化为下列无穷级数展开式：

$$g(t) = \sum_{n=-\infty}^{\infty} g\left(\frac{n}{2W}\right)\mathrm{sinc}(2Wt-n), \qquad -\infty<t<\infty \tag{6.9}$$

式(6.9)即为所期望的重构公式(Reconstruction formula)。这个公式为根据样值序列$\{g[n/(2W)]\}$重构原始信号$g(t)$提供了基础，其中 sinc 函数$\mathrm{sinc}(2Wt)$起到了展开式中基函数(Basis function)的作用。将每个样本$g[n/(2W)]$乘以基函数的延迟形式$\mathrm{sinc}(2Wt-n)$，然后再将展开式中得到的所有波形相加，即可重构出原始信号$g(t)$。

采样定理

在掌握了式(6.7)给出的对采样的频域描述以及重构公式(6.9)以后，现在可以通过下列两个等效部分来描述具有有限能量的严格带限信号的采样定理(Sampling theorem)：

1. 一个有限能量带限信号，如果没有高于W赫兹的频率分量，则可以通过指定每隔$1/(2W)$秒的那些时刻点的信号值来完全描述这个信号。
2. 一个有限能量带限信号，如果没有高于W赫兹的频率分量，则可以采用每秒$2W$个样本的速率对其进行采样，然后利用这些样本值来完全重构出这个信号。

定理的第 1 部分源自于式(6.7)，它是在发送端完成的。定理的第 2 部分源自于式(6.9)，它则是在接收端完成的。对于W赫兹的信号带宽，每秒$2W$个样本的采样率被称为奈奎斯特速率(Nyquist rate)；它的倒数$1/(2W)$(单位为秒)被称为奈奎斯特间隔(Nyquist interval)；可以参考经典论文(Nyquist，1928b)。

混叠现象

前面推导的采样定理是基于信号$g(t)$为严格带限的假设得到的。然而，实际上消息信号不是严格带限的，会导致一定程度的欠采样，因此采样过程将产生混叠(Aliasing)。混叠是指信号频谱中高频率分量看起来会具有采样信号频谱中的低频部分的现象，如图 6.3 所示。图 6.3(b)中实线所示的混叠频谱是图 6.3(a)中频谱代表的消息信号被欠采样时的频谱。

为了克服实际中的混叠效应，我们可以采用下列两个调整措施：

1. 在采样以前，采用一个低通抗混叠滤波器(Anti-aliasing filter)来衰减信号中的高频分量，这些高频分量对于消息信号$g(t)$要传递的信息而言不是根本性的。
2. 再以略高于奈奎斯特速率的速率对滤波所得信号进行采样。

采样速率高于奈奎斯特速率还会带来另一个好处，即更容易设计重构滤波器(Reconstruction filter)来根据采样信号恢复出原始信号。考虑一个例子，消息信号通过抗混叠(低通)滤波以后，得

到如图 6.4(a)所示的频谱。这个信号的瞬时采样的对应频谱如图 6.4(b)所示，这里假设采样速率高于奈奎斯特速率。从图 6.4(b)中很容易发现重构滤波器的设计具有下列特性：

- 重构滤波器是一个低通滤波器，其通带从 $-W$ 延伸到 W，它本身由抗混叠滤波器所决定。
- 重构滤波器的过渡带(正频率部分)从 W 延伸到 f_s-W，其中 f_s 为采样速率。

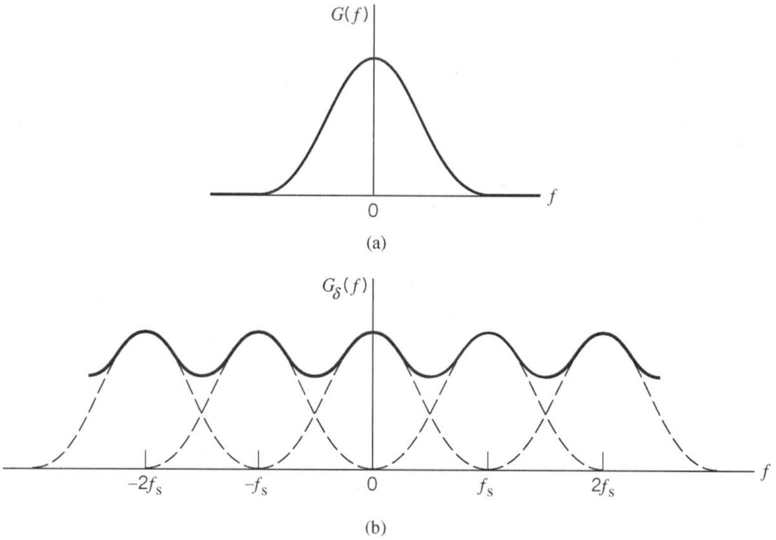

图 6.3 (a) 信号的频谱；(b) 信号被欠采样时的频谱，它表现出混叠现象

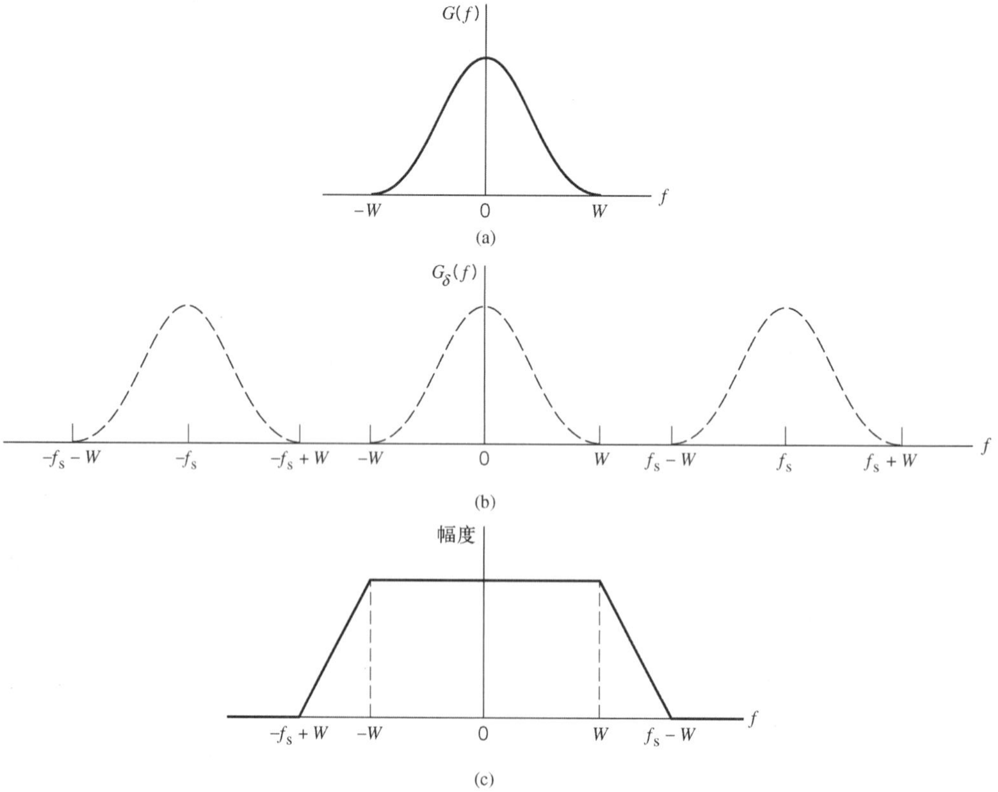

图 6.4 (a) 承载信息的信号经抗混叠滤波后的频谱；(b) 信号被瞬时采样时的频谱，假设所用采样率高于奈奎斯特速率；(c) 重构滤波器的幅度响应

例 1　话音信号的采样

为了举例说明，考虑对话音信号进行采样来实现波形编码。通常认为从 100 Hz~3.1 kHz 的频带对于电话通信就足够了。将话音信号通过一个截止频率设置为 3.1 kHz 的低通滤波器，即可实现这个有限频带，该滤波器被视为抗混叠滤波器。如果采用这个截止频率，则奈奎斯特速率 $f_s = 2\times3.1 = 6.2$ kHz。对话音信号进行波形编码的标准采样率为 8 kHz。将这些参数集中在一起，得到接收机中重构(低通)滤波器的设计规范如下：

截止频率：	3.1 kHz
过渡带：	6.2~8 kHz
过渡带带宽：	1.8 kHz

6.3　脉冲幅度调制

理解了采样过程的本质以后，现在就可以正式定义 PAM 了，这是模拟幅度调制的最简单和最基本的形式。其正式定义如下：

PAM 是一种线性调制过程，其中均匀间隔脉冲的幅度随着连续消息信号的对应采样值而按比例变化。

脉冲本身可以是矩形波形式或者其他适当的形状。

PAM 信号的波形如图 6.5 所示。图中的虚线描绘的是消息信号 $m(t)$ 的波形，实线所示的幅度调制矩形脉冲序列代表了对应的 PAM 信号 $s(t)$。在产生 PAM 信号时包含下列两个操作：

1. 每隔 T_s 秒对消息信号 $m(t)$ 进行瞬时采样(Instantaneous sampling)，其中采样率 $f_s = 1/T_s$ 是根据采样定理来选取的。
2. 将按上述方法得到的每个样本的持续时间延长(Lengthening)为某个常数值 T。

在数字电路技术中，这两个操作合起来被称为“采样-保持”。故意延长每个样本持续时间的一个重要原因是避免采用过度的信道带宽，因为带宽是与脉冲持续时间成反比的。然而，正如下面的分析所揭示的，在样本持续时间 T 到底应该为多长这个问题上需要引起特别注意。

令 $s(t)$ 表示按照图 6.5 所描述的方法产生的平顶脉冲序列。我们可以将 PAM 信号表示为下列离散卷积和(Discrete convolution sum)：

$$s(t) = \sum_{n=-\infty}^{\infty} m(nT_s)h(t-nT_s) \tag{6.10}$$

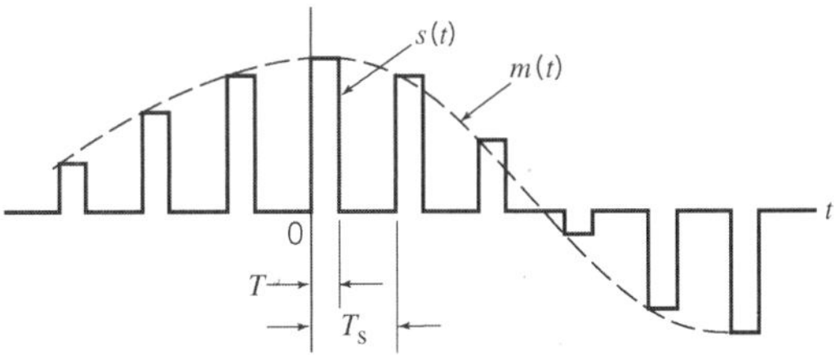

图 6.5　代表模拟信号的平顶样本

其中，T_s 为采样周期，$m(nT_s)$ 为在 $t=nT_s$ 时刻得到的 $m(t)$ 的样本值。$h(t)$ 是一个具有傅里叶变换的脉冲。由于需要对 $s(t)$ 进行频谱分析，所以我们更愿意将式(6.10)用卷积积分形式来重新表示。为此，首先利用 δ 函数的筛选性质(第 2 章中已讨论)将式(6.10)中脉冲形状 $h(t)$ 的延迟形式表示为

$$h(t-nT_s) = \int_{-\infty}^{\infty} h(t-\tau)\delta(t-nT_s)\,\mathrm{d}\tau \tag{6.11}$$

然后，将式(6.11)代入式(6.10)并交换求和与积分的顺序，可得到

$$s(t) = \int_{-\infty}^{\infty}\left[\sum_{n=-\infty}^{\infty} m(nT_s)\delta(t-nT_s)\right]h(t-\tau)\,\mathrm{d}\tau \tag{6.12}$$

参考式(6.1)可以发现，式(6.12)中括号内的表达式正好是消息信号 $m(t)$ 的瞬时采样形式，如下所示：

$$m_{\delta}(t) = \sum_{n=-\infty}^{\infty} m(nT_s)\delta(t-nT_s) \tag{6.13}$$

因此，将式(6.13)代入式(6.12)，可以把 PAM 信号 $s(t)$ 重新表示为下列期望的形式：

$$\begin{aligned} s(t) &= \int_{-\infty}^{\infty} m_{\delta}(t)h(t-\tau)\,\mathrm{d}\tau \\ &= m_{\delta}(t)\bigstar h(t) \end{aligned} \tag{6.14}$$

这是两个时间函数 $m_{\delta}(t)$ 和 $h(t)$ 的卷积。

现在，可以对式(6.14)两边进行傅里叶变换了，认识到可以把两个时间函数的卷积转化为它们各自的傅里叶变换的乘积，于是可以得到下列简单结果：

$$S(f) = M_{\delta}(f)H(f) \tag{6.15}$$

其中，$S(f)=\mathrm{F}[s(t)]$，$M_{\delta}(f)=\mathrm{F}[m_{\delta}(t)]$，并且 $H(f)=\mathrm{F}[h(t)]$。式(6.2)适用于目前的问题，我们注意到傅里叶变换 $M_{\delta}(f)$ 与原始消息信号 $m(t)$ 的傅里叶变换 $M(f)$ 之间的关系如下：

$$M_{\delta}(f) = f_s \sum_{k=-\infty}^{\infty} M(f-kf_s) \tag{6.16}$$

其中，f_s 是采样率。于是，将式(6.16)代入式(6.15)，可以得到 PAM 信号 $s(t)$ 的傅里叶变换的期望公式，如下所示：

$$S(f) = f_s \sum_{k=-\infty}^{\infty} M(f-kf_s)H(f) \tag{6.17}$$

给定这个公式，我们如何恢复原始消息信号 $m(t)$ 呢？重构过程的第一步，可以将 $s(t)$ 经过一个频率响应如图 6.4(c)所定义的低通滤波器，这里假设消息信号的带宽限制为 W，采样速率 f_s 大于奈奎斯特速率 $2W$。然后，根据式(6.17)我们发现所得滤波器输出的频谱等于 $M(f)H(f)$。这个输出等效于将原始消息信号 $m(t)$ 经过另一个频率响应为 $H(f)$ 的低通滤波器。

式(6.17)适用于具有傅里叶变换的任何脉冲形状 $h(t)$。

现在，考虑一种具有单位幅度、持续时间为 T 的矩形脉冲的特殊情况，如图 6.6(a)所示。特别地，

$$h(t) = \begin{cases} 1, & 0<t<T \\ \dfrac{1}{2}, & t=0, t=T \\ 0, & \text{其他} \end{cases} \tag{6.18}$$

相应地，$h(t)$ 的傅里叶变换为

$$H(f) = T\mathrm{sinc}(fT)\exp(-\mathrm{j}\pi fT) \tag{6.19}$$

其形状如图 6.6(b)所示。于是从式(6.17)可以发现，通过采用平顶样本产生 PAM 信号，我们引入了幅度失真(Amplitude distortion)以及 $T/2$ 的延迟(Delay)。这种效应非常类似于电视扫描孔径的有限大小引起传输过程中产生频率变化的现象。因此，利用 PAM 对承载信息的模拟信号进行传输时引起的这种失真被称为孔径效应(Aperture effect)。

为了纠正这种失真，我们用一个均衡器(Equalizer)与低通重构滤波器级联，如图 6.7 所示。均衡器的效果是降低重构滤波器随频率增加的带内损耗，以便补偿孔径效应。根据式(6.19)可知，均衡器的理想幅度响应应该为

$$\frac{1}{|H(f)|} = \frac{1}{T\mathrm{sinc}(fT)} = \frac{\pi f}{\sin(\pi fT)}$$

实际中所需的均衡量一般是较小的。事实上，对于比值 $T/T_s \leqslant 0.1$ 确定的占空比(Duty cycle)，幅度失真会小于 0.5%。在这种情况下，均衡器的需求可以被完全忽略。

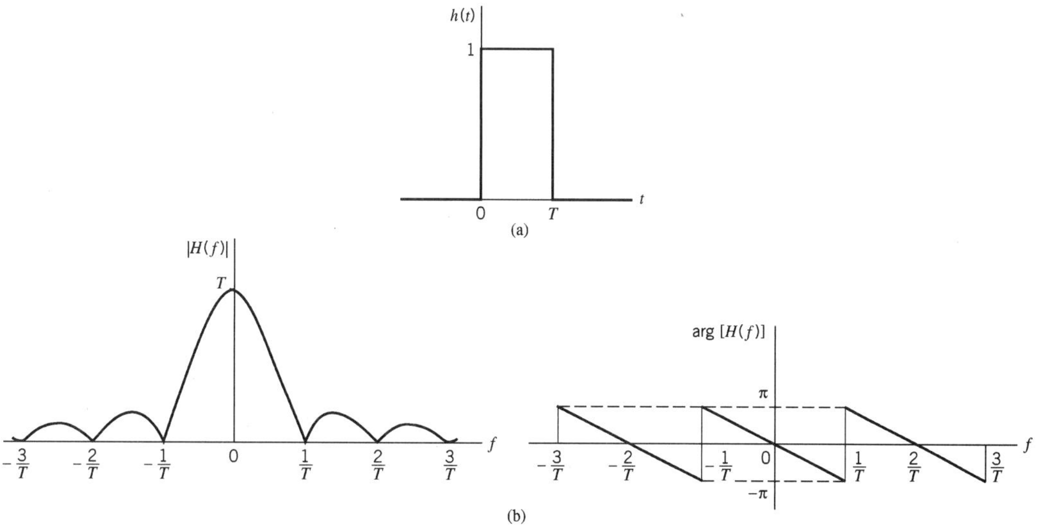

图 6.6　(a) 矩形脉冲 $h(t)$；(b) 传输函数 $H(f)$，由其幅度 $|H(f)|$ 和相位 $\arg[H(f)]$ 组成

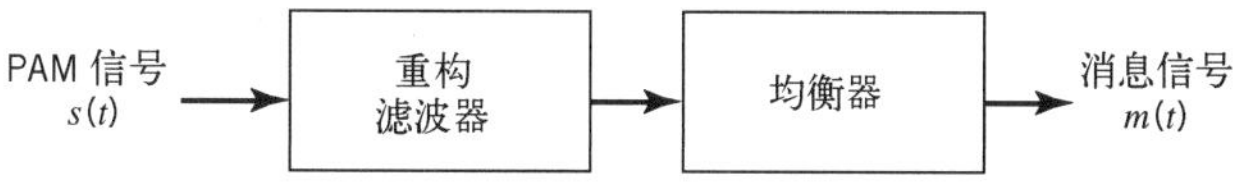

图 6.7　从 PAM 信号 $s(t)$ 恢复消息信号 $m(t)$ 的系统

实际考虑

传输 PAM 信号对于信道的频率响应具有相当苛刻的要求，因为传输脉冲的持续时间相对较短。另外需要注意的一点是：由于依赖于幅度作为调制参数，所有 PAM 系统的噪声性能绝不可能比基带信号传输更好。因此，在实际中我们发现为了在通信信道上进行传输，PAM 只是用来作为消息处理的初步方式，随后还需将 PAM 信号变为其他某种更加合适的脉冲调制形式。

由于我们的目的在于实现模数转换，那么建立在 PAM 基础上的哪一种调制形式合适呢？基本上，有三种可能的候选方式，每一种都有其优缺点，这里总结如下：

1. PCM，正如在 6.1 节中所评价的，这种方式具有鲁棒性，但是对传输带宽和计算需求要求更高。实际上，PCM 已经作为将语音和视频信号转化为数字信号的标准方法。
2. DPCM，这种方法降低了传输带宽，但是付出的代价是增加了计算复杂度。
3. DM，这种方法实现起来相对简单，但是需要大大增加传输带宽。

在继续讨论以前，需要对一些术语进行说明。这里采用的“调制”一词其实是用词不当的。实际上，PCM，DM 和 DPCM 都是信源编码的不同形式，信源编码在第 5 章中已经从信息论的意义上来理解了。然而，由于在数字通信文献中已经习惯于采用这个词来进行描述，所以我们只好接受它了。

尽管存在着一些基本差异，PCM，DPCM 和 DM 确实具有一个重要的共同特性：消息信号在时间和幅度上都是以离散形式来表示的。PAM 负责完成这种离散时间表示。至于离散幅度表示，我们则还需要借助于一个被称为量化的过程，下面对其进行讨论。

6.4　量化及其统计特征

通常情况下，一个模拟消息信号（如话音）的幅度具有连续范围，因此其样本的幅度也具有连续范围。换句话说，在信号幅度的有限范围内，会存在无穷多的幅度等级。然而，实际上没有必要传输样本的精确幅度，这是因为：作为最终接收者，人类的任何感知器官（耳朵或者眼睛）都只能检测到有限强度的差异。这意味着可以通过由离散幅度构成的信号来近似表示消息信号，这些离散幅度是在最小误差基础上从可用集合中选出来的。存在有限数量的离散幅度等级是 PCM 这类波形编码的基本条件。显然，如果我们分配给离散幅度等级之间的间隔足够近，就可以使近似信号与原始消息信号之间几乎难以分辨。为了正式定义幅度量化(Amplitude quantization)或者简称量化(Quantization)，我们说：

量化是将消息信号 $m(t)$ 在 $t=nT_s$ 时刻的样本幅度 $m(nT_s)$ 转化为离散幅度 $\nu(nT_s)$ 的过程，这个离散幅度是从可能幅度的有限集合中取出来的。

这个定义假设量化器(Quantizer)(即完成量化过程的设备)是无记忆的(Memoryless)，并且是瞬时性的(Instantaneous)，这意味着在 $t=nT_s$ 时刻的转化不会受到消息信号 $m(t)$ 的前面或者后面时刻样本的影响。这种标量量化的简单形式尽管不是最优的，但在实际中却经常被采用。

在处理无记忆量化器时，我们可以通过去掉时间指标来简化符号。于是，采用符号 m_k 来代替 $m(kT_s)$，如图 6.8(a)中量化器的框图所示。于是，如图 6.8(b)所示，如果信号幅度 m 位于下列分区(Partition cell)，则它可以被指定为指标 k 即，

$$J_k:\{m_k < m \leqslant m_{k+1}\},\qquad k = 1,2,\cdots,L \tag{6.20}$$

其中，

$$m_k = m(kT_s) \tag{6.21}$$

并且 L 是量化器采用的幅度等级总数。量化器输入端的离散幅度 m_k 被称为判决电平(Decision level)或者判决门限(Decision threshold)，其中 $k=1,2,\cdots,L$。在量化器输出端，下标 k 被转化为幅度 ν_k，它表示在第 J_k 个分区的所有幅度；离散幅度 ν_k 被称为量化等级(Representation level)或者重构电平(Reconstruction level)。因此，给定一个以 $g(\cdot)$ 表示的量化器，如果输入样本 m 属于区间 J_k，则量化输出 ν 等于 ν_k。实际上，映射[参见图 6.8(a)]

$$\nu = g(m) \tag{6.22}$$

规定了量化器的特征(Quantizer characteristic)，它是通过一个阶梯函数来描述的。

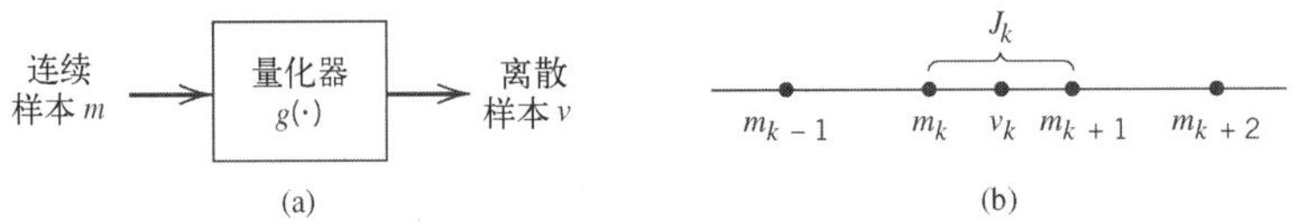

图 6.8　无记忆量化器的描述

量化器可以是均匀(Uniform)或者非均匀(Nonuniform)类型的。在均匀量化器中，表示等级是均匀间隔的，否则量化器是非均匀的。在本节中，我们只考虑均匀量化器，非均匀量化器在 6.5 节中讨论。量化器特征也可以分为中平型(Midtread type)或者中升型(Midrise type)。图 6.9(a)给出了中

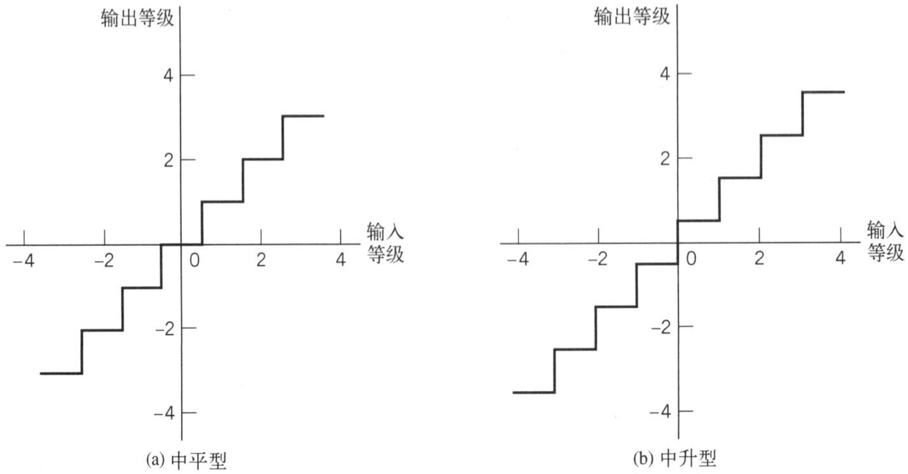

图 6.9　两种量化类型

平型均匀量化器的输入-输出特征，之所以被称为中平型，是因为原点位于阶梯图形梯级平台的中点。图 6.9(b)给出了中升型均匀量化器的输入-输出特征，其中原点位于阶梯图形梯级上升沿的中点。尽管它们看起来不同，图 6.9 中所示均匀量化器的中平型和中升型都是关于原点对称(Symmetric)的。

量化噪声

采用量化不可避免地会引起误差，它被定义为输入连续样本 m 和量化后的输出样本 ν 之间的差值。这种误差被称为量化噪声(Quantization noise)[1]。图 6.10 为量化噪声随时间变化的典型曲线，其中假设采用中平型均匀量化器。

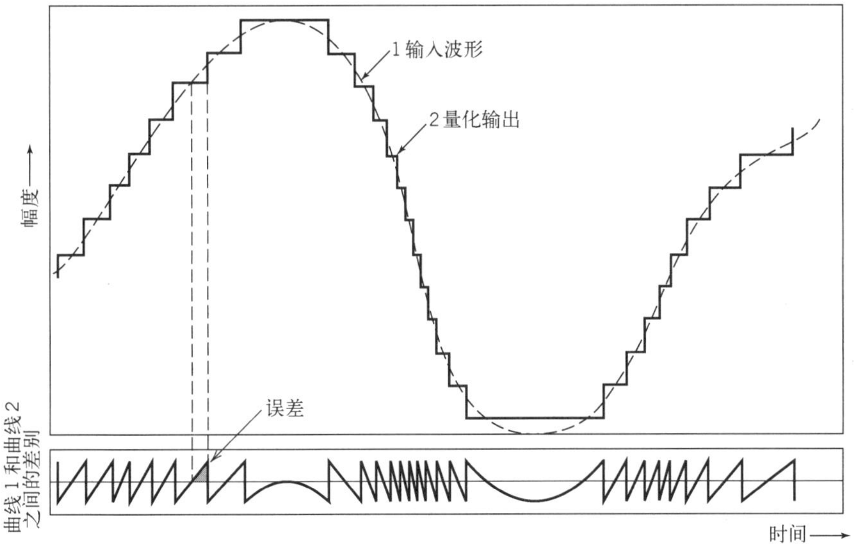

图 6.10　量化过程说明

令量化器输入 m 为零均值随机变量 M 的样本值(如果输入的均值不为零，则可以通过在输入中减去均值来消除它，然后在量化后再把均值加上)。量化器 $g(\cdot)$将具有连续幅度的输入随机变量 M 映射为离散随机变量 V，它们各自的样本值 m 和 ν 之间的关系由式(6.22)中的非线性函数 $g(\cdot)$给出。用样本值为 q 的随机变量 Q 代表量化误差，于是我们可以写出

$$q = m - \nu \tag{6.23}$$

或者相应地有

$$Q = M - V \tag{6.24}$$

如果输入 M 具有零均值，并且量化器如图 6.9 所示是对称的，那么量化器的输出 V 与量化误差 Q 也将具有零均值。因此，在用输出信噪比(或信号-量化噪声比)来描述量化器的部分统计特性时，我们只需求出量化误差 Q 的均方值即可。

下面考虑幅度为连续、对称，并且在$[-m_{\max}, m_{\max}]$范围内的输入 m。假设采用图 6.9(b)所示的中升型均匀量化器，我们发现量化器的步长为

$$\Delta = \frac{2m_{\max}}{L} \tag{6.25}$$

其中，L 为量化等级总数。对于均匀滤波器，量化误差 Q 的样本值的区域范围为$-\Delta/2 \leqslant q \leqslant \Delta/2$。如果步长 Δ 足够小(即量化等级数 L 足够大)，则可合理地假设量化误差 Q 是服从均匀分布的随机变量，并且量化误差对量化器输入的干扰效果类似于热噪声的影响，因此将量化误差称为量化噪声(Quantization noise)。于是，可以将量化噪声的概率密度函数表示为

$$f_Q(q) = \begin{cases} \dfrac{1}{\Delta}, & -\dfrac{\Delta}{2} < q \leqslant \dfrac{\Delta}{2} \\ 0, & \text{其他} \end{cases} \tag{6.26}$$

然而，若要上式成立，必须保证输入连续样本没有超出量化器的范围。于是，由于量化噪声的均值等于零，所以其方差 σ_Q^2 等于均方值，即

$$\begin{aligned}\sigma_Q^2 &= \mathbb{E}[Q^2] \\ &= \int_{-\Delta/2}^{\Delta/2} q^2 f_Q(q)\,\mathrm{d}q\end{aligned} \tag{6.27}$$

将式(6.26)代入式(6.27)，得到

$$\begin{aligned}\sigma_Q^2 &= \frac{1}{\Delta}\int_{-\Delta/2}^{\Delta/2} q^2\,\mathrm{d}q \\ &= \frac{\Delta^2}{12}\end{aligned} \tag{6.28}$$

通常采用 L 进制数 k 表示量化器的第 k 个量化等级，它是以二进制形式发送到接收机中的。令 R 表示在构造二进制码时每个样本采用的比特数，则可以写出

$$L = 2^R \tag{6.29}$$

或者等效为

$$R = \log_2 L \tag{6.30}$$

然后将式(6.29)代入式(6.25)中，可以得到步长为

$$\Delta = \frac{2m_{\max}}{2^R} \tag{6.31}$$

于是，将式(6.31)代入式(6.28)，得到

$$\sigma_Q^2 = \frac{1}{3}m_{\max}^2 2^{-2R} \tag{6.32}$$

令 P 表示原始消息信号 $m(t)$ 的平均功率。则可以将均匀量化器的输出信噪比(Output signal-to-noise ratio)表示为

$$\begin{aligned}(\mathrm{SNR})_\mathrm{O} &= \frac{P}{\sigma_Q^2} \\ &= \left(\frac{3P}{m_{\max}^2}\right)2^{2R}\end{aligned} \tag{6.33}$$

式(6.33)表明，均匀量化器的输出信噪比 $(\mathrm{SNR})_\mathrm{O}$ 随着每个样本的比特数 R 的增加而呈指数增加，这个结果看起来是令人满意的。

▷

例 2 正弦调制信号

考虑幅度为 A_m 的满载正弦调制信号这种特殊情况，它利用了提供的所有量化等级。信号的平均功率为(假设负载为 1 Ω)

$$P = \frac{A_\mathrm{m}^2}{2}$$

量化器输入的总范围是 $2A_\mathrm{m}$，因为调制信号在 $-A_\mathrm{m}$ 到 A_m 之间变化。于是，我们可以设置 $m_{\max}=A_\mathrm{m}$，此时利用式(6.32)可得量化噪声的平均功率(方差)为

$$\sigma_Q^2 = \frac{1}{3}A_\mathrm{m}^2 2^{-2R}$$

因此，对于满载测试音，均匀量化器的输出信噪比为

$$(\mathrm{SNR})_\mathrm{O} = \frac{A_\mathrm{m}^2/2}{A_\mathrm{m}^2 2^{-2R}/3} = \frac{3}{2}(2^{2R}) \tag{6.34}$$

将信噪比(Signal-to-Noise Ratio, SNR)表示为分贝形式，得到

$$10\lg(\mathrm{SNR})_O = 1.8 + 6R \tag{6.35}$$

在表 6.1 中，给出了 L 和 R 取不同值时所得对应的信噪比的值。对于正弦调制，这个表为快速估计达到期望的输出信噪比所需的每个样本的比特数提供了基础。

表 6.1　在正弦调制中改变量化等级数得到的信噪比(或信号量化噪声比)

量化等级数 L	每个样本的比特数 R	SNR(dB)
32	5	31.8
64	6	37.8
128	7	43.8
256	8	49.8

标量量化器的最优化条件

在设计标量量化器时，挑战在于如何选择量化等级及周围分区，以便在固定的量化等级数条件下使平均量化噪声功率达到最小化。

可以用数学语言将上述问题表述为：考虑一个取自随机过程的消息信号 $m(t)$，其动态范围 $-A \leqslant m \leqslant A$ 被分割为 L 个分区，如图 6.11 所示。每个分区的边界由一组实数 $m_1, m_2, \cdots, m_{L+1}$ 来确定，这些实数满足下列三个条件：

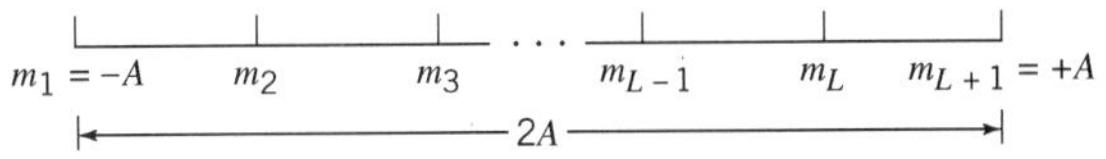

图 6.11　将消息信号 $m(t)$ 的动态范围 $-A \leqslant m \leqslant A$ 分割为 L 个分区的示意图

$$m_1 = -A$$

$$m_{L+1} = A$$

$$m_k \leqslant m_{k+1},\quad k = 1, 2, \cdots, L$$

第 k 个分区由式(6.20)定义，为了方便重述如下：

$$J_k: m_k < m < m_{k+1},\quad k = 1, 2, \cdots, L \tag{6.36}$$

将量化等级(即量化值)表示为 ν_k，$k=1,2,\cdots,L$。然后，假设 $d(m, \nu_k)$ 表示采用 ν_k 表示位于第 J_k 个分区内输入 m 的所有值时的失真度(Distortion measure)，于是我们的目标是，找到使下列平均失真(Average distortion)最小的两个集合 $\{\nu_k\}_{k=1}^{L}$ 和 $\{J_k\}_{k=1}^{L}$：

$$D = \sum_{k=1}^{L} \int_{m \in v_k} d(m, v_k) f_M(m)\,\mathrm{d}m \tag{6.37}$$

其中，$f_M(m)$ 是样本值为 m 的随机变量 M 的概率密度函数。

通常，采用下式定义失真度：

$$d(m, v_k) = (m - v_k)^2 \tag{6.38}$$

在这种情况下，我们称其为均方失真(Mean-square distortion)。在任何情况下，上面描述的最优化问题都是非线性的，因此没有明晰的闭式解。为了克服这个困难，借助于算法方法(Algorithm approach)以迭代方式(Iterative manner)来求解上述问题。

用结构化语言来讲，量化器是由下列设计参数相互关联的两部分组成的：

- 由分区集合 $\{J_k\}_{k=1}^{L}$ 表征的编码器，它位于发送端。
- 由量化等级 $\{\nu_k\}_{k=1}^{L}$ 表征的译码器，它位于接收端。

因此，我们可以确定出两个至关重要的条件，它们为这个最优量化问题的所有算法解提供了数学基础。第一个条件是假设给定一个译码器，问题是求出在发送端的最优编码器。第二个条件是假设给定一个编码器，问题则是求出在接收端的最优译码器。从现在开始，将这两个条件分别称为条件 I 和条件 II。

条件 I：给定译码器条件下对编码器进行最优化

已知译码器意味着我们具有码本(Codebook)。将这个码本表示为

$$\mathscr{C}:\{v_k\}_{k=1}^{L} \tag{6.39}$$

现在的问题是，在给定码本$\mathscr{C}$的条件下，求出使平均失真 D 最小化的分区集合$\{J_k\}_{k=1}^{L}$。也就是说，我们希望求出由下列非线性映射定义的编码器：

$$g(m)=v_k,\qquad k=1,2,\cdots,L \tag{6.40}$$

使得

$$D=\int_{-A}^{A} d(m,g(m))f_M(m)\,\mathrm{d}M \geqslant \sum_{k=1}^{L}\int_{m\in J_k}[\min d(m,v_k)]f_M(m)\,\mathrm{d}m \tag{6.41}$$

为了达到式(6.41)中所指定的下界，我们要求式(6.40)中的非线性映射只有在下列条件下才能满足：

$$d(m,v_k)\leqslant d(m,v_j),\quad 所有\ j\neq k \tag{6.42}$$

为了在指定码本$\mathscr{C}$条件下对编码器进行最优化而得到的式(6.42)中描述的必要条件被认为是最近邻域条件(Nearest-neighbor condition)。也就是说，最近邻域条件要求分区 J_k必须将输入 m 中与 v_k的距离比与码本$\mathscr{C}$中其他任何元素的距离更近的所有值包含在内。这个最优化条件确实是令人满意的。

条件 II：给定编码器条件下对译码器进行最优化

下面，考虑与条件 I 描述的相反情形，可以将其表述为：假设已确定表征编码器的分区集合$\{J_k\}_{k=1}^{L}$，使译码器的码本$\mathscr{C}=\{v_k\}L_{k=1}$最优化。最优化准则是平均(均方)失真

$$D=\sum_{k=1}^{L}\int_{m\in J_k}(m-v_k)^2 f_M(m)\,\mathrm{d}m \tag{6.43}$$

显然，$f_M(m)$的概率密度函数是与码本$\mathscr{C}$独立的。因此，求 D 关于量化等级 v_k的微分，很容易得到

$$\frac{\partial D}{\partial v_k}=-2\sum_{k=1}^{L}\int_{m\in J_k}(m-v_k)f_M(m)\,\mathrm{d}m \tag{6.44}$$

令$\partial D/\partial v_k$等于零，然后求解 v_k可以得到下列最优值：

$$v_{k,\mathrm{opt}}=\frac{\int_{m\in J_k} m f_M(m)\,\mathrm{d}m}{\int_{m\in J_k} f_M(m)\,\mathrm{d}m} \tag{6.45}$$

式(6.45)中的分母正好是随机变量 M 的样本值 m 位于分区 J_k中的概率，如下所示：

$$\begin{aligned} p_k &= \mathbb{P}(m_k<M\leqslant m_k+1) \\ &= \int_{m\in J_k} f_M(m)\,\mathrm{d}m \end{aligned} \tag{6.46}$$

因此，我们可以将式(6.45)的最优化条件解释为假设随机变量 M 位于分区 J_k中，选取等于 M 的条件均值(Conditional mean)的量化等级 v_k。于是，可以将给定编码器条件下对译码器进行最优化的条件正式表述如下：

$$v_{k,\mathrm{opt}}=\mathbb{E}[M|m_k<M\leqslant m_{k+1}] \tag{6.47}$$

其中，$\mathbb{E}$为期望算子。式(6.47)从直观上讲确实也是令人信服的。

需要注意的是，给定译码器条件下对编码器进行最优化的最近邻域条件 I 是针对一般的平均失真证明得到的。然而，给定编码器条件下对译码器进行最优化的条件均值需求(条件 II)则是针对均方失真这种特殊情况证明得到的。在任何条件下，这两个条件对于标量量化器都是必要的。基本上

讲，设计量化器的算法一般是按照条件 I 使编码器最优化，然后再按照条件 II 使译码器最优化，如此轮流进行，直到平均失真 D 达到最小化为止。以这种方式设计的最优量化器被称为 Lloyd-Max 量化器（Lloyd-Max quantizer）[2]。

6.5　脉冲编码调制

在具备前面各节介绍的采样、PAM 和量化等基础以后，现在可以讨论 PCM 了，我们将 PCM 定义如下：

PCM 是一个离散时间、离散幅度的波形编码过程，它用一个编码脉冲序列来直接表示模拟信号。

具体而言，发射机是由两部分组成的：脉冲幅度调制器后面接着一个模数转换器［Analog-to-Digital（A/D）converter］。模数转换器又包含一个量化器后接一个编码器。接收机完成的则与发射机的两个操作相反：数模转换［Digital-to-Analog（D/A）conversion］后面接着进行脉冲幅度解调。通信信道负责将编码脉冲从发射机传输到接收机。

图 6.12 是 PCM 的框图，其中给出了发射机、从发射机输出到接收机输入之间的传输路径以及接收机。

然而，重要的是需要认识到，一旦在编码脉冲里面引入了量化噪声形式的失真，则在接收机中就绝对没有办法能够弥补这种失真。在设计时可以唯一采取的预防措施是，在接收机中选取足够大的量化等级数，以确保在接收机输出端感觉不到这种量化噪声。

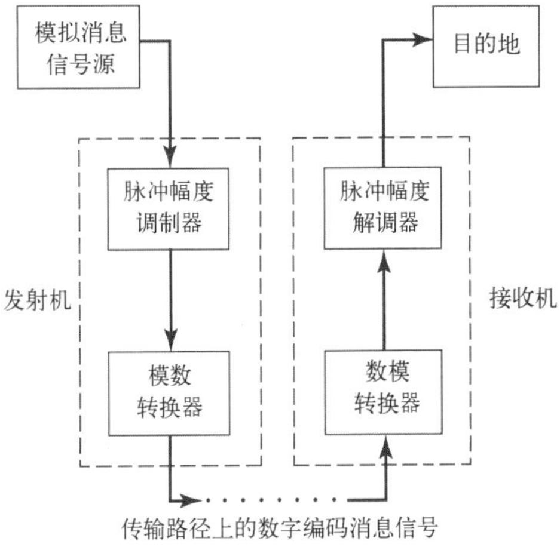

图 6.12　PCM 系统框图

在发射端采样

输入消息信号被一串矩形脉冲采样，这种矩形脉冲的持续时间足够短，可以与瞬时采样过程非常接近。为了确保在接收端精确重构出消息信号，根据采样定理可知，采样率必须大于消息信号最高频率分量 W 的两倍。实际上，在脉冲幅度调制器前端还用到了一个低通抗混叠滤波器，以便在采样前将大于 W 的频率去掉，这种滤波器具有不可忽略的实际重要性。这样，通过采样就可以把连续变化的消息信号缩减为每秒有限数量的离散值。

在发射端量化

消息信号的 PAM 表示在模数转换器中被量化，从而为信号提供一种新的表示方法，它在时间和幅度上都是离散的。量化过程可以采用 6.4 节中所描述的均匀法则。然而，在电话通信中却宁愿采用变化间隔的量化等级，以便有效利用通信信道。比如，考虑对话音信号的量化。通常情况下，我们发现话音信号从大声说话时候的峰值到低声交谈时的微弱值，其电压范围的量级为从 1 到 1000。通过采用非均匀量化器（Nonuniform quantizer），随着量化器的输入-输出幅度特征的间隔从原点开始增加，其步长也随之增加，量化器的最后步长比较大，这样便于兼顾可能出现的话音信号偏离为很大幅度值的这种相对较少的情况。换句话说，在损失大声话音段的情况下人们对需要更多保护的小声话音段更加关心。通过这种方式，在输入信号具有较大幅度范围的整个部分内都可以实现几乎均匀的百分精密度（Percentage precision）。最终结果是得到比采用均匀量化器更少的量化步数，从而提高了信道利用率。

假设采用无记忆量化，则非均匀量化器等效于将消息信号经过一个压缩器(Compressor)，然后再将压缩信号应用于一个均匀量化器，如图6.13(a)所示。在实际中采用压缩律(Compression law)的一种特殊形式，即所谓的μ律(μ-law)[3]，其定义为

$$|v| = \frac{\ln(1+\mu|m|)}{\ln(1+\mu)} \tag{6.48}$$

其中，ln表示自然对数，m和v是压缩器的输入和输出电压，μ为一个正常数。假设m和v都被按比例调整，以便它们都位于[-1,1]区间内。在图6.14(a)中，针对μ的三个不同值画出了μ律曲线。均匀量化对应于$\mu=0$这种情况。对于给定的μ值，定义量化阶梯的压缩曲线斜率的倒数为绝对值$|m|$关于对应的绝对值$|v|$的导数，即

$$\frac{\mathrm{d}|m|}{\mathrm{d}|v|} = \frac{\ln(1+\mu)}{\mu}(1+\mu|m|) \tag{6.49}$$

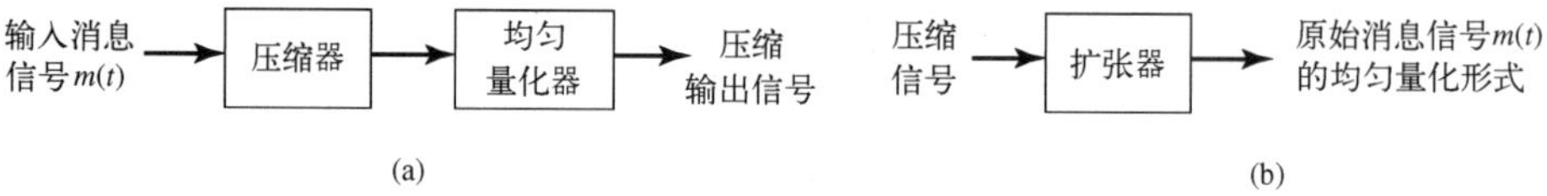

图6.13 (a)在发射端对消息信号进行非均匀量化；(b)在接收端对原始消息信号进行均匀量化

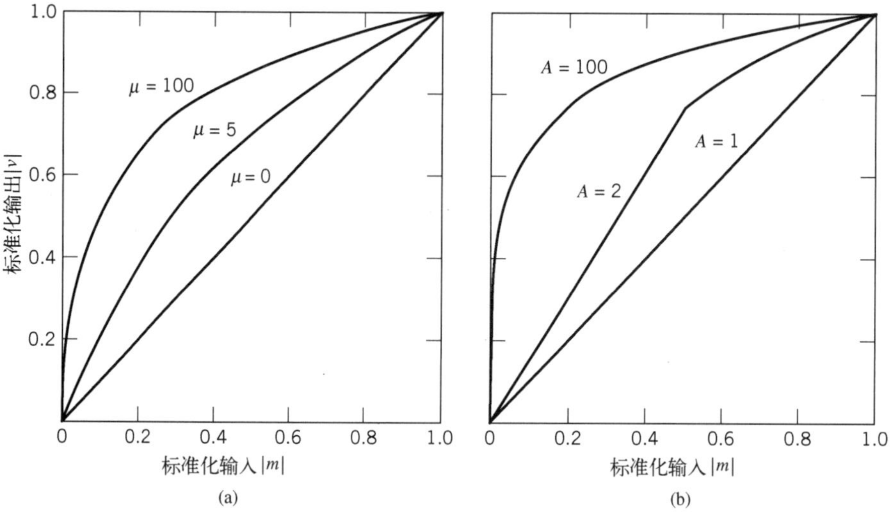

图6.14 压缩律:(a) μ律;(b) A律

从式(6.49)可以明显发现，μ律曲线既不是严格的线性曲线也不是严格的对数曲线。相反，在对应于$\mu|m|\ll 1$的低输入量级它是近似线性变化的，而在对应于$\mu|m|\gg 1$的高输入量级它是近似对数变化的。

在实际中采用的另一种压缩律被称为A律(A-law)，它被定义为

$$|v| = \begin{cases} \dfrac{A|m|}{1+\ln A}, & 0 \leqslant |m| \leqslant \dfrac{1}{A} \\ \dfrac{1+\ln(A|m|)}{1+\ln A}, & \dfrac{1}{A} \leqslant |m| \leqslant 1 \end{cases} \tag{6.50}$$

其中，A是另一个正的常数。在图6.14(b)中，针对不同A值画出了式(6.50)的曲线。均匀量化对应于$A=1$的情况。这个第二种压缩曲线斜率的倒数是$|m|$关于$|v|$的导数，如下所示：

$$\frac{\mathrm{d}|m|}{\mathrm{d}|v|}=\begin{cases}\dfrac{1+\ln A}{A}, & 0\leqslant|m|\leqslant\dfrac{1}{A}\\[2ex](1+\ln A)|m|, & \dfrac{1}{A}\leqslant|m|\leqslant 1\end{cases}\tag{6.51}$$

为了将信号样本恢复到它们正确的相对电平上，我们自然应该在接收机中采用一种特征与压缩器互补的设备。这种设备被称为扩张器(Expander)。理想情况是，压缩律和扩张律彼此之间应该是严格的互逆关系。在这种条件下，我们发现除量化效应外，扩张器的输出等于压缩器的输入。图 6.13 中所示的压缩器和扩张器的级联组合被称为压扩器(Compander)。

对于 μ 律和 A 律，压扩器的动态范围能力都分别随着 μ 和 A 的增加而提高。低质量信号 SNR 的提高是以牺牲高质量信号的 SNR 为代价的。为了兼顾这两个相互矛盾的需求(即对于低质量信号和高质量信号都具有合理的 SNR)，通常在选取 μ 律的参数值 μ 和 A 律的参数值 A 时进行折中。在实际中采用的典型值为，μ 律选取 $\mu=255$，A 律选取 $A=87.6$。[4]

在发射端编码

经过采样与量化这两个过程以后，模拟消息信号变为有限的离散值集合，但并不是最适合在电话线路或者无线链路上传输的形式。为了充分利用采样和量化的优点，以便使传输信号对噪声、干扰和其他信道缺陷更具有鲁棒性，我们还需要通过编码过程(Encoding process)将样本值的离散集合转化为更合适的信号形式。将这种离散值集合中的每个元素表示为一种特定的离散事件的任何方法构成了一种编码。表 6.2 描述了量化等级和码字之间的一一对应关系，其中码字采用 $R=4$ 比特/样本的二进制码。按照第 5 章中的术语，二进制码的两个符号通常被表示为 0 和 1。实际上，二进制码是编码的首要选择，其原因如下：

采用二进制码对于通信系统中遇到的噪声的影响具有最大优势，因为二进制符号能够承受相对较高的噪声电平，因此其再生也比较容易。

表 6.2　$R=4$ 比特/样本的二进制系统

量化等级的序号	等级序号被表示为 2 的幂的求和				二进制数
0					0000
1				2^0	0001
2			2^1		0010
3			2^1	$+2^0$	0011
4		2^2			0100
5		2^2		$+2^0$	0101
6		2^2	$+2^1$		0110
7		2^2	$+2^1$	$+2^0$	0111
8	2^3				1000
9	2^3			$+2^0$	1001
10	2^3		$+2^1$		1010
11	2^3		$+2^1$	$+2^0$	1011
12	2^3	$+2^2$			1100
13	2^3	$+2^2$		$+2^0$	1101
14	2^3	$+2^2$	$+2^1$		1110
15	2^3	$+2^2$	$+2^1$	$+2^0$	1111

在发射端的最后一个信号处理操作是线路码(Line coding),其目的在于将每个二进制码字表示为一个脉冲序列。比如,符号 1 用出现一个脉冲来表示,符号 0 则用缺少一个脉冲来表示。6.10 节将对线路码进行讨论。假设在二进制码中每个码字都由 R 比特组成,则采用这种编码以后,我们可以表示总数为 2^R 个不同数值。比如,被量化为 256 个等级之一的样本可以用一个 8 比特的码字来表示。

在 PCM 接收机中的逆操作

在 PCM 系统接收机中首先是进行接收脉冲的再生(Regenerate)(即重新整形和清理)。然后将这些清理过的脉冲重新分组为码字,并且译码(即映射回)为量化的脉冲幅度调制信号。译码(Decoding)过程包括产生一个脉冲,脉冲的幅度等于码字中所有脉冲的线性求和。每个脉冲都被其在编码中的位置值($2^0, 2^1, 2^2, \cdots, 2^{R-1}$)加权,其中 R 是每个样本的比特数。然而,需要注意的是,尽管在发射机中模数转换器包含量化和编码,但是在接收机中数模转换器却只包含译码,如图 6.12 所示。

在接收机中最后进行的操作是信号重构(Signal reconstruction)。具体而言,将译码器输出经过一个截止频率等于消息带宽 W 的低通重构滤波器(Low-pass reconstruction filter),可以得到原始消息信号的估计值。假设传输链路(将接收机与发射机连接起来)是无差错的,则除量化过程引入的初始失真外,重构的消息信号中没有其他噪声。

沿着传输路径的 PCM 再生

PCM 系统的最重要特性是它能够控制失真和噪声的影响,这种失真和噪声是在连接接收机和发射机之间的信道上传输 PCM 信号时产生的。这种能力是通过一系列再生中继器(Regenerative repeater)来重构 PCM 信号而实现的,这些再生中继器以足够近的间隔沿着传输路径分布。

如图 6.15 所示,在一个再生中继器中需要完成三个基本功能:均衡、定时、判决。均衡器对接收到的脉冲进行定型处理,以便对信道的非理想传输特性产生的幅度和相位失真效应进行补偿。定时电路根据接收到的脉冲产生一个周期脉冲串,以便在 SNR 最大的时刻对均衡后的脉冲进行采样。再将提取出的每个样本与判决器中预先确定的门限(Threshold)进行比较。然后,在每个比特间隔内,通过观察是否超过门限来判决接收到的符号是 1 还是 0。如果超过了门限,则将一个代表符号 1 的"干净"的新脉冲传输给下一个中继器,否则传输另一个代表符号 0 的"干净"的新脉冲。这样,只要干扰不是太大以导致在判决过程中产生错误,就可以几乎完全消除掉一个中继器跨度内累积起来的失真和噪声。在理想情况下,除延时外,再生信号与最初发送的信号是完全相同的。然而,在实际中由于下面两个主要原因,使得再生信号会偏离原始信号:

1. 不可避免存在的信道噪声和干扰会使中继器偶尔做出错误的判决,从而导致再生信号中产生误比特(Bit error)。
2. 如果接收脉冲之间的间隔偏离了其规定值,则会导致再生脉冲的位置出现抖动(Jitter),从而引起失真。

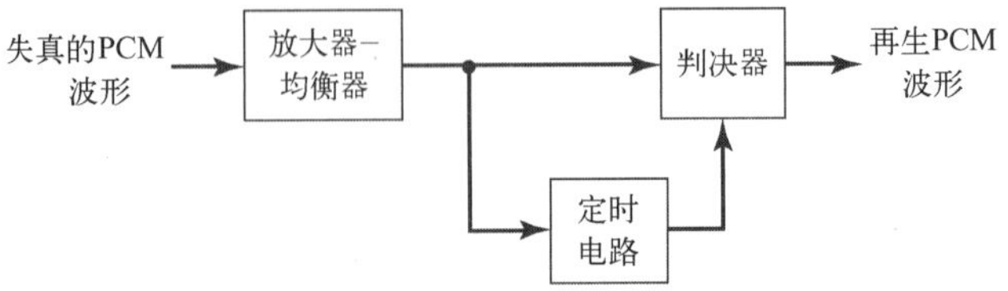

图 6.15　再生中继器的框图

在本节关于 PCM 的讨论中,需要把握的重点是,只要再生中继器之间的间隔足够短,就可以沿着传输路径在各个中继器(包括在接收机输入端的最后一次中继)之间提供信号的再生。如果发送

SNR 足够高，则除实际上可以忽略的很小误比特率(Bit Error Rate，BER)外，再生的 PCM 数据流与发送的 PCM 数据流是相同的。也就是说，在这些工作条件下，PCM 系统中的性能下降实质上受限于发射机中的量化噪声。

6.6　PCM 系统中的噪声因素

PCM 系统的性能主要受到下列两个噪声源的影响：

1. 信道噪声(Channel noise)，这是在发射机输出与接收机输入之间的任何地方都可能产生的；一旦设备开启以后，信道噪声就总是存在。
2. 量化噪声(Quantization noise)，这是在发射机中产生的，并且会一直带到接收机输出端，只有在消息信号切断以后它才会消失。

一旦 PCM 系统处于工作状态，这两个噪声源就必然会同时出现。然而，传统的惯例是将它们分别单独考虑，以便深入理解它们各自对系统性能产生的影响。

信道噪声的主要影响是在接收信号中引入误比特。在二进制 PCM 系统情况下，误比特的存在会导致符号 1 被误判为符号 0，反之亦然。显然，误比特出现越频繁，接收机输出与原始消息信号相比就会变得越不相同。在存在信道噪声的条件下，PCM 系统的信息传输保真度可以通过平均误符号率(Average probability of symbol error)来度量，它被定义为在接收机输出端的重构符号与发送的二进制符号之间出现差异的平均概率。假设在原始二进制波形中所有比特都具有相同的重要性，则平均误符号率也被称为误比特率(BER)。然而，如果对重构原始消息信号的模拟波形更感兴趣，则不同的符号差错的权重是不同的。比如，在码字(代表消息信号样本的量化值)中最重要比特的差错比最不重要比特的差错产生的损害会更大。

为了在有信道噪声条件下的系统性能最优，我们需要使平均误符号率最小化。为了计算，习惯上将信道噪声用一个理想加性高斯白噪声(AWGN)信道来建模。通过在 PCM 系统再生中继器之间预留足够短的间距，从而利用充足的信号能量噪声密度比，可以使信道噪声的影响实际上变得忽略不计。在这种情况下，PCM 系统的性能实质上受量化噪声单独作用的影响。

根据 6.4 节对量化噪声的讨论，我们知道量化噪声实质上是可以由设计人员控制的。通过在量化器中采用足够数量的量化等级，并且选取与发送消息信号类型的特征相匹配的压扩(压缩扩展)策略，可以使量化噪声小到足以被忽略的程度。因此，我们发现利用 PCM 技术可以开发出对信道噪声足够健壮(Rugged)的通信系统，其健壮性超出了任何模拟通信系统的能力范围。所以它常被用于其他波形编码器(如 DPCM 和 DM)参照的标准。

误差门限

对 PCM 系统中 BER 计算的理论基础将在第 8 章介绍。现在，我们知道在二进制编码 PCM 接收机中，由于 AWGN 引起的平均误符号率只取决于 E_b/N_0 就足够了，它被定义为发送信号每比特的能量 E_b 与噪声谱密度 N_0 的比值。需要注意的是，尽管 E_b 和 N_0 这两个量具有不同的物理含义，比值 E_b/N_0 却是无量纲的。在表 6.3 中，针对二进制 PCM 系统的情况对这种依赖性进行了总结，其中符号 1 和 0 是由幅度相等、极性相反的矩形脉冲表示的。该表最后一列中给出的结果是在假设比特率为 10^5 比特/秒的条件下得到的。

从表 6.3 中可以清楚地看出存在一个误差门限(Error threshold)(大约 11 dB)。当 E_b/N_0 小于误差门限时，接收机会出现大量的误码，如果大于这个门限，则信道噪声的影响实际上是可以忽略的。换句话说，只要比值 E_b/N_0 超过误差门限，信道噪声实质上对接收机性能不会产生影响，这恰好就是 PCM 的目标。然而，当 E_b/N_0 下降到低于误差门限时，在接收机中误码出现率就会快速增加。由于判决错误会导致构造出错误码字，因此我们发现当误码很频繁时，在接收机输出端重构的消息与原始消息信号的相似度很低。

表 6.3 E_b/N_0 对差错概率的影响

E_b/N_0(dB)	差错概率 P_e	当比特率为 10^5b/s 时，每出现一次差错大约间隔的时间
4.3	10^{-2}	10^{-3} s
8.4	10^{-4}	10^{-1} s
10.6	10^{-6}	10 s
12.0	10^{-8}	20 min
13.0	10^{-10}	1 天
14.0	10^{-12}	3 个月

PCM 系统的一个重要特点是它对脉冲噪声或者信道交叉干扰引起的干扰具有健壮性(Ruggedness to interference)。信道噪声和干扰的同时出现会导致 PCM 系统正常工作所需的误差门限随之增加。然而，如果从一开始就为误差门限预留足够的余量，则系统能够承受相对较大的干扰。也就是说，PCM 系统对于信道噪声和干扰具有鲁棒性(Robust)，这进一步证实了上一节得出的结论，即 PCM 系统中的性能下降实质上受限于发射机中的量化噪声。

根据信息容量定律分析 PCM 的噪声性能

现在，考虑一个 PCM 系统，已知它工作于误差门限以上，这种情况下可以忽略信道噪声的影响。也就是说，PCM 系统的噪声性能实质上是由量化噪声单独作用决定的。在这些背景下，PCM 系统与第 5 章导出的信息容量定律相比情况又如何呢？

为了讨论这个具有实际重要性的问题，假设采用的码字是由 n 个符号组成的，每个符号代表 M 种可能的离散幅度等级之一；因此这种系统被称为"M 进制"PCM 系统。为了使这种系统工作于误差门限以上，必须预留足够大的噪声余量。

为了使 PCM 系统按照计划工作于误差门限以上，要求噪声余量必须足够大以使信道噪声引起的差错率可以一直被忽略。反过来意味着在 M 个离散幅度等级之间必须具有一定的间隔。将这种间隔记为 $c\sigma$，其中 c 是一个常数，$\sigma^2=N_0B$ 是用信道带宽 B 度量的噪声方差。幅度级数量 M 通常是 2 的整数幂。如果幅度范围关于零点是对称的，则平均发送功率将是最低的。因此，离散幅度等级用间隔 $c\sigma$ 归一化以后，其值为$\pm1/2,\pm3/2,\cdots,\pm(M-1)/2$。假设这 M 个不同的幅度级具有相同的可能性。因此，可以求出平均发射功率为

$$\begin{aligned} P &= \frac{2}{M}\left[\left(\frac{1}{2}\right)^2+\left(\frac{3}{2}\right)^2+\cdots+\left(\frac{M-1}{2}\right)^2\right](c\sigma)^2 \\ &= c^2\sigma^2\left(\frac{M^2-1}{12}\right) \end{aligned} \tag{6.52}$$

假设采用这里描述的 M 进制 PCM 系统来传输最高频率分量等于 W 赫兹的消息信号。该信号以每秒 $2W$ 个样本的奈奎斯特速率被采样。假设系统采用中升型量化器，量化器具有 L 个相同可能的量化等级。因此，L 个量化等级中任何一个出现的概率都为 $1/L$。相应地，单个信号样本携带的信息量为 $\log_2 L$ 比特。如果采用每秒 $2W$ 个样本的最大采样率，则 PCM 系统传输信息的最大速率(单位为比特/秒)为

$$R_b = 2W\log_2 L \text{ b/s} \tag{6.53}$$

由于 PCM 系统采用的码字是由 n 个码元组成的，每个码元具有 M 种可能的离散幅度值，因此我们共有 M^n 个可能的不同码字。因此，对于单一的编码过程，需要

$$L = M^n \tag{6.54}$$

显然，系统的信息传输速率不会受到所用编码过程的影响。因此，可以消除式(6.53)和式(6.54)之间

的 L，从而得到

$$R_b = 2Wn\log_2 M \text{ bits/s} \tag{6.55}$$

式(6.52)规定了使 M 进制 PCM 系统维持在误差门限以上工作所需的平均发送功率。于是，求解这个等式得到离散幅度等级的数量，我们可以通过平均发送功率 P 和信道噪声方差 $\sigma^2=N_0B$ 将这个数 M 表示为

$$M = \left(1+\frac{12P}{c^2N_0B}\right)^{1/2} \tag{6.56}$$

因此，将式(6.56)代入式(6.55)，可以得到

$$R_b = Wn\log_2\left(1+\frac{12P}{c^2N_0B}\right) \tag{6.57}$$

传输一个用于表示码字中符号的持续时间为 $1/(2nW)$ 的矩形脉冲所需的信道带宽 B 为

$$B = \kappa nW \tag{6.58}$$

其中，κ 是一个取值于 1 和 2 之间的常数。如果取最小可能的值 $\kappa=1$，我们发现信道带宽为 $B=nW$。于是，可以将式(6.57)重新写为

$$R_b = B\log_2\left(1+\frac{12P}{c^2N_0B}\right) \text{ b/s} \tag{6.59}$$

上式规定了 M 进制 PCM 系统可以实现的信息容量的上界。

从第 5 章中我们知道，根据香农信息容量定律，理想传输系统(Ideal transmission system)是由下面公式所描述的

$$C = B\log_2\left(1+\frac{P}{N_0B}\right) \text{ b/s} \tag{6.60}$$

将式(6.59)与式(6.60)比较可以发现的最有趣之处在于，式(6.59)具有在信息论背景下的完全正确的数学形式。更具体而言，我们可以做出下列结论：

在 PCM 系统中功率和带宽是在对数基础上可交换的，并且系统的信息容量与信道带宽 B 成正比。

作为一个推论，我们可以继续得出：

当 SNR 较高时，在 PCM 系统中带宽–噪声之间的折中是服从指数律(Exponential law)的。

从模拟调制系统中对噪声的学习可知[5]，采用频率调制技术能够使 SNR 得到最大的提高。具体而言，当载波噪声比足够高时，在频率调制(FM)中带宽噪声之间的折中是服从平方律(Square law)的。因此，将 FM 的噪声性能与 PCM 的进行比较，我们可以得出下列结论：

在通过增加带宽来换取噪声性能的提高方面，PCM 系统比 FM 系统更加有效。

实际上，PCM 已经被视为波形编码的标准，这进一步证实了上述结论。

6.7　降低冗余度的预测误差滤波

如果像 PCM 系统通常所做的那样，以略高于奈奎斯特速率的采样率对话音信号或者视频信号进行采样，则可以发现所得采样信号的相邻样本之间会呈现出高度的相关性(Correlation)。从平均意义上讲，这种高度的相关性意味着信号从一个样本到下一个样本之间的变化不会很快。因此，相邻样本之间差值的方差会小于原始信号的方差。如果像标准 PCM 系统那样对这些高度相关的样本进行编码，则得到的编码信号会包含冗余信息(Redundant information)。这种类型的信号结构意味着采用 6.5 节中描述的传统编码过程，会产生一些对于信息传输不是绝对必要的符号。通过在编码以前降低这种冗余度，可以得到一种更加有效(More efficient)的编码信号，这就是 DPCM 的基本思想。

对于后一种波形编码方法的讨论放在下一节中进行。在本节中我们讨论预测误差滤波，它提供了一种降低冗余度的方法，从而提高了波形编码性能。

理论考虑

为了详细阐述，考虑图 6.16(a)所示框图，包括：

- 从输入到输出之间的直接前向路径
- 在前向路径中的预测器
- 计算输入信号和预测器输出之间差值的比较器

这样计算出的差值信号被称为预测误差(Prediction error)。相应地，我们把如图 6.16(a)所示的对消息信号进行处理产生预测误差的滤波器称为预测误差滤波器(Prediction-error filter)。

为了简化表示，令

$$m_n = m(nT_s) \tag{6.61}$$

表示在 $t=nT_s$ 时刻从消息信号 $m(t)$ 得到的样本。于是，如果采用 $\hat{m}_n$ 表示对应的预测器输出，则预测误差被定义为

$$e_n = m_n - \hat{m}_n \tag{6.62}$$

其中，e_n 是预测器不能准确预测输入样本 m_n 的量。在任何情况下，我们的目标在于设计出能使预测误差 e_n 的方差最小化(Minimize the variance)的预测器。在设计出这种滤波器以后，我们用于表示 e_n 的比特数比表示原始消息的样本 m_n 的比特数更少，从而使所需的传输带宽更小。

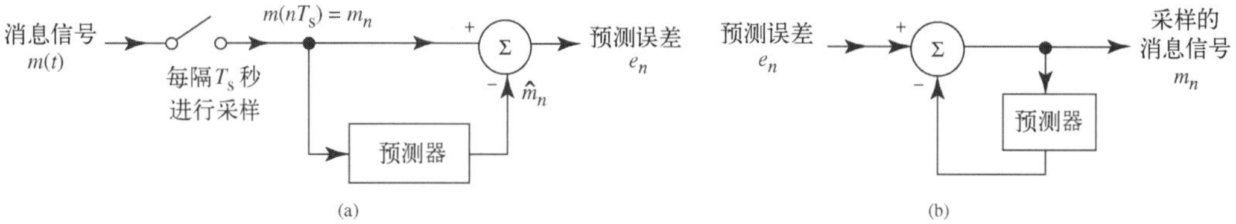

图 6.16 (a) 预测误差滤波器框图；(b) 预测误差滤波器的逆系统框图

预测误差滤波器是以逐个样本的方式对消息信号进行处理来产生预测误差的。在发送端完成这种处理以后，我们如何在接收端根据预测误差恢复出原始消息信号呢？为了以简单实用的方式来讨论这个基本问题，借助于线性性质(Linearity)。令算子(Operator) L 表示预测器的作用，如下所示：

$$\hat{m}_n = L[m_n] \tag{6.63}$$

于是，可以将式(6.62)重新写为下列算子形式：

$$\begin{aligned} e_n &= m_n - L[m_n] \\ &= (1-L)[m_n] \end{aligned} \tag{6.64}$$

在满足线性性质的假设条件下，可以求式(6.64)的逆，以便从预测误差中恢复出消息样本，如下所示：

$$m_n = \left(\frac{1}{1-L}\right)[e_n] \tag{6.65}$$

式(6.65)可以直接被认为是反馈系统(Feedback system)的方程，如图 6.16(b)所示。最重要的是，从功能上讲，这个反馈系统可以被视为预测误差滤波器的逆系统。

预测的离散时间结构

为简化图 6.16 中的线性预测器设计，我们提出采用有限冲激响应(FIR)滤波器(Finiteduration impulse response filter)形式的离散时间结构，这种滤波器结构在数字信号处理文献中是众所周知的。

FIR 滤波器在第 2 章中曾简要讨论过。

图 6.17 画出了一个 FIR 滤波器，它是由两个功能部分组成的：

- p 个单位延迟单元(Unit-delay element)，每个单元被表示为 z^{-1}。
- 对应的加法器(Adder)，用于将下列延迟输入的比例形式加起来：

$$m_{n-1}, m_{n-2}, \cdots, m_{n-p}$$

于是，总的线性预测输出可以被定义为下列卷积和(Convolution sum)：

$$\hat{m}_n = \sum_{k=1}^{p} w_k m_{n-k} \tag{6.66}$$

其中，p 被称为预测阶数(Prediction order)。通过选取适当的 FIR 滤波器系数，可以实现预测误差方差的最小化，下面对其进行描述。

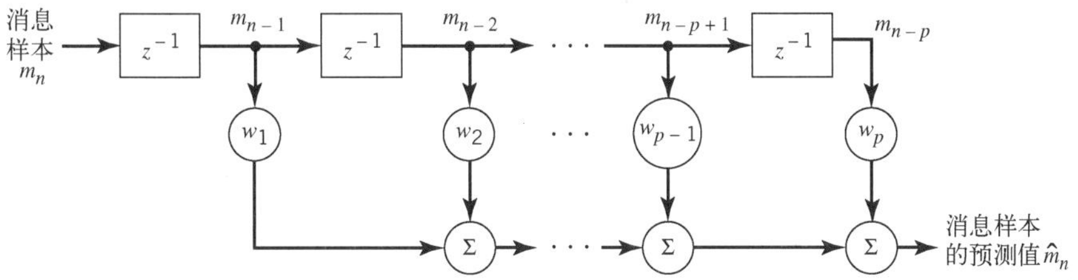

图 6.17　阶数为 p 的 FIR 滤波器框图

然而，我们首先需要做出如下假设：

消息信号 $m(t)$ 是从零均值平稳随机过程 $M(t)$ 中得到的。

上述假设可以通过对消息信号进行逐块处理的方式来满足，每一块的长度都正好足够以准平稳方式(Pseudo-stationary manner)满足该假设。比如，对于话音信号而言每个块的音长为 40 ms 就足够了。

由于随机变量 M_n 为零均值，因此预测误差 e_n 的方差等于其均方值。于是，可以把

$$J = \mathbb{E}[e^2(n)] \tag{6.67}$$

定义为性能指标(Index of performance)。将式(6.65)和式(6.66)代入式(6.67)并展开各项，则性能指标可以被表示为

$$J(\boldsymbol{w}) = \mathbb{E}[m_n^2] - 2\sum_{k=1}^{p} w_k \mathbb{E}[m_n m_{n-k}] + \sum_{j=1}^{p}\sum_{k=1}^{p} w_j w_k \mathbb{E}[m_{n-j} m_{n-k}] \tag{6.68}$$

另外，在上述准平稳假设条件下，我们还可以继续引入 m_n 的下列二阶统计参数，这里 m_n 是随机过程 $M(t)$ 在 $t=nT_s$ 时刻的样本。

1. 方差

$$\begin{aligned}\sigma_M^2 &= \mathbb{E}[(m_n - \mathbb{E}[m_n])^2] \\ &= \mathbb{E}[m_n^2], \quad \mathbb{E}[m_n] = 0\end{aligned} \tag{6.69}$$

2. 自相关函数

$$R_{M,k-j} = \mathbb{E}[m_{n-j} m_{n-k}] \tag{6.70}$$

需要注意的是，为了简化从式(6.67)到式(6.70)中的符号，我们将期望算子$\mathbb{E}$应用于样本而不是对应的随机变量上。

在任何情况下，利用式(6.69)和式(6.70)，我们都可以采用统计参数将式(6.68)中的性能指标重新表示为下列新形式：

$$J(\boldsymbol{w}) = \sigma_{\mathrm{M}}^{2} - 2\sum_{k=1}^{p} w_k R_{\mathrm{M},k} + \sum_{j=1}^{p}\sum_{k=1}^{p} w_j w_k R_{\mathrm{M},k-j} \tag{6.71}$$

将这个性能指标关于滤波器系数求微分，并令所得表达式等于零，然后再整理各项，可以得到下列联立方程组：

$$\sum_{j=1}^{p} w_{\mathrm{o},j} R_{\mathrm{M},k-j} = R_{\mathrm{M},k}, \qquad k = 1, 2, \cdots, p \tag{6.72}$$

其中，$w_{\mathrm{o},j}$是第j个滤波器系数w_j的最优值。这个最优联立方程组是线性预测中著名的维纳-霍普夫方程(Wiener-Hopf equation)的离散时间形式。

为了使数学表述更加紧凑，我们发现将维纳-霍普夫方程表示为矩阵形式会比较方便，如下所示：

$$\boldsymbol{R}_{\mathrm{M}}\boldsymbol{w}_{\mathrm{o}} = \boldsymbol{r}_{\mathrm{M}} \tag{6.73}$$

其中

$$\boldsymbol{w}_{\mathrm{o}} = [w_{\mathrm{o},1}, w_{\mathrm{o},2}, w_{\mathrm{o},p}]^{\mathrm{T}} \tag{6.74}$$

是 FIR 预测器的$p\times1$维最优系数向量(Optimum coefficient vector)，

$$\boldsymbol{r}_{\mathrm{M}} = [R_{\mathrm{M},1}, R_{\mathrm{M},2}, \cdots, R_{\mathrm{M},p}]^{\mathrm{T}} \tag{6.75}$$

是原始消息信号的$p\times1$维自相关向量(Autocorrelation vector)，这里不包括由$R_{\mathrm{M},0}$表示的均方值，并且

$$\boldsymbol{R}_{\mathrm{M}} = \begin{bmatrix} R_{\mathrm{M},0} & R_{\mathrm{M},1} & \cdots & R_{\mathrm{M},p-1} \\ R_{\mathrm{M},1} & R_{\mathrm{M},0} & \cdots & R_{\mathrm{M},p-2} \\ \cdots & \cdots & \cdots & \cdots \\ R_{\mathrm{M},p-1} & R_{\mathrm{M},p-2} & \cdots & R_{\mathrm{M},0} \end{bmatrix} \tag{6.76}$$

是原始消息信号的包含$R_{\mathrm{M},0}$的$p\times p$维相关矩阵(Correlation matrix)[6]。

仔细考察式(6.76)揭示出自相关矩阵$\boldsymbol{R}_{\mathrm{M}}$具有 Toeplitz 性质(Toeplitz property)，它体现出下列两个突出特点：

1. 矩阵$\boldsymbol{R}_{\mathrm{M}}$的主对角线上的全部元素都等于均方值，或者在零均值假设条件下，它们都等于消息信号m_n的方差，即

$$R_{\mathrm{M}}(0) = \sigma_{\mathrm{M}}^{2}$$

2. 矩阵关于主对角线是对称的(Symmetric)。

这种 Toeplitz 性质是根据消息信号$m(t)$是平稳随机过程的样本函数这一假设直接得到的。从实际的观点来看，自相关矩阵$\boldsymbol{R}_{\mathrm{M}}$的这种 Toeplitz 性质是很重要的，因为它的所有元素都可以由自相关序列$\{R_{\mathrm{M},k}\}_{k=0}^{p-1}$唯一确定。另外，根据定义式(6.75)，显然自相关向量$\boldsymbol{r}_{\mathrm{M}}$也由自相关序列$\{R_{\mathrm{M},k}\}_{k=1}^{p}$唯一确定。因此，我们可以得出下列结论：

以 FIR 滤波器形式构建的最优线性预测器的p个滤波器系数是由方差$\sigma_{\mathrm{M}}^{2}=R_{\mathrm{M}}(0)$和自相关序列$\{R_{\mathrm{M},k}\}_{k=0}^{p-1}$唯一确定的，它们是从弱平稳过程中抽取的消息信号$m(k)$得到的。

通常情况下，我们有

$$|R_{\mathrm{M},k}| < R_{\mathrm{M}}(0), \quad k = 1, 2, \cdots, p$$

在这个条件下，我们发现自相关矩阵$\boldsymbol{R}_{\mathrm{M}}$也是可逆的，也就是说逆矩阵$\boldsymbol{R}_{\mathrm{M}}^{-1}$存在。于是，可以利用下列公式[7]求解式(6.73)得到未知的最优系数向量值$\boldsymbol{w}_{\mathrm{o}}$：

$$\boldsymbol{w}_{\mathrm{o}} = \boldsymbol{R}_{\mathrm{M}}^{-1}\boldsymbol{r}_{\mathrm{M}} \tag{6.77}$$

因此，如果给定方差σ_{M}^{2}和自相关序列$\{R_{\mathrm{M},k}\}_{k=1}^{p}$，可以唯一确定出线性预测器的最优系数向量$\boldsymbol{w}_{\mathrm{o}}$，这

样就可以确定出阶数为 p 的 FIR 滤波器，从而实现我们的设计目标。

为了完善这里给出的线性预测理论，还需要找到利用最优预测器得到的预测误差的最小均方值。首先，将式(6.71)重新表示为下列矩阵形式：

$$J(\boldsymbol{w}_o) = \sigma_M^2 - 2\boldsymbol{w}_o^T \boldsymbol{r}_M + \boldsymbol{w}_o^T \boldsymbol{R}_M \boldsymbol{w}_o \tag{6.78}$$

其中，上标 T 表示矩阵转置，$\boldsymbol{w}_o^T\boldsymbol{r}_M$ 是 $p\times1$ 维向量 $\boldsymbol{w}_o$ 和 $\boldsymbol{r}_M$ 的内积(Inner product)，矩阵乘积 $\boldsymbol{w}_o^T\boldsymbol{R}_M\boldsymbol{w}_o$ 是二次型(Quadratic form)的。然后，再将最优解公式(6.77)代入式(6.78)，我们发现预测误差的最小均方值为

$$\begin{aligned} J_{\min} &= \sigma_M^2 - 2(\boldsymbol{R}_M^{-1}\boldsymbol{r}_M)^T\boldsymbol{r}_M + (\boldsymbol{R}_M^{-1}\boldsymbol{r}_M)^T\boldsymbol{R}_M(\boldsymbol{R}_M^{-1}r_M) \\ &= \sigma_M^2 - 2\boldsymbol{r}_M^T\boldsymbol{R}_M^{-1}\boldsymbol{r}_M + \boldsymbol{r}_M^T\boldsymbol{R}_M^{-1}r_M \\ &= \sigma_M^2 - \boldsymbol{r}_M^T\boldsymbol{R}_M^{-1}\boldsymbol{r}_M \end{aligned} \tag{6.79}$$

上面我们利用了弱平稳过程的自相关矩阵是对称的这一性质，即

$$\boldsymbol{R}_M^T = \boldsymbol{R}_M \tag{6.80}$$

根据定义，二次型 $\boldsymbol{r}_M^T\boldsymbol{R}_M^{-1}\boldsymbol{r}_M$ 总是正定的。因此，根据式(6.79)可知均方预测误差的最小值 $J_{\min}$ 总是小于被预测的零均值消息样本 m_n 的方差 σ_M^2。通过采用这里描述的线性预测方法，就可以实现目标：

> 为了设计预测误差滤波器，使其输出的方差小于其输入的消息样本的方差，我们需要按照最优解公式(6.77)来进行设计。

上述结论为我们继续阐述如何通过降低冗余度来减少标准 PCM 系统的带宽需求提供了理论依据。然而，在这样做以前，先考虑线性预测器的自适应实现会更加有益。

线性自适应预测

利用式(6.77)计算线性预测器的最优加权向量需要知道消息信号序列 $\{m_k\}_{k=0}^{p}$ 的自相关函数 $R_{m,k}$，其中 p 为预测阶数。如果没有这个序列的有关知识怎么办呢？在这种实际中经常出现的情况下，我们需要借助于自适应预测器(Adaptive predictor)的使用。

在下列意义上，预测器被称为是自适应的：

- 抽头权重 $w_k(k=1,2,\cdots,p)$ 的计算是以迭代方式进行的，它从抽头权重的某个任意的初始值开始计算。
- 用于调整权重(从一次迭代到下一次迭代)的算法是“自我设计的”，它只基于可用数据进行操作。

算法的目标是寻找碗形误差曲面(Bowl-shaped error surface)的最小值点，这个误差曲面描述了代价函数 J 对抽头权重的依赖性。于是，对预测器的抽头权重沿着误差曲面的最陡下降方向进行连续调整从直觉上讲是合理的。也就是说，沿着梯度向量(Gradient vector)的相反方向进行调整，这个梯度向量的元素被定义为

$$g_k = \frac{\partial J}{\partial w_k}, \qquad k = 1, 2, \cdots, p \tag{6.81}$$

这其实就是最速下降法(Method of deepest descent)的思想。令 $w_{k,n}$ 表示在第 n 次迭代时第 k 个抽头权重的值。则这个权重在第 $n+1$ 次迭代时的更新值被定义为

$$w_{k,n+1} = w_{k,n} - \frac{1}{2}\mu g_k, \qquad k = 1, 2, \cdots, p \tag{6.82}$$

其中，μ 是步长参数(Step-size parameter)，它控制着自适应改变的速度，包含因子 1/2 是为了便于描述。将式(6.68)中的代价函数 J 关于 w_k 求微分，很容易发现

$$g_k = -2\mathbb{E}[m_n m_{n-k}] + \sum_{j=1}^{p} w_j \mathbb{E}[m_{n-j} m_{n-k}] \tag{6.83}$$

从实际的观点来看，关于梯度 g_k 的公式(6.83)还可以通过忽略期望算子而被进一步简化。事实上，采用的方法是将瞬时值作为自相关函数的估计值。这种简化的动机是允许自适应过程以自组织方式逐步向前进行。显然，通过忽略式(6.83)中的期望算子，梯度 g_k 取与时间有关的值，记为 $g_{k,n}$。因此，我们可以写出

$$g_{k,n} = -2m_n m_{n-k} + 2m_{n-k}\sum_{j=1}^{p} \hat{w}_{j,n} m_{n,j}, \qquad k = 1, 2, \cdots, p \tag{6.84}$$

其中，$\hat{w}_{j,n}$ 是滤波器系数 $w_{j,n}$ 在 n 时刻的估计值。

现在可以将式(6.84)代入式(6.82)了，其中在后者的方程中用 $\hat{w}_{k,n}$ 代替 $w_{k,n}$，这个变化是考虑到省掉了期望算子的原因。

$$\begin{aligned}\hat{w}_{k,n+1} &= \hat{w}_{k,n} - \frac{1}{2}\mu g_{k,n} \\ &= \hat{w}_{k,n} + \mu\left(m_n m_{n-k} - \sum_{j=1}^{p} \hat{w}_{j,n} m_{n-j} m_{n-k}\right) \\ &= \hat{w}_{k,n} + \mu m_{n-k}\left(m_n - \sum_{j=1}^{p} \hat{w}_{j,n} m_{n-j}\right) \\ &= \hat{w}_{k,n} + \mu m_{n-k} e_n\end{aligned} \tag{6.85}$$

其中，e_n 是新的预测误差，它被定义为

$$e_n = m_n - \sum_{j=1}^{p} \hat{w}_{j,n} m_{n-j} \tag{6.86}$$

注意到消息信号的当前值 m_n 扮演了给定消息信号的过去值 $m_{n-1}, m_{n-2}, \cdots, m_{n-p}$ 预测 m_n 值的期望响应(Desired response for predicting)的角色。

也就是说，我们可以将式(6.85)中的自适应滤波算法表示如下：

(第 k 个滤波器系数在 $n+1$ 时刻的更新值) = (该滤波器系数在 n 时刻的原来值) + (步长参数) × (消息信号 m_n 延迟 k 时间步)(在 n 时刻计算的预测误差)

上面描述的算法就是非常流行的最小均方(LMS)算法(Least-Mean-Square algorithm)，它是为了线性预测得到的。这种自适应滤波算法流行的原因在于其实现非常简单。特别地，采用加法和乘法次数来度量的算法计算复杂度是预测阶数 p 的线性函数。另外，这种算法不仅计算是有效的(Computationally efficient)，而且其性能也是有效的(Effective in performance)。

LMS 算法是一种随机(Stochastic)自适应滤波算法，它从 $\{w_{k,0}\}_{k=1}^{p}$ 定义的初始条件(Initial condition)开始，沿着曲折的路径寻找到其误差曲面的最小值点，从这个意义上讲它是随机的。然而，它从来不会准确地找到这个最小值点。相反，它会在误差曲面的最小值点附近继续进行随机运动(Haykin, 2013)。

6.8 差分脉冲编码调制

DPCM 技术被用于信道带宽保护(Channel-bandwidth conservation)，它利用了线性预测理论的思想，只是具有以下实际差异：

在发送端，线性预测是针对消息样本的量化形式而不是消息样本自身来实施的，如图 6.18 所示。

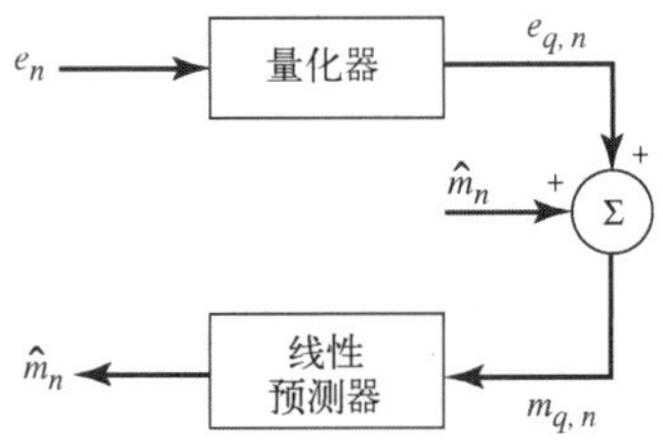

图 6.18 差值量化器框图

采用上述方法得到的过程被称为差值量化(Differential quantization)。利用差值量化的动机包括下面两个实际考虑：

1. 在发射机的波形编码需要用到量化。
2. 因此，在接收机的波形译码必须对量化信号进行处理。

为了在发射机和接收机采用相同结构(Same structure)的预测器来满足上述两个要求，发射机必须对消息信号的量化形式而不是其信号本身来进行预测误差滤波，如图 6.19(a)所示。于是，假设采用无噪声信道，则在发射机和接收机中的预测器都是针对完全相同的量化消息样本序列来工作的。

为了说明差分 PCM 具有这种非常令人满意且与众不同的特点，我们从图 6.19(a)可以发现

$$e_{q,n} = e_n + q_n \tag{6.87}$$

其中，q_n是量化器针对预测误差 e_n工作产生的量化噪声。另外，从图 6.19(a)中我们还很容易发现

$$m_{q,n} = \hat{m}_n + e_{q,n} \tag{6.88}$$

其中，$\hat{m}_n$是原始消息样本 m_n的预测值。于是，式(6.88)与图 6.18 完全吻合。因此，将式(6.87)代入式(6.88)可得

$$m_{q,n} = \hat{m}_n + e_n + q_n \tag{6.89}$$

现在，可以利用线性预测理论式(6.88)将式(6.89)重新写为下列等效形式：

$$m_{q,n} = m_n + q_n \tag{6.90}$$

上式描述了原始消息样本 m_n的量化形式。

利用图 6.19(a)中的差分量化策略，现在可以对 DPCM 的发射机和接收机的结构进行详细阐述。

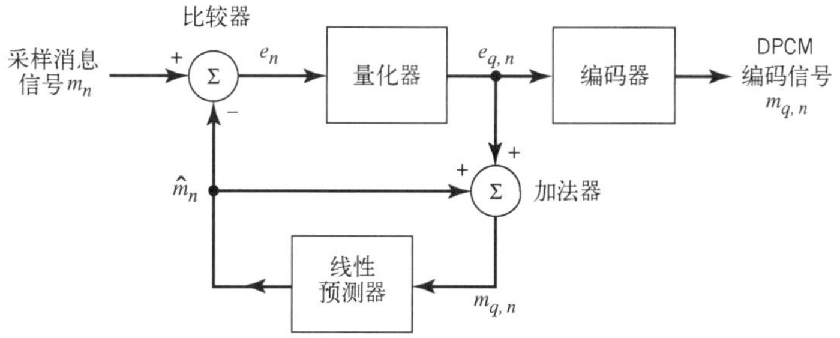

(a) 发射机

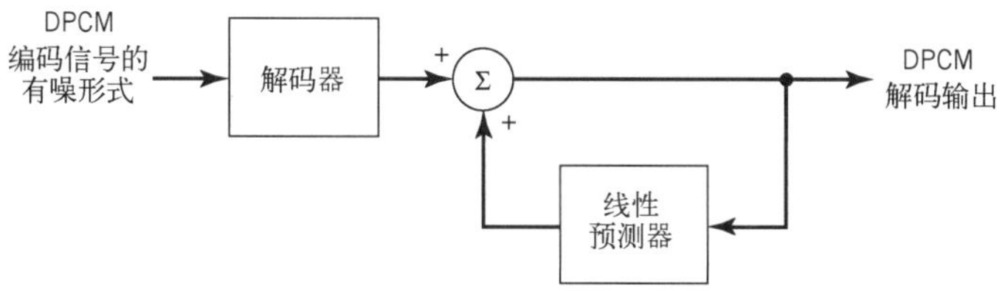

(b) 接收机

图 6.19　DPCM 系统

DPCM 发射机

DPCM 发射机的工作过程如下：

1. 给定预测出的消息样本$\hat{m}_n$，利用发射机输入端的比较器计算出预测误差 e_n，然后对其进行量化处理，产生如式(6.87)中 e_n的量化形式。
2. 得到$\hat{m}_n$和 $e_{q,n}$以后，利用发射机中的加法器产生如式(6.88)中原始消息样本 m_n的量化形式，即 $m_{q,n}$。
3. 通过将量化样本序列$\hat{m}_n$应用于一个 p 阶线性 FIR 预测器，产生所需的一步预测值$\{m_{q,k}\}_{k=1}^{p}$。

这种多级运算显然是循环进行的，在每一周期 n 中都重复上述三个步骤。另外，在每一周期中编码器都对量化预测误差 $e_{q,n}$ 进行操作，产生原始消息样本 m_n 的 DPCM 编码形式。这样产生的 DPCM 码是 PCM 码的有损压缩(Lossy-compressed)形式，由于存在预测误差，因此它是“有损的”。

DPCM 接收机

接收机的结构比发射机结构更加简单，如图 6.19(b)所示。具体而言，首先利用译码器重构出预测误差的量化形式，即 $e_{q,n}$。然后将译码器输出应用于与图 6.19(a)发射机中相同的预测器，计算出原始消息样本 m_n 的估计值。在没有信道噪声的情况下，接收机输入端的编码信号与发射机输出端的编码信号是完全相同的。在这种理想条件下，我们发现相应的接收机输出等于 $m_{q,n}$，它与原始消息样本 m_n 的区别只是对预测误差 e_n 进行量化处理产生的量化误差 q_n。

根据前面的分析，可以发现在无噪声环境下，DPCM 系统的发射机和接收机中的线性预测器是对相同样本序列 $m_{q,n}$ 进行操作的。正是由于这一点，在图 6.19(a)的发射机中的量化器上添加了一条反馈路径。

处理增益

如图 6.19 所示 DPCM 系统的输出 SNR 被定义为

$$(\mathrm{SNR})_\mathrm{O} = \frac{\sigma_\mathrm{M}^2}{\sigma_\mathrm{Q}^2} \tag{6.91}$$

其中，σ_M^2 是均值为零的原始信号样本 m_n 的方差，σ_Q^2 是均值也为零的量化误差 q_n 的方差。可以将式(6.91)重新写为两个因子的乘积，如下所示：

$$\begin{aligned}(\mathrm{SNR})_\mathrm{O} &= \left(\frac{\sigma_\mathrm{M}^2}{\sigma_\mathrm{E}^2}\right)\left(\frac{\sigma_\mathrm{E}^2}{\sigma_\mathrm{Q}^2}\right) \\ &= G_\mathrm{p}(\mathrm{SNR})_\mathrm{Q}\end{aligned} \tag{6.92}$$

在上式第一行中，σ_E^2 是预测误差 e_n 的方差。在第二行引入的因子 $(\mathrm{SNR})_\mathrm{Q}$ 为信号量化噪声比(Signal-to-quantization noise ratio)，它被定义为

$$(\mathrm{SNR})_\mathrm{Q} = \frac{\sigma_\mathrm{E}^2}{\sigma_\mathrm{Q}^2} \tag{6.93}$$

另一个因子 G_p 为差分量化策略产生的处理增益(Processing gain)，它在形式上被定义为

$$G_\mathrm{p} = \frac{\sigma_\mathrm{M}^2}{\sigma_\mathrm{E}^2} \tag{6.94}$$

如果 G_p 这个量大于 1，则它表示增加了信噪比，这是由于图 6.19 的差分量化策略得到的。现在，对于给定的消息信号，方差 σ_M^2 是固定的，因此可以通过预测误差 e_n 的方差 σ_M^2 最小化来达到 G_p 的最大化。所以，实现 DPCM 的目标应该是设计能够使预测误差的方差 σ_E^2 最小化的预测滤波器。

对于话音信号的情况，可以发现 DPCM 系统相对于标准 PCM 系统能够达到的最优信号量化噪声比提升大约 4~11 dB。根据实验研究，发现最大的提升发生在从没有预测到一阶预测的过程中，如果将预测滤波器的阶数 p 增加到 4 阶或者 5 阶则还可以得到更多增益，但在这个阶数以后能够得到的额外增益就很小了。由根据表 6.1 中关于正弦波调制得到的结果可知，6 dB 量化噪声等效于 1 比特/样本，因此还可以用比特率来表示 DPCM 的优势。对于恒定的信号-量化噪声比，假设采样率为 8 kHz，则 DPCM 系统与标准 PCM 系统相比，能够节约 8~16 kHz(即 1~2 比特/样本)。

6.9　增量调制

选择 DPCM 来实现波形编码以后，与采用标准 PCM 技术相比，我们实际上是通过增加系统复杂度来节约传输带宽的。换句话说，DPCM 技术采用了以复杂度换取带宽(Complexity-bandwidth tradeoff)的策略。然而在实践中，还可能需要降低系统复杂度到可以与标准 PCM 相比较的程度。为了实现这个不同的目标，只有以牺牲传输带宽来降低系统的复杂度，这就是增量调制(DM)的确切动机。因此，与 DPCM 采用以复杂度换取带宽的策略不同，DM 采用的则是以带宽换取复杂度(Bandwidth-complexity tradeoff)的策略。于是，我们可以按照图 6.20 所描述的方法来对标准 PCM，DPCM 和 DM 三种系统进行区别了。由于以带宽换取复杂度是 DM 技术的关键，因此我们对输入消息信号 $m(t)$ 进行过采样(Oversampled)，这需要采用高于奈奎斯特速率的采样率。因此，消息信号的相邻样本之间的相关性被故意增加了，以便可以采用简单的量化策略来构造编码信号。

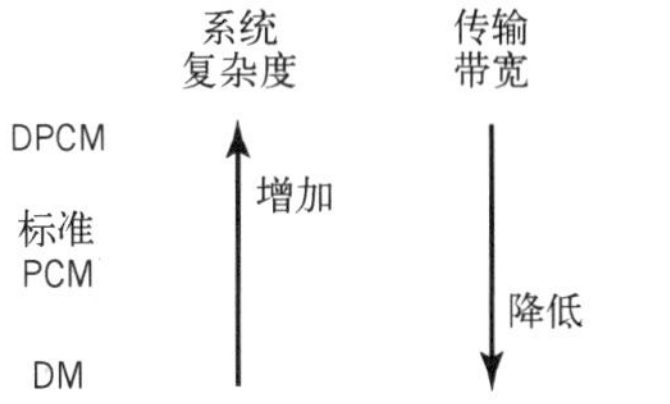

图 6.20　说明标准 PCM，DPCM 和 DM 三种系统之间折中的示意图

DM 发射机

在 DM 发射机中，通过组合运用下列两个策略使系统复杂度降到了最低：

1. 单比特量化器(Single-bit quantizer)，这是最简单的量化策略，如图 6.21 所示。这种量化器相当于只有两个判决电平，即$\pm\Delta$ 的硬限幅器(Hard limiter)。
2. 单个单位延迟单元(Single unit-delay element)，这是预测器的最简单形式。换句话说，在图 6.17 的 FIR 预测器中唯一保留的部件是标记有 z^{-1} 的前端模块，它相当于一个累加器(Accumulator)。

因此，分别按照上面两点阐述的方法，将图 6.19(a)中 DPCM 发射机的多级量化器和 FIR 预测器进行替换，可以得到如图 6.21(a)所示的 DM 发射机的框图。

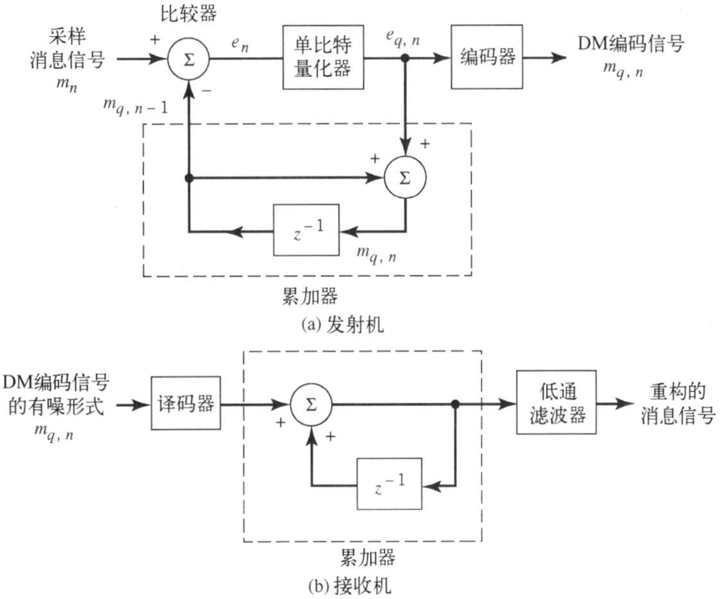

图 6.21　DM 系统

根据图 6.21，可以将 DM 发射机的工作原理表示为下列由式(6.95)至式(6.97)描述的联立方程：

$$\begin{aligned} e_n &= m_n - \hat{m}_n \\ &= m_n - m_{q,n-1} \end{aligned} \tag{6.95}$$

$$\begin{aligned} e_{q,n} &= \Delta \operatorname{sgn}[e_n] \\ &= \begin{cases} +\Delta, & e_n > 0 \\ -\Delta, & e_n < 0 \end{cases} \end{aligned} \tag{6.96}$$

$$m_{q,n} = m_{q,n-1} + e_{q,n} \tag{6.97}$$

按照式(6.95)和式(6.96)，可能会出现以下两种情况：

1. 误差信号 e_n(即消息样本 m_n 及其近似 $\hat{m}_n$ 之间的差值)为正值，在这种情况下，近似值 $\hat{m}_n = m_{q,n-1}$ 的增加量为 Δ。在第一种情况下，编码器输出符号 1。
2. 误差信号 e_n 为负值，在这种情况下，近似值 $\hat{m}_n = m_{q,n-1}$ 的减小量为 Δ。在第二种情况下，编码器输出符号 0。

根据上面的描述，很明显增量调制器产生消息信号的阶梯状近似，如图 6.22(a)所示。另外，在 DM 中的数据传输率等于采样率 $f_s = 1/T_s$，如图 6.22(b)中二进制序列所示。

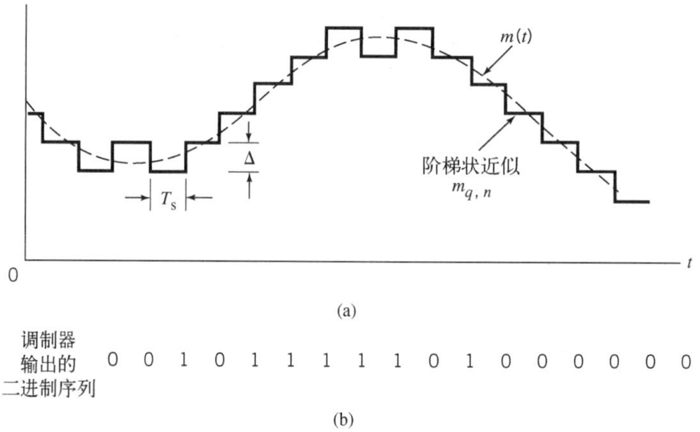

图 6.22 DM 示意图

DM 接收机

采用与构建图 6.21(a)中 DM 发射机相类似的方法，可以构造出图 6.21(b)中的 DM 接收机，它是图 6.19(b)中 DPCM 接收机的特殊情况。通过 DM 接收机的工作，我们发现将正脉冲和负脉冲序列(分别表示符号 1 和符号 0)经过一个标记为“累加器”的模块，可以把阶梯状近似信号重构为原始消息信号。

在信道无失真的假设条件下，如果译码后的信道输出为 $e_{q,n}$，则累加器输出为期望的 $m_{q,n}$。然后，再将累加器输出通过一个截止频率等于消息带宽的低通滤波器，就可以把其中高频阶梯状波形的带外量化噪声抑制掉。

DM 中的量化误差

DM 会受到两类量化误差的影响：斜率过载失真(Slope overload distortion)和颗粒噪声(Granular noise)。我们将首先讨论斜率过载失真的情况。

首先观察式(6.97)，如果从它表示对幅度为 Δ 的正增量和负增量进行累加这个意义上讲，这个等式是积分的数字等效形式。另外，如果将消息样本 m_n 的量化误差表示为 q_n，则可以将量化后的消息样本表示为

$$m_{q,n} = m_n + q_n \tag{6.98}$$

在得到 $m_{q,n}$ 的上述表达式以后，可以根据式(6.98)得出量化器的输入为

$$e_n = m_n - (m_{n-1} + q_{n-1}) \tag{6.99}$$

于是，除延迟量化误差 q_{n-1} 外，量化器输入是原始消息样本的一阶后向差分(First backward difference)。这个差值可以被视为量化器输入的数字近似，或者等效地视为 DM 发射机中执行的数字积分过程的逆(Inverse)。于是，如果考虑原始消息信号 $m(t)$ 的最大斜率，很明显为了使在 $m(t)$ 的最大斜率区域，样本序列 $\{m_{q,n}\}$ 的增加速度和消息样本序列 $\{m_n\}$ 的同样快，需要满足下列条件：

$$\frac{\Delta}{T_s} \geqslant \max\left|\frac{\mathrm{d}m(t)}{\mathrm{d}t}\right| \tag{6.100}$$

否则，会发现步长 Δ 太小，阶梯状近似 $m_q(t)$ 不能跟上消息信号 $m(t)$ 的陡峭部分，从而导致 $m_q(t)$ 落后于 $m(t)$，如图 6.23 所示。这个条件被称为斜率过载(Slope overload)，得到的量化误差被称为斜率过载失真(噪声)[Slope-overload distortion(noise)]。注意到由于阶梯状近似 $m_q(t)$ 的最大斜率是由步长 Δ 固定的，因此 $m_q(t)$ 中的增加或者减少都会沿着直线出现。由于这个原因，通常把采用固定步长的增量调制器称为线性增量调制器(Linear delta modulator)。

与斜率过载失真不同的是，当步长 Δ 相对于消息信号 $m(t)$ 的局部斜率特征太大时，会出现颗粒噪声(Granular noise)，从而导致阶梯状近似 $m_q(t)$ 在 $m(t)$ 的相对平坦部分附近上下调整。这种现象如图 6.23 所示。颗粒噪声类似于 PCM 系统中的量化噪声。

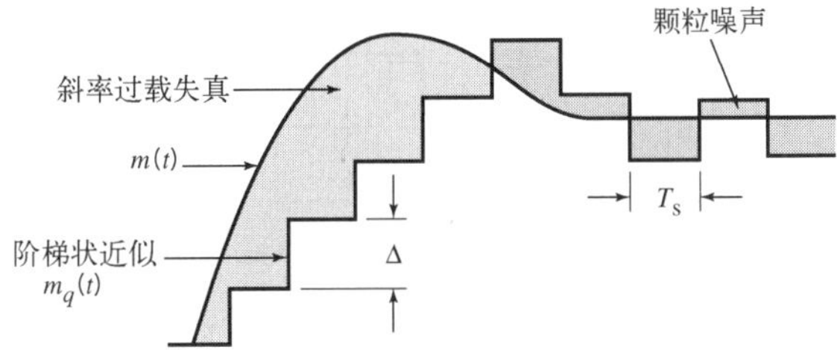

图 6.23　DM 系统中量化误差的两种不同形式示意图

自适应 DM

从上面的讨论来看，恰当的做法应该是采用大步长来适应宽动态范围，而采用小步长来精确表示相对低电平的信号。因此，显然只有在斜率过载失真和颗粒噪声之间折中，才能选择最优步长使线性增量调制器中量化误差的均方值最小化。为了满足这种需求，我们需要使增量调制器是“自适应的”，即步长随着输入信号而发生变化。因此，步长是可变的，使得在斜率过载失真为主的区间加大步长，而在颗粒(量化)噪声为主时减小它的值。

6.10　线路码

在本章中，我们已经介绍了三种基本的波形编码策略：PCM，DPCM 和 DM。自然地，它们彼此之间在以下几个方面有所区别：传输带宽需求、发射机-接收机结构组成和复杂度，以及量化噪声。然而，这三种方法都有一个共同的需要：利用线路码(Line code)来对其各自发射机产生的编码二进制码流进行电气表示，以便二进制码流更适合在通信信道上传输。

在图 6.24 中，以数据流 01101001 为例，显示了五种重要线路码的波形。图 6.25 画出了在三个假设条件下，利用随机产生的二进制数据得到它们的各自功率谱(正频率部分)。这三个假设是：

第一，符号 0 和符号 1 是等概率的；第二，平均功率被归一化为 1；第三，频率 f 关于比特率 $1/T_b$ 被归一化。下面，我们介绍产生图 6.24 中编码波形的五种线路码，以及如图 6.25 所示的线路码的功率谱。

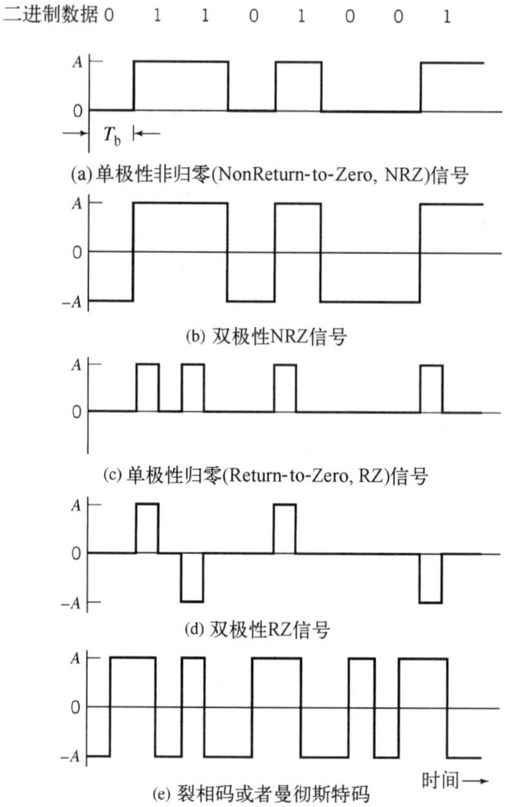

图 6.24　用于二进制数据电气表示的线路码

单极性 NRZ 信号

在这种线路码中，符号 1 是通过在符号持续时间内传输一个幅度为 A 的脉冲来表示的，符号 0 则是通过关闭脉冲来表示的，如图 6.24(a) 所示。单极性 NRZ 线路码也被称为开关信号(On-off signaling)。开关信号的缺点是由于要发送直流(DC)电平，并且发射信号的功率谱在零频率处不接近于零，因此会浪费功率。

双极性 NRZ 信号

在第二种线路码中，符号 1 和符号 0 分别通过传输幅度为 $+A$ 和 $-A$ 的脉冲来表示，如图 6.24(b) 所示。双极性 NRZ 线路码相对更容易产生，但是其缺点是信号的功率谱在零频率附近很大。

单极性 RZ 信号

在第三种线路码中，符号 1 是通过一个幅度为 A、具有半个符号宽度的矩形脉冲来表示的，符号 0 则通过不传输脉冲来表示，如图 6.24(c) 所示。单极性 RZ 线路码的一个吸引人的特点是，在传输信号功率谱的 $f=0, \pm 1/T_b$ 位置存在着 δ 函数，这些 δ 函数可在接收机中用于比特定时恢复(Bit-timing recovery)。然而，其缺点是需要比双极性 RZ 信号多增加 3 dB 功率才能达到相同的误符号率。

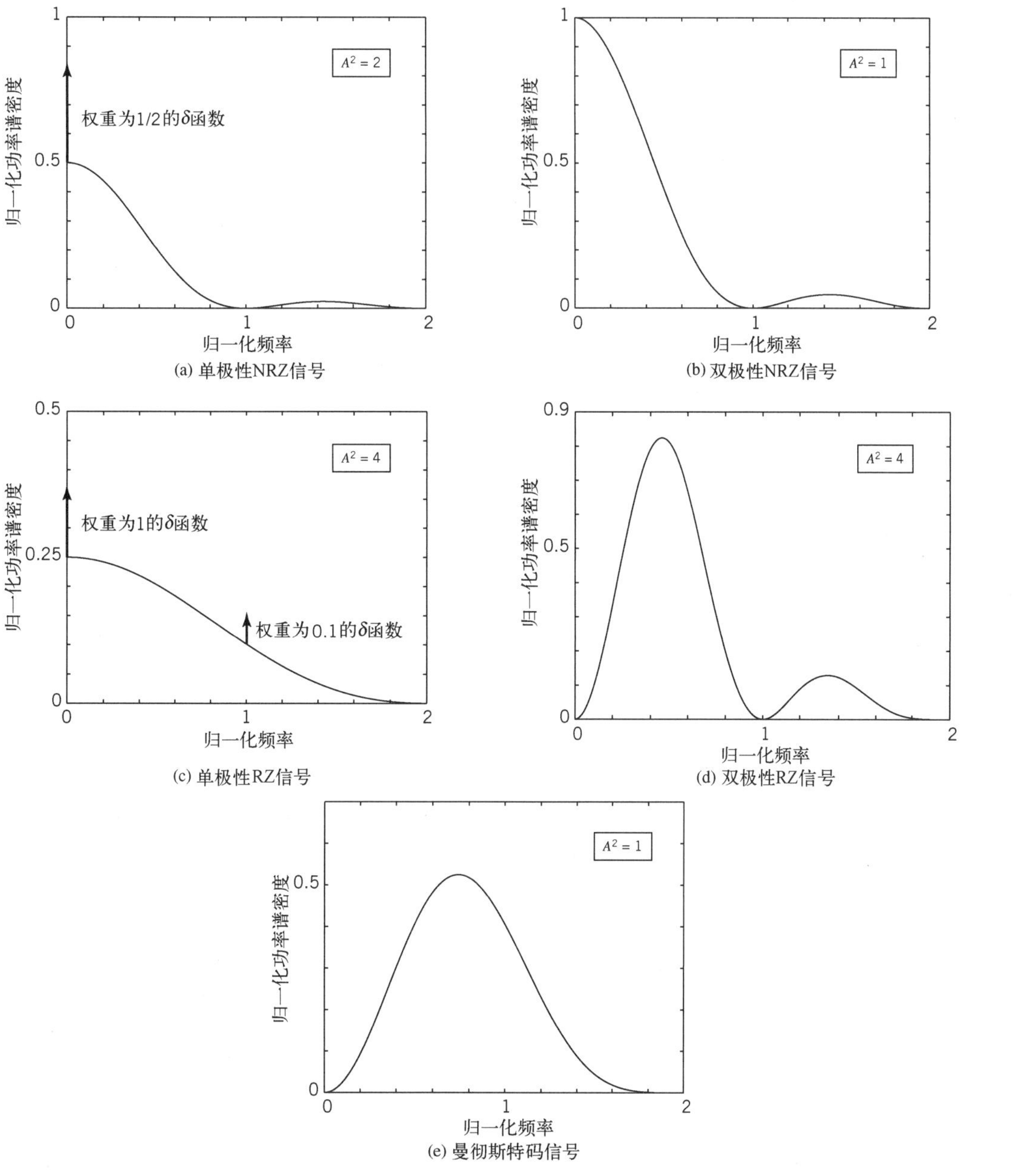

图 6.25　线路码的功率谱。图中，频率是关于比特率 $1/T_b$ 被归一化的，并且平均功率被归一化为 1

双极性 RZ 信号

这种线路码采用三个幅度等级，如图 6.24(d)所示。具体而言，它交替采用具有相等幅度的正脉冲和负脉冲(即$+A$ 和$-A$)来表示符号 1，每个脉冲都具有半个符号的宽度。符号 0 则是通过不传输脉冲来表示的。双极性 RZ 信号的一个有用性质是，传输信号的功率谱没有 DC 分量，并且当符号 1 和符号 0 以相等概率出现时，其低频分量也相对较低。双极性 RZ 也被称为交替传号反转(Alternate Mark Inversion，AMI)信号。

裂相码(曼彻斯特码)

最后在如图 6.24(e)所示的这种信号中，符号 1 通过一个幅度为 A 的正脉冲紧跟一个幅度为$-A$

的负脉冲来表示，两个脉冲都只具有半个符号的宽度。对于符号 0，则使这两个脉冲的极性相反。曼彻斯特码的唯一性质是，无论信号统计量如何，都能抑制掉 DC 分量，并且具有相对较低的低频分量。这种性质在某些应用中是必不可少的。

6.11 小结与讨论

在本章中，我们介绍了两个基础性的且具有互补性的过程：

- 采样(Sampling)，它是在时域中进行的；采样过程是模拟波形与其离散时间表示之间的联系纽带。
- 量化(Quantization)，它是在幅度域中进行的；量化过程是模拟波形与其离散幅度表示之间的联系纽带。

采样过程是建立在采样定理基础上的，这个定理指出，一个没有频率分量高于 W Hz 的严格带限信号，可以通过以等于或者大于奈奎斯特速率(每秒 $2W$ 个样本)的均匀速率对其进行采样得到的样本序列唯一表示。量化过程利用了作为最终接收器的任何人类感官都只能发现有限强度的差异这一事实。

采样过程是所有脉冲调制系统工作的基础，可以被分为模拟脉冲调制和数字脉冲调制两类。这两类脉冲调制系统的区别特征在于，模拟脉冲调制系统保持了消息信号的连续幅度表示，而数字脉冲调制系统还利用量化处理来得到消息信号在时间上和幅度上都离散的表示方法。

模拟脉冲调制是通过改变发射脉冲的某些参数如幅度、持续时间或者位置来实现的。相应地，我们分别把它们称为脉冲幅度调制(PAM)、脉冲宽度调制或者脉冲位置调制。在本章中，主要针对 PAM 进行讨论，因为在数字脉冲调制的所有形式中都会用到它。

数字脉冲调制系统将模拟消息信号作为编码脉冲序列进行传输，这是结合使用采样和量化处理来实现的。PCM 是数字脉冲调制的一种重要形式，它具有一些独特的系统优点，从而使之成为话音和视频信号这类模拟信号传输的标准调制方法。PCM 的优点包括对噪声和干扰具有鲁棒性、沿着传输路径能够有效再生编码脉冲、不同类型的基带信号都具有统一形式等。

事实上，正是因为 PCM 具有上述独特优点，它才被选为构建公用电话交换网络(PSTN)的方法。在此背景下，读者应该特别注意从互联网服务提供商的角度来看，PSTN 的电话信道由于采用了压扩技术，因此它是非线性的(Nonlinear)，更重要的是，它还是完全数字化的(Entirely digital)。这些发现对于设计用于计算机用户和服务器之间通信的高速调制解调器具有非常重要的影响，这将在第 8 章中进行讨论。

DM 和 DPCM 是另外两种有用的数字脉冲调制方法。DM 的主要优点在于其电路很简单，这是以增加传输带宽为代价实现的。相反，DPCM 则利用电路复杂度的增加来降低信道带宽。这种提高是通过采用预测思想降低输入数据流中的冗余符号来实现的。如果采用自适应技术来解决输入数据中的统计变化，则 DPCM 的优势还可以进一步提高。采用这种方法以后，可以大大降低带宽需求而不会引起系统性能的严重下降[8]。

习题

采样过程

6.1 在自然采样中，模拟信号 $g(t)$ 被乘以一个周期矩形脉冲串 $c(t)$，每个脉冲都具有单位面积。假设这个周期脉冲串的脉冲重复频率为 f_s，每个矩形脉冲的宽度为 $T(f_sT \ll 1)$。完成下列要求：

(a) 求出采用自然采样方法得到的信号 $s(t)$ 的频谱；可以假设 $t=0$ 时刻对应于 $c(t)$ 中矩形脉冲的中点。

(b) 证明只要满足采样定理条件，就可以根据自然采样结果准确恢复出原始信号 $g(t)$。

6.2 对于下列每个信号，确定其奈奎斯特速率和奈奎斯特间隔：

(a) $g(t)=\text{sinc}(200t)$。

(b) $g(t)=\text{sinc}^2(200t)$。

(c) $g(t)=\text{sinc}(200t)+\text{sinc}^2(200t)$。

6.3 在 6.2 节中对采样定理的讨论是局限于时域中给出的。对如何在频域中应用采样定理进行讨论。

脉冲幅度调制

6.4 图 P6.4 给出了一个消息信号 $m(t)$ 的理想频谱。采用平顶脉冲以 1 kHz 的速率对这个信号进行采样，每个脉冲都具有单位幅度且宽度为 0.1 ms。求出所得 PAM 信号的频谱并把它画出来。

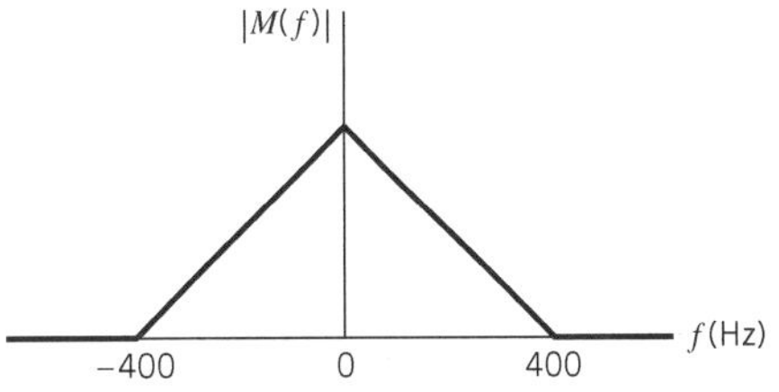

图 P6.4

6.5 在本题中，我们对 PAM 系统中针对孔径效应所需的均衡进行计算。工作频率为 $f=f_s/2$，它对应于采样率等于奈奎斯特速率的消息信号的最高频率分量。画出 $1/\text{sinc}(0.5T/T_s)$ 与 T/T_s 的关系曲线，然后求出当 $T/T_s=0.1$ 时所需的均衡。

6.6 考虑 PAM 波形经过一个具有高斯白噪声且最小带宽为 $B_T=1/(2T_S)$ 的信道进行传输，其中 T_S 是采样周期。噪声是零均值的，其功率谱密度为 $N_0/2$。PAM 信号采用的是一个标准脉冲 $g(t)$，其傅里叶变换为

$$G(f)=\begin{cases}\dfrac{1}{2B_T}, & |f|<B_T\\ 0, & |f|>B_T\end{cases}$$

考虑采用满载正弦调制波形，证明对于相同的平均发送功率，PAM 和基带信号传输的 SNR 也相同。

6.7 对 24 个话音信号进行均匀采样，然后将它们进行时分多路传输（Time-Division Multiplexed, TDM）。采样操作采用宽度为 1 μs 的平顶样本。复用操作包括增加一个具有足够幅度且宽度也为 1 μs 的额外脉冲来为同步进行准备。每个话音信号的最高频率分量为 3.4 kHz。

(a) 假设采样率为 8 kHz，计算多路复用信号相邻脉冲之间的间隔。

(b) 假设采用奈奎斯特速率进行采样，重复上题。

6.8 将带宽均为 10 kHz 的 12 个不同消息信号进行多路复用后传输。如果采用第 1 章中讨论的时分多路传输(TDM)方法进行多路复用/调制，确定所需的最小带宽。

脉冲编码调制

6.9 一个语音信号的总持续时间为 10 s。以 8 kHz 的速率对其进行采样后再编码。要求信号(量化)噪声比为 40 dB。计算容纳这段数字化语音信号所需的最小存储容量。

6.10 考虑输入-输出关系如图 6.9(a)所示的均匀量化器。假设将一个具有零均值和单位方差的高斯分布随机变量作为这个量化器的输入。

(a) 输入幅度位于-4～+4 范围以外的概率是多少？

(b) 利用(a)的结果，证明量化器的输出 SNR 为

$$(\text{SNR})_O = 6R - 7.2\ \text{dB}$$

其中，R 是每个样本的比特数。特别地，可以假设量化器输入范围为-4～+4。将(b)中所得结果与例 2 中的结果进行比较。

6.11 某个 PCM 系统采用一个均匀量化器后接一个 7 比特的二进制编码器。系统的比特率等于 50×10^6 比特/秒。

(a) 系统正常工作时的最大消息带宽是多少?

(b) 如果采用一个频率为 1 MHz 的满载正弦调制波作为输入，确定输出信号(量化)噪声比。

6.12 证明对于非均匀量化器，量化误差的均方值近似等于 $(1/12)\Sigma_i\Delta_i^2p_i$，其中 Δ_i是第 i 个步长，p_i 是输入信号幅度位于第 i 个区间的概率。假设步长 Δ_i与输入信号的偏移相比是很小的。

6.13 (a) 将幅度为 3.25 V 的正弦信号应用于一个中平型均匀量化器，量化器的输出取值为 0,±1,±2,±3 V。画出在输入的一个完整周期内得到的量化器输出的波形。

(b) 如果采用中升型量化器，并且其输出取值为 0.5,±1.5,±2.5,±3.5 V，重复上题。

6.14 采用一个 40 比特二进制 PCM 系统传输信号

$$m(t)\,(\mathrm{V}) = 6\sin(2\pi t)$$

量化器是中升型的，步长为 1 V。画出在输入的一个完整周期内得到的 PCM 波形。假设采样率为每秒 4 个样本，并且在 $t(s)=\pm1/8,\pm3/8,\pm5/8,\cdots$时刻进行采样。

6.15 图 P6.15 画出了一个 PCM 信号，它分别采用+1 V 和−1 V 的幅度级来表示二进制符号 1 和 0。所用的码字由三个比特组成。求出得到这个 PCM 信号的模拟信号的采样形式。

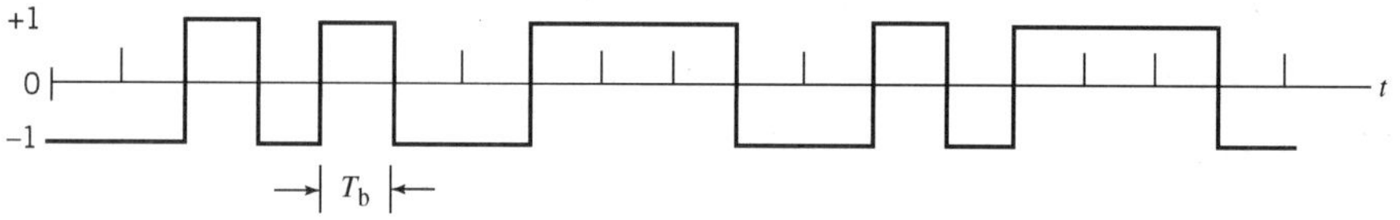

图 P6.15

6.16 考虑由$(n-1)$个再生中继器组成的中继链，对二进制 PCM 波形进行总数为 n 次的序贯判决，包括最后一次在接收机进行的判决。假设通过系统传输的任何二进制符号都具有独立概率 p_1。令 p_n表示一个二进制符号经过完整系统传输以后出现差错的概率。

(a) 证明

$$p_n = \frac{1}{2}[1-(1-2p_1)^n]$$

(b) 如果 p_1很小，n 不是很大，则 p_n的对应值是多少?

6.17 对 PCM 的再生中继器设计中涉及的一些基本问题进行讨论。

线性预测

6.18 一个单步线性预测器对正弦信号的采样形式进行处理。采样率等于 $10f_0$，其中，f_0是正弦信号的频率。预测器的单个系数被记为 w_1。

(a) 求出使预测误差方差最小化所需的 w_1的最优值。

(b) 求出预测误差方差的最小值。

6.19 一个平稳过程 $X(t)$的自相关函数具有下列值:

$$R_X(0) = 1$$

$$R_X(0) = 0.8$$

$$R_X(0) = 0.6$$

$$R_X(0) = 0.4$$

(a) 计算采用三个单位时间延迟的最优线性预测器的系数。

(b) 计算所得预测误差的方差。

6.20 重做习题 6.19，但是这里的线性预测器采用两个单位时间延迟。将这里得到的最优线性预测器的性能与习题 6.19 中的性能进行比较。

差分脉冲编码调制

6.21 一个 DPCM 系统采用具有单个抽头的线性预测器。输入信号的归一化自相关函数在延迟为一个采样间隔时的值为 0.75。设计预测器使预测误差方差最小化。求出采用这个预测器得到的处理增益。

6.22 计算采用最优三抽头线性预测器以后 DPCM 系统的处理增益提高了多少。在计算时，采用习题 6.19 中给出的输入信号的自相关函数值。

6.23 在本题中，我们将 DPCM 系统的性能与采用压扩方法的普通 PCM 系统的性能进行比较。

当量化等级数足够大时，PCM 系统的信号(量化)噪声比一般可以被定义为

$$10\lg(\mathrm{SNR})_O\ (\mathrm{dB}) = \alpha + 6n$$

其中，2^n 是量化等级数。对于采用 μ 律的压扩 PCM 系统，常数 α 本身可以被定义为

$$\alpha(\mathrm{dB}) \approx 4.77 - 20\lg\log(1+\mu)$$

另一方面，对于 DPCM 系统，常数 α 位于 $-3<\alpha<15$ dB 范围内。这里引用的公式适用于电话品质的语音信号。

将 DPCM 系统的性能与 $\mu=255$ 的 μ 压扩 PCM 系统的性能就下列情况进行比较：

(a) 在每个样本的比特数相同时，DPCM 实现的 $(\mathrm{SNR})_O$ 比压扩的 PCM 提高了多少？

(b) 在 $(\mathrm{SNR})_O$ 相同时，DPCM 与压扩 PCM 相比，所需的每个样本的比特数下降了多少？

6.24 在图 P6.24 所示的 DPCM 系统中，证明在没有信道噪声时，发射端和接收端的预测滤波器处理的输入信号差异很小。

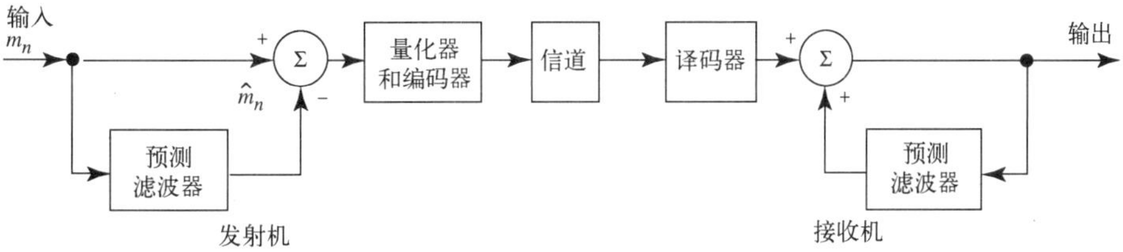

图 P6.24

6.25 图 P6.25 画出了 DPCM 系统中自适应量化的框图。这种量化属于后向估计类型，因为量化输出和预测误差的样本都被用于连续得到消息信号方差的后向估计值。在 n 时刻计算出的估计值被记为 $\hat{\sigma}^2_{m,n}$。给定这个估计值以后，改变步长以便与消息样本 m_n 的真实方差匹配，如下所示：

$$\Delta_n = \phi\hat{\sigma}^2_{m,n}$$

其中，$\hat{\sigma}^2_{m,n}$ 是标准差的估计值，ϕ 是一个常数。图 P6.25 中自适应策略的一个具有吸引力的特性是，量化输出和预测误差的样本都被用于计算预测器的系数。

对图 6.19(a) 中 DPCM 发射机的框图进行修改，以便包含具有后向估计的自适应预测 (Adaptive prediction with backward estimation)。

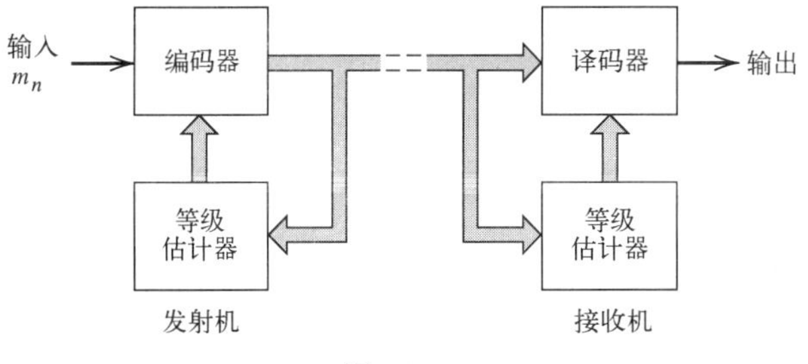

图 P6.25

增量调制

6.26 考虑一个测试信号 $m(t)$，它被定义为如下双曲正切函数：

$$m(t) = A\tanh(\beta t)$$

其中，A 和 β 是常数。确定对这个信号进行 DM 的最小步长 Δ，以避免斜率过载失真。

6.27 考虑一个频率为 f_m、幅度为 A_m 的正弦波，它被用于步长为 Δ 的增量调制器。证明如果

$$A_m > \frac{\Delta}{2\pi f_m T_s}$$

则将会出现斜率过载失真，其中 T_s 为采样周期。没有斜率过载失真时需要发送的最大功率是多少？

6.28 设计一个线性增量调制器来对受限于 3.4 kHz 的语音信号进行处理。调制器的技术规格如下：

- 采样率 = $10f_{\text{Nyquist}}$，其中 f_{Nyquist} 是语音信号的奈奎斯特速率。
- 步长 Δ = 100 mV。

利用一个 1 kHz 的正弦信号对调制器进行测试。确定为避免出现斜率过载失真所需的测试信号的最大幅度。

6.29 在本题中，我们将推导出 DM 系统的平均信号(量化)噪声比的经验公式，采用幅度为 A、频率为 f_m 的正弦信号作为测试信号。假设该系统产生的颗粒噪声的功率谱密度由下式决定：

$$S_N(f) = \frac{\Delta^2}{6f_s}$$

其中，f_s 为采样率，Δ 为步长(注意到如果将 PCM 中的 $\Delta/2$ 替换为 DM 中的 Δ，则这个公式基本上与 PCM 系统中量化噪声的功率谱密度相同)。DM 系统被设计用于处理带宽受限于 W 的模拟消息信号。

(a) 证明系统产生的平均量化噪声功率为

$$N = \frac{4\pi^2 A^2 f_m^2 W}{3f_s^3}$$

其中，假设步长 Δ 是按照习题 6.28 中所用公式来选取的，以避免斜率过载失真。

(b) 然后确定 DM 系统对正弦输入的信号(量化)噪声比。

6.30 考虑一个 DM 系统，它被设计用于处理带宽受限于 W = 5 kHz 的模拟消息信号。将一个幅度 A = 1 V、频率 f_m = 1 kHz 的正弦测试信号用于该系统。系统采样率为 50 kHz。

(a) 计算使斜率过载失真最小化所需的步长 Δ。

(b) 计算采用指定的正弦测试信号时系统的信号(量化)噪声比。

在上述计算过程中，可利用习题 6.29 得到的公式。

6.31 考虑一个带宽为 3 kHz 的低通信号。采用一个步长 Δ = 0.1 V 的线性 DM 系统来处理这个信号，采样率为奈奎斯特速率的 10 倍。

(a) 计算在不产生斜率过载失真的条件下，系统能够处理的频率为 1 kHz 的正弦测试信号的最大幅度。

(b) 对于(a)题中给定的条件，分别计算在(i)预滤波和(ii)后滤波条件下的输出 SNR。

6.32 在 DM 的传统形式中，量化器输入可以被视为输入消息信号 $m(t)$ 的导数(Derivative)的近似。这种工作方式会给 DM 带来一个缺点：传输扰动(如噪声)导致在解调信号中产生累积误差。这一缺点可以通过在 DM 前面对消息信号 $m(t)$ 进行积分(Integrating)来克服，这样可以得到下列三个有益的结果：

(a) 对 $m(t)$ 的低频成分进行了预校正处理。

(b) 增强了 $m(t)$ 的相邻样本之间的相关性，容易通过降低量化器输入端误差信号的方差来提高系统总体性能。

(c) 简化了接收机的设计。

这种 DM 策略被称为 Delta-sigma 调制。

构造一个 Delta-sigma 调制系统的框图，使之可以从下列意义上把这种系统解释为 1 比特 PCM 的“平滑”形式：

- 平滑意味着在量化以前对比较器输出进行了积分处理。
- 比特调制只是再次表明量化器是由只有两个量化等级的硬限幅器组成的。

解释与传统 DM 系统相比，Delta-sigma 调制系统的接收机是如何被简化的。

线路码

6.33 在本题中，我们将导出在 6.10 节中描述的 5 种线路码的功率谱计算公式，它们可以用来计算图 6.25 中的功率谱。在每种线路码情况下，比特宽度为 T_b，并且对脉冲幅度 A 进行调理，以使如图 6.25 所示那样使线路码的平均功率归一化为 1。假设数据流是随机产生的，并且符号 0 和符号 1 具有相等概率。

导出下面给出的这些线路码的功率谱密度公式：

(a) 单极性 NRZ 信号

$$S(f) = \frac{A^2 T_b}{4}\operatorname{sinc}^2(fT_b)\left(1 + \frac{1}{T_b}\delta(f)\right)$$

(b) 双极性 NRZ 信号

$$S(f) = A^2 T_b \operatorname{sinc}^2(fT_b)$$

(c) 单极性 RZ 信号

$$S(f) = \frac{A^2 T_b}{16}\operatorname{sinc}^2\left(\frac{fT_b}{2}\right)\left[1 + \frac{1}{T_b}\sum_{n=-\infty}^{\infty}\delta\left(f - \frac{n}{T_b}\right)\right]$$

(d) 双极性 RZ 信号

$$S(f) = \frac{A^2 T_b}{4}\operatorname{sinc}^2\left(\frac{fT_b}{2}\right)\sin^2(\pi f T_b)$$

(e) 曼彻斯特码信号

$$S(f) = \frac{A^2 T_b}{4}\operatorname{sinc}^2\left(\frac{fT_b}{2}\right)\sin^2\left(\frac{\pi f T_b}{2}\right)$$

然后对图 6.25 中给出的频谱图进行验证。

6.34 一个随机产生的数据流由等概率二进制符号 0 和 1 组成。它被编码为双极性 NRZ 波形，其中每个二进制符号被定义如下：

$$s(t) = \begin{cases} \cos\left(\dfrac{\pi t}{T_b}\right), & -\dfrac{T_b}{2} < t \leqslant \dfrac{T_b}{2} \\ 0, & \text{其他} \end{cases}$$

(a) 画出这样产生的波形，假设数据流为 00101110。

(b) 导出这个信号的功率谱密度表达式，并作图。

(c) 将这个随机波形的功率谱密度与习题 6.33 中(b)定义的功率谱密度进行比较。

6.35 给定数据流 1110010100，针对下列每种线路码画出传输的脉冲序列：

(a) 单极性 NRZ

(b) 双极性 NRZ

(c) 单极性 RZ

(d) 双极性 RZ

(e) 曼彻斯特码

计算机实验

**6.36 将一个频率为$f_0=10^4/2\pi$ Hz的正弦信号以速率8 kHz进行采样，然后应用于采样-保持电路，以产生一个脉冲宽度为$T=500\ \mu s$的平顶PAM信号$s(t)$。

(a) 计算PAM信号$s(t)$的波形。

(b) 计算$|S(f)|$，它表示PAM信号$s(t)$的幅度谱。

(c) 计算$|S(f)|$的包络。然后，证实这个包络第一次穿过零的频率等于$(1/T)=20$ kHz。

**6.37 在本题中，通过计算机仿真对采用μ律的压扩PCM系统和采用均匀量化器的对应系统进行性能比较。仿真采用幅度变化的正弦输入信号。

对于压扩PCM系统，表6.4描述了15段伪线性特征，它们组成了用于对式(6.48)中的对数μ律进行近似表示的15个线性分段，这里$\mu=255$。这样构造出的近似使得表6.4中每个分段的端点位于由式(6.48)计算出的压缩曲线上面。

(a) 利用表6.4描述的μ律，画出输出信噪比作为输入信噪比函数的变化曲线，这两个比值都采用分贝表示。

(b) 将(a)中计算的结果与具有256个量化等级的均匀量化器进行比较。

表6.4　15段压扩特征($\mu=255$)

线性分段编号	步长	每个分段的端点到水平轴上的投影
0	2	±31
1a,1b	4	±95
2a,2b	8	±223
3a,3b	16	±479
4a,4b	32	±991
5a,5b	64	±2015
6a,6b	128	±4063
7a,7b	256	±8159

**6.38 在这个实验中，我们对由下列递归关系表示的信号x_n的线性自适应预测进行研究：

$$x_n = 0.8x_{n-1}-0.1x_{n-2}+0.1v_n$$

其中，v_n取自一个具有零均值和单位方差的离散时间白噪声过程[以这种方法产生的过程被称为2阶自回归过程(Autoregressive process of order two)]。特别地，自适应预测是采用如下归一化LMS算法(Normalized LMS algorithm)完成的：

$$\hat{x}_n = \sum_{k=1}^{p} w_{k,n}x_{n-k}$$

$$e_n = x_n-\hat{x}_n$$

$$w_{k,n+1} = w_{k,n}+\mu\Big/\left(\sum_{k=1}^{p} x_{n-k}^2\right)x_{n-k}e_n,\quad k=1,2,\cdots,p$$

其中，p是预测阶数，μ是归一化步长参数。这里需要注意的重点是，μ是一个无量纲的量，算法的稳定性是通过按照下式选取μ值来保证的：

$$0<\mu<2$$

算法的初始条件设定为

$$w_{k,0}=0,\quad 所有\ k$$

算法的学习曲线(Learning curve)被定义为在指定参数值时均方值与迭代次数n的关系曲线，它是通过对算法的大量不同实现中e_n^2与n的关系曲线取平均以后得到的。

(a) 对于固定预测阶数$p=5$和步长取3个不同参数值$\mu=0.0075$，0.05和0.5的情况，画

出 x_n 的自适应预测学习曲线。

(b) 从(a)得到的学习曲线中能够发现什么结果?

****6.39** 在本题中，我们对自适应增量调制进行研究，其基本原理有如下两个方面：

1. 如果连续误差的极性相反，则增量调制以颗粒模式工作，在这种情况下步长 Δ 是减小的。
2. 另一方面，如果连续误差的极性相同，则增量调制以斜率过载模式工作，在这种情况下步长 Δ 是增大的。

在图 P6.39(a)和图 P6.39(b)中，分别画出了自适应增量调制器发射机和接收机的框图，其中在自适应过程的每次迭代时步长 Δ 以 50%的因子增大或者减小，如下所示：

$$\Delta_n = \begin{cases} \dfrac{\Delta_{n-1}}{m_{q,n}}(m_{q,n} + 0.5m_{q,n-1}), & \Delta_{n-1} \geqslant \Delta_{\min} \\ \Delta_{\min}, & \Delta_{n-1} < \Delta_{\min} \end{cases}$$

其中，Δ_n是自适应算法的第 n 次迭代(时间步)的步长，$m_{q,n}$是 1 比特量化器的输出，它等于±1。

技术指标：应用于发射机的输入信号是下列正弦信号：

$$m_t = A\sin(2\pi f_{\mathrm{m}} t)$$

其中，$A=10$ 并且 $f_{\mathrm{m}}=f_{\mathrm{s}}/100$，$f_{\mathrm{s}}$是采样频率；对于所有 n，步长 $\Delta_n=1$；$\Delta_{\min}=1/8$。

(a) 利用上述自适应算法，通过计算机画出正弦调制信号一个完整周期的波形，并且显示出在发射机中编码调制器的输出。

(b) 在同样技术指标条件下，采用线性调制方法重复上述计算。

(c) 对本题(a)和(b)中所得结果进行评价。

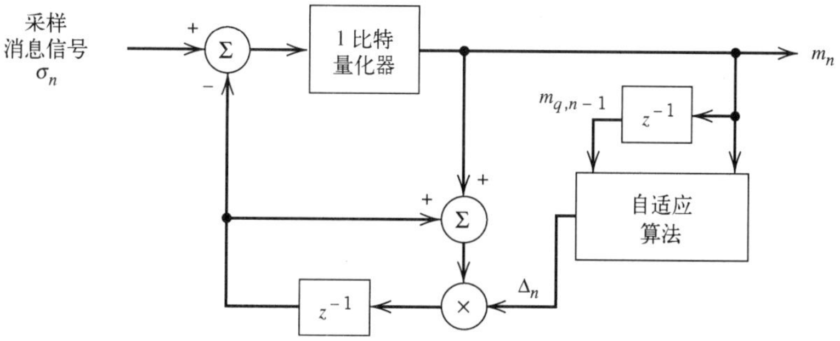

(a)

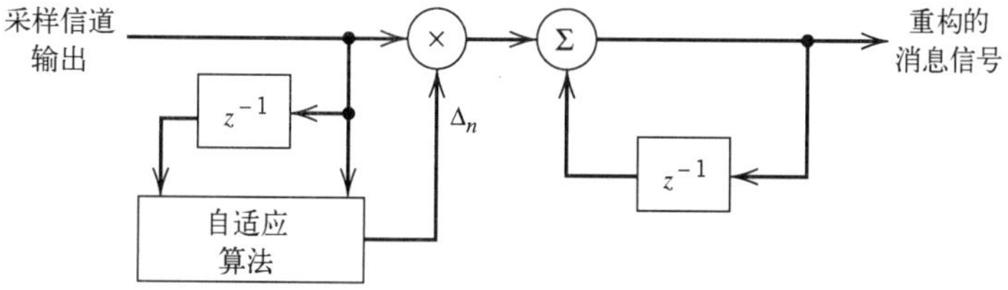

(b)

图 P6.39

注释

[1] 关于信号处理和通信中对量化噪声的深入研究，可以参考 Widrow and Kollar(2008)。

[2] 标量量化器最优化的两个必要条件式(3.42)和式(3.47)是由 Lloyd(1957)和 Max(1960)独立发表的，因此取名为“Lloyd-Max 量化器”。本章对这两个最优条件的推导是根据 Gersho 和 Gray(1992)的著作给出的。

[3] 在美国、加拿大和日本采用μ律。而在欧洲则采用A律进行信号压缩。

[4] 在实际的 PCM 系统中，压扩电路不会产生与图 6.14 中完全相同的非线性压缩曲线。相反，它会提供期望曲线的分段线性(Piecewise linear)近似。通过采用数量足够多的线性分段，分段近似可以与真实的压缩曲线非常接近，对于这个问题的详细讨论，可以参考 Bellamy(1991)。

[5] 关于模拟调制系统尤其是 FM 系统中噪声的讨论，可以参考《通信系统》一书的第 4 章(Haykin，2001)。

[6] 为了简化符号，在式(6.70)中采用$\boldsymbol{R}_M$表示自相关矩阵，而不是像第 4 章中那样对随机过程采用$\boldsymbol{R}_{MM}$表示自相关矩阵。为了找到这种简化的根据，读者可以参考式(6.79)。由于同样的原因，从此以后本章采用的惯例会在后续章节中继续用来表示自相关矩阵和功率谱密度。

[7] 按照式(6.77)得到的最优预测器被称为维纳滤波器(Wiener filter)的一种特例。

[8] 关于采用具有前向估计和后向估计的自适应量化的自适应 DPCM 系统的详细讨论，读者可以参考经典著作(Jayant and Noll，1984)。

第 7 章　在 AWGN 信道上传输信号

7.1　引言

第 6 章讨论了将模拟波形转化为编码脉冲的问题，这代表从模拟通信向数字通信的转变。这种转变是由下列几个因素引起的：

1. 数字硅片、数字信号处理和计算机技术的持续加快发展，反过来促进了数字硅片的进一步增强，从而不断地重复这种提升周期。
2. 可靠性的不断提高，数字通信把可靠性提高到了远远大于模拟通信能够达到的程度。
3. 用户复用的应用范围更加广泛，这是采用数字调制技术实现的。
4. 通信网络，不管它采用哪种形式，采用数字通信技术都是首选。

由于这些不可抗拒的因素，有理由说我们已经生活在一个“数字通信世界”中了。比如，考虑两台数字计算机的远程连接，其中一台计算机作为信息源，它根据观测和提供给它的输入计算数字输出；另一台计算机则作为信息的接收方。信源输出是由 1 和 0 序列组成的，它每隔 T_b 秒发送一个二进制符号(Binary symbol)。数字通信系统的发射部分收到源计算机发送的 1 和 0 序列，然后将它们编码为适合在模拟信道上传输的不同信号，分别被记为 $s_1(t)$ 和 $s_2(t)$。$s_1(t)$ 和 $s_2(t)$ 都是实值能量信号(Real-valued energy signal)，如下所示：

$$E_i = \int_0^{T_b} s_i^2(t)\,dt, \qquad i = 1, 2 \tag{7.1}$$

如果将模拟信道表示为 AWGN 模型，如图 7.1 所示，则接收信号(Received signal)被定义为

$$x(t) = s_i(t) + w(t), \qquad \begin{cases} 0 \leqslant t \leqslant T_b \\ i = 1, 2 \end{cases} \tag{7.2}$$

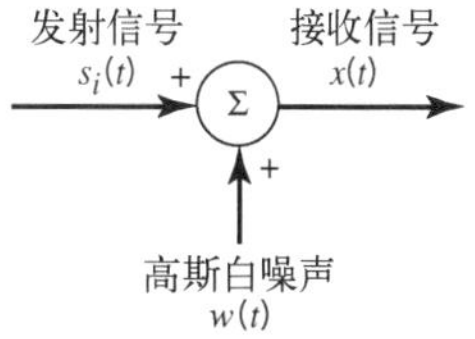

图 7.1　信道的 AWGN 模型

其中，$w(t)$ 是信道噪声(Channel noise)。接收机的任务是对接收信号 $x(t)$ 观测 T_b 秒，然后对发送信号 $s_i(t)$ 或者等效的第 i 个符号($i=1,2$)进行估计(Estimate)。然而，由于存在着信道噪声，接收机不可避免地会偶尔出现差错(Error)。因此，要求设计的接收机能够使下式定义的平均误符号率最小化(Minimize the average probability of symbol error)：

$$P_e = \pi_1 \mathbb{P}(\hat{m} = 0 | 1 \ \text{sent}) + \pi_2 \mathbb{P}(\hat{m} = 1 | 0 \ \text{sent}) \tag{7.3}$$

其中，π_1 和 π_2 分别是发射符号 1 和 0 的先验概率(Prior probabilities)，$\hat{m}$ 是信源发送的符号 1 或 0 的估计值，它是由接收机计算得到的。$\mathbb{P}(\hat{m}=0 \mid 1)$ 和 $\mathbb{P}(\hat{m}=1 \mid 0)$ 是条件概率。

使接收机输出与信源发送符号之间的平均误符号率达到最小化，其动机在于使数字通信系统尽可能可靠(Reliable)。对于包含 M 进制字符集(M-ary alphabet)的系统，其符号被记为 $m_1, m_2, \cdots, m_M$，为了在这种一般情形下实现这个重要的设计目标，我们必须理解下列两个基本问题：

1. 如何对接收机进行最优设计，以便使平均误符号率达到最小化。
2. 如何选取一组信号 $s_1(t), s_2(t), \cdots, s_M(t)$ 来分别表示符号 $m_1, m_2, \cdots, m_M$，因为其选择也会对平均误符号率产生影响。

关键的问题是，如何从原理上深刻理解这两个问题。从信号的几何表示(Geometric representation of signal)中可以找到这个基本问题的答案。

7.2 信号的几何表示

对信号进行几何表示[1]的本质，是将由 M 个能量信号 $\{s_i(t)\}$ 组成的任意集合表示为 N 个标准正交基函数(Orthonormal basis function)的线性组合，其中 $N\leqslant M$。也就是说，给定一组实值能量信号 $s_1(t),s_2(t),\cdots,s_M(t)$，每个信号的持续时间都为 T 秒，我们可以写出

$$s_i(t)=\sum_{j=1}^{N}s_{ij}\phi_j(t),\qquad \begin{cases}0\leqslant t\leqslant T\\ i=1,2,\cdots,M\end{cases} \tag{7.4}$$

其中，展开系数被定义为

$$s_{ij}=\int_0^T s_i(t)\phi_j(t)\,\mathrm{d}t,\qquad \begin{cases}i=1,2,\cdots,M\\ j=1,2,\cdots,N\end{cases} \tag{7.5}$$

实值基函数 $\phi_1(t),\phi_2(t),\cdots,\phi_N(t)$ 构成了一个标准正交集(Orthonormal set)，这意味着

$$\int_0^T \phi_i(t)\phi_j(t)\,\mathrm{d}t=\delta_{ij}=\begin{cases}1, & i=j\\ 0, & i\neq j\end{cases} \tag{7.6}$$

其中，δ_{ij} 是 Kronecker delta 函数(δ 函数)。式(7.6)中的第一个条件说明每个基函数都被归一化(Normalized)为具有单位能量。第二个条件说明基函数 $\phi_1(t),\phi_2(t),\cdots,\phi_N(t)$ 在区间 $0\leqslant t\leqslant T$ 上是相互正交的(Orthogonal)。

对于指定的 i，这组系数 $\{s_{ij}\}_{j=1}^{N}$ 可以被视为一个 N 维信号向量(N-dimensional signal vector)，将其记为 $\boldsymbol{s}_i$。这里需要注意的重点是，向量 $\boldsymbol{s}_i$ 与发射信号 $s_i(t)$ 之间具有一一对应(one-to-one)关系：

- 如果给定向量 $\boldsymbol{s}_i$ 的 N 个元素作为输入，则我们可以采用图 7.2(a)所示的方法产生出信号 $s_i(t)$，这是从式(7.4)直接得到的。这个图是由 N 个乘法器后接一个加法器组成的，其中每个乘法器都有自己的基函数。图 7.2(a)中的方案可以被视为一个合成器(Synthesizer)。
- 反之，如果给定信号 $s_i(t)$ 作为输入，其中 $i=1,2,\cdots,M$，则可以采用图 7.2(b)所示方法计算出系数 $s_{i1},s_{i2},\cdots,s_{iN}$，这是从式(7.5)直接得到的。这第二个方案是由具有公共输入的 N 个乘积-积分器(Product-integrator)或者相关器(Correlator)组成的，其中每个相关器都有自己的基函数。图 7.2(b)中的方案可以被视为一个分析器(Analyzer)。

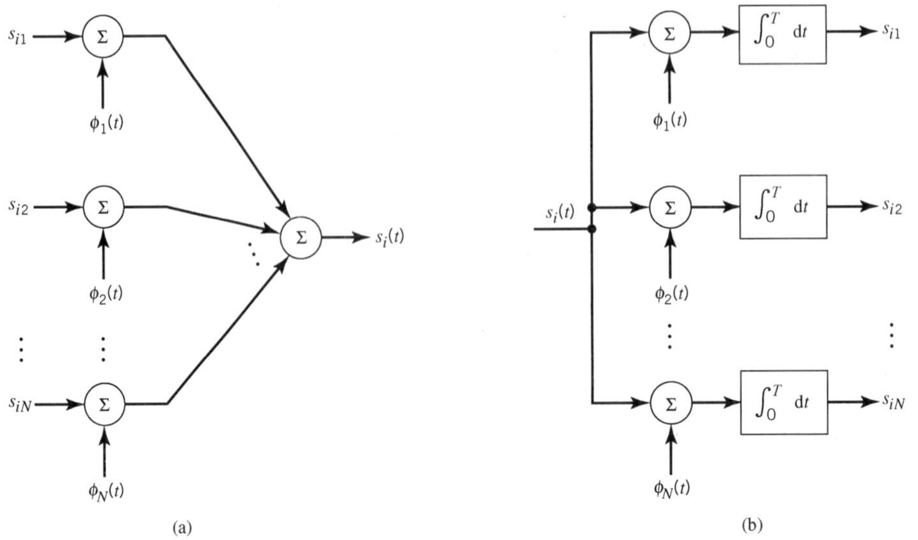

图 7.2 (a) 产生信号 $s_i(t)$ 的合成器；(b) 重构信号向量 $\{\boldsymbol{s}_i\}$ 的分析器

因此，我们可以说在集合$\{s_i(t)\}$中的每个信号都可以由下列信号向量完全确定：

$$\boldsymbol{s}_i = \begin{bmatrix} s_{i1} \\ s_{i2} \\ \vdots \\ s_{iN} \end{bmatrix}, \qquad i = 1, 2, \cdots, M \qquad (7.7)$$

另外，如果我们从概念上将传统的二维和三维欧几里得空间推广到 N 维欧几里得空间（N-dimensional Euclidean space），则可以将信号向量集合$\{\boldsymbol{s}_i \mid i = 1,2,\cdots,M\}$视为定义在一个 N 维欧几里得空间中对应的 M 个点构成的集合，这个空间具有 N 个相互垂直的轴，它们分别被标记为 $\phi_1, \phi_2, \cdots, \phi_N$。这个 N 维欧几里得空间被称为信号空间（Signal space）。

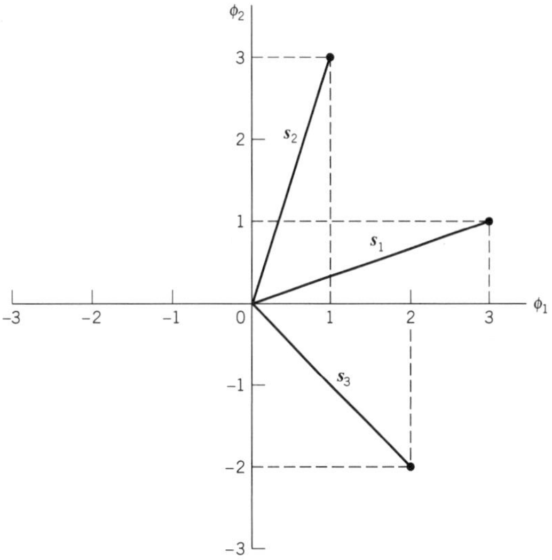

图 7.3　信号的几何表示示意图，以$N=2$及$M=3$的情形为例

像上面描述的那样从几何上来看待一组能量信号的思想具有深刻的理论意义和重要的实际价值。它以一种在概念上令人满意的方式为能量信号的几何表示提供了数学基础。在图 7.3 中，针对具有三个信号的二维信号空间即 $N=2$ 和 $M=3$ 的情形，举例说明了这种表示方法。

在 N 维欧几里得空间中，我们可以定义向量的长度（Length）和向量之间的角度（Angle）。习惯上采用符号$\|\boldsymbol{s}_i\|$来表示信号向量$\boldsymbol{s}_i$的长度［也被称为绝对值（Absolute value）或者范数（Norm）］。任何信号向量$\boldsymbol{s}_i$的长度的平方被定义为$\boldsymbol{s}_i$与其自身的内积（Inner product）或者点积（Dot product），如下所示：

$$\begin{aligned} \|\boldsymbol{s}_i\|^2 &= \boldsymbol{s}_i^{\mathrm{T}} \boldsymbol{s}_i \\ &= \sum_{j=1}^{N} s_{ij}^2, \qquad i = 1, 2, \cdots, M \end{aligned} \qquad (7.8)$$

其中，s_{ij}是$\boldsymbol{s}_i$的第 j 个元素，上标 T 表示矩阵转置。

在信号的能量和它的向量表示之间具有一种有趣的关系。根据定义，持续时间为 T 秒的信号$s_i(t)$的能量为

$$E_i = \int_0^T s_i^2(t)\,\mathrm{d}t, \qquad i = 1, 2, \cdots, M \qquad (7.9)$$

因此，将式(7.4)代入式(7.9)中，可以得到

$$E_i = \int_0^T \left[\sum_{j=1}^{N} s_{ij}\phi_j(t)\right]\left[\sum_{k=1}^{N} s_{ik}\phi_k(t)\right] \mathrm{d}t$$

由于上式中求和与积分都是线性运算，因此可以交换它们的顺序，然后重新整理各项以后得到

$$E_i = \sum_{j=1}^{N}\sum_{k=1}^{N} s_{ij}s_{ik}\int_0^T \phi_j(t)\phi_k(t)\,\mathrm{d}t \qquad (7.10)$$

由于根据定义可知，按照式(7.6)中的两个条件，$\phi_j(t)$构成了一个标准正交集合，我们发现式(7.10)可以简化为

$$\begin{aligned} E_i &= \sum_{j=1}^{N} s_{ij}^2 \\ &= \|\boldsymbol{s}_i\|^2 \end{aligned} \qquad (7.11)$$

因此，式(7.8)和式(7.11)表明，能量信号 $s_i(t)$ 的能量等于对应的信号向量 $\boldsymbol{s}_i$ 的长度的平方。

对于分别由信号向量 $\boldsymbol{s}_i$ 和 $\boldsymbol{s}_k$ 表示的一对信号 $s_i(t)$ 和 $s_k(t)$，我们也可以证明

$$\int_0^T s_i(t)s_k(t)\,\mathrm{d}t = \boldsymbol{s}_i^{\mathrm{T}}\boldsymbol{s}_k \tag{7.12}$$

式(7.12)指出：

能量信号 $s_i(t)$ 和 $s_k(t)$ 在区间 $[0,T]$ 上的内积等于它们各自的向量表示 $\boldsymbol{s}_i$ 和 $\boldsymbol{s}_k$ 的内积。

需要注意的是，内积 $\boldsymbol{s}_i^{\mathrm{T}}\boldsymbol{s}_k$ 对于基函数 $\{\phi_j(t)\}_{j=1}^N$ 的选择是不变的(Invariant)，因为它只取决于信号 $s_i(t)$ 和 $s_k(t)$ 在每个基函数上投影的分量。

然而，另一个涉及能量信号 $s_i(t)$ 和 $s_k(t)$ 的向量表示的有用关系是

$$\begin{aligned}\|\boldsymbol{s}_i-\boldsymbol{s}_k\|^2 &= \sum_{j=1}^{N}(s_{ij}-s_{kj})^2 \\ &= \int_0^T (s_i(t)-s_k(t))^2\,\mathrm{d}t\end{aligned} \tag{7.13}$$

其中，$\|\boldsymbol{s}_i-\boldsymbol{s}_k\|$ 是由信号向量 $\boldsymbol{s}_i$ 和 $\boldsymbol{s}_k$ 表示的点之间的欧几里得距离(Euclidean distance) d_{ik}。

为了完善能量信号的几何表示，我们还需要表示两个信号向量 $\boldsymbol{s}_i$ 和 $\boldsymbol{s}_k$ 之间的夹角 θ_{ik}。根据定义，角度 θ_{ik} 的余弦等于这两个向量的内积除以它们各自范数的乘积，如下所示：

$$\cos(\theta_{ik}) = \frac{\boldsymbol{s}_i^{\mathrm{T}}\boldsymbol{s}_k}{\|\boldsymbol{s}_i\|\|\boldsymbol{s}_k\|} \tag{7.14}$$

因此，如果两个向量 $\boldsymbol{s}_i$ 和 $\boldsymbol{s}_k$ 的内积 $\boldsymbol{s}_i^{\mathrm{T}}\boldsymbol{s}_k$ 等于零，则它们是相互正交的或者相互垂直的，在这种情况下，$\theta_{ik}=90°$；这个条件从直观上看是令人信服的。

▷

例 1 Schwarz 不等式

考虑任意一对能量信号 $s_1(t)$ 和 $s_2(t)$。Schwarz 不等式(Schwarz inequality)表明

$$\left(\int_{-\infty}^{\infty} s_1(t)s_2(t)\,\mathrm{d}t\right)^2 \leqslant \left(\int_{-\infty}^{\infty} s_1^2(t)\,\mathrm{d}t\right)\left(\int_{-\infty}^{\infty} s_2^2(t)\,\mathrm{d}t\right) \tag{7.15}$$

当且仅当 $s_2(t)=cs_1(t)$ 时，上述等式成立，其中 c 为任意常数。

为了证明这个重要的不等式，设 $s_1(t)$ 和 $s_2(t)$ 可以通过一对标准正交基函数 $\phi_1(t)$ 和 $\phi_2(t)$ 表示如下：

$$s_1(t) = s_{11}\phi_1(t)+s_{12}\phi_2(t)$$

$$s_2(t) = s_{21}\phi_1(t)+s_{22}\phi_2(t)$$

其中，$\phi_1(t)$ 和 $\phi_2(t)$ 在时间区间 $(-\infty,\infty)$ 上满足下列标准正交条件：

$$\int_{-\infty}^{\infty}\phi_i(t)\phi_j(t)\,\mathrm{d}t = \delta_{ij} = \begin{cases}1, & j=i\\ 0, & \text{其他}\end{cases}$$

在此基础上，我们可以将信号 $s_1(t)$ 和 $s_2(t)$ 用下列两对向量分别表示，如图 7.4 所示。

$$\boldsymbol{s}_1 = \begin{bmatrix}s_{11}\\ s_{12}\end{bmatrix}$$

$$\boldsymbol{s}_2 = \begin{bmatrix}s_{21}\\ s_{22}\end{bmatrix}$$

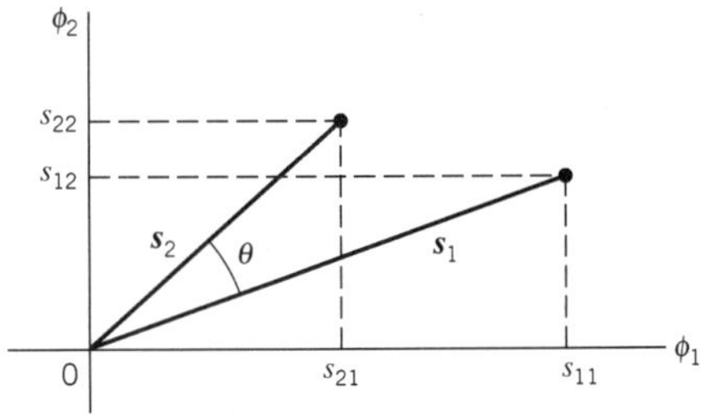

图 7.4 信号 $s_1(t)$ 和 $s_2(t)$ 的向量表示，为证明Schwarz不等式提供背景图示

从图 7.4 中，我们很容易发现向量 $\boldsymbol{s}_1$ 和 $\boldsymbol{s}_2$ 之间的夹角 θ 的余弦为

$$\cos\theta = \frac{\boldsymbol{s}_1^{\mathrm{T}}\boldsymbol{s}_2}{\|\boldsymbol{s}_1\|\|\boldsymbol{s}_2\|}$$
$$= \frac{\int_{-\infty}^{\infty} s_1(t)s_2(t)\,\mathrm{d}t}{\left(\int_{-\infty}^{\infty} s_1^2(t)\,\mathrm{d}t\right)^{1/2}\left(\int_{-\infty}^{\infty} s_2^2(t)\,\mathrm{d}t\right)^{1/2}} \tag{7.16}$$

其中，我们用到了式(7.14)和式(7.12)。考虑到 $|\cos\theta| \leqslant 1$，于是根据式(7.16)立即可以得到 Schwarz 不等式(7.15)。另外，从式(7.16)的第一行可以注意到，当且仅当 $\boldsymbol{s}_2 = c\boldsymbol{s}_1$ 即 $s_2(t) = cs_1(t)$ 时，$|\cos\theta| = 1$，其中 c 是一个任意常数。

上面给出的 Schwarz 不等式的证明适用于实值信号。它可以很容易地被推广到复数值信号，在这种情况下，式(7.15)被重新表示为

$$\left|\int_{-\infty}^{\infty} s_1(t)s_2^*(t)\,\mathrm{d}t\right| \leqslant \left(\int_{-\infty}^{\infty} |s_1(t)|^2\,\mathrm{d}t\right)^{1/2}\left(\int_{-\infty}^{\infty} |s_2(t)|^2\,\mathrm{d}t\right)^{1/2} \tag{7.17}$$

其中，星号“ * ”表示复共轭，当且仅当 $s_2(t) = cs_1(t)$ 时等式成立，这里 c 是一个常数。

Gram-Schmidt 正交化方法

在通过例子展示了能量信号的几何表示的简洁性之后，我们如何用数学语言来证明它呢？这个问题的答案在于 Gram-Schmidt 正交化方法(Gram-Schmidt orthogonalization procedure)，为此我们需要基函数的完全标准正交集(Complete orthonormal set of basis function)。为了用公式表示这种方法，假设有 M 个能量信号，分别被记为 $s_1(t), s_2(t), \cdots, s_M(t)$。从这个集合中任意选取的 $s_1(t)$ 开始，第一个基函数被确定为

$$\phi_1(t) = \frac{s_1(t)}{\sqrt{E_1}} \tag{7.18}$$

其中，E_1是信号 $s_1(t)$ 的能量。

于是，显然可以得到

$$s_1(t) = \sqrt{E_1}\,\phi_1(t)$$
$$= s_{11}(t)\phi_1(t)$$

其中，系数 $s_{11} = \sqrt{E_1}$，并且 $\phi_1(t)$ 如所需那样具有单位能量。

下一步，利用信号 $s_2(t)$，将系数 s_{21} 定义为

$$s_{21} = \int_0^T s_2(t)\phi_1(t)\,\mathrm{d}t$$

于是，可以引入一个新的中间函数

$$g_2(t) = s_2(t) - s_{21}\phi_1(t) \tag{7.19}$$

根据 s_{21} 的定义以及基函数 $\phi_1(t)$ 具有单位能量这一事实，可知在区间 $0 \leqslant t \leqslant T$ 上 $g_2(t)$ 与 $\phi_1(t)$ 正交。现在，可以将第二个基函数定义为

$$\phi_2(t) = \frac{g_2(t)}{\sqrt{\int_0^T g_2^2(t)\,\mathrm{d}t}} \tag{7.20}$$

将式(7.19)代入式(7.20)并做简化处理，得到下列期望结果：

$$\phi_2(t) = \frac{s_2(t) - s_{21}\phi_1(t)}{\sqrt{E_2 - s_{21}^2}} \tag{7.21}$$

其中，E_2是信号 $s_2(t)$的能量。根据式(7.20)，我们很容易发现

$$\int_0^T \phi_2^2(t)\,\mathrm{d}t = 1$$

在这种情况下，由式(7.21)得到

$$\int_0^T \phi_1(t)\phi_2(t)\,\mathrm{d}t = 0$$

也就是说，$\phi_1(t)$和$\phi_2(t)$构成了所需的标准正交对。

以上述方式继续这种程序，一般可以定义

$$g_i(t) = s_i(t) - \sum_{j=1}^{i-1} s_{ij}\phi_j(t) \tag{7.22}$$

其中，系数 s_{ij}被定义为

$$s_{ij} = \int_0^T s_i(t)\phi_j(t)\,\mathrm{d}t, \qquad j = 1, 2, \cdots, i-1$$

当 $i=1$ 时，函数 $g_i(t)$退化为 $s_i(t)$。

给定 $g_i(t)$，我们现在可以定义一组下面的基函数：

$$\phi_i(t) = \frac{g_i(t)}{\sqrt{\int_0^T g_i^2(t)\,\mathrm{d}t}}, \qquad j = 1, 2, \cdots, N \tag{7.23}$$

它们构成了一个标准正交集。维数 N 小于或者等于给定信号的个数 M，这是由下列两种可能之一来决定的：

- 信号 $s_1(t)$，$s_2(t)$，…，$s_M(t)$构成了一个线性独立集合，在这种情况下 $N=M$。
- 信号 $s_1(t)$，$s_2(t)$，…，$s_M(t)$不是线性独立的，在这种情况下 $N<M$，并且当 $i>N$ 时，中间函数 $g_i(t)$等于零。

注意到第 2 章讨论的周期信号的传统傅里叶级数展开可以被视为 Gram-Schmidt 正交化方法的一种特殊情况。另外，在第 6 章中讨论的利用奈奎斯特速率采样得到的样本表示一个带限信号也可以被视为这种方法的另一种特殊情况。然而，在这样说的时候，需要注意下列两个重要区别：

1. 基函数 $\phi_1(t)$，$\phi_2(t)$，…，$\phi_N(t)$的形式是没有指定的。也就是说，与周期信号的傅里叶级数展开或者带限信号的样本表示不同的是，我们并没有将 Gram-Schmidt 正交化方法限制为采用正弦函数(如傅里叶级数中那样)或者时间的 Sinc 函数(如采样过程中那样)。
2. 采用有限项数来展开信号 $s_i(t)$不是一种只有前面 N 项才重要的近似方法；相反，它是一种准确的表示方法，其中有且只有 N 项是重要的。

例 2 2B1Q 码

2B1Q 码是北美地区采用的线路码，它是针对一种被称为数字用户线的特殊调制解调器设计的。这种码将四进制 PAM 信号表示为表 7.1 中的格雷码字符集。这 4 种可能的信号 $s_1(t)$，$s_2(t)$，$s_3(t)$和 $s_4(t)$都是奈奎斯特脉冲的幅度标度形式。每个信号由一个二位组(dibit，即两个比特)表示。我们感兴趣的问题是找出 2B1Q 码的向量表示。

这个例子比较简单，可以通过验证法来解决它。令 $\phi_1(t)$表示被归一化为具有单位能量的脉冲。这样定义的 $\phi_1(t)$是 2B1Q 码向量表示的唯一的基函数。因此，这个码的信号空间表示如图 7.5 所示。它是由 4 个信号向量 $\boldsymbol{s}_1$，$\boldsymbol{s}_2$，$\boldsymbol{s}_3$和 $\boldsymbol{s}_4$组成的，这些向量都围绕原点以对称方式位于 ϕ_1 轴上。在本例中，$M=4$ 且 $N=1$。

表 7.1　2B1Q 码的幅度电平

信号	幅度	格雷码
$s_1(t)$	-3	00
$s_2(t)$	-1	01
$s_3(t)$	+1	11
$s_4(t)$	+3	10

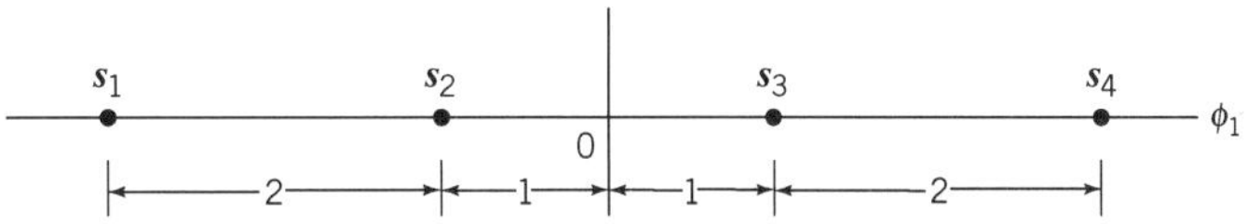

图 7.5　2B1Q 码的信号空间表示

可以将图 7.5 中画出的 2B1Q 码的结果推广如下：一个 M 进制 PAM 信号的信号空间图通常是一维的，并且在图中唯一的轴上均匀分布着 M 个信号点。

7.3　将连续 AWGN 信道转化为向量信道

假设图 7.2(b) 中 N 个乘积积分器或者相关器的输入不是发射信号 $s_i(t)$，而是根据图 7.1 中的 AWGN 信道定义的接收信号 $x(t)$。也就是说

$$x(t) = s_i(t) + w(t), \qquad \begin{cases} 0 \leqslant t \leqslant T \\ i = 1, 2, \cdots, M \end{cases} \tag{7.24}$$

其中，$w(t)$ 是具有零均值且功率谱密度为 $N_0/2$ 的高斯白噪声过程 $W(t)$ 的样本函数。相应地，我们发现第 j 个相关器的输出是随机变量 X_j 的样本值，这个样本值被定义为

$$\begin{aligned} x_j &= \int_0^T x(t)\phi_j(t)\,\mathrm{d}t \\ &= s_{ij} + w_j, \qquad j = 1, 2, \cdots, N \end{aligned} \tag{7.25}$$

上式中第一个分量 s_{ij} 是发射信号 $s_i(t)$ 产生的确定性分量 x_j，如下所示：

$$s_{ij} = \int_0^T s_i(t)\phi_j(t)\,\mathrm{d}t \tag{7.26}$$

第二个分量 w_j 是信道噪声 $w(t)$ 产生的随机变量 W_j 的样本值，如下所示：

$$w_j = \int_0^T w(t)\phi_j(t)\,\mathrm{d}t \tag{7.27}$$

下面，考虑一个新的随机过程 $X'(t)$，其样本函数 $x'(t)$ 与接收信号 $x(t)$ 的关系为

$$x'(t) = x(t) - \sum_{j=1}^{N} x_j\phi_j(t) \tag{7.28}$$

将式(7.24)和式(7.25)代入式(7.28)中，然后利用式(7.4)中的展开式，可以得到

$$\begin{aligned} x'(t) &= s_i(t) + w(t) - \sum_{j=1}^{N} (s_{ij} + w_j)\phi_j(t) \\ &= w(t) - \sum_{j=1}^{N} w_j\phi_j(t) \\ &= w'(t) \end{aligned} \tag{7.29}$$

于是，样本函数 $x'(t)$ 只取决于信道噪声 $w(t)$。根据式(7.28)和式(7.29)，可以将接收信号表示为

$$\begin{aligned} x(t) &= \sum_{j=1}^{N} x_j\phi_j(t) + x'(t) \\ &= \sum_{j=1}^{N} x_j\phi_j(t) + w'(t) \end{aligned} \tag{7.30}$$

因此，我们可以将 $w'(t)$ 视为一个余项(Remainder)，在式(7.30)右边必须包含该项以使等式成立。将接收信号 $x(t)$ 的展开式(7.30)与发射信号 $s_i(t)$ 的相应展开式(7.4)进行比较是有益的：与发射机相关的展开式(7.4)完全是确定性的；另一方面，由于在接收机输入中存在着信道噪声，展开式(7.30)则是随机性的。

相关器输出的统计特征

现在，我们希望描述 N 个相关器输出的统计特征。令 $X(t)$ 表示随机过程，其样本函数可以用接收信号 $x(t)$ 表示。相应地，令 X_j 表示随机变量，其样本值由相关器输出 x_j 表示，其中 $j=1,2,\cdots,N$。按照图 7.1 中的 AWGN 模型，随机过程 $X(t)$ 是一个高斯过程。因此，根据高斯过程的性质 1(参见第 4 章)可知，对于所有 j，X_j 都是高斯随机变量。于是，X_j 完全由其均值和方差来表征，下面将讨论如何确定出它们。

令 W_j 表示随机变量，它是由第 j 个相关器对高斯白噪声分量 $w(t)$ 的响应输出 w_j 作为其样本值来表示的。根据定义，图 7.1 的 AWGN 模型中 $w(t)$ 表示的信道噪声过程 $W(t)$ 具有零均值，所以随机变量 W_j 也具有零均值。因此，X_j 的均值只取决于 s_{ij}，如下所示：

$$\begin{aligned}\mu_{X_j} &= \mathbb{E}[X_j] \\ &= \mathbb{E}[s_{ij}+W_j] \\ &= s_{ij}+\mathbb{E}[W_j] \\ &= s_{ij}\end{aligned} \tag{7.31}$$

为了求出 X_j 的方差，首先从其下列定义开始：

$$\begin{aligned}\sigma_{X_j}^2 &= \text{var}[X_j] \\ &= \mathbb{E}[(X_j-s_{ij})^2] \\ &= \mathbb{E}[W_j^2]\end{aligned} \tag{7.32}$$

上式最后一行是将式(7.25)中的 x_j 和 w_j 分别替换为 X_j 和 W_j 得到的。根据式(7.27)可知，随机变量 W_j 被确定为

$$W_j = \int_0^T W(t)\phi_j(t)\,\mathrm{d}t$$

于是，我们可以将式(7.32)展开为

$$\begin{aligned}\sigma_{X_j}^2 &= \mathbb{E}\int_0^T W(t)\phi_j(t)\,\mathrm{d}t\int_0^T W(u)\phi_j(u)\,\mathrm{d}u \\ &= \mathbb{E}\left[\int_0^T\int_0^T \phi_j(t)\phi_j(u)W(t)W(u)\,\mathrm{d}t\,\mathrm{d}u\right]\end{aligned} \tag{7.33}$$

上式中由于积分和求期望都是线性运算，因此可以交换它们的顺序，得到

$$\begin{aligned}\sigma_{X_j}^2 &= \int_0^T\int_0^T \phi_j(t)\phi_j(u)\mathbb{E}[W(t)W(u)]\,\mathrm{d}t\,\mathrm{d}u \\ &= \int_0^T\int_0^T \phi_j(t)\phi_j(u)R_W(t,u)\,\mathrm{d}t\,\mathrm{d}u\end{aligned} \tag{7.34}$$

其中，$R_W(t,u)$ 是噪声过程 $W(t)$ 的自相关函数。由于这个噪声是平稳的，因此 $R_W(t,u)$ 只取决于时间差 $t-u$。另外，由于 $W(t)$ 是白色的并且具有常数值功率谱密度 $N_0/2$，因此可以将 $R_W(t,u)$ 表示为

$$R_W(t,u) = \left(\frac{N_0}{2}\right)\delta(t-u) \tag{7.35}$$

于是，将式(7.35)代入式(7.34)，然后利用 δ 函数 $\delta(t)$ 的筛选性质，可以得到

$$\sigma_{X_j}^2 = \frac{N_0}{2}\int_0^T\int_0^T \phi_j(t)\phi_j(u)\delta(t-u)\,\mathrm{d}t\,\mathrm{d}u$$
$$= \frac{N_0}{2}\int_0^T \phi_j^2(t)\,\mathrm{d}t$$

根据定义，$\phi_j(t)$具有单位能量，因此噪声方差$\sigma_{x,j}^2$的表达式可以简化为

$$\sigma_{X_j}^2 = \frac{N_0}{2},\quad 所有\ j \tag{7.36}$$

这个重要结果表明，所有相关器输出 X_j的方差等于噪声过程 $W(t)$的功率谱密度 $N_0/2$，其中 $j=1,2,\cdots,N$。

另外，由于基函数 $\phi_j(t)$构成了一个标准正交集，因此 X_j和 X_k是互不相关的，如下所示：

$$\begin{aligned}
\mathrm{cov}[X_jX_k] &= \mathbb{E}[(X_j-\mu_{X_j})(X_k-\mu_{X_k})] \\
&= \mathbb{E}[(X_j-s_{ij})(X_k-s_{ik})] \\
&= \mathbb{E}[W_jW_k] \\
&= \mathbb{E}\left[\int_0^T W(t)\phi_j(t)\,\mathrm{d}t\int_0^T W(u)\phi_k(u)\,\mathrm{d}u\right] \\
&= \int_0^T\int_0^T \phi_j(t)\phi_k(u)R_W(t,u)\,\mathrm{d}t\,\mathrm{d}u \\
&= \frac{N_0}{2}\int_0^T\int_0^T \phi_j(t)\phi_k(u)\delta(t-u)\,\mathrm{d}t\,\mathrm{d}u \\
&= \frac{N_0}{2}\int_0^T \phi_j(t)\phi_k(u)\,\mathrm{d}t \\
&= 0,\quad j\neq k
\end{aligned} \tag{7.37}$$

因为 X_j是高斯随机变量，根据高斯过程的性质 4(参见第 4 章)可知，式(7.37)意味着它们也是统计独立的。

定义下列由 N 个随机变量组成的向量：

$$\boldsymbol{X} = \begin{bmatrix} X_1 \\ X_2 \\ \vdots \\ X_N \end{bmatrix} \tag{7.38}$$

其元素是均值等于 s_{ij}、方差等于 $N_0/2$ 的独立高斯随机变量。由于向量 $\boldsymbol{X}$ 的元素是统计独立的，因此假设发送的是信号 $s_i(t)$或者对应的符号 m_i，就可以将向量 $\boldsymbol{X}$ 的条件概率密度函数表示为其各个元素的条件概率密度函数的乘积，即

$$f_{\boldsymbol{X}}(\boldsymbol{x}|m_i) = \prod_{j=1}^{N} f_{X_j}(x_j|m_i),\qquad i=1,2,\cdots,M \tag{7.39}$$

其中，向量 $\boldsymbol{x}$ 和标量 x_j分别是随机向量 $\boldsymbol{X}$ 和随机变量 X_j的样本值。向量 $\boldsymbol{x}$ 被称为观测向量(Observation vector)，相应地，x_j被称为观测向量的元素(Element)。满足式(7.39)的信道被称为无记忆信道(Memoryless channel)。

由于每个 X_j都是均值为 s_{ij}、方差为 $N_0/2$ 的高斯随机变量，因此有

$$f_{X_j}(x_j|m_i) = \frac{1}{\sqrt{\pi N_0}}\exp\left[-\frac{1}{N_0}(x_j-s_{ij})^2\right],\qquad \begin{cases} j=1,2,\cdots,N \\ i=1,2,\cdots,M \end{cases} \tag{7.40}$$

将式(7.40)代入式(7.39)，得到

$$f_X(\boldsymbol{x}|m_i) = (\pi N_0)^{-N/2}\exp\left[-\frac{1}{N_0}\sum_{j=1}^{N}(x_j - s_{ij})^2\right], \qquad i = 1, 2, \cdots, M \tag{7.41}$$

上式完全描述了式(7.30)中第一项的特征。

然而，在式(7.30)中还有一个噪声项 $w'(t)$ 需要考虑。由于 $w(t)$ 表示的噪声过程 $W(t)$ 是零均值高斯过程，因此可知由样本函数 $w'(t)$ 表示的噪声过程 $W'(t)$ 也是一个零均值高斯过程。最后，我们注意到对噪声过程 $W'(t)$ 在任意时刻 t_k 采样得到的随机变量 $W'(t_k)$ 实际上是与随机变量 X_j 统计独立的，也就是说

$$\mathbb{E}[X_j W'(t_k)] = 0, \qquad \begin{cases} j = 1, 2, \cdots, N \\ 0 \leqslant t_k \leqslant T \end{cases} \tag{7.42}$$

由于根据残留噪声过程 $W'(t)$ 得到的任何随机变量都与随机变量集合 $\{X_j\}$ 和发送信号集合 $\{s_i(t)\}$ 相独立，因此式(7.42)指出，随机变量 $W'(t_k)$ 与判决实际上是哪一个具体信号被发送是不相关的。换句话说，接收信号 $x(t)$ 确定的相关器输出是对判决过程有用的唯一数据；因此，它们代表了现在所讨论的这个问题的充分统计量(Sufficient statistic)。根据定义，充分统计量包括了观测向量能够提供的全部相关信息。

现在，我们可以将本节讨论的结果总结为下面的不相关定理(Theorem of irrelevance)：

就 AWGN 中的信号检测而言，只有噪声在信号集 $\{s_i(t)\}_{i=1}^{M}$ 的基函数上的投影会对检测问题的充分统计量产生影响；噪声的其他部分则是不相关的。

用数学语言来表达上述定理，可以说图 7.1(a)中的 AWGN 信道模型等效为下式描述的一个 N 维向量信道(N-dimensional vector channel)：

$$\boldsymbol{x} = \boldsymbol{s}_i + \boldsymbol{w}, \qquad i = 1, 2, \cdots, M \tag{7.43}$$

其中，维数 N 是在表示所有信号向量 $\boldsymbol{s}_i$ 时用到的基函数的个数。信号向量 $\boldsymbol{s}_i$ 和加性高斯噪声向量 $\boldsymbol{w}$ 的各个分量分别由式(7.5)和式(7.27)定义。不相关定理以及式(7.43)给出的其数学描述实际上是理解下面讲的信号检测问题的基础。同样重要的是，式(7.43)也可以被视为与时间相关的接收信号表达式(7.24)的基带形式(Baseband version)。

似然函数

条件概率密度函数 $f_X(\boldsymbol{x} \mid m_i)$ 提供了 AWGN 信道的全部特征，其中 $i=1,2,\cdots,M$。它们的推导得出了在给定发射消息符号 m_i 条件下对观测向量 $\boldsymbol{x}$ 的函数依赖关系。然而，在接收端我们却面临完全相反的情形：给定观测向量 $\boldsymbol{x}$，要求估计出产生 $\boldsymbol{x}$ 的消息符号 m_i。为了强调这一点，沿用第 3 章中引入的似然函数(Likelihood function)思想，将其记为 $l(m_i)$ 并定义为

$$l(m_i) = f_X(\boldsymbol{x}|m_i), \qquad i = 1, 2, \cdots, M \tag{7.44}$$

然而重要的是，从第 3 章中可知，尽管 $l(m_i)$ 和 $f_X(\boldsymbol{x} \mid m_i)$ 具有完全相同的数学形式，然而它们各自的含义却大不相同。

实际上，我们发现采用对数似然函数(Log-likelihood function)会更加方便，将其记为 $L(m_i)$ 并定义为

$$L(m_i) = \ln l(m_i), \qquad i = 1, 2, \cdots, M \tag{7.45}$$

其中，ln 表示自然对数。由于下面两个原因，对数似然函数与似然函数具有一一对应关系：

1. 根据定义，概率密度函数总是非负的。因此，似然函数同样也是一个非负量。
2. 对数函数是其自变量的单调递增函数。

将式(7.41)代入式(7.45)，得到 AWGN 信道的对数似然函数如下：

$$L(m_i) = -\frac{1}{N_0}\sum_{j=1}^{N}(x_j - s_{ij})^2, \qquad i = 1, 2, \cdots, M \tag{7.46}$$

其中，我们忽略了常数项$-(N/2)\ln(\pi N_0)$，因为无论如何它都与消息符号 m_i无关。这里 s_{ij}，$j=1,2,\cdots,N$是代表消息符号 m_i的信号向量$\boldsymbol{s}_i$的元素。在得到式(7.46)以后，我们现在可以讨论基本的接收机设计问题了。

7.4　采用相干检测的最优接收机

最大似然译码

假设在宽度为 T 秒的每个时隙，以相等概率 $1/M$ 发射 M 种可能信号 $s_1(t), s_2(t), \cdots, s_M(t)$ 中的一种信号。为了进行几何表示，将信号 $s_i(t)(i=1,2,\cdots,M)$应用于具有公共输入的一组相关器，并且具有适当的 N 个标准正交基函数，如图 7.2(b)所示。得到的相关器输出确定了信号向量$\boldsymbol{s}_i$。由于关于信号向量$\boldsymbol{s}_i$的知识与从发射信号 $s_i(t)$ 自身获得的知识相同，反之亦然，因此我们可以用维数 $N \leqslant M$ 的欧几里得空间中的一个点来表示 $s_i(t)$。我们将这个点称为发射信号点(Transmitted signal point)，或者简称为消息点(Message point)。与一组发射信号$\{s_i(t)\}_{i=1}^{M}$相对应的消息点组成的集合被称为消息星座(Message constellation)。

然而，由于存在加性噪声 $w(t)$，因此接收信号 $x(t)$的表示会更加复杂。注意到当接收信号 $x(t)$应用于 N 个相关器时，这些相关器的输出确定了观测向量$\boldsymbol{x}$。根据式(7.43)可知，向量$\boldsymbol{x}$与信号向量$\boldsymbol{s}_i$的差异在于噪声向量$\boldsymbol{w}$，正如它所应该表现出的那样，其方向完全是随机的。

噪声向量$\boldsymbol{w}$是由信道噪声 $w(t)$完全表征的；然而正如前面所解释的，相反的结论则不能成立。噪声向量$\boldsymbol{w}$表示噪声 $w(t)$中将对检测过程产生干扰的那一部分；噪声中的剩余部分 $w'(t)$则会通过一组相关器消除掉，因此它是没有关系的。

基于观测向量$\boldsymbol{x}$，可以采用表示发射信号的同一个欧几里得空间中的点来表示接收信号 $x(t)$。我们将这第二个点称为接收信号点(Received signal point)。由于存在噪声，因此从它将位于以消息点为中心的高斯分布“云”里面的任意位置这个意义上讲，接收信号点以完全随机的方式分布在消息点周围。在图 7.6(a)中针对三维信号空间的情况，对其进行了图示说明。对于噪声向量$\boldsymbol{w}$的某个具体实现[即在图 7.6(a)的随机云里面的某个特定点]，观测向量$\boldsymbol{x}$和信号向量$\boldsymbol{s}_i$之间的关系如图 7.6(b)所示。

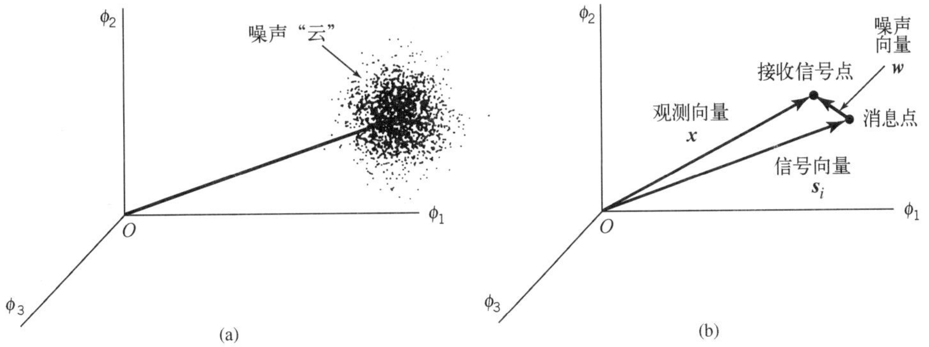

图 7.6　(a) 噪声扰动的影响示意图；(b) 接收信号点的位置示意图

现在，可以将信号检测问题表述如下：

给定观测向量$\boldsymbol{x}$，将$\boldsymbol{x}$映射为发射符号 m_i的估计值$\hat{m}$，使得在判决过程中差错概率最小化。

给定观测向量 $\boldsymbol{x}$，假设我们做出判决 $\hat{m}=m_i$。则在判决中的差错概率 $P_e(m_i|\boldsymbol{x})$ 为

$$P_e(m_i|\boldsymbol{x}) = 1 - \mathbb{P}(m_i \text{ sent}|\boldsymbol{x}) \tag{7.47}$$

要求是在将每个给定的观测向量 $\boldsymbol{x}$ 映射为判决的过程中，使平均差错概率达到最小。于是，根据式(7.47)，可以将最优判决规则(Optimum decision rule)描述如下：

$$\begin{aligned}&\text{判决 } \hat{m} = m_i,\\ &\text{如果 } \mathbb{P}(m_i|\text{sent}|\boldsymbol{x}) \geqslant \mathbb{P}(m_k|\text{sent}|\boldsymbol{x}),\quad \text{所有 } k \neq i \text{ 且 } k = 1, 2, \cdots, M\end{aligned} \tag{7.48}$$

式(7.48)中的判决规则被称为最大后验概率准则[Maximum A Posteriori (MAP) probability rule]。相应地，用来实现这个准则的系统被称为最大后验译码器(Maximum a posteriori decoder)。

式(7.48)中的要求还可以利用第3章中讨论的贝叶斯法则，通过发射信号的先验概率和似然函数来明确表示出来。暂时忽略判决过程中可能存在的边界，可以将MAP准则重新表述如下：

如果对于 $k=i$，有

$$\frac{\pi_k f_{\boldsymbol{X}}(\boldsymbol{x}|m_i)}{f_{\boldsymbol{X}}(\boldsymbol{x})} \tag{7.49}$$

最大，判决为 $\hat{m}=m_i$。其中，π_k 是发射符号 m_k 的先验概率，$f_{\boldsymbol{X}}(\boldsymbol{x}|m_i)$ 是在符号 m_k 被发射的条件下随机观测向量 $\boldsymbol{X}$ 的条件概率密度函数，$f_{\boldsymbol{X}}(\boldsymbol{x})$ 是 $\boldsymbol{X}$ 的无条件概率密度函数。

在式(7.49)中，注意到下面几点：

- 分母项 $f_{\boldsymbol{X}}(\boldsymbol{x})$ 是独立于发射符号的；
- 当所有信源符号都以相等概率发射时，先验概率 $\pi_k=\pi_i$；
- 条件概率密度函数 $f_{\boldsymbol{X}}(\boldsymbol{x}|m_k)$ 与对数似然函数 $L(m_k)$ 具有一一对应关系。

因此，我们可以通过 $L(m_k)$ 将式(7.49)中的判决规则简单地重述为

$$\text{如果对于 } k=i,\ L(m_k) \text{ 是最大的，则可以判决为 } \hat{m}=m_i \tag{7.50}$$

式(7.50)中的判决规则被称为最大似然法则(Maximum likelihood rule)，在第3章中已经讨论过了；相应地，用来实现这个法则的系统被称为最大似然译码器(Maximum likelihood decoder)。根据这个判决规则，一个最大似然译码器把针对所有可能的 M 个消息符号计算出的最大似然函数作为度量，并对它们进行比较，然后再判决为其中最大值所对应的符号。因此，最大似然译码器是最大后验译码器的简化形式，这是由于假设了 M 个消息符号具有相等概率。

通过作图来解释最大似然判决准则是很有用的。令 Z 表示所有可能的观测向量 $\boldsymbol{x}$ 组成的 N 维空间。我们把这个空间称为观测空间(Observation space)。因为我们已经假设判决规则必须判决为 $\hat{m}=m_i$，其中 $i=1,2,\cdots,M$，所以总的观测空间 Z 对应地被分割为 M 个判决区域(Decision region)，它们分别被记为 $Z_1,Z_2,\cdots,Z_M$。于是，可以将式(7.50)中的判决规则重述为

$$\text{如果对于 } k=i,\ L(m_k) \text{ 是最大的，则可以判决为观测向量 } \boldsymbol{x} \text{ 位于区域 } Z_i \text{ 中} \tag{7.51}$$

除判决区域 $Z_1,Z_2,\cdots,Z_M$ 之间的边界外，显然这一组判决区域覆盖了整个观测空间。我们现在按照惯例假设所有边界上的点都是随机决定的，即接收机只是做出随机的推断。具体而言，如果观测向量 $\boldsymbol{x}$ 落在任意两个判决区域 Z_i 和 Z_k 之间的边界上，则在两个可能的判决 $\hat{m}=m_i$ 和 $\hat{m}=m_k$ 之间的选择是通过抛硬币的方式预先决定的。显然，这种事件的结果不会对误差概率的最终值产生影响，因为在边界上，式(7.48)中的条件是以等号成立的。

式(7.50)中的最大似然判决准则或者在式(7.51)中给出的其几何表述都假设信道噪声 $w(t)$ 是加性的。下面，针对 $w(t)$ 既是白色也是高斯过程的情况，对这个规则进行具体讨论。

从式(7.46)对AWGN信道定义的对数似然函数中，我们注意到，通过选择 $k=i$ 使求和项 $\sum_{j=1}^{N}(x_j - s_{kj})^2$ 最小化时，$L(m_k)$ 达到其最大值。因此，可以将AWGN信道的最大似然判决准则表述为

如果对于 $k=i$，$\sum_{j=1}^{N}(x_j-s_{kj})^2$ 取最小值，则可以判决为观测向量 $\boldsymbol{x}$ 位于区域 Z_i 中　(7.52)

注意到在式(7.52)中，采用“最小值”作为最优化条件，因为忽略了式(7.46)中的负号。然后，从7.2节给出的讨论中注意到

$$\sum_{j=1}^{N}(x_j-s_{kj})^2=\|\boldsymbol{x}-\boldsymbol{s}_k\|^2 \tag{7.53}$$

其中，$\|\boldsymbol{x}-\boldsymbol{s}_k\|$ 是在接收机输入端的观测向量 $\boldsymbol{x}$ 和发射信号向量 $\boldsymbol{s}_k$之间的欧几里得距离。因此，可以将式(7.52)中的判决规则重述为

如果对于 $k=i$，欧几里得距离 $\|\boldsymbol{x}-\boldsymbol{s}_k\|$ 取最小值，则可以判决为观测向量 $\boldsymbol{x}$ 位于区域 Z_i 中　(7.54)

也就是说，式(7.54)指出，最大似然判决准则就是选择与接收信号点距离最近的消息点，这从直观上讲是令人信服的。

实际上，式(7.54)中的判决规则可以通过展开式(7.53)左边的求和项来简化为

$$\sum_{j=1}^{N}(x_j-s_{kj})^2=\sum_{j=1}^{N}x_j^2-2\sum_{j=1}^{N}x_js_{kj}+\sum_{j=1}^{N}s_{kj}^2 \tag{7.55}$$

上面展开式中第一个求和项独立于发射信号向量 $\boldsymbol{s}_k$的下标 k，因此可以把它忽略掉。第二个求和项是观测向量 $\boldsymbol{x}$ 和发射信号向量 $\boldsymbol{s}_k$的内积。第三个求和项是发射信号的能量，即

$$E_k=\sum_{j=1}^{N}s_{kj}^2 \tag{7.56}$$

因此，我们最后还可以再把最大似然判决准则表示为

如果对于 $k=i$，$\left(\sum_{j=1}^{N}x_js_{kj}-\frac{1}{2}E_k\right)$ 取最大值，其中 E_k为发射信号能量，

则可以判决为观测向量 $\boldsymbol{x}$ 位于区域 Z_i 中。　(7.57)

根据式(7.57)，我们推断对于一个 AWGN 信道，M 个判决区域的边界是线性超平面边界。图 7.7 以举例的形式对这个结论进行了说明，其中 $M=4$ 个信号且 $N=2$ 维，假设发射信号具有相等能量 E 和相等概率。

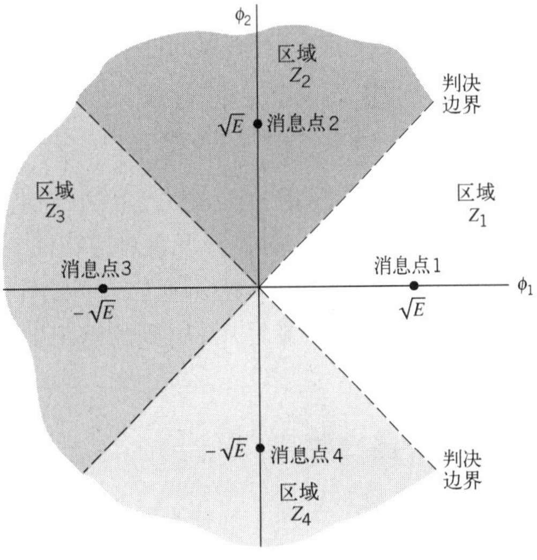

图 7.7　当 $N=2$ 且 $M=4$ 时，将观测空间分割为判决区域的示意图；假设M个发射符号具有相等概率

相关接收机

按照上面给出的内容，当发射信号 $s_1(t),s_2(t),\cdots,s_M(t)$具有相等概率时，AWGN 信道的最优接收机被称为相关接收机(Correlation receiver)；它包括两个子系统，如图 7.8 所示。

1. 检测器[参见图 7.8(a)]，它由 M 个相关器组成，这些相关器被提供一组本地产生的标准正交基函数 $\phi_1(t),\phi_2(t),\cdots,\phi_N(t)$；这组相关器对接收信号 $x(t)$ $(0\leqslant t\leqslant T)$进行处理，从而产生观测向量 $\boldsymbol{x}$。
2. 最大似然译码器[参见图 7.8(b)]，它对观测向量 $\boldsymbol{x}$ 进行处理，产生发射符号 $m_i(i=1,2,\cdots,M)$的估计值$\hat{m}$，使得平均误符号率达到最小化。

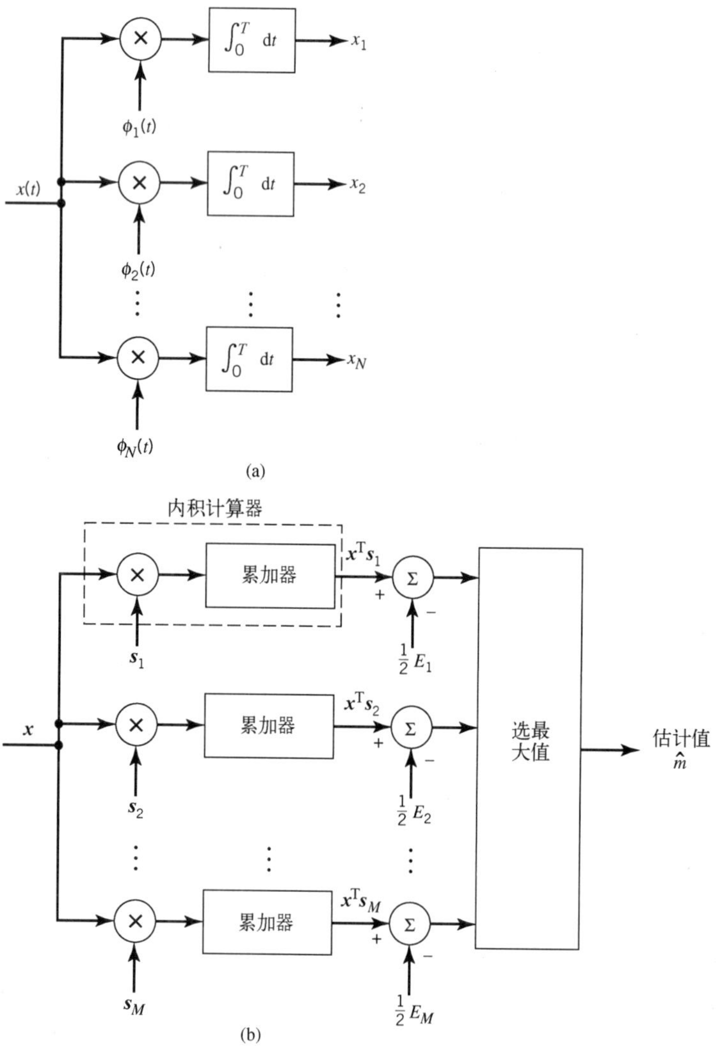

图 7.8 (a) 检测器或者解调器；(b) 最大似然译码器

根据式(7.57)中的最大似然判决准则，译码器将观测向量 $\boldsymbol{x}$ 的 N 个元素与 M 个信号向量 $\boldsymbol{s}_1$，$\boldsymbol{s}_2,\cdots,\boldsymbol{s}_M$中每个向量的 N 个元素对应相乘。然后，在累加器(Accumulator)中对所得乘积进行连续求和，产生一组对应的内积$\{\boldsymbol{x}^{\mathrm{T}}\boldsymbol{s}_k \mid k=1,2,\cdots,M\}$。接着对这些内积进行校正，这是因为发射信号的能量可能不相等。最后，在得到的这组数值中选取最大的一个，从而对发射消息信号做出适当的判决。

匹配滤波器接收机

在图 7.8(a)中所示的检测器包含了一组相关器。我们也可以采用另一种不同但等效的结构来代替相关器。为了探讨这种实现最优滤波器的方法，考虑一个冲激响应为 $h_j(t)$ 的线性时不变滤波器。接收信号 $x(t)$ 作为输入，得到的滤波器输出被定义为下列卷积积分：

$$y_j(t) = \int_{-\infty}^{\infty} x(\tau)h_j(t-\tau)\,\mathrm{d}\tau$$

为了继续进行，我们在发射符号的宽度内，即在 $0 \leqslant t \leqslant T$ 范围内求这个积分。这样限制时间 t 以后，可以将变量 τ 替换为 t，得到

$$y_j(T) = \int_0^T x(t)h_j(T-t)\,\mathrm{d}t \tag{7.58}$$

下面考虑基于一组相关器的检测器。第 j 个相关器的输出由式(7.25)中的第一行确定，为了便于表示，这里重写如下：

$$x_j = \int_0^T x(t)\phi_j(t)\,\mathrm{d}t \tag{7.59}$$

为了使 $y_j(T)$ 等于 x_j，从式(7.58)和式(7.59)中发现，只要选择

$$h_j(T-t) = \phi_j(t),\quad 0 \leqslant t \leqslant T \quad 和 \quad j = 1, 2, \cdots, M$$

就可以满足这个条件。等效地，我们可以将施加给滤波器冲激响应的上述条件表示为

$$h_j(t) = \phi_j(T-t),\qquad 0 \leqslant t \leqslant T \quad 和 \quad j = 1, 2, \cdots, M \tag{7.60}$$

现在，可以将式(7.60)中描述的条件推广如下：

给定一个宽度为 $0 \leqslant t \leqslant T$ 的脉冲信号 $\phi(t)$，如果一个线性时不变滤波器的冲激响应 $h(t)$ 满足下列条件：

$$h(t) = \phi(T-t),\quad 0 \leqslant t \leqslant T \tag{7.61}$$

则可以把这个滤波器称为是与信号 $\phi(t)$ 匹配的。

以上述方式定义的时不变滤波器被称为匹配滤波器(Matched filter)。对应地，采用匹配滤波器代替相关器的最优接收机被称为匹配滤波器接收机(Matched-filter receiver)。这种接收机结构如图 7.9 所示。

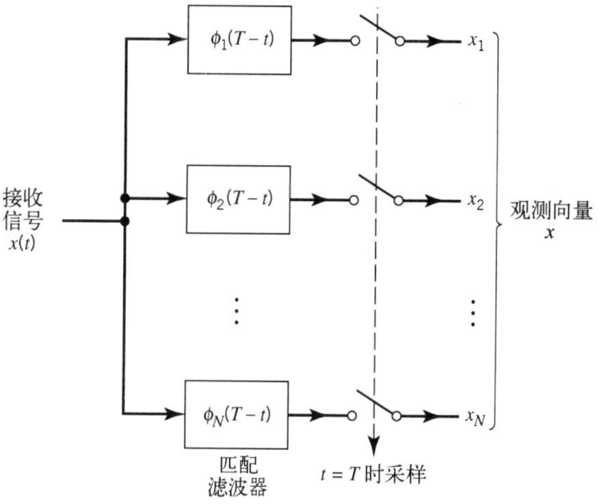

图 7.9　匹配滤波器接收机的检测器部分；其信号传输译码器部分与图7.8(b)相同

7.5　差错概率

为了得到图 7.8(a)中相关接收机或者图 7.9 中等效的匹配滤波器接收机的统计特征，需要对存在 AWGN 时它的性能进行评价。为此，假设按照最大似然判决准则将观测空间 Z 分割为一组区域 $\{Z_i\}_{j=1}^{M}$。又假设发射符号为 m_i(或者等效地，发射信号向量为 $\boldsymbol{s}_i$)，接收到的观测向量为 $\boldsymbol{x}$。则只要由 $\boldsymbol{x}$ 表示的接收信号点没有落在与消息点 $\boldsymbol{s}_i$ 对应的区域 Z_i 中，就出现了差错。对具有相等概率的所有可能的发射符号取平均，可以发现平均误符号率(Average probability of symbol error)为

$$\begin{aligned} P_{\mathrm{e}} &= \sum_{i=1}^{M} \pi_i \mathbb{P}(\boldsymbol{x}\text{不处于}Z_i|\text{发送}\,m_i) \\ &= \frac{1}{M}\sum_{i=1}^{M} \mathbb{P}(\boldsymbol{x}\text{不处于}Z_i|\text{发送}\,m_i),\ \pi_i = 1/M \\ &= 1 - \frac{1}{M}\sum_{i=1}^{M} \mathbb{P}(\boldsymbol{x}\text{处于}Z_i|\text{发送}\,m_i) \end{aligned} \tag{7.62}$$

其中，我们采用标准符号来表示一个事件的条件概率。由于 $\boldsymbol{x}$ 是随机向量 $\boldsymbol{X}$ 的样本值，在发射消息符号为 m_i 的情况下，可以通过似然函数将式(7.62)重写如下：

$$P_{\mathrm{e}} = 1 - \frac{1}{M}\sum_{i=1}^{M}\int_{Z_i} f_{\boldsymbol{X}}(\boldsymbol{x}|m_i)\,\mathrm{d}\boldsymbol{x} \tag{7.63}$$

对于 N 维观测向量，式(7.63)中的积分同样也是 N 重积分。

差错概率对旋转的不变性

在对 AWGN 中信号的最大似然检测时，将观测空间 Z 分割为一组区域 $Z_1, Z_2, \cdots, Z_M$ 的方法是唯一的；这种唯一性是由所考虑消息的星座确定的。特别地，我们可以得出下列结论：

改变消息星座关于信号空间中坐标轴和原点的方向不会对式(7.63)中确定的误符号率 P_e 产生影响。

上述结论体现了平均误符号率 P_e 关于旋转(Rotation)和平移(Translation)的不变性质，它是下列两个事实产生的结果：

1. 在最大似然检测中，误符号率 P_e 只取决于星座中接收信号点和消息点之间的相对欧几里得距离。
2. 在信号空间中，AWGN 沿所有方向都是球形对称的(Spherically symmetric)。

为了详细说明，首先考虑 P_e 关于旋转的不变性。旋转对于星座中所有消息点的影响等效于对于所有 i，将 N 维信号向量 $\boldsymbol{s}_i$ 都乘以一个 $N \times N$ 维标准正交矩阵(Orthonormal matrix) $\boldsymbol{Q}$。根据定义，矩阵 $\boldsymbol{Q}$ 满足下列条件：

$$\boldsymbol{Q}\boldsymbol{Q}^{\mathrm{T}} = \boldsymbol{I} \tag{7.64}$$

其中，上标 T 表示矩阵转置，$\boldsymbol{I}$ 是恒等矩阵(Identity matrix)，其对角元素全部为 1 而非对角元素全部为 0。根据式(7.64)可知，实值标准正交矩阵 $\boldsymbol{Q}$ 的逆等于其自身的转置。因此，在处理旋转问题时，消息向量 $\boldsymbol{s}_i$ 被其下列旋转形式所代替：

$$\boldsymbol{s}_{i,\,\mathrm{rotate}} = \boldsymbol{Q}\boldsymbol{s}_i, \qquad i = 1, 2, \cdots, M \tag{7.65}$$

对应地，$N \times 1$ 维噪声向量 $\boldsymbol{w}$ 也被其下列旋转形式所代替：

$$\boldsymbol{w}_{\mathrm{rotate}} = \boldsymbol{Q}\boldsymbol{w} \tag{7.66}$$

然而，由于下面三个原因，噪声向量的统计特征不会受到这种旋转操作的影响：

1. 从第 4 章内容可知，高斯随机变量的线性组合也是高斯随机变量。由于根据假设，噪声向量 $\boldsymbol{w}$ 是高斯变量，于是可知旋转噪声向量 $\boldsymbol{w}_{\mathrm{rotate}}$ 也是高斯变量。
2. 由于噪声向量 $\boldsymbol{w}$ 具有零均值，于是旋转噪声向量 $\boldsymbol{w}_{\mathrm{rotate}}$ 也具有零均值，如下所示：

$$\begin{aligned}\mathbb{E}[\boldsymbol{w}_{\mathrm{rotate}}] &= \mathbb{E}[\boldsymbol{Q}\boldsymbol{w}] \\ &= \boldsymbol{Q}\mathbb{E}[\boldsymbol{w}] \\ &= \boldsymbol{0}\end{aligned} \tag{7.67}$$

3. 噪声向量 $\boldsymbol{w}$ 的协方差矩阵等于 $(N_0/2)\boldsymbol{I}$，其中 $N_0/2$ 是 AWGN $w(t)$ 的功率谱密度，$\boldsymbol{I}$ 是恒等矩阵，即

$$\mathbb{E}[\boldsymbol{w}\boldsymbol{w}^{\mathrm{T}}] = \frac{N_0}{2}\boldsymbol{I} \tag{7.68}$$

因此，旋转噪声向量的协方差矩阵为

$$\begin{aligned}\mathbb{E}[\boldsymbol{w}_{\mathrm{rotate}}\boldsymbol{w}_{\mathrm{rotate}}^{\mathrm{T}}] &= \mathbb{E}[\boldsymbol{Q}\boldsymbol{w}(\boldsymbol{Q}\boldsymbol{w})^{\mathrm{T}}] \\ &= \mathbb{E}[\boldsymbol{Q}\boldsymbol{w}\boldsymbol{w}^{\mathrm{T}}\boldsymbol{Q}^{\mathrm{T}}] \\ &= \boldsymbol{Q}\mathbb{E}[\boldsymbol{w}\boldsymbol{w}^{\mathrm{T}}]\boldsymbol{Q}^{\mathrm{T}} \\ &= \frac{N_0}{2}\boldsymbol{Q}\boldsymbol{Q}^{\mathrm{T}} \\ &= \frac{N_0}{2}\boldsymbol{I}\end{aligned} \tag{7.69}$$

在上面最后两行中，我们用到了式(7.68)和式(7.64)的结果。

根据上述三个原因，可以将旋转消息星座中的观测向量表示为

$$\boldsymbol{x}_{\text{rotate}} = \boldsymbol{Q}\boldsymbol{s}_i + \boldsymbol{w}, \qquad i = 1, 2, \cdots, M \tag{7.70}$$

利用式(7.65)和式(7.70)，现在可以将旋转向量 $\boldsymbol{x}_{\text{rotate}}$ 和 $\boldsymbol{s}_{\text{rotate}}$ 之间的欧几里得距离表示为

$$\begin{aligned} \|\boldsymbol{x}_{\text{rotate}} - \boldsymbol{s}_{i,\,\text{rotate}}\| &= \|\boldsymbol{Q}\boldsymbol{s}_i + \boldsymbol{w} - \boldsymbol{Q}\boldsymbol{s}_i\| \\ &= \|\boldsymbol{w}\| \\ &= \|\boldsymbol{x} - \boldsymbol{s}_i\|, \qquad i = 1, 2, \cdots, M \end{aligned} \tag{7.71}$$

在上面最后一行中，用到了式(7.43)的结果。

于是，可以将旋转不变原理(Principle of rotational invariance)正式表述为：

如果消息星座经过下列变换的旋转：

$$\boldsymbol{s}_{i,\text{rotate}} = \boldsymbol{Q}\boldsymbol{s}_i, \qquad i = 1, 2, \cdots, M$$

其中 $\boldsymbol{Q}$ 是标准正交矩阵，则在 AWGN 信道上进行最大似然信号检测引起的误符号率 P_e 是完全不变的。

例 3　旋转不变性实例

为了说明旋转不变原理，考虑如图 7.10(a)所示的信号星座。除被旋转 45°外，这个星座与图 7.10(b)中的星座完全相同。尽管从几何感官上讲，这两个星座看起来确实不同，但旋转不变原理直接告诉我们，它们两者的 P_e 是相同的。

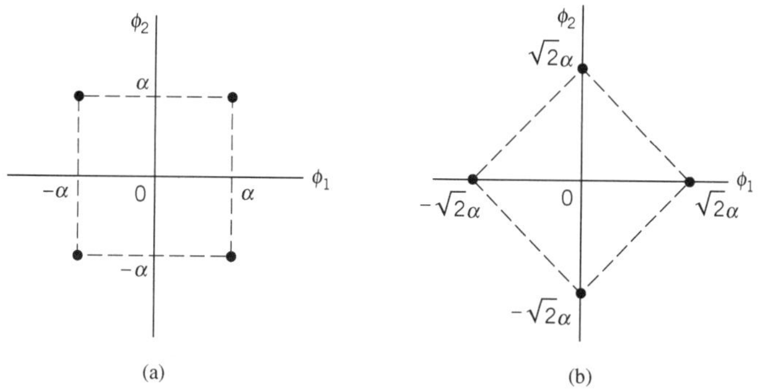

图 7.10　说明旋转不变原理的一对信号星座

差错概率对平移的不变性

接下来考虑 P_e 对平移的不变性。假设在信号星座中的所有消息点都被平移一个常数向量 $\boldsymbol{a}$，如下所示：

$$\boldsymbol{s}_{i,\,\text{translate}} = \boldsymbol{s}_i - \boldsymbol{a}, \qquad i = 1, 2, \cdots, M \tag{7.72}$$

相应地，观测向量也被平移相同的向量值，即

$$\boldsymbol{x}_{\text{translate}} = \boldsymbol{x} - \boldsymbol{a} \tag{7.73}$$

从式(7.72)和式(7.73)中可以发现，对于被平移的信号向量 $\boldsymbol{s}_i$ 和观测向量 $\boldsymbol{x}$ 而言，平移量 $\boldsymbol{a}$ 是共有的。于是，立即可以导出

$$\|\boldsymbol{x}_{\text{translate}} - \boldsymbol{s}_{i,\,\text{translate}}\| = \|\boldsymbol{x} - \boldsymbol{s}_i\|, \qquad i = 1, 2, \cdots, M \tag{7.74}$$

从而可以将平移不变原理(Principle of translational invariance)表述如下：

如果信号星座被平移一个常数向量，则在 AWGN 信道上进行最大似然信号检测引起的误符号率 P_e 是完全不变的。

例 4 信号星座的平移

作为一个例子，考虑图 7.11 所示的两个信号星座，它们属于一对不同的四电平 PAM 信号。除沿着 ϕ_1 轴向右平移 $3\alpha/2$ 外，图 7.11(b)与图 7.11(a)中的星座是完全相同的。平移不变原理告诉我们，这两个信号星座的 P_e 是相同的。

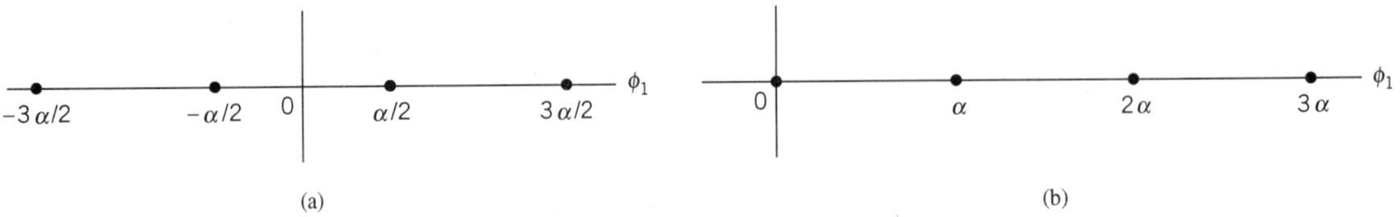

图 7.11 说明平移不变原理的一对信号星座

差错概率的一致限

对于 AWGN 信道，平均误符号率的公式[2] P_e 从概念上讲是直接的，因为我们只是将式(7.41)代入式(7.63)中。然而遗憾的是，除少数几种简单(然而却十分重要)情形外，对这样得到的积分进行数值计算是不切实际的。为了解决这种计算上的困难，可以借助于界(Bound)的运用，它对于预测保持指定误码率所需的 SNR(大约 1 dB 以内)通常是足够的。对于确定 P_e 的积分式的近似是通过简化积分或者简化积分区域来实现的。下面，采用后一种方法得到一个简单而有用的上界，它被称为一致限(Union bound)，这是在 AWGN 信道中对 M 个具有相同可能的信号(符号)的平均误符号率的一种近似。

令 A_{ik} 表示当发送符号为 m_i(消息向量 $\boldsymbol{s}_i$)时，观测向量 $\boldsymbol{x}$ 与信号向量 $\boldsymbol{s}_k$ 之间的距离比它与 $\boldsymbol{s}_i$ 之间的距离更近这个事件，其中$(i,k)=1,2,\cdots,M$。当符号 m_i 被发送时，符号差错的条件概率 $P_e(m_i)$ 等于这些事件的并集 $\{A_{ik}\}_{\substack{k=1\\k\neq i}}^{M}$ 的概率。概率论告诉我们，有限个事件并集的概率的上界为各组成事件的概率之和。于是，可以写出

$$P_e(m_i) \leqslant \sum_{\substack{k=1\\k\neq i}}^{M} \mathbb{P}(A_{ik}), \qquad i=1,2,\cdots,M \tag{7.75}$$

例 5 4 个消息点的星座

为了说明一致限的应用，考虑图 7.12 中 $M=4$ 的情况。在图 7.12(a)中，给出了 4 个消息点及相关的判决区域，其中假设点 $\boldsymbol{s}_1$ 代表发射符号。在图 7.12(b)中，给出了三个构成信号空间的类型，其中在每一种情况里面都保留了发射的消息点 $\boldsymbol{s}_1$ 和另一个消息点。根据图 7.12(a)，符号差错的条件概率 $P_e(m_i)$ 等于观测向量 $\boldsymbol{x}$ 落在二维信号空间图的阴影区域中的概率。显然，这个概率小于三个单独事件的概率之和，这三个事件是指图 7.12(b)中所示的 $\boldsymbol{x}$ 落在三个信号空间的阴影区域里面。

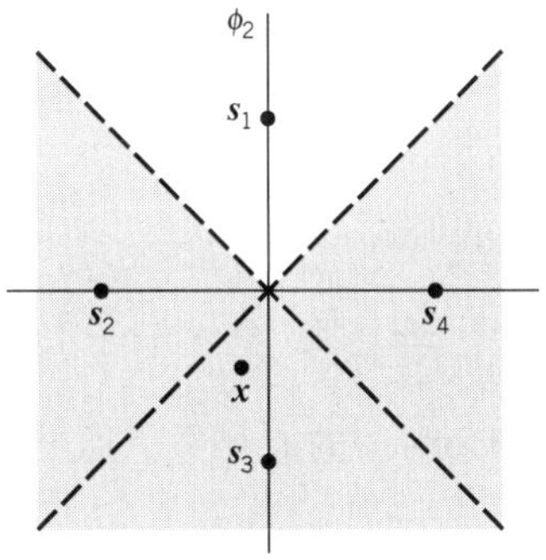

(a) 4个消息点的星座

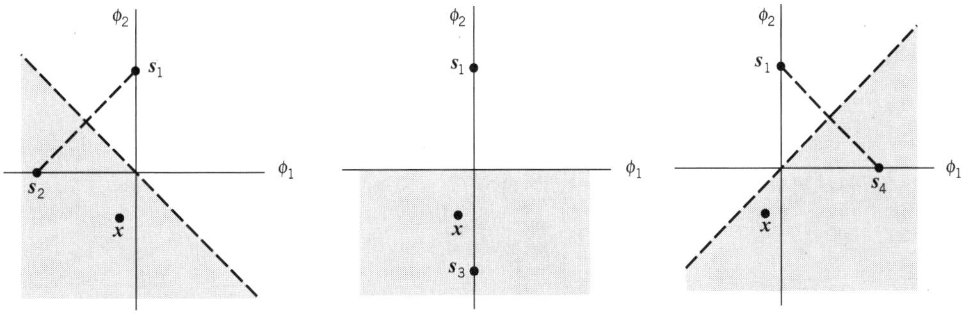

(b) 根据原始星座得到的三个星座，其中保留了公共消息点和另一个消息点

图 7.12　一致限示意图

成对差错概率

重要的是，注意到在一般情况下，概率 $\mathbb{P}(A_{ik})$ 与概率 $\mathbb{P}(\hat{m}=m_k \mid m_i)$ 是不同的，后者表示当向量 $\boldsymbol{s}_i$（即符号 m_i）被发送时，观测向量 $\boldsymbol{x}$ 与信号向量 $\boldsymbol{s}_k$（即符号 m_k）之间的距离比它与其他每个向量之间的距离更近的概率。另一方面，概率 $\mathbb{P}(A_{ik})$ 只取决于 $\boldsymbol{s}_i$ 和 $\boldsymbol{s}_k$ 这两个信号向量。为了强调这种差异，我们采用 p_{ik} 代替 $\mathbb{P}(A_{ik})$ 并将式(7.75)重写如下：

$$P_{\mathrm{e}}(m_i) \leqslant \sum_{\substack{k=1 \\ k \neq i}}^{M} p_{ik}, \qquad i = 1, 2, \cdots, M \tag{7.76}$$

概率 p_{ik} 被称为成对差错概率（Pairwise error probability），因为如果一个数字通信系统只利用了一对信号 $\boldsymbol{s}_i$ 和 $\boldsymbol{s}_k$，则 p_{ik} 就是接收机误把 $\boldsymbol{s}_k$ 判为 $\boldsymbol{s}_i$ 的概率。

然后，考虑一个简化的数字通信系统，它利用两个向量 $\boldsymbol{s}_i$ 和 $\boldsymbol{s}_k$ 表示的具有相同可能的消息。由于高斯白噪声沿着任意正交坐标轴都是相同分布的，因此我们可以暂时选择其中的第一个坐标轴作为经过点 $\boldsymbol{s}_i$ 和 $\boldsymbol{s}_k$ 的坐标轴；作为三个示范性的例子，可以参考图 7.12(b)。对应的判决边界采用与连接点 $\boldsymbol{s}_i$ 和 $\boldsymbol{s}_k$ 的线段相垂直的平分线来表示。因此，当向量 $\boldsymbol{s}_i$（即符号 m_i）被发送时，如果观测向量 $\boldsymbol{x}$ 落在平分线的 $\boldsymbol{s}_k$ 所在位置那一侧，则出现了差错。这个事件的概率为

$$\begin{aligned} p_{ik} &= \mathbb{P}(\text{当向量}\boldsymbol{s}_i\text{被发送时，相比}\boldsymbol{s}_i\text{，}\boldsymbol{x}\text{更接近于}\boldsymbol{s}_k) \\ &= \int_{d_{ik}/2}^{\infty} \frac{1}{\sqrt{\pi N_0}} \exp\left(-\frac{v^2}{N_0}\right) \mathrm{d}v \end{aligned} \tag{7.77}$$

上式积分下限中的 d_{ik} 是信号向量 $\boldsymbol{s}_i$ 和 $\boldsymbol{s}_k$ 之间的欧几里得距离，即

$$d_{ik} = \|\boldsymbol{s}_i - \boldsymbol{s}_k\| \tag{7.78}$$

为了将式(7.77)中的积分变为标准形式，我们定义一个新的积分变量如下：

$$z = \sqrt{\frac{2}{N_0}}v \tag{7.79}$$

于是，可以把式(7.77)重写为下列期望的形式：

$$p_{ik} = \frac{1}{\sqrt{2\pi}}\int_{d_{ik}/\sqrt{2N_0}}^{\infty} \exp\left(-\frac{z^2}{2}\right) \mathrm{d}z \tag{7.80}$$

式(7.80)中的积分是第3章介绍的式(3.68)中的 Q 函数。通过 Q 函数可以将概率 p_{ik} 表示为下列紧凑形式：

$$p_{ik} = Q\left(\frac{d_{ik}}{\sqrt{2N_0}}\right) \tag{7.81}$$

对应地，将式(7.81)代入式(7.76)，可以得到

$$P_{\mathrm{e}}(m_i) \leqslant \sum_{\substack{k=1\\k\neq i}}^{M} Q\left(\frac{d_{ik}}{\sqrt{2N_0}}\right), \qquad i = 1, 2, \cdots, M \tag{7.82}$$

因此，对全部 M 个符号取平均以后得到的误符号率的上界为

$$\begin{aligned} P_{\mathrm{e}} &= \sum_{i=1}^{M} \pi_i P_{\mathrm{e}}(m_i) \\ &\leqslant \sum_{i=1}^{M} \sum_{\substack{k=1\\k\neq i}}^{M} \pi_i Q\left(\frac{d_{ik}}{\sqrt{2N_0}}\right) \end{aligned} \tag{7.83}$$

其中，π_i 是符号 m_i 被发送的概率。

式(7.83)有两种特殊形式值得注意：

1. 假设信号星座是关于原点呈圆形对称的(Circularly symmetric about the origin)。则条件差错概率 $P_{\mathrm{e}}(m_i)$ 对于所有 i 都是相同的，在这种情况下，式(7.83)简化为

$$P_{\mathrm{e}} \leqslant \sum_{\substack{k=1\\k\neq i}}^{M} Q\left(\frac{d_{ik}}{\sqrt{2N_0}}\right), \text{ 所有 } i \tag{7.84}$$

在图7.10中，给出了两个圆形对称信号星座的例子。

2. 将信号星座的最短距离(Minimum distance) $d_{\min}$ 定义为该星座中任意两个发射信号点之间的欧几里得距离的最小值，如下所示：

$$d_{\min} = \min_{k\neq i} d_{ik}, \text{ 所有 } i \text{ 和 } k \tag{7.85}$$

再认识到 Q 函数是其自变量的单调递减函数，于是我们有

$$Q\left(\frac{d_{ik}}{\sqrt{2N_0}}\right) \leqslant Q\left(\frac{d_{\min}}{\sqrt{2N_0}}\right), \text{ 所有 } i \text{ 和 } k \tag{7.86}$$

因此一般而言，可以将式(7.83)中的平均误符号率的界简化为

$$P_{\mathrm{e}} \leqslant (M-1) Q\left(\frac{d_{\min}}{\sqrt{2N_0}}\right) \tag{7.87}$$

式(7.87)中 Q 函数自身的上界为[3]

$$Q\left(\frac{d_{\min}}{\sqrt{2N_0}}\right) \leqslant \frac{1}{\sqrt{2\pi}} \exp\left(-\frac{d_{\min}^2}{4N_0}\right) \tag{7.88}$$

于是，可以将式(7.87)中关于 P_{e} 的界进一步简化为

$$P_e < \left(\frac{M-1}{\sqrt{2\pi}}\right)\exp\left(-\frac{d_{\min}^2}{4N_0}\right) \tag{7.89}$$

也就是说，式(7.89)指出：

在一个 AWGN 信道中，平均误符号率 P_e 是随着最短距离的平方 $d_{\min}^2$ 呈指数下降的。

误比特率与误符号率的关系

到目前为止，我们用来评估 AWGN 中数字通信系统噪声性能的唯一指标是平均误符号(字)率。当发送长度为 $m=\log_2 M$ 的消息包含字母和数字的符号时，这种性能指标是自然的选择。然而，当要求发送二进制数据，如数字计算机数据时，采用另一种被称为 BER 的性能指标往往更有意义。尽管一般而言，这两个性能指标之间不存在唯一的关系，但是对于下面两种实际感兴趣的情形来说，却可以导出它们之间的对应关系。

情形 1：只有单个比特不同的 M 元组

假设可以完成从二进制符号到 M 进制符号的映射，使得对应于 M 进制调制策略中任意一对相邻符号的两个二进制 M 元组只在单个比特位置不相同。采用格雷码(Gray code)可以满足这种映射约束。当允许误符号率 P_e 很小时，我们发现将一个符号误判为与它"最近"的两个符号中任意一个的概率都大于任何其他类型的符号差错。另外，如果给定一个符号差错，在前面提到的映射约束条件下，最有可能的比特差错数量是 1 个。由于每个符号有 $\log_2 M$ 个比特，因此平均误符号率与 BER 之间具有下列关系：

$$\begin{aligned} P_e &= \mathbb{P}\left(\bigcup_{i=1}^{\log_2 M}\{\text{第 } i \text{ 个比特差错}\}\right) \\ &\leqslant \sum_{i=1}^{\log_2 M}\mathbb{P}(\text{第 } i \text{ 个比特差错}) \\ &= \log_2 M \cdot (\text{BER}) \end{aligned} \tag{7.90}$$

在上式第一行中，∪是集合论中用到的并集符号。我们还注意到

$$P_e \geqslant \mathbb{P}(\text{第 } i \text{ 个比特差错}) = \text{BER} \tag{7.91}$$

因此，可以得到 BER 的界为

$$\frac{P_e}{\log_2 M} \leqslant \text{BER} \leqslant P_e \tag{7.92}$$

情形 2：符号个数等于 2 的整数幂

下面，假设 $M=2^K$，其中 K 为整数。再假设所有符号差错都有相同可能且以下列概率出现：

$$\frac{P_e}{M-1} = \frac{P_e}{2^K-1}$$

其中，P_e 是平均误符号率。为了求出在一个符号中第 i 个比特出现差错的概率，我们注意到在 2^{K-1} 种符号差错情形中这个特殊比特会变化，并且在 2^K-1 种情形中它不会变化。因此，BER 等于

$$\text{BER} = \left(\frac{2^{K-1}}{2^K-1}\right)P_e \tag{7.93}$$

或者等效地

$$\text{BER} = \left(\frac{M/2}{M-1}\right)P_e \tag{7.94}$$

注意到对于大的 M 值，BER 趋近于极限值 $P_e/2$。还注意到比特差错一般都不是独立的。

7.6　采用相干检测的相移键控技术

在 7.2 节至 7.4 节中给出存在 AWGN 时对信号进行相干检测的背景知识以后，现在可以讨论具

体的通带数据传输系统。在本节中，主要针对相移键控(PSK)这种技术，下面首先讨论其中最简单的一种。

二进制相移键控

在二进制 PSK 系统(Binary PSK system)中，采用一对信号 $s_1(t)$ 和 $s_2(t)$ 来分别表示二进制符号 1 和 0，它们被定义为

$$s_1(t) = \sqrt{\frac{2E_b}{T_b}}\cos(2\pi f_c t), \qquad 0 \leqslant t \leqslant T_b \tag{7.95}$$

$$s_2(t) = \sqrt{\frac{2E_b}{T_b}}\cos(2\pi f_c t + \pi) = -\sqrt{\frac{2E_b}{T_b}}\cos(2\pi f_c t), \qquad 0 \leqslant t \leqslant T_b \tag{7.96}$$

其中，T_b是比特宽度(Bit duration)，E_b是每比特的发射信号能量(Transmitted signal energy per bit)。我们发现尽管不是必需的，但假设每个发射比特包含载波的整数个周期是比较方便的；也就是说，载波频率f_c被选为等于 n_c/T_b，其中 n_c为某个固定整数。在式(7.95)和式(7.96)中定义的相对相移相差 180°的一对正弦波被称为对映信号(Antipodal signal)。

二进制 PSK 信号的信号空间图

从这一对方程来看，很明显在二进制 PSK 情况下，只有一个具有单位能量的基函数

$$\phi_1(t) = \sqrt{\frac{2}{T_b}}\cos(2\pi f_c t), \qquad 0 \leqslant t \leqslant T_b \tag{7.97}$$

因此，我们可以通过 $\phi_1(t)$将发射信号 $s_1(t)$和 $s_2(t)$分别表示为

$$s_1(t) = \sqrt{E_b}\phi_1(t), \qquad 0 \leqslant t \leqslant T_b \tag{7.98}$$

$$s_2(t) = -\sqrt{E_b}\phi_1(t), \qquad 0 \leqslant t \leqslant T_b \tag{7.99}$$

于是，一个二进制 PSK 系统可以通过一维(即 $N=1$)信号空间来表征，其信号星座由两个消息点(即 $M=2$)构成。这两个消息点的坐标分别为

$$\begin{aligned} s_{11} &= \int_0^{T_b} s_1(t)\phi_1(t)\,dt \\ &= +\sqrt{E_b} \end{aligned} \tag{7.100}$$

$$\begin{aligned} s_{21} &= \int_0^{T_b} s_2(t)\phi_1(t)\,dt \\ &= -\sqrt{E_b} \end{aligned} \tag{7.101}$$

也就是说，对应于 $s_1(t)$的消息点位于 $s_{11}=\sqrt{E_b}$，而对应于 $s_2(t)$的消息点则位于 $s_{21}=-\sqrt{E_b}$。在图 7.13(a)中，画出了二进制 PSK 的信号空间图，图 7.13(b)则给出了对映信号 $s_1(t)$和 $s_2(t)$的波形的例子。注意到图 7.13 的二进制星座具有最小平均能量(Minimum average energy)。

根据式(7.97)至式(7.99)，很容易产生二进制 PSK 信号。具体而言，如图 7.14(a)中框图所示，产生器(发射机)是由下列两个部分组成的：

1. 双极 NRZ-电平编码器(Polar NRZ-level encoder)，它采用幅度电平$+\sqrt{E_b}$和$-\sqrt{E_b}$分别表示输入二进制序列的符号 1 和 0。
2. 乘积调制器(Product modulator)，它将双极 NRZ 编码器的输出乘以基函数 $\phi_1(t)$。实际上，正弦信号 $\phi_1(t)$起到了二进制 PSK 信号“载波”的作用。

因此，可以把二进制 PSK 视为 2.14 节中介绍的 DSB-SC 调制的一种特殊形式。

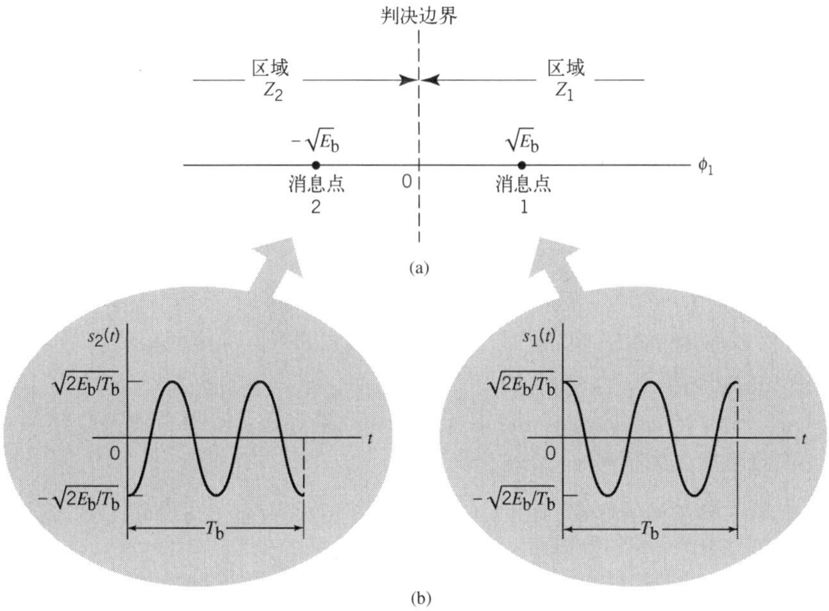

图 7.13　(a) 相干二进制 PSK 系统的信号空间图；(b) 描述发射信号 $s_1(t)$ 和 $s_2(t)$ 的波形，假设 $n_c = 2$

采用相干检测的二进制 PSK 系统的差错概率

为了对接收信号 $x(t)$ 做出关于符号 1 或者 0 的最优判决(即估计发射机输入端的原始二进制序列)，假设接收机能够使用本地产生的基函数 $\phi_1(t)$。换句话说，接收机与发射机是同步的(Synchronized)，如图 7.14(b)中框图所示。在二进制 PSK 接收机中，可以发现下列两个基本模块：

1. 相关器(Correlator)，它以逐个比特的方式将接收信号 $x(t)$ 与基函数 $\phi_1(t)$ 进行相关运算。
2. 判决器(Decision device)，它将相关器输出与一个零值门限进行比较，假设二进制符号 1 和 0 是等概率的。如果超过了门限，则判决为符号 1；否则判决为符号 0。如果相关器输出与零值门限相等，则以抛硬币的方式进行判决(即以随机方式进行判决)。

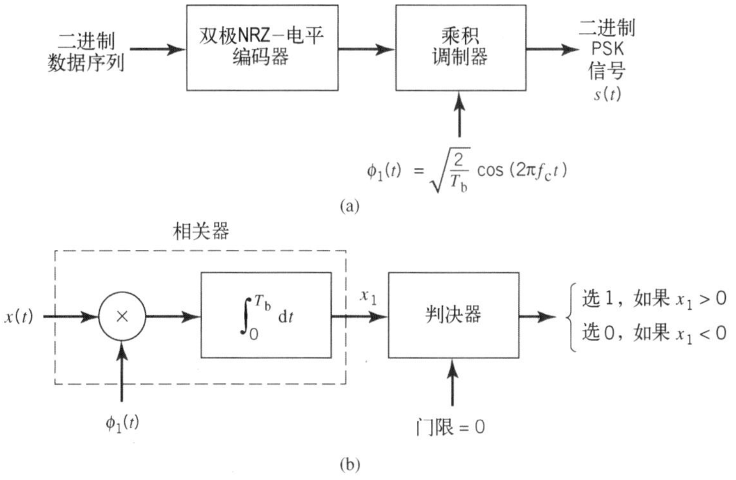

图 7.14　(a) 二进制 PSK 发射机框图；(b) 相干二进制 PSK 接收机框图

如果采用相干检测，则可以应用式(7.54)中的判决规则。具体而言，我们将图 7.13 中的信号空间分割为下列两个区域：

- 与位于$+\sqrt{E_b}$的消息点 1 距离最近的点集
- 与位于$-\sqrt{E_b}$的消息点 2 距离最近的点集

这是通过找到连接这两个消息点的线段的中点，然后再划分出适当的判决区域来实现的。在图 7.13 中，按照在消息点周围构造的区域，分别把这两个判决区域标记为 Z_1和 Z_2。

现在判决规则就是，如果接收信号点落在区域 Z_1中则判决发送的是信号 $s_1(t)$（即二进制符号 1），如果接收信号点落在区域 Z_2中则判决发送的是信号 $s_2(t)$（即二进制符号 0）。然而，可能出现下列两类错误判决：

1. 第一类差错(Error of the first kind)。信号 $s_2(t)$被发送，但噪声使接收信号点落在区域 Z_1中；因此接收机判决为信号 $s_1(t)$。
2. 第二类差错(Error of the second kind)。信号 $s_1(t)$被发送，但噪声使接收信号点落在区域 Z_2中；因此接收机判决为信号 $s_2(t)$。

为了计算出现第一类差错的概率，我们从图 7.13(a)中注意到，与符号 1 或者信号 $s_1(t)$相联系的判决区域被描述为

$$Z_1: 0 < x_1 < \infty$$

其中，可观测元素 x_1与接收信号 $x(t)$的关系为

$$x_1 = \int_0^{T_b} x(t)\phi_1(t)\,dt \tag{7.102}$$

假设符号 0[即信号 $s_2(t)$]被发送，则随机变量 X_1的条件概率密度函数被定义为

$$f_{X_1}(x_1|0) = \frac{1}{\sqrt{\pi N_0}}\exp\left[-\frac{1}{N_0}(x_1 - s_{21})^2\right] \tag{7.103}$$

将式(7.101)代入上式，得到

$$f_{X_1}(x_1|0) = \frac{1}{\sqrt{\pi N_0}}\exp\left[-\frac{1}{N_0}(x_1 + \sqrt{E_b})^2\right] \tag{7.104}$$

因此，假设符号 0 被发送，接收机判决为符号 1 的条件概率为

$$p_{10} = \frac{1}{\sqrt{\pi N_0}}\int_0^{\infty}\exp\left[-\frac{1}{N_0}(x_1 + \sqrt{E_b})^2\right]dx_1 \tag{7.105}$$

令

$$z = \sqrt{\frac{2}{N_0}}(x_1 + \sqrt{E_b}) \tag{7.106}$$

并且将积分变量从 x_1变为 z，则可以利用 Q 函数将式(7.105)重写为下列紧凑形式：

$$p_{10} = \frac{1}{\sqrt{2\pi}}\int_{\sqrt{2E_b/N_0}}^{\infty}\exp\left(-\frac{z^2}{2}\right)dz \tag{7.107}$$

在式(7.107)中利用第 3 章中式(3.68)的 Q 函数公式，可得到

$$p_{10} = Q\left(\sqrt{\frac{2E_b}{N_0}}\right) \tag{7.108}$$

下面考虑第二类差错。注意到图 7.13(a)的信号空间关于原点是对称的。因此，可以得到假设符号 1 被发送，接收机判决为符号 0 的条件概率 p_{01}的值也与式(7.108)中的值相同。

于是，对条件差错概率 p_{10}和 p_{01}取平均，可以发现平均误符号率(Average probability of symbol error)或者等效地采用相干检测并假设等概率符号的二进制 PSK 系统的 BER(BER for binary PSK)为

$$P_e = Q\left(\sqrt{\frac{2E_b}{N_0}}\right) \tag{7.109}$$

对于某个特定的噪声谱密度 $N_0/2$，如果增加每个比特的发射信号能量 E_b，则对应于符号 1 和 0 的消

息点之间的距离会增加，并且按照式(7.109)可知平均差错概率 P_e 也会相应地降低，这从直观上看是令人信服的。

二进制 PSK 信号的功率谱

考察式(7.97)和式(7.98)可以发现，二进制 PSK 波形是 2.14 节中讨论的 DSB-SC 调制的一种例子。更具体地讲，它只是由一个同相分量组成的。令 $g(t)$ 表示采用的脉冲成形函数(Pulse-shaping function)，它被定义为

$$g(t)=\begin{cases}\sqrt{\dfrac{2E_b}{T_b}}, & 0\leqslant t\leqslant T_b\\ 0, & \text{其他}\end{cases} \tag{7.110}$$

根据发射机输入是二进制符号 1 或者 0，对应的发射机输出分别为 $+g(t)$ 或者 $-g(t)$。假设输入二进制序列是随机的，符号 1 和 0 都具有相等概率，并且在不同时隙期间发送的符号彼此之间是统计独立的。

在第 4 章的例 6 中，已经证明上面描述的随机二进制波形的功率谱密度等于符号成形函数的能量谱密度除以符号宽度。一个具有傅里叶变换的信号 $g(t)$ 的能量谱密度被定义为该信号的傅里叶变换幅度的平方。因此，对于当前的二进制 PSK 信号，基带功率谱密度被确定为

$$\begin{aligned}S_B(f)&=\frac{2E_b\sin^2(\pi T_b f)}{(\pi T_b f)^2}\\&=2E_b\,\mathrm{sinc}^2(T_b f)\end{aligned} \tag{7.111}$$

考察式(7.111)，可以得到关于二进制 PSK 的下列观察结果：

1. 功率谱密度 $S_B(f)$ 关于纵轴是对称的(Symmetric)，这与期望的一致。
2. $S_B(f)$ 在比特率的整数倍即 $f=\pm 1/T_b, \pm 2/T_b, \cdots$ 处穿过零点。
3. 由于 $\sin^2(\pi T_b f)$ 的最大值限制为 1，因此 $S_B(f)$ 随着频率 f 平方的倒数而下降(Falls off as the inverse square of the frequency)。

上面三点观察结果都体现在图 7.15 中给出的 $S_B(f)$ 随 f 变化的关系曲线中了。

在图 7.15 中，还包括了二进制频移键控(Frequency-Shift Keying, FSK)信号的基带功率谱密度图，其详细内容在 7.8 节中给出，对这两个频谱的比较也在该节中讨论。

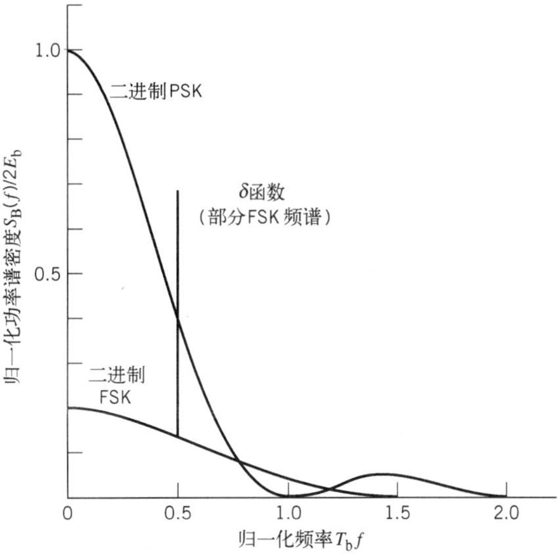

图 7.15　二进制 PSK 和 FSK 信号的功率谱

四相相移键控

在设计数字通信系统时，一个重要的目标是提供可靠的性能，比如代表性的例子是保证很低的差错概率。另一个重要目标是有效地利用信道带宽。在本节中，我们讨论一种采用相干检测的具有带宽保护性的调制策略（Bandwidth-conserving modulation scheme），它被称为四相相移键控（QuadriPhase-Shift Keying，QPSK）。

与二进制 PSK 相同的是，在 QPSK 中关于消息符号的信息是包含在载波相位中的。特别地，载波相位在 4 个等间隔的值，如 π/4,3π/4,5π/4 及 7π/4 中取一个值。对于这组值，可以将发射信号定义如下：

$$s_i(t) = \begin{cases} \sqrt{\frac{2E}{T}}\cos\left[2\pi f_c t + (2i-1)\frac{\pi}{4}\right], & \begin{cases} 0 \leqslant t \leqslant T \\ i = 1,2,3,4 \end{cases} \\ 0, & \text{其他} \end{cases} \tag{7.112}$$

其中，E 是每个符号的发射信号能量（Transmitted signal energy per symbol），T 是符号宽度（Symbol duration）。载波频率 f_c 等于 n_c/T，n_c 是某个固定整数。每个可能的相位值都对应于一个唯一的二位组（Dibit，即 2 比特）。比如，可以选取前面提到的一组相位值来表示采用格雷码得到的一组二位组，即 10,00,01 和 11，其中相邻两个二位组之间只有一个比特发生改变。

QPSK 信号的信号空间图

利用著名的三角恒等式，可以将式（7.112）展开以便采用下列标准形式重新定义发射信号：

$$s_i(t) = \sqrt{\frac{2E}{T}}\cos\left[(2i-1)\frac{\pi}{4}\right]\cos(2\pi f_c t) - \sqrt{\frac{2E}{T}}\sin\left[(2i-1)\frac{\pi}{4}\right]\sin(2\pi f_c t) \tag{7.113}$$

其中，$i=1,2,3,4$。基于这种表示，我们得到下列两点观察结果：

1. 存在两个标准正交基函数，它们由一对正交载波（Quadrature carriers）所定义：

$$\phi_1(t) = \sqrt{\frac{2}{T}}\cos(2\pi f_c t), \quad 0 \leqslant t \leqslant T \tag{7.114}$$

$$\phi_2(t) = \sqrt{\frac{2}{T}}\sin(2\pi f_c t), \quad 0 \leqslant t \leqslant T \tag{7.115}$$

2. 存在 4 个信号点，它们由下列二维信号向量所定义：

$$\boldsymbol{s}_i = \begin{bmatrix} \sqrt{E}\cos\left((2i-1)\frac{\pi}{4}\right) \\ -\sqrt{E}\sin\left((2i-1)\frac{\pi}{4}\right) \end{bmatrix}, \quad i = 1,2,3,4 \tag{7.116}$$

在表 7.2 中，对信号向量的元素即 s_{i1} 和 s_{i2} 的值进行了总结；前面两列分别给出了相关的二位组（Dibit）和 QPSK 信号的相位。

表 7.2 QPSK 的信号空间特征

格雷码输入二位组	QPSK 信号的相位（弧度）	消息点的坐标	
		s_{i1}	s_{i2}
11	π/4	$+\sqrt{E/2}$	$+\sqrt{E/2}$
01	3π/4	$-\sqrt{E/2}$	$+\sqrt{E/2}$
00	5π/4	$-\sqrt{E/2}$	$-\sqrt{E/2}$
10	7π/4	$+\sqrt{E/2}$	$-\sqrt{E/2}$

因此，一个 QPSK 信号具有二维信号星座(即 $N=2$)和 4 个消息点(即 $M=4$)，它们的相位角以逆时针方向增加，如图 7.16 所示。与二进制 PSK 一样，QPSK 信号也具有最小平均能量(Minimum average energy)。

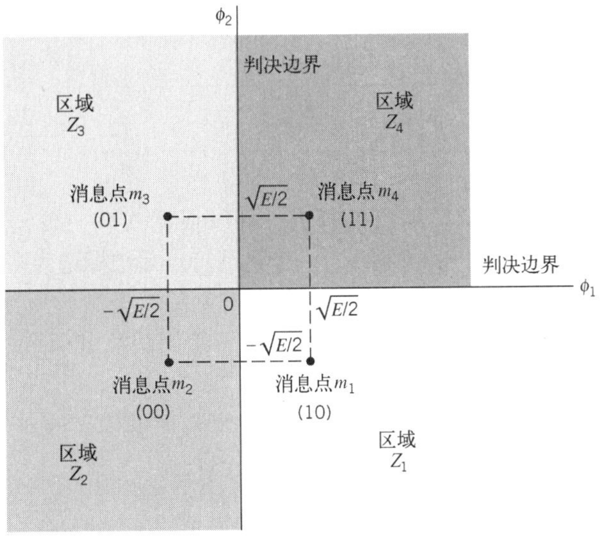

图 7.16　QPSK 系统的信号空间图

例 6　QPSK 波形

在图 7.17 中，举例说明了在产生 QPSK 信号过程中涉及的序列和波形。输入二进制序列 01101000 如图 7.17(a)所示。这个序列又被分为另外两个序列，它们分别由输入序列的奇数比特和偶数比特所组成。这两个序列如图 7.17(b)和图 7.17(c)中上面的行所示。代表 QPSK 信号的两个分量即 $s_{i1}\phi_1(t)$ 和 $s_{i2}\phi_2(t)$ 的波形也分别如图 7.17(b)和图 7.17(c)所示。这两个波形都可以单独被视为二进制 PSK 信号的例子。把它们加起来，则可以得到如图 7.17(d)所示的 QPSK 波形。

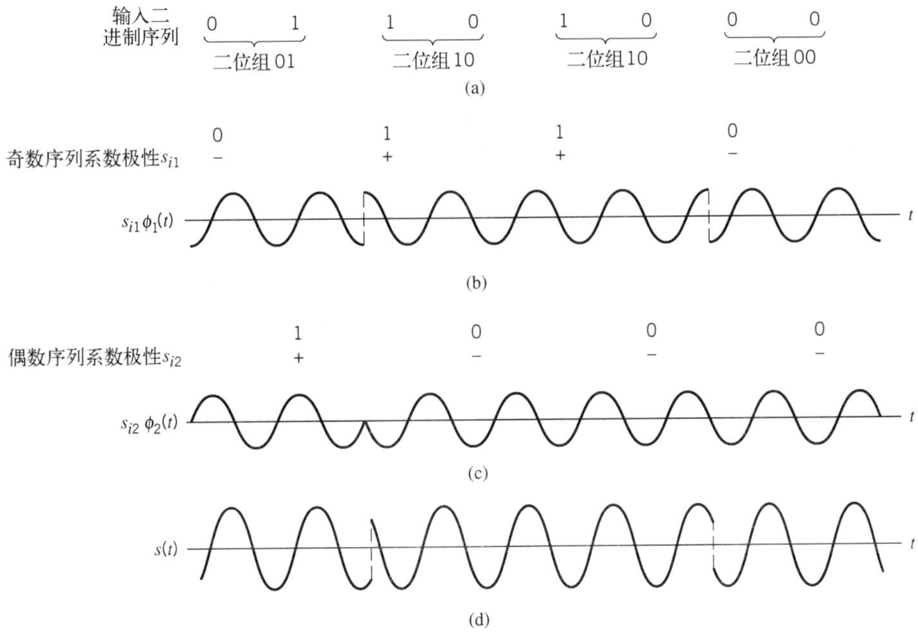

图 7.17　(a) 输入二进制序列；(b) 输入序列的奇数二位组及相关的二进制 PSK 信号；(c) 输入序列的偶数二位组及相关的二进制PSK信号；(d) QPSK波形，它被定义为 $s(t)=s_{t1}\phi_1(t)+s_{i2}\phi_2(t)$

为了确定对发射数据序列进行相干检测的判决规则，我们按照表 7.2 将信号空间分割为 4 个区域。每个区域由与代表消息向量 $\boldsymbol{s}_1, \boldsymbol{s}_2, \boldsymbol{s}_3$ 和 $\boldsymbol{s}_4$ 的消息点距离最近的符号集合来确定。这是很容易实现的，将 4 个消息点连起来构成一个正方形，画出这个正方形的中垂线，然后再划分出合适的区域即可。这样，我们发现判决区域为 4 个象限，它们的顶点正好是原点。在图 7.16 中，根据它们所构成的消息点将这些区域分别标记为 Z_1, Z_2, Z_3 和 Z_4。

QPSK 信号的产生及相干检测

作为图 7.14(a) 中二进制 PSK 发射机的补充，可以根据式(7.113)至式(7.115)，构造出如图 7.18(a)所示的 QPSK 发射机。QPSK 发射机的一个显著特点是被标记为多路分用器(Demultiplexer)的模块。多路分用器的功能是将双极 NRZ 电平编码器产生的二进制波形分为两个独立的二进制波形，其中一个代表输入二进制序列中的奇数二位组，另一个则代表其偶数二位组。因此，我们可以得到下列结论：

QPSK 发射机可以被视为两个并行工作的二进制 PSK 产生器，每一个的比特率都等于 QPSK 发射机输入端的原始二进制序列的比特率的一半。

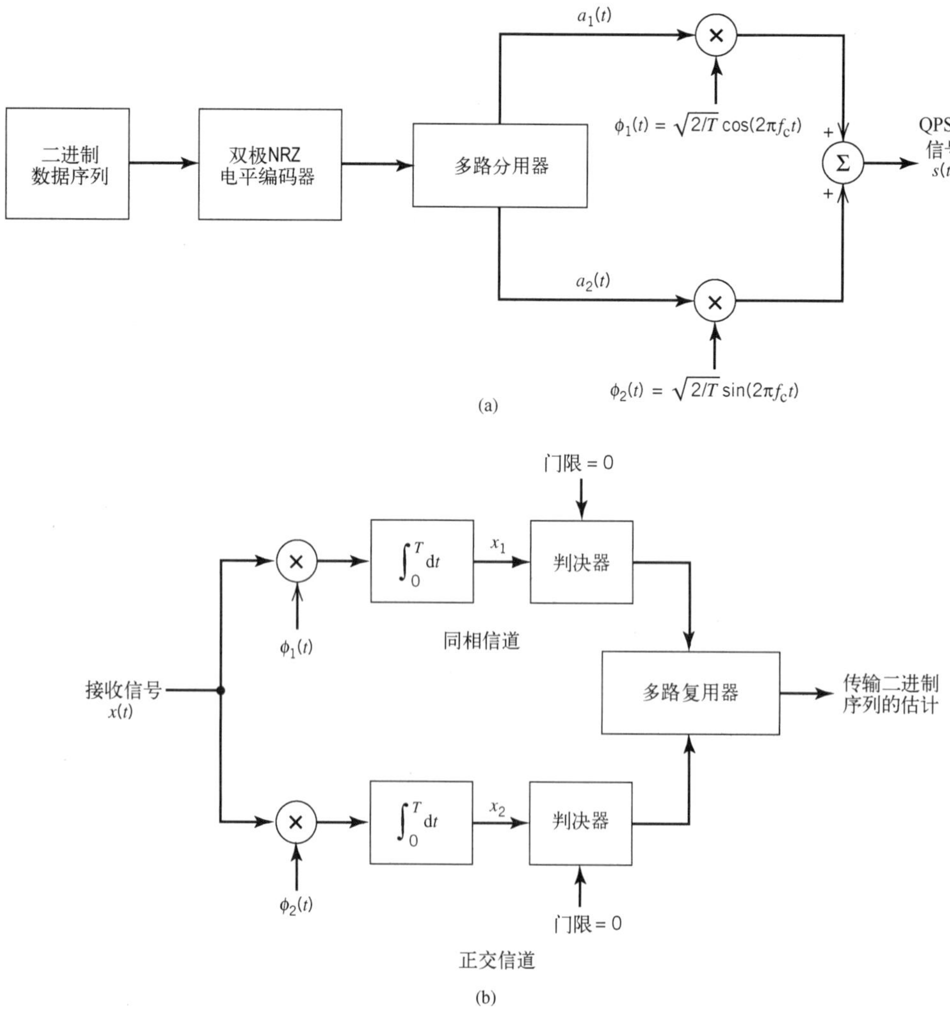

图 7.18 (a) QPSK 发射机框图；(b) 相干 QPSK 接收机框图

作为图 7.14(b) 中二进制 PSK 接收机的补充，我们发现 QPSK 接收机的结构具有同相路径(In-phase path)和正交路径(Quadrature path)的形式，它们以并行方式工作，如图 7.18(b) 所示。QPSK 接收机的功能组成如下：

1. 一对相关器(Pair of correlator)，它们具有公共输入 $x(t)$。这两个相关器被供给一对本地产生的标准正交基函数 $\phi_1(t)$ 和 $\phi_2(t)$，这意味着接收机是与发射机同步的。相关器对接收信号 $x(t)$ 产生的响应输出分别被记为 x_1 和 x_2。
2. 一对判决器(Pair of decision devices)，它们对相关器输出 x_1 和 x_2 进行判决，将它们与一个零值门限相比较；这里假设在发射机输入端的原始二进制码流中符号 1 和 0 具有相同可能。如果 $x_1>0$，则判决为符号 1 作为同相信道输出；另一方面，如果 $x_1<0$，则判决为符号 0。对于正交信道也做出类似的二进制判决。
3. 一个多路复用器(Multiplexer)，它的功能是把一对判决器产生的两个二进制序列组合起来。这样得到的二进制序列提供了在发射机输入端的原始二进制码流的估计(Estimate)。

QPSK 的差错概率

在一个工作于 AWGN 信道上的 QPSK 系统中，接收信号 $x(t)$ 被确定为

$$x(t) = s_i(t) + w(t), \quad \begin{cases} 0 \leqslant t \leqslant T \\ i = 1, 2, 3, 4 \end{cases} \tag{7.117}$$

其中，$w(t)$ 是零均值、功率谱密度为 $N_0/2$ 的高斯白噪声过程的样本函数。

参考图 7.18(a) 可以发现，两个相关器的输出 x_1 和 x_2 分别被确定如下：

$$\begin{aligned} x_1 &= \int_0^T x(t)\phi_1(t)\,\mathrm{d}t \\ &= \sqrt{E}\cos\left[(2i-1)\frac{\pi}{4}\right] + w_1 \\ &= \pm\sqrt{\frac{E}{2}} + w_1 \end{aligned} \tag{7.118}$$

和

$$\begin{aligned} x_2 &= \int_0^T x(t)\phi_2(t)\,\mathrm{d}t \\ &= \sqrt{E}\sin\left[(2i-1)\frac{\pi}{4}\right] + w_2 \\ &= \mp\sqrt{\frac{E}{2}} + w_2 \end{aligned} \tag{7.119}$$

因此，可观测元素 x_1 和 x_2 是两个均值分别等于 $\pm\sqrt{E/2}$ 和 $\mp\sqrt{E/2}$、方差都等于 $N_0/2$ 的独立高斯随机变量的样本值。

现在，判决规则就是：如果与观测向量 $\boldsymbol{x}$ 有关的接收信号点落在区域 Z_1 中，就判决为 $s_1(t)$ 被发送；如果接收信号点落在区域 Z_2 中，就判决为 $s_2(t)$ 被发送，对于另两个区域 Z_3 和 Z_4 也用类似方法判决。有时候会出现错误判决，比如信号 $s_4(t)$ 被发送但噪声 $w(t)$ 使接收信号点落在了区域 Z_4 外面(Outside)。

为了计算平均误符号率，回顾 QPSK 接收机实际上等效于两个并行工作且采用相位正交的两个载波的二进制 PSK 接收机。同相信道输出 x_1 和正交信道输出 x_2(即观测向量 $\boldsymbol{x}$ 的两个元素)可以被视为两个二进制 PSK 接收机的单独输出。于是，根据式(7.118)和式(7.119)，这两个二进制 PSK 接收机具有下列特征：

- 每个比特的信号能量等于 $E/2$；
- 噪声谱密度等于 $N_0/2$。

因此，利用相干二进制 PSK 接收机的平均误比特率公式(7.109)，我们可以将相干 QPSK 接收机同相路径和正交路径中的平均误比特率表示为

$$P' = Q\left(\sqrt{\frac{E}{N_0}}\right) \tag{7.120}$$

其中，用 E 代替了 $2E_b$。另一个需要注意的重点是，QPSK 接收机同相路径和正交路径中的比特差错是统计独立的。在同相路径中的判决器对构成 QPSK 信号的一个符号(二位组)中两个比特之一进行判决，而在正交路径中的判决器则对另外的二位组进行判决。因此，这两个信道(路径)结合在一起产生的正确检测的平均概率(Average probability of a correct detection)为

$$\begin{aligned} P_c &= (1-P')^2 \\ &= \left[1-Q\left(\sqrt{\frac{E}{N_0}}\right)\right]^2 \\ &= 1-2Q\left(\sqrt{\frac{E}{N_0}}\right)+Q^2\left(\sqrt{\frac{E}{N_0}}\right) \end{aligned} \tag{7.121}$$

于是，QPSK 的平均误符号率为

$$\begin{aligned} P_e &= 1-P_c \\ &= 2Q\left(\sqrt{\frac{E}{N_0}}\right)-Q^2\left(\sqrt{\frac{E}{N_0}}\right) \end{aligned} \tag{7.122}$$

在 $(E/N_0)\gg 1$ 的区域，我们可以忽略式(7.122)右边的平方项，于是 QPSK 接收机的平均误符号率近似为

$$P_e \approx 2Q\left(\sqrt{\frac{E}{N_0}}\right) \tag{7.123}$$

我们还可以利用图 7.16 中的信号空间图，以另外一种更加深刻的方式导出式(7.123)。由于图中的 4 个消息点关于原点是圆形对称的，因此可以应用基于一致限的近似公式(7.75)。比如，考虑把消息点 m_1(对应于二位组 10)选为发射消息点。消息点 m_2 和 m_4(对应于二位组 00 和 01)是与 m_1 距离最近的点。从图 7.16 中很容易发现，m_1 与 m_2 和 m_4 之间的欧几里得距离是相等的，如下所示：

$$d_{12} = d_{14} = \sqrt{2E}$$

假设 E/N_0 足够大，可以忽略掉距离 m_1 最远的消息点 m_3(对应于二位组 01)的贡献，则我们发现利用取等号时的式(7.75)得到 P_e 的近似表达式与式(7.123)相同。注意到在把 m_2 或者 m_4 误判为 m_1 时，出现了单个比特差错；另一方面，在把 m_3 误判为 m_1 时，则出现了两个比特差错。如果 E/N_0 足够高，一个符号中两个比特都出现差错的可能性会比单个比特出现差错要小得多，这进一步证实在计算 m_1 被发送时的 P_e 时忽略 m_3 的贡献是合理的。

在 QPSK 系统中，我们注意到由于每个符号具有两个比特，因此每个符号的发射信号能量是每个比特的信号能量的两倍，如下所示：

$$E = 2E_b \tag{7.124}$$

于是，通过比值 E_b/N_0 表示平均误符号率时，可以写出

$$P_e \approx 2Q\left(\sqrt{\frac{2E_b}{N_0}}\right) \tag{7.125}$$

如果采用格雷码作为输入符号，根据式(7.120)和式(7.124)可以发现，QPSK 系统中 BER 的准确值为

$$\text{BER} = Q\left(\sqrt{\frac{2E_b}{N_0}}\right) \tag{7.126}$$

因此我们可以说，在比特率和 E_b/N_0 都相同的情况下，QPSK 系统能够实现与二进制 PSK 系统相同的平均误比特率，但是只利用一半的信道带宽。也可以用另一种方式表述如下：

当 E_b/N_0 相同从而平均误比特率也相同时，在信道带宽相同的情况下，QPSK 系统以两倍于二进制 PSK 系统比特率的速度传输信息。

对于规定的性能，QPSK 系统比二进制 PSK 系统更好地利用了信道带宽，这解释了为什么在实际中更愿意采用 QPSK 而不是二进制 PSK 系统的原因。

前面我们曾经提到，二进制 PSK 可以被视为 DSB-SC 调制的一种特殊情形。相应地，也可以将 QPSK 视为在模拟调制理论中正交幅度调制(Quadrature Amplitude Modulation，QAM)的一种特殊情形。

QPSK 信号的功率谱

假设调制器输入端的二进制波形是具有相同可能的随机符号 1 和 0，并且在相邻时隙发送的符号是统计独立的。于是，我们对 QPSK 信号的同相分量和正交分量可以得到下列观察结果：

1. 根据在信号传输区间 $-T_b \leqslant t \leqslant T_b$ 发送的二位组，同相分量等于 $+g(t)$ 或者 $-g(t)$，正交分量也类似。$g(t)$ 表示符号成形函数，它被定义为

$$g(t) = \begin{cases} \sqrt{\dfrac{E}{T}}, & 0 \leqslant t \leqslant T \\ 0, & \text{其他} \end{cases} \tag{7.127}$$

因此，同相分量和正交分量的功率谱密度相同，都是 $E\,\text{sinc}^2(Tf)$。

2. 同相分量和正交分量是统计独立的。因此，QPSK 信号的基带功率谱密度等于其同相分量和正交分量各自功率谱密度之和，于是可以写出

$$\begin{aligned} S_B(f) &= 2E\,\text{sinc}^2(Tf) \\ &= 4E_b\,\text{sinc}^2(2T_bf) \end{aligned} \tag{7.128}$$

在图 7.19 中，画出了 $S_B(f)$(关于 $4E_b$ 归一化处理以后)与归一化频率(Normalized frequency) T_bf 之间的关系曲线。图中还包括被称为最小频移键控(Minimum Shift Keying，MSK)的一种二进制 FSK 形式的基带功率谱密度，其计算在 7.8 节中给出，对这两个频谱的比较也在该节中讨论。

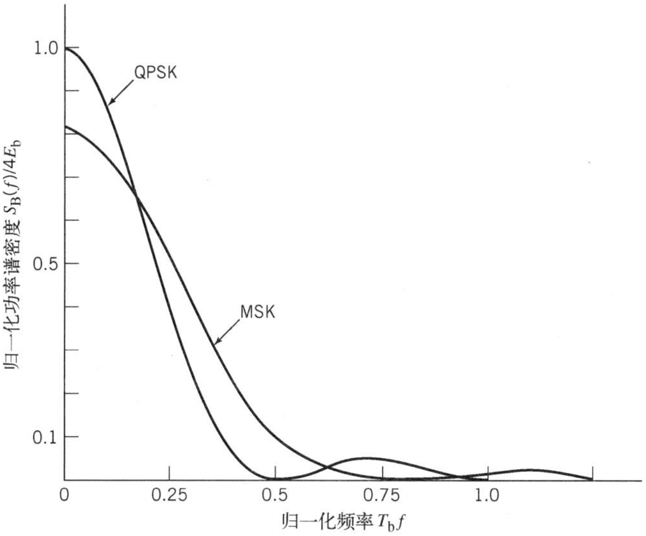

图 7.19　QPSK 和 MSK 信号的功率谱

偏移 QPSK

对于 QPSK 的一种变形，考虑图 7.20(a)中的信号空间图，它体现了在产生 QPSK 信号时出现的所有可能的相位转换。更具体而言，考察例 6 的图 7.17 中所示的 QPSK 波形，我们可以得出下列三点观察结果：

1. 只要 QPSK 信号的同相分量和正交分量都改变符号，载波相位就会改变±180°。在图 7.17 中给出了这种情况的一个例子，其中输入二进制序列从二位组 01 改变为二位组 10。
2. 只要同相分量或者正交分量改变符号，载波相位就会改变±90°。在图 7.17 中给出了这第二种情况的一个例子，其中输入二进制序列从二位组 10 改变为二位组 00，在此期间同相分量改变了符号而正交分量没有改变。
3. 当同相分量和正交分量都没有改变符号时，载波相位也不会变化。在图 7.17 中给出的这最后一种情况中，两个连续符号区间内发送的都是二位组 10。

当传输过程中在检测以前对 QPSK 信号进行滤波时，会特别关注上述第 1 种情形和第 2 种情形。具体而言，载波相位出现 180°和 90°的相移会导致在信道上传输的过程中载波幅度(即 QPSK 信号的包络)发生变化，从而使接收机检测时出现额外的符号差错。

为了消除 QPSK 的这种缺点，需要降低其幅度波动的范围。为此，我们可以采用偏移(Offset) QPSK[4]。在这种 QPSK 的变形中，产生正交分量的比特流比产生同相分量的比特流滞后(即偏移)半个符号宽度。具体而言，偏移 QPSK 的两个基函数被确定为

$$\phi_1(t) = \sqrt{\frac{2}{T}}\cos(2\pi f_c t), \qquad 0 \leqslant t \leqslant T \tag{7.129}$$

和

$$\phi_2(t) = \sqrt{\frac{2}{T}}\sin(2\pi f_c t), \qquad \frac{T}{2} \leqslant t \leqslant \frac{3T}{2} \tag{7.130}$$

式(7.129)中的 $\phi_1(t)$ 与式(7.114)中针对 QPSK 的 $\phi_1(t)$ 完全相同，但式(7.130)中的 $\phi_2(t)$ 与式(7.115)中针对 QPSK 的 $\phi_2(t)$ 却不相同。因此与 QPSK 不同的是，在偏移 QPSK 中可能发生的相位转换被限制为±90°，如图 7.20(b)中的信号空间图所示。然而，在偏移 QPSK 中发生±90°相位转换的次数是 QPSK 中的两倍，而其强度则下降一半。由于在 QPSK 中除了±90°的相位转换，还会发生±180°的相位转换，因此我们发现在偏移 QPSK 中由于滤波导致的幅度波动比在 QPSK 情形中的幅度更小。

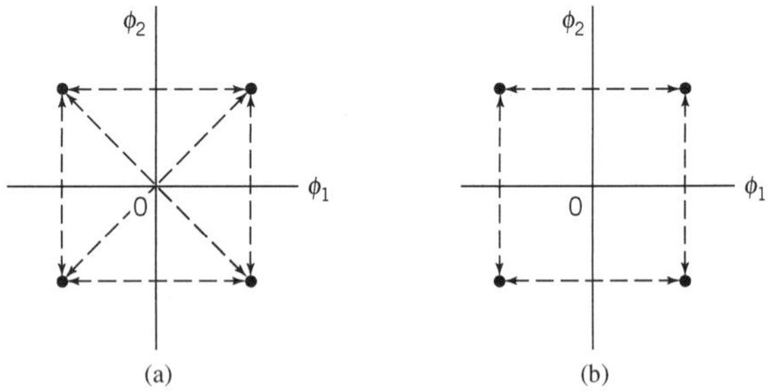

图 7.20 (a) 在 QPSK 中消息点之间可能的变化路径；(b) 在偏移QPSK中消息点之间可能的变化路径

尽管与 QPSK 的式(7.115)相比，在式(7.130)中对基函数 $\phi_2(t)$ 延迟了 $T/2$，在 AWGN 信道中偏移 QPSK 也具有与 QPSK 完全相同的误符号率。这两个 PSK 策略之间噪声性能的等效性用到了在接收机中进行相干检测这一假设。两者等效的原因是，在 QPSK 和偏移 QPSK 中同相分量和正交分量之间都具有统计独立性。因此，可以说式(7.123)中的平均误符号率同样很好地适用于偏移 QPSK 系统。

M 进制 PSK

QPSK 是 PSK 一般形式的特殊情形，这种一般形式通常被称为 M 进制 PSK，其中载波相位取 M 个可能值中的一个，即 $\theta_i = 2(i-1)\pi/M$，$i=1,2,\cdots,M$。因此，在宽度为 T 的每个信号传输区间内，下面

M 个可能信号

$$s_i(t) = \sqrt{\frac{2E}{T}}\cos\left[2\pi f_c t + \frac{2\pi}{M}(i-1)\right], \qquad i = 1, 2, \cdots, M \tag{7.131}$$

中的一个信号被发送，其中 E 是每个符号的信号能量。载波频率 $f_c = n_c/T$，n_c 是某个固定整数。

每个 $s_i(t)$ 都可以通过与前面相同的两个基函数 $\phi_1(t)$ 和 $\phi_2(t)$ 来展开；因此 M 进制 PSK 的信号星座是二维的(Two-dimensional)。M 个消息点以原点为中心、等间隔地分布在半径为 $\sqrt{E}$ 的圆上，如图 7.21(a)所示，其中画出了八相相移键控(Octaphase-shift-keying)(即 $M=8$)情形的分布。

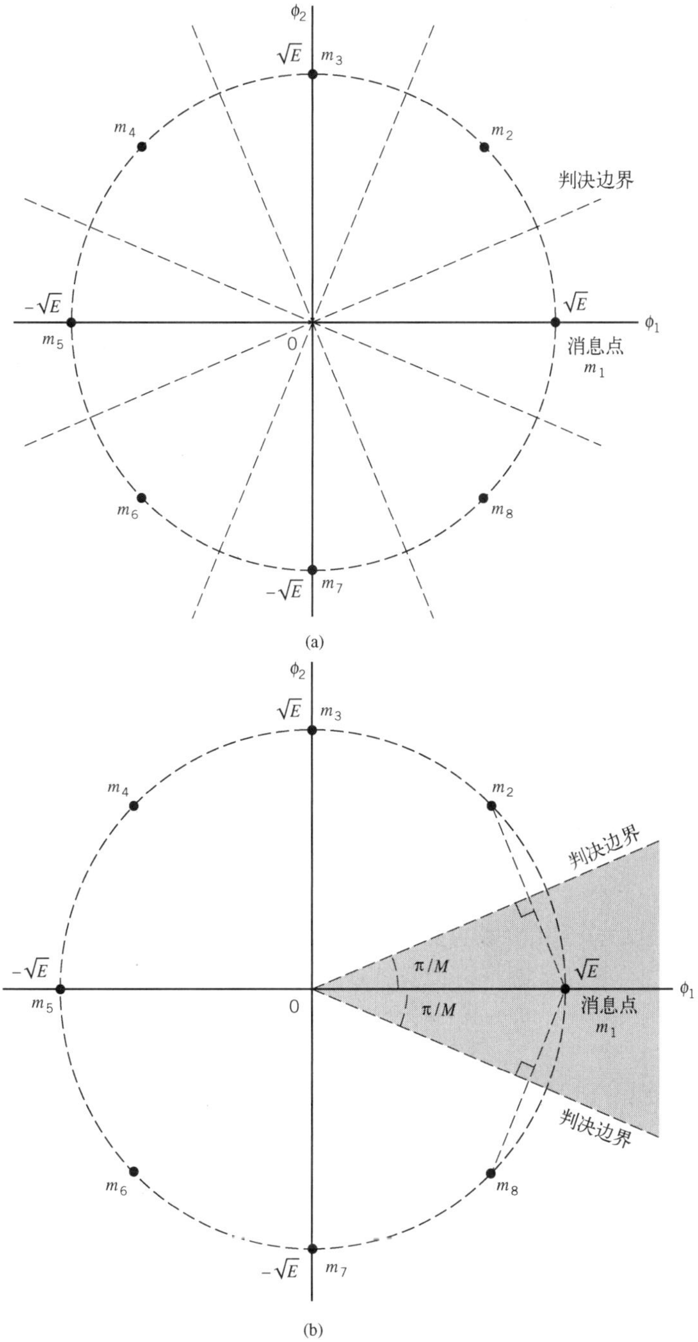

图 7.21　(a) 八相相移键控(即 $M=8$)的信号空间图，判决边界用虚线表示；(b)说明对八相相移键控应用一致限的信号空间图

从图 7.21(a) 中可以发现信号空间图是圆形对称的。因此，我们可以基于一致限，应用式(7.85)得到 M 进制 PSK 的平均误符号率的近似公式。假设发射信号对应于消息点 m_1，它在 ϕ_1 轴和 ϕ_2 轴上的坐标分别是 $+\sqrt{E}$ 和 0。又假设比值 E/N_0 足够大，可以只考虑在 m_1 两边最近的两个消息点，把它们作为由于信道噪声而导致误判为 m_1 的可能点。如图 7.21(b)所示，其中 $M=8$。这两个点与 m_1 的欧几里得距离为($M=8$ 时)

$$d_{12} = d_{18} = 2\sqrt{E}\sin\left(\frac{\pi}{M}\right)$$

因此，利用式(7.85)可以得到相干 M 进制 PSK 的平均误符号率为

$$P_e \approx 2Q\left[\sqrt{\frac{2E}{N_0}}\sin\left(\frac{\pi}{M}\right)\right] \tag{7.132}$$

其中假设 $M \geqslant 4$。对于固定的 M 值，当 E/N_0 增加时这个近似会变得非常紧密。当 $M=4$ 时，式(7.132)退化为与 QPSK 中式(7.123)完全相同的形式。

M 进制 PSK 信号的功率谱

M 进制 PSK 信号的符号宽度被确定为

$$T = T_b \log_2 M \tag{7.133}$$

其中，T_b 是比特宽度。采用与 QPSK 信号类似的方法，可以证明 M 进制 PSK 信号的基带功率谱密度为

$$\begin{aligned} S_B(f) &= 2E\,\text{sinc}^2(Tf) \\ &= 2E_b(\log_2 M)[\text{sinc}^2(T_b f \log_2 M)] \end{aligned} \tag{7.134}$$

在图 7.22 中，针对 M 的三个不同值，即 $M=2,4,8$，画出了归一化功率谱密度 $S_B(f)/2E_b$ 与归一化频率 $T_b f$ 之间的关系曲线。式(7.134)分别把 $M=2$ 时得到的式(7.111)以及 $M=4$ 时得到的式(7.128)作为两种特殊情形。

图 7.22 所示 M 进制 PSK 信号的基带功率谱的主瓣以定义明确的频谱零点(Spectral null)(即功率谱密度等于零的频率点)为界。根据第 2 章中给出的关于信号带宽的讨论，我们可以利用主瓣作为带宽评估的基础。因此，采用零点到零点带宽(Null-to-null bandwidth)的概念，我们可以说主瓣的频谱宽度为 M 进制 PSK 信号的带宽提供了一种简单而有用的度量方法。更重要的是，平均信号功率的很大部分都包含在主瓣以内。在此基础上，我们可以将 M 进制 PSK 信号经过一个模拟信道所需的信道带宽定义为

$$B = \frac{2}{T} \tag{7.135}$$

其中，T 为符号宽度。但是符号宽度 T 与比特宽度 T_b 之间的关系由式(7.133)给出。另外，比特率 $R_b = 1/T_b$。因此，我们可以利用比特率将式(7.135)中的信道带宽重新定义为

$$B = \frac{2R_b}{\log_2 M} \tag{7.136}$$

根据这个公式，可以得到 M 进制 PSK 信号的带宽效率(Bandwidth efficiency)为

$$\begin{aligned} \rho &= \frac{R_b}{B} \\ &= \frac{\log_2 M}{2} \end{aligned} \tag{7.137}$$

在表 7.3 中，针对不同 M 值给出了由式(7.137)计算得到的 ρ 值。根据式(7.132)和表 7.3，现在可以得出下列结论：

当 M 进制 PSK 的状态数量增加时，在牺牲误码性能的情况下提高了带宽效率。

然而，注意到如果要确保误码性能不下降，则必须增加 E_b/N_0 来补偿 M 的增加。

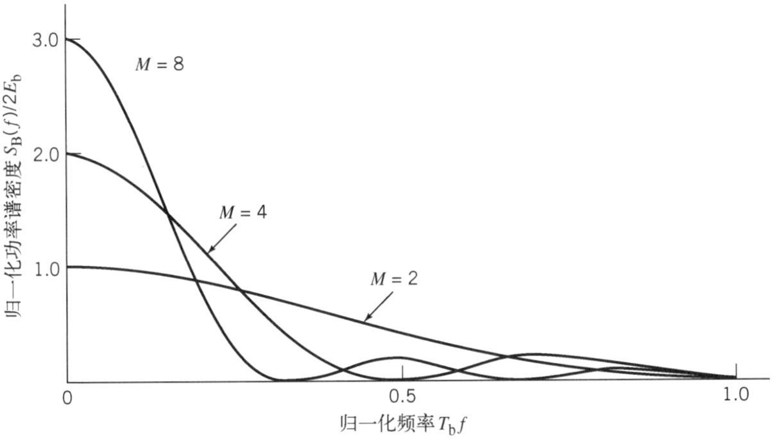

图 7.22 $M=2,4,8$ 时 M 进制 PSK 信号的功率谱

表 7.3 M 进制 PSK 信号的带宽效率

M	2	4	8	16	32	64
ρ[bit/(s/Hz)]	0.5	1	1.5	2	2.5	3

7.7 M 进制正交幅度调制

在 M 进制 PSK 系统中，调制信号的同相分量和正交分量相互关联，使得包络被限制为保持常数。这种约束通过其位于圆形星座中的消息点可以证实，如图 7.21(a)所示。然而，如果去掉这种约束，允许同相分量和正交分量是独立的，则可以得到一种新的调制策略，它被称为 M 进制 QAM(M-ary QAM)。QAM 是调制的一种混合(Hybrid)形式，因为其载波会经历幅度调制和相位调制。

在 M 进制 PAM 中，信号空间图是一维的。M 进制 QAM 是 M 进制 PAM 的二维推广，因为其公式中包含下列两个正交的通带基函数：

$$\begin{aligned}\phi_1(t) &= \sqrt{\frac{2}{T}}\cos(2\pi f_c t), \qquad 0\leqslant t\leqslant T\\ \phi_2(t) &= \sqrt{\frac{2}{T}}\sin(2\pi f_c t), \qquad 0\leqslant t\leqslant T\end{aligned} \tag{7.138}$$

令 d_{min} 表示在 QAM 星座中任意两个消息点之间的最短距离。则第 i 个消息点在 ϕ_1 轴和 ϕ_2 轴上的投影分别被确定为 $a_i d_{min}/2$ 和 $b_i d_{min}/2$，其中 $i=1,2,\cdots,M$。由于在信号空间图中两个消息点之间的距离与能量的平方根成正比，因此可以令

$$\frac{d_{min}}{2} = \sqrt{E_0} \tag{7.139}$$

其中，E_0 是具有最低幅度的消息信号的能量。现在，可以利用 E_0 将发送的符号 k 的 M 进制 QAM 信号定义为

$$s_k(t) = \sqrt{\frac{2E_0}{T}}a_k\cos(2\pi f_c t) - \sqrt{\frac{2E_0}{T}}b_k\sin(2\pi f_c t), \qquad \begin{cases}0\leqslant t\leqslant T\\ k = 0,\pm1,\pm2,\cdots\end{cases} \tag{7.140}$$

信号 $s_k(t)$ 包含两个相位正交的载波，每个载波都被一组离散幅度所调制。因此被称为“正交幅度调制”。

在 M 进制 QAM 中，消息点的星座取决于可能的符号个数 M。接下来，我们考虑正方形星座(Square constellation)的情况，其每个符号的比特数是偶数。

QAM 正方形星座

如果每个符号具有偶数(Even)个比特，可以写出

$$L = \sqrt{M}, \qquad L: 正整数 \tag{7.141}$$

在此条件下，M 进制 QAM 正方形星座总是可以被视为一维 L 进制 PAM 星座与它自身的笛卡儿乘积。根据定义，两个坐标集合(代表一对一维星座)的笛卡儿乘积是由所有可能的有序坐标对的集合组成的，在每一个坐标对中，第一个坐标取自于乘积中的第一个集合，第二个坐标则取自于乘积中的第二个集合。

因此，这种有序坐标对自然构成了一个方阵，如下所示：

$$\{a_i, b_i\} = \begin{bmatrix} (-L+1, L-1) & (-L+3, L-1) & \cdots & (L-1, L-1) \\ (-L+1, L-3) & (-L+3, L-3) & \cdots & (L-1, L-3) \\ \vdots & \vdots & & \vdots \\ (-L+1, -L+1) & (-L+3, -L+1) & \cdots & (L-1, -L+1) \end{bmatrix} \tag{7.142}$$

为了计算 M 进制 QAM 的误符号率，我们利用下列性质：

一个 QAM 正方形星座可以被分解为对应的 L 进制 PAM 星座与其自身的乘积。

为了利用上述结论，可以采用下列两种方法之一：

方法 1：根据指定的 M 值首先从一个 M 进制 PAM 的信号星座开始，然后在此基础上构造出对应的 M 进制 QAM 的信号星座。

方法 2：我们首先从 M 进制 QAM 的信号星座开始，然后利用它构造出对应的正交 M 进制 PAM。

在下面的例子中，给出一种基于方法 1 的系统过程。

▷

例 7 M 进制 QAM，$M=4$

在图 7.23 中，已经构造出了 4 进制 PAM 的两个信号星座，在(a)部分是一个沿着 ϕ_2 轴的垂直方向星座，在(b)部分是另一个沿着 ϕ_1 轴的水平方向星座。这两部分彼此是空间正交的(Spaially orthogonal)，它是 M 进制 QAM 具有的二维结构导致的。在得到这种结构时，需要记住下列几点：

- 对于两个 4 进制 PAM 星座都采用相同的二进制序列。
- 采用格雷码规则，这意味着从一个码字变到相邻的另一个码字时，只有一个比特发生改变。
- 在构造 4 进制 QAM 星座时，沿着逆时针方向从一个象限变到下一个象限。

由于有 4 个象限构成 4 进制 QAM 星座，因此我们采用下列 4 个步骤：

步骤 1：第一象限星座(First-quadrant constellation)。参考图 7.23，采用分别沿着 ϕ_2 轴和 ϕ_1 轴正向部分的码字，写出

$$\underset{\substack{从上\\到下}}{\begin{bmatrix} 11 \\ 10 \end{bmatrix}} \quad \underset{\substack{从左\\至右}}{\begin{bmatrix} 10 & 11 \end{bmatrix}} \rightarrow \underset{第一象限}{\begin{bmatrix} 1110 & 1111 \\ 1010 & 1011 \end{bmatrix}}$$

步骤 2：第二象限星座(Second-quadrant constellation)。采用与步骤 1 相同的方法，写出

$$\underset{\substack{从上\\到下}}{\begin{bmatrix} 11 \\ 10 \end{bmatrix}} \quad \underset{\substack{从左\\至右}}{\begin{bmatrix} 01 & 00 \end{bmatrix}} \rightarrow \underset{第二象限}{\begin{bmatrix} 1101 & 1100 \\ 1001 & 1000 \end{bmatrix}}$$

步骤 3：第三象限星座(Third-quadrant constellation)。同样地，采用与前面相同的方法，写出

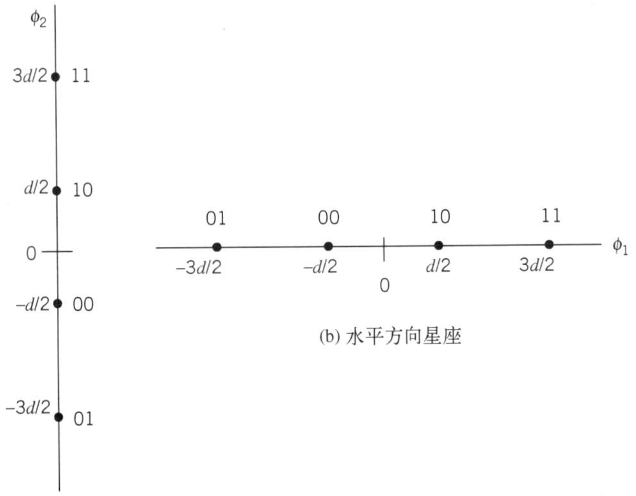

(b) 水平方向星座

(a) 垂直方向星座

图 7.23　4 进制 PAM 的两个正交星座。正如下面提到的，我们按照沿着ϕ_2轴从上到下、沿着ϕ_1轴从左至右的方向写出码字

$$\begin{bmatrix}00\\01\end{bmatrix}\begin{bmatrix}01 & 00\end{bmatrix}\rightarrow\begin{bmatrix}0001 & 0000\\0101 & 0100\end{bmatrix}$$

从上到下　从左至右　第三象限

步骤 4：第四象限星座（Fourth-quadrant constellation）。最后写出

$$\begin{bmatrix}00\\01\end{bmatrix}\begin{bmatrix}10 & 11\end{bmatrix}\rightarrow\begin{bmatrix}0010 & 0011\\0110 & 0111\end{bmatrix}$$

从上到下　从左至右　第二象限

最后一步是将这 4 个组成 4 进制 PAM 的星座拼起来构成 4 进制 QAM 星座，如图 7.24 所示。这里需要注意的重点是，图 7.24 中所有码字都服从格雷码编码规则，不仅在每个象限内部，而且在从一个象限变到下一个象限的过程中也是如此。

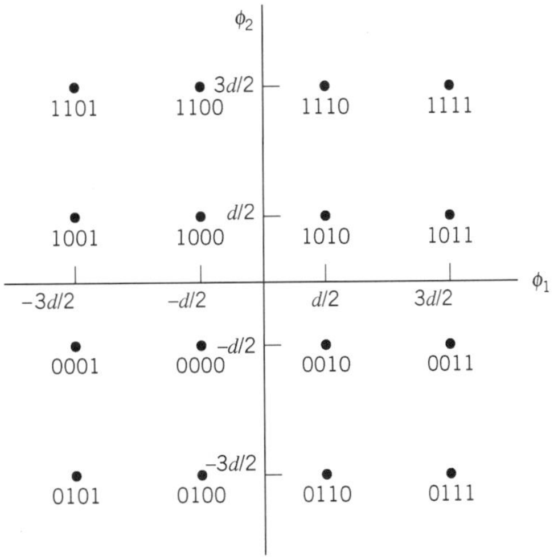

图 7.24　M 进制 QAM 的信号空间图，$M=16$；每个象限中的消息点都与4比特格雷码联系在一起

平均差错概率

根据前面建立的 M 进制 QAM 和 M 进制 PAM 之间的等效性，我们可以采用以下方法得到 M 进制 QAM 的平均差错概率公式：

1. 将 M 进制 QAM 正确检测的概率（Probability of correct detection）写为

$$P_c = (1 - P'_e)^2 \tag{7.143}$$

其中，P'_e是 L 进制 PAM 的误符号率。

2. 由于 $L=\sqrt{M}$，误符号率 P'_e 自身被定义为

$$P'_e = 2\left(1-\frac{1}{\sqrt{M}}\right)Q\left(\sqrt{\frac{2E_0}{N_0}}\right) \tag{7.144}$$

3. M 进制 QAM 的误符号率为

$$\begin{aligned} P_e &= 1 - P_c \\ &= 1-(1-P'_e)^2 \\ &\approx 2P'_e \end{aligned} \tag{7.145}$$

其中，假设 P'_e与 1 比较足够小，从而可以忽略掉平方项。

因此，将式(7.143)和式(7.144)代入式(7.145)，可以发现 M 进制 QAM 的误符号率近似为

$$P_e \approx 4\left(1-\frac{1}{\sqrt{M}}\right)Q\left(\sqrt{\frac{2E_0}{N_0}}\right) \tag{7.146}$$

在 M 进制 QAM 中，发送能量是变化的，因为其瞬时值自然取决于发送的具体符号。因此，利用发送能量的平均值而不是 E_0来表示 P_e会更加合理。假设 M 进制 QAM 的同相分量或者正交分量的 L 个幅度电平都是相同可能的，我们有

$$E_{av} = 2\left[\frac{2E_0}{L}\sum_{i=1}^{L/2}(2i-1)^2\right] \tag{7.147}$$

其中，总的比例因子 2 是考虑到同相分量和正交分量的贡献都相等。大括号内求和的范围以及比例因子 2 是考虑到相关幅度电平关于零点具有的对称性质。对式(7.147)中的级数求和，得到

$$E_{av} = \frac{2(L^2-1)E_0}{3} \tag{7.148}$$

$$= \frac{2(M-1)E_0}{3} \tag{7.149}$$

因此，我们可以利用 E_{av}将式(7.146)重写为

$$P_e \approx 4\left(1-\frac{1}{\sqrt{M}}\right)Q\left[\sqrt{\frac{3E_{av}}{(M-1)N_0}}\right] \tag{7.150}$$

这正是所期望的结果。

我们对 $M=4$ 的情况尤其感兴趣。M 取这个特殊值时的信号星座与 QPSK 是相同的。实际上，在式(7.150)中令 $M=4$，并且注意到在这种特殊情况下 E_{av}等于 E，其中 E 是每个符号的能量，我们发现得到的误符号率公式与 QPSK 中的式(7.123)完全相同；并且确实也应该相同。

7.8 采用相干检测的频移键控技术

M 进制 PSK 和 M 进制 QAM 都具有一个共同特点：它们两者都是线性调制(Linear modulation)方法。在本节中，我们研究一种非线性(Nonlinear)调制方法，被称为采用相干检测的 FSK 方法。首先从 $M=2$ 时的二进制 FSK 这种简单情形开始讨论。

二进制 FSK

在二进制 FSK(Binary FSK)中，符号 1 和 0 是通过发送具有固定值频率差异的两个正弦波来加以区别的。一对典型的正弦波被描述为

$$s_i(t) = \begin{cases} \sqrt{\dfrac{2E_b}{T_b}}\cos(2\pi f_i t), & 0 \leqslant t \leqslant T_b \\ 0, & 其他 \end{cases} \tag{7.151}$$

其中 $i=1,2$，并且 E_b是每比特的发送信号能量；发送频率被设置为

$$f_i = \frac{n_c+1}{T_b},\quad n_c \text{ 取固定整数},\ i=1,2 \tag{7.152}$$

符号 1 由 $s_1(t)$ 表示，符号 0 由 $s_2(t)$ 表示。这里描述的 FSK 信号被称为 Sunde FSK。它是一种连续相位信号(Continuous-phase signal)，因为其相位连续性总是能够得到保持，包括在比特之间转换时也是如此。

从式(7.151)和式(7.152)中可以直接观察到信号 $s_1(t)$ 和 $s_2(t)$ 是相互正交的，但是没有归一化为单位能量。最有用的标准正交基函数的形式被描述为

$$\phi_i(t)=\begin{cases}\sqrt{\dfrac{2}{T_b}}\cos(2\pi f_i t), & 0\leqslant t\leqslant T_b\\ 0, & \text{其他}\end{cases}\tag{7.153}$$

其中 $i=1,2$。对应地，系数 s_{ij}(其中 $i=1,2$ 且 $j=1,2$)被定义为

$$\begin{aligned}s_{ij}&=\int_0^{T_b}s_i(t)\phi_j(t)\,dt\\&=\int_0^{T_b}\sqrt{\frac{2E_b}{T_b}}\cos(2\pi f_i t)\sqrt{\frac{2}{T_b}}\cos(2\pi f_j t)\,dt\end{aligned}\tag{7.154}$$

计算式(7.154)中的积分，则 s_{ij} 的公式可以简化为

$$s_{ij}=\begin{cases}\sqrt{E_b}, & i=j\\ 0, & i\neq j\end{cases}\tag{7.155}$$

因此，与二进制 PSK 不同的是，二进制 FSK 的特征是其信号空间图为具有两个信号点(即 $M=2$)的二维图形(即 $N=2$)，如图 7.25 所示。这两个信号点由下列向量确定：

$$\boldsymbol{s}_1=\begin{bmatrix}\sqrt{E_b}\\0\end{bmatrix}\tag{7.156}$$

和

$$\boldsymbol{s}_2=\begin{bmatrix}0\\\sqrt{E_b}\end{bmatrix}\tag{7.157}$$

欧几里得距离 $\|\boldsymbol{s}_1-\boldsymbol{s}_2\|$ 等于 $\sqrt{2E_b}$。在图 7.25 中，还包含了代表信号 $s_1(t)$ 和 $s_2(t)$ 的一对波形图。

二进制 FSK 信号的产生和相干检测

图 7.26(a)的框图描述了一种产生二进制 FSK 信号的方法，它是由下列两个部分组成的：

1. 开关电平编码器(On-off level encoder)，其输出是当输入符号为 1 时响应为常数值幅度 $\sqrt{E_b}$，当输入符号为 0 时响应也为零。
2. 一对振荡器(Pair of oscillators)，其频率 f_1 和 f_2 按照式(7.152)相差比特率 $1/T_b$ 的整数倍。下面的频率为 f_2 的振荡器前面有一个反相器。如果在信号传输区间输入符号为 1，则上面的频率为 f_1 的振荡器打开，信号 $s_1(t)$ 被发送，而下面的振荡器关闭。另一方面，如果输入符号为 0，则上面的振荡器关闭，而下面的振荡器打开，频率为 f_2 的信号 $s_2(t)$ 被发送。由于需要保持相位连续性，因此这两个振荡器是彼此同步的(Synchronized)。作为一种选择，我们也可以采用电压控制振荡器，这种情况下能够自动满足相位连续性的要求。

为了根据给定的有噪声的接收信号 $x(t)$ 来完成对原始二进制序列的相干检测，我们采用图 7.26(b)所示的接收机。它是由两个具有公共输入的相关器组成的，相关器被提供本地产生的相干参考信号 $\phi_1(t)$ 和 $\phi_2(t)$。然后将两个相关器的输出相减，再将所得差值 y 与一个值为 0 的门限进行比较。如果 $y>0$，则接收机判决为 1。另一方面，如果 $y<0$，则接收机判决为 0；如果 y 正好等于 0，则接收机随机判决(即以抛硬币的方式)为 1 或者 0。

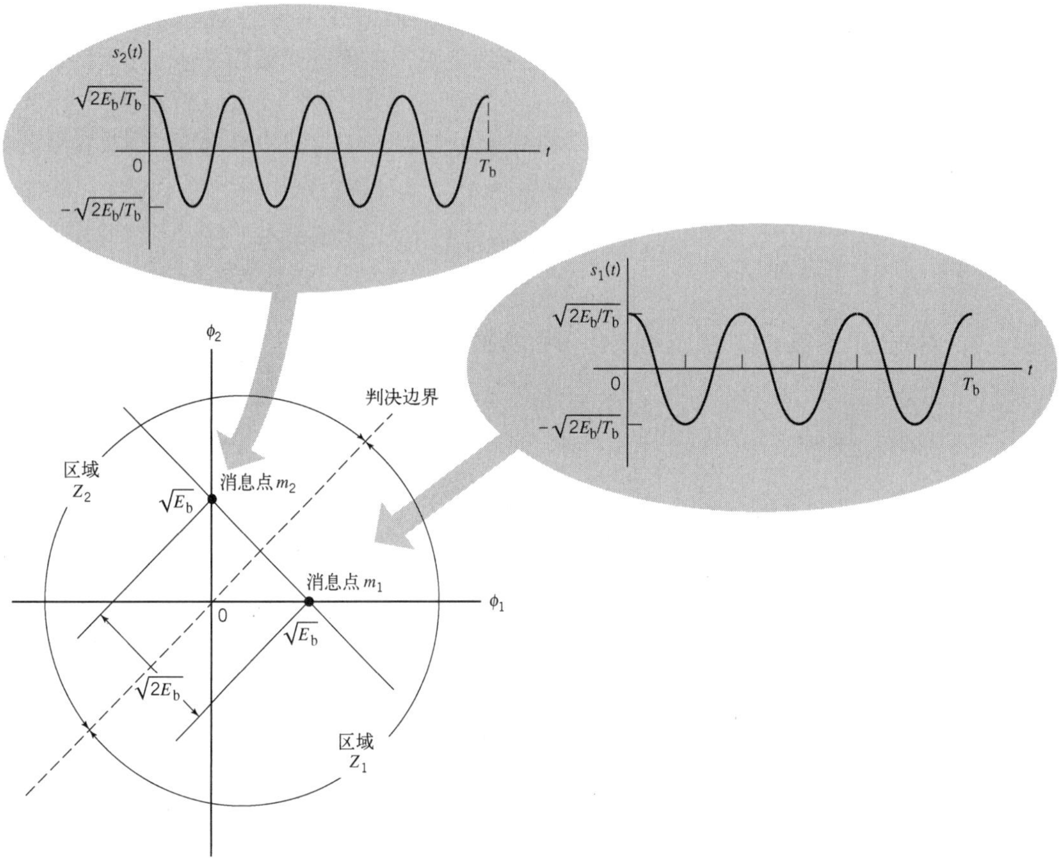

图 7.25 二进制 FSK 系统的信号空间图。图中还包含两个调制信号 $s_1(t)$ 和 $s_2(t)$ 的示例波形

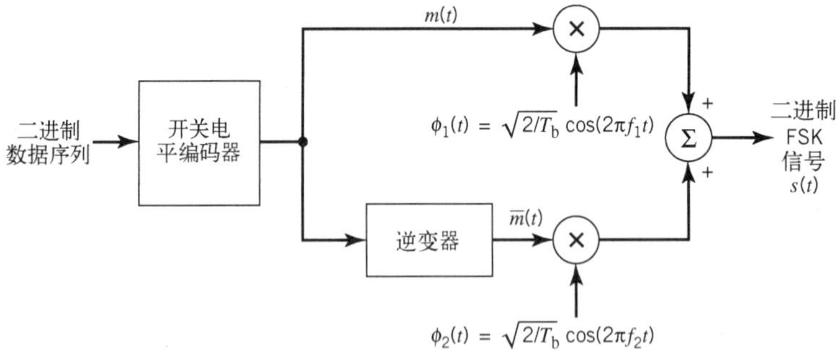

(a)

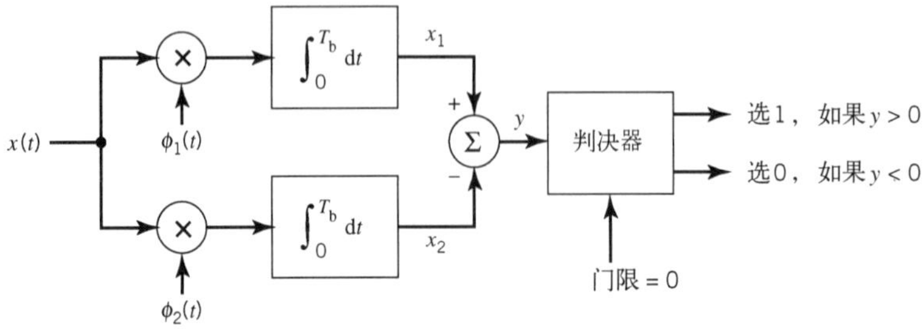

(b)

图 7.26 (a) 二进制 FSK 发射机框图；(b) 二进制 FSK 相干接收机框图

二进制 FSK 的差错概率

观测向量 $\boldsymbol{x}$ 具有两个元素 x_1 和 x_2，它们分别被定义为

$$x_1 = \int_0^{T_b} x(t)\phi_1(t)\,dt \tag{7.158}$$

$$x_2 = \int_0^{T_b} x(t)\phi_2(t)\,dt \tag{7.159}$$

其中，$x(t)$ 为接收信号，其形式取决于发送的符号。如果发送的是符号 1，则 $x(t)$ 等于 $s_1(t)+w(t)$，其中 $w(t)$ 是零均值、功率谱密度为 $N_0/2$ 的高斯白噪声的样本函数。另一方面，如果发送的是符号 0，则 $x(t)$ 等于 $s_2(t)+w(t)$。

现在，假设在接收机中采用相干检测，应用式(7.57)中的判决规则，我们发现观测空间被分割为两个判决区域，在图 7.25 中把它们分别标记为 Z_1 和 Z_2。将区域 Z_1 与 Z_2 分离的判决边界是两个消息点连接线的中垂线。如果观测向量 $\boldsymbol{x}$ 代表的接收信号点落在区域 Z_1 中，则接收机判决为符号 1。当 $x_1>x_2$ 时会出现这种情况。另一方面，如果 $x_1<x_2$，则接收信号点落在区域 Z_2 中，接收机判决为符号 0。在判决边界上有 $x_1=x_2$，此时接收机随机判决为符号 1 或者 0。

为了继续分析，我们定义一个新的高斯随机变量 Y，其样本值 y 等于 x_1 和 x_2 之间的差值，即

$$y = x_1 - x_2 \tag{7.160}$$

随机变量 Y 的均值取决于发送的二进制符号。如果发送的是符号 1，则高斯随机变量 X_1 和 X_2（它们的样本值被表示为 x_1 和 x_2）的均值分别等于 $\sqrt{E_b}$ 和 0。相应地，发送符号为 1 时随机变量 Y 的条件均值为

$$\begin{aligned}\mathbb{E}[Y|1] &= \mathbb{E}[X_1|1] - \mathbb{E}[X_2|1]\\ &= +\sqrt{E_b}\end{aligned} \tag{7.161}$$

另一方面，如果发送的是符号 0，则随机变量 X_1 和 X_2 的均值分别等于 0 和 $\sqrt{E_b}$。相应地，发送符号为 0 时随机变量 Y 的条件均值为

$$\begin{aligned}\mathbb{E}[Y|0] &= \mathbb{E}[X_1|0] - \mathbb{E}[X_2|0]\\ &= -\sqrt{E_b}\end{aligned} \tag{7.162}$$

随机变量 Y 的方差则独立于发送的二进制符号。由于随机变量 X_1 和 X_2 是统计独立的，它们每个的方差都等于 $N_0/2$，因此可以得到

$$\begin{aligned}\text{var}[Y] &= \text{var}[X_1] + \text{var}[X_2]\\ &= N_0\end{aligned} \tag{7.163}$$

假设已知发送的是符号 0，则随机变量 Y 的条件概率密度函数为

$$f_Y(y|0) = \frac{1}{\sqrt{2\pi N_0}}\exp\left[-\frac{(y+\sqrt{E_b})^2}{2N_0}\right] \tag{7.164}$$

由于条件 $x_1>x_2$ 或者等效地 $y>0$ 对应于接收机判决为符号 1，因此我们可以推断，在符号 0 被发送条件下的条件差错概率为

$$\begin{aligned}p_{10} &= \mathbb{P}(y>0|\text{发送符号}0)\\ &= \int_0^{\infty} f_Y(y|0)\,dy\\ &= \frac{1}{\sqrt{2\pi N_0}}\int_0^{\infty}\exp\left[-\frac{(y+\sqrt{E_b})^2}{2N_0}\right]dy\end{aligned} \tag{7.165}$$

为了将式(7.165)中积分表示为包含 Q 函数的标准形式，令

$$\frac{y+\sqrt{E_b}}{\sqrt{N_0}} = z \tag{7.166}$$

然后，把积分变量从 y 改为 z，可以将式(7.165)重写为

$$\begin{aligned} p_{10} &= \frac{1}{\sqrt{2\pi}}\int_{\sqrt{E_b/N_0}}^{\infty}\exp\left(-\frac{z^2}{2}\right)\mathrm{d}z \\ &= Q\left(\sqrt{\frac{E_b}{N_0}}\right) \end{aligned} \tag{7.167}$$

类似地，可以证明在符号 1 被发送条件下的条件差错概率与式(7.167)中的值相同。因此，对 p_{10}和 p_{01}取平均且假设发送符号是等概率的，我们发现平均误符号率，或者等效地采用相干检测的二进制 FSK 的 BER 为

$$P_e = Q\left(\sqrt{\frac{E_b}{N_0}}\right) \tag{7.168}$$

比较式(7.108)和式(7.168)可以发现，二进制 FSK 接收机要保持与二进制 PSK 接收机相同的 BER，其比特能量与噪声密度的比值 E_b/N_0必须要加倍。这个结果与图 7.13 和图 7.25 中的信号空间图完全一致，从中可发现在二进制 PSK 系统中，两个消息点之间的欧几里得距离等于 $\sqrt{E_b}/N_0$，而在二进制 FSK 系统中对应的距离为 $2\sqrt{E_b}$。因此，对于指定的 E_b，在二进制 PSK 中的最短距离 $d_{\min}$是二进制 FSK 中的$\sqrt{2}$倍。从式(7.89)中回想起差错概率随 $d_{\min}^2$ 呈指数下降，于是出现了式(7.108)和式(7.168)之间的上述差异。

二进制 FSK 信号的功率谱

考虑 Sunde FSK 这种情形，其中两个发送频率f_1和f_2的差值等于比特率 $1/T_b$，并且它们的算术平均等于标称载波频率f_c；正如前面所提到的，其相位连续性总是能够保持，包括比特之间转换时也是如此。我们可以将这种特殊的二进制 FSK 信号表示为下面定义的频率调制信号

$$s(t) = \sqrt{\frac{2E_b}{T_b}}\cos\left(2\pi f_c t \pm \frac{\pi t}{T_b}\right), \qquad 0 \leqslant t \leqslant T_b \tag{7.169}$$

利用著名的三角恒等式，可以将 $s(t)$重新表示为下列展开形式：

$$\begin{aligned} s(t) &= \sqrt{\frac{2E_b}{T_b}}\cos\left(\pm\frac{\pi t}{T_b}\right)\cos(2\pi f_c t) - \sqrt{\frac{2E_b}{T_b}}\sin\left(\pm\frac{\pi t}{T_b}\right)\sin(2\pi f_c t) \\ &= \sqrt{\frac{2E_b}{T_b}}\cos\left(\frac{\pi t}{T_b}\right)\cos(2\pi f_c t) \mp \sqrt{\frac{2E_b}{T_b}}\sin\left(\frac{\pi t}{T_b}\right)\sin(2\pi f_c t) \end{aligned} \tag{7.170}$$

在式(7.170)的最后一行中，加号“+”对应于发送符号 0，减号“-”则对应于发送符号 1。与前面一样，我们假设在应用于调制器输入的二进制序列中符号 1 和 0 是相同可能的，并且在相邻时隙发送的符号之间是统计独立的。于是，根据式(7.170)中的表达式，对于具有连续相位的二进制 FSK 信号的同相分量和正交分量，可得出下列两点观察结论：

1. 同相分量是与输入二进制波形完全独立的。对于所有时刻 t，它都等于$\sqrt{2E_b/T_b}\cos(\pi t/T_b)$。因此，这个分量的功率谱密度是由在 $t=\pm1/2T_b$的两个 δ 函数组成的，它们被因子 $E_b/2T_b$加权，并且在$f=\pm1/2T_b$处出现。
2. 正交分量是与输入二进制序列直接相关的。在信号传输区间 $0\leqslant t\leqslant T_b$内，当符号为 1 时它等于$-g(t)$，当符号为 0 时它等于$+g(t)$，其中 $g(t)$表示符号成形函数，它被定义为

$$g(t)=\begin{cases}\sqrt{\dfrac{2E_b}{T_b}}\sin\left(\dfrac{\pi t}{T}\right), & 0\leqslant t\leqslant T\\ 0, & \text{其他}\end{cases} \tag{7.171}$$

$g(t)$的能量谱密度为

$$\Psi_g(f)=\frac{8E_bT_b\cos^2(\pi T_bf)}{\pi^2(4T_b^2f^2-1)^2} \tag{7.172}$$

正交分量的功率谱密度等于 $\Psi_g(f)/T_b$。另外，显然二进制 FSK 信号的同相分量和正交分量之间也是相互独立的。因此，Sunde FSK 信号的基带功率谱密度等于这两个分量的功率谱密度之和，即

$$S_B(f)=\frac{E_b}{2T_b}\left[\delta\left(f-\frac{1}{2T_b}\right)+\delta\left(f+\frac{1}{2T_b}\right)\right]+\frac{8E_bT_b\cos^2(\pi T_bf)}{\pi^2(4T_b^2f^2-1)^2} \tag{7.173}$$

从第 4 章中可知，基带调制功率谱之间具有下列关系：

$$S_S(f)=\frac{1}{4}[S_B(f-f_c)+S_B(f+f_c)] \tag{7.174}$$

其中，f_c是载波频率。因此，将式(7.173)代入式(7.174)可以发现，二进制 FSK 信号的功率谱包含两个离散频率分量，一个位于$(f_c+1/2T_b)=f_1$，另一个位于$(f_c-1/2T_b)=f_2$，它们的平均功率加起来等于二进制 FSK 信号总功率的一半。存在这两个离散频率分量是有用的：它为接收机与发射机的同步奠定了实际基础。

考察式(7.173)，可以得出下列结论：

具有连续相位(Continuous phase)的二进制 FSK 信号的基带功率谱密度最终随着频率的四次幂的倒数而下降。

在图 7.15 中，我们画出了式(7.111)和式(7.173)的基带功率谱(为了简单起见，其中只画出了正频率部分的结果)。在两种情况下，显示的 $S_B(f)$关于 $2E_b$被归一化，频率也关于比特率 $R_b=1/T_b$被归一化了。这两个谱的下降率之间的差异可以根据脉冲成形函数 $g(t)$来解释。脉冲越平滑，则频谱下降到零的速度越快。因此，由于连续相位二进制 FSK 的脉冲成形函数更加平滑，所以它比二进制 PSK 具有更低的旁瓣。

现在，假设 FSK 信号在比特之间切换时表现出相位不连续性(Phase discontinuity)，当提供频率为f_1和f_2的基函数的两个振荡器彼此独立工作时会出现这种情况。在这种不连续的情况下，我们发现功率谱密度最终随着频率的平方倒数而下降。因此，我们指出：

具有连续相位的二进制 FSK 信号与相应的具有不连续相位的 FSK 信号相比，在感兴趣的信号带宽外面不会产生那么多的干扰。

从上述结论中得出的重点可以归纳为：如果干扰是比较关心的实际问题，则连续 FSK 比不连续 FSK 更优先被采用。然而，连续 FSK 的优点是以增加系统复杂度为代价换来的。

最小频移键控

在对二进制 FSK 信号进行相干检测时，接收信号中包含的相位信息除为接收机与发射机提供同步外，并没有被充分利用。现在，我们说明在完成检测时通过适当地利用连续相位性质，有可能大大提高接收机的噪声性能。同样地，这种提高也是以增加系统复杂度为代价实现的。

考虑一个连续相位频移键控(Continuous-Phase Frequency-Shift Keying，CPFSK)信号，在信号传输区间 $0\leqslant t\leqslant T_b$内它被定义为

$$s(t)=\begin{cases}\sqrt{\dfrac{2E_b}{T_b}}\cos(2\pi f_1 t+\theta(0)), & \text{符号1}\\ \sqrt{\dfrac{2E_b}{T_b}}\cos(2\pi f_2 t+\theta(0)), & \text{符号0}\end{cases} \tag{7.175}$$

其中，E_b是每比特的发送信号能量，T_b是比特宽度。定义式(7.175)与式(7.151)的区别在于利用了相位$\theta(0)$。这个新的项表示在$t=0$时刻的相位值，它把FM过程中一直到$t=0$时刻的过去历史累加起来。发送频率f_1和f_2分别对应于调制器输入的二进制符号1和0。

表示CPFSK信号$s(t)$的另外一种有用方法，是将其表示为下列传统的角度调制信号：

$$s(t)=\sqrt{\frac{2E_b}{T_b}}\cos[2\pi f_c t+\theta(t)] \tag{7.176}$$

其中，$\theta(t)$是$s(t)$在t时刻的相位。当相位$\theta(t)$是时间的连续函数时，我们发现调制信号$s(t)$本身在所有时刻也是连续的，包括在比特之间切换的时刻。在每个比特宽度T_b秒期间，CPFSK信号的相位$\theta(t)$随着时间线性增加或者减小，如下所示：

$$\theta(t)=\theta(0)\pm\left(\frac{\pi h}{T_b}\right)t,\qquad 0\leqslant t\leqslant T_b \tag{7.177}$$

其中，加号“+”对应于发送符号为1，减号“-”则对应于发送符号为0；无量纲参数h是待定的。将式(7.177)代入式(7.176)，并且将余弦函数的相位角与式(7.175)进行比较，可以导出下列一对关系：

$$f_c+\frac{h}{2T_b}=f_1 \tag{7.178}$$

$$f_c-\frac{h}{2T_b}=f_2 \tag{7.179}$$

求解这对方程中的f_c和h，可以得到

$$f_c=\frac{1}{2}(f_1+f_2) \tag{7.180}$$

和

$$h=T_b(f_1-f_2) \tag{7.181}$$

因此，标称载波频率f_c是发送频率f_1和f_2的算术平均。频率f_1和f_2之间的差值关于比特率$1/T_b$被归一化以后，确定出了无量纲参数h，它被称为偏移系数(Deviation ratio)。

相位网格

从式(7.177)可以发现，在$t=T_b$时刻有

$$\theta(T_b)-\theta(0)=\begin{cases}\pi h, & \text{符号1}\\ -\pi h, & \text{符号0}\end{cases} \tag{7.182}$$

也就是说，发送符号1会使CPFSK信号$s(t)$的相位增加πh弧度，而发送符号0会使其相位减小同样的量。

相位$\theta(t)$随时间t的变化路径是由一系列直线组成的，其斜率代表频率的变化。图7.27画出了从$t=0$时刻开始可能的路径。与此类似的图被称为相位树(Phase tree)。从相位树中可以清晰地看出跨越连续信号传输区间的相位转换。另外，从该图中还明显发现，CPFSK信号在比特宽度T_b的奇数倍或者偶数倍时刻的相位分别是πh弧度的奇数倍或者偶数倍。

图7.27中描述的相位树显示了相位的连续性，这是CPFSK信号的内在特性。为了理解相位连续性的概念，我们暂时回顾Sunde FSK，它也是前面描述的CPFSK信号。在这种情况下，偏移系数h正好等于1。因此，按照图7.27可知，相位在一个比特区间内的变化是$\pm\pi$弧度。但是，变化$+\pi$弧度与变化$-\pi$弧度以2π为模是完全相同的。因此，在Sunde FSK情况下是没有记忆的(No memory)；

也就是说，知道在前一个(Previous)信号传输区间发生的变化对于当前(Current)信号传输区间内的变化是没有帮助的。

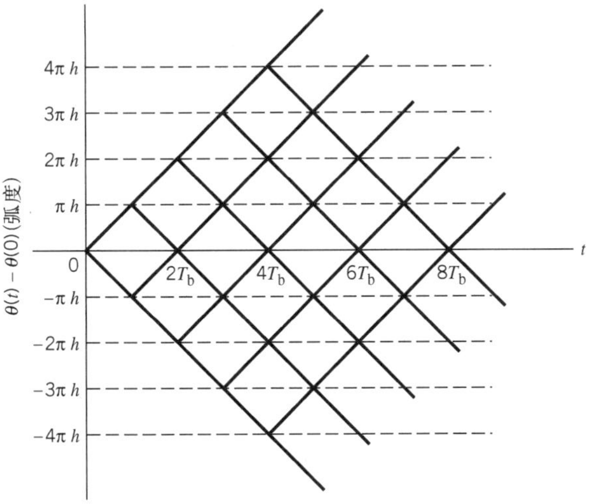

图 7.27　相位树

相反，如果偏移系数 h 被指定为 1/2 这个特殊值，则会出现完全不同的情况。现在，我们发现在 T_b 的奇数倍时刻，相位只能取±π/2 这两个值，在 T_b 的偶数倍时刻则只能取 0 和 π 这两个值，如图 7.28 所示。这第二种图被称为相位网格(Phase trellis)，因为“网格”是具有重复出现分支的树形结构。从左至右穿过图 7.28 中网格的每条路径对应于发射机输入中的一个具体的二进制序列。比如，在图 7.28 中粗线所示路径对应于 $\theta(0)=0$ 的二进制序列 1101000。因此，我们重点关注 $h=1/2$ 的情况。

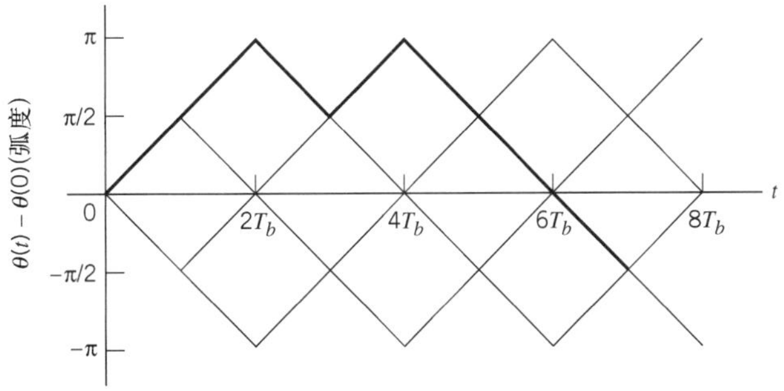

图 7.28　相位网格(粗线所示路径代表序列 1101000)

当 $h=1/2$ 时，从式(7.181)可以发现频率偏差(简称频偏，即两个信号传输频率 f_1 和 f_2 之间的差)等于比特率的一半；于是可以得到下列结论：

频率偏差 $h=1/2$ 是允许代表符号 1 和 0 的两个 FSK 信号相干正交(Coherently orthogonal)的最小频率间隔。

换句话说，在检测过程中符号 1 和 0 相互之间不会干扰。正是由于这个原因，偏移系数等于 1/2 的 CPFSK 信号通常被称为最小频移键控(Minimum Shift-Keying，MSK)[5]。

MSK 的信号空间图

在式(7.176)中应用著名的三角恒等式，可以将 CPFSK 信号 $s(t)$ 用其同相分量和正交分量展开为

$$s(t) = \sqrt{\frac{2E_b}{T_b}}\cos\theta(t)\cos(2\pi f_c t) - \sqrt{\frac{2E_b}{T_b}}\sin\theta(t)\sin(2\pi f_c t) \tag{7.183}$$

首先，考虑同相分量 $\sqrt{2E_b/T_b}\cos\theta(t)$。由于偏移系数 $h=1/2$，因此根据式(7.177)可得

$$\theta(t) = \theta(0) \pm \frac{\pi}{2T_b}, \qquad 0 \leqslant t \leqslant T_b \tag{7.184}$$

其中，加号“+”对应于符号 1，减号“-”对应于符号 0。在区间$-T_b \leqslant t \leqslant 0$内，$\theta(t)$也具有类似结果，除了两个区间内的代数符号不一定相同。由于相位$\theta(0)$根据调制过程的过去历史取值为 0 或者 π，我们发现在$-T_b \leqslant t \leqslant T_b$区间内，$\cos\theta(t)$的极性只取决于$\theta(0)$，而与$t=0$时刻前后发送的序列 1 和 0 都没有关系。因此，对于该时间间隔，同相分量由半周期余弦脉冲(Half-cycle cosine pulse)组成，即

$$\begin{aligned} s_I(t) &= \sqrt{\frac{2E_b}{T_b}}\cos\theta(t) \\ &= \sqrt{\frac{2E_b}{T_b}}\cos\theta(0)\cos\left(\frac{\pi}{2T_b}t\right) \\ &= \pm\sqrt{\frac{2E_b}{T_b}}\cos\left(\frac{\pi}{2T_b}t\right), \qquad -T_b \leqslant t \leqslant T_b \end{aligned} \tag{7.185}$$

其中，加号“+”对应于$\theta(0)=0$，减号“-”对应于$\theta(0)=\pi$。类似地，我们可以证明在$0 \leqslant t \leqslant 2T_b$区间内，$s(t)$的正交分量由半周期正弦脉冲(Half-cycle sine pulse)组成，即

$$\begin{aligned} s_Q(t) &= \sqrt{\frac{2E_b}{T_b}}\sin\theta(t) \\ &= \sqrt{\frac{2E_b}{T_b}}\sin\theta(T_b)\sin\left(\frac{\pi}{2T_b}t\right) \\ &= \pm\sqrt{\frac{2E_b}{T_b}}\sin\left(\frac{\pi}{2T_b}t\right), \qquad 0 \leqslant t \leqslant 2T_b \end{aligned} \tag{7.186}$$

其中，加号“+”对应于$\theta(T_b)=\pi/2$，减号“-”对应于$\theta(T_b)=-\pi/2$。根据上面的讨论，我们发现 MSK 信号的同相分量和正交分量在下列两个重要方面有所不同：

- 它们彼此之间是相位正交的；
- 同相分量$s_I(t)$的极性取决于$\theta(0)$，而正交分量$s_Q(t)$的极性则取决于$\theta(T_b)$。

另外，由于相位状态$\theta(0)$和$\theta(T_b)$都只能在两个可能值中取一个值，因此下列 4 种可能中任何一种都可能会出现：

1. $\theta(0)=0$且$\theta(T_b)=\pi/2$，当发送符号 1 时出现这种情况。
2. $\theta(0)=\pi$且$\theta(T_b)=\pi/2$，当发送符号 0 时出现这种情况。
3. $\theta(0)=\pi$且$\theta(T_b)=-\pi/2$(或者等效地，$3\pi/2$以2π为模)，当发送符号 1 时出现这种情况。
4. $\theta(0)=0$且$\theta(T_b)=-\pi/2$，当发送符号 0 时出现这种情况。

反过来，上述 4 种情形也意味着 MSK 信号本身可以根据相位-状态对(Phase-state pair)$\theta(0)$和$\theta(T_b)$的值来采用 4 种可能形式中的一种。

信号空间图

考察展开式(7.183)可以发现，有两个表征 MSK 信号产生的标准正交基函数$\phi_1(t)$和$\phi_2(t)$；它们可以通过下列一对正弦调制正交载波(Pair of sinusoidally modulated quadrature carrier)来定义：

$$\phi_1(t) = \sqrt{\frac{2}{T_b}}\cos\left(\frac{\pi}{2T_b}t\right)\cos(2\pi f_c t), \qquad 0 \leqslant t \leqslant T_b \tag{7.187}$$

$$\phi_2(t) = \sqrt{\frac{2}{T_b}}\sin\left(\frac{\pi}{2T_b}t\right)\sin(2\pi f_c t), \qquad 0 \leqslant t \leqslant T_b \tag{7.188}$$

为了表示信号空间图，我们将式(7.183)重写为下列紧凑形式：

$$s(t) = s_1\phi_1(t) + s_2\phi_2(t), \qquad 0 \leqslant t \leqslant T_b \tag{7.189}$$

其中，系数s_1和s_2分别与相位状态$\theta(0)$和$\theta(T_b)$有关。为了计算s_1，在$-T_b$到T_b范围求乘积$s(t)\phi_1(t)$关于时间t的积分，得到

$$\begin{aligned} s_1 &= \int_{-T_b}^{T_b} s(t)\phi_1(t)\,dt \\ &= \sqrt{E_b}\cos[\theta(0)], \qquad -T_b \leqslant t \leqslant T_b \end{aligned} \tag{7.190}$$

类似地，为了计算 s_2，在 0 到 $2T_b$范围求乘积 $s(t)\phi_2(t)$关于时间 t 的积分，得到

$$\begin{aligned} s_2 &= \int_{0}^{2T_b} s(t)\phi_2(t)\,dt \\ &= \sqrt{E_b}\sin[\theta(T_b)], \qquad 0 \leqslant t \leqslant T_b \end{aligned} \tag{7.191}$$

观察式(7.190)和式(7.191)，可以得到以下三点观察结果：

1. 这两个积分的时间间隔都等于比特宽度的两倍。
2. 在用于计算 s_1的式(7.190)中，积分的下限和上限分别是用于计算 s_2的积分中对应上下限平移比特宽度 T_b的所得值。
3. 定义相位状态 $\theta(0)$和 $\theta(T_b)$的时间间隔 $0\leqslant t\leqslant T_b$是这两个积分都共有的。

因此，MSK 信号的信号星座是二维的(即 $N=2$)，并且具有 4 个可能的消息点(即 $M=4$)，如图 7.29 中的信号空间图所示。沿着反时针方向运动，消息点的坐标如下：

$$(+\sqrt{E_b}, +\sqrt{E_b}), (-\sqrt{E_b}, +\sqrt{E_b}), (-\sqrt{E_b}, -\sqrt{E_b})\text{和}(+\sqrt{E_b}, -\sqrt{E_b})$$

对应于这 4 个消息点的 $\theta(0)$和 $\theta(T_b)$可能取的值也包含在图 7.29 里面。因此，MSK 的信号空间图与 QPSK 的信号空间图类似，因为两者都在二维空间中具有 4 个消息点。然而，也应该特别注意它们之间存在的如下难以发现的差别：

- 从一个消息点运动到相邻消息点的 QPSK 信号是通过发送一个两比特的符号(即二位组)来产生的。
- 另一方面，从一个消息点运动到相邻消息点的 MSK 信号是通过发送一个二进制符号 0 或者 1 来产生的。然而，每个符号根据相位-对(Phase-pair)$\theta(0)$和 $\theta(T_b)$的值在两个相对的象限内表现出来。

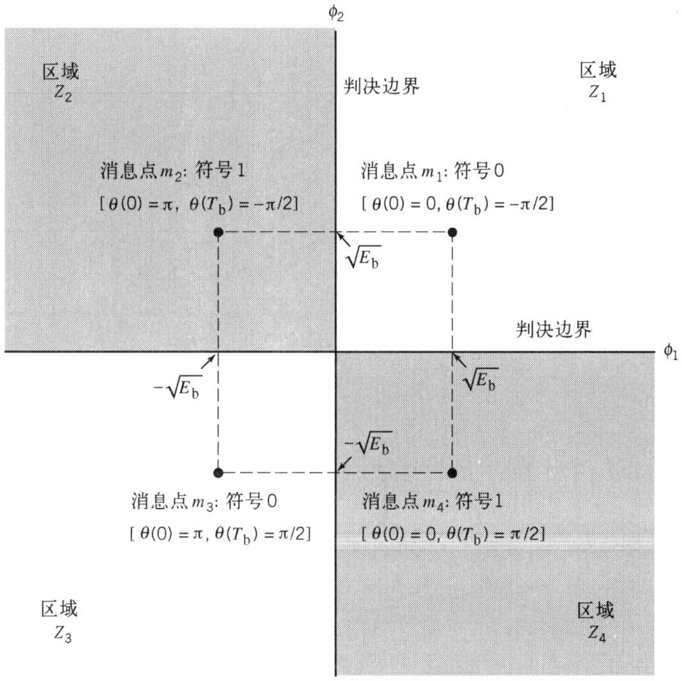

图 7.29　MSK 系统的信号空间图

在表 7.4 中，对 $\theta(0)$ 和 $\theta(T_b)$ 的值以及分别在时间间隔 $-T_b \leqslant t \leqslant T_b$ 和 $0 \leqslant t \leqslant 2T_b$ 内计算出的 s_1 和 s_2 的对应值进行了总结。表中的第一列表明在 $0 \leqslant t \leqslant T_b$ 区间内发送的符号是 1 还是 0。注意到在这个区间内如果发送的是符号 1，则消息点 s_1 和 s_2 的坐标反号，但是如果发送的是符号 0，则它们同号。因此，对于给定的输入数据序列，我们可以利用表 7.4 中的值逐个比特地推导出 $\phi_1(t)$ 和 $\phi_2(t)$ 所需比例系数的两个序列，从而确定出 MSK 信号 $s(t)$。

表 7.4　MSK 的信号空间特征

发送的二进制符号，在 $0 \leqslant t \leqslant T_b$	相位状态(弧度)		消息点的坐标	
	$\theta(0)$	$\theta(T_b)$	s_1	s_2
0	0	$-\pi/2$	$+\sqrt{E_b}$	$+\sqrt{E_b}$
1	π	$-\pi/2$	$-\sqrt{E_b}$	$+\sqrt{E_b}$
0	π	$+\pi/2$	$-\sqrt{E_b}$	$-\sqrt{E_b}$
1	0	$+\pi/2$	$+\sqrt{E_b}$	$-\sqrt{E_b}$

例 8　MSK 波形

在图 7.30 中，显示了为二进制序列 1101000 产生 MSK 信号过程中涉及的序列和波形。输入二进制序列如图 7.30(a)所示。两个调制频率为 $f_1 = 5/4T_b$ 以及 $f_2 = 3/4T_b$。假设在 $t = 0$ 时刻相位 $\theta(0)$ 为零，相位状态序列以 2π 为模之后如图 7.30 所示。用来对时间函数 $\phi_1(t)$ 和 $\phi_2(t)$ 进行比例调整的两个系数序列的极性在图 7.30(b)和图 7.30(c)的上面一行显示。这两个序列之间的相对偏移量等于比特宽度 T_b。在图 7.30(b)和图 7.30(c)中，还显示了所得 $s(t)$ 的两个分量 $s_1\phi_1(t)$ 和 $s_2\phi_2(t)$ 的波形。将这两个调制波形相加即可得到期望的 MSK 信号 $s(t)$，如图 7.30(d)所示。

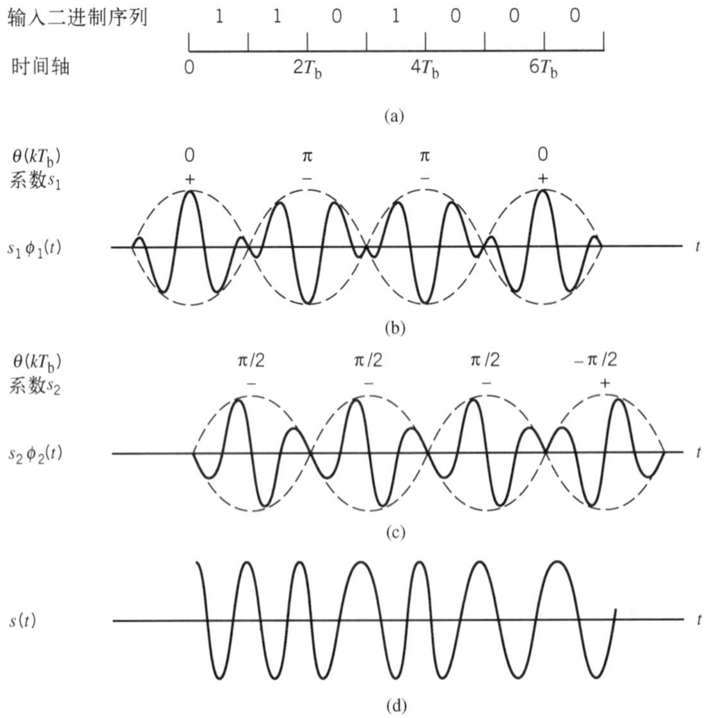

图 7.30　(a) 输入二进制序列；(b) $s_1\phi_1(t)$ 的波形；(c) $s_2\phi_2(t)$ 的波形；(d) 把 $s_1\phi_1(t)$ 和 $s_2\phi_2(t)$ 逐个比特相加得到的 MSK 信号 $s(t)$ 的波形

MSK 信号的产生及相干检测

当 $h = 1/2$ 时，我们可以采用图 7.31(a)中的框图来产生 MSK 信号。这种产生 MSK 信号的方法的优点是，信号的相干性和偏移系数不会受到输入数据速率变化的太大影响。首先，将两个输入正弦波应用于乘积调制器，一个正弦波的频率是 $f_c = n_c/4T_b$（n_c是某个固定整数），另一个的频率是 $1/4T_b$。这个调制器产生两个相位相干的频率为f_1和f_2的正弦波，它们与载波频率f_c和比特率 $1/T_b$的关系由式(7.178)和式(7.179)决定，其中偏移系数 $h = 1/2$。这两个正弦波分别被两个窄带滤波器分开，一个滤波器的中心频率为f_1而另一个滤波器的中心频率为f_2。然后，将得到的滤波器输出进行线性组合，产生一对正交载波或者标准正交基函数 $\phi_1(t)$ 和 $\phi_2(t)$。最后，将 $\phi_1(t)$ 和 $\phi_2(t)$ 分别与两个二进制波形 $a_1(t)$ 和 $a_2(t)$ 相乘，这两个波形的比特率都等于 $1/(2T_b)$，它们是采用例 7 中描述的方法从输入二进制序列中提取出来的。

在图 7.31(b)中，画出了 MSK 相干接收机的框图。首先，将接收信号 $x(t)$ 与 $\phi_1(t)$ 和 $\phi_2(t)$ 进行相关运算。在这两种情况下，积分区间都是 $2T_b$秒，并且正交信道中的积分比同相信道中的积分滞后 T_b秒。得到的同相和正交信道的相关器输出 x_1 和 x_2都分别与零值门限进行比较；然后按照以前描述的方法导出相位 $\theta(0)$ 和 $\theta(T_b)$ 的估计值。最后，将这些相位判决结果进行交织处理，以便使 AWGN 信道中平均误符号率最小化来估计出发射机输入的原始二进制序列。

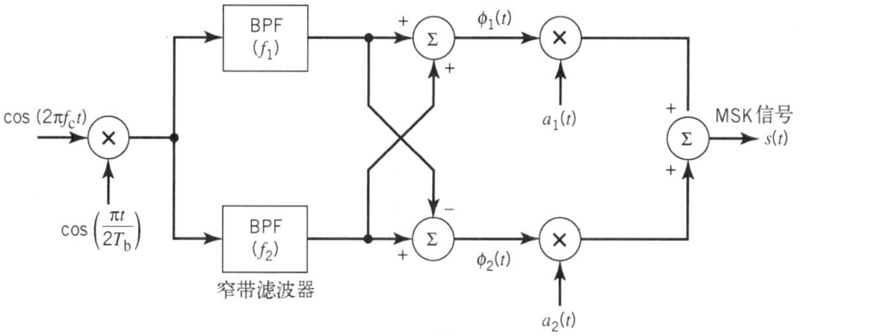

(a)

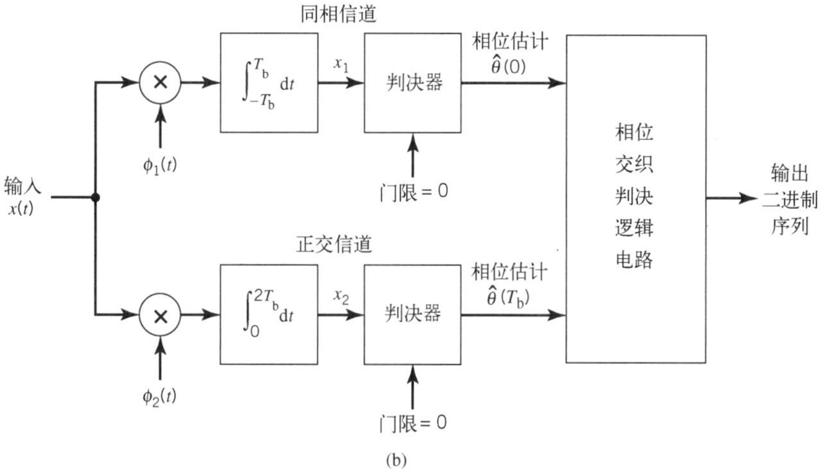

(b)

图 7.31　(a) MSK 发射机的框图；(b) MSK 相干接收机的框图

MSK 的差错概率

在 AWGN 信道情形中，接收信号为

$$x(t) = s(t) + w(t)$$

其中，$s(t)$是发送的 MSK 信号，$w(t)$是零均值、功率谱密度为 $N_0/2$ 的高斯白噪声的样本函数。为了

判决在 $0 \leqslant t \leqslant T_b$ 区间内发送的是符号 1 还是 0，我们必须建立一种利用 $x(t)$ 的方法来检测相位状态 $\theta(0)$ 和 $\theta(T_b)$。

为了对 $\theta(0)$ 进行最优检测，我们在 $-T_b \leqslant t \leqslant T_b$ 区间将接收信号 $x(t)$ 投影在 $-T_b \leqslant t \leqslant T_b$ 区间的参考信号 $\phi_1(t)$ 上，得到

$$\begin{aligned} x_1 &= \int_{-T_b}^{T_b} x(t)\phi_1(t)\,\mathrm{d}t \\ &= s_1 + w_1 \end{aligned} \tag{7.192}$$

其中，s_1 由式(7.190)确定，w_1 是零均值、方差为 $N_0/2$ 的高斯随机变量的样本值。从图 7.29 中的信号空间图可以发现，如果 $x_1>0$，则接收机选择估计值为 $\hat{\theta}(0)=0$。另一方面，如果 $x_1<0$，则它选择估计值为 $\hat{\theta}(0)=\pi$。

类似地，为了对 $\theta(T_b)$ 进行最优检测，我们在 $0 \leqslant t \leqslant 2T_b$ 区间将接收信号 $x(t)$ 投影到第二个参考信号 $\phi_2(t)$ 上，得到

$$\begin{aligned} x_2 &= \int_{0}^{2T_b} x(t)\phi_2(t)\,\mathrm{d}t \\ &= s_2 + w_2, \qquad 0 \leqslant t \leqslant 2T_b \end{aligned} \tag{7.193}$$

其中，s_2 由式(7.191)确定，w_2 是另一个独立的均值为零、方差为 $N_0/2$ 的高斯随机变量的样本值。同样从图 7.29 中的信号空间图可以发现，如果 $x_2>0$，则接收机选择估计值为 $\theta(T_b)=-\pi/2$。然而，如果 $x_2<0$，则接收机选择估计值为 $\hat{\theta}(T_b)=\pi/2$。

为了重构出原始二进制序列，我们采用如下方法，按照表 7.4 对上面两组相位估计值进行交织：

- 如果估计值为 $\hat{\theta}(0)=0$ 和 $\hat{\theta}(0)=(T_b)=-\pi/2$，或者如果 $\hat{\theta}(0)=\pi$ 和 $\hat{\theta}(T_b)=-\pi/2$，则接收机判决为符号 0。
- 另一方面，如果估计值为 $\hat{\theta}(0)=\pi$ 和 $\hat{\theta}(T_b)=-\pi/2$，或者如果 $\hat{\theta}(0)=0$ 和 $\hat{\theta}(T_b)=\pi/2$，则接收机判决为符号 1。

最重要的是，考察图 7.29 中的信号空间图可以发现，表征 MSK 信号的 4 个消息点的坐标与图 7.16 中 QPSK 信号的坐标完全相同。并且式(7.192)和式(7.193)中的零均值噪声变量与式(7.118)和式(7.119)中 QPSK 信号的零均值噪声变量的方差也完全相同。因此，可以得到对 MSK 信号相干检测的 BER 为

$$P_e = Q\left(\sqrt{\frac{2E_b}{N_0}}\right) \tag{7.194}$$

它与式(7.126)中 QPSK 信号的 BER 相同。在 MSK 和 QPSK 系统中，这种良好性能是在接收机中利用 $2T_b$ 秒的观测值进行相干检测的结果。

MSK 信号的功率谱

同二进制 FSK 信号一样，假设输入二进制波形是随机的，符号 1 和符号 0 具有相同可能，并且在相邻时隙期间发送的符号是统计独立的。在这些假设条件下，我们得出下列三点观察结果：

1. 取决于相位状态 $\theta(0)$ 的值，同相分量等于 $+g(t)$ 或者 $-g(t)$，其中脉冲成形函数为

$$g(t) = \begin{cases} \sqrt{\dfrac{2E_b}{T_b}}\cos\left(\dfrac{\pi t}{2T_b}\right), & -T_b \leqslant t \leqslant T_b \\ 0, & \text{其他} \end{cases} \tag{7.195}$$

$g(t)$ 的能量谱密度为

$$\psi_g(f) = \frac{32E_b T_b}{\pi^2}\left[\frac{\cos(2\pi T_b f)}{16T_b^2 f^2 - 1}\right]^2 \tag{7.196}$$

同相分量的功率谱密度等于 $\Psi_g(f)/2T_b$。

2. 取决于相位状态 $\theta(T_b)$ 的值，正交分量等于 $+g(t)$ 或者 $-g(t)$，其中

$$g(t) = \begin{cases} \sqrt{\dfrac{2E_b}{T_b}}\sin\left(\dfrac{\pi t}{2T_b}\right), & -0 \leqslant t \leqslant 2T_b \\ 0, & \text{其他} \end{cases} \tag{7.197}$$

尽管在两个相邻时隙的间隔内式(7.195)和式(7.197)中的定义有所区别，我们得到的能量谱密度都为式(7.196)。因此，同相分量和正交分量具有相同的功率谱密度。

3. MSK 信号的同相分量和正交分量是统计独立的。因此，可以得到 $s(t)$ 的基带功率谱密度为

$$\begin{aligned} S_B(f) &= 2\left(\frac{\psi_g(f)}{2T_b}\right) \\ &= \frac{32E_b}{\pi^2}\left[\frac{\cos(2\pi T_b f)}{16T_b^2 f^2 - 1}\right]^2 \end{aligned} \tag{7.198}$$

在图 7.19 中，画出了式(7.198)中的基带功率谱，其中功率谱关于 $4E_b$ 被归一化，并且频率 f 也关于比特率 $1/T_b$ 被归一化了。图 7.19 中还包含了 QPSK 信号的式(7.128)得到的对应功率谱图。正如前面所指出的，如果 $f \gg 1/T_b$，则 MSK 信号的基带功率谱密度随着频率的四次幂的倒数下降，而在 QPSK 信号中它却随着频率的平方的倒数下降。因此，在感兴趣的信号带宽以外，MSK 产生的干扰没有 QPSK 产生的干扰多。MSK 的这种特征是期望得到的，尤其当具有带宽限制的数字通信系统工作于干扰环境中时更是如此。

高斯滤波 MSK

根据前面对 MSK 的详细讨论，我们可以将其优良性质概括如下：

- 调制信号具有恒定包络；
- 占用的带宽相对较窄；
- 具有与 QPSK 等效的相干检测性能。

然而，尽管 MSK 信号的带外频谱特征比较好，但是仍然不能满足某些应用如无线通信的严格需求。为了说明这种局限，我们从式(7.198)中发现，在 $T_b f = 0.5$ 时 MSK 信号的基带功率谱密度只比其频带中心值下降了 $10\lg 9 = 9.54$ dB。因此，当 MSK 信号被分配的传输带宽为 $1/T_b$ 时，采用 MSK 的无线通信系统的邻信道干扰还不够小，不能满足多用户通信环境的实际需求。

考虑到 MSK 信号可以通过采用压控振荡器的直接 FM 来产生，我们可以改进其功率谱为更紧密的形式来克服 MSK 信号的这种实际局限性，同时又能保持 MSK 信号的恒定包络性质。这种改进是通过采用一个预调制低通滤波器来实现的，后面将其称为基带脉冲成形滤波器(Pulse-shaping filter)。我们希望脉冲成形滤波器应该满足下列三个条件：

- 频率响应具有窄带宽和尖锐的截止特征；
- 冲激响应具有相对较低的过冲(Overshoot)；
- 相位网格的变化与 MSK 信号中的一样，调制信号的载波相位在比特宽度 T_b 的奇数倍时取 $\pm\pi/2$ 这两个值，而在 T_b 的偶数倍时取值为 0 和 π。

上面所需的频率响应条件是用来对改进频率调制信号的高频分量进行抑制的。冲激响应条件则是用来在改进频率调制信号的瞬时频率中防止出现过度偏移。最后，对相位网格变化施加的条件则

确保可以采用与 MSK 信号相同的方法来对改进的频率调制信号进行相干检测，否则如果愿意的话，也可以作为一种简单的二进制 FSK 信号进行非相干检测。

要满足上述三个条件，可以将 NRZ-电平编码的二进制数据流经过一个基带脉冲成形滤波器来实现，滤波器的冲激响应(频率响应)由高斯函数(Gaussian function)来确定。这样得到的二进制 FM 方法自然被称为高斯滤波最小相移键控(Gaussian-filtered Minimum-Shift Keying，GMSK)[6]。

令 W 表示脉冲成形滤波器的 3 dB 基带带宽(3dB baseband bandwidth)。于是，我们可以将脉冲成形滤波器的传输函数 $H(f)$ 和冲激响应 $h(t)$ 定义为

$$H(f) = \exp\left[-\frac{\ln 2}{2}\left(\frac{f}{W}\right)^2\right] \tag{7.199}$$

和

$$h(t) = \sqrt{\frac{2\pi}{\ln 2}}W\exp\left(-\frac{2\pi^2}{\ln 2}W^2t^2\right) \tag{7.200}$$

其中，ln 表示自然对数。这个高斯滤波器对一个以原点为中心的幅度为 1、宽度为 T_b 的矩形脉冲的响应为

$$\begin{aligned} g(t) &= \int_{-T_b/2}^{T_b/2} h(t-\tau)\,d\tau \\ &= \sqrt{\frac{2\pi}{\ln 2}}W\int_{-T_b/2}^{T_b/2}\exp\left[-\frac{2\pi^2}{\ln 2}W^2(t-\tau)^2\right]d\tau \end{aligned} \tag{7.201}$$

式(7.201)中的脉冲响应 $g(t)$ 为构建 GMSK 调制器提供了基础，其中无量纲的时间-带宽乘积(Time-bandwidth product) WT_b 起到了设计参数的作用。

遗憾的是，脉冲响应 $g(t)$ 不是因果函数(Noncausal)，因此对实时处理不是物理可实现的。特别地，当 $t<-T_b/2$ 时 $g(t)$ 不等于零，其中 $t=-T_b/2$ 是输入矩形脉冲(对称地位于原点两侧)应用于高斯滤波器的时刻。为了得到因果响应，必须对 $g(t)$ 进行截尾并且在时间上平移。在图 7.32 中给出了 $g(t)$ 的波形，它在 $t=\pm 2.5T_b$ 处截尾并在时间上平移 $2.5T_b$。图中显示了三种不同情形下的波形：即 $WT_b=0.2, 0.25$ 和 0.3。注意到随着 WT_b 的减小，频率成形脉冲的时间扩展相应地会增加。

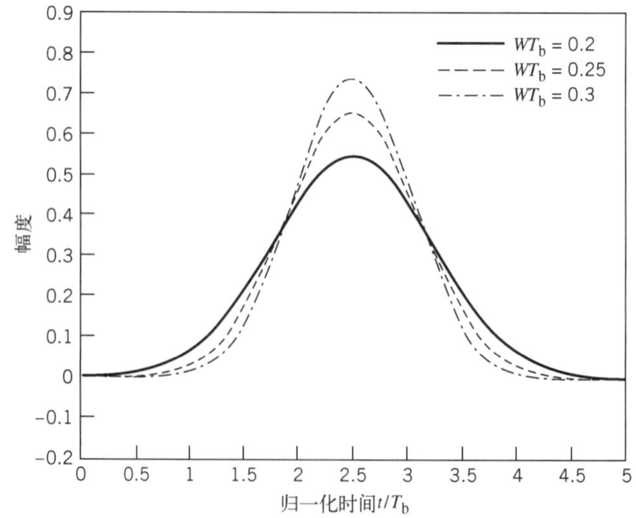

图 7.32　式(7.201)中的频率成形脉冲 $g(t)$ 在 $\pm 2.5T_b$ 处截尾并在时间上平移 $2.5T_b$ 后的波形，取不同的时间-带宽乘积 WT_b

在图 7.33 中，画出了利用计算机计算出的 MSK 信号的功率谱(用分贝表示)与归一化频率差值 $(f-f_c)T_b$ 之间的关系曲线，其中 f_c 为频带中心频率，T_b 为比特宽度[7]。图 7.33 显示了时间-带宽乘

积 WT_b取不同值时得到的结果。从该图中我们可以得到下列观察结果：

- 在极限状态 $WT_b=\infty$ 时的曲线对应于普通 MSK 情形；
- 当 WT_b小于 1 时，发送功率会更加集中于 GMSK 信号的通带以内。

GMSK 存在的一个不好的特点是，高斯滤波器处理 NRZ 二进制数据产生的调制信号不再像普通 MSK 那样只局限于单个比特间隔内，这从图 7.33 中可以很容易地看出来。换句话说，脉冲成形滤波器的高斯冲激响应的尾部会导致调制信号扩展到多个符号间隔。最终结果是产生码间干扰(Intersymbol interfere)，其干扰程度会随着 WT_b的减小而增大。根据这些讨论和图 7.33 给出的不同图形，我们发现分配给时间-带宽乘积 WT_b的值为频谱的紧密度和系统性能的损失之间提供了一种折中。

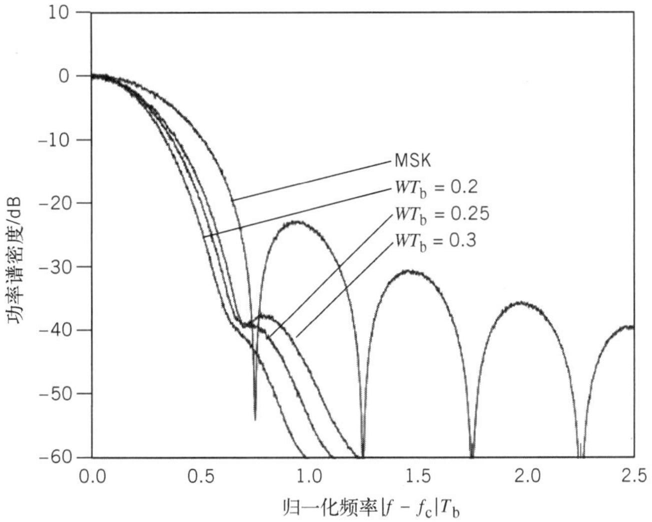

图 7.33　时间-带宽乘积取不同值时 MSK 和 GMSK 信号的功率谱

为了探讨采用 GMSK 以后与 MSK 相比的性能下降问题，考虑在 AWGN 存在条件下的相干检测。考虑到 GMSK 是二进制 FM 的一种特殊类型，我们可以采用下列经验公式来表示其平均误符号率 P_e：

$$P_e = Q\left(\sqrt{\frac{\alpha E_b}{N_0}}\right) \tag{7.202}$$

其中与前面一样，E_b是每个比特的信号能量，$N_0/2$是噪声谱密度。因子 α 是一个取值依赖于时间-带宽乘积 WT_b的常数。将 GMSK 的式(7.202)与普通 MSK 的式(7.194)进行比较，可以将 $10\lg(\alpha/2)$(用分贝表示)作为 GMSK 与普通 MSK 相比性能下降的一种度量。在图 7.34 中，画出了利用计算机计算出的 $10\lg(\alpha/2)$的值与 WT_b之间的关系曲线。对于普通 MSK 而言，有 $WT_b=\infty$。在这种情况下，如果 $\alpha=2$，式(7.202)与式(7.194)具有完全相同的形式，不会出现性能下降，这可以通过图 7.34 得到证实。对于 $WT_b=0.3$ 的 GMSK 而言，我们从图 7.34 中发现性能下降约 0.46 dB，这对应于 $\alpha/2=0.9$。对于获得 GMSK 信号非常满意的频谱紧密度而言，这点性能下降是比较小的代价。

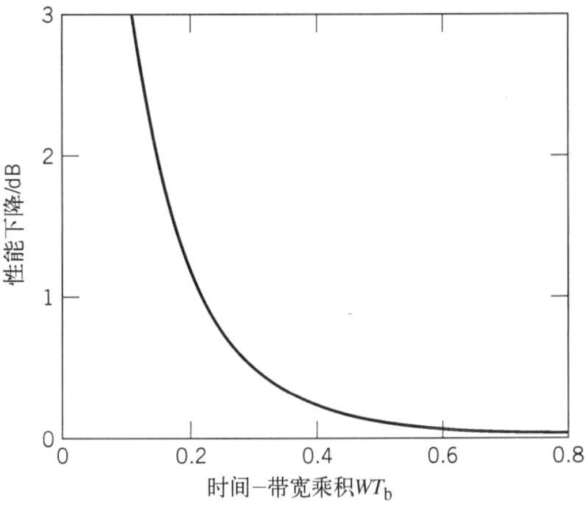

图 7.34　时间-带宽乘积取不同值时 GMSK 的理论值 E_b/N_0 的下降曲线

M 进制 FSK

下面考虑 FSK 的 M 进制形式，此时发送信号被定义为

$$s_i(t) = \sqrt{\frac{2E}{T}}\cos\left[\frac{\pi}{T}(n_c + i)t\right], \quad 0 \leqslant t \leqslant T \tag{7.203}$$

其中，$i=1,2,\cdots,M$，载波频率 $f_c = n_c/(2T)$，n_c 为某个固定整数。发送符号具有相等宽度 T 和相等能量 E。由于各个信号频率之间的间隔为 $1/(2T)$ Hz，因此式(7.203)中的 M 进制 FSK 信号构成了一个正交集(Orthogonal set)，即

$$\int_0^T s_i(t)s_j(t)\,dt = 0, \quad i \neq j \tag{7.204}$$

因此，除能量归一化外，可以把发送信号 $s_i(t)$ 自身作为基函数的完备标准正交集，如下所示：

$$\phi_i(t) = \frac{1}{\sqrt{E}}s_i(t), \quad 0 \leqslant t \leqslant T, \quad i = 1, 2, \cdots, M \tag{7.205}$$

因此，M 进制 FSK 可以由一个 M 维信号空间图来描述。

关于 M 进制 FSK 信号的相干检测，其最优接收机是由 M 个相关器或者匹配滤波器组成的，并且由式(7.205)中的 $\phi_i(t)$ 为其提供基函数。在采样时刻 $t=kT$，接收机按照最大似然译码规则，基于匹配滤波器输出的最大值做出判决。然而，对于相干 M 进制 FSK 系统，却很难导出误符号率的准确公式。尽管如此，我们仍然可以利用式(7.88)中的一致限来为 M 进制 FSK 系统的平均误符号率设定一个上界。具体而言，由于 M 进制 FSK 中的最短距离 $d_{\min}$ 为 $\sqrt{2E}$，利用式(7.87)可以得到(假设为等概率符号)

$$P_e \leqslant (M-1)Q\left(\sqrt{\frac{E}{N_0}}\right) \tag{7.206}$$

对于固定的 M，这个界会随着比值 E/N_0 的增加而逐渐变得更紧。事实上，当值 $P_e \leqslant 10^{-3}$ 时，这是 P_e 的一个很好的近似。另外，当 $M=2$(即二进制 FSK)时，式(7.206)中的界取等号，参见式(7.168)。

M 进制 FSK 信号的功率谱

对 M 进制 FSK 信号的谱分析[8]要比对 M 进制 PSK 信号的谱分析要复杂得多。一种特别感兴趣的情况是，对多进制信号分配的频率使得频率间隔是均匀的，并且频率偏移 $h=1/2$。也就是说，M 个信号频率相互之间的间隔为 $1/2T$，其中 T 是符号宽度。当 $h=1/2$ 时，在图 7.35 中分别针对 $M=2,4,8$ 画出了 M 进制 FSK 信号的基带功率谱密度。

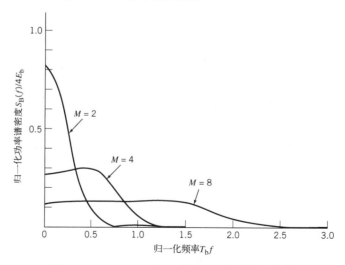

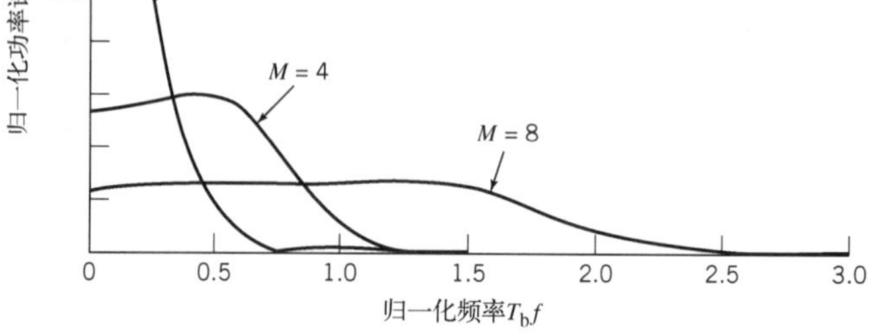

图 7.35 $M=2,4,8$ 时 M 进制 FSK 信号的功率谱

M 进制 FSK 信号的带宽效率

当 M 进制 FSK 信号的正交信号被相干检测时，相邻信号之间只需要间隔一个 $1/2T$ 的频率差以便保持其正交性。因此，我们可以将发送 M 进制 FSK 信号所需的信道带宽定义为

$$B = \frac{M}{2T} \tag{7.207}$$

对于分配的频率使得频率间隔是均匀的且等于 $1/2T$ 的多进制信号，式(7.207)中的带宽 B 包含了信号的大部分功率。这个结论很容易通过观察图 7.36 所示的基带功率谱来得到证实。从式(7.133)中，我们回想起符号周期 $T=T_b\log_2 M$。因此，利用 $R_b=1/T_b$ 可以将 M 进制 FSK 信号的的信道带宽 B 重新定义为

$$B = \frac{R_b M}{2\log_2 M} \tag{7.208}$$

于是，M 进制 FSK 信号的带宽效率为

$$\begin{aligned}\rho &= \frac{R_b}{B}\\ &= \frac{2\log_2 M}{M}\end{aligned} \tag{7.209}$$

在表 7.5 中，给出了 M 取不同值时利用式(7.209)计算得到的 ρ 值。

将表 7.3 与表 7.5 进行比较，可以发现增加进制数 M 会使 M 进制 PSK 信号的带宽效率增加，但是却会使 M 进制 FSK 信号的带宽效率降低。换句话说，M 进制 PSK 信号的频谱效率高，而 M 进制 FSK 信号的频谱效率低。

表 7.5　M 进制 FSK 信号的带宽效率

M	2	4	8	16	32	64
ρ/(b/s · Hz)	1	1	0.75	0.5	0.3125	0.1875

7.9　从信息论观点对 M 进制 PSK 和 M 进制 FSK 进行比较

正如刚才讨论的，带宽效率为比较 M 进制 PSK 和 M 进制 FSK 的能力提供了一种方法。对这两类广泛采用的数字调制策略进行比较的另一种方法，是根据第 5 章中讨论的香农信息容量定律，利用带宽-功率折中(Bandwidth-power tradeoff)来比较的。

首先，考虑一个 M 进制 PSK 系统，它利用 M 个相移信号的非正交(Nonorthogonal)集合来实现 AWGN 信道上的二进制数据传输。回顾 7.6 节，式(7.137)利用零点到零点带宽定义了 M 进制 PSK 系统的带宽效率。基于这个等式，图 7.36 画出了不同相位进制数 $M=2,4,8,16,32,64$ 时的工作点。工作曲线上的每个点对应于平均误符号率 $P_e=10^{-5}$；这个 P_e 值足够小可以完成“无差错”传输。给定这个固定的 P_e 值，可以采用对 M 进制 PSK 进行相干检测的式(7.132)来计算出符号能量-噪声密度比 E/N_0，从而得到指定 M 时的 E_b/N_0 值；在图 7.36 中，还包括了根据式(5.99)计算出的理想传输系统的容量边界。图 7.36 表明：

在采用相干检测的 M 进制 PSK 系统中，增加 M 会提高带宽效率，但是随着 M 的增加，“无差错”传输的理想条件所要求的 E_b/N_0 会远离香农极限。

然后，再考虑一个 M 进制 FSK 系统，它利用 M 个频移信号的正交(Orthogonal)结合来实现 AWGN 信道上的二进制数据传输。正如 7.8 节所讨论的，集合中相邻信号频率之间的间隔为 $1/2T$，其中 T 为符号周期。M 进制 FSK 的带宽效率由式(7.209)定义，这个公式也借用了零点到零点带宽

的概念。利用这个等式，图 7.37 画出了在平均误符号率相等，即 $P_e=10^{-5}$时，对于不同频率进制数 $M=2,4,8,16,32,64$ 时的工作点。给定这个固定的 P_e值，可以采用式(7.206)来计算 E/N_0，从而得到指定 M 值时所需的 E_b/N_0值。与 M 进制 PSK 的图 7.36 一样，M 进制 FSK 的图 7.37 也包括了无差错传输理想条件下的容量边界。图 7.37 表明增加 M 进制 FSK 系统的 M 值具有与 M 进制 PSK 系统相反的效果。更具体而言，我们可以表述如下：

在 M 进制 FSK 系统中，当频移进制数 M 增加时——它等效于提高了信道带宽需求——工作点会更加靠近香农极限。

换句话说，在信息论背景下，M 进制 FSK 系统的表现比 M 进制 PSK 系统更好。

在最后分析中，选择 M 进制 PSK 还是 M 进制 FSK 技术来实现 AWGN 信道上的二进制数据传输主要取决于感兴趣的设计原则：带宽效率或者是可靠数据传输所需要的 E_b/N_0。

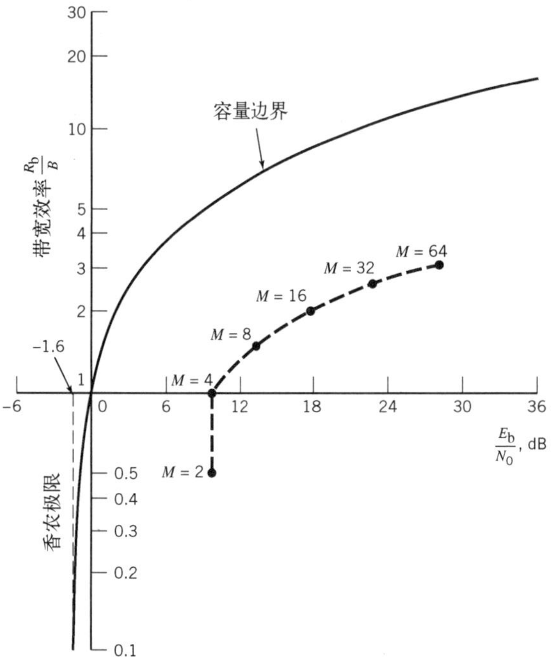

图 7.36 $P_e=10^{-5}$时 M 进制 PSK 系统与理想系统的比较

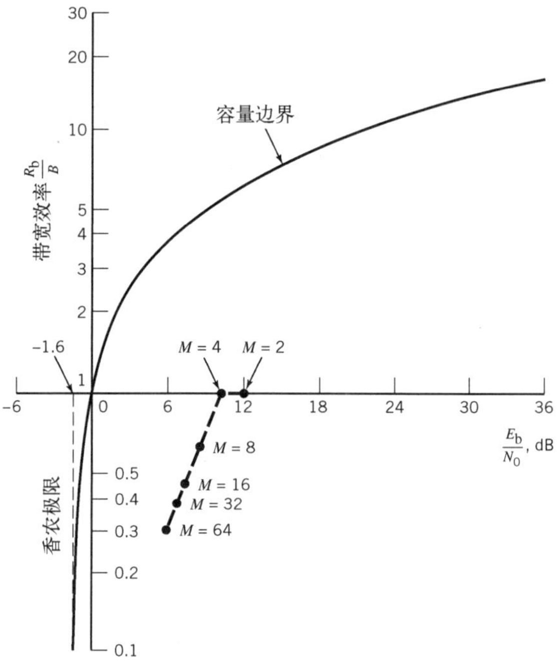

图 7.37 $P_e=10^{-5}$时 M 进制 FSK 系统与理想系统的比较

7.10 具有未知相位信号的检测

在本章中，到目前为止我们假设接收机与发射机完全同步，并且信道的唯一损害是 AWGN。然而，实际上经常发现除了信道噪声引起的不确定性，还存在由于某些信道参数的随机性引起的不确定性。产生这种不确定性的一般原因是在传输媒介中存在有失真。或许最常见的随机信号参数是载波相位(Carrier phase)，对于窄带信号尤其如此。比如，传输可能发生在变化的具有不同长度的多条路径上，或者从发射机到接收机的传输媒介中可能存在快速变化的时延。这些具有不确定性的来源可能导致接收信号的相位发生变化，使得接收机不能跟上这种变化。因此，与发射载波的相位同步需要付出的代价是非常高的，设计人员可能仅仅选择忽略接收信号中的相位信息而导致噪声性能在某种程度上的下降。不要求载波相位恢复的数字通信接收机被称为非相干(Noncoherent)接收机。

最优平方型接收机

考虑一个二进制通信系统，其中发射信号被定义为

$$s_i(t) = \sqrt{\frac{2E}{T}}\cos(2\pi f_i t), \quad \begin{cases} 0 \leqslant t \leqslant T \\ i = 1, 2 \end{cases} \tag{7.210}$$

其中，E 是信号能量，T 是信号传输区间的宽度，符号 i 的载波频率 f_i 是 $1/(2T)$ 的整数倍。由于刚才提到的原因，接收机对发射机以非相干方式工作，在这种情况下，AWGN 信道的接收信号可以写为

$$x(t) = \sqrt{\frac{2E}{T}}\cos(2\pi f_i t + \theta) + w(t), \quad 0 \leqslant t \leqslant T \text{ 和 } i = 1, 2 \tag{7.211}$$

其中，θ 是未知载波相位，$w(t)$ 则与前面一样，是零均值、功率谱密度为 $N_0/2$ 的高斯白噪声的样本函数。假设完全缺乏 θ 的先验信息，可以将它看成具有下列均匀分布(Uniform distribution)的随机变量的样本值：

$$f_\Theta(\theta) = \begin{cases} \dfrac{1}{2\pi}, & -\pi < \theta \leqslant \pi \\ 0, & \text{其他} \end{cases} \tag{7.212}$$

这种分布代表了实际中可能遇到的最坏情形。现在，可以将需要解决的二元检测问题表述如下：

给定接收信号 $x(t)$ 和面临着未知载波相位 θ，设计一个最优接收机来检测符号 s_i，这个符号代表了 $x(t)$ 中包含的信号分量 $\sqrt{E/(2T)}\cos(2\pi f_i t+\theta)$。

采用与 7.4 节描述的类似方法，可以将给定载波相位 θ 条件下符号 s_i 的似然函数用公式表示为

$$l(s_i(\theta)) = \exp\left[\sqrt{\frac{E}{N_0 T}}\int_0^T x(t)\cos(2\pi f_i t + \theta)\,\mathrm{d}t\right] \tag{7.213}$$

为了进一步讨论，必须去掉 $l(s_i(\theta))$ 对相位 θ 的依赖性，这是通过求它对 θ 的所有可能值的积分来实现的，如下所示：

$$\begin{aligned} l(s_i) &= \int_{-\pi}^{\pi} l(s_i(\theta)) f_\Theta(\theta)\,\mathrm{d}\theta \\ &= \frac{1}{2\pi}\int_{-\pi}^{\pi}\exp\left[\sqrt{\frac{E}{N_0 T}}\int_0^T x(t)\cos(2\pi f_i t + \theta)\right]\mathrm{d}\theta \end{aligned} \tag{7.214}$$

采用著名的三角公式，可以将式(7.214)中的余弦项展开为

$$\cos(2\pi f_i t + \theta) = \cos(2\pi f_i t)\cos\theta - \sin(2\pi f_i t)\sin\theta$$

相应地，可以将式(7.214)中指数项的积分重写为

$$\int_0^T x(t)\cos(2\pi f_i t + \theta)\,\mathrm{d}t = \cos\theta\int_0^T x(t)\cos(2\pi f_i t)\,\mathrm{d}t - \sin\theta\int_0^T x(t)\sin(2\pi f_i t)\,\mathrm{d}t \tag{7.215}$$

下面定义两个新的项：

$$\alpha_i = \left\{\left[\int_0^T x(t)\cos(2\pi f_i t)\,\mathrm{d}t\right]^2 + \left[\int_0^T x(t)\sin(2\pi f_i t)\,\mathrm{d}t\right]^2\right\}^{1/2} \tag{7.216}$$

$$\beta_i = \arctan\left[\frac{\int_0^T x(t)\sin(2\pi f_i t)\,\mathrm{d}t}{\int_0^T x(t)\cos(2\pi f_i t)\,\mathrm{d}t}\right] \tag{7.217}$$

则可以进一步将式(7.214)中的内部积分简化为

$$\begin{aligned}\int_0^T x(t)\cos(2\pi f_i t+\theta)\,\mathrm{d}t &= \alpha_i(\cos\theta\cos\beta_i-\sin\theta\sin\beta_i)\\ &= \alpha_i\cos(\theta+\beta_i)\end{aligned} \tag{7.218}$$

于是，将式(7.218)代入式(7.214)，得到

$$\begin{aligned}l(s_i) &= \frac{1}{2\pi}\int_{-\pi}^{\pi}\exp\left[\sqrt{\frac{E}{N_0T}}\alpha_i\cos(\theta+\beta_i)\right]\mathrm{d}\theta\\ &= \frac{1}{2\pi}\int_{-\pi+\beta_i}^{\pi+\beta_i}\exp\left(\sqrt{\frac{E}{N_0T}}\alpha_i\cos\theta\right)\mathrm{d}\theta\\ &= \frac{1}{2\pi}\int_{-\pi}^{\pi}\exp\left(\sqrt{\frac{E}{N_0T}}\alpha_i\cos\theta\right)\mathrm{d}\theta\end{aligned} \tag{7.219}$$

上式最后一行中，我们用到了定积分不受相位β_i影响这一事实。

从附录C中关于Bessel函数的介绍可知，式(7.219)中的积分可以被视为零阶修正Bessel函数(Modified Bessel function of zero order)，因此可以将它写为下列紧凑形式：

$$I_0\left(\sqrt{\frac{E}{N_0T}}\alpha_i\right) = \frac{1}{2\pi}\int_{-\pi}^{\pi}\exp\left(\sqrt{\frac{E}{N_0T}}\alpha_i\cos\theta\right)\mathrm{d}\theta \tag{7.220}$$

利用这个公式，可以相应地将这里描述的信号检测问题的似然函数表示为下列紧凑形式：

$$l(s_i) = I_0\left(\sqrt{\frac{E}{N_0T}}\alpha_i\right) \tag{7.221}$$

由于二进制传输是感兴趣的问题，因此有两个假设需要考虑：即假设H_1表示信号$s_1(t)$被发送，以及假设H_2表示信号$s_2(t)$被发送。根据式(7.221)，现在可以将这个二元假设检验问题用公式表示为

$$I_0\left(\sqrt{\frac{E}{N_0T}}\alpha_1\right) \underset{H_2}{\overset{H_1}{\gtrless}} \left(I_0\sqrt{\frac{E}{N_0T}}\alpha_2\right)$$

由于修正Bessel函数$I(\cdot)$是其自变量的单调递增函数，因此对于给定的E/N_0T，可以通过关注α_i来简化这个假设检验问题。然而，为了便于实现，简化的假设检验是采用α_i^2而不是α_i来完成的，即

$$\alpha_1^2 \underset{H_2}{\overset{H_1}{\gtrless}} \alpha_2^2 \tag{7.222}$$

由于明显的原因，基于式(7.222)的接收机被称为平方型接收机(Quadratic receiver)。根据式(7.216)中对α_i的定义，计算α_i的接收机结构如图7.38(a)所示。由于式(7.222)中描述的检验是独立于符号能量E的，因此这个假设检验被称为是关于E最一致有效的(Uniformly most powerful)。

平方型接收机的两种等效形式

下面我们导出图7.38(a)所示平方型接收机的两种等效形式。第一种形式是通过将接收机中的每个相关器用对应的等效匹配滤波器替换来得到的。于是，我们得到如图7.38(b)所示的平方型接收机的另一种形式。在该接收机的一条支路中，滤波器与信号$\cos(2\pi f_i t)$匹配，而在另一条支路中，滤波器与信号$\sin(2\pi f_i t)$匹配，它们都是在信号传输区间$0\leqslant t\leqslant T$上定义的。在$t=T$时刻，滤波器输出被采样、平方处理之后再加在一起。

为了得到平方型接收机的第二种等效形式，假设有一个滤波器与$s(t)=\cos(2\pi f_i t+\theta)$匹配，其中$0\leqslant t\leqslant T$。匹配滤波器输出的包络显然不会受到相位$\theta$的值影响。因此，我们可以只选择对应于$\theta=0$的、冲激响应为$\cos[2\pi f_i(T-t)]$的一个匹配滤波器。这个滤波器对接收信号$x(t)$的响应输出为

$$
\begin{aligned}
y(t) &= \int_0^T x(\tau)\cos[2\pi f_i(T-t+\tau)]\,\mathrm{d}\tau \\
&= \cos[2\pi f_i(T-t)]\int_0^T x(\tau)\cos(2\pi f_i\tau)\,\mathrm{d}\tau - \sin[2\pi f_i(T-t)]\int_0^T x(\tau)\sin(2\pi f_i\tau)\,\mathrm{d}\tau
\end{aligned}
\tag{7.223}
$$

匹配滤波器输出的包络与式(7.223)中两个定积分的平方和的平方根成正比。因此，在 $t=T$ 时刻计算出的包络由下列平方根给出：

$$
\left\{\left[\int_0^T x(\tau)\cos(2\pi f_i\tau)\,\mathrm{d}\tau\right]^2+\left[\int_0^T x(\tau)\sin(2\pi f_i\tau)\,\mathrm{d}\tau\right]^2\right\}^{1/2}
$$

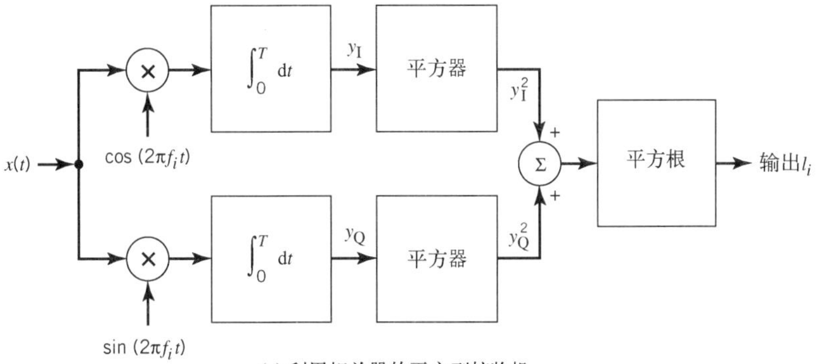

(a) 利用相关器的平方型接收机

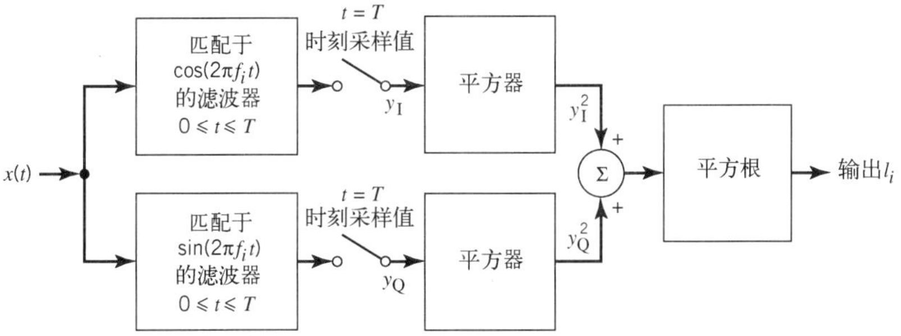

(b) 利用匹配滤波器的平方型接收机

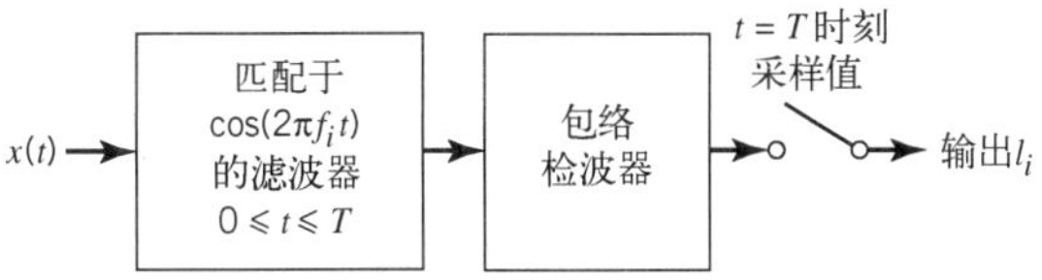

(c) 非相干匹配滤波器

图 7.38　非相干接收机

但这也正好是前面确定的平方型接收机输出的重复。因此，与具有任意相位 θ 的信号 $\cos(2\pi f_i t+\theta)$ 匹配的滤波器后面接上一个包络检波器的输出(在 T 时刻)，与平方型接收机的输出 l_i 是相同的。这种接收机形式如图 7.38(c)所示。在图 7.38(c)中所示的匹配滤波器与包络检波器的组合被称为非相干匹配滤波器(Noncoherent matched filter)。

在图 7.38(c)中的匹配滤波器后面需要接上一个包络检波器，这也可以从下面直观地得到证实。滤波器对一个矩形 RF 波形匹配的输出在采样时刻 $t=T$ 达到正的峰值。然而，如果滤波器的相位与信号相位不匹配，则峰值可能出现在与采样时刻不同的时刻。实际上，如果相位差为 180°，则在采样时刻会得到一个负的峰值。在图 7.39 中，说明了两种极端条件下，即 $\theta=0$ 和 $\theta=180°$ 时匹配滤波器的输出，它们各自的波形分别如图 7.39(a)和图 7.39(b)所示。为了避免在缺乏相位先验信息时出现不良采样，只保留匹配滤波器输出的包络是合理的，因为它完全独立于相位失配 θ。

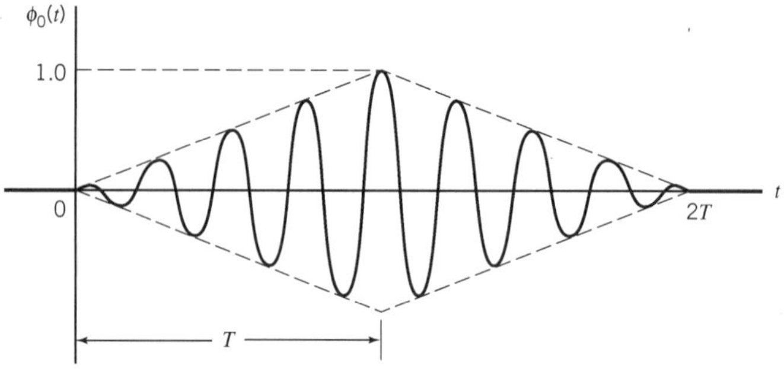

(a) $\theta=0$

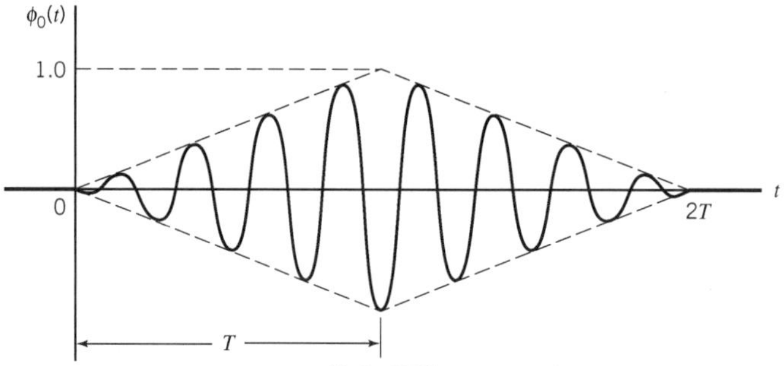

(b) $\theta=180°$

图 7.39 匹配滤波器对矩形 RF 波形的输出

7.11 非相干正交调制技术

在得到图 7.38 中的非相干接收机结构以后，可以继续讨论非相干正交调制的噪声性能了，它包括非相干接收机的两种特殊情况：非相干二进制 FSK 和差分 PSK（也被称为 DPSK），后者也可以被视为二进制 PSK 的非相干形式。

考虑一个二进制信号传输策略，它采用两个具有相等能量的正交信号 $s_1(t)$ 和 $s_2(t)$。在信号传输区间 $0\leqslant t\leqslant T$ 期间（其中 T 可能与比特宽度 T_b 不同），这两个信号中的一个被发送到非理想信道上，该信道使载波相位偏移一个未知量。令 $g_1(t)$ 和 $g_2(t)$ 分别表示经过传输以后得到的 $s_1(t)$ 和 $s_2(t)$ 的相移形式。假设不管未知的载波相位是多少，信号 $g_1(t)$ 和 $g_2(t)$ 仍保持为正交的，并且具有相同能量 E。我们把这种信号传输策略称为非相干正交调制（Noncoherent orthogonal modulation），这也是本节的标题。

除了载波相位的不确定性，信道还会引入一个零均值、功率谱密度为 $N_0/2$ 的 AWGN $w(t)$，得到下列接收信号：

$$x(t)=\begin{cases} g_1(t)+w(t), & \text{发送}s_1(t),\quad 0\leqslant t\leqslant T \\ g_2(t)+w(t), & \text{发送}s_2(t),\quad 0\leqslant t\leqslant T \end{cases} \tag{7.224}$$

为了处理给定 $x(t)$ 情况下的信号检测问题，我们采用图 7.40（a）所示的广义接收机，它是由与发送信号 $s_1(t)$ 和 $s_2(t)$ 匹配的一对滤波器组成的。因为载波相位是未知的，所以接收机只能把幅度作为唯一可用的判决依赖。因此，匹配滤波器输出被包络检波、采样处理以后，再相互进行比较。如果图 7.40（a）中上面支路的输出幅度 l_1 大于下面支路的输出幅度 l_2，则接收机判决为 $s_1(t)$；这里采用的 l_1 和 l_2 不能与前一节中用来表示似然函数的符号 l 相混淆。如果比较结果相反，则接收机判决为 $s_2(t)$。在任何时候，如果对接收信号 $x(t)$ 的信号分量拒绝的匹配滤波器的输出幅度大于（由于噪声的单独影响）通过信号分量的匹配滤波器输出，就会出现判决错误。

根据 7.10 节中的讨论，我们注意到非相干匹配滤波器[构成了图 7.40（a）中接收机的上面支路和下面支路]可以被认为等效于平方型接收机（正交接收机）。平方型接收机本身具有两个信道。正交接收机的一种形式如图 7.40(b)所示。上面的支路被称为同相支路(In-phase path)，其中接收信号 $x(t)$ 与函数 $\psi_i(t)$ 相关，该函数表示载波相位为零时发送信号 $s_1(t)$ 或者 $s_2(t)$ 的比例形式。另一方面，下面的支路被称为正交支路(Quadrature path)，其中接收信号 $x(t)$ 则与另一个函数 $\hat{\psi}_i(t)$ 相关，该函数表示 $\psi_i(t)$ 经载波相位平移-90°后得到的形式。信号 $\psi_i(t)$ 和 $\hat{\psi}_i(t)$ 是相互正交的。

实际上，信号 $\hat{\psi}_i(t)$ 是 $\psi_i(t)$ 的 Hilbert 变换；第 2 章对 Hilbert 变换进行了讨论。为了说明这种关系的性质，令

$$\psi_i(t) = m(t)\cos(2\pi f_i t) \tag{7.225}$$

其中，$m(t)$ 是带限消息信号。一般而言，载波频率 f_i 会大于 $m(t)$ 的最高频率分量。于是，$\psi_i(t)$ 的 Hilbert 变换被定义为

$$\hat{\psi}_i(t) = m(t)\sin(2\pi f_i t) \tag{7.226}$$

上式可以参考表 2.3。由于

$$\cos\left(2\pi f_i t - \frac{\pi}{2}\right) = \sin(2\pi f_i t)$$

我们发现实际上 $\hat{\psi}_i(t)$ 可以通过将载波 $\cos(2\pi f_i t)$ 平移-90°后由 $\psi_i(t)$ 得到。Hilbert 变换的一个重要性质是，信号与其 Hilbert 变化是相互正交的。因此，$\psi_i(t)$ 和 $\hat{\psi}_i(t)$ 确实如前面指出的那样是相互正交的。

图 7.40(a)的非相干接收机的平均差错概率由下列简单公式得到：

$$P_e = \frac{1}{2}\exp\left(-\frac{E}{2N_0}\right) \tag{7.227}$$

其中，E 是每个符号的信号能量，$N_0/2$ 是噪声谱密度。

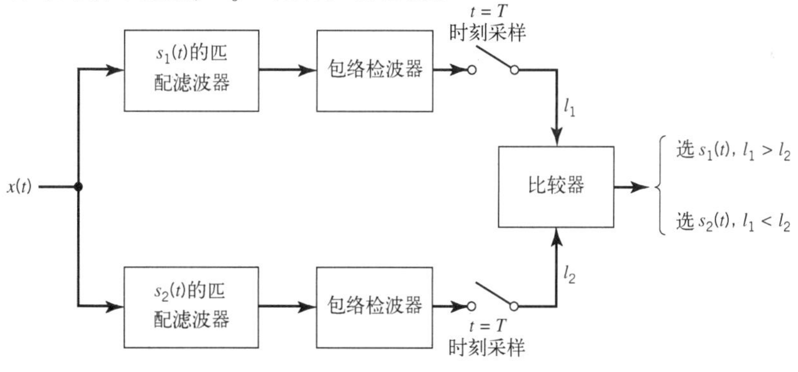

(a)

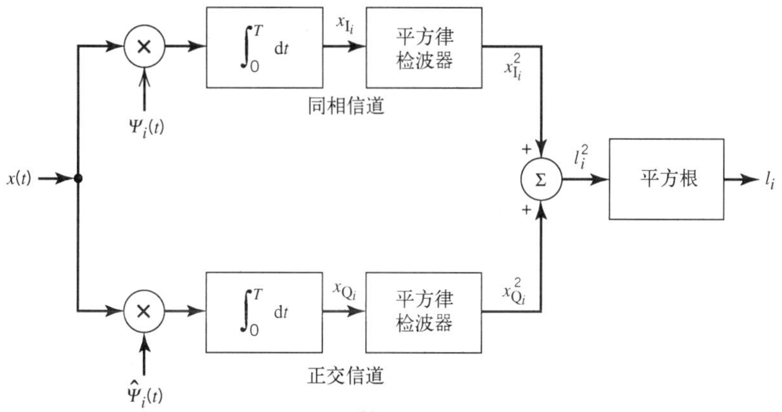

(b)

图 7.40　(a) 非相干正交调制的广义二进制接收机；(b)与(a)中两个匹配滤波器的任意一个等效的正交接收机；下标 $i=1,2$

式(7.227)的推导过程

为了导出式(7.227)[9]，我们利用图7.40中所示的等效性。特别地，可发现由于载波相位是未知的，在图7.40(a)中每个匹配滤波器输出端的噪声都具有两个自由度(Degrees of freedom)：同相和正交。因此，图7.40(a)的非相干接收机共有4个噪声参数，这些参数在给定相位 θ 时是条件独立的(Conditionally independent)，也是同分布的(Identically distributed)。这4个噪声参数的样本值被记为 $x_{I_1}, x_{Q_1}, x_{I_2}$ 和 x_{Q_2}；前面两个参数考虑到与图7.40(a)中上面支路有关的自由度，后面两个参数则考虑到与该图中下面支路有关的自由度。

图7.40(a)中的接收机具有对称结构，这意味着在 $s_1(t)$ 被发送时选择 $s_2(t)$ 的概率与在 $s_2(t)$ 被发送时选择 $s_1(t)$ 的概率是相同的。换句话说，平均差错概率可以通过发送 $s_1(t)$ 并计算选择 $s_2(t)$ 的概率来得到，反之亦然；假设原始二进制符号是等概率的，从而 $s_1(t)$ 和 $s_2(t)$ 也是等概率的。

假设在 $0 \leqslant t \leqslant T$ 区间内信号 $s_1(t)$ 被发送。如果信道噪声 $w(t)$ 使图7.40(a)中下面支路的输出 l_2 大于上面支路的输出 l_1，则会出现差错。此时，接收机判决为 $s_2(t)$ 而不是 $s_1(t)$。为了计算这种差错的概率，必须具有随机变量 L_2(由样本值 l_2 代表)的概率密度函数。由于下面支路的滤波器是与 $s_2(t)$ 匹配的，并且 $s_2(t)$ 又与发射信号 $s_1(t)$ 正交，因此可知这个匹配滤波器的输出只是由噪声单独(Noise alone)产生的。令 x_{I_2} 和 x_{Q_2} 表示图7.40(a)的下面支路中匹配滤波器输出的同相分量和正交分量。于是，根据该图中所示等效结构，可以发现(对于 $i=2$)

$$l_2 = \sqrt{x_{I_2}^2 + x_{Q_2}^2} \tag{7.228}$$

图7.41(a)给出了这个关系的几何解释。信道噪声 $w(t)$ 既是白色的(具有功率谱密度 $N_0/2$)又是高斯的(具有零均值)。相应地，我们发现给定相位 θ 时，随机变量 X_{I_2} 和 X_{Q_2}(分别由样本值 x_{I_2} 和 x_{Q_2} 代表)也是零均值、方差为 $N_0/2$ 的高斯分布。于是，可以写出

$$f_{X_{I_2}}(x_{I_2}) = \frac{1}{\sqrt{\pi N_0}} \exp\left(-\frac{x_{I_2}^2}{N_0}\right) \tag{7.229}$$

和

$$f_{X_{Q_2}}(x_{Q_2}) = \frac{1}{\sqrt{\pi N_0}} \exp\left(-\frac{x_{Q_2}^2}{N_0}\right) \tag{7.230}$$

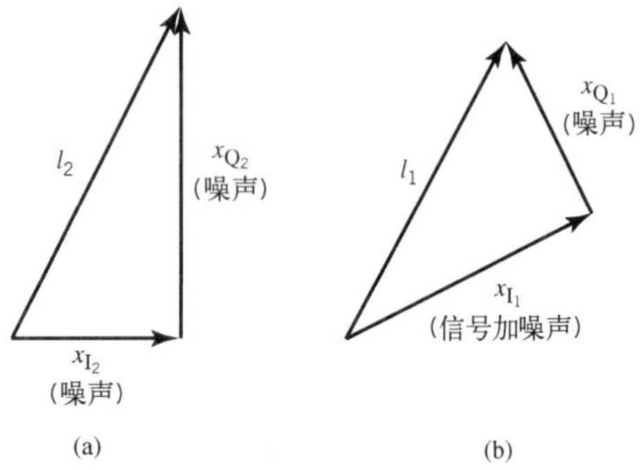

图7.41 在广义非相干接收机中两条支路输出 l_1 和 l_2 的几何解释

然后，我们再利用第4章中给出的关于随机过程的著名性质：用极坐标形式表示的高斯过程的包络是Rayleigh分布的，并且独立于相位 θ。因此，对于现在的情况，可以说对于样本值 l_2 与 x_{I_2} 和 x_{Q_2} 的关系由式(7.228)确定的随机变量 L_2 而言，其概率密度函数为

$$f_{L_2}(l_2) = \begin{cases} \dfrac{2l_2}{N_0}\exp\left(-\dfrac{l_2^2}{N_0}\right), & l_2 \geqslant 0 \\ 0, & \text{其他} \end{cases} \tag{7.231}$$

图7.42画出了这个概率密度函数，其中阴影区域确定了 $l_2 > l_1$ 的条件概率。因此，有

$$\mathbb{P}(l_2 > l_1 | l_1) = \int_{l_1}^{\infty} f_{L_2}(l_2)\, \mathrm{d}l_2 \tag{7.232}$$

将式(7.231)代入式(7.232)并求积分，可以得到

$$\mathbb{P}(l_2 > l_1 | l_1) = \exp\left(-\frac{l_1^2}{N_0}\right) \tag{7.233}$$

下面再考虑图 7.40(a)中与上面支路有关的输出幅度 l_1。由于在这条支路中的滤波器是与 $s_1(t)$ 匹配的，并且假设 $s_1(t)$ 被发送，因此可知 l_1 是由信号加噪声产生的。令 x_{I_1} 和 x_{Q_1} 分别表示图 7.39(a)的上面支路中匹配滤波器输出的关于接收信号的同相分量和正交分量。于是，根据图 7.40(b)中所示等效结构，可以发现(对 $i=1$)

$$l_1 = \sqrt{x_{I_1}^2 + x_{Q_1}^2} \tag{7.234}$$

在图 7.41(b)中，给出了 l_i 的几何解释。由于一个具有傅里叶变换的信号与其 Hilbert 变换构成了一个正交对，因此可知 x_{I_1} 是由信号加噪声产生的，而 x_{Q_1} 是由噪声单独产生的。这句话具有下列两层含义：

- 由样本值 x_{I_1} 代表的随机变量 X_{I_1} 是均值为 $\sqrt{E}$、方差为 $N_0/2$ 的高斯分布随机变量，其中 E 是每个符号的信号能量。
- 由样本值 x_{Q_1} 代表的随机变量 X_{Q_1} 是零均值、方差为 $N_0/2$ 的高斯分布随机变量。

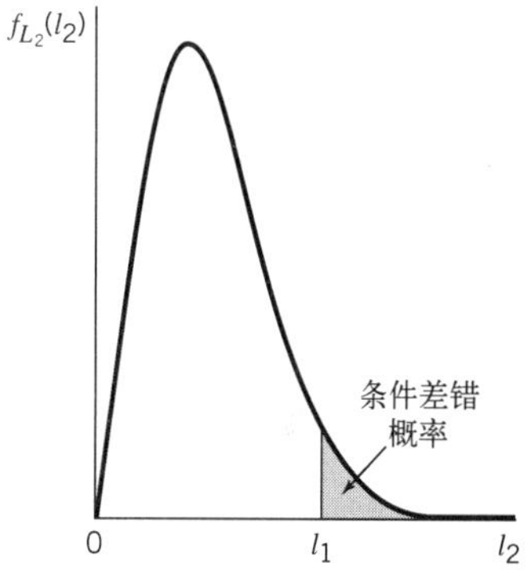

图 7.42　给定 l_1 时计算出的 $l_2 > l_1$ 的条件差错概率

因此，我们可以将这两个独立随机变量的概率密度函数分别表示为

$$f_{X_{I_1}}(x_{I_1}) = \frac{1}{\sqrt{\pi N_0}} \exp\left[-\frac{(x_{I_1} - \sqrt{E})^2}{N_0}\right] \tag{7.235}$$

和

$$f_{X_{Q_1}}(x_{Q_1}) = \frac{1}{\sqrt{\pi N_0}} \exp\left(-\frac{x_{Q_1}^2}{N_0}\right) \tag{7.236}$$

由于两个随机变量 X_{I_1} 和 X_{Q_1} 是统计独立的，它们的联合概率密度函数就是式(7.235)和式(7.236)中给出的概率密度函数的乘积。

为了找到平均差错概率，必须在 l_1 的所有可能值上对式(7.233)给出的条件差错概率取平均。当然，这种计算需要知道样本值 l_1 代表的随机变量 L_1 的概率密度函数。现在的标准方法是将式(7.235)和式(7.236)结合起来，求出由于信号加噪声产生的 L_1 的概率密度函数。然而，这种方法因为要用到 Bessel 函数，所以导致其计算非常复杂。采用下面的方法可以克服这种分析上的困难。给定 x_{I_1} 和 x_{Q_1}，当图 7.40(a)中下面支路由于噪声单独产生的输出幅度 l_2 大于其中由于信号加噪声产生的 l_1 时，就出现了差错；对式(7.234)两边取平方，可以写出

$$l_1^2 = x_{I_1}^2 + x_{Q_1}^2 \tag{7.237}$$

将式(7.237)代入式(7.233)，可以得到上述出现差错的概率为

$$\mathbb{P}(\text{error}|x_{I_1}, x_{Q_1}) = \exp\left(-\frac{x_{I_1}^2 + x_{Q_1}^2}{N_0}\right) \tag{7.238}$$

这是在图 7.40(a)的上面支路中匹配滤波器输出为样本值 x_{I_1} 和 x_{Q_1} 的条件下得到的差错概率。将这个条件概率乘以随机变量 X_{I_1} 和 X_{Q_1} 的联合概率密度函数以后，就是给定 x_{I_1} 和 x_{Q_1} 条件下的差错密度(Error-density given x_{I_1} and x_{Q_1})。由于 X_{I_1} 和 X_{Q_1} 是统计独立的，它们的联合概率密度函数等于各自概率密度函数的乘积。这样得到的差错密度是一个关于 x_{I_1} 和 x_{Q_1} 的复杂表达式。然而，对于感兴趣的平均差错概率，则可以通过相对简单的方法来得到。首先，利用式(7.234)、式(7.235)和式(7.236)计算出期望得到的差错密度为

$$\mathbb{P}(\text{error}|x_{\text{I}_1}, x_{\text{Q}_1})f_{X_{\text{I}_1}}(x_{\text{I}_1})f_{X_{\text{Q}_1}}(x_{\text{Q}_1}) = \frac{1}{\pi N_0}\exp\left\{-\frac{1}{N_0}[x_{\text{I}_1}^2 + x_{\text{Q}_1}^2 + (x_{\text{I}_1} - \sqrt{E})^2 + x_{\text{Q}_1}^2]\right\} \tag{7.239}$$

为了完成式(7.239)的指数中去掉比例因子$-1/N_0$之后的平方运算，我们将其重写如下：

$$x_{\text{I}_1}^2 + x_{\text{Q}_1}^2 + (x_{\text{I}_1} - \sqrt{E})^2 + x_{\text{Q}_1}^2 = 2\left(x_{\text{I}_1} - \frac{\sqrt{E}}{2}\right)^2 + 2x_{\text{Q}_1}^2 + \frac{E}{2} \tag{7.240}$$

然后，将式(7.240)代入式(7.239)，并且在x_{I_1}和x_{Q_1}的所有可能值上对差错密度求积分，从而得到平均差错概率为

$$\begin{aligned} P_{\text{e}} &= \int_{-\infty}^{\infty}\int_{-\infty}^{\infty}\mathbb{P}(\text{error}|x_{\text{I}_1}, x_{\text{Q}_1})f_{X_{\text{I}_1}}(x_{\text{I}_1})f_{X_{\text{Q}_1}}(x_{\text{Q}_1})\,\mathrm{d}x_{\text{I}_1}\,\mathrm{d}x_{\text{Q}_1} \\ &= \frac{1}{\pi N_0}\exp\left(-\frac{E}{2N_0}\right)\int_{-\infty}^{\infty}\exp\left[-\frac{2}{N_0}\left(x_{\text{I}_1} - \frac{\sqrt{E}}{2}\right)^2\right]\mathrm{d}x_{\text{I}_1}\int_{-\infty}^{\infty}\exp\left(-\frac{2x_{\text{Q}_1}^2}{N_0}\right)\mathrm{d}x_{\text{Q}_1} \end{aligned} \tag{7.241}$$

现在，利用下列两个等式：

$$\int_{-\infty}^{\infty}\exp\left[-\frac{2}{N_0}\left(x_{\text{I}_1} - \frac{\sqrt{E}}{2}\right)^2\right]\mathrm{d}x_{\text{I}_1} = \sqrt{\frac{N_0\pi}{2}} \tag{7.242}$$

和

$$\int_{-\infty}^{\infty}\exp-\left(\frac{2x_{\text{Q}_1}^2}{N_0}\right)\mathrm{d}x_{\text{Q}_1} = \sqrt{\frac{N_0\pi}{2}} \tag{7.243}$$

式(7.242)是考虑一个均值为$\sqrt{E/2}$、方差为$N_0/4$的高斯分布变量，并且利用随机变量的概率密度函数曲线下的总面积等于1这个事实得到的。式(7.243)则是作为式(7.242)的一种特例得到的。因此，根据这两个等式，式(7.241)可以简化为

$$P_{\text{e}} = \frac{1}{2}\exp\left(-\frac{E}{2N_0}\right)$$

这是前面作为式(7.227)给出的期望得到的结果。在得到这个公式以后，就可以考虑非相干二进制FSK和DPSK这两种特殊情况了，下面我们按照这个顺序进行讨论[10]。

7.12 采用非相干检测的二进制频移键控

在二进制FSK中，发送信号是由式(7.151)定义的，为了便于讨论，这里重写如下：

$$s_i(t) = \begin{cases} \sqrt{\dfrac{2E_{\text{b}}}{T_{\text{b}}}}\cos(2\pi f_i t), & 0 \leqslant t \leqslant T_{\text{b}} \\ 0, & \text{其他} \end{cases} \tag{7.244}$$

其中，T_{b}是比特宽度，载波频率f_i等于f_1和f_2这两个可能值中的一个；为了保证代表这两个频率的信号是正交的，选取$f_i = n_i/T_{\text{b}}$，其中n_i是一个整数。发送频率f_1表示符号1，发送频率f_2表示符号0。为了对这种频率调制信号进行非相干检测，接收机是由一对匹配滤波器后接包络检波器组成的，如图7.43所示。在信号传输区间$0 \leqslant t \leqslant T_{\text{b}}$内，接收机上面支路中的滤波器与$\cos(2\pi f_1 t)$匹配，而下面支路中的滤波器与$\cos(2\pi f_2 t)$匹配。在$t = T_{\text{b}}$时刻对包络检波器的输出进行采样，然后对它们的值进行比较。在图7.43中，将上面支路和下面支路的包络样本值表示为l_1和l_2。如果$l_1 > l_2$，接收机判决为符号1；如果$l_1 < l_2$，则判决为符号0；如果$l_1 = l_2$，接收机就随机判决为符号1或者0。

这里描述的非相干二进制FSK是非相干正交调制在$T = T_{\text{b}}$和$E = E_{\text{b}}$时的特殊情况，其中E_{b}是每比特的信号能量。因此，非相干二进制FSK的BER为

$$P_{\text{e}} = \frac{1}{2}\exp\left(-\frac{E_{\text{b}}}{2N_0}\right) \tag{7.245}$$

作为非相干正交调制的一种特殊情况，它可以直接由式(7.227)得到。

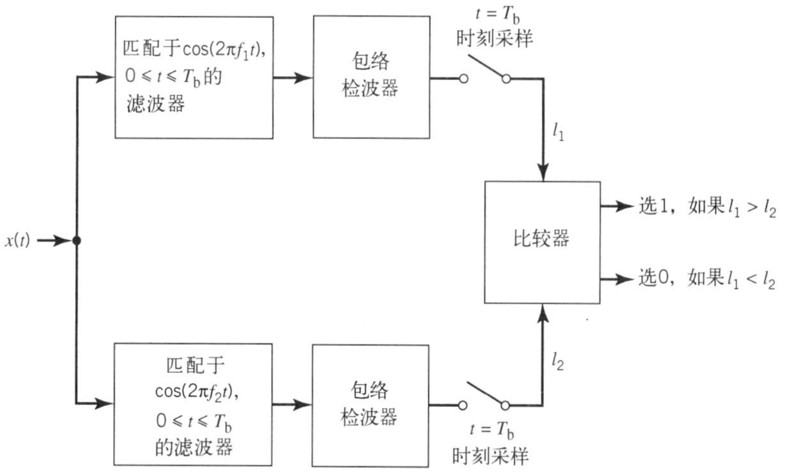

图 7.43　用于检测二进制 FSK 信号的非相干接收机

7.13　差分相移键控

正如在 7.9 节开始所指出的，我们可以将 DPSK 视为二进制 PSK 的“非相干”形式。DPSK 的突出特点是，它不需要接收机对发射机同步，这是通过在发射机中把下列两个基本操作结合起来实现的：

- 对输入二进制序列进行差分编码(Differential encoding)；
- 对编码序列进行 PSK 操作。

由于需要上述两个操作，因此这种新的二进制信号传输策略被称为差分相移键控。

差分编码从任意一个比特开始，把它作为参考比特(Reference bit)；为此，符号 1 被用于参考比特。然后，按照下列两部分编码规则(Encoding rule)产生差分编码序列：

1. 如果发射机新的输入比特是 1，则差分编码符号相对于当前比特保持不变。
2. 另一方面，如果输入比特是 0，则差分编码符号相对于当前比特会发生变化。

差分编码序列$\{d_k\}$被用来使正弦载波相位平移 0 或者 180°，分别表示符号 1 和符号 0。因此，就相移而言，得到的 DPSK 信号遵循下列两部分规则：

1. 发送符号为 1 时，DPSK 信号的相位保持不变。
2. 发送符号为 0 时，DPSK 信号的相位平移 180°。

例 9　DPSK 示例

考虑输入二进制序列$\{b_k\}$为 10010011，它被用来产生 DPSK 信号。差分编码过程从参考比特 1 开始。令$\{d_k\}$表示以这种方式开始的差分编码序列，$\{d_{k-1}\}$表示它延迟一个比特的形式。$\{b_k\}$和$\{d_{k-1}\}$模 2 求和的补可以确定出期望的$\{d_k\}$，如表 7.6 中上面的三行所示。在该表最后一行中，二进制符号 1 和符号 0 分别由 0 和 π 弧度的相移表示。

表 7.6　说明 DPSK 信号的产生

$\{b_k\}$		1	0	0	1	0	0	1	1
$\{d_{k-1}\}$	参考值	1	1	0	1	1	0	1	1
差分编码序列$\{d_k\}$	1	1	0	1	1	0	1	1	1
发送相位(弧度)	0	0	π	0	0	π	0	0	0

DPSK 的差错概率

总体上，如果在连续两个比特区间，即 $0 \leqslant t \leqslant 2T_b$ 上考虑 DPSK 的行为，则它也是非相干正交调制的一个例子。为了详细说明，令发射的 DPSK 信号在第一个比特区间 $0 \leqslant t \leqslant T_b$ 内为 $\sqrt{2E_b/T_b}\cos(2\pi f_c t)$，它对应于符号 1。然后，假设在第二个比特区间 $T_b \leqslant t \leqslant 2T_b$ 内输入符号也是 1。按照 DPSK 编码规则的第 1 部分，载波相位保持不变，因此产生的 DPSK 信号为

$$s_1(t) = \begin{cases} \sqrt{\dfrac{2E_b}{T_b}}\cos(2\pi f_c t), & \text{符号}1, \quad 0 \leqslant t \leqslant T_b \\ \sqrt{\dfrac{2E_b}{T_b}}\cos(2\pi f_c t), & \text{符号}0, \quad T_b \leqslant t \leqslant 2T_b \end{cases} \tag{7.246}$$

接下来，假设在两比特区间上发送信号发生变化，使得发射机输入在第二个比特区间 $T_b \leqslant t \leqslant 2T_b$ 内的符号是 0。于是，按照 DPSK 编码规则的第 2 部分，载波相位平移 π 弧度（即 180°），从而产生新的 DPSK 信号为

$$s_2(t) = \begin{cases} \sqrt{\dfrac{2E_b}{T_b}}\cos(2\pi f_c t), & \text{符号}1, \quad 0 \leqslant t \leqslant T_b \\ \sqrt{\dfrac{2E_b}{T_b}}\cos(2\pi f_c t + \pi), & \text{符号}1, \quad T_b \leqslant t \leqslant 2T_b \end{cases} \tag{7.247}$$

现在，从式(7.246)和式(7.247)中很容易发现在两比特区间 $0 \leqslant t \leqslant 2T_b$ 上，$s_1(t)$ 和 $s_2(t)$ 确实是正交的，这证实了 DPSK 确实是非相干正交调制的一种特殊形式，它与二进制 FSK 情形相比有一点不同：对于 DPSK，我们有 $T = 2T_b$ 且 $E = 2E_b$。因此，利用式(7.227)可以发现 DPSK 的 BER 为

$$P_e = \frac{1}{2}\exp\left(-\frac{E_b}{N_0}\right) \tag{7.248}$$

根据这个公式可知，对于相同的 E_b/N_0 来说，DPSK 的增益能够比采用非相干检测的二进制 FSK 多 3 dB。

DPSK 信号的产生

在图 7.44 中，画出了 DPSK 发射机的框图。具体而言，该发射机是由下列两个功能模块组成的：

- 逻辑网络和 1 比特延迟（存储）单元[Logic network and one-bit delay (storage) element]，它们互联在一起，以便将原始输入二进制序列 $\{b_k\}$ 转化为差分编码序列 $\{d_k\}$。
- 二进制 PSK 调制器（Binary PSK modulator），它的输出就是期望的 DPSK 信号。

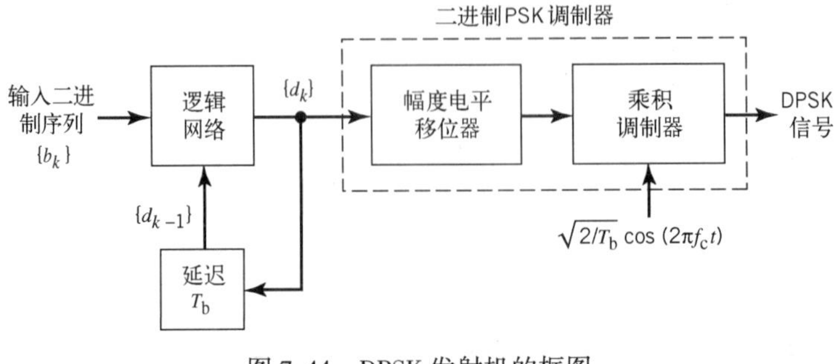

图 7.44 DPSK 发射机的框图

检测 DPSK 的最优接收机

在应用 DPSK 时，载波相位 θ 是未知的，这使接收信号 $x(t)$ 变得复杂。为了在对 $x(t)$ 中 DPSK 信号进行差分相干检测时处理未知相位 θ 的问题，我们使接收机中具有同相路径和正交路径。这样得到的信号空间图中，在两比特区间 $0\leqslant t\leqslant 2T_b$ 上的接收信号点被确定为 $(A\cos\theta, A\sin\theta)$ 和 $(-A\cos\theta, -A\sin\theta)$，其中 A 表示载波幅度。

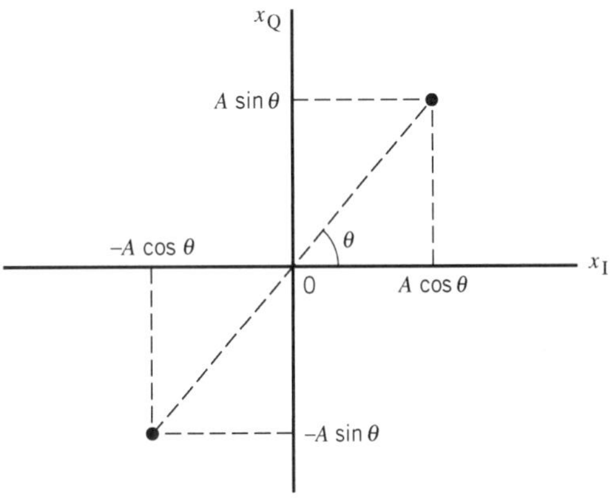

图 7.45　接收 DPSK 信号的信号空间图

这种可能信号的几何图形如图 7.45 所示。对于两比特区间 $0\leqslant t\leqslant 2T_b$，接收机首先在 $t=T_b$ 时刻测量坐标 x_{I_0}，x_{Q_0}，然后在 $t=2T_b$ 时刻测量坐标 x_{I_1}，x_{Q_1}。需要解决的问题是，这两个点映射的是同一个信号点还是不同的信号点？认识到对于终点分别为 x_{I_0}，x_{Q_0} 和 x_{I_1}，x_{Q_1} 的向量 $\boldsymbol{x}_0$ 和 $\boldsymbol{x}_1$，如果它们的内积为正，则它们大致是同一个方向上的点，因此我们可以将二元假设检验表示为下列问题：

内积 $\boldsymbol{x}_0^{\mathrm{T}}\boldsymbol{x}_1$ 是正值还是负值？

将这个问题用解析术语来表示，可以写出

$$x_{I_0}x_{I_1}+x_{Q_0}x_{Q_1}\underset{0}{\overset{1}{\gtrless}}0 \tag{7.249}$$

其中，对于等概率符号而言门限为零。

现在，注意到下列等式：

$$x_{I_0}x_{I_1}+x_{Q_0}x_{Q_1}=\frac{1}{4}((x_{I_0}+x_{I_1})^2-(x_{I_0}-x_{I_1})^2+(x_{Q_0}+x_{Q_1})^2-(x_{Q_0}-x_{Q_1})^2)$$

因此，将这个等式代入式(7.249)中，得到下列等效的检验：

$$(x_{I_0}+x_{I_1})^2+(x_{Q_0}+x_{Q_1})^2-(x_{I_0}-x_{I_1})^2-(x_{Q_0}-x_{Q_1})^2\underset{0}{\overset{1}{\gtrless}}0 \tag{7.250}$$

其中忽略了比例因子 1/4。根据这个方程，检测 DPSK 的二元假设检验问题现在可以重述如下：

给定在时间间隔 $0<t<T_b$ 内接收到的当前信号点 (x_{I_0}, x_{Q_0})，这个点离下一个时间间隔 $T_b<t<2T_b$ 内接收到的信号点 (x_{I_1}, x_{Q_1}) 更近还是它的镜像点 $(-x_{I_1}, -x_{Q_1})$ 更近？

于是，检测二进制 DPSK 的最优接收机(Optimum receiver)[11] 如图 7.46 所示，其公式描述可以直接从式(7.250)中的二元假设检验得到。这种实现很简单，因为它只需要对样本(Sample)值进行存储。

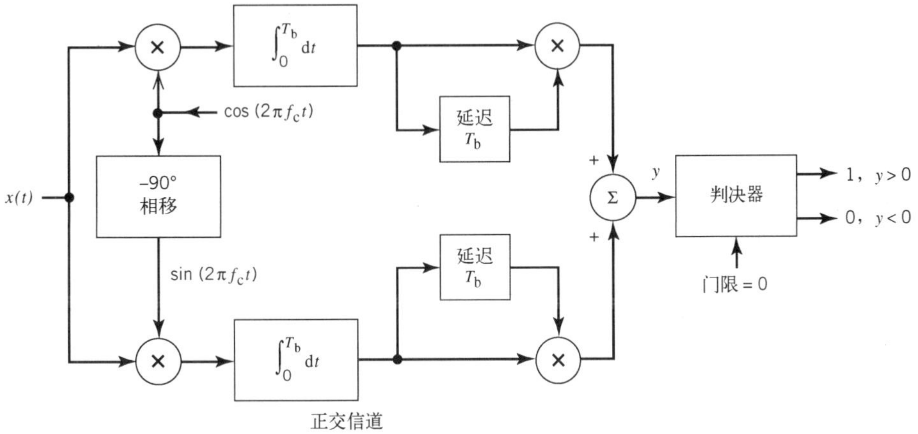

图 7.46　DPSK 接收机的框图

图 7.46 中的接收机被称为是最优的，这是由于下面两个原因：

1. 从结构上讲，这种接收机避免采用昂贵的延迟线，这在其他实现方法中是需要的。
2. 从操作上讲，这种接收机使译码分析很容易处理，因为按照式(7.227)中的公式，所考虑的两个信号在区间$[0,2T_b]$上是正交的。

7.14 在 AWGN 信道上各种调制信号的 BER 比较

本章大部分内容是关于在 AWGN 信道上工作的数字调制方法。在本节中，我们对一些广泛采用的数字调制方法的 BER 进行总结，根据在接收机中采用的检测方法把它们分为两类：

第 1 类：相干检测

- 二进制 PSK：两个符号，单个载波；
- 二进制 FSK：两个符号，两个载波(每个符号一个载波)；
- QPSK：四个符号，单个载波——QPSK 也包括利用 4 个符号的 QAM 作为其特例；
- MSK：四个符号，两个载波。

第 2 类：非相干检测

- DPSK：两个符号，单个载波；
- 二进制 FSK：两个符号，两个载波。

在表 7.7 中，总结给出了按照第 1 类和第 2 类进行区分的这些方法的 BER 公式。所有公式都是利用每比特能量与噪声谱密度的比值 E_b/N_0来定义的，具体总结如下：

1. 在第 1 类中，所有公式都是用 Q 函数来表示的。这个函数被定义为具有零均值和单位方差的标准高斯分布的尾部下的面积；定义 Q 函数的积分下限只取决于 E_b/N_0，对于二进制 PSK，QPSK 和 MSK 而言再乘以因子 2。当然，随着 SNR 比值的增加，Q 函数下的面积会减少，因此 BER 也相应地下降。
2. 在第 2 类中，所有公式都是用指数函数来表示的，其中对于 DPSK 而言负指数取决于 E_b/N_0 的比值，对于二进制 FSK 而言其负指数还需要乘以因子 1/2。同样地，随着 E_b/N_0的增加，BER 会相应地下降。

表 7.7 利用两个或者四个符号的数字调制方法的 BER 公式

	调制信号	BER
I. 相干检测	二进制 PSK QPSK MSK	$Q\sqrt{2E_b/N_0}$
	二进制 FSK	$Q\sqrt{E_b/N_0}$
II. 非相干检测	DPSK	$\frac{1}{2}\exp(-E_b/N_0)$
	二进制 FSK	$\frac{1}{2}\exp(-E_b/2N_0)$

在表 7.7 中列出的数字调制方法的性能曲线如图 7.47 所示，这是 BER 与 E_b/N_0的关系曲线。正如所预料的，所有方法的 BER 都随着 E_b/N_0的增加而单调(Monotonically)下降，所有图形都具有类似的瀑布(Waterfall)形状。另外，从图 7.47 中还可以得到下列观察结果：

1. 对于任意的 E_b/N_0值，采用相干检测的方法得到的 BER 比采用非相干检测的方法更低，这从直觉上讲是可信的。
2. PSK 方法利用两个符号，即进行相干检测的二进制 PSK 和进行非相干检测的 DPSK，它需要

的 E_b/N_0 值比其对应的 FSK 方法低 3 dB 即可实现相同的 BER。

3. 在 E_b/N_0 值很高时，采用非相干检测的 DPSK 和二进制 FSK 与它们对应的采用相干检测的方法相比，大约在 1 dB 范围以内即可实现相同的 BER。
4. 尽管在第 1 类中，二进制 PSK，QPSK 和 MSK 具有相同的 BER 公式，但它们之间存在以下重要区别：
   - 对于相同的信道带宽和 BER，QPSK 传输二进制数据的速率是二进制 PSK 的两倍；换句话说，QPSK 是具有带宽保护性的。
   - 当对干扰信号的敏感性是需要关心的实际问题时，比如在无线通信中，更倾向于采用 MSK 而不是 QPSK。

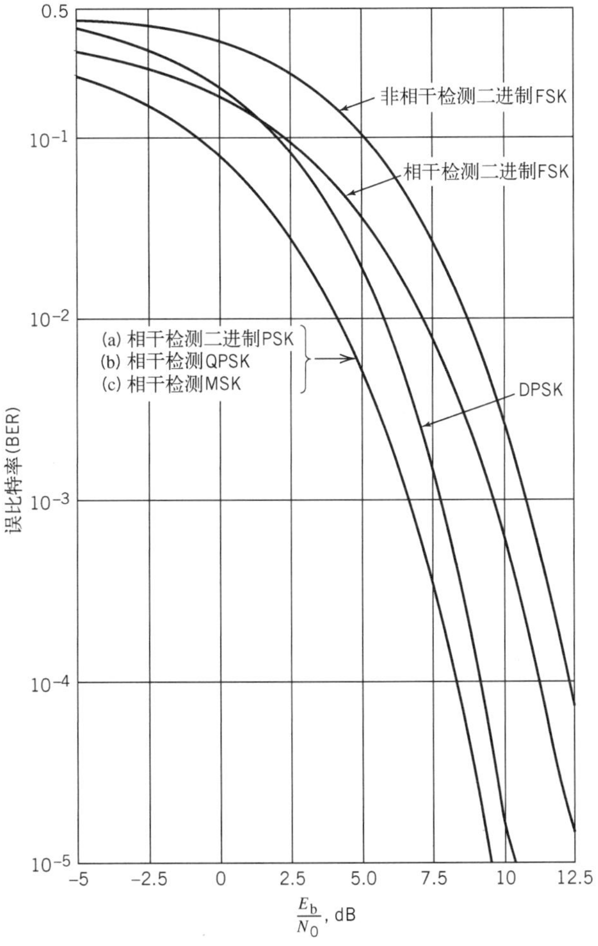

图 7.47　不同 PSK 和 FSK 方法的噪声性能比较

7.15　同步

在本章前面几节中讨论的数字调制信号的相干接收需要接收机与发射机同步。在此背景下，我们将同步(Synchronization)过程定义如下：

两个相关事件的序列单独运行，一个在发射机而另一个在接收机，当一个序列中的事件与另一个序列中的对应事件同时发生(除某个有限延迟外)时，这两个序列被称为是彼此同步的。

有两种基本的同步模式：

1. 载波同步。当对 AWGN 信道上通过正弦波调制的发送信号进行相干检测时，必须知道载波的频率和相位。估计载波相位和频率的过程被称为载波恢复(Carrier recovery)或者载波同步(Carrier synchronization);后面对这两个术语可以互换使用。

2. 为了完成解调,接收机必须知道在发射机中调制改变其状态的时刻。也就是说,接收机必须知道各个符号的起始时刻和终止时刻,以便能够决定何时采样以及何时停止乘积-积分器。对这些时刻的估计被称为时钟恢复(Clock recovery)或者符号同步(Symbol synchronization);同样地,这两个术语可以互换使用。

根据是否采用了某种辅助形式,我们可以按下列方法对同步策略进行分类:

1. 数据辅助同步(Data-aided synchronization):在数据辅助的同步策略中,周期性地将一个前同步码(Preamble)和携带数据的信号以时分复用的方式一起发送。前同步码包含了关于符号定时的信息,通过在接收机中对信道输出进行适当处理把它提取出来。这种方法通常用于数字卫星和无线通信系统,其目的在于使接收机与发射机同步所需的时间最小。数据辅助同步策略的局限性有下列两点:

   - 降低了数据吞吐效率,这是由于要把每个发送帧的一部分时间分配给前同步码导致的;
   - 降低了功率效率,这是由于要把发送功率的一部分划出来传输前同步码导致的。

2. 非数据辅助同步(Nondata-aided synchronization):在这第二种方法中,避免了采用前同步码,接收机的任务是通过从信道输出的有噪声的失真调制信号中提取出必要信息来建立同步的。因此吞吐率和功率效率都提高了,但付出的代价是增加了建立同步所花的时间。

在本节中,主要讨论非数据辅助的载波恢复和时钟恢复策略。更具体而言,我们采用了一种计算方法(Algorithmic approach)[12],这样说是鉴于以下事实,即同步的实现使接收机从一个时刻到下一个时刻以递归(Recursive)方式来估计载波相位和符号定时。这个过程是利用离散时间(数字)信号处理算法对接收信号的基带形式进行处理的。

同步的计算方法

在 7.4 节至 7.13 节给出的关于 AWGN 信道的信号传输技术的大多数内容中,最大似然译码(Maximum likelihood decoding)起到了关键作用。在同步的计算方法中,最大似然参数估计(Maximum likelihood parameter estimation)自身也扮演了关键角色。在前面关于概率论和贝叶斯推理的第 3 章中,已经对这两种方法进行了讨论。于是,在此背景下可以说本章始终保持了内容的连续性。

给定接收信号,由于载波相位和符号定时这两个参数显然是未知的,因此可以采用最大似然方法来对它们进行估计。这里,我们假设在接收机中可以得到载波频率的知识。

此外,在计算方法中,符号定时恢复是在相位恢复前面完成的。以这种方式处理的原因在于,一旦我们知道信号通过色散信道传输产生的包络时延(群时延),对匹配滤波器输出的每个符号进行一次采样就足以估计出未知载波相位了。除此以外,采用以符号率 $1/T$ 工作的同步算法也使接收机的计算复杂度达到了最小化。

根据刚才所做的讨论,我们将按照下列过程得到同步的计算方法:

1. 通过对受到信道噪声和信道色散污染的接收信号进行处理,得到似然函数。
2. 使似然函数最大化,恢复出时钟。
3. 完成时钟恢复以后再使似然函数最大化,恢复出载波。

本章给出的推导过程是针对 QPSK 信号得到的。很容易将得到的公式推广到二进制 PSK 符号这种特殊情形以及 M 进制 PSK 信号。

7.16 同步的递归最大似然估计方法

我们在前一节指出，在计算同步方法中，对两个未知参数，即载波相位和符号定时的估计是从一个时刻到下一个时刻以递归方式来完成的。

换句话说：

离散时间是递归参数估计的重要维度。

另外，估计是在 $t=nT$ 时刻完成的，其中 n 是一个整数，T 是符号宽度。等价地，我们说 $n=t/T$ 表示归一化(无量纲)离散时间[Normalized(dimensionless)discrete time]。

另一个需要注意的重点是，对载波相位或者符号定时这两个未知参数的递归估计在同步过程中扮演着关键角色。具体而言，它是按照下列规则沿着离散时间进行的：

$$(\text{参数的更新估计}) = (\text{参数的旧估计}) + (\text{步长参数}) \times (\text{误差信号}) \tag{7.251}$$

换句话说，递归参数估计采用了自适应滤波算法的结构，其中步长参数与误差信号的乘积起到了算法调整(Algorithmic adjustment)的作用。

下面我们推导自适应滤波算法来估计未知同步参数，其中误差信号是利用似然函数导出的。

似然函数

在第 3 章中，对基于连续时间波形的最大似然参数估计的思想进行了讨论。为了简单回顾这些内容，考虑下列基带信号：

$$x(t) = s(t,\lambda) + w(t)$$

其中，λ 是未知参数，$w(t)$ 表示一个 AWGN。给定信号 $x(t)$ 的样本值，要求是对参数 λ 进行估计。因此我们说：

最有可能的估计值 $\hat{\lambda}$ 是使似然函数 $l(\lambda)$ 成为一个最大值的那个 λ。

注意到我们说“一个最大值”而不是“最大值”，这是因为 $l(\lambda)$ 与 λ 的关系曲线图有可能具有多个最大值。在任何情况下，给定 x 的似然函数即 $l(\lambda)$ 都被定义为 x 和 λ 的角色互换以后的概率密度函数 $f(x\mid\lambda)$，如下所示：

$$l(\lambda) = f(x|\lambda)$$

其中为了便于介绍，我们省略了 $l(\lambda)$ 中 λ 对 x 的条件依赖性。

在本节导出的算法同步方法中，将只关心参数 λ 是标量(Scalar)的情形。这种情形被称为独立估计。然而，当面临在色散信道(Dispersive channel)上工作的数字通信接收机与其发射机的同步问题时，有两个与信道相关的未知参数需要处理：相位(载波)延迟 τ_c 和群(包络)时延 τ_g，这两个参数都在第 2 章中讨论过。在这两个参数的背景下，当我们讲到同步的独立估计时，意味着是对 τ_c 和 τ_g 这两个参数分别(Individually)进行考虑而不是联合(Jointly)考虑。直观地讲，独立估计比联合估计更容易处理和想象，并且它一般会得到更具有鲁棒性的估计值。

令 QPSK 信号中对符号 i 发送的信号为

$$s_i(t) = \sqrt{\frac{2E}{T}}\cos(2\pi f_c t + \alpha_2), \qquad 0 \leqslant t \leqslant T \tag{7.252}$$

其中，E 是每个符号的信号能量，T 是符号周期，α_i 是用来发送符号 i 的载波相位的。比如，对于 QPSK 我们有

$$\alpha_i = \frac{\pi}{4}(2i-1), \qquad i = 1,2,3,4$$

等效地，可以写出

$$s_i(t) = \sqrt{\frac{2E}{T}}\cos(2\pi f_c t + \alpha_i)g(t) \tag{7.253}$$

其中，$g(t)$是成形脉冲(Shaping pulse)，即一个具有单位幅度和宽度为 T 的矩形脉冲。根据定义，τ_c对载波产生影响而 τ_g对包络产生影响。因此，在信道输出端接收信号为

$$\begin{aligned} x(t) &= \sqrt{\frac{2E}{T}}\cos(2\pi f_c(t-\tau_c)+\alpha_i)g(t-\tau_g)+w(t) \\ &= \sqrt{\frac{2E}{T}}\cos(2\pi f_c t+\theta+\alpha_i)g(t-\tau_g)+w(t) \end{aligned} \tag{7.254}$$

其中，$w(t)$是信道噪声。在式(7.254)中引入的新项 θ 是加性载波相位，它是由色散信道产生的相位延迟 τ_c引起的；它被定义为

$$\theta = -2\pi f_c \tau_c \tag{7.255}$$

在式(7.255)右边包含了减号"-"是为了与前面处理信号检测问题时采用的符号保持一致。

载波相位 θ 和群时延 τ_g都是未知的。然而，假设它们在观测区间 $0 \leqslant t \leqslant T_0$内或者在传输由 $L_0 = T_0/T$ 个符号组成的序列的过程中基本保持不变。

采用 θ 来计入载波延迟 τ_c以后，我们可以利用 τ 来代替群时延 τ_g使问题得到简化；也就是说，式(7.254)可以被重写为

$$x(t) = \sqrt{\frac{2E}{T}}\cos(2\pi f_c t+\theta+\alpha_i)g(t-\tau)+w(t), \qquad \begin{aligned}&\tau \leqslant t \leqslant T+\tau \\ &i = 1,2,3,4\end{aligned} \tag{7.256}$$

在接收机中，QPSK 信号的基函数正交对被定义为

$$\phi_1(t) = \sqrt{\frac{2}{T}}\cos(2\pi f_c t), \qquad \tau \leqslant t \leqslant T+\tau \tag{7.257}$$

$$\phi_2(t) = \sqrt{\frac{2}{T}}\sin(2\pi f_c t), \qquad \tau \leqslant t \leqslant T+\tau \tag{7.258}$$

这里假设接收机完全知道载波频率f_c，这是一种合理的假设；然而必须包含载频漂移，这将会使分析变得更加复杂。

因此，我们可以通过基带向量来表示接收信号 $x(t)$，即

$$\boldsymbol{x}(\tau) = \begin{bmatrix} x_1(\tau) \\ x_2(\tau) \end{bmatrix} \tag{7.259}$$

其中

$$x_k(\tau) = \int_{\tau}^{T+\tau} x(t)\phi_k(t)\,\mathrm{d}t, \qquad k = 1,2 \tag{7.260}$$

以相应的方式，可以将 $\boldsymbol{x}(\tau)$的信号分量用向量表示为

$$\boldsymbol{s}(\alpha_i,\theta,\tau) = \begin{bmatrix} s_1(\alpha_i,\theta,\tau) \\ s_2(\alpha_i,\theta,\tau) \end{bmatrix} \tag{7.261}$$

其中

$$s_k(\alpha_i,\theta,\tau) = \int_{\tau}^{T+\tau} \sqrt{\frac{2E}{T}}\cos(2\pi f_c t+\theta+\alpha_i)\phi_k(t)\,\mathrm{d}t, \qquad \begin{aligned}&k = 1,2 \\ &i = 1,2,3,4\end{aligned} \tag{7.262}$$

假设f_c是符号率 $1/T$ 的整数倍，计算式(7.262)中的积分发现 s_1和 s_2对群时延 τ 的依赖性消失了，如下所示：

$$s_1(\alpha_i,\theta) = \sqrt{E}\cos(\theta+\alpha_i) \tag{7.263}$$

$$s_2(\alpha_i,\theta) = -\sqrt{E}\sin(\theta+\alpha_i) \tag{7.264}$$

于是，我们可以将式(7.259)展开为

$$\boldsymbol{x}(\tau) = \boldsymbol{s}(\alpha_i,\theta)+\boldsymbol{w}(\tau), \qquad i = 1,2,3,4 \tag{7.265}$$

其中

$$\boldsymbol{w}(\tau) = \begin{bmatrix} w_1(\tau) \\ w_2(\tau) \end{bmatrix} \tag{7.266}$$

噪声向量 $\boldsymbol{w}$ 的两个元素被定义为

$$w_k = \int_{\tau}^{T+\tau} w(t)\phi_k(t)\,\mathrm{d}t, \qquad k = 1, 2 \tag{7.267}$$

式(7.267)中的 w_k 是一个零均值、方差为 $N_0/2$ 的高斯随机变量 W 的样本值，其中 $N_0/2$ 是信道噪声 $w(t)$ 的功率谱密度。基带信号向量 $\boldsymbol{x}$ 对时延 $\boldsymbol{\tau}$ 的依赖性可以从式(7.265)得到。

如果用假设发送第 i 个符号时在接收机输入端的样本 $\boldsymbol{x}$ 以及由于色散信道引起的载波相位 $\boldsymbol{\theta}$ 和群时延 $\boldsymbol{\tau}$ 来表示，则随机向量 $\boldsymbol{X}$ 的条件概率密度函数可以被定义为

$$f_X(\boldsymbol{x}|\alpha_i, \theta, \tau) = \frac{1}{\pi N_0}\exp\left(-\frac{1}{N_0}\|\boldsymbol{x}(\tau) - \boldsymbol{s}(\alpha_i, \theta)\|^2\right) \tag{7.268}$$

令 $\boldsymbol{s}(\alpha_i,\sigma)$ 等于零，则式(7.268)简化为

$$f_X(\boldsymbol{x}|\boldsymbol{s} = \boldsymbol{0}) = \frac{1}{\pi N_0}\exp\left(-\frac{1}{N_0}\|\boldsymbol{x}(\tau)\|^2\right) \tag{7.269}$$

式(7.268)确定了同时存在信号和信道噪声情况下随机向量 $\boldsymbol{X}$ 的概率密度函数，而式(7.269)则确定了单独存在信道噪声情况下 $\boldsymbol{x}$ 的概率密度函数。因此，我们可以将 QPSK 的似然函数定义为这两个概率密度函数的比值，即

$$\begin{aligned} l(\alpha_i, \theta, \tau) &= \frac{f_X(\boldsymbol{x}|\alpha_i, \theta, \tau)}{f_X(\boldsymbol{x}|\boldsymbol{s} = \boldsymbol{0})} \\ &= \exp\left(\frac{2}{N_0}\boldsymbol{x}^{\mathrm{T}}(\tau)\boldsymbol{s}(\alpha_i, \theta) - \frac{1}{N_0}\|\boldsymbol{s}(\alpha_i, \theta)\|^2\right) \end{aligned} \tag{7.270}$$

在 QPSK 中，有

$$\|\boldsymbol{s}(\alpha_i, \theta)\| = 常量$$

这是因为 4 个消息点全部都位于半径为 $\sqrt{E}$ 的圆上。因此，忽略式(7.270)的指数中第二项，可以将似然函数简化为

$$l(\alpha_i, \theta, \tau) = \exp\left(\frac{2}{N_0}\boldsymbol{x}^{\mathrm{T}}(\tau)\boldsymbol{s}(\alpha_i, \theta)\right) \tag{7.271}$$

计算同步的复数表示

在继续推导时钟和载波恢复的自适应滤波算法以前，我们发现采用复数对式(7.271)中的似然函数进行重新表示是有益的。假设在式(7.265)中的接收信号向量及其信号和噪声向量都采用各自的基带形式来表示，则这一步是很恰当的。

具体而言，将二维序列 $\boldsymbol{x}(\tau)$ 用接收信号的复包络表示为

$$\tilde{x}(\tau) = x_1 + \mathrm{j}x_2 \tag{7.272}$$

其中，$\mathrm{j} = \sqrt{-1}$。

相应地，由一对信号分量 $s_1(\alpha_i,\theta)$ 和 $s_2(\alpha_i,\theta)$ 构成的信号向量 $\boldsymbol{s}(\alpha_i,\theta)$ 也用受载波相位 $\boldsymbol{\theta}$ 污染的发射信号的复包络表示为

$$\begin{aligned} \tilde{s}(\alpha_i, \theta) &= s_1(\alpha_i, \theta) + \mathrm{j}s_2(\alpha_i, \theta) \\ &= \sqrt{E}[\cos(\alpha_i, \theta) + \mathrm{j}\sin(\alpha_i, \theta)] \\ &= \sqrt{E}\tilde{\alpha}_i \mathrm{e}^{\mathrm{j}\theta}, \qquad i = 1, 2, 3, 4 \end{aligned} \tag{7.273}$$

式(7.273)中新的复数参数 $\tilde{\alpha}_i$ 是 QPSK 的消息星座中的符号指示器(Symbol indicator)，它被定义为

$$\begin{aligned} \tilde{\alpha}_i &= \mathrm{e}^{\mathrm{j}\alpha_i} \\ &= \cos\alpha_i + \mathrm{j}\sin\alpha_i \end{aligned} \tag{7.274}$$

相应地，体现载波相位 θ 的复数实验因子被定义为

$$e^{j\theta} = \cos\theta + j\sin\theta \tag{7.275}$$

式(7.274)和式(7.275)都是由欧拉公式(Euler's formula)得到的。

在得到式(7.272)至式(7.275)的复数表示以后，现在可以将式(7.271)中似然函数的指数重新写为下列复数等效形式：

$$\begin{aligned}\frac{2}{N_0}\boldsymbol{x}^{\mathrm{T}}\boldsymbol{s}(\alpha_i,\theta) &= \frac{2\sqrt{E}}{N_0}\mathrm{Re}[\tilde{x}_i(\tau)\tilde{s}^*(\alpha_i,\theta)] \\ &= \frac{2\sqrt{E}}{N_0}\mathrm{Re}[\tilde{x}(\tau)\tilde{\alpha}_i^* e^{-j\theta}]\end{aligned} \tag{7.276}$$

其中，Re[·]表示方括号内复数表达式的实部(Real part)。因此，可以得出下列结论：

在式(7.276)中两个复数向量 $\boldsymbol{x}(\tau)$ 和 $\boldsymbol{s}(\alpha_i,\theta)$ 的内积等于 $\sqrt{E}$ 乘以两个复数变量 $\tilde{x}(\tau)$ 和 $\tilde{\alpha}_i e^{j\theta}$ 的内积的实部。

这里有两点值得注意：

1. 接收信号的复包络取决于群时延 τ，从而也取决于 $\tilde{x}(\tau)$。乘积 $\tilde{\alpha}_i e^{j\theta}$ 是由归因于发射机产生的 QPSK 信号的复数符号指示器 $\tilde{\alpha}_i$ 和归因于信道中相位失真的指数项 $e^{j\theta}$ 组成的。
2. 在复变理论中，给定一对复数项 $\tilde{x}(\tau)$ 和 $\tilde{\alpha}_i e^{j\theta}$，它们的内积可以被定义为 $\tilde{x}(\tau)(\tilde{\alpha}_i e^{j\theta})^* = \tilde{x}(\tau)\tilde{\alpha}_i^* e^{-j\theta}$，这与式(7.276)所示相同。

式(7.276)右边采用笛卡儿形式(Cartesian form)的复数表示非常适合于估计未知相位 θ。另一方面，为了估计未知群时延 τ，我们发现采用极坐标表示(Polar representation)两个向量 $\boldsymbol{x}(\tau)$ 和 $\boldsymbol{s}(\alpha_i,\theta)$ 的内积会更加方便，如下所示：

$$\frac{2}{N_0}\boldsymbol{x}^{\mathrm{T}}(\tau)\boldsymbol{s}(\alpha_i,\theta) = \frac{2\sqrt{E}}{N_0}\left|\tilde{\alpha}_i\tilde{x}(\tau)\right|\cos(\arg[\tilde{x}(\tau)] - \arg[\tilde{\alpha}_i] - \theta) \tag{7.277}$$

实际上，很容易证明式(7.276)和式(7.277)右边的两个复数表示确实是等价的。在接下来的两小节中，可以很容易发现这两个表示分别适合于估计载波相位 θ 和群时延 τ 的原因。

另外，根据前面所指出的，对群时延的估计应该先于对载波相位的估计。因此，在下一小节中首先讨论群时延估计，然后再讨论载波相位估计。

群时延的递归估计

为了开始估计未知群时延，首先必须消除式(7.271)中似然函数 $l(\alpha_i,\sigma,\tau)$ 对未知载波相位 θ 的依赖性。为此，我们将似然函数在[0,2π]范围内对 θ 的所有可能值取平均(Average)。假设 θ 在这个范围内是均匀分布的，即

$$f_{\Theta}(\theta) = \begin{cases}\dfrac{1}{2\pi}, & 0 \leqslant \theta \leqslant 2\pi \\ 0, & 其他\end{cases} \tag{7.278}$$

这是实际中可能出现的最坏情况。在这个假设条件下，我们可以将平均似然函数表示为

$$\begin{aligned}l_{\mathrm{av}}(\tilde{\alpha}_i,\tau) &= \int_0^{2\pi} l(\alpha_i,\theta,\tau)f_{\Theta}(\theta)\,\mathrm{d}\theta \\ &= \frac{1}{2\pi}\int_0^{2\pi} l(\alpha_i,\theta,\tau)\,\mathrm{d}\theta \\ &= \frac{1}{2\pi}\int_0^{2\pi}\exp\left(\frac{2}{N_0}\boldsymbol{x}^{\mathrm{T}}(\tau)\boldsymbol{s}(\alpha_i,\theta)\right)\mathrm{d}\theta\end{aligned} \tag{7.279}$$

上式最后一行中，我们用到了式(7.271)。

考察式(7.276)和式(7.277)给出的似然函数中指数的两种复数表示方法，我们发现后者更适合求解式(7.279)中的积分。具体而言，可写出

$$\begin{aligned} l_{\text{av}}(\tilde{\alpha}_i, \tau) &= \frac{1}{2\pi}\int_0^{2\pi} \exp\left[\frac{2\sqrt{E}}{N_0}\left|\tilde{\alpha}_i\tilde{x}(\tau)\right|\cos(\arg[\tilde{x}(\tau)] - \arg[\tilde{\alpha}] - \theta)\right] \mathrm{d}\theta \\ &= \frac{1}{2\pi}\int_{-\arg[\tilde{x}(\tau)] + \arg[\tilde{l}]}^{2\pi - \arg[\tilde{x}(\tau)] + \arg[\alpha_i]} \exp\left(\frac{2\sqrt{E}}{N_0}\left|\alpha_i\tilde{x}(\tau)\right|\cos(\varphi)\mathrm{d}\varphi\right) \end{aligned} \tag{7.280}$$

上式最后一行中，我们做了下列替换

$$\varphi = \arg[\tilde{x}(\tau)] - \arg[\alpha_i] - \theta$$

现在，借助于零阶修正贝塞尔函数(Modified Bessel function of zero order)的定义，如下所示(参见附录 C)：

$$I_0(x) = \frac{1}{2\pi}\int_0^{2\pi} \mathrm{e}^{x\cos\varphi}\mathrm{d}\varphi \tag{7.281}$$

于是，利用上述公式可以将式(7.280)中的平均似然函数 $l_{\text{av}}(\tilde{\alpha}_i,\tau)$ 表示为

$$l_{\text{av}}(\tilde{\alpha}_i, \tau) = I_0\left(\frac{2\sqrt{E}}{N_0}\left|\tilde{\alpha}_i\tilde{x}_i(\tau)\right|\right) \tag{7.282}$$

其中，$\tilde{x}_i(\tau)$ 是接收机中匹配滤波器输出的复包络。根据定义，对于 QPSK 有

$$\left|\tilde{\alpha}_i\right| = 1, \quad 所有 i$$

于是，可以将式(7.282)简化为

$$l_{\text{av}}(\tau) = I_0\left(\frac{2\sqrt{E}}{N_0}|\tilde{x}(\tau)|\right) \tag{7.283}$$

这里，重要的是可以发现，作为在载波相位 θ 上对似然函数取平均的结果，对于 QPSK 情形我们还消除了它对发送符号 $\tilde{\alpha}_i$ 的依赖性；这个结果直观上看是可信的。

在任何情况下，对式(7.283)中的 $l_{\text{av}}(\tau)$ 取自然对数，得到关于 τ 的对数似然函数(Log-likelihood function)为

$$\begin{aligned} L_{\text{av}}(\tau) &= \ln l_{\text{av}}(\tau) \\ &= \ln I_0\left(\frac{2\sqrt{E}}{N_0}|\tilde{x}(\tau)|\right) \end{aligned} \tag{7.284}$$

其中，ln 表示自然对数。为了继续进行讨论，我们还需要找到 $L_{\text{av}}(\tau)$ 的好的近似。为此，首先注意到修正贝塞尔函数 $I_0(x)$ 自身也可以被展开为下列幂级数(参见附录 C)：

$$I_0(x) = \sum_{m=0}^{\infty} \frac{\left(\frac{1}{2}x\right)^{2m}}{(m!)^2}$$

其中，x 代表乘积项 $2\sqrt{E}/(N_0)\,|\tilde{x}(\tau)|$。当 x 的值很小时，可以将 $I_0(x)$ 近似为

$$I_0(x) \approx 1 + \frac{x^2}{4}$$

利用下列近似关系还可以使问题得到进一步简化：

$$\begin{aligned} \ln I_0(x) &\approx \ln\left(1 + \frac{x^2}{4}\right) \\ &\approx \frac{x^2}{4}, \quad 小的 x \end{aligned} \tag{7.285}$$

对于当前的问题，小的 x 值对应于 SNR 也很小。在这个条件下，现在可以将式(7.284)中的对数似然函数近似为

$$L_{\text{av}}(\tau) \approx \frac{E}{N_0^2}|\tilde{x}(\tau)|^2 \tag{7.286}$$

考虑到我们的目的在于使 $L_{av}(\tau)$ 最大化，因此可以求它关于包络时延 τ 的微分，得到

$$\begin{aligned}\frac{\partial L_{av}(\tau)}{\partial\tau} &= \frac{E}{N_0^2}\frac{\partial}{\partial\tau}|\tilde{x}_i(\tau)|^2 \\ &= \frac{2E}{N_0^2}\mathrm{Re}[\tilde{x}^*(\tau)\tilde{x}'(\tau)]\end{aligned} \tag{7.287}$$

其中，$\tilde{x}_i^*(\tau)$ 是 $\tilde{x}(\tau)$ 的复共轭，并且 $\tilde{x}'(\tau)$ 是它关于 τ 的导数。

式(7.287)是针对在区间 $[\tau,T+\tau]$ 上定义的 QPSK 信号的特定符号，对式(7.254)中定义的信道输出端接收信号 $x(t)$ 进行处理的结果。在寻找接收信号的基带向量表示，即 $\tilde{x}(\tau)$ 的过程中，式(7.287)中对时间 t 的依赖性消失了。尽管如此，事实上式(7.287)中的对数似然比 $L_{av}(\tau)$ 与离散时间 $n=t/T$ 的某个点有关，它随 n 而变化。因此，为了继续推导出对群时延 τ 的递归估计，必须把离散时间 n 引入到估计过程中。为此，把 n 指定为式(7.287)中 $\tilde{x}^*(\tau)$ 和 $\tilde{x}'(\tau)$ 的下标。于是，由于对 τ 的递归估计遵循式(7.251)中所描述的格式，可以将对 τ 进行递归估计(即符号定时恢复)所需的误差信号(Error signal)定义为

$$e_n = \mathrm{Re}[\tilde{x}_n^*(\tau)\tilde{x}_n'(\tau)] \tag{7.288}$$

令 $\hat{\tau}_n$ 表示在离散时间 n 处对未知群时延 τ 的估计值。相应地，可以引入下列两个定义：

$$\tilde{x}_n(\tau) = \tilde{x}(nT+\hat{\tau}_n) \tag{7.289}$$

和

$$\tilde{x}'_n(\tau) = \tilde{x}'(nT+\hat{\tau}_n) \tag{7.290}$$

于是，可以将式(7.288)中误差信号 e_n 的公式重新表示为

$$e_n = \mathrm{Re}[\tilde{x}^*(nT+\hat{\tau}_n)\tilde{x}'(nT+\hat{\tau}_n)] \tag{7.291}$$

因此，计算误差信号 e_n 需要用到下列两个滤波器：

1. 复数值匹配滤波器(Complex matched filter)，它被用于产生 $\tilde{x}_n(\tau)$。
2. 复数值导数匹配滤波器(Complex derivative matched filter)，它被用于产生 $\tilde{x}_n'(\tau)$。

通过设计，接收机已经包含了第一个滤波器，第二个滤波器是新增的。实际上，我们发现导数匹配滤波器产生的额外计算复杂度是不希望出现的需求。为了消除这种需求，我们提出利用有限差分(Finite difference)来近似表示导数，如下所示：

$$\tilde{x}'(nT+\hat{\tau}_n) \approx \frac{1}{T}\left[\tilde{x}\left(nT+\frac{T}{2}+\hat{\tau}_{n+1/2}\right)-\tilde{x}\left(nT-\frac{T}{2}+\hat{\tau}_{n-1/2}\right)\right] \tag{7.292}$$

然而，注意到在运用式(7.292)中的有限差分近似时，是通过使符号率加倍来简化导数匹配滤波器计算的。我们希望对此做进一步改进，因为定时估计是在符号周期 T 的整数倍时更新的，并且唯一可用的量只有 $\hat{\tau}_n$。因此，用当前的(更新后的估计值) $\hat{\tau}_{n+1/2}$ 来代替 $\hat{\tau}_n$，以及用过去的估计值 $\hat{\tau}_{n-1/2}$ 来代替 $\hat{\tau}_{n-1}$。于是，可以将式(7.292)重写如下：

$$\tilde{x}'(nT+\hat{\tau}_n) \approx \frac{1}{T}\left[\tilde{x}\left(nT+\frac{T}{2}+\hat{\tau}_n\right)-\tilde{x}\left(nT-\frac{T}{2}+\hat{\tau}_{n-1}\right)\right] \tag{7.293}$$

因此，最后可以把误差信号重新定义为

$$e_n = \mathrm{Re}\left\{\tilde{x}^*(nT+\hat{\tau}_n)\left[\tilde{x}\left(nT+\frac{T}{2}+\hat{\tau}_n\right)-\tilde{x}\left(nT-\frac{T}{2}+\hat{\tau}_{n-1}\right)\right]\right\} \tag{7.294}$$

其中，标量因子 $1/T$ 会在接下来进行解释。

最后，根据式(7.251)中描述的递归估计方法的格式，可以将符号定时恢复的自适应滤波算法(Adaptive filtering algorithm)用公式表示为

$$c_{n+1} = c_n + \gamma e_n, \qquad n = 0, 1, 2, 3, \cdots \tag{7.295}$$

其中，有下列几点需要注意：

- 式(7.295)中的 γ 是步长参数，其中 $2E/N_0^2$ 和 $1/T$ 这两个比例因子被吸收了；因子 $2E/N_0^2$ 是在从式(7.287)到式(7.288)的推导过程中被忽略的，而因子 $1/T$ 则是在从式(7.293)到式(7.294)的推导过程中被忽略的。
- 误差信号 e_n 是由式(7.294)定义的。
- c_n 是一个实数，它被用于控制振荡器的频率，这个振荡器被称为数控振荡器(Number-Controlled Oscillator，NCO)。

在图 7.48 中，给出了实现式(7.295)的定时恢复算法的闭环反馈系统(Closed-loop feedback system)。从历史的观点来看，这个图中所示的方案与广泛用于定时恢复的传统早迟门(Early-late delay)同步器的连续时间形式类似。根据这种类比，图 7.48 中的方案被称为递归早迟延迟(NDA-ELD)同步器(Recursive early-late delay synchronizer)。在每一次递归(即时间步)中，同步器对匹配滤波器输出的三个连续样本值进行处理，即

$$\tilde{x}\left(nT + \frac{T}{2} + \hat{\tau}_n\right),\ \tilde{x}(nT + \hat{\tau}_n),\ \tilde{x}\left(nT + \frac{T}{2} - \hat{\tau}_{n-1}\right)$$

第一个样本值是"早"(Early)样本值，最后一个是"迟"(Late)样本值，这两个都是关于中间的样本值来确定的。

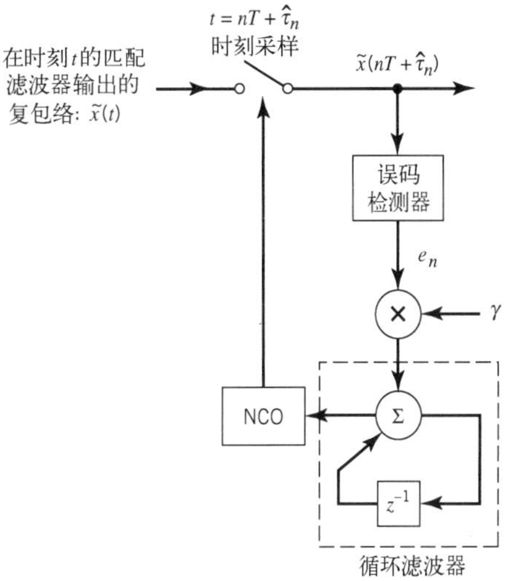

图 7.48 估计群时延的非数据辅助(NDA)早迟延迟同步器

载波相位的递归估计

在估计了符号时间 τ 以后，下一步是估计载波相位 θ。其估计也是基于式(7.270)中定义的似然函数，但是有一点区别：这里我们采用式(7.276)右边关于似然函数指数的复数表示。因此，θ 的似然函数可以表示如下：

$$l(\theta) = \exp\left(\frac{2\sqrt{E}}{N_0}\mathrm{Re}[\tilde{x}(\tau)\tilde{\alpha}_i^* \mathrm{e}^{-\mathrm{j}\theta}]\right) \tag{7.296}$$

对式(7.296)两边取自然对数，于是 θ 的对数似然函数为

$$L(\theta) = \frac{2\sqrt{E}}{N_0}\mathrm{Re}[\tilde{x}(\tau)\tilde{\alpha}_i^* \mathrm{e}^{-\mathrm{j}\theta}] \tag{7.297}$$

同样地，由于感兴趣的问题是估计的载波相位 θ 要使似然函数最大化，因此求 $L(\theta)$ 关于 θ 的微分，得到

$$\frac{\partial L(\theta)}{\partial \theta} = \frac{2\sqrt{E}}{N_0}\frac{\partial}{\partial \theta}\mathrm{Re}[\tilde{x}\tilde{\alpha}_i^* \mathrm{e}^{-\mathrm{j}\theta}]$$

由于取实部算子 Re[·]是线性的，因此可以与微分运算交换顺序。另外，我们有

$$\frac{\partial}{\partial \theta}\mathrm{e}^{-\mathrm{j}\theta} = -\mathrm{j}\,\mathrm{e}^{-\mathrm{j}\theta}$$

微分运算的结果是，式(7.297)中的自变量 $\tilde{x}(\tau)\alpha_i^* \mathrm{e}^{-\mathrm{j}\theta}$ 被乘以 $-\mathrm{j}$，其作用是将实部算子 Re[·]替换为对应的虚部算子(Imaginary-part operator)Im[·]。因此，我们可以将式(7.297)中对数似然函数关于 θ 的导数表示如下：

$$\frac{\partial L(\theta)}{\partial \theta} = \frac{2\sqrt{E}}{N_0}\mathrm{Im}[\tilde{x}(\tau)\tilde{\alpha}_i^* \mathrm{e}^{-\mathrm{j}\theta}] \tag{7.298}$$

在得到上述方程以后，现在可以推导估计未知载波相位 θ 的自适应滤波算法的公式了。为此，我们采用与估计群时延类似的方式，将离散时间 n 嵌入到时钟恢复的递归估计方法中，具体如下：

1. 由于式(7.298)中虚部算子的自变量起到了误差信号的作用，因此可写出
$$e_n = \mathrm{Im}[\tilde{x}_n(\tau)\tilde{\alpha}_n{}^*\mathrm{e}^{-\mathrm{j}\theta_n}] \tag{7.299}$$
其中，n 表示归一化离散时间。
2. 比例因子 $2\sqrt{E/N_0}$ 被吸收到新的步长参数 μ 中了。
3. 采用 $\hat{\theta}_n$ 表示载波相位 θ 的原来估计值(Old estimate)，$\hat{\theta}_{n+1}$ 表示其更新值(Updated value)，则估计算法的更新原则被确定如下：
$$\hat{\theta}_{n+1} = \hat{\theta}_n + \mu e_n, \qquad n = 0, 1, 2, 3, \cdots \tag{7.300}$$

式(7.299)和式(7.300)不仅确定了载波相位估计的自适应滤波算法，而且它们还提供了算法实现的基础，如图 7.49 所示。这个图可以被视为在线性正交幅度调制策略中完成模拟同步的著名 Costas 环(Costas loop)的一种推广，这种调制策略涉及同相分量和正交分量的结合使用，其中 QPSK 是一种特殊情况。因此，我们可以将图 7.49 中的闭环同步策略称为相位同步的递归 Costas 环(Recursive Costas loop)。

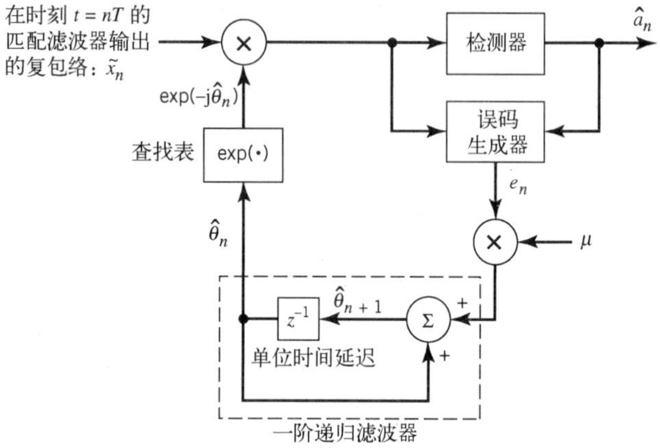

图 7.49 估计载波相位的递归 Costas 环

在图 7.49 中，需要注意下列几点：

- 给定匹配滤波器输出情况下，检测器提供了符号指示器的估计值$\hat{\alpha}_n$，因此也就提供了发送符号的估计值。
- 对于输入$\hat{\theta}_n$，图中的查找表提供了下列指数值：
$$\exp(-\mathrm{j}\hat{\theta}_n) = \cos\hat{\theta}_n - \mathrm{j}\sin\hat{\theta}_n$$
- 误差产生器的输出是式(7.299)中定义的误差信号 e_n。
- 标记为 z^{-1}的模块代表单位时间延迟(Unit-time delay)。

图 7.49 中的递归 Costas 环采用了一阶数字滤波器(First-order digital filter)。为了提高这种同步系统的跟踪性能，可以采用二阶数字滤波器。在图 7.50 中，给出了一个二阶递归滤波器(Second-order recursive filter)的例子，它是由两个一阶滤波器节级联组成的，其中 ρ 是可调节的环参数。在相位恢复的 Costas 环中采用二阶递归滤波器的一个重要特性是，只要接收机与发射机之间的频率误差最初很小，它就可以最终锁定为输入载波且不会产生静态误差。

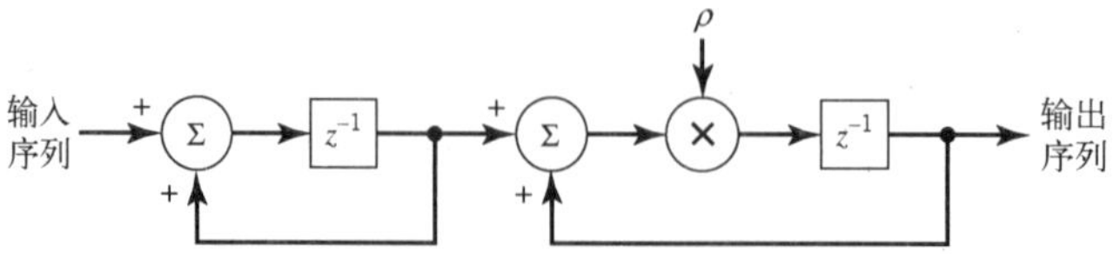

图 7.50 二阶递归滤波器

收敛性考虑

在图 7.48 和图 7.49 中分别针对群时延估计和载波相位估计给出的滤波策略的自适应行为是由如何选取步长参数 γ 和 μ 决定的。γ 和 μ 的值选择得越小，则应用算法产生的轨迹就越精细(Refined)。

然而，这种好处的获得是以牺牲算法收敛所需的迭代次数为代价的。另一方面，如果指定步长参数 γ 和 μ 的值比较大，则收敛轨迹会形成 Z 字形的路径。实际上，如果 γ 和 μ 超过了它们的某个临界值，则算法很有可能会发散，这意味着图 7.48 和图 7.49 中的同步策略会变得不稳定(Unstable)。因此，从设计的观点来看，在理论上和实际上都需要仔细考虑估计精度和收敛速度之间的权衡问题。

7.17　小结与讨论

本章的主要目的，是对存在 AWGN 条件下的数字通信接收机得到系统的分析和设计方法。这种方法被称为最大似然检测(Maximum likelihood detection)，它判决哪一个发送符号最有可能产生在信道输出端观测到的噪声信号。得到最大似然检测器(接收机)公式的方法被称为信号空间分析(Signal-space analysis)。这种方法的基本思想是用一个 N 维向量来代表发送信号集合中的每个成员，其中 N 是对发送信号进行唯一几何表示所需的标准正交基函数的个数。这样构成的信号向量集合定义了 N 维信号空间(Signal space)中的一个信号星座(Signal constellation)。

对于给定的信号星座，在 AWGN 信道上采用最大似然信号检测产生的符号差错(平均)概率 P_e 对于信号星座的旋转及其平移都是不变的。然而，除了少数几种简单(而重要的)情形，P_e 的数值计算是一个不切实际的问题。为了克服这种困难，通常的做法是借助于界(Bound)的运用，使得可以通过一种简单的方式来计算。在这种背景下，我们描述了一致限(Union bound)，它是从信号空间图直接得到的。一致限是基于下列直观地可以相信的思想提出来的：

误符号率 P_e 是由信号空间图中距离发送信号最近的点决定的。

利用一致限得到的结果通常是相当准确的，尤其当 SNR 较高时更是如此。

在本章前面部分得到最优接收机的基本理论以后，我们推导得出了 AWGN 信道中某些重要数字调制技术的 BER 公式或者 BER 界的公式：

1. 采用相干检测的 PSK，其代表包括

   - 二进制 PSK；
   - QPSK 及其变化形式，比如偏移 QPSK；
   - 相干 M 进制 PSK，包括二进制 PSK 和 QPSK 分别作为其 $M=2$ 和 $M=4$ 时的特殊情形。

   DPSK 可以被视为 PSK 的伪-非相干形式。
2. 采用相干检测的 M 进制 QAM；这种调制策略是将幅度调制和相移键控组合起来的混合形式。对于 $M=4$，它包括 QPSK 作为其特殊情形。
3. 采用相干检测的 FSK，其代表包括

   - 二进制 FSK；
   - MSK 及其高斯变化形式，被称为 GMSK；
   - M 进制 FSK。

4. 非相干检测策略，涉及二进制 FSK 和 DPSK 的运用。

不管感兴趣的数字调制系统是哪一种，接收机与发射机的同步对于系统工作都是至关重要的。不管接收机是相干检测还是非相干检测，都需要符号的定时恢复。如果接收机是相干类型的，我们还需要具备载波恢复功能。在本章后面部分中，对满足这两个需求的非数据辅助同步器进行了讨论，重点是以 QPSK 信号为代表的 M 进制 PSK，其中载波被抑制掉了。这里主要针对递归同步技术进行讨论，它们非常适合于采用离散时间信号处理算法来实现。

我们以对两种自适应滤波算法的一些附加讨论作为本章的结束，它们是在 7.16 节中描述的对载波相位和群时延这两个未知参数进行估计的算法。从计算角度来看，这两个算法都属于同一种类

型，即 50 多年以前由 Widrow 和 Hoff 描述的著名的最小均方(Least-Mean-Square，LMS)算法。LMS 算法因为其计算效率、性能效益以及它对自身所处环境的非平稳特征具有的鲁棒性而众所周知。这两个关于相位和时延的同步算法具有 LMS 算法的前两个特性；可以推测，如果它们在非平稳通信环境下工作也会具有鲁棒性。

习题

信号的表示

7.1 在第 6 章中，我们介绍了脉冲编码调制的线路编码技术。参考那里给出的内容，把下列线路码的信号星座表示出来：

(a) 单极非归零码

(b) 双极非归零码

(c) 单极归零码

(d) 曼彻斯特码

7.2 一个 8 电平 PAM 信号被定义为

$$s_i(t) = A_i \operatorname{rect}\left(\frac{t}{T} - \frac{1}{2}\right)$$

其中，$A_i = \pm 1, \pm 3, \pm 5, \pm 7$。把$\{s_i(t)\}_{i=1}^{8}$的信号星座表示出来。

7.3 在图 P7.3 中，给出了 4 个信号 $s_1(t)$，$s_2(t)$，$s_3(t)$和 $s_4(t)$的波形。

(a) 利用 Gram-Schmidt 正交化方法，求出这组信号的标准正交基。

(b) 构造出相应的信号空间图。

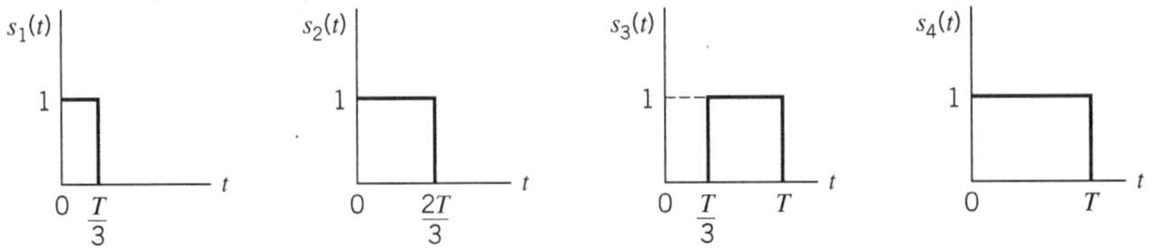

图 P7.3

7.4 (a) 利用 Gram-Schmidt 正交化方法，求出表示图 P7.4 中所示的 $s_1(t)$，$s_2(t)$和 $s_3(t)$的标准正交基函数。

(b) 利用(a)中求出的基函数把每个信号表示出来。

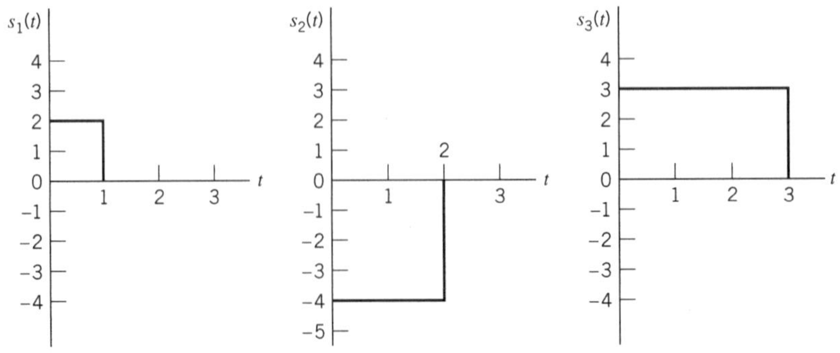

图 P7.4

7.5 一组正交信号的特征是，其中任意一对信号的内积等于零。图 P7.5 显示了一对满足这个定义的信号 $s_1(t)$和 $s_2(t)$。构造这对信号的信号星座。

7.6 一个信源产生了一组符号$\{m_i\}_{i=1}^{M}$。考虑采用两种备选的调制策略，即脉冲宽度调制(Pulse-Duration Modulation，PDM)和脉冲位置调制(Pulse-Position Modulation，PPM)来对这组符号进行电气表示。在 PDM 中，第 i 个符号是由一个具有单位幅度、宽度为 $(i/M)T$ 的脉冲表示的。另一方面，在 PPM 中，第 i 个符号则是由一个具有单位幅度和固定宽度、在 $t=(i/M)T$ 时刻发送的短脉冲表示的。证明在这两种调制策略中，只有 PPM 才能产生一个在 $0 \leqslant t \leqslant T$ 区间上的正交信号集合。

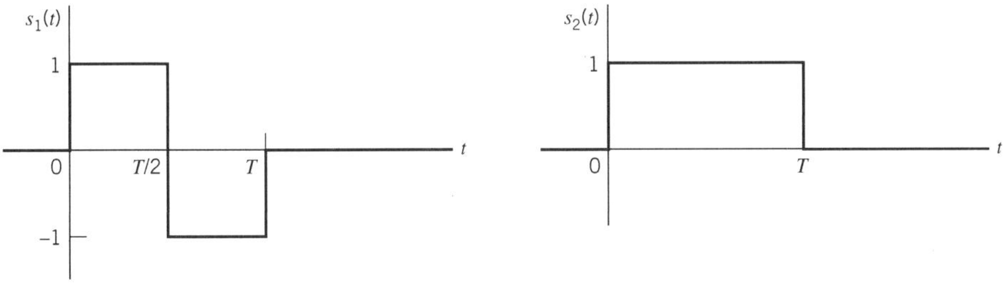

图 P7.5

7.7 由 $2M$ 个信号组成的双正交信号(Biorthogonal signal)的集合是从 M 个普通正交信号的集合通过增加该集合中每个信号的相反信号得到的。

(a) 将正交信号拓展为双正交信号不会使信号空间的维数发生改变，请解释其原因。

(b) 构造与图 P7.5 中所示的一对正交信号相对应的双正交信号的信号星座。

7.8 (a) 一对信号 $s_i(t)$ 和 $s_k(t)$ 具有相同的宽度 T。证明这对信号的内积为

$$\int_0^T s_i(t)s_k(t)\,\mathrm{d}t = \boldsymbol{s}_i^{\mathrm{T}}\boldsymbol{s}_k$$

其中，$\boldsymbol{s}_i$ 和 $\boldsymbol{s}_k$ 分别是 $s_i(t)$ 和 $s_k(t)$ 的向量表示。

(b) 作为本题(a)中的后续结果，证明

$$\int_0^T (s_i(t)-s_k(t))^2\,\mathrm{d}t = \|\boldsymbol{s}_i-\boldsymbol{s}_k\|^2$$

7.9 考虑一对复数值信号 $s_i(t)$ 和 $s_k(t)$，它们分别被表示为

$$s_1(t) = a_{11}\phi_1(t)+a_{12}\phi_2(t), \qquad -\infty < t < \infty$$

$$s_2(t) = a_{21}\phi_1(t)+a_{22}\phi_2(t), \qquad -\infty < t < \infty$$

其中，基函数 $\phi_1(t)$ 和 $\phi_2(t)$ 都是实数值，但是系数 a_{11}，a_{12}，a_{21} 和 a_{22} 都是复数值。证明 Schwarz 不等式的复数形式为

$$\left|\int_{-x}^{x} s_1(t)s_2^*(t)\,\mathrm{d}t\right|^2 \leqslant \int_{-x}^{x}|s_1(t)|^2\,\mathrm{d}t\int_{-x}^{x}|s_2(t)|^2\,\mathrm{d}t$$

其中，星号“ * ”表示复共轭。什么情况下上式取等号？

随机过程

7.10 考虑一个随机过程 $X(t)$，其展开形式为

$$X(t) = \sum_{i=1}^{N} X_i\phi_i(t) + W'(t), \qquad 0 \leqslant t \leqslant T$$

其中，$W'(t)$ 是残留噪声项。$\{\phi_i(t)\}_{i=1}^{N}$ 构成了一个在区间 $0 \leqslant t \leqslant T$ 上的标准正交集，并且随机变量 X_i 被定义为

$$X_i = \int_0^T X(t)\phi_i(t)\,\mathrm{d}t$$

令 $W'(t_k)$ 表示在 $t=t_k$ 时刻观察 $W'(t)$ 得到的随机变量。证明

$$\mathbb{E}[X_jW'(t_k)] = 0, \qquad \begin{cases} j = 1, 2, \cdots, N \\ 0 \leqslant t_k \leqslant T \end{cases}$$

7.11 考虑对 AWGN 中下列正弦信号的最优检测：

$$s(t) = \sin\left(\frac{8\pi t}{T}\right), \qquad 0 \leqslant t \leqslant T$$

(a) 假设输入是无噪声的，确定相关器的输出。

(b) 假设滤波器包括一个延迟 T 使之为因果类型的，确定相应的匹配滤波器输出。

(c) 证明这两个输出只有在 $t=T$ 时刻才是完全相同的。

差错概率

7.12 在图 P7.12 中给出了一对信号 $s_1(t)$ 和 $s_2(t)$，它们在观测区间 $0\leqslant t\leqslant 3T$ 上是相互正交的。接收信号被定义为

$$x(t)=s_k(t)+w(t),\quad \begin{cases}0\leqslant t\leqslant 3T\\ k=1,2\end{cases}$$

其中，$w(t)$ 是零均值、功率谱密度为 $N_0/2$ 的高斯白噪声。

(a) 设计一个接收机，它的判决信号为 $s_1(t)$ 或者 $s_2(t)$，假设这两个信号是等概率的。

(b) 计算当 $E/N_0=4$ 时该接收机产生的平均误符号率，其中 E 为信号能量。

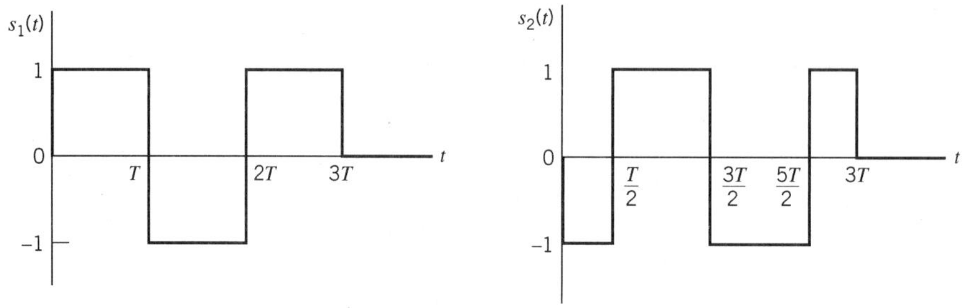

图 P7.12

7.13 在第 6 章讨论的曼彻斯特码中，二进制符号 1 是由图 P7.13 所示双极脉冲 $s(t)$ 表示的，二进制符号 0 则是由这个脉冲的相反形式表示的。导出将最大似然检测方法应用于 AWGN 信道上的这种信号时产生的差错概率公式。

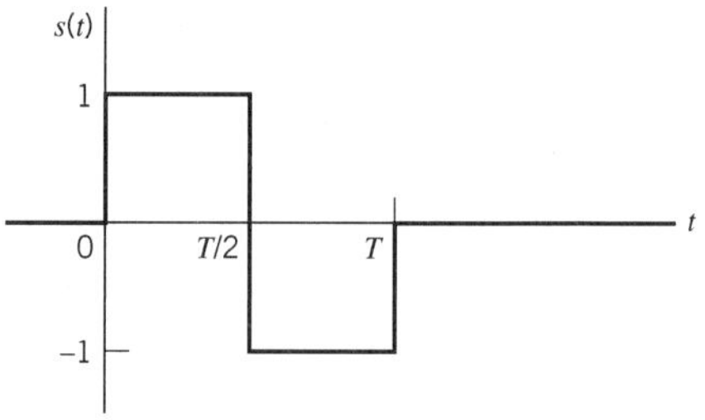

图 P7.13

7.14 在贝叶斯检验(Bayes' test)中，应用二元假设检验问题时必须在两个可能的假设 H_0 和 H_1 中选取一个假设，使下式定义的代价$\mathscr{R}$最小化：

$$\mathscr{R}=C_{00}p_0(H_0|H_0\text{ 为真})+C_{10}p_0(H_1|H_0\text{ 为真})+C_{11}p_1(H_1|H_1\text{ 为真})+C_{01}p_1(H_0|H_1\text{ 为真})$$

参数 C_{00}，C_{10}，C_{11} 和 C_{01} 是分配给实验的 4 种可能结果的代价：第一个下标表示假设做出的判决结果，第二个下标表示假设真实的结果。设 $C_{10}>C_{00}$ 且 $C_{01}>C_{11}$。p_0 和 p_1 分别表示假设 H_0 和 H_1 的先验概率。

(a) 给定观测向量 $\boldsymbol{x}$，证明将观测空间分割使得代价$\mathscr{R}$最小化得到的似然比检验(Likelihood ratio test)为

$$\begin{aligned}&H_0,\quad \Lambda(\boldsymbol{x})<\lambda\\&H_1,\quad \Lambda(\boldsymbol{x})>\lambda\end{aligned}$$

其中 $\Lambda(\boldsymbol{x})$ 为似然比(Likelihood ratio)，其定义为

$$\Lambda(\boldsymbol{x})=\frac{f_X(\boldsymbol{x}|H_1)}{f_X(\boldsymbol{x}|H_0)}$$

λ 为检验门限(Threshold)，其定义为

$$\lambda=\frac{p_0(C_{10}-C_{00})}{p_1(C_{01}-C_{11})}$$

(b) 贝叶斯准则简化为最小差错概率准则时，代价值是多少?

旋转和平移不变原理

7.15 继续考虑习题 7.1 中的 4 个线路码，找出其中具有最小平均能量的线路码和不具有最小平均

能量的线路码。将本题结果与第 6 章中对这些线路码的观测结果继续比较。

7.16 考虑如图 7.10 所示的两个星座。确定标准正交矩阵 $\boldsymbol{Q}$，使图 7.10(a)中星座转化为图 7.10(b)中的星座。

7.17 (a) 图 P7.17 中所示两个信号星座具有相同的平均误符号率。证明这个结论是正确的。

(b) 这两个星座中哪一个具有最小平均能量？对结论予以证明。

可以假设与图 P7.17 中显示的消息点相关的符号是具有相等概率的。

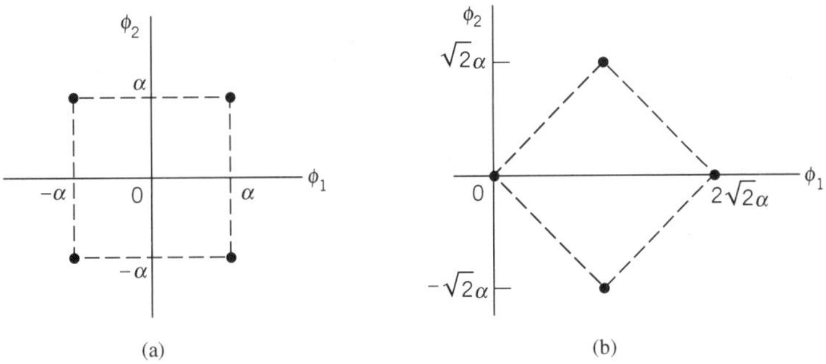

图 P7.17

7.18 单纯(反正交)信号[Simplex(transorthogonal)signal]是具有相等可能的高度相关的信号，它是 M 个正交信号的集合能够达到最大负相关的信号。也就是说，这个集合中任何一对信号之间的相关系数被定义为

$$\rho_{ij}=\begin{cases}1, & i=j\\ -1/(M-1), & i\neq j\end{cases}$$

构造单纯信号的一种方法是，首先从 M 个正交信号的集合开始，每个信号的能量为 E，然后再应用最小能量转化(Minimum energy translate)。

考虑由三个相等可能的符号组成的集合，其信号星座是由一个等边三角形的顶点构成的。证明这三个符号构成了一个单纯码。

幅移键控(Amplitude-Shift Keying, ASK)

7.19 在 ASK 系统的开关键控(On-off keying)形式中，符号 1 是由发送一个幅度为 $\sqrt{2E_b/T_b}$ 的正弦载波表示的，其中 E_b 是每比特的信号能量，T_b 是比特宽度。符号 0 是由关闭载波表示的。假设符号 1 和 0 的出现具有相等概率。

对于 AWGN 信道，分别在下列情况下确定出这个 ASK 系统的平均误符号率：

(a) 相干检测；

(b) 非相干检测，在比特能量与噪声谱密度的比值 E_b/N_0 取很大值的条件下工作。

提示：当 x 很大时，第一类零阶修正贝塞尔函数可以近似为(参见附录 C)

$$I_0(x)\approx\frac{\exp(x)}{\sqrt{2\pi x}}$$

相移键控

7.20 将 PSK 信号应用于一个相关器，该相关器的相位参考在准确载波相位的 φ 幅度以内。确定相位误差 φ 对系统的平均差错概率的影响。

7.21 采用相干检测的 PSK 系统的信号分量被定义为

$$s(t)=A_ck\sin(2\pi f_ct)\pm A_c\sqrt{1-k^2}\cos(2\pi f_ct)$$

其中 $0\leqslant t\leqslant T_b$，加号“+”对应于符号 1，减号“−”对应于符号 0；参数 k 位于 $0<k<1$ 范围内。$s(t)$ 中包含的第一项代表载波分量，其目的是使接收机与发射机同步。

(a) 画出上述策略的信号空间图。从图中能够发现什么？

(b) 当存在零均值、功率谱密度为 $N_0/2$ 的 AWGN 时，证明平均差错概率为

$$P_e = Q\left[\sqrt{\frac{2E_b}{N_0}(1-k^2)}\right]$$

其中

$$E_b = \frac{1}{2}A_c^2 T_b$$

(c) 假设将发送信号功率的 10%分配给载波分量。确定实现 $P_e = 10^{-4}$ 所需的 E_b/N_0。

(d) 在相同差错概率条件下，将上面得到的 E_b/N_0 值与采用相干检测的二进制 PSK 策略所需的 E_b/N_0 值进行比较。

7.22 (a) 给定输入二进制序列 1100100010，画出调制波的同相分量和正交分量的波形，这个调制波是基于图 7.16 中的信号集采用 QPSK 得到的。

(b) 对于(a)中确定的输入二进制序列，画出 QPSK 自身的波形。

7.23 令 P_{eI} 和 P_{eQ} 分别表示窄带数字通信系统的同相信道和正交信道的误符号率。证明整个系统的平均误符号率为

$$P_e = P_{eI} + P_{eQ} - P_{eI}P_{eQ}$$

7.24 式(7.132)是采用相干检测的 M 进制 PSK 系统的平均误符号率的近似公式。这个公式是根据图 7.22(b)的信号空间图利用一致限导出的。假设发送的消息点是 m_1，证明近似公式(7.132)可以从图 7.22(b)中直接得到。

7.25 求出偏移 QPSK 信号的功率谱密度，这个信号是由一个随机二进制序列产生的，序列中的符号 1 和 0(由±1 表示)具有相同可能，并且在不同时隙内的符号是统计独立同分布的。

7.26 第 2 章讨论的残留边带调制(VSB)为 AWGN 信道提供了另一种可能的信号传输调制方法。

(a) 特别地，一个数字 VSB 传输系统可以被视为一维时变系统，这个系统以每秒 $2/T$ 次的速率工作，其中 T 为符号宽度。证明这个结论是成立的。

(b) 证明数字 VSB 系统的性能确实与偏移 QPSK 的性能等价。

正交幅度调制

7.27 重新回到例 7，给定图 7.24 中 $M=16$ 时的 M 进制 QAM 星座，提出一种构造 M 进制 QAM 星座的系统化方法。实际上，本题讨论的是与例 7 中描述的相反方法。

7.28 图 P7.28 描述了广义 M 进制 QAM 调制器的框图。总体说来，这个调制器包含一个映射器(Mapper)，它产生一个复数值幅度 a_m 的输入，其中 $m=0,1,\cdots,M-1$。a_m 输入的实部和虚部分别提供基函数 $\phi_1(t)$ 和 $\phi_2(t)$。这种调制器是广义的，因为它包括 M 进制 PSK 和 M 进制 PAM 作为其特例。

(a) 用公式阐述图 P7.28 中所述调制器的数学原理。

(b) 证明 M 进制 PSK 和 M 进制 PAM 确实是图 P7.28 中框图产生的 M 进制 QPSK 的特殊情形。

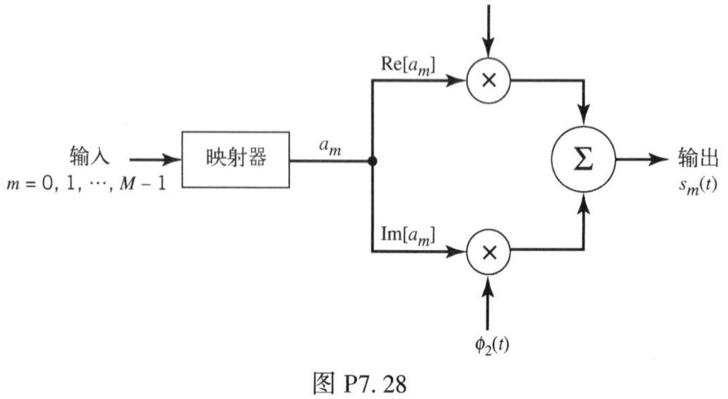

图 P7.28

频移键控

7.29 在采用相干检测的二进制 FSK 系统中，采用信号向量 $\boldsymbol{s}_1$ 和 $\boldsymbol{s}_2$ 分别表示二进制符号 1 和 0。如果

$$\boldsymbol{x}^{\mathrm{T}}\boldsymbol{s}_1 > \boldsymbol{x}^{\mathrm{T}}\boldsymbol{s}_2$$

则接收机判决为符号 1，其中 $\boldsymbol{x}^{\mathrm{T}}\boldsymbol{s}_i$ 是观测向量 $\boldsymbol{x}$ 和信号向量 $\boldsymbol{s}_i(i=1,2)$ 的内积。证明这个判决规则等效于条件 $x_1>x_2$，其中 x_1 和 x_2 是观测向量 $\boldsymbol{x}$ 的两个元素。假设信号向量 $\boldsymbol{s}_1$ 和 $\boldsymbol{s}_2$ 具有相等能量。

7.30 一个 FSK 系统以 2.5×10^6 比特/秒的速率发送二进制数据。在传输过程中，信号上增加了一个零均值、功率谱密度为 10^{-20} W/Hz 的高斯白噪声。没有噪声时，接收正弦波的幅度对数字 1 或者 0 都是 1 mV。确定下列系统配置情况下的平均误符号率：

(a) 采用相干检测的二进制 FSK。

(b) 采用相干检测的 MSK。

(c) 采用非相干检测的二进制 FSK。

7.31 在一个采用相干检测的 FSK 系统中，信号 $s_1(t)$ 和 $s_2(t)$ 分别表示二进制符号 1 和 0，它们被定义为

$$s_1(t), s_2(t) = A_c\cos\left[2\pi\left(f_c \pm \frac{\Delta f}{2}\right)t\right], \qquad 0\leqslant t\leqslant T_b$$

假设 $f_c>\Delta f$，证明信号 $s_1(t)$ 和 $s_2(t)$ 的相关系数近似为

$$\rho = \frac{\int_0^{T_b} s_1(t)s_2(t)\,\mathrm{d}t}{\int_0^{T_b} s_1^2(t)\,\mathrm{d}t} \approx \mathrm{sinc}(2\Delta f T_b)$$

(a) 使信号 $s_1(t)$ 和 $s_2(t)$ 正交的频移 Δf 的最小值是多少？

(b) 使平均误符号率最小化的 Δf 的值是多少？

(c) 对于(b)中得到的 Δf 值，确定出使这个 FSK 策略与同样采用相干检测的二进制 PSK 系统具有相同噪声性能时所需增加的 E_b/N_0 值。

7.32 一个具有离散相位(Discontinuous phase)的二进制 FSK 信号被定义为

$$s(t) = \begin{cases} \sqrt{\dfrac{2E_b}{T_b}}\cos\left[2\pi\left(f_c+\dfrac{\Delta f}{2}\right)t+\theta_1\right], & \text{符号1} \\ \sqrt{\dfrac{2E_b}{T_b}}\cos\left[2\pi\left(f_c-\dfrac{\Delta f}{2}\right)t+\theta_2\right], & \text{符号0} \end{cases}$$

其中，E_b 是每比特的信号能量，T_b 是比特宽度，θ_1 和 θ_2 是在 $0\sim2\pi$ 区间上均匀分布随机变量的样本值。事实上，提供发送频率 $f_c\pm\Delta f/2$ 的两个振荡器是彼此独立工作的。假设 $f_c\gg\Delta f$。

(a) 计算 FSK 信号的功率谱密度。

(b) 证明对于距离载波频率 f_c 比较远的频率，功率谱密度随频率平方的倒数下降。将这个结果与具有连续相位的二进制 FSK 信号的结果进行比较。

7.33 利用式(7.170)给出的表达式，构造出产生具有连续相位的 Sunde FSK 信号 $s(t)$ 的框图，这里将式(7.170)重写如下：

$$s(t) = \sqrt{\frac{2E_b}{T_b}}\cos\left(\frac{\pi t}{T_b}\right)\cos(2\pi f_c t)\mp\sqrt{\frac{2E_b}{T_b}}\sin\left(\frac{\pi t}{T_b}\right)\sin(2\pi f_c t)$$

7.34 对 MSK 和偏移 QPSK 之间的相似性进行讨论，并且指出能对其进行区别的特征。

7.35 有两种方法可以检测 MSK 信号。一种方法是利用相干接收机来完全利用 MSK 信号中的相位信息内容。另一种方法是利用非相干接收机，并且忽略其相位信息。第二种方法的优点是实

现简单，但它付出的代价是降低了噪声性能。在第二种方法中，我们需要将比特能量与噪声密度的比值 E_b/N_0 增加多少分贝才能使平均误符号率等于 10^{-5}？

7.36 (a) 当输入二进制序列为 1100100010 时，画出其响应 MSK 信号的同相分量和正交分量的波形。

(b) 对于(a)中指定的二进制序列，画出 MSK 信号自身的波形。

7.37 将一个幅度电平为±1 的 NRZ 数据流经过一个低通滤波器，滤波器的冲激响应由下列高斯函数定义：

$$h(t) = \frac{\sqrt{\pi}}{\alpha}\exp\left(-\frac{\pi^2 t^2}{\alpha^2}\right)$$

其中 α 是一个设计参数，它可以通过滤波器的 3 dB 带宽定义如下：

$$\alpha = \sqrt{\frac{\ln 2}{2}}\frac{1}{W}$$

(a) 证明滤波器的传输函数被定义为

$$H(f) = \exp(-\alpha^2 f^2)$$

然后说明这个滤波器的 3 dB 带宽确实等于 W。可以利用表 2.1 中列出的傅里叶变换对。

(b) 确定出滤波器对一个以原点为中心的具有单位幅度且宽度为 T 的矩形脉冲的响应。

7.38 对标准 MSK 和高斯滤波 MSK 信号之间的相似点和不同点进行总结。

7.39 对标准 MSK 和 QPSK 之间的主要相似点和不同点进行总结。

非相干接收机

7.40 在 7.12 节中，我们导出了采用非相干检测的二进制 FSK 的 BER 公式，它是非相干正交调制的一种特殊情形。在本题中我们对此问题再次进行讨论。同前面一样，假设符号 1 是用信号 $s_1(t)$ 表示的，符号 0 是用信号 $s_2(t)$ 表示的。根据 7.12 节中给出的内容，我们注意到下列几点：

- 由样本值 l_2 代表的随机变量 L_2 是 Rayleigh 分布的。
- 由样本值 l_1 代表的随机变量 L_1 是 Rice 分布的。

在第 4 章中对 Rayleigh 分布和 Rice 分布进行了讨论。利用该章中定义的概率分布，导出采用非相干检测的二进制 FSK 的 BER 公式(7.245)。

7.41 在图 P7.41(a)中，画出了一个非相干接收机，它在 AWGN 假设条件下，利用匹配滤波器检测具有已知频率和随机相位的正弦信号。这种接收机的另一种实现方法是其在频域中的机械化，它是一种频谱分析仪接收机(Spectrum analyzer receiver)，如图 P7.41(b)所示，其中相关器计算下式定义的有限时间自相关函数：

$$R_x(\tau) = \int_0^{T-\tau} x(t)x(t+\tau), \qquad 0 \leqslant \tau \leqslant T$$

证明图 P7.41(a)中平方律包络检波器输出在 $t=T$ 时刻的采样值等于图 P7.41(b)中傅里叶变换频谱输出在频率 $f=f_c$ 点采样值的两倍。

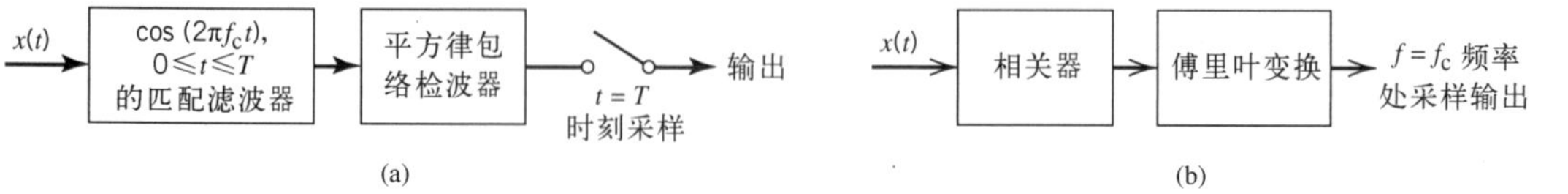

图 P7.41

7.42 将二进制序列 1100100010 应用于图 7.44 中的 DPSK 发射机。

(a) 画出在发射机输出端得到的波形。

(b) 将这个波形应用于图 7.46 中的 DPSK 接收机，证明当没有噪声时，在接收机输出端可以重构出原始二进制序列。

利用单载波的数字调制技术的比较

7.43 在微波链路上以 10^6 比特/秒的速率传输二进制数据，在接收机输入端噪声的功率谱密度为 10^{-10} W/Hz。求出在下列情况下保持平均误符号率 $P_e \leq 10^{-4}$ 所需的平均载波功率。

(a) 采用相干检测的二进制 PSK。

(b) DPSK。

7.44 对于二进制 PSK 和二进制 FSK 系统，实现平均误符号率 $P_e = 10^{-4}$ 所需的 E_b/N_0 值分别等于 7.2 和 13.5。采用下列近似表达式：

$$Q(u) \approx \frac{1}{\sqrt{2\pi}u}\exp(-2u^2)$$

确定 $P_e = 10^{-4}$ 时 E_b/N_0 值的间隔，分别利用下列调制方法：

(a) 采用相干检测的二进制 PSK 和 DPSK。

(b) 二进制 PSK 和 QPSK，两者都采用相干检测。

(c) (i)采用相干检测的二进制 FSK，以及(ii)采用非相干检测的二进制 FSK。

(d) 二进制 FSK 和 MSK，两者都采用相干检测。

7.45 在 7.14 节中，我们在相干检测和非相干检测这两类检测方法条件下，对各种数字调制技术的噪声性能进行了比较，其中采用 BER 作为比较的基础。在本题中，我们采用平均误符号率 P_e 来从不同的角度进行比较。画出每个调制技术的 P_e 与 E_b/N_0 的关系曲线并对所得结果进行评价。

同步

7.46 说明式(7.276)和式(7.277)中给出的与似然函数有关的两个复数表示方法之间的等价性。

7.47 (a) 在符号定时恢复的递归算法式(7.295)中，控制信号 c_n 和 c_{n+1} 都是无量纲的。对误差信号 e_n 和步长参数 μ 的度量单位进行讨论。

(b) 在相位恢复的递归算法式(7.300)中，载波相位 θ 的原来估计值 $\hat{\theta}_n$ 和更新估计值 $\hat{\theta}_{n+1}$ 都是用弧度来度量的。对误差信号 e_n 和步长参数 μ 的度量单位进行讨论。

7.48 二进制 PSK 是 QPSK 的一种特殊情形。利用 7.16 节中导出的自适应滤波算法来估计群时延 τ 和载波相位 θ，推导出二进制 PSK 的相应的自适应滤波算法。

7.49 重新考虑习题 7.48，但这里推导出 M 进制 PSK 的自适应滤波算法。

7.50 假设我们发送一个由 QPSK 信号的 L_0 个统计独立符号组成的序列，如下所示：

$$\boldsymbol{s} = \{s_i\}_{i=0}^{L_0-1}$$

其中，不要把 L_0 与用来表示平均对数似然 L_{av} 的符号相混淆。信道输出受到一个零均值、功率谱密度为 $N_0/2$ 的 AWGN 污染，载波相位为 θ，未知群时延为 τ。

(a) 假设 θ 是均匀分布的，确定关于群时延 τ 的似然函数。

(b) 用公式表示出群时延 τ 的最大似然估计。

(c) 将这种群时延估计的前馈方法与图 7.48 中的 NDA-ELD 同步器进行比较。

7.51 重新考虑习题 7.50，但这里完成下列任务：

(a) 假设群时延 τ 是已知的，确定关于载波相位 θ 的似然函数。

(b) 用公式表示出载波相位 θ 的最大似然估计。

(c) 将这种载波相位估计的前馈方法与图 7.49 中的递归 Costas 环进行比较。

7.52 在 7.16 节中，我们基于式(7.296)中的对数似然函数，研究了载波相位恢复的非数据辅助方法。在本题中，我们探讨利用这个式子完成数据辅助载波相位恢复(Data-aided carrier phase recovery)的方法。

(a) 考虑为线性调制系统设计的接收机。假设接收机已知长度为 L_0 的前同步码，证明载波相位的最大似然估计为

$$\hat{\theta} = \arg\left\{\sum_{n=0}^{L_0-1} \tilde{a}_n^* \tilde{x}_n\right\}$$

其中，前同步码 $\{\tilde{a}_n\}_{n=0}^{L_0-1}$ 是一个已知的复数值符号序列，并且 $\{\tilde{x}_n\}_{n=0}^{L_0-1}$ 是对应接收信号的复包络。

(b) 利用(a)得到的结果，构造最大似然相位估计子的框图。

7.53 图 P7.53 给出了相位同步系统的框图。确定接收信号 $x(t)$ 中未知载波相位的相位估计值 $\hat{\theta}$。

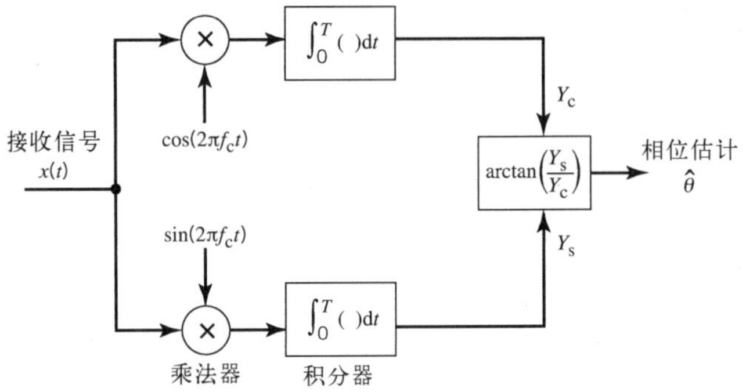

图 P7.53

计算机实验

∗∗7.54 在这个面向计算机的习题(Computer-oriented problem)中，通过考虑具有下列技术要求的相干 QPSK 系统，对符号定时恢复的 NDA-ELD 同步器的工作进行研究：

- 信道响应采用一个滚降因子为 $\alpha=0.5$ 的升余弦脉冲来描述。
- 递归滤波器是具有下列传输函数的一阶数字滤波器：

$$H(z) = \frac{z^{-1}}{1-(1-\gamma A)z^{-1}}$$

其中，z^{-1} 表示单位延迟，γ 是步长参数，A 是一个待定参数。

- 环带宽 B_L 等于符号率 $1/T$ 的 2%，即 $B_L T=0.02$。

由于目标是完成符号定时恢复，因此采取的一种合理方法是在下列条件下画出 NDA-ELD 的 S 曲线：

(a) $E_b/N_0=10\text{ dB}$

(b) $E_b/N_0=\infty$ (即无噪声信道)

对于 NDA-ELD，图 P7.54 中的设计可以产生 S 曲线，即画出定时偏移(Timing offset)与离散时间 $n=t/T$ 的关系曲线。

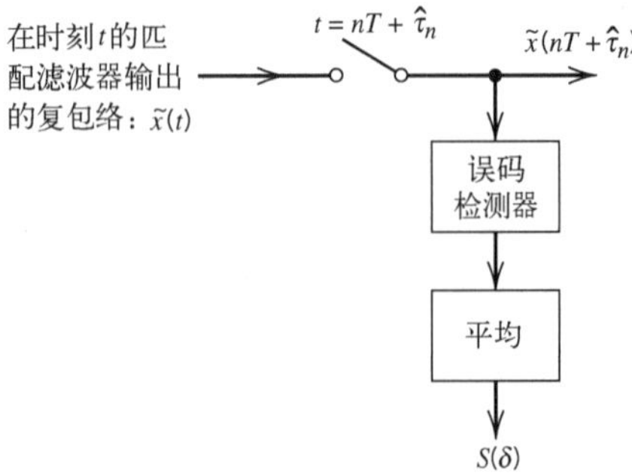

图 P7.54

采用这种设计方法，画出 S 曲线并对(a)和(b)条件下得到的结果进行评价。

7.55 本题接着面向计算机的习题 7.54 进行讨论，这里采用与习题 7.54 中相同的系统技术要求来研究相位恢复的递归 Costas 环。然而，本题采用图 P7.55 中的设计画出相位误差与离散时间 $n=t/T$ 的 S 曲线。

分别在下列条件下画出 S 曲线：

(a) $E_b/N_0 = 5\,\text{dB}$

(b) $E_b/N_0 = 10\,\text{dB}$

(c) $E_b/N_0 = 30\,\text{dB}$（即实际上相当于无噪声信道）

对在上述三个条件下得到的结果进行评价。

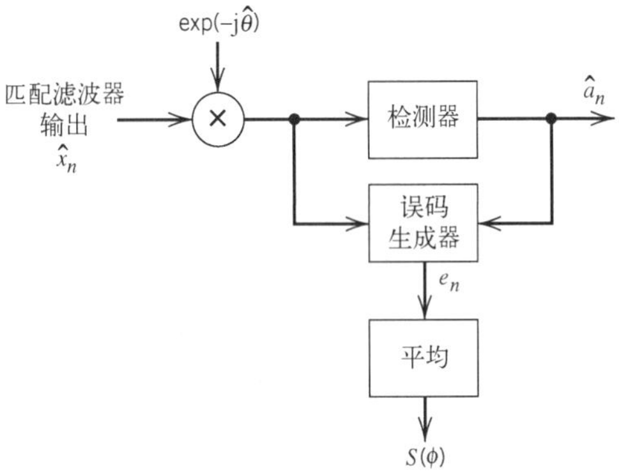

图 P7.55

注释

[1]　信号的几何表示最早是由 Kotel'nikov(1947)提出来的，这是 1947 年 1 月在莫斯科莫洛托夫能量学院的学术委员会提交的博士论文的译本。特别地，可以参考该书的第 II 部分。后来，这种方法在 Wozencraft 和 Jacobs(1965)的经典著作中取得了更丰富的成果。

[2]　关于一致限的经典参考文献是 Wozencraft 和 Jacobs(1965)的著作。

[3]　在附录 C 中，讨论了 Q 函数单一界的推导过程。在式(7.88)中，我们用到了下列界：

$$Q(x) \leqslant \frac{1}{\sqrt{2\pi}} \exp\left(-\frac{x^2}{2}\right)$$

这个界随着 x 正值的增大而逐步变紧。

[4]　关于偏移 QPSK 的早期论文，可以参考 Gitlin and Ho(1975)。

[5]　MSK 信号最早是由 Doelz and Heald(1961)描述的。关于 MSK 的综述评论及其与 QPSK 的比较，可以参考 Pasupathy(1979)。由于频率间隔只有二进制 FSK 信号相干检测所用的常规间隔 $1/T_b$ 的一半，因此这种信号传输策略也被称为快速 FSK；参考 deBuda(1972)，他当时并不知道 Doelz-Heald 专利。

[6]　关于 GMSK 的早期讨论，参考 Murota and Hirade(1981)以及 Ishizuke and Hirade(1980)。

[7]　对于数字 FM 功率谱密度的分析是很难处理的，除了矩形调制脉冲情形。Garrison(1975)通过选择调制脉冲的宽度有限/电平量化的适当近似提出了一种解决方法。其中给出的等式尤其适合于利用计算机计算数字 FM 信号的功率谱。参考 Stüber(1996)的著作。

[8]　在 Anderson 和 Salz(1965)的论文中，对频率偏移为任意值时 M 进制 FSK 的频谱进行了详细分析。

[9]　对于那些对式(7.227)的正式推导过程不感兴趣的读者，可以直接阅读非相干二进制 FSK(见 7.12 节)和 DPSK(见 7.13 节)这两种非相干正交调制特殊情形的内容，不会影响内容的连贯性。

[10]　由 McDonough and Whalen(1995)提出的对非相干二进制 FSK 的 BER 进行推导的标准方法以及 Arthurs and Dym(1962)提出的对 DPSK 的 BER 进行推导的标准方法都用到了 Rice 分布。当对正弦波加上加性高斯噪声以后的包络感兴趣时会遇到这种分布；参考第 4 章对 Rice 分布的讨论。这里给出的推导方法避免了标准方法中面临的复杂问题。

[11]　在 Simon and Divsalar(1992)中对差分相移键控的最优接收机进行了讨论。

[12]　关于解决 AWGN 信道上信号传输的同步问题的计算方法，详细内容可以参考 Mengali 和 D'Andrea(1997)、Meyer 等人(1998)的著作。关于传统同步方法的著作，读者可以参考 Lindsey and Simon(1973)。

第 8 章　在带限信道上发送信号

8.1　引言

在第 7 章中，我们主要针对在信道输出端除 AWGN 外没有其他失真的信道上的信号传输进行了讨论。也就是说，对信道带宽没有加以限制，每比特能量与噪声谱密度的比值 E_b/N_0 是影响接收机性能的唯一因素。然而，实际上每个物理信道不仅是有噪声的，而且还局限于某个有限带宽。因此本章的标题是：在带限信道上发送信号。

这里需要注意的重点是，如果把代表一比特信息的矩形脉冲应用于信道输入，则脉冲的形状在信道输出端将会出现失真。通常情况是，失真脉冲可能包括一个代表原始信息比特的主瓣，并且在主瓣两边还围绕着一个长的旁瓣序列。这两个旁瓣代表信道失真新的来源，它被称为符号间干扰(Intersymbol interference)，这样称呼的原因是它会对信息的相邻比特产生影响。

在符号间干扰和信道噪声之间存在着本质上的区别，可以概括如下：

- 信道噪声是独立于发射信号的，一旦数据传输系统启动，它对带限信道上数据传输的影响就会在接收机输入端表现出来。
- 另一方面，符号间干扰是依赖于信号的(Signal dependent)；只有当发射信号切断以后它才会消失。

在第 7 章中，只考虑了信道噪声本身，以便基本理解它是如何对接收机性能产生影响的。因此，作为本章的后续章节，我们首先考虑符号间干扰的单独影响也是合理的。实际上，可以通过假设 SNR 足够高来忽略信道噪声的影响，从而符合无噪声条件。本章第一部分在信道实际上是“无噪声”的条件下，对带限信道上的信号传输进行了研究。这里的目的在于通过信号设计(Signal design)使符号间干扰的影响降低为零。

本章第二部分关注有噪声的宽带信道。在这种情况下，信道上的数据传输是通过将它分割为许多子信道来解决的，每个子信道的带宽足够窄，以便允许应用第 5 章考虑的香农信息容量定律。这里的目的在于通过系统设计(System design)使通过系统的数据传输率最大化，能够达到物理上可能实现的最高等级。

8.2　匹配滤波器接收机中由于信道噪声产生的差错率

在开始讨论带限信道上的信号传输时，首先确定允许我们将信道视为实际上是“无噪声”信道的工作条件。为此，考虑图 8.1 中的框图，它描绘了以下数据传输情景：一个二进制数据流被应用于噪声信道，其中加性信道噪声 $w(t)$ 用零均值、功率谱密度为 $N_0/2$ 的高斯白噪声模型表示。数据流是基于双极 NRZ 码(Polar NRZ signaling)产生的，其符号 1 和符号 0 分别用幅度为 A、宽度为 T_b 的正矩形脉冲和负矩形脉冲表示。在信号传输区间 $0 \leqslant t \leqslant T_b$ 内，接收信号被定义为

$$x(t) = \begin{cases} +A + w(t), & \text{发送符号 1} \\ -A + w(t), & \text{发送符号 0} \end{cases} \tag{8.1}$$

接收机与发射机同步工作，这意味着位于接收机前端的匹配滤波器对于传输的每个脉冲的开始时刻和结束时刻都是已知的。匹配滤波器后面接着一个采样器(Sampler)，最后是一个判决器(Decision device)。为了使问题变得简单，假设符号 1 和符号 0 的出现是具有相同可能的(等概率假设)；于是

可以把判决器的门限 λ 设置为零。如果超过了该门限，则接收机判决为符号 1；如果没有，则判决为符号 0。在等于门限的情况下可以随机判决为符号 1 或者 0。

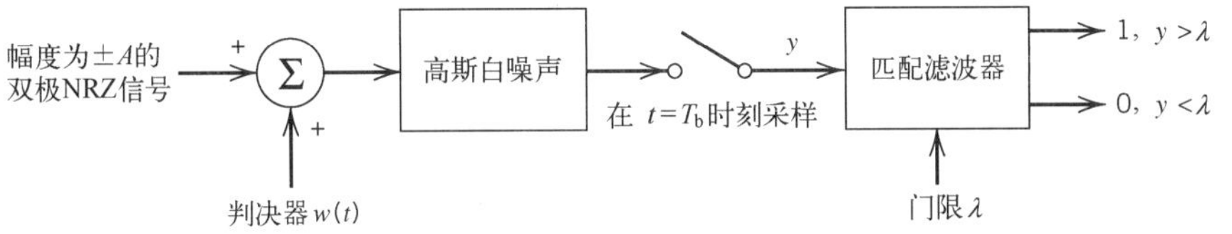

图 8.1　利用双极 NRZ 码的二进制编码数据流基带传输的接收机

按照 7.6 节中给出的关于二进制 PSK 的几何信号空间理论，发射信号星座是由位于$+\sqrt{E_b}$和$-\sqrt{E_b}$的一对消息点构成的。每比特的能量被定义为

$$E_b = A^2 T_b$$

信号空间图的唯一基函数是下面定义的矩形脉冲：

$$\phi(t) = \begin{cases} \sqrt{E_b/T_b}, & 0 \leqslant t \leqslant T_b \\ 0, & \text{其他} \end{cases} \tag{8.2}$$

用数学语言来讲，图 8.1 中体现的信号传输形式等价于二进制 PSK。于是，根据式(7.109)可知，图 8.1 中匹配滤波器接收机产生的平均误符号率可以由下列 Q 函数确定：

$$P_e = Q\left(\sqrt{\frac{2E_b}{N_0}}\right) \tag{8.3}$$

尽管在 AWGN 信道上 NRZ 码的这个结果看起来可能比较特别，但对于二进制数据传输系统而言式(8.3)是成立的，其中符号 1 用一般脉冲 $g(t)$ 表示，符号 0 用$-g(t)$表示，假设 $g(t)$ 包含的能量等于 E_b。这个结论可以根据第 7 章中给出的匹配滤波器理论得到。

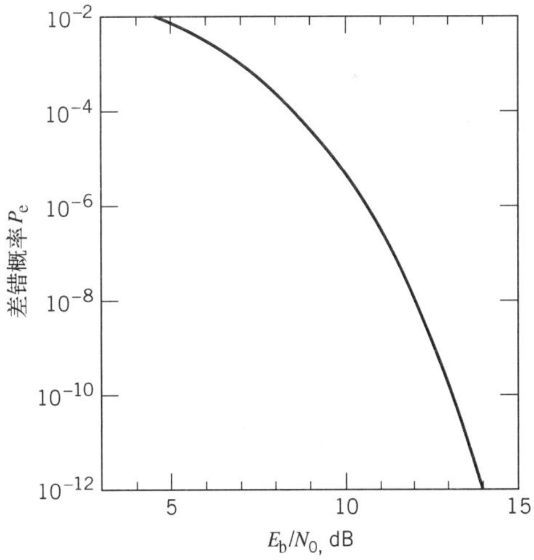

图 8.2　采用图 8.1 中信号传输策略的差错概率

在图 8.2 中，画出了 P_e与无量纲 SNR，即 E_b/N_0之间的曲线关系。从该图中获得的重要信息可以概括如下：

随着 E_b/N_0的增大，图 8.1 中匹配滤波器接收机的平均误符号率 P_e以指数方式改善。

比如，将 E_b/N_0用分贝表示以后，从图 8.2 中可以发现当 $E_b/N_0=10$ dB 时 P_e在 10^{-6}量级。这个 P_e值足够小，可以说信道噪声的影响是可以忽略的。

因此，在本章第一部分讨论带限信道上的信号传输时，假设 SNR E_b/N_0足够大，从而使得符号间干扰成为唯一的干扰源。

8.3　符号间干扰

为了对符号间干扰进行数学讨论，考虑一个基带二进制 PAM 系统，其一般形式如图 8.3 所示。“基带”这个词是指信息承载信号的频谱从零(或者零附近)延伸到某个有限的正频率值。由于输入数据流是基带信号，所以图 8.3 的数据传输系统被称为基带系统(Baseband system)。因此，与第 7 章中讨论的主题不同的是，这里的发射机中没有载波调制，于是在接收机中也不需要考虑载波解调。

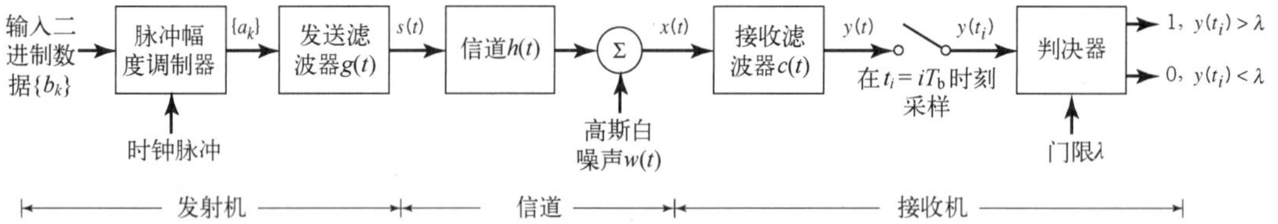

图 8.3 基带二进制数据传输系统

下面讨论离散 PAM 的选择问题，我们指出当对发送功率(Transmit power)和信道带宽(Channel bandwidth)的利用尤其感兴趣时，这种脉冲调制形式是在基带信道上进行数据传输的最有效策略之一。在本节中，我们考虑二进制 PAM 这种简单情形。

重新回到图 8.3，其中脉冲幅度调制器(Pulse-amplitude modulator)将输入二进制数据流$\{b_k\}$变为一个新的短脉冲序列，这种脉冲足够短可以近似为冲激。更具体而言，脉冲幅度a_k可以用下列双极形式表示：

$$a_k=\begin{cases}+1, & b_k \text{ 为符号1}\\ -1, & b_k \text{ 为符号0}\end{cases} \tag{8.4}$$

这样产生的短脉冲序列被应用于一个冲激响应为$g(t)$的发送滤波器(Transmit filter)。于是，发送信号被定义为以下序列

$$s(t)=\sum_k a_k g(t-kT_b) \tag{8.5}$$

式(8.5)是一种线性调制(Linear modulation)形式，它可以用文字表述如下：

对于一个由序列$\{a_k\}$表示的二进制数据流，其中符号为 1 时$a_k=+1$，符号为 0 时$a_k=-1$，它对基脉冲$g(t)$调制(Modulate)以后再线性(Linearly)叠加，从而产生发送信号$s(t)$。

信号$s(t)$经过冲激响应为$h(t)$的信道(Channel)传输以后，自然会受到改变。有噪声的接收信号$x(t)$经过冲激响应为$c(t)$的接收滤波器(Receive filter)，得到的滤波器输出$y(t)$与发射机同步被采样，采样时刻是从接收滤波器输出中提取出来的时钟或者定时信号(Timing signal)决定的。最后，通过判决器利用这样得到的采样序列来重构出原始数据序列。具体而言，如果假设符号 1 和 0 是等概率的，则可以将每个样本的幅度与零值门限进行比较。如果超过了零值门限，判决为符号 1；否则判决为符号 0。如果样本幅度正好等于零值门限，则接收机只需要随机做出判决即可。

除一个无关紧要的比例因子外，现在可以将接收滤波器输出表示为

$$y(t)=\sum_k a_k p(t-kT_b) \tag{8.6}$$

其中，脉冲$p(t)$是待定的。为了更精确，在式(8.6)的脉冲自变量$p(t-kT_b)$中包含了任意的时间延迟t_0，以便表示经过系统后传输时延的影响。为了简化阐述，不失一般性将式(8.6)中的这个时延设置为零；同时还忽略了信道噪声。

脉冲$p(t)$是通过双重卷积得到的，包括发送滤波器的冲激响应$g(t)$、信道冲激响应$h(t)$和接收机的冲激响应$c(t)$，如下所示：

$$p(t)=g(t)\star h(t)\star c(t) \tag{8.7}$$

其中与通常一样，“★”表示卷积。通过令

$$p(0)=1 \tag{8.8}$$

对脉冲$p(t)$进行归一化，这说明采用比例因子来代表信号经过系统传输过程中产生的幅度变化是合理的。

由于时域中的卷积可以转化为频域中的乘积，我们可以利用傅里叶变换将式(8.7)转化为下列

等效形式：

$$P(f) = G(f)H(f)C(f) \tag{8.9}$$

其中，$P(f)$、$G(f)$、$H(f)$和$C(f)$分别是$p(t)$、$g(t)$、$h(t)$和$c(t)$的傅里叶变换。

接收滤波器输出$y(t)$在$t_i = iT_b$时刻被采样，其中i取整数值。于是，可以利用式(8.6)写出

$$\begin{aligned} y(t_i) &= \sum_{k=-\infty}^{\infty} a_k p[(i-k)T_b] \\ &= a_i + \sum_{\substack{k=-\infty \\ k \neq i}}^{\infty} a_k p[(i-k)T_b] \end{aligned} \tag{8.10}$$

在式(8.10)中，第一项a_i表示传输的第i个比特的贡献。第二项表示传输的所有其他比特对第i个比特的译码产生的残余影响(残效)。在采样时刻t_i前面和后面出现脉冲产生的这种残效被称为符号间干扰(或码间干扰，InterSymbol Interference，ISI)。

当不存在 ISI 时——当然也没有信道噪声(根据假设)——我们从式(8.10)中可以发现求和项等于零，因此该等式简化为

$$y(t_i) = a_i$$

这表明在上述理想条件下，对第i个传输比特进行了正确译码。

8.4　无 ISI 的信号设计

本章的主要目的，是在给定信道冲激响应$h(t)$的情况下，对整个脉冲形状$p(t)$进行设计，以便消除 ISI 问题。考虑到这个目标，现在可以将问题表述如下：

> 通过对图 8.3 中整个二进制数据传输系统产生的总体脉冲形状$p(t)$进行构造，使接收机能够准确地重构出应用于发射机的原始数据流。

实际上，在带限信道上的信号传输是没有失真的，因此我们可以把上述脉冲成形需求称为一个信号设计问题(Signal-design problem)。

在下一节中，我们描述了一种信号设计方法，通过对图 8.3 的二进制数据传输系统中重叠脉冲的配置，使得在采样时刻$t_i = iT_b$它们不会在接收机输出端相互干扰。只要完成了原始二进制数据流的重构，在这些采样时刻以外的重叠脉冲显然就不会产生实际影响了。这种设计方法来源于无失真传输准则(Criterion for distortionless transmission)，它是 Nyquist(1928 年)关于电报传输理论提出来的，该理论被提出来以后，直到今天仍然是有效的。

回顾式(8.10)，我们发现为了使带限信道上的二进制数据传输没有 ISI，加权脉冲的贡献$a_k p(iT_b - kT_b)$除了$k=1$，对于所有k值都必须等于零。换句话说，设计的总体脉冲形状$p(t)$必须满足下列需求：

$$p(iT_b - kT_b) = \begin{cases} 1, & i = k \\ 0, & i \neq k \end{cases} \tag{8.11}$$

其中，按照式(8.8)中的归一化条件将$p(0)$设置为 1。满足式(8.11)中两部分条件的脉冲$p(t)$被称为奈奎斯特脉冲(Nyquist pulse)，这个条件本身也被称为二进制基带数据无失真传输的奈奎斯特准则。然而，不存在唯一的奈奎斯特脉冲；相反，存在着很多能够满足式(8.11)中奈奎斯特准则的脉冲模型。在下一节中，我们将描述两种奈奎斯特脉冲，每种脉冲都具有其独自的特性。

8.5　无失真基带数据传输的理想奈奎斯特脉冲

从设计的观点来看，将式(8.11)中的两部分条件转化到频域是更有用的。于是，考虑样本序列

$\{p(nT_b)\}$，其中 $n=0,\pm1,\pm2,\cdots$。根据第 6 章关于采样过程的讨论，我们回忆起在时域中的采样会在频域中产生周期性。特别地，可以写出

$$P_\delta(f) = R_b \sum_{n=-\infty}^{\infty} P(f-nR_b) \tag{8.12}$$

其中，$R_b=1/T_b$是比特率，其单位为比特每秒；式(8.12)左边的 $P_\delta(f)$ 是周期为 T_b 的无限周期 δ 函数序列的傅里叶变换，每个 δ 函数的面积被 $p(t)$ 的各个相应样本值加权。因此，$P_\delta(f)$ 可以表示为

$$P_\delta(f) = \int_{-\infty}^{\infty} \sum_{m=-\infty}^{\infty} [p(mT_b)\delta(t-mT_b)]\exp(-\mathrm{j}2\pi ft)\,\mathrm{d}t \tag{8.13}$$

令整数 $m=i-k$，则 $i=k$ 对应于 $m=0$，类似地 $i\neq k$ 对应于 $m\neq0$。因此，将式(8.11)中的条件施加到式(8.13)的积分中 $p(t)$ 的样本值上，可以得到

$$\begin{aligned} P_\delta(f) &= p(0)\int_{-\infty}^{\infty} \delta(t)\exp(-\mathrm{j}2\pi ft)\,\mathrm{d}t \\ &= p(0) \end{aligned} \tag{8.14}$$

其中，我们利用了 δ 函数的筛选性质。由于根据式(8.8)有 $p(0)=1$，因此从式(8.12)和式(8.14)可以得到，如果

$$\sum_{n=-\infty}^{\infty} P(f-nR_b) = T_b \tag{8.15}$$

则满足零 ISI 的频域条件，其中 $T_b=1/R_b$。现在，可以将频域中的无失真基带传输的奈奎斯特准则[1]表述如下：

只要满足式(8.15)，频率函数 $P(f)$ 就可以消除在 T_b 时刻所得样值的符号间干扰。

注意到 $P(f)$ 是指整个系统，按照式(8.9)它包含了发送滤波器、信道和接收滤波器。

理想奈奎斯特脉冲

满足式(8.15)的最简单方法是指定频率函数 $P(f)$ 为矩形函数形式，如下所示：

$$\begin{aligned} P(f) &= \begin{cases} \dfrac{1}{2W}, & -W<f<W \\ 0, & |f|>W \end{cases} \\ &= \frac{1}{2W}\mathrm{rect}\left(\frac{f}{2W}\right) \end{aligned} \tag{8.16}$$

其中，rect(f)代表以 $f=0$ 为中心的具有单位幅度、单位支集的矩形函数，并且总的基带系统带宽 W 被确定为

$$W = \frac{R_b}{2} = \frac{1}{2T_b} \tag{8.17}$$

根据式(8.16)的解，绝对值超过比特率一半的频率是不需要的。因此，根据第 2 章中表 2.2 的第一个傅里叶变换对，可以发现产生零 ISI 的信号波形是由下列 sinc 函数定义的：

$$\begin{aligned} p(t) &= \frac{\sin(2\pi Wt)}{2\pi Wt} \\ &= \mathrm{sinc}(2Wt) \end{aligned} \tag{8.18}$$

比特率 $R_b=2W$ 这个特殊值被称为奈奎斯特速率(Nyquist rate)，W 自身则被称为奈奎斯特带宽(Nyquist bandwidth)。相应地，式(8.18)中描述的无失真传输的基带脉冲 $p(t)$ 被称为理想奈奎斯特脉冲(Ideal Nyquist pulse)，“理想”是从所需带宽为比特率一半这个意义上讲的。

图 8.4 给出了 $P(f)$ 和 $p(t)$ 的波形。在图 8.4(a)中，画出了频率函数 $P(f)$ 在正频率和负频率处的归一化形式。在图 8.4(b)中，还包含了信号传输区间和对应的中心采样时刻。函数 $p(t)$ 可以被

视为一个通带幅度响应为 $1/2W$、带宽为 W 的理想带通滤波器的冲激响应。函数 $p(t)$ 的峰值在原点位置，并且在比特宽度 T_b 的整数倍位置穿过零点。因此，很明显，如果在 $t=0,\ \pm T_b,\ \pm 2T_b,\cdots$ 时刻对接收波形 $y(t)$ 进行采样，则由 $a_i p(t-iT_b)$ 确定的脉冲（幅度为 a_i、下标为 $i=0,\pm1,\pm2,\cdots$）将不会相互干扰。在图 8.5 中，以二进制序列 1011010 为例对这个条件进行了图示说明。

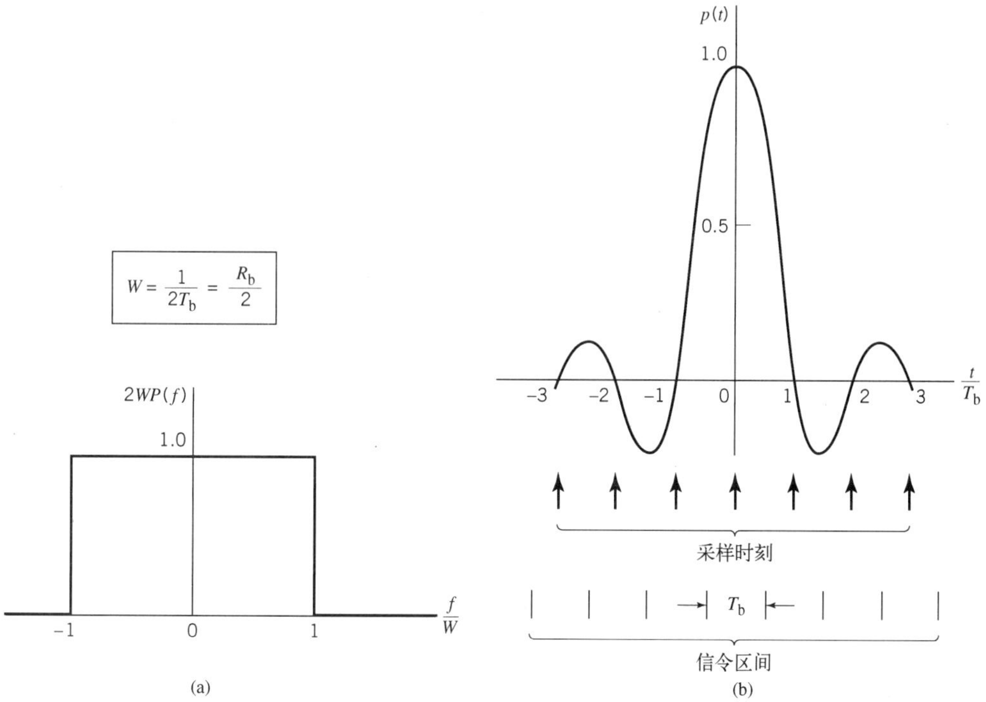

图 8.4　(a) 理想幅度响应；(b) 理想基本脉冲形状

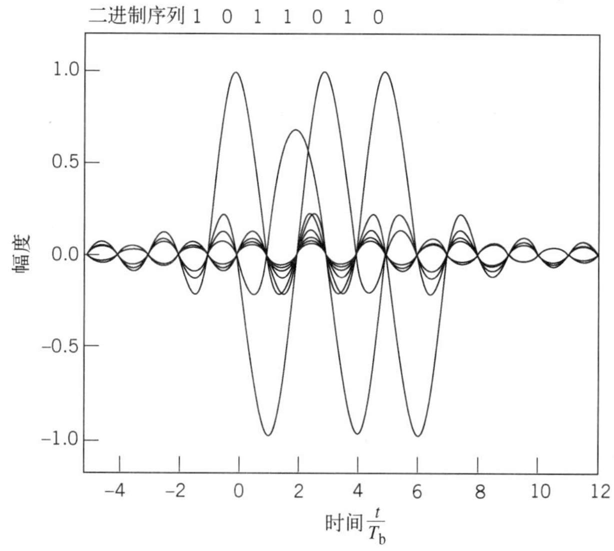

图 8.5　对应于序列 1011010 的一系列 sinc 脉冲

尽管采用理想奈奎斯特脉冲确实能够达到带宽的经济性，因为它以最小的带宽解决了零 ISI 这个问题，但还是存在下列两个信号设计中不希望出现的实际困难：

1. 它要求 $P(f)$ 的幅度特性从 $-W$ 到 $+W$ 范围都是平坦的，而在其他频率则为零。由于在频带边缘±W处需要突然改变，这与第 2 章中讨论的 Paley-Wiener 准则相冲突，所以它在物理上是不可实现的。

2. 脉冲函数$p(t)$在$1/|t|$比较大时会以$|t|$减小，从而导致其衰减速率很慢。这也是由$P(f)$在±W处的非连续性导致的。因此，在接收机中的采样时刻实际上是没有(定时)误差余量的。

为了对上述第 2 点隐含的定时误差的影响进行评估，考虑$y(t)$在$t=\Delta t$时刻的样本，其中Δt为定时误差。为了简化推导过程，我们令正确的采样时刻t_i为零。在没有噪声的情况下，根据式(8.10)中第一行可得

$$\begin{aligned} y(\Delta t) &= \sum_{k=-\infty}^{\infty} a_k p(\Delta t - kT_b) \\ &= \sum_{k=-\infty}^{\infty} a_k \left\{ \frac{\sin[2\pi W(\Delta t - kT_b)]}{2\pi W(\Delta t - kT_b)} \right\} \end{aligned} \tag{8.19}$$

根据定义，有$2WT_b=1$，于是可以将式(8.19)简化为

$$y(\Delta t) = a_0 \operatorname{sinc}(2W\Delta t) + \frac{\sin(2\pi W\Delta t)}{\pi} \sum_{\substack{k=-\infty \\ k\neq 0}}^{\infty} \frac{(-1)^k a_k}{2W\Delta t - k} \tag{8.20}$$

式(8.20)右边第一项确定的是期望符号，而剩下的级数表示在对接收机输出$y(t)$进行采样时定时误差Δt引起的 ISI。遗憾的是，这个级数有可能发散，从而使接收机做出不希望出现的错误判决。

8.6 升余弦谱

通过将带宽从最小值$W=R_b/2$扩展到W和$2W$之间的一个可调值，可以克服理想奈奎斯特脉冲遇到的实际困难。实际上，我们是通过增加信道带宽来换取能够容忍定时误差的更加鲁棒的信号设计方法的。特别地，设计的总体频率响应$P(f)$满足的条件比理想奈奎斯特脉冲的条件更加严格，因为我们在式(8.15)左边只保留了三项求和，并且将感兴趣的频带限制在$[-W, W]$范围内，如下所示：

$$P(f) + P(f-2W) + P(f+2W) = \frac{1}{2W}, \quad -W \leqslant f \leqslant W \tag{8.21}$$

上式右边按照式(8.17)令$R_b=1/2W$。现在，可以设计出满足式(8.21)的多个带限函数。一种特殊的具有多个期望特性的$P(f)$形式是由升余弦(RC)谱(Raised-cosine spectrum)提供的。这种频率响应是由平坦(Flat)部分和具有正弦形式的滚降(Roll-off)部分组成的，如下所示：

$$P(f) = \begin{cases} \dfrac{1}{2W}, & 0 \leqslant |f| < f_1 \\ \dfrac{1}{4W}\left\{1 + \cos\left[\dfrac{\pi}{2W\alpha}(|f| - f_1)\right]\right\}, & f_1 \leqslant |f| < 2W - f_1 \\ 0, & |f| \geqslant 2W - f_1 \end{cases} \tag{8.22}$$

在式(8.22)中，我们引入了一个新频率f_1和无量纲参数α，它们具有下列关系：

$$\alpha = 1 - \frac{f_1}{W} \tag{8.23}$$

参数α通常被称为滚降因子(Roll-off factor)，它表示在理想解W上的超量带宽(Excess bandwidth)。特别地，新的传输带宽被定义为

$$\begin{aligned} B_T &= 2W - f_1 \\ &= W(1+\alpha) \end{aligned} \tag{8.24}$$

在图 8.6(a)中，分别针对 $\alpha=0,0.5$ 和 1，画出了乘以因子 $2W$ 以后的归一化频率响应 $P(f)$。从中可以发现对于 $\alpha=0.5$ 或者 1，频率响应 $P(f)$ 相对于理想奈奎斯特脉冲(即 $\alpha=0$)逐渐滚降，因此在实际中更容易实现。这种滚降的形状像余弦函数，因此命名为“RC 谱”。重要的是，$P(f)$ 关于奈奎斯特带宽 W 呈现出奇对称特性，使之有可能满足式(8.15)中的频域条件。

时间响应 $p(t)$ 当然是频率响应 $P(f)$ 的傅里叶逆变换。因此，将式(8.22)中定义的 $P(f)$ 变换到时域，可以得到

$$p(t) = \operatorname{sinc}(2Wt)\frac{\cos(2\pi\alpha Wt)}{1-16\alpha^2W^2t^2} \tag{8.25}$$

在图 8.6(b)中，画出了 $\alpha=0,0.5$ 和 1 时的时间响应。

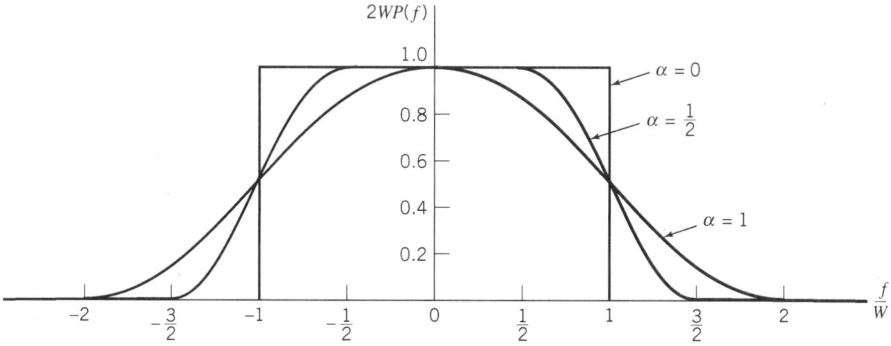

(a) 频率响应

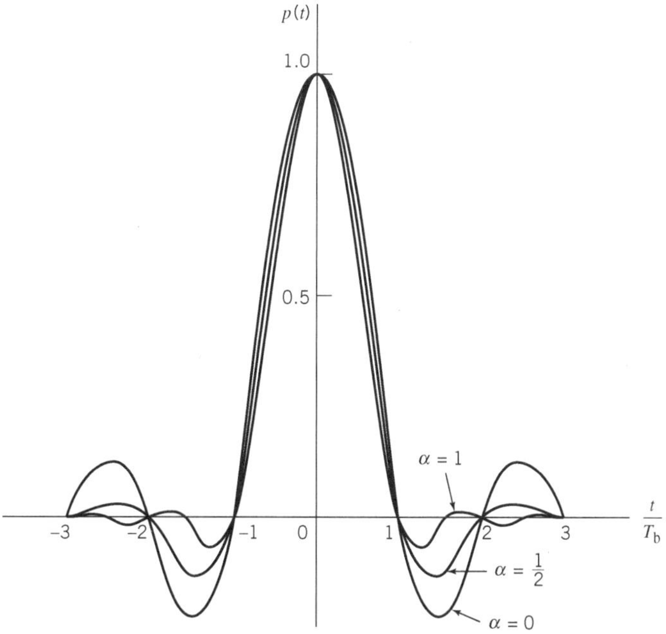

(b) 时间响应

图 8.6　不同滚降因子情况下的响应

时间响应 $p(t)$ 是由两个因子的乘积组成的：因子 $\operatorname{sinc}(2Wt)$ 表征了理想奈奎斯特脉冲，第二个因子当 $1/|t|^2$ 很大时随 $|t|$ 下降。第一个因子确保 $p(t)$ 在期望的采样时刻 $t=iT_b$ 穿过零点，其中 i 为整数(正整数和负整数)。第二个因子使脉冲的尾部大大减小，低于理想奈奎斯特脉冲得到的尾部，因此利用这种脉冲传输二进制数据对采样的定时误差相对不敏感。实际上，当 $\alpha=1$ 时我们得到最平缓的滚降，因为 $p(t)$ 的振荡尾部的幅度是最小的。因此当滚降因子 α 从零增加到 1 时，由定时误差产生的 ISI 会逐渐降低。

$\alpha=1$(即 $f_1=0$)这种特殊情形被称为全余弦滚降(Full-cosine roll-off)特性，此时式(8.22)中的频率响应简化为

$$P(f)=\begin{cases}\dfrac{1}{4W}\left[1+\cos\left(\dfrac{\pi f}{2W}\right)\right], & 0<|f|<2W\\ 0, & |f|\geqslant 2W\end{cases} \tag{8.26}$$

对应地，时间响应 $p(t)$ 也简化为

$$p(t)=\frac{\text{sinc}(4Wt)}{1-16W^2t^2} \tag{8.27}$$

式(8.27)中的时间响应表现出下列两个有趣特性：

1. 在 $t=+T_b/2=\pm1/4W$ 时刻，有 $p(t)=0.5$。也就是说，在其幅度值一半的地方测量得到的脉冲宽度正好等于比特宽度 T_b。
2. 除在采样时刻 $t=\pm3T_b/2$，$\pm5T_b/2$ 处具有通常的过零点外，在 $t=\pm T_b$，$\pm2T_b,\cdots$时刻也具有过零点现象。

上述两个特性对于从接收信号中提取出用于同步的定时信息(Timing information)是极其有用的。然而，得到这种期望特性所付出的代价是，它所利用的信道带宽是 $\alpha=0$ 时理想奈奎斯特信道所需带宽的两倍；简单地说，从来“没有免费的午餐”。

▷

例 1 升余弦脉冲的 FIR 模型

在本例中，利用有限冲激响应(FIR)滤波器(Finite-duration impulse response filter)，也被称为抽头延迟线(TDL)滤波器(Tapped-delay-line filter)来作为升余弦(RC)滤波器的模型；这两个提法是可以交换使用的。由于 FIR 滤波器在离散时间域工作，因此需要考虑下列两个时间标度(Time-scales)：

1. 将应用于 FIR 模型的输入信号 $a(t)$ 进行离散化处理，因此写出

$$n=\frac{t}{T} \tag{8.28}$$

其中，T 是图 8.7 所示 FIR 模型中的采样周期。在此模型中的抽头输入被记为 $a_n,a_{n-1},\cdots,a_{n-l},\cdots,a_{n-2l+1},a_{n-2l}$，对于整数 l，它的宽度为 $2lT$。注意到图 8.7 中的 FIR 模型是关于中间点 a_{n-l} 对称的，这满足 RC 脉冲的对称结构。

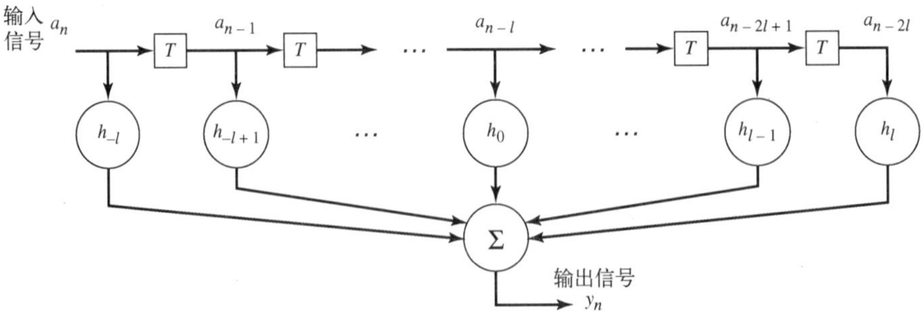

图 8.7 线性时不变系统的 TDL 模型

2. 将 RC 脉冲 $p(t)$ 进行离散化处理，因此有

$$m=\frac{T_b}{T} \tag{8.29}$$

其中，T_b 是比特宽度。

为了对 RC 脉冲正确地建模，模型采样率 $1/T$ 必须高于比特率 $1/T_b$。因此，式(8.29)中定义的整数 m 必须大于 1。在对 m 指定适当值的时候，必须牢记在模型精度(需要选取大的 m 值)和计算

复杂度(更倾向于选取小的 m 值)之间进行综合考虑(折中)。

在任何情况下，利用式(8.17)、式(8.28)和式(8.29)，可以得到乘积

$$Wt = \frac{n}{2m} \tag{8.30}$$

然后将该结果代入式(8.25)，可以得到 RC 脉冲的下列离散化形式：

$$p_n = \mathrm{sinc}(n/m)\left[\frac{\cos(\pi\alpha n/m)}{1-4\alpha^2(n/m)^2}\right], \qquad n = 0, \pm1, \pm2, \cdots \tag{8.31}$$

按照式(8.31)中定义离散化 RC 脉冲 p_n 的方法，会面临下列两个计算上的困难：

1. 随着 n 的增加，脉冲 p_n 的值仍然不确定。
2. 这个脉冲还是非因果类型的，因为图 8.7 中的输出信号 y_n 是在输入 a_n 应用于 FIR 模型以前产生的。

为了克服第一个困难，我们对 p_n 进行截尾，使它只占有限的宽度 $2lT$(l 是某个预先指定的整数)，这确实也是图 8.8 中采用的做法。为了消除第二个非因果问题，取 $T>T_b$，比值 n/m 必须由 $(n/m)-l$ 代替。这样处理以后，截尾因果 RC 脉冲具有下列改进形式：

$$p_n = \begin{cases} \mathrm{sinc}\left(\dfrac{n}{m}-l\right)\left\{\dfrac{\cos\left[\pi\alpha\left(\dfrac{n}{m}-l\right)\right]}{1-4\alpha^2\left(\dfrac{n}{m}-l\right)^2}\right\}, & -l \leqslant n \leqslant l \\ 0, & \text{其他} \end{cases} \tag{8.32}$$

其中，分配给整数 l 的值是由我们对截尾序列 $\{p_n\}_{n=-l}^{l}$ 的期望长度来决定的。

在得到期望的公式(8.32)作为 RC 脉冲 $p(t)$ 的 FIR 模型以后，图 8.8 针对下列技术要求画出了这个公式的图形[2]：

RC 脉冲的采样，$T=10$

RC 脉冲的比特宽度，$T_b=1$

每比特的 FIR 样本数量，$m=10$

RC 脉冲的滚降因子，$\alpha=0.32$

从图 8.8 中有下列两点值得注意：

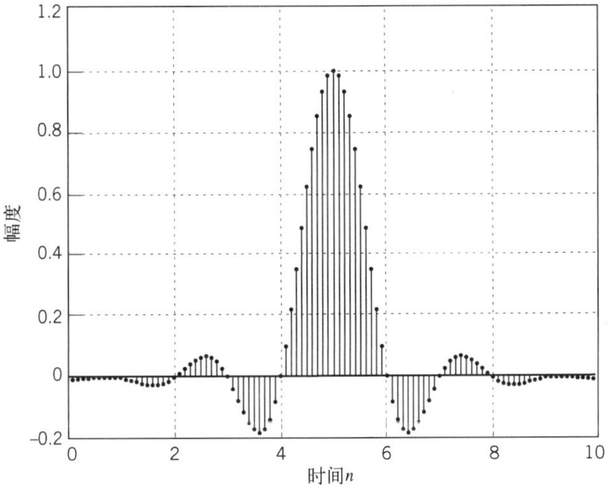

图 8.8　利用 TDL 计算出的离散化 RC 脉冲

1. 长度为 $2l-10$ 的截尾因果 RC 脉冲 p_n 关于中间点 $n=5$ 是对称的。

2. 在比特宽度 T_b 的整数倍位置，p_n 恰好等于零。

上述两点再次完全证实了我们关于图 8.6(b) 中画出的 RC 脉冲 $p(t)$ 的结论和期望它具有的性质。

8.7 平方根升余弦谱

一种更加复杂的脉冲成形类型是采用平方根升余弦(SRRC)谱[3]而不是式(8.22)中传统的 RC 谱。特别地，现在把基本脉冲的谱用这个等式右边的平方根来定义。因此，利用下列三角恒等式：

$$\cos^2\theta = \frac{1}{2}(1+\cos 2\theta)$$

其中对于目前的问题，角度取为

$$\theta = \frac{\pi}{2W\alpha}(|f|-f_1) = \frac{\pi}{2W\alpha}[|f|-W(1-\alpha)]$$

为了避免混淆，我们采用 $G(f)$ 来表示 SRRC 谱，因此可以写出

$$G(f) = \begin{cases} \dfrac{1}{\sqrt{2W}}, & 0 \leqslant |f| \leqslant f_1 \\ \dfrac{1}{\sqrt{2W}}\cos\left\{\dfrac{\pi}{4W\alpha}[|f|-W(1-\alpha)]\right\}, & f_1 \leqslant |f| < 2W-f_1 \\ 0, & |f| \geqslant 2W-f_1 \end{cases} \tag{8.33}$$

其中与前面一样，滚降因子 α 还是按照式(8.23)的方法，采用频率参数 f_1 和带宽 W 来定义。

现在，如果发射机包括传输函数由式(8.33)定义的预调制滤波器(Pre-modulation filter)，并且接收机包括一个同样的后调制滤波器(Post-modulation filter)，则在理想条件下，总体脉冲波形将具有平方谱 $G^2(f)$，这是正规的 RC 谱。实际上，通过采用式(8.33)中的 SRRC 谱 $G(f)$ 作为脉冲形状，从总的发射机-接收机意义上讲我们将得到 $G^2(f)=P(f)$。在此基础上，可发现比如在无线通信中，如果信道同时受到衰落和 AWGN 的影响，并且按照这里描述的方法把脉冲成形滤波同等分割到发射机与接收机上，则实际上接收机会使输出 SNR 在采样时刻达到最大。

式(8.33)的傅里叶逆变换定义了 SRRC 成形脉冲

$$g(t) = \frac{\sqrt{2W}}{1-(8\alpha Wt)^2}\left\{\frac{\sin[2\pi W(1-\alpha)t]}{2\pi Wt} + \frac{4\alpha}{\pi}\cos[2\pi W(1+\alpha)t]\right\} \tag{8.34}$$

这里需要注意的重点是，式(8.34)中的 SRRC 成形脉冲 $g(t)$ 与式(8.25)中的传统 RC 成形脉冲是完全不同的。特别地，新成形脉冲具有的突出特点是它满足在 T 平移情况下的正交约束条件(Orthogonality constraint under T-shifts)，可以描述为

$$\int_{-\infty}^{\infty} g(t)g(t-nT)\,\mathrm{d}t = 0, \quad n=\pm1,\pm2,\cdots \tag{8.35}$$

其中，T 是符号宽度。然而，新的脉冲 $g(t)$ 具有与传统 RC 脉冲完全相同的超量带宽。

然而同样重要的是，注意到尽管增加了正交性质，但式(8.34)中的 SRRC 成形脉冲缺乏式(8.25)中定义的传统 RC 成形脉冲所具有的过零点性质。

在图 8.9(a)中，分别以滚降因子 $\alpha=0,0.5,1$ 画出了 SRRC 谱 $G(f)$；对应的时域图如图 8.9(b)所示。当 α 不为零时，它们与图 8.6 中的图形自然是不同的。下面的例子将利用 SRRC 成形脉冲得到的具体二进制序列波形与利用正规 RC 成形脉冲得到的对应波形进行比较。

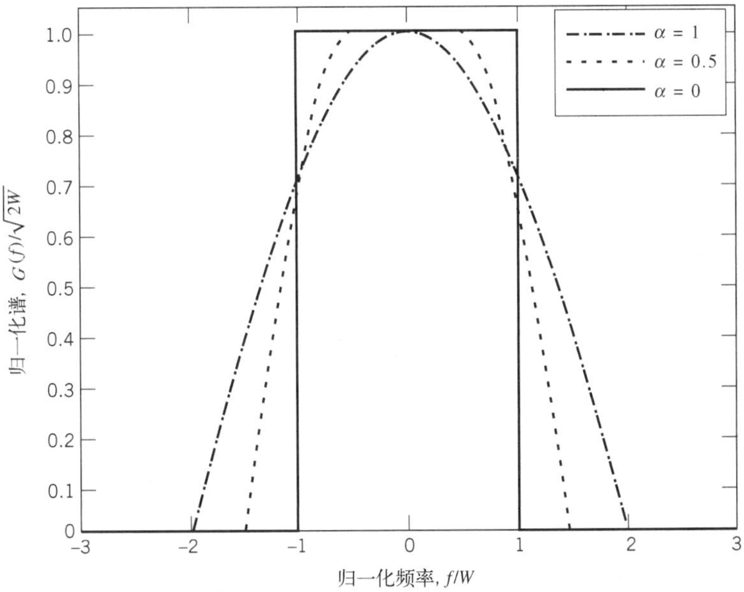

(a)

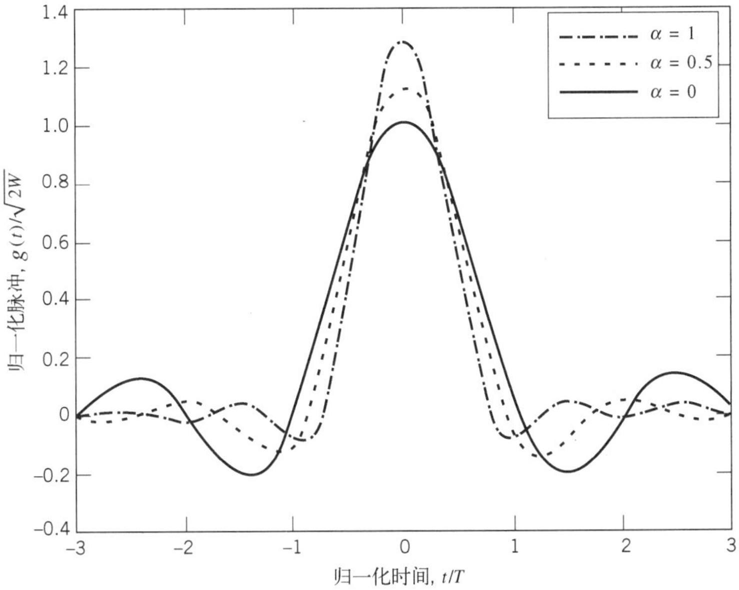

(b)

图 8.9　(a)SRRC 谱 $G(f)$；(b)SRRC 脉冲 $g(t)$

例 2　SRRC 和 RC 之间的脉冲成形比较

采用滚降因子 $\alpha=0.5$ 时式(8.34)中的 SRRC 成形脉冲 $g(t)$，要求画出二进制序列 01100 的波形，并且将它与采用相同滚降因子时式(8.25)中的传统 RC 成形脉冲 $p(t)$ 得到的对应波形进行比较。

采用式(8.34)中的 SRRC 成形脉冲 $g(t)$，将它乘以“+”号表示二进制符号 1，乘以“-”号表示二进制符号 0，对于序列 01100 我们得到了图 8.10 中虚线所示的脉冲串。图中实线所示的脉冲串对应于采用式(8.25)中的传统 RC 脉冲 $p(t)$ 得到的波形。该图清晰地表明，SRRC 波形比传统 RC 波形具有更大的动态范围，这个特点可以将两者区别开来。

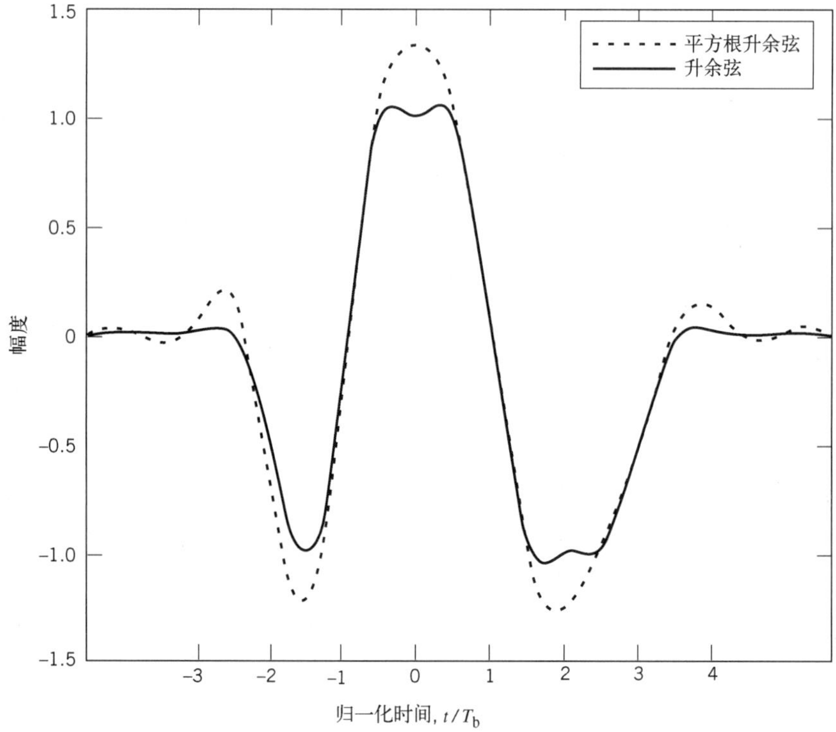

图 8.10 对于序列 01100 的两个脉冲串，一个是采用正规 RC 脉冲得到的（实线所示），另一个则是采用SRRC脉冲得到的（虚线所示）

例 3 平方根升余弦脉冲的 FIR 模型

在本例中，我们对式(8.34)中描述的 SRRC 脉冲的 FIR 模型进行讨论。具体而言，采用与例 1 中 RC 脉冲 $p(t)$ 采用的类似方法，重点关注截尾和非因果问题。这是通过对 SRRC 脉冲 $g(t)$ 进行离散化处理，然后用无量纲参数 $(n/m)-l$ 代替式(8.34)中的 Wt 来完成的。于是，可以得到如下序列：

$$g_n=\begin{cases}\dfrac{4\alpha}{\pi\sqrt{T_b}}\dfrac{\left[\dfrac{\sin\left[\pi(1-\alpha)\left(\dfrac{n}{m}-l\right)\right]}{4\alpha\left(\dfrac{n}{m}-l\right)}+\cos\left[\pi(1+\alpha)\left(\dfrac{n}{m}-l\right)\right]\right]}{1-16\alpha^2\left(\dfrac{n}{m}-l\right)^2}, & -l\leqslant n\leqslant l\\ 0, & \text{其他}\end{cases}\tag{8.36}$$

根据定义，SRRC 脉冲 $g(t)$ 的傅里叶变换等于 RC 脉冲 $p(t)$ 的傅里叶变换的平方根，因此我们可以得出下列结论：

将式(8.36)定义的两个相同的 FIR 滤波器级联，实质上等效于一个 TDL 滤波器，根据式(8.25)可知这个滤波器表现出符号间干扰为零的性质。

这里我们说“实质上”是考虑到对式(8.32)和式(8.36)进行了截尾处理。在实际中，当采用 SRRC 脉冲作为在带限信道上的“无 ISI”基带数据传输时，需要把一个 FIR 滤波器放在发射机中，而把另一个放在接收机中。

在结束本例时，我们采用与图 8.8 中 RC 序列 p_n 采用的相同值，在图 8.11(a)中画出了式(8.36)的 SRRC 序列 g_n 的波形。图 8.11(b)显示了将图 8.11(a)中的序列与 g_n（即它自身）进行卷积以后得到的结果。

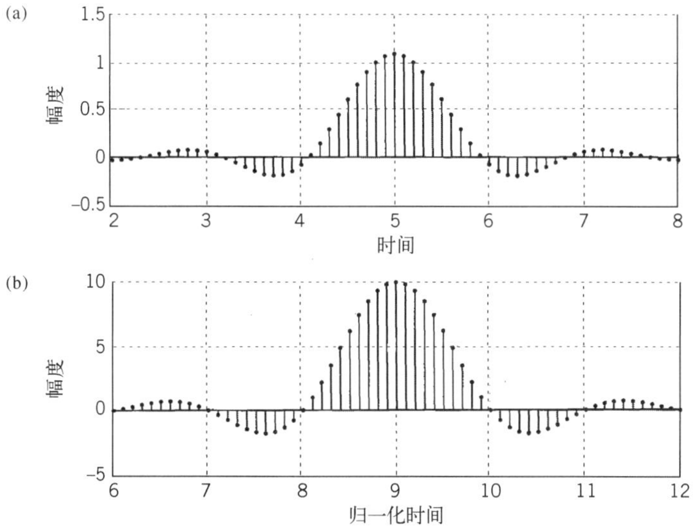

图 8.11　(a)利用 FIR 模型计算出的离散 SRRC 脉冲；(b)将(a)中脉冲与其自身卷积以后得到的离散脉冲

图 8.11 中有两点值得注意：

1. SRRC 序列 g_n 的过零点不是在比特宽度 T_b 的整数倍时刻出现的，这是所期望的。
2. 在图 8.11(b)中画出的序列实质上与 RC 序列 p_n 是等效的，其过零点确实出现在比特宽度的整数倍时刻，它们也应该如此。

8.8　后处理技术：眼图

如果不讨论后处理(Post-processing)思想，则对带限信道上信号传输的研究是不完善的，这种思想的实质是通过对所给数据集的处理，可以提供对数据的视觉理解(Visual interpretation)而不仅仅是用数值列表形式来表示数据。为了举例说明，考虑在 AWGN 信道上工作的数字调制方法的 BER 公式，它们在第 7 章的表 7.7 中进行了归纳。在图 7.47 中给出了这些方法的图形曲线，通过把各自的 BER 随不同 E_b/N_0 的变化作为性能度量，可以直接比较出各种不同调制方法的性能。也就是说，从图形中可以得到很多发现，通过计算是很方便产生这些图形的。

然而，本节的主要目的是描述一种经常采用的后处理器，即眼图，它尤其适合于对数字通信系统进行实验研究。

眼图(Eye pattern，也称为 Eye diagram)是针对在门限判决以前的接收滤波器输出中出现的失真波形，通过将其连续符号间隔内的波形(尽可能多地)进行同步叠加产生的。为了举例说明，考虑图 8.12(a)所示的失真但是无噪声波形。在图 8.12(b)中，将 8 个二进制符号间隔内的波形相应地进行同步叠加。得到的显示图称为“眼图”，因为它看起来像人的眼睛。由此类推，眼图的内部称为眼图开启度(Eye opening)。

只要加性信道噪声不是太大，则眼图就可以很清晰地呈现出来，从而可以在示波器上通过实验进行研究。将所研究的波形应用到示波器的偏转板，其时基电路以同步模式工作。从实验观点来看，眼图可以提供下列两个令人关注的优点：

- 眼图的产生过程很简单。
- 眼图可以提供大量关于数据传输系统特征的丰富信息。因此，广泛把眼图作为数据传输系统在物理信道上传输数据序列任务完成好坏的视觉指示器。

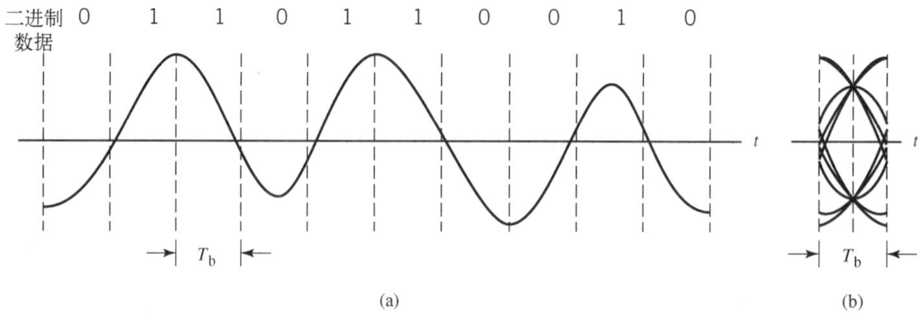

图 8.12 (a)二进制数据序列及其波形；(b)对应的眼图

定时特性

在图 8.13 中，显示了失真但是没有噪声的二进制数据的一般眼图。代表时间的水平轴包含了从$-T_b/2$ 到 $T_b/2$ 的符号区间，其中 T_b为比特宽度。从这个图中，可以推断出与二进制数据传输系统有关的三个定时特性，这里以 PAM 系统为例：

1. 最优采样时刻(Optimum sampling time)。眼图开启的宽度确定了一个时间区间，在此区间上对 PAM 系统中接收滤波器输出端出现的失真二进制波形进行均匀采样而不会产生判决错误。显然，最优采样时刻是指眼图开启最宽的时刻。

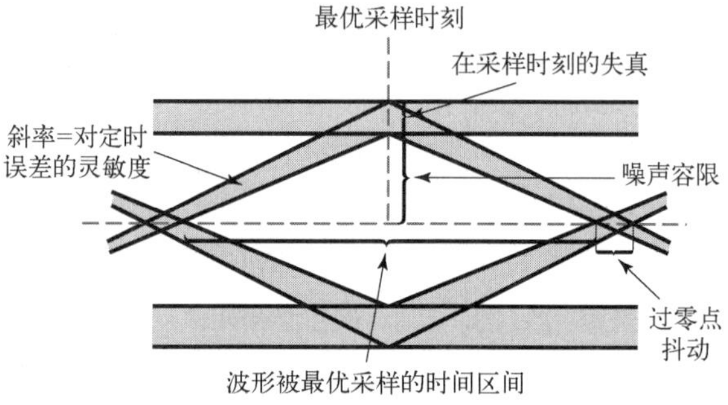

图 8.13 对基带二进制数据传输系统眼图的解释

2. 过零点抖动(Zero-crossing jitter)。在实际中，定时信号(用于接收机与发射机的同步)是从接收滤波器输出端产生波形的过零点提取出来的。在这种同步方式中，过零点中总是会存在不规则性，这反过来会产生抖动，从而导致非最优采样时刻。
3. 定时灵敏度(Timing sensitivity)。另一个与定时有关的特性是 PAM 系统对定时误差(Timing error)的灵敏度。这种灵敏度是由眼图随采样时间变化的关闭速度来决定的。

在图 8.13 中，指出了如何从眼图中估量出系统的这三个定时特性(以及其他的重要特性)。

符号间干扰的峰值失真

从此以后，我们假设对理想信号的幅度按比例调整，使之范围在-1～+1 以内。然后可以发现在没有信道噪声的情况下，眼图开启度具有下列两个极端值：

1. 眼图开启度为 1[4]，这对应于零 ISI 的情况。
2. 眼图开启度为 0，这对应于眼图完全关闭的情况。

当符号间干扰的影响非常严重，使眼图中上面的某些迹线与下面的迹线交叉时会出现这两种极端情况。

即使信道没有受到噪声的影响，接收机也确实有可能做出错误的判决。通常而言，眼图开启度达到 0.5 或者更高就可以认为能够实现可靠的数据传输了。

在噪声环境下，最优采样时刻的眼图开启程度提供了一种对加性信道噪声工作余量的测度。如图 8.13 所示，这种测度被称为噪声容限(Noise margin)。

根据上述讨论，很明显眼图开启度在系统性能评估中具有重要地位，因此有必要给出眼图开启度的正式定义。为此，我们定义如下：

$$眼图开启度 = 1 - D_{peak} \tag{8.37}$$

其中，D_{peak}表示一种新的准则，它被称为峰值失真(Peak distortion)。这里，峰值失真是一种用于评估 ISI 对数据传输系统性能(即差错率)的影响在最坏情况(Worst-case)下的准则。眼图开启度与峰值失真之间的关系如图 8.14 所示。由于眼图开启度是无量纲的，因此峰值失真也没有量纲。为了强调这一点，我们把眼图开启度的两个极端值转化为：

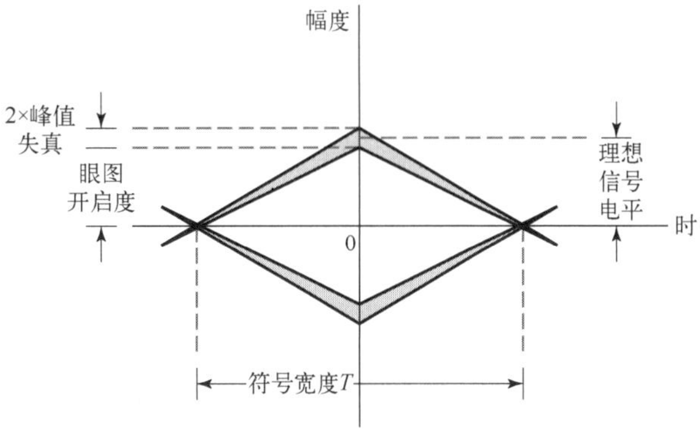

图 8.14　峰值失真与眼图开启度之间的关系。备注：理想信号的电平被按比例调整到-1～+1范围内

1. 零峰值失真(Zero peak distortion)，当眼图开启度为 1 时出现这种情况。

2. 峰值失真为 1(Unity peak distortion)，当眼图完全关闭时出现这种情况。

在得到上述结果以后，我们给出下列定义：

峰值失真是对于所有可能的发送序列产生的符号间干扰的最大值，这个最大值除以一个归一化因子，该因子等于相应信号电平的绝对值，以便达到零符号间干扰的理想情况。

回顾式(8.10)，上述定义中体现的两个要素被定义如下：

1. 接收滤波器输出中的理想信号分量由式(8.10)中的第一项，即 a_i所定义，其中 a_i是第 i 个编码符号，并且每比特发送信号能量为 1。
2. 符号间干扰由第二项定义，即

$$\sum_{\substack{k=-\infty \\ k \neq i}}^{\infty} a_k p_{i-k} \tag{8.38}$$

其中，p_{i-k}代表 $p[(i-k)T_b]$这一项。当每个编码符号 a_k具有与 p_{i-k}相同的代数符号时，这个求和出现最大值。于是有

$$最大的ISI = \sum_{\substack{k=-\infty \\ k \neq i}}^{\infty} |p_{i-k}| \tag{8.39}$$

因此，根据峰值失真的定义，可得到下列期望的公式：

$$D_{peak} = \sum_{\substack{k=-\infty \\ k \neq i}}^{\infty} |p_{i-k}| \tag{8.40}$$

其中，对于所有 $i=k$ 都有 $p_0=1$。注意到根据信号幅度为-1～+1 范围的假设，我们把二进制符号的发送信号能量按比例调整为 1。

究其本质而言，峰值失真是噪声信道上数据传输在最坏情况下的准则。眼图开启度规定了最小可能的噪声容限。

M 进制传输的眼图

根据定义，一个 M 进制数据传输系统在发射机中采用 M 个编码符号，而在接收机中采用 $M-1$ 个门限。相应地，M 进制数据传输系统的眼图包含了逐个重叠在一起的 $M-1$ 个眼图开启度。门限被定义为从一个眼图开启度变化到相邻眼图开启度时的幅度转换电平。当编码符号全部等概率时，门限将会彼此相等。

在真正传输随机数据序列的严格线性数据传输系统中，所有 $M-1$ 个眼图开启度都是相等的。然而，实际上经常可能在 M 进制数据传输系统的眼图中发现不对称现象，这是由通信信道中的非线性特性或者系统中其他对失真敏感的部分引起的。

例 4 二进制和四进制系统的眼图

在图 8.15(a)和图 8.15(b)中，分别画出了利用 $M=2$ 和 $M=4$ 的基带 PAM 传输系统的眼图。信道没有带宽限制，采用的信源符号是从随机数产生器得到的，并且两种情形中都采用 RC 脉冲。产生这些眼图的系统参数是：比特率为 1 Hz，滚降因子 $\alpha=0.5$。对于图 8.15(a)中 $M=2$ 的二进制情形，符号宽度 T 与比特宽度 T_b 是相同的，$T_b=1$ s。对于图 8.15(b)中 $M=4$ 的情形，我们有 $T=T_b\log_2 M=2T_b$。在两种情形中，我们发现眼睛都是张开的，这表明系统能够完全可靠地工作，“完全可靠”是在 ISI 为零的意义上讲的。

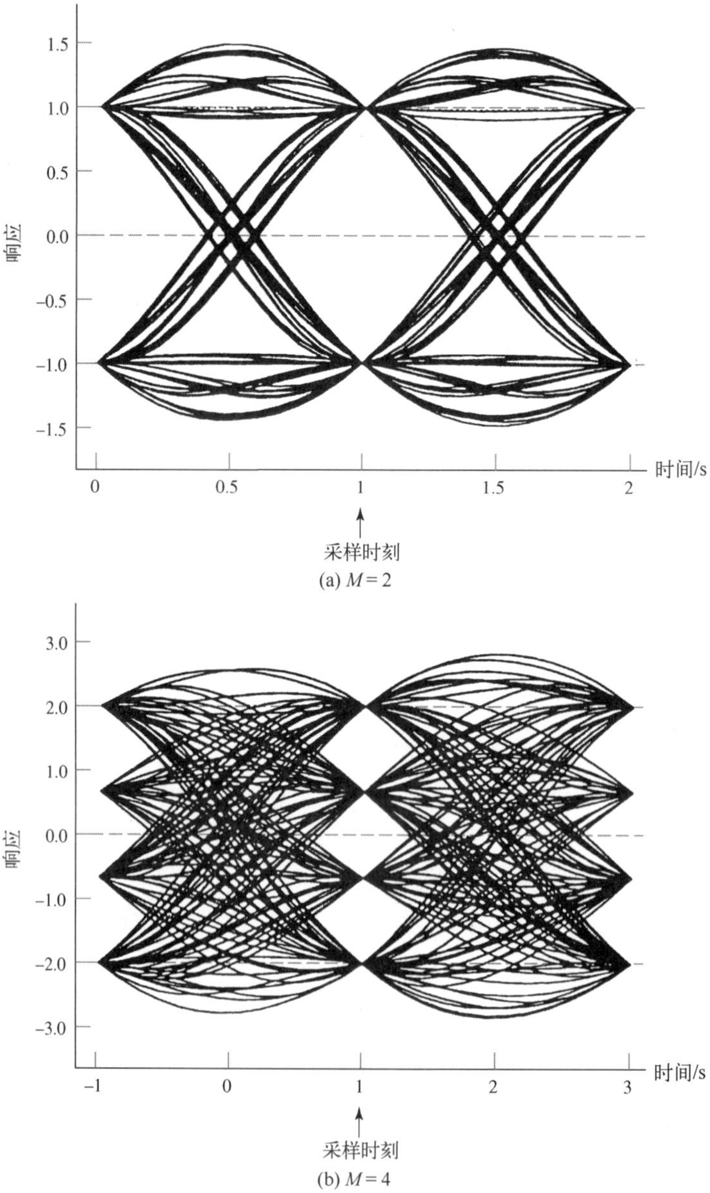

图 8.15 没有带宽限制时接收信号的眼图

在图 8.16 中，显示了利用前面相同系统参数得到的这两个基带脉冲传输系统的眼图，但这里是在带宽受限条件下得到的。特别地，现在的信道模型用低通 Butterworth 滤波器来表示，其频率响应被定义为

$$|H(f)| = \frac{1}{1+(f/f_0)^{2N}}$$

其中，N 是滤波器的阶数，f_0是滤波器的 3 dB 截止频率。对于图 8.16 中显示的结果，用到了下列滤波器参数值：

$$N = 3,\ \ f_0 = 0.6\ \text{Hz},\ \ \text{二进制 PAM}$$
$$N = 3,\ \ f_0 = 0.3\ \text{Hz},\ \ 4\ \text{PAM}$$

对于二进制 PAM 系统，滚降因子 $\alpha = 0.5$，奈奎斯特带宽 $W = 0.5\,\text{Hz}$，利用式(8.24)确定 PAM 传输系统的传输带宽为

$$B_T = 0.5(1+0.5) = 0.75\ \text{Hz}$$

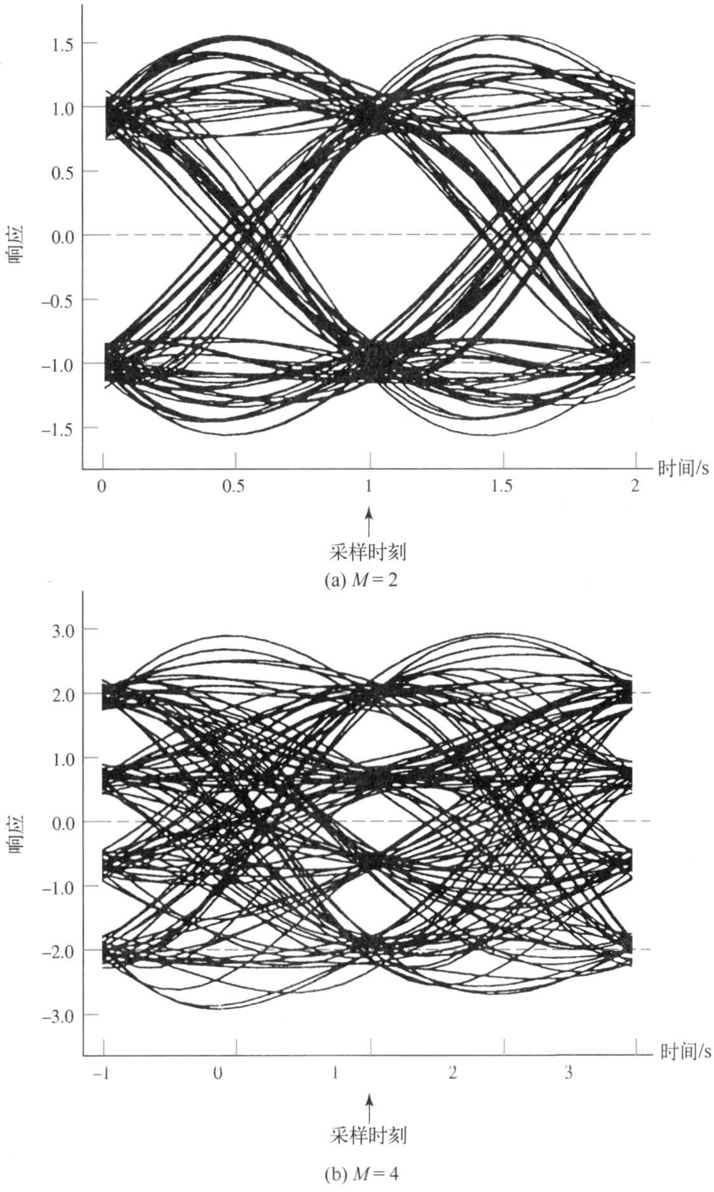

图 8.16　利用带宽受限信道产生的接收信号的眼图

尽管信道带宽截止频率大于完全必要的值，但是当眼图开启度减小时可以观察到它对通带的影响。与图 8.15 中显示的在 $t=1$ s 时刻的清晰值不同，现在存在一个模糊区域。如果信道带宽进一步减小，则眼图开启度甚至会减小更多，直到最后不能清晰地识别出眼图开启度为止。

8.9 自适应均衡

在本节中，我们介绍一种简单而有效的自适应均衡算法，它是针对具有未知特征的线性信道提出来的。图 8.17 给出了一种自适应同步均衡器的结构，它包含匹配滤波功能。用于调整均衡器系数的算法假定可以利用期望响应。人们对能够获得发送信号副本的第一个反应是：如果接收机能够获得这个信号，为什么我们还需要自适应均衡呢？为了回答这个问题，首先注意到典型的电话信道在平均数据呼叫期间的变化是很小的。因此，在数据传输之前，均衡器在经信道传输的训练序列(Training sequence)指导下被调整。这个训练序列的同步形式是在接收机中产生的(在经过一个等于信道传输时延的时移以后)，它被应用于均衡器作为期望响应。在实际中经常采用的训练序列是伪噪声(PN)序列(PseudoNoise sequence)，它是由具有类似噪声特征的确定性周期序列组成的。需要采用两个相同的 PN 序列产生器，一个在发射端而另一个在接收端。在训练过程结束以后，PN 序列产生器就被关闭，自适应均衡器准备正常的数据传输。在附录 J 中对 PN 序列产生器进行了详细描述。

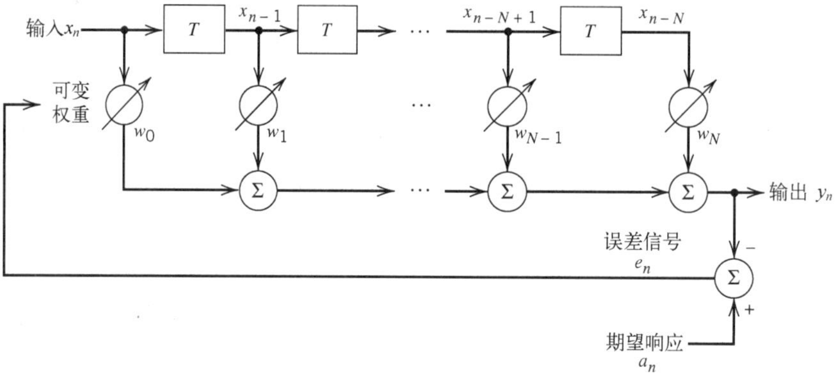

图 8.17　采用可调整 TDL 滤波器的自适应均衡器框图

最小均方算法(再次讨论)

为了简化符号，令

$$x_n = x(nT)$$

$$y_n = y(nT)$$

于是，抽头延迟线(TDL)均衡器对输入序列$\{x_n\}$的响应输出 y_n可以用下列离散卷积求和得到(参见图 8.17)：

$$y_n = \sum_{k=0}^{N} w_k x_{n-k} \tag{8.41}$$

其中，w_k是第 k 个抽头的权重，$N+1$ 是抽头总数。抽头权重构成了自适应均衡器的系数。假设输入序列 x_n具有有限能量。在图 8.17 中，所采用的均衡器权重符号与在图 6.17 中采用的对应符号不同，这是为了强调图 8.17 中的均衡器还包含匹配滤波器这一事实。

在实现自适应处理的过程中，首先在采样时刻观察均衡器输出端期望脉冲形状与真实脉冲形状之间的误差，然后利用该误差估计均衡器抽头权重应该改变的方向，以便接近最优值。为了自适应处理，可以采用基于峰值失真最小化的准则，峰值失真被定义为在均衡器输出中最坏情况下的符号间干扰。只有当均衡器输入中的峰值失真小于 100%(即符号间干扰不是太严重)时，这样设计的均衡器才是最优的。一种更好的方法是采用均方误差准则，它在应用中更加普遍，并且基于均方误差(MSE)准则(Mean-Square Error criterion)的自适应均衡器对定时扰动的敏感性比基于峰值失真准则的均衡器更低。因此，下面采用 MSE 准则推导自适应均衡算法。

令 a_n 表示期望响应(Desired response)，它被定义为发送的第 n 个二进制符号的极化表示。令 e_n 表示误差信号(Error signal)，它被定义为均衡器的期望响应 a_n 与真实响应 y_n 之间的差值，如下所示：

$$e_n = a_n - y_n \tag{8.42}$$

在自适应均衡的最小均方(LMS)算法(Least-Mean-Square algorithm)中，当算法从一次迭代到下一次迭代时，根据误差信号 e_n 对均衡器的各个抽头权重进行调整。在 6.7 节中，给出了实现自适应预测的 LMS 算法的推导过程。将式(6.85)重新表示为其最一般的形式，我们可以用语言将 LMS 算法的这个公式表述如下：

$$\begin{pmatrix}\text{第}k\text{个抽头权}\\\text{重的更新值}\end{pmatrix} = \begin{pmatrix}\text{第}k\text{个抽头权}\\\text{重的原来值}\end{pmatrix} + \begin{pmatrix}\text{步长}\\\text{参数}\end{pmatrix}\begin{pmatrix}\text{第}k\text{个抽头权}\\\text{重的输入信号}\end{pmatrix}\begin{pmatrix}\text{误差}\\\text{信号}\end{pmatrix} \tag{8.43}$$

令 μ 表示步长参数。从图 8.17 中我们发现在时间步 n 时第 k 个抽头权重的输入信号为 x_{n-k}。因此，采用 $\hat{w}_k(n)$ 作为在时间步 n 时第 k 个抽头权重的原来值，根据式(8.43)可以得到在时间步 $n+1$ 时这个抽头权重的更新值为

$$\hat{w}_{k,n+1} = \hat{w}_{k,n} + \mu x_{n-k} e_n, \qquad k = 0, 1, \cdots, N \tag{8.44}$$

其中

$$e_n = a_n - \sum_{k=0}^{N} \hat{w}_{k,n} x_{n-k} \tag{8.45}$$

这两个等式构成了自适应均衡的 LMS 算法。

我们可以利用矩阵符号对 LMS 算法的公式进行简化。令 $(N+1)\times1$ 维向量 $\boldsymbol{x}_n$ 表示均衡器的抽头输入，即

$$\boldsymbol{x}_n = [x_n, \cdots, x_{n-N+1}, x_{n-N}]^{\mathrm{T}} \tag{8.46}$$

其中，上标 T 表示矩阵转置。对应地，令 $(N+1)\times1$ 维向量 $\hat{\boldsymbol{w}}_n$ 表示均衡器的抽头权重，即

$$\hat{\boldsymbol{w}}_n = [\hat{w}_{0,n}, \hat{w}_{1,n}, \cdots, \hat{w}_{N,n}]^{\mathrm{T}} \tag{8.47}$$

于是，我们可以利用矩阵符号将式(8.41)中的离散卷积求和重新写为下列紧凑形式：

$$y_n = \boldsymbol{x}_n^{\mathrm{T}} \hat{\boldsymbol{w}}_n \tag{8.48}$$

其中，$\boldsymbol{x}_n^{\mathrm{T}} \hat{\boldsymbol{w}}_n$ 被称为向量 $\boldsymbol{x}_n$ 与 $\hat{\boldsymbol{w}}_n$ 的内积(Inner product)。现在，我们可以将自适应均衡的 LMS 算法总结如下：

1. 通过令 $\hat{\boldsymbol{w}}_1 = 0$ 对算法进行初始化(即令均衡器在 $n=1$ 时即对应于 $t=T$ 时刻的所有抽头权重等于零)。
2. 对于 $n=1,2,\cdots$ 计算

$$y_n = \boldsymbol{x}_n^{\mathrm{T}} \hat{\boldsymbol{w}}_n$$
$$e_n = a_n - y_n$$
$$\hat{\boldsymbol{w}}_{n+1} = \hat{\boldsymbol{w}}_n + \mu e_n \boldsymbol{x}_n$$

   其中，μ 是步长参数。
3. 继续进行迭代计算，直到均衡器达到“稳态”，这意味着均衡器实际的均方误差根本上达到了一个恒定值。

LMS 算法是反馈系统的一个例子，这可以通过图 8.18 中关于第 k 个滤波器系数的框图体现出来。因此，算法是有可能发散的(即自适应均衡器变得不稳定)。

遗憾的是，LMS 算法的收敛行为是很难分析的。尽管如此，只要指定的步长参数 μ 的值很小，我们发现在经过很多次迭代以后，LMS 算法的行为大致上类似于最陡下降算法(Steepest-descent algorithm)(在第 6 章中已讨论)的行为，后者利用真实的梯度值而不是噪声估计值来计算抽头权重。

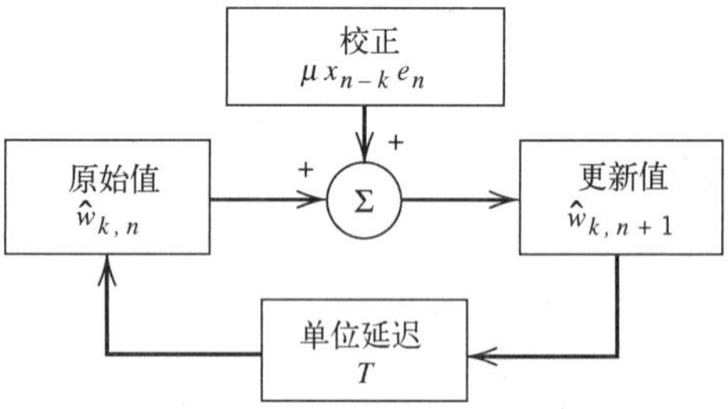

图 8.18 关于第 k 个抽头权重的 LMS算法的信流图表示

均衡器的工作模式

自适应均衡器有两种工作模式，即训练模式和判决引导模式，如图 8.19 所示。在训练模式(Training mode)阶段，发送一个已知的 PN 序列，并且在接收机中产生它的同步形式(在经过一个等于信道传输时延的时移以后)，它被应用于均衡器作为期望响应；然后按照 LMS 算法对均衡器的抽头权重进行调整。

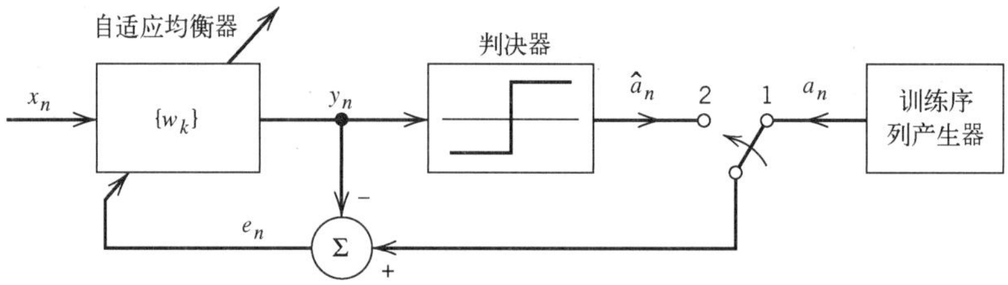

图 8.19 自适应均衡器的两种工作模式：对于训练模式，开关在位置 1；对于跟踪模式，开关变到位置 2

当训练过程结束后，自适应均衡器被切换到其第二种工作模式：判决引导模式(Decision-directed mode)。在这种工作模式中，误差信号被定义为

$$e_n = \hat{a}_n - y_n \tag{8.49}$$

其中，y_n是在 $t=nT$ 时刻的均衡器输出，$\hat{a}_n$ 是最终得到的(也不一定)发送符号 a_n的正确估计值。现在，进入正常工作阶段后接收机判决正确的概率会比较高。这意味着错误估计在大多数时候得到了校正，从而允许自适应均衡器可靠地进行工作。另外，在判决引导模式下工作的自适应均衡器能够跟踪信道特征相对缓慢的变化。

步长参数 μ 的值越大，则自适应均衡器的跟踪能力也越快。然而，较大的步长参数 μ 可能导致无法接受的超量均方误差(Excess mean-square error)，它被定义为误差信号的均方值中超过可以达到的最小值的那一部分，这个最小值是在抽头权重为最优值的时候得到的。因此，我们发现在实际中选择合适的步长参数值 μ 时，需要在快速跟踪和降低超量均方误差之间权衡。

判决反馈均衡[5]

为了进一步深入理解自适应均衡，考虑一个基带信道，其冲激响应利用采样形式的序列$\{h_n\}$表示，其中 $h_n=h(nT)$。在没有噪声的情况下，这个信道对输入序列$\{x_n\}$的响应由下列离散卷积求和表示：

$$\begin{aligned} y_n &= \sum_k h_k x_{n-k} \\ &= h_0 x_n + \sum_{k<0} h_k x_{n-k} + \sum_{k>0} h_k x_{n-k} \end{aligned} \tag{8.50}$$

式(8.50)的第一项代表期望的数据符号。第二项是由信道冲激响应的前达(Precursor)部分引起的，它们出现在与期望数据符号有关的主要样值 h_0 以前。第三项是由信道冲激响应的后达(Postcursor)部分引起的，它们出现在主要样值 h_0 以后。信道冲激响应的前达和后达如图 8.20 所示。判决反馈均衡(Decision-feedback equalization)的思想是利用基于信道冲激响应前达做出的数据判决来辅助后达的判决；然而，这个思想要起作用的话，很明显要求判决必须是正确的，才能确保 DFE 在大多数时候都能正常工作。

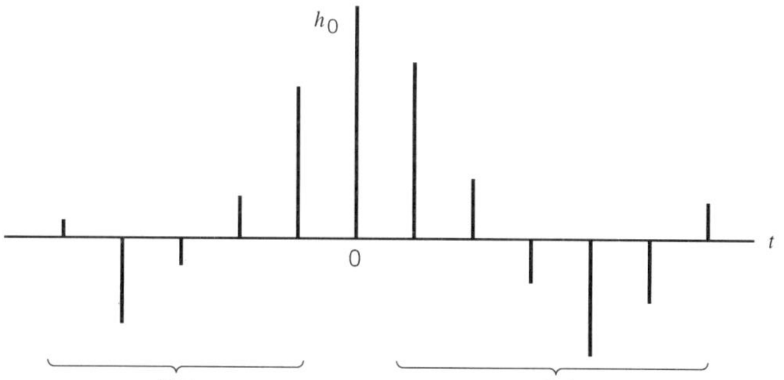

图 8.20　离散时间信道的冲激响应，包含对前达部分和后达部分的说明

DFE 是由前馈部分、反馈部分和判决器连接起来构成的，如图 8.21 所示。前馈部分由一个 TDL 滤波器组成，滤波器抽头间隔为信号传输速率的倒数。被均衡处理的数据序列应用于这一部分作为输入。反馈部分由另一个 TDL 滤波器组成，其抽头间隔也等于信号传输速率的倒数。应用于反馈部分的输入是在检测输入序列前面的符号时得到的判决结果。反馈部分的功能是从后面样本的估计值中减去前面检测符号产生的符号间干扰部分。

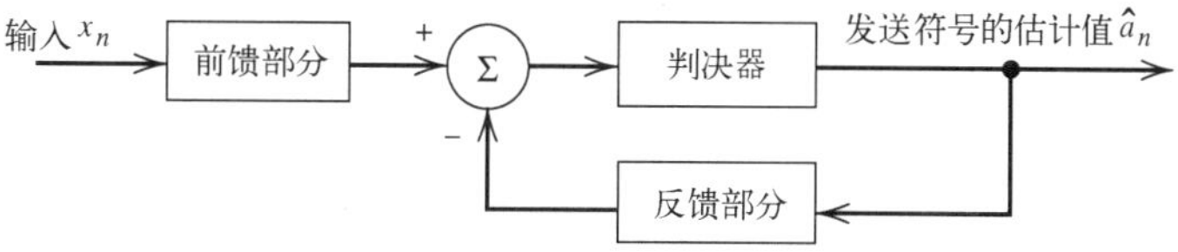

图 8.21　判决反馈均衡器的框图

注意到由于在反馈环中包含了判决器，使得均衡器本质上是非线性的(Nonlinear)，因此比普通 LMS 均衡器更难分析。尽管如此，可以采用均方误差准则得到在数学上比较容易处理的 DFE 最优化方法。事实上，也可以利用 LMS 算法基于公共(Common)误差信号来对前馈抽头权重和反馈抽头权重进行联合自适应调整。

8.10　宽带骨干数据网：在多个基带信道上发送信号

在本章中，到目前为止讨论的重点是关于单个(Single)带限信道上发送信号及其相关问题，如自适应均衡。为了为后面讨论被特意分割为一组子信道的线性宽带信道上的信号传输做好准备，本节介绍宽带骨干数据网络(PSTN)的信号传输问题，以便为本章从第一部分过渡到第二部分提供基础。

建设 PSTN 的最初目的是为利用 PCM 进行话音信号的数字传输提供一种通用结构，这在第 6 章中已经讨论过了。因此，传统的 PSTN 被视为一个模拟网络。然而，实际上 PSTN 已经逐步发展为一个几乎完全的数字网络。我们说“几乎完全”是因为模拟是针对本地网(Local network)的，它代表从家庭到中心局之间的短距离连接。

在过去的几十年里，PSTN 上的数据传输依赖于调制解调器(Modem)的使用；“调制解调器”这个词是调制器-解调器的缩写。尽管对调制解调器的设计做出了巨大努力，但它仍然不能应对不断提高的数据传输率。这种状况一直持续到 20 世纪 90 年代出现数字用户线(DSL)技术(Digital subscriber line technology)以后才结束。好奇的读者也许会问：调制解调器的理论家和设计者是怎么失误的？DSL 的理论家和设计者又是怎么成功的呢？不巧的是，在发展调制解调器时，电话信道被视为一个整体。另一方面，发展 DSL 技术时抛弃了传统的方法，将电话信道视为在宽频带上展开的并行工作的多个子信道集合，每个子信道都被作为窄带信道来处理，因此可以用更有效的方式利用香农信息容量定律。

因此，DSL 技术将普通电话线路转变为一个宽带通信链路，于是实际上可以将 PSTN 视为宽带骨干数据网(Broadband backbone data network)，这在全世界已经被广泛使用。构成数字信号的数据是由计算机或者互联网业务提供商(ISP)产生的。更重要的是，与原来的调制解调器相比，利用 DSL 技术以后确实可以把电话信道上的数据传输率提高多个量级。这种从调制解调器到 DSL 技术的转变是一个重要的工程成就，它是"创造性思维"的结果。

在对这段历史进行简要回顾以后，本章后半部分就可以对广泛采用的 DSL 技术的理论基础进行重点讨论了。

8.11 数字用户线

DSL 这个词是通常用于在 1.5 km 以内的本地环路(Local loop)上工作的各种技术的总称，它可以为用户终端(如计算机)和电话公司的中心局(CO)之间提供数字信号传输。经过 CO 以后，用户就直接连接到所谓的宽带骨干数据网，这里的传输是在数字域中维持的。在传输过程中，数字信号以有规律的间隔进行交换和路由。图 8.22 是一个说明上行(Upstream，即往 ISP 的方向)数据率通常低于下行(Downstream，即往用户的方向)数据率的原理图。正是因为这个原因，DSL 被称为是非对称的(Asymmetric)[6]，于是可以缩写为 ADSL。

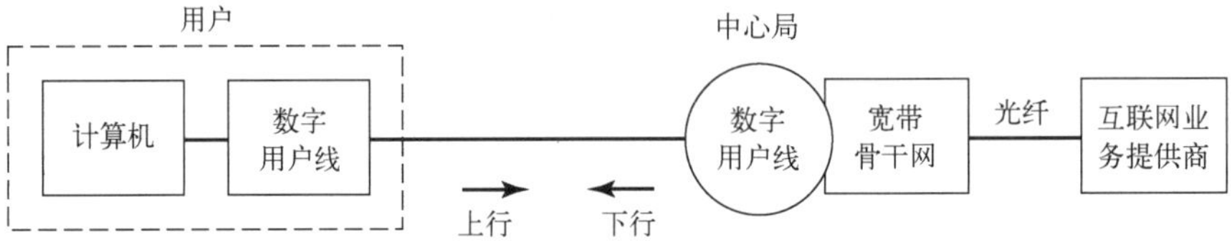

图 8.22 描述 DSL 工作环境的原理图

在本地环路中采用的双绞线以前被认为是数据传输系统中唯一的模拟部分，它属于感应负载(Inductively loaded)。特别地，由本地线圈人为产生的外部感应在有规律的间隔内被插入到双绞线。增加这种感应是为了在有效的话音频带内产生一个比较平坦的频率响应。然而，以这种方法虽然提高了话音信号传输质量，但付出的代价是频率大于 3.4 kHz 以后的衰减不断增加。在图 8.23(a)中，说明了分配给基于频分多址(FDM)的 ADSL 的两个不同频带；在图 8.23(b)中，给出了利用两个滤波器(一个是高通滤波器，另一个是低通滤波器)连接 DSL 和本地环路的方法。

为了接入频率大于 3.6 kHz 的宽频带，DSL 采用离散多载波传输(Discrete Multicarrier Transmission，DMT)技术将本地环路中的双绞线转化为一个宽带通信链路；"多信道"和"多载波"这两个词是可以互换使用的。最终结果是，在 1 MHz 带宽和 2.7~5.5 km 的距离内，使下行数据率达到了 1.5~9.0 Mb/s。甚高速数字用户线(Very high-bit-rate Digital Subscriber Lines[7]，VDSL)甚至会更好，它能够在 30 MHz 带宽和 0.3~1.5 km 的距离内支持 13~52 Mb/s 的下行数据率。这些数据表明，DSL 技术能够达到的数据率是依赖于带宽和距离的，并且这种技术还在继续完善。

DMT 的基本思想深植于一个经常用到的工程范式：

分而治之。

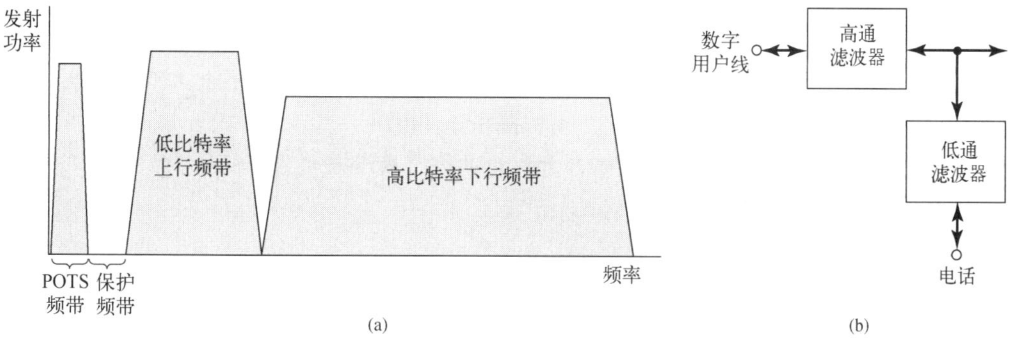

图 8.23　(a) 对基于 FDM 的 ADSL 系统分配的两种不同频带示意图；(b)完成多路复用和多路分配功能的分配器的框图。备注：分配器中的两个滤波器都是双向滤波器

按照这种范式，一个困难问题可以通过把它分解为多个更简单的问题，然后将这些简单问题的解综合起来加以解决。在现在讨论的背景下，难题是在具有严重符号间干扰的宽带信道上进行数据传输，更简单的问题是在相对更容易处理的 AWGN 信道上进行数据传输。于是，可以将 DMT 理论的本质描述如下：

通过利用先进信号处理技术，将在难以处理的信道上的数据传输转化为给定数据流在大量子信道上的并行传输，使得每个子信道实际上都可以被视为 AWGN 信道。

自然地，总的数据流等于并行工作的各个子信道上的速率之和：关于宽带信道上信号传输的这种新思考方式与本章第一部分中描述的方法完全不同，因为它是建立在第 5 章中描述的香农信息论及在第 7 章中关于 AWGN 信道上信号传输的基础上得到的。

8.12　AWGN 信道的容量(再次讨论)

离散多信道数据传输理论的核心是第 5 章中关于信息论讨论时提出的香农信息容量定律。按照这个定律，AWGN 信道(没有 ISI)的容量被定义为

$$C = B\log_2(1+\text{SNR})\ \text{比特/秒} \tag{8.51}$$

其中，B 是信道带宽，其单位是赫兹，SNR 是在信道输出端测量的。式(8.51)指出，对于给定的 SNR，只要我们利用具有足够高复杂度的编码系统，就可以以任意小的差错概率在带宽为 B 的 AWGN 信道上实现最大速率为 B 比特/秒的数据传输。等效地，我们可以采用每次信道传输的比特数来将容量 C 表示为

$$C = \frac{1}{2}\log_2(1+\text{SNR})\ \ \text{比特/传输} \tag{8.52}$$

实际上，我们通常发现一个物理可实现编码系统必须以低于最大可能速率 C 的速率 R 来传输数据才能确保它是可靠的。于是，对于以足够低的误符号率工作的可实现系统，我们需要引入一个 SNR 间隙(SNR gap)或者只称为间隙(Gap)，它被表示为 Γ。间隙是可容许的误符号率 P_e 和感兴趣的编码系统的函数。它为编码系统关于式(8.52)中的理想传输系统的“效率”提供了一种度量方法。如果采用 C 表示理想编码系统的容量，R 表示对应的可实现编码系统的容量，则间隙被定义为

$$\begin{aligned}\Gamma &= \frac{2^{2C}-1}{2^{2R}-1}\\ &= \frac{\text{SNR}}{2^{2R}-1}\end{aligned} \tag{8.53}$$

将 R 作为感兴趣的重点，对式(8.53)进行重新整理，可以写出

$$R = \frac{1}{2}\log_2\left(1 + \frac{\text{SNR}}{\Gamma}\right) \text{ 比特/传输} \tag{8.54}$$

比如，对于以 $P_e = 10^{-6}$工作的编码 PAM 或者 QAM 系统，间隙 Γ 恒定为 8.8 dB。通过采用编码技术(比如第 10 章中将要讨论的格型码)，间隙 Γ 可以降低至 1 dB。

令 P 表示发送信号功率，σ^2表示在带宽 B 上测量的信道噪声方差，则 SNR 为

$$\text{SNR} = \frac{P}{\sigma^2}$$

其中

$$\sigma^2 = N_0 B$$

于是，我们最后可以将可达到的数据率定义为

$$R = \frac{1}{2}\log_2\left(1 + \frac{P}{\Gamma\sigma^2}\right) \text{ 比特/传输} \tag{8.55}$$

在得到这个香农信息容量定律的修正形式以后，就可以对离散多信道调制技术进行定量描述了。

8.13 将连续时间信道分割为一组子信道

为了通过实际来具体说明，考虑任意一个频率响应 $H(f)$ 的线性宽带信道(如双绞线)。令信道的幅度响应 $|H(f)|$ 可以用图 8.24 中所示阶梯函数来近似，其中 Δf 表示每个频率间隔(即子信道)的宽度。从极限意义上讲，当频率增量 Δf 趋近于零时，信道的阶梯近似也趋近于真实的 $H(f)$。沿着这种近似的每一个频率间隔，信道都可以被假设为一个没有符号间干扰的 AWGN 信道。因此，传输单个宽带信号的问题就被转化为传输一组窄带正交信号的问题了。每个具有自身载波的正交窄带信号都是利用频谱有效的调制技术，如 M 进制 QAM 产生的，其中 AWGN 实际上是引起传输损伤的唯一的主要来源。反之，这种情况也意味着在带宽为 Δf 的每个子信道上的数据传输可以借助香农信息容量定律的修正形式来达到最优化，并且每个子信道的最优化实现是独立于其他所有子信道的。于是，用实际的信号处理语言来讲，可以表述如下：

> 宽带信道对复杂均衡的需求被输入数据流在大量窄带子信道上传输的多路复用和多路分配的需求所代替，这些子信道是连续且不相交的。

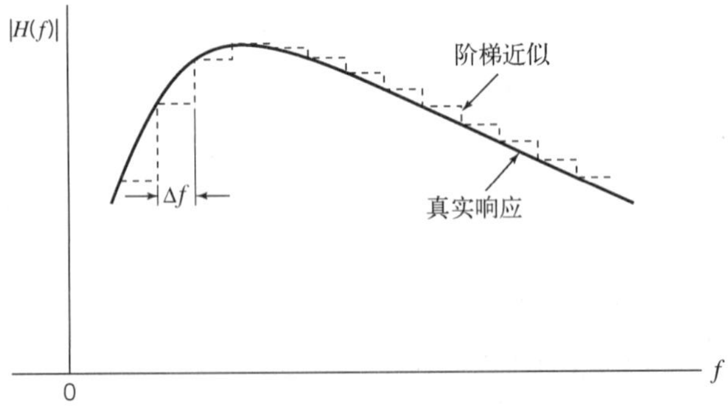

图 8.24 信道的任意幅度响应 $|H(f)|$ 的阶梯近似；只显示了响应的正频率部分

尽管上述 DMT 系统由于存在大量子信道，它产生的复杂度确实很高，但是通过结合使用有效的数字信号处理算法和超大规模集成电路技术，整个系统却可以用经济有效的方式来实现。

在图 8.25 中，给出了最基本的 DMT 系统框图。这里配置的系统采用了 QAM，这种选择是因为它具有频谱效率优势。首先将输入二进制数据流应用于多路分配器(图中未显示)，从而产生一组 N 个子数据流。每个子数据流代表一个二元子符号序列，在符号区间 $0 \leqslant t \leqslant T$ 内它被表示为

$$(a_n, b_n), \qquad n = 1, 2, \cdots, N$$

其中，a_n和b_n是沿着子信道 n 的两个坐标的元素值。

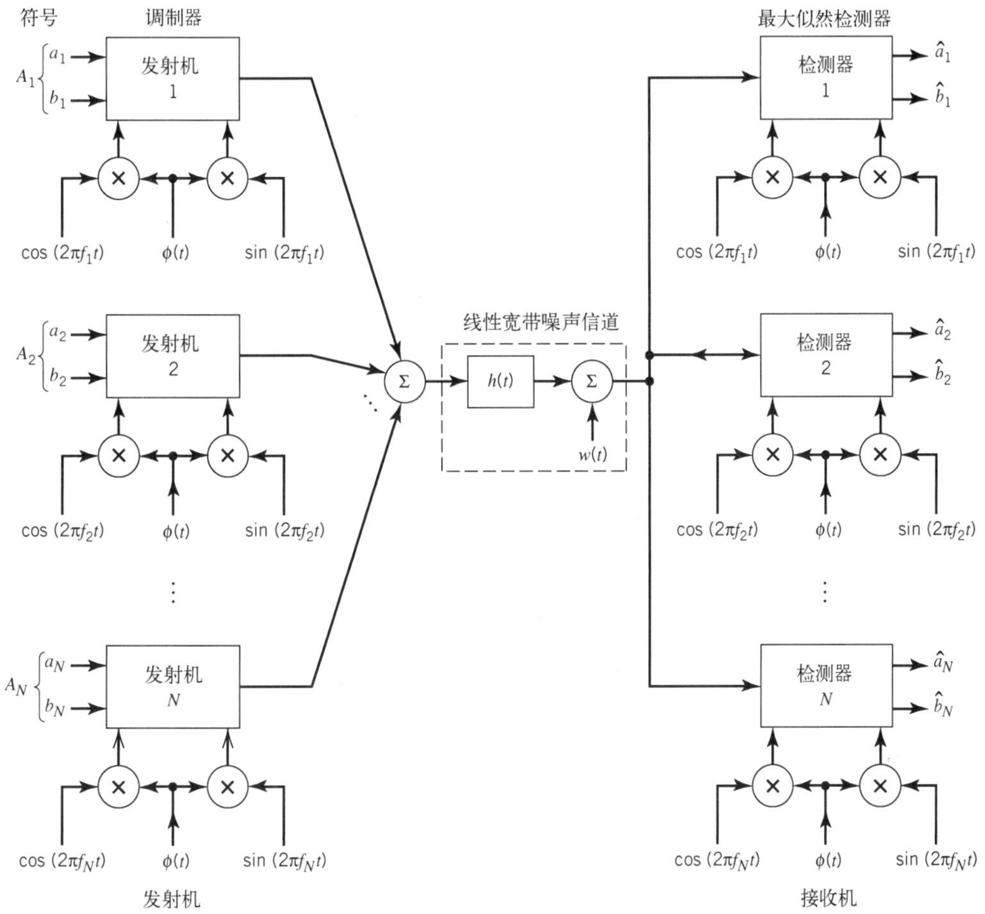

图 8.25　DMT 系统的框图

对应地，正交幅度调制器的通带基函数(Passband basis function)可以用下面的一对函数来定义：

$$\{\phi(t)\cos(2\pi f_n t), \phi(t)\sin(2\pi f_n t)\}, \qquad n = 1, 2, \cdots, N \tag{8.56}$$

式(8.56)中描述的第 n 个调制器的载波频率f_n是符号率 $1/T$ 的整数倍，如下所示：

$$f_n = \frac{n}{T}, \qquad n = 1, 2, \cdots, N$$

并且所有子信道共用的低通函数 $\phi(t)$是下列 sinc 函数：

$$\phi(t) = \sqrt{\frac{2}{T}}\operatorname{sinc}\left(\frac{t}{T}\right), \qquad -\infty < t < \infty \tag{8.57}$$

这里定义的通带基函数具有下列期望性质，其证明由章末习题给出。

性质 1：对于每个 n，两个正交调制 sinc 函数构成了一个正交对，如下所示：

$$\int_{-\infty}^{\infty} [\phi(t)\cos(2\pi f_n t)][\phi(t)\sin(2\pi f_n t)]\,\mathrm{d}t = 0, \quad \text{所有}\, n \tag{8.58}$$

这个正交关系为将 N 个调制器中每一个的信号星座用方格形式来表示提供了基础。

性质 2：考虑到

$$\exp(\mathrm{j}2\pi f_n t) = \cos(2\pi f_n t) + \mathrm{j}\sin(2\pi f_n t)$$

我们可以将通带基函数用复数形式彻底重新定义如下：

$$\left\{\frac{1}{\sqrt{2}}\phi(t)\ \exp(\mathrm{j}2\pi f_n t)\right\},\qquad n=1,2,\cdots,N \tag{8.59}$$

其中，引入的因子 $1/\sqrt{2}$ 是为了确保按比例变化的函数 $\phi(t)/\sqrt{2}$ 具有单位能量。因此，这些通带基函数构成了一个标准正交集，如下所示：

$$\int_{-\infty}^{\infty}\left[\frac{1}{\sqrt{2}}\phi(t)\ \exp(\mathrm{j}2\pi f_n t)\right]\left[\frac{1}{\sqrt{2}}\phi(t)\ \exp(\mathrm{j}2\pi f_k t)\right]^*\mathrm{d}t=\begin{cases}1, & k=n\\ 0, & k\neq n\end{cases} \tag{8.60}$$

上式左边第二个因子中的星号“ * ”表示复共轭。

式(8.60)为确保 N 个调制器-解调器对之间彼此独立工作提供了数学基础。

性质 3：对于具有任意冲激响应 $h(t)$ 的线性信道而言，信道-输出函数的集合 $\{h(t)\star\phi(t)\}$ 仍然保持正交性，其中“★”表示卷积。

于是，根据上述三个性质，原始的宽带信道被分割为以连续时间工作的独立子信道这种理想情形了。

在图 8.25 中，还包括了对应的接收机结构。它是由 N 个相干检测器组成的，把信道输出同时应用于检测器作为输入，并且以并行方式工作。每个检测器都供给一对本地产生的正交调制 sinc 函数，它们与应用于发射机中的对应调制器的一对通带基函数同步工作。

每个子信道可能还具有一些残留的 ISI。然而，随着子信道数量 N 趋近于无穷大，在所有实际应用中 ISI 都会消失。从理论观点来看，我们发现对于足够大的 N，图 8.25 中的相干检测器组都可以被视为最大似然检测器，并且以逐个子符号检测的方式彼此独立工作(在第 7 章中已对最大似然检测进行了讨论)。

为了确定检测器对于输入子符号的响应输出，我们发现采用复数表示会更加方便。令 A_n 表示在符号区间 $0\leqslant t\leqslant T$ 内应用于第 n 个调制器的子符号，如下所示：

$$A_n=a_n+\mathrm{j}b_n,\qquad n=1,2,\cdots,N \tag{8.61}$$

对应的检测器输出被表示为

$$Y_n=H_nA_n+W_n,\qquad n=1,2,\cdots,N \tag{8.62}$$

其中，H_n 是在子信道载波频率 $f=f_n$ 点计算得到的信道复数值频率响应，即

$$H_n=H(f_n),\qquad n=1,2,\cdots,N \tag{8.63}$$

式(8.62)中的 W_n 是由信道噪声 $w(t)$ 产生的复数值随机变量；W_n 的实部和虚部都具有零均值，并且方差都为 $N_0/2$。如果已知测量的频率响应 $H(f)$，则可以利用式(8.62)计算出发送子符号 A_n 的最大似然估计。最后，将这样得到的估计值 $\hat{A}_1,\hat{A}_2,\cdots,\hat{A}_N$ 进行多路复用，从而得到在区间 $0\leqslant t\leqslant T$ 内发送的原始二进制数据的总估计值。

总之，对于充分大的 N 值，我们可以将接收机作为 N 个以逐个子符号检测方式工作的最优最大似然检测器来实现。通过这种简单方法构造最大似然接收机的基本原理是受到以下性质启发的。

性质 4：通带基函数构成了一个标准正交集，并且它们的正交性对于任何信道冲激响应 $h(t)$ 都是可以保持的。

几何 SNR

在图 8.25 的 DMT 系统中，每个子信道都是由其自身的 SNR 来表征的。因此，非常希望得到一种对图 8.25 中整个系统性能的简单度量方法。

为了简化这种测度的导出过程，假设图 8.25 中所有子信道都可以由一维星座来表示。于是，利用式(8.55)中修正的香农信息容量定律，整个系统的信道容量可以成功地表示为

$$\begin{aligned} R &= \frac{1}{N}\sum_{n=1}^{N} R_n \\ &= \frac{1}{2N}\sum_{n=1}^{N}\log_2\left(1+\frac{P_n}{\Gamma\sigma_n^2}\right) \\ &= \frac{1}{2N}\log_2\left[\prod_{n=1}^{N}\left(1+\frac{P_n}{\Gamma\sigma_n^2}\right)\right] \\ &= \frac{1}{2}\log_2\left[\prod_{n=1}^{N}\left(1+\frac{P_n}{\Gamma\sigma_n^2}\right)\right]^{1/N} \quad \text{比特/传输} \end{aligned} \tag{8.64}$$

令$(\mathrm{SNR})_{\mathrm{overall}}$表示整个 DMT 系统的总 SNR。因此，根据式(8.54)可以将速率 R 表示为

$$R = \frac{1}{2}\log_2\left(1+\frac{(\mathrm{SNR})_{\mathrm{overall}}}{\Gamma}\right) \quad \text{比特/传输} \tag{8.65}$$

于是，将式(8.65)与式(8.64)进行比较并重新整理各项，可以得到

$$(\mathrm{SNR})_{\mathrm{overall}} = \Gamma\left[\prod_{n=1}^{N}\left(1+\frac{P_n}{\Gamma\sigma_n^2}\right)^{1/N} - 1\right] \tag{8.66}$$

假设 SNR $P_n/(\Gamma\sigma_n^2)$足够大，可以忽略式(8.66)右边的两个 1 项，则可以将总的 SNR 简单近似为

$$(\mathrm{SNR})_{\mathrm{overall}} \approx \prod_{n=1}^{N}\left(\frac{P_n}{\sigma_n^2}\right)^{1/N} \tag{8.67}$$

它是独立于间隙 Γ 的。于是，我们可以用一个 SNR 来表征整个总系统，这个 SNR 是各个子信道的 SNR 的几何平均值(Geometric mean)。

通过以非均匀方式把发射功率分配到 N 个子信道上，可以大大提高式(8.67)中几何形式的 SNR。这个目标可以通过采用加载(Loading)的方法来达到，下面对此进行讨论。

DMT 系统的加载

式(8.64)表示的整个 DMT 系统的比特率忽略了信道对系统性能的影响。为了考虑这种影响，定义

$$g_n = |H(f_n)|, \qquad n = 1, 2, \cdots, N \tag{8.68}$$

然后，假设子信道数量 N 足够大，对于所有 n 都可以在分配给第 n 个子信道的整个带宽 Δf 内都把 g_n 视为一个常数。在这种情况下，我们可以将式(8.64)中的第二行修改为

$$R = \frac{1}{2N}\sum_{n=1}^{N}\log_2\left(1+\frac{g_n^2 P_n}{\Gamma\sigma_n^2}\right) \tag{8.69}$$

其中，g_n^2 和 Γ 通常都是固定的。对于所有 n，噪声方差 σ_n^2 都等于 $\Delta f N_0$，其中 Δf 是每个子信道的带宽，$N_0/2$ 是子信道的噪声功率谱密度。于是，我们可以通过把总发射功率合理地分配给不同子信道来使总比特率 R 达到最优。然而，为了使这种最优化具有实际价值，我们必须使总发射功率保持在某个恒定值 P，如下所示：

$$\sum_{n=1}^{N} P_n = P \tag{8.70}$$

因此，我们必须解决的最优化问题是一个约束最优化问题（Constrained optimization problem），可以表述如下：

在总发射功率 P 保持为恒定的约束条件下，通过在 N 个子信道之间对总发射功率 P 的最优共享，使 DMT 系统的比特率 R 最大化。

为了解决这个最优化问题，首先采用拉格朗日乘子法[8]（Method of Lagrange multipliers）建立目标函数（即拉氏函数），它将式（8.69）和约束条件式（8.70）结合起来，如下所示：

$$
\begin{aligned}
J &= \frac{1}{2N}\sum_{n=1}^{N}\log_2\left(1+\frac{g_n^2P_n}{\Gamma\sigma_n^2}\right)+\lambda\left(P-\sum_{n=1}^{N}P_n\right) \\
&= \frac{1}{2N}\log_2\mathrm{e}\sum_{n=1}^{N}\log_{\mathrm{e}}\left(1+\frac{g_n^2P_n}{\Gamma\sigma_n^2}\right)+\lambda\left(P-\sum_{n=1}^{N}P_n\right)
\end{aligned}
\tag{8.71}
$$

其中，λ 是拉格朗日乘子；在式（8.71）的第二行中，底为 2 的对数变为了自然对数 $\log_2\mathrm{e}$。于是，将拉氏函数 J 关于 P_n 求微分，然后令结果等于零，最后再重新整理各项，得到

$$
\frac{\dfrac{1}{2N}\log_2\mathrm{e}}{P_n+\dfrac{\Gamma\sigma_n^2}{g_n^2}}=\lambda \tag{8.72}
$$

式（8.72）中的结果表明，约束最优化问题的解为

$$
P_n+\frac{\Gamma\sigma_n^2}{g_n^2}=K,\quad n=1,2,\cdots,N \tag{8.73}
$$

其中，K 是受设计人员控制的指定常数。也就是说，每个子信道的发射功率与噪声方差（功率）乘以比值 Γ/g_n^2 之和必须保持为常数。将发射功率 P 分配给各个子信道，使得整个多信道传输系统的比特率最大化的过程被称为加载（Loading），不能把这个词与双绞线中所用的加载线圈（Loading coil）相混淆。

8.14　约束最优化问题的注水解释

在求解上述约束最优化问题时，必须同时满足式（8.70）和式（8.73）中的两个条件。这样定义的最优解可以进行有趣的解释，如图 8.26 所示，其中 $N=6$，并且假设在所有子信道上间隙 Γ 保持为恒定。为了使图 8.26 中的示例简单化，我们令 $\sigma_n^2=N_0\Delta f=1$。也就是说，所有的 N 个子信道上的平均噪声功率都是 1。参考这个图，可以得出下列三点观察结果：

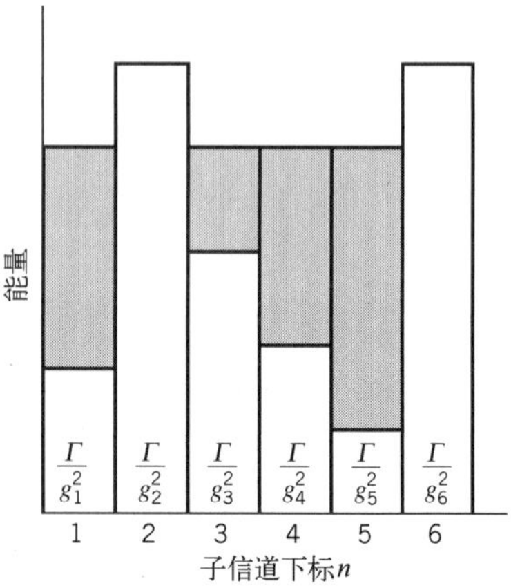

图 8.26　加载问题的注水解释

1. 由于 $\sigma_n^2=1$，对于 4 个子信道和指定的常数值 K，分配给第 n 个子信道的功率 P_n 与按比例变化的噪声功率 Γ/g_n^2 之和满足式（8.73）中的约束条件。
2. 分配给这 4 个子信道的功率之和消耗了全部可用的保持为恒定值 P 的发射功率。
3. 剩余两个子信道被排除在考虑之外，因为对于指定的常数值 K，它们两个都需要负的功率才能满足式（8.73）；从物理的观点来看，这个条件显然是无法接受的。

图 8.26 中的解释促使我们将在式(8.70)的约束条件下得到的式(8.73)中的最优解称为注水解(Water-filling solution)；注水原理在第 5 章中关于香农信息论时已做讨论。这个术语是根据最优化问题做如下类比后得到启发的：将固定总量的水(代表发射功率)注入到一个容器内，这个容器具有许多相互连通的区域，每个区域都有不同的深度(代表噪声功率)。在这种情景下，水四处流动使得整个容器的水平面达到恒定，因此命名为“注水”。

现在，回到如何将固定发射功率 P 分配到多信道数据传输系统的各个子信道上，使得整个系统的比特率达到最优的任务。我们可以按照下列两个步骤进行：

1. 如式(8.70)那样，将总发射功率固定为恒定值 P。
2. 如式(8.73)那样，令 K 为求和项 $P_n+\Gamma\sigma_n^2/g_n^2$ 指定的常数值，这里 n 为所有值。

在上述两步基础上，可以建立以下联立方程组：

$$\begin{aligned} P_1+P_2+\cdots\ P_N &= P \\ P_1-K &= -\Gamma\sigma^2/g_1^2 \\ P_2-K &= -\Gamma\sigma^2/g_2^2 \\ &\vdots \\ P_N-K &= -\Gamma\sigma^2/g_N^2 \end{aligned} \tag{8.74}$$

其中，一共有 $N+1$ 个未知数和 $N+1$ 个求解它们的方程。利用矩阵符号，可以将这 $N+K$ 个联立方程组重写为下列紧凑形式：

$$\begin{bmatrix} 1 & 1 & \cdots & 1 & 0 \\ 1 & 0 & \cdots & 0 & -1 \\ 0 & 1 & \cdots & 0 & -1 \\ \vdots & \vdots & & \vdots & \vdots \\ 0 & 0 & \cdots & 1 & -1 \end{bmatrix}\begin{bmatrix} P_1 \\ P_2 \\ P_3 \\ \vdots \\ K \end{bmatrix}=\begin{bmatrix} P \\ -\Gamma\sigma^2/g_1^2 \\ -\Gamma\sigma^2/g_2^2 \\ \vdots \\ -\Gamma\sigma^2/g_N^2 \end{bmatrix} \tag{8.75}$$

将式(8.75)两边同时左乘该等式左边的$(N+1)\times(N+1)$维矩阵的逆矩阵，可以得到未知数 $P_1,P_2,\cdots,P_N$和 K 的解。我们总会发现 K 是正值，但是某些 P 值则可能是负的。在这种情况下，这些负的 P 值会被丢掉，因为物理原因功率不可能是负的。

▷

例 5　具有平方幅度响应的线性信道

考虑一个线性信道，其平方幅度响应 $|H(f)|^2$ 具有图 8.27 所示的分段线性形式。为了简化，令间隙 $\Gamma=1$，噪声方差 $\sigma^2=1$。

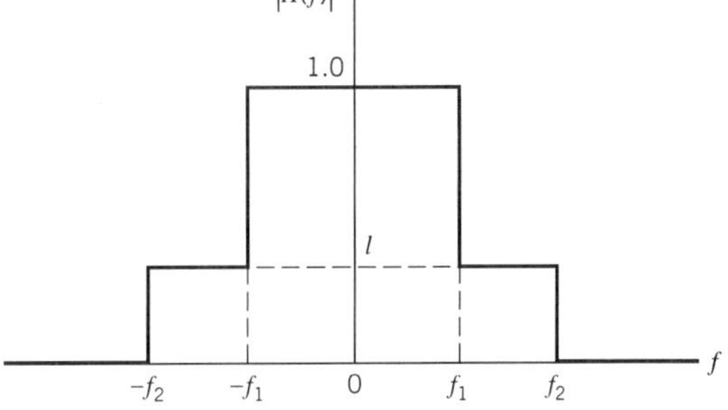

图 8.27　例 5 的平方幅度响应

在这些值条件下，应用式(8.74)得到

$$\begin{aligned} P_1+P_2 &= P \\ P_1-K &= -1 \\ P_2-K &= -1/l \end{aligned}$$

其中，引入一个新的参数 $0<l<1$，以便将第三个等式与第二个等式区别开来。求解这三个联立方程组得到 P_1,P_2和 K 如下：

$$P_1 = \frac{1}{2}\left(P - 1 + \frac{1}{l}\right)$$

$$P_2 = \frac{1}{2}\left(P + 1 - \frac{1}{l}\right)$$

$$K = \frac{1}{2}\left(P + 1 + \frac{1}{l}\right)$$

由于 $0<l<1$，可以知道 $P_1>0$，但是 P_2 有可能是负值。如果

$$l < \frac{1}{P+1}$$

则会出现上述后面一种情况。但此时 P_1 超过了指定的发射功率值 P。因此，在本例中唯一可以接受的解是 $1/(P+1)<l<1$。于是，假设 $P=10$ 且 $l=0.1$；在这两个条件下，期望的解为

$$K = 10.5$$
$$P_1 = 9.5$$
$$P_2 = 0.5$$

在图 8.28 中，画出了本例问题对应的注水图。

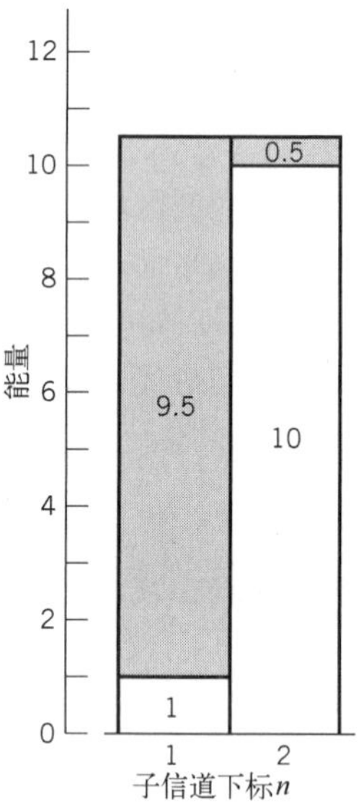

图 8.28　例 5 的注水剖面图

8.15　基于离散傅里叶变换的 DMT 系统

在 8.13 节和 8.14 节中，深入介绍了 DMT 系统中的多载波调制(Multicarrier modulation)概念。特别地，由式(8.56)或者等效的复数表达式(8.59)中的通带(调制)基函数得到的连续时间信道分割具有一种非常良好的性质，现将其描述如下：

尽管基函数与信道冲激响应进行了卷积，但基函数的正交性仍然能够保持，从而仍然可以进行信道分割。

然而，这样描述的 DSL 系统具有下列两个实际缺点：

1. 通带基函数采用了 sinc 函数，它在无穷时间区间内都是非零的，而实际的考虑却倾向于有限的观测区间。
2. 对于有限的子信道数量 N，系统是次优的；只有当 N 趋近于无穷大时系统才可能达到最优化。

利用 DMT 可以克服上述两个缺点，其基本思想是将一个噪声宽带信道转化为一组并行工作的 N 个子信道。使 DMT 技术与众不同的是，变换是在离散时间和离散频率域中完成的，从而为利用数字信号处理技术奠定了基础。特别地，整个通信系统的发射机的输入-输出特性允许采用线性矩阵表示，这使得可以利用 DFT 技术来实现它。后面，我们将从第 2 章关于信号与系统的傅里叶分析内容里知道，DFT 是同时在时间域和频率域中对傅里叶变换进行离散化处理的结果。

为了利用这种新方法，首先认识到在现实环境中，信道的非零冲激响应 $h(t)$ 实际上是局限于有限区间 $[0,T_b]$ 内的。因此，令序列 $h_0,h_1,\cdots,h_\nu$ 表示以速率 $1/T_s$ 对信道进行采样得到的基带等效冲激响应，其中

$$T_b = (1+\nu)T_s \tag{8.76}$$

后面将对其中 ν 的作用进行解释。根据采样定理，选取的采样率 $1/T_s$ 大于感兴趣的最高频率分量的两倍。为了继续对系统进行离散时间描述，令 $s_n=s(nT_s)$ 表示发送符号 $s(t)$ 的采样值，$w_n=w(nT_s)$ 表示信道噪声 $w(t)$ 的采样值，$x_n=x(nT_s)$ 表示信道输出(即接收信号)的对应采样值。信道与长度为 N 的输入符号序列 $\{s_n\}$ 进行线性卷积，产生长度为 $N+\nu$ 的信道输出序列 $\{x_n\}$。信道输出序列与信道输入序列相比，延长了 ν 个采样值，这是由信道产生的符号间干扰导致的。

为了克服 ISI 的影响，我们产生一个循环扩展保护间隔(Guard interval)，每个符号序列前面都由

一个该序列自身的周期延拓。特别地，符号序列的最后 ν 个采样值都会在发送序列的开始重复出现，如下所示：

$$s_k = s_{N-K}, \quad K = 1, 2, \cdots, \nu \tag{8.77}$$

式(8.77)中描述的条件被称为循环前缀(Cyclic prefix)。因此，包含循环前缀以后的超量带宽因子(Excess bandwidth factor)为 ν/N，其中 N 是保护间隔后面发送的采样值个数。

包含循环前缀以后，信道的矩阵描述现在具有下列新的形式：

$$\begin{bmatrix} x_{N-1} \\ x_{N-2} \\ \vdots \\ x_{N-\nu-1} \\ x_{N-\nu-2} \\ \vdots \\ x_0 \end{bmatrix} = \begin{bmatrix} h_0 & h_1 & h_2 & & h_{\nu-1} & h_\nu & 0 & \cdots & 0 \\ 0 & h_0 & h_1 & & h_{\nu-2} & h_{\nu-1} & h_\nu & \cdots & 0 \\ \vdots & \vdots & \vdots & & \vdots & \vdots & \vdots & & \vdots \\ 0 & 0 & 0 & \cdots & 0 & h_0 & h_1 & \cdots & h_\nu \\ h_\nu & 0 & 0 & \cdots & 0 & 0 & h_0 & \cdots & h_{\nu-1} \\ \vdots & \vdots & \vdots & & \vdots & \vdots & \vdots & & \vdots \\ h_1 & h_2 & h_3 & \cdots & h_\nu & 0 & 0 & \cdots & h_0 \end{bmatrix} \begin{bmatrix} s_{N-1} \\ s_{N-2} \\ \vdots \\ s_{N-\nu-1} \\ s_{N-\nu-2} \\ \vdots \\ s_0 \end{bmatrix} + \begin{bmatrix} w_{N-1} \\ w_{N-2} \\ \vdots \\ w_{N-\nu-1} \\ w_{N-\nu-2} \\ \vdots \\ w_0 \end{bmatrix} \tag{8.78}$$

为了更加简洁，可以把信道的上述离散时间表示用矩阵形式描述如下：

$$\boldsymbol{x} = \boldsymbol{H}\boldsymbol{s} + \boldsymbol{w} \tag{8.79}$$

其中，发送符号向量 $\boldsymbol{s}$、信道噪声向量 $\boldsymbol{w}$ 和接收信号向量 $\boldsymbol{x}$ 都是 $N\times1$ 维向量，它们分别被定义如下：

$$\boldsymbol{s} = [s_{N-1}, s_{N-2}, \cdots, s_0]^{\mathrm{T}} \tag{8.80}$$

$$\boldsymbol{w} = [w_{N-1}, w_{N-2}, \cdots, w_0]^{\mathrm{T}} \tag{8.81}$$

$$\boldsymbol{x} = [x_{N-1}, x_{N-2}, \cdots, x_0]^{\mathrm{T}} \tag{8.82}$$

于是，我们可以像图 8.29 那样简单地画出信道的离散时间表示。$N\times N$ 维信道矩阵 $\boldsymbol{H}$ 被定义为

$$\boldsymbol{H} = \begin{bmatrix} h_0 & h_1 & h_2 & \cdots & h_{\nu-1} & h_\nu & 0 & \cdots & 0 \\ 0 & h_0 & h_1 & \cdots & h_{\nu-2} & h_{\nu-1} & h_\nu & \cdots & 0 \\ \vdots & & \vdots & & \vdots & \vdots & \vdots & & \vdots \\ 0 & 0 & 0 & \cdots & 0 & h_0 & h_1 & \cdots & h_\nu \\ h_\nu & 0 & 0 & \cdots & 0 & 0 & h_0 & \cdots & h_{\nu-1} \\ \vdots & & \vdots & & \vdots & \vdots & \vdots & & \vdots \\ h_1 & h_2 & h_3 & \cdots & h_\nu & 0 & 0 & \cdots & h_0 \end{bmatrix} \tag{8.83}$$

根据式(8.83)中的定义，我们很容易发现矩阵 $\boldsymbol{H}$ 具有下列结构特征：

> 矩阵的每一行都是通过将前面一行循环右移一个位置得到的，附加的限制条件是，在移位过程中，前面一行溢出的最右边元素被“循环”回下面一行的最左边元素。

因此，矩阵 $\boldsymbol{H}$ 被称为循环矩阵(Circulant matrix)。

在进一步讨论以前，首先简要回顾 DFT 以及它在循环矩阵 $\boldsymbol{H}$ 的谱分解中的作用。

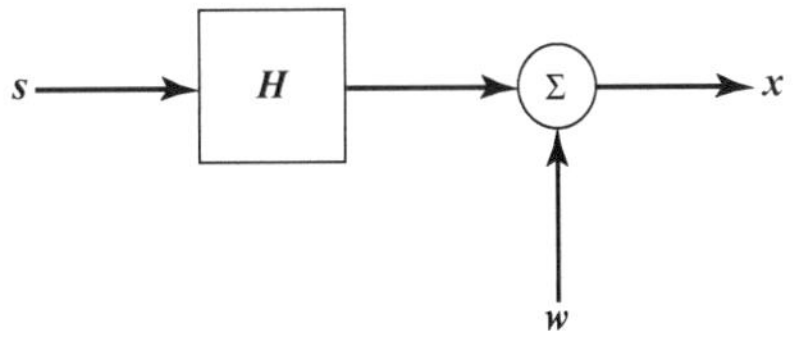

图 8.29　多信道数据传输系统的离散时间表示

离散傅里叶变换

考虑式(8.79)中的 $N\times1$ 维向量 $\boldsymbol{x}$。令向量 $\boldsymbol{x}$ 的 DFT 用下列 $N\times1$ 维向量表示：

$$\boldsymbol{X} = [X_{N-1}, X_{N-2}, \cdots, X_0]^{\mathrm{T}} \tag{8.84}$$

其中，第 k 个元素被定义为

$$X_k = \frac{1}{\sqrt{N}} \sum_{n=0}^{N-1} x_n \exp\left(-\mathrm{j}\frac{2\pi}{N}kn\right), \qquad k = 0, 1, \cdots, N-1 \tag{8.85}$$

其中，指数项 $\exp(-\mathrm{j}2\pi kn/N)$ 是 DFT 的核(Kernel)。相应地，$N\times1$ 维向量 $\boldsymbol{X}$ 的 IDFT(即 DFT 的逆变换)被定义为

$$x_n = \frac{1}{\sqrt{N}} \sum_{n=0}^{N-1} X_k \exp\left(\mathrm{j}\frac{2\pi}{N}kn\right), \qquad n = 0, 1, \cdots, N-1 \tag{8.86}$$

正如第 2 章中所讨论的，式(8.85)和式(8.86)是同时在时间域和频率域上对连续时间傅里叶变换进行离散化处理得到的，存在的一个区别在于：为了对称性，式(8.85)中的 DFT 和式(8.86)中的 IDFT 都有一个比例因子 $1/\sqrt{2}$。

尽管 DFT 和 IDFT 的数学公式看起来相似，它们的解释(理解)却是不同的，这一点在前面第 2 章中已经讨论。作为提示，可以将式(8.85)中描述的 DFT 运算解释为由 N 个复数外差和平均运算(N complex heterodyning and averaging operation)构成的系统，如图 2.32(a)所示。在该图中，外差(Heterodyning)是指将数据序列 x_n 乘以 N 个复指数 $\exp(-\mathrm{j}2\pi kn/N)$ 中的一个。正因如此，式(8.85)可以被视为分析方程(Analysis equation)。对于式(8.86)的解释，可以将其视为合成方程(Synthesis equation)：特别地，复数值傅里叶系数 X_k 被 N 个复指数 $\exp(-\mathrm{j}2\pi kn/N)$ 中的一个加权。在 n 时刻，输出 x_n 是通过把加权复数值傅里叶系数求和得到的，如图 2.32(b)所示。

以式(8.83)中信道矩阵 $\boldsymbol{H}$ 为代表的循环矩阵具有一个重要性质，即它允许有下列的谱分解(Spectral decomposition)

$$\boldsymbol{H} = \boldsymbol{Q}^{\dagger}\boldsymbol{\Lambda}\boldsymbol{Q} \tag{8.87}$$

其中，上标"†"表示厄米特转置(即复共轭和普通矩阵转置的结合)。下面将按顺序对矩阵 $\boldsymbol{Q}$ 和 $\boldsymbol{\Lambda}$ 进行介绍。矩阵 $\boldsymbol{Q}$ 是用 N 点 DFT 的核定义的一个方阵，如下所示：

$$\boldsymbol{Q} = \frac{1}{\sqrt{N}}\begin{bmatrix} \exp\left[-\mathrm{j}\frac{2\pi}{N}(N-1)(N-1)\right] & \cdots & \exp\left[-\mathrm{j}\frac{2\pi}{N}2(N-1)\right] & \exp\left[-\mathrm{j}\frac{2\pi}{N}(N-1)\right] & 1 \\ \exp\left[-\mathrm{j}\frac{2\pi}{N}(N-1)(N-2)\right] & \cdots & \exp\left[-\mathrm{j}\frac{2\pi}{N}2(N-2)\right] & \exp\left[-\mathrm{j}\frac{2\pi}{N}(N-2)\right] & 1 \\ \vdots & & \vdots & \vdots & \\ \exp\left[-\mathrm{j}\frac{2\pi}{N}(N-1)\right] & \cdots & \exp\left(-\mathrm{j}\frac{2\pi}{N}2\right) & \exp\left(-\mathrm{j}\frac{2\pi}{N}\right) & 1 \\ 1 & \cdots & 1 & 1 & 1 \end{bmatrix} \tag{8.88}$$

根据上述定义，很容易发现 $N\times N$ 维矩阵 $\boldsymbol{Q}$ 的第 kl 个元素，即从右下角(Bottom right)的 $k=0$ 和 $l=0$ 开始一步一步地往上数，就可以得到

$$q_{kl} = \frac{1}{\sqrt{N}}\exp\left(-\mathrm{j}\frac{2\pi}{N}kl\right), \qquad k, l = 0, 1, \cdots, N-1 \tag{8.89}$$

矩阵 $\boldsymbol{Q}$ 是一个标准正交矩阵(Orthonormal matrix)或者酉矩阵(Unitary matrix)，因为它满足下列条件：

$$\boldsymbol{Q}^{\dagger}\boldsymbol{Q} = \boldsymbol{I} \tag{8.90}$$

其中，$\boldsymbol{I}$ 是恒等矩阵。也就是说，$\boldsymbol{Q}$ 的逆矩阵等于 $\boldsymbol{Q}$ 的厄米特转置。

式(8.87)中的矩阵 $\boldsymbol{\Lambda}$ 是一个对角矩阵(Diagonal matrix)，它包含表征信道的序列 $h_0, h_1, \cdots, h_v$ 的 N 个 DFT 值。如果将这些变换值分别表示为 $\lambda_{N-1}, \cdots, \lambda_1, \lambda_0$，则可以将 $\boldsymbol{\Lambda}$ 表示为

$$\boldsymbol{\Lambda} = \begin{bmatrix} \lambda_{N-1} & 0 & \cdots & 0 \\ 0 & \lambda_{N-2} & \cdots & 0 \\ \vdots & \vdots & & \vdots \\ 0 & 0 & \cdots & \lambda_0 \end{bmatrix} \tag{8.91}$$

注意不要把这里的 λ 与 8.13 节中的拉格朗日乘子相混淆。

从系统设计的观点来看，DFT 本身已经成为了数字信号处理的一种主要工具，因为可以利用 FFT 算法来有效计算，第 2 章中也对 FFT 算法进行了介绍。就计算量而言，FFT 算法需要的运算次数是 $N\log_2 N$ 量级而不是直接计算 DFT 所需的 N^2 次运算。为了有效实现 FFT 算法，我们选取的块长 N 应该是 2 的整数幂。利用式(8.85)中定义的 DFT 的特殊结构，可以通过 FFT 算法来节省计算量。另外，随着数据长度 N 的增加，这种节省量还会更多。

信道的频域描述

在简单回顾 DFT 及其 FFT 实现以后，现在可以继续对 DMT 系统进行讨论。首先定义

$$\boldsymbol{s} = \boldsymbol{Q}^{\dagger}\boldsymbol{S} \tag{8.92}$$

其中，$\boldsymbol{S}$ 是发射机输出的频域向量表示。$N\times 1$ 维向量 $\boldsymbol{S}$ 的每个元素都可以视为二维 QAM 信号星座中的一个复数值点。给定信道输出向量 $\boldsymbol{x}$，可以将其对应的频域表示定义为

$$\boldsymbol{X} = \boldsymbol{Q}\boldsymbol{x} \tag{8.93}$$

利用式(8.87)、式(8.92)和式(8.93)，可以将式(8.79)重写为下列等效形式：

$$\boldsymbol{X} = \boldsymbol{Q}(\boldsymbol{Q}^{\dagger}\boldsymbol{\Lambda}\boldsymbol{Q}\boldsymbol{Q}^{\dagger}\boldsymbol{S} + \boldsymbol{W}) \tag{8.94}$$

于是，将式(8.90)代入式(8.94)，可以将向量 $\boldsymbol{X}$ 简化为下列简单形式：

$$\boldsymbol{X} = \boldsymbol{\Lambda}\boldsymbol{S} + \boldsymbol{W} \tag{8.95}$$

其中

$$\boldsymbol{W} = \boldsymbol{Q}\boldsymbol{w} \tag{8.96}$$

用展开(标量)形式表示，则矩阵方程式(8.95)意味着

$$X_k = \lambda_k S_k + W_k, \qquad k = 0, 1, \cdots, N-1 \tag{8.97}$$

其中，对于指定的信道而言，频域值$\{\lambda_k\}_{k=0}^{N-1}$是已知的。注意到 X_k是一个随机变量，并且 w_k是从一个高斯白噪声过程采样得到的随机变量。

对于具有加性白噪声的信道，式(8.97)使我们能够得到下列重要结论：

基于 DMT 的 DSL 接收机是由一组并行工作的独立处理器组成的。

由于 λ_k全部是已知的，因此我们可以利用频域值$\{X_k\}_{k=0}^{N-1}$组成的数据块来计算出对应的频域值$\{S_k\}_{k=0}^{N-1}$组成的发送数据块的估计值。

基于 DFT 的 DMT 系统

式(8.95)、式(8.85)、式(8.86)和式(8.97)为利用 DFT 实现 DMT 提供了数学基础。在图 8.30 中，给出了根据这些等式得到的系统框图，这为它们的实际作用创造了条件。

1. 发射机是由下列功能模块组成的：

- 多路分配器(Demultiplexer)，它将输入串行数据流转换为并行形式。
- 星座编码器(Constellation encoder)，它将并行数据映射为 $N/2$ 个多比特子信道，每个子信道用一个 QAM 信号星座表示。按照加载算法在子信道之间进行比特分配也在此完成。
- 离散傅里叶逆变换(IDFT)，它将星座编码器输出的频域并行数据变换为并行时域数据。为了利用 FFT 算法有效实现 IDFT，我们需要选取 $N=2^k$，其中 k 为正整数。
- 并/串转换器(Parallel-to-serial converter)，它将并行时域数据转换为串行形式。在转换为模拟形式以前，在串行数据中周期性地插入填满循环前缀的保护间隔。
- 数/模转换器(Digital-to-Analog Converter，DAC)，它将数字数据转换为即将在信道上传输的模拟形式。

一般而言，DAC 还包含一个发送滤波器。因此，需要将图 8.25 中的时间函数 $h(t)$ 重新定义为发送滤波器与信道级联以后的组合冲激响应。

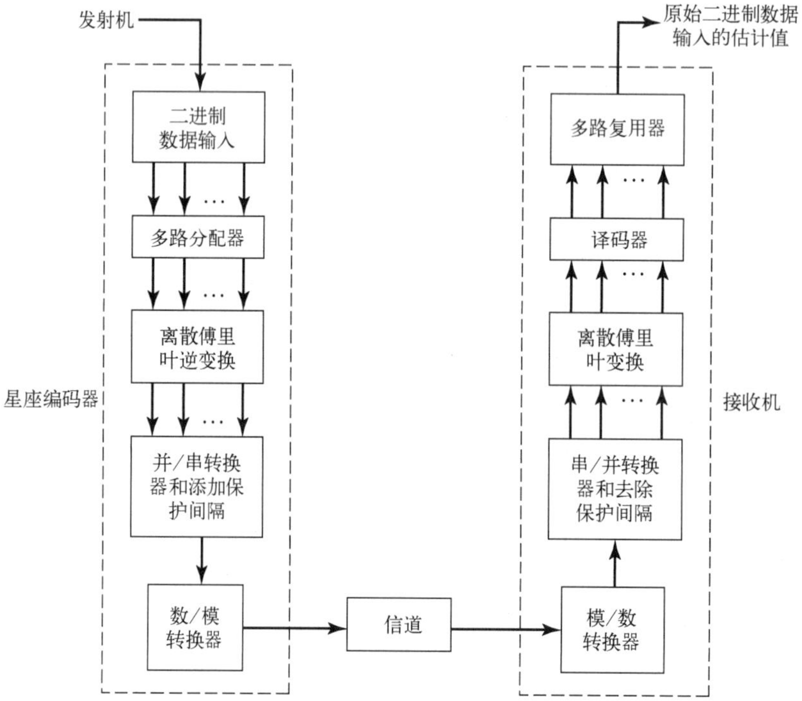

图 8.30　基于 DFT 的 DMT 系统框图

2. 接收机完成与发射机相反的操作，现将其描述如下：

- 模/数转换器(Analog-to-Digital Converter，ADC)，它将模拟信道输出转换为数字形式。
- 串/并转换器(Serial-to-parallel converter)，它将得到的比特流转换为并行形式。在进行转换以前，需要去除保护间隔(循环前缀)。
- 离散傅里叶变换(DFT)，它将时域并行数据变换为频域并行数据；与 IDFT 一样，也采用 FFT 算法来实现 DFT。
- 译码器(Decoder)，它利用 DFT 输出来计算出提供给发射机的原始多比特子信道数据的估计值。
- 多路复用器(Multiplexer)，它将前面计算得到的估计值组合起来，重构出发送的串行数据流。

总之：

由于 FFT 算法的计算效率高，DMT 已经成为非对称 DSL 和甚高速 DSL 设计的标准核心技术，它具有两个重要工作特性：高效的性能和有效的实现。

基于 DMT 的 DSL 的实际应用

DMT 的一个重要应用是在双向信道上传输数据。事实上，DMT 已经成为了利用双绞线的 ADSL 传输标准。比如在 ADSL 中，DMT 能够提供速率为 1.544 Mb/s 的下行(即从 ISP 到用户)数据传输，并且同时还能提供 160 kb/s 的上行(即从用户到 ISP)数据传输。这种数据传输能力非常适合于处理诸如视频点播这类数据密集的应用。

在实现非对称 VDSL 时，DMT 也是一项核心技术，VDSL 与其他所有 DSL 传输技术不同的是，它具有传送极高数据率的能力。比如，VDSL 能够在双绞线上提供 13~26 Mb/s 的下行数据率和 2~3 Mb/s 的上行数据率，这些数据来自光网络单元，然后将其连接到距离大约小于 1 km 的用户。这种高数据率允许传送数字电视、超速网上冲浪与文件传送，以及在家庭虚拟办公等。

从实际观点来看，利用 DMT 实现 ADSL 和 VDSL 具有以下多个优点：

- DMT 能够使传输比特率达到最大，这是根据信道衰减和噪声条件将信息承载信号分配到信道上来实现的。
- 对线路条件改变具有适应性，这是通过将信道分割为许多子信道来实现的。
- 降低了对脉冲噪声的敏感性，这是通过将其能量散布到接收机的许多子信道上来实现的。正如其名称所指，脉冲噪声（Impulse noise）的特征是一段很长的很平静的时间后接着一个幅度随机变化的窄脉冲。在 ADSL 或者 VDSL 环境下，在中心局连接双绞线的开关瞬态以及根据用户需要的各个电子设备都会产生脉冲噪声。
- 利用 DMT 系统还能有效消除对自适应信道均衡的需求。

8.16　小结与讨论

在本章中，我们主要考虑带限信道上的数据传输问题，重点对这个实际问题的两个方面进行了讨论。

在本章第一部分，假设信道输入端的 SNR 足够大，可以忽略信道噪声的影响。在这种假设下，处理符号间干扰的问题可以被视为一个信号设计问题。也就是说，对总的脉冲形状 $p(t)$ 进行设计，使之在采样时刻 nT_b 等于零，其中 T_b 是比特率 R_b 的倒数。这样做了以后，符号间干扰会降低为零。最好在频域中寻找满足这个需求的脉冲形状。理想的解决方法是采用“砖墙”频谱，它在区间 $-W \leqslant f \leqslant W$ 内是恒定的，其中 $W = 1/2T_b$。T_b 是比特宽度，W 被称为奈奎斯特带宽。遗憾的是，由于两个方面的原因导致这种理想脉冲形状是不现实的：非因果行为以及对定时误差的敏感性。为了克服这两个实际困难，我们提出采用 RC 谱，它在频带的两边以类似半余弦的方式，从指定带宽内的恒定值逐渐滚降到零值。在结束本章第一部分时，我们介绍了 SRRC 谱，它把总的脉冲形状等分到发射机和接收机中；后面这种信号设计方法被应用到了无线通信中。

接着进入到本章的第二部分，我们应用“分而治之”的工程原理对宽带信道上数据传输的方法进行了讨论。特别地，利用双绞线的电话信道被分割为大量的窄带子信道，使得每个噪声子信道都可以应用香农信息容量定律来处理。然后，通过一系列巧妙的数学处理，难以处理的“离散多载波传输系统”被转化为一个新的“DMT 系统”。更重要的是，通过利用 FFT 算法的高计算效率的特性，DMT 在实际实现时采用了一个结构良好的收发机（Transceiver，即一对发射机和接收机），它具有优良的性能和高效的计算能力。事实上，DMT 自身已经成为了数字用户线系列技术中设计非对称和甚高速 DSL 的标准核心技术（Standard core technology）。另外，DSL 技术在世界范围内的广泛应用已经将普通的电话线转化为了宽带通信链路，正因如此，现在我们才能够将 PSTN 视为一个宽带骨干数据网。最重要的是，这种从模拟到数字网络的转化使得以兆位每秒的速率传输数据成为可能，这的确是工程上一个了不起的成就。

习题

奈奎斯特准则

8.1　图 P8.1 中的 NRZ 脉冲可以被视为奈奎斯特脉冲的一种非常粗略的形式。通过比较这两种脉冲的频谱特征来证实这个结论。

8.2　将一个二进制 PAM 信号在绝对最大带宽为 75 kHz 的基带信道上传输，比特宽度为 10 μs。寻找一个满足这些需求的 RC 谱。

8.3　将一个模拟信号采样、量化、编码为一个二进制 PCM 信号。

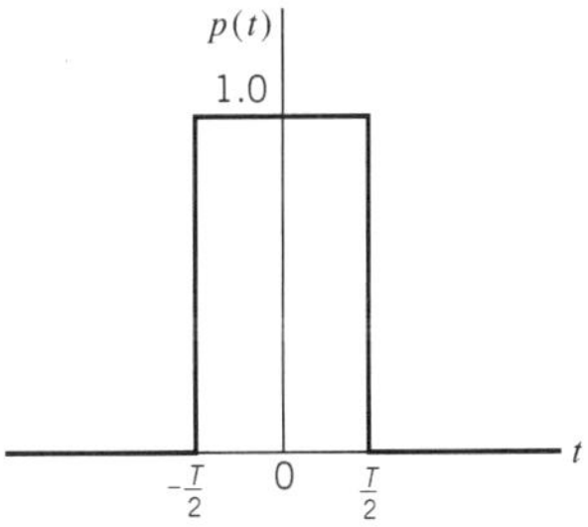

图 P8.1

PCM 信号的技术要求包括：

- 采样率，8 kHz；
- 表示电平数量，64。

采用离散 PAM 将这个 PCM 信号在基带信道上传输。如果允许每个脉冲取下列数量的幅度电平：2,4 或者 8，确定传输这个 PCM 信号所需的最小带宽。

8.4 考虑一个基带二进制 PAM 系统，它被设计成具有 RC 谱 $P(f)$。得到的脉冲 $p(t)$ 由式(8.25)定义。如果这个系统被设计成具有线性相位响应，那么需要如何修改这个脉冲？

8.5 确定一个奈奎斯特脉冲，它的傅里叶逆变换是由式(8.26)中定义的频率函数 $P(f)$ 确定的。

8.6 继续采用习题 8.5 中的定义条件，即

$$\sum_{n=-\infty}^{\infty} P\left(f+\frac{n}{T_b}\right) = T_b, \quad T_b > 0$$

说明具有最窄带宽$\frac{1}{2T_b}$的奈奎斯特脉冲 $p(t)$ 是由下列 sinc 函数描述的：

$$p(t) = \operatorname{sinc}\left(\frac{t}{T_b}\right)$$

8.7 一个脉冲 $p(t)$ 被称为在 T 移位下正交的，如果它满足下列条件：

$$\int_{-\infty}^{\infty} p(t)p(t-nT_b)\,dt = 0, \quad n = \pm1, \pm2, \cdots$$

其中，T_b是比特宽度。换句话说，脉冲 $p(t)$ 被移位 T_b的任意整数倍以后与其自身是不相关的。证明奈奎斯特脉冲满足这个条件。

8.8 令 $P(f)$ 为一个可积函数，它的傅里叶逆变换为

$$p(t) = \int_{-\infty}^{\infty} P(f)\exp(j2\pi ft)\,df$$

假设 T_b已给定。当且仅当傅里叶变换 $P(f)$ 满足下列条件时：

$$\sum_{n=-\infty}^{\infty} P\left(f+\frac{n}{T_b}\right) = T_b$$

上面定义的脉冲 $p(t)$ 是一个比特宽度为 T_b的奈奎斯特脉冲。

利用第 2 章中介绍的泊松求和公式证明这个结论是正确的。

8.9 令 $g(t)$ 表示一个函数，它的傅里叶变换记为 $G(f)$。脉冲 $g(t)$ 是在 T 移位下正交的，因为其傅里叶变换 $G(f)$ 满足下列条件：

$$\sum_{n=-\infty}^{\infty} \left|G\left(f+\frac{n}{T_b}\right)\right|^2 = \text{常量}$$

证明 SRRC 成形脉冲满足上述条件。

部分响应信号传输

8.10 sinc 脉冲是最优奈奎斯特脉冲，“最优”是因为它占有可能的最小带宽 $W=1/2T_b$产生的符号间干扰为零，其中 T_b是比特宽度。然而，正如 8.5 节中所讨论的，sinc 函数容易受到定时误差的影响；因此宁愿采用 RC 谱，它需要最小带宽的两倍，即 $2W$。

在本题中，我们探讨一种新的脉冲，它能够像 sinc 脉冲那样实现可能的最小带宽 $W=1/2T_b$，但付出的代价是会产生确定性的(即被控制的)符号间干扰；由于是可控的，因此在接收机中可以采取适当的措施来解决它。

这种新脉冲被记为 $g_1(t)$，其傅里叶变换被表示为

$$G_1(f) = \begin{cases} 2\cos(\pi fT_b)\exp(-j\pi fT_b), & |f| \leqslant (1/2T_b) \\ 0, & \text{常量} \end{cases}$$

(a) 画出 $G_1(f)$ 的幅度谱和相位谱。

(b) 证明脉冲 $g_1(t)$ 被确定为

$$g_1(t) = \frac{T_b^2 \sin(\pi t/T_b)}{\pi t(T_b - t)}$$

然后再证明 $g_1(t)$ 的尾部随 $1/|t|^2$ 衰减，它比 sinc 脉冲的衰减率 $1/|t|$ 更快。对 $g_1(t)$ 相比于 sinc 脉冲具有的优势进行评价。

(c) 画出 $g_1(t)$ 的波形，说明 $g_1(t)$ 在采样时刻只有两个可以分辨的值，因此将 $g_1(t)$ 称为双二进码(Duobinary code)。

(d) 采用双二进码在带限信道上的信号传输被称为部分响应信号(Partial-response signaling)。解释其原因。

8.11 在本题中，我们对另一种基于修正双二进码(Modified duobinary code)的部分响应信号进行探讨。将这第二种码表示为脉冲 $g_2(t)$，其傅里叶变换被定义为

$$G_2(f) = \begin{cases} 2\mathrm{j}\sin(2\pi f T_b)\exp(-\mathrm{j}2\pi f T_b), & |f| \leqslant 1/2T_b \\ 0, & \text{其他} \end{cases}$$

(a) 画出 $G_2(f)$ 的幅度谱和相位谱。

(b) 证明修正双二进脉冲自身被确定为

$$g_2(t) = \frac{2T_b^2 \sin(\pi t/T_b)}{\pi t(2T_b - t)}$$

然后证明它在采样时刻有三个可以分辨的电平。

(c) 就在带限信道上传输而言，修正双二进码与双二进码相比具有什么实际优点？

多信道线路码

8.12 考虑式(8.56)中定义的通带基函数，其中 $\phi(t)$ 本身由式(8.57)定义。证明这些通带基函数具有性质 1、性质 2 和性质 3。

8.13 加载问题的注水解是在式(8.70)的约束条件下由式(8.73)确定的。利用这一对关系，导出一个能够计算出将发送功率 P 分配到 N 个子信道上的递归算法。这个算法从迭代 $i=0$ 开始时，必须以总的噪声信号比(Noise-to-signal ratio) $\mathrm{NSR}_{(i)}=0$ 为初始值，并且子信道是按照从分配到最小功率到最大功率的顺序来排序的。

8.14 线性信道的平方幅度响应 $|H(f)|^2$ 如图 P8.14 所示。假设间隙 $\Gamma=1$ 且所有子信道的噪声方差都为 $\sigma_n^2=1$，完成下列任务：

(a) 导出分配给频带为 $(0, W_1)$，(W_1, W_2) 和 (W_2, W) 的三个子信道的最优功率 P_1，P_2 和 P_3 的公式。

(b) 假设总发射功率 $P=10$，$l_1=2/3$ 且 $l_2=1/3$，计算 P_1，P_2 和 P_3 的对应值。

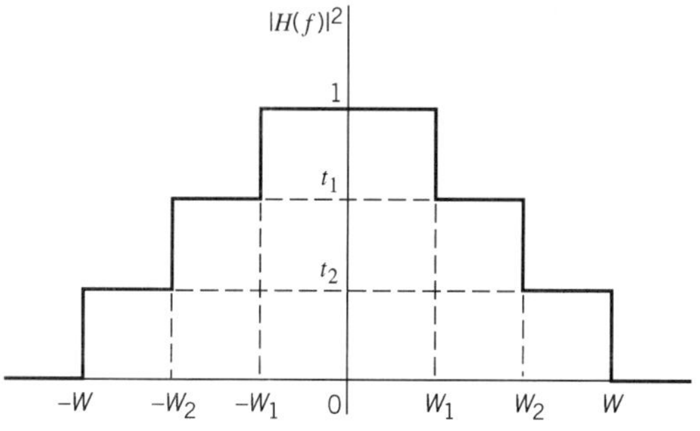

图 P8.14

8.15 在本题中，我们探讨利用奇异值分解(Singular Value Decomposition，SVD)作为代替 DFT 的另

一种向量编码方法。这种方法避免了循环前缀的需要，其信道矩阵被表示为

$$\boldsymbol{H}=\begin{bmatrix} h_0 & h_1 & h_2 & \cdots & h_\nu & 0 & \cdots & 0 \\ 0 & h_0 & h_1 & \cdots & h_{\nu-1} & h_\nu & \cdots & 0 \\ \vdots & \vdots & \vdots & & \vdots & \vdots & & \vdots \\ 0 & 0 & 0 & \cdots & h_0 & h_1 & \cdots & h_\nu \end{bmatrix}$$

其中，序列 $h_0,h_1,\cdots,h_\nu$ 表示信道的采样冲激响应。矩阵 $\boldsymbol{H}$ 的 SVD 被定义为

$$\boldsymbol{H}=\boldsymbol{U}[\boldsymbol{\Lambda}:\boldsymbol{0}_{N,\nu}]\boldsymbol{V}^\dagger$$

其中，$\boldsymbol{U}$ 为 $N\times N$ 维酉矩阵，$\boldsymbol{V}$ 为 $(N+\nu)\times(N+\nu)$ 维酉矩阵；也就是说

$$\boldsymbol{U}\boldsymbol{U}^\dagger=\boldsymbol{I}$$
$$\boldsymbol{V}\boldsymbol{V}^\dagger=\boldsymbol{I}$$

其中，$\boldsymbol{I}$ 是恒等矩阵，上标“†”表示厄米特转置。$\boldsymbol{\Lambda}$ 是由奇异值 $\lambda_n(n=1,2,\cdots,N)$ 构成的 $N\times N$ 维对角矩阵。$\boldsymbol{0}_{N,\nu}$ 是一个 $N\times\nu$ 维的零矩阵。

(a) 利用上述分解，证明采用向量编码得到的 N 个子信道在数学上可以描述为

$$X_n=\lambda_n A_n+W_n$$

其中，X_n 是矩阵乘积 $\boldsymbol{U}^\dagger\boldsymbol{x}$ 的元素，$\boldsymbol{x}$ 是接收信号(信道输出)向量。A_n 是第 n 个符号 $a_n+\mathrm{j}b_n$，并且 W_n 是由信道噪声引起的随机变量。

(b) 证明这里描述的向量编码的 SNR 为

$$(\mathrm{SNR})_{\text{vector coding}}=\Gamma\left[\prod_{n=1}^{N^*}\left(1+\frac{(\mathrm{SNR})_n}{\Gamma}\right)\right]^{1/(N+\nu)}-\Gamma$$

其中，N^* 是分配的发射功率为非负值的信道数量，$(\mathrm{SNR})_n$ 是第 n 个子信道的 SNR，Γ 是指定的间隙值。

(c) 当块长 N 趋近于无穷大时，奇异值趋近于信道傅里叶变换的幅度。利用这个结果，对向量编码和离散多载波方法之间的关系进行评价。

计算机实验

****8.16** 这个面向计算机的习题由两部分组成，我们借此说明非线性对眼图的影响。

(a) 考虑一个 4 进制 PAM 系统，它在理想条件下工作：没有信道噪声也没有 ISI。具体技术要求如下：

奈奎斯特带宽，$W=0.5\,\mathrm{Hz}$；

滚降因子，$\alpha=0.5$；

符号宽度，$M=4$ 时 $T=2T_\mathrm{b}$，T_b 是比特宽度；

计算这个无噪声 PAM 系统的眼图。

(b) 重复上题中的计算，这里假设信道是非线性的，其输入–输出关系如下：

$$x(t)=s(t)+as^2(t)$$

其中，$s(t)$ 是信道输入，$x(t)$ 是信道输出(即接收信号)，a 是一个常数。计算下列三个非线性条件下的眼图：

$$a=0.05,0.1,0.2$$

然后，讨论常数 a 的变化如何影响四进制 PAM 系统的眼图形状。

注释

[1] 式(8.11)或者式(8.15)中描述的准则首先是由奈奎斯特在研究电报传输理论时得到的；奈奎斯特(1928b)的论文是一篇经典论文。在文献中，这个准则被称为奈奎斯特第一准则(Nyquist's first criterion)。在 1928b 论文中，奈奎斯特描述了另一种方法，这种方法在文献中

被称为奈奎斯特第二准则(Nyquist's second criterion)。第二个方法利用接收信号中不同符号之间的转换时刻而不是采样的中心时刻。在 Bennett(1970:78~92)以及 Gibby 和 Smith(1965)的论文中，对第一准则和第二准则进行了讨论。在 Sunde(1969)中对奈奎斯特提出来的第三个准则进行了讨论；也可以参考 Pasupathy(1974)以及 Sayar 和 Pasupathy(1987)的论文。

[2]　例 1 中描述的技术要求是根据 Tranter 等人(2004)的著作提出来的。

[3]　在 Chennakeshu and Saulnier(1993)中，以数字蜂窝无线电的 π/4 移位差分 QPSK 为背景对 SRRC 脉冲成形进行了讨论。在 Anderson(2005:27~29)中也对其进行了讨论。

[4]　严格意义上讲，完全张开的眼图占用的范围是从-1~+1。在此基础上，零符号间干扰对应的理想眼图开启度应该等于 2。然而，为了便于介绍且与文献保持一致，我们选择眼图开启度为 1 来表示零符号间干扰的理想条件。

[5]　关于判决反馈均衡器的详细讨论，可以参考 Proakis 和 Salehi(2008)撰写的经典著作《数字通信(第 5 版)》。

[6]　ADSL 的思想应该归因于 Lechleider(1989)，他首先发现这种配置方法能够提供大于对称方法的信息容量两倍的能力。

[7]　关于 VDSL 的详细讨论，可以参考 Starr 等人(2003)著作中的第 7 章；也可以参考 Cioffi 等人(1999)的论文。

[8]　拉格朗日乘子法在附录 D 中进行讨论。

第 9 章　在衰落信道上发送信号

9.1　引言

在第 7 章和第 8 章中，我们分别对 AWGN 信道和带限信道上的信号传输进行了研究。在本章中，将继续讨论更加复杂的通信环境，即衰落信道(Fading channel)，它是不断广泛应用的无线通信的真正核心。衰落是指即使移动(Mobile)接收机与发射机之间的距离实际上是恒定的，接收机相对发射机比较小的移动都会导致接收功率的很大变化。产生衰落的物理现象是多径的(Multipath)，它意味着发射信号通过空时特征(Spatio-temporal characteristics)不断变化的多条路径到达移动接收机，因此这是无线信道实现可靠通信的富有挑战性的特性。

本章由三个相互联系的部分组成：

首先，我们通过在时域和空域中对衰落信道的统计特性进行表征来研究衰落信道上的信号传输。这种统计特征可以用三个不同观点来分析：物理观点、数学观点和计算观点，每个观点都以其自身的方式丰富了我们对多径现象的理解。本章第一部分完成了下列任务：

- 对 AWGN 和 Rayleigh 衰落信道上不同调制技术的 BER 进行了比较。
- 通过图形显示了采用二进制 PSK 时衰落信道与对应 AWGN 信道的不同之处。

于是，上述比较引出了如何克服多径现象的影响从而在衰落信道上实现可靠通信的问题。事实上，本章第二部分正是针对这个重要的实际问题进行的讨论。我们特别对空间分集(Space diversity)的应用进行了研究，它拥有下列三种类型：

1. 接收分集(Diversity-on-receive)，它利用单个发射机和多个接收机，每个接收机都有自己的天线。
2. 发射分集(Diversity-on-transmit)，它利用多个发射天线和单个接收机。
3. 多输入-多输出(Multiple-Input Multiple-Output，MIMO)天线系统，它通过组合方式同时包含了接收分集和发射分集。

采用接收分集是无线电通信中长期存在的一种技术。另一方面，发射分集和 MIMO 天线系统则是最近出现的。对分集技术的研究是与信息容量密切联系的。本章后面部分也对其评价进行了特别关注。

在本章的第三部分也是最后一部分中，对扩谱信号进行了研究，它为如何消除多径现象的影响提供了另外一种新的思考方式。更具体而言，采用扩谱信号传输可以得到码分多址的表示方法，这个问题已在第 1 章引言部分做了简单介绍。

9.2　传播效应

在高楼林立的地域使用移动无线电面临的主要传播问题[1]是由移动式平台的天线远低于周围建筑物这个事实引起的。简单地说，没有“视线”路径到达基站。相反，无线传播主要是通过周围建筑物表面的散射，以及在这些建筑物上面或者周围的衍射等方式进行的，如图 9.1 所示。从图 9.1 中需要注意的重点在于，能量是通过多条路径到达接收天线的。因此，我们谈到了多径现象(Multipath phenomenon)，这是因为入射的不同无线电波是从不同方向且以不同时延到达其目的地的。

为了理解多径现象的本质特征，首先考虑一个“静态的”多径环境，它包含一个平稳接收机和由窄带信号(如非调制正弦载波)组成的发射信号。假设发射信号的两个衰减形式相继到达接收机。时延差产生的影响是在接收信号的任意两个分量之间引入一个相对相移。因此，我们可以识别出可能出现的下列两种极端情况：

- 相对相移为零，在这种情况下两个分量同相相加，如图 9.2(a)所示。
- 相对相移为 180°，在这种情况下两个分量反相相加，如图 9.2(b)所示。

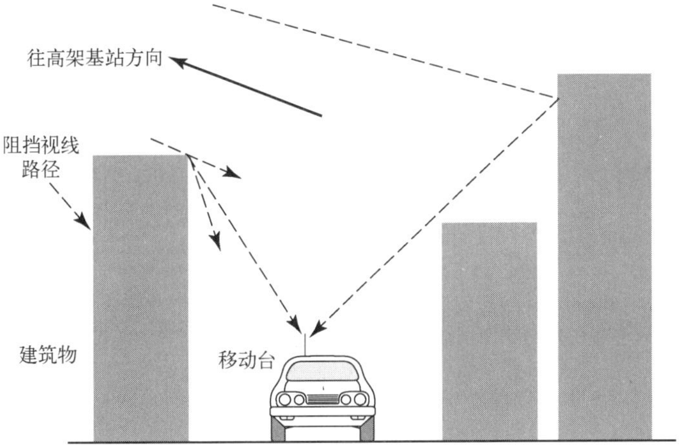

图 9.1　城市环境中的无线传播机制

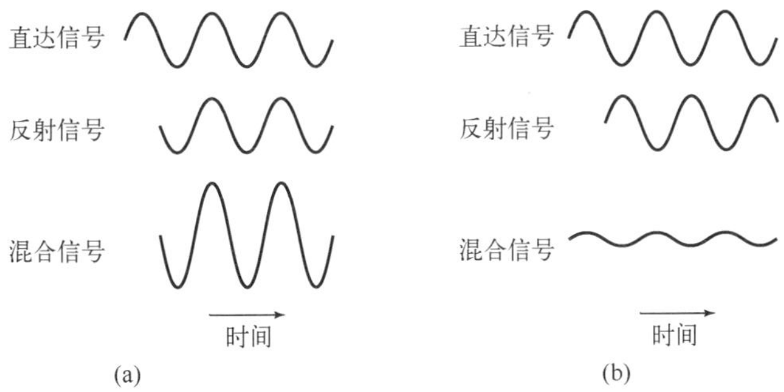

图 9.2　(a) 正弦信号多径现象的同相相加形式；(b) 正弦信号多径现象的反相相加形式

我们也可以采用相量(Phasor)来说明多径的同相相加和反相相加效应，分别如图 9.3(a)和图 9.3(b)所示。注意到在这里描述的静态多径环境中，接收信号的幅度没有随时间变化。

下面考虑“动态”多径环境，此时接收机处于运动之中，发射窄带信号的两个形式经过长度不同的路径到达接收机。由于接收机的运动，每条传播路径的长度都在连续变化。因此，接收信号两个分量之间的相对相移是接收机空间位置的函数。随着接收机的运动，我们现在发现接收幅度(包络)不再像静态环境中那样是恒定的；相反，它会随着距离而变化，如图 9.4 所示。在图的上部，我们也包含了接收机在不同位置所接收信号的两个分量之间的向量关系。图 9.4 表明，在某些位置存在同相相加，而在其他某些位置也可能几乎完全抵消。这种物理现象称为快衰落(Fast fading)。

在实际面临的移动无线环境中，当然会存在很多长度不同的传播路径，并且它们对接收信号的贡献也会以不同方式进行混合。最终结果是，接收信号的包络以很复杂的方式随着位置而变化，如图 9.5 所示，这是在城市地域中对接收信号包络进行实验记录得到的。该图清晰地显示出了接收信号的衰落特性。图 9.5 中接收信号包络是用 dBm 来度量的。单位 dBm 被定义为 $10\lg(P/P_0)$，其中 P 表示测量的概率，而 $P_0=1$ mW 作为参照系。在图 9.5 情形中，P 是接收信号包络的瞬时功率。

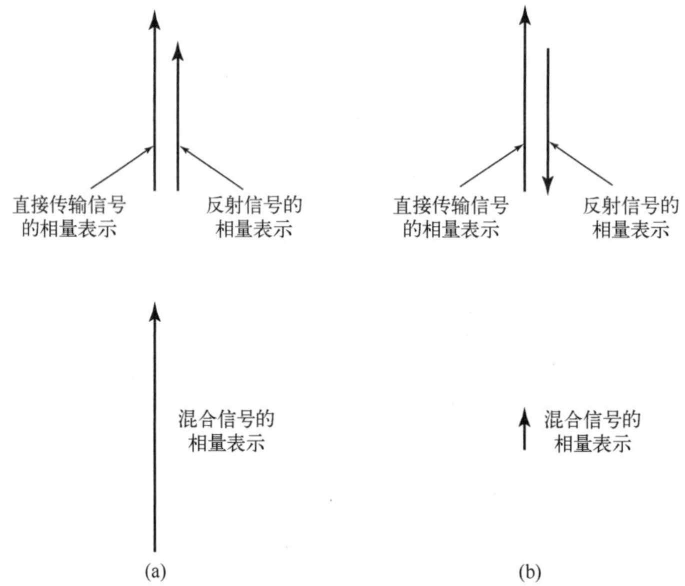

图 9.3 （a）多径的同相相加形式的相量表示；（b）多径的反相相加形式的相量表示

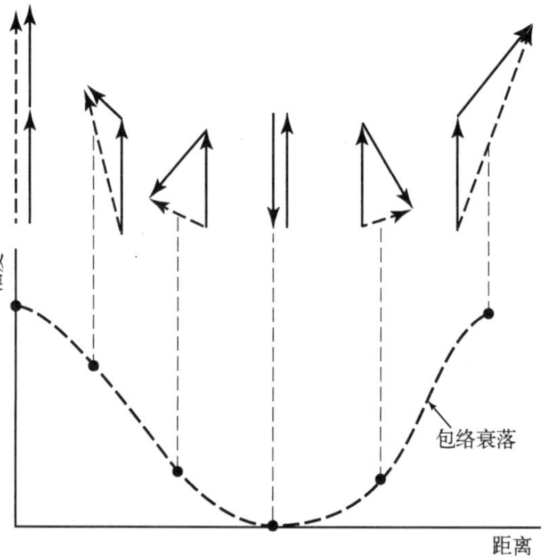

图 9.4 两个入射信号以不同相位混合时包络衰落的示意图

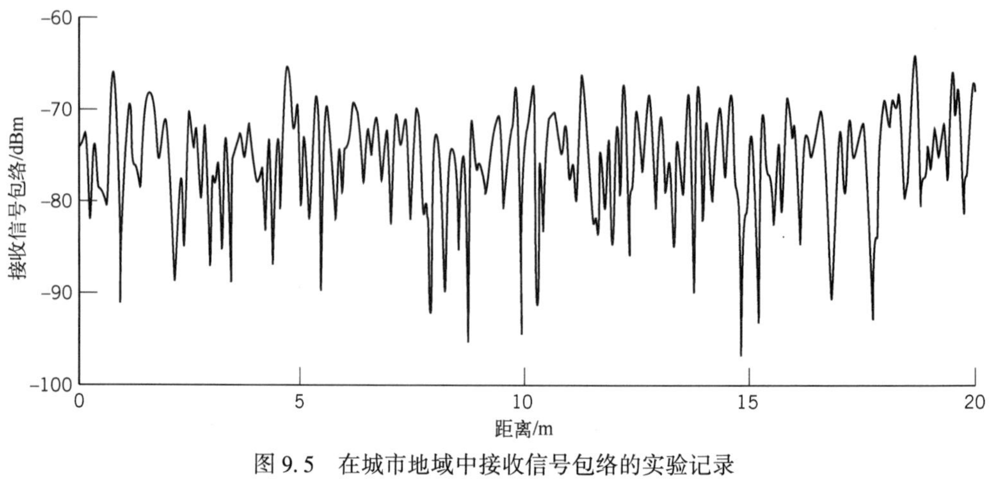

图 9.5 在城市地域中接收信号包络的实验记录

信号衰落实质上是一个空间现象(Spatial phenomenon)，它是随着接收机的移动在时域中表现出来的。这些变化与接收机运动之间具有下列关系。考虑图 9.6 所示的情况，其中假设接收机以恒定速度 v 沿着直线 AA′移动。还假设接收信号是由来自于散射体 S 的无线电波产生的。令 Δt 表示接收机从 A 点移动到 A′点所花的时间。采用图 9.6 中描述的符号，可以推导出无线电波的路径长度中的递增量为

$$\begin{aligned}\Delta l &= d\cos\psi \\ &= -v\Delta t\cos\psi\end{aligned} \tag{9.1}$$

其中，ψ 是入射无线电波与接收机移动方向之间的空间夹角。相应地，在 A′点接收信号的相位角相对于 A 点相位角的变化为

$$\begin{aligned}\Delta\phi &= \frac{2\pi}{\lambda}\Delta l \\ &= -\frac{2\pi v\Delta t}{\lambda}\cos\psi\end{aligned}$$

其中，λ 是无线电波长。于是，频率中的明显变化或者多普勒频移(Doppler shift)被定义为

$$\begin{aligned}\nu &= -\frac{1}{2\pi}\frac{\Delta\phi}{\Delta t} \\ &= \frac{v}{\lambda}\cos\psi\end{aligned} \tag{9.2}$$

当无线电波从移动单元前面到达时，多普勒频移 ν 是正值(导致频率的增加)，当无线电波从移动单元后面到达时，它是负值。

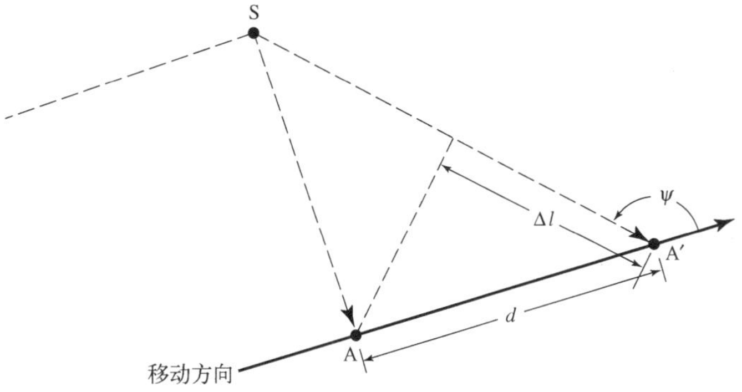

图 9.6　多普勒频移计算的示意图

9.3　Jakes 模型

为了说明由于接收机移动引起的快衰落，考虑动态多径环境中在这种接收机周围包含有 N 个 IID 固定散射体。令发射信号是具有单位幅度、频率为 f_c 的复数正弦函数，如下所示：

$$s(t) = \exp(\mathrm{j}2\pi f_c t)$$

于是，在移动接收机处观察到的包含多普勒频移相关影响的混合信号为

$$x_0(t) = \sum_{n=1}^{N} A_n \exp[\mathrm{j}2\pi(f_c+\nu_n)t + \mathrm{j}\theta_n]$$

其中，幅度 A_n 是由第 n 个散射体贡献的，ν_n 是对应的多普勒频移，θ_n 是某个随机相位。接收信号的复包络(Complex envelope)是时变的，如下所示：

$$\tilde{x}_0(t) = \sum_{n=1}^{N} A_n \exp[\mathrm{j}2\pi\nu_n t + \mathrm{j}\theta_n] \tag{9.3}$$

相应地，复包络 $\tilde{x}_0(t)$ 的自相关函数被定义为

$$R_{\tilde{x}_0}(t) = \mathbb{E}[\tilde{x}_0{}^*(t)\tilde{x}_0(t+\tau)] \tag{9.4}$$

其中，$\mathbb{E}$ 是关于时间 t 的期望算子，在$\tilde{x}_0^*(t)$中的星号“ * ”表示复共轭。将式(9.3)代入式(9.4)得到一个双重求和，一个下标为 n 而另一个下标为 m。然后，在 IID 假设条件下对结果进行简化，自相关函数 $R_{\tilde{x}_0}(t)$可以简化为

$$R_{\tilde{x}_0}(\tau) = \begin{cases} \sum_{n=1}^{N} \mathbb{E}[A_n^2 \exp(\mathrm{j}2\pi\nu_n\tau)], & m = n \\ 0, & m \neq n \end{cases} \tag{9.5}$$

讨论到这里以后，我们发现下列两个观察结果：

1. 对于所有 n 而言，在移动接收机与第 n 个散射体之间距离的微小变化产生的影响都是足够小的，我们可以写出
$$\mathbb{E}[A_n^2 \exp(\mathrm{j}2\pi\nu_n\tau)] = \mathbb{E}[A_n^2]\mathbb{E}[\exp(\mathrm{j}2\pi\nu_n\tau)] \tag{9.6}$$
其中，$n=1,2,\cdots,N$。
2. 多普勒频移 ν_n是与角度 ψ_n的余弦成正比的，这个角度是图 9.6 中来自于第 n 个散射体的入射无线电波与接收机移动方向之间的夹角，它可以由式(9.2)得到。

因此，我们可以写出

$$\nu_n = \nu_{\max}\cos\psi_n, \quad n = 1,2,\cdots,N \tag{9.7}$$

其中，$\nu_{\max}$是最大多普勒频移，它在入射无线电波的传播方向与接收机移动方向相同时会出现。因此，将式(9.6)和式(9.7)代入式(9.5)，可以写出

$$R_{\tilde{x}_0}(\tau) = \begin{cases} P_0 \sum_{n=1}^{N} \mathbb{E}[\exp(\mathrm{j}2\pi\nu_{\max}\tau\cos\psi_n)], & m = n \\ 0, & m \neq n \end{cases} \tag{9.8}$$

其中，乘积因子

$$P_0 = \sum_{n=1}^{N} A_n^2 \tag{9.9}$$

是在接收机输入端的平均信号功率(Average signal power)。

现在，我们最后再做两个假设：

1. 所有无线电波都是从水平方向(Horizontal direction)到达接收机的(Clarke，1968)。
2. 多径在$[-\pi,\pi]$范围内是均匀分布的(Uniformly distributed)，其概率密度函数如下所示(Jakes，1974)：

$$f_\Psi(\psi) = \begin{cases} \frac{1}{2\pi}, & -\pi \leqslant \psi \leqslant \pi \\ 0, & \text{其他} \end{cases} \tag{9.10}$$

在这两个假设条件下，式(9.8)中的期望是独立于 n 的，因此该式可以进一步简化为

$$\begin{aligned} R_{\tilde{x}_0}(\tau) &= P_0\mathbb{E}[\exp(\mathrm{j}2\pi\nu_{\max}\tau\cos\psi)], \quad -\pi \leqslant \psi \leqslant \pi \\ &= P_0\int_{-\pi}^{\pi} f_\Psi(\psi)\exp(\mathrm{j}2\pi\nu_{\max}\tau\cos\psi)\,\mathrm{d}\psi \\ &= P_0\left[\frac{1}{2\pi}\int_{-\pi}^{\pi}\exp(\mathrm{j}2\pi\nu_{\max}\tau\cos\psi)\,\mathrm{d}\psi\right] \end{aligned}$$

上式方括号内的定积分是零阶第一类贝塞尔函数(Bessel function of the first kind of order zero)[2]，参见附录 C。根据定义，对于某些自变量 x，有

$$J_0(x) = \frac{1}{2\pi}\int_{-\pi}^{\pi} \exp(\mathrm{j}x\cos\theta)\,\mathrm{d}\theta \tag{9.11}$$

因此，我们可以将移动接收机输入的复数信号$\tilde{x}_0(t)$的自相关函数表示为下列紧凑形式：

$$R_{\tilde{x}_0}(\tau) = P_0 J_0(2\pi\nu_{\max}\tau) \tag{9.12}$$

由式(9.12)中自相关函数描述的模型被称为 Jakes 模型(Jakes model)。在图 9.7(a)中，显示了按照这个模型得到的自相关 $R_{\tilde{x}_0}(\tau)$的图形。

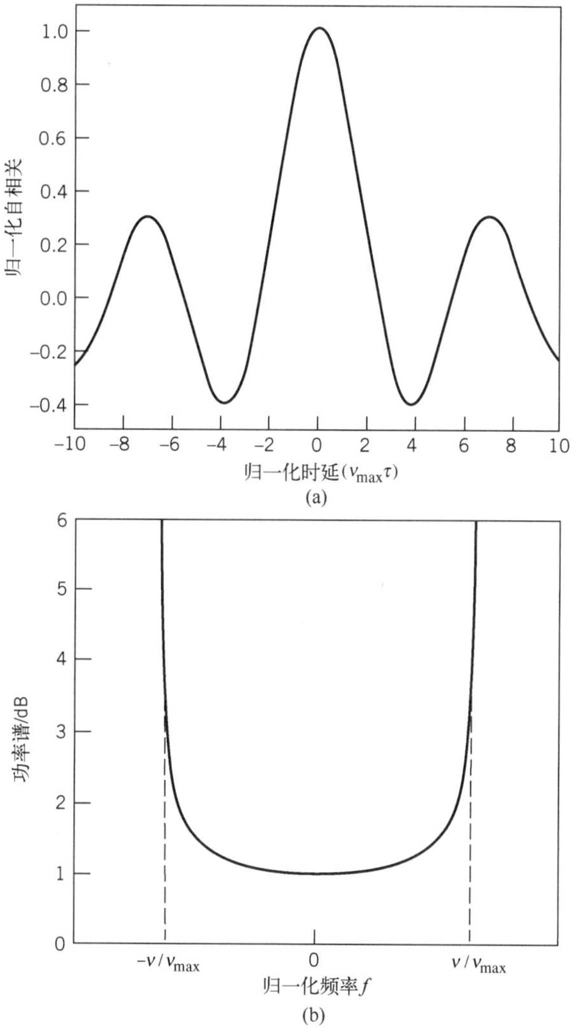

图 9.7　(a) 按照 Jakes 模型得到的接收信号复包络的自相关；(b) 采用Jakes模型的衰落过程的功率谱

根据弱(广义)平稳过程的 Wiener-Khintchine 关系(第 4 章中已讨论)，自相关函数和功率谱构成了一对傅里叶变换。特别地，我们可以写出

$$S_{\tilde{x}_0}(\nu) = \mathbb{F}[P_0 J_0(2\pi\nu_{\max}\tau)] \tag{9.13}$$

乍看之下，这个变换的闭式解在数学上是很难处理的；然而，实际上其精确解为(Jakes, 1974)：

$$S_{\tilde{x}_0}(\nu) = \begin{cases} \dfrac{P_0}{\sqrt{1-(\nu/\nu_{\max})^2}}, & \nu < \nu_{\max} \\ 0, & \nu \geqslant \nu_{\max} \end{cases} \tag{9.14}$$

正是因为上式才为该模型取这个名字。在图 9.7(b) 中，画出了式(9.14)中的功率谱与多普勒频移 ν 之间的关系曲线，其中 $P_0=1$。这个理想图形如“浴缸”形状，它在端点 $\nu=\pm\nu_{\max}$ 处具有两个对称的可积的奇点。

例 1 用 FIR 滤波器实现 Jakes 模型

这个例子的目标是计算出一个 FIR(TDL) 滤波器来作为式(9.14)中的功率谱模型。为此，根据第 4 章中关于随机过程的内容，需要利用下列几个关系：

1. 弱平稳过程的自相关函数和功率谱构成了一个傅里叶变换对，这一点前面已经提到过了。
2. 就随机过程而言，线性系统的输入-输出行为在频域中被描述为

$$S_Y(f) = |H(f)|^2 S_X(f) \tag{9.15}$$

   其中，$H(f)$ 是系统传输函数，$S_X(f)$ 是输入过程 $X(t)$ 的功率谱，$S_Y(f)$ 是输出过程 $Y(t)$ 的功率谱，输入过程和输出过程都是弱平稳的。
3. 如果输入过程 $X(t)$ 是高斯过程，则输出过程 $Y(t)$ 也是高斯过程。
4. 如果输入 $X(t)$ 是不相关的，则由于系统的色散行为，输出 $Y(t)$ 将是相关的。

现在的问题是，利用谱密度为 $N_0/2$ 的白噪声过程作为输入过程 $X(t)$，寻找 $H(f)$ 以产生式(9.14)中的期望功率谱。因此，给定 $S_Y(f)$ 并令常数 $K=N_0/2$，我们可以求解式(9.15)得到 $H(f)$ 为

$$H(f) = \sqrt{\frac{S_Y(f)}{K}} \tag{9.16}$$

换句话说，$H(f)$ 与 $S(f)$ 的平方根成正比(从实际观点来看，常数 K 可以通过截取功率-延迟剖面来确定，这个问题将在 9.14 节中讨论)。

根据式(9.14)和式(9.16)，现在可以说代表期望的 Jakes FIR 滤波器 $H(f)$ 为(忽略常数 K)

$$H(f) = \begin{cases} (1-f^2)^{-1/4}, & -1 \leqslant f \leqslant 1 \\ 0, & \text{其他} \end{cases} \tag{9.17}$$

其中，$f=\nu/\nu_{\max}$。得到这个公式以后，可以利用傅里叶逆变换计算出对应的 Jakes FIR 滤波器的冲激响应。

然而，在继续讨论以前，关于利用 Jakes 模型仿真衰落信道时的一个重要方面，是必须特别注意下列要点：

应用于 Jakes 模型的输入信号的采样率与衰落过程的采样值是非常不同的。

具体而言，前者是符号率的倍数，后者是多普勒带宽 $\nu_{\max}$ 的倍数。换句话说，采样率比 $\nu_{\max}$ 大得多。因此，可以知道在仿真中必须采用具有插值的多倍采样率(Multiple sampling rate with interpolation)；需要插值是为了从离散谱得到其连续形式。

记住这一点以后，在下列技术要求条件下，对式(9.17)中的传输函数应用 512 点 FFT 逆算法(Inverse FFT algorithm)：

最大多普勒频移，$\nu_{\max}=100\text{ Hz}$；
采样频率，$f_s=16\nu_{\max}$。

于是，我们可以得到 Jakes FIR 滤波器的截尾冲激响应 h_n 的离散时间形式，如图 9.8(a)所示。

在计算出 h_n 以后，我们可以继续利用 FFT 算法来计算 Jakes FIR 滤波器的对应传输函数 $H(f)$；其计算结果如图 9.8(b)所示，它自身具有类似浴缸的形状，这与期望的一样。

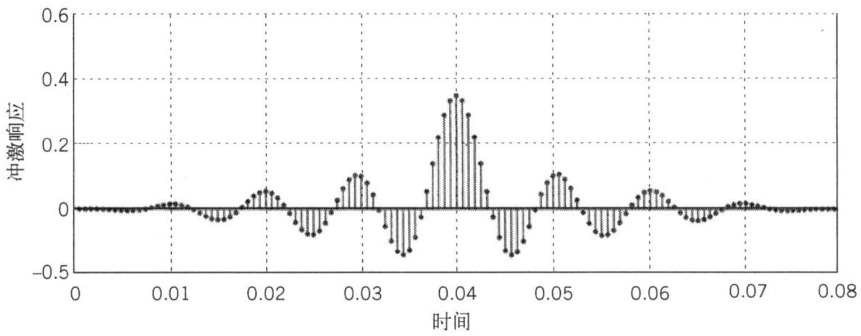

(a) 离散冲激响应

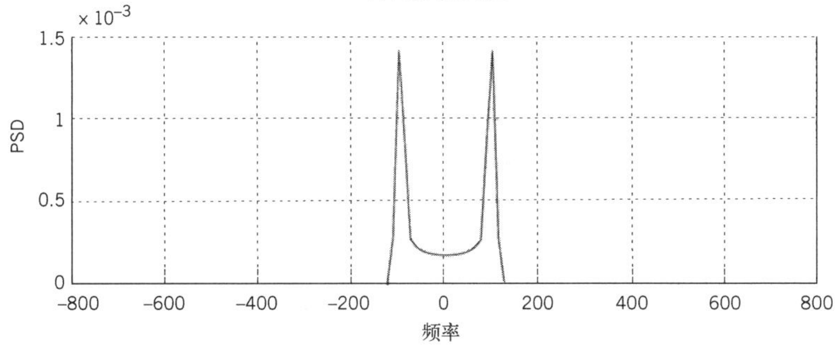

(b) 插值功率谱密度(PSD)

图 9.8　Jakes FIR 滤波器

例 2　利用 Jakes FIR 滤波器产生衰落过程

为了将例 1 中计算得到的 Jakes FIR 滤波器实际应用于仿真衰落过程，接下来要做的是将一个复值白噪声过程通过滤波器，其中噪声具有不相关的样本值。图 9.9(a)显示了滤波器输出端得到的随机过程的功率谱。图 9.9(b)以对数尺度画出了输出过程的包络。这个图是典型的衰落相关信号。

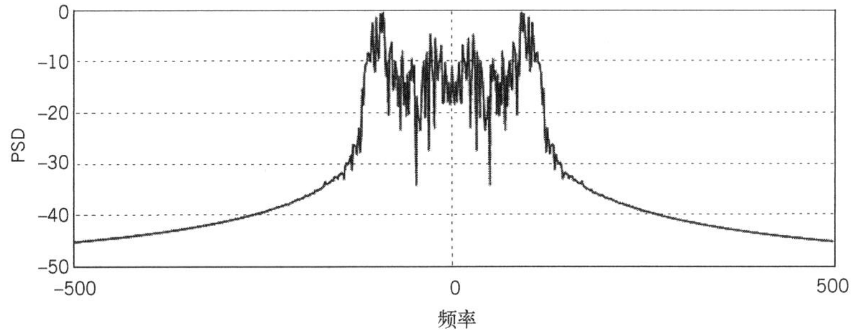

(a) 输出功率谱

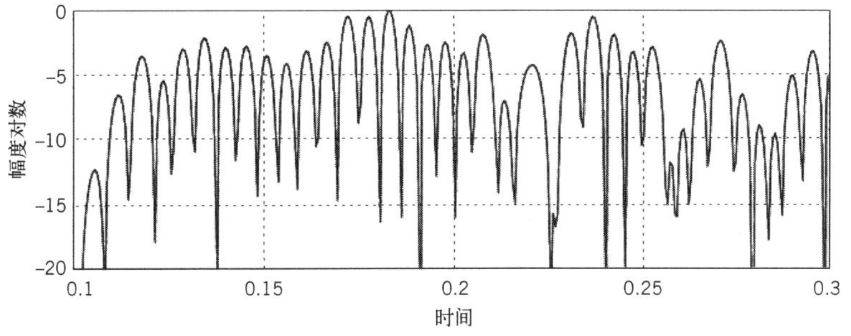

(b) 输出过程的包络

图 9.9　高斯白噪声驱动 Jakes FIR 滤波器

9.4 宽带无线信道的统计特征

9.3 节中描述的多径环境的物理特征比较适合窄带移动无线传输，其中信号带宽小于传播路径时延扩展的倒数。

然而在现实情况中，我们发现移动无线环境下的辐射信号占有一个宽频带，因此无线信道的统计特征需要更详细的数学描述，这正是本节的目的。为此，我们沿用第 2 章中的复数符号来简化分析。

具体而言，可以将发射带通信号表示如下：

$$x(t) = \mathrm{Re}[\tilde{x}(t)\exp(\mathrm{j}2\pi f_c t)] \tag{9.18}$$

其中，$\tilde{x}(t)$是$x(t)$的复数(低通)包络，f_c是载波频率。由于多径效应导致信道是时变的，因此信道的冲激响应与时延有关，于是它是一个时变函数。将信道的冲激响应表示为

$$h(\tau;t) = \mathrm{Re}[\tilde{h}(\tau;t)\exp(\mathrm{j}2\pi f_c t)] \tag{9.19}$$

其中，$\tilde{h}(\tau;t)$是信道的复数低通冲激响应，τ 是时延变量。复数低通冲激响应$\tilde{h}(\tau;t)$被称为信道的时延扩展函数(Delay-spread function)。相应地，信道输出的复数低通包络$\tilde{y}(t)$被定义为下列卷积积分：

$$\tilde{y}(t) = \frac{1}{2}\int_{-\infty}^{\infty} \tilde{h}(\tau;t)\tilde{x}(t-\tau)\,\mathrm{d}\tau \tag{9.20}$$

其中，比例因子 1/2 是采用复数表示的结果，详见第 2 章。为了具有一般性，将 9.2 节中的 $\tilde{x}_0(t)$变成了$\tilde{x}(t)$。

一般而言，移动无线信道的行为只能用统计语言来描述。为了分析和数学上更容易处理，时延扩展函数$\tilde{h}(\tau;t)$用零均值复数值高斯过程来建模。于是，在任意时刻 t 包络 $|\tilde{h}(\tau;t)|$ 都是 Rayleigh 分布的，于是该信道被称为 Rayleigh 衰落信道(Rayleigh fading channel)。然而，当移动无线环境包含有固定散射体时，我们采用零均值模型来描述时延扩展函数$\tilde{h}(\tau;t)$就不再合理了。在这种情况下，采用 Rice 分布来描述包络 $|\tilde{h}(\tau;t)|$ 是更合适的，此时该信道被称为 Rice 衰落信道。在第 3 章中，考虑了实数值随机过程的 Rayleigh 分布和 Rice 分布。在本章讨论中，我们大部分但并非全部内容是针对 Rayleigh 衰落信道的。

信道的多径相关函数

信道的时变传输函数(Time-varying transfer function)被定义为时延扩展函数$\tilde{h}(\tau;t)$关于时延变量 τ 的傅里叶变换，如下所示：

$$\tilde{H}(f;t) = \int_{-\infty}^{\infty} \tilde{h}(\tau;t)\exp(-\mathrm{j}2\pi f\tau)\,\mathrm{d}\tau \tag{9.21}$$

其中，f 表示频率变量。时变传输函数$\tilde{H}(f;t)$可以被视为信道的频率传输特征。

为了在数学上更容易处理信道的统计特征，我们受到物理考虑的启发做出两个假设，于是可以根据这两个假设得到这个模型的实际重要意义。

假设 1：广义平稳

由于感兴趣的是短期快衰落，因此假设复数冲激响应$\tilde{h}(\tau;t)$为广义平稳过程是合理的。

正如第 4 章中所解释的，如果一个随机过程的均值与时间不相关，并且其自相关函数只取决于该过程两个观察时刻之间的差值，则被称为广义(即弱)平稳随机过程。后面，我们采用“广义平稳”这个词，因为在无线通信文献中它被广泛采用。

在这里所讨论的背景下，第一个假设意味着：

- $\tilde{h}(\tau;t)$关于时间 t 的期望只取决于时延 τ；

- 在对时间 t 关注的情况下，乘积 $\widetilde{h}^*(\tau_1;t_1)\times\widetilde{h}(\tau_2,t_2)$ 的期望只取决于时间差 $\Delta t=t_2-t_1$。

由于傅里叶变换是线性运算(Linear operation)，可知如果复数时延扩展函数 $\widetilde{h}(\tau;t)$ 是零均值高斯广义平稳过程，则复数值时变传输函数 $\widetilde{H}(f;t)$ 也具有类似的统计特性。

假设 2：不相关散射

当两个或者多个具有不同传播时延的散射体产生的贡献不相关时，这个信道被称为不相关散射信道。

换句话说，关于时间 t 的二阶期望满足下列要求：

$$\mathbb{E}[\tilde{h}^*(\tau_1;t_1)\tilde{h}(\tau_2;t_2)] = \mathbb{E}[\tilde{h}^*(\tau_1;t_1)\tilde{h}(\tau_1;t_2)]\delta(\tau_1-\tau_2)$$

其中，$\delta(\tau_1-\tau_2)$ 是定义在时延域中的 Dirac-delta 函数。即只有当 $\tau_2\neq\tau_1$ 时，$\widetilde{h}(\tau;t)$ 的自相关函数才不为零。

在关于无线信道统计特征的文献中，广义平稳被简写为 WSS，不相关散射被简写为 US。因此，当假设 1 和假设 2 同时满足时，得到的信道模型被称为是 WSSUS 模型。

然后，我们再考虑时延扩展函数 $\widetilde{h}(\tau;t)$ 的相关函数[3]。由于 $\widetilde{h}(\tau;t)$ 是复数值，采用下列相关函数的定义：

$$R_{\tilde{h}}(\tau_1,t_1;\tau_2,t_2) = \mathbb{E}[\tilde{h}^*(\tau_1;t_1)\tilde{h}(\tau_2;t_2)] \tag{9.22}$$

其中，$\mathbb{E}$ 是统计期望算子，星号“ * ”表示复共轭，τ_1 和 τ_2 是在计算过程中涉及的两条路径的传播时延，t_1 和 t_2 是对两条路径的输出进行观测的时刻。在混合 WSSUS 信道模型条件下，可以将式(9.22)中的相关函数重新表示为

$$\begin{aligned}R_{\tilde{h}}(\tau_1,\tau_2;\Delta t) &= \mathbb{E}[\tilde{h}^*(\tau_1;t)\tilde{h}(\tau_2;t+\Delta t)]\\ &= r_{\tilde{h}}(\tau_1;\Delta t)\delta(\tau_1-\tau_2)\end{aligned} \tag{9.23}$$

其中，Δt 是观测时刻 t_1 和 t_2 之间的差值，$\delta(\tau_1-\tau_2)$ 是在 τ 域中的 δ 函数。因此，为了数学上的方便，用 τ 替换 τ_1，则式(9.23)中第二行的函数被重新确定为

$$r_{\tilde{h}}(\tau;\Delta t) = \mathbb{E}[\tilde{h}^*(\tau;t)\tilde{h}(\tau;t+\Delta t)] \tag{9.24}$$

函数 $r_{\tilde{h}}(\tau;\Delta t)$ 被称为信道的多径相关剖面(Multipath correlation profile)。这个新的相关函数 $r_{\tilde{h}}(\tau;\Delta t)$ 为信号通过信道传输以后在时域中的失真程度提供了一种统计测度。

信道的间隔频率、间隔时间相关函数

下面考虑采用复数时变传输函数 $\widetilde{H}(f;t)$ 来描述信道的统计特征。采用与式(9.22)类似的公式，$\widetilde{H}(f;t)$ 的相关函数被定义为

$$R_{\tilde{H}}(f_1,t_1;f_2,t_2) = \mathbb{E}[\tilde{H}^*(f_1;t_1)\tilde{H}(f_2;t_2)] \tag{9.25}$$

其中，f_1 和 f_2 代表发射信号频谱中的两个频率。相关函数 $R_{\tilde{H}}(f_1,t_1;f_2,t_2)$ 为信号通过信道传输以后在频域中的失真程度提供了一种统计测度。根据式(9.21)、式(9.22)和式(9.25)，很明显相关函数 $R_{\tilde{H}}(f_1,t_1;f_2,t_2)$ 和 $R_{\tilde{h}}(\tau_1,t_1;\tau_2,t_2)$ 构成了一个二维傅里叶变换对(Two-dimensional Fourier-transform pair)，它被定义为

$$R_{\tilde{H}}(f_1,t_1;f_2,t_2) \rightleftharpoons \int_{-\infty}^{\infty}\int_{-\infty}^{\infty} R_{\tilde{h}}(\tau_1,t_1;\tau_2,t_2)\exp[-\mathrm{j}2\pi(f_1\tau_1-f_2\tau_2)]\,\mathrm{d}\tau_1\,\mathrm{d}\tau_2 \tag{9.26}$$

利用时域中的广义平稳假设，可以将式(9.25)重新表示为

$$R_{\tilde{H}}(f_1,f_2;\Delta t) = \mathbb{E}[\tilde{H}^*(f_1;t)\tilde{H}(f_2;t+\Delta t)] \tag{9.27}$$

式(9.27)表明，相关函数 $R_{\tilde{H}}(f_1,f_2;\Delta t)$ 可以通过采用一对间隔频率计算信道输出的互相关来度量。这种计算方法假设在时域中具有平稳性。如果还假设在频域中也具有平稳性，则可以进一步写出

$$
\begin{aligned}
R_{\tilde{H}}(f,f+\Delta f;\Delta t) &= r_{\tilde{H}}(\Delta f;\Delta t)\\
&= \mathbb{E}[\tilde{H}^*(f;t)\tilde{H}(f+\Delta f;t+\Delta t)]
\end{aligned}
\tag{9.28}
$$

这个由式(9.28)中第一行引出的新的相关函数 $r_{\tilde{H}}(\Delta f;\Delta t)$ 实际上是多径相关剖面 $r_{\tilde{h}}(\tau;\Delta t)$ 关于时延-时间变量 τ 的傅里叶变换，如下所示：

$$
r_{\tilde{H}}(\Delta f;\Delta t) = \int_{-\infty}^{\infty} r_{\tilde{h}}(\tau;\Delta t)\exp(-\mathrm{j}2\pi\tau\Delta f)\,\mathrm{d}\tau \tag{9.29}
$$

这个新函数 $r_{\tilde{H}}(\Delta f;\Delta t)$ 被称为信道的间隔频率、间隔时间相关函数(Spaced-frequency, spaced-time correlation function)，这里两次用到"间隔"是针对 Δt 和 Δf 而言的。

信道的散射函数

最后，我们介绍另一个新函数 $S(\tau;\nu)$，它与多径相关剖面 $r_{\tilde{h}}(\tau;\Delta t)$ 关于变量 Δt 构成了一个傅里叶变换对。根据定义，我们有下列傅里叶变换：

$$
S(\tau;\nu) = \int_{-\infty}^{\infty} r_{\tilde{h}}(\tau;\Delta t)\exp(-\mathrm{j}2\pi\nu\Delta t)\,\mathrm{d}(\Delta t) \tag{9.30}
$$

和下列傅里叶逆变换

$$
r_{\tilde{h}}(\tau;\Delta t) = \int_{-\infty}^{\infty} S(\tau;\nu)\exp(\mathrm{j}2\pi\nu\Delta t)\,\mathrm{d}\nu \tag{9.31}
$$

还可以应用下列双重傅里叶变换(Double Fourier transformation)形式来通过 $r_{\tilde{H}}(\Delta f;\Delta t)$ 对函数 $S(\tau;\nu)$ 进行定义，即

关于时间变量 Δt 的傅里叶变换和关于频率变量 Δf 的傅里叶逆变换。

也就是说

$$
S(\tau;\nu) = \int_{-\infty}^{\infty}\int_{-\infty}^{\infty} r_{\tilde{H}}(\Delta f;\Delta t)\exp(-\mathrm{j}2\pi\nu\Delta t)\exp(\mathrm{j}2\pi\tau\Delta f)\,\mathrm{d}(\Delta t)\,\mathrm{d}(\Delta f) \tag{9.32}
$$

在图9.10中，通过傅里叶变换和傅里叶逆变换给出了三个重要函数之间的函数关系：即 $r_{\tilde{h}}(\tau;\Delta t)$，$r_{\tilde{H}}(\Delta f;\Delta t)$ 和 $S(\tau;\nu)$。

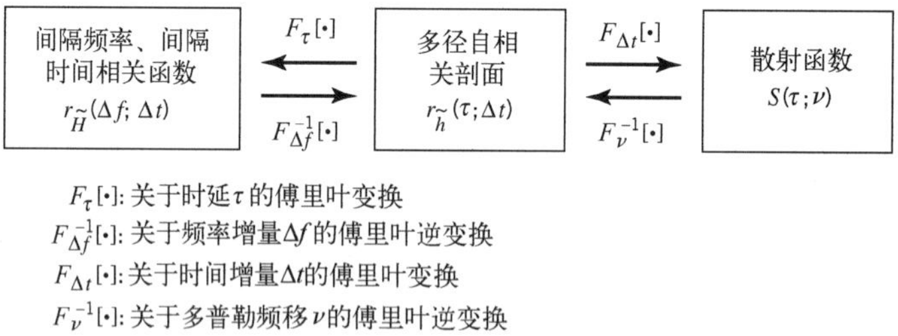

图9.10 多径相关剖面 $r_{\tilde{h}}(\tau;\Delta t)$ 和间隔频率、间隔时间相关函数 $r_{\tilde{H}}(\Delta f;\Delta t)$ 以及散射函数 $S(\tau;\nu)$ 之间的函数关系

函数 $S(\tau;\nu)$ 被称为信道的散射函数(Scattering function)。为了对它进行物理解释，考虑传输一个相对于载波的单音频率 f'。所得滤波器输出的复包络为

$$
\tilde{y}(t) = \exp(\mathrm{j}2\pi f't)\tilde{H}(f';t) \tag{9.33}
$$

$\tilde{y}(t)$ 的相关函数由下式给出：

$$
\begin{aligned}
\mathbb{E}[\tilde{y}^*(t)\tilde{y}(t+\Delta t)] &= \exp(\mathrm{j}2\pi f'\Delta t)\mathbb{E}[\tilde{H}^*(f';t)\tilde{H}^*(f';t+\Delta t)]\\
&= \exp(\mathrm{j}2\pi f'\Delta t)r_{\tilde{H}}(0;\Delta t)
\end{aligned}
\tag{9.34}
$$

上式最后一行中，我们用到了式(9.28)。在式(9.29)中令 $\Delta f=0$，然后利用式(9.31)可以写出

$$\begin{aligned} r_{\tilde{H}}(0;\Delta t) &= \int_{-\infty}^{\infty} r_{\tilde{h}}(\tau;\Delta t)\,\mathrm{d}\tau \\ &= \int_{-\infty}^{\infty}\left[\int_{-\infty}^{\infty} S(\tau;\nu)\,\mathrm{d}\tau\right]\exp(\mathrm{j}2\pi\nu\Delta t)\,\mathrm{d}\nu \end{aligned} \tag{9.35}$$

因此，我们可以将式(9.35)中方括号内的积分，即

$$\int_{-\infty}^{\infty} S(\tau;\nu)\,\mathrm{d}\tau$$

视为信道输出关于发射的单音频率f'的功率谱密度，其中多普勒频移ν作为频率变量。将这个结果推广以后，可以得出下列结论：

> 散射函数$S(\tau;\nu)$为信道输出功率提供了一种统计测度，它被表示为时延τ和多普勒频移ν的函数。

功率延迟剖面

我们继续讨论无线信道的统计特征。在式(9.24)中令$\Delta t=0$，得到

$$\begin{aligned} P_{\tilde{h}}(\tau) &= r_{\tilde{h}}(\tau;0) \\ &= \mathbb{E}[|\tilde{h}(\tau;t)|^2] \end{aligned} \tag{9.36}$$

函数$P_{\tilde{h}}(\tau)$描述了 WSSUS 信道在传播时延τ的散射过程的强度(对衰落波动取平均以后)。因此，在任何情况下，这个剖面曲线提供了用时延变量τ的函数形式表示的平均多径功率的估计$P_{\tilde{h}}(\tau)$ 被称为信道的功率延迟剖面(Power-delay profile)。在任何情况下，这个剖面曲线提供了用时延变量τ的函数形式表示的平均多径功率的估计。

功率延迟剖面还可以通过散射函数$S(\tau;\nu)$来定义，即在所有可能的多普勒频移上对散射函数取平均。特别地，在式(9.31)中令$\Delta t=0$，然后利用式(9.36)的第一行，可得到

$$P_{\tilde{h}}(\tau) = \int_{-\infty}^{\infty} S(\tau;\nu)\,\mathrm{d}\nu \tag{9.37}$$

在图 9.11 中给出了功率延迟剖面的一个例子，它画出了功率谱密度随超量时延变化的典型关系曲线[4]；超量时延是相对于最短回波路径的时延来测量的。图 9.11 中包含的“门限电平”K定义了一个功率电平，低于它以后接收机就不能正常工作了。

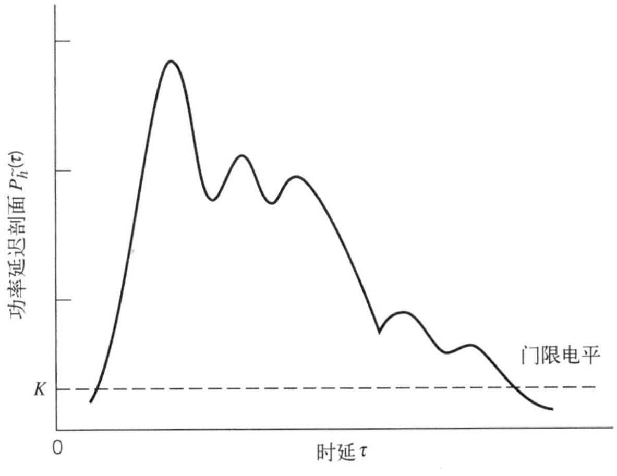

图 9.11　移动无线信道功率延迟剖面的示例

$P_{\tilde{h}}(\tau)$的中心矩

为了用统计语言来描述 WSSUS 信道的功率延迟剖面的统计特征，首先从零阶矩开始，即在时延变量τ上积分得到的平均功率，如下所示：

$$P_{\mathrm{av}} = \int_{-\infty}^{\infty} P_{\tilde{h}}(\tau)\,\mathrm{d}\tau \tag{9.38}$$

相对于P_{av}归一化的平均时延(Average delay)可以通过一阶矩定义为

$$\tau_{\mathrm{av}} = \frac{1}{P_{\mathrm{av}}}\int_{-\infty}^{\infty} \tau P_{\tilde{h}}(\tau)\,\mathrm{d}\tau \tag{9.39}$$

对应地，相对于P_{av}归一化的二阶中心矩可以采用下列均方根(RMS)公式来定义：

$$\sigma_{\tau} = \left[\frac{1}{P_{\mathrm{av}}}\int_{-\infty}^{\infty} (\tau-\tau_{\mathrm{av}})^2 P_{\tilde{h}}(\tau)\,\mathrm{d}\tau\right]^{1/2} \tag{9.40}$$

上面的新参数 σ_τ 被称为时延扩展(Delay spread),它在用来表征 WSSUS 信道的所有参数中具有特殊的地位。

从第 2 章中关于线性环境下信号的表示可知,信号在时域中的宽度是它在频域中带宽的倒数。根据这个时频关系,我们可以将 WSSUS 信道的相干带宽(Coherence bandwidth) $B_{\text{coherence}}$ 定义如下:

$$B_{\text{coherence}} = \frac{1}{\tau_{\text{av}}} \tag{9.41}$$

也就是说:

WSSUS 信道的相干带宽是指信道频率响应非常相关所对应的频带。

这个结论从直觉上讲是合理的。

多普勒功率谱

下面考虑多普勒效应与信道时间变化之间的关系问题。直接对照功率延迟剖面,这里我们令 $\Delta f=0$,这对应于在信道上传输单音信号(具有某个适当的频率)。在此条件下,式(9.29)中定义的信道的间隔频率、间隔时间相关函数可以简化为 $r_{\tilde{H}}(0;\Delta t)$。因此,将这个函数关于时间变量 Δt 求傅里叶变换,可以写出

$$S_{\tilde{H}}(\nu) = \int_{-\infty}^{\infty} r_{\tilde{H}}(0;\Delta t)\exp(-\text{j}2\pi\nu\Delta t)\,\text{d}(\Delta t) \tag{9.42}$$

函数 $S_{\tilde{H}}(\nu)$ 定义了信道输出的功率谱,它被表示为多普勒频移 ν 的函数,因此它被称为信道的多普勒功率谱(Doppler power spectrum)。

式(9.42)中的多普勒功率谱可以采用下面两种方式来深入解释(Molisch, 2011):

1. 多普勒谱描述了无线信道的频率色散,它导致在窄带移动无线通信系统中出现传输差错。
2. 多普勒谱为信道的时间变化提供了一种度量,用数学语言来讲,它是通过 $\Delta f=0$ 时信道的相关函数 $r_{\tilde{H}}(0;\Delta t)$ 来描述的。

因此,我们可以将多普勒功率谱视为 WSSUS 信道的另一个重要的统计特征。

多普勒功率谱也可以通过散射函数来定义,在所有可能的传播时延上对散射函数取平均,得到

$$S_{\tilde{H}}(\nu) = \int_{-\infty}^{\infty} S(\tau;\nu)\,\text{d}\tau \tag{9.43}$$

一般情况下,多普勒频移 ν 会以几乎相同的可能取正值和负值。因此,平均多普勒频移实际上等于零。于是,多普勒谱的二阶矩的平方根被定义为

$$\sigma_\nu = \left(\frac{\int_{-\infty}^{\infty} \nu^2 S_{\tilde{H}}(\nu)\,\text{d}\nu}{\int_{-\infty}^{\infty} S_{\tilde{H}}(\nu)\,\text{d}\nu}\right)^{1/2} \tag{9.44}$$

参数 σ_ν 为多普勒谱的宽度提供了一种测度;因此,它被称为信道的多普勒扩展(Doppler spread)。

在无线传播测量中,经常用到的另一个有用参数是信道的衰落速率(Fade rate)。对于 Rayleigh 衰落信道,平均衰落速率(Average fade rate)与多普勒扩展 σ_ν 之间的关系由下列经验公式给出:

$$f_{\text{fade rate}} = 1.475\,\sigma_\nu \text{ 通过/秒} \tag{9.45}$$

正如其名称所暗示的,衰落速率为信道衰落现象的快速程度提供了一种度量。

在移动无线环境中用到的一些典型值如下:

- 时延扩展 σ_τ 约为 20 μs。
- 由于车辆移动引起的多普勒扩展 σ_ν 通常在 40~100 Hz 范围,但有时候也会超过 100 Hz。

与多普勒扩展直接相关的另一个参数是信道的相干时间(Coherence time)。同样地,与前面讨论

的相干带宽一样，我们也可以借助于时频倒数关系来指出多径无线信道的相干时间与多普勒扩展成反比，如下所示：

$$
\begin{aligned}
\tau_{\text{coherence}} &= \frac{1}{\sigma_\nu} \\
&\approx \frac{0.3}{2\nu_{\max}}
\end{aligned}
\qquad (9.46)
$$

其中，$\nu_{\max}$是由于移动平台的运动产生的最大多普勒频移。也就是说：

信道的相干时间是指信道时间响应非常相关所对应的宽度。

同样地，这个结论从直觉上讲也是合理的。

多径信道的分类

多径信道衰落的具体形式是由在频域还是在时域中描述信道特征来决定的：

1. 如果在频域中观察信道，则感兴趣的参数是信道的相干带宽 $B_{\text{coherence}}$，它度量的是信号在经过信道以后失真很明显时所对应的传输带宽。如果信道的相干带宽比发射信号的带宽更小，则该多径信道被称为是频率选择性的(Frequency selective)。在这种情况下，信道具有滤波的效果，因为它对频率间隔大于信道相干带宽的两个正弦分量的处理是不相同的。然而，如果信道的相干带宽比发射信号带宽更大，则这种衰落被称为是频率非选择性的(Frequency nonselective)或者频率平坦的(Frequency flat)。
2. 如果在时域中观察信道，则感兴趣的参数是信道的相干时间 $\tau_{\text{coherence}}$，它度量的是信号在经过信道以后失真很明显时所对应的发送信号宽度。如果信道的相干时间比接收信号的宽度更小，则这种衰落被称为是时间选择性的(Time selective)。对于数字传输而言，接收信号的宽度等于符号宽度加上信道的时延扩展。然而，如果信道的相干时间比接收信号宽度更大，则这种衰落被称为时间非选择性的(Time nonselective)或者时间平坦的(Time flat)，这是从信道对发射信号表现为时不变的意义上讲的。

根据上述讨论，我们可以将多径信道分类如下：

- 平坦-平坦信道，它在频域和时域中都是平坦的。
- 频域-平坦信道，它只在频域中是平坦的。
- 时域-平坦信道，它只在时域中是平坦的。
- 完全非平坦信道，它既不是在频域中平坦的，也不是在时域中平坦的；这种信道也称为双扩展信道(Doubly spread channel)。

根据上述方法对多径信道的分类如图 9.12 所示。图中阴影部分所示的禁用区域是根据带宽和时间宽度之间存在的倒数关系得到的。

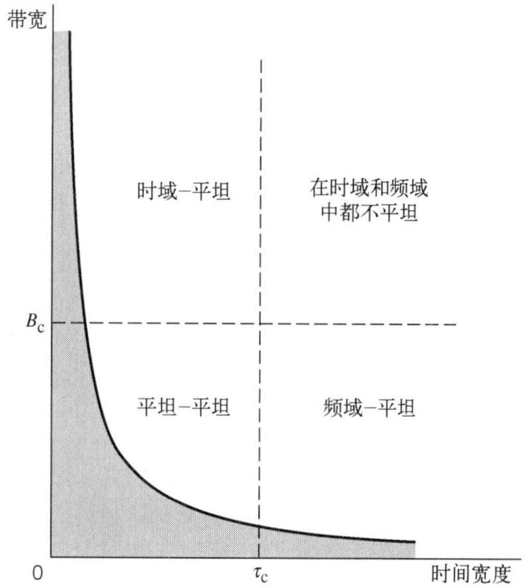

图 9.12　多径信道的 4 种类型示意图：τ_c为相干时间，B_c为相干带宽

9.5　双扩展信道的 FIR 模型

在 9.4 节中，通过关注两个复数低通物理量，即冲激响应 $\tilde{h}(\tau;t)$ 及其对应的传输函数 $\tilde{H}(f;t)$，对双扩展信道进行了统计分析。其中，为简化数学分析，对双扩展信道的实际带通特征的频带中心

频率f_c进行了处理。尽管做了这种简化，在9.4节中采用的分析方法对数学的要求仍然非常高。在本节中，我们将采用基于FIR滤波器的“近似”方法来表示双扩展信道的模型[5]。从工程观点来看，这种新方法具有许多实际优点。

首先，采用式(9.20)所示的卷积积分(Convolution integral)来描述系统的输入-输出关系，为了便于阐述这里重写如下：

$$\tilde{y}(t) = \frac{1}{2}\int_{-\infty}^{\infty} \tilde{h}(\tau;t)\tilde{x}(t-\tau)\,\mathrm{d}\tau \tag{9.47}$$

其中，$\tilde{x}(t)$是应用于信道的复数低通输入信号，$\tilde{y}(t)$是得到的复数低通输出信号。尽管这个积分还可以用另一种等效方法来表示，但采用式(9.47)非常适合于时变FIR系统的建模，我们很快就会看到这一点。关于输入信号$\tilde{x}(t)$，假设其傅里叶变换满足下列条件：

$$\tilde{X}(f) = 0, \qquad f > W \tag{9.48}$$

其中，$2W$表示以频带中心频率f_c为中心的原始输入带通信号的带宽。由于需要考虑FIR滤波，因此利用第6章中讨论的采样定理来展开时延输入信号$\tilde{x}(t-\tau)$是合理的。特别地，可以写出

$$\tilde{x}(t-\tau) = \sum_{n=-\infty}^{\infty} \tilde{x}(t-nT)\,\mathrm{sinc}\left(\frac{\tau}{T_s}-n\right) \tag{9.49}$$

其中，T_s是按照采样定理选取的FIR滤波器的采样周期，它满足

$$\frac{1}{T_s} > 2W \tag{9.50}$$

式(9.49)中的sinc函数被定义为

$$\mathrm{sinc}\left(\frac{\tau}{T_s}-n\right) = \frac{\sin\left[\pi\left(\frac{\tau}{T_s}-n\right)\right]}{\pi\left(\frac{\tau}{T_s}-n\right)} \tag{9.51}$$

从采样定理的观点来看，可以令$1/T_s = 2W$，但是按照式(9.50)中的方法来选取会给予我们更大的实际灵活性。

在式(9.49)中，重要的是注意到我们完成了下列处理：

- 对求和项中坐标函数的依赖性由sinc函数中的时延变量τ体现出来；
- 对时变FIR系数的依赖性由时间t体现出来。

这种变量的分离对于线性时变系统的FIR建模是很关键的。还注意到在式(9.49)中，求和项的sinc函数是正交的，但它们不是归一化的。

因此，将式(9.49)代入式(9.47)，由于我们处理的是线性系统，因此允许交换积分和求和的运算顺序，从而得到

$$\tilde{y}(t) = \sum_{n=-\infty}^{\infty} \tilde{x}\left(\frac{t}{T_s}-n\right)\left[\int_{-\infty}^{\infty} \tilde{h}(\tau;t)\,\mathrm{sinc}\left(\frac{t}{T_s}-n\right)\mathrm{d}\tau\right] \tag{9.52}$$

为了简化，现在引入复数抽头系数[6]$\tilde{c}_n(t)$，它通过复数冲激响应被定义为

$$\tilde{c}_n(t) = \frac{1}{2}\int_{-\infty}^{\infty} \tilde{h}(\tau;t)\,\mathrm{sinc}\left(\frac{t}{T_s}-n\right)\mathrm{d}\tau \tag{9.53}$$

因此，可以将式(9.52)重新写为下列更加简单的求和形式：

$$\tilde{y}(t) = \sum_{n=-\infty}^{\infty} \tilde{x}\left(\frac{t}{T_s}-n\right)\tilde{c}_n(t) \tag{9.54}$$

仔细考察式(9.54)，可以得到下列第一个观察结果：

均匀采样函数$\tilde{x}[(t/T)-n]$是通过将复数低通输入信号$\tilde{x}(t)$经过一个抽头间隔为T秒的TDL滤波器产生的，它被作为抽头的输入。

下面考察式(9.53)，参考图 9.13，其中分别针对函数 $\mathrm{sinc}[(t/T_s)-n]$ 的三种情形画出了这个等式；图中阴影区域是指复数冲激响应 $\tilde{h}(\tau;t)$，它被假设为因果函数，并且占有有限的宽度。根据图 9.13 中的三个不同图形，可得到下列第二个观察结果：

> 假设式(9.53)中的积分主要由sinc 函数的主瓣决定，则对于离散时间 n 的负值以及所有大于 τ/T 的正值 n，复数时变抽头系数 $\tilde{c}_n(t)$ 实质上是等于零的。

根据这两个观察结果，可以将式(9.54)近似为

$$\tilde{y}(t) \approx \sum_{n=0}^{K} \tilde{x}\left(\frac{t}{T_s}-n\right)\tilde{c}_n(t) \tag{9.55}$$

其中，K 是抽头的数目。

式(9.55)定义了一个复数 FIR 模型(Complex FIR model)，它可以表示复数冲激响应为 $\tilde{h}(\tau;T)$ 的复数低通时变系统。图 9.14 画出了基于式(9.55)得到的这种模型的框图表示。

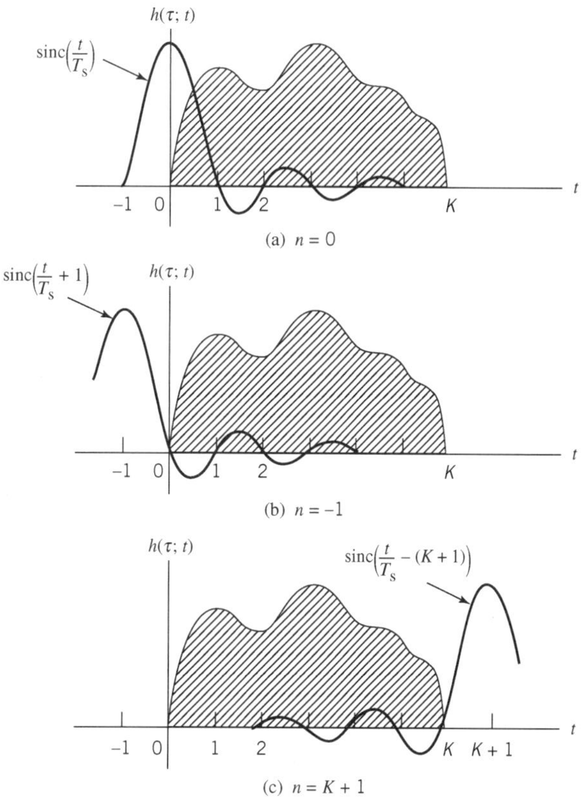

图 9.13　n 取不同值时 sinc 加权函数的位置的呈现方式

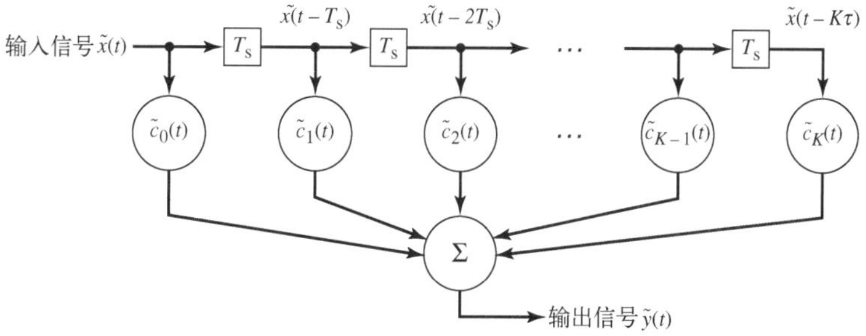

图 9.14　复数低通时变信道的复数 FIR 模型

一些实际问题

为了根据式(9.55)利用 FIR 滤波器来模拟双扩展信道，我们需要知道该方程中的采样率 $1/T_s$ 和抽头个数 K。为了满足这两个实际需求，下面提供两个经验方法：

1. FIR 滤波器的采样率 $1/T_s$ 比信道的最大多普勒带宽 ν_{max} 要高得多；我们发现 $1/T_s$ 通常是 ν_{max} 的 8~16 倍。因此，如果知道 ν_{max} 则可以确定出令人满意的采样率 $1/T_s$ 的值。
2. 可以通过截取信道的功率延迟剖面 $P_{\hat{h}}(f)$ 来确定出式(9.55)中的抽头个数 K。具体而言，如果给定该剖面的测量值，则可以通过选取一个低于它以后接收机就不能正常工作的门限电平来确定出合适的 K 值，如图 9.11 所示。

抽头系数的产生

为了产生抽头系数 $\tilde{c}_n(t)$，我们可以采用图 9.15 所示的方法，它包括下列步骤(Jeruchim et al., 2000)：

1. 采用一个具有零均值、单位方差的复数高斯白噪声过程作为输入。
2. 选取传输函数为 $\widetilde{H}(f)$ 的复数低通滤波器，使之能够产生期望的多普勒功率谱 $S_{\widetilde{H}}(f)$，其中为了便于描述我们利用 f 代替了多普勒频移 ν。也就是说，可以令

$$
\begin{aligned}
S_{\tilde{c}}(f) &= S_{\tilde{H}}(f) \\
&= S_{\tilde{w}}(f)|\tilde{H}(f)|^2 \\
&= |\tilde{H}(f)|^2
\end{aligned}
\tag{9.56}
$$

上式第二行中，$S_{\tilde{w}}(f)$ 表示白噪声过程的功率谱密度，根据假设可知它等于 1。
3. 设计滤波器使其输出 $\tilde{g}(t)$ 的归一化功率为 1。
4. 静态增益 σ_n 是为了说明不同抽头系数具有不同的方差。

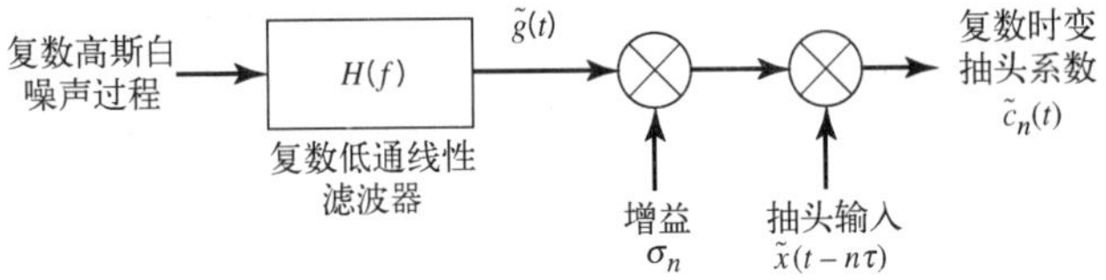

图 9.15　产生图 9.14 的 FIR 模型中第 n 个复数加权系数 $\tilde{c}_n(t)$ 的方法

▷

例 3　Rayleigh 过程

对于时变 Rayleigh 衰落信道的复数 FIR 模型，可以采用零均值复数高斯过程来表示时变抽头系数 $\tilde{c}_n(t)$，这反过来也意味着信道的复数冲激响应 $\tilde{h}(\tau;t)$ 也是关于变量 t 的零均值高斯过程。

另外，在 WSSUS 信道的假设条件下，不同 n 值的抽头系数 $\tilde{c}_n(t)$ 将是不相关的。每个抽头系数的功率谱密度都是多普勒谱规定的。特别地，第 n 个加权函数的方差 σ_n^2 近似为

$$
\mathbb{E}[|\tilde{c}_n(t)|^2] \approx T_s^2 p(n\tau) \tag{9.57}
$$

其中，T_s 是 FIR 的采样周期，$p(n\tau)$ 是功率延迟剖面 $P_{\tilde{h}}(\tau)$ 的离散形式。

◁

▷

例 4　Rice-Jakes 多普勒谱模型

在例 1 中讨论的 Jakes 模型非常适合于描述以城市区域为代表的密集散射环境下的多普勒谱。然而，在乡村环境中非常可能存在一条强的“直视”路径，此时采用基于 FIR 的 Rice 模型是比较合适的选择。在这种环境中，可以采用 Rice-Jakes 多普勒谱，它具有下列形式（Tranter et al., 2004）：

$$
\tilde{S}_{\tilde{c}}(f) = \frac{0.41}{\sqrt{1-(f/\nu_{\max})^2}} + 0.91\delta(f \pm 0.7\nu_{\max}) \tag{9.58}
$$

其中，$\nu_{\max}$ 是多普勒频移的最大幅度。在图 9.16 中画出了这个部分根据经验得到的公式，它是由两部分组成的：例 1 中的 FIR Jakes 滤波器，以及在 $\pm 0.7\nu_{\max}$ 位置的两个 δ 函数，它们代表接收到的直视信号。

一般而言，由 $p(nT_s)$ 定义的序列会以近似指数的方式随 n 下降，最终在某个时刻 $T_{\max}$ 达到一个可以忽略的很小值。功率延迟剖面的这种指数近似已经得到了许多实验测量值的证实，参见注释[4]。在任何情况下，FIR 滤波器的抽头个数 K 可以由比值 $T_{\max}/T_s$ 来近似确定。这里得到的关于抽头个数 K 的结论证实了在例 1 中关于 Jakes 模型的结论，以及本节中在“一些实际问题”子题目下的第 2 个方法。

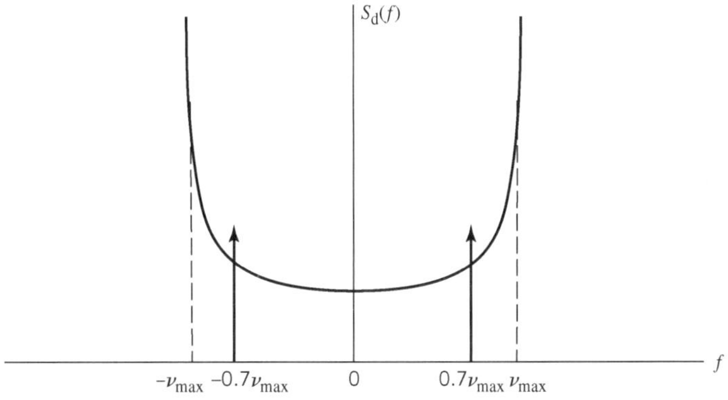

图 9.16　式(9.58)的 Rice-Jakes 多普勒谱示意图

9.6　调制方法比较：平坦衰落的影响

通过给出平坦衰落对无线通信不同调制方法行为的影响来结束本章的第一部分。

在第 7 章中，我们利用不同调制方法来研究了 AWGN 信道上的信号传输问题，并且在两种不同接收机：即相干接收和非相干接收条件下的性能进行了评价。为了进行比较，我们在表 9.1 中重新给出了选取的 AWGN 中一些调制方法的 BER。

表 9.1　相干和非相干数字接收机的 BER 公式

信号传输方法	BER: AWGN 信道	BER: 平坦 Rayleigh 衰落信道
(a) 利用相干检测的二进制 PSK,QPSK,MSK	$Q\left(\sqrt{\frac{2E_b}{N_0}}\right)$	$\frac{1}{2}\left(1-\sqrt{\frac{\gamma_0}{1+\gamma_0}}\right)$
(b) 利用相干检测的二进制 FSK	$Q\left(\sqrt{\frac{E_b}{N_0}}\right)$	$\frac{1}{2}\left(1-\sqrt{\frac{\gamma_0}{2+\gamma_0}}\right)$
(c) 二进制 DPSK	$\frac{1}{2}\exp\left(-\sqrt{\frac{E_b}{N_0}}\right)$	$\frac{1}{2(1+\gamma_0)}$
(d) 利用非相干检测的二进制 FSK	$\exp\left(-\sqrt{\frac{E_b}{2N_0}}\right)$	$\frac{1}{2+\gamma_0}$

E_b：每比特的发射能量；$N_0/2$：信道噪声的功率谱密度。

γ_0：每比特接收能量与噪声谱密度比值的平均值。

表 9.1 还包含了平坦 Rayleigh 衰落信道中 BER 的准确公式，其中参数

$$\gamma_0 = \frac{E_b}{N_0}\mathbb{E}[\alpha^2] \tag{9.59}$$

是每比特接收能量与噪声谱密度比值的平均值。在式(9.59)中，期望 $\mathbb{E}[\alpha^2]$ 是表征信道的 Rayleigh 分布随机变量 α 的平均值。对表 9.1 中最后一列给出的衰落信道公式的推导在习题 9.1 和习题 9.2 中讨论。

将平坦 Rayleigh 衰落信道的公式与其对应的 AWGN(即非衰落)信道的公式进行比较，我们发现 Rayleigh 衰落过程导致无线通信接收机的噪声性能严重下降，这种下降是通过附加的平均 SNR 谱密度比值的分贝数来度量的。特别地，BER 随 γ_0 的渐进下降服从倒数规律(Inverse law)。这种形式的渐进行为与非衰落信道情形的有很大区别，其中 BER 随 γ_0 的渐进下降服从指数规律(Exponential law)。

下面通过图形来比较，在图 9.17 中画出了表 9.1 中(a)情况下公式的曲线，对 AWGN 信道和 Rayleigh 衰落信道上二进制 PSK 的 BER 进行了比较。该图中还包含了 Rice 因子 K 取不同值时 Rice 衰落信道得到的对应曲线图，这在第 4 章中已做过讨论。我们发现随着 K 从零增加到无穷大，接收

机的行为也从 Rayleigh 信道变化为 AWGN 信道。图 9.17 中针对 Rice 信道画出的结果是利用仿真得到的(Haykin and Moher, 2005)。从图 9.17 中我们发现，照目前的情况，会面临信道衰落引起的严重问题。比如，在 SNR 为 20 dB 且存在 Rayleigh 衰落的情况下，采用二进制 PSK 方法得到的 BER 约为 3×10^{-2}，这对于在无线信道上传输语音或者数字数据都不够好。

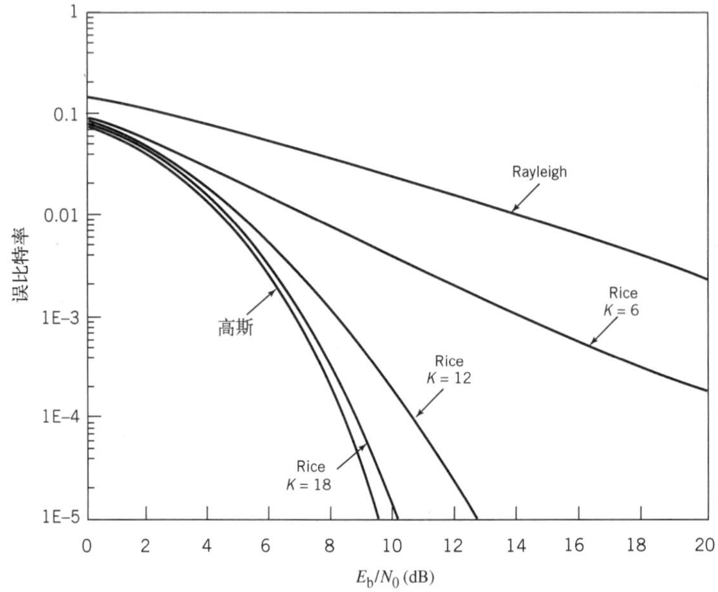

图 9.17 在不同衰落信道上相干检测二进制 PSK 的性能比较

9.7 分集技术

到目前为止，我们已经强调多径衰落现象是无线信道的固有特征，实际上它确实也是这样。那么，在这种物理现实情况下，如何能够使无线信道上的通信过程变为一种可靠(Reliable)的工作呢?这个基本问题的答案存在于分集(Diversity)的使用中，它可以被视为在空间背景下的一种冗余(Redundancy)形式。特别地，如果能够在独立衰落信道上同时发送信息承载信号的多个副本，则很有可能至少有一个接收信号不会受到信道衰落的严重下降。有多个方法可以实现这种构想。在本书涵盖的内容中，我们确定下列三种分集方法:

1. 频率分集(Frequency diversity)，它利用彼此间隔足够大的多个载波来发送信息承载信号，从而提供信号的独立衰落形式。这可以通过选取频率间隔等于或者大于信道的相干带宽来实现。
2. 时间分集(Time diversity)，它在不同时隙内发送同一个信息承载信号，相邻时隙之间的间隔等于或者大于信道的相干时间。如果间隔小于信道的相干时间，我们仍然能够获得一定的分集，但是会以降低性能为代价。在任何情况下，时间分集都可以比喻为差错控制编码中使用的重复码。
3. 空间分集(Space diversity)，它采用多个发射天线或者接收天线，或者同时采用多个发射天线和多个接收天线，在选取相邻天线之间的间隔时要求确保信道中可能发生的衰落是独立的。

在这三种分集技术中，空间分集是本章第二部分感兴趣的问题。根据无线链路中哪一端配备有多个天线，我们可以确定下列三种不同形式的空间分集:

1. 接收分集(Receive diversity)，它采用单个发射天线和多个接收天线。
2. 发射分集(Transmit diversity)，它采用多个发射天线和单个接收天线。
3. 发射和接收同时分集(Diversity on both transmit and receive)，它在发射端和接收端同时采用多个天线。

上面三种形式中接收分集是最早的一种方法，其他两种形式是最近提出来的。下面我们将按照这个顺序对三种不同形式的分集方法进行研究。

9.8　接收空间分集系统

在“接收空间分集”中，采用了多个接收天线，选取相邻天线之间的距离使得各自的输出实际上是彼此独立的。使相邻接收天线之间的间隔距离为无线电波长的10~20倍或者更小就可以满足这个要求。通常而言，天线单元间隔为几个无线电波长时，就足以在接收端实现空间分集了。高架基站需要更大的间隔，因为入射无线电波的角度扩展比较小；需要注意的是，空间相干距离是与角度扩展成反比的。通过采用这里描述的接收分集方法，相应地产生了一组实质上彼此独立的衰落信道。于是，问题变成了按照某个能够提供更好接收机性能的准则，把这些统计独立衰落信道的输出组合起来。在本节中，我们介绍三种不同的分集-组合系统，它们具有一个共同的特点：都采用了线性接收机。因此可以相对比较容易地对它们进行数学处理。

选择组合

在图9.18中，给出了一种分集-组合器的框图，它是由两个功能模块组成的：N_r个线性接收机和一个逻辑电路。这种分集系统被称为选择组合(Selection combining)类型的，因为给定由一个公共发射信号产生的N_r个接收机输出以后，逻辑电路选择(Select)接收信号中具有最大(Largest)SNR的那个特定的接收机输出。从概念上讲，选择组合是接收空间分集系统的最简单形式。

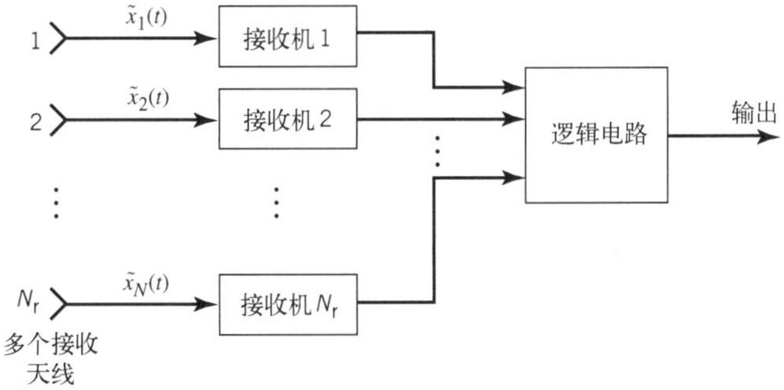

图9.18　采用N_r个接收天线的分集-组合器框图

为了用统计语言描述选择组合的好处，我们假设无线通信信道可以被描述为频率平坦的慢衰落Rayleigh信道。这个假设的含义有下列三个方面：

1. 频率平坦假设意味着组成发射信号的所有频率分量都具有相同的随机衰减和相移。
2. 慢衰落假设意味着在每个符号的传输过程中，衰落实质上是保持不变的。
3. 衰落现象是通过Rayleigh分布来描述的。

令$\tilde{s}(t)$表示在符号区间$0 \leqslant t \leqslant T$内的发送调制信号的复包络。于是，根据信道的假设条件，第k个分集支路的接收信号的复包络被确定为

$$\tilde{x}_k(t) = \alpha_k \exp(\mathrm{j}\theta_k)\tilde{s}(t) + \tilde{w}_k(t), \qquad \begin{aligned} &0 \leqslant t \leqslant T \\ &k = 1, 2, \cdots, N_r \end{aligned} \tag{9.60}$$

其中，对于第k个分集支路而言，衰落是由乘积项$\alpha_k \exp(\mathrm{j}\theta_k)$来表示的，加性信道噪声被记为$\widetilde{w}_k(t)$。由于假设衰落相对于符号宽度$T$是慢变化的，我们应该能够以足够的精度估计出每条分集支路的未知相移θ_k，然后把它们去掉，在这种情况下式(9.60)简化为

$$\tilde{x}_k(t) \approx \alpha_k \tilde{s}(t) + \tilde{w}_k(t), \qquad \begin{aligned} &0 \leqslant t \leqslant T \\ &k = 1, 2, \cdots, N_r \end{aligned} \tag{9.61}$$

$\tilde{x}_k(t)$的信号分量是$\alpha_k\tilde{s}(t)$，噪声分量是$\tilde{w}_k(t)$。于是，第k个接收机输出端的平均SNR为

$$(\text{SNR})_k = \frac{\mathbb{E}[|\alpha_k\tilde{s}(t)|^2]}{\mathbb{E}[|\tilde{w}_k(t)|^2]}$$
$$= \left(\frac{\mathbb{E}[|\tilde{s}(t)|^2]}{\mathbb{E}[|\tilde{w}_k(t)|^2]}\right)\mathbb{E}[\alpha_k^2], \qquad k = 1, 2, \cdots, N_r$$

一般地，$\tilde{w}_k(t)$的均方值对于所有k而言都是相同的。因此，可以将$(\text{SNR})_k$表示为

$$(\text{SNR})_k = \frac{E}{N_0}\mathbb{E}[\alpha_k^2], \qquad k = 1, 2, \cdots, N_r \tag{9.62}$$

其中，E是符号能量，$N_0/2$是噪声谱密度。对于二进制数据，E等于每个比特的发送信号能量E_b。

令γ_k表示在传输给定符号的过程中，在第k个接收机输出端测量的瞬时(Instantaneous)SNR。于是，将式(9.62)中的均方值$\mathbb{E}[|\alpha_k|^2]$替换为瞬时值$|\alpha_k|^2$，可以写出

$$\gamma_k = \frac{E}{N_0}\alpha_k^2, \qquad k = 1, 2, \cdots, N_r \tag{9.63}$$

在随机幅度α_k是Rayleigh分布的假设条件下，幅度的平方α_k^2将是指数分布的[7](即具有两个自由度的卡方分布，附录A中将对此进行讨论)。如果我们进一步假设对于所有N_r个分集支路，短期衰落中平均SNR即γ_{av}是相同的，则可以将与各个分支有关的随机变量Γ_k的概率密度函数表示为

$$f_{\Gamma_k}(\gamma_k) = \frac{1}{\gamma_{av}}\exp\left(-\frac{\gamma_k}{\gamma_{av}}\right), \qquad \begin{matrix}\gamma_k \geqslant 0,\\ k = 1, 2, \cdots, N_r\end{matrix} \tag{9.64}$$

对于某个SNR γ而言，相关的各个分支的累积分布被描述为

$$\begin{aligned}\mathbb{P}(\gamma_k \leqslant \gamma) &= \int_{-\infty}^{\gamma} f_{\Gamma_k}(\gamma_k)\,\mathrm{d}\gamma_k \\ &= 1 - \exp\left(-\frac{\gamma}{\gamma_{av}}\right), \qquad \gamma \geqslant 0\end{aligned} \tag{9.65}$$

其中，$k=1,2,\cdots,N_r$。由于通过设计，N_r个分集支路实质上是统计独立的，因此所有分集支路的SNR小于门限值γ的概率为$\gamma_k<\gamma$(对于所有k)的各个概率的乘积。于是，将式(9.64)代入式(9.65)，可以写出

$$\begin{aligned}\mathbb{P}(\gamma_k < \gamma) &= \prod_{k=1}^{N_r}\mathbb{P}(\gamma_k < \gamma) \\ &= \prod_{k=1}^{N_r}\left[1 - \exp\left(-\frac{\gamma}{\gamma_{av}}\right)\right] \\ &= \left[1 - \exp\left(-\frac{\gamma}{\gamma_{av}}\right)\right]^{N_r}, \qquad \gamma \geqslant 0\end{aligned} \tag{9.66}$$

其中，$k=1,2,\cdots,N_r$。注意到式(9.66)中的概率随着N_r的增加而减小。

式(9.66)的累积分布函数与下列样本值描述的随机变量Γ_{sc}的累积分布函数是相同的：

$$\gamma_{sc} = \max\{\gamma_1, \gamma_2, \cdots, \gamma_{N_r}\} \tag{9.67}$$

当且仅当各个SNR$\gamma_1,\gamma_2,\cdots,\gamma_{N_r}$,都小于$\gamma$时，上述样本值小于门限$\gamma$。事实上，选择组合器的累积分布函数(即所有$N_r$条分集支路的SNR都小于$\gamma$的概率)为

$$F_\Gamma(\gamma_{sc}) = \left[1 - \exp\left(-\frac{\gamma_{sc}}{\gamma_{av}}\right)\right]^{N_r}, \qquad \gamma_{sc} \geqslant 0 \tag{9.68}$$

根据定义，概率密度函数$f_\Gamma(\gamma_{sc})$是累积分布函数$F_\Gamma(\gamma_{sc})$关于自变量γ_{sc}的导数。因此，将式(9.68)关于γ_{sc}求微分，可以得到

$$
\begin{aligned}
f_{\Gamma}(\gamma_{sc}) &= \frac{\mathrm{d}}{\mathrm{d}\gamma_{sc}} F_{\Gamma}(\gamma_{sc}) \\
&= \frac{N_r}{\gamma_{av}} \exp\left(-\frac{\gamma_{sc}}{\gamma_{av}}\right)\left[1 - \exp\left(-\frac{\gamma_{sc}}{\gamma_{av}}\right)\right]^{N_r - 1}, \qquad \gamma_{sc} \geqslant 0
\end{aligned} \tag{9.69}
$$

为了便于图示说明，我们采用下列按比例调整的概率密度函数：

$$f_X(x) = \gamma_{av} f_{\Gamma_{sc}}(\gamma_{sc})$$

其中，归一化变量 X 的样本值 x 被定义为

$$x = \gamma_{sc}/\gamma_{av}$$

在所有 N_r 条支路的短期 SNR 都具有共同值 γ_{av} 的假设条件下，图 9.19 画出了接收分集支路的数量 N_r 不同时 $f_X(x)$ 与 x 的关系曲线。从图中我们发现下列两个观察结果：

1. 随着分集支路数量 N_r 的增加，归一化随机变量 $X = \Gamma/\gamma_{av}$ 的概率密度函数 $f_X(x)$ 逐渐向右移动。
2. 随着 N_r 的增加，概率密度函数 $f_X(x)$ 变得越来越对称，因此也越来越像高斯分布。

如果用另一种方式来表述，只要分集信道的数量 N_r 足够大，则通过采用选择组合方法，可以将一个频率平坦的慢衰落 Rayleigh 信道改进为高斯信道。意识到高斯信道是数字通信理论家的梦想以后，就可以发现采用选择组合方法的实际好处了。

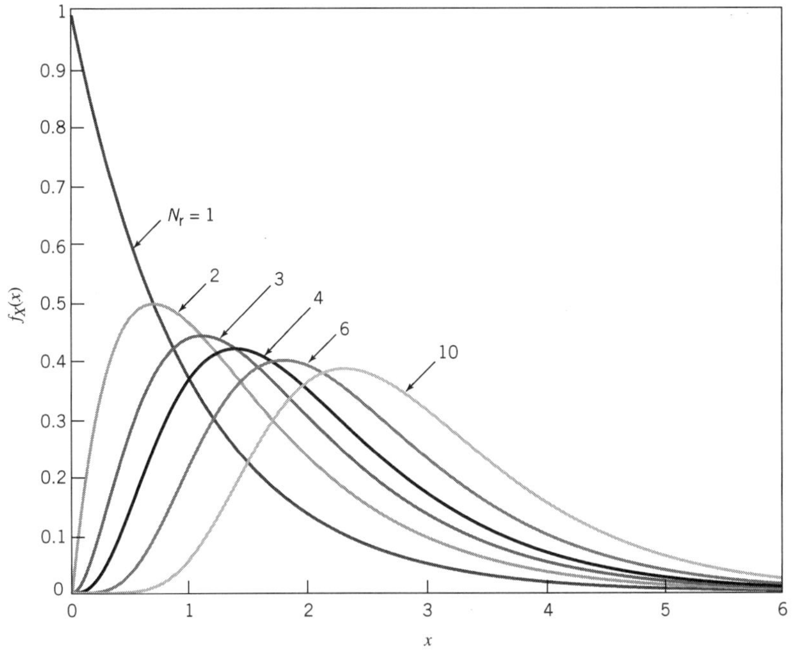

图 9.19　接收天线数量 N_r 变化时的归一化概率密度函数 $f_X(x) = N_r \exp(-x)[1-\exp(-x)]^{N_r-1}$

按照这里阐述的理论，选择组合方法要求我们以连续方式对接收机的输出进行监控，并在每个时刻选择出具有最强信号（即最大瞬时 SNR）的接收机。从实际观点来看，这种选择方法是非常麻烦的。我们可以通过采用选择组合程序的扫描（Scanning）形式来克服这种实际困难，具体如下：

- 首先选择具有最强输出信号的接收机。
- 只要组合器的瞬时 SNR 没有下降到低于规定的门限值，就继续采用上述特定接收机的输出作为组合器的输出。
- 一旦组合器的瞬时 SNR 下降到低于门限值以后，就选择能够提供最强输出信号的新接收机，并继续执行上述程序。

这种技术的性能与选择分集的非扫描形式的性能非常类似。

例 5 选择组合器的中断概率

分集组合器的中断概率(Outage probability)被定义为对于指定的分支数量，组合器的瞬时输出SNR低于某个规定水平的时间百分比。利用式(9.68)中的累积分布函数，图9.20利用N_r作为运行参数，画出了选择组合器的中断曲线。该图的水平轴表示组合器的瞬时输出SNR相对于0 dB(即对$N_r=1$的情况，相当于50%)的值，垂直轴是用百分比表示的中断概率。从图中我们得出下列观察结果：

随着分集支路数量的增加，通过采用接收空间分集技术引入的衰落深度会快速减小。

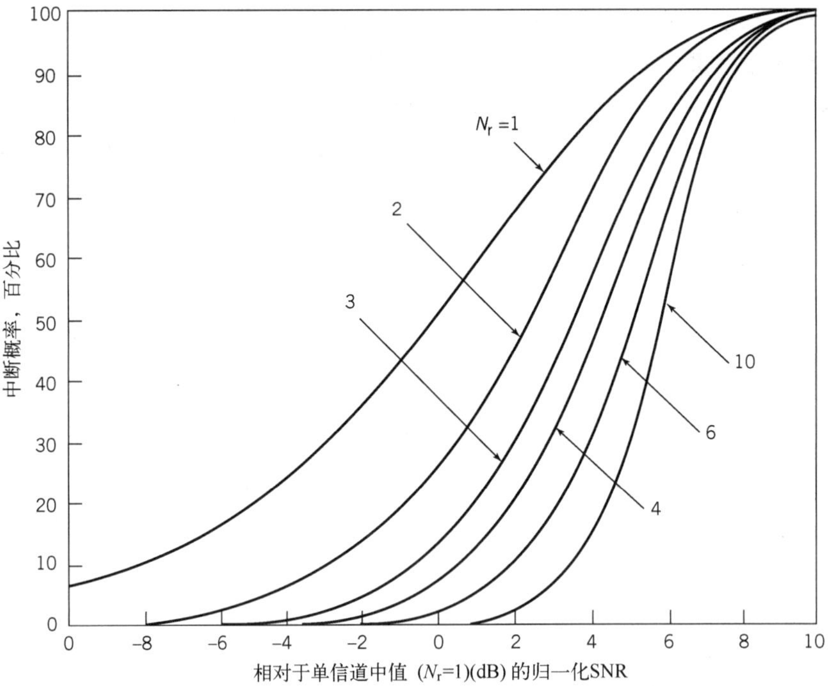

图9.20 接收天线数量N_r变化时选择组合器的中断概率

最大比组合

刚才介绍的选择组合技术实现起来相对比较简单明了。然而，从性能的观点来看，它并不是最优的，因为除了能够产生其自身解调信号最大瞬时功率的特定支路，它忽略了从所有分集支路中能够获得的信息。

选择组合器的这种局限可以通过最大比组合器(Maximal-ratio combiner)来消除[8]，其构成如图9.21中框图所示，它是由N_r个线性接收机后面接着一个线性组合器组成的。利用式(9.60)给出的第k条分集支路中接收信号的复包络表达式，可以将对应的线性组合器输出的复包络确定为

$$\begin{aligned}\tilde{y}(t) &= \sum_{k=1}^{N_r} a_k \tilde{x}_k(t) \\ &= \sum_{k=1}^{N_r} a_k[\alpha_k \exp(\mathrm{j}\theta_k)\tilde{s}(t) + \tilde{w}_k(t)] \\ &= \tilde{s}(t)\sum_{k=1}^{N_r} a_k\alpha_k \exp(\mathrm{j}\theta_k) + \sum_{k=1}^{N_r} a_k\tilde{w}_k(t)\end{aligned} \tag{9.70}$$

其中，a_k是表征线性组合器的复数加权参数(Complex weighting parameters)。这些参数每时每刻都在随着短期衰落过程中 N_r条分集支路中的信号变化而变化。要求是通过设计线性组合器，使组合器的输出 SNR 在每个时刻都能够达到最大化。从式(9.70)中可以注意到下列两点：

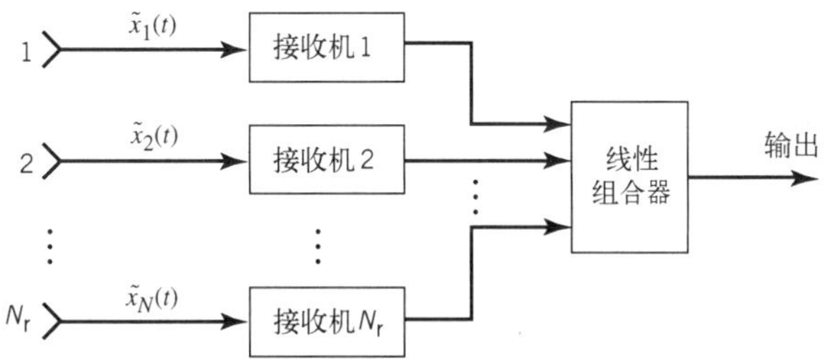

图 9.21　采用 N_r个接收天线的最大比组合器的框图

1. 输出信号的复包络等于第一个表达式，即

$$\tilde{s}(t)\sum_{k=1}^{N_r} a_k\alpha_k\exp(\mathrm{j}\theta_k)$$

2. 输出噪声的复包络等于第二个表达式，即 $\sum_{k=1}^{N_r} a_k\tilde{w}_k(t)$。

对于 $k=1,2,\cdots,N_r$，假设 $\tilde{w}_k(t)$都是相互独立的，因此线性组合器的输出 SNR 为

$$\begin{aligned}(\mathrm{SNR})_c &= \frac{\mathbb{E}\left[\left|\tilde{s}(t)\sum_{k=1}^{N_r} a_k\alpha_k\exp(\mathrm{j}\theta_k)\right|^2\right]}{\mathbb{E}\left[\left|\sum_{k=1}^{N_r} a_k\tilde{w}_k(t)\right|^2\right]} \\ &= \frac{\mathbb{E}[|\tilde{s}(t)|^2]}{\mathbb{E}[|\tilde{w}_k(t)|^2]}\,\frac{\mathbb{E}\left[\left|\sum_{k=1}^{N_r} a_k\alpha_k\exp(\mathrm{j}\theta_k)\right|^2\right]}{\mathbb{E}\left[\sum_{k=1}^{N_r}|a_k|^2\right]} \\ &= \frac{E}{N_0}\,\frac{\mathbb{E}\left[\left|\sum_{k=1}^{N_r} a_k\alpha_k\exp(\mathrm{j}\theta_k)\right|^2\right]}{\mathbb{E}\left[\sum_{k=1}^{N_r}|a_k|^2\right]}\end{aligned} \tag{9.71}$$

其中，E/N_0是符号能量与噪声谱密度的比值(Symbol energy-to-noise spectral density ratio)。

令 γ_c表示线性组合器的瞬时输出 SNR。然后，分别将下面两项：

$$\left|\sum_{k=1}^{N_r} a_k\alpha_k\exp(\mathrm{j}\theta_k)\right|^2 \quad 和 \quad \sum_{k=1}^{N_r}|a_k|^2$$

作为式(9.71)的分子和分母中期望的瞬时值，可以写出

$$\gamma_c = \frac{E}{N_0}\,\frac{\left|\sum_{k=1}^{N_r} a_k\alpha_k\exp(\mathrm{j}\theta_k)\right|^2}{\sum_{k=1}^{N_r}|a_k|^2} \tag{9.72}$$

要求是使 γ_c 关于 a_k 达到最大化。通过采用标准的微分方法并考虑到加权参数 a_k 是复数，可以完成这个最大化求解。然而，我们选择采用一种更简单的方法，它是基于第 7 章中讨论的 Schwarz 不等式得到的。

令 a_k 和 b_k 表示任意两个复数，$k=1,2,\cdots,N_r$。根据复数参数的 Schwarz 不等式，有

$$\left|\sum_{k=1}^{N_r} a_k b_k\right|^2 \leqslant \sum_{k=1}^{N_r} |a_k|^2 \sum_{k=1}^{N_r} |b_k|^2 \tag{9.73}$$

当 $a_k=cb_k^*$ 时上式取等号，其中 c 是某个任意的复数值常数，星号“ * ”表示复共轭。

然后，将 Schwarz 不等式应用于式(9.72)中的瞬时输出 SNR，使 a_k 保持不变并令 b_k 等于 $\alpha_k\exp(\mathrm{j}\theta_k)$，可得到

$$\gamma_c \leqslant \frac{E}{N_0} \frac{\sum_{k=1}^{N_r} |a_k|^2 \sum_{k=1}^{N_r} |\alpha_k \exp(\mathrm{j}\theta_k)|^2}{\sum_{k=1}^{N_r} |a_k|^2}$$

消除分子与分母中的公共项，很容易得到

$$\gamma_c \leqslant \frac{E}{N_0} \sum_{k=1}^{N_r} \alpha_k^2 \tag{9.74}$$

式(9.74)证明了一般情况下 γ_c 不会超过 $\sum_k \gamma_k$，其中 γ_k 由式(9.63)定义。当

$$\begin{aligned} a_k &= c[\alpha_k \exp(\mathrm{j}\theta_k)]^* \\ &= c\alpha_k^* \exp(-\mathrm{j}\theta_k), \quad k = 1, 2, \cdots, N_r \end{aligned} \tag{9.75}$$

时，式(9.74)中等式成立，其中 c 是某个任意的复数值常数。

式(9.75)确定了最大比组合器的复数加权参数。基于这个等式，可以指出第 k 条分集支路的最优加权因子 a_k 的幅度与信号幅度 α_k 成正比，其相位对信号相位 θ_k 进行抵消，使所有 N_r 条分集支路的相位值都相等。这里描述的相位校准具有重要的意义：它能够允许通过线性组合器对 N_r 个接收机的输出全部进行相干相加(Fully coherent addition)。

式(9.74)取等号时，定义了最大比组合器的瞬时输出 SNR，它可以写为

$$\gamma_{\mathrm{mrc}} = \frac{E}{N_0} \sum_{k=1}^{N_r} \alpha_k^2 \tag{9.76}$$

按照式(9.62)，$(E/N_0)\alpha_k^2$ 是第 k 条分集支路的瞬时输出 SNR。因此，最大比组合器产生的瞬时输出 SNR 等于各个支路的瞬时 SNR 之和，即

$$\gamma_{\mathrm{mrc}} = \sum_{k=1}^{N_r} \gamma_k \tag{9.77}$$

创造出“最大比组合器”这个术语是为了描述图 9.21 中的组合器能够产生出式(9.77)给定的最优结果。实际上，可以从这个结果中推断，即使当各个支路的 SNR 比较小时，最大比组合器的瞬时输出 SNR 也可以很大。由于选择组合器产生的瞬时 SNR 仅仅为式(9.77)中 N_r 项的最大值，因此可以得出：

选择组合器的性能显然不如最大比组合器的性能。

最大 SNR γ_{mrc} 是随机变量 Γ 的样本值。按照式(9.76)，对于频率平坦的慢衰落 Rayleigh 信道而言，γ_{mrc} 等于 N_r 个指数分布随机变量之和。由附录 A 可知，这种求和的概率密度函数是具有 $2N_r$ 个自由度的卡方(Chi-square with $2N_r$ degrees of freedom)，即

$$f_\Gamma(\gamma_{\mathrm{mrc}}) = \frac{1}{(N_r-1)!} \frac{\gamma_{\mathrm{mrc}}^{N_r-1}}{\gamma_{\mathrm{av}}^{N_r}} \exp\left(-\frac{\gamma_{\mathrm{mrc}}}{\gamma_{\mathrm{av}}}\right) \tag{9.78}$$

注意到当 $N_r=1$ 时，式(9.69)和式(9.78)取相同值，这是预料中的结果。

在图 9.22 中，针对不同的 N_r 值，画出了按比例调整的概率密度函数 $f_X(x)=\gamma_{av}f_\Gamma(\gamma_{mrc})$ 与归一化变量 $x=\gamma_{mrc}/\gamma_{av}$ 之间的关系曲线。根据这个图，可以得出与选择组合器类似的观察结果，只是对于任意的 N_r 值，我们发现最大比组合器的按比例调整的概率密度函数与选择组合器的对应概率密度函数完全不同。

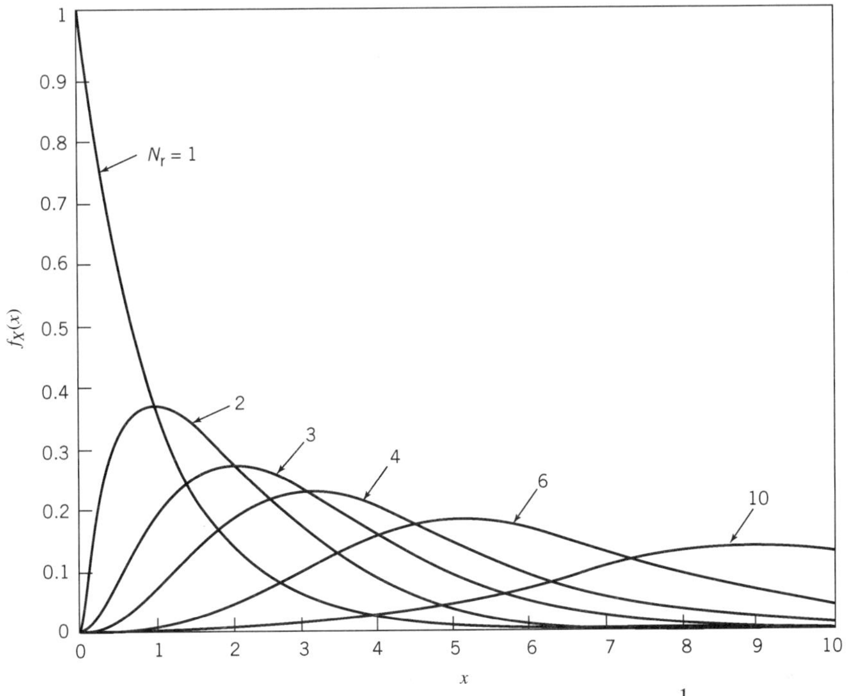

图 9.22　接收天线数量 N_r 变化时的归一化概率密度函数 $f_X(x)=\dfrac{1}{(N_r-1)}x^{N_r-1}\exp(-x)$

例 6　最大比组合器的中断概率

最大比组合器的累积分布函数被定义为

$$\begin{aligned}\mathbb{P}(\gamma_{mrc}<x) &= \int_0^x f_\Gamma(\gamma_{mrc})\,d\gamma_{mrc} \\ &= 1-\int_x^\infty f_\Gamma(\gamma_{mrc})\,d\gamma_{mrc}\end{aligned} \tag{9.79}$$

其中，概率密度函数 $f_\Gamma(\gamma_{mrc})$ 由式(9.78)定义。利用式(9.79)，图 9.23 将 N_r 作为运行参数，画出了最大比组合器的中断概率曲线。将这个图与选择组合的图 9.20 进行比较，我们发现这两种分集技术的中断概率曲线表面上是类似的。分集增益(Diversity gain)被定义为在给定 BER 时节省的 E/N_0 值，它基于中断概率为分集技术的有效性提供了一种度量方法。

等增益组合

从理论上讲，最大比组合器在线性分集组合技术中是最优的，因为它能够产生最大可能的瞬时输出 SNR 值。然而，从实际来讲，需要记住下列三个重要问题[9]：

1. 需要采用非常有效的方法来按照式(9.75)对最大比组合器的复数加权参数进行调整，使之达到其准确值。
2. 采用最大比组合器得到的输出 SNR 并没有比选择组合器额外提高的大，并且由于不能实现最大比组合器的准确配置要求，这种额外提高的接收机性能极有可能会损失掉。

3. 只要线性组合器利用了具有最强信号的分集支路，那么组合器的其他细节可能会使总的接收机性能得到少量提高。

第3个问题表明，可以采用所谓的等增益组合器(Equal-gain combiner)，其中按照式(9.75)把所有复数加权参数 a_k 的相位角设置为与其各自多径支路的相位角相反。但是与最大比组合器中的 a_k 不同的是，它们的幅度被设置为某个常数值，为了便于应用，它们通常被设置为1。

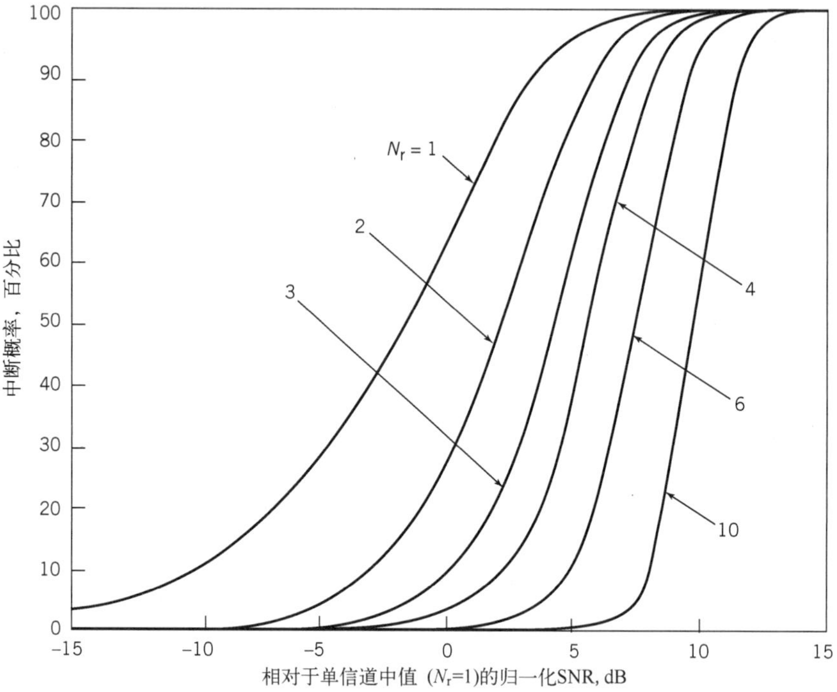

图 9.23 接收天线数量 N_r 变化时最大比组合器的中断概率

9.9 发射空间分集系统

在无线通信文献中，发射空间分集技术通常被称为正交空时分组编码(Orthogonal space-time block codes)(Tarokh et al., 1999)。这个名词是基于下列原因提出来的：

1. 发射符号构成了一个正交集。
2. 输入数据流的传输是在分组基础上进行的。
3. 空间和时间构成了每个分组发射符号的坐标。

在一般意义上，图9.24给出了空时分组编码器(Space-time block encoder)的基带框图，它包括两个功能单元：映射器和分组编码器。映射器(Mapper)根据输入二进制数据流 $\{b_k\}$，其中 $b_k = \pm 1$，产生一个新的分组序列(Sequence of block)，每个分组是由多个复数值符号组成的。比如，映射器可以是 M 进制 PSK 或者 M 进制 QAM 形式的消息星座(Message constellation)，在图9.25中以 $M=16$ 为例画出了它的信号空间图。传输矩阵的某一列中所有符号都被脉冲成形处理(按照第8章中描述的准则)，然后被调制成能够通过发射天线在信道上同时传输的适当形式。在图9.24中，没有显示脉冲成形器和调制器，因为这里感兴趣的基本问题是，重点针对如何构造出空时分组编码的基带数据传输。分组编码器(Block encoder)将映射器产生的每个复数分组符号转化

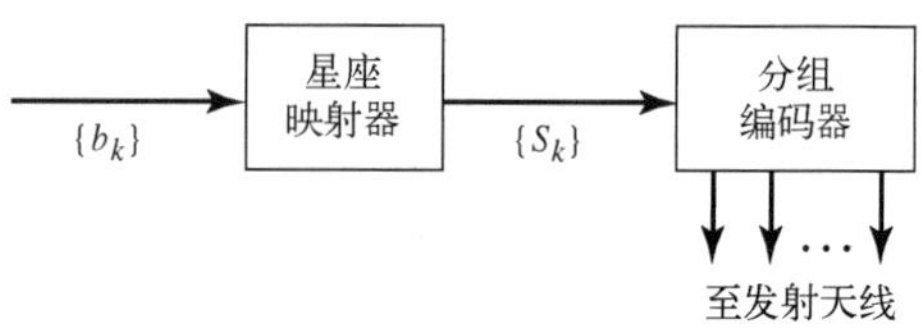

图 9.24 正交空时分组编码器的基带框图

为一个 $l\times N_t$ 维的传输矩阵 $\boldsymbol{S}$，其中 l 和 N_t 分别是传输矩阵的时间(Temporal)维度和空间(Spatial)维度。传输矩阵 $\boldsymbol{S}$ 的各个元素是由 $\tilde{s}_k$ 和 $\tilde{s}_k^*$ 的线性组合得到的，其中 $\tilde{s}_k$ 是复数符号，$\tilde{s}_k^*$ 是它们的复共轭。

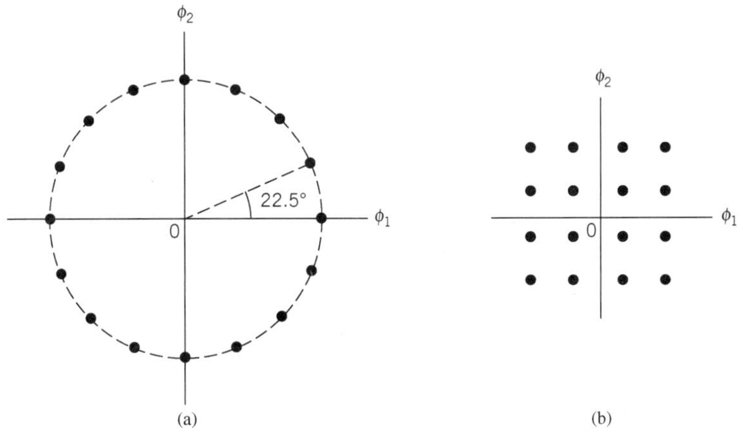

图 9.25　(a)16-PSK 的信号星座；(b)16-QAM 的信号星座

例 7　四相相移键控

作为一个简单例子，考虑一个由 QPSK 描绘的映射，$M=4$。这个映射如表 9.2 所示，其中 E 是每个符号的发射信号能量。

输入二位组(一对二进制比特)是格雷码，其中在从一个符号变到下一个符号时，只有一个比特发生变化(在 7.6 节中“四相相移键控”子标题下面对格雷码进行了讨论)。映射出的信号点位于信号空间图中以原点为中心、半径为$\sqrt{E}$的圆上。

表 9.2　格雷码 QPSK 映射器

二位组：$i=1,2,3,4$	映射信号点的坐标：s_i，$i=1,2,3,4$
10	$\sqrt{E/2}(1,-1)=\sqrt{E}\exp(\mathrm{j}7\pi/4)$
11	$\sqrt{E/2}(-1,-1)=\sqrt{E}\exp(\mathrm{j}5\pi/4)$
01	$\sqrt{E/2}(-1,+1)=\sqrt{E}\exp(\mathrm{j}3\pi/4)$
00	$\sqrt{E/2}(+1,+1)=\sqrt{E}\exp(\mathrm{j}\pi/4)$

Alamouti 编码

Alamouti 编码是最早提出的空时分组编码方法之一(参见例 6)，它采用两个发射天线和一个接收天线(Alamouti，1998)。图 9.26 给出了这种广受欢迎的空间编码的基带框图。

令 $\tilde{s}_1$ 和 $\tilde{s}_2$ 表示编码映射器产生的复数符号，它们将通过两个发射天线在多径无线信道上进行传输。信道上的信号传输过程如下：

1. 在某个任意时刻 t，天线 1 发射 $\tilde{s}_1$，同时天线 2 发射 $\tilde{s}_2$。
2. 在 $t+T$ 时刻，其中 T 是符号宽度，天线 1 的信号发射被切换为$-\tilde{s}_2^*$，同时天线 2 发射 $\tilde{s}_1^*$。

得到的 2×2 维空时分组码可以写为下列矩阵形式：

$$\boldsymbol{S}=\begin{bmatrix}\tilde{s}_1 & \tilde{s}_2\\ -\tilde{s}_2^* & \tilde{s}_1^*\end{bmatrix} \Rightarrow \text{时间} \qquad (9.80)$$

⇓

空间

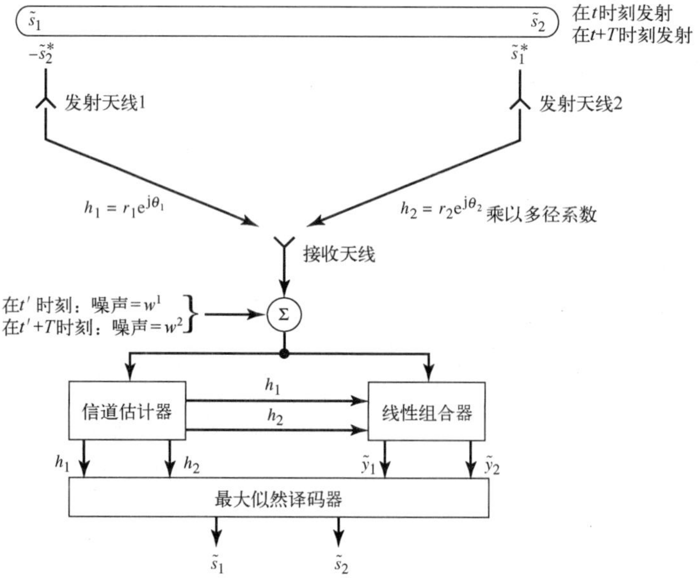

图 9.26 Alamouti 编码的收发机(发射机和接收机)框图。注意到 $t'>t$ 以便允许传播时延

传输矩阵(Transmission matrix)是一个复数正交矩阵(Complex-orthogonal matrix)(四元数)，因为它从空间和时间的意义上讲都满足正交条件。为了说明 Alamouti 的这个重要性质，令

$$\boldsymbol{S}^{\dagger}=\begin{bmatrix}\tilde{s}_1^* & -\tilde{s}_2\\ \tilde{s}_2^* & \tilde{s}_1\end{bmatrix}\Rightarrow \text{空间} \quad \Downarrow \text{时间} \tag{9.81}$$

表示 $\boldsymbol{S}$ 的厄米特转置，它同时包含转置和复共轭运算。为了说明在空间意义上的正交性，我们将编码矩阵 $\boldsymbol{S}$ 右乘其厄米特转置 $\boldsymbol{S}^{\dagger}$，得到

$$\begin{aligned}\boldsymbol{SS}^{\dagger}&=\begin{bmatrix}\tilde{s}_1 & \tilde{s}_2\\ -\tilde{s}_2^* & \tilde{s}_1^*\end{bmatrix}\begin{bmatrix}\tilde{s}_1^* & -\tilde{s}_2\\ \tilde{s}_2^* & \tilde{s}_1\end{bmatrix}\\ &=\begin{bmatrix}|\tilde{s}_1|^2+|\tilde{s}_2|^2 & -\tilde{s}_1\tilde{s}_2+\tilde{s}_2\tilde{s}_1\\ -\tilde{s}_2^*\tilde{s}_1^*+\tilde{s}_1^*\tilde{s}_2^* & |\tilde{s}_2|^2+|\tilde{s}_1|^2\end{bmatrix}\\ &=(|\tilde{s}_1|^2+|\tilde{s}_2|^2)\begin{bmatrix}1 & 0\\ 0 & 1\end{bmatrix}\end{aligned} \tag{9.82}$$

由于式(9.81)的右边是实数值的，因此可知从时间意义上来讲的另一个矩阵乘积 $\boldsymbol{S}^{\dagger}\boldsymbol{S}$ 也会产生完全相同的结果。也就是说

$$\boldsymbol{SS}^{\dagger}=\boldsymbol{S}^{\dagger}\boldsymbol{S}=(|\tilde{s}_1|^2+|\tilde{s}_2|^2)\boldsymbol{I} \tag{9.83}$$

其中，$\boldsymbol{I}$ 是 2×2 维恒等矩阵。

根据式(9.80)和式(9.83)，现在可以将 Alamouti 编码的重要性质总结如下：

性质 1：幺正性(复数正交性)

Alamouti 编码是一种正交空时分组编码，因为其传输矩阵是酉矩阵，求和项 $|\tilde{s}_1|^2+|\tilde{s}_2|^2$ 只是一个比例因子。

由于这个性质，所以 Alamouti 编码能够实现完全分集。

性质 2：全速率复数编码

Alamouti 编码(两个发射天线)是唯一存在的编码率为 1 的复数空时分组编码。

因此，对于任意信号星座，这种编码能够以整个传输速率实现完全分集。

性质 3：线性性

Alamouti 编码在发射符号中是线性的。

因此，我们可以将编码的传输矩阵 $\boldsymbol{S}$ 展开为发射符号与其复共轭的线性组合，如下所示：

$$\boldsymbol{S} = \tilde{s}_1\boldsymbol{\Gamma}_{11} + \tilde{s}_1^*\boldsymbol{\Gamma}_{12} + \tilde{s}_2\boldsymbol{\Gamma}_{21} + \tilde{s}_2^*\boldsymbol{\Gamma}_{22} \tag{9.84}$$

其中，4 个组成矩阵自身被定义如下：

$$\boldsymbol{\Gamma}_{11} = \begin{bmatrix} 1 & 0 \\ 0 & 0 \end{bmatrix}$$

$$\boldsymbol{\Gamma}_{12} = \begin{bmatrix} 0 & 0 \\ 0 & 1 \end{bmatrix}$$

$$\boldsymbol{\Gamma}_{21} = \begin{bmatrix} 0 & 1 \\ 0 & 0 \end{bmatrix}$$

$$\boldsymbol{\Gamma}_{22} = \begin{bmatrix} 0 & 0 \\ -1 & 0 \end{bmatrix}$$

也就是说，Alamouti 编码是唯一的二维空时编码，其传输矩阵可以被分解为式(9.84)描述的形式。

Alamouti 编码的接收机考虑

到目前为止的讨论主要是从发射机观点来看待 Alamouti 编码的。下面我们转向对这种编码进行译码的接收机设计问题。

为此，假设信道是频率平坦的慢时变信道，使得信道在 t 时刻引入的复数乘积系数与在 $t+T$ 时刻的实际上是相同的，其中 T 为符号宽度。同前面一样，乘积失真被表示为 $\alpha_k e^{j\theta_k}$，其中现在我们有 $k=1,2$，如图 9.25 所示。因此，如果在 t 时刻同时发射符号 $\tilde{s}_1$ 和 $\tilde{s}_2$，则在某个时刻 $t'>t$(以允许传播时延)的复数接收信号可以被描述为

$$\tilde{x}_1 = \alpha_1 e^{j\theta_1}\tilde{s}_1 + \alpha_2 e^{j\theta_2}\tilde{s}_2 + \tilde{w}_1 \tag{9.85}$$

其中，$\tilde{w}_1$ 是在 t' 时刻的复数信道噪声。然后，如果在 $t+T$ 时刻同时发射符号 $-\tilde{s}_2^*$ 和 $\tilde{s}_1^*$，则在 $t'+T$ 时刻接收到的对应复数信号为

$$\tilde{x}_2 = -\alpha_1 e^{j\theta_1}\tilde{s}_2^* + \alpha_2 e^{j\theta_2}\tilde{s}_1^* + \tilde{w}_2 \tag{9.86}$$

其中，$\tilde{w}_2$ 是在 $t'+T$ 时刻的第二个复数信道噪声。更准确地讲，噪声项 $\tilde{w}_1$ 和 $\tilde{w}_2$ 是具有零均值、方差相等的不相关的循环对称复数值高斯随机变量。

在从 t' 到 $t'+T$ 时刻的过程中，接收机中的信道估计器具有足够时间来得到乘积失真 $\alpha_k e^{j\theta_k}(k=1,2)$ 的估计值。从此以后，我们假设这两个估计值足够精确，实质上可以被认为是正确的；也就是说，接收机知道 $\alpha_1 e^{j\theta_1}$ 和 $\alpha_2 e^{j\theta_2}$。因此，我们可以将式(9.85)中的 $\tilde{x}_1$ 与式(9.86)中 $\tilde{x}_2$ 的复共轭这两个变量组合成下列矩阵形式：

$$\begin{aligned} \tilde{\boldsymbol{x}} &= \begin{bmatrix} \tilde{x}_1 \\ \tilde{x}_2^* \end{bmatrix} \\ &= \begin{bmatrix} \alpha_1 e^{j\theta_1} & \alpha_2 e^{j\theta_2} \\ \alpha_2 e^{-j\theta_2} & -\alpha_1 e^{-j\theta_1} \end{bmatrix} \begin{bmatrix} \tilde{s}_1 \\ \tilde{s}_2 \end{bmatrix} + \begin{bmatrix} \tilde{w}_1 \\ \tilde{w}_2 \end{bmatrix} \end{aligned} \tag{9.87}$$

这个等式的美妙之处在于，原始复数信号 s_1 和 s_2 作为向量的两个未知量而出现。正是因为这个目标，才按照式(9.87)右边的方法将 $\tilde{x}_1$ 和 $\tilde{x}_2^*$ 作为 2×1 维接收信号向量 $\tilde{\boldsymbol{x}}$ 的元素。

按照式(9.87)，图 9.25 中发射分集的信道矩阵被定义为

$$\begin{aligned}\boldsymbol{H} &= \begin{bmatrix} h_{11} & h_{12} \\ h_{21} & h_{22} \end{bmatrix} \\ &= \begin{bmatrix} \alpha_1 e^{j\theta_1} & \alpha_2 e^{j\theta_2} \\ \alpha_2 e^{-j\theta_2} & -\alpha_1 e^{-j\theta_1} \end{bmatrix}\end{aligned} \tag{9.88}$$

采用与信号传输矩阵 $\tilde{\boldsymbol{S}}$ 类似的方法，我们发现信道矩阵 $\boldsymbol{H}$ 也是一个酉矩阵，如下所示：

$$\boldsymbol{H}^{\dagger}\boldsymbol{H} = (\alpha_1^2 + \alpha_2^2)\boldsymbol{I} \tag{9.89}$$

其中与前面一样，$\boldsymbol{I}$ 也是恒等矩阵，并且求和项 $\alpha_1^2+\alpha_2^2$ 也只是一个比例因子。

利用式(9.88)中信道矩阵的定义，可以将式(9.87)重写为下列紧凑的矩阵形式：

$$\tilde{\boldsymbol{x}} = \boldsymbol{H}\tilde{\boldsymbol{s}} + \tilde{\boldsymbol{w}} \tag{9.90}$$

其中

$$\tilde{\boldsymbol{s}} = \begin{bmatrix} \tilde{s}_1 \\ \tilde{s}_2 \end{bmatrix} \tag{9.91}$$

是复数发射信号向量，并且

$$\tilde{\boldsymbol{w}} = \begin{bmatrix} \tilde{w}_1 \\ \tilde{w}_2 \end{bmatrix} \tag{9.92}$$

是加性复数信道噪声向量。注意到式(9.91)中的列向量 $\tilde{\boldsymbol{s}}$ 与式(9.80)的矩阵 $\tilde{\boldsymbol{S}}$ 中的第一个行向量是相同的。

现在，我们必须讨论接收机设计中的下列基本问题：

给定接收信号向量 $\tilde{\boldsymbol{x}}$，我们如何对 Alamouti 码进行译码？

为了解决这个问题，我们引入一个新的 2×1 维复数向量 $\tilde{\boldsymbol{y}}$，它被定义为接收信号向量 $\tilde{\boldsymbol{x}}$ 与信道矩阵 $\boldsymbol{H}$ 的 Hermition 转置的矩阵乘积，然后再关于求和项 $\alpha_1^2+\alpha_2^2$ 的倒数被归一化处理，即

$$\begin{aligned}\tilde{\boldsymbol{y}} &= \begin{bmatrix} \tilde{y}_1 \\ \tilde{y}_2 \end{bmatrix} \\ &= \left(\frac{1}{\alpha_1^2 + \alpha_2^2}\right)\boldsymbol{H}^{\dagger}\tilde{\boldsymbol{x}}\end{aligned} \tag{9.93}$$

将式(9.90)代入式(9.93)，然后利用式(9.89)中描述的信道矩阵的幺正性质，就可以得到对 Alamouti 编码进行译码的数学基础：

$$\tilde{\boldsymbol{y}} = \tilde{\boldsymbol{s}} + \tilde{\boldsymbol{v}} \tag{9.94}$$

其中，$\tilde{\boldsymbol{v}}$ 是复数信道噪声 $\tilde{\boldsymbol{w}}$ 的修正形式，如下所示：

$$\tilde{\boldsymbol{v}} = \left(\frac{1}{\alpha_1^2 + \alpha_2^2}\right)\boldsymbol{H}^{\dagger}\tilde{\boldsymbol{w}} \tag{9.95}$$

将式(9.88)和式(9.92)代入式(9.95)，则复数噪声向量 $\tilde{\boldsymbol{v}}$ 的展开式被确定如下：

$$\begin{bmatrix} \tilde{v}_1 \\ \tilde{v}_2 \end{bmatrix} = \frac{1}{\alpha_1^2 + \alpha_2^2}\begin{bmatrix} \alpha_1 e^{-j\theta_1}\tilde{w}_1 & + & \alpha_2 e^{j\theta_2}\tilde{w}_2^* \\ \alpha_2 e^{-j\theta_2}\tilde{w}_1 & - & \alpha_1 e^{j\theta_1}\tilde{w}_2^* \end{bmatrix} \tag{9.96}$$

因此，我们可以继续简化为

$$\tilde{y}_k = \tilde{s}_k + \tilde{v}_k, \quad k = 1, 2 \tag{9.97}$$

就关注的接收机设计而言，通过考察式(9.97)可以得到下列结论：

空时信道被去耦合成为了一对彼此统计独立的标量信道：

1. 在第 k 个空时信道输出中的复数符号 $\tilde{s}_k$ 与第 k 个天线发射的复数符号相同，其中 $k=1,2$；式(9.97)中清晰显示的去耦合作用是由于 Alamouti 编码的复数正交性得到的。
2. 假设原始信道噪声 $\tilde{w}_k$ 是高斯白噪声，则在第 k 个空时信道输出中出现的修正噪声 $\tilde{v}_k$ 也保持了这种统计特性，其中 $k=1,2$；这种保持特性是由于接收机中进行的处理得到的。

上述两个结论都取决于接收机已知信道矩阵 $\boldsymbol{H}$ 这个前提条件。

另外，如果采用两个发射天线和一个接收天线，则 Alamouti 编码能够实现与采用一个发射天线和两个接收天线的对应系统具有相同的分集能力。正是从这个意义上讲，基于 Alamouti 编码的无线通信系统称为具有两级分集增益(Two-level diversity gain)。

最大似然译码

在图 9.27 中，给出了基于 QPSK 星座的 Alamouti 编码系统的信号空间图。以 4 个信号点为中心，并且强度逐渐下降的复数高斯噪声云说明了复数噪声项 $\tilde{\boldsymbol{v}}$ 对线性组合器输出 $\tilde{\boldsymbol{y}}$ 的影响。

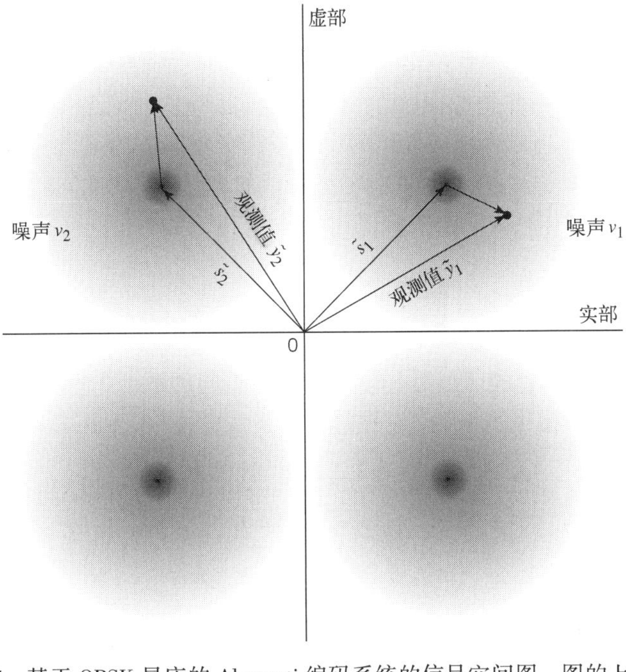

图 9.27　基于 QPSK 星座的 Alamouti 编码系统的信号空间图。图的上半部分显示了信号点 $\tilde{s}_1$ 和 $\tilde{s}_2$，以及对应的线性归一化组合器输出 $\tilde{y}_1$ 和 $\tilde{y}_2$

实际上，图 9.27 中所示是经过很多次重复以后，在 t 和 $t+T$ 时刻传输的两个连续符号上对式(9.94)进行的图形解释。

图 9.27 采用 QPSK 信号星座的 Alamouti 编码的信号空间图。在图的上半部分中，显示了信号点 $\tilde{s}_1$ 和 $\tilde{s}_2$，以及对应的线性归一化组合器输出 $\tilde{y}_1$ 和 $\tilde{y}_2$。

假设在图 9.27 的信号空间图上半部分中的两个信号星座代表在 t 时刻发射的一对符号，我们将其写为

$$\tilde{\boldsymbol{s}}_t = \begin{bmatrix} \tilde{s}_1 \\ \tilde{s}_2 \end{bmatrix}$$

然后，位于图 9. 27 右半部分中的剩余两个信号星座代表在 $t+T$ 时刻发射的另一对符号，我们将其写为

$$\tilde{\mathbf{s}}_{t+T}=\begin{bmatrix}-\tilde{s}_2^*\\+\tilde{s}_1^*\end{bmatrix}$$

在此基础上，现在可以借助于第 7 章中讨论的最大似然译码规则，得到下列三点说明：

1. 计算分别发射信号向量 $\tilde{\mathbf{s}}_t$ 和 $\tilde{\mathbf{s}}_{t+T}$ 得到的欧几里得距离的平方和
$$\|\tilde{\mathbf{y}}_t-\tilde{\mathbf{s}}_t\|^2+\|\tilde{\mathbf{y}}_{t+T}-\tilde{\mathbf{s}}_{t+T}\|^2$$
2. 对于 QPSK 星座中所有可能的四对信号，执行上述计算。
3. 根据上面的计算结果，ML 译码器选择平方和最小的那对信号。

在图 9. 27 中，也给出了上述第 1 点中平方和的分量 $\|\tilde{\mathbf{y}}_t-\tilde{\mathbf{s}}_t\|^2$。

9. 10 多输入-多输出系统：基本考虑

在 9. 8 节和 9. 9 节中，我们研究了利用多个接收天线或者多个发射天线来减轻多径衰落问题的空间分集无线通信系统。实际上，衰落被视为降低性能的原因，因此有必要在接收机或者发射机中采用空间分集技术将其消除。在本节中，我们讨论 MIMO 无线通信，它在下列方面与众不同[10]：

1. 衰落现象不再被视为一种损害，而是作为一种环境产生的要利用的丰富来源。
2. 在无线通信链路的发射端和接收端同时采用空间分集能够为显著提高信道容量提供基础。
3. 与传统技术不同的是，信道容量的提高是通过增加计算复杂度同时使主要的通信资源(即发射总功率和信道带宽)保持不变来实现的。

同天线干扰

图 9. 28 给出了 MIMO 无线链路的框图。由 N_t 个发射天线在无线信道上发射的信号都被选择位于同一个频带内。自然地，发射的信号经过信道后具有不同的散射。并且由于多个信号传输，系统受到一种空间形式的依赖于信号的干扰，它被称为同天线干扰(CoAntenna Interference，CAI)。

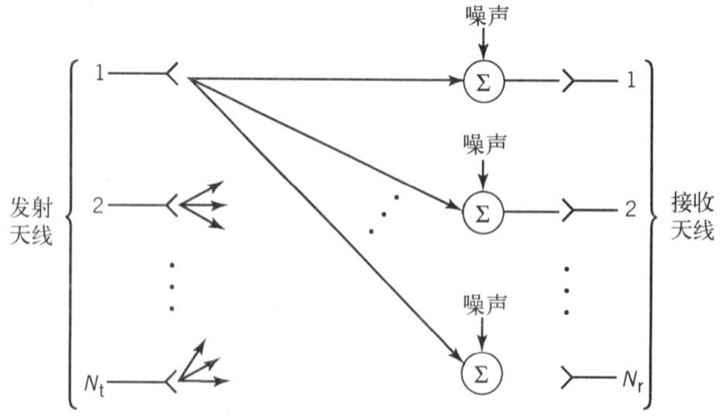

图 9. 28 具有 N_t 个发射天线和 N_r 个接收天线的 MIMO 无线链路的框图

在图 9. 29 中，给出了采用二进制 PSK 信号时，分别在 1 个、2 个和 8 个同时发射的天线以及单个接收天线(即 $N_t=1,2,8$，并且 $N_r=1$)情况下 CAI 的影响；在产生这个图的仿真中所用发射的二进制 PSK 信号是不同的，但是它们都具有相同的平均功率，并且占有相同的带宽(Sellathurai and Haykin，2008)。图 9. 29 清晰地显示了当发射天线数目 N_t 比较大时，由于 CAI 引起的困难，特别地，同时进行 8 个信号传输时，接收信号的眼图几乎是闭合的。对接收机的挑战在于如何消除 CAI 问

题，从而使提高频谱效率成为可能。

在理论上，通信系统的频谱效率是与系统的信道容量密切相关的。为了对 MIMO 无线通信的信道容量进行估计，下面我们首先来构建这种系统的基带信道模型。

基本的基带信道模型

考虑一个建立在平坦衰落信道上的 MIMO 窄带无线通信系统，它具有 N_t 个发射天线和 N_r 个接收天线。此后将这种天线配置称为一对 (N_t, N_r)。为了对 MIMO 系统进行统计分析，我们对发射信号、接收信号以及信道都采用基带表示。特别地，引入下列记号：

- 空间参数

$$N = \min\{N_t, N_r\} \tag{9.98}$$

定义了利用基于 N_t 个发射天线和 N_r 个接收天线的 MIMO 信道的无线通信系统引入的新的自由度。

- $N_t \times 1$ 维向量

$$\tilde{\boldsymbol{s}}(n) = [\tilde{s}_1(n), \tilde{s}_2(n), \cdots, \tilde{s}_{N_t}(n)]^{\mathrm{T}} \tag{9.99}$$

表示在离散时间 n 时刻由 N_t 个天线发射的复数信号向量。假设构成向量 $\tilde{\boldsymbol{s}}(n)$ 的符号具有零均值和共同的方差 σ_s^2。发射总功率被固定为

$$P = N_t \sigma_s^2 \tag{9.100}$$

为了使 P 保持为常数，方差 σ_s^2（即每个发射天线的辐射功率）必须与 N_t 成反比。

- 对于平坦衰落 Rayleigh 分布信道，我们可以采用 $\tilde{h}_{ik}(n)$ 表示在离散时间 n 时刻采样得到的发射天线 k 与接收天线 i 的耦合信道的复数增益，其中 $i=1,2,\cdots,N_r$ 且 $k=1,2,\cdots,N_t$。于是，可以将 $N_r \times N_t$ 维复数信道矩阵（Complex channel matrix）表示为

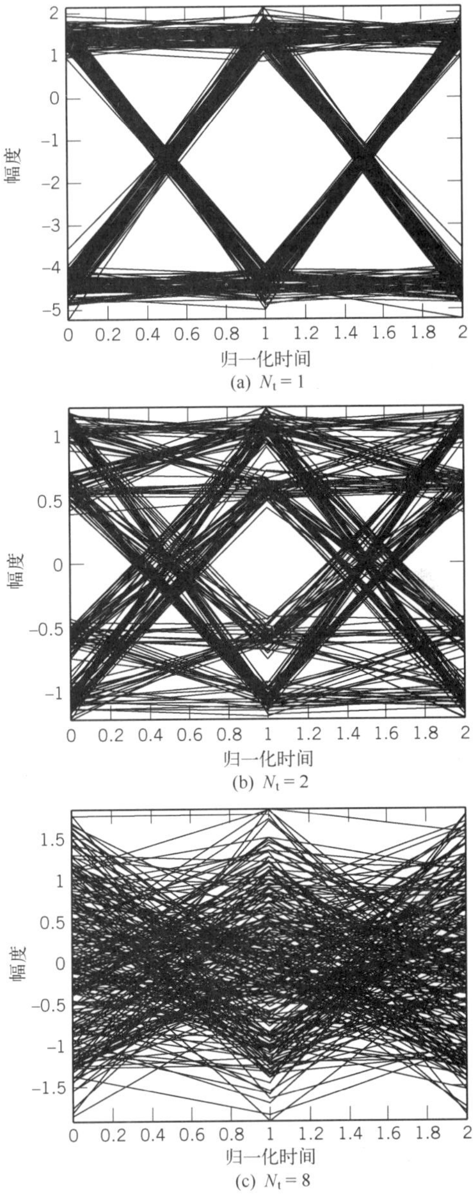

图 9.29　采用一个接收天线和不同数量的发射天线时，同天线干扰对眼图的影响

$$\boldsymbol{H}(n) = \underbrace{\begin{bmatrix} \tilde{h}_{11}(n) & \tilde{h}_{12}(n) & \cdots & \tilde{h}_{1N_t}(n) \\ \tilde{h}_{21}(n) & \tilde{h}_{22}(n) & \cdots & \tilde{h}_{2N_t}(n) \\ \vdots & \vdots & & \vdots \\ \tilde{h}_{N_r1}(n) & \tilde{h}_{N_r2} & \cdots & h_{N_rN_t}(n) \end{bmatrix}}_{N_t\text{ 个发射天线}} \Bigg\} N_r \text{ 个接收天线} \tag{9.101}$$

- 方程组

$$\tilde{x}_i(n) = \sum_{k=1}^{N_t} \tilde{h}_{ik}(n)\tilde{s}_k(n) + \tilde{w}_i(n) \qquad \begin{cases} i = 1, 2, \cdots, N_r \\ k = 1, 2, \cdots, N_t \end{cases} \tag{9.102}$$

定义了第 i 个天线接收到的由第 k 个天线发射的符号 $\tilde{s}_k(n)$ 产生的复数信号。$\tilde{w}_i(n)$ 这一项表示对 $\tilde{x}_i(n)$ 进行扰动的加性复数信道噪声。令 $N_r\times 1$ 维向量

$$\tilde{\boldsymbol{x}}(n) = [\tilde{x}_1(n), \tilde{x}_2(n), \cdots, \tilde{x}_{N_r}(n)] \tag{9.103}$$

表示接收到的复数信号向量，并且 $N_r\times 1$ 维向量

$$\tilde{\boldsymbol{w}}(n) = [\tilde{w}_1(n), \tilde{w}_2(n), \cdots, \tilde{w}_{N_r}(n)]^{\mathrm{T}} \tag{9.104}$$

表示复数信道噪声向量。于是，可以将方程组(9.102)重写为下列紧凑的矩阵形式：

$$\tilde{\boldsymbol{x}}(n) = \boldsymbol{H}(n)\tilde{\boldsymbol{s}}(n) + \tilde{\boldsymbol{w}}(n) \tag{9.105}$$

式(9.105)描述了 MIMO 无线通信的基本复数信道模型，假设采用的是平坦衰落信道。这个方程描述了在离散时间 n 时刻信道的输入-输出行为。为了简化阐述，在此以后我们隐去对时间 n 的依赖性，将其简单写为

$$\tilde{\boldsymbol{x}} = \boldsymbol{H}\tilde{\boldsymbol{s}} + \tilde{\boldsymbol{w}} \tag{9.106}$$

其中，方程的所有 4 个向量/矩阵项 $\boldsymbol{s}$，$\boldsymbol{H}$，$\boldsymbol{w}$ 和 $\boldsymbol{x}$ 都被理解为实际上是依赖于离散时间 n 的。图 9.30 显示了式(9.106)中的基本信道模型。

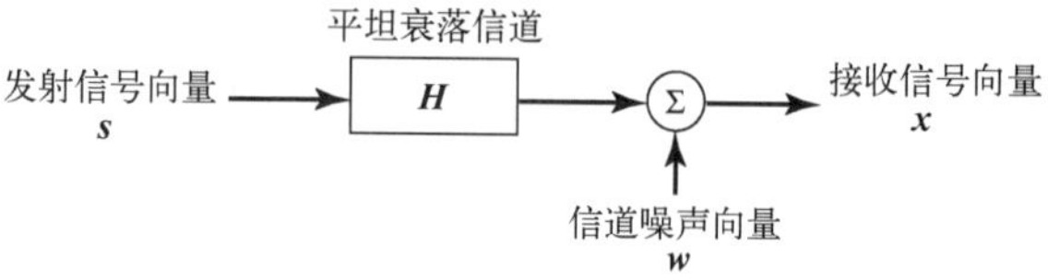

图 9.30 式(9.106)中的基本信道模型

为了便于数学处理，我们假设采用高斯模型，它由下列三个要素构成：

1. N_t 个符号，它构成了从复数高斯白色码本(White complex Gaussian codebook)中取出的发射信号向量 $\tilde{\boldsymbol{s}}$；也就是说，符号 $\tilde{s}_1, \tilde{s}_2, \cdots, \tilde{s}_{N_t}$ 是具有零均值和共同方差 σ_s^2 的 IID 复数高斯随机变量。因此，发射信号向量 $\boldsymbol{s}$ 的相关矩阵被确定为

$$\begin{aligned}\boldsymbol{R}_{\mathrm{s}} &= \mathbb{E}[\boldsymbol{s}\boldsymbol{s}^{\dagger}] \\ &= \sigma_s^2 \boldsymbol{I}_{N_t}\end{aligned} \tag{9.107}$$

其中，$\boldsymbol{I}_{N_t}$ 是 $N_t\times N_t$ 维恒等矩阵。

2. 信道矩阵 $\boldsymbol{H}$ 的 $N_t\times N_r$ 个元素，它们也是从具有零均值和单位方差的 IID 复数随机变量集合中取出来的，如下列复数分布所示：

$$h_{ik}:\quad \mathcal{N}(0, 1/\sqrt{2}) + \mathrm{j}\mathcal{N}(0, 1/\sqrt{2}) \qquad \begin{cases} i = 1, 2, \cdots, N_{\mathrm{r}} \\ k = 1, 2, \cdots, N_{\mathrm{t}} \end{cases} \tag{9.108}$$

其中，$\mathcal{N}(\cdots)$ 表示实数高斯分布。在此基础上，我们发现幅度响应 h_{ik} 是 Rayleigh 分布的。正是从这个意义上讲，我们有时候把 MIMO 信道称为丰富的 Rayleigh 散射环境(Rich Rayleigh scattering environment)。以此类推，我们还发现幅度平方分量，即 $|h_{ik}|^2$ 是一个卡方随机变量(Chi-squared random variable)，其均值为

$$\mathbb{E}[|h_{ik}|^2] = 1,\quad 所有 i,\ k \tag{9.109}$$

(在附录 A 中对卡方分布进行了讨论。)

3. 信道噪声向量 $\boldsymbol{w}$ 的 N_r 个元素，它们是具有零均值和共同方差 σ_w^2 的 IID 复数高斯随机变量。也就是说，噪声向量 $\boldsymbol{w}$ 的相关矩阵为

$$\begin{aligned}\boldsymbol{R}_{\boldsymbol{w}} &= \mathbb{E}[\boldsymbol{w}\boldsymbol{w}^{\dagger}] \\ &= \sigma_{\boldsymbol{w}}^2 \boldsymbol{I}_{N_r}\end{aligned} \tag{9.110}$$

其中，$\boldsymbol{I}_{N_r}$ 是 $N_r\times N_r$ 维恒等矩阵。

根据式(9.100)以及 h_{ik} 是具有零均值和单位方差的标准高斯随机变量这一假设，MIMO 信道的每个接收机输入端的平均(Average)SNR 为

$$\begin{aligned}\rho &= \frac{P}{\sigma_w^2}\\ &= \frac{N_t\sigma_s^2}{\sigma_w^2}\end{aligned} \tag{9.111}$$

对于规定的噪声方差 σ_w^2，一旦发射总功率 P 被固定，则上面的平均 SNR 也是固定的。还需注意的是，第一，所有 N_t 个发射信号占有共同的信道带宽；第二，平均 SNR ρ 是独立于 N_r 的。

上面描述的 MIMO 无线通信系统的理想高斯模型可以应用于室内局域网和其他无线环境，此时用户终端的移动范围是有限的[11]。

9.11　接收机已知信道时的 MIMO 信道容量

在得到图 9.30 中的基本复数信道模型以后，现在我们可以重点关注感兴趣的主要问题，即 MIMO 无线链路的信道容量。接下来，将考虑两个特殊情形，第一种情形被称为“遍历容量”，它假设 MIMO 信道是弱(广义)平稳的，因此也是遍历的。第二种情形被称为“中断容量”，它考虑的是非遍历 MIMO 信道，假设从数据传输的一个突发到下一个突发之间是准平稳的。

遍历容量

按照第 5 章中讨论的香农信息容量定律，在固定发射功率 P 的约束条件下，一个实数(Real) AWGN 信道的容量被定义为

$$C = B\log_2\left(1+\frac{P}{\sigma_w^2}\right)\ \text{b/s} \tag{9.112}$$

其中，B 是信道带宽，σ_w^2 是在带宽 B 上测量的噪声方差。给定一个时不变信道，式(9.112)确定了以任意小的传输差错率在信道上能够传输的最大数据率。由于为了在 T 秒内传输 K 个符号，信道需要被利用 K 次，因此每个单位时间的传输容量为式(9.112)中 C 的公式的 K/T 倍。考虑到根据第 6 章中讨论的采样定理得到 $K=2BT$，我们可以将 AWGN 信道的信息容量表示为下列等效形式：

$$C = \frac{1}{2}\log_2\left(1+\frac{P}{\sigma_w^2}\right)\ \text{b/(s·Hz)} \tag{9.113}$$

注意到每秒每赫兹 1 比特[1 b/(s · Hz)]对应于每次传输 1 比特。

由于无线通信作为感兴趣的媒介，下面考虑接收机准确已知信道状态的复数(Complex)平坦衰落信道情形。这种信道的容量为

$$C = \mathbb{E}\left[\log_2\left(1+\frac{|h|^2P}{\sigma_w^2}\right)\right]\ \text{b/(s·Hz)} \tag{9.114}$$

其中，期望是对信道增益 $|h|^2$ 进行的，并且假设信道是平稳遍历信道。考虑到这个假设，通常把 C 称为平坦衰落信道的遍历容量(Ergodic capacity)，并且信道编码是在衰落期间(即信道随时间变化的“遍历”期间)应用的。

重要的是，注意到在式(9.114)的容量公式中比例因子 1/2 消失了。其原因在于，这个公式是针对复数基带信道得到的，而式(9.113)针对的是实数信道。式(9.114)涵盖的衰落信道对复数信号，即具有同相分量和正交分量的信号进行操作。因此，这种复数信道等效于具有相等容量且并行工作的两个实数信道；从而得到式(9.114)中给出的结果。

式(9.114)应用于单输入单输出(SISO)平坦衰落信道(Single-input, single-output flat-fading channel)这种简单情形。将这个公式推广到由图 9.30 描述的高斯模型规定的多输入多输出(MIMO)

平坦衰落信道情形，我们发现 MIMO 信道的遍历容量由下式给出[12]：

$$C = \mathbb{E}\left[\log_2\left\{\frac{\det(\boldsymbol{R_w} + \boldsymbol{HR_sH}^\dagger)}{\det(\boldsymbol{R_w})}\right\}\right] \ \mathrm{b/(s\cdot Hz)} \tag{9.115}$$

其约束条件为

$$\max_{\boldsymbol{R_s}} \mathrm{tr}[\boldsymbol{R_s}] \leqslant P$$

其中，P 是恒定发射功率，tr[·]表示矩阵的迹。式(9.115)中的期望是对随机信道矩阵 $\boldsymbol{H}$ 进行的，并且上标“†”表示厄米特转置；$\boldsymbol{R_s}$ 和 $\boldsymbol{R_w}$ 分别表示发射信号向量 $\boldsymbol{s}$ 和信道噪声向量 $\boldsymbol{w}$ 的相关矩阵。式(9.115)的详细推导过程在附录 E 中给出。

一般而言，除高斯模型外很难对式(9.115)进行计算。特别地，将式(9.107)和式(9.110)代入式(9.115)并做简化处理，可以得到

$$C = \mathbb{E}\left[\log_2\left\{\det\left(\boldsymbol{I}_{N_\mathrm{r}} + \frac{\sigma_s^2}{\sigma_w^2}\boldsymbol{HH}^\dagger\right)\right\}\right] \ \mathrm{b/(s\cdot Hz)} \tag{9.116}$$

然后，利用式(9.111)中引入的平均 SNR ρ 的定义，可以将式(9.116)重写为下列等效形式：

$$C = \mathbb{E}\left[\log_2\left\{\det\left(\boldsymbol{I}_{N_\mathrm{r}} + \frac{\rho}{N_\mathrm{t}}\boldsymbol{HH}^\dagger\right)\right\}\right] \ \mathrm{b/(s\cdot Hz)}, \quad N_\mathrm{t} \geqslant N_\mathrm{r} \tag{9.117}$$

式(9.117)定义了 MIMO 平坦衰落信道的遍历容量，它涉及计算 $N_\mathrm{r}\times N_\mathrm{r}$ 维求和矩阵（括弧内的项）的行列式然后再以底为 2 取对数。正是因为这个原因，这个等式被称为高斯 MIMO 信道的对数-行列式容量公式（Log-det copacity formula）。

正如式(9.117)中所指出的，在对数-行列式容量公式中为了使矩阵乘积 $\boldsymbol{HH}^\dagger$ 为满秩，需要假设 $N_\mathrm{t}\geqslant N_\mathrm{r}$。另一种情形是，$N_\mathrm{r}\geqslant N_\mathrm{t}$ 使 $N_\mathrm{t}\times N_\mathrm{t}$ 维矩阵乘积 $\boldsymbol{H}^\dagger\boldsymbol{H}$ 为满秩，在这种情况下 MIMO 链路的对数-行列式容量公式具有下列形式：

$$C = \mathbb{E}\left[\log_2\left\{\det\left(\boldsymbol{I}_{N_\mathrm{t}} + \frac{\rho}{N_\mathrm{r}}\boldsymbol{H}^\dagger\boldsymbol{H}\right)\right\}\right] \ \mathrm{b/(s\cdot Hz)}, \quad N_\mathrm{r} \geqslant N_\mathrm{t} \tag{9.118}$$

其中与前面一样，期望运算也是对信道矩阵 $\boldsymbol{H}$ 进行的。

尽管式(9.117)与式(9.118)具有明显差异，它们实质上是等效的，因为两者都应用于所有的 $\{N_\mathrm{r}, N_\mathrm{t}\}$ 天线配置。只有对满秩问题关注时这两个公式才有区别。

显然，在链路两端都只有一个天线的复数平坦衰落信道的容量公式(9.114)是对数-行列式容量公式的一种特殊情形。特别地，对于 $N_\mathrm{t}=N_\mathrm{r}=1$（即没有空间分集），$\rho=P/\sigma_w^2$ 且 $\boldsymbol{H}=h$（隐去了对离散时间 n 的依赖性），则式(9.116)退化为式(9.114)。

从对数-行列式容量公式得到的另一个重要结果是，如果 $N_\mathrm{t}=N_\mathrm{r}=N$，则当 N 趋近于无穷大时，式(9.117)中定义的容量 C 随着 N 呈渐进线性（至少是）增加，即

$$\lim_{N\to\infty}\frac{C}{N} \geqslant \text{常量} \tag{9.119}$$

也就是说，式(9.119)中的渐进公式可以被表述如下：

> 发射天线与接收天线数量都等于 N 的 MIMO 平坦衰落无线链路的遍历容量大体上随着 N 的增加而线性增加。

上述结论告诉我们，通过在无线链路的发射端和接收端采用多个天线的方式来增加计算复杂度，则其提高链路的频谱效率（Spectral efficiency）比采用传统方法（如增加发射 SNR）要大得多。MIMO 无线通信系统对频谱效率具有很大的提升能力应该归因于下列关键参数：

$$N = \min\{N_\mathrm{t}, N_\mathrm{r}\}$$

它确定了系统能够提供的自由度的数量（Number of degrees of freedom）。

对数-行列式公式的另两种特殊情形：接收和发射分集链路的容量

自然地，具有 N_t 个发射天线和 N_r 个接收天线的无线链路的对数-行列式容量公式包括接收分集链路和发射分集链路的信道容量这两种特殊情形：

1. 接收分集信道(Diversity-on-receive channel)：对数-行列式容量公式(9.118)适用于这种情形。特别地，由于 $N_t=1$，信道矩阵 $\boldsymbol{H}$ 退化为一个列向量，因此式(9.118)可以简化为

$$C=\mathbb{E}\left[\log_2\left\{\left(1+\rho\sum_{i=1}^{N_r}|h_i|^2\right)\right\}\right]\ \text{b/(s·Hz)} \tag{9.120}$$

   将上式与 $\rho=P/\sigma_w^2$ 的 SISO 衰落信道的信道容量公式(9.114)进行比较，发现信道增益的平方 $|h|^2$ 被替换为幅度平方 $|h_i|^2$ 之和，其中 $i=1,2,\cdots,N_r$。式(9.120)表示对接收天线输出进行线性组合以后得到的遍历容量，这样设计可以使 N_r 个接收信号中包含的关于发射信号的信息最大化。这只是 9.8 节中讨论的最大比组合原理的重新表述。

2. 发射分集信道(Diversity-on-transmit channel)：对数-行列式容量公式(9.117)适用于这第二种情形。特别地，由于 $N_r=1$，信道矩阵 $\boldsymbol{H}$ 退化为一个行向量，因此式(9.117)可以简化为

$$C=\mathbb{E}\left[\log_2\left(1+\frac{\rho}{N_t}\sum_{k=1}^{N_t}|h_k|^2\right)\right]\ \text{b/(s·Hz)} \tag{9.121}$$

   其中，矩阵乘积 $\boldsymbol{HH}^\dagger$ 被替换为幅度平方 $|h_k|^2$ 之和，其中 $k=1,2,\cdots,N_t$。与第一种接收分集情形比较，发射分集信道的容量更低，这是因为发射总功率需要保持恒定，与发射天线数量 N_t 无关。

中断容量

为了实现对数-行列式容量公式(9.117)，MIMO 信道必须被描述为一个遍历过程。然而，实际上 MIMO 无线信道通常不是遍历的，并且要求在时延约束(Delay constraint)条件下工作。于是，可以将感兴趣的问题概括如下：

> 在非遍历信道上能够传输多少信息？特别是如果信道编码足够长，正好能够看到一个随机信道矩阵时能够传输多少信息？

在上述情况下，信息可靠传输的速率(即严格的香农意义上的容量)等于零，因为对于任意正的速率，信道不支持这个速率的概率都不为零。

为了解决这个严重困难，引入中断(Outage)的概念来表征 MIMO 链路(在 9.8 节中关于接收分集的背景下对中断进行了讨论)。特别地，我们给出下列定义：

> MIMO 链路的中断概率被定义为在链路上以某个速率 R(单位是比特每秒每赫兹)进行数据传输时，链路处于传输中断(失败)状态中的概率。

为了在这个概率基础上进行讨论，MIMO 链路一般以突发(Burst)或帧(Frame)的形式发送数据，并且采用准平稳模型(Quasi-stationary model)，这种模型受下列 4 点决定：

1. 突发是足够长(Long)的，能够传输大量符号，这相应地允许采用理想化的无限时间范围(Infinite-time horizon)这一信息论基本假设。
2. 突发也是足够短(Short)的，以便可以在每个突发期间将无线链路作为准平稳过程；慢变化条件用于支持接收机完全知道信道状态知识这一假设。
3. 信道矩阵在从第 k 个突发到第 $k+1$ 个突发之间是允许变化的，从而考虑了链路的统计变化特性。

4. 发射信号向量 $\boldsymbol{s}$ 的不同实现是取自于高斯白色码本(White Gaussian codebook)中的，也就是说，$\boldsymbol{s}$ 的相关矩阵由式(9.107)确定。

上面第 1 点和第 4 点是关于信号传输的，而第 2 点和第 3 点则与 MIMO 信道自身有关。

为了利用这个模型来评估中断概率，我们首先注意到根据对数-行列式容量公式(9.117)，可以将下列随机变量：

$$C_k = \log_2\left\{\det\left(\boldsymbol{I}_{N_\mathrm{r}} + \frac{\rho}{N_\mathrm{t}}\boldsymbol{H}_k\boldsymbol{H}_k^\dagger\right)\right\} \ \mathrm{b/(s\cdot Hz)}，突发 k \tag{9.122}$$

视为 MIMO 链路的“样本实现”的表达式。换句话说，由于随机信道矩阵 $\boldsymbol{H}_k$ 在从一个突发到下一个突发之间变化时，C_k 自身也将以相应的方式变化。这种随机行为的结果是，从 MIMO 链路的累积分布函数取出的样本偶尔会导致 C_k 的值不足以支持在链路上进行可靠通信。在这种情况下，链路被称为在中断状态(Outage stage)。相应地，对于一个给定的传输策略，我们将速率 R 的中断概率(Outage probability at rate R)定义为

$$P_{\mathrm{outage}}(R) = \mathbb{P}\{C_k < R_k\}，某些突发 k \tag{9.123}$$

等效地，可以写出

$$P_{\mathrm{outage}}(R) = \mathbb{P}\left\{\log_2\left\{\det\left(\boldsymbol{I}_{N_\mathrm{r}} + \frac{\rho}{N_\mathrm{t}}\boldsymbol{H}_k\boldsymbol{H}_k^\dagger\right)\right\} < R，某些突发 k\right\} \tag{9.124}$$

在此基础上，我们可以给出下列定义：

MIMO 链路的中断容量是对于给定的中断概率，在数据传输的所有突发中(即所有可能的信道状态)链路能够保持的最大比特率。

根据其自身性质，只能利用蒙特卡罗仿真才能对中断容量进行研究。

发射机已知信道

对数-行列式容量公式(9.117)是基于发射机没有信道状态知识的假设得到的。然而，通过首先在接收机中估计出信道矩阵 $\boldsymbol{H}$，然后利用反馈信道(Feedback channel)将估计值送到发射机中，于是发射机可以得到信道状态知识。此时，可以在功率约束条件下通过发射信号向量 $\boldsymbol{s}$ 的相关矩阵使容量达到最优化；也就是说，这个相关矩阵的迹小于或者等于恒定的发射功率 P。自然地，要得到发射机和接收机同时已知信道时 MIMO 信道的对数-行列式容量公式比只有接收机已知信道时的挑战性更大。对于这个公式的细节，读者可以参考附录 E。

9.12 正交频分复用

在第 8 章中，我们介绍了 DMT 方法作为一种在带限信道上进行多信道调制的离散形式信号传输。正交频分复用(Orthogonal Frequency Division Multiplexing，OFDM)[13]是另一种明显相关的多频率调制形式。

OFDM 尤其适合在时延色散信道上进行高数据率传输。OFDM 以其自身的方式，通过采用“分步解决”这一工程范式使问题得以解决。特别地，它利用许多间隔很近的正交子载波(音调)[Orthogonal subcarriers(tones)]来支持传输。相应地，输入数据流被分割为许多低速率子数据流(Substream)，每个载波一个，并且这样构成的子信道(Subchannel)以并行方式工作。就调制过程而言，可以采用诸如 QPSK 这类调制方法。

上面描述的方法实质上与 DMT 调制中采用的方法是相同的。换句话说，第 8 章中介绍的 DMT 的数学理论同样能很好地适用于 OFDM，除了信号星座编码器不包含加载来完成比特分配这个事实。另外，在实现 OFDM 时还需要做出另外两点改变：

1. 在发射机中，数模转换器后面需要包括一个上变频器(Upconverter)，它对发射频率适当做平移变换，使发射信号更容易在无线信道上传播。
2. 在接收机中，模数转换器前面需要包括一个下变频器(Downconverter)，它去掉发射机中上变频器完成的频率变换。

图 9.31 给出了 OFDM 系统的框图，其中的单元是以传输 36 Mb/s 的二进制数据流为例进行配置的。图 9.31(a)和图 9.31(b)分别画出了系统发射机和接收机的框图。特别地，在图 9.31(a)中处理发射机时还在不同功能模块处包括了数据率和子载波频率的相关值。最后还有一点需要说明：发射机的前端和接收机的后端都分别分配了一个前向纠错编码和译码，以便提高系统可靠性(将在第 10 章中对前向纠错编码进行讨论)。

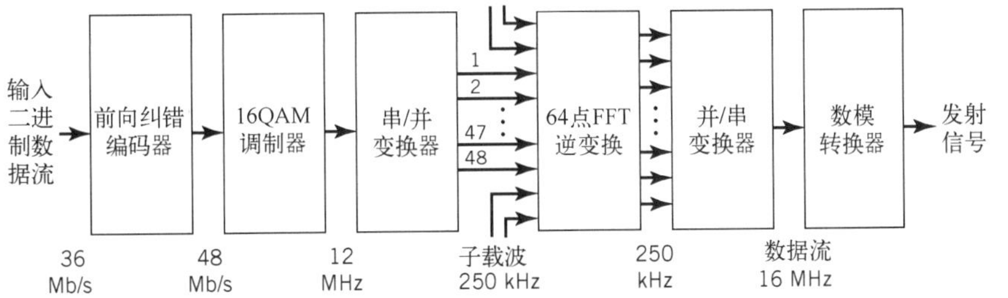

(a)

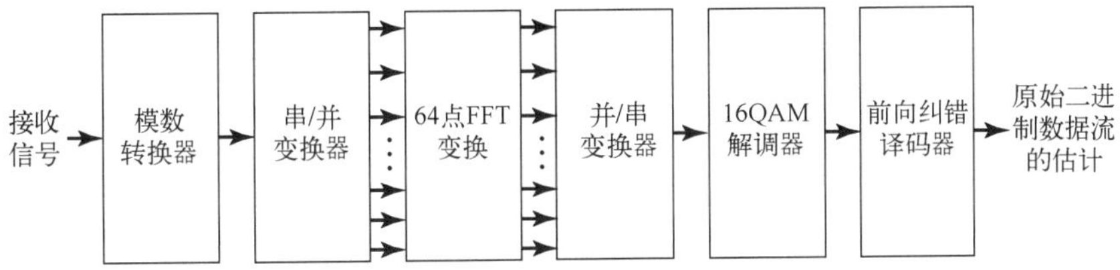

(b)

图 9.31　OFDM 系统典型实现的框图，以传输 36 Mb/s 的二进制数据流为例

峰均功率比问题

OFDM 技术对无线通信的非常显著的实际重要性要归因于 FFT 算法带来的计算优势，FFT 算法在其实现中具有关键作用。然而，OFDM 会受到所谓的峰均功率比(Peak-to-Average Power Ratio，PAPR)问题的困扰。这个问题是由于 OFDM 中大量独立子信道以某种未知方式相互叠加的统计概率引起的，这样可能导致很高的峰值。关于 PAPR 问题及如何消除它的详细讨论，可以参考附录 G。

9.13　扩谱信号

在本章前面各节中，描述了在衰落信道上的信号传输中消除多径干扰效应的不同方法。在本节中，我们介绍关于无线通信的另一种新的思维方式，它是基于被称为扩谱信号(Spread spectrum signal)[14]的一类信号提出来的。

如果一个信号满足下列两点要求，则它被称为属于扩谱信号：

1. 扩谱(Spreading)。给定一个信息承载信号，信号的扩谱是在发射机中通过一个独立的扩频信号(Spreading signal)来实现的，使所产生的扩谱信号占有的带宽比原始信息承载信号带宽大得多，并且带宽越大越好。
2. 解扩(Despreading)。给定发射的扩谱信号的噪声形式，解扩(Despreading，即恢复原始信息承载信号)是在接收机中通过将接收信号与扩频信号的同步副本进行相关(Correlating)运算来实现的。

实际上，信息承载信号是在发送到信道上以前被扩展（增加）其带宽的，并且在信道输出端的接收信号被解扩（降低）相同数量的带宽。

为了解释扩谱信号的基本原理，首先考虑在信道输出中没有干扰信号的情形。在这种理想情形下，接收机输出中能够重现出原始信息承载信号的准确副本；这种恢复是通过先进行扩谱然后再进行解扩的组合操作来实现的。因此，我们可以说接收机性能关于扩谱-解扩的组合过程是透明的（Transparent）。

然后，再考虑接收机输入中引入了加性窄带干扰的实际情形。由于干扰信号是在信息承载信号被传输以后引入到通信系统中的，因此其带宽被接收机中的扩频信号增加了，结果导致它的功率谱密度相应地降低了。一般而言，在输出端的接收机中会包含一个带宽与信息承载信号带宽相匹配的滤波器。因此，干扰信号的平均功率被降低，而接收机的输出 SNR 得到了增加。这样，当存在干扰信号（如由于多径引起的干扰）需要处理时，采用扩谱技术来获得 SNR 的提高就会带来实际好处。当然，这种好处是以增加信道带宽为代价得到的。

扩谱信号的分类

根据如何利用扩谱信号，我们可以将其分类如下：

1. 直接序列扩谱

一种扩展信息承载信号带宽的方法是采用所谓的直接序列扩谱（Direct Sequence-Spread Spectrum，DS-SS），其中把伪噪声（PN）序列［Pseudo-Noise（PN）sequence］作为扩频序列（信号）。PN 序列是具有类似噪声特性的周期二进制序列，其详细内容在附录 J 中给出。基带调制信号（Baseband modulated signal）是 DS-SS 方法的代表，它是通过将信息承载信号乘以 PN 序列得到的，其中每个信息比特都被切成许多小的时间增量，这些小的时间增量被称为码片（Chip）。调制的第二个阶段目的是将基带 DS-SS 信号转化为一种适合在无线信道上传输的形式，这是利用第 7 章中讨论的 M 进制 PSK 来实现的。这样构成的一类扩谱系统被简称为 DS/MPSK 系统，其突出特征是传输带宽的扩展是即时（Instantaneously）进行的。另外，这种系统消除干扰效应的信号处理能力是与 PN 序列长度密切相关的，这些干扰效应不管是友好的还是不友好的，通常都称为干扰（Jammer）。遗憾的是，这种能力是受到 PN 序列产生器的物理因素限制的。

2. 跳频扩谱

为了克服 DS/MPSK 系统的物理局限性，我们可以采用另一种方法。其中一种方法是通过使输入数据调制载波从一个频率到另一个频率之间随机跳变（Randomly hopping）来促使干扰占有更宽的频谱。实际上，发射信号的频谱是相继扩展（Spread sequentially）而不是即时扩展的；“相继”这个词是指跳频序列以伪随机顺序进行的。这种载波从一个频率随机跳变到另一个频率的第二种扩谱方法被称为跳频扩谱（Frequency hop-spread spectrum）。这里经常采用的调制方法是第 7 章中讨论过的 M 进制 FSK 调制。将两种调制技术，即跳频和 M 进制 FSK 结合起来的方法被简称为 FH/MFSK 系统。由于跳频不能立即覆盖整个扩展频谱，我们需要考虑跳变发生的速率问题。在此背景下，我们可以继续把跳频方法分为两种基本类型，它们彼此是相反的，具体概括如下：

- 第一种是慢跳频（Slow-frequency hopping），此时 M 进制 FSK 信号的符号速率 R_s 为跳频速率 R_h 的整数倍。也就是说，对于每次频率跳变都会发送输入数据序列的多个符号。
- 第二种是快跳频（Fast-frequency hopping），此时跳频速率 R_h 为 M 进制 FSK 符号速率 R_s 的整数倍。也就是说，在发送一个输入数据符号期间，载波频率将改变（即跳变）多次。

FH 这种扩谱技术对于军事应用尤其具有吸引力。但是与另一种扩谱技术 DS/MPSK 相比，FH/MFSK 的商业用途比较弱，特别对于快跳频而言尤其如此。这个结论隐含的限制因素是采用频率同步器非常昂贵，而频率同步器是实现 FH/MFSK 系统的基础。因此，下面不再对 FH/MFSK 做进一步讨论。

DS/MPSK 的处理增益

在结束关于扩谱信号的这一节时，再对前面提到的在接收机输出中获得的 SNR 提高展开叙述是有益的。为此，我们考虑 DS/BPSK 这种简单情形，其中在发射机调制第二个阶段中的二进制 PSK 是相干类型的；也就是说，接收机的所有特性都与发射机同步。在习题 9.34 中，证明了扩谱信号相比非扩谱信号的处理增益是

$$\mathrm{PG} = \frac{T_{\mathrm{b}}}{T_{\mathrm{c}}} \tag{9.125}$$

其中，T_{b}是比特宽度，T_{c}是码片宽度(Chip duration)。如果将处理增益(Processing Gain，PG)用分贝表示，在习题 9.34 中还证明了

$$10\lg(\mathrm{SNR})_{\mathrm{O}} = 10\lg(\mathrm{SNR})_{\mathrm{I}} + 10\lg(\mathrm{PG})\ \mathrm{dB} \tag{9.126}$$

其中，$(\mathrm{SNR})_{\mathrm{I}}$和$(\mathrm{SNR})_{\mathrm{O}}$分别是输入 SNR 和输出 SNR。另外，考虑到比值 $T_{\mathrm{b}}/T_{\mathrm{c}}$ 等于在一个比特宽度内包含的码片个数，因此采用 DS/BPSK 实现的处理增益会随着 PN 序列周期长度的增加而增加，这在前面已经强调过了。

9.14　码分多址

现代无线网络通常都是多用户(Multiuser)类型的，因为网络中的多个通信链路都被多个用户所共享。特别地，每个用户都被允许与网络中的其他用户一起以独立方式共享可用的无线资源(即时间和频率)。

如果用另一种方式表述，则多址技术(Multiple access technique)允许无线资源在相互通信的多个用户之间共享。在时域和频域背景下，我们从第 1 章可知，频分多址(FDMA)和时分多址(TDMA)技术分别在频域和时域中通过利用不相交性(即正交性)来分配无线信道资源。另一方面，建立在扩谱信号基础上并受益于其特性的码分多址(Code-Division Multiple Access，CDMA)技术为传统的 FDMA 和 TDMA 技术提供了另一种选择；它既不需要如 FDMA 那样进行带宽分配，也不需要 TDMA 要求的时间同步。相反，CDMA 的工作原理如下：

> 通过为每个单独用户分配一个扩频码，并且利用扩谱调制技术，可以允许公共无线信道的用户接入信道。

这个表述印证了我们在 9.13 节第一段中所描述的，即扩谱信号提供了关于无线通信的一种新的思维方式。

为了通过图示来阐述 CDMA 与 FDMA 和 TDMA 之间的区别，可以考虑图 9.32。其中图 9.32(a)和图 9.32(b)分别画出了在 FDMA 和 TDMA 中无线资源的分配方式。具体如下：

- 在 FDMA 中，信道带宽 B 在总数为 K 的用户之间等分，每个用户分配宽度为 B/K 的子带，并且可以使用整个时间资源 T。
- 在 TDMA 中，时间资源 T 在 K 个用户之间等分，每个用户可以接入整个频率资源，即总信道带宽 B，但是在每个时间帧中只有 T/K 的长度。

因此，在某种程度上我们可以认为 FDMA 和 TDMA 彼此是对偶关系。

下面再看图 9.32(c)，我们发现 CDMA 的工作方式与 FDMA 和 TDMA 完全不同。从图中可以看出，每个 CDMA 用户从一帧到另一帧的每个时间点都能够完全访问整个无线资源。然而，为了实现这种对无线资源的全部利用，必须要求分配给所有 K 个用户的扩频码构成一个正交集。

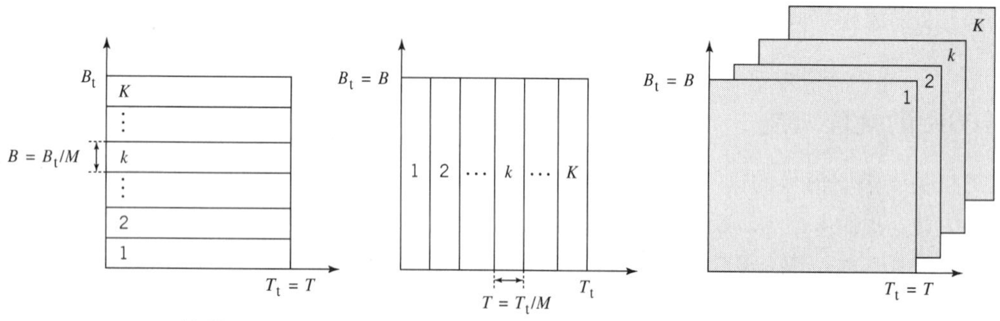

图 9.32 资源分配示意图。本图显示了图 1.2 中多址技术的本质，两者的区别是：这里对多址技术进行了定量描述

也就是说，正交性是 FDMA、TDMA 和 CDMA 的一个共同要求，只是每个都以其自身的特殊方式表现出来。然而，在实际中 FDMA 和 TDMA 比 CDMA 更容易实现这种要求。

在理想 CDMA 系统中，为了满足正交性要求，系统任意两个用户之间的互相关必须为零。因此，为了满足这个理想条件，我们要求为系统任意两个 CDMA 用户分配的扩频序列(扩频码)对于全部循环时移的互相关函数也必须为零。遗憾的是，普通 PN 序列并不能满足这个正交性要求，因为它们的互相关特性相对较差。

因此，我们不得不寻找另外的扩频码来满足正交性要求。幸运的是，这种尝试在数学上是可行的，它取决于是否需要 CDMA 接收机与其发射机同步。下面我们介绍同步情形的 Walsh-Hadamard 序列和异步情形的 Gold 序列。

Walsh-Hadamard 序列

考虑 CDMA 系统情形，这里允许系统用户之间是同步的。在此条件下，分别分配给用户 j 和 k 的两个扩频信号 $c_j(t)$ 和 $c_k(t)$ 对不同时间偏移的完全正交性表示为

$$R_{jk}(\tau) = \int_{-\infty}^{\infty} C_j(t)\, C_k^*\,(t-\tau)\,\mathrm{d}t = 0, \quad j \neq k \tag{9.127}$$

它可以被简化为

$$R_{jk}(0) = \int_{-\infty}^{\infty} C_j(t)\, C_k^*\,(t)\,\mathrm{d}t = 0, \quad j \neq k \text{ 和 } \tau = 0 \tag{9.128}$$

其中，星号“ * ”表示复共轭。可以证明对于式(9.128)中描述的特殊情形，正交性要求是完全满足的，这样得到的序列被称为 Walsh-Hadamard 序列(码)[15]。

为了构造 Walsh-Hadamard 序列，我们从一个 2×2 维矩阵 $\boldsymbol{H}_2$ 开始，它的两行(或者两列)的内积等于零。比如，可以选取下列矩阵：

$$\boldsymbol{H}_2 = \begin{bmatrix} +1 & +1 \\ +1 & -1 \end{bmatrix} \tag{9.129}$$

该矩阵的两行确实是彼此正交的。为了继续利用 $\boldsymbol{H}_2$ 构造一个长度为 4 的 Walsh-Hadamard 序列，我们构造 $\boldsymbol{H}_2$ 与其自身的 Kronecker 乘积，如下所示：

$$\boldsymbol{H}_4 = \boldsymbol{H}_2 \otimes \boldsymbol{H}_2 \tag{9.130}$$

为了在一般意义上解释 Kronecker 乘积的含义，分别令 $\boldsymbol{A} = \{a_{jk}\}$ 和 $\boldsymbol{B} = \{b_{jk}\}$ 表示 $m \times m$ 维矩阵及 $n \times n$ 维矩阵[16]。然后，可以引入下列规则：

两个矩阵 $\boldsymbol{A}$ 和 $\boldsymbol{B}$ 的 Kronecker 乘积是一个 $mn \times mn$ 维矩阵，它是通过将矩阵 $\boldsymbol{A}$ 中的元素 a_{jk} 用矩阵 $a_{jk}\boldsymbol{B}$ 替换而得到的。

例 8　根据 $\boldsymbol{H}_2$ 构造 Hadamard-Walsh $\boldsymbol{H}_4$

对于式(9.129)中的矩阵 $\boldsymbol{H}_2$，应用 Kronecker 乘积规则，可以将式(9.130)中的 $\boldsymbol{H}_4$ 表示如下：

$$\boldsymbol{H}_4 = \begin{bmatrix} +1\times\boldsymbol{H}_2 & +1\times\boldsymbol{H}_2 \\ +1\times\boldsymbol{H}_2 & -1\times\boldsymbol{H}_2 \end{bmatrix} = \begin{bmatrix} +1 & +1 & +1 & +1 \\ +1 & -1 & +1 & -1 \\ +1 & +1 & -1 & -1 \\ +1 & -1 & -1 & +1 \end{bmatrix} \tag{9.131}$$

式(9.131)中定义的 $\boldsymbol{H}_4$ 的四行(与四列)确实是彼此正交的。

继续采用这种方式，可以构造出 Hadamard-Walsh 序列 $\boldsymbol{H}_6$，$\boldsymbol{H}_8$，等等。

实际上，只要单个发射机(如蜂窝网络的基站)同时发射各个数据流，每一个数据流都针对一个特定的 CDMA 用户(如移动平台)，则同步 CDMA 系统是能够实现的。

Gold 序列

尽管 Walsh-Hadamard 序列很适合用于同步 CDMA，另一方面，Gold 序列却非常适合用于异步 CDMA 系统；其中各个用户信号之间相对于蜂窝网络基站的时移和相移都以随机的方式出现，因此采用异步方式。

Gold 序列构成了一类特殊的最大长度序列，其生成体现在下面描述的 Gold 定理(Gold’s theorem)中[17]：

令 $g_1(X)$ 和 $g_2(X)$ 是一对阶数为 n 的本原多项式，其对应的线性反馈移位寄存器生成周期为 2^n-1 的最大长度序列，并且它们的互相关函数的幅度小于或者等于

$$2^{(n+1)/2}+1,\quad n\text{为奇数} \tag{9.132}$$

或者

$$2^{(n+1)/2}+1,\quad n\text{为偶数以及 } n\neq 0 \bmod 4 \tag{9.133}$$

则对应于乘积多项式 $g_1(X)\times g_2(X)$ 的线性反馈移位寄存器将生成 2^n+1 个不同的序列，每个序列的周期为 2^n-1，并且其中任意一对序列之间的互相关都满足前面的条件。

为了理解 Gold 定理，必须对本原多项式的含义进行定义。考虑一个定义在二进制域(即具有两个元素 0 和 1 的有限集合，它受二进制运算法则规定)上的多项式 $g(X)$。如果多项式 $g(X)$ 不能分解为二进制域中的任意多项式，则被称为不可约多项式(Irreducible polynomial)。如果使多项式 $g(X)$ 除以因子 X^n+1 后得到 $n=2^m-1$ 的最小整数为 m，则把这个阶数为 m 的不可约多项式 $g(X)$ 称为本原多项式(Primitive polynomial)。本原多项式问题将在第 10 章中的误差控制编码部分进行讨论。

例 9　Gold 码的相关性

作为一个示例，考虑周期为 $2^7-1=127$ 的 Gold 序列。为了生成 $n=7$ 的这个序列，我们需要满足式(9.132)(n 为奇数)的一个 PN 序列优先对，如下所示：

$$2^{(n+1)/2}+1=2^4+1=17$$

这个要求可以通过图 9.33 中所示的 Gold 序列发生器来满足，它涉及这两个序列的模 2 相加。根据 Gold 定理可知，一共有

$$2^n+1=2^7+1=129$$

个序列能够满足式(9.132)。这种序列的任意一对序列之间的互相关如图 9.34 所示，它确实完全符

合 Gold 定理。特别地，互相关的幅度小于或者等于 17。

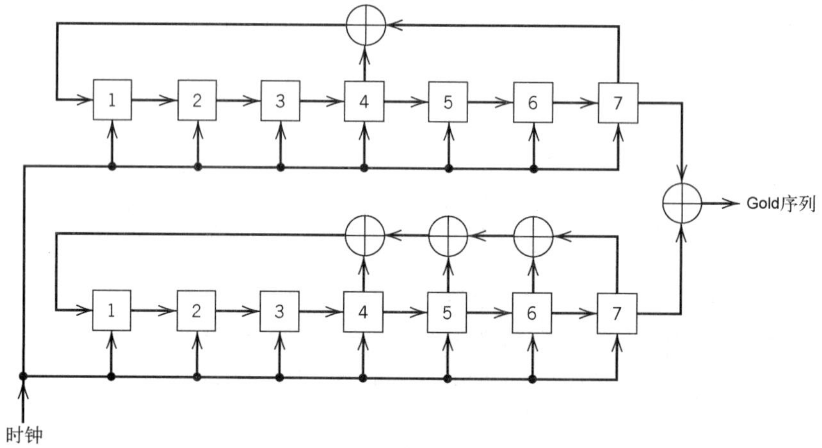

图 9.33 周期为 $2^7-1=127$ 的 Gold 序列发生器

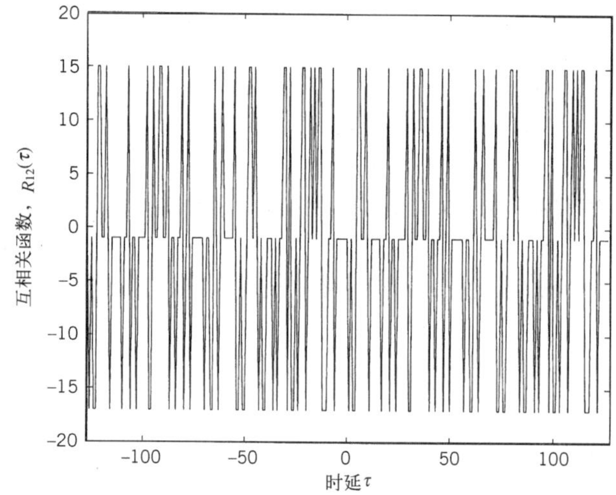

图 9.34 基于两个 PN 序列[7,4]和[7,6,5,4]的一对 Gold 序列的互相关函数 R_{12}

9.15 RAKE 接收机和多径分集

如果不介绍 RAKE 接收机[18]，则对 CDMA 无线通信的讨论就是不完整的。RAKE 接收机最初是在 20 世纪 50 年代作为分集接收机发展起来的，其设计专门用于对多径效应进行均衡。首先也是最重要的是，需要认识到发射信号的有用信息包含在接收信号的多径分量中。因此，可以将多径信号由不同时延回波的线性组合来近似，如图 9.21 中最大比组合器所示，RAKE 接收机采用相关方法来检测出每个回波信号，然后将这些信号进行代数相加，从而可以有效克服多径效应。采用这种方法，就可以通过向检测到的回波中重新插入不同的时延，使之进行同性相加而不是抵消来解决多径产生的符号间干扰。

图 9.35 中说明了 RAKE 接收机的基本思想。接收机由多个彼此同时工作的相关器(Correlator)并行相连组成。每个相关器都有两个输入：(1)接收信号的时延形式；(2)PN 序列的副本，它被用于扩频码生成发射机的扩谱调制信号。实际上，PN 序列是一种参考信号(Reference signal)。将 PN 序列的标称带宽记为 $W=1/T_c$，其中 T_c 为码片宽度。根据附录 J 中对 PN 序列的讨论，可以发现

PN 序列的自相关函数具有单个宽度为 $1/W$ 的峰值，而在 PN 序列一个周期(即一个符号周期)内的其他地方逐步减小为零。因此，我们只需使 PN 序列的带宽 W 足够大，就能够辨识出接收信号中的重要回波。为了确保相关器的所有输出都为同性相加，还需由接收机中标记为“相位和增益调节器”的功能模块完成另外两个操作：

1. 在每个相关器输出中都加入一个合适的时延，以便使相关器输出的相位角相互一致。
2. 对相关器输出进行加权，以便使多径环境中强路径上相关器的贡献得以增强，使那些与重要路径不同步的相关器的作用得到相应的抑制。

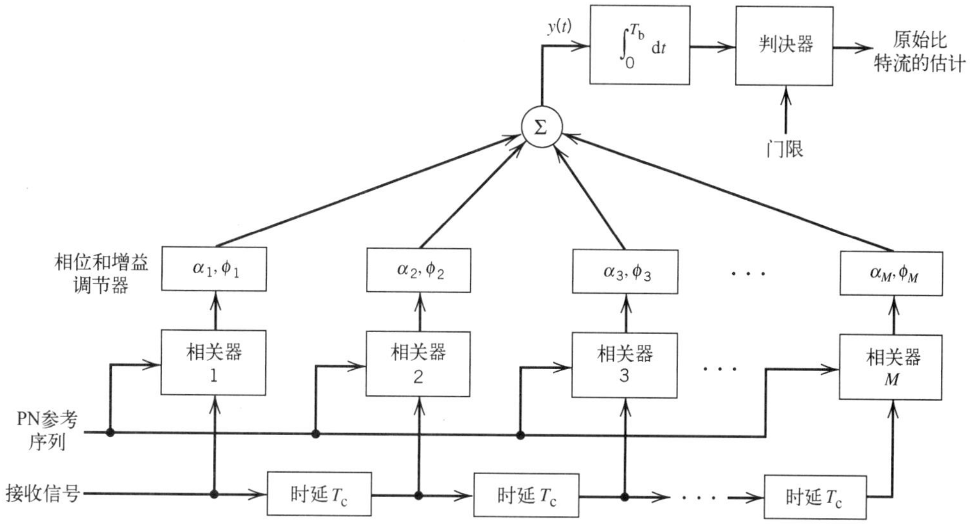

图 9.35　多径信道上 CDMA 的 RAKE 接收机框图

加权系数 a_k 可以按照 9.8 节中讨论的最大比组合原理计算得到。具体而言，当加权幅度与相关信号强度成比例时，可使加权求和的 SNR 达到最大，其中加权求和的每个分量均由固定功率的信号与加性噪声相加而成。也就是说，线性组合器的输出为

$$y(t) = \sum_{k=1}^{M} a_k z_k(t) \tag{9.134}$$

其中，$z_k(t)$ 为第 k 个相关器的相位补偿输出，M 为接收机中相关器的个数。假设接收机中采用足够多的相关器来张成足够大的时延区域，以便能够包含在多径环境中所有可能出现的重要回波，则输出 $y(t)$ 的表现实质上使发射机和接收机之间似乎只有单条传播路径，而不是存在一系列时间扩展的多条路径。

为了简化表述，假设图 9.35 中的接收机采用二进制 PSK 调制，而在发射机中进行了扩谱调制。因此，图 9.35 中完成的最后一个操作是在比特宽度 T_b 上对线性组合器输出 $y(t)$ 进行积分，然后判断在该比特区间内发送的二进制符号为 1 还是 0。

RAKE 接收机的名称来源于一个事实，即一组并行相关器的形状看上去像一个耙子(Rake)，如图 9.36 所示。由于扩谱调制是 CDMA 无线通信的基础，因此 RAKE 接收机对于这种多用户无线通信所用的接收机设计就显得尤为重要。

图 9.36　RAKE 接收机的示意图，象征一组并行相关器

9.16　小结与讨论

在本章中，我们对衰落信道上的信号传输问题进行了讨论，这是无线通信的核心。在无线通信中引起通信质量降低主要有下面三种原因：

- 同信道干扰
- 衰落
- 时延扩展

后面两种是多径现象引起的副作用。这些信道损害具有一个共同特征，即它们都是取决于信号的现象。由于符号间干扰表征了第 8 章中讨论的带限信道上的信号传输，在无线通信中干扰和多径的损害作用不能简单地通过增加发射信号功率来解决，这是第 7 章中讨论的当噪声是信道损害的唯一原因时采用的办法。

为了克服多径和干扰的影响，我们需要采用针对无线通信专门设计的特殊技术。这些特殊技术包括空间分集，这是本章介绍的主要内容。

我们讨论了空间分集的不同形式，其主要思想是，在接收机与发射机之间具有两条或者更多条传播路径会比单条传播路径更好。在历史上，第一个用来消除多径衰落问题的空间分集形式是接收分集，它采用单个发射天线和多个接收天线。在接收分集情况下，我们讨论了选择组合器、最大比组合器和等增益组合器：

- 选择组合器是最简单的接收分集形式。其工作原理是，有可能在 N_r 个接收分集支路中，选出具有最大输出 SNR 的一条特定支路，这样选择的支路可以产生期望的接收信号。
- 最大比组合器比选择组合器更加有效，因为它利用了所有 N_r 个接收分集支路中关于感兴趣发射信号的全部信息。它由一组 N_r 个接收复数加权系数来表征，通过选取这些系数使组合器的输出 SNR 最大化。
- 等增益组合器是最大比组合器的一种简化形式。

我们还讨论了发射分集技术，它可以被视为接收分集技术的对偶形式。重点讨论了 Alamouti 编码，它是一种设计简单却性能强大的方法，因为它可以实现两级分集增益：就性能而言，Alamouti 编码等效于具有单个发射天线和两个接收天线的线性接收分集系统。

到目前为止，最强大的空间分集形式是在无线链路的发射端和接收端都采用多个天线。这样得到的结构被称为 MIMO 无线通信系统，它包含接收分集和发射分集两种特殊情形。MIMO 系统的新特征是，在散射丰富的环境中，它能够提供较高的频谱效率，这可以简单解释如下：由于信道具有丰富的散射机制，因此发射天线同时发射的信号是以不相关方式到达每个接收天线的输入端的。其最终结果是无线链路的频谱效率得到了很大提高。最重要的是，频谱效率大体上是随发射天线或者接收天线中数量更小的那个数呈线性增加的。这个重要结果假设接收机能够已知信道状态的知识。通过从发射机到接收机之间增加一条反馈信道，可以使发射机获得信道状态，并且发射机能够对发射信号进行控制，这样可以进一步提高 MIMO 系统的频谱效率。

多址考虑

在无线通信中，一个最重要的实际问题是无线信道的多址方式，其中主要考虑了下面两种方法：

1. 正交频分多址（Orthogonal Frequency Division Multiple Access，OFDMA），它是在 9.12 节中讨论的 OFDM 技术的多用户形式。在 OFDMA 中，多址是通过为每个单独用户分配一个子信道（子载波）来实现的。自然地，OFDMA 继承了 OFDM 的突出特性。特别地，OFDMA 非常适合于在时延色散信道上进行高速数据传输，这是利用“分步解决”原理实现的。因此，利用 FFT 算法以后 OFDMA 的计算效率是很高的。另外，OFDMA 还能够与 MIMO 一起结合使用，从而同时具有提高频谱效率和利用信道灵活性的能力。
2. 码分多址（CDMA），其不同点在于利用了 9.13 节中讨论的扩谱信号原理。具体而言，通过在发射机中进行频谱扩展和在接收机中对应地进行频谱解扩这种组合操作，可以获得一定量的处理增益，因此 CDMA 用户能够具有占用相同信道带宽的能力。另外，CDMA 还能提供为多个活动用户分配资源(即 PN 码)的灵活方法。最后但同样重要的是，在采用被视为自适应 TDL 滤波器的 RAKE 接收机以后，通过对抽头时延和抽头权重进行调整，CDMA 能够使接收机输入与信道输出匹配，从而提高多径条件下的接收机性能。

最后，OFDMA 和 CDMA 为活动用户多址接入无线信道提供了两种不同的方法，每一种方法都具有自身突出的特点。

习题

平坦衰落对数字通信接收机 BER 的影响

9.1 采用下列平坦衰落信道上的信号传输方法，导出表 9.1 右边列出的 BER 公式。

(a) 利用相干检测的二进制 PSK。

(b) 利用相干检测的二进制 FSK。

(c) 二进制 DPSK。

(d) 利用非相干检测的二进制 FSK。

9.2 利用习题 9.1 中导出的公式，画出采用上述调制方法的 BER 曲线图。

选择性信道

9.3 考虑一个时间选择性信道，已调制的接收信号被定义为

$$x(t) = \sum_{n=1}^{N} \alpha_n(t)m(t)\cos(2\pi f_c t + \phi(t) + \sigma_n(t))$$

其中，$m(t)$是消息信号，$\phi(t)$是角度调制的结果；幅度 $\alpha_n(t)$和相位 $\sigma_n(t)$是由第 n 条路径产生的，其中 $n=1,2,\cdots,N$。

(a) 利用复数表示方法，证明接收信号可以被描述为

$$\tilde{x}(t) = \tilde{\alpha}(t)\tilde{s}(t)$$

其中

$$\tilde{\alpha}(t) = \sum_{n=1}^{N} \tilde{\alpha}_n(t)$$

$\tilde{s}(t)$的表达式是什么?

(b) 证明多径信道的时延扩展函数可以被描述为

$$\tilde{h}(\tau;t) = \tilde{\alpha}(t)\delta(\tau)$$

其中，$\delta(\tau)$是在 τ 域中的 Dirac δ 函数。因此，证明本题中描述的信道是时间选择性信道这一结论是正确的。

(c) 令 $S_{\tilde{\alpha}}(f)$和 $S_{\tilde{s}}(f)$分别表示 $\tilde{\alpha}(t)$和 $\tilde{s}(t)$的傅里叶变换。那么 $\tilde{x}(t)$的傅里叶变换是什么?

(d) 利用(c)中的结果，证明这里描述的多径信道可以近似为频率平坦信道这一结论是正确的。这个描述需要满足的条件是什么?

9.4 在本题中，我们考虑具有大尺度效应的多径信道。特别地，利用复数表示方法，信道输出端的接收信号可以被描述为

$$\tilde{x}(t) = \sum_{l=1}^{L} \tilde{\alpha}_l \tilde{s}(t-\tau_l)$$

其中，$\tilde{\alpha}_l$ 和 τ_l表示与信道中第 l 条路径相联系的幅度和时延，$l=1,2,\cdots,L$。注意假设 $\tilde{\alpha}_l$ 对所有 l 都是恒定的。

(a) 证明信道的时延扩展函数可以被描述为

$$\tilde{h}(\tau;t) = \sum_{l=1}^{L} \tilde{\alpha}_l \delta(\tau - \tau_l)$$

其中，$\delta(\tau)$是在τ域中表示的 Dirac δ 函数。

(b) 这个信道被称为时间非选择性的，为什么？

(c) 这个信道确实表现出频率依赖行为。为了说明这种行为，考虑下列时延扩展函数：

$$\tilde{h}(\tau;t) = \delta(\tau) + \tilde{\alpha}_2 \delta(\tau - \tau_2)$$

其中，τ_2是信道中第二条路径产生的时延。针对下列技术要求，画出信道的幅度响应曲线：

(ⅰ) $\tilde{\alpha}_2 = 0.5$

(ⅱ) $\tilde{\alpha}_2 = \mathrm{j}/2$

(ⅲ) $\tilde{\alpha}_2 = -\mathrm{j}$

其中 $\mathrm{j} = \sqrt{-1}$。对所得结果进行评价。

9.5 进一步考虑习题 9.4 中的多径信道，一种更有趣的情况是，信道输出端的接收信号被描述为

$$\tilde{x}(t) = \sum_{l=1}^{L} \tilde{\alpha}_l(t) \tilde{s}(t - \tau_l(t))$$

其中，第 l 条路径的幅度 $\tilde{\alpha}_l(t)$ 和时延 $\tau_l(t)$ 都是与时间有关的，$l=1,2,\cdots,L$。

(a) 证明这里描述的多径信道的时延扩展函数为

$$\tilde{h}(\tau;t) = \sum_{l=1}^{L} \tilde{\alpha}_l(t) \delta(\tau - \tau_l(t))$$

其中，$\delta(\tau)$是在τ域中的 Dirac δ 函数。这个信道被称为同时表现出大尺度效应和小尺度效应，为什么？

(b) 这个信道还被称为既是时间选择性的，也是频率选择性的，为什么？

(c) 为了说明(b)中得出的结论，考虑下列信道：

$$\tilde{h}(\tau;t) = \tilde{\alpha}_1(t) \delta(\tau) + \tilde{\alpha}_2(t) \delta(t - \tau_2)$$

其中，$\tilde{\alpha}_1(t)$和$\tilde{\alpha}_2(t)$都是 Rayleigh 过程。

对于选取的$\tilde{\alpha}_1(t)$，$\tilde{\alpha}_2(t)$和τ_2，完成下列运算：

(ⅰ) 在每个时刻 $t=0$，$\tilde{h}(\tau;t)$的傅里叶变换。

(ⅱ) 画出信道的幅度谱，即$|\tilde{H}(f;t)|$的曲线图，它被表示为时间 t 和频率 f 的函数。

对得到的结果进行评价。

9.6 考虑一个多径信道，其时延扩展函数被描述为

$$\tilde{h}(\tau;t) = \sum_{l=1}^{L} \tilde{\alpha}_l(t) \delta(\tau - \tau_l)$$

其中，产生时变幅度$\tilde{\alpha}_l(t)$和固定时延τ_l的散射过程是不相关的，$l=1,2,\cdots,L$。

(a) 确定信道的相关函数，即 $R_{\tilde{h}}(\tau_1, t_1; \tau_2, t_2)$。

(b) 利用式(9.12)中描述的 Jakes 模型作为散射过程的模型，求出本题(a)中信道相关函数的对应表达式。

(c) 证明本题描述的多径信道适合于 WSSUS 模型这个结论是正确的。

9.7 重新考虑式(9.12)中描述的 Jakes 模型作为快衰落信道的模型。令相干时间被定义为式(9.12)中相关函数大于 0.5 对应的 Δt 值的范围。

对于某个规定的最大多普勒频移 $\nu_{\max}$，求出信道的相干时间。

9.8 考虑一个多径信道，其时延扩展函数为

$$\tilde{h}(\tau;t) = \sum_{l=1}^{L} \tilde{\alpha}_l(t) \delta(t - \tau_l)$$

其中，幅度 $\tilde{\alpha}_l(t)$ 是时变的，但时延 τ_l 是固定值。同习题 9.6 一样，散射过程也用式(9.12)中的 Jakes 模型描述。确定信道的功率延迟剖面 $P_{\tilde{h}}(\tau)$。

9.9 在现实情况中，由于存在不同类型的移动物体以及其他可能严重影响无线传播的物理因素，使得无线信道是非平稳的。自然地，不同类型的无线信道具有不同程度的非平稳性。

即使许多无线通信信道实际上是高度非平稳的，9.4 节中描述的 WSSUS 模型仍然能够比较合理地准确描述信道的统计特征。对这个结论进行解释。

接收空间分集系统

9.10 按照第 4 章中介绍的关于 Rayleigh 衰落的内容，导出式(9.64)中的概率密度函数。

9.11 一个接收分集系统采用有两条分集路径的选择组合器。当瞬时 SNR γ 降低至 $0.25\gamma_{av}$ 以下时就出现中断，其中 γ_{av} 是平均 SNR。

确定接收机的中断概率。

9.12 在一个选择组合器中的平均 SNR 为 20 dB。针对下列接收机天线数量，计算选择组合器的瞬时 SNR 降低至 $\gamma = 10$ dB 以下的概率。

(a) $N_r = 1$

(b) $N_r = 2$

(c) $N_r = 3$

(d) $N_r = 4$

对得到的结果进行评价。

9.13 如果 $\gamma = 15$ dB，重做习题 9.12。

9.14 在 9.8 节中，利用 Cauchy-Schwartz 不等式，导出了最大比组合器的复数加权因子的最优值公式(9.75)。

本题讨论同样的问题，但是这里我们采用标准的最大化方法。为了简化问题，将分集路径的数量 N_r 限制为 2 个，复数加权参数被记为 a_1 和 a_2。令

$$a_k = x_k + \mathrm{j}y_k, \qquad k = 1, 2$$

关于 a_k 的复数导数被定义为

$$\frac{\partial}{\partial a_k^*} = \frac{1}{2}\left(\frac{\partial}{\partial x_k} + \mathrm{j}\frac{\partial}{\partial y_k}\right), \qquad k = 1, 2$$

将这个公式应用于式(9.71)中的组合器输出 SNR γ_c，导出式(9.75)中的最优值 γ_{mrc}。

9.15 正如 9.8 节中所讨论的，等增益组合器是最大比组合器中加权因子全部相等的一种特殊形式。为了便于阐述，将加权参数设置为 1。

假设瞬时 SNR γ 比平均 SNR γ_{av} 更小，导出由样本值 γ 代表的随机变量 Γ 的概率密度函数的近似公式。

9.16 对下列线性"接收分集"技术的性能进行比较：

(a) 选择组合器

(b) 最大比组合器

(c) 等增益组合器

分别针对分集支路数量为 $N_r = 2,3,4,5,6$ 的情况，利用分贝数表示的信噪比提高程度来进行比较。

9.17 证明最大比组合器的最大似然判决规则可以表示为下列两种等效形式：

(a) 如果

$$[(\alpha_1^2 + \alpha_2^2)|s_i|^2 - y_1 s_i^* - y_1^* s_i] < [(\alpha_1^2 + \alpha_2^2)|s_k|^2 - y_1 s_k^* - y_1 s_k], \qquad k \neq i$$

则选取符号 s_i 而不是 s_k。

(b) 以此类推，如果

$$[(\alpha_1^2+\alpha_2^2-1)|s_i|^2+d^2(y_1,s_i)]<[(\alpha_1^2+\alpha_2^2-1)|s_k|^2+d^2(y_1,s_k)],\qquad k\neq i$$

则选取符号 s_i 而不是 s_k。这里 $d^2(y_1,s_i)$ 表示信号点 y_1 和 s_i 之间欧几里得距离的平方。

9.18 从不太严格的意义上讲，发射分集和接收分集的天线配置可以彼此作为对偶形式，如图 P9.18 所示。

(a) 从一般观点来看，对这种对偶性的数学基础进行解释。

(b) 然而，如果我们引用频分复用(FDD)的例子，再从严格意义上讲又发现图 P9.18 中所示的对偶性是违背的。在这个例子中怎么可能出现这种对偶性的违背呢？

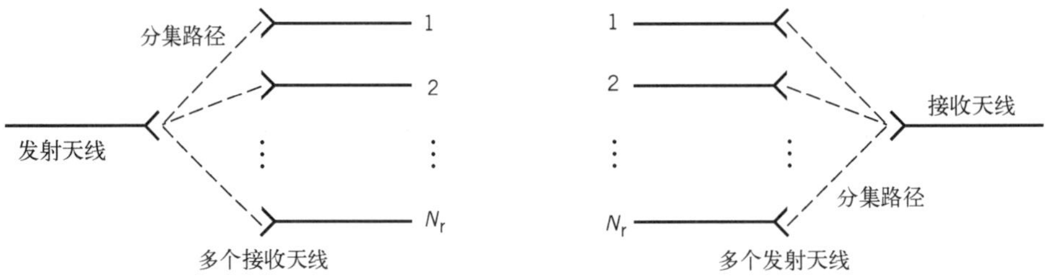

图 P9.18

发射空间分集系统

9.19 证明通过乘积衰落因子 $\alpha_1 e^{j\theta_1}$ 和 $\alpha_2 e^{j\theta_2}$ 定义的式(9.88)中的 2×2 维信道矩阵是一个酉矩阵，如下所示：

$$\begin{bmatrix}\alpha_1 e^{j\theta_1} & \alpha_2 e^{j\theta_2}\\ \alpha_2 e^{-j\theta_2} & -\alpha_1 e^{-j\theta_1}\end{bmatrix}^{\dagger}\begin{bmatrix}\alpha_1 e^{j\theta_1} & \alpha_2 e^{j\theta_2}\\ \alpha_2 e^{-j\theta_2} & -\alpha_1 e^{-j\theta_1}\end{bmatrix}=(\alpha_1^2+\alpha_2^2)\begin{bmatrix}1 & 0\\ 0 & 1\end{bmatrix}$$

9.20 导出 Alamouti 编码引起的平均误符号率的公式。

9.21 在图 P9.22 中，显示了在发射端和接收端都采用 2 个天线，将正交空时编码推广为 Alamouti 编码。信号编码和传输序列与图 9.18 中单接收机情形相同。下面表格中的(a)部分定义了发射天线和接收天线之间的信道。(b)部分定义了接收天线在 t' 和 $t'+T$ 时刻的输出，其中 T 为符号宽度。

(a) 导出接收信号 $\tilde{x}_1,\tilde{x}_2,\tilde{x}_3$ 和 $\tilde{x}_4$ 的表达式，包括各自的用发射符号表示的加性噪声分量。

(b) 导出利用接收信号表示的组合输出的表达式。

(c) 导出估计 $\tilde{s}_1$ 和 $\tilde{s}_2$ 的最大似然判决规则。

	接收天线 1	接收天线 2
(a) 发射天线 1	h_1	h_3
发射天线 2	h_2	h_4
(b) t'时刻	$\tilde{x}_1$	$\tilde{x}_3$
$t'+T$ 时刻	$\tilde{x}_2$	$\tilde{x}_4$

9.22 本习题探讨对 Alamouti 编码的一种新的解释。令

$$\tilde{s}_i = s_i^{(1)}+js_i^{(2)},\qquad i=1,2$$

其中，$s_i^{(1)}$ 和 $s_i^{(2)}$ 都是实数。在 2×2 维 Alamouti 码中的复数元素 $\tilde{s}_i$ 由下列 2×2 维实数正交矩阵表示：

$$\begin{bmatrix}s_i^{(1)} & s_i^{(2)}\\ -s_i^{(2)} & s_i^{(1)}\end{bmatrix},\qquad i=1,2$$

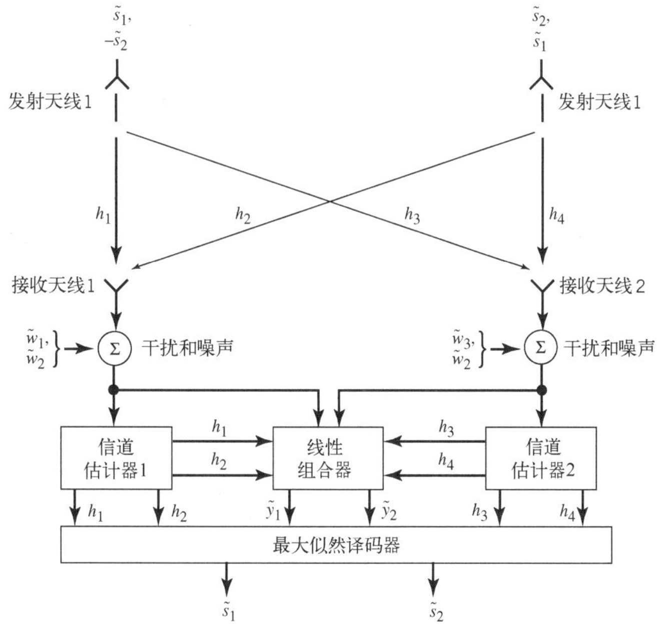

图 P9.22

类似地，复共轭元素 $\tilde{s}_i^*$ 由下列 2×2 维正交矩阵表示：

$$\begin{bmatrix} s_i^{(1)} & -s_i^{(1)} \\ s_i^{(2)} & s_i^{(2)} \end{bmatrix}, \qquad i = 1, 2$$

（a）证明 2×2 维复数 Alamouti 码 $\boldsymbol{S}$ 等效于下列 4×4 维实数传输矩阵：

$$\boldsymbol{S}_4 = \left[\begin{array}{cc:cc} s_1^{(1)} & s_1^{(2)} & s_2^{(1)} & s_2^{(2)} \\ -s_1^{(2)} & s_1^{(1)} & -s_2^{(2)} & s_2^{(1)} \\ \hdashline -s_2^{(1)} & s_2^{(2)} & s_1^{(1)} & -s_1^{(2)} \\ -s_2^{(2)} & -s_2^{(1)} & s_1^{(2)} & s_1^{(1)} \end{array}\right]$$

（b）证明 $\boldsymbol{S}_4$是一个正交矩阵。

（c）实数码 $\boldsymbol{S}$ 比实数码 $\boldsymbol{S}_4$具有什么优点？

9.23 对于两个发射天线和单个接收天线的情形，Alamouti 编码被称为唯一的最优空时编码。利用对数–行列式公式(9.117)证明这个结论是正确的。

9.24 证明 Alamouti 编码的信道容量等于两个 SISO 系统的信道容量之和，每个 SISO 系统的工作速率是原始比特率的一半。

MIMO 无线通信

9.25 证明在高 SNR 条件下，SNR 每增加 3 dB，则接收机已知信道状态的 MIMO 无线通信系统的容量增益为 $N=\min\{N_t, N_r\}$ 比特每秒每赫兹。

9.26 为了计算 MIMO 系统的中断概率，我们利用随机信道矩阵 $\boldsymbol{H}$ 的互补累积分布函数，而不是利用累积概率函数本身。解释这样计算中断概率的依据。

9.27 式(9.120)确定了接收分集信道的信道容量公式。在 9.8 节中，我们指出选择组合器是最大比组合器的特殊情形。利用式(9.120)导出采用选择组合器的无线分集的信道容量表达式。

9.28 对于 MIMO 系统的 $N_t=N_r=N$ 这种特殊情形，证明当 N 趋近于无穷大时，系统的遍历容量随着 SNR 的增加按比例呈线性变化而不是对数变化。

9.29 在本题中，我们继续讨论习题9.28的解，即

$$C \to \left(\frac{\lambda_{\rm av}}{\log_{\rm e}2}\right)\rho, \quad N \to \infty$$

其中，$N_t = N_r = N$ 且 λ_{av} 是矩阵乘积 $\boldsymbol{HH}^\dagger = \boldsymbol{H}^\dagger \boldsymbol{H}$ 的平均特征值。其中常数的值等于多少？

(a) 证明式(9.119)中给出的渐进结果，即

$$\frac{C}{N} \geqslant \text{常量}$$

(b) 根据这个渐进结果能够得出什么结论？

9.30 假设一个时间平稳的加性高斯干扰 $\boldsymbol{v}(t)$ 对式(9.105)中的基本复数信道模型产生损害。干扰 $\boldsymbol{v}(t)$ 具有零均值和相关矩阵 $\boldsymbol{R}_v$。计算干扰 $\boldsymbol{v}(t)$ 对MIMO链路的遍历容量产生的影响。

9.31 考虑一个MIMO链路，其中信道可以被认为实质上"对信道的 k 个用户是恒定的"。

(a) 从式(9.105)中的基本信道模型开始，用公式表达这个链路的输入-输出关系，其中输入可以用下列 $N_r \times k$ 维矩阵描述：

$$\boldsymbol{S} = [\boldsymbol{s}_1, \boldsymbol{s}_2, \cdots, \boldsymbol{s}_k]$$

(b) 这个链路的对数-行列式容量公式应该相应地如何修改？

9.32 在MIMO信道中，频谱有效的无线通信利用空分多址技术的能力是由复数信道矩阵 $\boldsymbol{H}$ 的秩决定的(矩阵的秩被定义为矩阵中独立列的数量)。对于给定的(N_t,N_r)天线配置，希望 $\boldsymbol{H}$ 的秩等于 N_t 个发射天线和 N_r 个接收天线中最小的一个，因为只有这样我们才能够利用MIMO天线配置的全部潜能。然而，在特殊条件下，信道矩阵 $\boldsymbol{H}$ 的秩退化为1，此时MIMO链路上的散射(衰落)能量流实际上局限于很窄的管道内，因此信道容量严重下降。

在上述特殊条件下，会产生所谓锁眼信道(Keyhole channel)或者针孔信道(Pinhole channel)的物理现象。利用MIMO链路的传播设计，阐述如何解释这种现象。

OFDMA 和 CDMA

9.33 图9.31(a)和图9.31(b)给出了OFDM系统的发射机与接收机的框图，这是在数字信号处理的基础上得到的。构造出OFDM系统的模拟解释是有益的，这也是本题的目的。

(a) 构造出图9.31(a)和图9.31(b)的模拟形式。

(b) 在构造出来以后，对OFDM的数字实现和模拟实现的优缺点进行比较。

9.34 图P9.34画出了DS/BPSK系统的模型，它把实际系统中的频谱扩展和BPSK的顺序进行了交换；因为这两种运算都是线性运算，因此这种交换是可行的。为了系统分析，我们建立在第7章的信号空间理论思想上，利用这个模型且假设在接收机输入中存在干扰。于是，发射信号 $x(t)$ 的信号空间表示是一维的，而干扰 $j(t)$ 的信号空间表示是二维的。

(a) 导出式(9.125)中的处理增益公式。

(b) 然后，忽略从相干检测得到的好处，导出式(9.126)中的SNR公式。

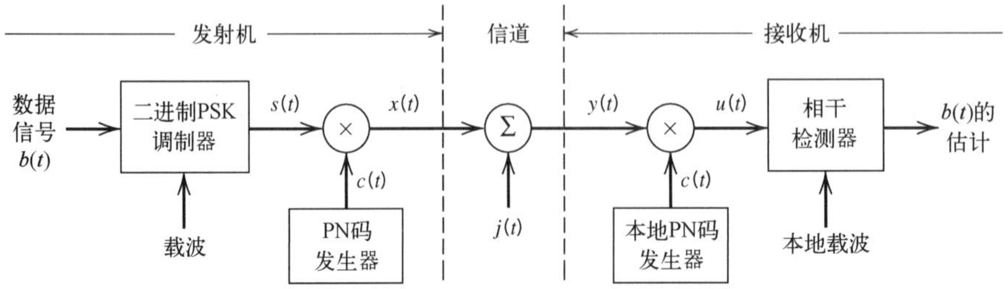

图 P9.34

注释

[1] 在 Jakes(1974)的经典著作的第 1 章中，对本地传播效应进行了讨论。关于这个问题的深入研究，可以参考 Parsons(2000)和 Molisch(2011)的著作。

[2] Bessel 函数在附录 C 中讨论。

[3] 准确地说，我们应该像 9.3 节中那样，采用"自相关"函数这个词而不是"相关"函数。然而，为了与文献保持一致并且简化，在此以后我们采用"相关函数"这个词。

[4] 在许多次测量的基础上，功率延迟剖面可以由下列单边指数函数(Molisch, 2011)来近似：

$$P_{\tilde{h}}(\tau)\begin{cases}= \exp(-\tau/\sigma_{\tau}), & \tau \geqslant 0\\ = 0, & \text{其他}\end{cases}$$

对于更一般的模型，功率延迟剖面可以被视为多个单边指数函数之和，这些函数代表多个相互作用的物体群，如下所示：

$$P_{\tilde{h}}(\tau) = \sum_{i}\left(\frac{P_i}{\sigma_{\tau,i}}\right)P_{\tilde{h}}(\tau - \tau_{0,i})$$

其中，P_i，$\tau_{0,i}$和 $\sigma_{\tau,i}$分别是第 i 个群的概率、时延和时延扩展。

[5] 9.5 节中描述的近似方法采用了 Van Trees(1971)的方法。

[6] 复数抽头系数 $\tilde{c}_n(t)$也被称为抽头增益或者抽头权重。

[7] 在附录 A 中，对具有两个自由度的卡方分布进行了阐述。

[8] "最大比组合器"这个词是 Brennan(1959)在关于线性分集组合技术的一篇经典论文中创造的。

[9] 这一节中关于最大比组合给出的三点说明是根据 Schwartz 等人著作中 Stein 撰写的章节(1966：653~654)写出的。

[10] MIMO 无线通信思想最早是由 Foschini(1996)的文献提出来的。在同一年里，Teletar(1996)在一篇技术报告中导出了多天线高斯信道的容量。

[11] 作为实验测量的结果，这个模型被认为毫无疑问地是非高斯的，因为人为电磁干扰和自然噪声具有脉冲特性。

[12] 在附录 E 中，给出了式(9.115)中遍历容量的详细推导过程。

[13] OFDM 思想具有很长的历史，可以追溯到 Chang(1966)。然后，Weinstein and Ebert(1971)利用 FFT 算法和保护间隔第一次对 OFDM 进行了数字实现。第一次将 OFDM 用于移动通信是 Cemini(1985)完成的。

同时，OFDM 已经发展成为宽带无线通信和数字音频广播不可缺少的工具。

[14] 关于扩谱通信的文献是非常庞大的。关于扩谱通信的经典论文，可以参考下列两篇：

- Scholtz(1982)的论文阐述了扩谱通信技术的起源。
- Pickholtz 等人(1982)的论文讨论了扩谱通信的基本原理。

[15] Walsh-Hadamard 序列(码)这个名称是为了纪念下面两个开创性的贡献：

- Joseph L. Walsh(1923)发现了元素为±1 的新的正交函数集合。
- Jacques Hadamard(1893)发现了元素也为±1 的新的方阵集合，这些方阵的全部行(和列)都是正交的。

关于这两篇论文的更详细研究，可以分别参考 Harmuth(1970)以及 Seberry 和 Yamada(1992)的著作。

[16] 从数学上严格地讲，我们可以说矩阵 **A** 和 **B** 是在伽罗瓦域(Galois field)GF(2)上的。可以解释为，对于任意质数 p，存在一个具有 p 个元素的有限域(Finite field)，记为 GF(p)。对于任意正整数 b，我们可以将有限域 GF(p)扩展到一个具有 p^b 个元素的域上，这个域被称为

GF(p)的扩展域(Extension field)，记为 GF(p^b)。为了纪念其发现者，有限域也被称为伽罗瓦域。

因此，对于式(9.129)的例子，我们得到 $p=2$ 的伽罗瓦域，于是写为 GF(2)。对应地，对于式(9.130)中的 $\boldsymbol{H}_4$，我们得到伽罗瓦域 GF(2^2) = GF(4)。

[17] 关于 Gold 序列的原始论文参见 Gold(1967,1968)。在 Holmes(1982)中，对 Gold 序列进行了详细讨论。

[18] 关于 RAKE 接收机的经典论文是 Price 和 Green(1958)撰写的。在 Haykin 和 Mohr(2005)的著作的第 5 章中，比本书 9.15 节更详细地对 RAKE 接收机进行了讨论。关于 RAKE 接收机在 CDMA 中的应用，可以参考 Viterbi(1995)的著作。

第 10 章　差错控制编码

10.1　引言

在前面三章中，我们在下列三种不同的信道损伤环境下，对通信信道上信号传输这一重要问题进行了研究：

- 在第 7 章中，关注的是信道类型中 AWGN 是信道损伤的主要原因。这第一种情形的一个例子是卫星通信信道。
- 在第 8 章中，关注的是符号间干扰为信道损伤的主要原因。这第二种情形的一个例子是电话信道。
- 在第 9 章中，关注的是多径为信道损伤的原因。这第三种情形的一个例子是无线信道。

尽管这三种情形之间实际上是非常不同的，但它们又确实都具有一个共同的实际缺点：可靠性（Reliability）。这就需要采用差错控制编码技术，这也是本章讨论的主题，它具有十分重要的意义。

在这些物理现实情况下，数字通信系统设计人员面临的任务，是在系统的一端以能够被另一端用户接受的速率、可靠性等级及质量提供一种费用低廉的信息传输能力。

从通信理论的观点来看，能够实现这些实际需求的可用的关键系统参数仅限于下面两个：

- 发射信号概率
- 信道带宽

这两个参数与接收机噪声的功率谱密度一起，决定了每比特信号能量与噪声功率谱密度的比值 E_b/N_0。在第 7 章中，我们指出这个比值唯一地决定了在高斯噪声信道上工作的某个调制策略产生的 BER。考虑到实际情况，通常会对分配的 E_b/N_0 的值施加一定限制。特别地，我们经常在得到一种调制策略以后，却发现它不能提供可接受的数据质量（即足够低的误码性能）。对于固定的 E_b/N_0，能够将数据质量从有问题变为可接受的唯一可行的选择是采用差错控制编码（Error-control coding），这正是本章关注的重点。简单地说，通过在发射机的码字结构中插入固定数量的冗余比特，则只要满足第 5 章中讨论的香农编码定理，就可以在噪声信道上提供可靠的通信。实际上，这是利用信道带宽来换取可靠通信的。

采用这种编码的另一个实际动机是在固定 BER 情况下降低所需的 E_b/N_0 值。反过来，这种 E_b/N_0 的降低又可以用来降低所需的发射功率，或者在无线通信情形中通过采用更小的天线尺寸来降低硬件成本。

10.2　基于前向纠错的差错控制

用于数据完整性的差错控制可以通过前向纠错（Forward Error Correction，FEC）[1] 方法来实现。在图 10.1(a) 中，给出了采用这种方法的数字通信系统模型。离散信源产生二进制符号形式的信息。发射机中的信道编码器（Channel encoder）接收到消息比特以后，按照预定的规则在其中增加冗余比特，从而产生具有更高比特率的编码数据流。接收机中的信道译码器（Channel decoder）根据编码数据流的噪声形式，利用冗余比特来判决在原始数据流中到底发送了哪一个消息比特。信道编码器和信道译码器组合运用的目的是使信道噪声的影响最小化。也就是说，使信道编码器输入（来自于信源）和信道译码器输出（传送给用户）之间的误码数量达到最小化。

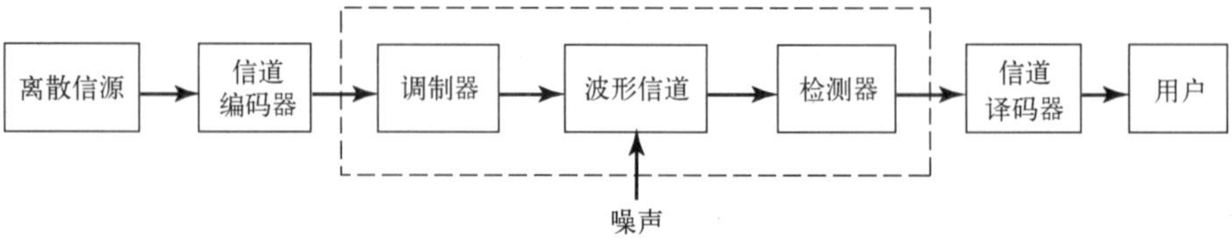

(a) 编码和调制分别进行

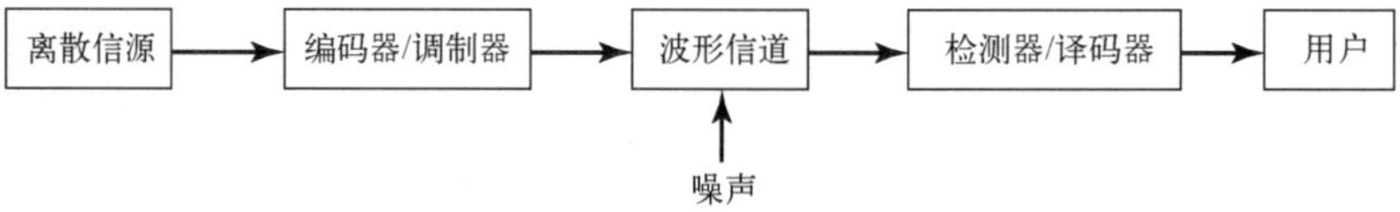

(b) 编码和调制组合进行

图 10.1　数字通信系统的简化模型

对于固定的调制策略，在编码消息中增加冗余意味着需要增加传输带宽，并且采用差错控制编码还会增加系统的复杂度。因此，在采用差错控制编码技术实现可接受的误码性能时，其设计折中需要考虑到带宽和系统复杂度这两个因素。

我们可以采用许多不同的纠错码（它们源自于不同的数学学科）。在历史上，将这些编码方法分为分组码（Block code）和卷积码（Convolutional code）两类。区分这两类码的突出特征是看它们的编码器中有没有存储器（Memory）。

为了产生一个(n,k)分组码，信道编码器接收到以连续k比特为一组的信息；对于每个分组，都增加与k个消息比特代数相关的$n-k$个冗余比特，从而产生总数为n比特的码组，其中$n>k$。这个n比特分组被称为一个码字（Codeword），n被称为码的分组长度（Block length）。信道编码器产生速率为$R_0=(n/k)R_s$的比特流，其中R_s为信源的比特速率。无量纲比值$r=k/n$被称为码率（Code rate），其中$0<r<1$。编码器产生的比特速率R_0被称为信道数据速率（Channel data rate）。因此，码率是一个无量纲的比值，而信源产生的数据速率和编码器产生的信道数据速率的度量单位都是比特每秒（bps）。

在卷积码中，编码操作可以被视为输入序列与编码器冲激响应的离散时间卷积（Discrete-time convolution）。冲激响应的持续时间等于编码器的存储器（memory）容量。因此，卷积码的编码器在对输入消息序列进行操作时，采用的“滑动窗”的宽度等于其自身的存储器。这意味着卷积码与分组码不一样的是，其信道编码器接收连续的消息比特序列，从而产生具有更高速率的连续编码比特序列。

在图 10.1(a)所示模型中，信道编码和调制是在发射机中单独完成的，并且在接收机中检测和译码操作也类似地单独完成。然而，当主要关注带宽效率时，实现差错控制前向纠错编码的最有效方法是将它与调制组合为一个单独的功能模块，如图 10.1(b)所示。在这第二种方法中，编码被重新定义为在发射信号上强加某种信号图样的过程，这样得到的码被称为格型码（Trellis code）。

分组码、卷积码和格型码代表了经典的编码种类，它们是采用一种或者另一种形式从代数学中产生的传统方法。除了这些经典编码，我们现在还有一种“新”一代编码技术，其代表是 Turbo 码（Turbo code）和低密度校验码[Low-density parity-check(LDPC) code]。这些新码不仅从根本上是不同的，而且它们还在许多实际系统中非常迅速地取代了传统编码策略。简单而言，Turbo 码和 LDPC 码具有的结构使得译码操作可以被分割为许多容易处理的步骤，从而可以通过计算可行的方式来构造出强大的编码，这是传统编码不能做到的。在本章后半部分中会对 Turbo 码和 LDPC 码进行讨论。

10.3　离散无记忆信道

回顾图 10.1(a)中的模型，如果在一个给定间隔内检测器输出只取决于该间隔内发射的信号，而与前面发射的任何信号无关，则该波形信道被称为是无记忆的(Memoryless)。在此条件下，我们可以将调制器、波形信道和解调器(检测器)的组合用一个离散无记忆信道(Discrete memoryless channel)模型来表示。这种信道可以通过一组转移概率 $p(j|i)$ 来完全描述，其中 i 表示调制器输入符号，j 表示调制器输出符号，而 $p(j|i)$ 表示假设发射符号 i 时接收到符号 j 的概率(在第 5 章中关于信息论时曾经对离散无记忆信道做过相当详尽的阐述)。

最简单的离散无记忆信道可以通过利用二进制输入和二进制输出符号来得到。当采用二进制编码时，调制器的输入只有二进制符号 0 和 1。类似地，如果解调器输出采用二进制量化时，则译码器也只有二进制输入。也就是说，解调器采用硬判决(Hard Decision)的方式来确定实际上发射的是哪一个二进制符号。在这种情况下，我们得到一个二进制对称信道(Binary symmetric channel)，其转移概率图(Transition probability diagram)如图 10.2 所示。从第 5 章中我们知道，如果二进制对称信道的信道噪声模型为 AWGN，则它可以由转移概率完全描述。硬判决译码利用了信道编码设计中建立的特殊的代数结构，因此译码相对比较容易完成。

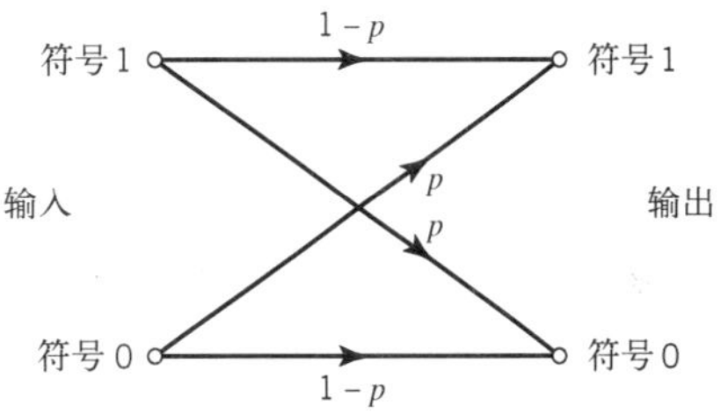

图 10.2　二进制对称信道的转移概率图

然而，在译码以前采用硬判决会导致接收机中不可逆转地丢失有价值信息。为了减少这种丢失，可以采用软判决(Soft-decision)编码。这是通过在解调器输出端包括一个多电平量化器来实现的，如图 10.3(a)所示的二进制 PSK 信号情形。量化器的输入-输出特征如图 10.3(b)所示。调制器的输入只有二进制符号 0 和 1，但是这里的解调器输出的字符集具有 Q 个符号。假设采用图 10.3(b)中所描述的三电平量化器，我们得到 $Q=8$。这种信道被称为二进制输入-Q 进制输出离散无记忆信道。其对应的信道转移概率图如图 10.3(c)所示。这种分布形式以及由此得到的译码器性能取决于量化器表示电平的位置，这些位置又取决于信号电平和噪声方差。因此，如果要实现有效的多电平量化器，则解调器必须嵌入自动增益控制。另外，采用软判决也会使译码器的实现更加复杂。然而，通过采用概率方法而不是代数方法，软判决译码与硬判决译码相比，能够大大提高其性能。正是因为这个原因，软判决译码器也被称为概率译码器(Probabilistic decoder)。

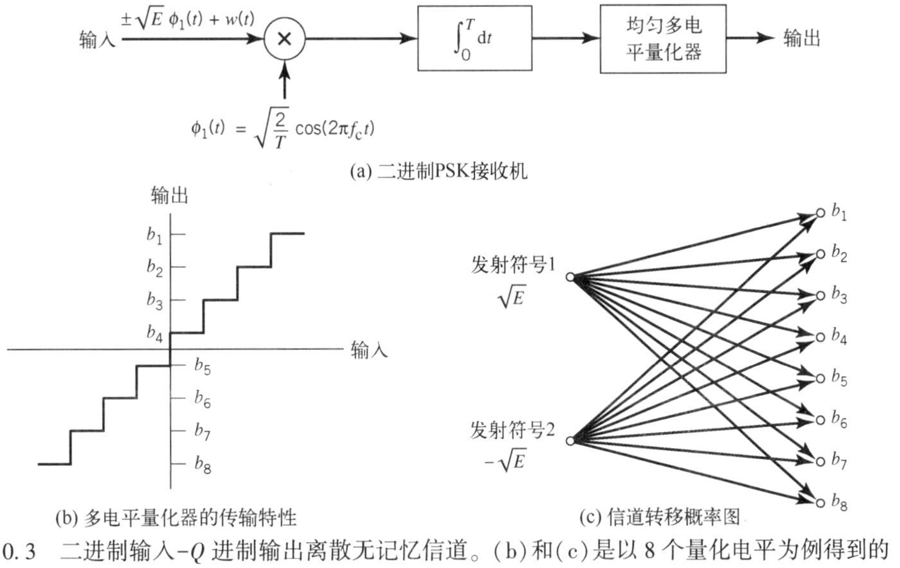

(a) 二进制PSK接收机

(b) 多电平量化器的传输特性　　(c) 信道转移概率图

图 10.3　二进制输入-Q 进制输出离散无记忆信道。(b)和(c)是以 8 个量化电平为例得到的

信道编码定理回顾

在第 5 章关于信息论时我们建立了信道容量的概念，对于离散无记忆信道，它表示每次通过信道能够可靠传输的最大信息量。信道编码定理(Channel coding theorem)指出：

如果离散无记忆信道的容量为 C，并且信源产生的信息速率低于 C，则存在一种编码技术，使得信源输出能够以任意低的误符号率在该信道上进行传输。

这个定理告诉我们，对于二进制对称信道这种特殊情形，如果码率 r 小于信道容量 C，则有可能找到一种编码能够在信道上实现无差错传输。反之，如果码率 r 大于信道容量 C，则不可能找到这种编码。因此，信道编码定理将信道容量 C 确定为能够在离散无记忆信道上可靠(无差错)传输消息的速率的基本极限。只要 SNR 足够大，则这里的重要问题不是 SNR 而是如何对信道输入进行编码。

然而，信道编码定理最不能令人满意之处在于，它具有非构造特性。即这个定理表明存在着有效编码，但是并没有告诉我们如何找到这种码。这里的“有效编码”(Good code)是指这样一类信道编码，它们能够在感兴趣的噪声信道上以低于信道容量的最大比特速率提供可靠的信息传输(即以任意小的误符号率)。本章描述的差错控制编码技术提供了设计有效编码的不同方法。

符号

本章描述的许多码都是二进制码，它们的字符集只是由符号 0 和 1 组成。在这种码中，编码和译码功能都包含对码字进行模 2 加法和乘法这种二进制算术运算。

在本章中，我们采用普通的加号(+)表示模 2 加法。由于本章全部都是基于二进制运算的，因此采用这个符号不会引起混淆。并且这样做还可以避免像本书前面章节中那样采用特定的符号$\oplus$。因此，按照本章采用的符号，模 2 加法的运算法则如下：

$$0+0=0$$
$$1+0=1$$
$$0+1=1$$
$$1+1=0$$

因为 $1+1=0$，可以得到 $1=-1$。所以在二进制运算中，减法与加法是相同的。模 2 乘法的运算法则如下：

$$0\times0=0$$
$$1\times0=0$$
$$0\times1=0$$
$$1\times1=1$$

除法是不重要的，因为我们有

$$1\div1=1$$
$$0\div1=0$$

并且 0 是不能作为除数的。在逻辑运算中，模 2 加法是“异或”运算，而模 2 乘法是“与”运算。

10.4 线性分组码

根据定义可知：

如果一个码组中的任意两个码字都可以通过模 2 加法运算来产生其中的第三个码字，则这个码被称为线性的。

于是，考虑一个(n,k)线性分组码，在 n 比特码字中的 k 比特总是与要发射的消息序列完全相同。剩余部分中的$(n-k)$比特是根据预先确定的编码规则从消息比特中计算得到的，这种编码规则决定了码的数学结构。因此，这$(n-k)$个比特被称为奇偶校验比特(Parity-check bit)。消息比特在传输过程中不发生变化的分组码被称为系统码(Systematic code)。对于同时需要检错和纠错的应用而言，采用系统分组码能够简化译码器的实现。

令 $m_0, m_1, \cdots, m_{k-1}$ 构成了包含 k 个任意消息比特的分组。因此，我们有 2^k 个不同的消息分组。将这个消息比特序列送到一个线性分组编码器，产生一个 n 比特的码字，其元素被记为 $c_0, c_1, \cdots, c_{n-1}$。以 $b_0, b_1, \cdots, b_{n-k-1}$ 表示码字中的 $(n-k)$ 个奇偶校验比特(Parity-check bit)。由于码字具有系统码的结构，所以可以将一个码字分为两个部分，一部分是消息比特，另一部分是奇偶校验比特。显然，我们可以选择在奇偶校验比特之前发送消息比特，反之亦然。前一种选择如图 10.4 所示，其应用将在后面给出。

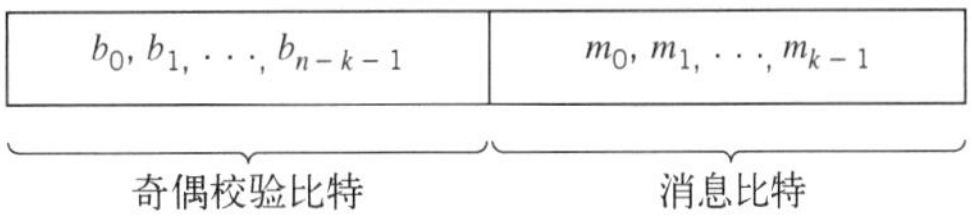

图 10.4　系统码的码字结构

根据图 10.4 的表示方法，码字中最左边的 $(n-k)$ 个比特与对应的奇偶校验比特相同，而最右边的 k 个比特与对应的消息比特相同。因此我们可以写出

$$c_i = \begin{cases} b_i, & i = 0, 1, \cdots, n-k-1 \\ m_{i+k-n}, & i = n-k, n-k+1, \cdots, n-1 \end{cases} \tag{10.1}$$

$(n-k)$ 个奇偶校验比特是 k 个消息比特的线性和(Linear sum)，可以用一般关系式表示如下：

$$b_i = p_{0i}m_0 + p_{1i}m_1 + \cdots + p_{k-1,i}m_{k-1} \tag{10.2}$$

其中，系数被定义为

$$p_{ij} = \begin{cases} 1, & \text{当}\, b_i\, \text{与}\, m_j\, \text{有关} \\ 0, & \text{其他} \end{cases} \tag{10.3}$$

系数 p_{ij} 的选择要使生成矩阵的各行是线性独立的，并且奇偶校验等式是唯一的。不能将这里采用的 p_{ij} 与 10.3 节中介绍的 $p(j|i)$ 相混淆。

式(10.1)和式(10.2)定义了 (n,k) 线性分组码的数学结构。这两个等式还可以采用矩阵符号重新表示为一种更紧凑的形式。为此，我们将 $1\times k$ 维消息向量(Message vector) $\boldsymbol{m}$，$1\times(n-k)$ 维奇偶校验向量 $\boldsymbol{b}$ 和 $1\times n$ 维码向量 $\boldsymbol{c}$ 分别定义如下：

$$\boldsymbol{m} = [m_0, m_1, \cdots, m_{k-1}] \tag{10.4}$$

$$\boldsymbol{b} = [b_0, b_1, \cdots, b_{n-k-1}] \tag{10.5}$$

$$\boldsymbol{c} = [c_0, c_1, \cdots, c_{n-1}] \tag{10.6}$$

注意，这三个向量都是行向量(Row vector)。本章采用行向量是为了与编码相关文献中通常采用的表示方法保持一致。于是，我们可以用紧凑的矩阵形式将定义奇偶校验比特的联立方程重新写为

$$\boldsymbol{b} = \boldsymbol{mP} \tag{10.7}$$

在式(10.7)中，$\boldsymbol{P}$ 为 $k\times(n-k)$ 维系数矩阵(Coefficient matrix)，其定义如下：

$$\boldsymbol{P} = \begin{bmatrix} p_{00} & p_{01} & \cdots & p_{0,n-k-1} \\ p_{10} & p_{11} & \cdots & p_{1,n-k-1} \\ \vdots & \vdots & \ddots & \vdots \\ p_{k-1,0} & p_{k-1,1} & \cdots & p_{k-1,n-k-1} \end{bmatrix} \tag{10.8}$$

其中，元素 p_{ij} 取值为 1 或者 0。

由式(10.4)至式(10.6)给出的定义可知，可以通过向量 $\boldsymbol{m}$ 和 $\boldsymbol{b}$ 将 $\boldsymbol{c}$ 表示为下列分块行向量：

$$\boldsymbol{c} = [\boldsymbol{b} \,\vdots\, \boldsymbol{m}] \tag{10.9}$$

然后，将式(10.7)代入式(10.9)，并提出公共消息向量 $\boldsymbol{m}$，可以得到

$$c = m\left[P \vdots I_k\right] \tag{10.10}$$

其中，I_k为 $k\times k$ 维单位矩阵(Identity matrix)

$$I_k = \begin{bmatrix} 1 & 0 & \cdots & 0 \\ 0 & 1 & \cdots & 0 \\ \vdots & \vdots & \ddots & \vdots \\ 0 & 0 & \cdots & 1 \end{bmatrix} \tag{10.11}$$

定义 $k\times n$ 维生成矩阵(Generator matrix)为

$$G = \left[P \ \vdots \ I_k\right] \tag{10.12}$$

式(10.12)给出的生成矩阵 G 被称为正则形式(Canonical form)，因为该矩阵的 k 行之间是线性独立的。也就是说，G 中的任意一行都不可能表示为其他各行的线性组合。利用生成矩阵 G 的定义，可以将式(10.10)简化为

$$c = mG \tag{10.13}$$

使消息向量 m 在全部 2^k个二进制 k 元组($1\times k$ 维向量)的范围内变化，并利用式(10.13)即可生成全部码字的集合，简称为码(Code)。另外，码中的任意两个码字的和也是另一个码字。线性分组码的这种基本性质被称为封闭性(Closure)。为证明这种性质的正确性，考虑分别对应于一对消息向量 m_i和 m_j的一对码向量 c_i和 c_j。根据式(10.13)，可以将 c_i和 c_j的和表示为

$$\begin{aligned} c_i + c_j &= m_iG + m_jG \\ &= (m_i + m_j)G \end{aligned}$$

将 m_i和 m_j模 2 相加，得到一个新的消息向量。相应地，将 c_i和 c_j模 2 相加，也得到一个新的码向量。

还可以采用另一种方法来表述线性分组码的消息比特和奇偶校验比特之间的关系。令 H 表示一个$(n-k)\times n$ 维矩阵，它被定义为

$$H = \left[I_{n-k} \ \vdots \ P^{\mathrm{T}}\right] \tag{10.14}$$

其中，P^{T}为一个$(n-k)\times k$ 维矩阵，表示系数矩阵 P 的转置，I_{n-k}为$(n-k)\times(n-k)$维单位矩阵。因此，我们可以完成分块矩阵的乘法运算如下：

$$\begin{aligned} HG^{\mathrm{T}} &= \left[I_{n-k} \ \vdots \ P^{\mathrm{T}}\right]\begin{bmatrix} P^{\mathrm{T}} \\ \cdots \\ I_k \end{bmatrix} \\ &= P^{\mathrm{T}} + P^{\mathrm{T}} \end{aligned}$$

其中，我们用到了一个事实，即方阵乘以具有适当维数的单位矩阵以后，其值不变。在模 2 运算中，矩阵求和 $P^{\mathrm{T}}+P^{\mathrm{T}}=\mathbf{0}$，$\mathbf{0}$ 表示$(n-k)\times k$ 维空矩阵(所有元素都为零的矩阵)。因此，我们有

$$HG^{\mathrm{T}} = \mathbf{0} \tag{10.15}$$

等效地，我们有 $GH^{\mathrm{T}}=\mathbf{0}$，其中 $\mathbf{0}$ 是一个新的空矩阵。将式(10.13)两边右乘 H 的转置矩阵 H^{T}，然后利用式(10.15)可以得到下列内积：

$$\begin{aligned} cH^{\mathrm{T}} &= mGH^{\mathrm{T}} \\ &= \mathbf{0} \end{aligned} \tag{10.16}$$

矩阵 H 被称为线性分组码的奇偶校验矩阵(Parity-check matrix)，并且式(10.16)所列的方程式被称为奇偶校验方程(Parity-check equation)。

生成方程式(10.13)和奇偶校验方程式(10.16)是描述和运算线性分组码的基础。这两个方程可以用方框图的形式来描述，分别如图 10.5 所示。

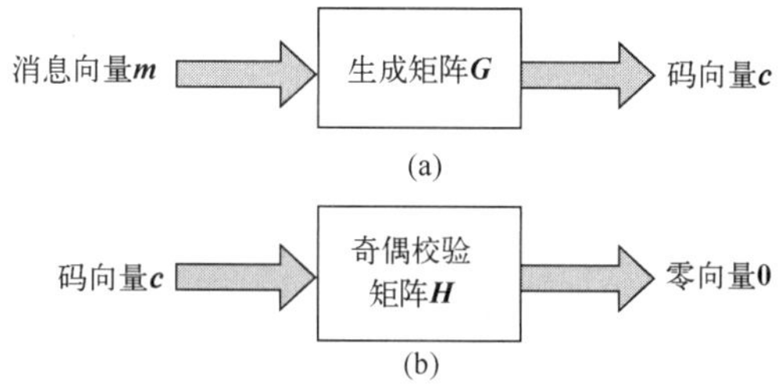

图 10.5　式(10.13)的生成方程和式(10.16)的奇偶校验方程的框图

校正子：定义和性质

生成矩阵 **G** 在发射机的编码运算中会用到。另一方面，奇偶校验矩阵 **H** 则被用于接收机的译码运算。对于后者，我们令 **r** 表示一个 $1\times n$ 维的接收向量(Received vector)，该向量是由发送的码向量 **c** 经过噪声信道以后得到的。将向量 **r** 表示为原始码向量 **c** 与另一个向量 **e** 的和，如下所示：

$$\boldsymbol{r} = \boldsymbol{c} + \boldsymbol{e} \tag{10.17}$$

向量 **e** 被称为误码向量(Error vector)或者差错图样(Error pattern)。如果 **r** 中第 i 个元素与 **c** 中的第 i 个元素相同，则 **e** 中对应的元素等于 0；另一方面，如果 **r** 中第 i 个元素与 **c** 中的第 i 个元素不同，则 **e** 中对应的元素等于 1，在这种情况下，被称为在第 i 个位置产生了误码(Error)。也就是说，对于 $i=1,2,\cdots,n$，我们有

$$e_i = \begin{cases} 1, & \text{如果在第}i\text{个位置出现了误码} \\ 0, & \text{其他} \end{cases} \tag{10.18}$$

接收机的任务就是根据接收向量 **r** 译码出码向量 **c**。通常，译码算法首先是对一个被称为误码校正子向量(Error-syndrome vector)的 $1\times(n-k)$ 维向量进行计算，误码校正子也可简称为校正子(Syndrome)[2]。校正子的重要之处在于它仅取决于差错图样。

假设有 $1\times n$ 维接收向量 **r**，则与之对应的校正子可定义为

$$\boldsymbol{s} = \boldsymbol{r}\boldsymbol{H}^{\mathrm{T}} \tag{10.19}$$

因此，校正子具有下列重要性质。

性质 1

校正子仅与差错图样有关，而与发送的码字无关。

为了证明这个性质，首先利用式(10.17)和式(10.19)，然后再利用式(10.16)，可以得到

$$\begin{aligned} \boldsymbol{s} &= (\boldsymbol{c}+\boldsymbol{e})\boldsymbol{H}^{\mathrm{T}} \\ &= \boldsymbol{c}\boldsymbol{H}^{\mathrm{T}} + \boldsymbol{e}\boldsymbol{H}^{\mathrm{T}} \\ &= \boldsymbol{e}\boldsymbol{H}^{\mathrm{T}} \end{aligned} \tag{10.20}$$

因此，码的奇偶校验矩阵 **H** 允许我们能够计算出校正子 **s**。**s** 仅与差错图样 **e** 有关。

为了进一步阐述性质 1，假设差错图样 **e** 包含由加性信道噪声产生的在位置 i 和 j 的一对误码，如下所示：

$$\boldsymbol{e} = [0\cdots01_i0\cdots01_j0\cdots0]$$

于是，将这个差错图样代入式(10.20)，得到校正子为

$$\boldsymbol{s} = \boldsymbol{h}_i + \boldsymbol{h}_j$$

其中，$\boldsymbol{h}_i$ 和 $\boldsymbol{h}_j$ 分别是矩阵 $\boldsymbol{H}^{\mathrm{T}}$ 的第 i 行和第 j 行。也就是说，我们根据性质 1 可以得到下列推论：

对于一个线性分组码，校正子 **s** 等于奇偶校验矩阵的转置 $\boldsymbol{H}^{\mathrm{T}}$ 中某些行的和，这些行的位置则对应于由信道噪声引起的在差错图样中误码出现的位置。

性质 2

不同码字的所有差错图样都有相同的校正子。

对于 k 个消息比特，存在 2^k 个不同的码向量，它们被记为 $\boldsymbol{c}_i$，$i=0,1,\cdots,2^k-1$。相应地，对于任意一种差错图样 $\boldsymbol{e}$，我们可以定义 2^k 个不同的向量 $\boldsymbol{e}_i$ 如下：

$$\boldsymbol{e}_i = \boldsymbol{e}+\boldsymbol{c}_i, \qquad i=0,1,\cdots,2^k-1 \tag{10.21}$$

式(10.21)中定义的这组向量($\boldsymbol{e}_i$，$i=0,1,\cdots,2^k-1$)被称为码的陪集(Coset)。换句话说，一个码向量的陪集最多具有 2^k 个不同的元素。因此，一个(n,k)的线性分组码就具有 2^{n-k} 个可能的陪集。在任何情况下，将式(10.21)的两边都乘以矩阵 $\boldsymbol{H}^{\mathrm{T}}$，然后再利用式(10.16)，可以得到

$$\begin{aligned}\boldsymbol{e}_i\boldsymbol{H}^{\mathrm{T}} &= \boldsymbol{e}\boldsymbol{H}^{\mathrm{T}}+\boldsymbol{c}_i\boldsymbol{H}^{\mathrm{T}}\\ &= \boldsymbol{e}\boldsymbol{H}^{\mathrm{T}}\end{aligned} \tag{10.22}$$

这个结果是与下标 i 无关的。因此，可以说：

码字的每个陪集都由一个唯一的校正子所表征。

将式(10.20)展开，可以帮助我们全面理解性质 1 和性质 2。特别地，由于矩阵 $\boldsymbol{H}$ 具有式(10.14)给出的系统形式，其中矩阵 $\boldsymbol{P}$ 自身则由式(10.8)所定义，我们从式(10.20)中发现，校正子 $\boldsymbol{s}$ 的$(n-k)$个元素是差错图样 $\boldsymbol{e}$ 的 n 个元素的线性组合，如下所示：

$$\begin{aligned}s_0 &= e_0+e_{n-k}p_{00}+e_{n-k+1}p_{10}+\cdots+e_{n-k}p_{k-1,0}\\ s_1 &= e_1+e_{n-k}p_{01}+e_{n-k+1}p_{11}+\cdots+e_{n-k}p_{k-1,1}\\ &\vdots\\ s_{n-k-1} &= e_{n-k-1}+e_{n-k}p_{0,n-k-1}+\cdots+e_{n-1}p_{(k-1,n-k+1)}\end{aligned} \tag{10.23}$$

上面这$(n-k)$个方程组清楚地表明，校正子中包含了与差错图样有关的信息，因此可以用于误码检测。然而需要注意的是，方程组(10.23)是欠定的(Underdetermined)，因为未知数的个数多于方程的个数。因此，差错图样没有唯一解。相反，满足式(10.23)的差错图样有 2^n 个，因此，根据性质 2 和式(10.22)可知，这些差错图样都产生同一个校正子。特别地，虽然有 2^{n-k} 个可能的校正子向量，但包含在校正子 $\boldsymbol{s}$ 中的关于差错图样 $\boldsymbol{e}$ 的信息还不足以使译码器计算出发射码向量的准确值。但是，校正子 $\boldsymbol{s}$ 的知识能够使对真实差错图样 $\boldsymbol{e}$ 的搜索范围由原来的 2^n 种可能减少为 2^{n-k} 种可能。根据这些可能的搜索范围，译码器的任务就是从对应于 $\boldsymbol{s}$ 的陪集中做出最佳选择。

最小距离的考虑

假设有一对码向量 $\boldsymbol{c}_1$ 和 $\boldsymbol{c}_2$，它们的元素个数相同。将这一对码向量之间的汉明距离(Hamming distance) $d(\boldsymbol{c}_1,\boldsymbol{c}_2)$ 定义为它们中具有不同元素的位置的个数。

码向量 $\boldsymbol{c}$ 的汉明权值(Hamming weight) $w(\boldsymbol{c})$ 被定义为码向量中非零元素的个数。等效地，我们可以认为码向量的汉明权值是这个码向量与全零码向量之间的距离。相应地，我们可以引入一个新的参数，它被称为最小距离(Minimum distance) $d_{\min}$，关于这个新参数我们可以指出：

线性分组码的最小距离 $d_{\min}$ 是指其中任意一对码字之间的最小汉明距离。

也就是说，最小距离等于任意一对码向量之差的最小汉明权值。由线性分组码的封闭性质可知，两个码向量的和(或差)是另一个码向量。因此，还可以认为：

线性分组码的最小距离就是码组中非零码向量的最小汉明权值。

从根本上讲，最小距离 $d_{\min}$ 与码组的奇偶校验矩阵 $\boldsymbol{H}$ 的结构有关。由式(10.16)可知，线性分组码被定义为满足 $\boldsymbol{c}\boldsymbol{H}^{\mathrm{T}}=\boldsymbol{0}$ 的所有码向量的集合，其中 $\boldsymbol{H}^{\mathrm{T}}$ 为奇偶校验矩阵 $\boldsymbol{H}$ 的转置矩阵。将矩阵 $\boldsymbol{H}$ 表示为其列向量形式，如下所示：

$$\boldsymbol{H} = [\boldsymbol{h}_1, \boldsymbol{h}_2, \cdots, \boldsymbol{h}_n] \tag{10.24}$$

于是，为了使码向量 $\boldsymbol{c}$ 满足条件 $\boldsymbol{c}\boldsymbol{H}^{\mathrm{T}}=\boldsymbol{0}$，码向量 $\boldsymbol{c}$ 在一些位置上必须为 1，在这些位置上，$\boldsymbol{H}^{\mathrm{T}}$ 中的相

应行的和等于零向量 **0**。然而，根据定义，码向量中 1 的个数为码向量的汉明权值。并且，线性分组码中非零码向量的最小汉明权值等于该码的最小距离。因此，我们得到另一个有用的结论，可以将其表述如下：

线性分组码的最小距离可以被定义为矩阵 $\boldsymbol{H}^{\mathrm{T}}$ 中使行求和为零向量的最少行数。

根据上述讨论，很明显，在线性分组码中，最小距离 $d_{\min}$ 是一个重要的参数。特别地，$d_{\min}$ 决定了码的纠错能力(Error-correcting capability)。假设需要一个 (n,k) 线性分组码来对二进制对称信道上的所有差错图样进行检测和纠错，该码的汉明权值小于等于 t。也就是说，如果发送码组中的码向量为 $\boldsymbol{c}_i$，接收向量为 $\boldsymbol{r}=\boldsymbol{c}_i+\boldsymbol{e}$，则我们要求只要差错图样的汉明权值

$$w(\boldsymbol{e})\leqslant t$$

译码器的输出就为 $\hat{\boldsymbol{c}}=\boldsymbol{c}_i$。

假设码组中的 2^k 个码向量都以相等的概率被发送。于是，译码器可以采用的最佳策略是选取与接收向量 $\boldsymbol{r}$ 最近的码向量，也就是说，选取汉明距离 $d(\boldsymbol{c}_i,\boldsymbol{r})$ 最小的码向量。如果采用这种策略，则只要线性分组码的最小距离等于或者大于 $2t+1$，译码器就可以检测并纠正汉明权值为 $w(\boldsymbol{e})$ 的所有差错图样。我们可以通过对这个问题进行几何解释来说明上述要求的正确性。实际上，发射的 $1\times n$ 维码向量和 $1\times n$ 维接收向量都可以用 n 维空间中的点表示。假设我们构造两个球，半径均为 t，它们在下列两个不同条件下分别以代表码向量 $\boldsymbol{c}_i$ 和 $\boldsymbol{c}_j$ 的点为球心：

1. 令这两个球是不相交的，如图 10.6(a)所示。为了满足这个条件，我们需要 $d(\boldsymbol{c}_i,\boldsymbol{c}_j)\geqslant 2t+1$。于是，如果发送的码向量为 $\boldsymbol{c}_i$，并且汉明距离 $d(\boldsymbol{c}_i,\boldsymbol{r})\leqslant t$，显然译码器应该选择 $\boldsymbol{c}_i$，因为它是最接近接收向量 $\boldsymbol{r}$ 的码向量。
2. 另一方面，如果汉明距离 $d(\boldsymbol{c}_i,\boldsymbol{c}_j)\leqslant 2t$，则以 $\boldsymbol{c}_i$ 和 $\boldsymbol{c}_j$ 为球心的两个球就会相交，如图 10.6(b)所示。在这第二种情况下，我们发现如果发送 $\boldsymbol{c}_i$，就会存在一个接收向量 $\boldsymbol{r}$ 使得汉明距离 $d(\boldsymbol{c}_i,\boldsymbol{r})\leqslant t$，但是 $\boldsymbol{r}$ 与 $\boldsymbol{c}_j$ 的距离等于它与 $\boldsymbol{c}_i$ 的距离。显然，现在存在着译码器选择向量 $\boldsymbol{c}_j$ 的可能性，而这种选择是错误的。

因此，我们根据前面阐述的思想可以得出结论：

线性分组码 (n,k) 能够纠正汉明权值等于或者小于 t 的所有差错图样的充要条件是，对于所有 $\boldsymbol{c}_i$ 和 $\boldsymbol{c}_j$，$d(\boldsymbol{c}_i,\boldsymbol{c}_j)\geqslant 2t+1$。

然而，根据定义可知，码组中任意一对码向量之间的最小距离就是该码的最小距离 $d_{\min}$。因此，我们可以继续指出：

一个最小距离为 $d_{\min}$ 的 (n,k) 线性分组码最多可以纠正 t 个误码的充要条件是

$$t\leqslant\left\lfloor\frac{1}{2}(d_{\min}-1)\right\rfloor \tag{10.25}$$

其中，$\lfloor\ \rfloor$ 表示小于或等于其内部量的最大整数。

式(10.25)给出的条件是很重要的，因为它定量地说明了线性分组码的纠错能力。

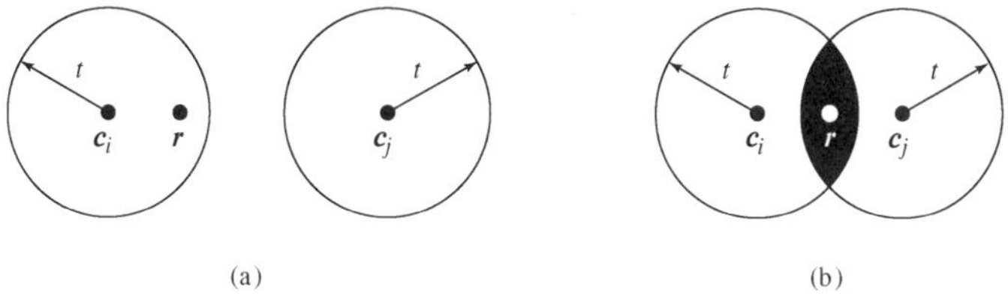

图 10.6　(a) 汉明距离 $d(\boldsymbol{c}_i,\boldsymbol{c}_j)\geqslant 2t+1$；(b) 汉明距离 $d(\boldsymbol{c}_i,\boldsymbol{c}_j)<2t$。接收向量用 $\boldsymbol{r}$ 表示

校正子译码

现在，我们可以讨论线性分组码的基于校正子的译码方案。用 $\boldsymbol{c}_1,\boldsymbol{c}_2,\cdots,\boldsymbol{c}_{2^k}$ 表示 (n,k) 线性分组

码的 2^k 个码向量，$\boldsymbol{r}$ 表示接收向量，它是 2^n 个可能取值之一。接收机的任务就是将这 2^n 个可能的接收向量分别放入 2^k 个互不相交的子集 $D_1, D_2, \cdots, D_{2^k}$ 中，使得第 i 个子集 D_i 对应于码向量 $\boldsymbol{c}_i$，其中 $1 \leqslant i \leqslant 2^k$。如果接收向量 $\boldsymbol{r}$ 属于第 i 个子集，则它将被译码为 $\boldsymbol{c}_i$。为了能正确地译码，接收向量 $\boldsymbol{r}$ 必须属于实际发送码向量 $\boldsymbol{c}_i$ 所属的那个子集内。

这里所述的 2^k 个子集组成了一个线性分组码的标准数组(Standard array)。我们可以利用码组的线性结构，按照下列步骤来构造标准数组：

1. 将 2^k 个码向量排成一行，全零码向量 $\boldsymbol{c}_1$ 放在最左边。
2. 选取出差错图样 $\boldsymbol{e}_2$ 并置于 $\boldsymbol{c}_1$ 之下，然后将 $\boldsymbol{e}_2$ 加到第一行剩余的各个码向量上，从而构成第二行。其中最关键的一点是，在某行中作为第一个元素的差错图样必须是此前从未在标准数组中出现过的差错图样。
3. 重复第二步，直到所有可能的差错图样都被考虑到了。

图 10.7 给出了按照上述步骤构造的标准数组的结构。数组的 2^k 列表示互不相交的子集 $D_1, D_2, \cdots, D_{2^k}$。数组的 2^{n-k} 行表示码组的陪集，它们的第一个元素 $\boldsymbol{e}_2, \cdots, \boldsymbol{e}_{2^{n-k}}$ 被称为陪集头(Coset leader)。

$$
\begin{array}{cccccccc}
\boldsymbol{c}_1=\boldsymbol{0} & \boldsymbol{c}_2 & \boldsymbol{c}_3 & \cdots & \boldsymbol{c}_i & \cdots & \boldsymbol{c}_{2^k} \\
\boldsymbol{e}_2 & \boldsymbol{c}_2+\boldsymbol{e}_2 & \boldsymbol{c}_3+\boldsymbol{e}_2 & \cdots & \boldsymbol{c}_i+\boldsymbol{e}_2 & \cdots & \boldsymbol{c}_{2^k}+\boldsymbol{e}_2 \\
\boldsymbol{e}_3 & \boldsymbol{c}_2+\boldsymbol{e}_3 & \boldsymbol{c}_3+\boldsymbol{e}_3 & \cdots & \boldsymbol{c}_i+\boldsymbol{e}_3 & \cdots & \boldsymbol{c}_{2^k}+\boldsymbol{e}_3 \\
\vdots & \vdots & \vdots & & \vdots & & \vdots \\
\boldsymbol{e}_j & \boldsymbol{c}_2+\boldsymbol{e}_j & \boldsymbol{c}_3+\boldsymbol{e}_j & \cdots & \boldsymbol{c}_i+\boldsymbol{e}_j & \cdots & \boldsymbol{c}_{2^k}+\boldsymbol{e}_j \\
\vdots & \vdots & \vdots & & \vdots & & \vdots \\
\boldsymbol{e}_{2^{n-k}} & \boldsymbol{c}_2+\boldsymbol{e}_{2^{n-k}} & \boldsymbol{c}_3+\boldsymbol{e}_{2^{n-k}} & & \boldsymbol{c}_i+\boldsymbol{e}_{2^{n-k}} & & \boldsymbol{c}_{2^k}+\boldsymbol{e}_{2^{n-k}}
\end{array}
$$

图 10.7 (n,k) 分组码的标准数组

对于一个给定的信道，当最有可能出现(即发生概率最大)的差错图样被选择作为陪集头时，译码的差错概率最小。在二进制对称信道中，差错图样的汉明权值越小，则发生错误的可能性就越大。因此，在构造标准数组时，应该使每一个陪集头都是陪集中汉明权值最小的。

现在，可以将线性分组码的译码过程描述如下：

1. 对于接收向量 $\boldsymbol{r}$，计算校正子 $\boldsymbol{s}=\boldsymbol{r}\boldsymbol{H}^{\mathrm{T}}$。
2. 在由校正子 $\boldsymbol{s}$ 表征的陪集中，识别出陪集头(即出现概率最大的差错图样)，它被称为 $\boldsymbol{e}_0$。
3. 计算码向量

$$\boldsymbol{c}=\boldsymbol{r}+\boldsymbol{e}_0 \tag{10.26}$$

将其作为接收向量 $\boldsymbol{r}$ 的译码形式。

这个方法被称为校正子译码(Syndrome decoding)。

例 1 汉明码

对于任意的正整数 $m \geqslant 3$，存在一个线性分组码，其参数如下：

分组长度： $n=2^m-1$

消息比特的个数： $k=2^m-m-1$

奇偶校验比特的个数： $n-k=m$

这种纠错能力 $t=1$ 的线性分组码被称为汉明码[3]。具体而言，考虑 $m=3$ 的例子，得到的(7,4)汉明码对应的 $n=7$ 和 $k=4$。则码的生成矩阵被定义为

$$
\boldsymbol{G}=\left[\begin{array}{ccc:cccc}
1&1&0&1&0&0&0\\
0&1&1&0&1&0&0\\
1&1&1&0&0&1&0\\
1&0&1&0&0&0&1
\end{array}\right]
$$

其中左边三列为 $\boldsymbol{P}$，右边四列为 $\boldsymbol{I}_k$。

它与式(10.12)的系统结构相一致。

对应的奇偶校验矩阵为

$$\boldsymbol{H}=\underbrace{\begin{bmatrix}1&0&0\\0&1&0\\0&0&1\end{bmatrix}}_{\boldsymbol{I}_{n-k}}\;\vdots\;\underbrace{\begin{bmatrix}1&0&1&1\\1&1&1&0\\0&1&1&1\end{bmatrix}}_{\boldsymbol{P}^{\mathrm{T}}}$$

上式体现出来的工作特性是，奇偶校验矩阵 $\boldsymbol{P}$ 的列是由所有的非零 m 元组构成的，其中 $m=3$。

当 $k=4$ 时，共有 $2^k=16$ 种不同的消息码字，它们在表 10.1 中被列出来了。对于每个给定的消息码字，可以利用式(10.13)得到一个对应的码字。因此，应用这个等式可以得到表 10.1 中所列出的 16 种码字。

在表 10.1 中，我们还列出了(7,4)汉明码中各个码字的汉明权值。由于非零码字的最小汉明权值为 3，可以知道码的最小距离也是 3，这也是根据定义确定出来的值。事实上，所有汉明码都具有如下性质：即最小距离 $d_{\min}=3$，并且独立于奇偶校验比特数 m。

表 10.1　(7.4)汉明码的码字

消息码字	码字	码字的权值	消息码字	码字	码字的权值
0000	0000000	0	1000	1101000	3
0001	1010001	3	1001	0111001	4
0010	1110010	4	1010	0011010	3
0011	0100011	3	1011	1001011	3
0100	0110100	3	1100	1011100	4
0101	1100101	4	1101	0001101	3
0110	1000110	3	1110	0101110	4
0111	0010111	4	1111	1111111	7

为了说明最短距离 $d_{\min}$ 与奇偶校验矩阵 $\boldsymbol{H}$ 的结构之间的关系，考虑码字 0110100。在式(10.16)所定义的矩阵乘法中，这个码字的非零元素“筛选”出矩阵 $\boldsymbol{H}$ 的第 2 列、第 3 列和第 5 列，得到

$$\begin{bmatrix}0\\1\\0\end{bmatrix}+\begin{bmatrix}0\\0\\1\end{bmatrix}+\begin{bmatrix}0\\1\\1\end{bmatrix}=\begin{bmatrix}0\\0\\0\end{bmatrix}$$

对于剩下的 14 个非零码字，我们也可以进行类似的计算。于是，可以发现在矩阵 $\boldsymbol{H}$ 中求和为 0 的最小列数为 3，从而再次证实了前面确定的 $d_{\min}=3$ 这一条件。

二进制汉明码具有的一个重要性质是，假定 $t=1$，则它们满足取等号时的条件式(10.25)。于是，假设是单个误码的差错图样，则可以得到如表 10.2 中右边一列所示的差错图样。列于左列的对应的 8 个校正子是根据式(10.20)计算得出的。零校正子意味着在传输中没有误码。

例如，假设发送的码向量是[1110010]，接收向量为[1100010]，它在第 3 位发生错误。根据式(10.19)，校正子被计算为

$$\boldsymbol{s}=[1100010]\begin{bmatrix}1&0&0\\0&1&0\\0&0&1\\1&1&0\\0&1&1\\1&1&1\\1&0&1\end{bmatrix}$$

$$=\begin{bmatrix}0&0&1\end{bmatrix}$$

表 10.2　表 10.1 所示(7,4)汉明码的译码表

校正子	差错图样
000	0000000
100	1000000
010	0100000
001	0010000
110	0001000
011	0000100
111	0000010
101	0000001

从表 10.2 中可以发现对应的陪集头(即发生概率最高的差错图样)为[0010000]，这说明接收向量中第3位发生了错误。于是，根据式(10.26)将这个差错图样加到接收向量上，就能够得到实际发送的正确码向量。

10.5 循环码

循环码是线性分组码的一个子类。实际上，至今发现的许多重要的线性分组码都是循环码或者与循环码密切相关。与其他大多数类型的码相比，循环码的优势在于它易于编码。此外，循环码还具有明确定义的数学结构，因此比较容易发展非常有效的译码策略。

如果二进制码满足下列两个基本特性，它就可以被称为循环码(Cyclic code)。

性质 1：线性特性

码组中任意两个码字的和也是一个码字。

性质 2：循环特性

码组中一个码字的任意循环移位也是一个码字。

性质1重申了循环码是线性分组码(即它也可以被描述为奇偶校验码)这个事实。为了从数学角度重新说明性质2，令 n 元组 $c_0, c_1, \cdots, c_{n-1}$ 表示(n,k)线性分组码的一个码字。如果 n 元组

$$(c_{n-1}, c_0, \cdots, c_{n-2})$$
$$(c_{n-2}, c_{n-1}, \cdots, c_{n-3})$$
$$\vdots$$
$$(c_1, c_2, \cdots, c_{n-1}, c_0)$$

都是码组中的码字，则此码组就是循环码。

为了得到循环码的代数特性，我们用码字的各元素 $c_0, c_1, \cdots, c_{n-1}$ 来定义码多项式

$$\boldsymbol{c}(X) = c_0 + c_1X + c_2X^2 + \cdots + c_{n-1}X^{n-1} \tag{10.27}$$

其中，X 是一个未知数。自然地，对二进制码来说，系数为1或者0。多项式 $\boldsymbol{c}(X)$ 中 X 的每个幂次表示在时间上进行1比特的移位。因此，将多项式 $\boldsymbol{c}(X)$ 乘以 X 可以视为将其右移一位。关键问题是：如何才能使这样的移位是循环的？下面讨论这个问题的答案。

将式(10.27)中的码多项式 $\boldsymbol{c}(X)$ 乘以 X^i，得到

$$X^i\boldsymbol{c}(X) = c_0X^i + c_1X^{i+1} + \cdots + c_{n-i-1}X^{n-1} + \cdots + c_{n-1}X^{n+i-1}$$

比如，我们知道在模2相加中，$c_{n-i}+c_{n-i}=0$，因此可以将上式处理为下列紧凑形式：

$$X^i\boldsymbol{c}(X) = \boldsymbol{q}(X)(X^n+1) + \boldsymbol{c}^{(i)}(X) \tag{10.28}$$

其中，多项式 $\boldsymbol{q}(X)$ 被定义为

$$\boldsymbol{q}(X) = c_{n-i} + c_{n-i+1}X + \cdots + c_{n-1}X^{i-1} \tag{10.29}$$

至于式(10.28)中的多项式 $\boldsymbol{c}^{(i)}X$，它是码字$(c_{n-i}, \cdots, c_{n-1}, c_0, c_1, \cdots, c_{n-i-1})$经过 i 次循环移位以后得到的码字 $c_0, c_1, \cdots, c_{n-i-1}, c_{n-i}, \cdots, c_{n-1}$ 的码多项式。此外，由式(10.28)不难发现，$\boldsymbol{c}^{(i)}X$ 是 $X^i\boldsymbol{c}(X)$ 除以(X^n+1)的余数。因此，我们可以正式地将多项式表示法的循环特性表述如下：

如果 $\boldsymbol{c}(X)$ 是一个码多项式，则对于任意循环移位 i，多项式

$$\boldsymbol{c}^{(i)}(X) = X^i\boldsymbol{c}(X) \mod(X^n+1) \tag{10.30}$$

也是一个码多项式。其中，mod 是取模的缩写形式。

式(10.30)中所描述的多项式乘法的特殊形式被称为模 X^n+1 的乘法运算(Multiplication modulo X^n+1)。实际上，这个乘法运算是在约束 $X^n=1$ 的条件下进行的，在此约束条件下对所有 $i<n$ 都能使多项式 $X^i\boldsymbol{c}(X)$ 的阶数恢复为 $n-1$。需要注意的是，在模2的代数运算中，X^n+1 的值和 X^n-1 是相等的。

生成多项式

在产生循环码的过程中，多项式 X^n+1 及其因子起着主要作用。令 $n-k$ 阶多项式 $\boldsymbol{g}(X)$ 为 X^n+1 的因子。因此，$\boldsymbol{g}(X)$ 是码组中阶数最低的多项式。一般而言，可以将 $\boldsymbol{g}(X)$ 做如下展开：

$$\boldsymbol{g}(X) = 1 + \sum_{i=1}^{n-k-1} g_i X^i + X^{n-k} \tag{10.31}$$

其中，系数 g_i 等于 1 或者 0，$i=1,\cdots,n-k-1$。根据这个展开式，多项式 $\boldsymbol{g}(X)$ 中系数为 1 的有两项且被 $n-k-1$ 项分隔开。多项式 $\boldsymbol{g}(X)$ 被称为循环码的生成多项式(Generator polynomial)。一个循环码是由生成多项式 $\boldsymbol{g}(X)$ 唯一确定的，这是因为码组中的每个码多项式都可以表示为如下的多项式乘积形式：

$$\boldsymbol{c}(X) = \boldsymbol{a}(X)\boldsymbol{g}(X) \tag{10.32}$$

其中，$\boldsymbol{a}(X)$ 是关于 X 的 $k-1$ 阶多项式。这样构成的 $\boldsymbol{c}(X)$ 能够满足条件式(10.30)，因为 $\boldsymbol{g}(X)$ 是 X^n+1 的因子。

假设给定了一个生成多项式 $\boldsymbol{g}(X)$，要求将消息序列 $(m_0,m_1,\cdots,m_{k-1})$ 编码为一个 (n,k) 系统循环码。也就是说，消息比特以不变的形式被发送，其码字结构如下(参见图 10.4)：

$$(\underbrace{b_0, b_1, \cdots, b_{n-k-1}}_{n-k\text{奇偶校验比特}},\ \underbrace{m_0, m_1, \cdots, m_{k-1}}_{k\text{消息比特}})$$

令消息多项式(Message polynomial)被定义为

$$\boldsymbol{m}(X) = m_0 + m_1X + \cdots + m_{k-1}X^{k-1} \tag{10.33}$$

并且令

$$\boldsymbol{b}(X) = b_0 + b_1X + \cdots + b_{n-k-1}X^{n-k-1} \tag{10.34}$$

则根据式(10.1)，我们希望码多项式具有下列形式：

$$\boldsymbol{c}(X) = \boldsymbol{b}(X) + X^{n-k}\boldsymbol{m}(X) \tag{10.35}$$

为此，利用式(10.32)和式(10.35)，可得

$$\boldsymbol{a}(X)\boldsymbol{g}(X) = \boldsymbol{b}(X) + X^{n-k}\boldsymbol{m}(X)$$

等效地，利用模 2 加法，我们还可以写出

$$\frac{X^{n-k}\boldsymbol{m}(X)}{\boldsymbol{g}(X)} = \boldsymbol{a}(X) + \frac{\boldsymbol{b}(X)}{\boldsymbol{g}(x)} \tag{10.36}$$

式(10.36)表明，多项式 $\boldsymbol{b}(X)$ 是 $X^{n-k}\boldsymbol{m}(X)$ 除以 $\boldsymbol{g}(X)$ 的余式。

现在，我们可以对具有系统结构的 (n,k) 循环码的编码方法进行总结。特别地，可以按照下列步骤进行：

1. 将消息多项式 $\boldsymbol{m}(X)$ 左乘 X^{n-k}。
2. 将多项式 $X^{n-k}\boldsymbol{m}(X)$ 除以生成多项式 $\boldsymbol{g}(X)$，得到余式 $\boldsymbol{b}(X)$。
3. 将 $\boldsymbol{b}(X)$ 与 $X^{n-k}\boldsymbol{m}(X)$ 相加，得到码多项式 $\boldsymbol{c}(X)$。

奇偶校验多项式

一个 (n,k) 循环码是由它的 $(n-k)$ 阶生成多项式 $\boldsymbol{g}(X)$ 唯一确定的。这个码也可以由另一个 k 阶多项式唯一确定，该多项式称为奇偶校验多项式(Parity-check polynomial)。其定义如下：

$$\boldsymbol{h}(X) = 1 + \sum_{i=1}^{k-1} h_i X^i + X^k \tag{10.37}$$

其中，系数 h_i 为 0 或者 1。奇偶校验多项式具有与生成多项式相似的形式，因为它也有两项系数等于 1 且被 $k-1$ 项分开。

作为码组的一种描述方式，生成多项式 $\boldsymbol{g}(X)$ 与生成矩阵 $\boldsymbol{G}$ 是等价的。相应地，奇偶校验多项式 $\boldsymbol{h}(X)$ 也是奇偶校验矩阵 $\boldsymbol{H}$ 的等效表示方法。因此，我们发现，由式(10.15)表示的线性分组码的矩阵关系 $\boldsymbol{HG}^{\mathrm{T}}=\boldsymbol{0}$ 对应于下面的关系：

$$\boldsymbol{g}(X)\boldsymbol{h}(X) \mod(X^n+1) = \boldsymbol{0} \tag{10.38}$$

因此，我们可以说：

生成多项式 $\boldsymbol{g}(X)$ 与校验多项式 $\boldsymbol{h}(X)$ 都是多项式 X^n+1 的因子，如下所示：

$$\boldsymbol{g}(X)\boldsymbol{h}(X) = X^n+1 \tag{10.39}$$

上述结论为选取循环码的生成多项式或校验多项式提供了基础。特别地，如果 $\boldsymbol{g}(X)$ 是 $(n-k)$ 阶多项式，并且也是 X^n+1 的因子，那么 $\boldsymbol{g}(X)$ 就是一个 (n,k) 循环码的生成多项式。等效地，如果 $\boldsymbol{h}(X)$ 是一个 k 阶多项式，并且它也是 X^n+1 的因子，那么 $\boldsymbol{h}(X)$ 就是一个 (n,k) 循环码的奇偶校验多项式。

最后要说明的是，X^n+1 的任意一个 $(n-k)$（校验比特的数目）阶因子均可以作为生成多项式。事实是，当 n 值较大时，多项式 X^n+1 可能有许多个 $n-k$ 阶因子。其中，有些多项式因子可以生成好的循环码，但有些却只能生成坏的循环码。怎样选择那些能生成好循环码的生成多项式，是非常困难的一件事。实际上，编码理论学家们已经为寻找好的循环码付出了许多努力。

生成矩阵和奇偶校验矩阵

假设一个 (n,k) 循环码的生成多项式是 $\boldsymbol{g}(X)$，通过 k 个多项式 $\boldsymbol{g}(X), X\boldsymbol{g}(X), \cdots, X^{k-1}\boldsymbol{g}(X)$ 张成的码组可以构造出这个码的生成矩阵 $\boldsymbol{G}$。因此，可以将与这些多项式相对应的 n 元组作为 $k\times n$ 维生成矩阵 $\boldsymbol{G}$ 的行。

然而，由循环码的奇偶校验多项式 $\boldsymbol{h}(X)$ 来构造奇偶校验矩阵 $\boldsymbol{H}$ 时，却需要特别注意，这里对其进行解释。将式(10.39)乘以 $\boldsymbol{a}(\boldsymbol{x})$，然后利用式(10.32)，可以得到

$$\boldsymbol{c}(X)\boldsymbol{h}(X) = \boldsymbol{a}(X)+X^n\boldsymbol{a}(X) \tag{10.40}$$

多项式 $\boldsymbol{c}(X)$ 和 $\boldsymbol{h}(X)$ 分别由式(10.27)和式(10.37)定义，这意味着它们在式(10.40)中左边的乘积包含有幂次一直到 $n+k-1$ 的所有项。另一方面，由于 $\boldsymbol{a}(X)$ 的阶数等于或者小于 $k-1$，也就是说，在式(10.40)右边的多项式中，不会出现幂次为 $X^k, X^{k+1}, \cdots, X^{N-1}$ 的项。于是，可以令乘积多项式 $\boldsymbol{c}(X)\boldsymbol{h}(X)$ 的展开式中 $X^k, X^{k-1}, \cdots, X^{N-1}$ 的系数等于 0，从而得到下列 $n-k$ 个方程组：

$$\sum_{i=j}^{j+k} c_i h_{k+j-i} = 0, \quad 0\leqslant j\leqslant n-k-1 \tag{10.41}$$

将式(10.41)与对应的关系式(10.16)进行比较，可以得到如下重要发现：

式(10.41)所描述的多项式乘积中包含的奇偶校验多项式 $\boldsymbol{h}(X)$ 的系数，与式(10.16)中描述的构成向量内积中所包含的奇偶校验矩阵 $\boldsymbol{H}$ 的系数排列顺序正好相反。

根据这个发现，可以将奇偶校验多项式的倒数(Reciprocal of the parity-check polynomial)定义为

$$\begin{aligned} X^k\boldsymbol{h}(X^{-1}) &= X^k\left(1+\sum_{i=1}^{k-1} h_i X^{-i}+X^{-k}\right) \\ &= 1+\sum_{i=1}^{k-1} h_{k-1}X^i+X^k \end{aligned} \tag{10.42}$$

它也是 X^n+1 的因子。因此，性质可以将对应于 $(n-k)$ 个多项式 $X^k h(X^{-1}), X^{k+1}h(X^{-1}), \cdots, X^{n-1}h(X^{-1})$ 的 n 元组用于 $(n-k)\times n$ 维奇偶校验矩阵 $\boldsymbol{H}$ 的行。

一般而言，按照上述方法构造的生成矩阵 $\boldsymbol{G}$ 和奇偶校验矩阵 $\boldsymbol{H}$ 都不是系统形式的。但是，通过对它们各自的行进行简单的运算，就可以将其转变为系统形式，如例 1 所示。

循环码的编码

前面已经指出，系统形式的(n,k)循环码的编码过程分为三步：

- 将消息多项式 $\boldsymbol{m}(X)$ 乘以 X^{n-k}；
- 将多项式 $X^{n-k}\boldsymbol{m}(X)$ 除以生成多项式 $\boldsymbol{g}(X)$，得到余式 $\boldsymbol{b}(X)$；
- 将 $\boldsymbol{b}(X)$ 与 $X^{n-k}\boldsymbol{m}(X)$ 相加，得到期望的码多项式。

这三个步骤可以通过图 10.8 所示的编码器来实现，该编码器是由$(n-k)$级线性反馈移位寄存器(Linear feedback shift register)构成的。

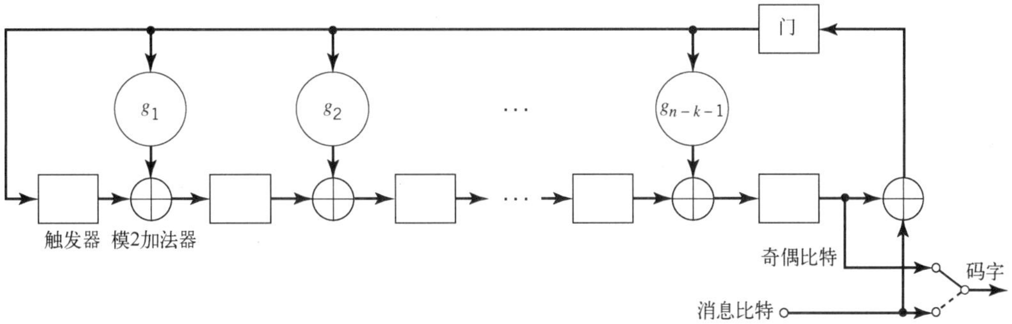

图 10.8　(n,k)循环码的编码器

图 10.8 中的方框表示触发器(Flip-flop)，或者是单位延时单元(Unit-delay element)。触发器是能够驻留在某一种状态的器件，其状态有两种可能性，分别用 0 或 1 表示。一个外部时钟(External clock，未在图 10.8 中显示)对所有触发器的运行进行控制。时钟每跳动一次，触发器(其状态被初始化为 0)的内容就按箭头的方向移出。除了触发器，图 10.8 的编码器还包含第二种逻辑单元，称为加法器(Adder)，加法器能够对其各个输入进行模 2 求和。最后，乘法器(Multiplier)将其输入乘以相关的系数。特别地，如果系数 $g_i=1$，乘法器就只是一个直接的“连接”。另一方面，如果系数 $g_i=0$，乘法器就相当于是断开的(即“没有连接”)。

图 10.8 所示编码器的工作步骤如下：

1. 门被打开，因此 k 个消息比特被送入信道。一旦 k 个消息比特进入移位寄存器，寄存器中得到的$(n-k)$个比特就构成了奇偶校验比特[奇偶校验比特与余式 $\boldsymbol{b}(X)$的系数是相同的]。
2. 门被关闭，从而切断反馈连接。
3. 将移位寄存器中的内容读出来送入信道。

校正子的计算

假设码字$(c_0,c_1,\cdots,c_{n-1})$经过噪声信道以后，在接收端得到的接收码字为 $r_0,r_1,\cdots,r_{n-1}$。由 10.3 节可知，在线性分组码的译码过程中，第一步是计算接收码字的校正子。如果校正子为 0，则接收码字中没有因传输造成的误码。另一方面，如果校正子不等于 0，则接收码字中存在着传输误码，需要进行纠错。

在系统形式的循环码中，校正子可以比较容易地计算出来。用一个阶数小于或者等于 $n-1$ 阶的多项式表示接收向量，如下所示：

$$\boldsymbol{r}(X)=r_0+r_1X+\cdots+r_{n-1}X^{n-1}$$

令 $\boldsymbol{q}(X)$ 表示将 $\boldsymbol{r}(X)$ 除以生成多项式 $\boldsymbol{g}(X)$ 得到的商式，$\boldsymbol{s}(X)$ 表示其余式。于是，我们可以将 $\boldsymbol{r}(X)$ 表示为

$$\boldsymbol{r}(X) = \boldsymbol{q}(X)\boldsymbol{g}(X) + \boldsymbol{s}(X) \tag{10.43}$$

余式 $\boldsymbol{s}(X)$ 是阶数小于或者等于 $n-k-1$ 阶的多项式，它是感兴趣的结果。由于其系数组成了 $(n-k)\times 1$ 维校正子，所以被称为校正子多项式(Syndrome polynomial)。

在图 10.9 中，给出了一个校正子计算器，除了接收比特是从左边馈入到反馈移位寄存器的第 $n-k$ 级，它与图 10.8 所示的编码器是完全相同的。一旦所有接收比特都被移入移位寄存器，就可以根据其内容确定出校正子 $\boldsymbol{s}$。

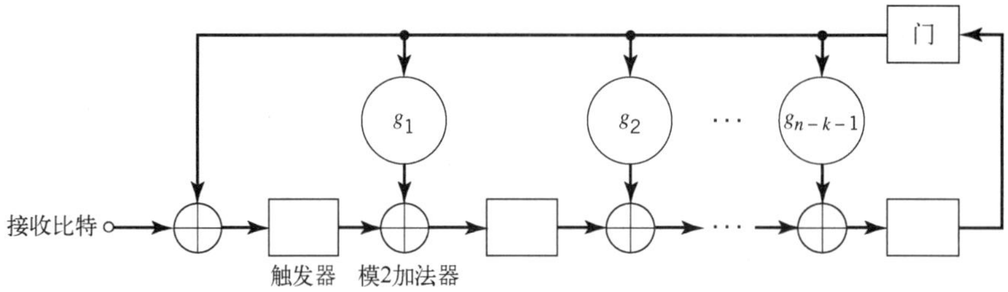

图 10.9 (n,k) 循环码的校正子计算器

根据式(10.43)给出的定义可知，校正子多项式 $\boldsymbol{s}(X)$ 具有下列有用性质。

性质 1

接收码多项式的校正子也是对应的误码多项式的校正子。

假设将一个多项式为 $\boldsymbol{c}(X)$ 的循环码发送至噪声信道上，则接收码多项式被确定为

$$\boldsymbol{r}(X) = \boldsymbol{c}(X) + \boldsymbol{e}(X)$$

其中，$\boldsymbol{e}(X)$ 是误码多项式。等效地，我们可以写出

$$\boldsymbol{e}(X) = \boldsymbol{r}(X) + \boldsymbol{c}(X)$$

于是，将式(10.32)和式(10.43)代入前面的等式中，可以得到

$$\boldsymbol{e}(X) = \boldsymbol{u}(X)\boldsymbol{g}(X) + \boldsymbol{s}(X) \tag{10.44}$$

其中，商式为 $\boldsymbol{u}(X)=\boldsymbol{a}(X)+\boldsymbol{q}(X)$。式(10.44)表明，$\boldsymbol{s}(X)$ 也是误码多项式 $\boldsymbol{e}(X)$ 的校正子。这个性质的意义在于，当校正子多项式 $\boldsymbol{s}(X)$ 不为零时，将会检测到接收码字中存在着传输误码。

性质 2

如果接收码多项式 $\boldsymbol{r}(X)$ 的校正子为 $\boldsymbol{s}(X)$，则将 $\boldsymbol{r}(X)$ 循环移位后的 $X\boldsymbol{r}(X)$ 的校正子是 $X\boldsymbol{s}(X)$。

对式(10.43)的两边同时进行循环移位，得到

$$X\boldsymbol{r}(X) = X\boldsymbol{q}(X)\boldsymbol{g}(X) + X\boldsymbol{s}(X) \tag{10.45}$$

因此，不难发现 $X\boldsymbol{s}(X)$ 是 $X\boldsymbol{r}(X)$ 除以 $\boldsymbol{g}(X)$ 的余式。于是，$X\boldsymbol{s}(X)$ 是 $X\boldsymbol{r}(X)$ 的校正子。可将这个结论推广为：如果 $\boldsymbol{s}(X)$ 是 $\boldsymbol{r}(X)$ 的校正子，则 $X^i\boldsymbol{s}(X)$ 是 $X^i\boldsymbol{r}(X)$ 的校正子。

性质 3

假设误码被限制为接收码多项式 $\boldsymbol{r}(X)$ 的 $(n-k)$ 个奇偶校验比特，那么校正子多项式 $\boldsymbol{s}(X)$ 与误码多项式 $\boldsymbol{e}(X)$ 是相同的。

这里所做的假设是下列结论的另一种表达方式，即误码多项式 $\boldsymbol{e}(X)$ 的阶数小于或者等于 $(n-k-1)$。由于生成多项式 $\boldsymbol{g}(X)$ 的阶数是 $(n-k)$ 阶，根据定义，只有当商式 $\boldsymbol{u}(X)$ 等于 0 时，才能满足式(10.44)的要求。换句话说，误码多项式 $\boldsymbol{e}(X)$ 和校正子多项式 $\boldsymbol{s}(X)$ 是同一个(或相等的)多项式。因此，性质 3 的意义在于，在上述条件下，纠错可以很容易地通过将校正子多项式 $\boldsymbol{s}(X)$ 加上接收向量 $\boldsymbol{r}(X)$ 来实现。

▷

例 2　汉明码的回顾

为了举例说明循环码的多项式表示的相关问题，考虑一个(7,4)循环码的产生过程。由于分组长度为 $n=7$，首先将 X^7+1 分解为三个不可约多项式(Irreducible polynomial)：

$$X^7+1=(1+X)(1+X^2+X^3)(1+X+X^3)$$

“不可约多项式”是指已经无法用二进制系数的多项式来进行因式分解的多项式。如果一个 m 阶的不可约多项式能整除 X^n+1，且最小正整数 $n=2^m-1$，则这个不可约多项式被称为本原(Primitive)多项式。在这个例子中，$(1+X^2+X^3)$ 和 $(1+X+X^3)$ 就是两个本原多项式。取

$$\boldsymbol{g}(X)=1+X+X^3$$

作为生成多项式，其阶数等于奇偶校验比特数。这意味着奇偶校验多项式为

$$\begin{aligned}\boldsymbol{h}(X)&=(1+X)(1+X^2+X^3)\\&=1+X+X^2+X^4\end{aligned}$$

其阶数等于信息比特数 $k=4$。

接下来，我们利用这个生成多项式对消息序列 1001 进行编码，以此为例来说明构造一个码字的过程。对应的消息多项式为

$$\boldsymbol{m}(X)=1+X^3$$

因此，将 $\boldsymbol{m}(X)$ 乘以 $X^{n-k}=X^3$，可以得到

$$X^{n-k}\boldsymbol{m}(X)=X^3+X^6$$

第二步是将 $X^{n-k}\boldsymbol{m}(X)$ 除以 $\boldsymbol{g}(X)$，其具体过程(对于本例而言)如下：

$$\begin{array}{r l}
 & X^3+X \\
X^3+X+1 & \overline{)\,X^6 \qquad\qquad +X^3} \\
 & \underline{X^6 \qquad X^4+X^3} \\
 & \qquad\qquad X^4 \\
 & \qquad\qquad \underline{X^4 \qquad +X^2+X} \\
 & \qquad\qquad\qquad\qquad X^2+X
\end{array}$$

注意到在这个长除式中，我们认为减法和加法是相同的，因为这里进行的是模 2 运算。于是可以写出

$$\frac{X^3+X^6}{1+X+X^3}=X+X^3+\frac{X+X^2}{1+X+X^3}$$

也就是说，商式 $\boldsymbol{a}(X)$ 和余式 $\boldsymbol{b}(X)$ 分别为

$$\boldsymbol{a}(X)=X+X^3$$

$$\boldsymbol{b}(X)=X+X^2$$

因此，根据式(10.35)，可以得到期望的码向量为

$$\begin{aligned}\boldsymbol{c}(X)&=\boldsymbol{b}(X)+X^{n-k}\boldsymbol{m}(X)\\&=X+X^2+X^3+X^6\end{aligned}$$

因此，得到的码字为 0111001。最右边的 4 个比特 1001 就是消息比特。左边的三个比特 011 是奇偶校验比特。这样产生的码字和表 10.1 中给出的(7,4)汉明码中的对应码字是完全相同的。

我们可以将这一结果推广为：

一个本原多项式产生的任意循环码都是最小距离为 3 的汉明码。

下面，我们将说明生成多项式 $\boldsymbol{g}(X)$ 和奇偶校验多项式 $\boldsymbol{h}(X)$ 分别唯一地确定生成矩阵 $\boldsymbol{G}$ 和奇偶校验矩阵 $\boldsymbol{H}$。

为了构造 4×7 的生成矩阵 $\boldsymbol{G}$，我们从下面 4 个向量开始，它们是 $\boldsymbol{g}(X)$ 以及它的三个循环移位形式，即

$$g(X) = 1 + X + X^3$$
$$Xg(X) = X + X^2 + X^4$$
$$X^2g(X) = X^2 + X^3 + X^5$$
$$X^3g(X) = X^3 + X^4 + X^6$$

多项式 $\boldsymbol{g}(X)$, $X\boldsymbol{g}(X)$, $X^2\boldsymbol{g}(X)$ 和 $X^3\boldsymbol{g}(X)$ 分别表示(7,4)汉明码的码多项式。如果将这些多项式的系数作为 4×7 维矩阵各行的元素，则可以得到下列生成矩阵：

$$\boldsymbol{G}' = \begin{bmatrix} 1&1&0&1&0&0&0 \\ 0&1&1&0&1&0&0 \\ 0&0&1&1&0&1&0 \\ 0&0&0&1&1&0&1 \end{bmatrix}$$

显然，按照这种方法构造的生成矩阵 $\boldsymbol{G}'$ 不是系统形式的。可以通过将第 1 行加到第 3 行上，并且将前面两行的和加到第 4 行上，就可以把该矩阵转化为系统形式。经过这些处理以后，就能够得到想要的生成矩阵

$$\boldsymbol{G} = \begin{bmatrix} 1&1&0&1&0&0&0 \\ 0&1&1&0&1&0&0 \\ 1&1&1&0&0&1&0 \\ 1&0&1&0&0&0&1 \end{bmatrix}$$

这正好与例 1 的结果相同。

接下来，我们将由奇偶校验多项式 $\boldsymbol{h}(X)$ 构造出 3×7 维奇偶校验矩阵 $\boldsymbol{H}$。为此，首先取 $\boldsymbol{h}(X)$ 的倒数，即 $X^4\boldsymbol{h}(X^{-1})$。对于现在讨论的问题，构造出下列三个向量，它们是 $X^4\boldsymbol{h}(X^{-1})$ 以及它的两个移位形式，如下所示：

$$X^4\boldsymbol{h}(X^{-1}) = 1 + X^2 + X^3 + X^4$$
$$X^5\boldsymbol{h}(X^{-1}) = X + X^3 + X^4 + X^5$$
$$X^6\boldsymbol{h}(X^{-1}) = X^2 + X^4 + X^5 + X^6$$

利用这三个向量的系数作为 3×7 维奇偶校验矩阵各行的元素，得到

$$\boldsymbol{H}' = \begin{bmatrix} 1&0&1&1&1&0&0 \\ 0&1&0&1&1&1&0 \\ 0&0&1&0&1&1&1 \end{bmatrix}$$

同样可以发现，矩阵 $\boldsymbol{H}'$ 也不是系统形式的。为了将其转化为系统形式，我们将第 3 行加到第 1 行上，得到

$$\boldsymbol{H} = \begin{bmatrix} 1&0&0&1&0&1&1 \\ 0&1&0&1&1&1&0 \\ 0&0&1&0&1&1&1 \end{bmatrix}$$

这也和例 1 中的结果相同。

在图 10.10 中，给出了由多项式 $\boldsymbol{g}(X)=1+X+X^3$ 生成的(7,4)循环汉明码的编码器。为了举例说明编码器的工作过程，我们考虑消息序列(1001)。移位寄存器的内容被输入消息比特做了改变，如表 10.3 所示。在经过 4 次移位以后，移位寄存器中的内容，即奇偶校验比特就变成了(011)。因此，将这些奇偶校验比特加到消息比特(1001)上面，就可以得到码字(0111001)。这个结果与例 1 中得出的结论完全相同。

在图 10.11 中，给出了对应的(7,4)汉明码校正子计算器。如果发送的码字为(0111001)，而接收的码字为(0110001)，也就是说中间比特出现了误码。移位寄存器初始化为 0，当接收比特被送入移位寄存器时，寄存器的内容就发生了变化，如表 10.4 所示。当第 7 次移位结束时，校正子就可以

从寄存器的内容中被识别出来，即为 110。由于校正子不是全 0，所以接收码字中存在着误码。此外，由表 10.2 可知，对应于这个校正子的差错图样是 0001000。这说明误码发生在接收码字的中间比特，实际情况也确实如此。

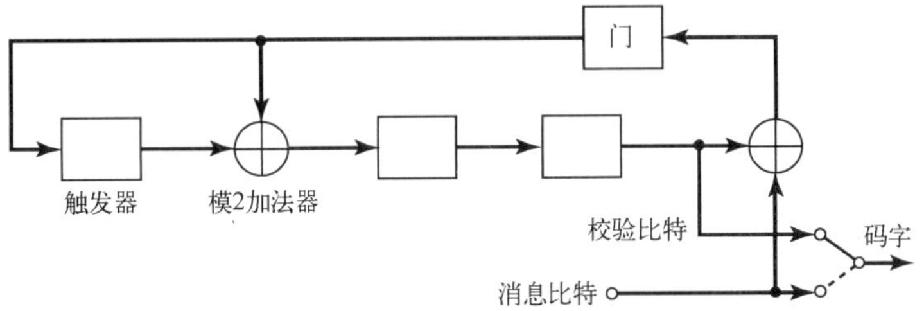

图 10.10　由多项式 $\boldsymbol{g}(X)=1+X+X^3$ 生成的(7,4)循环汉明码的编码器

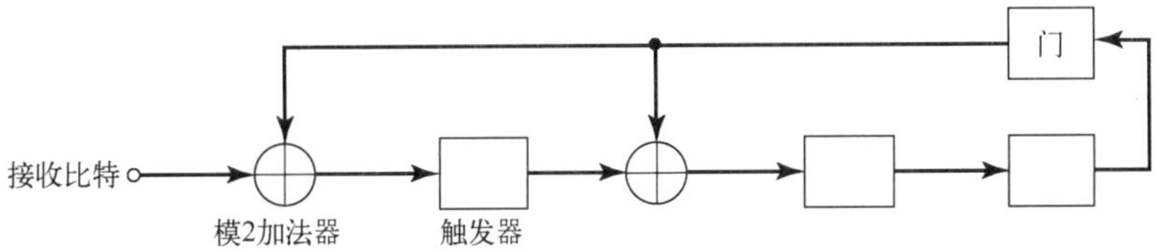

图 10.11　由多项式 $\boldsymbol{g}(X)=1+X+X^3$ 生成的(7,4)循环汉明码的校正子计算器

表 10.3　输入消息序列(1001)时，图 10.10 所示编码器中移位寄存器的内容

移位	输入比特	移位寄存器的内容
		000(初始状态)
1	1	110
2	0	011
3	0	111
4	1	011

表 10.4　接收码字为(0110001)时，图 10.11 所示校正子计算器中的内容

移位	输入比特	移位寄存器的内容
		000(初始状态)
1	1	100
2	0	010
3	0	001
4	0	110
5	1	111
6	1	001
7	0	110

例 3　最大长度码

对于任意的正整数 $m\geqslant 3$，存在着一个最大长度码(Maximal-length code)[4]，其参数如下：

分组长度：　$n=2^m-1$

消息比特的个数：　$k=m$

最小距离：　$d_{\min}=2^{m-1}$

最大长度码是由下列形式的向量生成的：

$$\boldsymbol{g}(X)=\frac{1+X^n}{\boldsymbol{h}(X)} \tag{10.46}$$

其中，$\boldsymbol{h}(X)$是一个 m 阶的本原多项式。前面我们已经指出，由本原多项式生成的任何循环码都是最小距离为 3 的汉明码(参见例 2)。因此，最大长度码就是汉明码的对偶码(Dual)。

多项式 $\boldsymbol{h}(X)$决定了编码器中的反馈连接方式。假设编码器的初始状态是 00…01，那么生成多项式 $\boldsymbol{g}(X)$就定义了一个周期的最大长度码。为了说明这一点，以一个(7,3)最大长度码为例，如例 2 所述，这个码就是(7,4)汉明码的对偶码。于是，选取

$$\boldsymbol{h}(X)=1+X+X^3$$

我们发现(7,3)最大长度码的生成多项式为

$$g(X) = 1 + X + X^2 + X^4$$

在图 10.12 中，给出了(7,3)最大长度码的编码器。码周期为 $n=7$。因此，假设编码器的初始状态为 001，如图 10.12 所示，则可以发现输出序列为

$$\underbrace{1\ 0\ 0}_{\text{初始状态}}\quad \underbrace{1\ 1\ 1\ 0\ 1\ 0\ 0}_{g(X) = 1 + X + X^2 + X^4}$$

通过图 10.12 所示编码器的循环，可以很容易验证上述结果。

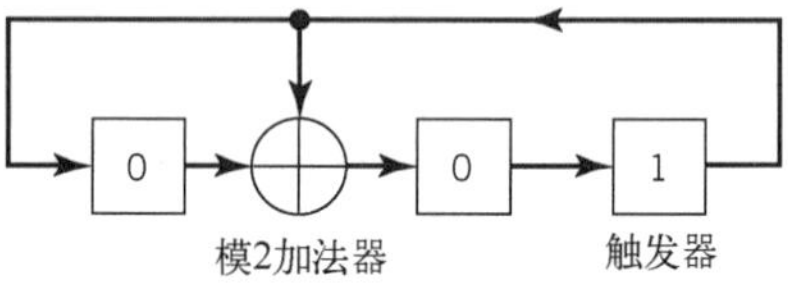

图 10.12 (7,3)最大长度码编码器。图中给出了编码器的初始状态

需要注意的是，如果选择另一个本原多项式，即

$$h(X) = 1 + X^2 + X^3$$

来产生(7,3)最大长度码，则只能得到上述码的“镜像”，并且输出序列将被实时地“翻转”。

里德-所罗门码

如果不讨论或者简要讨论里德-所罗门码(Reed-Solomon codes，简称 RS 码)[5]，那么对差错控制循环码的研究就是不完整的。

与本节讨论的循环码不同的是，RS 码是一种非二进制码(Nonbinary code)。一个循环码被称为是非二进制的，如果给定码向量

$$\boldsymbol{c} = (c_0, c_1, \cdots, c_{n-1})$$

的系数 $\{c_i\}_{i=0}^{n-1}$ 不是二进制的 0 或者 1。相反，c_i 自身是由 0 和 1 的序列组成的，每个序列的长度为 k。因此，RS 码被称为 q 进制码，这意味着用来构造这种码的字符集的大小为 $q=2^k$。具体而言，一个 (n,k) RS 码用来将 m 比特的符号组编码为由 $n=2^m-1$ 个符号组成的分组，其中每个符号由 m 个比特组成。也就是说，共有 $m(2^m-1)$ 个比特，其中 $m \geqslant 1$。于是，编码算法通过加上 $n-k$ 个冗余的符号，将一个 k 个符号的分组扩展为 n 个符号的分组。当 m 是 2 的整数次幂时，这 m 个比特的符号被称为字节(Byte)。通常采用的 m 值等于 8，实际上 8 比特的里德-所罗门码是非常有效的。

一个可以纠正 t 个差错的 RS 码具有下列参数：

分组长度：	$n=2^m-1$ 个符号
消息长度：	k 个符号
奇偶校验长度：	$n-k=2t$ 个符号
最小距离：	$d_{\min}=2t+1$ 个符号

RS 码的分组长度比码符号的长度小 1，并且最小距离的个数比奇偶校验符号的个数多 1。RS 码非常有效地利用了冗余，并且分组长度和符号的大小都可以很容易调整，以便适应不同的消息长度。同时，RS 码还提供了大范围的码率，这样就可以选择不同的码率来优化性能，在一些实际应用中已经出现了可用的有效 RS 技术。特别地，RS 码的一个突出特点是，它能够纠正突发差错(Burst of error)，因此被应用于无线通信中消除衰落现象。

10.6 卷积码

在分组码中，编码器接收一个 k 比特的消息分组并生成一个 n 比特的码字，它包含 $n-k$ 个奇偶校验比特。这样，码字就是以逐个分组为基础产生的。显然，在生成相关的码字以前，编码器必须缓存完整的消息分组。但是，存在这样一种应用，其中消息比特是以串行(Serially)方式输入而不是以一个大的分组输入的，此时采用缓存器是不现实的。在这种情况下，采用卷积编码(Convolutional code)是一种更好的方法。卷积编码器通过模 2 卷积(Modulo-2 convolution)来产生冗余，由此而得名[6]。

码率为 $1/n$（用比特/符号来度量）的二进制卷积码的编码器可以被视为一个有限状态机（Finite-state machine），这个状态机包含一个 M 级的移位寄存器，它们与 n 个模 2 加法器具有规定的连接方式，然后在加法器的输出端再串接一个复接器。一个消息比特序列产生长度为 $n(L+M)$ 比特的编码输出序列，其中 L 表示消息序列长度。因此，码率（Code rate）为

$$\begin{aligned} r &= \frac{L}{n(L+M)} \\ &= \frac{1}{n(1+M/L)} \quad \text{比特/符号} \end{aligned} \tag{10.47}$$

通常，取 $L>>M$，此时码率又可以近似为

$$r \approx \frac{1}{n} \quad \text{比特/符号} \tag{10.48}$$

卷积码的一个重要特征是它的约束长度，其定义如下：

卷积码的约束长度用消息比特来表示，它被定义为单个输入消息比特能够对编码器输出产生影响的移位个数。

在有 M 级移位寄存器的编码器中，编码器的存储器（Memory）容量为 M 个消息比特。对应地，从一个消息比特进入移位寄存器直到它最终输出，共需要 $M+1$ 次移位，因此编码器的约束长度为 $\nu=M+1$。

在图 10.13 中，给出了消息比特数 $n=2$、约束长度 $\nu=3$ 的卷积码编码器。在这个例子中，编码器的码率为 1/2。编码器通过卷积过程，每次处理输入消息序列中的一个比特，因此它被称为一个非系统（Nonsystematic）码。

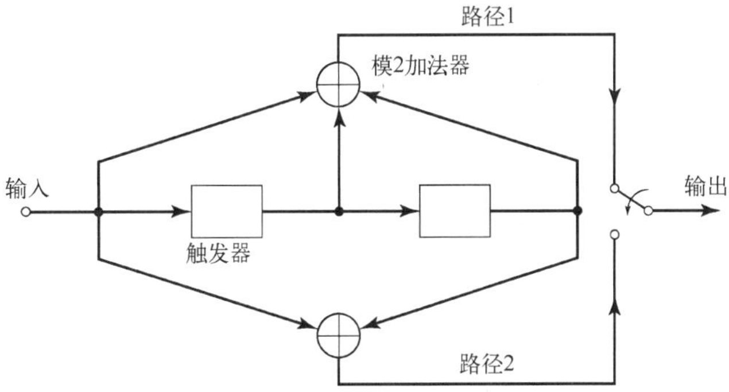

图 10.13　约束长度为 3、码率为 1/2 的卷积码编码器

连接卷积码编码器的输出与输入的每一条路径都可以用其冲激响应（Impulse response）来表征，其定义如下：

在卷积码编码器中，某条路径的冲激响应就是将符号 1 作为该编码器输入时得到的这条路径的响应，编码器中的每个触发器都被初始化为零状态。

等效地，我们也可以采用生成多项式来表征每条路径，它被定义为冲激响应的单位时延变换（Unit-delay transform）。具体而言，令生成序列（Generator sequence）$(g_0^{(i)}, g_1^{(i)}, g_2^{(i)}, \cdots, g_M^{(i)})$ 表示第 i 条路径的冲激响应，其中系数 $g_0^{(i)}, g_1^{(i)}, g_2^{(i)}, \cdots, g_M^{(i)}$ 等于符号 0 或者 1。对应地，第 i 条路径的生成多项式（Generator polynomial）被定义为

$$g^{(i)}(D) = g_0^{(i)} + g_1^{(i)}D + g_2^{(i)}D^2 + \cdots + g_M^{(i)}D^M \tag{10.49}$$

其中，D 表示单位时延变量（Unit-delay variable）。完整的卷积码编码器可以用一组生成多项式 $\{g^{(i)}(D)\}_{i=1}^{M}$ 来描述。

例 4 卷积码编码器

再次考虑图 10.13 中所示的卷积码编码器，为方便起见，将它的两条路径分别标为 1 和 2。路径 1（上面的路径）的冲激响应为(1,1,1)。因此，这条路径的生成多项式为

$$g^{(1)}(D) = 1 + D + D^2$$

路径 2(下面的路径)的冲激响应为(1,0,1)。因此，这第二条路径的生成多项式为

$$g^{(2)}(D) = 1 + D^2$$

比如，对于输入消息序列(10011)，我们有下列多项式表示：

$$m(D) = 1 + D^3 + D^4$$

由傅里叶变换可知，时域的卷积可以转化为 D 域的乘积。因此，路径 1 的输出多项式为

$$\begin{aligned} c^{(1)}(D) &= g^{(1)}(D)m(D) \\ &= (1 + D + D^2)(1 + D^3 + D^4) \\ &= 1 + D + D^2 + D^3 + D^6 \end{aligned}$$

其中，注意到根据二进制运算法则，求和项 D^4+D^4 和 D^5+D^5 都为零。因此，我们可以立即导出路径 1 的输出序列为(1111001)。类似地，路径 2 的输出序列为

$$\begin{aligned} c^{(2)}(D) &= g^{(2)}(D)m(D) \\ &= (1 + D^2)(1 + D^3 + D^4) \\ &= 1 + D^2 + D^3 + D^4 + D^5 + D^6 \end{aligned}$$

因此，路径 2 的输出序列为(1011111)。最后，将路径 1 和路径 2 的输出序列进行复用(Multiplexing)，可以得到编码序列为

$$\boldsymbol{c} = (11, 10, 11, 11, 01, 01, 11)$$

注意到长度 $L=5$ 比特的消息序列编码后产生了长度为 $n(L+\nu-1)=14$ 比特的输出序列。还注意到由于移位寄存器被恢复到零初始状态，因此在消息序列的最后输入比特中加上了 $\nu-1=2$ 个 0 组成的终止序列。这个包含 $\nu-1$ 个零值的终止序列称为消息尾(Tail of the message)。

编码树、网格图和状态图

从传统上讲，卷积码编码器的结构特性可以用下面等效的图示法中的任意一种来表示：编码树、网格图和状态图。

尽管卷积码编码器的这三种图形表示看起来确实不同，但是它们的构成遵循下列相同的法则：

输入比特 0 产生的码分支被画成实线，而输入比特 1 产生的码分支则是虚线。

在此以后，我们把这个惯例称为卷积码编码器的图形法则(Graphical rule)。

我们将利用图 10.13 中的卷积码编码器作为例子，来说明这三种图示法所具有的意义。

编码树

首先从图 10.14 中的编码树(Code tree)来讨论卷积码编码器的图形表示。树的每个分支表示一个输入符号，对应的二进制输出符号标注在分支上。通常采用上面描述的图形法则来区分输入比特是 0 还是 1。于是，按照消息序列从左至右查找码树中的某条特定路径。这条路径中各分支上对应的编码比特就构成了消息序列(10011)，该序列是图 10.13 所示编码器的输入。按照上述步骤，我们发现对应的编码序列为(11,10,11,11,01)，这与例 4 中得到的$\{c_i\}$的前 5 对比特相同。

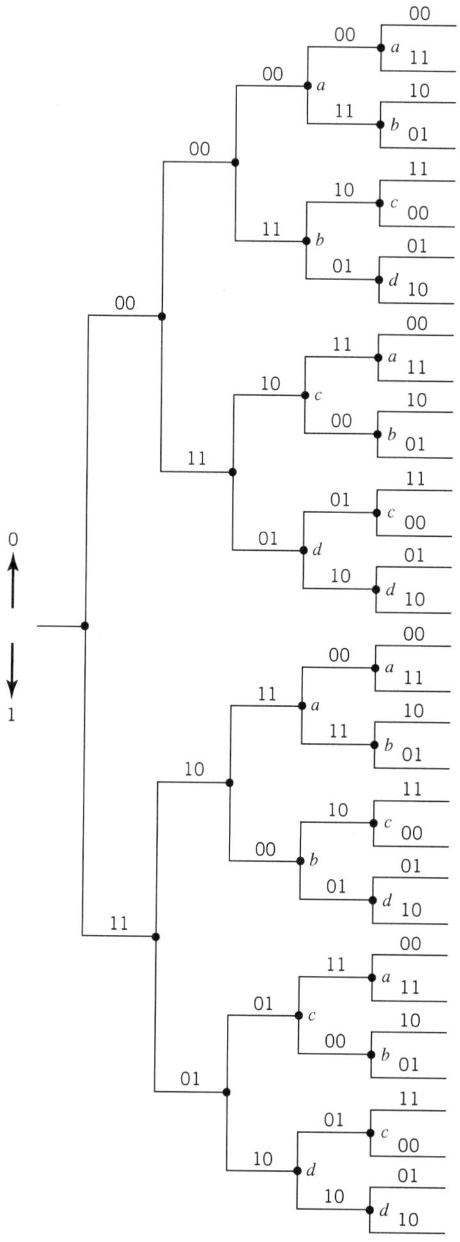

图 10.14　图 10.13 所示的卷积码编码器的编码树

网格图

从图 10.14 所示的编码树中还可以发现，在前面 3 个分支以后，编码树开始重复(Repetitive)。事实上，在第 3 个分支以后，标记为 a 的两个节点是完全相同的。其他同标号的节点对也是如此。通过检验图 10.13 所示的编码器，我们可以确定编码树的这种重复特性。由于编码器只能存储 $M = \nu - 1 = 2$ 个消息比特。因此我们发现，当第 3 个比特进入编码器时，第 1 个比特就会移出寄存器。所以，在第 3 个分支以后，消息序列(100 m_3 $m_4\cdots$)和(000 m_3 $m_4\cdots$)就会生成相同的编码符号，并且可以将标号为 a 的一对节点结合到一起。同理，码树中的其他节点也是如此。因此，可将图 10.14 所示的编码树折叠得到一个如图 10.15 所示的新形式，它被称为网格图(Trellis)。之所以这样命名，是因为网格图是一种具有反复出现分支的树形结构。在图 10.15 中，用来区分输入符号是 0 还是 1 的常用方法是：

在网格图中，输入二进制符号 0 产生的码分支用实线表示，而输入 1 产生的码分支则被画成虚线。

和前面一样，每个消息序列对应于一条通过网格图的特定路径。例如，我们很容易发现在图 10.15 中，消息序列(10011)产生的输出编码序列是(11,10,11,11,01)，这与前面的结果一致。

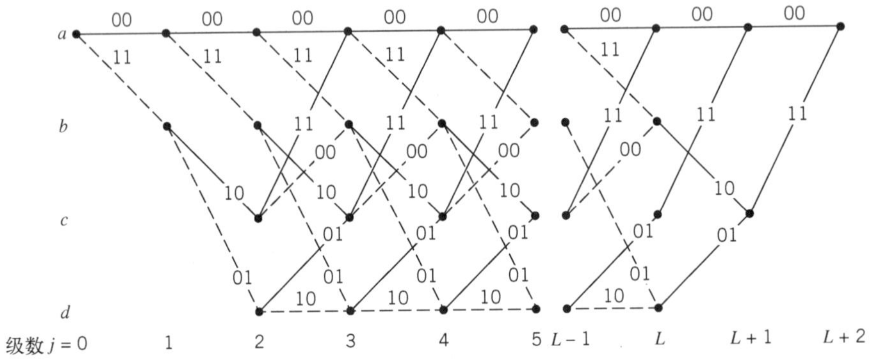

图 10.15 图 10.13 所示的卷积码编码器的网格图

状态的概念

从概念上讲，网格图比编码树更具有启发性，这是因为从中能够明显看出相关的卷积码编码器实际上确实是有限状态机(Finite-state machine)。从根本上讲，这种状态机是由抽头移位寄存器组成的，由于其具有有限状态，因而将其命名为有限状态机。因此，我们可以方便地指出：

码率为 $1/n$ 的卷积码编码器的状态可以根据存储器(即移位寄存器)中保存的最小消息比特数来确定。

比如，图 10.13 中的卷积码编码器的移位寄存器由两个存储单元组成。因为每个存储单元中保存的消息比特为 0 或者 1，因此编码器的状态是 $2^2=4$ 个可能状态中的任意一个，如表 10.5 所示。

表 10.5 图 10.13 所示卷积码编码器的状态表

状态	二进制描述
a	00
b	10
c	01
d	11

在描述卷积码编码器时，从下列意义上讲，状态概念是非常重要的：

只要给定当前消息比特和编码器的状态，就可以完全确定出编码器输出端产生的码字。

为了说明这个结论，考虑约束长度为 ν、码率为 $1/n$ 的卷积码编码器这种一般情形。令在时间单元 j 时编码器的状态被表示为

$$S=(m_{j-1},m_{j-2},\cdots,m_{j-\nu+1})$$

则第 j 个码字 c_j 可以由状态 S 和当前的消息比特 m_j 来完全确定。

现在我们理解了状态概念以后，在图 10.15 中给出了当 $\nu=3$ 时图 10.13 中所示简单卷积码编码器的网格图。从该图中我们可以清楚地发现，网格图具有下列唯一特性：

网格图描绘了卷积码编码器的状态随着时间的变化情况。

更具体地说，前面 $\nu-1=2$ 个时间步对应于编码器离开初始状态的过程，而最后 $\nu-1=2$ 个时间步则对应于编码器返回初始状态的过程。显然，在网格图中前面 $\nu-1$ 级和后面 $\nu-1$ 级这两个特殊部分中，不是所有编码器状态都可以到达的。但是，在网格图的中间部分，也就是时间步 j 位于 $\nu-1\leqslant j\leqslant L$ 的范围内时(其中 L 是输入消息序列的长度)，我们确实发现编码器的所有 4 个可能的状态都是可以到达的。值得注意的是，网格图的中间部分表现出其固定的周期性结构(Fiexd periodic structure)，如图 10.16(a)所示。

状态图

接下来，我们可以利用表征网格图的周期性结构来讨论卷积码编码器的状态图。具体而言，考虑网格图中对应于时刻j和$j+1$的中间部分。假设在图 10.13 的例子中$j \geq 2$，编码器的当前状态可能是a,b,c或者d中的任意一个。为了便于叙述，我们在图 10.16(a)中重新画出这部分。左边的 4 个节点表示编码器的 4 个可能的当前状态，而右边的节点表示其后面的状态。显然，我们可以将左右两边的节点合并起来。这样可以得到编码器的状态图(State graph)，如图 10.16(b)所示。图中的节点表示编码器的 4 个可能状态a,b,c和d，每个节点都有两个输入分支和两个输出分支，它们都遵循前面描述的图形法则。

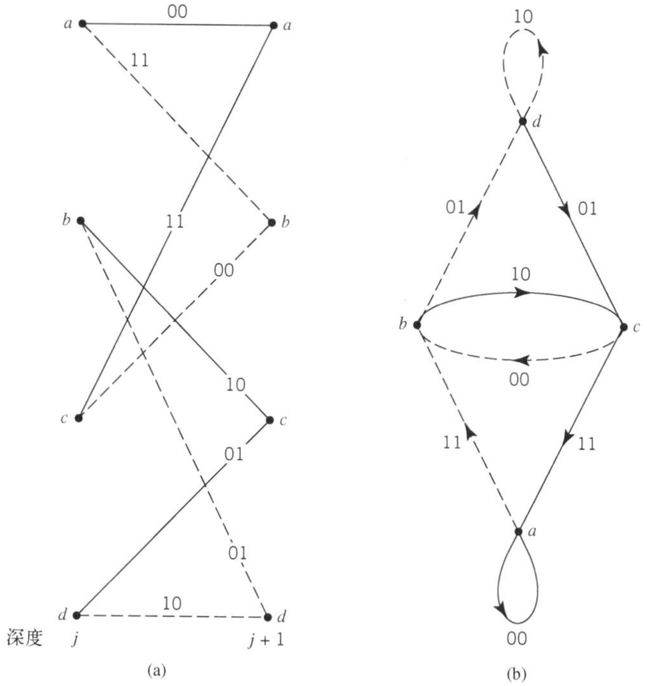

图 10.16　(a)图 10.13 所示编码器网格图的中间部分；(b)图 10.13 所示卷积码编码器的状态图

每个分支上的二进制标号表示编码器由一个状态转变到另一个状态时的输出。例如，假设编码器的当前状态是(01)，用节点c来表示。将输入符号 1 应用到图 10.13 所示的编码器，得到状态(10)以及编码器输出为(00)。因此，借助于这个状态图，我们很容易确定出图 10.13 所示编码器对于任意输入消息序列产生的输出。我们简单地从初始状态全部为 0(Initial all-zero state)的状态a开始，按照消息序列穿过状态图前进。如果输入比特是 0，则走实线分支；如果输入比特是 1，则走虚线分支。每通过一个分支，就输出该分支上对应的二进制标号。例如，考虑消息序列为(10011)。对于这个输入，沿着状态图通过的路径是$abcabd$，因此输出序列为(11,10,11,11,01)，这与前面得到的结果完全相同。因此，卷积码编码器的输入-输出关系也可以通过其状态图来完全描述。

递归系统卷积码

到目前为止，本节讨论的卷积码都属于非系统类型的前馈结构。还有另一种完全相反的线性卷积码，不仅是递归结构的而且还是系统类型的，它们被称为递归系统卷积(RSC)码(Recursive systematic convolutional code)。

图 10.17 给出了一个简单 RSC 码的例子，该图具有下列两个突出特性：

1. 这种码是系统的(Systematic)，因为在时间单位 j 的输入消息向量 $\boldsymbol{m}_j$ 规定了编码器输出中码向量 $\boldsymbol{c}_j$ 的系统部分。
2. 这种码是递归的(Recursive)，因为码向量中的另一个组成即奇偶校验向量 $\boldsymbol{b}_j$ 与消息向量 $\boldsymbol{m}_j$ 之间的关系是通过下列模 2 递归方程(Modulo-2 recursive equation)建立的：

$$\boldsymbol{m}_j + \boldsymbol{b}_{j-1} = \boldsymbol{b}_j \tag{10.50}$$

其中，$\boldsymbol{b}_{j-1}$ 是保存在编码器的存储器中 $\boldsymbol{b}_j$ 的过去值。

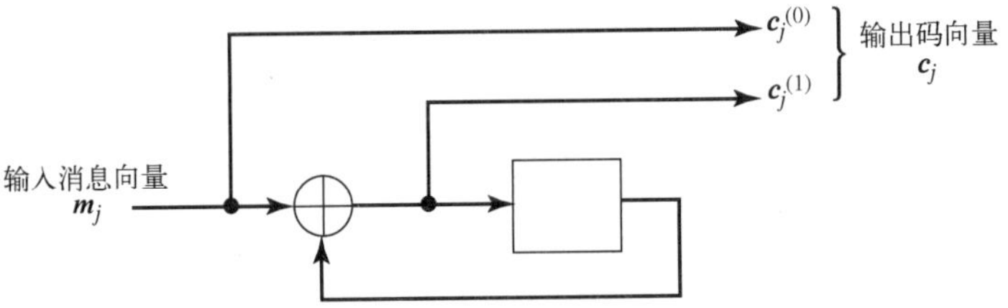

图 10.17 递归系统卷积(RSC)编码器举例

从分析的观点来看，在研究 RSC 码时，在变换后的 D 域比在时域中更加方便。根据定义，我们有

$$\boldsymbol{b}_{j-1} = D[\boldsymbol{b}_j] \tag{10.51}$$

因此，可以将式(10.50)重新写为下列等效形式：

$$\boldsymbol{b}_j = \frac{1}{1+D}[\boldsymbol{m}_j] \tag{10.52}$$

其中，传输函数 $1/(1+D)$ 对 $\boldsymbol{m}_j$ 进行处理，产生 $\boldsymbol{b}_j$。因为码向量 $\boldsymbol{c}_j$ 是由消息向量 $\boldsymbol{m}_j$ 后接奇偶校验向量 $\boldsymbol{b}_j$ 构成的，于是我们可以将对消息向量 $\boldsymbol{m}_j$ 响应产生的码向量 $\boldsymbol{c}_j$ 表示如下：

$$\begin{aligned}\boldsymbol{c}_j &= (\boldsymbol{m}_j, \boldsymbol{b}_j) \\ &= \left(1, \frac{1}{1+D}\right)\boldsymbol{m}_j\end{aligned} \tag{10.53}$$

因此，图 10.17 中 RSC 码的编码生成器(Code generator)可以通过下列矩阵给出：

$$\boldsymbol{G}(D) = \left(1, \frac{1}{1+D}\right) \tag{10.54}$$

一般而言，我们可以得出下列结论：

对于递归系统卷积码，变换域矩阵 $\boldsymbol{G}(D)$ 比对应的时域矩阵 $\boldsymbol{G}$ 更容易用于编码生成器，因为 $\boldsymbol{G}$ 的元素包含无限长的序列。

对于奇偶校验生成器 $\boldsymbol{H}(D)$ 与其对应的时域矩阵 $\boldsymbol{H}$ 相比，上述结论同样也能很好地适用。

使卷积码具有递归性质的基本原理是，将移位寄存器中一个或者多个抽头输出反馈到编码器输入中，这样就可以使移位寄存器的内部状态依赖于其过去的输出值。这种改进与前向卷积码相比，对差错图样的行为模式产生了深刻影响，这可以通过下列结论来予以强调：

由于在编码器中采用了反馈，RSC 码的系统比特中出现的单个误码会引起无穷多的奇偶校验误码。

递归卷积码的这种性质是 Turbo 码能够实现显著性能的关键因素之一，这将在 10.12 节中进行讨论。在那里我们将会看到，反馈不仅在 Turbo 码的编码器中起着关键作用，而且在译码器中也是如此。由于后面将会介绍更加明显的原因，在 10.12 节中将继续对 Turbo 编码进行讨论。

10.7 卷积码的最优译码

与此同时，我们重新对编码器为前馈类型的卷积码进行讨论，目的是得出两种不同的译码算法，每一种算法根据其自身的准则都是最优的。

第一个算法是最大似然(ML)译码算法(Maximum likelihood decoding algorithm),译码器自身被称为最大似然译码器(在第 3 章中对最大似然估计进行了讨论)。这种译码器的突出特点在于,在每个码字具有相等概率的假设条件下,它产生的输出码字的条件概率总是最大的。从第 3 章中关于概率论的讨论可知,给定一个量 θ 后随机变量 X 的条件概率密度函数可以被重新认为是 θ 的似然函数,这个函数在给定参数 θ 条件下依赖于 X。因此,我们可以得出下列结论:

> 在卷积码的最大似然译码中,需要最大化的度量是码字的似然函数,它被表示为噪声信道输出的一个函数。

第二个算法是最大后验(MAP)概率译码算法(Maximum a posteriori probability decoding algorithm),其译码器相应地被称为 MAP 译码器。根据这第二个算法的名字,我们可以得出下列结论:

> 在卷积码的 MAP 译码中,需要最大化的度量是码字的后验概率,它被表示为给定比特的似然函数与这个比特的先验概率的乘积。

这两个译码算法按照它们各自的准则来讲都是最优的,其区别在于:

> ML 译码算法产生最有可能的码字作为其输出。另一方面,MAP 译码算法则对接收到的序列以逐比特的方式进行处理,从而产生最有可能的符号作为其输出。

用另一种方式来表述,可以说:

> ML 译码器使选择错误码字的概率最小化,而 MAP 译码器使译码的 BER 最小化。

通常情况下,ML 译码器的实现更加简单,因此它在实际中被广泛采用。然而,在下面两种情况下,却宁愿选择 MAP 译码算法而不是 ML 译码算法:

1. 信息比特不是相等概率的情况。
2. 在接收机中采用迭代译码,此时从一次迭代到下一次迭代过程中消息比特的先验概率会发生变化。Turbo 译码会出现这种情况,这将在 10.12 节中进行讨论。

两种译码算法的应用

在 10.8 节中,将 ML 译码算法应用于卷积码。我们这样做实际上是采用一种简单的方法来对卷积码进行译码。这种简单方法也能适用于另一种类型的码,它被称为网格编码调制,将在 10.15 节中进行讨论。

接下来,在 10.9 节中,我们将继续研究 MAP 译码算法。10.9 节的篇幅以及 10.10 节中给出的示例再次表明了这两种卷积码译码算法的复杂性。在得到 MAP 算法及其改进形式以后,10.12 节和 10.13 节将讨论它们在 Turbo 码中的应用。正是根据这两节的内容,我们发现了反馈在 Turbo 码译码中的实际好处。

10.8　卷积码的最大似然译码

在讨论卷积码译码时,首先阐述最大似然译码的基本原理。为了最好地理解其原理,我们采用网格图来进行阐述,它以分离的状态图来表示译码过程中的每个时间步。

令 $\boldsymbol{m}$ 表示消息向量(Message vector),$\boldsymbol{c}$ 表示由编码器送入离散无记忆信道作为输入的相应码向量(Code vector)。再令 $\boldsymbol{r}$ 表示接收向量(Received vector),由于信道噪声的原因,它实际上与发送的码向量 $\boldsymbol{c}$ 总是不一致。给定接收向量 $\boldsymbol{r}$,要求译码器得到消息向量 $\boldsymbol{m}$ 的估计值 $\hat{\boldsymbol{m}}$。由于消息向量 $\boldsymbol{m}$ 和码向量 $\boldsymbol{c}$ 是一一对应的,所以译码器能够等效地求出码向量的估计值 $\hat{\boldsymbol{c}}$。于是,可以令

$$\hat{\boldsymbol{m}} = \boldsymbol{m},\quad \text{当且仅当}\ \hat{\boldsymbol{c}} = \boldsymbol{c}$$

否则,在接收机中必然会存在译码差错(Decoding error)。在给定接收向量 $\boldsymbol{r}$ 条件下,只有当译码错

误的概率最小化时，用来选择估计值 $\hat{c}$ 的译码规则(Decoding rule)才被称为是最优的。根据第 7 章中关于 AWGN 信道上信号传输的知识，我们可以指出：

对于等概率消息，如果选取的估计值 $\hat{c}$ 能够使对数似然函数最大化，则译码差错的概率就是最小的。

令$\mathbb{P}(\boldsymbol{r}|\boldsymbol{c})$表示发送向量 $\boldsymbol{c}$ 情况下接收到向量 $\boldsymbol{r}$ 的条件概率。对数似然函数等于 $\ln\mathbb{P}(\boldsymbol{r}|\boldsymbol{c})$，其中 ln 表示自然对数。则用于判决的最大似然译码器(Maximum likelihood decoder)可以描述如下：

选取估计值 $\hat{c}$，使得对数似然函数 $\ln\mathbb{P}(\boldsymbol{r}|\boldsymbol{c})$ 取最大值。

下面考虑二进制对称信道这种特殊情形。在此情况下，发送码向量 $\boldsymbol{c}$ 和接收向量 $\boldsymbol{r}$ 都是长度为 N 的二进制序列。自然地，由于信道噪声引起的误码，这两个序列之间在某些位置上可能会出现相互不同的情况。分别以 c_i 和 r_i 表示 $\boldsymbol{c}$ 和 $\boldsymbol{r}$ 的第 i 个元素。于是有

$$\mathbb{P}(\boldsymbol{r}|\boldsymbol{c}) = \prod_{i=1}^{N} p(r_i|c_i)$$

相应地，对数似然函数为

$$\ln\mathbb{P}(\boldsymbol{r}|\boldsymbol{c}) = \sum_{i=1}^{N} \ln p(r_i|c_i) \tag{10.55}$$

式(10.55)中的 $p(r_i|c_i)$ 这一项表示转移概率(Transition probability)，它被定义为

$$p(r_i|c_i) = \begin{cases} p, & r_i \neq c_i \\ 1-p, & r_i = c_i \end{cases} \tag{10.56}$$

再假设接收向量 $\boldsymbol{r}$ 和发送的码向量 $\boldsymbol{c}$ 在码字中正好有 d 个位置不同，根据定义，d 这个数就是向量 $\boldsymbol{r}$ 和向量 $\boldsymbol{c}$ 之间的汉明距离。因此，我们可以将式(10.55)中的对数似然函数重新写为

$$\begin{aligned} \ln p(\boldsymbol{r}|\boldsymbol{c}) &= d\ln p + (N-d)\ln(1-p) \\ &= d\ln\left(\frac{p}{1-p}\right) + N\ln(1-p) \end{aligned} \tag{10.57}$$

通常而言，当 $p<1/2$ 时，可以认为差错发生的概率已经足够低。我们还注意到，$N\ln(1-p)$ 对于所有 $\boldsymbol{c}$ 都是一个常数。因此，可以将二进制对称信道的最大似然译码规则重新表述为：

选取估计值 $\hat{c}$，使得接收向量 $\boldsymbol{r}$ 和发送码向量 $\boldsymbol{c}$ 之间的汉明距离最小化。

也就是说，对于二进制对称信道而言，最大似然译码可以简化为最小距离译码(Minimum distance decoder)。在这种译码器中，将接收向量 $\boldsymbol{r}$ 与所有可能的发送向量 $\boldsymbol{c}$ 进行对比，选择最接近于 $\boldsymbol{r}$ 的一个作为正确的发送码向量。这里"最接近"的意思是指码向量与接收向量之间的二进制符号不同的个数最少(即汉明距离最小)。

维特比算法

二进制对称信道的最大似然译码和最小距离译码之间的等效性意味着，我们现在可以通过在码的编码树中选择一条路径来对卷积码进行译码，要求这条路径的编码序列与接收序列之间在最少数量的位置上出现不同。由于码的编码树与网格图之间是等效的，所以可以等效地采用网格图表示法来限制可能路径的选择。宁愿选择网格图而不是编码树的原因，主要是网格图在每个时刻的节点数不会随着输入消息比特数的增加而持续增长，相反，它会始终保持为常数 $2^{\nu-1}$，其中 ν 是码的约束长度。

例如，考虑如图 10.15 中卷积码的网格图，其中码率 $r=1/2$，约束长度 $\nu=3$。通过观察，我们发现在网格图中时间单位 $j=3$ 这一级的 4 个节点中，每个节点都有两条进入的路径。另外，这两条路径都从这个节点继续向前延伸。显然，最小距离译码器需要在这一点处进行判决：应该保留这两条路径中的哪一条路径而使系统性能不会受到任何损失。在 $j=4$ 这一级也要进行类似的判决，以此类

推。这一系列判决过程完全是维特比算法(Viterbi algorithm)[7]对网格图所要做的工作。该算法通过计算网格图中每条可能路径的距离度量(即差异)来完成，因此可以得出下列结论：

某一特定路径的距离度量被定义为这条路径所表示的编码序列和接收序列之间的汉明距离。

这样，对于图 10.15 所示网格图中的每个节点(状态)，维特比算法将对进入它们的两条路径进行比较。距离度量小的路径被保留，另一条路径则被丢弃。这种计算在网格图的每个时间单位 j(即第 j 级)上不断重复，$M \leqslant j \leqslant L$，其中 $M=\nu-1$ 是编码器的存储器个数，L 是输入消息序列的长度。由算法保留下来的那条路径被称为留存路径(Survivor)或者激活路径(Active path)。比如，对于约束长度 $\nu=3$ 的卷积码，不会超过 $2^{\nu-1}=4$ 条留存路径且它们的距离度量将被保存。以刚才描述的这种方式计算出的 $2^{\nu-1}$ 条路径的列表总能确保包含有最大似然的选择。

在维特比算法的应用中存在一个难题，就是在对进入同一个状态的两条路径进行比较时，总有可能出现两条路径的距离度量相等的情况。如果遇到这种情况，就只能通过类似于抛硬币这种简单猜测方法来决定了(即只是随机地进行猜测)。

总之：

维特比算法是一种最大似然译码器，这种算法对于 AWGN 信道以及二进制对称信道而言都是最优的。

这个算法可以按照逐步计算的方式进行，在表 10.6 中对其进行了总结。

表 10.6　维特比算法小结

维特比算法是一种最大似然译码器，它对于任意离散无记忆信道而言都是最优的。它包括三个基本步骤。从计算角度来看，第 2 步中所谓的相加-比较-选择(Add-Compare-Select，ACS)操作是维特比算法的核心
初始化 将网格图的全零状态设置为零 计算第 1 步：时间单位 j 在某个时间单位 j 开始进行计算，确定进入网格图每个状态的路径的距离度量。然后，识别出留存路径并保存每个状态的距离度量 计算第 2 步：时间单位 $j+1$ 对于下一个时间单位 $j+1$，确定进入状态的所有 $2^{\nu-1}$ 条路径的距离度量，其中 ν 是卷积码编码器的约束长度。然后完成下列操作： (a) 将进入状态的距离度量与前一个时间单位 j 的留存路径的距离度量相加 (b) 对进入状态的所有 $2^{\nu-1}$ 条路径的距离度量进行比较 (c) 选择具有最大距离度量的留存路径，将其与距离度量一起保存起来，网格图中所有其他路径则被丢弃 计算第 3 步：继续搜索直到收敛为止 如果时间单位 $j<L+L'$，则重复第 2 步，其中 L 是消息序列的长度，L'是终止序列的长度 一旦到达时间单位 $j=L+L'$，就停止计算

▷

例 5　接收序列为全零时的正确译码

假设图 10.13 所示的编码器产生了一个全零序列，它被送入二进制对称信道，接收序列为(0100010000…)。由于信道噪声的原因，接收序列中有两个误码：一个是第 2 比特，另一个是第 6 比特。我们希望通过利用维特比译码算法来说明这个双差错图样是可以纠正的。

在图 10.18 中，我们给出了 $j=1,2,3,4,5$ 时维特比算法的计算结果。从图中可以看出，在 $j=2$ 处(第一次)有 4 条路径，每条路径对应于编码器 4 个状态中的一个。图中还给出了计算得到的每一级的各条路径的距离度量。

在图 10.18 的左边，对于 $j=3$，给出了进入每个状态的路径及各自对应的距离度量。在图的右边，给出了 $j=3,4,5$ 时由维特比算法得到的 4 条留存路径。观察图中 $j=5$ 时的 4 条留存路径，可以发现全零路径的距离度量最小，于是从这点开始，向前保留这条距离度量最小的路径。这清楚地表明，全零序列确实是维特比译码算法的最大似然选择，它恰好与发送序列完全一致。

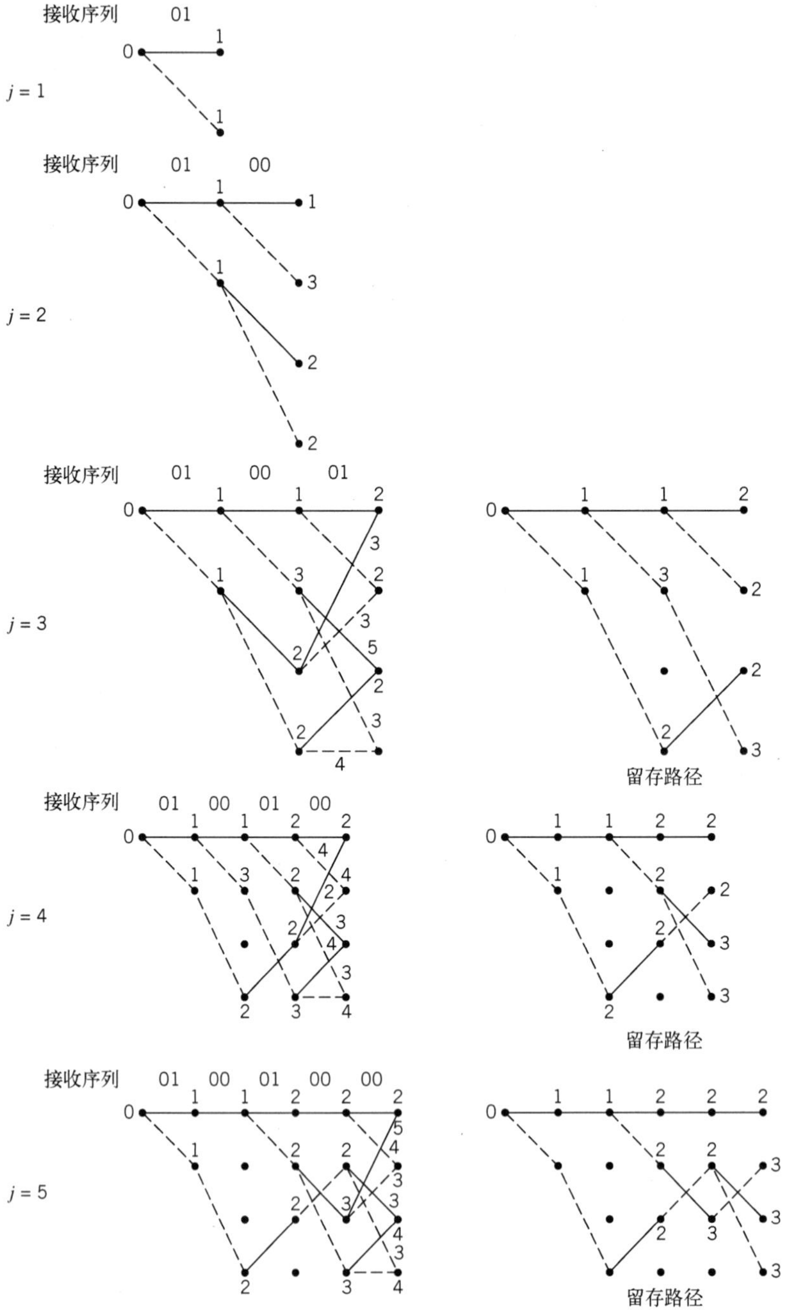

图 10.18 例 5 中维特比算法的分步说明

例 6 接收序列为全零时的错误译码

下面，假设接收序列为(1100010000…)，与发送的全零序列相比，接收序列包含 3 个误码。其中两个误码彼此相邻，而第 3 个误码距离较远。

在图 10.19 中，我们给出了 $j=1,2,3,4$ 时维特比译码的结果。从这第二个例子中可以发现，正确的译码路径在 $j=3$ 被破坏。显然，当卷积码的码率为 1/2 且约束长度为 $\nu=3$ 时，用维特比译码是不能纠正有 3 个差错的图样的。但是，这个规则有一个例外，就是当 3 个误码的分散间隔大于约束长度时，维特比算法就很有可能实现正确译码。

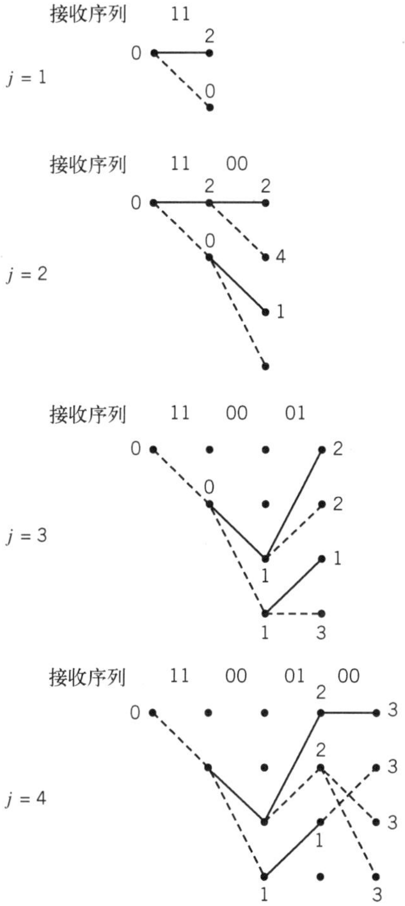

图 10.19 例 6 中维特比算法的分步说明

从例 5 和例 6 中可以获得什么

在例 5 中接收序列中存在两个误码，而在例 6 中则有 3 个误码，其中两个误码彼此相邻，而第 3 个误码距离较远。在这两个举例中，用于生成发送序列的编码器都是相同的。它们之间的区别在于，例 6 中的误码个数超过了最大似然译码算法的纠错能力，这是我们要讨论的下一个主题。

卷积码的自由距离

卷积码的性能不仅取决于所用的译码算法，而且与码自身的距离特性有关。衡量一个卷积码抗信道噪声能力的最重要的指标是自由距离(Free distance)，记为 d_{free}。它被定义如下：

卷积码的自由距离为该码中任意两个码字之间的最小汉明距离。

因此，当且仅当 $d_{free}>2t$ 时，自由距离为 d_{free} 的卷积码才能够纠正 t 个误码。

自由距离可以很容易地从卷积码编码器的状态图中得到。比如，考虑图 10.16(b)，它给出了图 10.13 中编码器的状态图。任何非零码序列都分别对应于一条完整的路径，这些路径均起始于 00

状态(即阶段 a)又终止于 00 状态。于是，我们发现将这些路径上的节点按照图 10.20 中改进状态图的方式分开是很有意义的，它可以被视为一个信号流图(Signal-flow graph)，其中只有一个输入和一个输出。

一个信号流图是由节点(Node)和带方向的分支(Branche)组成的，其操作规则如下：

1. 在每个分支上，都将其输入节点的信号乘以表征该分支的传输函数。
2. 一个有输入分支的节点将其所有分支产生的信号进行求和。
3. 一个节点的信号将均等地分配给所有由这个节点输出的分支。
4. 图中的转移函数是输出信号与输入信号的比值。

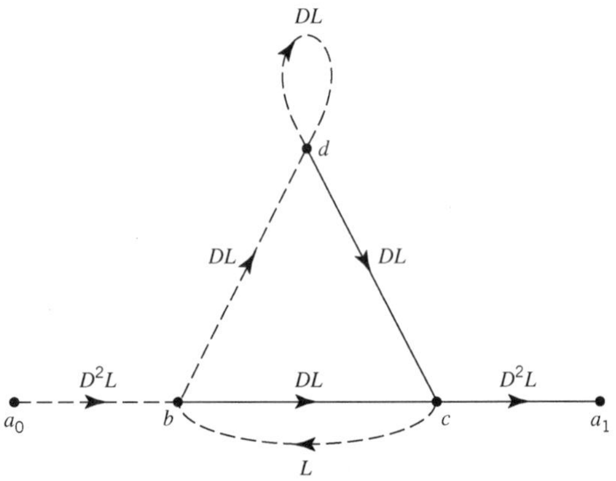

图 10.20 卷积码编码器的改进状态图

再回到图 10.20 所示的信号流图，图中分支上 D 的指数表示对应于该分支的编码器输出的汉明权值。此处的符号 D 不要与 10.6 节中的单位延迟变量混淆，L 不要与消息序列长度混淆。L 的指数总是等于 1，这是因为每个分支的长度均为 1。令 $T(D,L)$ 表示信号流图的转移函数，其中 D 和 L 都是虚拟变量。对于图 10.20 中的例子，可以利用规则 1,2 和 3 很容易得到下列输入-输出关系：

$$\left.\begin{aligned} b &= D^2La_0 + Lc \\ c &= DLb + DLd \\ d &= DLb + DLd \\ a_1 &= D^2Lc \end{aligned}\right\} \tag{10.58}$$

其中，a_0,b,c,d 和 a_1 分别表示图中的节点信号。求解式(10.58)中的方程组，可以得到比值 a_1/a_0，于是转移函数为

$$T(D,L) = \frac{D^5L^3}{1-DL(1+L)} \tag{10.59}$$

利用二项展开式，可以等效地将 $T(D,L)$ 表示为

$$\begin{aligned} T(D,L) &= D^5L^3(1-DL(1+L))^{-1} \\ &= D^5L^3\sum_{i=0}^{\infty}(DL(1+L))^i \end{aligned}$$

在上式中令 $L=1$，于是可以得到用幂级数形式表示的距离转移函数(Distance transfer function)为

$$T(D,1) = D^5 + 2D^6 + 4D^7 + \cdots \tag{10.60}$$

由于自由距离是卷积码中任意两个码字之间的最小距离，而距离转移函数 $T(D,1)$ 列举出了间隔为给定距离的码字个数，因此，式(10.60)中 $T(D,1)$ 中第一项的指数就被定义为自由距离。于是，根据该式可以得出图 10.13 所示卷积码的自由距离为 $d_{free}=5$。

这个结果表明，在接收序列中最多有两个误码是可以纠正的，这是因为两个或者两个以下的误码使接收序列与发送序列之间的汉明距离最多为 2，而与码字中其他任何编码序列之间的汉明距离至少为 3。换句话说，尽管发送过程中出现了任意的两个误码，但是与其他可能的发送序列相比，接收序列仍然是最接近于发送序列的。但是，如果在接收序列中出现 3 个或者更多个间隔更近的传输误码，则这个结论就不再成立了。这里得到的观察结果进一步证实了前面例 5 和例 6 中得到的结果。

渐进编码增益

编码器状态图的转移函数采用类似于图 10.20 所示的方式进行改进以后，可以用来估算一个给定译码方案的 BER 界(Bound on the BER)。然而，详细的估算方法已经超出了本书讨论的范围[8]。这里仅对两种特殊信道的结果进行概括，即二进制对称信道和二进制输入 AWGN 信道，假设采用相干检测的二进制 PSK 调制。

1. 二进制对称信道

二进制对称信道可以被视为以二进制 PSK 作为调制方式，以硬判决进行解调的 AWGN 信道。对于非编码的二进制 PSK 系统而言，二进制对称信道的转移概率 p 等于其误比特率(BER)。回顾第 7 章的知识，可知对于 E_b/N_0值即每比特信号能量与噪声功率谱密度的比值比较大时，无编码的二进制 PSK 的误比特率由指数因子 $\exp(-E_b/N_0)$决定。另一方面，采用同一种调制方式的卷积编码的误比特率则由指数因子 $\exp(-d_{free}rE_b/2N_0)$决定，其中 r 为码率，d_{free}为卷积码的自由距离。作为衡量采用硬判决译码的编码方式带来的误码性能改进的指标，可以用指数来将渐进编码增益(Asymptotic coding gain)定义如下(以 dB 表示)：

$$G_a = 10\lg\left(\frac{d_{free}r}{2}\right)\ \text{dB} \tag{10.61}$$

2. 二进制输入 AWGN 信道

下面考虑没有采用输出量化[即输出幅度在$(-\infty,\infty)$范围内]的无记忆二进制输入 AWGN 信道情形。对于这种信道，理论表明对于大的 E_b/N_0值而言，卷积码的二进制 PSK 的误比特率由指数因子 $\exp(-d_{free}rE_b/N_0)$决定，其参数如前所述。在这种情况下，可以将渐进编码增益定义为

$$G_a = 10\lg(d_{free}r)\ \text{dB} \tag{10.62}$$

分别比较第一种情况和第二种情况得到的式(10.61)和式(10.62)，可以发现具有二进制输入的 AWGN 信道的渐进编码增益要比二进制对称信道的大 3 dB。换句话说，如果要获得相同的误码性能，对于大的 E_b/N_0值而言，二进制对称信道的发射机必须发送比二进制输入 AWGN 信道的发射机大 3 dB 的信号能量(或功率)。显然，采用无量化解调器输出代替硬判决更具有性能上的优势。但是，这是以增加译码器的复杂度为代价的，因为其中要求接收机接收模拟输入信号。

通过采用二进制输入 Q 进制输出的离散无记忆信道，其中表示电平数 $Q=8$，可以得到二进制输入的 AWGN 信道的渐进编码增益近似在 0.25 dB 以内。这意味着，为了实际应用，可以采用执行有限输出量化(典型情况是 $Q=8$)的软判决译码器(Soft-decision decoder)来避免需要模拟译码器，同时还能够实现接近于最优值的性能。

维特比算法的实际限制

当接收序列很长时，维特比算法的存储需求会变得很大，在这种情况下必须做出一定的折中。在实际中经常采用的方法是，对译码器的路径存储器进行“截取”，具体如下：

> 指定一个长度为 l 的译码窗口，算法对相应的接收序列帧进行处理，并且在经过 l 步以后结束。然后判决“最优”路径，并且将与该路径的第一条分支相关的符号释放给用户。而将与该路径的最后一条分支相关的符号取下来。然后，译码窗口向前移动一个时间间隔。在对下一个码帧做出判决以后，继续重复这个过程。

自然地，按照上述方法做出的译码判决不再是真正的最大似然判决，但是只要选取的译码窗口足够长，则它们可以得到几乎很好的结果。实验和分析已经表明，如果译码窗口长度 l 是卷积码约束长度 ν 的 5 倍或者更长时，它就能够获得令人满意的结果。

10.9 卷积码的最大后验概率译码

如果对 10.8 节中讨论的卷积译码方法进行总结，我们可以说对于给定的接收向量 $\boldsymbol{r}$(它是卷积编码向量 $\boldsymbol{c}$ 的噪声形式)，维特比算法计算出的码向量 $\hat{\boldsymbol{c}}$ 能够使对数似然函数取得最大值。对于二进制对称信道，码向量 $\hat{\boldsymbol{c}}$ 使接收向量 $\boldsymbol{r}$ 与发送向量 $\boldsymbol{c}$ 之间的汉明距离最小化。而对于更一般的 AWGN 信道情形，这个结果等效于寻找与接收向量 $\boldsymbol{r}$ 的欧几里得距离最近的向量 $\hat{\boldsymbol{c}}$。简而言之：给定向量 $\boldsymbol{r}$，维特比算法寻找最有可能的向量 $\hat{\boldsymbol{c}}$，使得条件概率 $\mathbb{P}(\hat{\boldsymbol{c}}\neq\boldsymbol{c}\,|\,\boldsymbol{r})$ 最小化，它是序列差错率(Sequence error rate)或者码字差错率(Word error rate)。

然而，实际上我们通常是对 BER 感兴趣的，它被定义为条件概率$\mathbb{P}(\hat{m}_i\neq m_i\,|\,\boldsymbol{r})$，其中 m_i是消息向量 $\hat{\boldsymbol{m}}$ 的第 i 个比特的估计值。我们知道 BER 的值确实有可能与序列差错率不同，因此需要能够使 BER 最小化的概率译码算法。

这要归功于 Bahl, Cocke, Jelinek 和 Raviv(1974 年)的工作，他们提出了一种算法能够使译码模型中状态的后验概率最大化，同时也使从一个状态到另一个状态的转移概率最大化。现在，为了向 4 位提出者表示敬意，已经把这种译码算法命名为 BCJR 算法。BCJR 算法适用于任意线性码，无论它是分组码还是卷积码类型。然而，正如我们所预料的，BCJR 算法的计算复杂度会比维特比算法的更高。但是，当接收向量 $\boldsymbol{r}$ 中的消息比特具有相等概率时，却宁愿选择维特比算法而不是 BCJR 算法。当然，如果消息比特不是等概率的，则 BCJR 算法的译码性能优于维特比算法。另外，在以 Turbo 译码(将在 10.12 节中讨论)为代表的迭代译码方法中，消息比特的先验概率可能会随着迭代进程而变化，在这种情况下，BCJR 算法能够提供最佳性能。

在此以后，可以把 BCJR 算法和最大后验概率(MAP)译码算法这两个术语互换使用。

MAP 译码算法

MAP 译码器的功能是根据在接收机中计算出的原始消息比特的估计值来计算对数后验比(Log-a-posteriori ratio)的值。下面针对应用于二进制输入-连续输出 AWGN 信道[9]的速率为 $1/n$ 的卷积码情形，导出 MAP 译码算法。

在本节后面的内容中，我们采用比特 0 和 1 的下列映射关系：

比特 0→−1 电平

比特 1→+1 电平

于是，给定分组长度为 L 的消息序列，我们可以将消息向量 $\boldsymbol{m}$ 表示如下：

$$\boldsymbol{m} = (m_0, m_1, \cdots, m_{L-1})$$

其中

$$m_j = \pm 1, \qquad j = 0, 1, \cdots, L-1$$

消息向量 $\boldsymbol{m}$ 中的各个元素被称为消息比特(Message bit)。在任何情况下，向量 $\boldsymbol{m}$ 被编码为码字 $\boldsymbol{c}$，它又在信道输出端产生有噪声的接收信号向量 $\boldsymbol{r}$。然而，注意到向量 $\boldsymbol{r}$ 的元素可以取正值或者是负值，由于加性信道噪声的模拟特性，这些值在理论上可能为无穷大。

在继续讨论以前，还需要对在推导 MAP 译码算法过程中要用到的两个自然对数概念即对数似然比予以关注：

1. 先验 L 值，记为 $L_a(m_j)$，它被定义为消息比特 $m_j=-1$ 和 $m_j=+1$ 的先验概率的自然对数比，这些消息比特是由发射机中编码器输入端的信源产生的。
2. 后验 L 值，记为 $L_p(m_j)$，它被定义为消息比特 $m_j=-1$ 和 $m_j=+1$ 的条件后验概率的自然对数比，这些消息比特是由接收机中译码器输入端的信道输出给出的。

下面将首先关注 $L_p(m_j)$，而在本节后面才对 $L_a(m_j)$ 进行讨论。

对于消息 $m_j=\pm1$，需要考虑两个条件概率：即 $\mathbb{P}(m_j=+1|\boldsymbol{r})$ 和 $\mathbb{P}(m_j=-1|\boldsymbol{r})$。这两个概率被称为后验概率(A Posteriori Probabilities，APP)。就这两个 APP 而言，对数后验 L 值(Log-a-posteriori L-value)被定义为

$$L_p(m_j) = \ln\left(\frac{\mathbb{P}(m_j=+1|\boldsymbol{r})}{\mathbb{P}(m_j=-1|\boldsymbol{r})}\right) \tag{10.63}$$

后面为了简洁，我们将 $L_p(m_j)$ 简称为在时间单位 j 的消息比特 m_j 的后验 L 值。在计算出一组 L_p 值以后，译码器通过下列公式进行硬判决：

$$\hat{m}_j = \begin{cases} +1, & L_p(m_j)>0, \\ -1, & L_p(m_j)<0, \end{cases} \qquad j=0,1,\cdots,L-1 \tag{10.64}$$

其中，L 是消息序列的长度；不要把这个 L 与前面的两个 L 值 $L_a(m_j)$ 和 $L_p(m_j)$ 相混淆。

给定接收向量 $\boldsymbol{r}$，可以通过联合概率密度函数 $f(m_j=+1,\boldsymbol{r})$ 将条件概率 $\mathbb{P}(m_j=+1|\boldsymbol{r})$ 表示如下：

$$\mathbb{P}(m_j=+1|\boldsymbol{r}) = \frac{f(m_j=+1|\boldsymbol{r})}{f(\boldsymbol{r})}$$

其中，$f(\boldsymbol{r})$ 为接收向量 $\boldsymbol{r}$ 的概率密度函数，这个公式是根据联合概率的定义得到的。

类似地，我们也可以把第二个条件概率 $\mathbb{P}(m_j=-1|\boldsymbol{r})$ 表示为

$$\mathbb{P}(m_j=-1|\boldsymbol{r}) = \frac{f(m_j=-1|\boldsymbol{r})}{f(\boldsymbol{r})}$$

于是，利用这两个条件性质，并且消除公共项 $f(\boldsymbol{r})$，我们可以将式(10.63)中的后验 L 值重新表示为下列等效形式：

$$L_p(m_j) = \ln\left(\frac{f(m_j=+1|\boldsymbol{r})}{f(m_j=-1|\boldsymbol{r})}\right) \tag{10.65}$$

这个等式为导出 MAP 译码算法奠定了基础。

基于格型框架的推导方法

由于计算复杂度非常受关注，因此我们提出利用卷积码的格型结构作为基础来推导 MAP 译码算法。为此，令 Σ_j^+ 表示对应于消息比特 $m_j=+1$ 的状态 $s_j=s'$ 和 $s_{j+1}=s$ 的所有状态对(State-pair)的集合。于是，可以将条件概率密度函数 $f(m_j=+1|\boldsymbol{r})$ 表示为下列展开形式：

$$f(m_j=+1|\boldsymbol{r}) \propto \sum_{(s',s)\in\Sigma_j^+} f(s_j=s', s_{j+1}=s, \boldsymbol{r}) \tag{10.66}$$

其中，符号 $\propto$ 代表成比例。类似地，也可以将另一个条件概率密度函数重新表示如下：

$$f(m_j=-1|\boldsymbol{r}) \propto \sum_{(s',s)\in\Sigma_j^-} f(s_j=+1, s_j=-1, \boldsymbol{r}) \tag{10.67}$$

其中，Σ_j^- 表示对应于消息比特 $m_j=-1$ 的状态 $s_j=s'$ 和 $s_{j+1}=s$ 的所有状态对的集合。因此，将式(10.66)和式(10.67)代入式(10.65)中，并且注意到在式(10.66)和式(10.67)中的比例因子是共有的，因此可以消除掉，于是在时间单位 j 的消息比特 m_j 的后验 L_p 值具有下列等效形式：

$$L_p(m_j) = \ln\left(\frac{\displaystyle\sum_{(s',s)\in\Sigma_j^+} f(s_j=s', s_{j+1}=s, \boldsymbol{r})}{\displaystyle\sum_{(s',s)\in\Sigma_j^-} f(s_j=s', s_{j+1}=s, \boldsymbol{r})}\right) \tag{10.68}$$

式(10.68)为 MAP 译码算法的前向-后向计算提供了数学基础。在此背景下，注意到式(10.68)中的下列特点是很重要的：

在网格图中，将时间单位 j 的状态与下一个时间单位 $j+1$ 的状态连接起来的每条分支，总是属于式(10.68)中的两个求和项之一。

前向–后向递归：基本术语和假设

下面，我们的任务是说明如何利用前向和后向递归方法来以递归方式计算出式(10.68)中的一对联合概率密度函数。

牢记这个重要任务以后，下面介绍一些新的重要术语。首先，将接收向量 $\boldsymbol{r}$ 表示为下列三元组：

$$\boldsymbol{r}=(\boldsymbol{r}_{t>j}, \boldsymbol{r}_j, \boldsymbol{r}_{t<j})$$

其中，两个新的项 $\boldsymbol{r}_{t<j}$ 和 $\boldsymbol{r}_{t>j}$ 表示接收向量 $\boldsymbol{r}$ 中分别在时间单位 j 以前和以后出现的那部分。另外，注意到在 $L_p(m_j)$ 中隐含着时间单位 j，因此我们还通过利用 s' 和 s 来分别代替 $s_j=s'$ 和 $s_{j+1}=s$ 以便简化符号。

特别地，现在可以将式(10.68)中分子和分母共有的联合概率密度函数重新写为

$$f(s_j=s', s_{j+1}=s, \boldsymbol{r}) = f(s', s, \boldsymbol{r}_{t>j}, \boldsymbol{r}_j, \boldsymbol{r}_{t<j}) \tag{10.69}$$

另外，在继续讨论以前，我们发现引入下列两个假设是具有启发意义的，它们是推导 MAP 译码算法的基础。

1. 马尔可夫假设

在由网格图表示的卷积码中，编码器的当前状态只取决于两个实体：最近的过去状态和输入消息比特。

在这个假设条件下，发射机中对消息向量的卷积编码被称为一个马尔可夫链(Markov chain)。

2. 无记忆假设

连接接收机与发射机的信道是无记忆的。

也就是说，信道没有关于过去的知识。

下面重新讨论式(10.68)中的对数后验 L 值 $L_p(m_j)$，利用联合概率密度函数的定义来将式(10.69)右边表示如下：

$$f(s', s, \boldsymbol{r}_{t>j}, \boldsymbol{r}_j, \boldsymbol{r}_{t<j}) = f(\boldsymbol{r}_{t>j}|s', s, \boldsymbol{r}_j, \boldsymbol{r}_{t<j})f(s', s, \boldsymbol{r}_j, \boldsymbol{r}_{t<j})$$

对于上式右边的条件概率密度函数，借助于马尔可夫假设，我们知道代表在时间单位 j 以后出现的接收向量 $\boldsymbol{r}$ 的向量 $\boldsymbol{r}_{t>j}$ 包含了下列三个实体的知识：

- 状态 $s'=s_j$
- 在时间单位 j 的向量 $\boldsymbol{r}_j$
- 在时间单位 j 以前接收到的向量 $\boldsymbol{r}_{t<j}$

因此，通过写出下式可以使问题简化：

$$f(\boldsymbol{r}_{t>j}|s', s, \boldsymbol{r}_j, \boldsymbol{r}_{t<j}) = f(\boldsymbol{r}_{t>j}|s) \tag{10.70}$$

其中，s 表示状态 s_{j+1}。

然后，再次利用联合概率密度函数的定义写出

$$f(s', s, \boldsymbol{r}_j, \boldsymbol{r}_{t<j}) = f(s, \boldsymbol{r}_j|s', \boldsymbol{r}_{t<j})\ f(s', \boldsymbol{r}_{t<j})$$

对于上式出现的第二个条件概率密度函数 $f(s,\boldsymbol{r}_j|s',\boldsymbol{r}_{t<j})$，再次借助于马尔可夫假设，我们知道在时间单位 j 出现的接收向量 $\boldsymbol{r}_j$ 包含了关于过去向量 $\boldsymbol{r}_{t<j}$ 的知识。因此，我们可以通过写出下式使问题进一步得到简化：

$$f(s, \boldsymbol{r}_j|s', \boldsymbol{r}_{t<j}) = f(s, \boldsymbol{r}_j|s') \tag{10.71}$$

其中，状态 $s=s_{j+1}$ 以及 $s'=s_j$。

综合式(10.70)和式(10.71)中得到的结果，最终可以将式(10.68)中分子和分母共有的概率密

度函数表示如下：

$$f(s', s, \boldsymbol{r}) = f(\boldsymbol{r}_{t>j}|s)f(s, \boldsymbol{r}_j|s')f(s', \boldsymbol{r}_{t<j}) \tag{10.72}$$

上式为 MAP 译码算法的递归实现提供了数学基础。

三个新的算法度量

为了简化算法推导过程中涉及的计算步骤，现在我们引入下列三个算法度量：

$$\alpha_j(s') = f(s', \boldsymbol{r}_{t<j}) \tag{10.73}$$

$$\gamma_j(s', s) = f(s, \boldsymbol{r}_j|s') \tag{10.74}$$

$$\beta_{j+1}(s) = f(\boldsymbol{r}_{t>j}|s) \tag{10.75}$$

利用这个度量，最终可以将式(10.68)中分子和分母共有的概率密度函数表示为下列简化形式：

$$f(s', s, \boldsymbol{r}) = \beta_{j+1}(s)\gamma_j(s', s)\alpha_j(s') \tag{10.76}$$

今后，将这三个度量分别称为

前向度量：　$\alpha_j(s')$

分支度量：　$\gamma_j(s', s)$

后向度量：　$\beta_{j+1}(s)$

正如其名称所表达的含义，前向度量和后向度量分别在 MAP 译码算法的前向递归和后向递归中起着关键作用。至于分支度量，其作用是将这两个递归和谐地结合在一起工作。

前向递归

更新前向度量的效果是，使时间单位 j 的状态 s' 运动到时间单位 $j+1$ 的状态 s。因此，我们写出

$$\begin{aligned}\alpha_{j+1}(s) &= f(s, \boldsymbol{r}_{t<j+1}) \\ &= \sum_{s'\in\sigma_j} f(s', s, \boldsymbol{r}_{t<j+1})\end{aligned}$$

其中，σ_j 是在时间单位 j 的所有状态的集合。利用联合概率密度函数的定义，我们写出

$$\begin{aligned}\alpha_{j+1}(s) &= \sum_{s'\in\sigma_j} f(s, \boldsymbol{r}_j|s', \boldsymbol{r}_{t<j})f(s', \boldsymbol{r}_{t<j}) \\ &= \sum_{s'\in\sigma_j} f(s, \boldsymbol{r}_j|s')f(s', \boldsymbol{r}_{t<j})\end{aligned}$$

在上式第二行中，利用了马尔可夫假设，即 $\boldsymbol{r}_j$ 包含了 $\boldsymbol{r}_{t<j}$ 的知识。因此，分别利用式(10.74)和式(10.73)中分支度量和前向度量的定义式，我们可以通过写出下式使问题简化：

$$\alpha_{j+1}(s) = \sum_{s'\in\sigma_j} \gamma_j(s', s)\alpha_j(s') \tag{10.77}$$

显然，式(10.77)被称为前向递归(Forward recursion)。在图 10.21(a)中，以图形方式对这个递归过程进行了说明。

后向递归

为了得到后向度量的递归公式，我们从时间单位 $j+1$ 的状态 s 运动回时间单位 j 的状态 s'。将式(10.75)适应于这里描述的场合，我们写出

$$\beta_j(s') = f(\boldsymbol{r}_{t>j-1}|s')$$

可以将 $\boldsymbol{r}_{t>j-1}$ 表示的接收向量中的部分等效地表示如下：

$$\begin{aligned}\boldsymbol{r}_{t>j-1} &= \boldsymbol{r}_{t+1>j} \\ &= (\boldsymbol{r}_j, \boldsymbol{r}_{t>j})\end{aligned}$$

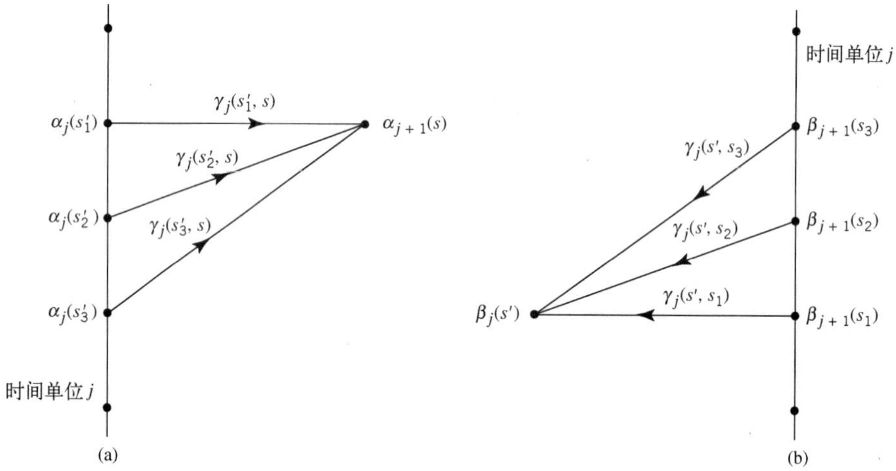

图 10.21 递归计算前向度量和后向度量的示意图

相应地，可以将后向度量 $\beta_j(s')$ 重新表示如下：

$$\begin{aligned}\beta_j(s') &= f(\boldsymbol{r}_j, \boldsymbol{r}_{t>j}|s') \\ &= \sum_{s\in\sigma_{j+1}} f(s, \boldsymbol{r}_j, \boldsymbol{r}_{t>j}|s')\end{aligned}$$

其中，σ_{j+1} 是在时间单位 j 的所有状态的集合。再次利用联合概率密度函数的定义，我们写出

$$\begin{aligned}\beta_j(s') &= \sum_{s\in\sigma_{j+1}} f(s, \boldsymbol{r}_j, \boldsymbol{r}_{t>j}|s') \\ &= \sum_{s\in\sigma_{j+1}} \frac{1}{\mathbb{P}(s')} f(s', s, \boldsymbol{r}_j, \boldsymbol{r}_{t>j}) \\ &= \sum_{s\in\sigma_{j+1}} \frac{1}{\mathbb{P}(s')} f(\boldsymbol{r}_{t>j}|s', s, \boldsymbol{r}_j) f(s', s, \boldsymbol{r}_j)\end{aligned}$$

为了简化，我们注意到下列两点：

1. 在无记忆假设条件下，信道输出端的接收向量 $\boldsymbol{r}_{t>j}$ 只取决于编码器在 $j+1$ 时的状态，即 s。因此，我们可以写出

$$\begin{aligned}f(\boldsymbol{r}_{t>j}|s', s, \boldsymbol{r}_j) &= f(\boldsymbol{r}_{t>j}|s) \\ &= \beta_{j+1}(s)\end{aligned}$$

2. 再次利用联合概率密度函数的定义，我们有

$$\begin{aligned}f(s', s, \boldsymbol{r}_j) &= f(s, \boldsymbol{r}_j|s')\mathbb{P}(s') \\ &= \gamma_j(s', s)\mathbb{P}(s')\end{aligned}$$

因此，将第 1 点和第 2 点得到的两个结果代入 $\beta_j(s')$ 的公式中，并且消除公共项 $\mathbb{P}(s')$，可以得到

$$\beta_j(s') = \sum_{s\in\sigma_{j+1}} \gamma_j(s', s)\beta_{j+1}(s) \tag{10.78}$$

显然，式(10.78)被称为后向递归(Backward recursion)。在图 10.21(b)中，以图形方式对这第二个递归过程进行了说明。

前向递归和后向递归的初始条件

通常而言，编码器是从全零状态开始的，记为 $s_0 = \mathbf{0}$。相应地，前向递归式(10.77)从时间单位

$j=0$ 开始工作，其初始条件为

$$\alpha_0(s) = \begin{cases} 1, & s=\mathbf{0} \\ 0, & s\neq\mathbf{0} \end{cases} \tag{10.79}$$

这是利用卷积码编码器是从全零状态开始的这一事实得到的。因此，$\alpha_{j+1}(s)$ 是在 $j=0,1,\cdots,K-1$ 时刻进行前向递归计算的，其中输入数据流的总长度为

$$K = L + L'$$

其中，L 和 L' 分别表示消息序列和终止序列的长度。

类似地，后向递归式(10.78)从时间单位 $j=K$ 开始工作，其初始条件为

$$\beta_K(s) = \begin{cases} 1, & s=\mathbf{0} \\ 0, & s\neq\mathbf{0} \end{cases} \tag{10.80}$$

由于编码器在全零状态结束，因此我们在 $j=K-1,K-2,\cdots,0$ 时刻对 $\beta_j(s')$ 进行后向递归计算。

计算 AWGN 信道的分支度量

到目前为止，我们已经讨论了对 MAP 译码器相关的所有重要问题，除了离散输入-连续输出 AWGN 信道，这种信道自然会在必须要求的分支度量的计算过程中起作用。在第 5 章例 10 中对此问题进行了讨论。为了进行计算，首先将定义式(10.74)重写如下：

$$\begin{aligned}\gamma_j(s',s) &= f(s,\boldsymbol{r}_j|s') \\ &= \frac{1}{\mathbb{P}(s')}f(s,s',\boldsymbol{r}_j) \\ &= \left(\frac{\mathbb{P}(s',s)}{\mathbb{P}(s')}\right)\cdot\left(\frac{f(s',s,\boldsymbol{r}_j)}{\mathbb{P}(s',s)}\right) \\ &= \mathbb{P}(s|s')f(\boldsymbol{r}_j|s',s)\end{aligned}$$

还可以将上式变换为更希望的形式，以便包含消息比特 m_j 和对应的码向量 $\boldsymbol{c}_j$，如下所示：

$$\gamma_j(s',s) = \mathbb{P}(m_j)f(\boldsymbol{r}_j|\boldsymbol{c}_j) \tag{10.81}$$

这种变换的原因可以解释如下：

1. 从状态 $s'=s_j$ 转换到新状态 $s=s_{j+1}$ 是因为在时间单位 j 输入到卷积码编码器的消息比特。因此，我们可以用概率 $\mathbb{P}(m_j)$ 来代替条件概率 $\mathbb{P}(s|s')$。
2. 状态转换 (s,s') 也可以被视为另一种指代码向量 $\boldsymbol{c}_j$ 的方式。因此，我们可以用条件概率 $\mathbb{P}(\boldsymbol{r}_j|\boldsymbol{c}_j)$ 来代替 $f(\boldsymbol{r}_j|s,s')$。

在式(10.81)中，m_j 是编码器输入的消息比特，$\boldsymbol{c}_j$ 是用来定义与时间单位 j 的状态转换 $s'\to s$ 相关的编码比特的码向量。当这种状态转换有效时，定义信道的输入-输出统计行为的条件概率密度函数 $f(\boldsymbol{r}_j|\boldsymbol{c}_j)$ 具有下列形式：

$$f(\boldsymbol{r}_j|\boldsymbol{c}_j) = \left(\sqrt{\frac{E_s}{\pi N_0}}\right)^n \exp\left(-\frac{E_s}{N_0}\|\boldsymbol{r}_j-\boldsymbol{c}_j\|^2\right) \tag{10.82}$$

其中，E_s 是发射的每个符号的能量，n 是在每个码字中的比特数，$N_0/2$ 是信道的加性高斯白噪声的功率谱密度，$\|\boldsymbol{r}_j-\boldsymbol{c}_j\|$ 是在时间单位 j 时信道输入端的发送向量 $\boldsymbol{c}_j$ 与信道输出端的接收向量 $\boldsymbol{r}_j$ 之间的欧几里得距离的平方。于是，将式(10.82)代入式(10.81)，得到

$$\gamma_j(s',s) = \mathbb{P}(m_j)\left(\sqrt{\frac{E_s}{\pi N_0}}\right)^n \exp\left(-\frac{E_s}{N_0}\|\boldsymbol{r}_j-\boldsymbol{c}_j\|^2\right) \tag{10.83}$$

当且仅当在时间单位 j 的状态转换 $s'\to s$ 为有效时，上式成立。否则状态转换概率 $p(s',s)$ 为零，在这种情况下，分支度量 $\gamma_j(s',s)$ 也为零。

先验 L 值 $L_a(m_j)$

讨论到这里以后，我们可以重新对前面介绍的先验 L 值 $L_a(m_j)$ 进行分析了。特别地，由于消息比特 m_j 取值为+1 或者−1，我们可以沿用式(10.63)的方法将 m_j 的先验 L 值定义如下：

$$\begin{aligned} L_a(m_j) &= \ln\frac{\mathbb{P}(m_j=+1)}{\mathbb{P}(m_j=-1)} \\ &= \ln\left(\frac{\mathbb{P}(m_j=+1)}{1-\mathbb{P}(m_j=+1)}\right) \end{aligned} \tag{10.84}$$

在上式第二行中，我们用到了概率论中的下列公理：

$$\mathbb{P}(m_j=+1)+\mathbb{P}(m_j=-1) = 1$$

或者等效为

$$\mathbb{P}(m_j=-1) = 1-\mathbb{P}(m_j=+1)$$

求解式(10.84)中的第二行，得到用先验 L 值 $L_a(m_j)$ 表示的 $\mathbb{P}(m_j=+1)$ 为

$$\mathbb{P}(m_j=+1) = \frac{1}{1+\exp(-L_a(m_j))}$$

对应地

$$\mathbb{P}(m_j=-1) = \frac{\exp(-L_a(m_j))}{1+\exp(-L_a(m_j))}$$

可以将关于 $m_j=-1$ 和 $m_j=+1$ 的两个概率的这一对方程式组合为一个方程，如下所示：

$$\mathbb{P}(m_j) = \left(\frac{\exp(-L_a(m_j)/2)}{1+\exp(-L_a(m_j))}\right)\exp\left(\frac{1}{2}m_jL_a(m_j)\right) \tag{10.85}$$

其中，$m_j=\pm1$。在式(10.85)中需要注意的重点是，可以证明该式右边的第一项是独立于 $m_j=\pm1$ 的。因此，这一项可以被视为一个常数。

下面再考虑式(10.83)中的指数项，我们可以将第二项的指数表示如下：

$$\begin{aligned} -\frac{E_s}{N_0}\|\boldsymbol{r}_j-\boldsymbol{c}_j\|^2 &= -\frac{E_s}{N_0}\left[\sum_{l=1}^{n}(r_{jl}-c_{jl})^2\right] \\ &= -\frac{E_s}{N_0}\left[\sum_{l=1}^{n}(r_{jl}^2-2r_{jl}c_{jl}+c_{jl}^2)\right] \\ &= -\frac{E_s}{N_0}(\|\boldsymbol{r}_j\|^2-2\boldsymbol{r}_j^{\mathrm{T}}\boldsymbol{c}_j+\|\boldsymbol{c}_j\|^2) \end{aligned} \tag{10.86}$$

其中，E_s 是发射的符号能量，并且括号内的各项分别为

$$\|\boldsymbol{r}_j\|^2 = \sum_{l=1}^{n}(r_{jl})^2 \tag{10.87}$$

$$\boldsymbol{r}_j^{\mathrm{T}}\boldsymbol{c}_j = \sum_{l=1}^{n}r_{jl}c_{jl} \tag{10.88}$$

$$\|\boldsymbol{c}_j\|^2 = \sum_{l=1}^{n}(c_{jl})^2 = n \tag{10.89}$$

其中，r_{jl} 和 c_{jl} 这两项表示在时间单位 j 时接收向量 $\boldsymbol{r}_j$ 和码向量 $\boldsymbol{c}_j$ 中的各个比特，n 表示在每一个 $\boldsymbol{r}_j$ 和 $\boldsymbol{c}_j$ 中的比特数。还注意到在式(10.88)中，$\boldsymbol{r}_j^{\mathrm{T}}\boldsymbol{c}_j$ 这一项表示向量 $\boldsymbol{r}_j$ 和 $\boldsymbol{c}_j$ 的内积。

根据式(10.87)至式(10.89)，我们可以得到下列三个观察结果：

1. $(E_s/N_0)\|\boldsymbol{r}_j\|^2$ 这一项只取决于信道 SNR 和接收向量 $\boldsymbol{r}_j$ 的幅度的平方。
2. 第三个乘积项 $(E_s/N_0)\|\boldsymbol{c}_j\|^2$ 只取决于信道 SNR 和发射的码向量 $\boldsymbol{c}_j$ 的幅度的平方。
3. 剩余的乘积项 $2(E_s/N_0)\boldsymbol{r}_j^{\mathrm{T}}\boldsymbol{c}_j$ 是包含对接收机中进行检测的有用信息的唯一项，这是凭借内积 $\boldsymbol{r}_j^{\mathrm{T}}\boldsymbol{c}_j$ 将接收向量 $\boldsymbol{r}$ 与发送的码向量 $\boldsymbol{c}$ 进行相关得到的，如式(10.88)所示。

根据上述观察结果，以及前面发现的式(10.85)中括号内的分数项与符号 m_j 为+1 还是−1 无关这一事实，我们可以将式(10.83)中的转移度量 $\gamma_j(s',s)$ 的公式简化为

$$\gamma_j(s',s) = A_j B_j \exp\left(\frac{1}{2}m_j L_a(m_j)\right)\exp\left(\frac{1}{2}L_c(\boldsymbol{r}_j^{\mathrm{T}}\boldsymbol{c}_j)\right), \quad j = 0,1,\cdots,L-1 \tag{10.90}$$

其中，L_c 表示信道可靠性因子(Channel reliability factor)，它被定义为

$$L_c = \frac{4E_s}{N_0} \tag{10.91}$$

至于两个乘积因子 A_j 和 B_j，它们分别被定义为

$$A_j = \frac{\frac{1}{2}\exp\left(-L_a(m_j)\right)}{1+\exp(-L_a(m_j))}, \quad j = 0,1,\cdots,L-1 \tag{10.92}$$

和

$$B_j = \left(\sqrt{\frac{E_s}{\pi N_0}}\right)^n \exp\left[-\frac{E_s}{N_0}(\|\boldsymbol{r}_j\|^2+n)\right], \quad j = 0,1,\cdots,L-1 \tag{10.93}$$

其中与前面一样，n 表示每个发送码字中的比特数。

式(10.90)、式(10.92)和式(10.93)适用于长度为 L 的消息比特。然而，对于终止比特(Termination bit)和每个有效的状态转换，我们有

$$\mathbb{P}(m_j) = 1 \text{和} L_a(m_j) = \pm\infty, \quad j = L, L+1,\cdots,K-1 \tag{10.94}$$

式(10.94)中的 K 表示消息比特和终止比特的组合长度。因此，对于终止比特的式(10.90)可以简化为

$$\gamma_j(s',s) = B_j \exp\left(\frac{1}{2}L_c(\boldsymbol{r}_j^{\mathrm{T}}\boldsymbol{c}_j)\right), \quad j = L, L+1,\cdots,K-1 \tag{10.95}$$

考察式(10.92)可以发现，因子 A_j 是独立于消息比特 m_j 的代数符号的，因此它是一个常数。另外，根据式(10.76)以及后续的用于更新前向度量和后向度量的递归计算式(10.77)和式(10.78)，我们发现联合概率密度函数 $f(s',s,\boldsymbol{r})$ 包含了下列因子：

$$\prod_{j=0}^{L-1} A_j \quad \text{和} \quad \prod_{j=0}^{K-1} B_j$$

由于这些因子对于式(10.68)的分子和分母中的每一项都是共有的，它们都可以被抵消，从而可以被忽略掉。因此，我们可以将式(10.90)和式(10.95)简化为下列公式：

$$\gamma_j(s',s) = \begin{cases} \exp\left(\frac{1}{2}m_j L_a(m_j)\right)\exp\left(\frac{1}{2}L_c(\boldsymbol{r}_j^{\mathrm{T}}\boldsymbol{c}_j)\right), & j = 0,1,\cdots,L-1,\ \text{信息比特} \\ \exp\left(\frac{1}{2}L_c(\boldsymbol{r}_j^{\mathrm{T}}\boldsymbol{c}_j)\right), & j = L,L+1,\cdots,K-1,\ \text{终止比特} \end{cases} \tag{10.96}$$

最后还需要指出的是，当原始消息比特是等概率的时，我们有

$$\mathbb{P}(m_j) = \frac{1}{2} \text{和} L_a(m_j) = 0, \text{所有} j \tag{10.97}$$

在这两个条件下，对于整个比特流，可以得到转移度量的下列简单表达式：

$$\gamma_j(s',s) = \exp\left(\frac{1}{2}L_c(\boldsymbol{r}_j^{\mathrm{T}}\boldsymbol{c}_j)\right), \quad j = 0,1,\cdots,K-1 \tag{10.98}$$

后验 L 值

在得到前向递归和后向递归表达式，以及将它们联系起来的分支度量以后，现在可以最后得到

式(10.68)中定义的后验 L 值 $L_{\mathrm{p}}(m_j)$ 的计算公式。具体而言，利用式(10.69)和式(10.76)，我们可以写出

$$L_{\mathrm{p}}(m_j) = \ln\left(\frac{\sum_{(s',s)\in\Sigma_j^+} f(s_j=s', s_{j+1}=s, \boldsymbol{r})}{\sum_{(s',s)\in\Sigma_j^-} f(s_j=s', s_{j+1}=s, \boldsymbol{r})}\right)$$
$$= \ln\left(\frac{\sum_{(s',s)\in\Sigma_j^+} f(s', s, \boldsymbol{r})}{\sum_{(s',s)\in\Sigma_j^-} f(s', s, \boldsymbol{r})}\right) \tag{10.99}$$
$$= \ln\left(\frac{\sum_{(s',s)\in\Sigma_j^+} \beta_{j+1}(s)\gamma_j(s',s)\alpha_j(s')}{\sum_{(s',s)\in\Sigma_j^-} \beta_{j+1}(s)\gamma_j(s',s)\alpha_j(s')}\right)$$

式(10.99)最后一行中定义的后验 L 值 $L_{\mathrm{p}}(m_j)$ 是在给定接收向量 $\boldsymbol{r}$ 的情况下，由 MAP 译码算法最后得到的。

MAP 算法小结

从给定的 AWGN 信道值即 E_s/N_0 和在时间单位 j 时的接收向量 $\boldsymbol{r}_j$ 开始，图 10.22 中的计算流程图对采用 MAP 译码算法涉及的关键的递归过程进行了图示总结。具体而言，与前向度量 $\alpha_{j+1}(s)$、后向度量 $\beta_j(s')$ 和分支度量 $\gamma_j(s',s)$，以及后验 L 值 $L_{\mathrm{p}}(m_j)$ 有关的功能模块都通过它们各自的公式编号联系起来了。

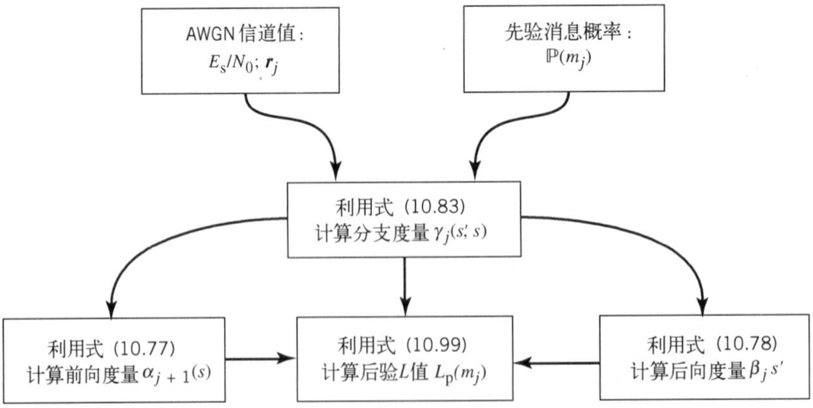

图 10.22 显示 MAP 算法中关键递归过程的计算流程图

MAP 译码算法的改进

由 Bahl et al.(1974)提出的 MAP 算法的计算复杂度大概是维特比算法的三倍。正是由于这种很高的计算复杂度使得 MAP 算法在几乎 20 年里都被文献所忽略了。然而，由 Berrou et al.(1993)提出它在 Turbo 码中的开创性应用又重新激发了人们对 MAP 算法的兴趣，从而得到了能够大大降低计算复杂度的方法。

特别地，我们将介绍下面两种 MAP 算法的改进方法，第一种方法是准确方法，第二种方法则是近似方法。

1. log-MAP 算法

考察连续输出 AWGN 信道的 MAP 算法的前向度量和后向度量，揭示出它们是指数项之和，在网格图中每次有效的状态转换进行一次求和。这一发现产生了通过利用下列等式来简化 MAP 计算的思想(Robertson et al.,1995)：

$$\ln(e^x + e^y) = \max(x, y) + \ln(1 + e^{-|x-y|}) \tag{10.100}$$

其中，将 $\ln(e^x+e^y)$ 这一计算困难的运算用两个更简单的计算之和来代替：

(a) max 函数 $\max(x,y)$ 等于 x 或者 y，这取决于它们之间哪个值更大。

(b) 修正项 $\ln(1+e^{-|x-y|})$ 可以利用查找表来计算。

上面得到的算法被称为 log-MAP 算法，它的实现要简单得多，并且还能提供比原始 MAP 算法更好的数值稳定性。我们这样讲是因为其公式是基于两个相对简单的运算得到的：max 函数和查找表。然而，需要注意的是，在得到对数-MAP 算法的过程中并没有做出任何近似[10]。

2. max-log-MAP 算法

通过完全忽略修正项 $\ln(1+e^{-|x-y|})$，我们还可以进一步简化 MAP 译码算法的计算复杂度。实际上，我们只是利用下列近似关系：

$$\ln(e^x + e^y) \approx \max(x, y) \tag{10.101}$$

这个近似表达式中忽略掉的修正项的界为

$$0 < \ln(1 + e^{-|x-y|}) \leqslant \ln(2) = 0.693$$

只要满足下列条件：

$$|\max(x, y)| \geqslant 7$$

式(10.101)中的近似关系就可以得到合理的良好结果。利用 max 函数 $\max(x,y)$ 代替 $\ln(e^x, e^y)$ 的译码算法被称为 max-log-MAP 算法。在这个简化算法中，max 函数的作用类似于前面维特比算法中描述的 ACS 的作用。因此，我们发现在 max-log-MAP 算法中的前向递归等效于前向维特比算法，而在 max-log-MAP 算法中的后向递归等效于按后向进行的维特比算法。换句话说，max-log-MAP 算法的计算复杂度大概是维特比算法的两倍，因此与原始 MAP 译码算法相比其计算效率大大提高了。然而，与 log-MAP 算法不同的是，这种提高是以在一定程度上降低译码性能为代价得到的。

max-log-MAP 算法的详细过程

为了对 max-log-MAP 算法进行详细的数学描述，我们必须提出前向度量 $\alpha_{j+1}(s)$ 和后向度量 $\beta_j(s')$ 的简单计算方法，这两者在计算式(10.99)中的对数后验 L 值 $L(m_j)$ 的过程中起着关键作用。为此，我们引入下面三个在对数域中的新定义：

$$\alpha_j^*(s') = \ln\alpha_j(s') \text{等价于} \alpha_j(s') = \exp(\alpha_j^*(s')) \tag{10.102}$$

$$\beta_{j+1}^*(s) = \ln\beta_{j+1}(s) \text{等价于} \beta_{j+1}(s) = \exp(\beta_{j+1}^*(s)) \tag{10.103}$$

$$\gamma_j^*(s', s) = \ln\gamma_j(s', s) \text{等价于} \gamma_j(s', s) = \exp(\gamma_j^*(s', s)) \tag{10.104}$$

其中，这三个度量的星号“ * ”是为了强调采用的是自然对数，因此不能混淆为复共轭。

采用这三个新定义的目的，是为了利用在前向度量和后向度量中物理存在的指数项，以便应用近似公式(10.101)。于是，将式(10.104)的递归代入式(10.77)，可得到

$$\begin{aligned}\alpha_{j+1}^*(s) &= \ln\left(\sum_{s' \in \sigma_j} \gamma_j(s', s)\alpha_j(s')\right) \\ &= \ln\left(\sum_{s' \in \sigma_j} \exp(\gamma_j^*(s', s) + \alpha_j^*(s'))\right)\end{aligned} \tag{10.105}$$

其中，σ_j是Σ_j的子集。因此，应用近似公式(10.101)可以得到

$$\alpha_{j+1}^*(s) \approx \max_{s' \in \sigma_j} (\gamma_j^*(s',s) + \alpha_j^*(s')), \quad j = 0, 1, \cdots, K-1 \tag{10.106}$$

式(10.106)指出，对于网格图中从时间单位j时的原状态s'到时间单位j+1时的更新状态s之间的每条路径，max-log-MAP算法都将分支度量$\gamma_j^*(s',s)$加到原来值$\alpha_j^*(s')$上面，从而产生更新值$\alpha_{j+1}^*(s)$。这种更新是在状态$s_{j+1}=s$终止的前面路径的所有α^*值中的“最大值”，其中j=1,0,…,K−1。可以把这里描述的过程理解为选取被视为“留存路径”的那一条特定路径，而将网格图中到达状态s的所有其他路径都丢弃掉。因此，我们可以将式(10.106)作为描述max-log-MAP算法中前向递归的数学基础，这与描述维特比算法中的前向递归是完全相同的。

采用与前向递归类似的方法，可以写出

$$\begin{aligned}\beta_j^*(s') &= \ln\left(\sum_{s \in \sigma_{j+1}} \gamma_j(s',s)\beta_{j+1}(s)\right) \\ &= \ln\left(\sum_{s \in \sigma_{j+1}} \exp(\gamma_j^*(s',s) + \beta_{j+1}^*(s))\right)\end{aligned} \tag{10.107}$$

其近似形式为

$$\beta_j^*(s') \approx \max_{s \in \sigma_{j+1}} (\gamma_j^*(s',s) + \beta_{j+1}^*(s)), \quad j = K-1, \cdots, 1, 0 \tag{10.108}$$

接下来，继续讨论分支度量，我们可以类似地写出下列公式：

$$\gamma_j^*(s',s) = \begin{cases} \dfrac{1}{2}m_j L_a(m_j) + \dfrac{1}{2}L_c \boldsymbol{r}_j^T \boldsymbol{c}_j, & j = 0, 1, \cdots, L-1,\ \text{消息比特} \\ \dfrac{1}{2}L_c \boldsymbol{r}_j^T \boldsymbol{c}_j, & j = L, L+1, \cdots, K-1,\ \text{终止比特} \end{cases} \tag{10.109}$$

其中，对于第一行的消息比特，相加项$\frac{1}{2}m_j L(m_j)$代表先验信息。

经过前面的过程以后，将式(10.105)、式(10.107)和式(10.109)用于式(10.99)，最终可以将max-log-MAP算法的后验L值表示如下：

$$\begin{aligned}L_p(m_j) &= \ln\left(\frac{\displaystyle\sum_{(s',s) \in \Sigma_j^+} \beta_{j+1}(s)\gamma_j(s',s)\alpha_j(s')}{\displaystyle\sum_{(s',s) \in \Sigma_j^-} \beta_{j+1}(s)\gamma_j(s',s)\alpha_j(s')}\right) \\ &= \ln \sum_{(s',s) \in \Sigma_j^+} \exp(\beta_{j+1}^*(s) + \gamma_j^*(s',s) + \alpha_j^*(s')) - \\ &\quad \ln \sum_{(s',s) \in \Sigma_j^-} \exp(\beta_{j+1}^*(s) + \gamma_j^*(s',s) + \alpha_j^*(s'))\end{aligned} \tag{10.110}$$

下面需要提醒两点：

- Σ_j^+ 是与时间单位j时的原始消息比特m_j=+1相对应的所有状态对$s_j=s'$和$s_{j+1}=s$的集合。
- Σ_j^- 是与时间单位j时的原始消息比特m_j=−1相对应的所有其他状态对$s_j=s'$和$s_{j+1}=s$的集合。

相应地，在max-log-MAP算法中的$L_p(m_j)$的近似形式被定义为

$$\begin{aligned}L_p(m_j) \approx &\max_{(s',s) \in \Sigma_j^+} (\beta_{j+1}^*(s) + \gamma_j(s',s) + \alpha_j^*(s')) - \\ &\max_{(s',s) \in \Sigma_j^-} (\beta_{j+1}^*(s) + \gamma_j^*(s',s) + \alpha_j^*(s'))\end{aligned} \tag{10.111}$$

10.10　对数域 MAP 译码方法举例

在前一节中，我们介绍了三种不同的卷积码译码算法，现小结如下：

1. BCJR 算法，它与维特比算法的区别在于，它是以逐个比特为基础进行 MAP 译码的。然而，这个算法的缺点在于其计算复杂度很高，正如前面所提到的，对于相同的卷积码，它的计算复杂度大概是维特比算法的三倍。
2. log-MAP 算法，它是按照式(10.100)，利用所谓的 max 函数加上查找表来计算 $\ln(1+e^{-|x-y|})$ 的，以此代替计算困难的对数运算 $\ln(e^x+e^y)$，从而对 BCJR 算法进行了简化。这第二个算法引人注目的特点有下面两个：
   - 将 BCJR 算法变换为 log-MAP 算法的过程是严格准确地。
   - 它的计算复杂度是维特比算法的两倍，因此与 BCJR 算法相比大大降低了其复杂度。
3. max-log-MAP 算法，它通过完全忽略查找表使计算复杂度得到了进一步简化。这种简化可能会导致译码性能在一定程度上的下降，这取决于感兴趣的应用。

在本节中，我们通过举例来说明后面一种更简单的算法，即 max-log-MAP 算法是如何用于对 RSC 码进行译码的。

▷

例 7　利用 max-log-MAP 算法对 AWGN 信道上码率为 3/8 的递归系统卷积码进行译码。

在本例中，我们对 10.6 节末尾关于卷积码时讨论过的简单 RSC 码再次进行讨论。

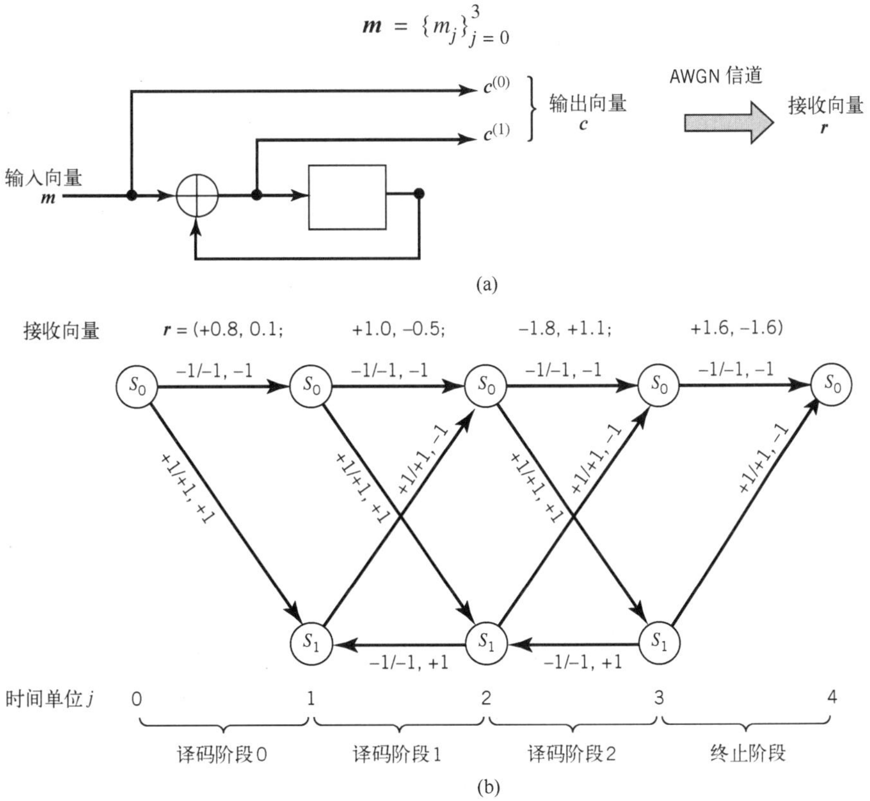

图 10.23　(a)码率为 3/8 的两个状态递归系统卷积(RSC)编码器框图；(b)编码器的网格图

为了便于阐述，将图 10.17 中的两个状态 RSC 编码器重新用图 10.23 给出来。应用于编码器的消息向量被表示为

它产生的编码输出向量为

$$\boldsymbol{c}=\left\{c_j^{(0)},c_j^{(1)}\right\}_{j=0}^{3}$$

相应地，信道输出端的接收向量被表示为

$$\boldsymbol{r}=\left\{r_j^{(0)},r_j^{(1)}\right\}_{j=0}^{3}$$

消息向量 $\boldsymbol{m}$ 的前面三个元素即 m_0，m_1 和 m_2 为消息比特。最后一个元素 m_3 为终止比特。由于编码输出向量 $\boldsymbol{c}$ 是由 8 个比特组成的，因此码率为 $r=3/8$。

在图 10.23(b)中，给出了 RSC 编码器的网格图。其中必须特别注意下面几点，它们包含了网格图各分支的符号标记方法：

1. 编码器被初始化为全零状态，在编码过程结束时，它又返回到全零状态。
2. 编码器只有一个存储器单元，因此只有两个状态：表示比特 0 的 S_0 状态和表示比特 1 的 S_1 状态。
3. 图 10.24 说明了状态转移的 4 种不同方式：

$$\begin{aligned}S_0 &\to S_0:0/00\\ S_0 &\to S_1:1/11\\ S_1 &\to S_1:0/01\\ S_1 &\to S_0:1/10\end{aligned}$$

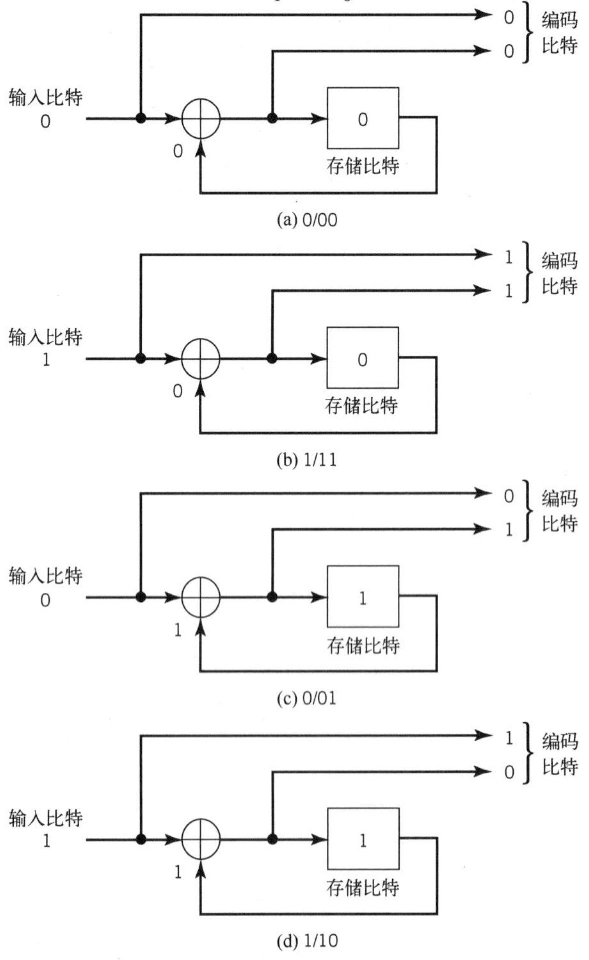

图 10.24　状态转移的 4 种可能方式的示意图

其中在每种情况下，右边的第一个比特为输入比特，后面两个比特(分开显示)为编码比特。由于编码器是系统的，因此编码器的输入比特和第一个编码比特是完全相同的。剩余的第二个编码比特则通过下面的模 2 递归(Modulo 2 recursion)运算来确定：

$$m_j + b_{j-1} = b_j, \qquad j = 0, 1, 2, 3 \tag{10.112}$$

其中，初始比特 b_{-1}为 0。双比特码被定义为

$$\begin{aligned} \boldsymbol{c}_j &= (c_j^{(0)}, c_j^{(1)}) \\ &= (m_j, b_j), \qquad j = 0, 1, 2, 3 \end{aligned}$$

因此，我们可以采用符号 $m_j/c_j^{(0)}$，$c_j^{(1)}$ 来表示各分支的标记。于是，根据这个符号以及图 10.23(b) 中描述的状态转移，可以分别用比特 0 和比特 1 来识别出网格图中期望的分支标记。更具体而言，利用下列映射规则：即分别用比特 0 和 1 来表示−1 电平和+1 电平，我们可以得到图 10.23(b)中实际描述的各个分支标记。

4. 最后一点是，由于在编码器中采用了反馈，因此离开每个状态下面的分支不一定对应比特 1(即+1 电平)，并且上面的分支也不一定对应比特 0(即−1 电平)。

为了继续给出本例的相关基础知识，我们需要引入一个映射器，它将编码信号变换为适合在 AWGN 信道上传输的形式。为此，考虑二进制 PSK 作为映射器这个简单例子。于是，可以将信道输出端(即接收机输入端)的 SNR 表示如下(参见习题 10.35)：

$$\begin{aligned} (\mathrm{SNR})_{\text{channel output}} &= \frac{E_s}{N_0} \\ &= r\left(\frac{E_b}{N_0}\right) \end{aligned} \tag{10.113}$$

其中，E_b是应用于编码器输入端的每个消息比特的信号能量，r 是卷积码编码器的码率。因此对于 SNR＝1/2 即−3.01 dB 和 $r=3/8$，需要的 E_b/N_0是 4/3。

在将码向量 $\boldsymbol{c}$ 在 AWGN 环境下传输时，假设关于 $\sqrt{E_s}$ 归一化处理以后的接收信号向量为

$$\boldsymbol{r} = (\underbrace{+0.8, 0.1}_{\boldsymbol{r}_0}; \underbrace{+1.0, -0.5}_{\boldsymbol{r}_1}; \underbrace{-1.8, 1.1}_{\boldsymbol{r}_2}; \underbrace{+1.6, -1.6}_{\boldsymbol{r}_3})$$

在图 10.23(b)中网格图的上面部分包含了接收向量 $\boldsymbol{r}$。

现在，我们完全做好了利用下面描述的 max-log-MAP 算法对接收向量 $\boldsymbol{r}$ 进行译码的准备，这里假设消息比特是等概率的。

译码消息向量的计算

为了准备开始计算，我们发现重新给出下列等式会比较方便。首先是对数域转移度量公式

$$\gamma_j^*(s', s) = \frac{1}{2}L_c(\boldsymbol{r}_j^{\mathrm{T}}\boldsymbol{c}_j), \qquad j = 0, 1, \cdots, K-1 \tag{10.114}$$

然后给出对数域前向度量

$$\alpha_{j+1}^*(s) \approx \max_{s' \in \sigma_j^+}(\gamma_j^*(s', s) + \alpha_j^*(s')), \qquad j = 0, 1, \cdots, K-1 \tag{10.115}$$

接下来是对数域后向度量

$$\beta_j^*(s') = \max_{s \in \sigma_{j+1}}(\gamma_j^*(s', s) + \beta_{j+1}^*(s)) \tag{10.116}$$

最后给出计算后验 L 值的公式

$$\begin{aligned} L_p(m_j) = &\max_{(s, s') \in \Sigma_j^+} \beta_{j+1}^*(s) + \gamma_j^*(s', s) + \alpha_j^*(s') \\ &-\max_{(s, s') \in \Sigma_j^-} \beta_{j+1}^*(s) + \gamma_j^*(s', s) + \alpha_j^*(s') \end{aligned} \tag{10.117}$$

可以用 MATLAB 代码来完成上述计算，首先从式(10.79)和式(10.80)分别定义的前向度量初始条

件$\alpha_0(s)$和后向度量初始条件$\beta_K(s')$开始。计算结果被总结如下：

1. 对数域转移度量

$$\text{Gamma 0}: \begin{cases} \gamma_0^*(S_0, S_0) = -0.9 \\ \gamma_0^*(S_0, S_1) = 0.9 \end{cases}$$

$$\text{Gamma 1}: \begin{cases} \gamma_1^*(S_0, S_1) = -0.5 \\ \gamma_1^*(S_1, S_0) = 1.5 \\ \gamma_1^*(S_0, S_1) = 0.5 \\ \gamma_1^*(S_1, S_1) = -1.5 \end{cases}$$

$$\text{Gamma 2}: \begin{cases} \gamma_2^*(S_0, S_0) = 0.7 \\ \gamma_2^*(S_1, S_0) = -2.9 \\ \gamma_2^*(S_0, S_1) = -0.7 \\ \gamma_2^*(S_1, S_1) = 2.9 \end{cases}$$

$$\text{Gamma 3}: \begin{cases} \gamma_3^*(S_0, S_0) = 0 \\ \gamma_3^*(S_1, S_0) = 3.2 \end{cases}$$

2. 对数域前向度量

$$\text{Alpha 0}: \begin{cases} \alpha_0^*(S_0) = 0 \\ \alpha_0^*(S_1) = 0 \end{cases}$$

$$\text{Alpha 1}: \begin{cases} \alpha_1^*(S_0) = -0.9 \\ \alpha_1^*(S_1) = 0.9 \end{cases}$$

$$\text{Alpha 2}: \begin{cases} \alpha_2^*(S_0) = 2.4 \\ \alpha_2^*(S_1) = -0.4 \end{cases}$$

3. 对数域后向度量

$$\beta_K: \begin{cases} \beta_K^*(S_0) = 0 \\ \beta_K^*(S_1) = 0 \end{cases}$$

$$\text{Beta 3}: \begin{cases} \beta_3^*(S_0) = 0 \\ \beta_3^*(S_1) = 3.2 \end{cases}$$

$$\text{Beta 2}: \begin{cases} \beta_2^*(S_0) = 2.5 \\ \beta_2^*(S_1) = 6.1 \end{cases}$$

$$\text{Beta 1}: \begin{cases} \beta_1^*(S_0) = 6.6 \\ \beta_1^*(S_1) = 4.6 \end{cases}$$

4. 后验 L 值

$$\left.\begin{aligned} L_p(m_0) &= -0.2 \\ L_p(m_1) &= 0.2 \\ L_p(m_2) &= -0.8 \end{aligned}\right\} \tag{10.118}$$

5. 最终判决

原始消息向量的译码形式为

$$\hat{\boldsymbol{m}} = [-1, 1, -1] \tag{10.119}$$

如果用二进制形式，可以等效写为

$$\hat{\boldsymbol{m}} = [0, 1, 0]$$

关于例 7 的最后两点说明

1. 在得到式(10.119)中的译码输出时，我们利用了终止比特 m_3。尽管 m_3 不是一个消息比特，我们还是采用了相同的方法来计算其后验 L 值。Lin and Costello(2004)证明，这种计算在 Turbo 码的迭代译码过程中是必要的。具体而言，对于由两个阶段组成的 Turbo 译码器，“软输出”后验 L 值被作为第二个译码器的先验输入。
2. 在例 7 中，我们重点关注将 max-log-MAP 算法用来对码率为 3/8 的 RSC 码进行译码，这个 RSC 码是图 10.23(a)的两阶段编码器产生的。这里描述的方法包含 6 个步骤，它同样能很好地适用于没有近似的 log-MAP 算法。在本章末的习题 10.34 中，其目的是证明对应的译码输出为(+1,+1,-1)，它与例 7 的输出结果不同。自然地，在得到这个新结果时，计算量在一定程度上会更大，但是其最终的判决会更加准确。

10.11　新一代概率组合码

传统上，设计有效编码是通过构造具有大量代数结构的码来解决的，它们具有可行的译码策略。这种方法的例子包括本章前面各节讨论的线性分组码、循环码和卷积码。采用这些传统码的困难在于，在试图寻找接近于香农信道容量的理论极限的方法时，我们需要增加线性分组码的码字长度或者卷积码的约束长度，这又会导致最大似然译码器或者最大后验译码器的计算复杂度呈指数增加。最终将会使译码器的复杂度增加到很高，使之在物理上不可实现。

具有讽刺意味的是，在香农 1948 年发表的论文中，他证明了随着分组长度的增加，随机选取的码集合的“平均”性能会产生指数降低的译码误差。遗憾的是，由于这篇论文主要讨论编码定理，因此香农并没有提供如何构造随机选取码的指导方法。

Turbo 革新以后对 LDPC 的重新发现

人们对采用随机选取码的兴趣实际上蛰伏了很长时间，直到 Berrou et al. (1993)描述了 Turbo 编码这种新思想。该思想是基于下列两个设计动机提出来的：

1. 设计一个有效编码，其构造具有类似随机性质的特征。
2. 通过利用 Bahl et al. (1974)提出的最大后验译码算法，对采用软输出值的译码器进行迭代设计。

根据这两个思想，通过实验验证了 Turbo 编码能够接近香农极限，但是其计算采用传统的代数码是不可实现的。因此，可以说 Turbo 编码的发明值得被列入 20 世纪在通信系统设计领域中最主要的技术成就单。

同样引人注目的是，Turbo 编码和迭代译码的发现激发了人们对 Gallager(1962,1963)关于 LDPC 码的先期工作产生了浓厚的理论和实现方面的兴趣。这些码也以它们各自的方式，具有接近于香农极限的信息处理能力。这里需要注意的重点是，只要 Turbo 码和 LDPC 码都具有足够长的码字，则它们两者都能够以类似的计算复杂度接近于香农极限。具体而言，Turbo 码需要很长的 Turbo 交织器，而 LDPC 码在给定码率情况下则需要更长的码字(Hanzo, 2012)。

于是，我们有两种基本类型的概率组合编码技术(Probabilistic compound coding techniques)：Turbo 码和 LDPC 码，在下列意义上它们是彼此互补的：

> Turbo 编码器的设计比较简单，但是对译码算法要求很高。相反，LDPC 编码器相对比较复杂，但是其译码则很简单。

在进行上述初步介绍以后，就为 10.12 节讨论 Turbo 码和 10.14 节讨论 LDPC 码奠定了基础。

10.12 Turbo 码

Turbo 编码器

正如前面一节中所提到的，采用具有类随机性质的有效编码是 Turbo 编码的基础。在 Turbo 码的第一个成功实现中[11]，Berrou 等人通过采用级联码(Concatenated codes)实现了这个设计目标。级联码的原始思想是由 Forney(1966)构想出来的。更具体而言，级联码具有两种类型：并行(Parallel)或者串行(Serial)。Berrou 等人采用的级联码属于并行类型，本节对其进行讨论。而在 10.16 节中将继续讨论串行类型的级联码。

在图 10.25 中，给出了 Turbo 码的最基本形式，它是由交织器级联在一起的两个系统码编码器组成的。

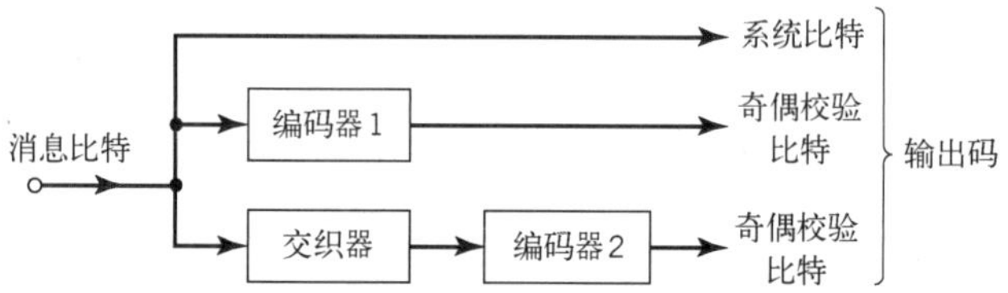

图 10.25　并行类型的 Turbo 码编码器框图

交织器(Interleaver)是一种输入输出映射装置，这种装置能够以一种完全确定的方式来改变固定字符集中符号序列的顺序。也就是说，交织器根据输入端的符号，在输出端产生相同但时间顺序不同的符号。Turbo 码采用的是伪随机交织器(Pseudo-random interleaver)，该交织器只作用于系统(即消息)比特(在附录 F 中将对交织器进行讨论)。Turbo 码采用的交织器通常是很大的，能够达到数千比特量级。

在 Turbo 码中，采用交织器的原因有下面两个：

1. 交织器将一半 Turbo 码中容易发生的误码与另一半中特别不容易发生的误码联系起来。实际上，这也是 Turbo 码的性能优于传统码的一个主要原因。
2. 交织器能够提供关于不匹配译码的鲁棒性能，这种不匹配译码是在信道统计量未知或者被错误指定的情况下出现的一个问题。

通常在图 10.25 中的两个组成编码器都采用相同的码，但也并非必须这样。Turbo 码推荐使用的组成码是短约束长度 RSC 码[Short constraint-length RSC(Recursive Systematic Convolutional) code]。使卷积码递归(即将移位寄存器中一个或多个抽头的输出反馈到其输入端)的原因，是为了使移位寄存器的内部状态依赖于其过去的输出。这将影响差错图样的行为，从而使整个编码策略获得更好的性能。

例 8 两状态 Turbo 编码器

在图 10.26 中，给出了一个特殊 Turbo 编码器的框图，它采用完全相同的一对两状态 RSC 组成编码器。每个组成编码器的生成矩阵为

$$G(D) = \left(1, \frac{1}{1+D}\right)$$

输入比特序列的长度 $K=4$，它是由 3 个消息比特和 1 个终止比特构成的(这种 RSC 编码器在 10.9 节中做了讨论)。输入向量为

$$\boldsymbol{m} = (m_0, m_1, m_2, m_3)$$

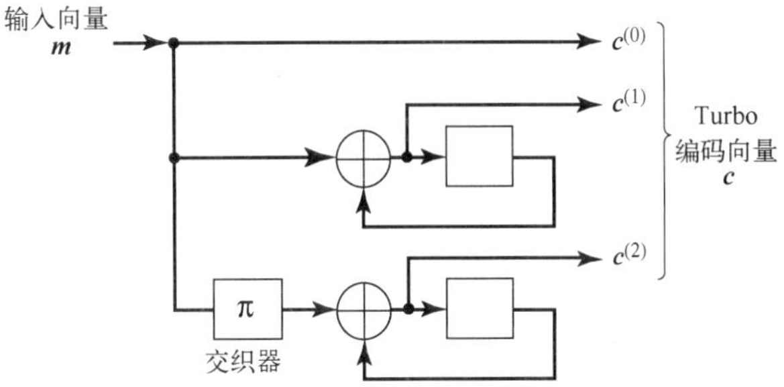

图 10.26 例 8 中的两状态 Turbo 编码器

第一个组成编码器产生的奇偶校验向量为

$$\boldsymbol{b}^{(1)} = (b_0^{(1)}, b_1^{(1)}, b_2^{(1)}, b_3^{(1)})$$

类似地，第二个组成编码器产生的奇偶校验向量为

$$\boldsymbol{b}^{(2)} = (b_0^{(2)}, b_1^{(2)}, b_2^{(2)}, b_3^{(2)})$$

因此，发射码向量被确定为

$$\boldsymbol{c} = (\boldsymbol{c}^{(0)}, \boldsymbol{c}^{(1)}, \boldsymbol{c}^{(2)})$$

由于卷积码是系统码，因此我们有

$$\boldsymbol{c}^{(0)} = \boldsymbol{m}$$

至于构成码向量 $\boldsymbol{c}$ 的剩余两个子向量，它们被确定为

$$\boldsymbol{c}^{(1)} = \boldsymbol{b}^{(1)}$$

和

$$\boldsymbol{c}^{(2)} = \boldsymbol{b}^{(2)}$$

因此，发射的码向量 $\boldsymbol{c}$ 是由 12 比特组成的。然而，由于终止比特 m_3 不是一个消息比特，因此可得到图 10.26 中描述的 Turbo 码的码率为

$$r = \frac{3}{12} = \frac{1}{4}$$

最后要指出的一点是，由于每个 RSC 编码器都具有两个状态，因此交织器具有 2×2(行-列)结构。还注意到在图 10.26 中将交织器表示为符号 π，这是一种常见的用法，全书都沿用这一惯例。

在图 10.25 中，将数据流直接输入到编码器 1，而将该数据流经过伪随机重新排序后的结果输入到编码器 2。系统比特(即原始的消息比特)和由两个编码器生成的两组奇偶校验比特组成了 Turbo 编码器的输出。虽然组成码是卷积的，但 Turbo 码实际上是分组码，而且分组长度是由交织器的周期长度决定的。另外，由于图 10.25 中的两个 RSC 码编码器都是线性的，因此我们通常可以认为 Turbo 码是线性分组码(Linear block code)。

Turbo 码的分组特性引出了一个现实的问题：

我们如何才能够确定出码字的开头与结尾呢?

通常采用的方法是，先将编码器初始化为全零状态，然后对数据进行编码。在完成对一定数目的数据比特的编码后，再加上一些尾比特，使编码器在每个分组的结尾返回到全零状态，此后再循环往复。Turbo 码的终止(Termination)方法包括下面两种：

- 一种简单的方法是，终止编码器中的第一个 RSC 码，而留下第二个待定。这种方法的缺点是，由第二个 RSC 码生成的分组的最后比特与其他比特相比，更容易受到噪声的影响。实验结果

表明，在信噪比提高时，Turbo 码表现出相对平稳的性能。Turbo 码的这种特性并不像误码底限，而只是与低信噪比情况下的误码性能急剧下降相比，所表现出来的类似于误码底限的性质。这种"误码底限"(Error floor)受多种因素的影响，其中最主要的是交织器的选择。

- 一种更精确的方法是以对称方式同时终止编码器中的两个组成码。通过组合运用好的交织器和双重终止方法，可以使"误码底限"相对于第一种方法(即简单终止方法)下降一个数量级。

在 Berrou et al. (1993)描述的 Turbo 码的最初形式中，为了保持 1/2 的码率，在数据经过信道传输之前，需要对图 10.25 所示的两个编码器产生的奇偶校验比特进行收缩处理。删除掉某些奇偶校验比特可以得到收缩码(Punctured code)，从而提高数据速率，在收缩过程中消息比特当然是不受影响的。从根本上讲，码字的收缩过程是与扩展过程相反的。然而，需要强调的是，对 Turbo 码的生成而言，采用收缩处理也并不是必须的。

正如前面所提到的，图 10.25 所示的编码策略是属于并行级联(Parallel concatenation)类型的，其新颖之处在于下面两个方面：

- 利用了 RSC 码；
- 在两个编码器之间插入了伪随机的交织器。

因此，由于伪随机交织器的优点，并行级联的最终结果是 Turbo 码(对信道)实质上表现出随机的特性，同时其结构又使得译码方案在物理上是切实可行的。根据编码理论可知，如果分组足够大，则随机选取的码能够接近于香农信道容量。这是 Turbo 码具有优越性能的真正原因。下面就对 Turbo 码的性能进行讨论。

Turbo 码的性能

在图 10.27 中，给出了一个码率为 1/2 且具有较大分组长度的 Turbo 码以二进制数据形式经 AWGN 信道传输时的误码性能[12]。其中采用了一个大小为 65536 的交织器和一个 MAP 译码器。

为了便于比较，图 10.27 还给出了相同 AWGN 信道条件下的另外两条曲线：

- 未编码数据传输(即码率 $r=1$)。
- 码率为 1/2 时的香农理论极限，这是由图 5.18(b)得到的。

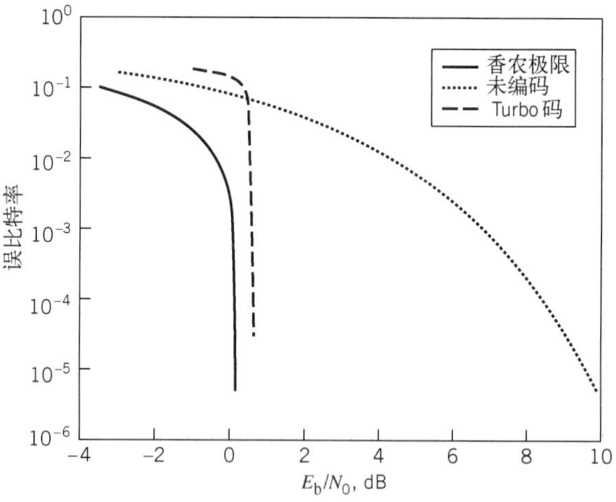

图 10.27 码率为 1/2 的 Turbo 码和未编码数据在 AWGN信道中传输时的误码性能，以及码率r为1/2的码的信道容量的香农理论极限

由图 10.27 可以得到如下两个重要结论：

1. 尽管在低 E_b/N_0时，采用 Turbo 码传输时的 BER 明显高于未编码数据传输时的 BER，但是一旦 E_b/N_0达到某一临界值时，Turbo 码的 BER 就会非常迅速地下降。
2. 当 BER 为 10^{-5}时，Turbo 码得到的值仅比香农理论极限小 0.5 dB。

然而，值得注意的是，要获得如此突出的性能改善，交织器的大小或 Turbo 码的分组长度必须足够大。此外，改善性能所需的大量迭代也会增加译码器的等待时间。造成这些缺点的主要原因是信息的数字处理没有对反馈提供帮助，这也是 Turbo 码译码器的一个与众不同的特征。

外部信息

在描述 Turbo 译码器的工作原理之前，我们认为有必要介绍外部信息的概念。这个新概念最方便的表示方法是利用对数似然比。此时，外部信息就可以用如图 10.28 所示的两个后验 L 值之间的差来计算。正式地讲，可以将一组系统（消息）比特的译码阶段产生的外部信息（Extrinsic information）定义如下：

外部信息是指在译码阶段的输出端计算得到的对数似然比与该译码阶段输入的对数似然比表示的内部信息之间的差值。

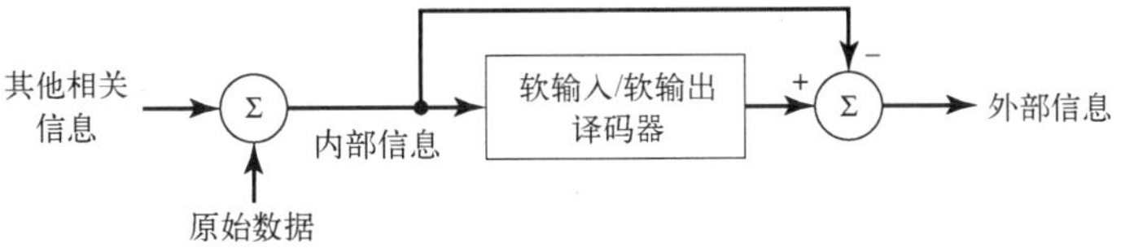

图 10.28　说明外部信息概念的框图

实际上，外部信息是通过利用感兴趣的消息比特与译码器处理的输入原始数据比特之间存在的相关性而得到的增量信息（Incremental information）。外部信息在迭代译码过程中起到了关键作用，下面将对其进行讨论。

Turbo 译码器

在图 10.29（a）中，给出了两阶段 Turbo 译码器的框图。采用 10.9 节中讨论的 MAP 译码算法，译码器通过对系统比特的噪声形式和在两个译码阶段中的两组奇偶校验比特进行处理，产生原始信息比特的估计值。

从图 10.29（a）的框图中可以直接看出的 Turbo 译码器的一个显著特点是采用了反馈（Feedback），它是以迭代方式从一个译码器到下一个译码器产生外部信息的过程中表现出来的。在某种程度上，这种译码过程类似于在一个涡轮增压引擎中对废气的反馈过程，实际上，Turbo 码的名称确实来自于这种类比。换句话说，在 Turbo 码中的“Turbo”这个词更多的是关于译码而不是编码过程的。

从工作角度来讲，在图 10.29（a）中的 Turbo 编码器对下列输入的噪声形式进行处理，它们是通过对信道输出 $\boldsymbol{r}_j$ 进行分离（去复用）得到的：

- 系统（即消息）比特，记为 $\boldsymbol{r}_j^{(0)}$；
- 对应于图 10.25 中编码器 1 的奇偶校验比特，记为 $\boldsymbol{r}_j^{(1)}$；
- 对应于图 10.25 中编码器 2 的奇偶校验比特，记为 $\boldsymbol{r}_j^{(2)}$。

给定接收向量 $\boldsymbol{r}_j$ 以后，译码算法的最终结果可以得到原始消息向量的估计值，即 $\hat{\boldsymbol{m}}$，它在译码器的输出端被送给用户。

在图 10.29（a）的 Turbo 译码器中还需要注意的另一个重点是，交织器和去交织器在反馈环内部的放置方式。考虑到在定义外部信息时需要用到内部信息这一事实，我们发现译码器 1 对下列三个输入进行处理：

- 有噪声的系统（即原始消息）比特；
- 由编码器 1 产生的有噪声的奇偶校验比特；
- 译码器 2 计算出的经过去交织处理的外部信息。

译码器 2 以互补方式对其自身的下列两个输入进行处理：

- 由编码器 2 产生的有噪声的奇偶校验比特；
- 译码器 1 计算出的经过交织处理的外部信息。

为了使反馈环中两个译码器之间信息的迭代交换持续不断地相互加强，去交织器和交织器必须按照图 10. 29(a)所示的方式使这两个译码器分开。另外，在接收机中配置的译码器的结构也必须与发射机中编码器的结构保持一致。

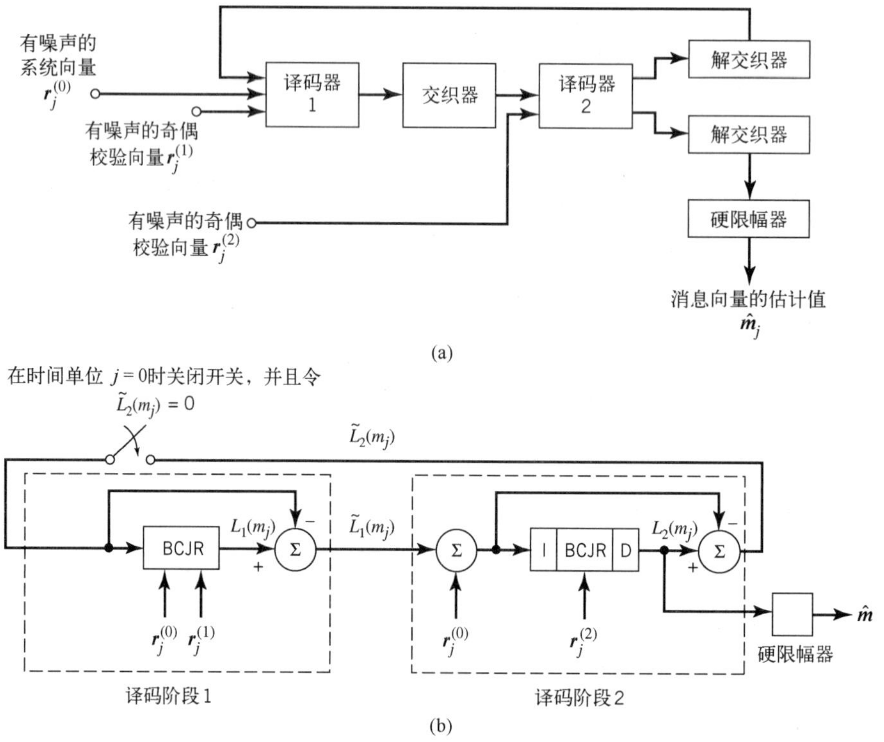

图 10. 29 (a)Turbo 译码器框图；(b)Turbo 译码器的外部形式，其中 I 表示交织器，D 表示解交织器。BCJR 表示 log-MAP 译码的 BCJR 算法

反馈的数学分析

为了使刚才描述的两个阶段 Turbo 译码过程建立在数学基础上，我们沿着图 10. 29(a)所示的反馈环构建信息流。为了简化起见和不失一般性，假设采用没有收缩处理的码率为 $r = 1/3$ 的并行级联卷积码。在时间单位 j，令

$\boldsymbol{r}_j^{(0)}$ 表示有噪声的系统比特组成的向量；

$\boldsymbol{r}_j^{(1)}$ 表示有噪声的编码器 1 产生的奇偶校验比特组成的向量；

$\boldsymbol{r}_j^{(2)}$ 表示有噪声的编码器 2 产生的奇偶校验比特组成的向量。

这里采用的符号与图 10. 25 的编码器中采用的符号是一致的。此外，假设这三个向量 $\boldsymbol{r}_j^{(0)}$，$\boldsymbol{r}_j^{(1)}$，$\boldsymbol{r}_j^{(2)}$ 的维数都是 K。

下面开始进行分析。图 10. 29(b)中的译码器 1 采用 BCJR 译码算法，通过计算译码器 1 的下列后验 L 值产生系统比特 m_j的"软估计"，即

$$L_1(m_j) = \ln\left(\frac{\mathbb{P}(m_j = +1|\boldsymbol{r}_j^{(0)}, \boldsymbol{r}_j^{(1)}, \tilde{L}_2(\boldsymbol{m}))}{\mathbb{P}(m_j = -1|\boldsymbol{r}_j^{(0)}, \boldsymbol{r}_j^{(1)}, \tilde{L}_2(\boldsymbol{m}))}\right), \quad j = 0, 1, \cdots, K-1 \tag{10.120}$$

其中，$\tilde{L}_2(\boldsymbol{m})$表示关于译码器 2 计算出的消息向量 $\boldsymbol{m}$ 的外部信息。还注意到在式(10. 120)中，我们用到了常用的映射：即将比特 1 映射为+1 以及将比特 0 映射为−1。假设 L 个消息比特是统计独立的，则译码器 1 计算出的总的外部信息为下列求和：

$$L_1(\boldsymbol{m}) = \sum_{j=0}^{K-1} L_1(m_j) \tag{10.121}$$

因此，关于译码器 1 计算出的消息向量 $\boldsymbol{m}$ 的外部信息由下列差值给出：

$$\tilde{L}_1(\boldsymbol{m}) = L_1(\boldsymbol{m}) - \tilde{L}_2(\boldsymbol{m}) \tag{10.122}$$

其中，$\tilde{L}_2(\boldsymbol{m})$将在后面确定。

在第二个译码阶段利用式(10.122)以前，将对外部信息$\tilde{L}_1(\boldsymbol{m})$进行重新排序(即去交织处理)，以便补偿图 10.29(b)所示在 Turbo 编码器中原来引入的伪随机交织处理。除了$\tilde{L}_1(\boldsymbol{m})$，译码器 2 的输入还包括有噪声的奇偶校验比特组成的向量 $\boldsymbol{r}^{(2)}$。因此，通过采用 BCJR 算法，译码器 2 产生消息向量 $\boldsymbol{m}$ 的更准确的软估计。接下来，如图 10.29(b)所示，又对这个更准确的消息向量的估计值重新进行交织处理，以便计算出译码器 2 的后验 L 值，即

$$\tilde{L}_2(\boldsymbol{m}) = \sum_{j=0}^{K-1} L_2(m_j) \tag{10.123}$$

其中

$$\tilde{L}_2(m_j) = \ln\left(\frac{\mathbb{P}(m_j = +1 \mid \boldsymbol{r}_j^{(2)}, \tilde{\boldsymbol{L}}_1(\boldsymbol{m}))}{\mathbb{P}(m_j = -1 \mid \boldsymbol{r}_j^{(2)}, \tilde{\boldsymbol{L}}_1(\boldsymbol{m}))}\right), \qquad j = 0, 1, \cdots, K-1 \tag{10.124}$$

因此，反馈到译码器 1 的输入端的外部信息为

$$\tilde{L}_2(\boldsymbol{m}) = L_2(\boldsymbol{m}) - \tilde{L}_1(\boldsymbol{m}) \tag{10.125}$$

得到此信息以后，包含译码器 1 和译码器 2 的反馈环就是封闭的。

正如图 10.29(b)中所示，译码过程的初始化是令外部的后验 L 值为

$$\tilde{L}_2(m_j) = 0, \qquad j = 0 \tag{10.126}$$

当译码性能不能再进一步提高时，译码过程就结束了。此时，可以通过对译码器 2 的输出端的先验 L 值进行硬限幅来计算出消息向量 $\boldsymbol{m}$ 的估计值，得到

$$\hat{\boldsymbol{m}} = \operatorname{sgn}(L_2(\boldsymbol{m})) \tag{10.127}$$

在对 Turbo 译码的讨论结束时，还有下列另外两点值得注意：

1. 尽管有噪声的系统比特组成的向量 $\boldsymbol{r}^{(0)}$ 只送给译码器 1，它对译码器 2 的间接影响是通过译码器 1 计算出的外部后验 L 值$\tilde{L}_1(\boldsymbol{m})$来体现的。
2. 式(10.122)和式(10.125)假设在译码器 1 和译码器 2 之间通过的外部后验 L 值$\tilde{L}_1(\boldsymbol{m})$和$\tilde{L}_2(\boldsymbol{m})$是与消息向量 $\boldsymbol{m}$ 统计独立的。然而，实际上这个条件只能适用于译码过程的第一次迭代。在此以后，外部信息对于成功实现消息向量 $\boldsymbol{m}$ 的更可靠的估计值的用处就会变小。

▷

例 9　利用二进制 PSK 调制的 UMTS 编解码器[13]

在本例中，我们对通用移动通信系统(Universal Mobile Telecommunications System，UMTS)标准的编解码进行研究。为了简单起见，采用二进制 PSK 调制来实现 AWGN 信道上的数据传输。UMTS 中 Turbo 码的基本 RSC 编码器的参数如下：

码率 $r=1/3$

约束长度 $\nu=4$

存储器长度 $m=3$

UMTS Turbo 编码器

在图 10.30(a)中，给出了 UMTS Turbo 编码器的框图，它是由两个完全相同的级联 RSC 编码器

组成且以并行方式工作的，其中有一个交织器将两者分开。具体如下：

- 每个编码器都是由一个线性反馈移位寄存器(Linear Feedback Shift Register，LFSR)构成的，触发器的个数为 $m=3$。因此，在每个 LFSR 中，我们得到的有限状态机都有 $2^m=2^3=8$ 个状态。
- 在对编码过程进行初始化时，令每个 LFSR 都为全零状态。
- 为了启动编码过程，将图 10.30(a)中的两个开关都闭合，从而将消息向量 $\boldsymbol{m}$ 送到上面的 RSC 编码器，而将 $\boldsymbol{m}$ 的交织形式即 $\boldsymbol{n}$ 送到下面的 RSC 编码器。$\boldsymbol{m}$ 的长度被记为 K。
- 每一个 RSC 构成的编码器产生一个奇偶校验比特序列，其长度为 $K+m$。
- 一旦编码过程结束，就在每个编码比特的分组上面添加 m 比特，从而迫使每个 LFSR 返回到初始全零状态。

从这些描述来看，很明显 Turbo 码的总码率(Overall code-rate)小于 UMTS 的码率，即 1/3，如下所示：

$$r_{\text{overall}} = \frac{K}{3K+4m}$$

注意到如果我们令存储器长度 $m=0$，则码率 r_{overall} 又会增加到 1/3。

根据上面的描述，Turbo 编码器的复合输出(Multiplexed output)的每一个分组都由下列向量组成：

$\boldsymbol{c}^{(0)}$　　系统比特(即消息比特)组成的向量；

$\boldsymbol{c}^{(1)}$ 和 $\boldsymbol{c}^{(2)}$　　一对向量，它们分别表示上面的 RSC 编码器与下面的 RSC 编码器产生的奇偶校验比特；

$\boldsymbol{t}^{(1)}$ 和 $\boldsymbol{t}^{(2)}$　　一对向量，它们分别表示使上面的 RSC 编码器与下面的 RSC 编码器返回到全零状态所需的编码器终止-尾部比特。

在 UMTS 标准中，Turbo 码的分组长度在[40,5114]范围内。

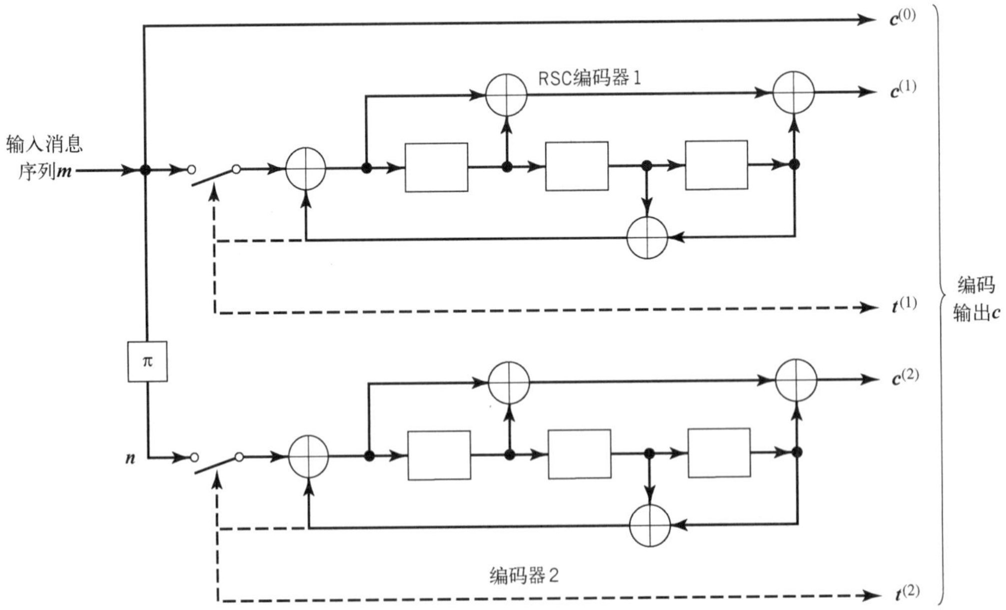

(a) 编码器

图 10.30　UMTS 编解码器的框图

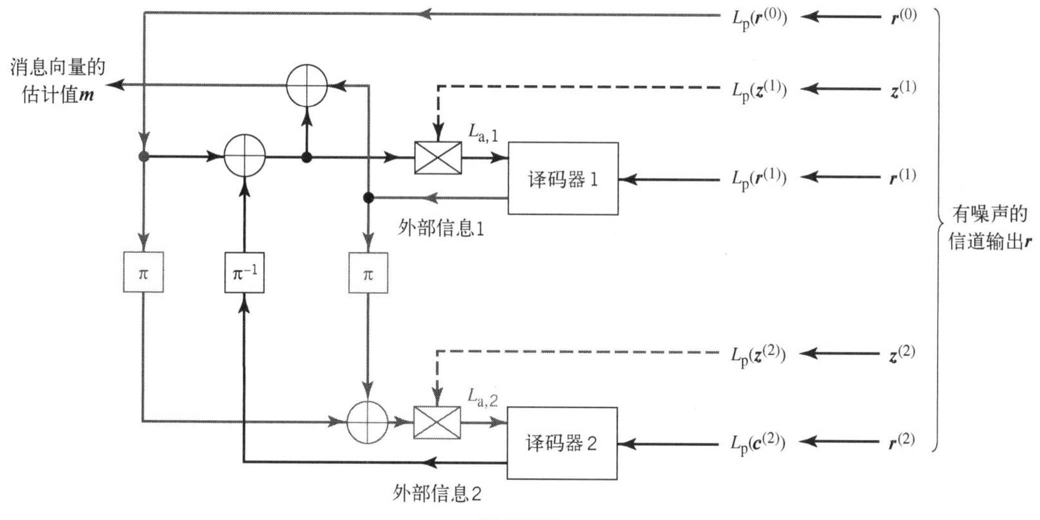

(b) 译码器

图 10.30(续)　UMTS 编解码器的框图

备注：1. 接收向量$\{r^{(0)},z^{(0)},r^{(1)},z^{(2)},r^{(2)}\}$对应于发射向量$\{c^{(0)},t^{(0)},c^{(1)},t^{(2)},c^{(0)}\}$。

2. 标记为 π 的方框：交织器。标记为 π^{-1} 的方框：去交织器。

UMTS Turbo 译码器

在图 10.30(b)中，给出了 UMTS 译码器的框图。特别地，按照该图右边从上到下的顺序，可得到接收机中计算出的 5 个后验 L 值序列，即 $L_p(c^{(0)}),L_p(t^{(1)}),L_p(c^{(1)}),L_p(t^{(2)})$和 $L_p(c^{(2)})$。这些 L 值分别对应编码序列 $c^{(0)},t^{(1)},c^{(1)},t^{(2)}$和 $c^{(2)}$。

首先，考虑译码器 1 在接收机中是如何工作的，从图 10.30(b)中我们发现，它接收两个输入 L 值序列，第一个后验 L 值 $L_p(c^{(1)})$是直接来自于信道的。另一个输入的先验 L 值 $L_{a,1}$是由下面三个部分组成的：

1. 后验 L 值 $L_p(c^{(0)})$，它对应于接收到的系统比特 $c^{(0)}$。
2. 译码器 2 产生的外部信息的重新排序形式，这是从去交织器 π^{-1}得到的。
3. 后验 L 值 $L_p(t^{(1)})$是由终止比特 $t^{(1)}$组成的系统向量产生的，并且被加到第一部分和第二部分之和上以结束 $L_{a,1}$。

译码器 2 采用相应的方式，但略有不同，它接收两个 L 值的输入序列，第一个后验 L 值$L_p(c^{(2)})$直接来自于信道。而另一个输入的先验 L 值 $L_{a,2}$也是由下面三个部分组成的：

1. 后验 L 值 $L_p(c^{(0)})$的重新排序形式，它是由接收到的系统比特向量 $c^{(0)}$得到的，这里的重新排序是由位于去交织器 π^{-1}左边的交织器来完成的。
2. 译码器 1 产生的外部信息的重新排序形式，这里的重新排序是由位于去交织器 π^{-1}右边的第二个交织器 π 来完成的。
3. 后验 L 值 $L_p(t^{(2)})$是由终止比特 $t^{(2)}$组成的系统向量产生的。然而，这里的 $L_p(t^{(2)})$在它被交织处理并送到译码器 2 以前就被去掉了。

仿真结果

在图 10.31 中，我们画出了利用图 10.30 所示的 Turbo 编解码器，根据迭代译码过程得到的 BER

图。这些结果是在 5000 个系统比特情况下得到的，具体如下：

- 对于指定的 E_b/N_0 比值，误码是对 50 次蒙特卡罗仿真结果取平均得到的；
- 在 BER 图中的每个点是根据译码过程中每个标点计数采用 100 比特得到的；
- 这些结果是在不同的 E_b/N_0 值情况下重复计算得到的。

从图 10.31 中可以发现下面几个显著点：

1. 在刚好进行到第 4 次迭代时，在 SNR = 3 dB 处 UMTS 译码器的 BER 下降到 10^{-14}，这对于所有实际应用而言都可以认为是零。
2. 第 4 次迭代得到的 BER 图的陡度(Steepness)表现出了 Turbo 崖(Turbo cliff)的征兆，但却没有达到。遗憾的是，如果要达到 Turbo 崖则还需要进行更多的计算[14](Turbo 崖将在下一节的图 10.32 中进行说明)。

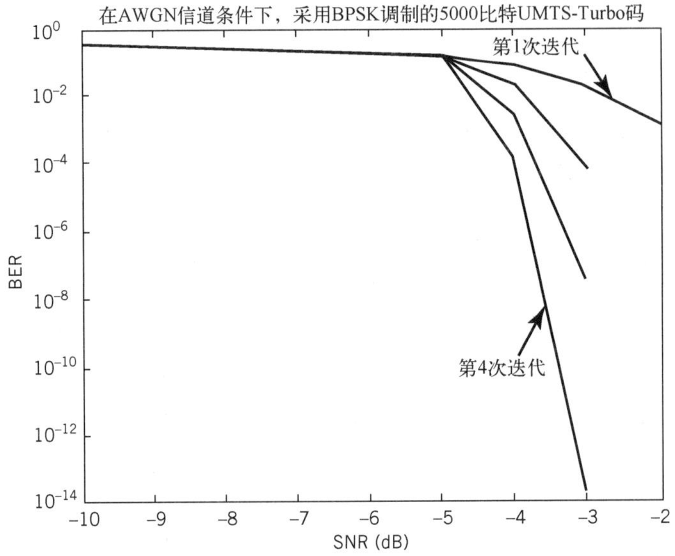

图 10.31 采用 5000 个系统比特和-3dB SNR 的 UMTS-Turbo 译码器的误比特率(BER)图

维特比算法和 MAP 算法的初步比较

我们采用一种相当初步但比较合理的方法来公平地讨论计算复杂度问题。考虑一个卷积码，它具有 $m = 6$ 个状态，因此需要

$$2^6 = 64$$

次 ACS 运算来完成维特比译码。

为了与这个计算复杂度相匹配，采用图 10.29(b)所示的 Turbo 译码器，并且有 16 次 ACS 运算，我们需要的译码迭代次数为

$$\frac{64}{16} = 4$$

相应地，在图 10.31 中画出了译码迭代顺序为 1,2,3 和 4 时 Turbo 译码器的 BER 图。我们特别感兴趣的是第 4 次迭代得到的 BER 图，从中可以发现，在相同计算复杂度即总数为 64 次 ACS 运算的情况下，Turbo 译码器的 $\text{BER} \approx 10^{-14}$，该性能大大优于维特比译码器的性能。

10.13 EXIT 图

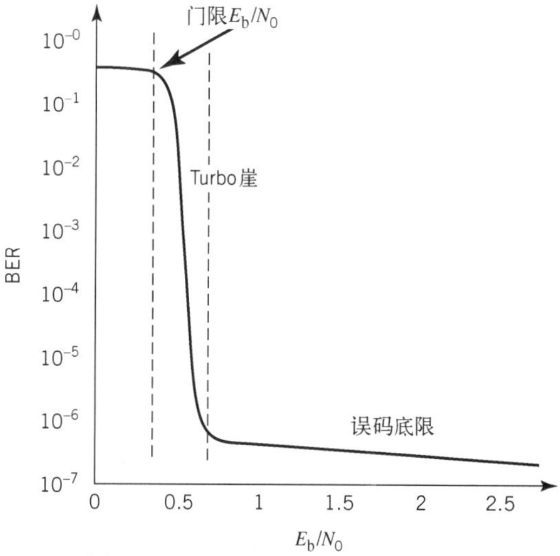

图 10.32　Turbo 译码的理想 BER 图

在以图 10.32 为例的一个理想 BER 图中，我们可以区别出三个不同区域，可以将其描述如下：

(a) 低 BER 区域(Low BER region)，其中 E_b/N_0 比值相应地比较低。

(b) 瀑布区域(Waterfall region)，在 Turbo 编码文献中也被称为 Turbo 崖，它的特征是其 BER 在 SNR 的 1 dB 的小范围内持续下降。

(c) BER 底部区域(BER floor region)，其中当 SNR 从中等值到较大值时译码性能的提高很小。

尽管图 10.32 所示的 BER 图能够提供一些信息，但从实际观点来看它有一个严重的不足。简单而言，这个 BER 图缺乏关于迭代译码算法的动态特性(即收敛行为)的知识，尤其在 Turbo 崖区域附近。此外，由于 BER 出现在低 BER 区域，因此需要运行过多的仿真次数。

现在的问题是：我们如何克服 BER 图的这个严重不足？可以通过采用外部信息图(Extrinsic information chart)或者简称为 EXIT 图来解决这个问题，它是由 Ten Brink(2001)正式提出的。

EXIT 图是具有深刻含义的，因为它能提供一种图示方法来看到对某个指定 E_b/N_0值时 Turbo 译码过程的动态行为。此外，这种方法还提供了一种工具，可以用于设计在 Turbo 崖区域中具有良好性能的 Turbo 码。无论如何，EXIT 图的形成利用了香农信息论中的互信息思想，这在第 5 章中进行了讨论。

EXIT 图的形成

考虑图 10.29(b)所示 Turbo 译码器中的一个组件译码器，为了便于阐述把它标记为译码器 1，另一个组件译码器被标记为译码器 2。令 $I_1(m_j;L_a(m_j))$表示发射消息比特 m_j与指定 E_b/N_0时的先验 L 值 $L_a(m_j)$之间的互信息。相应地，令 $L_p(m_j)$表示消息比特 m_j的后验 L 值，并且 $I_2(m_j;L_p(m_j))$表示 m_j与相同 E_b/N_0时的 $L_p(m_j)$之间的互信息。于是，将 $I_2(m_j;L_p(m_j))$视为 $I_1(m_j;L_a(m_j))$的一个函数，则对于某个算子 $T(\cdot)$和指定的 E_b/N_0，我们可以将组件译码器 1 的外部信息转移特性(Extrinsic information transfer characteristic)表示如下：

$$I_2(m_j;L_p(m_j)) = T(I_1(m_j;L_a(m_j))) \tag{10.128}$$

在连续区域，可以证明互信息 I_1 和 I_2 都位于范围[0,1]内。于是，可以用图 10.33(a)画出 $I_2(m_j;L_p(m_j))$关于 $I_1(m_j;L_a(m_j))$的变化曲线，它以图形方式显示了组件译码器 1 的外部信息转移特性。

由于两个组件译码器是类似的，并且它们在一个闭合的反馈环内是串行连接起来的，因此可知组件译码器 2 的外部信息转移特性是图 10.33(a)中曲线关于直线 $I_1=I_2$的镜像(Mirror image)，如图 10.33(b) 所示。得到这个关系以后，我们可以在保持图 10.33(a)的水平轴和垂直轴相同的情况下，继续将这两个组件译码器的转移特性曲线放在一起。于是得到如图 10.33(c)所示的组合曲线图。实际上，后面得到的这个图代表了对于指定 E_b/N_0情况下，Turbo 译码算法中两个组件译码器一起工作时的输入-输出外部转移特性。

为了详细阐明图 10.33(a)的实际用处，假设迭代 Turbo 译码算法从 $I_0^{(1)}=0$ 开始，这个值表示在译码过程中第一次迭代时组件译码器 1 的初始条件。于是，在继续往前迭代的过程中，我们把握住以下两点：

- 第一，当我们从前一次迭代进行到下一次迭代时，组件译码器 1 的后验 L 值变为组件译码器 2 的先验 L 值，当这两个译码器交换时也类似。
- 第二，在连续迭代时，会依次出现消息比特 $m_1, m_2, m_3, \cdots$。

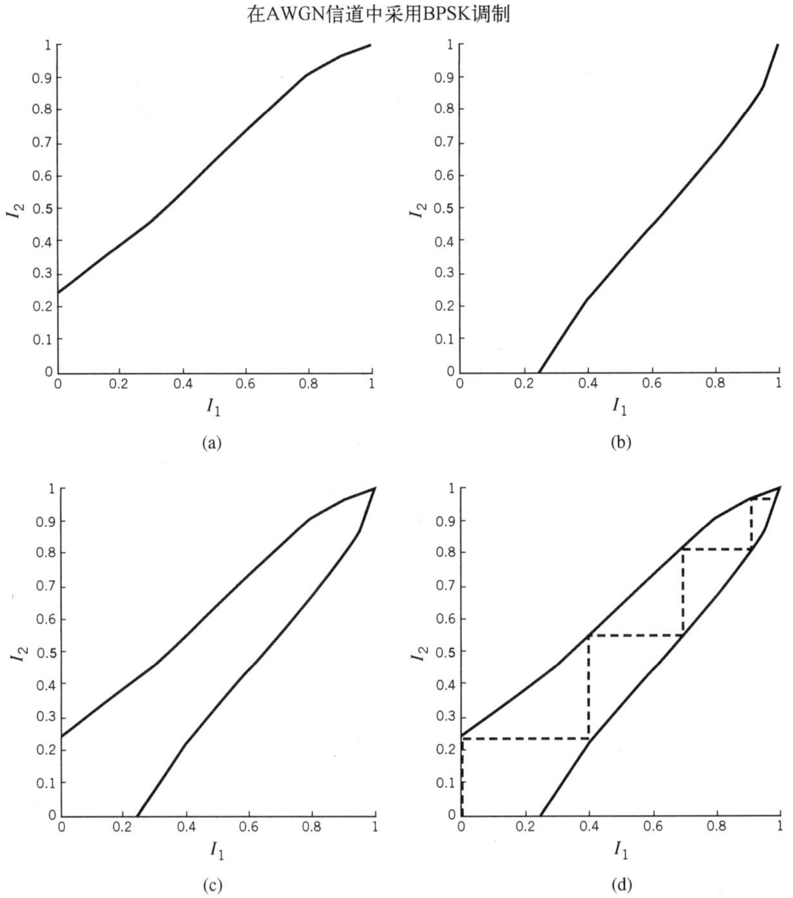

图 10.33　(a)译码器 1 的外部信息转移特性；(b)译码器 2 的外部信息转移特性；(c)两个组件译码器一起工作时的输入-输出外部重要特性；(d) EXIT 图，包括将两个组件译码器的外部信息转移特性关联起来的阶梯曲线(虚线所示)

因此，对于某个指定的 E_b/N_0 值，当从前一个消息比特到下一个消息比特时，在两个组件译码器之间会经历如下一系列外部信息转换：

初始条件：$I_1^{(1)}(m_1)=0$

第 1 次迭代：消息比特 m_1

　译码器 1：由 $I_1^{(1)}(m_1)$ 确定出 $I_2^{(1)}(m_1)$。

　译码器 2：由 $I_2^{(1)}(m_1)$ 初始化第 2 次迭代的 $I_1^{(2)}(m_2)$。

第 2 次迭代：消息比特 m_2

　译码器 1：由 $I_1^{(2)}(m_2)$ 确定出 $I_2^{(2)}(m_2)$。

　译码器 2：由 $I_2^{(2)}(m_2)$ 初始化第 3 次迭代的 $I_1^{(3)}(m_3)$。

第 3 次迭代：消息比特 m_3

译码器 1：由 $I_1^{(3)}(m_3)$ 确定出 $I_2^{(3)}(m_3)$。

译码器 2：由 $I_2^{(3)}(m_3)$ 初始化第 4 次迭代的 $I_1^{(4)}(m_4)$。

第 4 次迭代：消息比特 m_4

译码器 1：由 $I_1^{(4)}(m_4)$ 确定出 $I_2^{(4)}(m_4)$。

译码器 2：由 $I_2^{(4)}(m_4)$ 初始化第 5 次迭代的 $I_1^{(4)}(m_5)$。

以此类推。

按照上面描述的方式继续进行，我们可以构造出如图 10.33(d) 所示的 EXIT 图，它以阶梯(Staircase)形式体现出了从一个组件译码器到另一个组件译码器的运动轨迹。具体而言，从组件译码器 1 到译码器 2 的外部信息转移曲线是以水平方式前进的，以此类推，从组件译码器 2 到译码器 1 的外部信息转移曲线则是以垂直方式前进的。从此以后，把构造出的从一个组件译码器到另一个译码器的一系列外部信息转移曲线称为组件译码器 1 和译码器 2 之间的阶梯形外部信息转移轨迹。

观察图 10.33(d) 所示的 EXIT 图，我们能够得到下列两点结论：

(a) 只要信道输出端的 SNR 足够高，则组件译码器 1 的外部信息转移曲线就保持在直线 $I_1 = I_2$ 的上面，而对应的组件译码器 2 的外部信息转移曲线则保持在该直线的下面。因此，在这两个组件译码器的外部信息转移曲线之间存在着一个开放的隧道(Tunnel)。在这种情况下，对于指定的 E_b/N_0 值，Turbo 译码算法可以收敛到一个稳定解。

(b) 当接近稳定解时，Turbo 译码算法从前一次迭代到下一次迭代得到的外部信息估计值变得越来越可靠。

然而，如果指定的 E_b/N_0 值相对较低时，就与图 10.33(d) 所示的图形相反，即组件译码器 1 和译码器 2 的外部信息转移曲线之间不存在开放的隧道，此时 Turbo 译码算法就不会收敛(即 Turbo 译码算法是不稳定的)。图 10.34 中的 EXIT 图对这种行为表现进行了说明，其中 SNR 比图 10.33 中的值更低。

现在，我们可以给出下列结论：

Turbo 译码算法的 E_b/N_0 门限值就是在 EXIT 图中存在开放隧道的最小 E_b/N_0 值。

正是由于上述重要结论在图形上看很简单，因此使 EXIT 图成为了迭代译码算法设计中的一种很有用的实际工具。

另外，如果结果是两个组件译码器的 EXIT 曲线在理想收敛的 (1,1) 点以前不相交，并且阶梯形译码轨迹也成功地到达了这个临界点，则可以预料算法具有难以察觉的低 BER(Hanzo, 2012)。

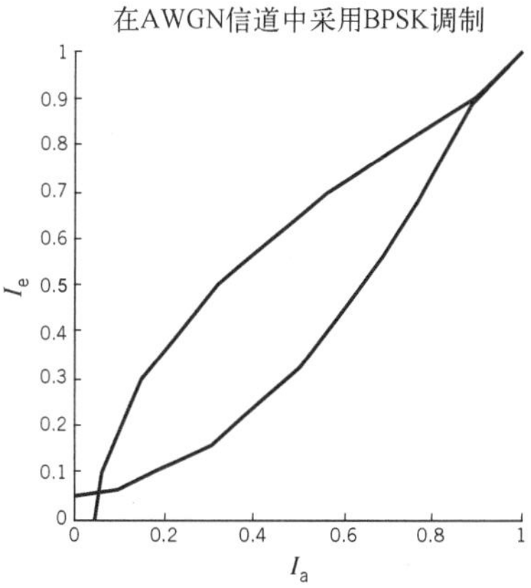

图 10.34　说明 Turbo 译码器非收敛行为的 EXIT 图，其中 E_b/N_0 值比图 10.33(d) 中的值更低

近似高斯模型

为了得到可以显示迭代译码算法动态行为所需的近似模型，第一步是假设消息比特 m_j 的先验 L 值即 $L_a(m_j)$ 构成了独立的高斯随机变量。由于 $m_j = \pm 1$，$L_a(m_j)$ 的方差为 σ_a^2，均值为 $(\sigma_a^2/2)m_j$。等效地，可以将 L_a 对 m_j 的统计依赖性表示如下：

$$L_a(m_j) = \left(\frac{\sigma_a^2}{2}\right) m_j + n_a \tag{10.129}$$

其中，n_a 表示方差为 σ_a^2 的零均值高斯随机变量的样本值。

上面描述的近似高斯模型的理论基础是受到下面两点的启发得到的(Lin and Costello, 2003)：

(a) 对于一个具有软(即无量化)输出的 AWGN 信道，在给定接收机信号 $L_a(m_j \mid r_j^{(0)})$ 的条件下，发射消息比特 m_j 的对数似然比 L 值 $r_j^{(0)}$ 可以用下列模型表示(参见习题 10.36)：

$$L_a(m_j|r_j^{(0)}) = L_c r_j^{(0)} + L_a(m_j) \tag{10.130}$$

其中，$L_c = 4(E_s/N_0)$ 为式(10.91)中定义的信道可靠性因子，$L_a(m_j)$ 为消息比特 m_j 的先验 L 值。这里需要注意的一点是，不同 j 时的乘积项 $L_c r_j^{(0)}$ 是方差为 $2L_c$、均值为 $\pm L_c$ 的独立高斯随机变量。

(b) 通过对具有较大分组长度的组件译码器的后验外部 L 值 $L_e(m_j)$ 大量地进行蒙特卡罗仿真，其结果看起来可以支持式(10.129)中的高斯模型假设，参见 Wiberg et al. (1999)。

因此，利用式(10.129)的高斯近似，我们可以将先验 L 值的条件概率密度函数表示如下：

$$f_{L_a}(\xi|m_j) = \frac{1}{\sqrt{2\pi}\,\sigma_a}\exp\left[-\frac{(\xi - m_j\sigma_a^2/2)^2}{2\sigma_a^2}\right] \tag{10.131}$$

其中，ξ 是虚变量，表示 $L_a(m_j)$ 的样本值。还需注意的是，尽管显然 m_j 是离散的，但 ξ 却是连续的。可以知道，在得到消息比特 $m_j = \pm 1$ 和先验 L 值 $L_a(m_j)$ 之间的互信息公式时，我们需要应对二进制输入 AWGN 信道的情况。在第 5 章关于信息论的例 5 中已经对这种信道做了讨论。根据这个例子的所得结果，可以将第一个期望的互信息，即 $I_1(m_j;L_a)$ 表示如下：

$$I_1(m_j;L_a) = \frac{1}{2}\sum_{m_j=-1,+1}\int_{-\infty}^{\infty} f_{L_a}(\xi|m_j)\log_2\left(\frac{2f_{L_a}(\xi|m_j)}{f_{L_a}(\xi|m_j=-1)+f_{L_a}(\xi|m_j=+1)}\right)\mathrm{d}\xi \tag{10.132}$$

其中，求和运算是因为信息比特 m_j 具有二进制特性，而积分运算则是因为 L_a 具有连续特性。利用式(10.131)和式(10.132)并对其结果进行处理，我们得到(ten Brink, 2001)：

$$I_1(m_j;L_a) = 1-\int_{-\infty}^{\infty}\frac{\exp\left[-\dfrac{(\xi - m_j\sigma_a^2/2)^2}{2\sigma_a^2}\right]}{\sqrt{2\pi}\,\sigma_a}\log_2[1+\exp(-\xi)]\,\mathrm{d}\xi \tag{10.133}$$

正如所期望的，上式只取决于方差 σ_a^2。为了强调这个事实，令下面的新函数

$$\mathcal{J}(\sigma_a) := I_1(m_j;L_a) \tag{10.134}$$

具有下列两个极限值，即

$$\lim_{\sigma_a \to 0}\mathcal{J}(\sigma_a) = 0$$

和

$$\lim_{\sigma_a \to \infty}\mathcal{J}(\sigma_a) = 1$$

换句话说，我们有

$$0 \leqslant I_1(m_j;L_a) \leqslant 1 \tag{10.135}$$

另外，$\mathcal{J}(\sigma_a)$ 随着 σ_a 的增加而单调增加，这意味着如果给定互信息 $I_1(m_j;L_a)$ 的值，则利用下面的求逆公式可以唯一确定出 σ_a 的对应值

$$\sigma_a = \mathcal{J}^{-1}(I_1) \tag{10.136}$$

根据这个值就可以得到式(10.129)中定义的相应的高斯随机变量 $L_a(m_j)$。

再回到式(10.128)，我们注意到为了构造出 EXIT 图，还需要知道第二个关于消息比特 m_j 和后验外部 L 值 $L_p(m_j)$ 之间的互信息。为此，可以根据式(10.132)写出

$$I_2(m_j;L_p) = \frac{1}{2}\sum_{m_j=-1,+1}\int_{-\infty}^{\infty} f_{L_p}(\xi|m_j)\log_2\left(\frac{2f_{L_p}(\xi|m_j)}{f_{L_p}(\xi|m_j=-1)+f_{L_p}(\xi|m_j=+1)}\right)\mathrm{d}\xi \tag{10.137}$$

采用与处理先验互信息 $I_1(m_j;L_a(m_j))$ 类似的方法，也可以得到

$$0 \leqslant I_2(m_j;L_p) \leqslant 1 \tag{10.138}$$

因此，在得到两个互信息 $I_1(m_j;L_a)$ 和 $I_2(m_j;L_p)$ 以后，就可以通过只关注 Turbo 译码算法中的单个组件译码器来计算出迭代译码算法的 EXIT 图了。

下一步需要考虑的问题是如何完成这种计算，接下来我们就对此进行讨论。

计算 EXIT 图的直方图方法

对于具有长交织器的 Turbo 码而言，式(10.129)中的近似高斯模型对实际应用来说足够好了。因此，我们可以采用这个模型来得到 ten Brink(2001)描述的传统直方图方法(Histogram method)，以便计算 EXIT 图。特别地，我们采用式(10.137)计算指定 E_b/N_0 值情况下的互信息 $I_2(m_j;L_p)$。为此，需要采用蒙特卡罗仿真(即直方图测量)来计算所需的概率密度函数 $f_{L_p}(\xi \mid L_p(m_j))$，由于明显的原因，不能对其施加高斯假设。计算这个概率密度函数是得到 EXIT 图的关键，下面以逐步的方式给出在指定 E_b/N_0 值情况下的 EXIT 图计数方法：

第 1 步：将式(10.129)中定义的独立高斯随机变量应用于 Turbo 译码器中的组件译码器 1。按照式(10.129)选取方差 σ_a^2 可以得到互信息 $I_1(m_j;L_p)$ 的对应值。

第 2 步：利用蒙特卡罗仿真计算概率密度函数 $f_{L_p}(\xi \mid L_p)$。然后，计算第二个互信息 $I_2(m_j;L_p)$，利用它可以确定出组件译码器 1 的外部信息转移曲线上的某个点。

第 3 步：继续第 1 步和第 2 步，直到我们有足够多的点可以构造出组件译码器 1 的外部信息转移曲线。

第 4 步：构造出组件译码器 2 的外部信息转移曲线，它是第 3 步计算所得组件译码器 1 的转移曲线关于直线 $I_1 = I_2$ 的镜像。

第 5 步：通过将组件译码器 1 和译码器 2 的外部信息转移曲线组合起来，构造出 Turbo 译码器的 EXIT 图。

第 6 步：从某个指定的初始条件开始，比如对消息比特 m_1 可以令 $I_1(m_1)=0$，构造出组件译码器 1 和译码器 2 之间的阶梯形信息转移轨迹。

计算 EXIT 图的直方图方法具有一个令人满意的特点，就是除了式(10.129)中的近似高斯模型，从第 1 步到第 6 步所涉及的所有计算都不再需要其他的假设。

计算 EXIT 图的平均方法

对于另一种计算 EXIT 的方法，我们可以采用所谓的平均方法(Averaging method)，它可以作为直方图方法的替代方法。

需要提醒的是，计算 EXIT 图的基本问题是估算出发射机中 Turbo 编码器输入端的信息比特 m_j 与在接收机中对应的 BCJR 译码器输出中产生的对应 L 值之间的互信息。由于 BCJR 译码器所具有的内在的非线性输入-输出特性，导致 L 值的分布不仅是未知的，而且还很可能是非高斯的，因此使互信息的估算很复杂。为了解决这个困难，我们可以求助于遍历定理(Ergodic theorem)，第 4 章关于随机过程对其进行了讨论。其中指出，在某些条件下，利用时间平均来代替集平均(即期望)的运算是可行的。因此，沿着这个遍历性思路，我们得到一种新的非线性变换，即在 BCJR 译码器的输出中得到的大量 L 值样本的时间平均可以作为期望互信息的估计值，并且这样做还不需要关于原始数据(即 m_j)的知识。正是因为这个原因，把计算 EXIT 图的这个第二种方法称为平均方法[15]。

正如在直方图方法中采用单个组件译码器就足以计算 EXIT 图一样，相同的译码方案也同样能

够很好地适用于平均方法。因此，平均方法采用的方案如图 10.35 所示。最重要的是，设计的这种方案能够满足下列需求：

1. 信道估计、载波恢复、调制和解调都可以完美地实现；
2. Turbo 译码器与 Turbo 编码器完全同步；
3. 可以采用 BCJR 算法或者完全等效的方法(如 log-MAP 算法)来使 Turbo 译码器最优化。

此外，需要特别注意图 10.35 中上部分的组件编码器 1 与该图下部分的 Turbo 译码器 2 之间的解析对应关系：编码器中的码向量 $\boldsymbol{c}^{(0)}$,$\boldsymbol{c}^{(1)}$ 和终止向量 $\boldsymbol{t}^{(1)}$ 分别映射为译码器中的后验 L 值 $L_{\mathrm{p}}(\boldsymbol{r}^{(0)})$，$L_{\mathrm{p}}(\boldsymbol{r}^{(1)})$ 和 $L_{\mathrm{p}}(\boldsymbol{z}^{(1)})$。

因此可以合理地认为，根据这些严格要求，平均方法采用的算法得到了很好的设计，因此从下列意义上讲这个算法是值得信任的：在计算 EXIT 图的过程中，算法对计算出的 L 值充分信任，也就是说，它们不会表现出对消息比特的过度自信或者信心不足。平均方法的这个重要特点是与直方图方法不同的。实际上，正是因为直方图方法要将 L 值与消息比特的真实值进行比较，所以才需要它们(原始数据)的知识。

总之，我们说值得信任的 L 值是那些满足相容条件(Consistency condition)的 L 值。检验这个条件的一种简单方法是：采用平均方法和直方图方法来分别计算出两组 L 值。如果这两个方法都能得到相同的互信息值，则满足相容条件(Maunder, 2012)。

估算 EXIT 图的方法

回到图 10.35 所示的方案，其中信号分离器的输出 $\boldsymbol{r}^{(0)}$,$\boldsymbol{r}^{(1)}$ 和 $\boldsymbol{z}^{(1)}$ 分别代表对应于编码器输出 $\boldsymbol{c}^{(0)}$,$\boldsymbol{c}^{(1)}$ 和 $\boldsymbol{t}^{(1)}$ 的 L 值。因此，采用描述图 10.33(b)中 Turbo 译码器的方法，传送给 BCJR 译码器 1 的内部产生的输入与计算 BER 产生的值完全相同。由于目标是构造一个 EXIT 图，因此我们需要提供值给互信息 $I_1(m_j;L_{\mathrm{a}})$，其中 m_j是第 j 个消息比特，L_{a}是对应的先验 L 值。正如图中所显示的，互信息是外部标记为“L 值生成器”(L-value generator)的模块提供的输入。因此，可以为$I_1(m_j;L_{\mathrm{a}})$分配任意值。然而，考虑到 $0 \leqslant I_1(m_j;L_{\mathrm{a}}) \leqslant 1$，因此 $I_1(m_j;L_{\mathrm{a}})$值的明智选择是这组集合$\{0.0,0.1,0.2,0.3,0.4,0.5,0.6,0.7,0.8,0.9,1.0\}$。这个选择为基于平均方法的 11 个不同实验提供了输入。

对于上面的每一个输入，组件译码器 1 都产生一个对应的后验外部 L 值 L_{p}，这个值被送到图 10.35 中标记为“互信息计算器”(Mutual information computer)的模块。这样第二次计算得到的输出就是第二个期望的互信息，即 $I_2(m_j;L_{\mathrm{e}})$。到这个时候，就出现了一个问题：在缺少消息比特 m_j时如何完成这个计算呢？

这个问题的答案在于，正如前面所指出的，设计的平均方法会充分信任外部 L 值。因此，计算 $I_2(m_j;L_{\mathrm{e}})$时不需要消息比特 m_j的任何知识。

计算 EXIT 图的面向计算机的实验

在图 10.33 和图 10.34 中所画出的 EXIT 图是针对例 9 中讨论的 UMTS 编解码器和 5000 个消息比特，利用平均方法在 MATLAB 中计算得到的。

在图 10.33 中，计算是在 SNR，即 $E_{\mathrm{b}}/N_0=-4\,\mathrm{dB}$ 条件下完成的。在这种情况下，隧道是开放的，表明 UMTS 译码器是收敛的(稳定的)。

在图 10.34 中，计算是在更小的 SNR：即 $E_{\mathrm{b}}/N_0=-6\,\mathrm{dB}$ 条件下完成的。在这种情况下，隧道是关闭的，表明 UMTS 译码器是不收敛的。

这些计算机实验证实，当感兴趣的问题是对 Turbo 译码器的动态行为进行评估时，EXIT 图确实具有重要的实际意义。

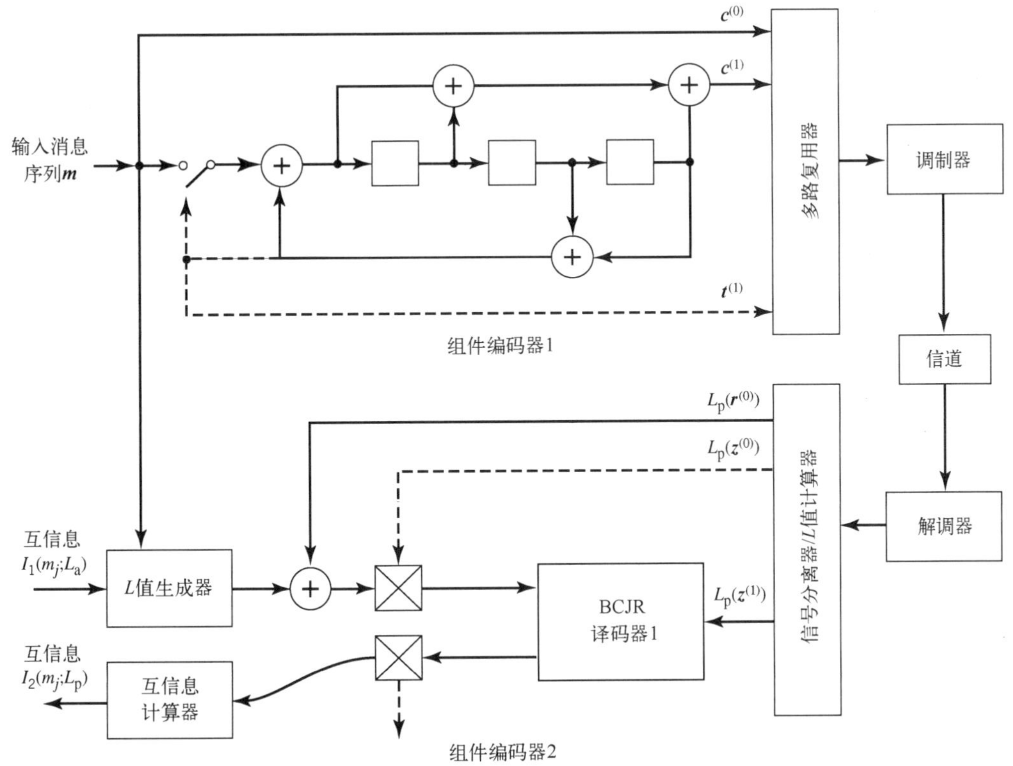

图 10.35　基于平均方法针对 UMTS-Turbo 码计算 EXIT 图的方框图

10.14　低密度奇偶校验码

在 10.12 节中讨论的 Turbo 码和本节将要讨论的 LDPC 码[16]同属于差错控制编码技术的一个大类，都被称为组合概率码(Compound probabilistic code)。与 Turbo 码相比，LDPC 码具有两个重要的优点：

- 没有低权重的码字；
- 具有更低复杂度的迭代译码。

关于低权重码字的问题，我们经常发现在 Turbo 码中会出现少数码字与给定码字很接近的情况，这是我们所不希望的。由于权重很接近，信道噪声的存在有时会使得发送码字被误认为是与其临近的码字。实际上，这主要是由于前面提到的误码底限(误比特率一般在 $10^{-5}\sim10^{-6}$之间)引起的。相反，LDPC 码却能够很容易地进行重构，并且不含有这种低权重的码字，从而获得很小(近似为零)的误比特率。当然，在 Turbo 码中，对交织器进行特殊设计，也能够使误码底限的问题得到减轻。

下一个问题是译码的复杂度问题。Turbo 译码器的计算复杂度由 BCJR 算法决定，而 BCJR 算法是在编码器卷积码的网格图上进行的。MAP 算法每次递归的计算次数与网格图中状态数目成线性关系。Turbo 码使用的网格图一般有 16 个或更多个状态。相反，LDPC 码使用的是只有两个状态的奇偶校验网格图。所以，与 Turbo 译码器相比，LDPC 译码器要简单得多。同时，LDPC 译码器的运行速度也高于 Turbo 译码器。但是，由于采用 LDPC 码的目的是为了用于大的分组长度，因此其编码复杂度要高于 Turbo 码。

可以说 LDPC 码和 Turbo 码是彼此互补的，为设计人员选择合适的码来实现突出的译码性能提供了更大的灵活性。

LDPC 码的构造

LDPC 码由用 $\boldsymbol{A}$ 表示的奇偶校验矩阵来确定，$\boldsymbol{A}$ 是一个“稀疏”矩阵。也就是说，其元素多数为 0，少数为 1。通常所说的(n,t_c,t_r)LDPC 码中，n 表示分组长度，t_c表示矩阵 $\boldsymbol{A}$ 中各列的权重(也就是 1 的个数)，t_r表示 $\boldsymbol{A}$ 中各行的权重，并且 $t_r>t_c$。该 LDPC 码的码率被确定为

$$r = 1 - \frac{t_c}{t_r}$$

其正确性可以证明如下。令 ρ 表示奇偶校验矩阵 $\boldsymbol{A}$ 中 1 的密度。于是，根据 10.4 节中介绍的术语，可以令

$$t_c = \rho(n-k)$$

和

$$t_r = \rho n$$

其中，$(n-k)$为矩阵 $\boldsymbol{A}$ 的行数，n 是矩阵 $\boldsymbol{A}$ 的列数(即分组长度)。于是，用 t_c除以 t_r，得到

$$\frac{t_c}{t_r} = 1 - \frac{k}{n} \tag{10.139}$$

根据定义，分组码的码率为 k/n，因此可得式(10.139)中的结果。然而，为了使该结果成立，矩阵 $\boldsymbol{A}$ 的各行必须线性独立。

LDPC 码的结构可用二分图来表示，Tanner(1981)曾介绍过，因此也称为 Tanner 图，如图 10.36 所示(以 $n=10$，$t_c=3$，$t_r=5$ 的码为例)。图中左边的节点是可变节点，分别对应于码字中各元素。右边的节点是校验节点，分别对应于码组中各码字满足的一组奇偶校验约束条件。以图 10.36 为例的这类 LDPC 码被认为是规则的，因为其中所有相似的节点都对应于相同的次数。在图 10.36 所示的例子中，可变节点的次数 $t_c=3$，校验节点的次数 $t_r=5$。当分组长度 n 趋近于无穷大时，每个校验节点只对应于可变节点的很小一部分，因此称为低密度的。

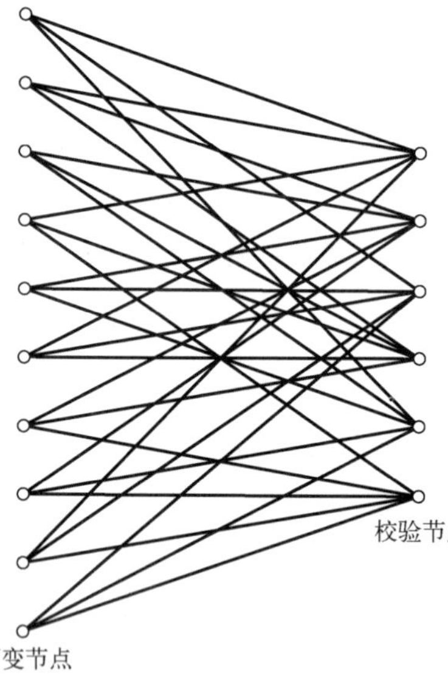

图 10.36 (10,3,5)LDPC 码的二分图

矩阵 $\boldsymbol{A}$ 是通过在矩阵 $\boldsymbol{A}$ 中随机地放置 1 来构造出来的，但也需要满足下列约束规则(Regularity constraint)：

- 矩阵 $\boldsymbol{A}$ 中的每一列都包含有少量固定数目的(即 t_c 个)1。
- 矩阵 $\boldsymbol{A}$ 中的每一行都包含有少量固定数目的(即 t_r 个)1。

实际上，为了避免奇偶校验矩阵 $\boldsymbol{A}$ 中行的线性相关，这些约束规则经常被破坏。

与 10.4 节中讨论的线性分组码不同的是，LDPC 码的奇偶校验矩阵 $\boldsymbol{A}$ 不是系统形式的(即奇偶校验比特不是对角线形式的)，因此其中采用的符号也与 10.4 节中不同。可用模 2 的高斯消元法推导 LDPC 的生成矩阵 $\boldsymbol{G}$，这种方法在后面的例 10 展示。按照 10.4 节中介绍的术语，首先将 $1\times n$ 维码向量 $\boldsymbol{c}$ 分割为

$$\boldsymbol{c} = \left[\boldsymbol{b} \mid \boldsymbol{m}\right]$$

其中，$\boldsymbol{m}$ 是 $1\times k$ 维信息向量，$\boldsymbol{b}$ 是 $1\times(n-k)$ 维校验向量，参见式(10.9)。相应地，奇偶校验矩阵 $\boldsymbol{A}$ 可以分割为

$$A^{\mathrm{T}} = \begin{bmatrix} A_1 \\ \text{----} \\ A_2 \end{bmatrix} \tag{10.140}$$

其中，A_1是$(n-k) \times (n-k)$维方阵，A_2是$k \times (n-k)$维矩阵。为方便起见，用上标 T 表示分块矩阵的转置。将类似于式(10.16)的约束条件应用于 LDPC 码，可以写出

$$\begin{bmatrix} b & \vdots & m \end{bmatrix} \begin{bmatrix} A_1 \\ \text{----} \\ A_2 \end{bmatrix} = 0$$

或者等效地

$$bA_1 + mA_2 = 0 \tag{10.141}$$

回顾式(10.7)可知，向量 m 和 b 具有下列关系：

$$b = mP$$

其中，P 是系数矩阵(Coefficient matrix)。因此，将上述关系代入式(10.141)，不难发现，对于任意的非零信息向量 m，LDPC 码的系数矩阵满足条件

$$PA_1 + A_2 = 0 \tag{10.142}$$

这个等式适用于所有非零的信息向量，尤其是 m 等于$[0 \cdots 0\ 1\ 0 \cdots 0]$的情况。此时，将分离出生成矩阵的单独一行。

求解式(10.142)，得到 P 为

$$P = A_2 A_1^{-1} \tag{10.143}$$

其中，矩阵 A^{-1}是矩阵 A 的逆矩阵，它自然是用模 2 运算定义的。最后，LDPC 码的生成矩阵被定义为

$$\begin{aligned} G &= \begin{bmatrix} P & \vdots & I_k \end{bmatrix} \\ &= \begin{bmatrix} A_2 A_1^{-1} & \vdots & I_k \end{bmatrix} \end{aligned} \tag{10.144}$$

其中，I_k是$k \times k$ 的单位矩阵。

重要的是，需要注意到如果对于任意的 LDPC 码取奇偶校验矩阵 A，并从中随机地取出 $n-k$ 列构成方阵 A_1，即使 A 的各行是线性独立的，也不能保证 A_1是非奇异的(即逆矩阵 A_1^{-1} 将存在)。实际上，一个典型的 LDPC 码一般具有很大的分组长度 n。由于随机选择的矩阵 A_1中至少有一行为全零的可能性很大，所以 A_1为非奇异的可能性很小。当然，当 A 中各行线性独立时，其中会存在某些$(n-k)$列能够生成非奇异矩阵 A_1，如例 10 所示。对于 LDPC 码的某些构造方法而言，A 中最前面的$(n-k)$列可以保证(或者说有很大的可能性)生成非奇异的矩阵 A_1，但通常这种情况是不存在的。

▷ **例 10** （10,3,5）LDPC 码

考虑由图 10.34 所示的与（10,3,5）LDPC 码相关的 Tanner 图。这个码的奇偶校验矩阵可以定义为

$$A = \underbrace{\begin{bmatrix} 1 & 1 & 0 & 1 & 0 & 1 \\ 0 & 1 & 1 & 0 & 1 & 0 \\ 1 & 0 & 0 & 0 & 1 & 1 \\ 0 & 1 & 1 & 1 & 0 & 1 \\ 1 & 0 & 1 & 0 & 1 & 0 \\ 0 & 0 & 0 & 1 & 0 & 0 \end{bmatrix}}_{A_1^{\mathrm{T}}} \left.\underbrace{\begin{matrix} 0 & 0 & 1 & 0 \\ 1 & 1 & 0 & 0 \\ 0 & 0 & 1 & 1 \\ 1 & 0 & 0 & 0 \\ 0 & 1 & 0 & 1 \\ 1 & 1 & 1 & 1 \end{matrix}}_{A_2^{\mathrm{T}}}\right.$$

上式看起来是随机的，但是要满足约束规则：$t_c = 3$ 和 $t_r = 5$。按照刚才描述的方法对矩阵 **A** 进行分割，可以写出

$$A_1 = \begin{bmatrix} 1&0&1&0&1&0 \\ 1&1&0&1&0&0 \\ 0&1&0&1&1&0 \\ 1&0&0&1&0&1 \\ 0&1&1&0&1&0 \\ 1&0&1&1&0&0 \end{bmatrix}$$

$$A_2 = \begin{bmatrix} 0&1&0&1&0&1 \\ 0&1&0&0&1&1 \\ 1&0&1&0&0&1 \\ 0&0&1&0&1&1 \end{bmatrix}$$

为了导出矩阵 $\boldsymbol{A}_1$ 的逆矩阵，首先利用式(10.140)写出

$$\underbrace{[\ b_0, b_1, b_2, b_3, b_4, b_5\ ]}_{\boldsymbol{b}} \underbrace{\begin{bmatrix} 1&0&1&0&1&0 \\ 1&1&0&1&0&0 \\ 0&1&0&1&1&0 \\ 1&0&0&1&0&1 \\ 0&1&1&0&1&0 \\ 1&0&1&1&0&0 \end{bmatrix}}_{\boldsymbol{A}_1} = \underbrace{[\ u_0, u_1, u_2, u_3, u_4, u_5\ ]}_{\boldsymbol{u}\ =\ \boldsymbol{m}\boldsymbol{A}_2}$$

其中，我们引入向量 $\boldsymbol{u}$ 来表示矩阵乘积 $\boldsymbol{m}\boldsymbol{A}_2$。通过利用高斯消元法(模 2 运算)，可将 $\boldsymbol{A}_1$ 转化为下三角矩阵(即主对角线上的元素均为零)：

$$A_1 \to \begin{bmatrix} 1&0&0&0&0&0 \\ 1&1&0&0&0&0 \\ 0&1&1&0&0&0 \\ 1&0&1&1&0&0 \\ 0&1&0&1&1&0 \\ 1&0&0&1&0&1 \end{bmatrix}$$

这个变换可以通过在方阵 $\boldsymbol{A}_1$ 的列之间进行模 2 相加运算来得到：

- 将第 1 列和第 2 列加到第 3 列上；
- 将第 2 列加到第 4 列上；
- 将第 1 列和第 4 列加到第 5 列上；
- 将第 1 列、第 2 列和第 5 列加到第 6 列上。

相应地，向量 $\boldsymbol{u}$ 被转化为：

$$\boldsymbol{u} \to [u_0, u_1, u_0 + u_1 + u_2, u_1 + u_3, u_0 + u_3 + u_4, u_0 + u_1 + u_4 + u_5]$$

因此，在变换后的 $\boldsymbol{A}_1$ 前面乘以一个校验向量 $\boldsymbol{b}$，再运用反向的逐次消元法(模 2 运算)，即可求得与向量 $\boldsymbol{u}$ 中各元素相对应的向量 $\boldsymbol{b}$ 的元素

$$\underbrace{[\ u_0, u_1, u_2, u_3, u_4, u_5\ ]}_{\boldsymbol{u}} \underbrace{\begin{bmatrix} 0&0&1&0&1&1 \\ 1&0&1&0&0&1 \\ 1&1&1&0&0&0 \\ 1&1&0&0&1&0 \\ 0&1&0&0&1&1 \\ 1&1&1&1&0&1 \end{bmatrix}}_{\boldsymbol{A}_1^{-1}} = \underbrace{[\ b_0, b_1, b_2, b_3, b_4, b_5\ ]}_{\boldsymbol{b}}$$

因此，矩阵 $\boldsymbol{A}_1$ 的逆矩阵为

$$\boldsymbol{A}_1^{-1}=\begin{bmatrix}0&0&1&0&1&1\\1&0&1&0&0&1\\1&1&1&0&0&0\\1&1&0&0&1&0\\0&1&0&0&1&1\\0&1&1&1&0&1\end{bmatrix}$$

利用给定的 $\boldsymbol{A}_2$ 值和刚才得到的 $\boldsymbol{A}_1^{-1}$ 的值，可以得到矩阵乘积 $\boldsymbol{A}_2\boldsymbol{A}_1^{-1}$ 为

$$\boldsymbol{A}_2\boldsymbol{A}_1^{-1}=\begin{bmatrix}1&0&0&1&1&0\\0&0&0&1&1&1\\0&0&1&1&1&0\\0&1&0&1&1&0\end{bmatrix}$$

最后，利用式(10.144)可以得到(10,3,5)LDPC 码的生成矩阵为

$$\boldsymbol{G}=\left[\underbrace{\begin{matrix}1&0&0&1&1&0\\0&0&0&1&1&1\\0&0&1&1&1&0\\0&1&0&1&1&0\end{matrix}}_{\boldsymbol{A}_2\boldsymbol{A}_1^{-1}}\;\vdots\;\underbrace{\begin{matrix}1&0&0&0\\0&1&0&0\\0&0&1&0\\0&0&0&1\end{matrix}}_{\boldsymbol{I}_k}\right]$$

重要的是，需要认识到本例只是为了说明 LDPC 码的生成过程。在实际应用中，分组长度 n 要比本例中大几个数量级。在构造矩阵 $\boldsymbol{A}$ 时，可以强制规定矩阵交叠(即矩阵 $\boldsymbol{A}$ 中任意两列之间的内积)不超过 1。这个限制条件虽然超出了约束规则，但可以改善 LDPC 码的性能。遗憾的是，本例中采用的小的分组长度，是很难满足这个附加要求的。

LDPC 码的最小距离

在实际应用中，LDPC 码的分组长度是很大的，可以从 $10^3\sim10^6$，也就是说，在特定的码组中，可用码字的数目相应地会很大。所以，对 LDPC 码进行代数分析是相当困难的。但是，对一个 LDPC 码集进行统计分析却是相对容易的。这些分析使得我们能够在统计意义上得到码集中成员码的某些特性。此外，我们还发现，在对该 LDPC 码集进行随机抽取时，具有这些特性的码被选中的概率较高。

在这些特性中，成员码的最小码距是我们最为关心的。回顾 10.4 节，线性分组码最小码距的定义是该码组中任意两个码向量之间的最小汉明距离。

对于一个 LDPC 码集来说，成员码的最小码距显然是一个随机变量。

另外[18]，可以证明当分组长度 n 增加时，对于固定的 $t_c\geqslant3$ 和 $t_r>t_c$，最小码距的概率分布可能会近似等于一个在分组长度 n 的固定分段点 $\Delta_{t_ct_r}$ 处的单位阶跃函数，从而超界。因此，对于大的 n 值，码集中几乎所有的 LDPC 码都有至少为 $n\Delta_{t_ct_r}$ 的最小码距。在表 10.7 中，给出了加权对(t_c，t_r)取不同值时对应的 LDPC 码的码率和 $\Delta_{t_ct_r}$。从表中可以看出，当 $t_c=3$ 且 $t_r=6$ 时，码率取最大值 1/2，在分段点处码率取最小值。因此，在构造 LDPC 码时，我们倾向于选择 $t_c=3$ 和 $t_r=6$。

表 10.7　加权对取不同值时对应的 LDPC 码的码率和分段项 *

t_c	t_r	码率 r	$\Delta_{t_ct_r}$
5	6	0.167	0.255
4	5	0.2	0.210
3	4	0.25	0.122

（续表）

t_c	t_r	码率 r	$\Delta_{t_c t_r}$
4	6	0.333	0.129
3	5	0.4	0.044
3	6	0.5	0.023

LDPC 码的概率译码

在发射机中，消息向量 $\boldsymbol{m}$ 被编码为码向量 $\boldsymbol{c}=\boldsymbol{mG}$，其中 $\boldsymbol{G}$ 是采用指定加权对(t_c，t_r)及最小码距 $d_{\min}$ 的编码对应的生成矩阵。码向量 $\boldsymbol{c}$ 经过噪声信道传输以后产生的接收向量为

$$\boldsymbol{r}=\boldsymbol{c}+\boldsymbol{e}$$

其中，$\boldsymbol{e}$ 是由信道噪声引起的误码向量，参见式(10.17)。通过构造可得矩阵 $\boldsymbol{A}$，它是 LDPC 码的奇偶校验矩阵，并且 $\boldsymbol{AG}^{\mathrm{T}}=\boldsymbol{0}$。假设接收向量为 $\boldsymbol{r}$，逐比特译码的问题就是要找到一个最可能的向量$\hat{\boldsymbol{c}}$，使之按照式(10.140)中对矩阵 $\boldsymbol{A}$ 的约束，满足条件$\hat{\boldsymbol{c}}\boldsymbol{A}^{\mathrm{T}}=\boldsymbol{0}$。

下面，一个比特是指接收向量 $\boldsymbol{r}$ 中的一个元素，一个校验是指矩阵 $\boldsymbol{A}$ 中的一行。令$\mathcal{J}(i)$表示校验 i 中的一组比特，$\mathcal{J}(j)$表示含有比特 j 的一组校验。在比特组$\mathcal{J}(i)$中去掉比特 j 用$\mathcal{J}(i)$来表示。类似地，在比特组$\mathcal{J}(i)\backslash j$ 中去掉校验 i 用$\mathcal{J}(j)\backslash i$ 来表示。

译码算法由相互交替的两个步骤组成：水平步骤和垂直步骤。这两个步骤分别沿矩阵 $\boldsymbol{A}$ 的行和列进行。在这两个步骤中，与矩阵 $\boldsymbol{A}$ 中非零元素相关的统计量交替更新。其中，第一个量 P_{ij}^{x}表示在水平步骤中，通过除 i 以外的校验，从而得到的比特 j 等于符号 x(即符号 0 或者 1)的概率。第二个量 Q_{ij}^{x}表示在比特 j 为固定值 x，且其他比特的概率为 $j'\in\mathcal{J}(i)\backslash j$ 时，满足校验 i 的概率 P_{ij}。

LDPC 译码算法的步骤如下[19]所述。

初始化

令变量 $P_{ij}^{(0)}$ 和 $P_{ij}^{(1)}$ 分别等于符号 0 和 1 的先验概率 $p_j^{(0)}$ 和 $p_j^{(1)}$，对于所有 j 都有 $p_j^{(0)}+p_j^{(1)}=1$。

水平步骤

在算法的水平步骤中，通过校验 i 来运行。为此，定义

$$\Delta P_{ij}=P_{ij}^{(0)}-P_{ij}^{(1)}$$

对于每个加权对(i,j)，计算

$$\Delta Q_{ij}=\prod_{j'\in\mathcal{J}(i)\backslash j}\Delta P_{ij'}$$

因此，令

$$Q_{ij}^{(0)}=\frac{1}{2}(1+\Delta Q_{ij})$$

$$Q_{ij}^{(1)}=\frac{1}{2}(1-\Delta Q_{ij})$$

垂直步骤

在算法的垂直步骤中，概率值 $P_{ij}^{(0)}$ 和 $P_{ij}^{(1)}$ 是用水平步骤中计算得到的量来更新的。特别地，对每个比特 j，计算

$$P_{ij}^{(0)}=\alpha_{ij}p_j^{(0)}\prod_{i'\in\mathcal{J}(i)\backslash j}\Delta Q_{i'j}^{(0)}$$

$$P_{ij}^{(1)}=\alpha_{ij}p_j^{(1)}\prod_{i'\in\mathcal{J}(i)\backslash j}\Delta Q_{i'j}^{(1)}$$

其中，选取的比例因子 α_{ij} 满足下列条件：

$$P_{ij}^{(0)} + P_{ij}^{(1)} = 1, \text{ 所有 } i, j$$

在垂直步骤中，我们还可以更新伪后验概率(Pseudo-posterior probabilities)为

$$P_j^{(0)} = \alpha_j p_j^{(0)} \prod_{i \in \mathcal{H}(j)} Q_{ij}^{(0)}$$

$$P_j^{(1)} = \alpha_j p_j^{(1)} \prod_{i \in \mathcal{H}(j)} Q_{ij}^{(1)}$$

其中，选取的 α_j 使下式成立：

$$P_j^{(0)} + P_j^{(1)} = 1, \text{ 所有 } j$$

由垂直步骤得到的结果被用于计算临时的估计值 $\hat{\boldsymbol{c}}$。如果满足条件 $\hat{\boldsymbol{c}}\boldsymbol{A}^{\mathrm{T}} = \boldsymbol{0}$，就终止译码算法。否则，就回到水平步骤继续进行该算法。如果经过最大次数(比如 100 次或 200 次)迭代以后仍然不能得到有效的译码，则可以宣告译码失败。这里描述的译码过程是一般低复杂度求和-乘积算法(Sum-product algorithm，有些文献简称为和积算法)的特殊情况。

简单地说，和积算法[20]被用来传递二分图的校验节点与变量节点之间的统计量。由于奇偶校验约束条件可以用一个简单的单比特存储卷积码表示，所以如前所述，LDPC 译码器实现起来比 Turbo 译码器更为简单。

然而，就性能而言，根据文献中报道的实验结果，可以说：

规则 LDPC 码不能同对应的 Turbo 码一样接近香农极限。

不规则 LDPC 码

在本节中到目前为止，我们主要针对规则 LDPC 码进行讨论，它们之间可以采用下列方法来进行区别：参考图 10.36 中的 Tanner 图(二分图)，图中左边的所有可变节点都具有相同的次数，并且其右边的检验节点也是如此。

为了超越常规 LDPC 码可以达到的性能，从而逐渐接近香农极限，我们寄希望于不规则 LDPC 码，为此引入下列定义：

如果在 LDPC 码的 Tanner 图中的可变节点和校验节点都具有多个次数(degrees)，则这个 LDPC 码被称为是不规则的。

具体而言，一个不规则 LDPC 码与其对应的规则码之间的区别在于，其 Tanner 图包含下列两个次数分布：

(a) 在不规则 LDPC 码的 Tanner 图中可变节点的次数分布被描述为

$$\lambda(X) = \sum_{d=1}^{d_N} \lambda_d X^{d-1} \tag{10.145}$$

其中，X 表示 Tanner 图中的可变节点，λ_d 表示图中次数为 d 的那部分可变节点，d_N 表示图中可变节点的最大次数。

(b) 对应地，在不规则码的 Tanner 图中校验节点的次数分布被描述为

$$\rho(X) = \sum_{d=1}^{d_c} \rho_d X^{d-1} \tag{10.146}$$

其中，X 表示 Tanner 图中的校验节点，ρ_d 表示图中次数为 d 的那部分校验节点，d_c 表示图中可变节点的最大次数。

不规则 LDPC 码包含规则 LDPC 码作为其特殊情况。特别地，对于规则 LDPC 码的可变节点和校验节点，式(10.145)和式(10.146)分别被简化为

$$\lambda(X) = X^{\omega_N - 1}, \quad \lambda_d = 1 \text{ 和 } d_N = \omega_N \tag{10.147}$$

$$\rho(X) = X^{\omega_c - 1}, \quad \rho_d = 1 \text{ 和 } d_c = \omega_c \tag{10.148}$$

分别利用可变节点和校验节点的两个次数分布式(10.145)和式(10.146)，不规则 LDPC 码通常是基于它们的 Tanner 图来构造的。这种方法的一个例子是 Richardson et al.(2001)以及 Richardson and Urbanke(2001)[21]提到的不规则 LDPC 码。

10.15 网格编码调制

在本章讨论的各种常用的信道编码方法中，它们都具有一个共同的特点，可以总结如下：

发射机中的编码过程和调制过程是分开进行的，接收机中的译码与解调也是如此。

另外，差错控制是通过在发送的码字中加入冗余比特来实现的，这将降低每个信道带宽传输的信息比特率。也就是说，功率利用率的提高是以牺牲带宽利用率为代价的。

为了更有效地利用带宽和功率，必须将编码和调制作为一个整体来对待。我们可以通过下列表述来应对这种新的变化：

编码被重新定义为在发射机的调制信号上加上某种信息图样的过程。

实际上，这个定义包含了传统的奇偶校验编码的思想。

带限信道的网格编码(Trellis code)就是将调制和编码作为一个整体，而不是两个分开部分的结果。这种调制和编码的组合被称为网格编码调制(Trellis-Coded Modulation，TCM)[22]。这种信号形式具有下列三个基本要求：

1. 在星座图中使用信号点的数目要大于相同数据速率下所用调制格式所需的信号点数，多余的信号点可以作为不牺牲带宽条件下前向纠错编码的冗余。
2. 卷积码被用来在连续的信号点之间引入某种依赖关系，因而只有某些信号点的图样或者序列才允许采用卷积码。
3. 在接收机中采用软判决译码，这样就可以将那些允许的信号序列建成网格结构的模型，因此，这种编码方式被称为“网格编码”。

第 3 个要求是使用扩大的星座图的结果。随着星座图的增大，在固定信噪比的情况下，误符号率也会增加。因此，如果采用硬判决译码，在译码之前就要面临信息的损失。在结合了编码和调制的网格编码调制上采用软判决译码，就可以改善这种状况。

在 AWGN 信道中，我们借助于下列方法：

网格编码调制的最大似然估计译码，就是寻找一条与接收序列之间的欧几里得距离的平方最小的特殊路径。

因此，在设计网格编码调制时，重点应该是使两个码向量(等效于码字)的欧几里得距离最大，而不是使纠错码的汉明距离最大。这样做的原因在于，除了传统的二进制 PSK 和 QPSK，汉明距离的最大化与欧几里得距离平方的最大化是不相同的。因此，下面采用码向量之间的欧几里得距离作为感兴趣的距离度量。此外，尽管可以进行更一般的讨论，我们的讨论仅局限于信号点的二维系统情况。这样选择的含义就是将网格编码调制限制于多电平幅度调制和/或相位调制策略，比如 M 进制 PSK 和 M 进制 QAM。

例 11 8-PSK 星座的两级划分

用于设计这类网格编码调制的方法，就是将一个 M 进制星座图连续划分为 2 个，4 个，8 个，…

大小为 $M/2, M/4, M/8, \cdots$ 的子集。此时，各个信号点之间的最小欧几里得距离会逐渐增大。这种设计方法代表了为带宽受限信道构造有效编码调制技术的关键思想。

在图 10.37 中，我们利用 8-PSK 的圆形星座图来说明划分的过程。图中描述了星座图本身和经过两级划分以后得到的 2 个和 4 个子集。这些子集的共同特点就是其中各个点之间的最小欧几里得距离按照如下模式增加：

$$d_0 < d_1 < d_2$$

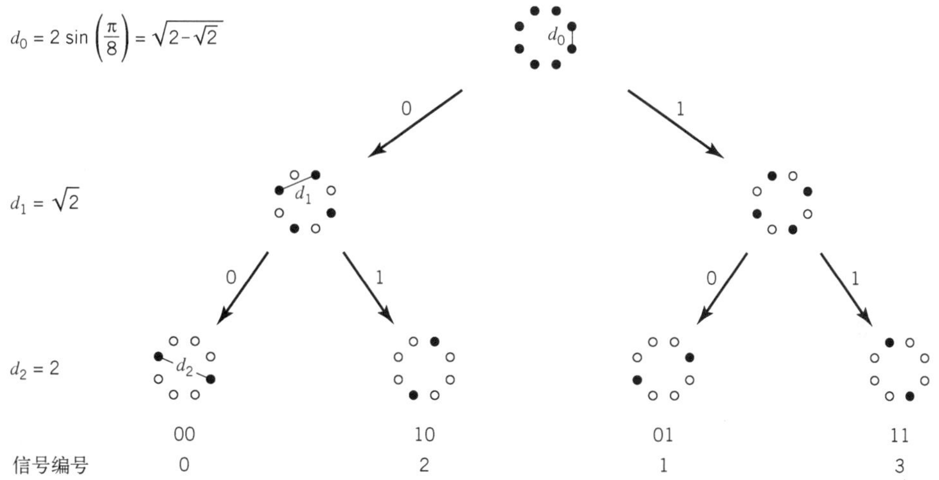

图 10.37　8-PSK 星座的划分，该图表明 $d_0<d_1<d_2$

例 12　QAM 星座的三级划分

作为一个不同的二维举例，图 10.38 给出了 16-QAM 对应的方形星座图的划分情况。同样地，从这个图中可以看出，各个子集内部的欧几里得距离也是逐渐增加的，如下所示：

$$d_0 < d_1 < d_2 < d_3$$

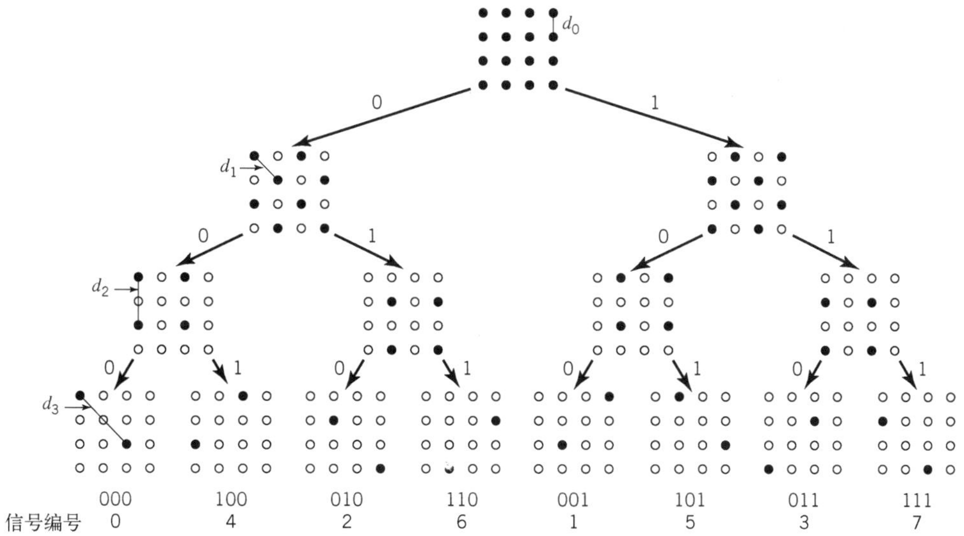

图 10.38　16-QAM 星座的划分，该图表明 $d_0<d_1<d_2<d_3$

在二维星座图连续划分得到的子集基础上，可以设计出相对简单而高效的编码方案(见例 11 和例 12)。特别地，为了发送正交调制(即具有同相分量和正交分量的调制)的 n 比特/符号的信号，可以从有 2^{n+1} 个信号点的二维星座图开始，将这些信号点用于采用的调制方式。圆形栅格用于 M 进制 PSK，方形栅格则用于 M 进制 QAM。星座图被划分为 4 个(或者 8 个)子集。输入的每个符号中的一个(或者两个)比特分别被送入码率为 1/2 或者 2/3 的二进制卷积码编码器。根据每个符号编码以后得到的两个(或者 3 个)比特来决定选择某个特定的子集。根据剩下的未编码数据比特来决定将选中的子集中哪个信号点作为发射信号。这一类网格编码被称为 Ungerboeck 码(Ungerboeck code)，这是根据其发明人来命名的。

由于调制器中有存储器，因此在接收机中可用维特比算法来进行最大似然序列估计。Ungerboeck 码的网格图中，每一个分支对应于一个子集，而不是一个单独的信号点。检测的第一步，就是确定每个子集中在欧几里得距离的意义上最接近接收信号点的信号点。这样确定的信号点以及其度量(即它与接收信号点之间的欧几里得距离的平方)被用于后面的分支中，然后可以按照通常的方式执行维特比算法。

8-PSK 的 Ungerboeck 码

图 10.39(a)中所示的方案是最简单的传输 2 比特/符号的 Ungerboeck 8-PSK 码。该方案中采用了码率为 1/2 的卷积码。对应的网格图如图 10.39(b)所示，其中包括 4 个状态。需要注意的是，输入的二进制码字中最重要的比特未被编码。因此，网格图中每个分支可以对应于 8-PSK 调制器中的两个不同输出，或者等效地对应于图 10.37 中 4 个两点子集中的一个。在图 10.39(b)的网格图中，还包括了最小距离路径。

图 10.40(a)为另一种传输 2 比特/样本的 Ungerboeck 8-PSK 码的方案。该方案比图 10.39(a)中的方案更加复杂一些。它采用了码率为 2/3 的卷积码。因此，码的网格图有 8 种状态，如图 10.40(b)所示。在后一种方案中，对输入的两个二进制比特都进行了编码。因此，网格图中每个分支都对应于 8-PSK 调制器中的一个特定输出值。在图 10.40(b)的网格图中，也包括了最小距离路径。

图 10.39(b)和图 10.40(b)都包含了编码器的相关状态。在图 10.39(a)中，编码器的状态被定义为两级移位寄存器的内容。另一方面，在图 10.40(a)中，它被定义为单级(上层)移位寄存器的内容后面接着是两级(下层)移位寄存器的内容。

渐进编码增益

根据 10.8 节中关于卷积码的最大似然译码的讨论，将 Ungerboeck 码的渐进编码增益定义为

$$G_{\mathrm{a}} = 10\lg\left(\frac{d_{\mathrm{free}}^2}{d_{\mathrm{ref}}^2}\right) \tag{10.149}$$

其中，d_{free}是该码的自由欧几里得距离(Free Euclidean distance)，d_{ref}是具有相同比特信号能量的未编码调制方案的最小欧几里得距离。例如，在图 10.39(a)所示的 8-PSK Ungerboeck 码的应用中，信号的星座图包含有 8 个信号点，每个信号点上可以发送两个信息比特。因此，在未编码的情况下，需要 4 个消息点的信号星座图。可将未编码的 4-PSK 作为图 10.39(a)所示的 8-PSK Ungerboeck 码的参考。

图 10.39(a)中的 8-PSK Ungerboeck 码可以获得 3 dB 的渐进编码增益，其计算过程如下：

1. 图 10.39(b)中网格图的每个分支对应于有两个对应信号点的子集。因此，自由欧几里得距离 d_{free}不可能大于这个子集中两个对应信号点之间的欧几里得距离 d_2。于是可以写出

$$d_{free} = d_2 = 2$$

其中 d_2 的定义如图 10.41(a)所示。

2. 从图 10.41(b)中我们可以发现，作为参考的具有相同每比特信号能量的未编码 QPSK 的最小欧几里得距离等于

$$d_{ref} = \sqrt{2}$$

因此，如前所述，利用式(10.149)可以得到渐进编码增益为

$$10 \lg 2 = 3 \text{ dB}$$

随着卷积码状态数的增加，Ungerboeck 码的渐进编码增益也会增加。表 10.8 给出了 8-PSK Ungerboeck码的渐进编码增益(用 dB 表示)随状态数增加的变化情况，表中以未编码的 4-PSK 为参考。需要注意的是，要获得 6 dB 的改善，就需要有大量的状态数。

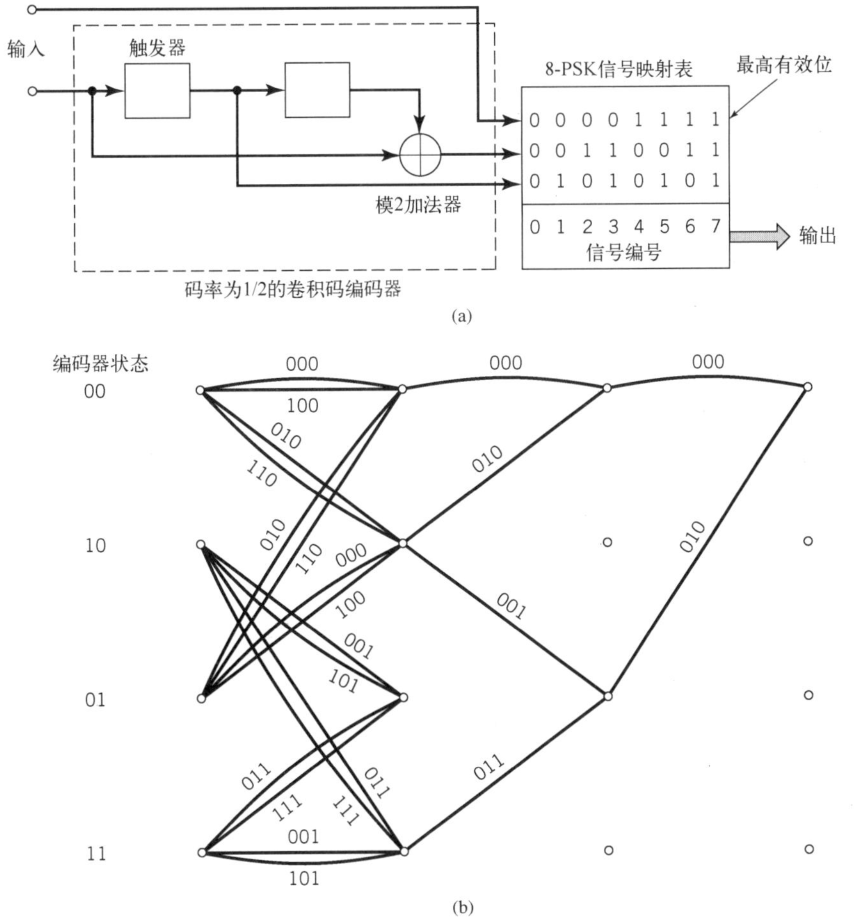

图 10.39 (a)8-PSK 的 4 状态 Ungerboeck 码，其中映射表是根据图 10.37 得到的；(b)对应的网格图

表 10.8 相对于未编码 4-PSK 的 8-PSK Ungerboeck 码的渐进编码增益

状态数	4	8	16	32	64	128	256	512
编码增益(dB)	3	3.6	4.1	4.6	4.8	5	5.4	5.7

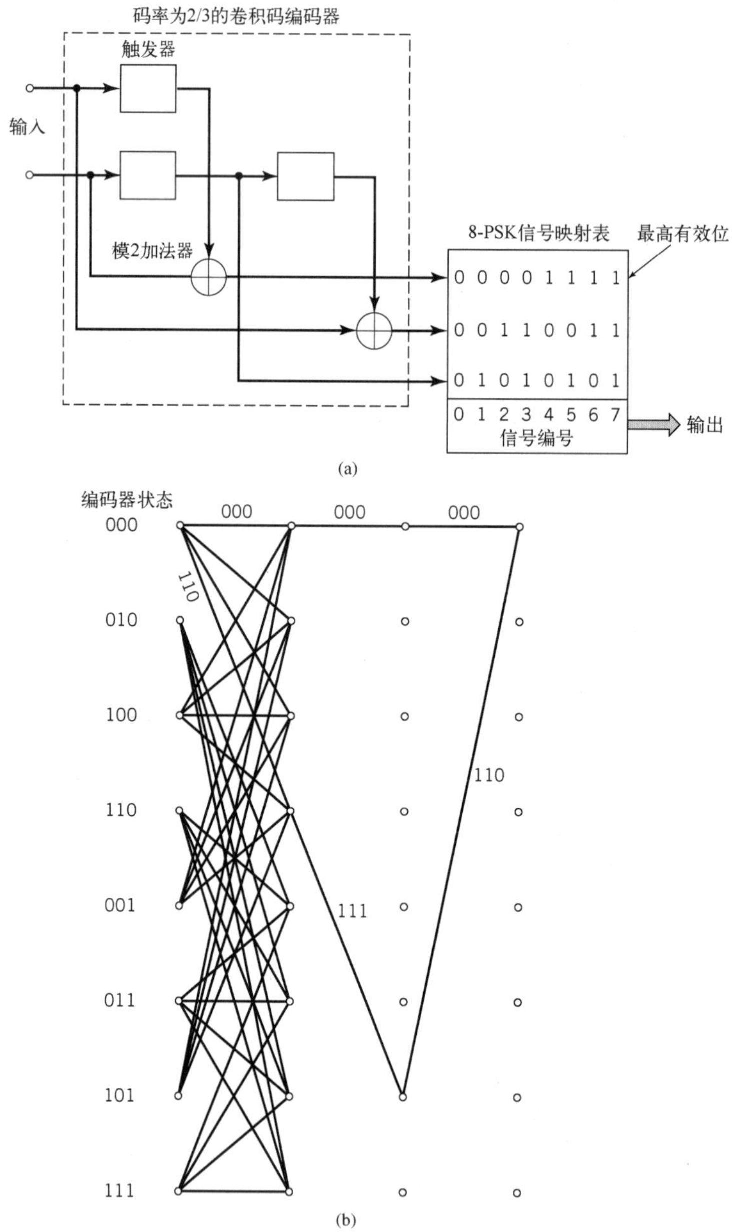

图 10.40 (a)8-PSK 的 8 状态 Ungerboeck 码，其中映射表是根据图 10.37得到的；(b)对应的网格图，只画出了部分分支

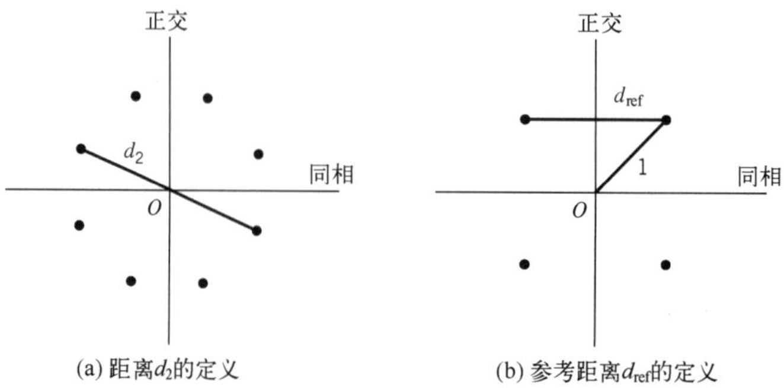

图 10.41 计算 8-PSK Ungerboeck 码渐进编码增益的信号空间图

10.16　串行级联码的 Turbo 译码

在 10.12 节中，我们指出有两种类型的级联码：并行和串行级联码。最初的 Turbo 编码方案采用的是并行级联码(Parallel concatenated code)，因为两个编码器以并行方式对同一组消息比特进行处理。现在，本节将关注重点放到如图 10.42 所示的串行级联(Serial concatenation)编码熵，它包括一个“外部”编码器，该编码器的输出提供给一个“内部”编码器。尽管串行级联思想最早可以追溯到香农的开创性工作，但是把它与 Turbo 编码联系起来还只是在 Berrou 等人(见 10.12 节)提出的并行级联方案受到广泛欢迎以后才出现的。串行级联方案的迭代译码算法首先是由Benedetto及其合作者(Benedetto and Montorsi, 1996; Benedetto et al., 1998)进行详细分析的，这种算法采用与并行级联方案类似的推理方法，其两个译码器之间的信息交互形式如图 10.43 所示。正如在传统 Turbo 译码器中一样，我们发现这种迭代式的信息交互大大提高了译码器的整体纠错能力。为了强调 10.12 节中描述的迭代算法所具有的共同点，下面将回顾迭代译码算法的基本知识。

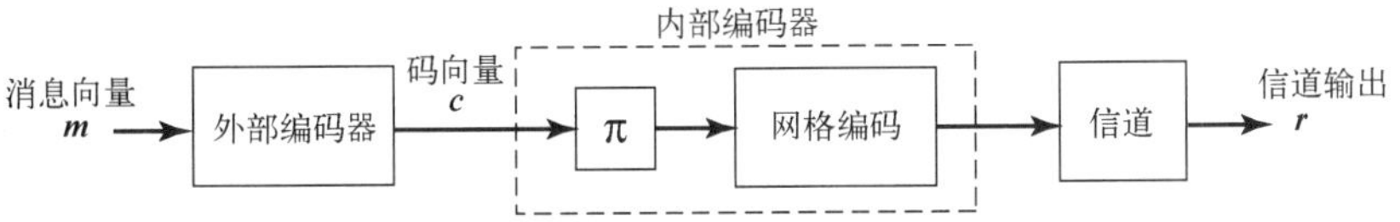

图 10.42　串行级联编码(其中 π 表示交织器)

然而，一旦我们认识到内部的一对编码器-译码器不必是传统的纠错码，而实际上可以是通信系统中经常遇到的更普通的形式，那么对串行级联方案的特殊兴趣就会变得非常明显。下面可以强调几个例子：

1. 内部的编码器实际上可以是一个 TCM 级，如 10.15 节中所讨论的。将网格码解调器与外面的纠错码联系起来的迭代译码算法导致了 Turbo TCM[23]的出现。
2. 内部编码器还可以是通信信道本身，当信道产生 ISI 时会更加有趣。此时，信道的输出符号可以被表示为输入符号序列和信道冲激响应之间的卷积，并且译码器运算对应于信道均衡(Chang and Hancock, 1966)。将均衡器与外部信道译码器结合起来就产生了 Turbo 均衡[24]。
3. 在多用户通信系统中，内部的编码器可以表示单个用户通过 DS-CDMA 对共享信道的接入点，在这种系统中共享信道的各个用户是通过分配的重复码来区分的。内部的译码器是一个多用户检测器，其目的是将多个用户分开为不同的符号流。当它通过信息交互与外部的译码器结合起来以后，就得到了 Turbo CDMA 系统[25]。

上面列举的例子并不详尽，它们仅仅代表迭代接收机设计的一些比较常见的系统。这里我们将利用纠错码作为内部的编码器-译码器对(Encoder-decoder pair)来讨论基本的迭代译码方案，然后简单说明它在 Turbo 均衡中的应用。

串行 Turbo 码

我们首先考虑的情况是，图 10.42 的串行级联中两个编码器都实现前向纠错编码。由于效率方面的原因，假设外部编码器实现一个系统码，使得它产生的码字 $\boldsymbol{c}$ 看起来成为

$$\boldsymbol{c} = [\boldsymbol{b} \,\vdots\, \boldsymbol{m}] \tag{10.150}$$

其中，$\boldsymbol{m}$ 包含 k 个消息比特，$\boldsymbol{b}$ 包含 $n-k$ 个奇偶校验比特。通过选择递归系统编码器，对应的译码处理可以利用 10.9 节中讨论的 BCJR 算法。

第二个编码器或者说“内部”编码器也是基于格型码的(不一定是系统码)，因此它也允许采用

基于 MAP 译码算法的有效的译码器。正如图 10.42 中所示，内部编码器还包含了一个交织器 π，它在第二次编码运算以前，先对码向量 $\boldsymbol{c}$ 中的比特顺序进行改变。如果没有这个交织器，则两个格型码的串行级联仅仅只能得到一个纠错能力有限的维数更大的格型码。包含交织器以后，可以显著改变码的最小距离特性，从而构成了有效纠错编码的一个重要组成部分。

概率分析

内部编码器的输出被送到信道上产生接收向量 $\boldsymbol{r}$，这里的信道可以是二进制对称信道或者是 AWGN 信道。对接收信号进行译码的最简单方法是将其与对应的内部译码器和外部译码器进行级联。一种改进的方法是允许两个译码器之间具有信息交换，从而产生 Turbo 效果，这个思想如图 10.43 所示，下面就对信息交换的方式进行讨论。

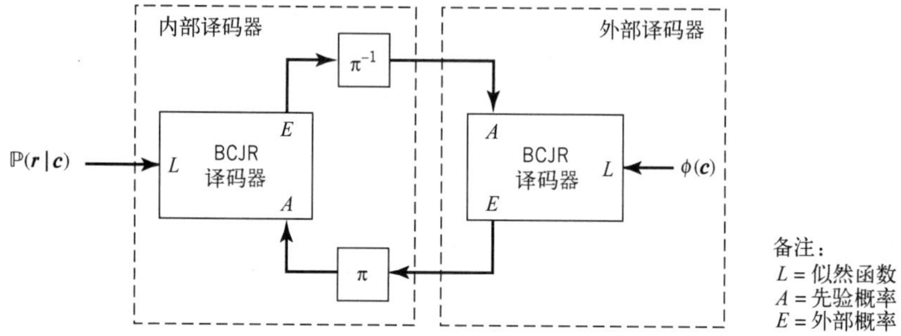

图 10.43 迭代译码结构

首先，内部译码器的目标是得到下列逐位(Bitwise)后验概率比：

$$\frac{\mathbb{P}(c_i = +1|\boldsymbol{r})}{\mathbb{P}(c_i = -1|\boldsymbol{r})}, \qquad i = 1, 2, \cdots, n \tag{10.151}$$

由于 $\mathbb{P}(c_i \mid \boldsymbol{r})$ 是根据条件概率 $\mathbb{P}(\boldsymbol{c} \mid \boldsymbol{r})$ 计算出的边缘概率，因此可以将逐位后验概率比发展为下列新的形式：

$$\begin{aligned}\frac{\mathbb{P}(c_i = +1|\boldsymbol{r})}{\mathbb{P}(c_i = -1|\boldsymbol{r})} &= \frac{\sum\limits_{\boldsymbol{c}:c_i = +1} \mathbb{P}(\boldsymbol{c}|\boldsymbol{r})}{\sum\limits_{\boldsymbol{c}:c_i = -1} \mathbb{P}(\boldsymbol{c}|\boldsymbol{r})} \\ &= \frac{\sum\limits_{\boldsymbol{c}:c_i = +1} \mathbb{P}(\boldsymbol{r}|\boldsymbol{c})\,\mathbb{P}(\boldsymbol{c})}{\sum\limits_{\boldsymbol{c}:c_i = -1} \mathbb{P}(\boldsymbol{r}|\boldsymbol{c})\,\mathbb{P}(\boldsymbol{c})}, \qquad i = 1, 2, \cdots, n\end{aligned} \tag{10.152}$$

在式(10.152)的第二行中，我们利用了贝叶斯法则

$$\mathbb{P}(\boldsymbol{c}|\boldsymbol{r}) = \mathbb{P}(\boldsymbol{r}|\boldsymbol{c})\mathbb{P}(\boldsymbol{c})/\mathbb{P}(\boldsymbol{r})$$

来转换出似然函数 $\mathbb{P}(\boldsymbol{r} \mid \boldsymbol{c})$ 和先验概率函数 $\mathbb{P}(\boldsymbol{c})$。其中 $\mathbb{P}(\boldsymbol{r})$ 这一项在分子和分母中都共有，因此在比值中抵消掉了。

现在，假设先验概率 $\mathbb{P}(\boldsymbol{c})$ 可以分解为其边缘概率的乘积，即

$$\mathbb{P}(\boldsymbol{c}) = \mathbb{P}(c_1)\mathbb{P}(c_2)\cdots\mathbb{P}(c_n) \tag{10.153}$$

严格地讲，上式是不正确的，因为 $\boldsymbol{c}$ 包含了从外部编码器得到的消息比特 $\boldsymbol{m}$ 和奇偶校验比特 $\boldsymbol{b}$，并且我们知道一旦确定了外部编码器，消息比特就会决定奇偶校验比特。借助于上述假设的原因是为了便于采用 BCJR 算法进行译码。特别地，将先验(priori)概率函数的这个分解式插入到后验

(posteriori)概率比中，我们可以继续推导如下：

$$\frac{\mathbb{P}(c_i=+1|\boldsymbol{r})}{\mathbb{P}(c_i=-1|\boldsymbol{r})}=\frac{\sum\limits_{\boldsymbol{c}:c_i=+1}\mathbb{P}(\boldsymbol{r}|\boldsymbol{c})\prod\limits_{j=1}^{n}\mathbb{P}(c_j)}{\sum\limits_{\boldsymbol{c}:c_i=-1}\mathbb{P}(\boldsymbol{r}|\boldsymbol{c})\prod\limits_{j=1}^{n}\mathbb{P}(c_j)}$$

$$=\underbrace{\frac{\mathbb{P}(c_i=+1)}{\mathbb{P}(c_i=-1)}}_{\text{先验比}}\times\underbrace{\frac{\sum\limits_{\boldsymbol{c}:c_i=+1}\mathbb{P}(\boldsymbol{r}|\boldsymbol{c})\prod\limits_{\substack{j=1\\j\neq i}}^{n}\mathbb{P}(c_j)}{\sum\limits_{\boldsymbol{c}:c_i=-1}\mathbb{P}(\boldsymbol{r}|\boldsymbol{c})\prod\limits_{\substack{j=1\\j\neq i}}^{n}\mathbb{P}(c_j)}}_{\text{外部信息比}},\quad i=1,2,\cdots,n \tag{10.154}$$

我们得出式(10.154)中的第二行，是因为注意到分子中的每一项都包含有因子$\mathbb{P}(c_i=+1)$，并且类似地，分母中的每一项也都包含有因子$\mathbb{P}(c_i=-1)$，因此这也是将先验比从表达式中分解出来的原因。剩余的项是从内部译码器得到的比特c_i的外部信息比。

为了便于将信息传给外部译码器，可以将从内部译码器得到的每个外部信息比理解为一个辅助概率质量函数$T(\boldsymbol{c})$的概率比，这个函数具有下列两个性质：

- 概率质量函数$T(\boldsymbol{c})$可以按照下式分解为其逐位(Bitwise)边缘函数的乘积：

$$T(\boldsymbol{c})=T_1(c_1)T_2(c_2)\cdots T_n(c_n) \tag{10.155}$$

- 估算出的每个逐位边缘函数值加起来都等于1，即$T_i(+1)+T_i(-1)=1$，并且选取的逐位边缘函数能够使其比值与从内部译码器得到的外部信息比相匹配，即

$$\frac{T_i(c_i=+1)}{T_i(c_i=-1)}=\frac{\sum\limits_{\boldsymbol{c}:c_i=+1}\mathbb{P}(\boldsymbol{r}|\boldsymbol{c})\prod\limits_{\substack{j=1\\j\neq i}}^{n}\mathbb{P}(c_j)}{\sum\limits_{\boldsymbol{c}:c_i=-1}\mathbb{P}(\boldsymbol{r}|\boldsymbol{c})\prod\limits_{\substack{j=1\\j\neq i}}^{n}\mathbb{P}(c_j)},\quad i=1,2,\cdots,n \tag{10.156}$$

现在，我们注意到通过取自然对数，得到对数外部比(Log extrinsic ratio)为

$$\ln[T_i(+1)/T_i(-1)]=L_{\mathrm{p}}(c_i)-L_{\mathrm{a}}(c_i) \tag{10.157}$$

其中，$L_{\mathrm{p}}(c_i)$为对数后验比(Log posterior ratio)，并且$L_{\mathrm{a}}(c_i)$为对数先验比(Log prior ratio)[26]。

下面，我们注意到外部译码器不能获得通常的信道似然函数的估算值，而是必须接收来自于内部译码器的信息。尽管在这个方向上可以设想有很多种可能，但一个成功的迭代译码算法是通过按照下式代替后验概率来得到的：

$$\mathbb{P}(\boldsymbol{c}|\boldsymbol{r})\leftarrow\phi(\boldsymbol{c})T(\boldsymbol{c}) \tag{10.158}$$

其中，$\phi(\boldsymbol{c})$是外部码的指示函数，即

$$\phi(\boldsymbol{c})=\begin{cases}1, & \text{当}\boldsymbol{c}\text{为码向量}\\0, & \text{其他}\end{cases} \tag{10.159}$$

我们可以将函数$\phi(\boldsymbol{c})$看成代替传统的信道似然函数$\mathbb{P}(\boldsymbol{r}\mid\boldsymbol{c})$，因为只要$\boldsymbol{c}$不是一个码向量它就会等于零，我们还可以将$T(\boldsymbol{c})=T_1(c_1)\cdots T_n(c_n)$看成代替在每个比特上的先验概率，因为它可以分解为其边缘函数的乘积。于是，外部译码器的传统的后验概率比就可以被替换为

$$\frac{\mathbb{P}(c_i=+1|\boldsymbol{r})}{\mathbb{P}(c_i=-1|\boldsymbol{r})}=\frac{\sum\limits_{\boldsymbol{c}:c_i=+1}\phi(\boldsymbol{c})\prod\limits_{j=1}^{n}T_j(c_j)}{\sum\limits_{\boldsymbol{c}:c_i=-1}\phi(\boldsymbol{c})\prod\limits_{j=1}^{n}T_j(c_j)}$$

$$=\underbrace{\frac{T_i(c_i=+1)}{T_i(c_i=-1)}}_{\text{先验比}}\underbrace{\frac{\sum\limits_{\boldsymbol{c}:c_i=+1}\phi(\boldsymbol{c})\prod\limits_{j=1,j\neq i}^{n}T_j(c_j)}{\sum\limits_{\boldsymbol{c}:c_i=-1}\phi(\boldsymbol{c})\prod\limits_{j=1,j\neq i}^{n}T_j(c_j)}}_{\text{外部信息比}},\quad i=1,2,\cdots,n \tag{10.160}$$

在式(10.160)中，第二行是通过注意到分子(分母)中的每一项都包含有因子 $T_i(c_i=+1)$($T_i(c_i=-1)$)而得到的。这样就将“伪先验”比与外部译码器(Outer decoder)的外部信息比(Extrinsic information ratio)分离开了。

现在，为了将外部译码器的信息反馈耦合给内部译码器，我们将外部译码器的外部信息值映射为一个概率质量函数 $U(\boldsymbol{c})$，这个函数与上面引入的函数 $T(\boldsymbol{c})$ 类似，也具有下列两个性质：

- 概率质量函数 $U(\boldsymbol{c})$ 可以按照下式分解为其逐位(Bitwise)边缘函数的乘积：

$$U(\boldsymbol{c})=U_1(c_1)\,U_2(c_2)\cdots U_n(c_n) \tag{10.161}$$

- 估算出的每个逐位边缘函数值加起来都等于 1，即 $U_i(+1)+U_i(-1)=1$，并且选取的逐位边缘函数能够使其比值与从外部译码器得到的外部信息比相匹配，即

$$\frac{U_i(c_i=+1)}{U_i(c_i=-1)}=\frac{\sum\limits_{\boldsymbol{c}:c_i=+1}\phi(\boldsymbol{c})\prod\limits_{j=1,j\neq i}^{n}T_j(c_j)}{\sum\limits_{\boldsymbol{c}:c_i=-1}\phi(\boldsymbol{c})\prod\limits_{j=1,j\neq i}^{n}T_j(c_j)},\quad i=1,2,\cdots,n \tag{10.162}$$

然后，利用边缘概率函数 $U_i(c_i)$ 代替内部译码器中的先验概率值 $\mathbb{P}(c_i)$，于是，通过不断迭代这个程序可以得到 Turbo 译码器。照这样，我们可以概括如下：

> 串行级联码的 Turbo 译码器与并行级联码的推理方法相同，因为它也利用一个译码器提供的外部信息值来代替另一个译码器所需的先验概率值。

Turbo 均衡

在高速通信系统中，由于无线环境中的多径效应或者有线系统中阻抗不匹配引起的反射效应，会使信号进一步下降。当这种下降的持续时间与符号周期相当时，在某个给定采样时刻接收到的信号就会是连续发射符号的混合，从而产生符号间干扰(ISI)。如果符号周期相对于系统的“时延扩展”变小，则它会变得更加严重，这意味着高速率数据系统必须将 ISI 作为一种重要的信道失真机制来应对。

在这种情况下，采样时刻 i 接收到的符号 r_i 是一组连续发射符号按照下式得到的加权组合：

$$r_i=\sum_{k=0}^{L-1}h_k s_{i-k}+\zeta_i \tag{10.163}$$

其中，ζ_i 是加性背景噪声，$\{s_i\}$ 是发射符号序列，它是通过对比特序列 $\{c_i\}$ 进行交织处理得到的(如

果采用 TCM，则后面还可能接着进行符号映射)，$\{h_0, h_1, \cdots, h_{L-1}\}$ 是长度为 L 的信道冲激响应。

如果我们考虑一种简单情况，其中每个 s_i 都是双极性的($s_i = \pm 1$)，并且，$k = 0, 1, 2$，则可以发现无噪声信道输出可以通过图 10.44 所示的网格图来得到：它通过判断输入符号是 $s_i = +1$ 或者 $s_i = -1$ 来确定转换分支，而无噪声输出则从信道冲激响应系数的和值与差值组成的有限集合中得到。因此，引起 ISI 的卷积信道本身也可以被视为一个卷积码，从而可以直接应用 BCJR 算法来估计发射符号的后验概率，从而估计出码字比特 $\{c_i\}$ 的后验概率。这个新结果就是传统的 MAP 均衡器。

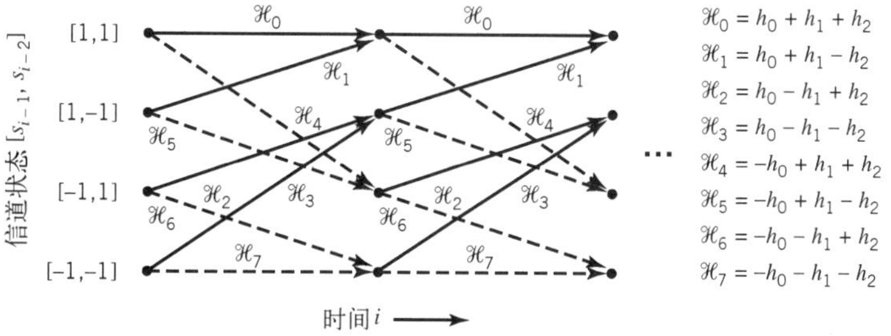

图 10.44　三抽头信道模型的网格图，其转换分支列出了无噪声信道输出。当信道输入为 $s_i = +1$ 时发生的转换用实线表示，当 $s_i = -1$ 时发生的转换则用虚线表示

注意到卷积信道及其 MAP 均衡器可以被视为串行级联方案中的一对内部编码器-译码器，从而得到 Turbo 均衡器，它受到通信信道的支配，因此摆脱了设计人员的控制。同样地，这里也采用递归系统格型码作为外部编码器，其译码器与 MAP 均衡器的结合方式与前面介绍的完全相同，即利用一个译码器的外部概率来代替另一个译码器的先验概率，从而得到迭代译码和均衡方法。

10.17　小结与讨论

在本章中，我们对差错控制编码技术进行了研究，它们是在噪声信道上进行可靠数字通信的不可缺少的工具。通过以可控方式在数据传输以前先为其加上冗余，可以降低传输过程中出现差错产生的影响。这种冗余被接收机中的译码器用于检测和纠正差错。

无论如何进行设计，差错控制编码方案都依赖于香农在 1948 年发表的里程碑式的论文，特别是其著名的编码定理(Coding theorem)，这个定理指出：

> 假设能够得到适当的策略来对输入消息比特进行编码，就可以对噪声信道产生的不可避免的差错进行纠正，而不必牺牲数据传输率。

编码定理是在第 5 章关于信息论的内容中进行讨论的。这里在本书的最后一章最后一次对其进行重新阐述，目的是对这个定理的重要性进行强调，这种重要性将永久存在。

在历史上，差错控制编码方案可以被分为下列两大类。

1. 传统码

正如其名字所暗示的，这类传统码包含了 1950 年提出的几种线性码，在大约 30 年里，这些编码的深度和广度都得到了很大发展。传统码的一个突出特点是，在用不同方式设计这些码时都利用了抽象代数结构(Abstract algebraic structure)，并且还增加了数学抽象。

具体而言，传统码包含下列 4 种方法：

(a) 线性分组码(Linear block code)，第一种线性分组码是由 Golay 在 1949 年及 Hamming 在 1950 年分别独立提出来的。汉明码的构造很简单，并且利用基于校正子概念的查找表来进行译码也同样容易。正是因为它们计算简单并且能够以高数据率工作，所以汉明码在数字通信中得到了广泛应用。

(b) 循环码(Cyclic code)，它构成了线性分组码的一个重要子类。实际上，由于下列两个令人关注的原因，实际中采用的许多分组码都是循环码：

- 可以利用线性反馈移位寄存器来实现编码和校正子计算。
- 可以利用其内在的代数结构来发展不同的实际译码算法。

循环码的例子包括数字通信中的汉明码，更重要的是它还包括里德-所罗门(RS)码，这种码可以解决诸如深空通信和光盘这种艰难环境中遇到的随机差错和突发差错。

(c) 卷积码(Convolutional code)，它与线性分组码的区别在于利用了有限状态移位寄存器这种形式的存储器(Memory)来实现编码器。对于卷积码的译码，通常采用维特比算法(基于最大似然译码)来完成。这种算法以逐个符号的方式使误符号率达到最小化。

(d) 网格编码调制(Trellis coded modulation)，它与线性卷积码的区别是在单个实体中组合利用了编码和调制方法。这样做的直接结果是可以实现比传统未编码多电平调制方法大得多的编码增益，而不必在译码时牺牲带宽效率。

2. 概率组合码

这第二类差错控制编码方法以Turbo码和LDPC码为代表，尽管它们彼此不同，但却具有下列公共特性：

它们都是线性分组类型的随机编码。

更具体而言，它们各自的编码方式都是具有革命性的：

实际上讲，Turbo码和LDPC码都使编码增益达到10 dB量级成为可能，因此能够接近传统码不能达到的香农极限。

另外，在某些特殊情况下，对于AWGN信道而言，非常长的码率为1/2的不规则LDPC码已经能够在0.0045 dB的范围内接近于香农极限，这确实是非常卓越的(Chung et al., 2001)。

利用这些可观的编码增益，已经大大拓展了数字通信接收机的范围，显著提高了数字通信系统的比特率，或者有效降低了每个符号的发射信号能量。这些好处对于设计无线通信和深空通信而言都具有重要的意义，这里仅提一下数字通信的两个重要应用领域。实际上，在这两个应用领域中都已经把Turbo码作为标准化应用了。

最后还需指出的是，Turbo码不仅如刚才描述的那样以不同方式对数字通信产生了影响，而且Turbo译码方法还对传统差错控制编码领域以外的其他应用产生了影响。Turbo均衡(Turbo equalization)就是一个这样的例子，10.16节对其进行了简单介绍。实际上，我们有理由把下面这句话作为本章的结束语：

Turbo译码技术由于其广泛的应用领域，已经凸显为现代电信领域中最具有开创性的成就之一。

习题

软判决编码

10.1 考虑一个二进制输入Q进制输出离散无记忆信道。如果信道的转移概率$p(j \mid i)$满足下列条件：

$$p(j|0) = p(Q-1-j|1), \qquad j = 0, 1, \cdots, Q-1$$

该信道就被称为是对称的。

假设信道输入比特0和1是相等概率的。证明信道输出符号也是相等概率的，即

$$p(j) = \frac{1}{Q}, \qquad j = 0, 1, \cdots, Q-1$$

10.2 考虑如图10.3(a)中所示的二进制PSK信号的量化解调器。该量化器是一个四电平量化器，如图P10.2所示。求出具有这种特征的二进制输入-四进制输出离散无记忆信道的转移概率。然后证明它是一个对称信道。假设每比特的发射信号能量为E_b，并且AWGN具有零均值和

功率谱密度为 $N_0/2$。

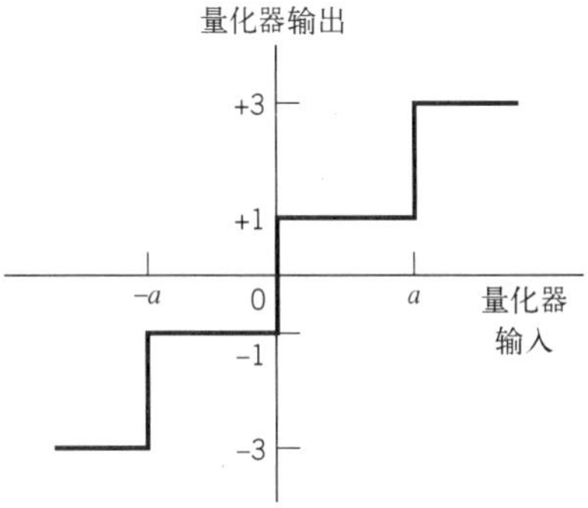

图 P10.2

10.3 考虑一个二进制输入 AWGN 信道，其中比特 1 和 0 是等概率的。采用相移键控方法将比特数据发送到信道上。编码符号的能量为 E，并且 AWGN 具有零均值和功率谱密度为 $N_0/2$。证明信道的转移概率为

$$p(y|0)=\frac{1}{\sqrt{2\pi}}\exp\left[-\frac{1}{2}\left(y+\sqrt{\frac{2E}{N_0}}\right)^2\right],\qquad -\infty<y<\infty$$

线性分组码

10.4 汉明码被称为一种完美的单差错校正码(Single-error correcting code)。证明汉明码是"完美的"(Perfect)这个事实。

10.5 考虑下面的结论：

一个(n,k)码通常被称为是有效编码(Good code)

解释在什么条件下上述结论是正确的。

10.6 在重复码(Repetition code)中，将单个消息比特编码到一个具有相同比特的分组内，从而产生一个$(n,1)$码。考虑(5,1)重复码，求出下面两种情况下的校正子：

(a) 所有 5 个可能的单差错图样(Single-error pattern)。

(b) 所有 10 个可能的双差错图样(Double-error pattern)。

10.7 在单奇偶校验码(Single-parity-check code)中，将单个校验比特添加到一个具有 k 个消息比特的分组$(m_0,m_1,\cdots,m_{k-1})$内。选取的单个校验比特 b_0 使得码字满足下列偶校验法则(Even parity rule)：

$$m_0+m_1+\cdots+m_{k-1}+b_{k-1}=0,\qquad \text{mod } 2$$

当 $K=3$ 时，建立按照上述法则确定的编码中 2^k 个可能的码字。

10.8 将例 1 中考虑的(7,4)汉明码的奇偶校验矩阵与(4,1)重复码的奇偶校验矩阵进行比较。

10.9 考虑例 1 中的(7,4)汉明码。该例中已经给出了码的生成矩阵 $\boldsymbol{G}$ 和奇偶校验矩阵 $\boldsymbol{H}$。证明这两个矩阵满足下列条件：

$$\boldsymbol{H}\boldsymbol{G}^{\mathrm{T}}=\mathbf{0}$$

10.10 (a) 对于例 1 中描述的(7,4)汉明码，构造出在汉明对偶码中的 8 个码字。

(b) 求出(a)题中得到的对偶码的最小距离。

线性循环码

10.11 对于只需要差错检测的应用，可以采用非系统(Nonsystematic)码。在本题中，我们探讨如何产生这种循环码。令 $\boldsymbol{g}(X)$ 表示生成多项式，$\boldsymbol{m}(X)$ 表示消息多项式。将码多项式 $\boldsymbol{c}(X)$ 简单地定义为

$$\boldsymbol{c}(X)=\boldsymbol{m}(X)\boldsymbol{g}(X)$$

于是，对于给定的生成多项式，我们可以很容易地确定出码字。为了说明这种方法，考虑(7,4)汉明码的生成多项式

$$\boldsymbol{g}(X)=1+X+X^3$$

确定出编码中的 16 个码字，并且验证码的非系统特性。

10.12 多项式 $1+X^7$ 的本原因子为 $1+X+X^3$ 和 $1+X^2+X^3$。在例 2 中，我们利用 $1+X+X^3$ 作为(7,4)汉明码的生成多项式。在本题中，考虑采用 $1+X^2+X^3$ 作为生成多项式。这样得到的(7,4)汉明码会与例 2 中分析的码不同。推导出编码器和下列生成多项式的校正子计算器：

$$\boldsymbol{g}(X)=1+X^2+X^3$$

并将所得结果与例 2 中的结果进行比较。

10.13 考虑由下列生成多项式定义的(7,4)汉明码：

$$g(X)=1+X+X^3$$

码字 0111001 被送到噪声信道上，产生的接收码字 0101001 中有一个误码。确定出这个接收码字的校正子多项式 $\boldsymbol{s}(X)$，并且证明它与误码多项式 $\boldsymbol{e}(X)$ 是相同的。

10.14 一个(15,11)汉明码的生成多项式被定义为

$$g(X)=1+X+X^4$$

采用系统码推导出编码器和这个码的校正子计算器。

10.15 考虑一个(15,4)最大长度码，它是习题 10.14 中(15,11)汉明码的对偶。求出生成多项式 $\boldsymbol{g}(X)$。然后假设初始状态为 0001，确定输出序列。通过使初始状态循环经过编码器来对所得结果的正确性进行验证。

10.16 考虑(31,15)RS 码。

(a) 在一个编码符号中有多少个比特？

(b) 分组长度是多少(用比特表示)？

(c) 这个码的最小距离是多少？

(d) 这个码能够纠正差错中的多少个符号？

卷积码

10.17 一个卷积码编码器有 1 个两状态的单移位寄存器(即约束长度 $\nu=3$)，3 个模 2 加法器和 1 个输出多路复用器。这个编码器的生成序列如下：

$$g^{(1)}=(1,0,1)$$
$$g^{(2)}=(1,1,0)$$
$$g^{(3)}=(1,1,1)$$

画出这个编码器的框图。

10.18 考虑图 P10.18 中码率为 $r=1/2$、约束长度为 $\nu=2$ 的卷积码编码器。这个码是系统码。求出消息序列 10111…产生的编码器输出。

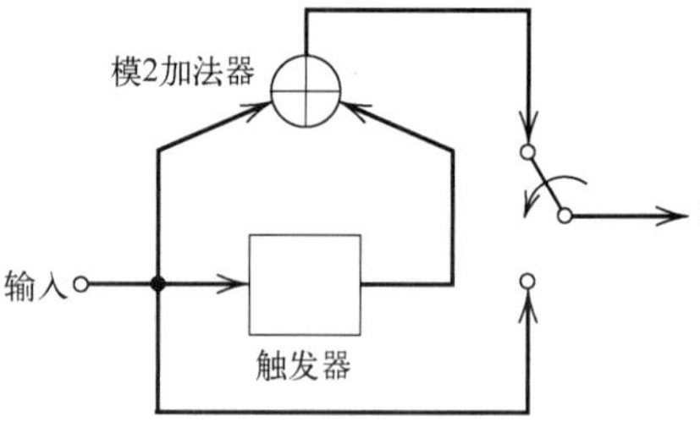

图 P10.18

10.19 图 P10.19 中所示为一个码率为 $r=1/2$、约束长度为 $\nu=4$ 的卷积码编码器。求出消息序列 10111…产生的编码器输出。

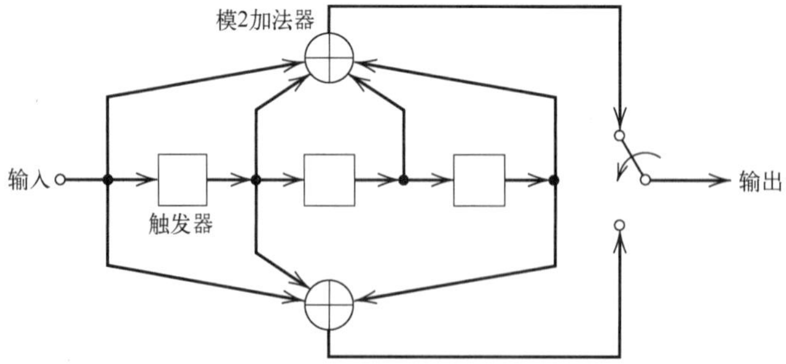

图 P10.19

10.20 考虑图 P10.20 中所示的码率为 $r=2/3$、约束长度为 $\nu=2$ 的卷积码编码器。求出消息序列 10111…产生的码序列。

10.21 构造出图 P10.19 所示卷积码编码器的编码树。跟踪对应于消息序列 10111…的路径穿过编码器，将编码器输出与图 P10.19 中求出的结果进行比较。

10.22 构造出图 P10.19 所示卷积码编码器的网格图，假设消息序列的长度为 5。跟踪对应于消息序列 10111…的路径穿过网格图，将所得编码器输出与习题 10.19 中求出的结果进行比较。

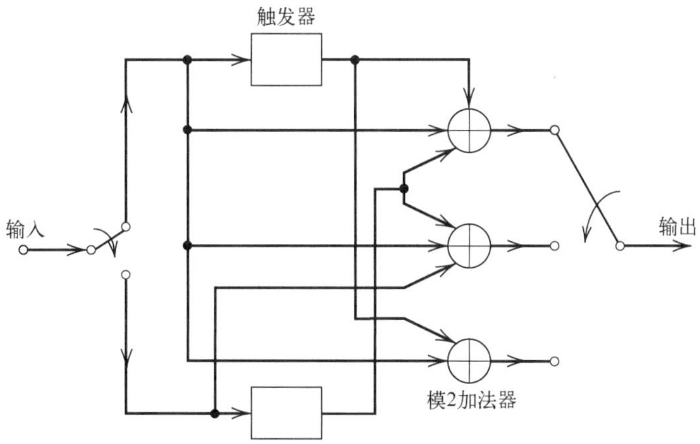

图 P10. 20

10. 23 构造出图 P10. 19 所示卷积码编码器的状态图。从全零状态开始，跟踪对应于消息序列 10111…的路径，将所得码序列与习题 10. 19 中求出的结果进行比较。

10. 24 考虑图 10. 13 中的编码器。

(a) 构造出这个编码器的状态图。

(b) 从全零状态开始，跟踪对应于消息序列 10111…的路径，将所得码序列与习题 10. 19 中求出的结果进行比较。

10. 25 通过将最小相移键控(MSK)方法视为一个有限状态机，构造出 MSK 的网格图(在第 7 章中对 MSK 进行了描述)。

10. 26 考虑一个码率为 1/2、约束长度为 7 的卷积码，其自由距离 $d_{\text{free}} = 10$。计算下列两个信道的渐进编码增益：

(a) 二进制对称信道。

(b) 二进制输入 AWGN 信道。

10. 27 RSC 编码器的变换域生成矩阵 $\boldsymbol{G}(D)$包括关于时延变量 D 的多项式之比，而在非递归卷积码编码器情况下，$\boldsymbol{G}(D)$只是一个关于 D 的多项式。证明这两种情况下关于 $\boldsymbol{G}(D)$的描述是正确的。

10. 28 考虑一个 8 状态 RSC 编码器，其生成矩阵由下式给出：

$$\boldsymbol{g}(D) = \left[1, \frac{1 + D + D^2 + D^3}{1 + D + D^2}\right]$$

其中，D 为时延变量。

(a) 构造出这个编码器的框图。

(b) 用公式表示出奇偶校验方程，它包含在时域中的所有消息比特和奇偶校验比特。

10. 29 描述传统编码器和 RSC 编码器之间的相似性和不同之处。

维特比算法

10. 30 在图 P10. 30 中，给出了码率为 1/2、约束长度为 3 的卷积码的网格图。发送的是全零序列，接收序列为 1000100000…。利用维特比译码算法计算出译码后的序列。

10. 31 在 10. 8 节中，我们介绍了维特比算法用于卷积码的最大似然译码。维特比算法的另一个应用，是用于对受到 ISI 污染的接收序列进行最大似然解调，这种 ISI 是由色散信道引起的。在图 P10. 31 中，给出了 ISI 的网格图，这里假设采用二进制数据序列。信道是离散的，其有限冲激响应为(1,0,1)。接收序列为(1. 0,-0. 3,-0. 7,…)。利用维特比算法确定出这个序列的最大似然译码形式。

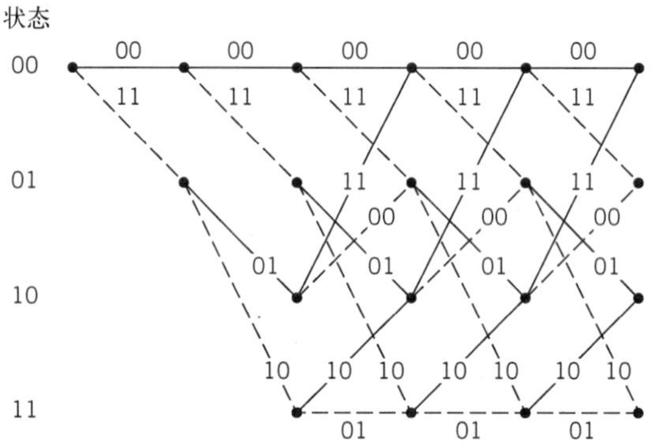

图 P10.30

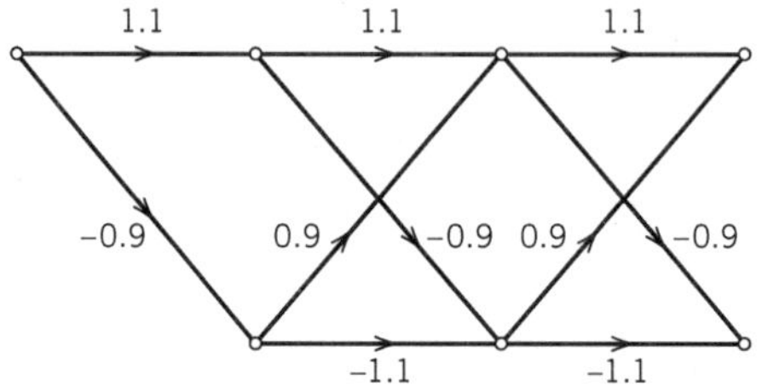

图 P10.31

10.32 在处理信道均衡时，主要目标是去掉线性通信信道对源信号的卷积。这个任务非常适合于维特比均衡器来完成，它起到一个信道均衡器的作用。

(a) 将信道均衡和卷积译码联系在一起的维特比算法的主要思想是什么？

(b) 假设信道的记忆为 2^l，其中 l 是一个整数。

维特比均衡器的窗口所需的长度是多少？证明本题(a)和(b)中的答案是正确的。

MAP 算法

10.33 回到式(10.92)，其中

$$A_j = \left(\frac{\frac{1}{2}\exp L_a(-m_j)}{1+\exp(L_a(-m_j))}\right), \qquad j=0,1,2,\cdots$$

证明无论消息比特 m_j是-1 还是+1，因子 A_j都是一个常数。

10.34 在例 7 中，采用 max-log-MAP 算法来对图 10.23 所示 RSC 编码器输出端的三个消息比特进行译码。计算结果是通过 MATLAB 代码得到的。图中(a)和(b)部分分别与编码器及其网格图的框图相关。那里描述的 5 个计算步骤也同样很好地适用于 log-MAP 算法。

(a) 重复例 7，但是这里需要开发 MATLAB 代码，以便利用 log-MAP 算法来计算图 10.23(a)中编码器的译码二进制输出。

(b) 通过完成 log-MAP 算法包含的 5 个任务来验证(a)题中的译码二进制输出，所有计算都是利用传统方法完成的。

(c) 将利用 log-MAP 算法得到的译码输出与例 7 中的结果进行比较。

对所得结果进行评价。

10.35 在图 P10.35 中，画出了 MAP 译码算法包含的两个处理阶段。第一个阶段是一个码率 $r=k/n$ 的卷积码编码器，它产生的码向量 $\boldsymbol{c}$ 是消息向量 $\boldsymbol{m}$ 的响应。第二个阶段是一个映射器，它由二进制 PSK 表示。编码器输入端的每个消息比特的信号能量被记为 E_b，AWGN 信道的噪声谱密度为 $N_0/2$。

令 E_s表示二进制 PSK 映射器发射的每个符号的信号能量。证明在信道输出端测量的 SNR 为

$$(\text{SNR})_{\text{out}} = \frac{E_{\text{s}}}{N_0}$$

$$= r\left(\frac{E_{\text{b}}}{N_0}\right)$$

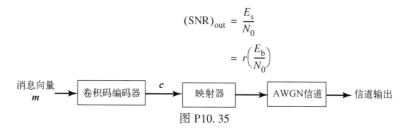

图 P10.35

10.36 考虑一个具有无量化输出的 AWGN 信道，假设二进制码映射为 0→−1 和 1→+1。给定信道输出端在译码以前的接收信号 $r_j^{(0)}$ 为发射消息比特 m_j 的响应，后验 L 值被定义为

$$L(m_j|r_j^{(0)}) = \ln\left(\frac{\mathbb{P}(m_j = +1|r_j^{(0)})}{\mathbb{P}(m_j = -1|r_j^{(0)})}\right)$$

(a) 证明

$$L(m_j|r_j^{(0)}) = -\frac{E_{\text{s}}}{N_0}[(r_j^{(0)}-1)^2 - (r_j^{(0)}+1)^2] + \ln\left(\frac{\mathbb{P}(m_j = +1)}{\mathbb{P}(m_j = -1)}\right)$$

其中，E_{s}是每个编码符号的发射信号能量。

(b) 信道可靠性因子用下列公式定义，其中假设 m_j和 $r_j^{(0)}$ 都被因子$\sqrt{E_{\text{s}}}$进行了归一化，

$$L_{\text{c}} = 4E_{\text{s}}/N_0$$

其中，E_{s}/N_0为信道输出 SNR。于是，证明

$$L(m_j|r_j^{(0)}) = L_{\text{c}}r_j^{(0)} + L_{\text{a}}(m_j)$$

其中，$L_{\text{a}}(m_j)$为消息比特 m_j的先验概率。

10.37 在本题中，我们对习题 10.36 进行拓展。考虑一个二进制衰落无线信道，其中信道噪声是加性高斯白噪声。同习题 10.36 一样，首先从时间单位 j 时在对应匹配滤波器输出 r_j条件下发射消息比特 m_j的对数似然比开始，即

$$L(m_j|r_j) = \ln\left(\frac{\mathbb{P}(m_j = +1|r_j)}{\mathbb{P}(m_j = -1|r_j)}\right)$$

令 a 表示衰落幅度，这是本题与习题 10.36 的区别。

(a) 证明

$$L(m_j|r_j) = L_{\text{c}}r_j + L(m_j)$$

其中

$$L(m_j) = \ln\left(\frac{\mathbb{P}(m_j = +1)}{\mathbb{P}(m_j = -1)}\right)$$

并且

$$L_{\text{c}} = \frac{4aE_{\text{s}}}{N_0}$$

为修正信道可靠性因子。

(b) 对于如双重分集中那样的统计独立传输，证明对数似然比具有下列展开形式：

$$L(m_j|r_j^{(1)}, r_j^{(2)}) = L_{\text{c}}^{(1)} + L_{\text{c}}^{(2)} + L(m_j)$$

其中，$L_{\text{c}}^{(1)}$ 和 $L_{\text{c}}^{(2)}$ 表示如双重分集中那样对比特 m_j的两个同时传输的信道可靠性因子。得到该结果以后，对利用分集技术能够得到的好处进行评价。

Turbo 码

10.38 令 $r_{\text{c}}^{(1)} = p/q_1$ 和 $r_{\text{c}}^{(2)} = p/q_2$ 为图 10.26 所示 Turbo 编码器中 RSC 编码器 1 和编码器 2 的码率。求出 Turbo 码的码率。

10.39 在图 10.26 所示 Turbo 编码器中组件码的反馈特性具有下列含义：即单个比特差错对应于一个无限长的信道误码序列。利用由符号 1 后面接着无穷数量的符号 0 构成的一个消息序列来对这个含义进行说明。

10.40 考虑码率为 1/2 的 Turbo 码的下列生成矩阵：

$$4状态编码器: \boldsymbol{g}(D) = \left[1, \frac{1+D+D^2}{1+D^2}\right]$$

$$8状态编码器: \boldsymbol{g}(D) = \left[1, \frac{1+D^2+D^3}{1+D+D^2+D^3}\right]$$

$$16状态编码器: \boldsymbol{g}(D) = \left[1, \frac{1+D^4}{1+D+D^2+D^3+D^4}\right]$$

(a) 构造出上述每一个 RSC 编码器的框图。

(b) 建立与每个编码器相关的奇偶校验方程。

10.41 Turbo 译码依赖于外部信息的反馈。在 Turbo 译码器中遵循的基本原理是，避免对组件译码器自身产生的译码状态信息进行反馈。通过概念来对这个原理的合理性进行解释。

10.42 假设一个通信接收机由两部分组成：解调器和译码器。其中解调器是基于调制器与信道相结合的马尔可夫模型得到的，译码器则是基于前向纠错码的马尔可夫模型得到的。讨论如何运用 Turbo 原理来为这个系统构造一个联合解调器-译码器。

10.43 通过详细阐述下列 6 个问题对 Turbo 码的性质进行总结：

(a) Turbo 编码器和译码器的结构组成。

(b) 由于采用了两个组件译码器，因此提高了译码速度，但却增加了计算复杂度。

(c) Turbo 译码与在非线性控制理论中采用反馈之间的相似性。

(d) 从组件译码器 1 将外部信息来回馈入到组件译码器 2，从而能够保持前一次迭代到下一次迭代的比特之间的统计独立性。

(e) 在经过相对较少的迭代次数以后，Turbo 译码过程终止的典型范围是 10~20 次迭代。

(f) max-log-MAP 算法的译码性能下降相对较小，与 MAP 算法相比，大约在 0.5 dB 量级。

10.44 对卷积码和 Turbo 码的编码和译码策略以及与无线信道上信号传输有关的其他问题进行比较评估。具体而言，在比较评估时对下列问题进行讨论：

(a) 编码

(b) 译码

(c) 衰落无线信道

(d) 等待时间(即在信道上传输引起的延迟)

10.45 重新回顾图 10.40 中所示 8 状态的 Ungerboeck 8-PSK 码，证明这个码的渐进编码增益为 3.5；参见表 10.8。

LDPC 码

10.46 假设(7,8)循环最大长度码的生成多项式为

$$\boldsymbol{g}(X) = 1 + X + X^2 + X^4$$

通过构造其 Tanner 图来证明这个码是一个 LDPC 码。

10.47 考虑(7,4)循环汉明码，其生成多项式为

$$\boldsymbol{g}(X) = 1 + X + X^3$$

构造这个码的 Tanner 图，并说明它是 LDPC 码的另一个例子。

10.48 循环汉明码的扩展形式可以通过下列方法得到。如果 $\boldsymbol{H}$ 是循环汉明码的奇偶校验矩阵，则其扩展形式的奇偶校验矩阵被确定为

$$H' = \left[\begin{array}{ccccc:c} 1 & 1 & 1 & \cdots & & 1 \\ \hdashline & & & & & 0 \\ & & H & & & \cdots \\ & & & & & 0 \end{array}\right]$$

$$= \left[\begin{array}{ccccccc:c} 1 & 1 & 1 & 1 & 1 & 1 & 1 & 1 \\ \hdashline 1 & 0 & 0 & 1 & 0 & 1 & 1 & 0 \\ 0 & 1 & 0 & 1 & 1 & 1 & 0 & 0 \\ 0 & 0 & 1 & 0 & 1 & 1 & 1 & 0 \end{array}\right]$$

因此，现在扩展码中每一对码字之间的距离都是偶数。

构造扩展循环汉明码(8,40)的 Tanner 图。

10.49 根据习题 10.46 至习题 10.48 中考虑的线性循环码，对这类码与 LDPC 码之间的关系进行评价。

10.50 在注释[20]中，我们介绍了无比率编码(Rateless codes)的思想，以强调这类新码与 LDPC 码之间存在的关系。哪些特性能够将无比率编码与 LDPC 码区别开来?

10.51 以列表形式对 LDPC 码与 Turbo 码进行比较。

注释

[1] 前向纠错编码(FEC)依靠对发射码字中冗余的可控利用来对噪声信道上传输过程中产生的差错进行检测和纠错(Detection and correction)。不管对接收码字的译码是否成功，在接收机中都不需要做进一步处理。因此，适合于 FEC 的信道编码技术只需要发射机与接收机之间的单向链路(One-way link)。

还有另一种被称为自动重发请求(Automatic-Repeat Request，ARQ)的方法可以解决差错控制问题。ARQ 的基本原理与 FEC 非常不同。具体而言，ARQ 利用冗余只是为了完成差错检测(Error detection)。根据对发射码字中的差错的检测结果，接收机要求重新传输被污染的码字，这就需要利用到返回通路(Return path)(即从接收机到发射机的反馈信道)。

关于差错控制编码的深入分析，可以查看 Lin and Costello(2004)和 Moon(2005)。

[2] 在医学上，校正子(Syndrome)这个词被用来描述能够对疾病进行辅助诊断的一种症状模式。在编码领域，差错图样扮演了一种症状的疾病(即奇偶校验失败)的角色。采用校正子这个词语是 Hagelbarger(1959)提出来的。

[3] 第一个纠错码被称为汉明码，它是由汉明(Hamming)在与香农提出信息论大概相同的时期发明的。详细情况可以参考 Hamming(1950)的经典论文。

[4] 最大长度码也被称为 m 序列，在附录 J 中对其做了进一步讨论。它们为伪噪声(PN)序列提供了基础，并且在第 9 章中研究扩谱信号时起到了关键作用。

[5] 里德-所罗门(Reed-Solomon，RS)码的名称是为了对其发明者表示敬意，可以参考他们的经典论文(Reed and Solomon，1960)。

在 Wicker 和 Bhargava(1994)编辑的著作中，包含了一章关于 RS 码的引言、由 Reed 和 Solomon 他们自己撰写的对这种码的历史综述，以及关于将 RS 码用于研究太阳系、光盘、自动重发请求协议和扩谱多址通信等的多章内容。

在历史上，RS 码属于 BCH(Bose-Chaudhuri and Hocquenghem)码的一个子类，这种码代表一大类作用强大的随机纠错循环码。然而，RS 码的发现是与 Hocquenghem(1959)及 Bose and Ray-Chaudhuri(1960)的开创性工作独立的，意识到这一点是很重要的。

关于对二进制 BCH 码和重点为 RS 码的非二进制 BCH 码进行的详细数学分析，可以分别参考 Li 和 Costello(2004)所撰写著作中的第 6 章和第 7 章。

[6] 卷积码是由 Elias(1955)作为线性分组码的替代方法而发明的。那篇经典论文的目的是得到一种新的编码方法，这种方法被用于二进制对称信道和 AWGN 信道时，可以在不损失性能的情况下又具有实际可行的结构。

[7] 在一篇经典论文中，Viterbi(1967)提出了针对卷积码的译码算法，这个算法被称为维特比算法。Forney(1972,1973)认识到这种算法是一种最大似然译码器。在 Lin 和 Costell(2004)撰写的著作中对维特比算法进行了清晰易懂的介绍。
本章给出的讨论仅限于包含硬判决的经典维特比算法。对于具有软输出的迭代译码应用，Hagenauer and Hoeher(1989)将其描述为所谓的软输出维特比算法(Soft-Output Viterbi Algorithm，SOVA)。关于维特比算法的这两种形式的详细讨论，读者可以参考 Lin and Costello (2004)。

[8] 关于计算二进制对称信道和二进制输入 AWGN 信道的渐进编码增益的详细内容，可以参考 Lin and Costello(2004)。

[9] 乍看之下，MAP 译码算法的推导过程看起来是很复杂的。然而，实际上只要具有概率论的知识，其推导还是很直接的。这里的推导过程是根据 Lin 和 Costello(2004)撰写著作中的内容给出的。

[10] 关于 log-MAP 算法的详细数学描述，读者可以参考著作(Lin and Costello，2004)。

[11] Costello and Forney(2007)从香农的经典论文(1948)开始，对这 50 年过程中编码技术在向 AWGN 信道的信道容量方向的发展进行了综述。按照一个阶段一个阶段的方式来对带限信道上的编码进行历史回顾，最终到 Berrou et al. (1993)撰写的关于 Turbo 编码的论文，这是在瑞士日内瓦召开的 IEEE 国际通信大会(ICC)上发表的。在这篇论文中，其三个合著者声称可以在中等译码复杂度情况下实现接近于香农极限的性能。听到这个声明以后，参加会议的编码研究领域的人员都极为震惊，在私底下纷纷议论大意是："这不可能是真实的，他们必定产生了 3 dB 的误差"。然而，在接下来的一年里，Berrou 报告的结果都被各个实验室得到了证实。因此，发起了一场 Turbo 革命。

[12] 在图 10. 26 中给出的图是根据 Frey(1998)撰写的著作得到的。

[13] 例 9 是根据 Li(2011)的博士论文得到的，并且加上了 Maunder(2012)对其进行的有益评论。

[14] 对于交织器的长度很长的情况，正如图 10. 31 所示 BER 图画出的仿真结果一样，可以发现底部区域会花很长的时间。实际上，正是因为这个原因，所以在图 10. 31 中把迭代次数限制为 4 次。

[15] 平均方法起源于 Land(2005)的博士论文，这个方法也在 Land et al. (2004)中描述过。Hagenauer(2004)在其"私人通信"中第一次提到了平均方法。

[16] Gallager(1960，1963)提出的 LDPC 码蛰伏了 30 多年。在 20 世纪 60 年代和 70 年代对这些码不感兴趣的主要原因，是由于当时的计算机能力还不够强大，不能处理分组长度很长的 LDPC 码。但是，回顾整个 20 世纪 80 年代可以惊奇地发现，除一篇论文外，整个编码界竟然在这么长的时间里一直对 LDPC 码缺乏兴趣：Tanner(1981)为了实现迭代译码，提出了一种图形表示方法来研究 Gallager 的 LDPC 码(以及其他码)的结构，现在把这种图称为 Tanner 图(Tanner graph)。无论如何，直到 Berrou et al. (1993)提出了 Turbo 码和迭代译码方法以后，才重新激发了对 LDPC 码的兴趣。这是由于下列两个因素导致的(Hanzo，2012)：

- Turbo 码受到了专利的保护，而工业界又不愿意支付专利费。
- MacKay and Neal(1996；MacKay，1999)重新发现了 LDPC 码。

因此，编码界又重新发现了 LDPC 码的价值。

[17] 在历史上，Tanner 的经典论文也被遗忘了 10 多年，直到 Wiberg(1996)在其奠基性的博士论文中重新发现了这种方法。

[18] LDPC 码的最小距离的概率分布近似为加权对(t_c, t_r)取某个分组长度的单位阶跃函数，关于这个结论的详细讨论，可以参考 Gallager(1962,1963)。

[19] 在 10.14 节中描述的 LDPC 码的译码算法是根据 MacKay 和 Neal(1996,1997)得到的。

[20] 求和-乘积算法(Sum-Product Algorithm, SPA)是一种基于置信传播的计算有效的、软输入-软输出(SISO)迭代判决算法。置信传播(Belief propagation)这个概念最初是在 Pearl(1988)中描述的，其中它被用于研究贝叶斯网络的统计推理。关于利用 SPA 算法对 LDPC 码进行迭代译码的详细阐述，可以参考 MacKay(1999)。

在相关背景下，LDPC 码和一种新的被称为无比率编码的擦除码(Erasure code)之间存在着一定关系，无比率编码是由 Luby(2002)首先提出的。一个擦除码被称为是无比率的，如果它在理论上满足下列两个要求：

- 编码符号是以在线方式根据输入数据流在发射机中产生的，这样它们的个数就可能是无限制的。
- 在接收机中的译码器能够恢复来自于编码符号中数据的副本，它们只比原始数据流稍微长一些。

无比率编码是针对没有反馈的信道而设计的，其统计量预先也是未知的。互联网分组交换就是一种这样的信道，其中分组擦除的概率是未知的。无论如何，无比率编码从本质上讲都是一种低密度生成矩阵码，它是通过用于 LDPC 码译码的 SPA 算法来进行译码的，因此它们两者之间具有一定的联系。在 Bonello, Chen and Hanzo(2011)中对这种关系进行了详细讨论。

[21] 在历史上，不规则 LDPC 码最初是由 Luby et al. (1997,2001)首先发现的，这是 Turbo 革命开始以后，在发展 LDPC 码过程中经过大量努力得到的。

就不规则 LDPC 码可以达到的性能而言，Chung et al. (2001)首先证明，有几个为 AWGN 信道设计的很长的码率为 1/2 的不规则 LDPC 码，能够在低于 0.0045 dB 的范围内接近香农极限，这一性能确实是异常优秀的。

[22] 网格编码调制是由 Ungerboeck(1982)发明的，在 Ungerboeck(1987)中介绍了它的历史发展。表 10.8 是根据后面一篇论文改编的。

网格编码调制可以被视为信号空间编码(Signal-space coding)的一种形式——这种观点在 Lee 和 Messerschmitt(1994)撰写著作的第 14 章中进行了初步讨论。关于网格编码调制的深入讨论，可以参考 Schlegel(1997)的著作以及 Lin and Costello(2004:875~880)。

[23] 利用网格编码调制的级联编码策略首先在 Robertson and Wörz(1998)中出现，它是利用并行级联策略的一种适当的 Turbo TCM 方法，并且在 Hanzo et al. (2003)，Koca and Levy(2004)以及 Sun et al. (2004)中得到了进一步改进。

串行级联策略也可以类似地应用，其中外部编码器仍然是一个递归系统编码器，而内部编码器实现 Ungerboeck 码来对要发送到通信信道上的符号进行调制。由于 Ungerboeck 码利用了网格结构，因此可以采用 MAP 算法来实现内部译码器，以便得到逐位后验概率。从内部译码器提取外部信息则采用与 10.16 节中相同的步骤，并且可以直接按照图 10.43 那样对译码器进行耦合。

[24] 关于 Turbo 均衡及其相关问题，可以参考 Douillard et al. (1995)；Supnithi et al. (2003)；Jiang et al. (2004)；Kötter et al. (2004)；Rad and Moon(2005)；Lopes and Barry(2006)；Regalia(2010)。

[25] 关于 Turbo CDMA，可以参考 Alexander et al. (1999)以及 Wang 和 Poor(1999)的论文。在第 9 章中对 DS-CDMA 主题进行了讨论。

[26] 在导出公式(10.157)时，我们引入了对数后验比(Log posterior ratio)和对数先验比(Log prior ratio)的概念，以避免与传统的对数似然比相混淆，当在本节中感兴趣的比值并非总是两个似然函数之间的比值时，尤其需要这样做。

附录 A　高级概率模型

在前面各章对数字通信进行研究时，高斯(Gaussian)分布、瑞利(Rayleigh)分布和莱斯(Rice)分布都在不同程度上对得到概率模型起到了重要作用。在本附录中，我们对三个相对高级的分布进行描述：

- 卡方分布
- 对数正态分布
- Nakagami 分布

卡方分布在第 9 章中讨论关于衰落信道上的信令时，对研究接收分集技术扮演了重要角色。同样重要的是，在第 9 章中讨论关于无线通信中信号穿过阴影时也提到了对数正态分布。在这三种分布中，Nakagami 分布是最高级的，因为

- 它包含瑞利分布作为其特殊情形；
- 它的形状与 Rice 分布类似；
- 它在应用中是很灵活的。

A.1　卡方分布

如果一个高斯随机变量经过平方装置，就会产生一个卡方χ^2 分布随机变量。从这个角度来看，有两种χ^2 分布：

1. 中心χ^2 分布，当高斯随机变量具有零均值时产生这种分布。
2. 非中心χ^2 分布，当高斯随机变量具有非零均值时产生这种分布。

在本附录中，我们将只讨论这种分布的中心形式。

下面考虑一个标准高斯随机变量 X，它具有零均值和单位方差，如下所示：

$$f_X(x) = \frac{1}{\sqrt{2\pi}}\exp\left(-\frac{x^2}{2}\right), \qquad -\infty < x < \infty \tag{A.1}$$

将变量 X 应用于一个平方律装置(Square-law device)，产生一个新的随机变量 Y，其样本值被确定为

$$y = x^2 \tag{A.2}$$

或者，等效为

$$x = \pm\sqrt{y} \tag{A.3}$$

于是，平方律装置输出端产生的随机变量 Y 的累积分布函数被定义为

$$F_Y(y) = \int_{-\sqrt{y}}^{\sqrt{y}} f_X(x)\,\mathrm{d}x \tag{A.4}$$

求 $F_Y(y)$关于 y 的微分，得到概率密度函数(pdf)如下：

$$\begin{aligned} f_Y(y) &= \frac{\partial}{\partial y}\left(\sqrt{y} - f_X(x)\right)\Big|_{x=-\sqrt{y}}\left(\frac{\partial}{\partial y}(-\sqrt{y})\right) \\ &= \frac{f_X(\sqrt{y}) + f_X(-\sqrt{y})}{2\sqrt{y}} \end{aligned} \tag{A.5}$$

将式(A.1)代入式(A.5)，得到

$$\begin{aligned} f_Y(y) &= \frac{1}{2\sqrt{y}}\left[\frac{1}{\sqrt{2\pi}}\exp\left(-\frac{y}{2}\right) + \frac{1}{\sqrt{2\pi}}\exp\left(-\frac{y}{2}\right)\right] \\ &= \frac{1}{\sqrt{2\pi y}}\exp\left(-\frac{y}{2}\right), \qquad 0 \leqslant y < \infty \end{aligned} \tag{A.6}$$

在式(A.6)中描述的分布被称为具有一个自由度的卡方(χ^2)分布。

Y 的前面两个矩为

$$\mathbb{E}[Y] = 1$$
$$\mathbb{E}[Y^2] = 3$$

并且，它的方差为

$$\mathrm{var}[Y] = 2$$

然而，注意到这些值都是基于具有零均值和单位方差的标准高斯分布的。对于具有零均值和方差为σ^2的普通高斯分布这种一般情形，χ^2随机变量 Y 的均值、均方值和方差分别如下：

$$\mathbb{E}[Y] = \sigma^2$$
$$\mathbb{E}[Y^2] = 3\sigma^4$$
$$\mathrm{var}[Y] = 2\sigma^4$$

在最一般的情况下，可以根据一组 IID 随机变量$\{X^2\}_{i=1}^{n}$导出卡方分布，在此基础上定义下列新的随机变量：

$$Y = \sum_{i=1}^{n} X_i^2 \tag{A.7}$$

因此，随机变量 Y 的 pdf 被确定为

$$f_Y(y) = \begin{cases} \dfrac{y^{(n/2)-1}}{\left(2^{n/2}\Gamma\left(\dfrac{n}{2}\right)\sigma^n\right)} \exp\left(-\dfrac{y}{2\sigma^2}\right), & y > 0 \\ 0, & \text{其他} \end{cases} \tag{A.8}$$

其中，$\Gamma(\lambda)$是欧拉伽马函数(Gamma function)，其定义为(Abramowitz and Stegun, 1965)

$$\Gamma(\lambda) = \int_0^{\infty} t^{\lambda-1}\exp(-t)\,\mathrm{d}t \tag{A.9}$$

于是，将随机变量 Y 称为阶数为 n 的卡方分布(Chi-square distribution of order n)。当 $n=1$ 时，$\Gamma(1/2) = \sqrt{\pi}$，我们得到式(A.6)中描述的特殊情形，χ^2 分布的这种特殊情形也被称为单边指数分布(One-sided exponential distribution)。在图 A.1 中，画出了不同阶数 $n=1,2,3,4,5$ 时的χ^2 分布曲线。

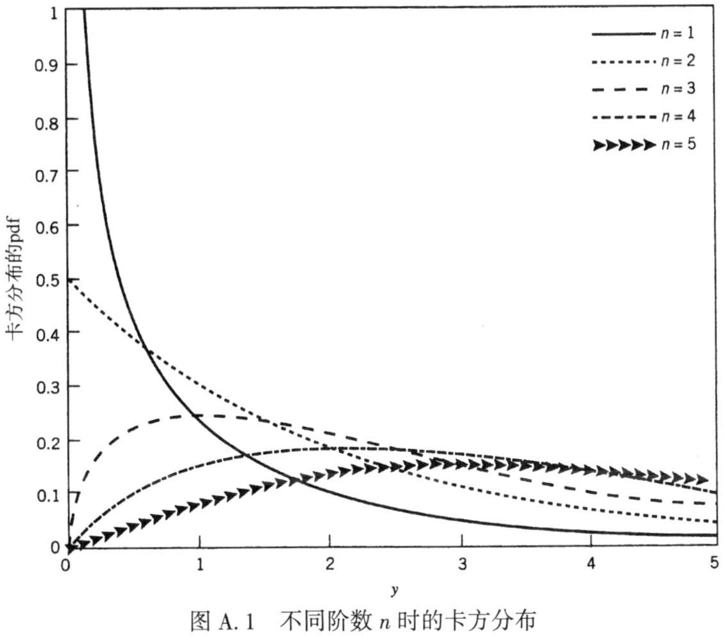

图 A.1　不同阶数 n 时的卡方分布

A.2 对数正态分布

接下来，为了继续讨论对数正态分布，令 X 和 Y 为两个随机变量，它们彼此之间具有下列对数变换关系：

$$Y = \ln(X) \tag{A.10}$$

其中，ln 为自然对数。反之，我们有

$$X = \exp(Y) \tag{A.11}$$

根据上述对数变换，如果随机变量 Y 是正态(即高斯)分布的，则随机变量 X 被称为对数正态分布的(Log-normally distributed)。

假设高斯分布随机变量 Y 具有非零均值 μ_Y 和方差 σ_Y^2，则基于式(A.11)直接进行变换可以得到下列对数正态分布：

$$f_X(x) = \begin{cases} \dfrac{1}{\sqrt{2\pi}\sigma_Y x}\exp\left[-\dfrac{(\ln(x)-\mu_Y)^2}{2\sigma_Y^2}\right], & x \geqslant 0 \\ 0, & \text{其他} \end{cases} \tag{A.12}$$

同样地，基于式(A.12)的对数正态分布的概率模型被称为对数正态模型(Log-normal model)。

与卡方分布不同的是，对数正态分布具有两个可以调节的参数，即非零均值 μ_Y 和方差 σ_Y^2，这两个参数都来自于高斯分布随机变量 Y。还注意到用式(A.12)中样本值 x 表示的对数正态分布随机变量 X 的均值和方差都分别与 μ_Y 和 σ_Y^2 的指数函数不同。

正如前面已经注意到的，式(A.12)的对数正态分布是通过高斯分布的对数变换得到的。考虑到功率在通信中扮演着重要角色，因此引入与 X 相关的下列新的随机变量具有特别的好处：

$$z = 10\lg(x) \tag{A.13}$$

上式用分贝表示。反之，也可以用 z 将 x 表示如下：

$$x = 10^{z/10} \tag{A.14}$$

于是，将式(A.14)代入式(A.10)，我们得到

$$Y = cZ \tag{A.15}$$

其中，常数为

$$c = \frac{\ln(10)}{10} \tag{A.16}$$

式(A.15)表明，Y 和 Z 都是高斯分布的，其区别在于比例因子 c。

因此，高斯分布随机变量 Z 的均值和方差分别被确定为

$$\mu_Z = \frac{1}{c}\mu_Y, \quad \sigma_Z^2 = \frac{1}{c^2}\sigma_Y^2 \tag{A.17}$$

等效地，我们可以写出

$$\mu_Y = c\mu_Z, \quad \sigma_Y^2 = c^2\sigma_Z^2 \tag{A.18}$$

为了得到式(A.12)中定义的对数正态分布的曲线，我们提出按照下列方法进行[1]：

1. 将均值 μ_Y 保持为常数值，$\mu_Y = 0\,\text{dB}$；
2. 将三个不同值分配给标准差 σ_Y(即方差 σ_Y^2 的平方根)：$\sigma_Y = 1, 5, 10\,\text{dB}$。

采用分贝数作为感兴趣的对数度量值，在式(A.12)的对数正态分布中新变量 x 也用分贝数来度量。于是，将上面第 1 点和第 2 点确定的 μ_Y 值和 σ_Y 值代入式(A.12)，就可以得到图 A.2 中所示曲线图。

观察图 A.2，可以得出下列非常有趣的两个观察结果：

1. 当 $\sigma_Z \geqslant 6$ dB 时，对数正态分布表现出长尾部特征，因此它作为无线通信中阴影衰落现象(Shadow-fading phenomenon)的模型是恰当的。从实际观点来看，阴影衰落模型的标准差的典型值在 $6 \leqslant \sigma_Z \leqslant 8$ dB 范围内，在这种情况下我们发现图 A.2 的分布是非常不对称的，并且具有很小的“模态”值。换句话说，$6 \leqslant \sigma_Z \leqslant 8$ dB 是阴影的模式(Mode)或者最可能的范围(Most likely range)。
2. 当标准差 σ_Z 下降到低于这个范围时，对数正态分布趋向于更加对称，因此更加像大约以 $x = 1$ dB 为中心的高斯分布。

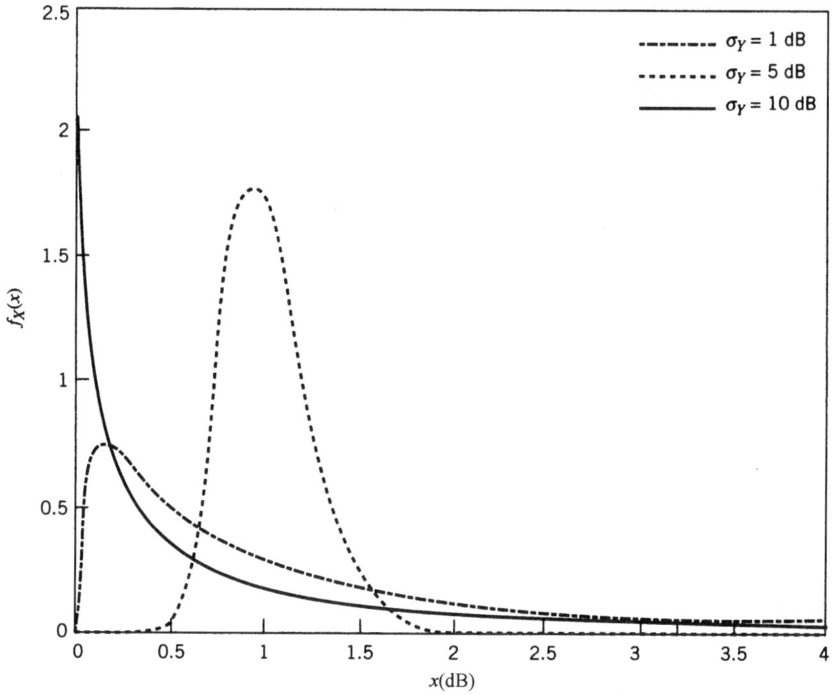

图 A.2　对数正态分布

对数正态分布的有用性质

除了具有长尾部特征，对数正态分布还具有另外两个有用的性质[2]：

性质 1

对数正态变量的乘积(或者商)也是对数正态分布的。

这个性质是根据随机变量 Y 或者 Z 的指数相加(或者相减)这一事实得到的。由于指数是高斯分布的，它们在相加(或者相减)以后仍然保持高斯分布，因此性质 1 成立。

作为这个性质的推论，我们也可以说：

对数正态随机变量的幅度和乘方(幂)都是对数正态分布的。

性质 2

大量 IID 随机变量的乘积是渐进对数正态分布的。

这个性质是对应于中心极限定理(Central limit theorem)的，它涉及大量 IID 随机变量的相加。这第二个性质成立的原因是很明显的，有以下两点：

- 随机变量的样本涉及将乘积变成加法运算。
- 对样本的加法运算应用中心极限定理，其结果是渐进收敛为高斯分布的，因此性质 2 成立。

A.3 Nakagami 分布

对到目前为止所包含的各种分布而言，即第 4 章中导出的瑞利分布和 Rice 分布，以及本附录中导出的卡方分布和对数正态分布，这 4 种分布都具有一个共同特点：

它们都是通过各自的变换从高斯分布中产生的。

在本附录最后一部分中，我们描述另一种分布，即 Nakagami 分布，从下列意义上讲它与所有其他分布都是不同的：

通过采用仿真方法，Nakagami 分布可以直接拟合现实数据。

实际上，正是因为这个重要原因(以及其他一些后面将要讨论的原因)，所以 Nakagami 分布经常被用于无线通信的模型。

具体而言，如果一个随机变量 X 的 pdf 可以用下式描述：

$$f_X(x)=\begin{cases}\dfrac{2}{\Gamma(m)}\left(\dfrac{m}{\Omega}\right)^m x^{2m-1}\exp\left(-\dfrac{m}{\Omega}x^2\right), & x\geqslant 0\\ 0, & \text{其他}\end{cases}\tag{A.19}$$

则它被称为具有 Nakagami-m 分布(Nakagami-m distribution)。随机变量 X 本身被称为 Nakagami 分布的随机变量(Nakagami，1960)。

表征这个分布的两个参数被定义如下：

1. 参数 Ω，它是随机变量 X 的均方值，即

$$\Omega=\mathbb{E}[X^2]\tag{A.20}$$

2. 第二个参数 m 被称为衰落值(Fading figure)，它可以被定义为下列比值：

$$\begin{aligned}m&=\frac{\Omega^2}{\mathbb{E}[(X^2-\Omega)^2]}\\&=\frac{\mathbb{E}[X^2]}{\mathbb{E}[(X^2-\mathbb{E}[X^2])^2]},\qquad m\geqslant\frac{1}{2}\end{aligned}\tag{A.21}$$

注意为了使式(A.21)成立而对 m 给出的限制条件。仔细考察定义式(A.20)和式(A.21)可以发现，衰落值 m 的统计特征包含下列两个矩：

- 在分子中包含随机变量 X 的均方值(Mean-square value)；
- 在分母中包含随机变量的平方 X^2 的方差(Variance)。

因此，可以知道衰落值 m 是无量纲的。

为了便于观察，在图 A.3 中画出了 Nakagami-m 分布取不同 m 值时的曲线。在这个图中有下列两点观察结果值得注意：

1. 当 $m=1/2$ 时，Nakagami-m 分布退化为瑞利分布，换句话说：
   瑞利分布是 Nakagami 分布的一种特殊情形。
2. Nakagami 分布和 Rice 分布具有类似的形状。

为了详细说明第 2 点，当 $m>1$ 时，我们发现衰落值 m 可以根据无量纲的 Rice 因子 K(Rice factor，在第 4 章中已讨论)计算得到，如下所示(Stüber，1996)：

$$m=\frac{(K+1)^2}{2K+1}\tag{A.22}$$

反之

$$K = \frac{(m^2 - m)^{1/2}}{m - (m^2 - m)^{1/2}} \tag{A.23}$$

然而，需要提醒注意的是，尽管 Nakagami-m 分布和 Rice 分布就其形状而言看起来比较一致，但是它们在原点 $x=0$ 处的斜率是不同的。这种不同对于可达到的分集具有重要影响，这是 Nakagami 分布所具有的优点(Molisch，2011)。

从实际观点来看，根据式(A.20)和式(A.21)可知，Nakagami-m 分布具有下列特性：

两个参数 Ω 和 m 都可以用相对简单明了的方式从实验测量数据中计算出来。

上述简洁的结论再次强调了本节刚开始指出的要点：

通过采用仿真方法，现实数据可以被拟合为 Nakagami 分布。

实际上，牢记这一要点以后可以发现，图 A.3 中给出的图形确实包括那些与任意选取的无线数据有关的点(用十字形符号表示)[3]。

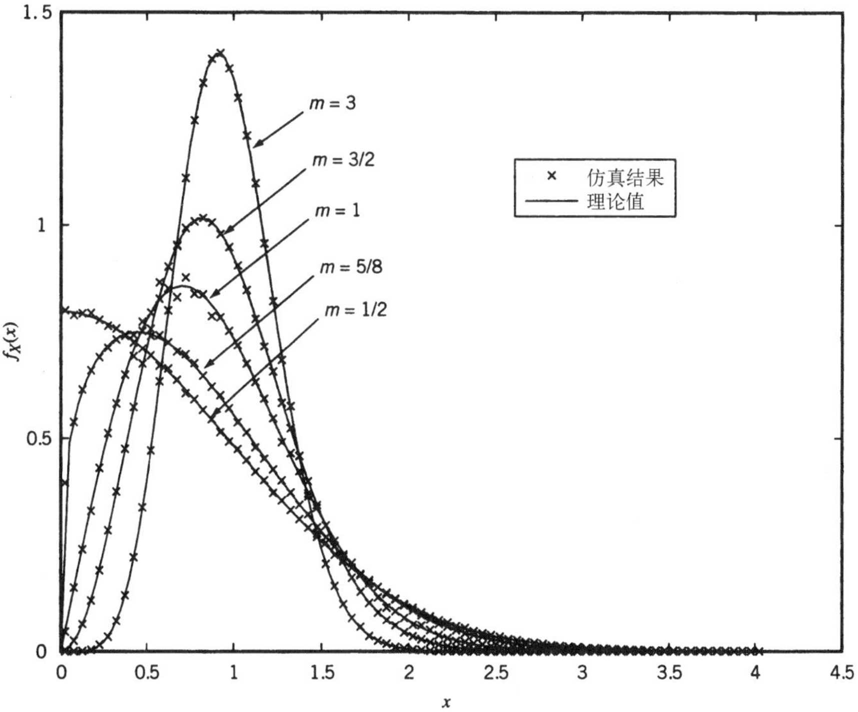

图 A.3　Nakagami-m 分布，给出了衰落值 m 不同时的理论和仿真结果

在图 A.4 中，进一步说明了 Nakagami-m 分布在近似对数正态分布方面具有的内在灵活性。该图清晰地表明，当衰落值 m 增加时近似效果逐渐变得越来越好。

因此，发现 Nakagami-m 分布优于瑞利分布和 Rice 分布也不意外，尤其在城市无线通信环境中更是如此[4]。

注释

[1]　这里描述的对数正态分布的图示方法是根据 Cavers(2000)得到的。

在文献中还给出了对数正态分布的另外两种图示方法，这里总结如下：

- 在 Proakis and Salehi(2008)中，标准差 $\sigma_Y = 1$ 而均值 μ_Y 被改变，并且 μ_Y 和 σ_Y 都用伏特来度量。
- 在 Goldstein(2005)中，一个新的随机变量 Ψ 被定义为发射功率与接收功率的比值，利用这

个随机变量代替 x，导出了对数正态分布的一个新公式。因此，用分贝数度量的功率在对数正态分布的这个新公式中起到了主要作用。然而，这个新公式的取值范围为 $0\leqslant\Psi<\infty$，这种情形在物理上是不可接受的。特别地，对于 $\Psi<1$，则接收功率的值大于发射功率的值。

- 幸运的是，出现这种不可接受情形的概率是很小的，只有用分贝数表示的均值 μ_Ψ 为正值并且很大。于是，可以指出当均值 μ_Ψ 比 0 dB 大很多时，基于随机变量 Ψ 的对数正态模型能够非常精确地表示其物理模型。

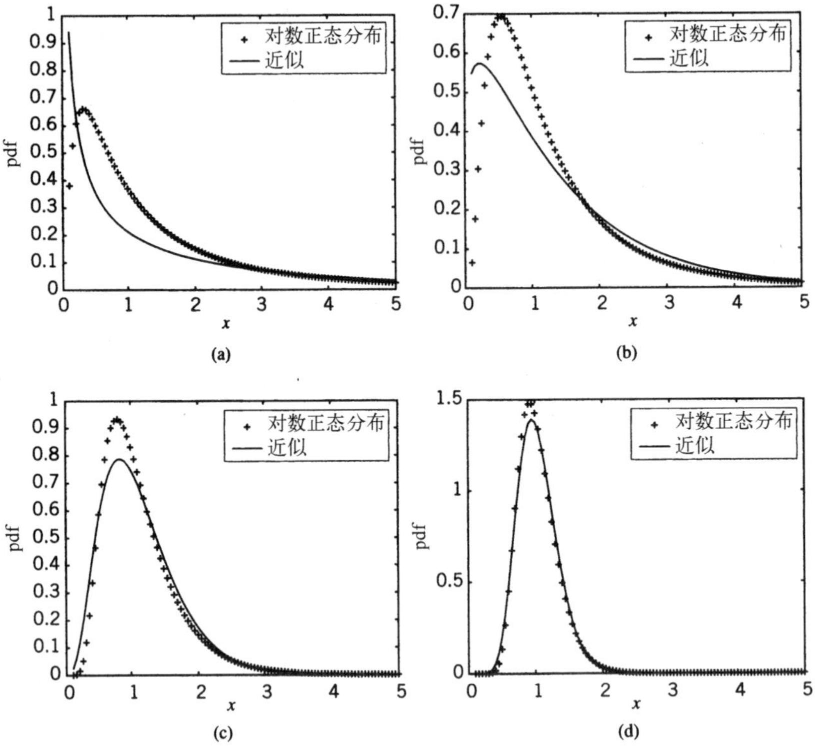

图 A.4　一组对数正态分布的样本函数，以及当衰落值 m 增加时利用 Nakagami 分布对它的近似

[2]　这里描述的对数正态分布的性质是根据 Cavers(2000)得到的。

[3]　用来计算图 A.3 所示图形中仿真点的方法是根据 Matthaiou and Laurenson(2007)得到的。

[4]　这里为 Nakagami-m 分布另外提供一些值得关注的资料。在 Turin et al. (1972)和 Suzuki(1977)中，说明 Nakagami-m 分布能够对城市无线环境中的测量数据提供最佳的统计拟合。

另外两篇感兴趣的论文包括：一是 Braun 和 Dersch(1991)的论文，其中给出了 Nakagami-m 分布的物理解释；二是 Abdi et al. (2000)的论文，其中对 Nakagami 分布和 Rice 分布的统计特征进行了总结。

此外，还有三篇关于 Nakagami 分布的其他论文值得关注。它们给定了一组现实衰落信道的数据，发表了各种关于如何估计 Nakagami 模型参数 m 的论文。在 Zhang(2002)中，给出的数值结果表明，在以前已发表的所有结果中没有能够超过 Greenwood and Durand(1960)给出的经典结果。相关瑞利衰落(Correlated Rayleigh fading)由于与复数高斯过程有关，因此很容易用来仿真衰落信道。遗憾的是，Nakagami 分布却不能这样。在 Zhang(2000)中，描述了一种分解技术，可以有效产生一个相关 Nakagami 衰落信道。

在 Zhang(2003)中，利用多个联合特征函数描述了一种通用相关 Nakagami-m 模型，它允许任意协方差矩阵和不同的实际衰落参数。

附录 B　Q 函数的界

在第 3 章中，我们将 Q 函数定义为

$$Q(x) = \frac{1}{\sqrt{2\pi}} \int_x^{\infty} \exp\left(-\frac{1}{2}t^2\right) \mathrm{d}t \tag{B.1}$$

它表示在标准高斯分布的尾部下方覆盖的面积。在本附录中，我们在大的正数 x 情况下导出关于 Q 函数的一些有用的界。

为此，我们对式(B.1)中的积分变量进行变换，令

$$z = x - t \tag{B.2}$$

然后将式(B.1)重新写为下列形式：

$$Q(x) = \frac{1}{\sqrt{2\pi}} \exp\left(-\frac{x^2}{2}\right) \int_{-\infty}^{0} \exp(xz) \exp\left(-\frac{1}{2}z^2\right) \mathrm{d}z \tag{B.3}$$

对于任意实数 z，$\exp(-1/2z^2)$ 的值位于下列幂级数的连续部分和之间：

$$1 - \frac{z^2/2}{1!} + \frac{(z^2/2)^2}{2!} - \frac{(z^2/2)^3}{3!} + \cdots$$

因此，对于 $x>0$ 我们发现，在利用这个级数的 $(n+1)$ 项时，Q 函数位于下列积分：

$$\frac{1}{\sqrt{2\pi}} \exp\left(-\frac{x^2}{2}\right) \int_{-\infty}^{0} \left[1 - \frac{(z^2/2)}{1!} + \frac{(z^2/2)^2}{2!} - \cdots \pm \frac{(z^2/2)^n}{n!}\right] \exp(xz) \, \mathrm{d}z$$

对偶数 n 和奇数 n 所得两个值之间。现在，对积分变量进行另一个变换，令

$$v = -xz \tag{B.4}$$

并且利用下列定积分：

$$\int_0^{\infty} v^n \exp(-v) \, \mathrm{d}v = n! \tag{B.5}$$

于是，假设 $x>0$，我们可以得到 Q 函数的下列渐进展开式：

$$Q(x) \approx \frac{\exp(-x^2/2)}{\sqrt{2\pi}x} \left[1 - \frac{1}{x^2} + \frac{1 \times 3}{x^4} - \cdots \pm \frac{1 \times 3 \times 5 \cdots (2n-1)}{x^{2n}}\right] \tag{B.6}$$

对于大的正数值 x，式(B.6)右边级数的连续项非常快速地下降。于是，我们导出关于 Q 函数的两个简单的界，一个是下界，另一个是上界，如下所示：

$$\frac{\exp(-x^2/2)}{\sqrt{2\pi}x}\left(1 - \frac{1}{x^2}\right) < Q(x) < \frac{\exp(-x^2/2)}{\sqrt{2\pi}x} \tag{B.7}$$

对于大的正数值 x，通过简单地忽略式(B.7)的上界中的乘积因子 $1/x$，可以得到 Q 函数的第二个界，在这种情况下可以得到

$$Q(x) < \frac{1}{\sqrt{2\pi}} \exp\left(-\frac{x^2}{2}\right) \tag{B.8}$$

在图 B.1 中，包含了下列各个量的曲线图：

- 列入表 3.1 中的 Q 函数的值；
- 式(B.7)中的下界和上界；
- 式(B.8)中的上界。

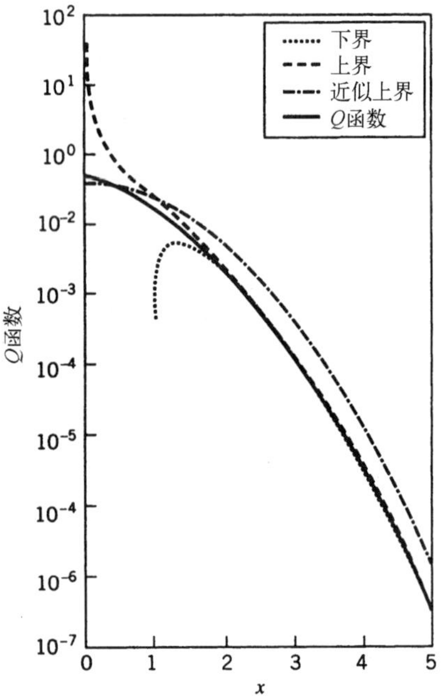

图 B.1 Q 函数的下界和上界

附录 C　贝塞尔函数

C.1　贝塞尔方程的级数解

在科学和工程的许多分支领域中会遇到某些类型的微分或者差分方程，贝塞尔函数及其修正形式经常在这些方程的解中起到重要作用，正如余弦和正弦函数经常在三角学中扮演重要角色一样。

比如，在模拟调频(FM)信号(在第 2 章中简单讨论过)的谱分析中，其分析会涉及无穷阶贝塞尔函数的利用，详细分析可以参考 Haykin(2001)。作为另一个例子，在第 9 章中关于衰落信道上信令讨论时的 Jakes FIR 模型中，我们发现零阶贝塞尔函数在移动接收机输入端的自相关函数中扮演了重要角色。然后，在第 7 章中关于 AWGN 信道上的信号传输时，零阶修正贝塞尔函数对于得到接收机中符号定时的非数据辅助递归算法也起到了重要作用。

这些启发性的例子促使我们在这个附录中专门对贝塞尔函数及其修正形式进行数学分析。

n 阶贝塞尔方程(Bessel's equation of order n)的最基本形式可以写为

$$x^2\frac{\mathrm{d}^2y}{\mathrm{d}x^2}+x\frac{\mathrm{d}y}{\mathrm{d}x}+(x^2-n^2)y=0 \tag{C.1}$$

这是最重要的变系数差分方程之一。对于每个 n，上述方程的解都可以用下列幂级数来定义：

$$J_n(x)=\sum_{m=0}^{\infty}\frac{(-1)^m(1/2)^{n+2m}}{m!(n+m)!} \tag{C.2}$$

函数 $J_n(x)$ 被称为第一类 n 阶贝塞尔函数(Bessel function of the first kind of order n)。在式(C.1)中有两个系数函数需要处理，分别是 $1/x$ 和 $(x-n^2/x^2)$。因此，除了原点，函数 $J_n(x)$ 没有有限的奇异点。由此可知，对于所有的 $x>0$，级数展开式(C.2)都是收敛的。于是，式(C.2)可以用于对 $J_n(x)$ 进行数值计算，其中 $n=0,1,2,\cdots$。在表 C.1 中，给出了不同阶数 n 和不同 x 时得到的 $J_n(x)$ 的值。

函数 $J_n(x)$ 也可以用积分形式表示如下：

$$J_n(x)=\frac{1}{\pi}\int_0^{\pi}\cos(x\sin\theta-n\theta)\,\mathrm{d}\theta \tag{C.3}$$

或者等效为

$$J_n(x)=\frac{1}{2\pi}\int_0^{\pi}\exp(\mathrm{j}x\sin\theta-\mathrm{j}n\theta)\,\mathrm{d}\theta \tag{C.4}$$

C.2　贝塞尔函数的性质

贝塞尔函数 $J_n(x)$ 具有下列性质：

1.
$$J_n(x)=(-1)^nJ_{-n}(x) \tag{C.5}$$

为了证明这个关系式，我们在式(C.3)中用$(\pi-\theta)$代替 θ。然后，注意到 $\sin(\pi-\theta)$ 等于 $\sin\theta$，可以得到

$$\begin{aligned}J_n(x)&=\frac{1}{\pi}\int_0^{\pi}\cos(x\sin\theta+n\theta-n\pi)\,\mathrm{d}\theta\\&=\frac{1}{\pi}\int_0^{\pi}[\cos(n\pi)\cos(x\sin\theta+n\theta)+\sin(n\pi)\sin(x\sin\theta+n\theta)]\,\mathrm{d}\theta\end{aligned}$$

对于整数值 n，我们有

$$\cos(n\pi) = (-1)^n$$
$$\sin(n\pi) = 0$$

于是

$$J_n(x) = \frac{(-1)^n}{\pi}\int_0^{\pi}\cos(x\sin\theta + n\theta)\,\mathrm{d}\theta \tag{C.6}$$

由式(C.3)可知，通过用$-n$代替 n，可以得到

$$J_{-n}(x) = \frac{1}{\pi}\int_0^{\pi}\cos(x\sin\theta + n\theta)\,\mathrm{d}\theta \tag{C.7}$$

由式(C.6)和式(C.7)可以立即得到所期望的结果。

2.
$$J_n(x) = (-1)^n J_n(-x) \tag{C.8}$$

在式(C.3)中用$-x$代替 x，然后利用式(C.6)即可得到上式。

3.
$$J_{n-1}(x) + J_{n+1}(x) = \frac{2n}{x}J_n(x) \tag{C.9}$$

这个递推公式(Recurrence formula)在构造贝塞尔系数的表格时特别有用，它可由式(C.2)的幂级数导出。

4. 对于较小的 x 值，我们有

$$J_n(x) \approx \frac{x^n}{2^n n!} \tag{C.10}$$

这个关系式只需要在式(C.2)中保留幂级数的第一项，并忽略高次项即可得到。于是，当 x 较小时，我们有

$$J_0(x) \approx 1$$
$$J_0(x) \approx \frac{x}{2}$$
$$J_n(x) \approx 0, \qquad n > 1 \tag{C.11}$$

5. 对于较大的 x 值，我们有

$$J_n(x) \approx \sqrt{\frac{2}{\pi x}}\cos\left(x - \frac{\pi}{4} - \frac{n\pi}{2}\right) \tag{C.12}$$

上式说明，对于较大的 x 值，贝塞尔函数 $J_n(x)$ 类似于一个幅度不断递减的正弦信号。

6. 当 x 为一个固定的实数时，随着阶数 n 趋向于无穷大，$J_n(x)$ 趋近于零。

7.
$$\sum_{n=-\infty}^{\infty} J_n(x)\exp(\mathrm{j}n\phi) = \exp(\mathrm{j}x\sin\phi) \tag{C.13}$$

为了证明这个性质，考虑求和项 $\sum_{n=-\infty}^{\infty} J_n(x)\exp(\mathrm{j}n\phi)$，并利用 $J_n(x)$ 的表达式(C.4)，可以得到

$$\sum_{n=-\infty}^{\infty} J_n(x)\exp(\mathrm{j}n\phi) = \frac{1}{2\pi}\sum_{n=-\infty}^{\infty}\exp(\mathrm{j}n\phi)\int_{-\pi}^{\pi}\exp(\mathrm{j}x\sin\theta - \mathrm{j}n\theta)\,\mathrm{d}\theta$$

交换积分次序并求和，得到

$$\sum_{n=-\infty}^{\infty} J_n(x)\exp(\mathrm{j}n\phi) = \frac{1}{2\pi}\int_{-\pi}^{\pi}\mathrm{d}\theta\exp(\mathrm{j}x\sin\theta)\sum_{n=-\infty}^{\infty}\exp[\mathrm{j}n(\phi-\theta)] \tag{C.14}$$

这里需要借助于傅里叶变换理论中的下列关系：

$$\delta(\phi) = \frac{1}{2\pi}\sum_{n=-\infty}^{\infty}\exp[\mathrm{j}n(\phi)], \qquad -\pi \leqslant \phi \leqslant \pi \tag{C.15}$$

其中，$\delta(\phi)$是 δ 函数。因此，将式(C.15)代入式(C.14)，并运用 δ 函数的筛选性质，我们

得到

$$\sum_{n=-\infty}^{\infty} J_n(x)\exp(\mathrm{j}n\phi) = \int_{-\pi}^{\pi} \exp(\mathrm{j}x\sin\theta)\delta(\phi-\theta)\,\mathrm{d}\theta$$
$$= \exp(\mathrm{j}x\sin\phi)$$

这正是所需结果。

8.
$$\sum_{n=-\infty}^{\infty} J_n^2(x) = 1,\quad 所有\,x \tag{C.16}$$

为了证明这个性质，我们按照下列方法进行。首先观察到 $J_n(x)$ 是实数，因此将式(C.4)乘以其自身的复共轭，并对所有可能的 n 求和，可以得到

$$\sum_{n=-\infty}^{\infty} J_n^2(x) = \frac{1}{(2\pi)^2}\sum_{n=-\infty}^{\infty}\int_{-\pi}^{\pi}\int_{-\pi}^{\pi} \exp(\mathrm{j}x\sin\theta-\mathrm{j}n\theta-\mathrm{j}x\sin\phi+\mathrm{j}n\phi)\,\mathrm{d}\theta\,\mathrm{d}\phi$$

交换双重积分的顺序并求和，得到

$$\sum_{n=-\infty}^{\infty} J_n^2(x) = \frac{1}{(2\pi)^2}\int_{-\pi}^{\pi}\int_{-\pi}^{\pi} \mathrm{d}\theta\,\mathrm{d}\phi\,\exp[\mathrm{j}x(\sin\theta-\sin\phi)]\sum_{n=-\infty}^{\infty}\exp[\mathrm{j}n(\phi-\theta)] \tag{C.17}$$

将式(C.15)代入式(C.17)，并应用 δ 函数的筛选性质，最后可得到

$$\sum_{n=-\infty}^{\infty} J_n^2(x) = \frac{1}{2\pi}\int_{-\pi}^{\pi}\mathrm{d}\theta = 1$$

这正是所需结果。

C.3　修正贝塞尔函数

考虑修正贝塞尔方程(Modified Bessel equation)

$$x^2\frac{\mathrm{d}^2y}{\mathrm{d}x^2} + x\frac{\mathrm{d}y}{\mathrm{d}x} - (x^2+n^2)y = 0 \tag{C.18}$$

由于 $\mathrm{j}^2=-1$，我们可以将上述方程重新写为

$$x^2\frac{\mathrm{d}^2y}{\mathrm{d}x^2} + x\frac{\mathrm{d}y}{\mathrm{d}x} + (\mathrm{j}^2x^2-n^2)y = 0$$

由上式可知，式(C.18)显然就是贝塞尔函数，即式(C.1)，只是将 x 替换为 $\mathrm{j}x$ 而已。于是，在式(C.2)中也用 $\mathrm{j}x$ 代替 x，并再次注意到 $-1=\mathrm{j}^2$，我们得到

$$J_n(\mathrm{j}x) = \sum_{m=0}^{\infty}\frac{(-1)^m(\mathrm{j}x/2)^{n+2m}}{m!(n+m)!}$$
$$= \mathrm{j}^n\sum_{m=0}^{\infty}\frac{x/2^{\,n+2m}}{m!(n+m)!}$$

接下来，我们注意到 $J_n(\mathrm{j}x)$ 乘以一个常数仍然是贝塞尔方程的解。因此，将 $J_n(\mathrm{j}x)$ 乘以一个常数 j^{-n}，得到

$$\mathrm{j}^{-n}J_n(\mathrm{j}x) = \sum_{m=0}^{\infty}\frac{(1/2x)^{n+2m}}{m!(n+m)!}$$

这个新的函数被称为第一类 n 阶修正贝塞尔函数(Modified Bessel function of the first kind of order n)，用 $I_n(x)$ 表示。因此，就可以正式将修正贝塞尔方程式(C.18)的解表示为

$$I_n(x) = \mathrm{j}^{-n} J_n(\mathrm{j}x)$$
$$= \sum_{m=0}^{\infty} \frac{(1/2x)^{n+2m}}{m!(n+m)!} \qquad (C.19)$$

对于所有 n，修正贝塞尔函数 $I_n(x)$ 是自变量 $x \geq 0$ 的单调递增实函数，当 $n=0,1$ 时，如图 C.1 所示。

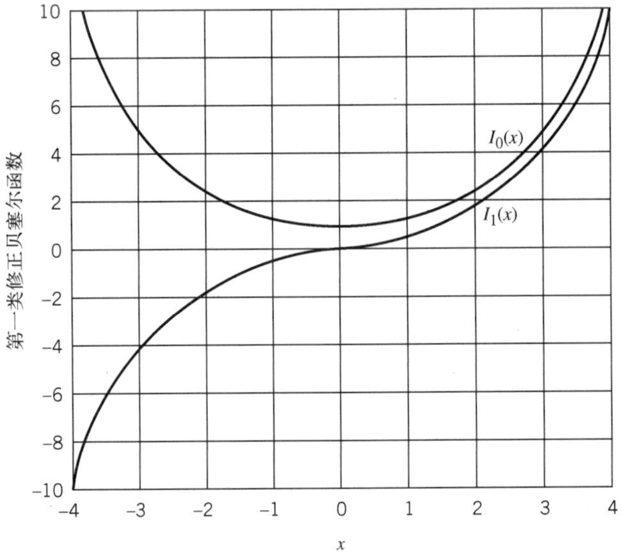

图 C.1　第一类修正贝塞尔函数 $I_0(x)$ 和 $I_1(x)$

除了具有下列重要区别，修正贝塞尔函数 $I_n(x)$ 与原始贝塞尔函数 $J_n(x)$ 是完全相同的：

级数展开式(C.19)中的各项都是正的，而在级数展开式(C.2)中它们是正负号交替变化的。

$J_n(x)$ 和 $I_n(x)$ 之间的关系与三角函数 $\cos x$ 和 $\sin x$ 分别与双曲函数 $\cosh x$ 和 $\sinh x$ 之间的关系是类似的。

根据式(C.13)，还可以得到修正贝塞尔函数 $I_n(x)$ 的一个有趣性质。特别地，在该式中用 jx 代替 x，并用 $\theta-\pi/2$ 代替角度 ϕ，然后在式(C.19)的第一行中引用 $I_n(x)$ 的定义，我们得到

$$\sum_{n=-\infty}^{\infty} I_n(x)\exp(\mathrm{j}n\theta) = \exp(x\cos\theta) \qquad (C.20)$$

根据上述关系，可以得到

$$I_n(x) = \frac{1}{2\pi}\int_{-\pi}^{\pi} \exp(x\cos\theta)\cos(n\theta)\,\mathrm{d}\theta \qquad (C.21)$$

当然，$I_n(x)$ 的这个积分公式也可以由式(C.4)经过适当变化得到。

当自变量 x 较小时，我们可以由式(C.19)的级数表示法直接得到下列渐进估计值：

$$I_0(x) \to 1, \qquad x \to 0 \qquad (C.22)$$

和

$$I_n(x) \to 0, \qquad n \geq 1 \text{ 和 } x \to 0 \qquad (C.23)$$

对于较大的 x，可以得到 $I_n(x)$ 的下列渐进估计值，它对于所有整数 $n \geq 0$ 都是有效的：

$$I_n(x) \approx \frac{\exp(x)}{\sqrt{2\pi x}}, \qquad x \to \infty \qquad (C.24)$$

注意到当 x 的值较大时，$I_n(x)$ 的这种渐进特性是与阶数 n 独立的。

表格

如果用数值来表示，则表 C.1 给出了贝塞尔函数 $J(x)$ 和修正贝塞尔函数 $I(x)$ 的部分值的集合。在 Abramowitz and Stegun(1965)中，给出了这两个函数的更详尽的表格。

表 C.1　第一类贝塞尔函数和修正贝塞尔函数的值

x	$J_0(x)$	$J_1(x)$	$I_0(x)$	$I_1(x)$
0.00	1.0000	0.0000	1.0000	0.0000
0.20	0.9900	0.0995	1.0100	0.1005
0.40	0.9604	0.1960	1.0404	0.2040
0.60	0.9120	0.2867	1.0920	0.3137
0.80	0.8463	0.3688	1.1665	0.4329
1.00	0.7652	0.4401	1.2661	0.5652
1.20	0.6711	0.4983	1.3937	0.7147
1.40	0.5669	0.5419	1.5534	0.8861
1.60	0.4554	0.5699	1.7500	1.0848
1.80	0.3400	0.5815	1.9896	1.3172
2.00	0.2239	0.5767	1.1796	1.5906
2.20	0.1104	0.5560	2.6291	1.9141
2.40	0.0025	0.5202	3.0493	2.2981
2.60	−0.0968	0.4708	3.5533	2.7554
2.80	−0.1850	0.4097	4.1573	3.3011
3.00	−0.2601	0.3391	4.8808	3.9534
3.20	−0.3202	0.2613	5.7472	4.7343
3.40	−0.3643	0.1792	6.7848	5.6701
3.60	−0.3918	0.0955	8.0277	6.7927
3.80	−0.4026	0.0128	9.5169	8.1404
4.00	−0.3971	−0.0660	11.3019	9.7595

注释

[1]　式(C.1)是以德国数学家和天文学家 Bessel 来命名的。关于该方程的解及其相关问题的详细分析，可以参考 Wylie 和 Barrett(1982)以及 Watson(1966)撰写的著作。

附录 D　拉格朗日乘子法

D.1　具有单个等式约束的最优化

考虑在下列约束条件下，对一个实数值函数 $f(\boldsymbol{w})$ 的最小化问题，它是参数向量 $\boldsymbol{w}$ 的二次函数

$$\boldsymbol{w}^{\dagger}\boldsymbol{s} = g \tag{D.1}$$

其中，$\boldsymbol{s}$ 是一个指定向量，g 是一个复常数，上标"†"表示厄米特转置。我们可以通过引入一个新函数 $c(\boldsymbol{w})$ 来重新定义约束条件，这个函数关于 $\boldsymbol{w}$ 是线性的，如下所示：

$$\begin{aligned} c(\boldsymbol{w}) &= \boldsymbol{w}^{\dagger}\boldsymbol{s} - g \\ &= 0 + \mathrm{j}0 \end{aligned} \tag{D.2}$$

一般而言，向量 $\boldsymbol{w}$ 和 $\boldsymbol{s}$ 以及函数 $c(\boldsymbol{w})$ 都是复数(Complex)。比如，在波束形成应用中，向量 $\boldsymbol{w}$ 代表应用于各个传感器输出的复数权值，$\boldsymbol{s}$ 代表一个方向向量，其元素由指定的"注视"方向来确定，被最小化的函数 $f(\boldsymbol{w})$ 则代表波束形成器总输出的均方值。作为另一个例子，在谐波恢复应用中，$\boldsymbol{w}$ 代表 FIR 滤波器的抽头权值向量，$\boldsymbol{s}$ 代表一个正弦向量，其元素由滤波器输入中包含的复数正弦波的角频率来确定，函数 $f(\boldsymbol{w})$ 则代表滤波器输出的均方值。无论如何，只要假设是一个最小化问题，我们就可以将这种约束最优化问题表述如下：

$$\text{Minimize 实数值函数 } f(\mathbf{w}),\ \text{subject to 约束 } c(\mathbf{w}) = 0 + \mathrm{j}0 \tag{D.3}$$

拉格朗日乘子法(Method of Lagrange multiplier)通过引入拉格朗日乘子来将上述约束最小化问题转化为一个无约束最小化问题。首先，利用实值函数 $f(\boldsymbol{w})$ 和复数值约束函数 $c(\boldsymbol{w})$ 定义一个新的实数值函数如下：

$$h(\boldsymbol{w}) = f(\boldsymbol{w}) + \lambda_1 \mathrm{Re}[c(\boldsymbol{w})] + \lambda_2 \mathrm{Im}[c(\boldsymbol{w})] \tag{D.4}$$

其中，λ_1 和 λ_2 为实数拉格朗日乘子，并且

$$c(\boldsymbol{w}) = \mathrm{Re}[c(\boldsymbol{w})] + \mathrm{j}\,\mathrm{Im}[c(\boldsymbol{w})] \tag{D.5}$$

现在，我们定义复数拉格朗日乘子为

$$\lambda = \lambda_1 + \mathrm{j}\lambda_2 \tag{D.6}$$

在式(D.4)和式(D.5)中，Re[·]和 Im[·]分别表示实部算子和虚部算子。于是，我们可以将式(D.4) 重新写为下列形式：

$$h(\boldsymbol{w}) = f(\boldsymbol{w}) + \mathrm{Re}[\lambda^* c(\boldsymbol{w})] \tag{D.7}$$

其中，星号"*"表示复共轭。

接下来，我们使函数 $h(\boldsymbol{w})$ 关于向量 $\boldsymbol{w}$ 最小化。为此，令共轭导数 $\partial h/(\partial \boldsymbol{w}^*)$ 等于零向量，即

$$\frac{\partial f}{\partial \boldsymbol{w}^*} + \frac{\partial}{\partial \boldsymbol{w}^*}(\mathrm{Re}[\lambda^* c(\boldsymbol{w})]) = \mathbf{0} \tag{D.8}$$

由式(D.8)组成的联立方程组以及式(D.2)中给出的原始约束条件一起，可以确定出向量 $\boldsymbol{w}$ 的最优解以及拉格朗日乘子 λ。我们将式(D.8)称为伴随方程(Adjoint equation)，并且将式(D.2)称为主要方程(Primal equation)(Dorny, 1975)。

附录 E　MIMO 信道的信息容量

在第 9 章讨论关于衰落信道上的信号传输时，曾经讨论过无线通信的多输入多输出(Multiple-Input Multiple-Output，MIMO)链路的问题。为了得到 MIMO 链路传输效率的度量方法，我们采用了中断容量(Outage capacity)的概念，这显然是具有实际意义的。然而，由于其数学复杂性，我们将基于香农信息论的 MIMO 链路的信息容量这个问题推迟到本附录中进行讨论。

具体而言，在本附录中我们对信息容量的下列两个不同方面进行讨论：

1. 接收机已知信道状态，而发射机是未知的。
2. 接收机和发射机都已知信道状态。

下面将按照这个顺序进行讨论。

E.1　MIMO 信道的对数-行列式容量公式

考虑具有多个天线的通信信道[1]。令 $N_t \times 1$ 维向量 $\boldsymbol{s}$ 表示发射信号向量，$N_r \times 1$ 维向量 $\boldsymbol{x}$ 表示接收信号向量。这两个向量之间具有信道的下列输入-输出关系：

$$\boldsymbol{x} = \boldsymbol{H}\boldsymbol{s} + \boldsymbol{w} \tag{E.1}$$

其中，$\boldsymbol{H}$ 是链路的信道矩阵(Channel matrix)，$\boldsymbol{w}$ 是加性信道噪声向量。向量 $\boldsymbol{s}$、$\boldsymbol{w}$ 和 $\boldsymbol{x}$ 分别是随机向量 $\boldsymbol{S}$、$\boldsymbol{W}$ 和 $\boldsymbol{X}$ 的实现。

在本附录的后面内容中，需要用到下列假设：

1. 信道是平稳的，并且也是遍历的。
2. 信道矩阵 $\boldsymbol{H}$ 由 IID 高斯分布的元素组成。
3. 发射信号向量 $\boldsymbol{s}$ 具有零均值和相关矩阵 $\boldsymbol{R}_s$。
4. 加性信道噪声向量 $\boldsymbol{w}$ 具有零均值和相关矩阵 $\boldsymbol{R}_w$。
5. $\boldsymbol{s}$ 和 $\boldsymbol{w}$ 都是高斯分布的。

在本节中，我们还假设信道状态 $\boldsymbol{H}$ 对接收机是已知的，但发射机未知。由于 $\boldsymbol{H}$ 和 $\boldsymbol{x}$ 对发射机都是未知的，因此感兴趣的主要问题是确定出 $\boldsymbol{I}(\boldsymbol{s};\boldsymbol{x},\boldsymbol{H})$，它表示发射信号向量 $\boldsymbol{s}$ 与接收信号向量 $\boldsymbol{x}$ 和信道矩阵 $\boldsymbol{H}$ 之间的互信息。将第 5 章中介绍的互信息定义推广到这里的问题，我们写出

$$I(\boldsymbol{S};\boldsymbol{X},\boldsymbol{H}) = \int\limits_{\mathscr{H}}\int\limits_{\mathscr{X}}\int\limits_{\mathscr{S}} f_{\boldsymbol{S},\boldsymbol{X},\boldsymbol{H}}(\boldsymbol{s},\boldsymbol{x},\boldsymbol{H})\log_2\left(\frac{f_{\boldsymbol{S}|\boldsymbol{X},\boldsymbol{H}}(\boldsymbol{s}|\boldsymbol{x},\boldsymbol{H})}{f_{\boldsymbol{X},\boldsymbol{H}}(\boldsymbol{x},\boldsymbol{H})}\right)\mathrm{d}\boldsymbol{s}\,\mathrm{d}\boldsymbol{x}\,\mathrm{d}\boldsymbol{H} \tag{E.2}$$

其中，$\mathscr{S}$,$\mathscr{X}$和$\mathscr{H}$分别是与随机向量 $\boldsymbol{S}$、$\boldsymbol{X}$ 和矩阵 $\boldsymbol{H}$ 有关的空间。

利用联合概率密度函数(pdf)作为条件 pdf 和普通 pdf 乘积的这个定义，即

$$f_{\boldsymbol{S},\boldsymbol{X},\boldsymbol{H}}(\boldsymbol{s},\boldsymbol{x},\boldsymbol{H}) = f_{\boldsymbol{S},\boldsymbol{X}|\boldsymbol{H}}(\boldsymbol{s},\boldsymbol{x}|\boldsymbol{H})f_{\boldsymbol{H}}(\boldsymbol{H})$$

因此，可以将式(E.2)重新写为下列等效形式：

$$\begin{aligned}
I(\boldsymbol{S};\boldsymbol{X},\boldsymbol{H}) &= \int\limits_{\mathscr{H}} f_{\boldsymbol{H}}(\boldsymbol{H})\left[\int\limits_{\mathscr{X}}\int\limits_{\mathscr{S}} f_{\boldsymbol{S},\boldsymbol{X}|\boldsymbol{H}}(\boldsymbol{s},\boldsymbol{x}|\boldsymbol{H})\log_2\left(\frac{f_{\boldsymbol{S}|\boldsymbol{X},\boldsymbol{H}}(\boldsymbol{s}|\boldsymbol{x},\boldsymbol{H})}{f_{\boldsymbol{X},\boldsymbol{H}}(\boldsymbol{x},\boldsymbol{H})}\right)\mathrm{d}\boldsymbol{s}\,\mathrm{d}\boldsymbol{x}\right]\mathrm{d}\boldsymbol{H} \\
&= \mathbb{E}_{\boldsymbol{H}}\left[\int\limits_{\mathscr{X}}\int\limits_{\mathscr{S}} f_{\boldsymbol{S},\boldsymbol{X}|\boldsymbol{H}}(\boldsymbol{s},\boldsymbol{x}|\boldsymbol{H})\log_2\left(\frac{f_{\boldsymbol{S}|\boldsymbol{X},\boldsymbol{H}}(\boldsymbol{s}|\boldsymbol{x},\boldsymbol{H})}{f_{\boldsymbol{X},\boldsymbol{H}}(\boldsymbol{x},\boldsymbol{H})}\right)\mathrm{d}\boldsymbol{s}\,\mathrm{d}\boldsymbol{x}\right] \\
&= \mathbb{E}_{\boldsymbol{H}}[I(\boldsymbol{s};\boldsymbol{x}|\boldsymbol{H})]
\end{aligned} \tag{E.3}$$

其中，期望运算是关于信道矩阵 $\boldsymbol{H}$ 的，并且

$$I(\boldsymbol{s};\boldsymbol{x}|\boldsymbol{H}) = \iint\limits_{\mathscr{X}\mathscr{S}} f_{\boldsymbol{S},\boldsymbol{X}|\boldsymbol{H}}(\boldsymbol{s},\boldsymbol{x}|\boldsymbol{H})\log_2\left(\frac{f_{\boldsymbol{S}|\boldsymbol{X},\boldsymbol{H}}(\boldsymbol{s}|\boldsymbol{x},\boldsymbol{H})}{f_{\boldsymbol{X},\boldsymbol{H}}(\boldsymbol{x},\boldsymbol{H})}\right)\mathrm{d}\boldsymbol{s}\,\mathrm{d}\boldsymbol{x}$$

是在给定信道矩阵 $\boldsymbol{H}$ 条件下发射信号向量 $\boldsymbol{s}$ 和接收信号向量 $\boldsymbol{x}$ 之间的条件互信息。然而根据假设，信道状态对于发射机是未知的。因此，可以知道就关心的接收机而言，$I(\boldsymbol{s};\boldsymbol{x}\mid\boldsymbol{H})$ 是一个随机向量，从而得到式(E.3)中关于 $\boldsymbol{H}$ 的期望。因此，根据这个期望得到的量值是确定性的，它联合确定了发射信号向量 $\boldsymbol{s}$ 与接收信号向量 $\boldsymbol{x}$ 和信道矩阵 $\boldsymbol{H}$ 之间的互信息。这样得到的结果与我们从联合互信息概念得到的结果是一致的。

接下来，将式(5.81)中第一行的向量形式应用到互信息 $I(\boldsymbol{s};\boldsymbol{x}\mid\boldsymbol{H})$，我们有

$$I(\boldsymbol{s};\boldsymbol{x}|\boldsymbol{H}) = h(\boldsymbol{x}|\boldsymbol{H}) - h(\boldsymbol{x}|\boldsymbol{s},\boldsymbol{H}) \tag{E.4}$$

其中，$h(\boldsymbol{x}\mid\boldsymbol{H})$ 是给定 $\boldsymbol{H}$ 条件下信道输出 $\boldsymbol{x}$ 的条件微分熵，$h(\boldsymbol{x}\mid\boldsymbol{s},\boldsymbol{H})$ 是在给定 $\boldsymbol{s}$ 和 $\boldsymbol{H}$ 条件下 $\boldsymbol{x}$ 的条件微分熵。这两个熵都是随机量，因为它们都取决于 $\boldsymbol{H}$。

为了继续进行，现在利用 $\boldsymbol{s}$ 和 $\boldsymbol{H}$ 的高斯性假设，此时 $\boldsymbol{x}$ 也可以用高斯分布来描述。在这些条件下，我们可以利用习题5.32的结果来将给定 $\boldsymbol{H}$ 条件下接收信号 $\boldsymbol{x}$ 的熵表示为

$$h(\boldsymbol{x}|\boldsymbol{H}) = N_{\mathrm{r}} + N_{\mathrm{r}}\log_2(2\pi) + \log_2(\det(\boldsymbol{R}_x))\ \text{bits} \tag{E.5}$$

其中，$\boldsymbol{R}_x$ 为 $\boldsymbol{x}$ 的相关矩阵，$\det(\boldsymbol{R}_x)$ 是其行列式。考虑到发射信号向量 $\boldsymbol{s}$ 和信道噪声向量 $\boldsymbol{w}$ 是彼此独立的，我们从式(E.1)发现，接收信号向量 $\boldsymbol{x}$ 的相关矩阵为

$$\begin{aligned}\boldsymbol{R}_x &= [\boldsymbol{x}\boldsymbol{x}^{\dagger}]\\ &= \mathbb{E}[(\boldsymbol{H}\boldsymbol{s}+\boldsymbol{w})(\boldsymbol{H}\boldsymbol{s}+\boldsymbol{w})^{\dagger}]\\ &= \mathbb{E}[(\boldsymbol{H}\boldsymbol{s}+\boldsymbol{w})(\boldsymbol{s}^{\dagger}\boldsymbol{H}^{\dagger}+\boldsymbol{w}^{\dagger})]\\ &= \mathbb{E}[\boldsymbol{H}\boldsymbol{s}\boldsymbol{s}^{\dagger}\boldsymbol{H}^{\dagger}] + \mathbb{E}[\boldsymbol{w}\boldsymbol{w}^{\dagger}], \qquad (\mathbb{E}[\boldsymbol{s}\boldsymbol{w}^{\dagger}] = \boldsymbol{0})\\ &= \boldsymbol{H}\mathbb{E}[\boldsymbol{s}\boldsymbol{s}^{\dagger}]\boldsymbol{H}^{\dagger} + \boldsymbol{R}_{\mathrm{w}}\\ &= \boldsymbol{H}\boldsymbol{R}_{\mathrm{s}}\boldsymbol{H}^{\dagger} + \boldsymbol{R}_{\mathrm{w}}\end{aligned} \tag{E.6}$$

其中，“†”表示厄米特转置

$$\boldsymbol{R}_{\mathrm{s}} = \mathbb{E}[\boldsymbol{s}\boldsymbol{s}^{\dagger}] \tag{E.7}$$

是发射信号向量 $\boldsymbol{s}$ 的相关矩阵，并且

$$\boldsymbol{R}_{\mathrm{w}} = \mathbb{E}[\boldsymbol{w}\boldsymbol{w}^{\dagger}] \tag{E.8}$$

是信道噪声向量 $\boldsymbol{w}$ 的相关矩阵。因此，将式(E.6)代入式(E.5)，我们得到

$$h(\boldsymbol{x}|\boldsymbol{H}) = N_{\mathrm{r}} + N_{\mathrm{r}}\log_2(2\pi) + \log_2\{\det(\boldsymbol{R}_{\mathrm{w}} + \boldsymbol{H}\boldsymbol{R}_{\mathrm{s}}\boldsymbol{H}^{\dagger})\}\ \text{bits} \tag{E.9}$$

其中，N_{r} 是接收天线中单元的个数。接下来，注意到由于向量 $\boldsymbol{s}$ 和 $\boldsymbol{w}$ 是独立的，并且如式(E.1)指出的那样，$\boldsymbol{w}$ 加上 $\boldsymbol{H}\boldsymbol{s}$ 的和等于 $\boldsymbol{x}$。因此在给定 $\boldsymbol{s}$ 和 $\boldsymbol{H}$ 条件下 $\boldsymbol{x}$ 的条件微分熵仅仅等于加性信道噪声向量 $\boldsymbol{w}$ 的微分熵，即

$$h(\boldsymbol{x}|\boldsymbol{s},\boldsymbol{H}) = h(\boldsymbol{w}) \tag{E.10}$$

熵 $h(\boldsymbol{w})$ 为(参见习题5.32)

$$h(\boldsymbol{w}) = N_{\mathrm{r}} + N_{\mathrm{r}}\log_2(2\pi) + \log_2\{\det(\boldsymbol{R}_{\mathrm{w}})\}\ \text{bits} \tag{E.11}$$

于是，将式(E.9)、式(E.10)和式(E.11)代入式(E.4)，可以得到

$$\begin{aligned}I(\boldsymbol{s};\boldsymbol{x}|\boldsymbol{H}) &= \log_2\{\det(\boldsymbol{R}_{\mathrm{w}} + \boldsymbol{H}\boldsymbol{R}_{\mathrm{s}}\boldsymbol{H}^{\dagger})\} - \log_2\{\det(\boldsymbol{R}_{\mathrm{w}})\}\\ &= \log_2\left\{\frac{\{\det(\boldsymbol{R}_{\mathrm{w}} + \boldsymbol{H}\boldsymbol{R}_{\mathrm{s}}\boldsymbol{H}^{\dagger})\}}{\{\det(\boldsymbol{R}_{\mathrm{w}})\}}\right\}\end{aligned} \tag{E.12}$$

正如前面所指出的，条件互信息 $I(\boldsymbol{s};\boldsymbol{x}\mid\boldsymbol{H})$ 是一个随机变量。因此，将式(E.12)代入式(E.3)，最后将 MIMO 链路的遍历容量(Ergodic capacity)公式表示为

$$\max_{\boldsymbol{R}_s} \text{tr}[\boldsymbol{R}_s] \leqslant P$$

这个约束条件下的下列期望运算：

$$C = \mathbb{E}_{\boldsymbol{H}}\left[\log_2\left\{\frac{\{\det(\boldsymbol{R}_w + \boldsymbol{H}\boldsymbol{R}_s\boldsymbol{H}^\dagger)\}}{\{\det(\boldsymbol{R}_w)\}}\right\}\right] \text{ b/(s·Hz)} \tag{E. 13}$$

其中，P 是恒定的发射功率，tr[·]表示迹算子，它得到括号内矩阵的对角线元素之和。

式(E. 13)就是期望得到的 MIMO 链路的遍历容量的对数-行列式公式(Log-det formula)。这个公式具有普遍适用性，因为发射信号向量 $\boldsymbol{s}$ 的元素之间的相关以及信道噪声向量 $\boldsymbol{w}$ 的元素之间的相关都是允许的。然而，在公式推导过程中需要用到 $\boldsymbol{s}$、$\boldsymbol{H}$ 和 $\boldsymbol{w}$ 的高斯性假设条件。

E. 2　发射机已知信道时的 MIMO 信道容量

MIMO 平坦衰落信道的遍历容量的对数-行列式公式(E. 13)假设信道状态只有在接收机中是已知的。如果在发射机中也完全知道信道状态，情况又会如何呢？此时信道状态对于整个系统都是已知的，这意味着我们可以将信道矩阵 $\boldsymbol{H}$ 视为一个常数。因此，与 E. 1 节中考虑的部分已知的情况不同的是，在推导对数-行列式容量公式时不再需要进行期望运算。相反，问题变成了构造使遍历容量最大化的 $\boldsymbol{R}_s$(即发射信号向量 $\boldsymbol{s}$ 的相关矩阵)。为了简化构造方法，我们考虑 MIMO 信道的接收天线单元数目 N_r 与发射天线单元数目 N_t 具有共同值 N 的情况。

于是，在对数-行列式容量公式(E. 13)中利用加性高斯白噪声的方差为 σ_w^2 这一假设，可以得到

$$C = \log_2\left\{\det\left(\boldsymbol{I}_N + \frac{1}{\sigma_w^2}\boldsymbol{H}\boldsymbol{R}_s\boldsymbol{H}^\dagger\right)\right\} \text{ bits/(s·Hz)} \tag{E. 14}$$

现在，我们可以正式提出下列最优化问题：

使式(E. 14)中的遍历容量 C 在两个约束条件下关于相关矩阵 $\boldsymbol{R}_s$ 最大化，这两个约束条件可以表示为

1. $\boldsymbol{R}_s$ 是非负定的，这是对一个相关矩阵的必然要求。
2. 总功率约束

$$\text{tr}[\boldsymbol{R}_s] = P \tag{E. 15}$$

其中，P 是总发射功率。

为了构造出最优的 $\boldsymbol{R}_s$，首先利用下列行列式恒等式(Determinant identity)：

$$\det(\boldsymbol{I} + \boldsymbol{A}\boldsymbol{B}) = \det(\boldsymbol{I} + \boldsymbol{B}\boldsymbol{A}) \tag{E. 16}$$

将这个恒等式应用于式(E. 14)，得到

$$C = \log_2\left\{\det\left(\boldsymbol{I}_N + \frac{1}{\sigma_w^2}\boldsymbol{R}_s\boldsymbol{H}^\dagger\boldsymbol{H}\right)\right\} \text{ b/(s·Hz)} \tag{E. 17}$$

通过利用厄米特矩阵的特征值分解(Eigendecomposition)使矩阵乘积 $\boldsymbol{H}^\dagger\boldsymbol{H}$ 对角化，可以写出

$$\boldsymbol{U}^\dagger(\boldsymbol{H}^\dagger\boldsymbol{H})\boldsymbol{U} = \boldsymbol{\Lambda} \tag{E. 18}$$

其中，$\boldsymbol{\Lambda}$ 是由 $\boldsymbol{H}^\dagger\boldsymbol{H}$ 的特征值组成的对角矩阵，$\boldsymbol{U}$ 是一个酉矩阵，它的列是相应的特征向量[2]。因此，可以将式(E. 18)重新写为下列等效形式：

$$\boldsymbol{H}^\dagger\boldsymbol{H} = \boldsymbol{U}\boldsymbol{\Lambda}\boldsymbol{U}^\dagger \tag{E. 19}$$

其中，根据定义我们用到了矩阵乘积 $\boldsymbol{U}\boldsymbol{U}^\dagger$ 等于单位矩阵这个事实。将式(E. 18)代入式(E. 17)，我们得到

$$C = \log_2\left\{\det\left(\boldsymbol{I}_N + \frac{1}{\sigma_w^2}\boldsymbol{R}_s\boldsymbol{U}\boldsymbol{\Lambda}\boldsymbol{U}^\dagger\right)\right\} \tag{E. 20}$$

然后，将行列式恒等式(E.16)应用于这个公式，可以得到

$$\begin{aligned} C &= \log_2\left\{\det\left(\boldsymbol{I}_N + \frac{1}{\sigma_{\mathbf{w}}^2}\boldsymbol{\Lambda}\boldsymbol{U}^\dagger\boldsymbol{R}_{\mathbf{s}}\boldsymbol{U}\right)\right\} \\ &= \log_2\left\{\det\left(\boldsymbol{I}_N + \frac{1}{\sigma_{\mathbf{w}}^2}\boldsymbol{\Lambda}\overline{\boldsymbol{R}}_{\mathbf{s}}\right)\right\}\ \mathrm{b/(s\cdot Hz)} \end{aligned} \tag{E.21}$$

其中

$$\overline{\boldsymbol{R}}_{\mathbf{s}} = \boldsymbol{U}^\dagger\boldsymbol{R}_{\mathbf{s}}\boldsymbol{U} \tag{E.22}$$

注意到变换后的相关矩阵$\overline{\boldsymbol{R}}_{\mathbf{s}}$是非负定的。由于$\boldsymbol{U}\boldsymbol{U}^\dagger=\boldsymbol{I}$，我们也可以得到

$$\begin{aligned} \mathrm{tr}[\overline{\boldsymbol{R}}_{\mathbf{s}}] &= \mathrm{tr}[\boldsymbol{U}^\dagger\boldsymbol{R}_{\mathbf{s}}\boldsymbol{U}] \\ &= \mathrm{tr}[\boldsymbol{U}\boldsymbol{U}^\dagger\boldsymbol{R}_{\mathbf{s}}] \\ &= \mathrm{tr}[\boldsymbol{R}_{\mathbf{s}}] \end{aligned} \tag{E.23}$$

在上式第二行中，我们用到了恒等式$\mathrm{tr}[\boldsymbol{AB}]=\mathrm{tr}[\boldsymbol{BA}]$。因此，可知式(E.21)中遍历容量的最大化同样可以在变换后的相关矩阵$\overline{\boldsymbol{R}}_{\mathbf{s}}$上很好地完成。

另一个需要注意的重点是，任何非负定矩阵$\boldsymbol{A}$都满足下列 Hadamard 不等式(Hadamard inequality)：

$$\det(\boldsymbol{A}) \leqslant \prod_k a_{kk} \tag{E.24}$$

其中，a_{kk}是矩阵$\boldsymbol{A}$的对角元素。因此，将这个不等式应用于式(E.21)中的行列式项，可以写出

$$\det\left(\boldsymbol{I}_N + \frac{1}{\sigma_{\mathbf{w}}^2}\boldsymbol{\Lambda}\overline{\boldsymbol{R}}_{\mathbf{s}}\right) \leqslant \prod_{k=1}^{N}\left(1 + \frac{1}{\sigma_{\mathbf{w}}^2}\lambda_k\bar{r}_{s,kk}\right) \tag{E.25}$$

其中，λ_k是矩阵乘积$\boldsymbol{H}\boldsymbol{H}^\dagger$的第$k$个特征值，并且$\bar{r}_{s,kk}$是变换所得矩阵$\overline{\boldsymbol{R}}_{\mathbf{s}}$的第$k$个对角元素。只有当$\overline{\boldsymbol{R}}_{\mathbf{s}}$为对角矩阵时，式(E.25)才成立，这正好是使遍历容量C最大化的条件。

为了继续进行，我们现在利用式(E.21)和取等号的式(E.25)，将遍历容量表示为

$$\begin{aligned} C &= \log_2\left\{\prod_{k=1}^{N}\left(1 + \frac{1}{\sigma_{\mathbf{w}}^2}\lambda_k\bar{r}_{s,kk}\right)\right\} \\ &= \sum_{k=1}^{N}\log_2\left(1 + \frac{1}{\sigma_{\mathbf{w}}^2}\lambda_k\bar{r}_{s,kk}\right) \\ &= \sum_{k=1}^{N}\log_2\left\{\lambda_k\left(\lambda_k^{-1} + \frac{1}{\sigma_{\mathbf{w}}^2}\bar{r}_{s,kk}\right)\right\} \\ &= \sum_{k=1}^{N}\log_2\lambda_k + \sum_{k=1}^{N}\log_2\left(\lambda_k^{-1} + \frac{1}{\sigma_{\mathbf{w}}^2}\bar{r}_{s,kk}\right) \end{aligned} \tag{E.26}$$

其中，只有第二个求和项是明显可以通过$\bar{r}_{s,kk}$调整的。因此，我们可以将这里讨论的最优化问题重新表述如下：

给定属于矩阵乘积的一组特征值$\{\lambda_k\}_{k=1}^{N}$，在

$$\sum_{k=1}^{N}\left(\frac{1}{\lambda_k} + \frac{1}{\sigma_{\mathbf{w}}^2}\bar{r}_{s,kk}\right)$$

的约束条件下，确定一组最优的自相关$\{\bar{r}_{s,kk}\}_{k=1}^{N}$，以使求和项

$$\sum_{k=1}^{N}\bar{r}_{s,kk} = P \tag{E.27}$$

最大化。

式(E. 27)中的总功率约束是根据式(E. 23)和下列迹定义得到的:

$$\mathrm{tr}[\bar{\boldsymbol{R}}_{\mathrm{s}}] = \sum_{k=1}^{N} \bar{r}_{s,kk} \tag{E. 28}$$

对式(E. 26)的注水解释

对于根据式(E. 14)重新表述的最优化问题的解，可以通过注水方法(Water-filing procedure)的离散空间形式来确定，这种方法在第 5 章中做了介绍。实际上，注水问题的解是指，在多信道情况下，我们将更多的信号功率发射到更好的信道上，而将更少的信号功率发射到更差的信道上。特别地，可以想象一个管道，其底部是由下列 N 个无量纲的离散水平值定义的:

$$\left\{\frac{\mu-(\sigma_{\mathbf{w}}^{2}/\lambda_{k})}{\lambda_{k}}\right\}_{k=1}^{N}$$

然后将总量对应于总发射功率 P 的“水”倒进管道里面。功率 P 会根据管道中对应的“水位”在 MIMO 链路的 N 个特征模式之间进行最优分配，如图 E. 1 所示，这是 $N=6$ 的 MIMO 链路情形。用无量纲参数 μ 表示的“注水水平线”在该图中用虚线画出，其选取的值满足式(E. 27)的约束条件。在图 E. 1 画出的空间离散注水示意图基础上，最终我们可以要求最优值 $\bar{r}_{s,kk}$ 为

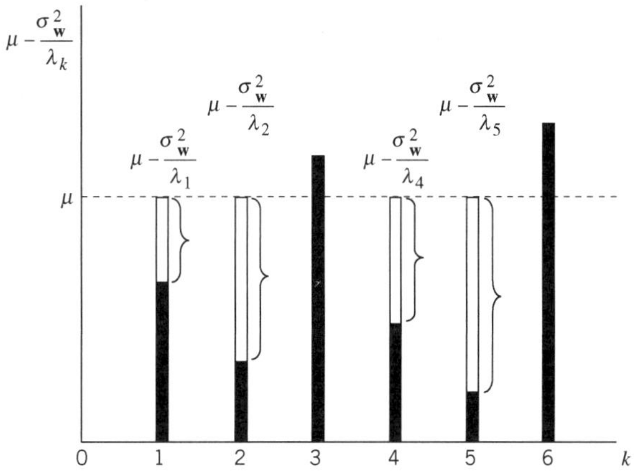

图 E. 1　最优化方法的注水解释

$$\bar{r}_{s,kk} = \left(\mu-\frac{\sigma_{\mathbf{w}}^{2}}{\lambda_{k}}\right)^{+}, \quad k = 1, 2, \cdots, N \tag{E. 29}$$

在式(E. 29)右边括号外的上标“+”表示只保留等式右边中值为正的那些项(即与水平面位于常数值 μ 以下的 MIMO 链路的那些特征模式相对应的项)。

于是，我们最后可以指出，如果信道矩阵 $\boldsymbol{H}$ 对于 MIMO 链路(假设 $N_{\mathrm{r}}=N_{\mathrm{t}}=N$)的发射机和接收机都是已知的，则 MIMO 链路容量的最大值被确定为

$$\begin{aligned} C &= \sum_{k=1}^{N} \log_2\left(1+\frac{1}{\sigma_{\mathbf{w}}^{2}}\lambda_k \bar{r}_{s,kk}\right) \\ &= \sum_{k=1}^{N} \log_2\left\{1+\frac{1}{\sigma_{\mathbf{w}}^{2}}\lambda_k\left(\mu-\frac{\sigma_{\mathbf{w}}^{2}}{\lambda_k}\right)^{+}\right\} \\ &= \sum_{k=1}^{N} \log_2\left(\frac{\mu\lambda_k}{\sigma_{\mathbf{w}}^{2}}\right)^{+} \end{aligned} \tag{E. 30}$$

其中如前所述，选取的常数值 μ 需要满足式(E. 27)中的总功率约束条件。

注释

[1]　在 1995 年出版的 AT&T 技术备忘录中，Telatar 首次详细推导出了平稳 MIMO 信道的对数-行列式容量公式，其结果后来又作为期刊论文重新发表了(Telatar, 1999)。

[2]　假设一个复数值矩阵 $\boldsymbol{A}$，则 $\boldsymbol{A}$ 的特征值分解被定义为 $U^{\dagger}\boldsymbol{A}\boldsymbol{U}=\boldsymbol{\Lambda}$。

附录F　交　　织

从第 5 章开始，本书前面各章告诉我们如何将数字无线通信系统在发送端按照功能分为信源编码和信道编码用途，并且在接收端如何按照相反功能对应地分为信道译码和信源译码。在第 6 章中，我们也学习了如何将模拟信号转化为数字格式。这些技术背后的动机是使无线信道上传输的信息量最小化。这种最小化对于无线通信的两种主要资源即发射功率和信道带宽的分配具有潜在的好处：

1. 降低必须发送的数据量，这一般意味着消耗更小的功率。对于通常靠电池工作的移动平台而言，功率消耗总是一个严肃的问题。
2. 降低频谱(或者无线电频率)资源，这是获得满意性能所需要的。这种降低能够使得用户数量增加，这些用户共享着相同但有限的信道带宽。

此外，就关心的信道编码而言，在第 10 章中讨论的前向纠错(FEC)编码提供了一种强大的技术，它使信息承载数据能够可靠地在信源到信宿之间的无线信道上进行传输。

然而，为了在无线通信中获得 FEC 编码的最大好处，还需要另一种被称为交织(Interleaving)[1]的技术。需要这种新技术的原因在于，根据第 9 章中讨论的内容，我们知道信号会经过长度不同的多条传播路径到达接收机，这种多径衰落会使无线信道具有记忆性(Memory)。其中特别受到关注的是快衰落(Fast Fading)，这是由于在发射机或接收机附近，或者同时在它们两者附近的物体的反射产生的。“快”这个词是指由于这些反射导致接收信号的起伏变化速度很快，它是相对于其他传播现象的速度而言的。与发射数据率相比，即使快衰落也是相对缓慢的。也就是说，快衰落在多个传输符号内近似为恒定的，这取决于数据传输速度以及移动平台的速度。因此，快衰落可以被视为一种时间相关的信道损伤形式，其存在会导致连续传输的符号之间具有统计相关性。也就是说，由于快衰落产生的传输差错不会是孤立的事件，而是更倾向于以突发(Bursts)形式出现。

现在，设计的大多数 FEC 信道编码都用于解决有限数量的比特差错，并且假设这些差错从一个比特到下一个比特之间是随机分布和统计独立的。具体而言，在 10.8 节关于卷积译码的内容中，我们指出尽管维特比算法很强大，如果在接收信号中有 $d_{free}/2$ 个间隔很近的比特差错，则这种算法也会失败，其中 d_{free} 是卷积码的自由距离。因此，在设计可靠的(Reliable)无线通信系统时，我们会面临两个相互矛盾的现象：

- 无线信道会产生突发的相关比特差错。
- 卷积译码器不能处理突发差错。

交织是解决这两个相互矛盾现象的一种不可缺少的技术。然而，第一个也是最重要的是，注意到在进行交织处理时我们不需要无线信道的准确的统计特征。相反，只需要已知快衰落的相干时间(Coherence time)，它近似为[参见式(9.46)]

$$\tau_{\text{coherence}} \approx \frac{0.3}{2\nu_{\max}} \tag{F.1}$$

其中，ν_{max} 是最大多普勒频移。因此，我们预料突发差错占有的典型时间宽度等于 $\tau_{coherence}$。为了处理无线通信中这种比较差的情况，我们做下面两件事情：

- 在发射机中的信道编码器后面，采用一个交织器(Interleaver，即完成交织处理的装置)使编码比特的顺序随机化。

- 在接收机中的数据到达信道译码器以前，采用一个去交织器(De-interleaver，即完成去交织处理的装置)来取消随机化。

交织处理的实际效果是，使无线信道上数据传输过程中可能出现的任何突发差错分散开，并且将它们扩展到交织器工作的整个期间。这样，大大提高了可纠错接收序列的似然。在发射机中，交织器位于信道编码器后面，而在接收机中，去交织器则被放到信道译码器前面。

在实际中，经常用到三种类型的交织方法，下面对其进行讨论。

F.1 块交织

基本上讲，经典的块交织器(Classical block interleaver)相当于一个存储缓冲器，如图 F.1 所示。数据从信道编码器中以列的方式被写入 $N\times L$ 维长方形数组。一旦数组被填满以后，它就以行的方式被读出，并且其内容被送到发射机。在接收机中则完成相反的操作：接收机中数组的内容是按行写入的数据，一旦数组被填满以后，它就被按列读出到译码器中。注意到这里描述的(N,L)交织器和去交织器都是循环的(Periodic)，其基本周期为 $T=NL$。

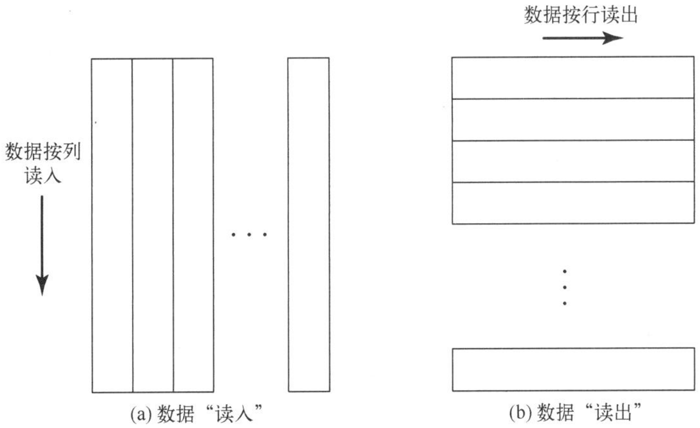

图 F.1 块交织器结构

假设相关时间或者突发差错长度(Error-burst-length)的时间对应于 L 个接收比特。于是在接收机中，我们预料一个突发差错的影响将会使去交织器中相当于一行数据块受到损坏。然而，由于去交织器的数据块是按列读出的，当突发差错被读入译码器时，所有这些“损坏的”比特都将被 $N-1$ 个“好的”比特分隔开。如果 N 大于所用卷积码的约束长度，则维特比译码器将会纠正突发差错中的所有误码。

实际上，由于突发差错的频率以及存在信道噪声引起的其他差错，理想的交织器应该是尽可能大的。然而，交织器会在消息信号的传输中引入延迟，因为我们必须在发射以前把 $N\times L$ 维数组填满。在诸如话音这类实时应用中，这是尤其需要关注的问题，因为它限制了交织器可以使用的块长，从而需要一种折中的解决方案。

▷

例 1 交织

在图 F.2(a)中，画出了原始的编码后的码字序列，每个码字由 5 个符号组成。在图 F.2(b)中，画出了编码序列的交织形式，符号在重新排序后的位置上显示。在图 F.2(b)旁边也显示出由于信道损害引起的突发差错占据了 4 个符号。注意到从一个码字到下一个码字时，交织器对编码符号重新排序的方式是相同的。

在接收机中进行去交织处理以后，对符号的扰乱被取消了，产生的序列与原始的编码符号序列类似，如图 F.2(c)所示。该图还包含了传输差错的新位置。这里需要注意的重点是，经过去交织处理以后突发差错被分散开了。

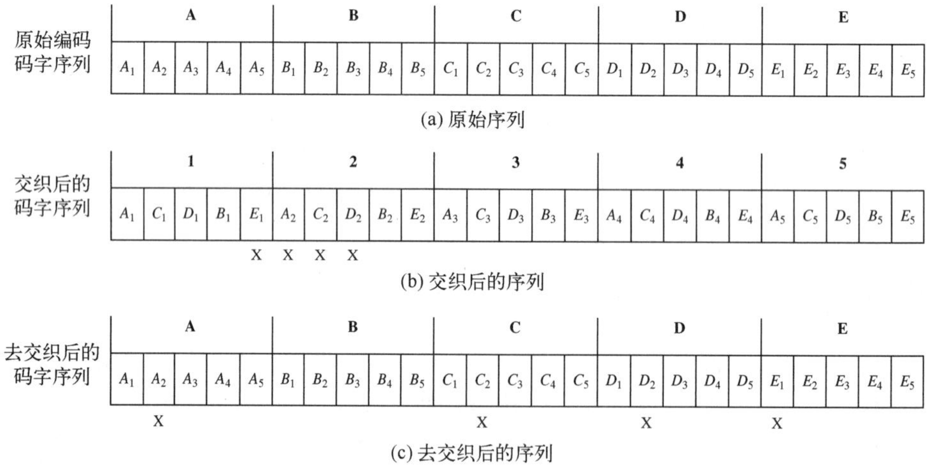

图 F.2　交织举例

这个例子告诉我们下面两点：

1. 传输突发差错只按照去交织器的处理而改变。
2. 在接收到的编码符号没有出现差错的情况下，去交织器抵消了交织器的扰乱作用。

F.2　卷积交织

卷积交织器/去交织器(Convolutional interleaver/De-interleaver)的框图如图 F.3 所示。定义下列周期：

$$T = LN$$

交织器被称为($L \times N$)卷积交织器，其特性类似于($L \times N$)块交织器的特性。

在发射机中，待交织处理的编码比特序列被排列为长度为 L 比特的数据块。对于每个数据块，通过两个同步的输入和输出转换器(Commutator)，编码比特被连续地移入和移出 N 个寄存器组。图 F.3(a) 所示交织器的结构如下：

1. 第 0 个移位寄存器不提供存储功能，即输入编码符号经过它直接传输。
2. 每一个连续的移位寄存器都比它前一个移位寄存器提供多 L 个符号的存储容量。
3. 每一个移位寄存器都周期性地不断被访问。

每次有新的编码符号进入时，转换器都切换到一个新的移位寄存器。这个新符号被移入该寄存器，存储在其中的原来的符号则被移出。在第($N-1$)个移位寄存器(即最后一个寄存器)完成以后，转换器又返回到第 0 个移位寄存器。因此，这种切换/移位过程不断地周期性重复进行。

在接收机中，去交织器也利用 N 个移位寄存器和一对输入/输出转换器，它们与交织器中的转换器是同步的。然而，需要注意的是，这里移位寄存器的堆栈顺序与交织器中移位寄存器的顺序相反，如图 F.3(b)所示。其最终结果是，接收机中去交织器完成的操作与发射机中的交织处理相反，并且它确实也应该如此。

卷积交织与块交织相比，其优点在于在卷积交织中，总的端到端延迟(End-to-end delay)是 $L(N-1)$个符号，并且在交织器和去交织器中的存储需求都是 $L(N-1)/2$，这是块交织器/去交织器中达到类似交织程度所需的对应值的一半。

在图 F.3(b)中，对卷积交织器/去交织器的描述是通过移位寄存器给出的。系统在实际实现时，还可以采用随机访问存储(Random access memory)单元代替移位寄存器来完成。另外这种实现方法只需要对存储单元的访问进行适当控制就可以了。

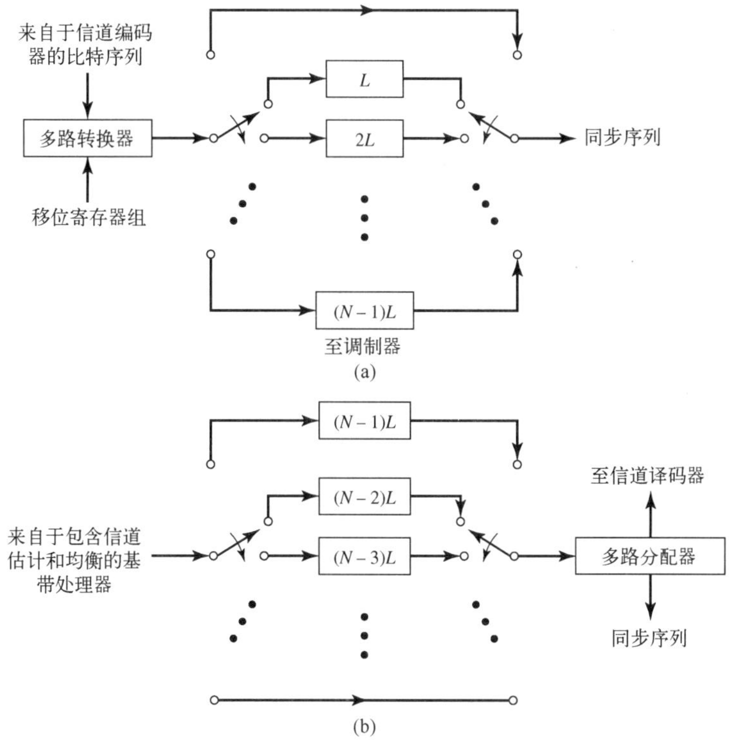

图 F.3 (a)卷积交织器；(b)卷积去交织器

F.3 随机交织

在随机交织器(Random interleaver)中，一个有 N 个输入比特的数据块按照它们被接收的顺序被写入交织器中，但是它们却以随机方式被读出。通常，输入比特的排列是由均匀分布(Uniform distribution)来定义的。令 $\pi(i)$ 表示第 i 个输入比特的排列位置，其中 $i=1,2,\cdots,N$。用 $\{\pi(i)\}_{i=1}^{N}$ 表示的这组整数规定了将存储的输入比特读出交织器的顺序，它是按照下列两步算法产生的：

1. 从均匀分布的集合 $\mathscr{A}=\{1,2,\cdots,N\}$ 中选取一个整数 i_1，选取 i_1 的概率为 $p(i_1)=1/N$。将选取的整数 i_1 置为 $\pi(i)$。
2. 对于 $k>1$，从下列均匀分布的集合中选取一个整数 i_k：
$$\mathscr{A}_k=\{i\in\mathscr{A}, i\neq i_1, i_2, \ldots, i_{k-1}\}$$
选取 i_k 的概率为 $p(i_k)=1/(N-k+1)$。将选取的整数 i_k 置为 $\pi(k)$。注意到对于 $k>1$，集合 $\mathscr{A}_k$ 是逐步减小的。当 $k=N$ 时，我们只剩下一个整数 i_N，此时将 i_N 置为 $\pi(N)$。

为了在通信中实际应用，随机交织器被配置为伪随机的(Pseudo-random)，这意味着在 N 个输入比特的一个数据块内，其排列如上面描述的是随机的，但是各个数据块之间的排列顺序是完全相同的。因此，伪随机交织器(Pseudo-random interleaver)是离线(Off-line)设计的，在第 10 章中讨论 Turbo 码的构造时对它们特别感兴趣。

注释

[1] 在 Clark and Cain(1981)中，对块交织和卷积交织方法比较详细地进行了讨论，在 Sklar(2001)中也对其稍微简略地进行了讨论。关于从 Turbo 码的观点来论述交织技术，可以参考 Vucetic and Yuan(2000)。

附录 G　OFDM 中降低峰值功率的问题

在 9.11 节中，我们对多载波传输技术，即正交频分多址（OFDM）技术进行了讨论，由于快速傅里叶变换（FFT）算法在计算方面提供的帮助，这种技术对于无线通信是非常重要的。然而，由于峰值功率受限问题（Peak-power limited problem），包络变化是 OFDM 经常被提到的缺点。这个问题是由于 OFDM 系统中大量独立子信道在统计上可能会正向叠加，从而导致高峰值功率所引起的。在文献中，采用峰均功率比（Peak-to-average power ratio）来描述包络变化这个实际问题，通常把它简称为PAPR[1]。

在本节中，我们对无线通信中的 PAPR 问题以及如何使其降低的方法进行讨论。

G.1　OFDM 信号的 PAPR 特性

假设考虑单个调制区间，即单个 OFDM 符号，其宽度被记为 T_s。发射的 OFDM 信号的最基本形式可以描述为

$$s(t) = \sum_{n=0}^{N-1} s_n \exp(\mathrm{j}2\pi n\Delta f t), \qquad 0 \leqslant t \leqslant T_s \tag{G.1}$$

其中，Δf 这一项表示 OFDM 中任意两个相邻子信道之间的频率间隔。根据定义，频率间隔 Δf 和符号宽度 T_s 之间具有下列时间–带宽乘积关系：

$$T_s \Delta f = 1 \tag{G.2}$$

为了使 OFDM 的 N 个子信道之间具有正交性，需要满足上述条件。

通常而言，在 OFDM 中的系数是通过式（G.1）中的 s_n 表示的，它取自于一个固定的调制星座，比如 M 进制相移键控（PSK）或者 M 进制正交幅度调制（QAM）技术，第 7 章对它们进行了讨论。由于基带形式的 $s(t)$ 是一个由幅度和相位来表征的复数值信号，我们可以将式（G.1）中 OFDM 信号的各个符号的时间平均功率（Time-averaged power）表示如下：

$$\begin{aligned}\bar{P} &= \frac{1}{T_s}\int_0^{T_s} |s(t)|^2 \,\mathrm{d}t \\ &= \sum_{n=0}^{N-1} |s_n|^2\end{aligned} \tag{G.3}$$

上式第二行中的求和是根据第 2 章讨论的 Parseval 定理（Parseval's theorem）得到的。由于 OFDM 系数 s_n 是一个无线环境中的随机变量，因此时间平均功率 $\bar{P}$ 本身也是一个随机变量。于是，可知 OFDM 信号的集平均功率（Ensemble-averaged power）由下列期望给出：

$$\begin{aligned}P_{av} &= \mathbb{E}[\bar{P}] \\ &= \mathbb{E}[|s(t)|^2], \quad 0 \leqslant t \leqslant T_s\end{aligned} \tag{G.4}$$

比如，在基于 M 进制 PSM 的 OFDM 信号中，对于所有 n 都有 $|s_n| = 1$。这种在特殊情况下，由式（G.4）可得

$$P_{av} = N \tag{G.5}$$

正如前面所指出的，在文献中通常感兴趣的是，用峰均功率比（PAPR）作为度量来对基于 OFDM 的

无线通信中峰值功率的统计变化问题进行评估，对此我们给出下列定义：

$$\xi = \frac{\max\limits_{0\leqslant t\leqslant T_s}|s(t)|^2}{P_{av}} = \frac{\max\limits_{0\leqslant t\leqslant T_s}|s(t)|^2}{\mathbb{E}[|s(t)|^2]} \tag{G.6}$$

其中，分子中的项表示在整个符号区间 $0\leqslant t\leqslant T_s$ 上测量的 OFDM 信号的最大瞬时功率值(即峰值功率)，而分母表示平均功率，因此得到 PAPR。式(G.6)中的表达式被称为 PAPR 问题的基带公式[2]。

考虑到 PAPR 实际上是在每个 OFDM 符号上分布的随机变量，因此对其进行统计解释是有益的。为此，我们可以将式(G.1)中定义的 OFDM 符号 $s(t)$ 超过峰值(Peak value) ξ_p 这一事件的概率 P_c 表示为

$$\mathbb{P}[\xi > \xi_p] = P_c \tag{G.7}$$

为了进一步阐述这个定义，我们说对于 OFDM 符号的 $100(1-P_c)$，PAPR 小于某个指定值 ξ_p，在这种情况下可以将 $100(1-P_c)$ 称为百分 PAPR。

G.2　基于 *M* 进制 PSK 的 OFDM 中的最大 PAPR

考虑一个采用 M 进制 PSK 作为调制方案的 OFDM 系统。对于 OFDM 的这种特殊应用，PAPR 总是小于或者等于 N，其中 N 是子信道的数量。为了证明这个结论，首先注意到对于 M 进制 PSK，我们有

$$s_n| = 1, \quad 1\leqslant n\leqslant N$$

因此，PAPR 的下限为

$$\xi > 1 \tag{G.8}$$

对于 M 进制 PSK 情况下的 PAPR 的上限，我们可以写出

$$\begin{aligned}\xi &= \max_{0\leqslant t\leqslant T_s}\left|\frac{1}{\sqrt{N}}\sum_{n=0}^{N-1} s_n \exp(\mathrm{j}2\pi n\Delta f t)\right|^2 \\ &= \frac{1}{N}\max_{0\leqslant t\leqslant T_s}|s(t)|^2 \\ &\leqslant \frac{1}{N}\left(\sum_{n=0}^{N-1}\left|s_n \exp(\mathrm{j}2\pi n\Delta f t)\right|\right)^2 \\ &\leqslant N\end{aligned} \tag{G.9}$$

因此，我们可以得出下列结论：

在采用 M 进制 PSK 调制方法的 OFDM 系统中，PAPR 的界为

$$1 < \xi\leqslant N \tag{G.10}$$

其中，N 为系统中子信道的数量。

例 1　基于 M 进制 PSK 的 OFDM 的 PAPR

下面，考虑利用 M 进制 PSK 的 OFDM 系统例子，其中 $M=8$。也就是说，子信道的数量为

$$N = 2^8 = 256$$

对于这个 OFDM 系统，用分贝表示的 PAPR 的上界值为

$$\begin{aligned} 10\lg(256) &= 10\times 8\times \lg(2) \\ &= 10\times 8\times 3.01 \\ &= 24.08\ \text{dB} \end{aligned}$$

PAPR 达到这个上限的可能性是与 2^N 成反比的，其中 N 为子信道的数量。因此幸运的是，在实际中当 N 很大时，达到式(G.10)中的上界的概率是非常小的(Tellambura and Friese，2006)。

G.3 限幅滤波：一种降低 PAPR 的技术

从前面给出的讨论来看，我们清楚地发现需要降低 PAPR 才能使 OFDM 适合于无线通信中的商业应用[3]。

考虑到 OFDM 信号 $s(t)$ 中包络变化(这是导致 PAPR 问题的原因)的特性，显然，可以通过下列方法来解决这个问题(即降低 PAPR)：

- 第一，对 $s(t)$ 进行限幅，使其包络受某个期望的最大值限制。
- 第二，采用一个线性滤波器，以便降低限幅产生的失真。

这种降低 PAPR 的方法可以按照下列顺序来进行系统配置：采用 OFDM 调制器构成系统的第一个功能模块，后面接着是包络-峰值限幅器，然后再紧跟一个线性滤波器，最后通过一个上变频器将复数基带信号变换为实数值 RF 信号，以便在无线信道上进行传输。

为了进行限幅，我们可以考虑两种类型的非线性器件：即复数基带硬限幅器和高功率晶体管放大器。现在，当调制信号经过非线性器件以后，会产生两种形式的失真，即[4]

- 幅度调制-相位调制(AM/PM)转换。
- 幅度调制-幅度调制(AM/AM)转换。

上面提到的非线性器件是具有实际意义的，因为通过采用合适的预失真器几乎可以完全消除 AM/PM 转换。然而，AM/PM 转换仍然是一个需要关注的问题。特别地，AM/AM 转换过程会导致产生下面两种类型的失真：

- 带外(Out-Of-Band，OOB)失真
- 带内(In-Band，IB)失真

这两种失真是相互关联的。无论如何，它们两者都可以被视为噪声的另一种来源。IB 噪声不能通过滤波来降低，因此它会使误码性能降低。OOB 噪声可以通过滤波器来降低，但是也会导致某些原始峰值的“再生”(Regrowth)。为了降低全部信号峰值的再生，我们可以在滤波处理以后重复进行限幅处理。

正如前面所提到的，高峰值是极其少见的。特别地，大于 14 dB 的 PAPR 几乎是不可能的。因此，在典型的无线应用中，我们发现采用限幅滤波技术可以使 PAPR 降低至 10 dB 左右，仍然可以使 OOB 噪声维持在可以接受的水平[5]。

注释

[1] 这里给出的关于 PAPR 问题的讨论是根据 Tellambura and Friese(2006)的章节内容得到的。另一篇可参考的综述论文是 Han and Lee(2005)。

[2] 在式(G.6)中，严格地讲 $|s(t)|^2$ 是包络而不是发射信号。因此，式(G.5)体现的是峰均包络功率比(Peak-to-Mean Envelope Power Ratio，PMEPR)。然而，在文献中通常采用的术语是 PAPR。

[3] 在某种程度上，这个结论也同样适用于基带数据传输中数字用户线(DSL)的离散多音调制(Discrete MultiTone modulation，DMT)，第 8 章对其进行了讨论。

[4] 在附录 H 中，对功率放大器中的 AM/PM 和 AM/AM 转换进行了讨论。

[5] 可以通过采用复杂的调制和编码技术来进一步降低 PAPR，关于这些方法以及其他降低 PAPR 的技术，可以参考 Tellambura and Friese(2006)。遗憾的是，对于降低 PAPR 这个问题，并不存在唯一的“最好的”解决技术。

附录 H　非线性固态功率放大器

在移动无线电通信中，对手持设备(终端)的设计而言，最关键的约束之一是有限的电池功率(Limited battery power)。在设计这些设备时需要考虑花费一定的电池寿命或者时间来对电池重新充电，对应的电路必须考虑所具有的功率预算。此外，在移动无线电中，功率的主要消耗部分是发射功率放大器(Transmit power amplifier)。因此，必须对移动无线电中的固态功率放大器予以关注，这就是本附录的重点。

另外需要记住的一点是，功率放大器本质上是非线性的(Nonlinear)，这与它们在通信系统设计中用于什么地方无关。在此背景下我们可以将非线性特性分为下列两种类型：

- 低通或者带通类型；
- 无记忆或者有记忆类型。

在本附录中，我们重点讨论带通非线性(Band-pass nonlinearities)问题。

H.1　功率放大器的非线性特性

有许多放大器设计，在电子学文献中传统上将它们分为 A 类、B 类、AB 类、C 类和 D 类，等等，其非线性通常是逐步增加的。尽管 A 类被考虑为线性放大器，实际上没有放大器真正是线性的。在这里，线性是指选取的工作点使得放大器在信号范围内的行为特性是线性的。A 类放大器的缺点是其功率效率很低。一般而言，只有 25%或者更低的输入功率实际上被转化为射频(Radio-Frequency，RF)功率，剩下的功率都被转化为热能，因此被浪费掉了。其余类型的放大器被设计来提供更高的功率效率，但是需要付出的代价是放大器的非线性越来越强。

在图 H.1 中，给出了在两个不同频率点，即 1626 MHz 和 1643 MHz 处测量的固态功率放大器的增益特性。曲线显示放大器增益近似为恒定的，也就是说放大器在输入的很宽范围内都是线性的。然而，随着输入电平的增加，增益会逐步下降，这表明放大器即将饱和。从图中还可以发现，在不同频率处放大器的性能存在着很大差异。如果这个放大器工作的平均输入电平为-10 dBm，并且其幅度波动为±2 dB，则该放大器可以被视为线性的。然而，如果输入信号的幅度波动为±10 dB，则放大器将被视为非线性的。放大器增益在整个输入电平范围内不是常数，这个事实意味着放大器产生了幅度调制(Amplitude Modulation，AM)形式的幅度失真(Amplitude distortion)。由于幅度失真依赖于输入电平，因此它通常被称为 AM/AM 转换(AM-to-AM conversion)。

理想放大器是不会对输入信号的相位产生影响的，除了可能会导致恒定的相位旋转。遗憾的是，实际放大器的表现却有很大不同，如图 H.2 所示，该图显示的是图 H.1 中所示同一个功率放大器的相位特性。相位特性在整个输入电平范围内不是常数，这个事实意味着放大器产生了相位调制(Phase Modulation，PM)形式的相位失真(Phase distortion)。由于相位失真依赖于输入电平，因此这第二种形式的失真通常被称为 AM/PM 转换(AM-to-PM conversion)。

具有“理想”非线性特性的放大器在到达某个指定点以前都表现为线性的，此后它就对输入信号设置一个硬限幅了。有时候这可以通过在非理想放大器附近进行适当的补偿来实现。由于这种理想的非线性特性，相位失真被假设为零。然而，在实际中会同时存在幅度失真和相位失真，如图 H.3 所示。放大器的工作点经常被指定为输入回退(Input back-off)，它被定义为均方根(rms)输入信号电

平 $V_{in,rms}$ 相对于饱和输入电平 $V_{in,sat}$ 的值，用分贝表示。也就是说，我们可以将其定义为

$$输入回退 = 10\lg\left(\frac{V_{in,\,rms}}{V_{in,\,sat}}\right)^2 \tag{H.1}$$

另一种方法是用输出回退(Output back-off)来表示工作点，它被定义为

$$输出回退 = 10\lg\left(\frac{V_{out,\,rms}}{V_{out,\,sat}}\right)^2 \tag{H.2}$$

其中，$V_{out,rms}$ 是 rms 输出信号电平，$V_{out,sat}$ 是饱和输出电平。在式(H.1)和式(H.2)中，与饱和点的接近程度确定了放大器产生的失真量。

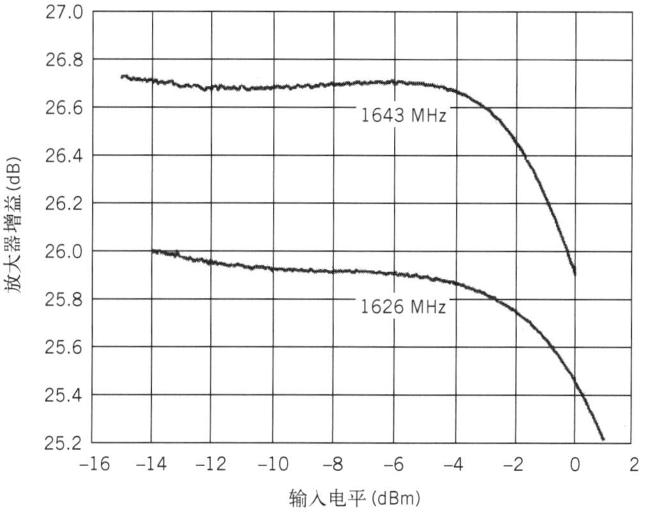

图 H.1　在两个不同工作频率，即 1626 MHz 和 1643 MHz 处固态放大器的增益特性

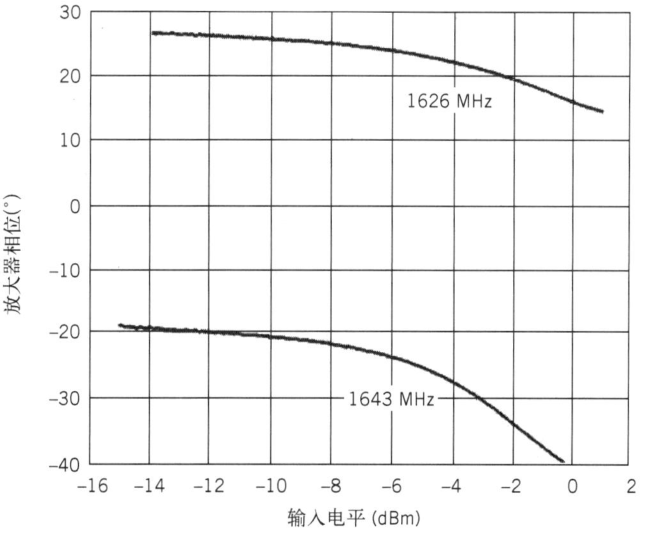

图 H.2　在两个不同工作频率，即 1626 MHz 和 1643 MHz 处非线性放大器的相位特性

因此，放大器的工作点(Operating point)可以用输入回退(IBO)来表示，它被定义为相对于饱和输入电平测量的输入功率，这两者都用分贝表示。或者采用输出回退(OBO)来表示，它被定义为相对于饱和输出电平测量的输出功率，这两者同样也用分贝表示。

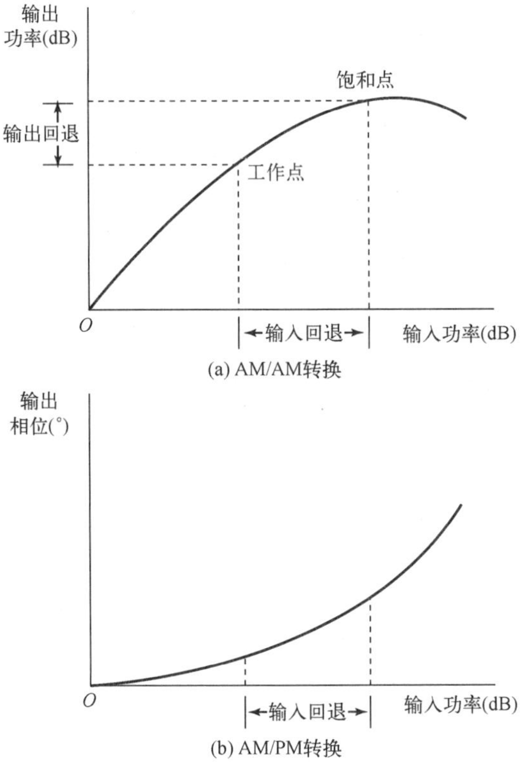

图 H.3 后置放大器的非线性特征

H.2 带通功率放大器的非线性模型

考虑一个带通功率放大器，它产生可以测量的输出作为带通输入信号的响应。在实际中，我们经常发现可以通过对放大器进行测量，然后利用测量结果得到基于经验的模型，从而获得放大器的特征。

为了采用这种经验方法得到功率放大器的非线性模型，令混合调制信号

$$x(t) = a(t)\cos(2\pi f_c t + \theta(t)) \tag{H.3}$$

作为放大器的输入，产生输出为

$$y(t) = g(a(t))\cos[2\pi f_c t + \theta(t) + \phi(a(t))] \tag{H.4}$$

其中，$g(\cdot)$和$\phi(\cdot)$分别是它们各自的自变量的非线性函数。只要调制信号$x(t)$的带宽与功率放大器自身的带宽相比相对较小，则放大器的这个输入-输出关系特征就是合理的。

式(H.4)体现了功率放大器的下列两个基本的转换特征：

1. AM/AM 转换，它由非线性幅度函数$g(a(t))$描述，这是原始幅度$a(t)$的奇函数。
2. AM/PM 转换，它由非线性相位函数$\phi(a(t))$描述，这是原始幅度$a(t)$的奇函数。

因此，根据式(H.4)我们可以构造出带通放大器的级联非线性模型(Cascade nonlinear model)，如图 H.4 所示。这里需要注意的是，AM/PM 转换器位于 AM/AM 转换器前面，实际上它也应该如此。

利用著名的三角恒等式，我们可以将式(H.4)重新表示为下列展开形式：

$$y(t) = y_I(t)\cos(2\pi f_c t + \theta(t)) - y_Q(t)\sin(2\pi f_c t + \theta(t)) \tag{H.5}$$

功率放大器输出的同相分量(In-phase component)为

$$y_1(t) = g(a(t)) \cos(\theta(t)) \qquad (\text{H.}6)$$

其正交分量(Quadrature component)为

$$y_Q(t) = g(a(t)) \sin(\theta(t)) \qquad (\text{H.}7)$$

基于式(H.7)给出的功率放大器的第二个特征,我们可以构造出放大器的正交非线性模型(Quadrature nonlinear model),如图 H.5 所示。得到这个模型以后,就为采用蒙特卡罗仿真来研究带通类型的固态功率放大器的非线性行为奠定了基础[2]。

$$x(t) = a(t) \cos[2\pi f_c t + \theta(t)]$$
$$x'(t) = a(t) \cos[(2\pi f_c t + \theta(t) + \phi a(t)]$$
$$y(t) = g(a(t)) \cos[(2\pi f_c t + \theta(t) + \phi a(t)]$$

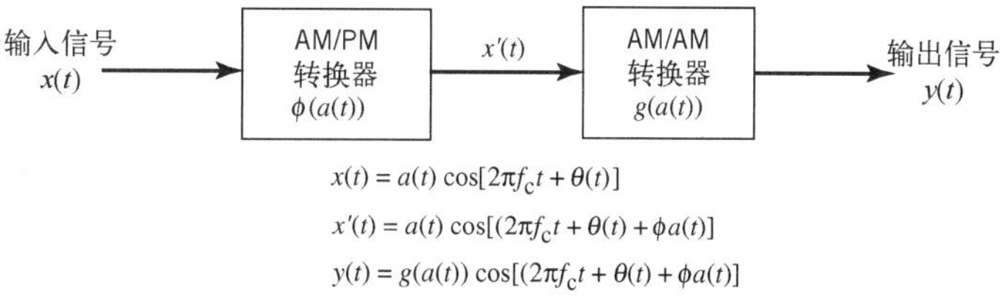

图 H.4　带通功率放大器的级联非线性模型,由混合调制输入信号驱动

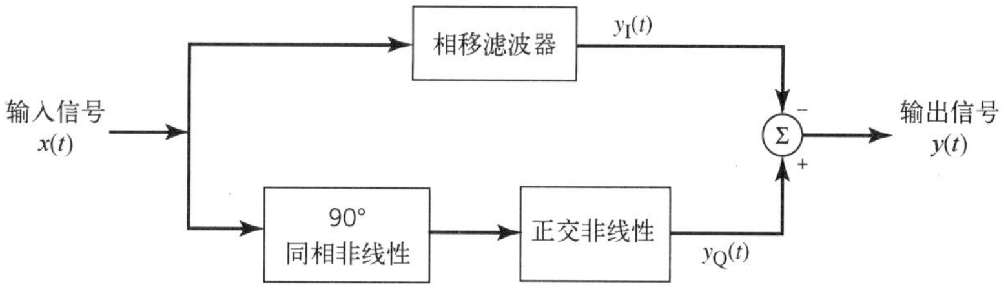

图 H.5　带通功率放大器的正交非线性模型,由混合调制输入信号驱动

注释

[1]　在(Saleh, 1981)中描述的模型非常适合于研究非线性功率放大器产生的输出的同相分量和正交分量。

[2]　关于功率放大器中带通非线性特性的详细讨论,读者可以参考著作(Tranter et al., 2004)。

附录 I　蒙特卡罗积分

从一般意义上讲，蒙特卡罗仿真(Monte Carlo simulation)[1]是解决数学上难处理的困难问题的一种非常宝贵的实验工具，但是这个工具是不精确的，因为它提供的是统计估计值。然而，只要正确地进行蒙特卡罗仿真，就可以得到感兴趣问题的有价值的发现，这些发现用别的方法是很难得到的。

在本附录中，我们专门讨论蒙特卡罗积分(Monte Carlo integration)，它是蒙特卡罗仿真的一种特殊形式。特别地，我们对第 5 章中遇到的基于式(5.102)的条件概率密度函数来计算微分熵 $h(Y)$ 这个困难的积分问题进行讨论。

为了详细阐述，我们指出：

蒙特卡罗积分是一种计算工具，它被用来对在感兴趣的指定区域上定义的某个函数进行积分，这个函数很难以随机均匀的方式进行采样。

令 W 表示这个困难区域，在它上面将完成对微分熵 $h(Y)$ 的随机采样。为了解决这个难题，令 V 表示一个包含区域 W，并且很容易随机采样的区域。我们希望选取的区域 V 尽可能紧密地包含 W，其简单原因是在 W 外部采集的样本是没有实际意义的。

现在，假设我们在区域 V 中随机均匀地采集到 N 个样本。于是，按照 Press et al. (1998)的结果，基本蒙特卡罗积分定理(Monte Carlo integration theorem)指出，对于定义微分熵 $h(Y)$ 的积分，其计算出的“估计值”为

$$h(Y) \approx V \times <h> \pm V \times \left(\frac{1}{N}(<h^2> - <h>^2)\right)^{\frac{1}{2}} \tag{I.1}$$

其中，平均值为

$$<h> = \frac{1}{N}\sum_{i=1}^{N} h(y_i) \tag{I.2}$$

均方值为

$$<h^2> = \frac{1}{N}\sum_{i=1}^{N} h^2(y_i) \tag{I.3}$$

在式(I.2)和式(I.3)中，y_i是从区域 V 中采集到的随机变量 Y 的第 i 个样本。在近似公式(I.1)中的“加号或者减号”符号不能被视为一个严格的界。相反，它表示利用蒙特卡罗积分得到的“一个标准差误差”。

显然，如果使样本数 N 越大，则这个误差就会越小，从而可以得到更精确的积分。然而，这种提高是以增加计算复杂度为代价得到的。

注释

[1]　蒙特卡罗仿真是根据摩纳哥的城市蒙特卡罗的名字命名的，这个城市由于其赌场中一种“靠碰运气取胜的游戏”的赌博而闻名于世。

“蒙特卡罗”这个词语是在第二次世界大战中由 von Neumann 和 Ulam 引入技术文献中的。采用这个名字是为了把它作为一项秘密工作的密语，这项秘密工作当时是在美国新墨西哥州的 Los Alamos 进行的。

附录 J　最大长度序列

最大长度序列在文献中也被称为 m 序列，从根本上讲它是一种线性循环码（Linear cyclic codes），正如第 10 章中关于差错控制编码时所讨论的，可以通过利用线性反馈移位寄存器（LFSR）来产生它，图 J. 1 就是 LFSR 的一个示例。然而，就本书所关注的实际观点来看，正是因为伪噪声（PN）特性才使它们适合用于产生扩谱信号，这个问题在 9. 13 节中做了讨论。简单而言，可以采用一个被视为“载波”的最大长度序列来扩展发射机中输入消息序列的频谱，并且对接收信号进行解扩，从而在接收机输出端恢复出原始消息信号。

因此，在本附录中我们讨论最大长度序列时，首先对其基本性质进行讨论是恰当的，这些性质可以通过采用 LFSR 作为序列产生器来进行说明。

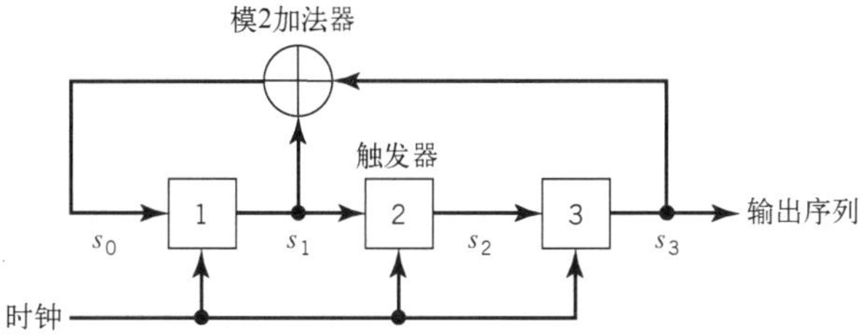

图 J. 1　$m=3$ 时的最大长度序列产生器，其中 m 是产生器中触发器的个数

J. 1　最大长度序列的性质

最大长度序列[1]具有许多真正的随机二进制序列（Random binary sequence）所具有的性质。随机二进制序列是指其中二进制符号 1 或者 0 的出现具有相等可能的序列。最大长度序列具有下列性质。

性质 1：平衡性质

在最大长度序列的每个周期中，1 的个数总是比 0 的个数多一个。

性质 2：运行性质

在最大长度序列每个周期的 1 和 0 的运行中，每一类运行中有 1/2 的运行的长度为 1，1/4 的运行的长度为 2，1/8 的运行的长度为 3，以此类推，只要这些分数表示有意义的运行个数。

一个“运行”是指在序列的一个周期内相同符号（1 或者 0）构成的子序列。这个子序列的长度就是运行的长度。对于由长度为 m 线性反馈移位寄存器（LFSR）产生的最大长度序列，总的运行个数为 $(N+1)/2$，其中 $N=2^m-1$。

性质 3：相关性质

最大长度序列的自相关函数是周期性的，并且其值是二元的。

正如前面所提到的，最大长度序列的周期被定义为

$$N = 2^m - 1 \tag{J. 1}$$

其中，m 是 LSFR 的长度。令序列的二进制符号 0 和 1 分别用电平−1 和+1 表示。$c(t)$ 表示得到的最大长度序列的波形，当 $N=7$ 时如图 J. 2(a) 所示。因此，波形 $c(t)$ 的周期为

$$T_b = NT_c \tag{J. 2}$$

其中，T_c 是最大长度序列中二进制符号 1 或者 0 的宽度。令 $c(t)$ 表示最大长度序列，其自相关函数

被定义为

$$R_c(\tau) = \frac{1}{T_b}\int_{-T_b/2}^{T_b/2} c(t)c(t-\tau)\,\mathrm{d}t \tag{J.3}$$

其中，滞后 τ 位于区间$(-T_b/2, T_b/2)$内。将这个公式应用于 $c(t)$，我们得到

$$R_c(\tau) = \begin{cases} 1 - \dfrac{N+1}{NT_c}|\tau|, & |\tau| \leqslant T_c \\ -\dfrac{1}{N}, & \text{该周期剩余时间} \end{cases} \tag{J.4}$$

对于 $m=3$ 或者 $N=7$ 的情形，其结果如图 J.2(b)所示。

根据第 2 章中介绍的傅里叶变换理论，我们知道时域中的周期性可以变换为频域中的均匀采样。这种时域和频域之间的相互影响由最大长度波形 $c(t)$ 的功率谱密度得到了证实。特别地，对式(J.4) 取傅里叶变换，可以得到下列采样形式的频谱：

$$S_c(f) = \frac{1}{N^2}\delta(f) + \frac{1+N}{N^2}\sum_{\substack{n=-\infty \\ n\neq 0}}^{\infty} \mathrm{sinc}^2\left(\frac{n}{N}\right)\delta\left(f - \frac{n}{NT_c}\right) \tag{J.5}$$

对于 $m=3$ 或者 $N=7$ 的情形，其结果如图 J.2(c)所示。当 N 趋近于无穷大时，$S_c(f)$ 趋近于频率为 f 的连续函数。

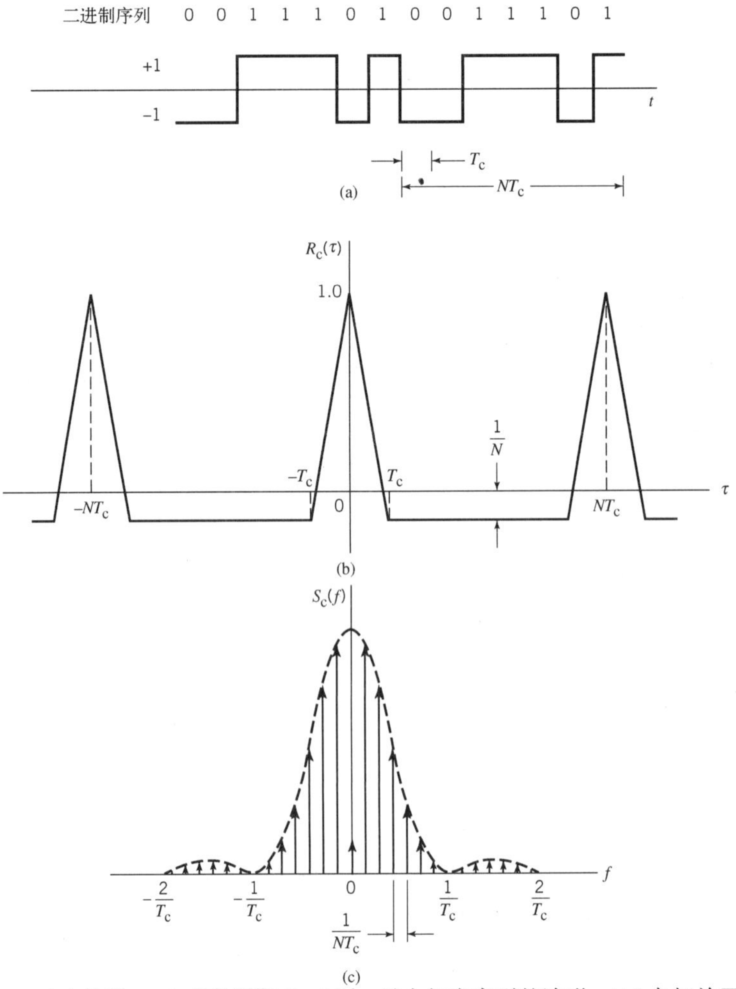

图 J.2 (a)长度 $m=3$ 或者周期 $N=7$ 时，最大长度序列的波形；(b)自相关函数；(c)功率谱密度。这三个图都是根据图J.1的反馈移位寄存器的输出得到的

将最大长度序列的图 J.2(c)所示结果与第 4 章关于随机过程的内容中，针对相应的随机二进制序列得到的图 4.12 所示结果进行比较，我们可以得到下列两个观察结果：

1. 对于一个周期的最大长度序列，自相关函数 $R_c(\tau)$ 在一定程度上与随机二进制序列的自相关函数类似。
2. 这两个序列的功率谱密度的波形都具有相同的包络 $\mathrm{sinc}^2(fT)$。它们之间的基本差异在于，尽管随机二进制序列具有连续的谱密度特征，最大长度序列的对应特征却是离散的，并且由间隔为$(1/NT_c)$的 δ 函数构成。

随着移位寄存器的长度 m 或者等效的最大长度序列的周期 N 不断增大，最大长度序列变得越来越类似于随机二进制序列。实际上，在极限情况下，当 N 为无穷大时，这两个序列是相同的。然而，使 N 增大所付出的代价是增加了存储需求，在扩谱调制的实际应用中，这又为 N 真正能取多大值施加了实际限制。

J.2　选取最大长度序列

现在，我们已经理解了最大长度序列的性质，并且知道可以利用线性反馈移位寄存器来产生这种序列，此时需要讨论的关键问题是：

我们如何找到反馈逻辑来得到期望的周期 N?

这个问题的答案可以在第 10 章中讨论的差错控制编码理论中找到。利用文献中编制的详细表格可以使寻找所需反馈逻辑的任务变得非常容易，这种表格中包含了各个移位寄存器长度对应的反馈连接。在表 J.1 中，我们给出了关于移位寄存器长度为 $m=2,3,\cdots,8$[2] 的一组最大(反馈)抽头。注意到当 m 增加时，可选方案(码)的个数也不断增多。另外，对于该表格中所示的每一组反馈连接，都有一组“镜像”可以产生相同的最大长度码，但是在时间顺序上是相反的。还注意到在表 J.1 中，用星号标记的那些特殊集合对应于梅森本原长度序列(Mersenne prime length sequence)，它们的周期 N 是一个质数。

表 J.1　移位寄存器长度为 2~8 时的最大长度序列

移位寄存器长度，m	反馈抽头
2*	[2,1]
3*	[3,1]
4	[4,1]
5*	[5,2],[5,4,3,2],[5,4,2,1]
6	[6,1],[6,5,2,1],[6,5,3,2]
7*	[7,1],[7,3],[7,3,2,1],[7,4,3,2],[7,6,4,2],[7,6,3,1],[7,6,5,2],[7,6,5,4,2,1],[7,5,4,3,2,1]
8	[8,4,3,2],[8,6,5,3],[8,6,5,2],[8,5,3,1],[8,6,5,1],[8,7,6,1],[8,7,6,5,2,1],[8,6,4,3,2,1]

例 1　最大长度码的产生

考虑一个最大长度序列，需要采用长度 $m=5$ 的线性反馈移位寄存器。对于反馈抽头，我们选取表 J.1 中的集合[5,2]。对应的编码生成器的结构如图 J.3(a)所示。假设初始状态为 10000，这种方案产生的一个周期内最大长度序列的演化过程如表 J.2 所示，从中我们发现经过 31 次迭代以后生成器又返回到初始状态 10000，也就是说周期为 31，这与根据式(J.2)得到的值是一致的。

接下来，假设从表 J.1 中选取另一组反馈抽头，即[5,4,2,1]。对应的编码生成器如图 J.3(b)所示。对于初始状态 10000，现在我们发现最大长度序列的演化过程如表 J.3 所示。同样地，在经过

31 次迭代以后生成器也返回到初始状态 10000，并且它确实也应该如此。但是产生的最大长度序列却与表 J. 2 中所示的最大长度序列不同。

显然，图 J. 3(a) 中的编码生成器优于图 J. 3(b) 中的编码生成器，因为它需要更少的反馈连接。

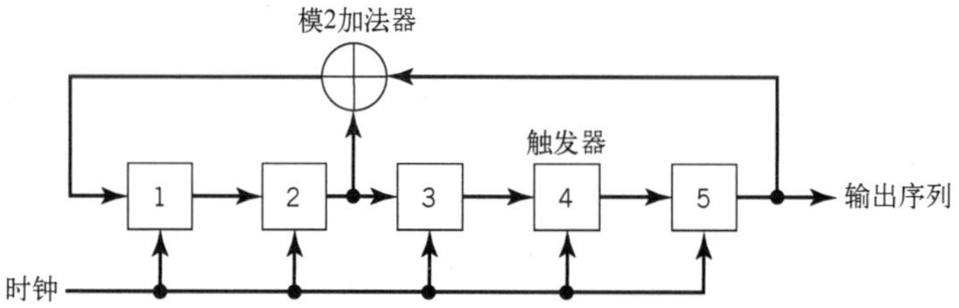

(a) 反馈连接为[5,2]

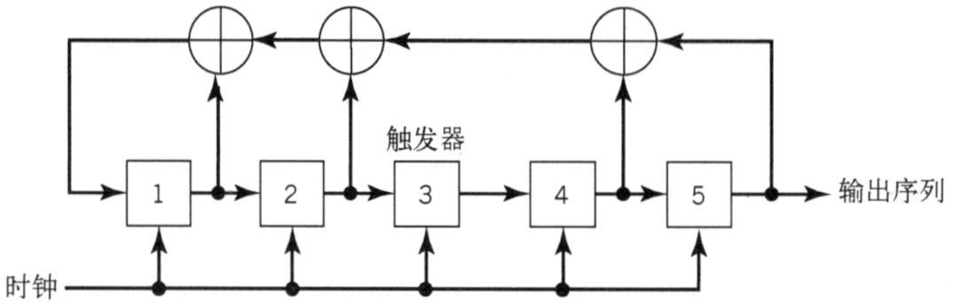

(b) 反馈连接为[5,4,2,1]

图 J. 3　长度 $m=5$ 的反馈移位寄存器的两种不同结构

表 J. 2　图 J. 3(a) 中反馈移位寄存器产生的最大长度序列的演化过程

反馈符号	移位寄存器的状态					输出符号
	1	0	0	0	0	
0	0	1	0	0	0	0
1	1	0	1	0	0	0
0	0	1	0	1	0	0
1	1	0	1	0	1	0
1	1	1	0	1	0	1
1	1	1	1	0	1	0
0	0	1	1	1	0	1
1	1	0	1	1	1	0
1	1	1	0	1	1	1
0	0	1	1	0	1	1
0	0	0	1	1	0	1
0	0	0	0	1	1	0
1	1	0	0	0	1	1
1	1	1	0	0	0	1
1	1	1	1	0	0	0
1	1	1	1	1	0	0
1	1	1	1	1	1	0
0	0	1	1	1	1	1
0	0	0	1	1	1	1

（续表）

反馈符号	移位寄存器的状态					输出符号
	1	0	0	0	0	
1	1	0	0	1	1	1
1	1	1	0	0	1	1
0	0	1	1	0	0	1
1	1	0	1	1	0	0
0	0	1	0	1	1	0
0	0	0	1	0	1	1
1	1	0	0	1	0	1
0	0	1	0	0	1	0
0	0	0	1	0	0	1
0	0	0	0	1	0	0
0	0	0	0	0	1	0
1	1	0	0	0	0	1
生成的码：0000101011101100011111001101001						

表 J.3　图 J.3(b)中反馈移位寄存器产生的最大长度序列的演化过程

反馈符号	移位寄存器的状态					输出符号
	1	0	0	0	0	
1	1	1	0	0	0	0
0	0	1	1	0	0	0
1	1	0	1	1	0	0
0	0	1	0	1	1	0
1	1	0	1	0	1	1
0	0	1	0	1	0	1
0	0	0	1	0	1	0
1	1	0	0	1	0	1
0	0	1	0	0	1	0
0	0	0	1	0	0	1
0	0	0	0	1	0	0
1	1	0	0	0	1	0
0	0	1	0	0	0	1
1	1	0	1	0	0	0
1	1	1	0	1	0	0
1	1	1	1	0	1	0
1	1	1	1	1	0	1
1	1	1	1	1	1	0
0	0	1	1	1	1	1
1	1	0	1	1	1	1

（续表）

反馈符号	移位寄存器的状态					输出符号
	1	0	0	0	0	
1	1	1	0	1	1	1
0	0	1	1	0	1	1
0	0	0	1	1	0	1
1	1	0	0	1	1	0
1	1	1	0	0	1	1
1	1	1	1	0	0	1
0	0	1	1	1	0	0
0	0	0	1	1	1	0
0	0	0	0	1	1	1
0	0	0	0	0	1	1
1	1	0	0	0	0	1
生成的码:0000110101001000101111101100111						

注释

[1] 关于最大长度序列的进一步详细讨论，可以参考 Golomb(1964:1~32)，Simon et al.(1985:283~295)以及 Peterson and Weldon(1972)。在最后一个文献中，包括生成最大长度序列的多项式的详细列表。关于 PN 序列的综述论文，可以参考 Sarwate and Pursley(1980)。

[2] 表 J.1 摘自 Dixon(1984:81~83)的著作，其中列表给出了移位寄存器长度 m 扩展至 89 时对应的最大长度序列的反馈连接。

附录 K　数学用表

表 K.1　三角恒等式

$$\exp(\pm j\theta)=\cos\theta\pm j\sin\theta$$

$$\cos\theta=\frac{1}{2}[\exp(j\theta)+\exp(-j\theta)]$$

$$\sin\theta=\frac{1}{2j}[\exp(j\theta)-\exp(-j\theta)]$$

$$\sin^2\theta+\cos^2\theta=1$$

$$\cos^2\theta-\sin^2\theta=\cos(2\theta)$$

$$\cos^2\theta=\frac{1}{2}[1+\cos(2\theta)]$$

$$\sin^2\theta=\frac{1}{2}[1-\cos(2\theta)]$$

$$2\sin\theta\cos\theta=\sin(2\theta)$$

$$\sin(\alpha\pm\beta)=\sin\alpha\cos\beta\pm\cos\alpha\sin\beta$$

$$\cos(\alpha\pm\beta)=\cos\alpha\cos\beta\mp\sin\alpha\sin\beta$$

$$\tan(\alpha\pm\beta)=\frac{\tan\alpha\pm\tan\beta}{1\mp\tan\alpha\tan\beta}$$

$$\sin\alpha\sin\beta=\frac{1}{2}[\cos(\alpha-\beta)-\cos(\alpha+\beta)]$$

$$\cos\alpha\cos\beta=\frac{1}{2}[\cos(\alpha-\beta)+\cos(\alpha+\beta)]$$

$$\sin\alpha\cos\beta=\frac{1}{2}[\sin(\alpha-\beta)+\sin(\alpha+\beta)]$$

表 K.2　级数展开

泰勒级数(Taylor series)

$$f(x)=f(a)+\frac{f'(a)}{1!}(x-a)+\frac{f''(a)}{2!}(x-a)^2+\cdots+\frac{f^{(n)}(a)}{n!}(x-a)^n+\cdots$$

其中，

$$f^{(n)}(a)=\left.\frac{\mathrm{d}^n f(x)}{\mathrm{d}x^n}\right|_{x=a}$$

麦克劳林级数(MacLaurin series)

$$f(x)=f(0)+\frac{f'(0)}{1!}x+\frac{f''(0)}{2!}x^2+\cdots+\frac{f^{(n)}(0)}{n!}x^n+\cdots$$

其中，

$$f^{(n)}(0)=\left.\frac{\mathrm{d}^n f(x)}{\mathrm{d}x^n}\right|_{x=0}$$

二项式级数(Binomial series)

$$(1+x)^n=1+nx+\frac{n(n-1)}{2!}x^2+\cdots,\quad |n|<1$$

指数级数(Exponential series)

$$\exp(x)=1+x+\frac{1}{2!}x^2+\cdots$$

对数级数(Logarithmic series)

$$\log(1+x)=x-\frac{1}{2}x^2+\frac{1}{3}x^3-\cdots$$

三角级数(Trigonometric series)

$$\sin x=x-\frac{1}{3!}x^3+\frac{1}{5!}x^5-\cdots$$

（续表）

$$\cos x = 1 - \frac{1}{2!}x^2 + \frac{1}{4!}x^4 - \cdots$$

$$\tan x = x + \frac{1}{3}x^3 + \frac{2}{15}x^5 + \cdots$$

$$\arcsin x = x + \frac{1}{6}x^3 + \frac{3}{40}x^5 + \cdots$$

$$\arctan x = x - \frac{1}{3}x^3 + \frac{1}{5}x^5 - \cdots, \quad |x| < 1$$

$$\mathrm{sinc}\, x = 1 - \frac{1}{3!}(\pi x)^2 + \frac{1}{5!}(\pi x)^4 - \cdots$$

表 K.3　积分

不定积分

$$\int x\sin(ax)\,dx = \frac{1}{a^2}[\sin(ax) - ax\cos(ax)]$$

$$\int x\cos(ax)\,dx = \frac{1}{a^2}[\cos(ax) + ax\sin(ax)]$$

$$\int x\exp(ax)\,dx = \frac{1}{a^2}\exp(ax)(ax - 1)$$

$$\int x\exp(ax^2)\,dx = \frac{1}{2a}\exp(ax^2)$$

$$\int \exp(ax)\sin(bx)\,dx = \frac{1}{a^2 + b^2}\exp(ax)[a\sin(bx) - b\cos(bx)]$$

$$\int \exp(ax)\cos(bx)\,dx = \frac{1}{a^2 + b^2}\exp(ax)[a\cos(bx) + b\sin(bx)]$$

$$\int \frac{dx}{a^2 + b^2x^2} = \frac{1}{ab}\arctan\left(\frac{bx}{a}\right)$$

$$\int \frac{x^2\,dx}{a^2 + b^2x^2} = \frac{x}{b^2} - \frac{a}{b^3}\arctan\left(\frac{bx}{a}\right)$$

定积分

$$\int_0^\infty \frac{x\sin(ax)}{b^2 + x^2}dx = \frac{\pi}{2}\exp(-ab), \quad a > 0, b > 0$$

$$\int_0^\infty \frac{\cos(ax)}{b^2 + x^2}dx = \frac{\pi}{2b}\exp(-ab), \quad a > 0, b > 0$$

$$\int_0^\infty \frac{\cos(ax)}{(b^2 - x^2)}dx = \frac{\pi}{4b^3}[\sin(ab) - ab\cos(ab)], \quad a > 0, b > 0$$

$$\int_0^\infty \mathrm{sinc}(x)\,dx = \int_0^\infty \mathrm{sinc}^2(x)\,dx = \frac{1}{2}$$

$$\int_0^\infty \exp(-ax^2)\,dx = \frac{1}{2}\sqrt{\frac{\pi}{a}}, \quad a > 0$$

$$\int_0^\infty x^2\exp(-ax^2)\,dx = \frac{1}{4a}\sqrt{\frac{\pi}{a}}, \quad a > 0$$

表 K.4　一些有用的常数

物理常数	
玻尔兹曼常量	$k = 1.38\times10^{-23}$ J/K
普朗克常量	$h = 6.626\times10^{-34}$ J · s
电子(基本电荷)	$q = 1.602\times10^{-19}$ C
真空中的光速	$c = 2.998\times10^{8}$ m/s
标准(绝对)温度	$T_0 = 273$ K
热电压	$V_T = 0.026$ V，室温下

（续表）

标准温度下的热能 kT	$kT_0=3.77\times10^{-21}$ J
1 赫兹 = 1 周期/秒；1 周期 = 2π 弧度	
1 瓦特 = 1 焦耳/秒	
数学常数	
自然对数的底	e = 2.7182818
以 2 为底 e 的对数	$\log_2 e=1.442695$
以 e 为底 2 的对数	$\log_2 e=0.693147$
以 10 为底 2 的对数	lg2 = 0.30103
Pi	π = 3.1415927

表 K.5 推荐的单位前缀

倍数和约数	前缀	符号
10^{12}	太	T
10^{9}	吉	G
10^{6}	兆	M
10^{3}	千	k
10^{-3}	毫	m
10^{-6}	微	μ
10^{-9}	纳	n
10^{-12}	皮	p

术　语　表

习惯用法和符号

1. 符号| |表示绝对值或者所包含复数的幅度。
2. 符号 arg( )表示括号内包含的复数的相位角。
3. 符号 Re[ ]表示括号内包含的复数的“实部”，Im[ ]表示其“虚部”。
4. 自然对数用 ln 表示。
5. 以 2 和 10 为底的对数分别记为 $\log_2$和 lg。
6. 利用星号作为上标表示复共轭，比如，x^* 是 x 的复共轭。
7. 符号⇌表示一个傅里叶变换对，比如 $g(t)\rightleftharpoons G(f)$，其中小写字母表示时间函数，对应的大写字母表示频率函数。
8. 符号 F[ ]表示对括号内包含的时间函数进行傅里叶变换运算，比如，$\mathrm{F}[g(t)]=G(f)$。
   符号 F^{-1}[ ]表示对括号内包含的频率函数进行傅里叶逆变换运算，比如，$\mathrm{F}^{-1}[G(f)]=g(t)$。
9. 符号★表示卷积，比如
$$x(t)\bigstar(t) = \int_{-\infty}^{\infty} x(\tau)h(t-\tau)\,\mathrm{d}\tau$$
10. 在第 10 章关于差错控制编码的内容中，符号⊕被用于图表中，但是在进行二进制运算时，模 2 相加在整章中都采用普通的加号来表示。同样的表示也适用于附录 J 中关于最大长度码的内容。
11. 下标 T_0被用来表示有关的函数，比如 $g_{T_0}(t)$是一个周期为 T_0的时间 t 的周期函数。
12. 在函数上加上一个帽子符号表示下列两种情形之一：
    (a) 函数的希尔伯特变换，比如，函数$\hat{g}(t)$是 $g(t)$的希尔伯特变换。
    (b) 未知参数的估计值，比如，量$\hat{\alpha}(\boldsymbol{x})$是基于观测向量 $\boldsymbol{x}$ 得到的未知参数 α 的估计值。
13. 一个线性时不变系统的冲激响应被记为 $h(t)$，它的传输函数被记为 $H(f)$，$h(t)$和 $H(f)$构成了一个傅里叶变换对。
14. 在函数上加上一个波浪符号表示窄带信号的复包络，比如，函数 $\tilde{g}(t)$是窄带信号 $g(t)$的复包络。这个惯例的例外是在 10.12 节中，其中在描述 Turbo 译码时，$\tilde{L}_i(m_j)$中的波浪符号是用来表示外部信息的，因此把它与似然比相区别。
15. 下标“+”被用来表示信号的预包络，比如，函数 $g_+(t)$是信号 $g(t)$的预包络。因此，我们可以写为 $g_+(t)=g(t)+\mathrm{j}\,\hat{g}(t)$，其中$\hat{g}(t)$是 $g(t)$的希尔伯特变换。下标“-”则用于表示 $g_-(t)=g(t)-\mathrm{j}\,\hat{g}(t)=g_+^*(t)$。
16. 下标 I 和 Q 被用来表示一个窄带信号、窄带随机过程或者窄带滤波器的冲激响应关于载波 $\cos(2\pi f_c t)$的同相分量和正交分量。
17. 对于一个低通消息信号，其最高频率分量或者消息带宽被记为 W。这个信号的频谱占有的频率区间为$-W\leqslant f\leqslant W$，它在其他频率处等于零。对于载波频率为 f_c的带通信号，其频谱占有的频率区间为$f_c-W\leqslant f\leqslant f_c+W$ 和$-f_c-W\leqslant f\leqslant f_c+W$，因此 $2W$ 表示该信号的带宽。这种带通信号的(低通)复包络的频谱占有的频率区间为$-W\leqslant f\leqslant W$。

对于一个低通滤波器，其带宽被记为 B。通常将滤波器的带宽定义为滤波器的幅度响应下降到比其零频率值低 3 dB 时对应的频率。对于频带中心频率为 f_c 的带通滤波器，其带宽被记为 $2B$，它以 f_c 为中心。这种带通滤波器的复数低通等效的带宽等于 B。

通信信道传输一个调制信号所需的传输带宽被记为 B_T。

18. 随机变量或者随机向量用大写字母表示(比如，X 或者 $\boldsymbol{X}$)，它们的样本值用小写字母表示(比如，x 或者 $\boldsymbol{x}$)。符号$\mathbb{P}[\ ]$表示括号内包含的事件的概率，比如，$\mathbb{P}[X\leqslant x]$表示随机变量 X 的值等于或者小于样本值 x 这一事件发生的概率。
19. 在一个表达式中的竖线表示“假设”或者“在…条件下”，比如，$f_X(x\mid H_0)$表示在假设 H_0 为真的条件下随机变量 X 的概率密度函数。
20. 符号$\mathbb{E}[\ ]$表示括号内包含的随机变量的期望值，“$\mathbb{E}$”相当于一个算子。
21. 符号 var[ ]表示括号内包含的随机变量的方差。
22. 符号 cov[ ]表示括号内包含的两个随机变量的协方差。
23. 平均误符号率被记为 P_e。

    在二进制信号传输技术情形下，p_{10} 表示假设发射符号 0 时出现差错的条件概率，而 p_{01} 表示假设发射符号 1 时出现差错的条件概率。符号 0 和 1 的先验概率分别被记为 p_0 和 p_1。
24. 符号< >表示括号内包含的样本函数的时间平均。
25. 黑斜体字母表示向量或者矩阵。方阵 $\boldsymbol{R}$ 的逆被记为 $\boldsymbol{R}^{-1}$。向量 $\boldsymbol{w}$ 的转置被记为 $\boldsymbol{w}^T$。复数值向量 $\boldsymbol{x}$ 的厄米特转置被记为 $\boldsymbol{x}^\dagger$，厄米特转置同时包含转置和复共轭运算。
26. 向量 $\boldsymbol{x}$ 的长度被记为 $\|\boldsymbol{x}\|$。向量 $\boldsymbol{x}_i$ 和 $\boldsymbol{x}_j$ 之间的欧几里得距离被记为 $d_{ij}=\|\boldsymbol{x}_i-\boldsymbol{x}_j\|$。
27. 两个实数值向量 $\boldsymbol{x}$ 和 $\boldsymbol{y}$ 的内积被记为 $\boldsymbol{x}^T\boldsymbol{y}$，它们的外积被记为 $\boldsymbol{x}\boldsymbol{y}^T$。如果向量 $\boldsymbol{x}$ 和 $\boldsymbol{y}$ 都是复数值的，则它们的内积为 $\boldsymbol{x}^\dagger\boldsymbol{y}$，它们的外积被记为 $\boldsymbol{x}\boldsymbol{y}^\dagger$。
28. 在集合论中，符号$\cup$和$\cap$分别代表两个随机变量，比如 A 和 B 的并集和交集。

    符号 A^c 代表随机变量 A 的补集。
29. 在随机过程理论中，$M_{XX}(t_1,t_2)$代表当没有对 $X(t)$施加条件时，在 t_1 时刻和 t_2 时刻对随机过程 $X(t)$采样所得值之间的自相关。对于弱(广义)平稳过程 $X(t)$这种特殊情形，对某个时移 τ 的自相关函数被记为 $R_{XX}(\tau)$，有时候这个符号也被简化为 $R_X(\tau)$，时移 τ 也被称为延迟。互相关也采用类似的符号，即 $M_{XY}(t_1,t_2)$代表一对一般随机过程 $X(t)$ 和 $Y(t)$ 的互相关，并且 $R_{XY}(\tau)$代表两个弱(广义)平稳过程这种特殊情形的互相关。
30. 在信息论中，符号 $H(S)$表示离散事件 S 的熵。对于一个连续随机变量 X，符号 $h(X)$被用于表示其微分熵。

    给定一对连续随机变量 X 和 Y，它们的互信息被记为 $I(X;Y)$。

    信道容量被记为 C。
31. 在差错控制编码中，码率被记为 r。

    在线性分组码的译码中，校正子被记为 S。

    在卷积码中，符号 $L(\boldsymbol{m}_j\mid \boldsymbol{r}_j)$被用于表示在时间步 j 时接收向量为 $\boldsymbol{r}_j$ 的条件下，消息向量 $\boldsymbol{m}_j$ 的对数似然比。

    对于 MAP(最大后验)译码，采用下列符号：

    - L 值表示两个条件概率的对数似然比，其分子属于二进制符号 1 而分母属于二进制符号 0。
    - $L_a(m_j)$表示消息比特 m_j 的译码算法在时间步 j 时的先验 L 值。
    - $L_p(m_j)$表示消息比特 m_j 的译码算法在时间步 j 时的后验 L 值。

- L_c表示传输可靠性因子。
- 符号 $\alpha_j(s)$，$\gamma_j(s,s')$和$\beta_{j+1}(s')$分别代表在时间步j时状态S的前向度量、在时间步j时从状态s'到s的转换度量，以及在时间步j+1 时状态s'的后向度量。

32. 最后但非常重要的是：在全书①使用斜体字时，为了避免混淆，采用 d 表示微分，j 表示−1 的平方根。

函数

1. 矩形函数

$$\mathrm{rect}(t)=\begin{cases}1, & -\dfrac{1}{2}<t<\dfrac{1}{2}\\ 0, & |t|>\dfrac{1}{2}\end{cases}$$

2. 单位阶跃函数

$$u(t)=\begin{cases}1, & t>0\\ 0, & t<0\end{cases}$$

3. 符号函数

$$\mathrm{sgn}(t)=\begin{cases}1, & t>0\\ 0, & t=0\\ -1, & t<0\end{cases}$$

4. (狄拉克)δ 函数

$$\delta(t)=0,\qquad t\neq 0$$

$$\int_{-\infty}^{\infty}\delta(t)\,\mathrm{d}t=1$$

或者等效为

$$\int_{-\infty}^{\infty}g(t)\delta(t-t_0)\,\mathrm{d}t=g(t_0)$$

5. sinc 函数

$$\mathrm{sinc}(x)=\frac{\sin(\pi x)}{\pi x}$$

6. 正弦积分

$$\mathrm{Si}(u)=\int_0^u\frac{\sin x}{x}\mathrm{d}x$$

7. Q 函数

$$Q(u)=\frac{1}{\sqrt{\pi}}\int_0^{\infty}\exp\left(-\frac{1}{2}t^2\right)\mathrm{d}t$$

8. 二项式系数

$$\binom{n}{k}=\frac{n!}{(n-k)!k!}$$

9. n 阶第一类贝塞尔函数

$$J_n(x)=\frac{1}{2\pi}\int_{-\pi}^{\pi}\exp(\mathrm{j}x\sin\theta-\mathrm{j}n\theta)\,\mathrm{d}\theta$$

10. 零阶第一类修正贝塞尔函数

$$I_0(x)=\frac{1}{2\pi}\int_{-\pi}^{\pi}\exp(x\cos\theta)\,\mathrm{d}\theta$$

① 指英文原版书。

缩写

ADC	模数转换器
ADM	自适应增量调制
ADPCM	自适应差分脉冲编码调制
ADSL	非对称数字用户线
AM	幅度调制
APP	后验概率
ASK	幅移键控
AWGN	加性高斯白噪声
BCJR	Bahl, Cocke, Jelinek 和 Raviv(算法)
BER	误比特率(图)
BPF	带通滤波器
BSC	二进制对称信道
cdf	累积分布函数
CDM	码分复用
CDMA	码分多址
codec	编码器/译码器
CPFSK	连续相位频移键控
CW	连续波
DAC	数模转换器
dB	分贝
dBW	瓦分贝(相对于 1 瓦的分贝)
dBmW	毫瓦分贝(相对于 1 毫瓦的分贝)
DC	直流
DEM	解调器
DFT	离散傅里叶变换
DM	增量调制(δ 调制)
DMT	离散多音
DPCM	差分脉冲编码调制
DPSK	差分相移键控
DSB-SC	双边带-抑制载波
DS/BPSK	直接序列/二进制相移键控(扩谱信号)
DSL	数字用户线
DTV	数字电视
exp	指数，比如 e^x 被写为 $\exp(x)$，两者可以互换使用
FFT	快速傅里叶变换(算法)
FIR	有限长冲激响应(滤波器)
FM	频率调制
FSK	频移键控
GMSK	高斯滤波 MSK
Hz	赫兹
IDFT	离散傅里叶逆变换
IF	中频
IFFT	快速傅里叶逆变换(算法)
IIR	无限长冲激响应(滤波器)
I/O	输入/输出
ISI	符号间干扰(码间干扰)
LDM	线性增量调制
LFSR	线性有限移位寄存器
LMS	最小均方(算法)
ln	自然对数
$\log_2$	以 2 为底的对数
lg	以 10 为底的对数
LPC	线性预测编码(模型)
LPF	低通滤波器
MAP	最大后验(概率)
ML	最大似然
mmse	最小均方误差
modem	调制解调器
ms	毫秒
μs	微秒
nm	纳米
NRZ	非归零
OFDM	正交频分复用
OFDMA	正交频分多址
OOK	通断键控(开关键控)
PAM	脉冲幅度调制
PAPR	峰均功率比
PCM	脉冲编码调制
pdf	概率分布函数
PG	处理增益
PSK	相移键控
QAM	正交幅度调制
QPSK	四相移键控
RC	升余弦(谱)
RF	射频(无线电频率)
rms	均方根
RS	里德-所罗门(码)
RSC	递归系统卷积(码)
RZ	归零

s	秒
SIR	信干比
SNR	信噪比
SRRC	平方根升余弦(谱)
TCM	网格编码调制
TDL	抽头延迟线(滤波器)
TV	电视
UHF	特高频
UMTS	通用移动通信系统
V	伏特
W	瓦特
$\phi_X(x)$	样本值为 x 的随机变量 X 的特征函数
π	交织器
π^{-1}	去交织器